# BEITRÄGE

ZUR

# GESCHICHTE DES MASCHINENBAUES.

# BEITRÄGE

ZUR

# GESCHICHTE DES MASCHINENBAUES.

VON

**THEODOR BECK,**

INGENIEUR UND PRIVATDOCENT AN DER GROSSHERZOGL. TECHNISCHEN HOCHSCHULE
IN DARMSTADT.

MIT 827 IN DEN TEXT GEDRUCKTEN FIGUREN.

*ZWEITE VERMEHRTE AUFLAGE.*

ZU BEZIEHEN DURCH

JULIUS SPRINGER IN BERLIN.

1900.

Herausgegeben
im Auftrage des Vereines deutscher Ingenieure
zu Berlin.

Softcover reprint of the hardcover 2nd edition 1900
ISBN 978-3-642-51249-0 ISBN 978-3-642-51368-8 (eBook)
DOI 10.1007/978-3-642-51368-8

# Vorwort zur ersten Auflage.

Die Technik hat sich in dem zur Neige gehenden Jahrhundert so rasch entwickelt, und auch in der Gegenwart ist ihr Fortschritt so gewaltig, dass denen, die in ihr und für sie thätig sind, meist keine Zeit bleibt, den Blick zurückzuwenden; sie müssen ihre ganzen Kräfte anspannen, um mitzuschreiten; ihr eifriges Streben für die Zukunft lässt ihnen keine Musse, sich mit der Vergangenheit zu beschäftigen. Um so erfreulicher ist es, wenn unter uns dennoch Einzelne Zeit hierzu finden und uns die Ergebnisse ihrer Forschungen kurz und doch mit wissenschaftlicher Gründlichkeit und sachkundiger Auswahl vorführen.

Die nachfolgende Sammlung historischer Abhandlungen über Ingenieure und Ingenieurwerke früherer Zeiten und ihre Herausgabe durch den Verein deutscher Ingenieure ist einer Anregung des Herrn Professors Riedler zu verdanken. Herr Riedler machte den Vorstand des Vereines deutscher Ingenieure darauf aufmerksam, dass diese von Herrn Th. Beck in den Jahren 1886 bis 1896 einzeln in der Zeitschrift „Civilingenieur“ veröffentlichten Aufsätze einen werthvollen Beitrag zu der so spärlich bebauten Geschichte der Ingenieurkunst bilden, und dass es in hohem Maasse erwünscht wäre, wenn die auf eine grosse Zahl von Zeitschriftenheften verstreuten Aufsätze in einer Gesammtausgabe vereinigt und damit dem grossen Kreise unserer Fachgenossen zugänglich gemacht würden. Der Vorstand des Vereines deutscher Ingenieure hat dieser Anregung bereitwilligst entsprochen, und der Verfasser der Aufsätze hat Erlaubniss und Mitwirkung zur erneuten Herausgabe auf das Freundlichste gewährt. Dadurch, dass der Verein deutscher Ingenieure einen namhaften Beitrag zu den Herstellungskosten leistete, ist es möglich geworden, diese werthvollen Arbeiten mit ihren zahlreichen Abbildungen in ansehnlicher Ausstattung und doch zu ausserordentlich billigem Preise den Vereinsmitgliedern zur Verfügung zu stellen.

Berlin, im August 1899.

**Th. Peters.**

# Inhalts-Verzeichniss.

# Heron der Aeltere von Alexandria (um 120 v. Chr.) und seine Vorgänger.

Das Interesse für die Entwicklungsgeschichte der Mechanik und des Maschinenbaues ist erfreulicher Weise im Wachsen begriffen. Die ehedem üblichen geringschätzigen Aeusserungen über die Leistungen früherer Jahrhunderte beginnen zu verstummen und sorgfältiger erwogene Urtheile werden immer häufiger ausgesprochen.

Unter diesen Umständen dürfte es keine undankbare Aufgabe sein, zur Verbreitung der Kenntniss älterer Schriftsteller auf dem Gebiete des Maschinenbaues beizutragen, um so mehr, als deren Werke in der Regel nicht leicht zugänglich und der fremden Sprache und Anschauungsweise wegen schwer verständlich sind, so dass es nur nach eingehendem Studium zu gelingen pflegt, über deren Inhalt eine Uebersicht und ein Urtheil zu erlangen.

Kurzgefasste und doch klare, das Wesentliche enthaltende Berichte über den Inhalt der wichtigeren alten Werke über Maschinenbau dürften zur Verbreitung kulturhistorischer Kenntnisse wesentlich beitragen, und soweit es in unseren Kräften steht, wollen wir solche Berichte liefern, wobei wir jedoch weniger die Entwicklungsgeschichte der mechanischen Theorien, als vorzugsweise die Kenntniss mechanischer Hilfsmittel der Alten vor Augen haben.

Von diesem Gesichtspunkte aus bietet das älteste auf uns gekommene Werk, welches mechanische Fragen behandelt, die „Mechanischen Probleme des Aristoteles" (geb. 384 v. Chr.), nicht dasjenige Interesse, welches es als einer der frühesten Versuche zur *theoretischen* Behandlung mechanischer Fragen erweckt. Wir können ihm als solchem unsere Bewunderung nicht versagen, denn, wenn auch jetzt, nach mehr als zweitausendjähriger Weiterentwicklung der Wissenschaft, selbstverständlich Vieles in diesem Werke als verfehlt erscheint, so finden sich doch mehrere bis auf den heutigen Tag gültige Grundsätze und Behandlungsweisen darin. Auch bleibt es stets ein nicht zu unterschätzendes Verdienst des Aristoteles, im Gegensatze zu der damals herrschenden Schule des PLATO, auf die Wirklichkeit, die Erfahrung und auf praktische Dinge hingewiesen zu haben.

Die in seinen „Mechanischen Problemen“ betrachteten oder erwähnten mechanischen Hilfsmittel sind: der Hebel, der Schwengel mit Gegengewicht am Ziehbrunnen, die gleicharmige Waage, die Schnellwaage, die Zange, der Keil, die Axt, die Kurbel, die Walze, das Wagenrad, die Rolle, der Flaschenzug, die Töpferscheibe, die Schleuder, das Ruder, sowie auch Drehräder von Erz oder Eisen zur Umkehrung der drehenden Bewegung, worunter wahrscheinlich Zahnräder zu verstehen sind.

Von allen diesen mechanischen Hilfsmitteln spricht Aristoteles wie von bekannten Dingen. Die Schraube ist nicht erwähnt, soll aber zur Zeit des ARCHIMEDES (geb. 287 v. Chr.) bekannt gewesen sein und es wird dieser von Vielen für den Erfinder der Schraube und des Schraubenrades gehalten. Leider hat ARCHIMEDES, weil er, wie PLUTARCH sagt, die Beschäftigung mit mechanischen Arbeiten als ein unedles Handwerk betrachtete, über die ihm bekannten mechanischen Hilfsmittel Nichts geschrieben und es fehlt daher der Beweis für jene Annahme.

Um das Jahr 140 v. Chr. lebte KTESIBIOS in Alexandria, von dem VITRUV in seinen von 16 bis 13 v. Chr. geschriebenen „Zehn Büchern über Architektur“ erzählt*):

„Er war der Sohn eines Barbiers. An Talent und Fleiss hervorragend, hatte er, wie berichtet wird, an mechanischen Künsten seine Freude. Da er nun in der Barbierstube seines Vaters einen Spiegel so aufhängen wollte, dass, wenn man ihn herabgezogen hatte und ihn wieder hinaufschieben wollte, eine verborgene Schnur das Gewicht des Spiegels aufwärts zöge, brachte er zu diesem Zwecke folgende Vorrichtung an: Er stellte unter einem Deckbalken der Stube einen hölzernen Kanal her und setzte in diesen Rollen ein. Durch diesen Kanal zog er dann die Schnur bis zur Ecke des Zimmers und stellte dort eine senkrechte Röhre her, in welcher er eine an die Schnur befestigte Bleikugel hinabliess. Als nun das Bleigewicht durch sein Herabsinken in der engen Höhlung der Röhre auf die darin enthaltene Luftmenge drückte, drängte sie diese mit grosser Geschwindigkeit durch die Mündung in die freie Luft und die erstere erzeugte, sobald sie mit der Letzteren in Berührung trat, einen lauten Ton. Nachdem so KTESIBIOS beobachtet hatte, dass aus dem mit der freien Luft in Berührung kommenden gepressten Luftstrom Töne entstünden, erbaute er zuerst, auf dieser Grundlage fussend, Wasserorgeln, später auch Wasserdruckwerke, die sogenannten Automaten und viele Arten von auf die Verschönerung des Lebens berechneten Werken, unter welchen er namentlich auch die Herstellung der durch Wasser getriebenen Uhrwerke entwickelte.“

Die Wasseruhren bestanden nach VITRUV's Beschreibung aus zwei übereinander angeordneten Gefässen. Das obere wurde täglich bis zu einer bestimmten Höhe mit Wasser gefüllt, welches durch ein zur Vermeidung der Oxydation aus Gold oder Edelstein hergestelltes Mündstück in das vorher bis zu einem bestimmten niedrigsten Wasserstande entleerte untere Gefäss abfloss. Das

*) Wir entnehmen diese Stelle der Uebersetzung von Dr. FRANZ REBER, Stuttgart bei Krais & Hoffmann, 1865.

Wasserniveau in dem unteren Gefässe stieg innerhalb einer bestimmten Zeit auf eine bestimmte Höhe, und aus dem Wasserstande war daher stets die seit Ingangsetzung der Uhr verflossene Zeit zu erkennen. Um diese Zeit von aussen sofort erkennbar zu machen, brachte man in das untere Gefäss einen Schwimmer, der sich durch den Zufluss mit dem Wasserniveau emporhob. Bei den einfachsten Wasseruhren dürfte wohl nur ein Zeiger in Form eines senkrechten, aus dem Gefäss hervorragenden Stabes auf dem Schwimmer befestigt gewesen sein, hinter welchem eine Skala angebracht war, auf welcher man je nach dem Stande des Zeigerendes die verflossene Zeit ablesen konnte. Dieser auf dem Schwimmer befestigte Zeiger wurde aber, wie Vitruv angiebt, künstlerisch ausgebildet, indem man ihm die Gestalt einer menschlichen Figur gab, welche, von unten heraufsteigend, auf die an einer Säule angebrachte Skala zeigte. Oder es wurde anstatt des einfachen Zeigers eine senkrecht stehende Zahnstange auf dem Schwimmer befestigt, welche in eine gezahnte Drehscheibe (ein Zahnrad) eingriff und es beim Aufsteigen langsam umdrehte. Durch dieses oder durch noch mehrere Zahnräder-Uebersetzungen bewirkte man dann, dass Figuren sich bewegten, Kegelsäulen sich drehten, Kügelchen oder Eier in Intervallen herabfielen oder Blasinstrumente ertönten, um den Ablauf eines bestimmten Zeitabschnittes anzuzeigen.

Da es zur damaligen Zeit jedoch kein konstantes Zeitmaass gab, sondern der natürliche Tag von Sonnenaufgang bis Sonnenuntergang in zwölf Stunden getheilt wurde, so musste entweder die Skala der Uhr im Sommer länger sein als im Winter, wenn ein an dem Schwimmer befestigter Zeiger angewendet wurde, oder musste bei sich drehender kreisrunder Skala und feststehendem Zeiger der Drehungswinkel der Skala im Winter ein kleinerer sein, als im Sommer, oder es musste endlich, wenn nur eine Skala für alle Jahreszeiten angewendet werden sollte, die Ausflussöffnung am oberen Gefässe im Sommer kleiner gemacht werden als im Winter.

Im ersten Falle brachte man viele verschiedene Skalen, etwa für jeden Monat eine, auf dem Mantel eines senkrechten Cylinders an und drehte diesen immer so, dass die der jeweiligen Jahreszeit entsprechende Skala hinter dem Zeiger stand. Im zweiten Falle liefen die Skalen um einen Kegelmantel und zwar scheint die konische Form einer solchen Walze oder Säule gewählt worden zu sein, damit die Theilung der Skala für die kurzen Wintertage, in denen der Drehungswinkel der Walze bedeutend kleiner war, nicht zu fein würde. Demnach hätte die Skala für den längsten Tag, der Kegelspitze am nächsten, den ganzen Umfang des Kegels umspannt, während die Skala für den kürzesten Tag, der Kegelbasis am nächsten, nur einen Theil des Umfanges umspannte, und der Zeiger hätte vom längsten bis zum kürzesten Tage immer mehr von der Spitze nach der Basis hin verstellt werden müssen und umgekehrt.

Anstatt die verschiedenen Skalen auf einem Kegelmantel aufzutragen, bediente man sich jedoch auch ebener, durch koncentrische Kreise in ringförmige Skalen eingetheilter Scheiben, die als Kegel von unendlich kleiner Höhe betrachtet werden können, und zwar geschah dies bei der sogenannten Amphorika, einer Wasseruhr, die auch in einigen anderen Punkten von den seither beschriebenen abwich. Es war nämlich der Schwimmer an einem kupfernen Drahtseile aufgehangen, dieses war um eine horizontale Walze geschlungen (wenn die Walze nicht hoch über dem Wasser lag, musste sie noch über eine Leitrolle geführt werden, was bei Vitruv nicht erwähnt ist) und am anderen Ende an ein Gegengewicht befestigt, welches herabsank und die Walze umdrehte, wenn der Schwimmer durch den Wasserzufluss gehoben wurde. Auf dem einen Ende der Walze, welches durch eine senkrechte Wandung ging, war eine koncentrische, runde Scheibe befestigt. Ein in diese Scheibe gestecktes metallenes Knöpfchen diente als Zeiger und war verstellbar, indem die Scheibe mit einer grossen Anzahl Löcher versehen war, in die das Knöpfchen gesteckt werden konnte. Die Skalenscheibe aber (gleichsam das Zifferblatt) war durch ein Netz von koncentrischen Drahtringen und radialen Drähten gebildet und vor der beschriebenen Zeigerscheibe befestigt. Es ist anzunehmen, dass die Skala für den längsten Tag zwischen den beiden innersten Drahtringen ganz herumlief, während die Skala für den kürzesten Tag zwischen den beiden äusseren Kreisen nur einen Theil des Umfanges einnahm, und dass daher das Zeigerknöpfchen vom kürzesten bis zum längsten Tage immer mehr nach dem Mittelpunkte hin versteckt wurde und umgekehrt.

Nach der Beschreibung des Vitruv könnte angenommen werden, dass das Kupferdrahtseil nur um die Walze herumgeschlungen und nicht weiter daran befestigt gewesen wäre, so dass man es hier mit einer Kraftübertragung durch Reibung zu thun hätte.

Vitruv beschreibt auch konische Regulirventile, um den Ausfluss des Wassers aus dem oberen Gefäss der Wasseruhren zu reguliren, mit den Worten: „Man lasse zwei Kegel, von welchen der eine massiv, der andere hohl ist, drehen, so dass der erstere in den letzteren genau hineinpasst und dass das weitere oder engere Zusammenstellen vermittelst eines Regulatorstabes (worunter vielleicht ein ungleicharmiger Hebel zu verstehen ist) den Ausfluss des Wassers lebhafter oder sanfter macht.“ Ob diese Regulirventile dazu dienten, bei Anwendung von nur einer Skala den Wasserausfluss monatlich oder täglich der Tageslänge entsprechend zu ändern, was jedenfalls sehr schwierig gewesen wäre, oder ob sie bei Anwendung der oben beschriebenen verschiedenen Skalen nur dazu dienten, den Wasserabfluss für eine bestimmte Uhr ein für allemal zu reguliren, ist aus Vitruv's Beschreibung nicht ersichtlich.

Dagegen erscheint es unzweifelhaft, dass ein Regulirhahn, den man an der Amphorika anzubringen pflegte (siehe nachstehende Fig. 1), dem ersteren Zwecke dienen sollte. Dieser bestand aus einem vor der Mündung des oberen Gefässes befestigten horizontalen broncenen Hohlcylinder, an einem Ende geschlossen und mit einem Loch versehen, durch welches das Wasser einströmte.

In diesen war ein kleinerer Hohlcylinder schliessend eingepasst, der am anderen Ende mit einer Scheibe verschlossen war, in welcher sich in radialer Richtung eine Ausflussöffnung befand. Der Rand des Hahnenkörpers an diesem Ende war in 365 jedenfalls ungleiche, durch Versuche zu bestimmende Theile eingetheilt (VITRUV spricht von gleichen Theilen, was aber nicht richtig sein kann). Ein Zeiger auf der Verschlussscheibe des inneren Cylinders wies auf diese Theilstriche. Stellte man den Zeiger auf den Theilstrich, der dem kürzesten Tage entsprach und als solcher bezeichnet war, so stand die Ausflussöffnung am tiefsten Punkte und senkrecht nach unten, daher floss das Wasser rascher aus; stellte man dagegen den Zeiger durch Drehung des inneren Cylinders auf den Theilstrich, der dem längsten Tage entsprach, so stand die Ausflussöffnung am höchsten Punkte der Verschlussscheibe und senkrecht nach oben, daher floss das Wasser bedeutend langsamer aus. In mittleren Stellungen ergaben sich auch mittlere Ausflussgeschwindigkeiten. Charakteristisch für den damaligen Stand der Wissenschaft ist es, dass das langsamere Ausfliessen des Wassers nur aus der Abweichung des Wasserstrahles von der Richtung der Schwerkraft erklärt wird und die Verminderung der Druckhöhe durch das Umdrehen der Scheibe mit der Ausflussöffnung unbeachtet bleibt.

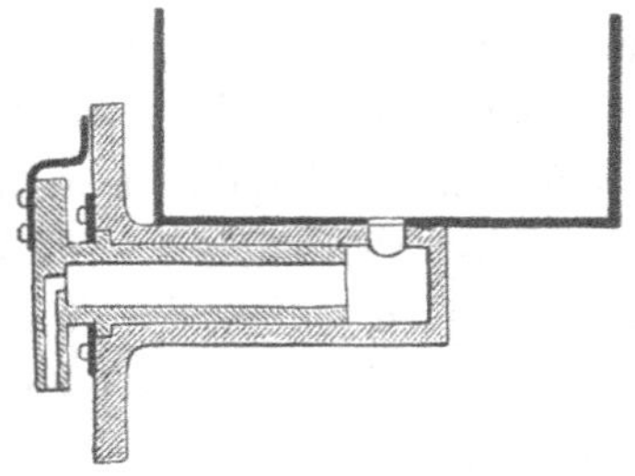

Fig. 1.

Zweifelhaft ist es, ob diese Regulirhahnen und Ventile schon von KTESIBIOS angewendet wurden. Sie machen eher den Eindruck späterer Zuthat und nicht einmal den einer Verbesserung. Denn der Zweck, dem sie dienen sollten, musste durch die Anwendung verschiedener Skalen bei konstanter Ausflussöffnung weit sicherer erreicht werden. Wahrscheinlich hat VITRUV, der über hundert Jahre später lebte als KTESIBIOS, mehr die Wasseruhren seiner Zeit als diejenigen des Erfinders beschrieben. Wir haben trotzdem diese Beschreibung seinen Schriften entnommen, weil uns ältere über diesen Gegenstand nicht bekannt sind. Denn des KTESIBIOS Schriften sind verloren gegangen, ebenso die Schrift über Wasseruhren von seinem Schüler HERON dem Aelteren von Alexandria, der etwa um 120 v. Chr. lebte. Des Letzteren „Mechanica“ und „Barülkon“, wovon erstere von der Theorie der sogenannten fünf einfachen Maschinen, letztere von den Hebemaschinen handelte, sind wahrscheinlich auch verloren. Ein Auszug aus „Barülkon“ findet sich in „Pappi Alexandrini collectionis liber VIII“, welches wir in der nächstfolgenden Abhandlung besprechen werden. Dagegen ist dessen Werk: „Pneumatica“ noch erhalten, und da in diesem sowohl eine Wasserorgel, als auch ein Wasserdruckwerk in Form einer Feuerspritze beschrieben ist, und es wahrscheinlicher ist, dass des KTESIBIOS Schüler HERON diese Dinge so beschrieb, wie sie sein Lehrmeister herstellte, als dies von VITRUV anzunehmen ist, so wollen wir auf des Letzteren Beschreibung von den Ktesibischen Druckwerken und Wasserorgeln hier nicht eingehen, sondern uns zu dem Werke: „Pneumatica“ des Heron wenden.“

Es liegt uns die im Jahre 1688 zu Frankfurt a. M. erschienene deutsche Uebersetzung dieses Werkes von Carion vor, der wir das Nachfolgende entnehmen.

In der Vorrede des Verlegers wird gesagt, dass die Schriften des Heron zuerst von Abt Bernhard Baldo von Urbino mit Erklärungen und Abbildungen versehen in griechischer Sprache zu Augsburg gedruckt wurden, dass darnach eine lateinische Uebersetzung von Commandino (geb. 1509 zu Urbino) im Jahre 1575, dem Todesjahre des Uebersetzers, erschienen sei, dann im Jahre 1680 eine ebenfalls lateinische Ausgabe mit Zusätzen von Aleotti zu Amsterdam und darnach (1688) die uns vorliegende erste deutsche Uebersetzung herausgegeben worden sei. Es scheint daher, dass die in dem uns vorliegenden Buche enthaltenen Figuren von Abt Baldo von Urbino herrühren*), jedenfalls nicht von Heron, und man hat sich daher zur Beurtheilung des Letzteren nur an den Text zu halten. Jeder Leser hat das Recht, und wir möchten sagen die Pflicht, die Figuren zu verbessern, wo dies nach den Textesworten angezeigt erscheint. Denn man würde unseres Erachtens dem berühmten griechischen Mechaniker Unrecht thun, wenn man seine Schrift nur durch die Brille jenes geistlichen Herrn betrachten wollte. Deshalb haben wir in den unserer Abhandlung beigegebenen Figuren die Gegenstände so skizzirt, wie es uns nach den Textesworten am angemessensten schien; werden aber, wo es zweifelhaft erscheinen dürfte, ob wir das Richtige getroffen haben, die Texteswort citiren, damit jeder Leser, wenn er sich darnach eine bessere Vorstellung von den betreffenden Dingen bilden kann, dies thun möge.

Heron beginnt sein Buch mit folgenden Worten:

„Die Beschäftigung mit Luft- und Wasserkünsten ist von den alten Philosophen und Mechanikern hoch geschätzt worden, von den letzteren wegen der Gewalt und Kraft des Wassers, von ersteren aber wegen der sinnlich wahrnehmbaren Ursachen jener Künste. Es erscheint mir daher nothwendig, das von Alters her darüber Bekannte in gehörige Ordnung zu bringen und das von uns selbst Erfundene zu veröffentlichen, da solches allen denen von Nutzen sein dürfte, die sich in mathematischen Dingen unterrichten wollen. Es dürfte aber das, was wir jetzt schreiben wollen, demjenigen gleichartig und zugehörig sein, was wir in den vier Büchern von den Wasseruhren abgehandelt haben, indem auch hier durch das Zusammenwirken von Luft, Feuer, Wasser und Erde, welche in gegenseitigem Widerstreite entweder zu dreien oder alle vier zusammengebracht werden, allerlei Anordnungen zu Wege gebracht werden, die theils von grossem praktischen Nutzen sind, theils unsere grösste Verwunderung erregen.“

„Von dem Vakuum.“

„Ehe wir über unseren eigentlichen Gegenstand schreiben, müssen wir etwas über das Vakuum vorausschicken. Einige geben überhaupt nicht zu, dass ein leerer Raum von Natur existire; Andere dagegen sind der Ansicht, dass zwar kein grösserer

*) Sie finden sich ebenso in der lateinischen Uebersetzung des Commandino, mit der wir nach dem ersten Erscheinen unserer Abhandlung die Uebersetzung des Carion verglichen und mehrere Stellen darnach abgeändert haben.

leerer Raum von Natur vorhanden sei, wohl aber ganz kleine leere Räume in den Flüssigkeiten, dem Feuer und anderen Körpern vertheilt seien, welch letzterer Ansicht man füglich beistimmen muss, indem die Erscheinungen sich dadurch vernünftig erklären lassen, wie wir im Nachfolgenden zeigen werden.

Geschirre, welche Vielen als leer erscheinen, sind nicht leer, sondern enthalten Luft. Diese besteht aber nach der Ansicht der Naturforscher aus kleinen leichten, meist unsichtbaren Körperchen."

Zum Beweise für diesen Satz wird angeführt, dass aus einem Gefässe, indem es mit Wasser gefüllt wird, Luft entweicht, was bei enger Mündung des Gefässes besonders wahrnehmbar sei; ferner, dass in ein umgekehrt ins Wasser getauchtes Gefäss das Wasser wegen der darin enthaltenen Luft nicht eindringt, so dass der Boden des Gefässes, selbst bei gänzlichem Untertauchen desselben, innen trocken bleibt.

Von einem theilweisen Eindringen des Wassers infolge der Kompression der eingeschlossenen Luft erwähnt Heron nichts. Der Gedanke, dass sich die Spannkraft der Luft mit dem Wasserdrucke ins Gleichgewicht setzen muss, ist ihm fremd und seine Begriffe von Hydro- und Aerostatik erweisen sich überhaupt manchmal als mangelhaft, wie nicht anders zu erwarten ist.

Dafür, dass zwischen den die Körper bildenden materiellen Theilchen kleine leere Räume vertheilt sein müssen, dass also die Körpertheilchen von Natur einen gewissen Abstand von einander haben, nur durch äussere Gewalt enger zusammengeschoben oder weiter von einander entfernt werden können, in ihre natürliche Lage zurückzukehren streben und dies thun, sobald jene gewaltsame Einwirkung aufhört, wird die Elasticität als Beweis angeführt, welche sich ohne diese Hypothese nicht erklären lasse.

Zum Beweis dafür, dass die Körpertheilchen in ein künstlich vergrössertes Vakuum wieder einzudringen streben (was man im Mittelalter den Horror vacui nannte) wird auf folgende Erscheinungen hingewiesen: Dass ein leichtes Gefäss mit enger Oeffnung, aus dem man mit dem Munde Luft aussaugt, an den Lippen hängen bleibt; dass eine so ausgesaugte und schnell mit dem Finger verschlossene Glasviole, umgekehrt mit der Mündung in Wasser gehalten, sich mit diesem füllt, das Wasser also „widernatürlicher Weise" in die Höhe steigt; ferner, dass ein Schröpfkopf, in dem man durch Feuer die Luft verdünnt hat, saugend wirkt; dass in eine blecherne Hohlkugel mit einem nicht ganz bis zum Boden reichenden, dicht eingelötheten Röhrchen Luft eingeblasen werden kann, ohne dass Luft aus der Kugel entweicht, und dass die so komprimirte Luft mit Gewalt und Geräusch ausströmt, sobald die enge Oeffnung des Röhrchens frei wird.

Auch der Umstand, dass das Licht durch Luft und Wasser, und dass die Wärme („Feuer") durch die Körper dringt, erscheint dem Heron nur durch das Vorhandensein kleiner Vakua in den Körpern erklärlich und selbst die Durchdringung von Wasser und Wein, sowie von Erde und Wasser bei deren Mischung, auch die Mischbarkeit von Gasen und die Absorption geringer Luftmengen durch grosse Wassermengen gelten ihm als Beweise für die Richtigkeit seiner Hypothese, wobei er alle Mischungen für Substanzveränderungen hält.

Gelegentlich der Erwähnung der Schröpfköpfe spricht sich HERON über die Wirkung des Feuers folgendermassen aus:

„Das Feuer zerstört und vertreibt in den Schröpfköpfen die Luft, sowie es auch andere Körper zerstört und kleiner macht. Dies gilt von Luft, Wasser und Erde. Denn dass diese von dem Feuer zerstört oder verzehrt werden, ist aus den zurückbleibenden Kohlen ersichtlich, welche entweder die gleiche Gestalt behalten, die sie vor der Verbrennung hatten, oder kleiner werden, jedenfalls aber ihr Gewicht ändern." — „Was aber durch den Rauch an den Körpern sich ändert, nimmt ein feuriges, luftiges oder erdiges Wesen an. Das, was dünn ist, wird in die Höhe, wo das Feuer ist, geführt." (Es liegt hier die Ansicht zu Grunde, dass das Feuer seinen natürlichen Platz, zu dem es immer hinstrebt, über der Luftregion habe). „Das, was ein wenig dichter ist, erhebt sich zwar etwas, sinkt aber wegen steter Vergrösserung" (sollte wohl heissen Verdichtung?) „dann wieder herab und vereinigt sich wieder mit dem Erdigen. Das Wasser, wenn es von dem Feuer umgewandelt wird, geht in Luft über. Die Dämpfe aus erhitzten Tiegeln sind nichts Anderes als ausgedehnte Flüssigkeit, die sich in Luft verwandelt hat, denn das Feuer löst alles Dichte auf und wandelt es um."

Zum Schlusse seiner Einleitung fasst HERON nochmals seine Hypothesen zusammen und sagt dann:

„Nach dieser Erklärung wollen wir über das Zusammenwirken der erwähnten Elemente Theoreme zusammenstellen, durch welche sehr wunderbare Bewegungen zum Vorschein gebracht werden. Zuvor wollen wir aber von den umgebogenen oder krummen Wasserröhren reden, die von den Hydraulikern Kranichhälse (das sind Heberröhren) genannt werden und zu vielen Luft- und Wasserkünsten von Nutzen sind."

Es werden dann in 76 Kapiteln ebenso viele, meist hydraulische und pneumatische Apparate beschrieben. Die wesentlichen und interessantesten pavon dürften in nachstehenden Figuren abgebildet sein, indem die fehlenden meist nur unwesentliche Modifikationen der von uns ausgewählten Apparate sind.

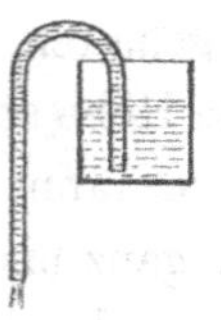
Fig. 2.

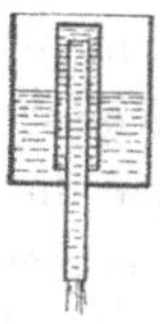
Fig. 3.

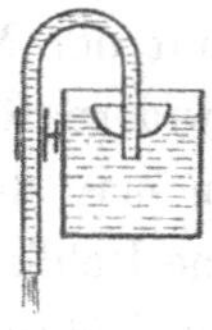
Fig. 4.

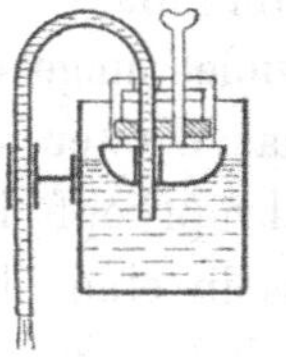
Fig. 5.

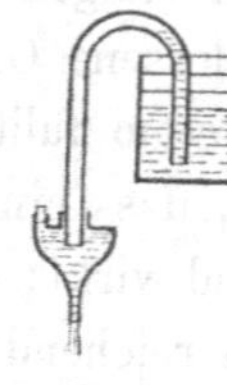
Fig. 6.

Fig. 2 ist eine gewöhnliche Heberröhre.

Fig. 3 ist der sogenannte „gedoppelte Heber", dessen Konstruktion aus der Abbildung vollständig ersichtlich sein dürfte.

Fig. 4 ist eine Heberröhre, deren kürzerer Schenkel in einen Schwimmer befestigt ist, um eine stets gleichgrosse Ausflussgeschwindigkeit zu erzielen.

Fig. 5 ist eine ähnliche Vorrichtung, bei welcher der Heber vermittelst einer Stellschraube in dem Schwimmer auf und nieder geschoben werden kann, damit man verschieden grosse, während des Ausfliessens aber konstante Ausflussgeschwindigkeiten erhalten kann.

Fig. 6 ist ein Heber mit Ansaugevorrichtung. Am unteren Ende des längeren Schenkels des Hebers ist ein birnförmiges Gefäss angesteckt. Dies wird zuerst unten mit dem Finger zugehalten und durch die obere Oeffnung mit Wasser gefüllt. Dann wird die obere Oeffnung geschlossen, die untere geöffnet und das ausfliessende Wasser saugt die Flüssigkeit aus dem Hauptgefässe nach sich. Es wird von HERON nicht erwähnt, dass die Ausflussöffnung mindestens um soviel tiefer, als die Oberfläche des Wassers im Sauggefässe liegen muss, wie das Wasser in dem kürzeren Heberschenkel steigen muss.

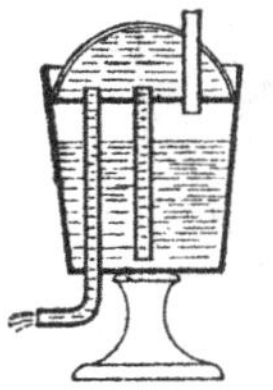
Fig. 7.

Fig. 8.

Fig. 9.

Fig. 10.

Fig. 7 zeigt noch eine andere Form des Hebers, bei der das obere Knie der Heberröhre durch eine übergestülpte Glasglocke, resp. durch einen halbkugelförmigen geschlossenen Raum ersetzt ist.

Fig. 8 ist ein Stechheber, jedoch nicht wie jetzt gebräuchlich, sondern in Kugelform.

Fig. 9 ist ein ebensolcher Stechheber, durch eine vertikale Scheidewand in zwei Kammern getheilt. Jede Kammer hat oben eine mit den Fingern verschliessbare Oeffnung. Füllt man beide Kammern mit verschiedenen Flüssigkeiten, so kann man nach Belieben bald die eine, bald die andere aus der Kugel auslaufen lassen.

Fig. 10 ist das Gefäss „Prochyta“ genannt, aus dem man zwei verschiedene Flüssigkeiten nach Belieben entweder nacheinander oder gemischt ausgiessen kann. Die zuletzt auszugiessende Flüssigkeit wird zuerst in die untere Abtheilung des Gefässes gefüllt, wobei die Oeffnung am Henkel offen bleibt, damit die Luft daraus entweichen kann. Dann wird diese Oeffnung mit dem Finger geschlossen und die zuerst auszugiessende Flüssigkeit in die obere Abtheilung des Gefässes gegossen. Hält man nun die Oeffnung am Henkel geschlossen, so kann man die obere Flüssigkeit allein ausgiessen. Ist diese ausgegossen und öffnet man dann das Loch am Henkel, so kann die Luft in die untere Abtheilung des Gefässes dringen und die dort befindliche Flüssigkeit fliesst aus. Oeffnet man aber das Loch am Henkel, ehe die obere Abtheilung des Gefässes leer ist, so fliessen beide Flüssigkeiten vermischt aus. (Hier ist der uns vorliegende Text jedenfalls fehlerhaft, indem darin gesagt ist, das

Rohr, welches durch die Mitte des Querbodens geht, solle bis beinahe auf den Gefässboden reichen und die Oeffnungen am Rande des Querbodens sollten siebartig ringsum angebracht sein. Beides kann jedoch den Apparat nur verschlechtern. Uebrigens ist in der CARION'schen Ausgabe die hierher gehörige Abbildung noch mit der zum folgenden Kapitel gehörigen verwechselt.)

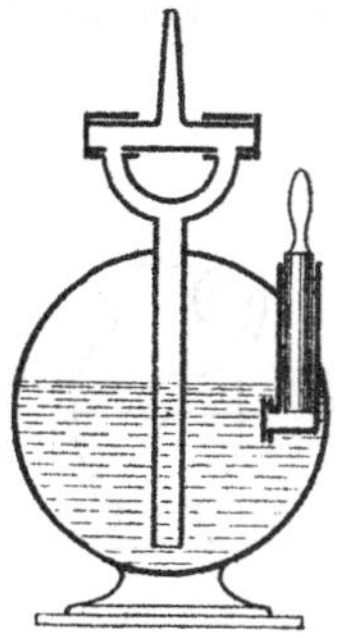

Fig. 11.

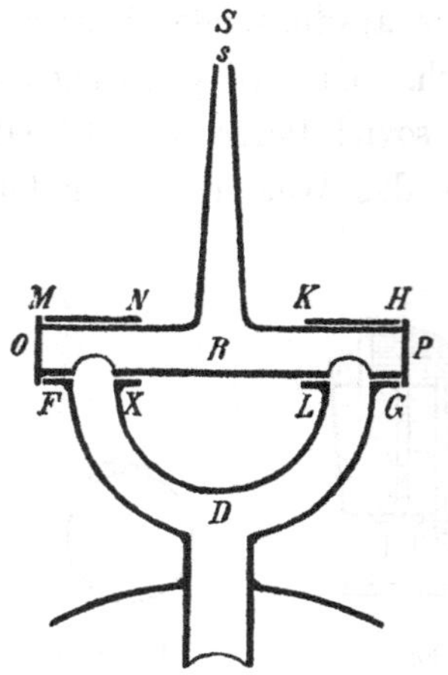


Fig. 12.

Fig. 11 zeigt einen Windkessel mit einer Luft-Kompressionspumpe und mit einem um eine horizontale Achse drehbaren Ausspritzrohre, durch dessen Drehung der Zufluss zum Ausspritzrohre geöffnet oder geschlossen wird. Der Text dazu lautet in unsere jetzige Sprache übersetzt:

„Man stelle eine Kugel, etwa sechs Maass haltend, aus starkem Blech her, so dass sie der Gewalt der komprimirten Luft zu widerstehen vermöge, wie $AB$, auf einem Fusse stehend. Oben in diese Kugel wird eine Oeffnung gemacht, durch welche man eine Röhre einsetzt, die um etwas von dem gerade gegenüberliegenden Boden absteht, sowie es der Ausfluss des Wassers erfordert. Auch stehe das Rohr ein wenig über der Kugel vor und sei mit dieser dicht verlöthet, wie auch gleichermassen oben mit seiner Ausflussröhre, welche zwei Theile $DF$ und $DG$ mit zwei einander gegenüberstehenden gleichen hohlen Mundstücken $GHKL$ und $FMNX$ bildet. (Siehe Fig. 12.) In diese zwei Mundstücke wird eine andere Röhre, die in der Mitte ein in die Höhe gehendes Röhrchen $RS$ trägt, bei $O$ und $P$ eingesteckt, in deren Wandung Löcher sind, welche mit den Löchern der Röhren $GHKL$ und $FMNX$ korrespondiren. Das in die Höhe stehende Röhrchen muss spitz zulaufen und sich in ein kleines Mundloch verlieren, wie bei $s$ zu sehen.

Wenn man nun dieses Röhrchen ergreift und damit das Rohr $PO$ umwendet, so verschliesst man damit die korrespondirenden Oeffnungen, so dass die Flüssigkeit, welche durch dieselben herausgedrückt werden soll, keinen Ausgang findet.

Durch ein anderes Loch wird eine andere Röhre $TYV$ (siehe Fig. 11) in die Kugel eingebracht und festgemacht, deren unteres Ende $V$ verschlossen ist, an der Seite aber zunächst dem Boden wird ein rundes Loch gemacht, vor dem ein Klappenventil (Assarium) befestigt wird, wie solches nachher beschrieben werden soll. In diese Röhre wird ein Stempel $z\omega$ gesteckt, der genau hineinpasst. Wenn nun dieser runde Stempel ganz herausgezogen und die Röhre $TYV$ mit Flüssigkeit gefüllt wird, dann wird solche durch das Loch $Q$ und bei Eröffnung des Ventils durch die

Ausflussröhre in die Kugel dringen und die darin enthaltene Luft (zunächst) durch der Röhre Mundlöcher bei $OP$ austreiben, wenn dieselben bei $GHKL$ und $FMNX$ so stehen, dass sie offen sind. Wenn nun die eingeschüttete Flüssigkeit die halbe Kugel ausfüllt (diese Stelle ist ungenau, da ohne Nachhilfe durch die Pumpe die Flüssigkeit nur wenig über die untere Mündung des Steigrohres steigen kann), wird die Röhre $RS$ gewendet, so dass die Löcher, welche seither aufeinander trafen, verschlossen werden. Dann wird der Stempel $z\omega$ in die Röhre gesteckt und mit demselben die in der Röhre befindliche Flüssigkeit eingepumpt, so dass sie mit Gewalt durch das Ventil in die Kugel eindringt, weil diese mit Luft und Flüssigkeit angefüllt ist. Es erfolgt aber das Ausspritzen infolge der Anhäufung und Zusammendrückung der Luftheilchen in die zwischen denselben befindlichen Vakua. Wenn man den Stempel $z\omega$ wieder herauszieht, so dass sich die Röhre $TYV$ von neuem mit Luft füllt (der Stempel muss zu diesem Zwecke ganz aus dem Pumpenstiefel herausgezogen werden, da dieser kein Saugventil hat) und den Stempel dann wieder hineinstösst und so die Luft in die Kugel presst und solches mehrmals wiederholt, so wird dadurch viel Luft in der Kugel komprimirt. Dass aber beim Herausziehen des Stempels die so eingeschlossene Luft nicht herausgezogen wird, ist leicht einzusehen, weil das Ventil beim Herausziehen des Stempels vor das Loch gezogen und dieses verschlossen wird.

Wenn nun das oberste Röhrchen $RS$ ergriffen und senkrecht in die Höhe gerichtet wird, so dass die Löcher gerade aufeinander kommen, wird die Flüssigkeit ausgetrieben, weil die gepresste Luft wieder ihren vorigen Raum einnimmt und die darunter befindliche Flüssigkeit austreibt. Ist viel Luft in der Kugel, so wird sie alle Flüssigkeit austreiben und es wird selbst mit dieser noch die überschüssige Luft ausgetrieben werden."

Zu diesem Texte hat, wie wir annehmen, Abt Baldo von Urbino eine höchst unklare Figur geliefert, die ausserdem in der Ausgabe von Carion noch von dem Buchdrucker mit der zum vorigen Kapitel gehörigen verwechselt wurde. Es dürfte daher bis jetzt wenig bekannt geworden sein, dass dieser wohldurchdachte Apparat von Heron beschrieben worden ist.

Fig. 13 zeigt das im vorigen Kapitel erwähnte Klappenventil (Assarium) im Schnitt skizzirt. Die Beschreibung des Heron lautet:

Fig. 13.

„Das im vorigen Kapitel erwähnte Ventil wird folgendermassen hergestellt: Man macht zwei viereckige Plättchen oder Flügel von Metall oder Kupfer, an denen jede Seite einen Finger lang ist. Die Dicke nimmt man nach Lage der Sache im richtigen Verhältnisse. Diese Plättchen werden der Fläche nach an- und ineinandergefügt und so zugerichtet, dass weder Luft noch Flüssigkeit sich dazwischen aufhalten kann. Von diesen beiden hat das eine Plättchen $ABDC$ in der Mitte ein rundes Loch, dessen Durchmesser gleich dem dritten Theile einer Fingerlänge ist. Wenn der Flügel $AD$ an dem Flügel $EH$ anliegt, werden beide in den Angeln mit einander verbunden, so dass die Flächen genau aneinander schliessen. Bei der Anwendung wird der Flügel $ABCD$ an die Mündung der Röhre gelöthet, dass man durch das Ventil die eingepresste Luft oder Flüssigkeit zurückhalten kann. Denn bei dem Einpressen wird der Flügel $EFGH$ bewegt, so dass sich das Scharnier schnell öffnet und die Luft oder Flüssigkeit in die Kugel einlässt und fest darin verschliesst, indem der Flügel $EFGH$ dem in der Kugel Eingeschlossenen widersteht und das Loch, durch welches die Luft hereingepresst wurde, fest verschliesst."

Fig. 14 sind die sogenannten „Gefässe der Einigkeit". Zwei gleiche, auf einer Horizontalebene stehende Gefässe sind durch eine kommunicirende

Röhre verbunden, deren Schenkel beide gleich hoch, beinahe bis zu den Mündungen der Gefässe reichen. In jedem Gefässe ist ferner eine Heberöhre angebracht, wovon die Mündung des kurzen Schenkels nur wenig über dem Boden des Gefässes, der höchste Punkt der Biegung aber in gleicher Höhe mit der Mündung der kommunicirenden Röhre liegt. Das eine Gefäss kann bis beinahe zu dieser Höhe gefüllt werden, ohne dass Flüssigkeit herausfliesst; giesst man aber dann in das andere Gefäss Flüssigkeit bis über diese Höhe, so fliessen beide Gefässe gleichzeitig aus.

Fig. 15. Dass zwei neben einem Altare stehende Priesterfiguren Trankopfer bringen, sobald auf dem Altare das Feuer brennt, soll nach Heron folgendermassen bewirkt werden:

Der ein ringsum geschlossenes Gefäss bildende Altar und die Priesterfiguren stehen auf einem gemeinschaftlichen Fussgestell, welches ebenfalls ein

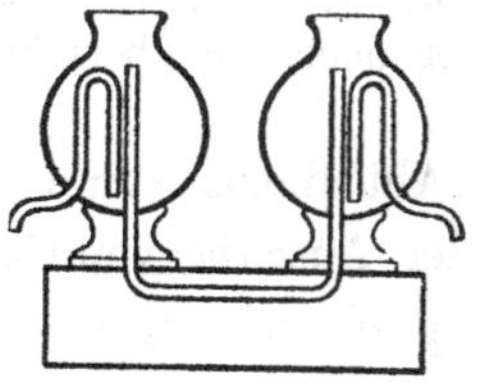

Fig. 14.

Fig. 15.

ringsum geschlossenes Gefäss bildet. Die Scheidewand zwischen Altar und Fussgestell ist durchbohrt. Durch jede Priesterfigur geht ein Röhrchen, welches einerseits nahe über dem Boden des Fussgestells, andererseits in der Opferschale der Priesterfigur endigt. Das Fussgestell wird mit der Flüssigkeit, von welcher geopfert werden soll, nahezu angefüllt. Wird nun das Feuer auf dem Altare angezündet, so erwärmt sich dieser und die darin eingeschlossene Luft dehnt sich durch die Wärme aus, drückt auf die Flüssigkeit im Fussgestell und presst sie durch die Röhren nach den Opferschalen der Priesterfiguren, aus denen sie in das Opferfeuer fliesst.

Dieser Apparat wird in Pierer's Konversationslexikon in dem geschichtlichen Theile des Artikels „Dampfmaschine" erwähnt als: „eine mit Wasser gefüllte Figur eines Priesters aus Erz, die erwärmt durch die Opferflamme Wasser ausgiesst". Wie wir sehen ist aber Heron's Apparat, wenn man ihn zu den Maschinen zählen will, nicht als Dampfmaschine, sondern als kalorische oder Heissluftmaschine zu bezeichnen.

Fig. 16 ist eine recht nette pneumatisch-hydrostatische Spielerei, wie solche schon damals und noch mehr im 16. und 17. Jahrhunderte unserer Zeitrechnung beliebt waren. ALEOTTI's Zusätze zu HERON's Pneumatica bestehen nur aus derartigen, jedoch komplicirteren Kunststückchen. Die Aufgabe ist folgende:

Ein künstlicher Vogel soll pfeifen, solange eine in seiner Nähe sitzende Eule nicht nach ihm hinschaut, soll verstummen, wenn diese sich umwendet und ihn ansieht, soll wieder singen, wenn die Eule sich wieder abwendet u. s. f. Dies wird folgendermassen erreicht: In ein ringsum geschlossenes Gefäss lässt man Wasser durch einen Trichter einströmen, dessen Röhre nahezu bis auf den Boden des Gefässes reicht. Dadurch wird die Luft in demselben komprimirt und indem sie durch ein in die Trichterwand eingelöthetes Pfeifenröhrchen, das oben übergebogen ist und auf dem der Vogel sitzt, entweicht, macht sie diesen scheinbar singen. Es ist aber in dem Windgefäss ein sogenannter „gedoppelter Heber" (wie in Fig. 3 dargestellt) angebracht, durch welchen das Wasser, sobald es in dem Gefässe bis zu einer bestimmten Höhe gestiegen ist, schneller abfliesst, als neues zufliesst. Das Wasser fliesst von da in einen Eimer, der an einer Schnur aufgehangen ist, welche über eine Leitrolle läuft, um eine stehende Welle geschlungen und mit dem Ende an diese befestigt ist. Ein Gegengewicht, welches etwas schwerer ist als der leere Eimer und ebenso an einer in entgegengesetzter Richtung um die stehende Welle geschlungenen Schnur aufgehangen ist, hielt die stehende Welle, auf welcher die künstliche Eule sitzt, bis jetzt in ihrer Stellung. Sobald aber Wasser in den Eimer fliesst, sinkt dieser herab und dreht die stehende Welle mit der Eule so um, dass diese nach dem Vogel sieht, welcher aufhört zu singen, weil die Spannung der Luft in dem Windgefässe sehr rasch auf die der äusseren Atmosphäre herabsinkt. In dem aufgehangenen, jetzt herabgesunkenen Eimer ist wiederum ein gedoppelter Heber, durch den das Wasser abläuft, wenn es in dem Eimer auf eine gewisse Höhe gestiegen ist. Sobald das Windgefäss vom Wasser ganz oder theilweise entleert ist, wird sich daher auch der Eimer wieder entleeren. Das Gegengewicht zieht den Eimer in die Höhe, dreht die Eule dabei in ihre ursprüngliche Stellung und der Vogel fängt wieder an zu pfeifen, weil dem Windgefässe jetzt wieder mehr Wasser zufliesst, als daraus abfliesst. Die Weiten und Druckhöhen der beiden Heber müssen natürlich entsprechend gewählt werden.

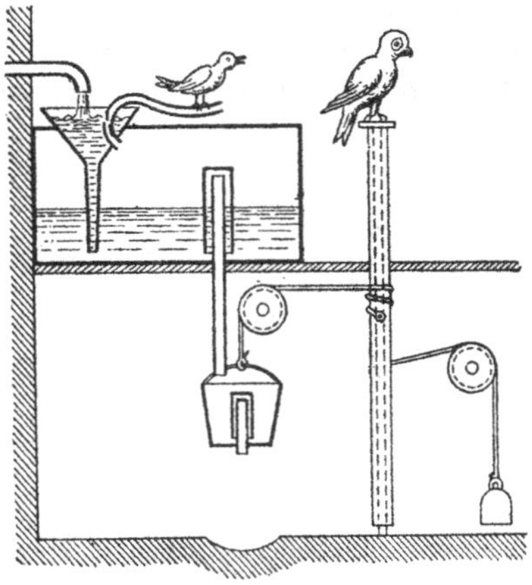

Fig. 16.

Fig. 17 zeigt eine Feuerspritze, das ist ein Wasserdruckwerk, wie sie nach dem Berichte VITRUV's der Lehrer des HERON, KTESIBIOS, zuerst gebaut haben soll. Da diese Feuerspritze zu den interessantesten Apparaten HERON's gehört und der Verdacht nahe liegen könnte, dass wir dieselbe in allzu modernisirter Gestalt skizzirt hätten, lassen wir die Beschreibung des HERON in der Uebersetzung hier folgen.

„Die Feuerspritzen, welche zum Löschen der Feuersbrünste gebraucht werden, macht man wie folgt:

Es werden zwei metallene Cylinder auf der Innenfläche mit dem Drehstahle nach dem Kolben ausgedreht, gleichwie die „Stiefel" der Brunnenmacher. Die genau passenden Kolben seien $KL$ und $MN$. Die Cylinder aber sind durch eine Röhre $XODF$ mit einander verbunden und aussen innerhalb der Röhre $XODF$ sind sie mit aufgesetzten Ventilen $P$ und $R$ versehen, wie die oben besprochenen, so dass sie sich nach der Aussenseite der Cylinder öffnen. Die Cylinder haben auch in den Böden runde Löcher $s$ und $t$, welche durch glatte Scharnierstücke (Ventilklappen) $YPQR$ verschlossen sind. Durch diese sind Bolzen gesteckt, welche festgelöthet

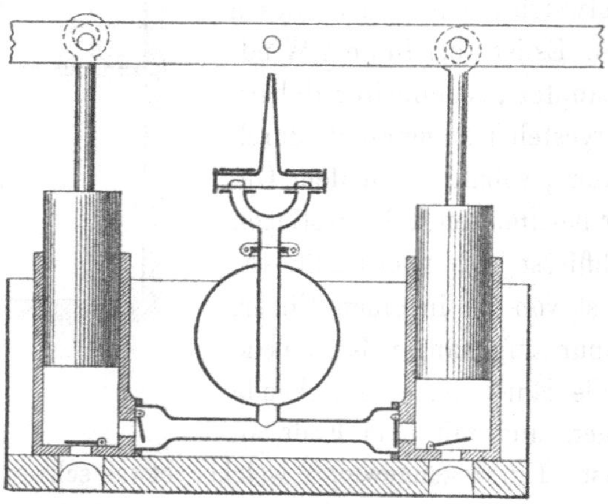

Fig. 17.

oder dadurch mit dem Cylinderboden fest verbunden werden, dass man sie an den äussersten Enden mit Schliessen versieht, damit die Achsen nicht mehr herausgezogen werden können. Die Kolben aber sind mit Stangen $S$ versehen, die in ihrer Mitte eingefügt sind. Mit diesen wird die Schiene (der Balancier) $Z\alpha$ verbunden, die sich in der Mitte um den festen Bolzen $\delta$ dreht. Die Stangen $S$ aber drehen sich um die Bolzen $b$ und $v$. Auf eine Bohrung in dem Rohre $XODF$ wird ein anderes senkrechtes Rohr $\varepsilon\zeta$ gesetzt, welches sich gabelförmig theilt und mit hahnenartigen Ansätzen versehen ist, durch welche die Flüssigkeit ausgetrieben wird, wie wir es früher bei dem Gefässe besprochen haben, welches vermöge der in ihm komprimirten Luft Wasser auszuspritzen vermag."

Da hier auf den in Kapitel IX beschriebenen und in unserer Fig. 11 dargestellten Windkessel Bezug genommen wird, so liegt die Vermuthung nahe, dass diese Feuerspritze mit einem Windkessel versehen gewesen sei, wie wir ihn in unsere Fig. 17 eingezeichnet haben, obgleich in der vorliegenden Beschreibung nur von einem umlegbaren Standrohre die Rede ist. (Da zur Verbindung der Kolbenstange mit dem Balancier eine Gelenk- oder Flügelstange nicht erwähnt ist, haben wir diese Verbindung so skizzirt, wie sie von Maschinenbauern des 16. und 17. Jahrhunderts meist abgebildet wurde. Die Oese an der Kolbenstange ist hier so weit gemacht, dass sie für die geringe seitliche Abweichung des Scharnierbolzens von der Vertikalen Spielraum bietet.)

„Wenn nun die beschriebenen Cylinder oder Stiefel mit Zubehör in einen mit Wasser gefüllten Trog $ox\Delta n$ gesetzt und der Balancier daran angemacht, auch an dessen äusseren Enden bei den Scharnierbolzen $\delta$ die Stempel beweglich angehängt und in die Cylinder gepasst werden, dann werden sie das Wasser durch die Röhre $e\zeta$ und die obere getheilte, sich hin und her bewegende Röhre $X$ austreiben. Denn wenn der Stempel $KL$ in die Höhe gehoben wird, öffnet er das Loch bei $s$ und schliesst zugleich das Ventil $P$. Wenn er aber niedergedrückt wird, schliesst er das Loch bei $s$ und öffnet das Ventil bei $P$, durch welches das gepresste Wasser ausgespritzt wird. Ebendasselbe geschieht bei dem Stempel $MN$.

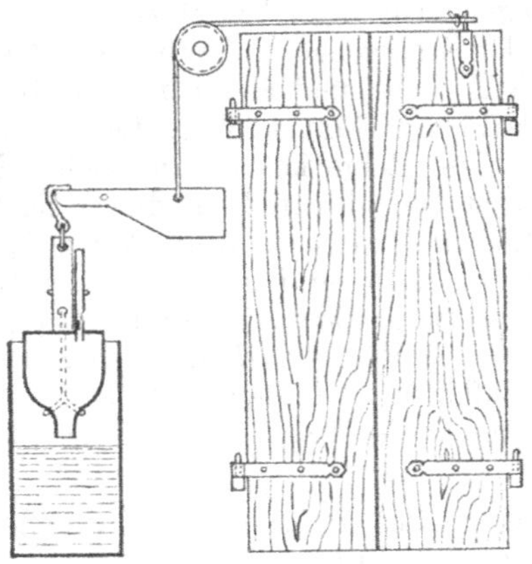

Fig. 18.

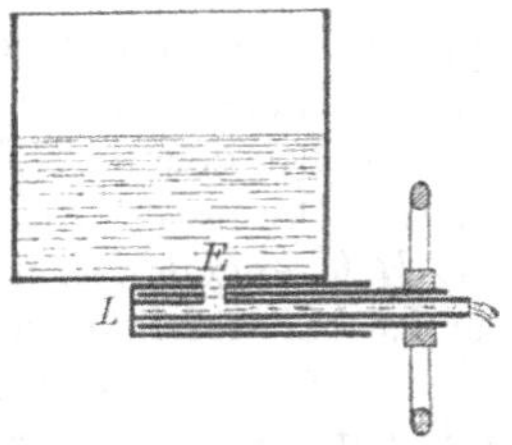


Fig. 19.

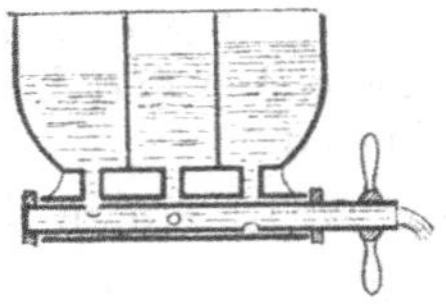

Fig. 20.

Die sich neigende und aufrichtende Röhre $X$ gestattet, das Wasser nach einer gegebenen Höhe zu spritzen, nicht aber nach einer gegebenen Himmelsgegend umzukehren, es sei denn, dass man die ganze Maschine umwende, was nur langsam und beschwerlich im Nothfalle geschehen kann. Damit aber das Ausspritzen nach jeder Richtung leichter geschieht, wollen wir die Röhre $e\zeta$ in zwei gut mit einander verbundene Theile zerlegen. Der untere Theil ist mit der Röhre $XODF$ (das ist die die beiden Cylinder verbindende Röhre) fest verbunden, während der obere Theil, an den sich das gabelförmige Rohr $\zeta$ sammt der Röhre $x$ anschliesst, drehbar damit verbunden wird, damit man vermöge dieser Drehung und Neigung des Rohres $X$ nach jeder beliebigen Richtung spritzen kann. Und zwar erhält die angemachte Röhre Schliessnägel (die hakenförmig gestaltet sind wie der Buchstabe $\Gamma$, damit sie nicht aus den Scharnieren herausgetrieben werden können) und wird vermittelst eines Scharnierstückes festgemacht, welches wie ein Ring gestaltet die untere Röhre umschliesst.“

Fig. 18 ist ein Apparat zu dem Zwecke, dass bei Eröffnung der Fensterladen eines Tempels ein Trompetenklang erschalle.

Neben dem Fenster ist ein Gefäss mit Wasser aufgestellt. Ueber demselben ist ein enghalsiges Gefäss mit der Mündung nach unten vermittelst eines Hakens an einem zweiarmigen Hebel mit Gegengewicht aufgehängt. In den nach oben gerichteten Boden des aufgehangenen Gefässes ist eine Trompetenröhre (vielleicht eine Zungenpfeife) gelöthet. Der Hebelarm mit Gegengewicht ist vermittelst einer über eine Leitrolle laufenden Schnur so mit einem Fensterladen verbunden, dass er durch das Oeffnen desselben in die Höhe gezogen wird. Infolge davon geht der andere Hebelarm abwärts, der Haken daran gleitet ab, das daran hängende Gefäss fällt in das Wasser, dieses drängt die Luft durch die Trompetenröhre heraus, welche dadurch ertönt.

Fig. 19 ist ein Gefäss mit eigenthümlichem Hahnenverschluss. Der Text dazu lautet:

„Man findet bei den bedeckten Eingängen der ägyptischen Tempel drehbare Räder von Erz angebracht, damit die Eintretenden dieselben umdrehen, weil man glaubt, dass das Erz eine reinigende Wirkung habe. Es sind aber auch Geschirre zum Besprengen der Eintretenden da. Es wäre daher zweckmässig, wenn durch das Umdrehen des Rades Wasser zur Besprengung aus denselben flösse.

Es stehe bei dem bedeckten Ein- oder Kreuzgange ein verborgenes Gefäss mit Wasser $ABCD$, dessen Boden ein Loch $E$ habe und es sei an dem Boden eine Röhre $FGHK$ angelöthet, die gleichfalls in der Gegend $E$ ein Loch $P$ habe, so dass beide Löcher aufeinander treffen. In diese Röhre kommt eine andere $LM$, die bei $L$ mit der Röhre $FGHK$ verbunden ist und gleichfalls in der Gegend von $E$ ein Loch $P$ hat. Zwischen diese beiden Röhren komme die dritte $NXOR$, so dass sie die beiden ersteren berühre und auch sie habe ein Loch $S$ bei dem Loche $E$. Wenn nun die erwähnten Löcher alle aufeinander gerichtet sind, wird Wasser, welches man in das Gefäss $ABCD$ schüttet, durch die Röhre $LM$ ausfliessen, wenn man aber die Röhre $NXOR$ dreht, wird es aufhören zu fliessen. Weil aber das Rad an die Röhre $NXOR$ befestigt ist, wird vermittelst dessen das Ausfliessen bewirkt oder verhindert."

Fig. 20 ist ein in drei Kammern getheiltes Gefäss mit darunter liegendem Vierweghahn, welcher ermöglicht, nach Belieben Flüssigkeit aus einer der drei Kammern ausfliessen zu lassen. Die Beschreibung dieses Hahnes lautet:

„Es geht aus des Geschirres Boden aus jeder Kammer ein Röhrchen $q\varphi$, $\omega z$ und $vt$, wovon das äusserste Ende $\varphi$, $z$, $t$ in eine andere Röhre einmündet, und in diese ist wiederum eine andere Röhre fleissig eingepasst, am Ende $G$ mit einem Boden verschlossen und in der Gegend, wo die kleinen Röhrchen $\varphi$, $z$, $t$ anschliessen, mit Löchern versehen, so dass bei Umdrehung der Röhre $BG$ je eines der Löcher mit einem der Röhrchen zusammentrifft und die Flüssigkeit aufnimmt, um sie durch die Röhre ausfliessen zu lassen u. s. w."

Fig. 21 ist dem Wesen nach eine Heissluftmaschine zum selbstthätigen Oeffnen und Schliessen einer Thüre. Die zu lösende Aufgabe lautet:

„Einen Tempel so einzurichten, dass nach dem Anzünden des Opferfeuers dessen geschlossene Thüre von selbst aufgeht und sich nach dem Verlöschen des Feuers wieder selbstthätig schliesst."

Unter dem Tempel befindet sich ein „Fussgestell"*) (Souterrain?), auf dem auch der hohle Altar steht. Dieser steht durch eine Röhre mit einem im Souterrain befindlichen kugelförmigen, zur Hälfte mit Wasser gefüllten Gefäss in Verbindung. In dieses ist ausserdem eine ∩-förmige Röhre so eingelöthet,

*) Aus diesem Ausdrucke muss man schliessen, dass es sich hier um die Demonstration an einem Modell handelt.

dass deren einer Schenkel nahe bis zum tiefsten Punkte der Kugel reicht. Die Drehaxen der beiden Flügel der Thüre sind abwärts verlängert bis zum Fussboden des Souterrains, wo sie in Pfannen laufen. Um die Axen sind zwei Ketten geschlungen und über Leitrollen geführt. Die eine Kette trägt am Ende

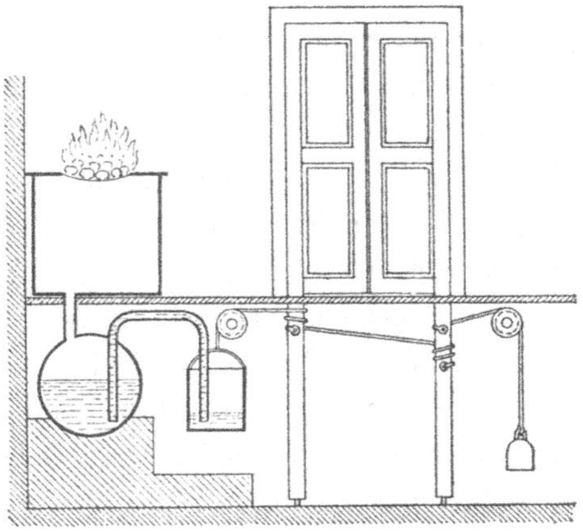

Fig. 21.

ein Gewicht, welches die Thürflügel zu schliessen strebt, an der anderen, welche in entgegengesetzter Richtung um die Thüraxen geschlungen ist, hängt ein Gefäss, welches in leerem Zustande leichter ist, als jenes Gewicht. In dieses

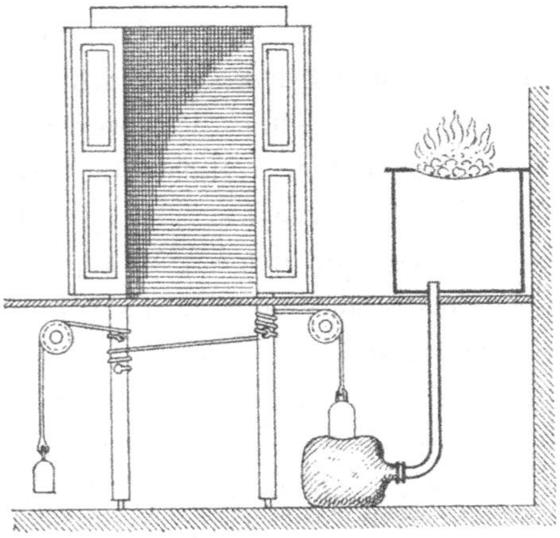

Fig. 22.

Gefäss mündet der eine Schenkel der oben erwähnten ∩-förmigen Röhre so ein, dass er bei geschlossener Thüre beinahe bis auf den Boden des Gefässes reicht.

Wird auf dem Altar Feuer angezündet, so erwärmt sich dieser, die eingeschlossene Luft dehnt sich aus, drückt auf das Wasser in dem Ballon im

Souterrain, dieses steigt durch die U-förmige Röhre in das aufgehängte Gefäss, zieht dieses nieder und öffnet dadurch die Thüre. Das Gefäss sinkt aber nur so weit, dass die Mündung der Heberröhre doch noch unter dem Wasserspiegel des angefüllten Gefässes bleibt. Nachdem das Feuer auf dem Altare erloschen ist, zieht sich die Luft in demselben infolge des Erkaltens wieder zusammen und saugt das Wasser aus dem aufgehangenen Gefässe zurück in den Ballon, und das Gegengewicht sinkt herab und schliesst die Thür wieder.

Fig. 22 ist ein ganz ähnlicher Apparat, nur dadurch von dem vorigen unterschieden, dass der Hohlraum des Altars mit einem im Souterrain liegenden Schlauche (das ist ein aus einer zusammengenähten Ziegenhaut bestehender Ballon) durch eine Röhre verbunden ist. Auf dem Schlauche ruht ein Gewicht, das die Stelle des aufgehangenen Gefässes im vorigen Apparate vertritt und schwerer sein muss, als das Gegengewicht. Ist der Altar kalt, so drückt dies Gewicht den Schlauch zusammen und hält die Thüre geschlossen; wird aber das Feuer angezündet, so erwärmt sich die Luft in dem Altar, dehnt sich aus und bläht den Schlauch auf, hebt das darauf ruhende Gewicht und das Gegengewicht sinkt nieder und öffnet die Thüre.

Fig. 23 ist ein Schröpfkopf, in dem die Luft durch Aussaugen mit dem Munde verdünnt wird, ehe man ihn aufsetzt.

Der grösste Theil des inneren Raumes des Schröpfkopfes ist durch eine der Mündung parallele Querwand abgeschlossen. Durch zwei aus der Zeichnung ersichtliche, aus je zwei in einander gepassten Röhren bestehende Hähne kann dieser abgeschlossene Raum nach Belieben mit der zweiten Abtheilung des Schröpfkopfes einerseits und mit der äusseren Luft andererseits in Kommunikation gesetzt werden. Man schliesst zuerst die Oeffnung in der Querwand, öffnet den zweiten Hahn, und indem man durch diesen mit dem Munde Luft aus dem abgeschlossenen Theile des Schröpfkopfes aussaugt, schliesst man ihn wieder. Alsdann setzt man den Schröpfkopf auf und öffnet den Hahn an der Querwand, wodurch Luftverdünnung im ganzen Schröpfkopfe entsteht und dieser ansaugt. Die beiden Hahnen sind beschrieben als: „spritzenförmige Ventile“ aus einer äusseren und einer inneren Röhre bestehend, wovon die letztere am äusseren Ende geschlossen und wirbelförmig gestaltet ist.“

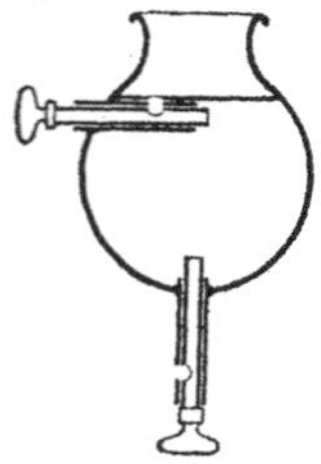

Fig. 23.

Von einer Konicität solcher Röhren ist bei HERON's Beschreibungen von Hahnen niemals die Rede; doch wäre es immerhin möglich, dass solche nur als etwas Selbstverständliches nicht ausdrücklich erwähnt wird. Wendete man cylindrische Röhren an, so war ein Ineinanderschleifen derselben nicht möglich, und man musste dann durch konsistente Schmiere oder ähnliche Mittel die Dichtigkeit des Hahnes erreichen.

Fig. 24 ist ein Apparat, der für uns hauptsächlich deshalb interessant ist, weil dabei durch eine Zahnradübersetzung eine drehende Bewegung von einer horizontalen auf eine vertikale Axe übertragen wird. Die Aufgabe lautet: „Eine Schatztruhe oder einen Gotteskasten zu machen mit einem Rade von Metall, das sich hin und her drehen lässt, sonst Agnisterion genannt, welches diejenigen, welche zum Gottesdienste gehen, umzudrehen pflegen. Wenn das Rad gedreht wird, soll dies einen Vogelgesang verursachen, und der Vogel, welcher auf dem Kasten sitzt, soll sich gleichzeitig umdrehen. Wenn sich aber der Vogel einmal umgewendet hat, soll er sich nicht weiter umwenden und mit Pfeifen aufhören."

Die Beschreibung lautet etwa wie folgt: *ABCD* sei der Gotteskasten, in welchem eine Welle *EF* liegt, an der ein Rad *HK* befestigt ist, das man umdreht. Ferner ist auf dieser Welle eine Trommel *L* angebracht und ein Rad *M*, das mit Zähnen oder Spitzen versehen ist. Um die Trommel ist ein Seil gewunden, an dessen Ende eine metallene Kuppel (oder Glocke) hängt, aus

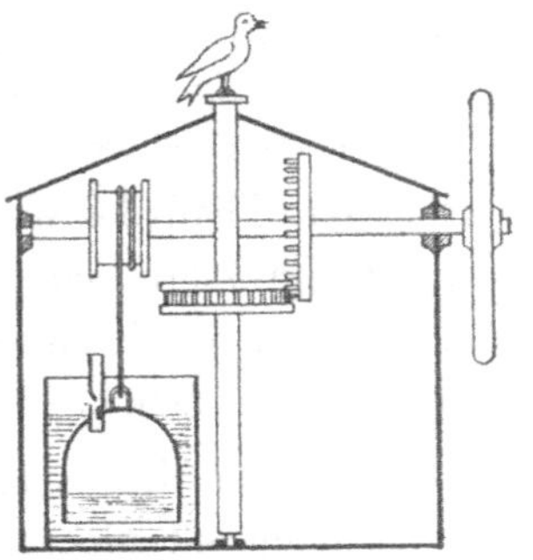

Fig. 24.

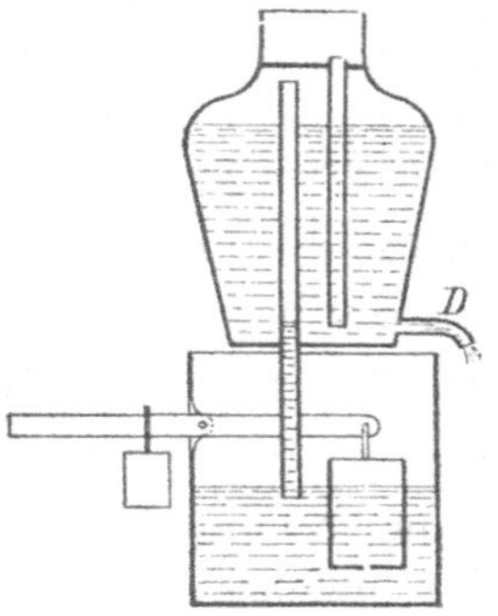


Fig. 25.

der eine Röhre hervorragt, die oben in eine Vogelpfeife endigt. Unter diese Kuppel (oder Glocke) wird ein Gefäss mit Wasser gesetzt. Von der Spitze des Kastens bis zu dessen Boden wird eine andere Welle angebracht, auf welcher bei *S* der Vogel sitzt, bei *T* aber ein mit Speichen (Triebstöcken?) versehenes Drehrad, das mit den Zähnen des Rades *M* in Eingriff ist. Wird das Rad *HK* gedreht, so schlingt sich das Seil um die Trommel und hebt die Kuppel oder Glocke. Wird dann das Rad losgelassen, so sinkt diese herab in das Wasser, welches die Luft verdrängt und den Vogelgesang verursacht; gleichzeitig aber wird durch die Räderübersetzung der Vogel umgewendet.

Die beiden Axen sind in unserer Skizze rechtwinkelig geschränkt gezeichnet. Diese Anordnung war bei den Maschinenbauern des 16. und 17. Jahrhunderts die gebräuchlichste und wegen der damals üblichen Triebstockverzahnungen zulässig.

Fig. 25 ist ein Apparat, vermittelst dessen man durch Einstellen eines Gewichtes bewirken kann, dass aus einem Gefässe eine beliebige, bestimmte Flüssigkeitsmenge ausfliesst.

Die Beschreibung lautet:

„*AB* sei ein Gefäss, in welches man Wein einschüttet, dessen Auslaufröhre *D* nahe dem Boden sei. Der Hals des Gefässes ist mit einem Querboden *EF* verschlossen, durch welchen eine Röhre *GH* geht, die vom Boden des Gefässes nur so weit absteht, wie es für den Ausfluss des Weines nöthig ist. Das Fussgestell, auf welchem dies Gefäss steht, sei *KJMN*. Ein zweites Rohr *XO* geht durch das Geschirr in das Fussgestell und steht von dem Querboden ein wenig ab. In das Fussgestell wird Wasser geschüttet, durch welches man die untere Oeffnung der Röhre *XO* verschliesst. Ferner ist *RP* ein hölzerner Hebel (Waagbalken), dessen eine Hälfte sich innerhalb und dessen andere Hälfte sich ausserhalb des Fussgestelles befindet und welcher seinen Drehpunkt in dem Scharniere *S* hat. An diesen Hebel wird bei *P* ein Eimer gehängt, der im Boden ein Loch *T* hat. Wenn nun das Hauptgefäss durch die Röhre *GH* gefüllt wird, ehe in das Fussgestell Wasser geschüttet wird, entweicht die Luft durch die Röhre *XO*, dabei verschliesst man die Auslaufröhre und schüttet dann durch ein Loch Wasser in das Fussgestell, bis das Mundloch *O* bedeckt wird. Dann öffnet man die Auslaufröhre (am Hauptgefäss). Der Wein kann nun nicht ausfliessen, weil keine Luft in das Gefäss eindringen kann. Wenn man aber den äusseren Theil des Hebels *R* niederdrückt, wird der Eimer (mit der darin enthaltenen Wassermenge) sich theilweise aus dem Wasser erheben, das Mundloch *O* von Wasser befreien und dadurch das Ausflussrohr fliessen machen, bis die in die Höhe gezogene Wassermenge aus dem Eimer (durch das Loch im Boden desselben) ausgelaufen und das Mundloch *O* wieder geschlossen ist u. s. w.“

Je nachdem nun durch ein Laufgewicht der äussere Theil des Waagbalkens mehr oder weniger niedergedrückt wird, wird eine grössere oder geringere Menge des Weines aus dem Hauptgefässe ausfliessen und durch eine geeignete Skala auf dem Waagbalken kann man die Ausflussmenge beliebig bestimmen.

Bei dieser Lösung der Aufgabe ist der Umstand übersehen, dass der Abschluss des Mundloches *O* durch das Wasser im Fussgestell nicht sofort den Auslauf des Weines verhindert, sondern erst dann, wenn die im Hauptgefässe befindliche Luft sich soweit ausgedehnt und soweit Wasser aus dem Fussgestell angesogen hat, dass in der Röhre *XO* eine Wassersäule steht, deren Höhe gleich ist der Druckhöhe des Weines im Hauptgefässe. Auch ist der Umstand übersehen, dass diese Wassersäule, wenn die Röhre *XO* nicht sehr weit ist, in derselben stehen bleibt, wenn auch der Wasserspiegel im Fussgestelle das Mundloch *O* nicht mehr verschliesst, dass sie dem Flüssigkeitsdrucke im Hauptgefässe dann immer noch das Gleichgewicht hält und deshalb ein Ausfliessen des Weines nicht zulässt. Um dies zu vermeiden, dürfte der Abschluss des Mundloches *O* nicht durch das Wasser selbst, sondern er müsste durch ein Schwimmerventil erfolgen, etwa durch ein solches, wie es in unserer

Fig. 26 abgebildet und im zwanzigsten Kapitel der „Pneumatica“ von Heron beschrieben ist, wo es sich darum handelt, dass aus einem höher stehenden Wasserreservoir in ein tiefer stehendes stets soviel Wasser wieder zufliesst, als aus letzterem entnommen worden ist. Der Schwimmer von Kork bildet hier selbst das Ventil und schliesst die nach unten gerichtete Mündung der Zuflussröhre, sobald das Niveau des ihn tragenden Wassers wieder bis zur ursprünglichen Höhe gestiegen ist.

Fig. 27 ist eine andere Form des Schwimmerventils, zum gleichen Zwecke dienend. (Heron's Kap. 67.) Das Absperrventil ist glockenförmig und, abweichend von unseren jetzt üblichen Anordnungen, über die Rohrmündung gestülpt, welche es verschliessen soll.

Fig. 28 ist ein einfaches, vermittelst eines Hebels mit der Hand zu bewegendes Absperrventil dieser Art. (Kap. 51.)

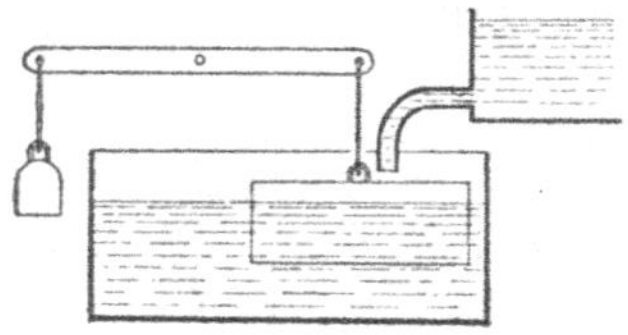

Fig 26.

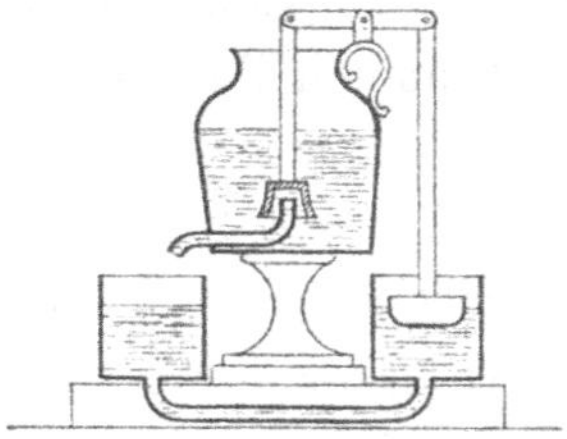

Fig. 27.

Fig. 28.

Fig. 29 ist ein Apparat, welcher denselben Zweck erfüllt, wie der für Fig. 25 angegebene.

Das zu füllende Gefäss steht auf einem Waagbalken mit Laufgewicht. Sobald die gewünschte Flüssigkeitsmenge in dies Gefäss gelaufen ist, sinkt es nieder und schliesst vermittelst des aus der Abbildung ersichtlichen Hebel-

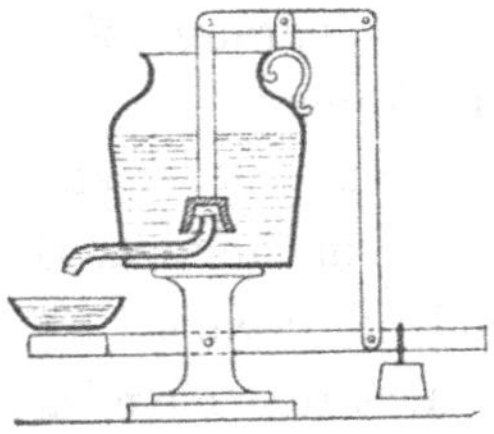

Fig. 29.

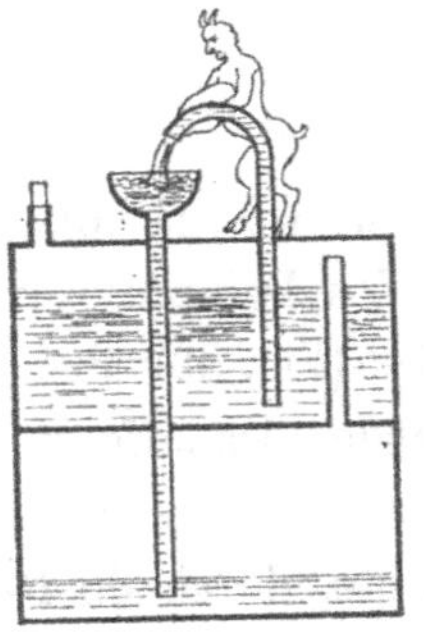

Fig. 30.

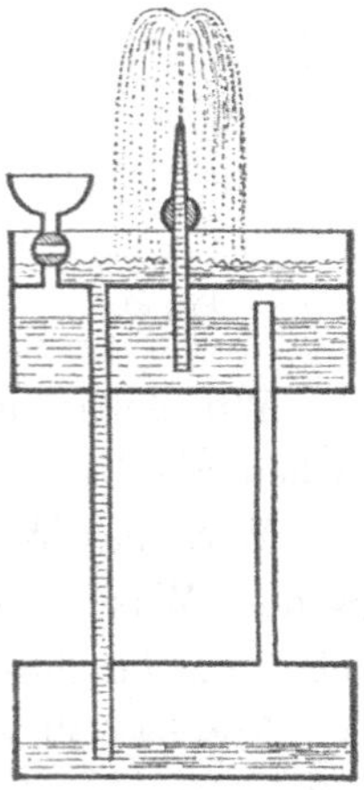

Fig. 31.

mechanismus das glockenförmige Abschlussventil über dem aufwärts gebogenen Ende der Auslaufröhre in dem Hauptgefässe.

Ein konisches Ventil kommt bei Heron nur im Kap. 40 in Gestalt eines Pfropfens vor, der in einen konischen Ventilsitz eingepasst ist.

Fig. 30 ist diejenige Form des sogenannten Herons-Brunnens, welche sich in Heron's Pneumatica wirklich findet. Bekanntlich bezeichnet man mit diesem Namen heutzutage einen Apparat, wie ihn unsere Fig. 31 zeigt. In HERON's Werk findet man den Apparat in dieser Form nicht und überhaupt keinen Springbrunnen, bei dem das Wasser durch hydraulischen Druck emporgetrieben wird.

Fig. 32 ist das in Kap. 57 von HERON beschriebene chirurgische Instrument „Piuleus", welches ähnlich dem Schröpfkopfe zum Saugen diente, nachdem man die feine Spitze desselben durch die Haut gestochen und den Stempel zurückgezogen hatte. Es kann als primitive Form der „Luftpumpe" zur Erzeugung eines luftverdünnten Raumes angesehen werden.

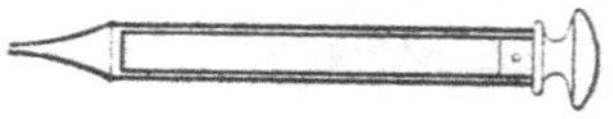

Fig. 32.

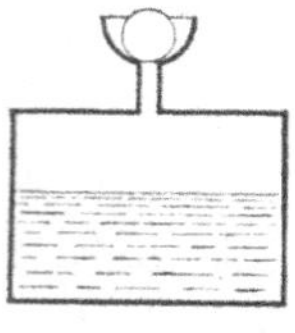

Fig. 33.

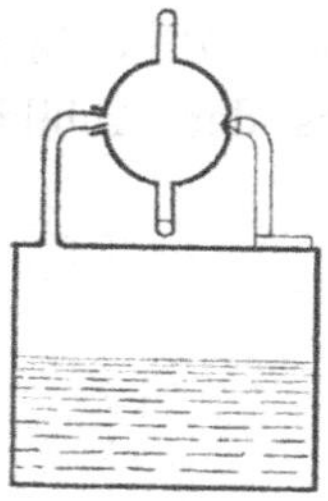

Fig. 34.

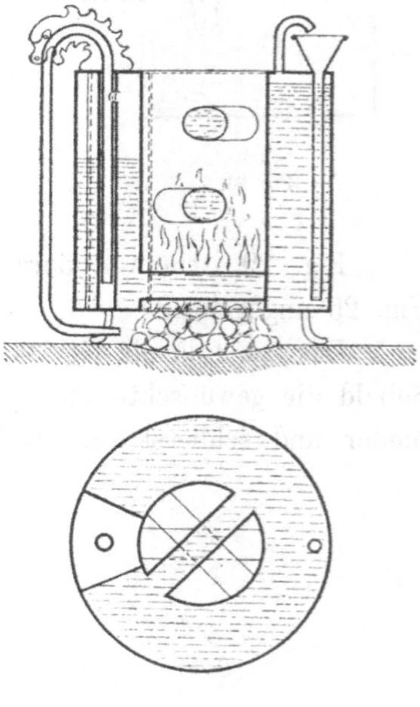

Fig. 35.

Wir gehen nun zu den von HERON beschriebenen Apparaten über, bei welchen die Expansivkraft des Dampfes zur Anwendung kommt.

Wird das Wassergefäss (Fig. 33) über ein Feuer gesetzt, so versetzen die aus dem Wasser entweichenden Dämpfe eine leichte, in dem auf dem Gefässdeckel angebrachten Trichter liegende Kugel in hüpfende Bewegung.

Fig. 34 soll die bekannte, durch die Reaktion des ausströmenden Dampfes in Rotation versetzte Kugel zeigen. Das oben auf der Kugel befindliche Ausströmungsröhrchen ist nach vorwärts, das unten befindliche nach rückwärts gekrümmt.

Fig. 35 ist ein im Kap. 73 von HERON beschriebener Dampf- und Wasserkessel, welcher in konstruktiver Hinsicht so viel Interessantes bietet, dass wir den Text vollständig wiedergeben.

Die gestellte Aufgabe lautet:

„Einen Kochtopf herzurichten und eine Thierstatue daran zu setzen, welche bläst und sogar die Kohlen anbläst, dass sie brennen. Ueberdies die Einrichtung zu treffen, dass eine an dem Halse des Topfes angebrachte offene Röhre nicht eher ausfliesse, als wenn kaltes Wasser in einen Trichter geschüttet wird. Es soll sich aber das kalte Wasser erst dann mit dem warmen vereinigen, wenn es auf den Boden des Topfes gelangt und dort durch eine Röhre ausgeflossen ist."

Es folgt nun erst eine mehr allgemeine Beschreibung des Apparates, welche in unsere heutige Sprache übersetzt also lautet:

„Der Kochtopf kann eine beliebige Form haben. An den Raum, in den man das Wasser einschüttet, schliesst sich ein anderer, durch zwei Scheidewände ringsum abgegrenzter Raum, aus welchem zunächst dem Boden eine Röhre herausgeht, deren eines Ende (welches verschlossen ist) zwischen den Kohlen liegt, während das andere Ende gut verdichtet ist, damit kein Wasser von dem Thierbilde in die Kohlen komme. Die übrigen Röhren schliessen sich an den Raum an, in dem sich das (zu erwärmende) Wasser befindet, so dass der Rauch der verbrannten Kohlen in dem kleinen Zwischenraume zwischen den Röhren hindurch gelange und eine Verdampfung bewirke.

Die Form des Kessels ist eine beliebige. In dem Raume, welcher das Wasser aufnimmt, wird ein kleiner Raum durch zwei senkrechte Scheidewände abgegrenzt, so dass er ringsum abgeschlossen ist. Mit diesem wird nahe dem Boden ein Rohr in Verbindung gesetzt, welches als eines von denen auftritt, die den Kohlen untergelegt werden*), und dessen anderes Ende verschlossen wird, damit kein Wasser aus dem Kessel in die Kohlen läuft. Die übrigen Röhren schliessen an den Raum an, worin das Wasser ist. So erzeugen die brennenden Kohlen in dem einen Rohre, das sich an den kleinen Raum anschliesst, Dampf, der vermittelst eines durch den Deckel des Kessels gehenden Rohres durch das Maul des Thierbildes in die Kohlen geleitet wird, weshalb das Thierbild so niedergebeugt ist, dass es abwärts bläst. Da aber fortwährend Dampf erzeugt wird, bläst das Thierbild beständig und durch das Feuer wird wiederum Dampf erzeugt. Weil wir aber nur wenig Wasser in den kleinen Raum giessen, erzeugen wir sehr viel (d. h. sehr rasch) Dampf, und je stärker das Thierbild bläst, desto stärker wird der Kessel erhitzt, so wie wir auch bei Kochtöpfen, welche erhitzt sind, sehen, dass der Dampf aus dem Wasser in die Höhe getrieben wird.

Das Thierbild muss wie ein Hahnwirbel gestaltet sein, den man wegnehmen kann, um die geringe Quantität Wasser eingiessen zu können, sowie auch, damit durch Umwenden des Wirbels die Röhre verschlossen werden kann, wenn man will, dass das Thier nicht mehr in die Kohlen blase.

Auf dem Deckel des Hauptgefässes ist ein kleiner Trichter angebracht, von welchem eine Röhre bis über den Boden geht, durch welche das eingeschüttete Wasser ausfliesst. Damit aber der Kochtopf durch das eingeschüttete Wasser ganz gefüllt werden kann, ohne dass das zugleich aufsiedende Wasser überlaufe, wird eine andere Röhre angebracht und oben mit einer sanften Krümmung nach dem Trichter hingeführt."

Eine specielle Beschreibung einer besonderen Anordnung dieses Apparates wird nun eingeleitet mit den Worten:

„Wie ein solcher Apparat herzurichten sei, wollen wir nun beschreiben:

Es wird ein Hohlcylinder gemacht, dessen untere Endfläche $AB$ und dessen obere Endfläche $CD$ sei. In diesen wird ein zweiter Hohlcylinder gestellt, so dass seine Endflächen mit denen des ersten in einer Horizontalen liegen und dessen untere Endfläche $EF$, die obere dagegen $GH$ heissen möge. Die durch beide Cylinder gebildeten (ringförmigen) Oeffnungen werden durch Querböden verschlossen.

In dem Cylinder $EFGH$ sind cylindrische Röhren $OK$, $LX$ und $MN$ angebracht, wovon die eine Röhre $LX$ nur mit einem Ende bei $X$ durch (die Wandung)

*) Daraus geht hervor, dass röhrenförmige Roststäbe, durch welche wahrscheinlich Luft zur Abkühlung cirkulirte, gebräuchlich waren.

geht, während die anderen Röhren beiderseits in den Hohlraum zwischen den Cylindern münden, in welchen Hohlraum zwei Scheidewände $EG$ und $FH$ eingesetzt sind, um den Raum $GEFH$ abzutrennen, in den diejenige Röhre einmündet, welche nur auf einer Seite offen durchgeht.

Auf dem oberen Deckelboden, das ist bei $GH$, wird das Thierbild, durch welches eine enge Röhre geht, aufgesteckt; das Röhrchen aber, welches durch das Thierbild geht, ist vorn nach dem Orte hin gekrümmt, wo die Kohlen liegen. Will man, dass das Thierbild zeitweilig nicht blase, dann muss das Röhrchen, welches durch das Thierbild geht, wie der Zapfen eines Hahnes in eine andere Röhre gesteckt werden, damit das Thierbild nicht in die Kohlen bläst, wenn man es (d. h. die Mündung des Röhrchens) nach aussen dreht. Die zuletzt genannte feststehende Röhre ist auch zum Eingiessen des Wassers in den Raum $GEFH$ von grossem Nutzen, denn wenn das Thierbild mit seiner Röhre herausgenommen wird, kann man das Wasser durch die feststehende Röhre einschütten, dessen Dampf durch das Bild ausströmen soll.

Auf den Deckelboden wird der Trichter $BS$ gesetzt, dessen Röhre bis nahezu an den Boden des Topfes reicht, von dem es nur so viel absteht, wie für den Ausfluss des Wassers nothwendig ist.

Will man nun das warme Wasser ausfliessen lassen, so giesst man bei $PS$ kaltes Wasser ein, welches das warme Wasser verdrängt und in die Höhe steigen macht, bis es durch die gebogene Röhre ausfliesst. Denn das kalte Wasser vermischt sich nicht sogleich mit dem warmen, und auf diese Weise erhalten wir immer so viel heisses Wasser, als wir kaltes eingiessen.

Damit man aber erkenne, wann der Kochtopf siedet, wird eine durchgehende Oeffnung für den Dampf gemacht, auf welche sich über dem Deckel eine gekrümmte Röhre setzt, die nach dem Trichter $RS$ hinweist, damit überkochendes Wasser sich in den Trichter ergiesse u. s. w."

In dieser Kombination eines Kessels zur Erzeugung siedenden Wassers und eines solchen zur Erzeugung von Dampf zum Anblasen des Feuers finden wir bereits innere Feuerung wie bei den heutigen Cornwall-Kesseln, während die durch das Feuerrohr gezogenen, beiderseits offenen Röhren dem Princip nach mit den Galloway-Röhren übereinstimmen, und die im Feuer liegende, auf einer Seite geschlossene Röhre mit den heutigen Field-Röhren grosse Aehnlichkeit hat.

Im folgenden Kap. 74 beschreibt Heron den gleichen Apparat mit der Abänderung, dass der einfache Dampfhahn durch einen Vierweghahn, ähnlich dem in Fig. 20 dargestellten, ersetzt ist, um durch den erzeugten Dampf abwechselnd und nach Belieben einen Trompeter blasen, einen Vogel pfeifen, oder das Thierbild, wie im vorigen Kapitel, das Feuer anfachen zu machen. Dass der Trompeter dabei „durch den seiner Trompete ausströmenden Dampf lustig umhergewirbelt wird", wie in Pierer's Konversationslexikon in dem geschichtlichen Theile des Artikels: „Dampfmaschine" gesagt wird, ist nicht richtig.

Die beiden letzten Kapitel der „Pneumatica" handeln von der, wie wir gesehen haben, von Ktesibios erfundenen Wasserorgel. Dieselbe führt diesen, Namen, weil die Regulirung des Winddruckes durch Wasser geschieht. Zur Erzeugung des Windes dient eine Kompressionspumpe mit Cylinder $A$ (Fig. 36), dem Massivkolben $B$, einem Saugventil im oberen Cylinderboden $C$, bestehend aus einer dünnen, federnden Metallzunge über der

Saugöffnung. Ein gleiches Ventil wird wohl vor der Ausströmungsöffnung am Cylinder gewesen sein, obgleich dies in der Beschreibung des Heron nicht erwähnt ist. Der Kolben wird durch eine starke Kolbenstange und einen doppelarmigen Hebel, indem man mit dem Fusse dessen äusseres Ende *H* niederdrückt, nach aufwärts getrieben und sinkt dann durch sein eigenes Gewicht wieder nieder. Die Luft geht aus dem Pumpencylinder durch eine ∩-förmig gebogene Röhre von oben in eine metallene Glocke *D*, welche in einem theilweise mit Wasser gefüllten Reservoir so aufgestellt ist, dass sie dessen Boden nicht berührt. Die in die Glocke gepresste Luft verdrängt das in derselben stehende Wasser,

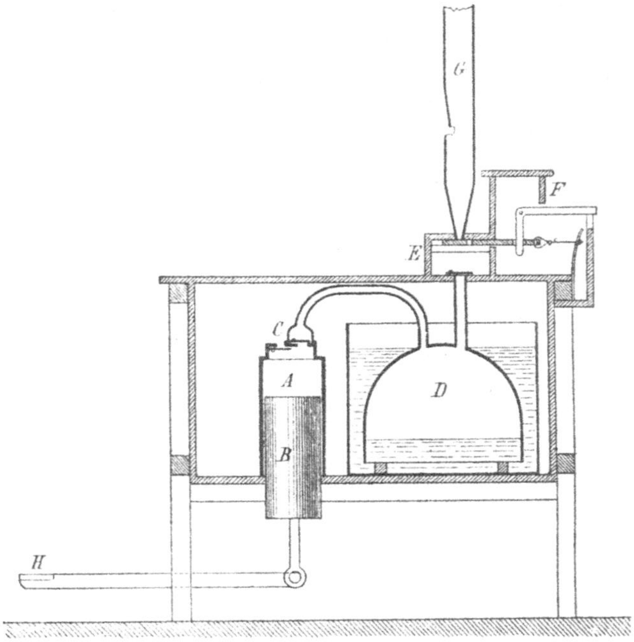


Fig. 36.

welches unten aus der Glocke entweicht, ausserhalb in dem Reservoir in die Höhe steigt und durch den hydraulischen Druck eine um so gleichmässigere Windpressung in der Glocke erhält, je grösser die Wasseroberfläche im Reservoir, je geringer also der so erzeugte Unterschied der Wasserstände in demselben ist. Durch eine zweite, oben in die Glocke einmündende Röhre wird die Luft von da nach der Windlade *E* geführt. Die Einrichtung der Tastatur der Orgel bietet nichts besonders Bemerkenswerthes. Durch Niederdrücken der Tasten *F* wird vermittelst eines Winkelhebels ein Schieberventil am Fusse der Orgelpfeife *G* geöffnet. Wird die Taste wieder frei, so schiebt eine Feder aus Horn das Schieberventil wieder zu.

Im folgenden letzten Kapitel der „Pneumatica“ endlich ist ein ebensolches Orgelwerk beschrieben, bei dem die Luftkompressionspumpe jedoch nicht durch Menschenkraft, sondern durch ein Windrad in Bewegung gesetzt wird. Hier befinden sich die Ventile am unteren Ende des vertikalen Pumpencylinders, die Kolbenstange geht nach oben und hängt an einem zweiarmigen Hebel, dessen anderes Ende durch Stifte oder Daumen niedergedrückt wird, welche in einer auf der Axe des Windrades befestigten Scheibe sitzen. Kommen die Daumen ausser Eingriff, so sinkt der Kolben durch sein Gewicht nieder und treibt die Luft in die Glocke. Das Windrad ist in einem drehbaren Gestelle gelagert, um nach der Windrichtung verstellt werden zu können. Leider ist das Windrad gar nicht und dessen mechanische Verbindung mit der Luftkompressionspumpe nur mit wenigen Worten und sehr unklar beschrieben. Es muss daraus wohl geschlossen werden, dass das Windrad und ähnliche Bewegungsübertragungen wie die hier erwähnte zur damaligen Zeit sehr bekannt gewesen sind, da HERON sie sonst wohl einer eingehenderen Beschreibung gewürdigt haben würde.

# Pappus der Alexandriner.

Obgleich der alexandrinische Mathematiker Pappus erst um die Zeit von 284 bis 305 n. Chr. schrieb, wollen wir eine Besprechung des achten Buches seines mathematischen Sammelwerkes unmittelbar auf unsere Abhandlung über Heron folgen lassen, weil Pappus darin selbst sagt, dass ein grosser Theil dieses Buches den Schriften Heron's, namentlich dessen „Barülkon“ und „Mechanik“ entnommen sei. In der Vorrede zu diesem Buche spricht Pappus zu seinem Sohne Hermodor:

„Die mechanische Wissenschaft wird, da sie bei wichtigen Dingen im Leben Anwendung findet, von den Philosophen sehr hoch geachtet und von allen Mathematikern mit besonderem Eifer betrieben, weil sie uns zuerst in die Lehre von der Natur der Materie und den Elementen der Welt einführt. Denn indem sie die Lage und Schwere der Körper und ihre Bewegung im Raume im allgemeinen bespricht, untersucht sie nicht nur die Ursachen, warum sich Körper von Natur bewegen, sondern lehrt auch, wie man ruhende Körper zur Bewegung aus ihrer Lage zwingt, die ihrer Natur zuwider ist, und um dies zu erreichen, macht sie von Lehrsätzen Gebrauch, welche die Materie selbst an die Hand giebt.

Diejenigen, welche dem Heron folgen, sind der Ansicht, dass der eine Theil der Mechanik die mathematischen Demonstrationen, der andere die Handarbeiten umfasst, und zwar soll jener Theil, den sie den rationellen nennen, die Geometrie, Arithmetik, Astronomie und die physikalischen Demonstrationen in sich begreifen, der andere aber, welcher die Handarbeiten umfasst, soll die Kunst des Erz- und Eisenarbeiters, des Bauhandwerkers, des Holzarbeiters, sowie die des Malers und Alles, was Handarbeit betrifft, lehren. Sie sagen, derjenige, welcher vom frühen Alter an sich diesen Disciplinen widmet und in diesen Künsten geübt wird und einen regsamen Geist hat, wird in der Folge der beste Erfinder (und Konstrukteur) mechanischer Werke sein, aber da es nicht möglich ist, dass Einer die vielumfassende mathematische Wissenschaft vollständig in sich aufnehme und alle die genannten Künste erlerne, rathen sie denjenigen, welche sich mit einem mechanischen Werke beschäftigen wollen, sie möchten sich das, was in diesem Fache nothwendig ist, von Leuten, die der betreffenden speciellen Kunst mächtig sind, an die Hand geben lassen.

Von allen Künsten, welche auf der Mechanik beruhen, sind folgende für das praktische Leben am wichtigsten: Die Kunst der Flaschenzugmacher (ars manganariorum), nach den alten auch Mechaniker genannt, denn diese heben grosse Lasten, welche von Natur (d. h. ohne künstliche Hilfsmittel) unbeweglich sind, in die Höhe, indem sie sie durch kleinere Kräfte bewegen; dann die Kunst derer, welche Wurfmaschinen (tormenta) bauen, wie sie im Kriege nöthig sind, und welche auch Mechaniker genannt werden, denn Geschosse von Stein, Eisen oder anderem Material werden durch katapultenartige Maschinen, welche diese anfertigen, auf weite Entfernungen geworfen. Dann die Kunst derer, welche eigentlich Maschinenbauer (machinarum fabri) genannt werden, denn durch Maschinen, welche diese zum Wasserschöpfen bauen, wird das Wasser aus grosser Tiefe sehr leicht in die Höhe gehoben.

Mechaniker wurden aber auch von den Alten die Wunderkünstler genannt, wovon die Einen die Lehre von der Luft fleissig anwenden, wie Heron in seiner Pneumatica, Andere durch Saiten und dünne Schnüre die Bewegungen belebter Wesen nachzuahmen suchen, wie Heron in seiner Lehre von den Automaten und seiner Aequilibristik, andere auch durch solche, die durch Wasser bewegt werden, wie Archimedes in seinen ὀχουμένοις, oder durch Wasseruhren, wie Heron in seinen ὑδρείοις, deren Lehre mit der von den Sonnen- und Wasseruhren verwandt zu sein scheint. Mechaniker werden endlich auch diejenigen genannt, welche die Anfertigung von Globen verstehen und eine Darstellung der Himmelsbewegung durch gleichmässige kreisförmige Bewegung von Wasser hervorbringen.

Einige sagen, dass die Ursachen und Gesetze von alle dem seit Archimedes von Syrakus bekannt seien. Denn dieser vor Allen, deren Andenken sich bis in unsere Zeit erhalten hat, behandelte jeden Gegenstand mit ausserordentlicher Geistesschärfe, wie unter Anderen Geminus in seinem Buche über den Rang der Mathematiker bezeugt. Carpus aus Antiochien aber schreibt, dass Archimedes nur ein mechanisches Buch verfasst habe, welches von der Konstruktion der Himmelsgloben handele, alles Uebrige dieser Art aber habe er nicht für der Mühe werth gehalten, dass man darüber schreibe. Doch hat dieser göttliche Mann, der von den Meisten wegen der Schärfe seines Geistes und seiner mechanischen Wissenschaft so gerühmt wird, dass sein Andenken bei allen Sterblichen ewig fortleben wird, so zu sagen die Haupt- und Grundlehren der Geometrie und Arithmetik auf das Kürzeste gefasst und auf das Genaueste zusammengestellt und diese Disciplinen scheinen von ihm so geliebt worden zu sein, dass er sich nicht entschliessen konnte, etwas Anderes hineinzubringen. Carpus selbst aber und mehrere Andere haben mit Recht die Geometrie zu gewissen Künsten und zum Gebrauche im Leben herangezogen. Denn die Geometrie, die bei vielen Künsten und Anforderungen des Lebens zu helfen vermag, ist weit davon entfernt, dadurch irgend welchen Schaden zu nehmen, oder, indem sie diese Künste fördert, von der Ehre, die man ihr schuldet und von ihrem Schmucke etwas einzubüssen.

Nachdem ich so der mechanischen Wissenschaft ihre Stellung angewiesen und ihre Eintheilung dargelegt habe, glaube ich mich einer löblichen Arbeit zu unterziehen, wenn ich sowohl das, wovon die Alten mit geometrischen Gründen bewiesen, dass es zum Bewegen von Lasten nothwendig sei, als auch die Lehrsätze, welche ich selbst hierzu brauchbar gefunden habe, kürzer und klarer darstelle und besser begründe, als es Diejenigen gethan haben, welche vordem über solche Dinge schrieben. Hierzu gehören folgende Probleme:“

Die nun folgenden neun ersten Kapitel behandeln Aufgaben, die zu der Lehre vom Schwerpunkte gehören; mehr Interesse hat für uns das zehnte, worin die Theorie der schiefen Ebene, welche bekanntlich erst von Stevin im Jahre 1586 richtig aufgestellt wurde, zu entwickeln versucht wird. Es lautet:

Kap. X. „Gegeben eine Last, welche von einer gegebenen Kraft auf der Horizontalebene bewegt wird, und eine andere gegen die darunterliegende (horizontale) so geneigte Ebene, dass sie mit ersterer einen gegebenen Winkel bildet. Es soll gefunden werden, von einer wie grossen Kraft die Last auf der geneigten Ebene bewegt wird.

Es sei $mn$ die Horizontalebene, $mk$ die geneigte Ebene, welche mit jener den Winkel $kmn$ bildet. Irgend eine Last $a$ werde von der Kraft $P_1$ auf der Horizontalen bewegt. Man denke sich um $e$ (als Mittelpunkt) eine Kugel von dem gleichen Gewichte $a$. Diese lege man auf die geneigte Ebene, welche sie in dem Punkte $l$ berührt. Verbindet man $e$ mit $l$, so steht $el$ senkrecht auf $mk$. Man ziehe durch den Mittelpunkt $e$ die Horizontale $ed$ und von $l$ aus senkrecht nach $c$, so ist Winkel $elc = edl = kmn$. Deshalb ist auch das Dreieck $elc$ gegeben und daher auch das Verhältniss von $el$ zu $ec$ und folglich auch (da $ei = el$) das Verhältniss von $ei$ zu $ec$, sowie das Verhältniss von $ei - ec = ci$ zu $ec$. Nun mache man, dass sich das Gewicht $a$ zu einem Gewichte $b$, sowie auch die Kraft $P_1$ zu einer Kraft $P_2$ wie $ci$ zu $ec$ verhalte. Und da $P_1$ die Kraft ist, welche das Gewicht $a$ auf der Horizontalebene bewegt, so wird $P_2$ die Kraft sein, die $b$ auf derselben bewegt. Und weil das Gewicht $a$ sich zu dem Gewichte $b$ wie $ci$ zu $ec$ verhält, so werden diese Gewichte, wenn sie so angebracht werden, dass $e$ der Schwerpunkt von $a$ und $i$ der Schwerpunkt von $b$ ist, sich das Gleichgewicht halten, indem sie in dem Punkte $c$ ihren Stützpunkt haben. Da aber das Gewicht $a$ (d. i. die Kugel) seinen Schwerpunkt in $e$ hat, wird das bei $i$ angebrachte Gewicht $b$ ihm das Gleichgewicht halten, so dass die Kugel nicht wegen der Neigung der Ebene herabrollt, sondern in Ruhe und stabil bleibt, als ob sie auf der Ebene stände. Da aber das Gewicht $a$ auf der Horizontalebene von der Kraft $P_1$ bewegt wird, so wird es auf der geneigten Ebene von einer Kraft $P$ bewegt werden, die gleich ist $P_1$ plus der zur Bewegung von $b$ nöthigen Kraft $P_2$."

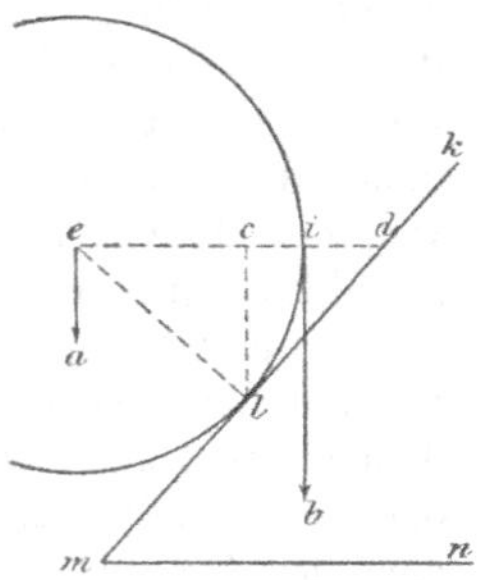

Fig. 37.

Es folgt nun ein Beispiel. Dann heisst es:

Kap. XI. „Zu derselben Lehre gehört das Problem, wie ein gegebenes Gewicht durch eine gegebene Kraft zu bewegen sei. Es ist dies die mechanische Erfindung des Archimedes, welche ihn bewog, voll Freude auszurufen: „Gieb mir einen Ort, wo ich stehe, und ich werde die Erde bewegen!" Dann hat Hero der Alexandriner in seinem Buche „Barülkon" die Konstruktion desselben sehr klar beschrieben.

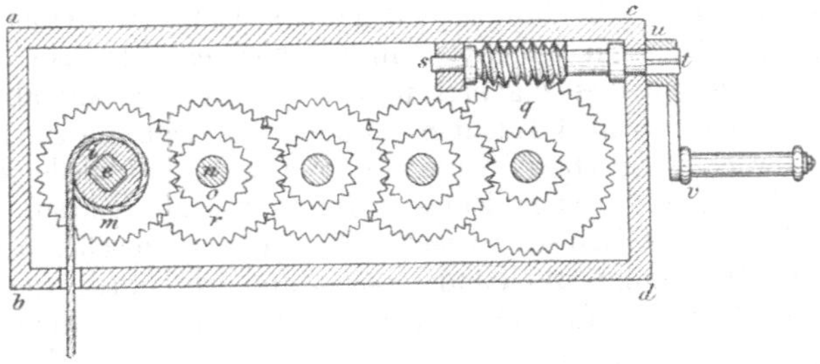

Fig. 38.

Noch ausführlicher behandelte er den Stoff in seiner „Mechanik" an der Stelle, wo er von den fünf Potenzen spricht, nämlich von dem Keile, dem Hebel, der Schraube, dem Flaschenzuge und dem Rade auf der Welle, mit denen ein gegebenes Gewicht durch eine gegebene Kraft bewegt wird. In dem „Barülkon" zeigt er, wie eine gegebene Last durch eine gegebene Kraft gehoben wird in der Weise, dass er das Verhältniss des Raddurchmessers zum Axendurchmesser wie 5 : 1 angiebt, nachdem er angenommen hat, dass das Gewicht, welches gehoben werden soll, 1000 Talente sei und die bewegende Kraft 5 Talente; von uns aber soll nun dasselbe gezeigt werden mit der Proportion 2 : 1 und das zu bewegende Gewicht sei nicht 1000, sondern 160 Talente und die bewegende Kraft wollen wir nicht zu 5, sondern zu 4 Talenten annehmen, weil ein Mensch als Motor ohne Maschine 4 Talente aufziehen kann. Das, was von Jenem γλωσσόκομον*) genannt wird, besteht zunächst aus einem Kasten *abcd*. Innerhalb desselben zwischen den langen parallelen Wänden sei die leicht bewegliche Axe *e* gelagert und darauf das Zahnrad *m* befestigt, dessen Durchmesser zweimal so gross ist, als der Durchmesser der Axe (Seiltrommel). Wenn daher ein Seil an das aufzuziehende Gewicht gebunden, durch ein Loch in der Kastenwand gesteckt und um die Walze *i* geschlungen wird, und man dreht das Rad um, so dreht sich gleichzeitig die darin befestigte Axe, deren äusserste Enden von ehernen Zapfen gebildet werden, welche in ebenfalls ehernen Büchsen gelagert sind, die in den Wänden *abdc* angebracht sind. Wenn nun das an die Last gebundene Seil fort und fort auf die Walze gewunden wird, so bewegt sich das Gewicht. Damit aber das Rad *m* bewegt werde, wird eine Kraft von 80 Talenten anzuwenden sein, weil der Durchmesser des Rades doppelt so gross ist, als der der Walze, denn dieses Problem wurde von Heron in seiner „Mechanik" gelöst. — Weil aber die gegebene Kraft nicht 80 Talente, sondern nur 4 Talente beträgt, so wird eine andere Axe *n* parallel der Axe *e* gelagert und auf letzterer ein Getriebe *o* befestigt, dessen Zähne denen des Rades *m* kongruent sind. Daraus folgt aber, dass die Zähnezahl von diesem zur Zähnezahl von jenem sich verhält, wie der Durchmesser des Rades *m* zu dem des Getriebes *o*, wie aus dem Nachfolgenden (Kap. XXV) ersichtlich sein wird. Daher ist auch das Getriebe *o* gegeben. Auf der Axe *n* aber wird das Rad *r* befestigt, dessen Durchmesser doppelt so gross ist, als der des Getriebes *o*, weshalb der, welcher das Gewicht durch das Rad *r* bewegen will, eine Kraft von 40 Talenten nöthig haben wird . . . . ."

Es werden nun noch zwei Axen mit ebensolchen Zahnrädern zugefügt, und dann noch eine dritte Axe mit Getriebe und einem Rade q, dessen Durchmesser sich zu dem dieses Getriebes wie 10 : 4 verhält. Dieses Rad erhält schiefe Zähne (als Schraubenrad). Pappus fährt fort:

„Wenn dies so konstruirt ist und wir stellen uns vor, dass der Kasten *abcd* in erhöhter Lage aufgestellt, die Last an die Walze *i* und die bewegende Kraft an dem Rade *q* angehängt wird, sowie dass die Axen sich leicht drehen und die Radzähne genau in einander passen, so wird weder die Last von 160 Talenten, noch die Kraft von 4 Talenten sich abwärts bewegen, sondern sie werden sich, wie bei einer Waage, das Gleichgewicht halten; wenn wir aber ein kleines Gewicht zufügen, so wird dasjenige, welchem dies zugefügt worden ist, sich alsbald abwärts bewegen. Wenn wir z. B. der Kraft von 4 Talenten noch das Gewicht von einer Mine zufügen, so wird es das Gewicht von 160 Talenten überwältigen und niedergehen**). Aber anstatt eines angehängten Gegengewichtes fügen wir eine Schraube *st* zu, deren Gewinde in die Zähne des Rades *q* passt. Wie dies zu machen ist, hat Heron ebenfalls in seiner „Mechanik" auseinandergesetzt und wird auch von uns im Nachfolgenden (Kap. XXVIII) ausführlich beschrieben werden. Die Schraube muss sich leicht in ihren Zapfen drehen, die in runden Löchern laufen. Von diesen Zapfen ragt der eine aus der Kastenwand *cd* hervor, und dieser vorstehende Theil von quadratischem Querschnitte nimmt eine Kurbel *uv* auf . . . ."

Die Kap. XII—XXIV behandeln geometrische Aufgaben. Kap. XXV lautet:

„Wie aber die Anordnung der Räder geschieht, von welchen wir oben (Kap. XI) gesprochen haben, werden wir jetzt erklären:

---

*) Abgeleitet von γλωσσοκομεῖον die Kiste, der Kasten.

**) Man pflegte auch im Mittelalter bei Hebmaschinen oft durch Gegengewichte zunächst Gleichgewicht herzustellen, um dann mit einer geringen Kraft die Bewegung bewirken zu können.

Es seien $a$ und $b$ zwei gedrehte, ineinander greifende Räder. Der Durchmesser des Rades $a$ muss sich zu dem von $b$ verhalten wie die Zähnezahl von $a$ zu der von $b$, denn so ist es zum Ineinandergreifen der Räder erforderlich, weil sich die Umfänge zu einander verhalten wie die Durchmesser.

Nehmen wir nun an, das Rad $a$ habe 60 Zähne und $b$ deren 40, so sage ich: Wie sich die Zähnezahl des Rades $b$ zu der von $a$ verhält, so verhält sich die Geschwindigkeit von $a$ zu der von $b$. Denn da die Räder $a$ und $b$ ineinander greifen, werden so viele Zähne des Rades $a$ fortbewegt werden, wie sich solche von $b$ fortbewegen. Wenn daher $b$ eine Umdrehung macht, wird $a$ um 40 Zähne fortbewegt, und wenn $b$ 60 Umdrehungen macht, was die Zähnezahl von $b$ ist, wird es sich um 2400 Zähne bewegt haben, was die Zähnezahl von $a$ multiplicirt mit der von $b$ ist. Ebenso wird aber, wenn $a$ 40 Umdrehungen macht, was die Zähnezahl von $b$ ist, $b$ sich um 2400 Zähne bewegt haben, was die Zähnezahl von $b$ multiplicirt mit der von $a$ ist. Wenn daher $a$ 40 Umdrehungen gemacht hat, was die Zähnezahl von $b$ ist, so hat auch $b$ 60 Umdrehungen vollendet, was die Zähnezahl von $a$ ist. Wie sich daher die Geschwindigkeit des Rades $a$ zur Geschwindigkeit des Rades $b$ verhält, so verhält sich die Zähnezahl des Rades $b$ zur Zähnezahl des Rades $a$.“

In Kap. XXVI wird bewiesen, dass sich die Umfänge zweier Kreise, wie deren Durchmesser zu einander verhalten. In Kap. XXVII wird die Aufgabe gelöst: Es sei ein Rad mit bestimmter Zähnezahl und die Zähnezahl eines eingreifenden Rades gegeben. Der Durchmesser des letzteren soll bestimmt werden.

Kap. XXVIII. „Wie aber die Schraube hergestellt wird, deren Schraubengänge in die schiefen Zähne eines gegebenen Rades passen, wird so gezeigt:

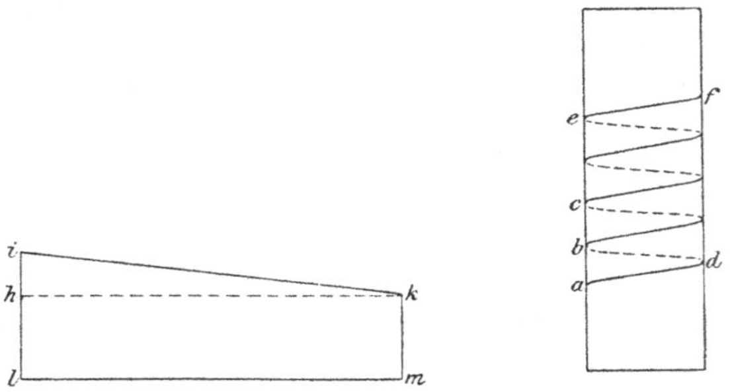


Fig. 39.

Es werde ein gleichmässig abgedrehter Cylinder $adfe$ hergerichtet, auf dessen Seite $ae$ die Steigung der Schraube angegeben wird. Dann stelle man ein Bronceblech her, wovon der Theil $hik$ ein rechtwinkeliges Dreieck bildet mit dem rechten Winkel bei $h$, und dessen übriger Theil ein Parallelogramm $hklm$ bildet. $hi$ aber mache man gleich der Steigung $ab$ und $hk$ gleich dem Umfange des Cylinders $adfe$. Dann wird das Blech so um den Cylinder gebogen, dass das Parallelogramm $hklm$ einen Hohlcylinder bildet, der den Cylinder $adfe$, wenn er hineingesteckt wird, genau umschliesst. Dann wird Punkt $h$ auf Punkt $a$ und Punkt $i$ auf Punkt $b$ gebracht und nach der gebogenen Hypothenuse $ki$ die Schraubenlinie auf den Cylinder gerissen, die wir einen Schraubengang nennen, weil sie aus einem Umgange besteht. Darauf verschiebt man das Blech so, dass $h$ mit $b$ und $i$ mit $c$ zusammenfällt und reisst einen anderen Schraubengang auf, so dass die Schraube nun zwei Schraubengänge hat, d. h. zwei Umgänge umfasst...... Wenn wir nun die Geraden $ab$, $be$ u. s. f. bis $e$ halbiren, durch die Theilpunkte mit dem Bleche eingängige Schraubenlinien aufreissen und die Tiefe der Gewindgänge beliebig bestimmen, können wir in dieser Tiefe die Schraubenlinie leicht ausarbeiten, und wenn wir dann noch die Gewindegänge durch Ausfeilen linsenförmig gestaltet haben, ist die Schraube fertig.

Kap. XXIX. Ferner werde auf der einen Seite eines gegebenen Rades ein Kreis beschrieben. *rvt* sei der Radumfang, *c* sein Mittelpunkt. Die Punkte *r*, *v* und *t* haben gleiche Abstände von einander (am Schlusse des Kapitels wird gesagt, dass diese der Steigung der Schraube gleich sein müssen). Der ganze Kreis sei z. B. in 24 gleiche Theile getheilt. Von den Punkten *r*, *v*, *t* bis zu dem um den Mittelpunkt *c* beschriebenen Kreise werden gerade Linien *ro*, *vo*, *to* nach dem Mittelpunkte hin gezogen und von den Punkten, welche die Umfangstheile *oo* halbiren, werden die Linien *mr*, *nr*, *nv*, *pv*, *pt*, *qt* nach den Punkten *r*, *v*, *t* gezogen. Von einer dieser Linien, z. B. *or*, wird auf der cylindrischen Umfangsfläche des Rades die kürzeste gerade Linie *rs* bis zum Umfange des Kreises *xy* gezogen, welcher auf der anderen Seite des Rades, dem Kreise *rvt* gleich, die Begrenzung bildet, und von dem Punkte *s* aus wird *sx*, der Hälfte des Umfangstheiles *rv* gleich, aufgetragen, sowie $xz = rv$, $zy = vt$ u. s. f. Wenn wir nun die Punkte *r* mit *x*, *v* mit *z*, *t* mit *y* u. s. f. verbinden, erhalten wir die Schräge der Zähne. Und da die Kreise *rvt* und *xzy* einander gleich sind, beschreiben wir auch auf der anderen Seite des Rades um den Mittelpunkt *c* einen dem Kreise *mnpq* gleichen Kreis, und indem wir von den Punkten *xzy* u. s. w. bis zu diesem Kreise gerade Linien nach dem Mittelpunkte hin ziehen und dasselbe thun, was wir innerhalb der Umfangslinie *rvt* gethan haben, erhalten wir die Aufzeichnung des anderen Theiles des Rades. Nachdem man dann die Prismen herausgeschnitten hat, die zwischen den so gezeichneten Linien liegen, wie z. B. zwischen *rnv* und *vpt* einerseits und den Gegenüberliegenden, erhalten wir das Rad mit schiefen Zähnen. Je ein Zahn tritt in das Gewinde der Schraube, weshalb die Theilung *rv* der Ganghöhe der Schraubenlinie gleich sein muss, und offenbar wird das Rad durch eine Umdrehung der Schraube um einen Zahn weiter bewegt. Dies ist von Heron in seiner „Mechanik" gezeigt worden und soll auch von uns beschrieben werden, damit man nicht anderwärts danach zu suchen hat."

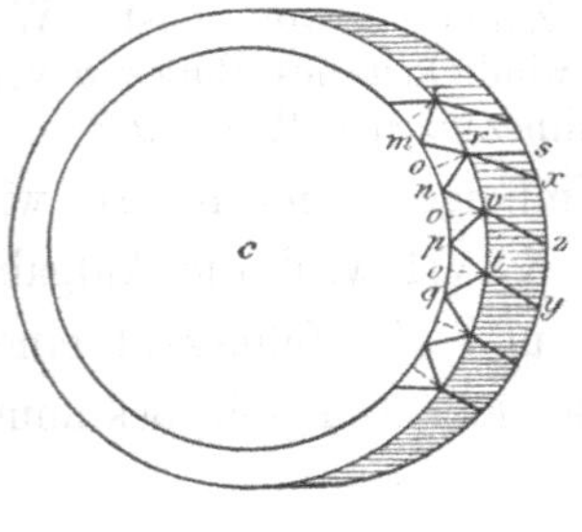


Fig. 40.

In Kap. XXX wird dieser Nachweis geliefert. Dann giebt Pappus in Kap. XXXI und XXXII noch weitere Auszüge aus Heron's „Mechanik", indem er sagt:

Kap. XXXI. „Denn dies (d. h. Kap. XI und die zu dessen näherer Erklärung dienenden Kap. XXV—XXIX) ist aus dem „Barülkon", aber auch eine kurze Darstellung dessen, was wir die fünf Potenzen nennen, die zu wissenschaftlichen Erklärungen benutzt werden, entnehmen wir den Büchern des Heron (in Kap. XI sagte Pappus, Heron habe die fünf Potenzen in seiner „Mechanik" abgehandelt) und fügen auch das bei, was über einbeinige Maschinen, sowie über zwei-, drei- und vierbeinige zu bemerken ist, damit du nicht Bücher, worin diese beschrieben sind, zwecklos nachschlägst, denn wir begegnen vielen verdorbenen Büchern, die am Anfange oder am Ende verstümmelt sind.

Da es fünf Potenzen giebt, mit welchen eine gegebene Last durch eine gegebene Kraft gehoben werden kann, so ist erforderlich, deren Form, Gebrauch und Namen anzugeben. Aber Heron und Philon haben auch nachgewiesen, dass die sogenannten Potenzen, obschon sie in der Form sehr von einander abweichen, alle auf eine Form zurückgeführt werden können. Ihre Namen sind die folgenden: Axe mit Rad, Hebel, Flaschenzug, Keil und die sogenannte Schraube ohne Ende.

Was zunächst die Axe mit Rad betrifft, so wird sie wie folgt konstruirt: Man muss ein festes Holz nehmen, quadratisch (wie ein Balken) und seine Enden abrunden (so dass sie Zapfen bilden), um welche man Büchsen (oder Bleche) von Erz so befestigt, dass sie, wenn sie in runde, in dem Gestell befindliche Löcher gesteckt werden, da diese Löcher eherne Unterlagfutter für die Büchsen (auf den Zapfen) haben, sich leicht drehen. Das Holz, wie wir es beschrieben haben, wird die Axe genannt, um welche als Mitte das Rad gesetzt wird, das mit einem quadratischen, auf die Axe passenden Loche versehen ist, so dass sich die Axe zugleich mit dem Rade dreht.

Nachdem nun die Konstruktion dieser Maschine beschrieben ist, wollen wir von ihrem Gebrauche reden. Wenn wir eine grosse Last durch eine kleine Kraft bewegen wollen, schlingen wir ein Seil, woran die Last gebunden ist, um den abgerundeten Theil der Axe. Alsdann stecken wir Speichen (oder Spillen) in die Löcher des Rades und drehen dieses um, indem wir jene niederdrücken, wodurch die Last leicht von einer kleinen Kraft bewegt wird, während das Seil sich um die Axe schlingt. Die Grösse dieser Maschine muss man den Lasten, die zu bewegen sind, anpassen; wie sich aber das Grössenverhältniss aus dem Verhältniss der zu bewegenden Last zu der bewegenden Kraft ergiebt, wird nachher gezeigt werden.

Die zweite Potenz bildet der Hebel. Wenn man nämlich eine grosse Last bewegen wollte, die vom Boden aufzuheben war, die aber, weil die Basis der Last in allen Theilen auf dem Boden auflag, keinen Angriffspunkt bot, so untergrub man sie ein wenig, schob das Ende eines langen Holzes darunter, dann legte man nahe bei jener Last einen Stein unter, welcher Hypomochlion (Stützpunkt) genannt wird, und drückte das Holz am anderen Ende nieder. Man sah, dass man auf diese Art, welche keinerlei Schwierigkeiten bietet, die grössten Lasten heben konnte. Jenes Holz aber, das sowohl quadratischen als auch runden Querschnitt haben kann, wird Hebel genannt. Wo man am geeignetsten das Hypomochlion unterlegt, werde ich nachher zeigen.

Die dritte Potenz ist der Flaschenzug. Denn wenn wir irgend eine Last aufziehen wollen, müssen wir an einem daran gebundenen Seile mit einer Kraft ziehen, die der Last gleich ist; wenn wir aber das eine Ende des Zugseiles an einem festen Orte anbinden, das andere Ende um eine an der Last befestigte Rolle legen und anziehen, so werden wir die Last leichter bewegen, und wenn wir an dem festen Orte eine andere Rolle anbinden, das Seil darumlegen und anziehen, so werden wir die Last ebenso leichter bewegen. Wenn wir aber wieder eine andere Rolle an der Last anbinden, das Zugseil darumlegen und anziehen, so werden wir die Last wiederum um Vieles leichter bewegen, und wenn wir immer mehr Rollen sowohl an dem festen Orte, als auch an der Last anbinden und das Zugseil darumlegen, werden wir die Last immer leichter bewegen. Aber wir binden nicht die einzelnen Rollen an den festen Ort einerseits und die Last andererseits, sondern schliessen diejenigen, welche an den festen Orten gehängt werden sollen, um ihre Axe drehbar in ein hölzernes Gehäuse ein, was wir eine Flasche (manganum) nennen und binden diese Flasche mit einem anderen Seile an den festen Ort; diejenigen Rollen aber, welche an die Last gehängt werden sollen, schliessen wir in eine andere, der oberen gleiche Flasche ein. Die Rollen müssen in den Flaschen so angeordnet sein, dass sich die Stränge nicht verschlingen und nicht einander stören. Aus welchen Gründen die Bewegung leichter erfolgt, wenn mehr Stränge da sind, und warum das andere Seilende an einen festen Ort angebunden werden muss, werde ich später zeigen.

Die nächste Potenz ist der Keil. Dieser erweist sich sowohl bei den Oelpressen (pressiones unguentarias), als auch bei den grossen Verleimungen, wie sie Tischler zu machen haben, sehr nützlich; seine wichtigste Anwendung findet er aber in den Steinbrüchen, wenn man kleinere Theile von einer kompakten Steinmasse lostrennen will. Dies kann keine der anderen Potenzen, weder für sich allein noch in Verbindung mit anderen, bewirken, sondern nur der Keil, bei dem kein Nachlassen der Arbeiter vorkommt und die Spannung stark und wirksam ist, leistet es mit Leichtigkeit. Man ersieht dies daraus, dass der Keil, auch während er nicht angetrieben wird, Krachen und Brüche verursacht. Je kleiner der Winkel des Keiles ist, um so rascher, das heisst bei um so leichterem Schlage, übt er seine Gewalt aus, wie wir später beweisen werden.

Die Instrumente, welche wir bisher besprochen haben, sind von leicht verständlicher, einfacher Konstruktion und der Gebrauch derselben fällt an vielen Orten in die Augen; die Schraube aber bietet grössere Schwierigkeiten, in der Konstruktion sowohl, als auch im Gebrauche, denn sie wirkt bald für sich allein, bald in Verbindung mit anderen Potenzen. Eigentlich ist sie nichts als ein gewundener Keil, der nicht geschlagen, sondern vermittelst eines Hebels und durch Drehung in Bewegung gesetzt wird, wie aus dem, was ich erklären werde, hervorgeht. Ihr Gebrauch, ihre Begründung und Natur sind folgende:"

Es wird nun zunächst die Herstellung einer Schraube ähnlich beschrieben wie in Kap. XXVIII und dann heisst es weiter:

„Nachdem man nach dieser Schraubenlinie einen Kanal in den Cylinder eingeschnitten und so ausgehöhlt hat, dass ein starker Nagel (Zapfen oder Zahn) genau

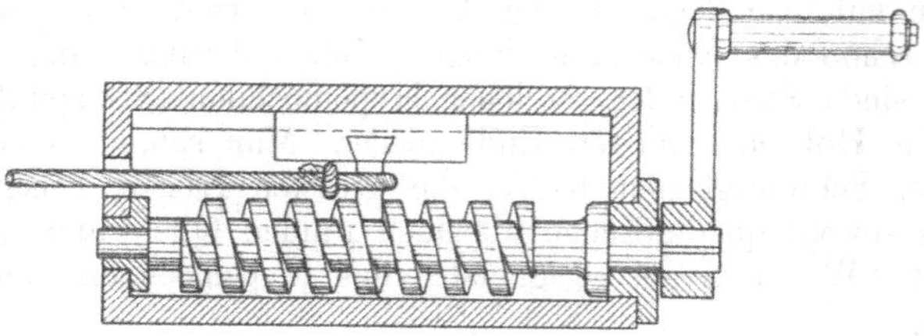

Fig. 41.

hinein passt, wird die Schraube so gebraucht: Die runden gemachten Enden derselben werden in ein mit runden Löchern versehenes Gestell gelagert, so dass sich die Schraube leicht dreht (Fig. 41). Dann wird über sie und parallel mit ihr ein Lineal gelegt, in dessen der Schraube zugekehrter Seite in der Mitte eine Nute ist, in die der genannte Nagel gefügt wird, so dass sich sein eines Ende in dem Schraubenkanal befindet, das andere aber in der Nute im Lineal bleibt. Wenn man mit dieser Maschine eine Last bewegen will, nimmt man ein Seil, bindet sein eines Ende an die Last und das andere an den Nagel, und da in dem Kopfe der Schraube Löcher sind, steckt man Speichen (Spillen) hinein und drückt diese nieder, infolgedessen der Nagel, von der Schraube in dem Kanal geführt, das Seil und dadurch auch die Last mit sich fortzieht. Anstatt der Speichen kann man auch eine Kurbel auf das aus dem Gestelle hervorragende Ende der Schraube setzen, um sie damit umzudrehen und die Last anzuziehen. Das Gewinde wird bald in quadratischer Form, bald linsenförmig konstruirt, quadratisch nämlich, wenn der Kanal durch senkrechte Schnitte, linsenförmig aber, wenn er durch schiefe Schnitte, die in einer Linie zusammenlaufen, hergestellt wird. Jene Schraube wird eine quadratische (flachgängige), diese eine linsenförmige (scharfgängige) genannt.

Diese Konstruktion hat die Schraube, wenn sie für sich allein arbeitet, doch sind auch andere im Gebrauche. Denn es wird eine andere Potenz, nämlich die genannte Axe mit Rad zugefügt, und zwar so umgestaltet, dass das auf der Axe sitzende Rad gezahnt ist. Die Schraube wird entweder senkrecht oder parallel zum

Boden so daran gesetzt, dass deren Gewinde in die Zähne des Rades greift. Ihre Enden drehen sich in runden, im Gestelle befindlichen Löchern, wie oben gesagt wurde, und da das eine Ende der Schraube aus dem Gestelle ragt, wird entweder eine Kurbel darauf gesetzt, womit man die Schraube umdreht, oder es werden Löcher hineingemacht, um mit hineingesteckten Spillen die Schraube drehen zu können. An der Last befestigte Seile werden zu beiden Seiten (des Schraubenrades) um eine Trommel geschlungen, und wenn wir dann die Schraube und dadurch das gezahnte Rad drehen, ziehen wir die Last auf.

Die Konstruktion und den Gebrauch der genannten fünf Potenzen haben wir nun auseinandergesetzt, was aber die Ursache ist, warum durch irgend eine derselben ein grosses Gewicht durch eine geringe Kraft bewegt werden kann, zeigt HERON in seiner Mechanik."

Hier scheint der auf uns gekommene Text lückenhaft zu sein, da die in früheren Kapiteln wiederholt in Aussicht gestellte Begründung der genannten Eigenschaft der fünf Potenzen fehlt. Unser Text fährt weiter fort:

„Nun wollen wir aus dem dritten Buche des HERON Maschinen beschreiben, welche leicht und vortheilhaft zu gebrauchen sind und mit welchen man ebenfalls grosse Lasten bewegen kann.

Diejenigen (Lasten), sagt er, welche auf dem Boden hingezogen werden sollen, werden mit dem Schlitten (chelona) bewegt. Der Schlitten (oder die Schleife) ist ein aus quadratischen, an den Enden abgerundeten Hölzern zusammengesetztes Gestell. Auf diese werden die Lasten gelegt und an die Enden entweder Flaschenzüge oder Seile gebunden. Die Seile werden entweder mit der Hand angezogen, oder es werden Göpel (Gangspille) dazu verwendet, welche, wenn sie umgedreht werden, den Schlitten entweder auf Walzen oder auf Bohlen über den Boden ziehen. Wenn die Last klein (d. h. nicht sehr gross) ist, sind Walzen zu gebrauchen, wenn sie aber gross ist, Bohlen, obgleich auf diesen die Last weniger leicht fortgezogen wird. Denn die Walzen bilden, indem sie sich drehen, eine Gefahr, wenn die Last eine vorwärtsschiessende Bewegung (impetus) annimmt. Einige aber wenden weder Walzen noch Bohlen an, sondern setzen dichte Räder an die Schlitten und bewegen sie so (d. h. sie benützten anstatt des Schlittens oder der Schleife einen Rollwagen mit Scheibenrädern).

Kap. XXXII. Aber um Lasten in die Höhe zu heben, sagt er, konstruirt man entweder einbeinige (μονόκωλοι), oder zwei-, oder drei-, oder vierbeinige Maschinen. Was die einbeinige Maschine betrifft, so nimmt man ein festes Holz, dessen Länge grösser ist als die Höhe, bis zu welcher man die Last aufziehen will. Wenn es auch an und für sich fest ist, so umschnürt man es doch mit einem in Windungen darum geschlungenen Seile. Die Zwischenräume dieser Windungen sollen nicht grösser sein als vier Handbreiten. So wird nicht nur das Holz fester, sondern die Windungen können auch den Arbeitern wie Leitersprossen dienen, wenn sie in die Höhe steigen wollen. Wenn das Holz nicht stark genug zu haben ist, setzt man es aus mehreren Hölzern zusammen. Diese Säule wird dann in einer Bohle aufgerichtet, und an ihrer Spitze werden drei oder vier Seile befestigt, herabgeführt und an irgend einem festen Gegenstande angebunden, so dass die Holzsäule, wenn nach irgend einer Seite hin gezogen wirkt, nicht wankt, sondern von den gespannten Seilen festgehalten wird. An der Spitze angebundene Flaschenzüge werden nach der Last hingezogen und ziehen, entweder mit der Hand oder durch Göpel in Bewegung gesetzt, die Last an, bis sie zur gewünschten Höhe gehoben ist. Wenn ein Stein (der die Last bildet) auf eine Mauer, oder wo man sonst hin will, gelegt werden soll, so lässt man, nachdem Vorstehendes geschehen, eines von den an der Spitze befestigten Seilen, und zwar dasjenige, welches sich auf der der Last gegenüberliegenden Seite befindet, nach und neigt die Säule. Auch legt man Walzen unter solche Stellen der Last, wo das Bindseil nicht herumgeschlungen ist, und lässt dann die angespannten Flaschenzugseile nach, bis die Last auf den Walzen sitzt. Nachdem dann das Bindeseil gelöst ist, bewegt man die Last mit Hebeln, bis sie an die Stelle gebracht ist, wo man sie haben will. Dann bringt man die Bohle, worauf die Säule steht, indem man sie mit Seilen mit den Händen fortzieht, an eine andere Stelle des Gebäudes, lässt die Seile wieder herab, bindet sie wieder an und gebraucht die Maschine wieder auf die selbe Weise, wie wir es beschrieben haben."

Abbildungen und Beschreibungen dieser und der zweibeinigen Hebemaschine finden sich in der hier folgenden Abhandlung über Vitruv.

## Marcus Vitruvius Pollio (um 16 v. Chr.).

Vitruv, unter Julius Cäsar und Kaiser Augustus Ingenieur und Baumeister, schrieb in den Jahren 16—13 v. Chr. ein Handbuch: „De architectura" in 10 Büchern. Im ersten Buche, Kap. III, sagt er: „Die Architektur umfasst 3 Theile: Das Bauen, die Herstellung von Uhren und die Herstellung von Maschinen" und behandelt demgemäss in seinem Werke auch die beiden letzteren Gegenstände, für welche wir uns besonders interessiren. Ueber die benutzten Quellen macht er namentlich im Vorworte zum siebenten Buche ausführliche Mittheilungen, nennt zuerst eine Reihe griechischer Baumeister, welche zur Entwicklung der Baukunst beigetragen oder Vorschriften über die Massverhältnisse der Bauwerke gegeben haben und fährt dann fort:

„Ebenso schrieben über das Maschinenwesen: Diades, Archytas (Pythagoräer, einer von Platon's Lehrern, etwa 400 v. Chr.), Archimedes, Ktesibios, Nymphodoros, der Byzantiner Philo, Diphilos, Democles, Charitas, Polyidos (nach Athenäus Lehrer der Kriegsmaschinenkunde zur Zeit Alexanders des Grossen), Pyrrhos, Agesistratos.

„Was ich nun in deren Abhandlungen hierfür brauchbar erachtete, habe ich zusammengetragen und für dieses Handbuch verarbeitet, und zwar besonders deshalb, weil ich wahrgenommen, dass von den Griechen hierüber viele Bücher, von unseren Landsleuten aber um so weniger herausgegeben worden sind."

Man ersieht hieraus, dass die Römer, wie in der Architektur und den Künsten überhaupt, so auch im Maschinenwesen nichts Originelles aufzuweisen hatten, sondern von den Griechen lernten, und dass die von Vitruv beschriebenen Maschinen, mit Ausnahme der Wassermühlen, auf die wir später zurückkommen werden, den Griechen längst bekannt waren. Vitruv füllt also nur einen Theil der Lücke aus, welche durch den Verlust so vieler griechischer Werke entstanden ist, seine Schriften sind aber gerade aus diesem Grunde von besonderer Wichtigkeit. Was wir nachstehend davon mittheilen, entnehmen wir der deutschen Uebersetzung von Dr. Franz Reber, Stuttgart bei Krais & Hoffmann, 1865. Die Figurentafeln, welche Vitruv seinem Werke beigegeben hatte, sind verloren. Wir müssen dieselben daher nach dem Texte rekonstruiren.

Aus den sieben ersten Büchern, welche von dem Bauen handeln, führen wir nur eine Stelle an, welche für uns besonderes Interesse bietet. Im sechsten Buche, Kap. VI, welches von der Anlage landwirthschaftlicher Gebäude handelt, heisst es u. A.:

„Die Kelterkammer lege man, wenn nicht durch Schraubendrehung, sondern mit Hebelstangen und mit der Presse gekeltert wird, mindestens 40′ lang an (ein altrömischer Fuss = 29 cm, ein altrömischer Zoll oder Querfinger = $^1/_{16}$ Fuss = 18,5 mm), denn so wird dem Manne an der Hebelstange der Raum unbeengt sein; ihre Breite aber mindestens 16′, denn so wird zur ganzen Arbeit den damit Beschäftigten die Bewegung frei und unbeengt sein.“

Daraus geht hervor, dass das gebräuchlichste Mittel zum Auspressen von Most, Oel und dergleichen zur damaligen Zeit die Hebelpresse mit langem Balken als Hebel war. Denn wenn ein Lokal von 40′ = 11,6 m Länge nothwendig war, um für eine solche Presse Raum zu bieten, so lässt sich daraus auf eine bedeutende Länge des Hebels schliessen. Die erwähnten Schraubenpressen für den gleichen Zweck müssen wohl von ähnlicher Mächtigkeit gewesen sein. Die Kelterschrauben haben wir uns von Holz zu denken, wie solche noch bis in die jüngste Vergangenheit üblich waren, da Schrauben aus Bronce oder geschmiedetem Eisen von genügender Stärke damals zu kostspielig gewesen wären.

Das achte Buch handelt von der Auffindung des Wassers und den Wasserleitungen. Es interessirt uns davon zunächst das fünfte Kapitel, welches von dem Nivelliren handelt. Als Nivellirinstrument wird das sogenannte Chorobat besonders empfohlen. Es bestand aus einem etwa 20′ langen Richtscheite, an dessen Enden gleiche Schenkel senkrecht abwärts weisend eingefugt und durch je eine Strebe im rechten Winkel zum Richtscheite erhalten wurden. Auf den Schenkeln waren Linien senkrecht zur Visirfläche des Richtscheites aufgezeichnet und über diesen hing je ein Senkel mit Bleigewicht von dem Richtscheite herab. Dieses stand wagrecht, sobald es so eingestellt war, dass die beiden Senkel auf den genannten Linien einspielten.

Für den Fall aber, dass der Wind die Senkel hin und her trieb und dadurch deren Gebrauch verhinderte, war eine Rinne von 6′ (= 1,74 m) Länge, 1″ (= 18,5 mm) Breite und $1^1/_2$″ (= 28 mm) Tiefe in dem Richtscheite angebracht, in welche man Wasser goss. Wenn das Wasser in durchaus gleicher Höhe den Rand der Rinne berührte, stand das Richtscheit wagrecht.

Vitruv fügt noch die Bemerkung bei, es könne Jemand, der des Archimedes Bücher gelesen habe, einwenden, dass man mit Wasser keine zuverlässige Nivellirung vornehmen könne, weil das Wasser nach dessen Ansicht keine wagerechte, ebene Oberfläche bilde, sondern eine Kugelfläche, deren Mittelpunkt mit dem der Erde zusammenfalle, und weist darauf hin, dass dann doch die Enden der gekrümmten Oberfläche in einer Horizontalebene liegen müssen.

Das sechste Kapitel handelt von der Leitung des Wassers, dem Brunnengraben und den Cysternen. Es werden drei Arten von Wasserleitungen unterschieden: die Leitung im Kanal, in Bleiröhren und in Thonröhren. Erstere sollen ein Gefälle von $^1/_{200}$ erhalten, der Kanal soll überwölbt sein, um die Sonnenstrahlen abzuhalten, in der Nähe der Stadt soll ein Sammelraum und mit ihm verbunden ein dreifaches Reservoir angelegt werden. An der mittleren Kammer desselben werden diejenigen Röhren angebracht, welche zu allen Basinbrunnen und Springbrunnen führen, aus der zweiten sollen sie zu den Bädern führen, aus der dritten zu den Privathäusern.

Während wir in HERON's des Aelteren Pneumatica keine Springbrunnen erwähnt fanden, erscheinen sie zu VITRUV's Zeiten als etwas so Verbreitetes, dass man bei Anlagen städtischer Wasserleitungen besondere Rücksicht darauf nimmt.

Die Wasserleitungskanäle mussten mit gleichmässigem Gefälle an Bergen entlang, oder, wenn der dadurch vorgezeichnete Weg zu weit wurde, vermittelst Stollen durch dieselben und vermittelst Aquadukten über die Thäler geführt werden. Solche Bauten waren jedoch auch bei Rohrleitungen nicht ganz zu umgehen, weil die aus Blei oder Thon gefertigten Rohre nicht die genügende Festigkeit hatten, um bei grösserem Durchmesser einen bedeutenden Wasserdruck aushalten zu können.

VITRUV sagt über die Bleirohre zu Wasserleitungen:

„Die Röhren sollen nicht unter 10′ (= 2,90 m) Länge erhalten und diese sollen einzeln, wenn sie hundertzöllig sind, ein Gewicht von 1200 Pfund, wenn achtzigzöllig von 960, wenn fünfzigzöllig von 600 u. s. f. . . . . ., wenn fünfzöllig von 60 Pfund haben. Die Grössenbezeichnung dieser Röhren wird aus der Breite nach Zollen genommen, welche die Bleibleche haben, bevor sie zu Röhren zusammengebogen werden. Wenn man z. B. aus einem Bleche, welches fünfzig Zoll (= 925 mm) breit ist, eine Röhre macht, so wird diese eine fünfzigzöllige genannt (ihr Durchmesser war 16″ = 295 mm) und auf dem entsprechende Weise die übrigen.“

Daraus folgt, dass Bleiröhren von circa 30 bis 600 mm Durchmesser gebräuchlich waren, aber alle von der gleichen Metallstärke von etwa 8 mm, so dass beispielsweise ein 300 mm weites Rohr nur für etwa $2^1/_2$ Atmosphären, ein 600 mm weites aber nur für etwa $1^1/_4$ Atmosphären Wasserdruck genügte, und die Anwendbarkeit weiterer Röhren dieser Art eine sehr beschränkte bleiben musste*).

Dasselbe gilt von den Thonröhren, welche mit 2″ (= 37 mm) Wandstärke einfach konisch angefertigt wurden, so dass das engere Ende des einen Rohres in das weitere des anderen passte. Sie wurden mit Kitt aus gebranntem

*) In besonderen Fällen wandten indess die alten Römer weit stärkere Bleirohre an. Bei der Wasserleitung von Alatri beispielsweise, wo die Leitungsrohre bis zu 10 Atmosphären Druck auszuhalten hatten, betrug die Wandstärke der 10 cm weiten Leitungsrohre theils 10, theils 32—35 mm. Auch pflegte man bleierne Wasserleitungsröhren durch Einmauerung widerstandsfähiger zu machen.

Kalk und Oel gedichtet. Kniestücke verfertigte man nicht aus Thon, sondern nahm dafür Steinblöcke, in welche die betreffende Höhlung gemeisselt war.

Vitruv weist auch darauf hin, dass thönerne Wasserleitungen ein gesünderes und wohlschmeckenderes Wasser liefern als bleierne, weil das aus letzteren sich bildende Bleiweiss dem Körper schade.

Bei der Herstellung von Brunnenschachten warnt er vor Stickluft und bösen Wettern und räth, vor dem Besteigen des Schachtes eine brennende Lampe hinabzulassen. Bleibe diese brennend, so könne man ohne Gefahr hinabsteigen, werde sie aber durch die Dünste ausgelöscht, so solle man neben dem Brunnenschachte zur Rechten und Linken Wetterschächte graben.

Das neunte Buch handelt von den Sonnen- und Wasseruhren. Da aber an ersteren nichts Maschinelles vorkommt und wir die letzteren als eine Erfindung des Ktesibios schon besprochen haben, so wenden wir uns direkt zum zehnten Buche, das von den Maschinen handelt.

Zum besseren Verständniss muss vorausgeschickt werden, dass der Begriff „Maschine" vor Alters kein so begrenzter war als jetzt und dass der Begriff „Maschinenbau" namentlich auch den Theil der heutigen „Ingenieurwissenschaft umfasste, welcher sich mit der Herstellung hölzerner Tragkonstruktionen, Gerüsten, Spundwänden und dergleichen befasst. Deshalb sagt Vitruv in der Vorrede zum zehnten Buche, nachdem er den Wunsch nach Verschärfung der Bauverträge ausgesprochen, damit nur wirklich Sachverständige Bauarbeiten übernehmen könnten:

„Dies sollte nicht nur bei Gebäuden so sein, sondern auch bei den Gerüsten für Festspiele, die von den Obrigkeiten entweder in Form von Gladiatorenkämpfen auf dem Forum oder von Theatervorstellungen gegeben werden, bei welchen weder Verzögerung noch Bedenkzeit zugestanden wird, wo vielmehr der Drang der Verhältnisse zur Vollendung des Werkes in bestimmbarer Zeit zwingt, nämlich bei der Herstellung der Sitzbänke im Zuschauerraum, des Zugwerkes der Segeltuchbespannung, wie auch alles dessen, was nach dem Gebrauche bei Theatervorstellungen durch Maschinerie an dekorativer Ausstattung dem Volke geboten wird. Dabei bedarf es eines geübten Verständnisses und der Erfindungsgabe eines sehr ausgebildeten Geistes, weil nichts der Art ohne Kunde des Maschinenbaues und ohne mannigfache und tüchtige Fachkenntnisse hergestellt werden kann . . . . . Und weil denn . . . . alljährlich sowohl Prätoren als Aedilen zum Zwecke der abzuhaltenden Spiele künstliche Gerüste aufschlagen müssen, so scheint es mir nicht ungehörig, nun, nachdem ich bereits in den vorausgehenden Büchern von den Gebäuden gehandelt habe, in diesem, das den Abschluss meines Gesammtwerkes bilden soll, die Grundsätze des Maschinenwesens durch Vorschriften zu erläutern."

Nur der Umstand, dass die heutigen Begriffe: Ingenieur und Maschinenbauer damals ganz zusammenflossen und dass daher auch die Holzkonstruktionen des ersteren mit dem Namen „Maschinen" belegt wurden, machen den Anfang des nun folgenden ersten Kapitels des zehnten Buches einigermassen verständlich, wobei man ausserdem im Auge behalten muss, dass auch die eigentlichen Maschinen damals fast ganz aus Holz konstruirt waren, sowie dass man sich zur Erklärung mechanischer Erscheinungen der Sätze des Aristoteles bediente, welcher in seinen „Mechanischen Problemen“ das Wunderbare derselben auf die „wunderbaren Eigenschaften des Kreises“ zurückgeführt zu haben glaubte.

Der Anfang des ersten Kapitels lautet:

„Eine Maschine ist eine zusammenhängende Verbindung von Holz, welche zum Heben von Lasten die grössten Vortheile gewährt. Sie wird auf künstliche Weise in Thätigkeit gesetzt, nämlich durch Kreisumdrehung (auch die Wirkung des Keiles und dergleichen suchte ARISTOTELES auf Hebelumdrehungen zurückzuführen), welche die Griechen Kyklike Kinesis nennen. Es giebt aber eine besondere Art von solchen Konstruktionen, nämlich den Stufensitzbau, welcher auf griechisch Akrobatikon (Stufenwerk) heisst. Dann die Luftdruckmaschinen, welche die Griechen Pneumatica nennen, drittens die Hebemaschinen, von den Griechen Barülkon (Lastenheber) genannt.

Ein Sitzstufenbau entsteht, wenn man die Gerüste so aufgestellt hat, dass man, nachdem die Balken in ansteigender Höhe aufgestellt und durch Querbalken verbunden sind, ohne Gefahr zur Beschauung der vorbereiteten Vorstellung hinaufsteigen kann.“

Lässt diese Stelle auch Manches dunkel, so geht doch mit Deutlichkeit daraus hervor, dass VITRUV die in der Vorrede erwähnten „Gerüste für Festspiele“ als eine besondere Klasse von Maschinen betrachtet.

Auf die weiter folgenden Definitionen VITRUV's wollen wir uns nicht einlassen. Er sucht unter anderm den Unterschied der Begriffe „Maschine“ und „Instrument“ festzustellen und glaubt diesen darin gefunden zu haben, dass zur Ingangsetzung einer Maschine mehrere Handgriffe resp. „Arbeiten“ oder ein „grösserer Kraftaufwand“ nöthig wäre, wie beispielsweise bei den Balisten und Katapulten, während die Instrumente bei kundiger Behandlung durch eine einzige Arbeit ihre Bestimmung erfüllten, wie dies durch einfache Kurbelumdrehung beim Skorpion und bei den Anisokyklen geschähe.

Die Skorpione waren Wurfmaschinen ähnlich den Katapulten, die wir später eingehend beschreiben werden. Unter dem Worte „Anisokyklen“, welches buchstäblich übersetzt „ungleiche Kreise“ bedeutet, sind Räderwerke, vielleicht Zahnräderwerke, zu verstehen.

Als Beispiele von nützlichen Maschinen und Instrumenten finden wir am Schlusse des ersten Kapitels noch angeführt: Webeinstrumente, Joche und Pflüge für Rinder und anderes Zugvieh, Winden, Pressen und Hebel zum Keltern, offene und geschlossene Frachtwagen, Schiffe, Schnellwaagen und andere Waagen, Räder, Blasbälge für Schmiede, vierräderige Personenwagen, zweiräderige, zweisitzige Reisewagen und Drehbänke.

Das zweite Kapitel handelt von den Hebemaschinen. Es lautet:

„An erster Stelle wollen wir über die Herstellung derjenigen Vorrichtungen, welche zur Ausführung von Tempeln und Staatsgebäuden nothwendig sind, Auskunft geben.

Man richtet zwei Balken zu von einer der Grösse der Last entsprechenden Stärke, verbindet sie am oberen Ende mit einem Bolzen, stellt sie so auf, dass sie nach unten auseinandergespreizt sind und hält sie durch Seile, welche am oberen Ende herumgeschlungen und ringsum angespannt sind, aufrecht (siehe Fig. 42). Man bindet dann oben einen Flaschenzugkloben (Scheere) an, fügt in denselben zwei sich um besondere Axen drehende Rollen ein und schlägt das Zugseil um die obere Rolle. Dann zieht man das Seil herab, schlägt es um die Rolle einer unteren Scheere, führt es dann wieder hinauf bis zu der unteren Rolle der oberen Scheere und von dort abermals herab zu der unteren Scheere, an deren Ring es festgebunden wird. Das andere Ende des Seiles wird zwischen den beiden Balken nach deren unterem Ende geführt.

An der Rückseite der rechtwinkelig behauenen Balken befestigt man da, wo sie schon weit genug auseinander gespreizt sind, Zapfenlager, in welche man die Zapfen eines Haspels einsteckt, so dass dessen Axe sich leicht dreht. Dieser Haspel hat in der Nähe der Zapfen je zwei Löcher, die so eingeschnitten sind, dass Hebel in dieselben gesteckt werden können. An der unteren Flasche aber wird ein eiserner Doppelhaken angebunden, dessen Zähne in die Bohrlöcher der Bausteine greifen. Ist aber das Ende des Seiles an dem Haspel befestigt und dreht man den letzteren

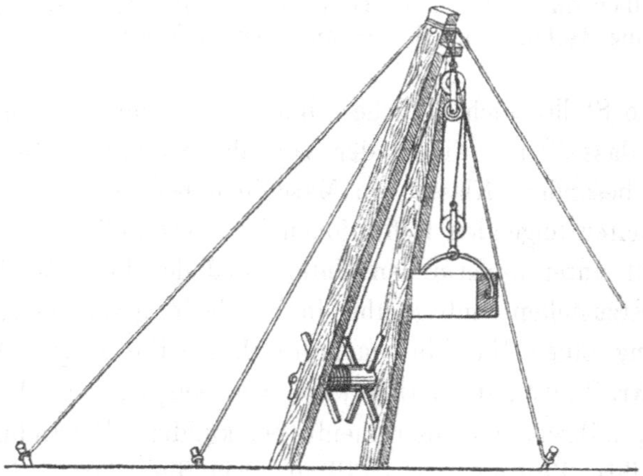

Fig. 42.

vermittelst der Hebel um, so wird das Seil, indem es sich um den Haspel herumschlingt, straff gespannt und hebt dann die Lasten in die Höhe bis zum gehörigen Platze.

Diese Art von Hebmaschinen, welche mit drei Rollen arbeitet, wird Trispastos (dreizügig) genannt; wenn dagegen in der unteren Scheere zwei und in der oberen drei Rollen laufen, so nennt man die Maschine Pentaspastos (fünfzügig).“

Es folgt nun die Beschreibung einer Methode, nach welcher man schwere Aufzüge dieser Art mit Benutzung des Haspels an der Maschine selbst aufrichten kann. Dann heisst es weiter:

„Wenn aber Riesenlasten an Grösse und Gewicht zu versetzen sind, so ist die Anwendung des Haspels nicht zulässig, sondern wie seither ein Haspel in die Zapfenlager eingelegt war, lege man nun einen Wellbaum ein, der in der Mitte eine Seiltrommel hat, welche von einigen „Rad“, von den Griechen aber Amphieryon oder Peritrochion (Kreisläufer) genannt wird (Fig. 43). Die Flaschen aber werden bei diesen Maschinen nicht auf dieselbe Weise wie oben, sondern etwas davon abweichend eingerichtet, denn sie haben unten und oben doppelt nebeneinander gestellte Rollen (Fig. 44). Das Zugseil wird so weit durch den Ring der unteren Flasche gezogen, bis die beiden Enden bei ausgespanntem Seile gleich lang sind. Diese werden dann an der unteren Flasche mit einem dünnen Stricke so umwunden und zusammengeschnürt und beide Theile des Seiles so zusammengefügt, dass dieses sich weder nach rechts noch nach links verrücken kann. Hierauf hebe man die beiden Enden des Seiles zur oberen Flasche hinauf und schlage sie von der äusseren Seite aus um die beiden unteren Rollen derselben, führe sie dann wieder herab und schlinge sie von der inneren Seite um die Rollen der unteren Flasche, führe sie dann abermals hinauf rechts und links bis an das obere Ende der oberen Flasche und lege sie um

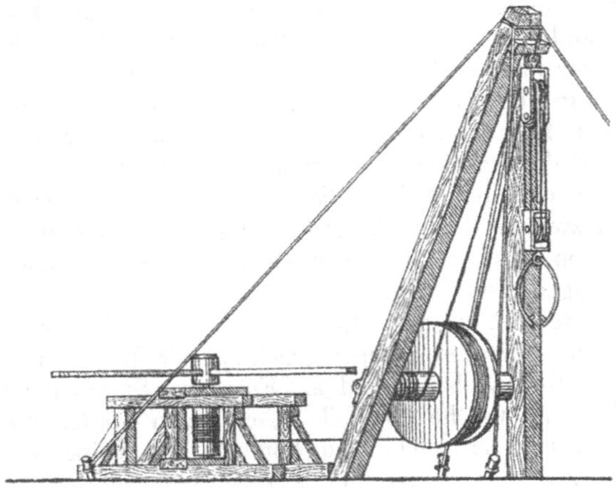

Fig. 43.

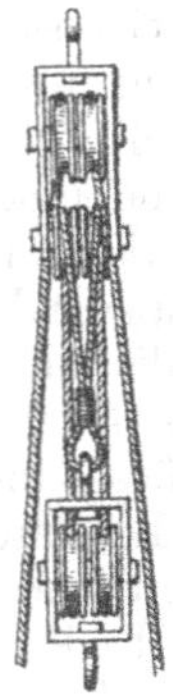

Fig. 44.

das obere Rollenpaar derselben, und nachdem dies von der äusseren Seite aus geschehen, führe man sie zum Wellbaum herab und binde sie dort rechts und links von der Seiltrommel fest an. Dann aber schlingt man um die Seiltrommel ein anderes Tau und führt dies zu einem Göpel (Gangspill). Mit diesem dann aufgewunden, dreht

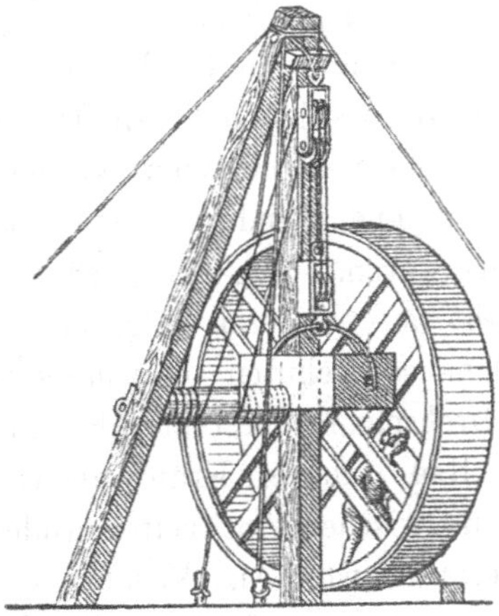

Fig. 45.

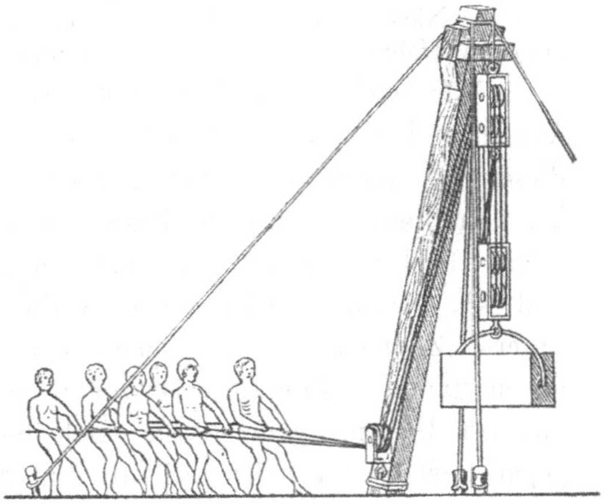

Fig. 46.

das Tau auch die Trommel und den Wellbaum, die Zugseile werden dadurch, dass sie sich um den Wellbaum winden, gleichmässig gespannt und heben so die Last leicht und gefahrlos auf.

Hat man aber ein grösseres Trommelrad, entweder in der Mitte oder an einem Ende des Wellbaumes angebracht, so wird man ohne Göpel dadurch, dass Männer dieses Rad durch Treten in Bewegung setzen, rascher zum Ziele gelangen können (Fig. 45).

Es giebt ausserdem noch eine andere ziemlich sinnreiche Art von Hebmaschinen, welche den Vortheil der Arbeitsbeschleunigung bietet, die aber nur von kundigen Leuten gehandhabt werden kann. Man stellt nämlich nur einen Baum auf und spannt ihn auf vier Seiten mit Haltseilen fest (Fig. 46)*), unter den Haltseilen befestigt man zwei Backen (Auffütterungshölzer), knüpft die Flasche mit Seilen über denselben fest und legt der (oberen) Flasche ein etwa zwei Fuss langes, sechs Zoll breites und vier Zoll dickes Querholz unter. Die Flaschen werden so eingerichtet, dass die Rollen zu je drei nebeneinander laufen. Nun werden drei Zugseile an der oberen Flasche festgeknüpft, dann zur unteren Flasche herabgeführt und von innen um die drei oberen Rollen derselben geschlungen, dann werden sie wieder zur oberen Flasche hinaufgeführt und von aussen nach innen über die unteren Rollen derselben geschlungen. Wenn dann die Seile wieder auf den Boden herab gelangt sind, schlägt man sie von innen nach aussen über die drei Rollen, die an zweiter Stelle stehen, führt sie wieder nach oben, zu den zweiten Rollen daselbst, schlingt sie über diese, führt sie abermals nach unten und von unten noch einmal nach oben und nachdem sie über die obersten Rollen geschlagen sind, leitet man sie bis an den Fuss des Hebebocks (Standbaums). Am unteren Ende der Maschine aber ist ein drittes Rollengehäuse angebracht, welches die Griechen Epagon (Zieher), wir Römer aber Artemon (Leitflasche) nennen. Dieses Rollengehäuse wird am Fusse des Standbaumes festgeknüpft und enthält drei Rollen, um welche die Seile geschlungen werden und dann ihre Enden den Leuten zum Ziehen darbieten. So können ohne Göpel drei Reihen von Leuten ziehen und die Last wird schnell in die Höhe gebracht.

Diese Art von Maschinen wird Polyspastos (vielzügig) genannt, weil sie, in vielen Rollen gehend, sowohl leichte als rasche Handhabung zulässt. Der Umstand aber, dass nur ein Baum dabei aufgestellt ist, gewährt den Vortheil, dass man vorher, ehe man eine Last versetzt, die Maschine nach Belieben nach der rechten oder linken Seite hin neigen kann.

Alle Maschinenarten, welche oben beschrieben worden sind, finden nicht nur in der angegebenen Weise, sondern auch bei Verladung und Ausladung von Schiffen Anwendung, bald aufrecht stehend, bald wagerecht auf „Krahndrehscheiben" angebracht. Nicht minder werden auch ohne Aufstellung von Standbäumen nach demselben Verfahren vermittelst Zugseilen und Flaschen die Schiffe ans Land gezogen."

Wir ersehen aus dieser Stelle, dass man zu VITRUV's Zeiten bereits Drehkrahnen hatte, die sich jedoch nicht, wie die meisten heutigen Krahnen dieser Art, um feststehende Säulen oder in einem Pfannen- und in einem Halslager drehten, sondern auf Drehscheiben montirt waren. Wie man sich eine solche Drehscheibe etwa vorzustellen hat, geht aus unseren Figuren 47 und 48, hervor, welche einem Werke aus dem sechzehnten Jahrhunderte unserer Zeitrechnung entnommen sind. Die Drehscheibe besteht hier aus einem starken, hölzernen, horizontal liegenden Rade, dessen Kranz an vier auf dem Umfange gleichmässig vertheilten Stellen zwischen Antifriktionsrollen gepackt ist, wie aus dem Schnitte Fig. 48 zu ersehen ist. Aus VITRUV's Angabe geht hervor, dass man sowohl Drehkrahnen mit aufrecht stehender Krahnensäule auf der Drehscheibe hatte, wie auf unserer Skizze angedeutet ist, als auch solche, bei welchen die Drehscheibe oben auf einem Gerüste oder auf dem Mauerwerke eines Thurmes angebracht und nur der horizontale Arm des Krahnens fest mit derselben verbunden war.

---

*) In unserer Skizze enthält jede Flasche nur zweimal drei Rollen, während die von VITRUV beschriebene Maschine mit Flaschen von je dreimal drei Rollen ausgerüstet war.

Vitruv fährt fort:

„Es dürfte hier am Platze sein, auch der sinnreichen Erfindung des Chersiphron zu gedenken. Als nämlich dieser die Säulenschäfte für den ephesischen Artemistempel aus den Steinbrüchen schaffen wollte und wegen der Grösse der Last und der Weichheit der Wege in der Ebene dem Transporte zu Wagen nicht traute aus Furcht, die Räder würden einsinken, so ersann er folgendes Auskunftsmittel. Er fügte vier Holzbalken zusammen und verkämmte sie (Fig. 49), nämlich zwei Querbalken und zwei Längsbalken, deren Länge den Säulenschäften entsprach und welche so behauen waren, dass ihre Dicke ein Drittel ihrer Breite betrug; dann befestigte er eiserne Zapfen, die in Doppelschwalbenschwänzen endigten, vermittelst Bleiverguss in die Stirnen der Schäfte und liess metallene Futterringe, in welchen die Zapfen liefen, in das Holzwerk ein; ausserdem verband er die Enden mit Strängen aus „Rindsriemen“ (?) geflochten; die Drehung der in die Futterringe eingeschlossenen Zapfen aber konnte ganz unbehindert erfolgen, so dass die Säulenschäfte, als sie von vorgespannten Ochsen gezogen wurden, ohne Anstand fortrollten.“

Bei der Stelle: „ausserdem verband er die Enden mit Strängen aus Rindsriemen geflochten“ findet sich in Dr. Reber's Uebersetzung die Bemerkung,

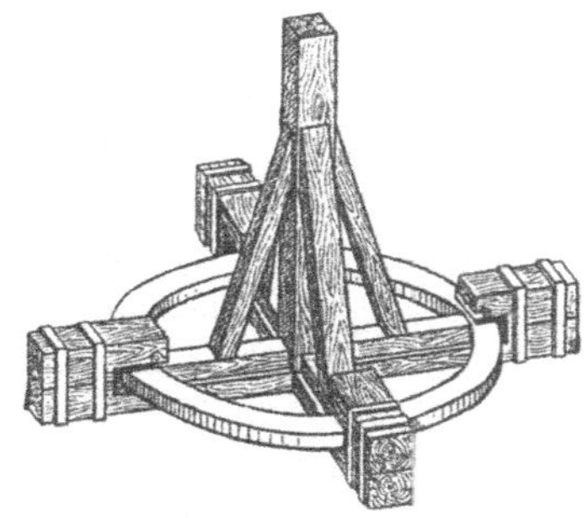

Fig. 47.

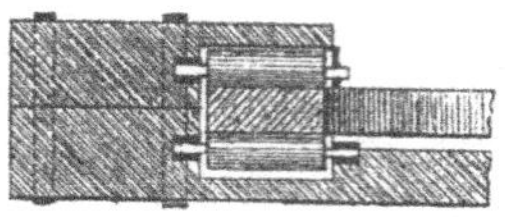

Fig. 48.

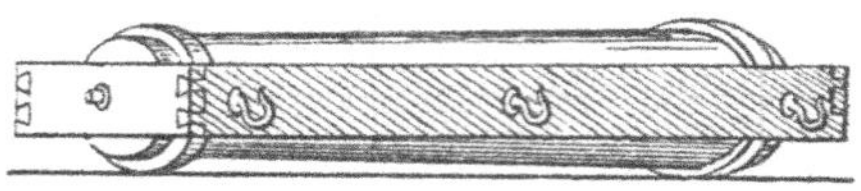

Fig. 49.

dass die Worte: „aus Rindsriemen“ nach Marini's Emendation anstatt des früheren schwer erklärbaren: „baculis ligneis“ gesetzt worden seien. Dr. Reber fährt fort: „Es bleibt unsicher, wo dieser Verband angelegt war. Marini glaubt, dass die verkämmten Ecken des Rahmens noch mit diesen Riemen verschnürt gewesen seien. Da aber dies höchst überflüssig erscheint, so dürfte die Vermuthung wahrscheinlich sein, dass man den Schaftenden, um die Kanten vor dem Abstossen zu schützen, mit solchen Riemen umwickelt habe“.

Dem möchten wir noch hinzufügen, dass ein Bandagiren der Säulenenden auch um deswillen nothwendig erscheint, weil der Säulenschaft nicht cylindrisch, sondern nach einer Seite hin verjüngt war und daher nicht in gerader Richtung fortrollen konnte, wenn nicht durch verschiedene Dicke umgelegter Bandagen die Differenz der Durchmesser ausgeglichen war, wie dies in unserer Skizze (Fig. 49) angedeutet ist. Es scheint uns aber viel wahrscheinlicher, dass diese Bandagen aus Weiden- oder sonstigem Holzgeflechte, als dass sie aus einem Geflechte von Rindsriemen hergestellt waren, und wir halten deshalb die vermeintliche Emendation Marini's für unberechtigt. Wir möchten vielmehr die betreffende Stelle, nachdem die ursprünglichen Textworte: baculis ligneis wieder an ihre Stelle gesetzt sind, in dem Sinne übersetzen: ausserdem bandagirte er die Enden des Säulenschaftes mit Strängen aus hölzernem Ruthengeflechte. Diese Bandagen bildeten gleichsam zwei Räder, auf denen der Säulenschaft rollte, und erst dies giebt VITRUV das volle Recht, wie folgt fortzufahren:

„Nachdem aber die Schäfte alle so herbeigezogen waren und die Beschaffung der (steinernen) Gebälkstücke bevorstand, übertrug des CHERSIPHRON Sohn METAGENES dasselbe Verfahren von dem Transporte der Schäfte auf den der Gebälkstücke. Er liess nämlich Räder von ungefähr 12 Fuss Durchmesser zimmern und schloss die beiden Enden der Gebälkstücke mitten in die Räder ein (Fig. 50), und auf dieselbe Weise liess er auch die Zapfen einerseits in die Stirnen der Gebälkstücke, anderseits in die Futterringe ein. Als daher jener Rahmen aus den dritteldicken Balken von den Ochsen gezogen wurde, brachten die in den Futterringen eingeschlossenen Zapfen die Räder zur Drehung, die Gebälkstücke aber, welche wie Axen in die Räder eingefügt waren, kamen auf diese Weise wie die Säulenschäfte ohne Hinderniss auf den Bauplatz. Eine Vorstellung davon können wir uns nach den Walzen machen, mit welchen man in den Palästren (Ringschulen) die Gänge ebnet. Doch wäre

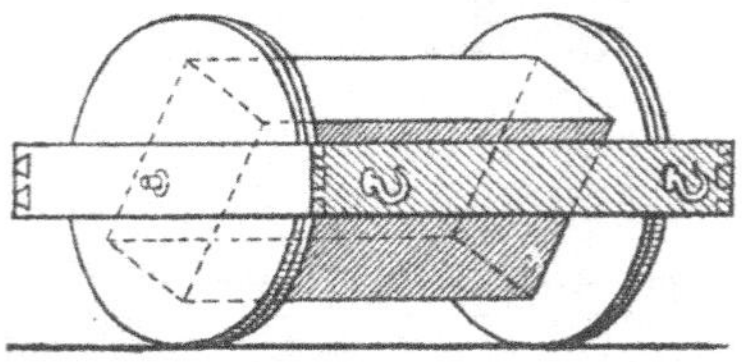

Fig. 50.

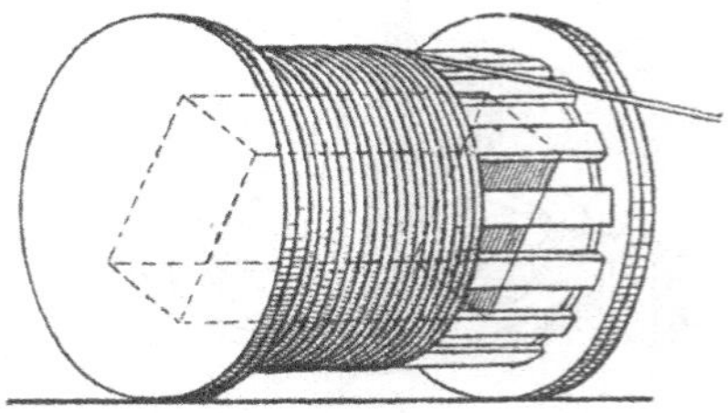

Fig. 51.

dies nicht ausführbar gewesen, wenn nicht zunächst die geringe Entfernung die Sache erleichert hätte, denn von den Steinbrüchen bis zum Tempel sind nicht mehr als 8000 Fuss. Dann ist aber auch kein Hügel dort, sondern eine ununterbrochene Ebene."

Aus der Anführung der „Walzen, mit denen man in den Palästren die Gänge ebnet", ersieht man, dass Strassenwalzen zur Zeit VITRUV's wohlbekannt waren.

Auch die nun folgende Beschreibung einer misslungenen Konstruktion ähnlicher Art ist nicht uninteressant. VITRUV sagt:

„Als dann zu meiner Zeit in jenem Tempel das Fussgestell des Kolossalstandbildes des Apollon vor Alter geborsten war und man fürchtete, es möchte jenes Standbild stürzen und zertrümmern, gab man den Auftrag, in denselben Steinbrüchen ein neues Fussgestell zu brechen. Es übernahm dies ein gewisser PAEONIOS. Dieses Fussgestell aber, welches 12 Fuss lang, 8 Fuss breit und 6 Fuss hoch war (das Gewicht berechnet sich auf etwa 22000 kg), wollte der ehrgeizige PAEONIOS nicht auf dieselbe Art wie METAGENES an Ort und Stelle bringen, sondern beschloss, dazu zwar nach demselben Grundverfahren, aber in einer anderen Art eine Vorrichtung zu konstruiren. Er liess nämlich Räder von ungefähr 15 Fuss Durchmesser zimmern und schloss in diesen Rädern die Enden des Marmorblockes ein (Fig. 51). Dann brachte er rings um den Block 2 Zoll starke Dielen an, die von einem Rade zum anderen reichten und liess sie im Kreise herum in die Räder ein, so dass sie höchstens einen Fuss von einander abstanden. Hierauf wickelte er um diese Dielensprossen ein Tau und liess dies durch vorgespannte Ochsen ziehen, und als es sich so abwickelte, rollten zwar die Räder, aber er konnte die Last nicht auf dem rechten Wege in gerader Linie führen, sondern sie wich bald nach der einen, bald nach der anderen Seite vom Wege ab, und so wurde es nöthig, sie wieder rückwärts zu ziehen. So vergeudete PAEONIOS mit dem Hin- und Herziehen sein Geld, so dass er seine Zahlungen einstellen musste u. s. w."

Im dritten Kapitel, welches überschrieben ist: „Die Elemente aller Bewegung, die Gerade und der Kreis" giebt VITRUV nur einen Auszug aus des ARISTOTELES „Mechanischen Problemen", den wir übergehen können.

Das vierte Kapitel, überschrieben „Verschiedene Arten von Wasserschöpfmaschinen", lautet wie folgt:

„Nun will ich die Herstellung der verschiedenen zum Wasserschöpfen erfundenen Vorrichtungen schildern und zuerst vom Schöpfrade sprechen.

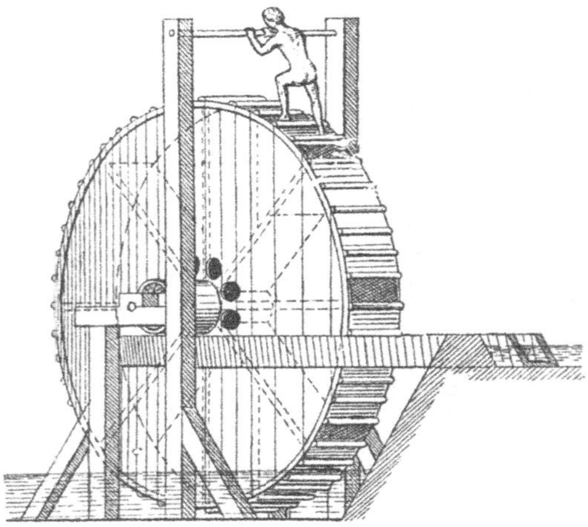

Fig. 52.

Dieses hebt zwar das Wasser nicht hoch, schöpft aber sehr rasch und leicht eine grosse Wassermenge. Es wird dazu ein Wellbaum entweder auf der Drehbank bearbeitet, oder nach dem Zirkel behauen, an den beiden Enden mit Eisen beschlagen und um die Mitte wird ein Trommelrad herumgelegt (Fig. 52), welches aus zusammengefugten Dielen gemacht wird. Der Wellbaum wird auf Pfähle gelegt, welche da, wo die Enden des ersteren ihre Lager haben, ebenfalls mit Eisenblech bekleidet sind. In dem inneren Raume des Trommelrades werden acht Bohlen radial eingefugt, welche von der Welle bis an den Cylindermantel der Trommel reichen und das Innere des Trommelrades in gleiche Räume theilen. Der Cylindermantel ringsum wird durch zusammengefugte Dielen gebildet, die halbfussbreite Oeffnungen freilassen, durch welche das Wasser in das Innere aufgefangen wird. Dann werden zunächst am Wellbaume auf einer Seite des Trommelrades rundliche Löcher eingeschnitten, jedem einzelnen der (acht) Räume entsprechend. Das nach Art der Schiffe getheerte Trommelrad wird durch Treten von Menschen umgedreht, und indem es durch die Oeffnungen an dem Cylindermantel des Trommelrades das Wasser schöpft, giebt es dasselbe durch die rundlichen Löcher zunächst an den Wellbaum wieder in ein darunter gesetztes hölzernes Becken ab, mit welchem eine Abflussrinne in Verbindung steht. So wird zur Bewässerung von Gärten und für Salinen zum Auslaugen eine Menge Wasser geliefert.

Wenn aber das Wasser höher gehoben werden soll, so hat dasselbe Verfahren folgende Abänderung zu erleiden. Man zimmert rings um die Welle ein Trommelrad von einer der erforderlichen Förderhöhe entsprechenden Grösse; rings um den äusseren Rand desselben befestigt man seitwärts kubische Kästchen, die mit Theer und Wachs wasserdicht verstrichen sind (Fig. 53). Wenn dann das Rad von den Tretern umgedreht wird, so werden die (unten) gefüllten Kästchen nach oben gebracht und giessen, sich wieder nach unten kehrend, ihren Inhalt in den Sammelkasten.

Wenn aber das Wasser an noch höhere Punkte geliefert werden soll, so schlingt man um die Welle eines solchen (Tret-) Rades ein Paar eiserner Ketten (Fig. 54), welches so eingerichtet ist, dass es bis unter den Wasserspiegel hinabreicht und angehängte Bronce-Eimer trägt, die etwa einen Congius (etwa 3 l) fassen. So wird die Drehung des Rades dadurch, dass die Doppelkette sich um die

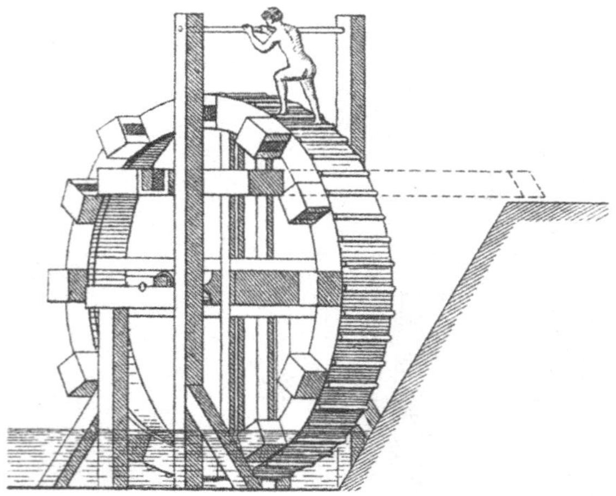

Fig. 53.

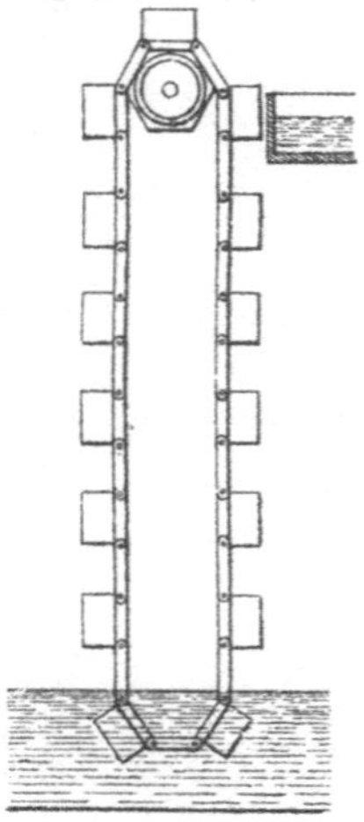

Fig. 54.

Welle herumwindet, die Eimer nach oben bringen, diese aber werden, sobald sie über die Welle gehoben sind, nothwendig umgestürzt und müssen ihren Wasserinhalt in den Sammelkasten entleeren."

Das fünfte Kapitel, überschrieben: „Das Flussschöpfrad, die Wassermühle" lautet:

„Man macht auch in Flüsse Schöpfräder, wie dies oben beschrieben worden ist. Nur befestigt man aussen an den Schöpfrädern Schaufeln (Fig. 55, welche wir, abgesehen von der Grösse der Zahnräder, der Reber'schen Uebersetzung entnehmen), welche von dem strömenden Wasser gefasst, durch ihr Vorwärtsgehen die Räder zwingen, sich zu drehen, und, indem sie so in den Kästchen das Wasser schöpfen und nach oben bringen, leisten sie ohne die Arbeit des Tretens, durch die Strömung des Flusses selbst umgedreht, die erforderlichen Dienste.

Auf diese Weise werden auch die Wassermühlen getrieben, bei welchen sonst Alles ebenso ist, mit Ausnahme des Umstandes, dass an einem Ende der Welle ein Zahnrad läuft (Fig. 56). Dasselbe ist senkrecht gestellt und dreht sich gleichmässig mit dem Schaufelrade und in derselben Richtung. In dieses greift ein kleineres (?), wagerecht gestelltes Zahnrad, welches an einer (senkrechten) Welle läuft, die am oberen Ende einen Doppelschwalbenschwanz hat, der in den Mühlstein eingekeilt ist.

So zwingen die Zähne des an die Welle (des Schaufelrades) angefügten Zahnrades dadurch, dass sie in die Zähne des wagerechten Zahnrades eingreifen und dieses treiben, den Mühlstein zur Umdrehung. Die über dieser Maschine hängende Gosse führt den Mühlsteinen das Getreide stetig zu und durch die Umdrehung wird das Mehl gemahlen.“

Zu der Stelle: „in dieses greift ein kleineres wagerecht gestelltes Zahnrad“ finden wir in der Reber’schen Uebersetzung die Anmerkung: „Die Handschriften geben: tympanum majus anstatt tympanus minus. Doch bereits Perrault und Galiani haben bemerkt, dass dies sachlich unvernünftig sei. Man denke sich nämlich die relativ langsame Umdrehung eines Schaufelrades einer Mühle. Wird nun diese Umdrehung von einem kleineren Zahnrade auf ein grösseres transmittirt, so wird die Umdrehung der Mühlsteine dadurch noch

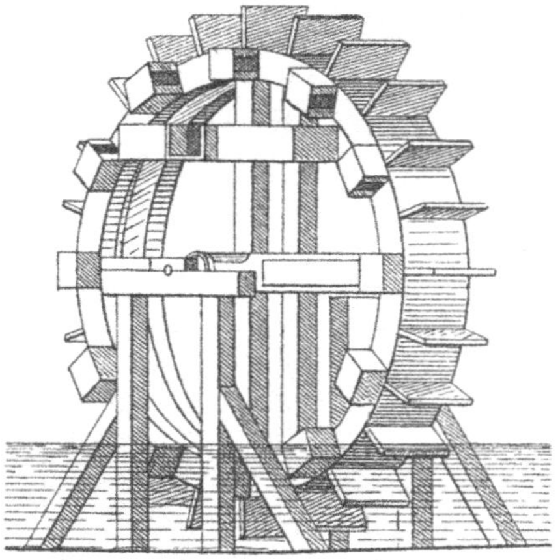

Fig. 55.

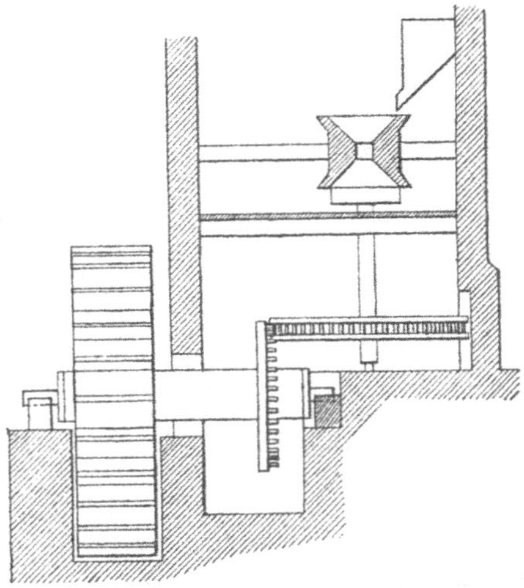

Fig. 56.

langsamer als die Umdrehung des Schaufelrades. Da das Unpraktische dieser Anordnung selbst jedem Nichtsachverständigen in die Augen springt, so begreift sich schwer, wie Rode, Schneider und Marini bei der alten Lesart verharren konnten“.

Erwägen wir aber, dass gerade zu Vitruv’s Zeit die ersten Wassermühlen aufkamen (siehe Pierer’s Konversationslexikon, Artikel „Mühle“), dass vorher nur Hand- und Eselsmühlen im Gebrauch waren, bei denen einfach eine Stange am oberen Läufer horizontal befestigt war, deren Ende eine Sklavin oder ein angespannter Esel, um die Mühle herumgehend, im Kreise herumführte, so scheint es uns durchaus wahrscheinlich, dass auch jene ersten Wassermühlen, indem sie die übliche Mahlmethode nachahmten, den Läuferstein ganz langsam umdrehten. Erwägen wir ferner, dass die Wasserräder in alten Zeiten in der Regel kleine Durchmesser erhielten, während man das

Wasser mit grosser Geschwindigkeit zuzuführen pflegte, und dass sich daraus eine verhältnissmässig grosse Umdrehungszahl der Wasserräder per Minute ergab, so scheint es durchaus wahrscheinlich, dass zur Zeit VITRUV's, wenn auch nicht alle, so doch vielleicht die meisten Wassermühlen eine Räderübersetzung in's Langsamere hatten. Wir schenken daher der dahin gehenden Angabe der alten Handschriften Glauben und halten die Aenderungen des Wortes majus in minus für nicht angezeigt.

Im sechsten Kapitel giebt VITRUV eine genaue Beschreibung von der Wasserschraube oder Schnecke (Fig. 57) und der Art ihrer Anfertigung. Es erscheint uns bemerkenswerth, dass bei dieser (und noch viel vollkommener bei der später folgenden Beschreibung der Katapulte) die Methode der Verhältnisszahlen angewendet ist, durch deren konsequente Durchführung sich

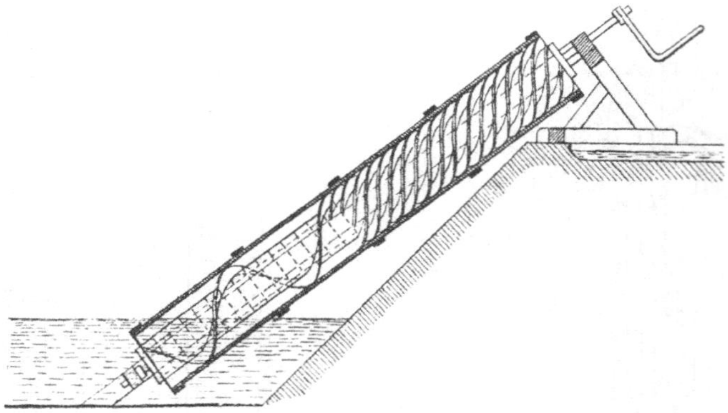

Fig. 57.

REDTENBACHER in unserer Zeit so bedeutende Verdienste um die Entwicklung des rationellen Maschinenbaues erworben hat. VITRUV sagt:

„Es giebt auch eine Maschine, die Schnecke genannt, welche zwar eine grosse Wassermasse schöpft, aber nicht so hoch hebt, wie das Schöpfrad. Diese Maschine wird folgendermassen hergestellt: Man nimmt einen Balken von so viel Fuss Länge als er Zoll in der Dicke misst (d. h. $L = 16\,d$) und behaut ihn nach dem Zirkel walzenförmig. An den beiden Stirnflächen theilt man die Peripherie in acht Theile und zwar so, dass, wenn man die Walze flach auf den Boden legt, die Linien an beiden Enden sich nach der Setzwaage entsprechen (soll heissen: dass mit einer Theillinie der einen Endfläche immer gleichzeitig eine solche der anderen Endfläche horizontal liegt). Dann zieht man auf der wagerecht auf den Boden gelegten Walze nach Massgabe der Setzwaage Gerade von einem Ende zum anderen (d. h. die wagerechten Verbindungslinien zwischen den Endpunkten der korrespondirenden Theilstriche auf den Endflächen) und theilt hierauf auch die Länge der Walze in Theile ab, welche so gross sind, wie der achte Theil der Peripherie. Durch diese Eintheilung werden sowohl in der Richtung der Peripherie, als auch in der Längsrichtung gleich grosse Abstände (der Linien) erzielt. Wo nun diese Kreislinien gezogen werden, treffen sie auf die Geraden und schneiden sie in bestimmten Durchschnittspunkten.

Nachdem diese sorgfältig aufgezeichnet sind, nimmt man eine dünne Leiste von Weidenholz oder eine gespaltene Latte von Keuschbaumholz (es mussten recht biegsame, geschmeidige Leisten sein), taucht sie in flüssigen Theer und heftet sie (mit einem Ende) in dem ersten jener Durchschnittspunkte an (ohne Zweifel vermittelst eines Nagels von Holz oder Metall), dann führt man sie schräg zu den folgenden Durchschnittspunkten der Längslinien mit den Kreislinien, und indem sie regelmässig vorwärts geführt die einzelnen Punkte berühren und sich rings herum winden, wird sie an den einzelnen Durchschnittspunkten befestigt (angenagelt) und gelangt so, wenn sie, von ihrem Anfang an gezählt, den achten Punkt berührt, wieder zu derselben Geraden (Längslinie), von welcher sie ausgegangen und an welcher ihr unteres Ende (ihr Anfang) festgenagelt wurde. Ebenso erreicht sie auch, nachdem sie schräg den Raum von acht Punkten durchzogen hat, der Länge nach den achten Punkt. Die nach demselben Schema an den acht Abtheilungen des Kreises wiederholten, an den Durchschnittspunkten der Längslinien und der Kreislinien schräg festgehefteten Leisten bilden dann spiralförmige Rinnen in richtiger, naturgetreuer Nachahmung eines spiralförmigen Schneckengehäuses. Auf der so hergestellten Grundlage (oder Grundleiste werden dann wieder andere in flüssigen Theer getauchte Leisten eine über die andere aufgeheftet und damit so lange aufgehöht, bis der Durchmesser des Ganzen den achten Theil der Länge beträgt ($D = \frac{L}{8} = 2\,d$). Auf diese Spiralen legt und nagelt man dann ringsum eine Dielenverschalung, um die Spiralgänge zu schliessen, alsdann wird diese Verschalung mit Theer gesättigt und mit eisernen Reifen zusammengehalten, so dass sie nicht mehr durch den Einfluss des Wassers bersten kann. Die Enden der Walze werden mit festgenagelten Eisenbeschlägen gebunden und erhalten eingeschlagene, eiserne Zapfen. Zur Rechten und Linken der Wasserschraube aber werden Balken angebracht, welche an den beiderseitigen Enden durch Querbalken zu einem Rahmen verbunden sind, in die beiden Querbalken sind eiserne Zapfenlager eingelassen, in welche die Zapfen gesteckt werden und so wird die Wasserschraube „durch Treten von Menschen“ gedreht. (Die Verbindung der Wasserschnecke mit dem Tretrade ist nicht beschrieben. Wir haben in unserer Skizze der Einfachheit halber die Schnecke mit einer Kurbel versehen.) Sie soll aber unten in einem spitzen Winkel aufgestellt werden, und zwar der Abbildung des pythagoräischen, rechtwinkeligen Dreieckes entsprechend, d. h. so, dass man die Länge der Wasserschraube in fünf Theile theilt und drei davon der Höhe der Erhebung des oberen Endes der Schraube giebt, wonach der Raum von der senkrechten Linie des Dreieckes bis zu der unteren Mündung der Schraube vier von jenen Theilen gleich sein wird.“

Warum Vitruv ein rechtwinkeliges Dreieck mit den Seitenlängen 3, 4 und 5 ein „pythagoräisches“ nennt, geht aus einer Stelle des Vorworts zum neunten Buche hervor, welche also lautet:

„Pythagoras ferner zeigt uns, wie man einen rechten Winkel ohne die Manipulation eines Handwerkers finden kann, und während die Werkleute das Winkelmaass mit grosser Mühe kaum zur Vollkommenheit bringen können, wird der rechte Winkel, wenn man ihn nach seinen Vorschriften berechnet und beschreibt, leicht und fehlerfrei hergestellt. Nimmt man nämlich drei Lineale, von welchen das eine drei, das andere vier, das dritte fünf Fuss lang ist, und verbindet dieselben so mit einander, dass sie, ein Dreieck bildend, an den äusseren Spitzen sich treffen, so werden sie einen ganz fehlerfreien, rechten Winkel bilden.“

Das siebente Kapitel handelt von dem „Ktesibischen Druckwerke“, d. h. einer zweistiefeligen Druckpumpe ähnlich der von Heron dem Aelteren beschriebenen Feuerspritze (siehe Seite 14). Da die Beschreibung des Vitruv jedoch in einigen Punkten von der des Heron abweicht und da sie nur kurz ist, so setzen wir sie wörtlich hier her. Vitruv sagt:

„Diese Maschine wird aus Bronce hergestellt. Sie besteht aus zwei gleichen, bis unten hin reichenden Pumpencylindern (Stiefeln), die nicht weit von einander abstehen und gabelförmig abzweigende Verbindungsröhren haben, welche in ähnlicher Weise sich vereinigend in den mitten liegenden Windkessel münden; in diesem Windkessel bringt man Ventilklappen an der oberen Mündung der Verbindungsröhren an (Fig. 58), welche exakt sitzen, die Mündungslöcher verschliessen und das, was durch den Luftdruck in den Windkessel gepresst ist, nicht mehr zurücktreten lassen. Auf dem Windkessel ist eine Kappe, einem umgestürzten Trichter ähnlich, aufgepasst und durch Ohren mit durchgetriebenem Keil (Splint) mit demselben zusammengeschlossen, damit nicht die Gewalt des hier eingepumpten Wassers sie aufzuheben vermöge. Darüber wird eine senkrechte Röhre, welche Steigröhre genannt wird, angenietet. Die Pumpencylinder haben unterhalb der unteren Mündung der Verbindungsröhren Ventilklappen über den am unteren Ende befindlichen Einmündungen. Von oben herab aber werden massive, abgedrehte, geschliffene und mit Oel geschmierte Kolben, welche in die Pumpencylinder eingeschlossen sind, vermittelst Kolbenstangen und Hebeln in Bewegung gesetzt. Diese drücken in rascher Bewegung in beiden Pumpencylindern abwechselnd auf die mit dem Wasser dort eingeschlossene Luft, schliessen die Ventilklappen an den unteren Oeffnungen und drängen durch die Luftpressung das Wasser durch die Mündungen der Verbindungsröhren in den Windkessel, von welchem sie in die Kappe steigt und durch den Luftdruck durch das Steigrohr in die Höhe getrieben wird. So wird von einer tieferliegenden Stelle aus, nachdem man einen Sammelraum angelegt hat, das Wasser zu einem Brunnenstrahl geliefert."

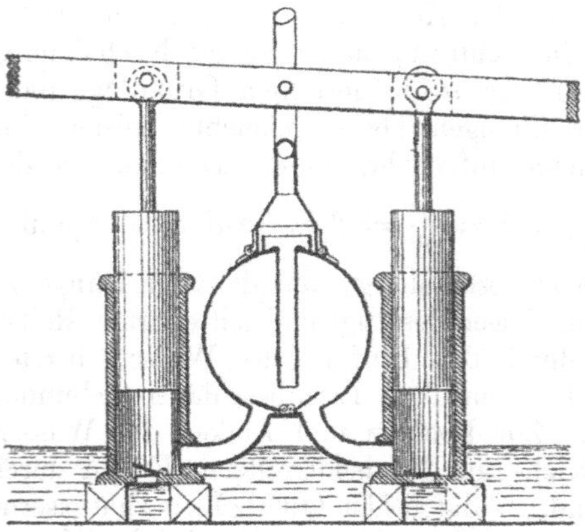

Fig. 58.

Es ist in dieser Beschreibung nicht gesagt, dass in der „Kappe" auf dem Windkessel, welche den Fuss des Steigrohres bildete, ein Steigventil angebracht war, wie es bei heutigen Pumpen dieser Art in der Regel der Fall ist; es scheint vielmehr, dass die Kappe nur zum Zwecke einer stabileren Verbindung des abnehmbaren Steigrohres mit dem Windkessel diente. Dass aber das Steigrohr nur als leicht löslich mit der Pumpe verbunden geschildert wird, erklärt sich daraus, dass Vitruv bei Abfassung seines Werkes über Architektur, vornehmlich Pumpen für Bauzwecke, also transportable Pumpen im Auge haben musste.

Das achte Kapitel handelt von der ebenfalls von Ktesibios erfundenen Wasserorgel, von der wir die Beschreibung Heron's des Aelteren auch bereits in unserer letzten Abhandlung der Hauptsache nach mitgetheilt haben. In der Beschreibung des Vitruv finden wir folgende Abweichungen, wahrscheinlich Neuerungen, die seit Heron's Zeit eingeführt worden waren.

Die Ventile an den Luftpumpen bestehen nicht mehr aus dünnen, federnden Metallzungen, sondern Vitruv sagt darüber:

„In der oberen, ebenen Decke des Pumpencylinders sind Löcher von ungefähr drei Zoll (45 mm) Durchmesser. Nahe bei diesen sind broncene Delphine an Gelenken angebracht, welche in ihrem Munde an Ketten herabhängende unterhalb der Löcher der Pumpencylinder hängende Schilddeckel tragen.“

Wir werden uns diese Ventile so vorzustellen haben, wie sie die der REBER'schen Uebersetzung entnommene Skizze Fig. 59 zeigt.

Ferner giebt VITRUV die Beschreibung einer Windlade für mehrere Register, was beweist, dass der Orgelbau seit HERON's Zeiten wesentliche Fortschritte gemacht hatte. Doch bietet dieselbe für uns kein besonderes Interesse, weshalb wir sie übergehen.

Fig. 59.

Das neunte Kapitel handelt von der selbstthätigen Messung eines zu Wagen oder Schiff zurückgelegten Weges. Den für Strassenfuhrwerk angegebenen Messapparat haben wir in Fig. 60 skizzirt. Die Beschreibung lautet:

„Wenn es sich um einen Wagen handelt, sollen die Räder einen Durchmesser von $4^1/_6$ Fuss (1,208 m) haben, so dass das Rad bei jeder Umdrehung $12^1/_2$ Fuss zurücklegt. In die Nabe des Rades treibe man an der Innenseite eine Scheibe unverrückbar ein, welche einen Zahn hat, der über ihrem Umfange hervorragt. Darüber an dem Wagenkasten ist ein Gehäuse festgeheftet mit einem senkrecht gestellten, um eine Axe drehbaren Zahnrade mit vierhundert Zähnchen, in welche der Zahn der unteren Scheibe eingreift. Ausser den vierhundert Zähnchen der oberen Scheibe erhält diese noch einen anderen Zahn seitlich angeheftet, welcher über die ersten hervorragt. Darüber wird ein drittes Zahnrad der letzteren Art wagerecht, in ein anderes Gehäuse eingeschlossen, angebracht, in dessen Zähnchen jener an der Seite des zweiten Zahnrades angeheftete Zahn eingreift. In demselben (dem dritten) Zahnrade bohre man so viele Löcher (je hinter einem Zahne), als ein Wagen Meilen in einer Tagereise zurücklegen kann, lege in alle diese Löcher runde Steinchen und in den Boden des Gehäuses (auf welchem dieses horizontale Rad beinahe aufliegt) mache man ein Loch, an das sich ein Röhrchen anschliesst, durch welches die in das Zahnrad gelegten Steinchen, wenn sie an jene Stelle kommen, einzeln in den Wagenkasten und in ein untergestelltes Broncegefäss fallen. . . . . . . Während durch die vierhundert Umdrehungen der unteren Scheibe das darüber befindliche Zahnrad einmal umgedreht wird, ergiebt sich eine zurückgelegte Wegstrecke von fünftausend Fuss, d. h. von einer Meile (= 1480 m). Es werden daher die einzeln klingend herabfallenden Steinchen die Zurücklegung der einzelnen Meilen zu erkennen geben, die Zahl der Steinchen aber, welche man dann zusammen unten herausnimmt, wird die Anzahl der während einer Tagereise zurückgelegten Meilen anzeigen.

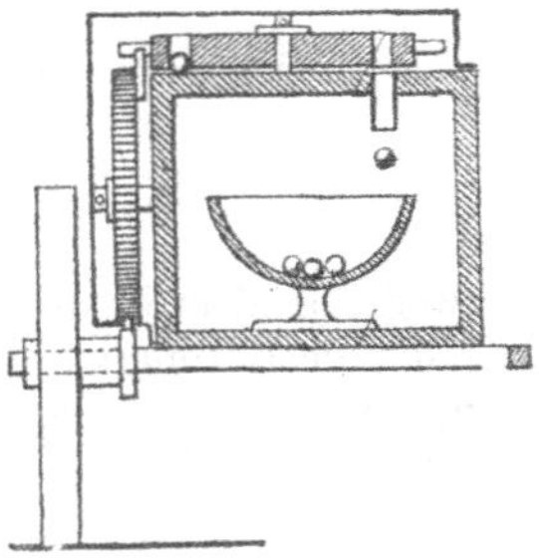
Fig. 60.

Auch bei der Schifffahrt wird eine ähnliche Wegmessung nach demselben Verfahren mit geringen Abänderungen bewerkstelligt. Man steckt nämlich durch die Seitenwände des Schiffes einen Wellbaum, dessen Ende noch über das Schiff hinausragt, und zimmert um diese Enden Räder von $4^1/_6$ Fuss Durchmesser, welche an ihrer Peripherie ringsum Schaufeln haben, welche in das Wasser eintauchen.“

An der Axe dieser Schaufelräder wird nun derselbe Zählapparat angebracht, wie oben für das Strassenfuhrwerk angegeben.

Wir entnehmen nun noch zum Schlusse dem zehnten Kapitel die Beschreibung der Katapulte (Fig. 61, 62 und 63), welche, wie bereits erwähnt, hauptsächlich wegen der dabei vollkommen durchgeführten „Methode der Verhältnisszahlen" für uns Interesse hat. Sie lautet:

„Alle Massverhältnisse der wagrecht gerichteten Geschütze berechnen sich aus der gegebenen Länge des Pfeiles, welchen die fragliche Maschine schlendern soll

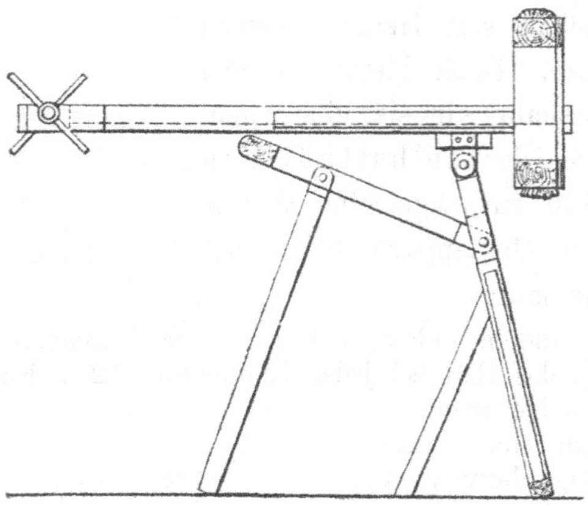

Fig. 61.

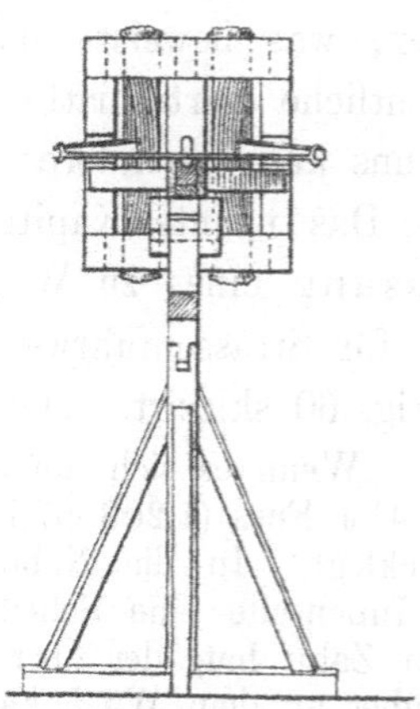

Fig. 62.

und zwar soll dem neunten Theile dieser Pfeillänge die Grösse der Löcher, durch welche die die Bogenarme umschliessenden Spannstränge gespannt werden, entsprechen. (Die Spannstränge waren, wie aus Kap. 11 ersichtlich ist, aus Haaren, und zwar vorzugsweise aus Frauenhaaren oder aus Sehnen gedreht.) Nach Grösse dieser Spann-

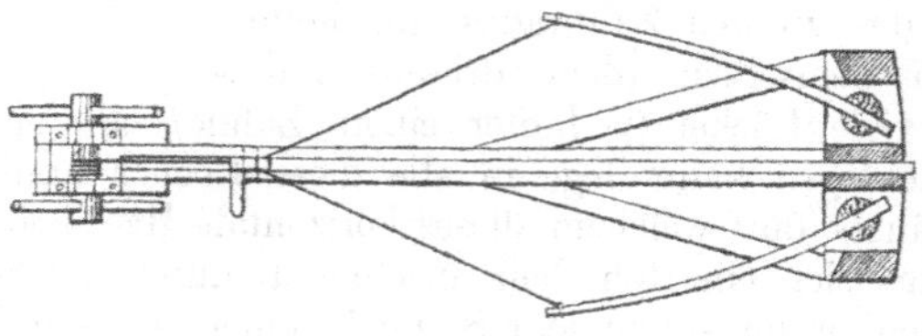

Fig. 63.

löcher aber bemisst sich die Höhe und Breite des Spannrahmens (sie bildet überhaupt, wie wir heute zu sagen pflegen, die „Bezugseinheit" und wir wollen daher für die Folge anstatt des sich sehr oft wiederholenden Wortes: „Spannlochdurchmesser" das Zeichen $d$ setzen). Die wagerechten Stücke, welche das Ober- und Untertheil des Spannrahmens bilden und Peritreta (die Durchbohrten) genannt werden, sollen eine Dicke $= d$ und eine Breite, welche an den Enden $= 1^1/_2\, d$ und sonst $= 1^3/_4\, d$ haben. Die senkrechten Stücke des Spannrahmens rechts und links sollen $4\, d$ hoch sein, die Zapfen ungerechnet, und $^5/_8\, d$ dick; die Zapfen aber sollen $^1/_2\, d$ dick sein. Vom senkrechten Rahmenstück bis zum Spannloch soll ein Abstand $= {}^1/_4\, d$ sein und derselbe Abstand soll zwischen dem Spannloche und dem senkrechten Mittelstücke sein. Die Breite dieses Mittelstückes betrage $1^3/_4\, d$, die Dicke $1\, d$. Der Ausschnitt im senkrechten Mittelstücke, wo der Pfeil aufgelegt wird, sei $= {}^1/_4\, d$. Die vier Ecken rings um den Spannrahmen beschlage und befestige man an den Seiten und am äusseren Umfange mit Esenblech und broncenen Bolzen und Nägeln.

Der Läuferbahn, welche auf Griechisch Syrinx (Pfeife) heisst, gebe man eine Länge = 19 *d*, die Leisten, welche einige die Backen nennen und welche rechts und links an die Läuferbahn genagelt werden, sollen eine Länge von 17 *d*, eine Höhe = *d* und eine Dicke von ($^3/_8$ *d*?) haben. Es werden auch zwei Leisten angenagelt, in welche der Haspel eingelegt wird, die eine Länge von 3 *d* und eine Breite von $^1/_2$ *d* haben sollen. Die Dicke jenes Leistenstückes, welches „Bänkchen" oder, wie einige wollen, „Gehäuse" genannt, angeheftet und mit Schwalbenschwänzen eingezapft wird (dieses Bänkchen schloss vermuthlich das Haspelgehäuse nach hinten ab), soll eine Länge = *d* und eine Höhe = $^1/_2$ *d* haben. Die Länge des Haspels soll = 3 *d*, die Dicke desselben = $^3/_4$ *d* sein. Die Länge des Drückers (Schnäppers) soll $^3/_4$ *d*, dessen Dicke $^1/_4$ *d* betragen, ebensoviel die Dicke seines Zapfenlagers. Die Länge des Hebels, welcher auch Handhabe genannt wird (des Abzugs), 3 *d*, dessen Breite und Dicke $^1/_2$ *d*; die Länge des Läufers (es war dies eine Leiste, in der Läuferbahn verschiebbar, oben mit einer Rinne versehen, in welcher der Pfeil ruhte, welche beim Spannen der Katapulte zugleich mit der Bogensehne und dem Pfeile zurückgezogen wurde und beim Abschiessen ein Stück Weges mit diesem vorschnellte. Ausführlicheres enthält eine Anmerkung in Dr. Reber's Uebersetzung) aber soll = 16 *d*, die Dicke = $^1/_2$ *d*, die Höhe = $^3/_4$ *d* sein. Die Basis des Ständers am Boden soll 8 *d* betragen, die Breite der unteren Ständerplatte, in welche der Ständer gesteckt wird, = $^3/_4$ *d*, die Dicke = $^5/_8$ *d*, die Höhe des Ständers bis zum Zapfen = 12 *d*, die Breite $^3/_4$ *d* und die Dicke = $^3/_4$ *d*. Die drei Streben des Ständers sollen eine Länge = 8 *d*, eine Breite = $^1/_2$ *d* und eine Dicke = $^7/_{16}$ *d* haben. Die Länge des Zapfens des Ständers soll $1^1/_2$ *d*, die Länge des Ständeraufsatzes 2 *d*, die Breite des vorgehefteten Stückes $^3/_4$ *d*, dessen Dicke $^1/_2$ *d* betragen. Die hintere kleine Stütze, welche auf Griechisch Antibasis (Gegenstütze, auf welcher das hintere Ende der Läuferbahn ruhte) heisst, soll eine Länge von 8 *d*, eine Breite von $^3/_4$ *d*, eine Dicke von $^5/_8$ *d* haben. Die darunter gestellte Strebe eine Länge von 12 *d* und eine Breite und Dicke wie jene kleinere Stütze. Ueber der kleineren Stütze befindet sich das Tragstück oder Auflager $2^1/_2$ *d* lang, $1^1/_2$ *d* hoch, $^3/_4$ *d* breit. Die Handspeichen des Haspels sollen $2^1/_2$ *d* lang, $^1/_2$ *d* dick und $^1/_2$ *d* breit sein. Die Querstücke (transversaria) sollen mit den Zapfen eine Länge von 10 *d*, eine Breite von $^1/_2$ *d* und eine Dicke von $^1/_2$ *d* haben. Die Länge des Bogenarmes soll 7 *d*, die Dicke am inneren Ende $^5/_8$ *d*, am äusseren $^1/_2$ *d* und die Krümmung des Armes $^1/_8$ *d* betragen."

Unsere nach diesen Angaben entworfene Skizze Fig. 61 weicht bezüglich des Untergestelles und der sogenannten Querstücke (transversaria) von der in Dr. Reber's Uebersetzung gegebenen ab. In letzterer ist ein starres Gestell unter die Katapulte gesetzt, während es uns für jedes Gestell zu einer Schusswaffe (Lafette) unbedingt nöthig erscheint, dass dasselbe Drehung des Geschützes um eine Horizontalaxe zulasse, um den Elevationswinkel verstellen zu können. Dies veranlasst uns, unter dem „Zapfen des Ständers" in den Stellen: „Die Höhe des Ständers bis zum Zapfen" und „Die Länge des Zapfens des Ständers" einen horizontalen Drehzapfen zu verstehen, und wir finden dann auch sehr passende Verwendung für den „Ständeraufsatz" und die „vorgehefteten Stücke" zur Bildung des Charniers zu diesem Drehzapfen, wie aus unserer Skizze ersichtlich, während diese Theile in der Reber'schen Skizze keinen Platz gefunden haben. Dem entsprechend müssen wir aber dann auch die Verbindungen vom Ständer mit der Antibasis und von dieser mit der untergestellten Strebe charnierartig machen und müssen in drei Streben des Ständers (von denen nur zwei in der REBER'schen Skizze Verwendung fanden) so anordnen, dass der Drehzapfen der Katapulte durch den Ständer allein schon festgestellt ist, während die untergestellte Strebe je nach ihrer Schrägstellung das Tragstück oder Auflager für den hinteren Theil der Katapulte in einer höheren oder tieferen Stellung erhält und dadurch die Elevation des Geschützes bestimmt.

Bezüglich der transversaria widerlegt Dr. REBER in einer Anmerkung die Ansicht von KÖCHLY und RÜSTOW, welche darunter die durch den Haspel gesteckten Hebel verstehen wollen und fährt dann fort: „Bezüglich dieser Querstücke eine andere annehmbare Vermuthung auszusprechen, ist um so schwerer, als hier bei VITRUV der Zusammenhang zerrissen ist und die Beschreibung von dem Gestelle plötzlich auf die Handspeichen des Haspels und dann nach diesen fraglichen Querstücken auf die Bogenarme überspringt. Einen Zweck aber mussten sie haben, und es fehlt in der bisherigen Beschreibung noch ein wichtiges Glied, das gerade zum Haspel gehört. War nämlich mit dem Haspel der Läufer zurückgezogen und die Sehne gespannt, wie wurde dann der Haspel eingesetzt und gehemmt? Ich vermuthe, dass dies durch diese Querhölzer geschah, welche man nur z. B. in den Winkel *t* oder an einer anderen Stelle einzulegen brauchte, um die Speichen am Zurückgehen zu verhindern."

Nun sollen aber die transversaria Hölzer sein von 10 *d* Länge inclusive Zapfen. Für einen Spannlochdurchmesser von 120 mm, welcher einer Pfeillänge von 1,08 m entspricht, giebt dies beispielsweise eine Länge der transversaria von 1,20 m und die Breite und Dicke wird nach VITRUV's Angabe = 60 mm. So lange und starke Hölzer aber als Sperrklinken für den kleinen Haspel von $^3/_4\, d = 90$ mm Walzendurchmesser zu verwenden, wäre doch unnöthiger Ballast.

Auch wir stimmen damit überein: „einen Zweck mussten die transversia haben", wenn wir aber die bis dahin nach VITRUV's Angaben konstruirte Katapulte betrachten, fällt uns auf, dass die Verbindung des schweren Spannrahmens mit der Läuferrinne eine gar zu schwache ist, so dass die grösste Gefahr besteht, dass diese Verbindung durch das Gewicht des Spannrahmens, die heftigen Erschütterungen desselben beim Anschlagen der Bogenarme und durch Stösse beim Transport und dergleichen sich lockern oder brechen möchte, wenn die Winkel zwischen Spannrahmen und Läuferrinne nicht durch Streben verstreift und verstärkt werden. Zu einer solchen Verstrebung sind aber die beschriebenen Hölzer gerade passend, und da man unter einer Transversalen im allgemeinen eine Linie versteht, welche ein beliebiges System von Linien oder Flächen schneidet, so ist der Name transversaria auch für solche Streben sehr geeignet, welche die beiden Schenkel eines Winkels schneiden*). Wir haben

*) Auch in der Beschreibung des Nivellirinstrumentes „Chorobat" nennt VITRUV die Streben zwischen dem Richtscheite und den senkrechten Schenkeln (vergl. S. 38) „transversaria".

deshalb die betreffenden Hölzer als Streben zwischen Läuferrinne und Spannrahmen in unserer Skizze eingezeichnet und sie scheinen uns an diesem Platze unentbehrlich.

Im elften Kapitel beschreibt VITRUV die Balisten, das sind ähnliche Wurfmaschinen wie die Katapulten, welche jedoch nicht Pfeile, sondern Steine oder Steinkugeln schleuderten und „vermittelst Hebeln und Haspeln, einige auch vermittelst Flaschenzügen, andere mit Göpeln, oder auch vermittelst verzahnter Räder gespannt wurden“. VITRUV's Beschreibung der Balisten ist jedoch weniger klar als die soeben citirte der Katapulten und bietet ebenso wie die vier letzten Kapitel seines Werkes, welche vom Belagerungswesen, den zum Ausfüllen von Festungsgräben dienenden sogenannten Schildkröten und vom Vertheidigungswesen handelt, für uns nichts von besonderem Interesse.

## Sext. Jul. Frontinus (um 97 n. Chr.).

Als spätere römische Schriftsteller über Mechanik werden meist angeführt: Sext. Jul. Frontinus und Vegetius Renatus.

Frontinus wurde unter Kaiser Nerva im Jahre 97 n. Chr. Curator aquarum, und hinterliess eine Schrift über die Wasserleitungen Roms, welche, wie er in der Einleitung sagt, den Zweck hatte, ihm selbst und seinen Nachfolgern als Richtschnur im Amte zu dienen.

Die Wasserleitungen, welche Frontinus als zu seiner Zeit bestehend aufführt, sind:

1. Die Appische, erbaut 312 vor Chr. Ihre Quellenfassung lag zwischen dem siebenten und achten Meilensteine der Strasse nach Praeneste (eine Meile = 1478,7 m) und zwar 1154 m links von der Strasse, wenn man von Rom kam. Die Leitung war fast ganz unterirdisch angelegt, ihre Gesammtlänge betrug 16,56 km; nur etwa 90 m davon waren über der Erde gelegen. In sie mündete eine unterirdische Zweigleitung der Augusta (siehe weiter unten), woher der Name Gemellen (Zwillingsgewässer) für die Vereinigungsstelle beider Leitungen sich erklärt. Die Länge dieser Zweigleitung betrug 12,4 km.

Der Wasserquerschnitt bei den Gemellen betrug 0,74 qm, was einem runden Röhrenquerschnitte von 97 cm Durchmesser im Lichten entsprechen würde.

2. Der Alte Anio, 272 vor Chr. an einen Bauunternehmer verdungen, aber wegen kriegerischer Zeiten erst 263 begonnen. Die Fassung war oberhalb Tibur (dem heutigen Tivoli) beim 20. Meilensteine ausserhalb des Baraner Thores, wo ein Theil des Wassers zum Gebrauche der Tiburter abgegeben wurde. Die ganze Länge der Leitung betrug 63,6 km, wovon nur 327 m über der Erde waren. Der Wasserquerschnitt betrug bei den Sammelteichen innerhalb des siebenten Meilensteines der Latinischen Strasse 0,95 qm, was einem runden Röhrenquerschnitte von 1,10 m im Durchmesser entsprechen würde.

3. Marcia, erbaut 145 vor Chr. durch 3000 Arbeiter für 180 Millionen Sesterzien (eine Sesterzie etwa = 20 Pfg.), also etwa für 36 Millionen Mark. Die Fassung war beim 38. Meilensteine der Sublacensischen Strasse 296 m

links. Ganze Länge der Leitung: $91\,{}^{1}/_{3}$ km, davon $80\,{}^{1}/_{3}$ km unterirdisch, 10,25 km auf Bogenbau. Der Wasserquerschnitt bei obengenannten Sammelteichen betrug 1,18 qm, entsprechend einem runden Querschnitte von 1,23 m Durchmesser.

4. Tepula, 127 vor Chr. auf das Kapitol geleitet, beginnt beim 10. Meilensteine der Latinischen Strasse 2960 m rechts. Der Wasserquerschnitt: 0,178 qm, entsprechend einem runden Querschnitte von 0,476 m Durchmesser. Diese Leitung wurde früher in eigenem Gerinne in die Stadt geführt; zur Zeit des Frontinus aber vereinigte sie sich mit:

5. der Julia, erbaut 35 vor Chr. Die Fassung befand sich beim zweiten Meilensteine der Latinischen Strasse 2960 m rechts. Das vereinigte Wasser hiess Julia, doch blieb auch der Name Tepula noch im Gebrauche. Die ganze Länge der Julia betrug 22,8 km; davon waren unterirdisch $12^{1}/_{2}$ km, auf Bogenwerk $9^{1}/_{2}$ km. Der Wasserquerschnitt betrug bei den oben genannten Sammelteichen 0,485 qm, entsprechend einem runden Querschnitte von 0,785 m im Durchmesser.

6. Virgo, erbaut 22 vor Chr. Die Fassung befand sich am 8. Meilensteine der Collatinischen Strasse in sumpfiger Gegend. Durch eine Fassung aus einer Mischung von gestossenen Scherben und Kalk (eine Art Beton) wurden die Sprudelquellen zusammengehalten und durch eine Menge anderer Zuflüsse unterstützt. Die ganze Länge der Leitung betrug $20^{7}/_{8}$ km, wovon 19 km unterirdisch waren, 1,03 km auf Bogenbau. Der Wasserquerschnitt betrug 1 qm, entsprechend einem runden Querschnitte von 1,13 m Durchmesser.

7. Die Alsietinischen Wasser, von Kaiser Augustus (30 vor Chr. bis 14 nach Chr.) erbaut, enthielten nur schlechtes Wasser, und es scheint, dass dies hauptsächlich zur Speisung der Naumachie diente, d. h. des Amphitheaters, in welchem als Schauspiel Seegefechte aufgeführt wurden, bei denen Gefangene und Verbrecher bis zum Tode mit einander kämpfen mussten, wenn sie der Kaiser nicht begnadigte. Auch wurden die Alsietinischen Wasser zur Bewässerung von Gärten und zu ähnlichen Zwecken benutzt. Gespeist wurde die Leitung aus dem Alsietinischen See, welcher nördlich von Rom und wenig östlich von dem weit grösseren Sabatinischen See liegt. Die Leitung begann beim 14. Meilensteine der Claudischen Strasse 9620 m rechts. Die ganze Länge derselben betrug 32,8 km, wovon etwa 32,27 unterirdisch und 0,53 km auf Bogenbau liefen. Die Wassermenge war sehr variabel, da aus dem Alsietinischen und dem Sabatinischen See beliebig viel Wasser eingelassen werden konnte.

8. Augusta, eine Leitung, die zur Ergänzung der Marcia und später auch der unter 10. angeführten Claudia diente, wurde ebenfalls von Kaiser Augustus erbaut. Ihre Quellen lagen jenseits derer der Marcia. Die ganze Länge betrug 1184 m unterirdisch.

9. Der Neue Anio, erbaut 35 bis 49 nach Chr., hatte schlechtes Wasser. Die ganze Länge betrug $86^7/_8$ km, wovon 73 km unterirdisch waren, 13 km auf Bogenbau. Der Wasserquerschnitt betrug 1,90 qm, entsprechend einem runden Querschnitte von 1,56 m Durchmesser. Der neue Anio führte daher die grösste Wassermenge in die Stadt, jedoch von geringer Qualität.

10. Claudia, ebenfalls erbaut von 35 bis 49 nach Chr. Die Fassung befand sich beim 38. Meilensteine des Sublacensischen Weges 444 m links, also nur 148 m von der Fassung der Marcia entfernt, und wurde durch die zwei sehr schönen und ausgiebigen Quellen, welche man die caerulischen oder blauen nannte, sowie durch die ebenfalls sehr gute Quelle Albudinus gespeist. Die ganze Länge der Leitung betrug $68^2/_3$ km, wovon $53^2/_3$ km unterirdisch waren, 13 km auf Bogenbau. Der Wasserquerschnitt betrug bei den oben genannten Sammelteichen 1,33 qm, entsprechend einem runden Querschnitte von 1,30 m im Durchmesser. Diese Leitung hatte die höchsten Bogen, deren Höhe 31,61 m betrug.

Addirt man die Längen der angeführten Wasserleitungen zusammen, so erhält man die Summe 404 km, das ist in gerader Luftlinie gemessen gleich den Entfernungen von Frankfurt a. M. bis Salzburg, oder von Berlin nach Danzig. Die Summe der unterirdischen Theile der Leitungen ist 351,6 km gleich der Entfernung von Frankfurt a. O. bis Danzig und die Summe der Bogenbauten ist 47,36 km, gleich der Entfernung von Berlin nach Eberswalde.

Addirt man die Wasserquerschnitte, wobei Augusta und Tepula als Zuflüsse zu Marcia und Julia nicht gerechnet werden dürfen und die Alsietinischen Wasser nicht gerechnet werden können, weil ihr Wasserquerschnitt nicht angegeben ist, so ergiebt sich aus den übrigen die Summe von 7,587 qm, entsprechend einem runden Röhrenquerschnitte von 3,11 m Durchmesser im Lichten.

Dem praktisch denkenden Römer Frontinus darf man daher den Ausruf am Schlusse seines Berichtes wohl gestatten: „Kann man mit diesen Wunderbauten der Wasserleitungen, welche so vielen Bedürfnissen der Menschen dienen, die müssigen Pyramiden oder sonstige unnütze, obwohl durch Ruf gefeierten Werke der Griechen vergleichen!?“

Bezüglich der Höhenlagen der verschiedenen Leitungen sagt Frontinus:

„Fünf Gewässer giebt es, deren Höhe sie bis zu allen Theilen der Stadt gelangen lässt, jedoch haben einige stärkeres, einige schwächeres Gefälle. Am höchsten geht der Neue Anio, diesem folgt: 2. Claudia, 3. Julia, 4. Tepula, 5. Marcia, welche an der Fassung sogar in gleicher Höhe mit der Claudia liegt. Allein die Alten haben in geringerer Höhe geleitet, sei es, weil die Kunst des Nivellirens noch nicht zur Genauigkeit ausgebildet war, sei es, weil sie absichtlich die Gewässer unter die Erde versenkten, damit sie, da noch häufig Kriege mit den Italikern geführt wurden, nicht leicht von den Feinden abgefangen würden. Jetzt jedoch werden sie an einigen Orten, wo etwa eine Leitung vor Alter verfallen ist, mit Vermeidung der unterirdischen Umgehung der Thäler der Kürze wegen auf Untermauerungen und Bogenbauten fortgeführt.“

Hätte man damals eine Ahnung davon gehabt, dass das stolze Rom einst von Barbaren erobert und geplündert werden würde, so hätte man die Vorsicht der Altvorderen wohl nicht so gering geachtet.

Frontinus fährt fort:

„Die sechste Stufe der Höhe nimmt der Alte Anio ein, welcher gleichfalls für höhere Stadttheile zureichen würde, wenn er, wo die Beschaffenheit der Thäler und Niederungen es erfordert, durch Untermauerung und Bogenbauten oder Strebwerke gehoben würde. Auf dessen Höhe folgt: 7. die Virgo, 8. die Appia ....., 9. die Alsietina, welche dem jenseits der Tiber gelegenen Stadttheile und den besonders tief liegenden Orten dient."

Von diesen wurden sechs an der Latinischen Strasse innerhalb des siebenten Meilensteines in bedeckten Teichen (den früher erwähnten Sammelteichen) gefasst, damit sie darin den Schlamm absetzten. Virgo, Appia und Alsietina dagegen hatten keine Sammelteiche.

Das Wasser der Leitungen wurde, mit Ausnahme eines schon vorher zur Verwendung gekommenen Theiles, innerhalb der Stadt in 247 sogenannten Wasserkastellen gegen einen Wasserzins an die sogenannten Wasserer oder Wassermeister abgegeben und diese vertheilten es für ihre Rechnung vermittelst Rohrleitungen gegen Entgeld an die Konsumenten.

Zu einer einigermassen zuverlässigen Messung der herbeigeleiteten und abgegebenen Wassermengen fehlte es aber an der nöthigen Kenntniss hydraulischer Naturgesetze. Von dem Einfluss der Druckhöhe auf die Ausflussgeschwindigkeit und dieser auf die Wassermenge hatte man nur sehr vage Begriffe.

Man bemass die Grösse des Wasserzuflusses und Verbrauches einzig und allein nach dem Wasserquerschnitte in den betreffenden Kanälen und Röhren; von den Geschwindigkeiten aber, mit denen das Wasser floss, ist in dem ganzen Werke des Frontinus keine Rede, auch dass er nur einen schwachen Begriff von dem Einfluss der Druckhöhe, des Gefälles, der Widerstände in den Kanälen und der Geschwindigkeit des Wassers auf die Ausflussmenge gehabt habe, lässt sich nur aus den folgenden Stellen schliessen. Er sagt einmal:

„Vergessen wir nicht, dass jedes Wasser, so oft es von einem höheren Orte kommt und nach kurzem Laufe in das Kastell fällt, nicht nur seinem Gemäss entspricht, sondern sogar Ueberfluss liefert, so oft es aber aus einem niedrigen Orte, also mit geringerem Gefälle einen weiteren Weg geleitet wird, durch die Trägheit der Leitung auch an Maass einbüsst."

Ein anderes Mal sagt er bezüglich Anbringung der sogenannten Kelche, d. h. broncener, geaichter Rohrstutzen von bestimmter Weite an den Reservoirs der Wasserkastelle, an welchen die Bleirohre zur Weiterleitung angelöthet wurden:

„Bei der Anbringung der Kelche ist zu beobachten, dass sie nach der Linie geordnet werden, und nicht der Kelch des einen mehr unten, der des anderen mehr oben angeordnet werde. Denn der Niedrigere verschlingt mehr; der Höhere saugt weniger, weil der Lauf des Wassers von dem Niederen angezogen wird."

Hieraus erhellt, dass Frontinus zwar wusste, dass beim Ausfluss des Wassers durch eine Oeffnung in der Gefässwand die Ausflussmenge mit zunehmender Druckhöhe zunimmt, dass er aber nicht wusste, dass beim Ausfluss durch eine Röhre diese Druckhöhe vom Wasserspiegel im Reservoir bis zur Höhe der Röhrenmündung zu bemessen, und die Höhe des Anschlusses der Röhre an das Reservoir ohne Einfluss auf die Ausflussgeschwindigkeit ist.

Unter diesen Umständen musste das Amt eines Curator aquarum ein besonders schwieriges sein. FRONTINUS bemüht sich, die Gründe nachzuweisen, warum seine Rechnungen nicht stimmen, was er natürlich neben der Undichtigkeit der Leitungen nur der Spitzbüberei seiner Mitbürger zuschreibt. Er hat durch schärfere Kontrolle und Wachsamkeit zahlreiche Unterschleife durch heimliches Anbohren der Leitungen und dergleichen entdeckt und ist nicht wenig stolz darauf, dass unter seiner Amtsführung viel mehr Wasser aus den Leitungen offiziell abgegeben werden kann als bei seinen Vorgängern, bei denen nach des FRONTINUS Rechnung etwa die Hälfte für den Staatssäckel verloren ging. Er lebte in der Ueberzeugung, dass, wenn man die Leitungen ganz dicht halten und alle Unredlichkeit ausrotten könne, die nach seiner Rechnung abgegebene Wassermenge mit der in die Stadt geleiteten übereinstimmen müsse. Da er aber, wie bereits erwähnt, die Wassermenge einzig und allein nach den Wasserquerschnitten bemisst, das Wasser aber wahrscheinlich durch die Vertheilungsröhren unter höherem Drucke schneller floss, als in den weiten Zuführungskanälen, so können wir einen beträchtlichen Theil jenes Deficits der fehlerhaften Berechnungsweise des FRONTINUS und seiner Zeit zuschreiben, ohne der Geschicklichkeit der alten Römer im Stehlen und Unterschlagen zu nahe treten zu wollen.

Um für seine Berechnungsweise festere Grundlagen zu bekommen, sucht FRONTINUS eine rationelle Skala für die anzuwendenden Röhrenquerschnitte aufzustellen und durchzuführen; doch zeigt sich auch hier, wie schwierig es ist, das Publikum von hergebrachten Gewohnheiten ab- und besseren Einrichtungen zuzuwenden. Wir erfahren zunächst von FRONTINUS, dass die alte Eintheilung des Fusses in 16 digiti (Fingerbreiten) noch fortbesteht, obgleich die Eintheilung des Fusses in 12 Zoll (Daumenbreiten) offiziell eingeführt war. Und obgleich FRONTINUS die weiteren Röhren, mit denen er als Regierungsbeamter das Wasser austheilt, nach der Grösse des lichten Querschnittes bemisst und benennt, und danach seine Skala aufstellt, so muss er doch bei den engeren Röhren, durch welche das Wasser von den Wassermeistern an das Publikum vertheilt wird, der hergebrachten Gewohnheit Rechnung tragen und diese nach der Grösse des Durchmessers (oder Umfanges) bemessen, benennen und rangiren.

Die alte Angabe des VITRUV, wonach eine Röhre nach der Breite des Bleistreifens, aus dem sie zusammengerollt wurde, benannt werden soll, passt nur noch auf die als Masseinheit von den Wassermeistern angenommene, sogenannte Fünferröhre.

Ein Streifen Blei von 5 digiti = 91 mm Breite bei 8 mm Dicke ergab beim Zusammenrollen, indem das Blei sich aussen, wo durch Schlag oder Druck auf dasselbe eingewirkt wurde, etwas mehr streckte, als es sich innen zusammenstauchte, die sogenannte Fünferröhre von 22,5 mm = $^5/_4$ digiti lichte Weite. Im Laufe der Zeit hatte man aber offenbar vergessen, dass dieser Name von der Breite des betreffenden Bleistreifens hergeleitet war und war zu der Meinung gekommen, derselbe bezöge sich auf die fünf Viertelfinger des lichten Durchmessers, und dieser Ansicht huldigt auch Frontinus und nennt eine Sechser-, Siebener- u. s. w. Röhre eine solche von $^6/_4$, $^7/_4$ u. s. w. digiti Durchmesser im Lichten, und stellt danach seine Skala für kleinere Röhren auf. Für die grösseren Röhren, die er nach dem Querschnitte im Lichten bemisst, wählt er als Masseinheit den □ digitus. Er nennt also beispielsweise eine Hunderter-Röhre eine solche, deren Querschnitt im Lichten 100 □ digiti hat und berechnet alsdann den Durchmesser, der einer Hunderter-Röhre gegeben werden muss, auf $11^{13}/_{48}$ digiti. Die beiden Berechnungsarten für die kleineren Röhren einerseits und für die grösseren Röhren andererseits ergeben nahezu das gleiche Resultat für die Zwanziger-Röhre, denn 20 Vierteldigiti im Durchmesser ergeben nahezu auch 20 □ digiti im Querschnitte, und deshalb wird die Zwanziger-Röhre von Frontinus als die Grenze zwischen beiden Berechnungsarten aufgestellt, d. h. bis zur Zwanziger-Röhre ist der Durchmesser und von da aufwärts der Querschnitt für die Benennung der Röhre und den betreffenden Theil der Skala massgebend.

Wie wir früher berechneten, war die Summe aller Wasserquerschnitte der Leitungen Roms mit Ausnahme der Alsietina = 7,585 qm; also, da das Fünfer-Rohr 402 qmm Querschnitt hat, gleich: 18868 Fünfer. Nach des Frontinus Angaben wurden abzüglich der Alsietina 13626 Fünfer offiziell abgegeben; folglich wären 5242 Fünfer oder 27 Proc. in Verlust gerathen. Einschliesslich der Alsietina betrug die offizielle Abgabe 14018 Fünfer, oder 5,63 qm Wasserquerschnitt. Da Vitruv angiebt, dass man den Leitungskanälen eine Gefälle von $^1/_{200}$ geben solle, was erstaunlich viel ist, und Frontinus darauf hinweist, dass die Alten mehr Gefälle gegeben hätten, als später üblich wurde, so dürfte vielleicht angenommen werden, dass das Wasser in den Kanälen und Röhren mit etwa $1^1/_2$ m Geschwindigkeit floss, und unter dieser Voraussetzung würde sich die in der Stadt offiziell vertheilte Wassermenge auf etwa 720000 cbm per Tag berechnen*), und da die Zahl der Einwohner des alten Rom in der späteren Kaiserzeit zu etwa $1^1/_2$ Millionen angenommen wird, so kämen auf den Kopf der Bevölkerung 0,48 cbm, oder nahezu 5 hl in 24 Stunden. Die der Stadt zugeleitete Wassermenge aber ist nach dem

---

*) Die gegenwärtige Wasserversorgung Roms erfolgt durch nachverzeichnete fünf Hauptleitungen mit den beigefügten, auf 24 Stunden berechneten Liefermengen in Kubikmetern: L'acqua Vergine (oder Trevi): 60000, L'acqua Telia: 8000, L'acqua Paola: 50000, L'acqua Pia: 120000, L'acqua Paolina: 30000. Zusammen: 268000 cbm. (Angabe des Oberst Blumenstihl, Direktors der römischen Wasserversorgung, März 1886, mitgetheilt durch Riggenbach, Erinnerungen eines alten Mechanikers, S. 114.)

Vorhergehenden noch um etwa 27 Proc. höher zu veranschlagen, ungerechnet den grössten Theil der Alsietina, der nicht näher angegeben ist und meist zu öffentlichen Zwecken benutzt worden zu sein scheint.

Von den verschiedenen, von FRONTINUS angeführten Arten des Unterschleifes, als: Anbringung zu weiter Kelche, oder Weglassung derselben und nachträgliche Erweiterung der Bleirohre, unbefugtes Anbohren der Gerinne und dergleichen ist folgende Manipulation interessant:

Bei einigen Wasserkastellen, wo zwar Kelche von gesetzlicher Weite angebracht waren, fanden sich weitere Röhren unmittelbar angeschlossen, was zur Folge hatte, dass das Wasser nicht auf die gesetzlich vorgeschriebene Entfernung zusammengehalten wurde. Denn durch Senatsbeschluss war vorgeschrieben, dass innerhalb 50 Fuss vom Wasserkastell ab keine weitere Röhre von der Hauptleitung abgezweigt werden durfte, als ein Fünfer. Von der oben beschriebenen Anschlussweise aber berichtet FRONTINUS, dass das Wasser, indem es durch den kurzen Kelch in die rasch sich erweiternde Röhre strömte, diese ganz ausfüllte, und auf diese Weise der Leitung mehr Wasser entnommen worden sei, als dem Querschnitte des Kelches entsprach. Es scheint, als ob sich hierin bereits eine praktische Erfahrung über den Einfluss konisch-divergirender Ansatzröhren auf die Ausflussmenge des Wassers aus einem Gefässe ausspräche, worüber erst Ende des vorigen Jahrhunderts von VENTURI und EYTELWEIN wissenschaftliche Versuche angestellt wurden.

Von Interesse ist ferner folgende Stelle:

„In demselben Jahre (nämlich dem Erbauungsjahre der Julia, 35 v. Chr.) stellte AGRIPPA (als Aedil nach seinem ersten Konsulate) die beinahe verfallenen Leitungen der Appia, des Anio und der Marcia wieder her und versah mit ausgezeichneter Fürsorge die Stadt mit einer grossen Zahl von Springbrunnen."

Die Vorschrift VITRUV's, dass man bei Anlage städtischer Wasserleitungen auf Springbrunnen besondere Rücksicht nehmen solle, dürfte daher auf das Jahr 35 vor Chr. zurückzuführen sein.

Ferner sagt FRONTINUS, indem er von den neuen Einrichtungen spricht, die er getroffen hatte, um sein Amt besser verwalten zu können:

„Auch Grundrisse der Leitungen haben wir machen lassen, aus denen ersichtlich ist, wo Thäler und wie grosse, und wo Flüsse überbaut wurden, und wo die an Berghängen angebrachten Hohlgerinne eine grössere und andauerndere Sorgfalt in der Beschirmung und Instandhaltung erfordern. Dadurch wird der Vortheil gewährt, dass wir den Gegenstand unmittelbar wie vor Augen haben und zu Rathe gehen können, als ob wir dabei ständen."

Das Planzeichnen müssen demnach die Römer anno 97 schon wohl verstanden haben.

Das ist im Wesentlichen der Inhalt der Schrift des FRONTINUS. So interessant dieselbe auch für Ingenieure sein mag, so enthält sie doch Nichts von eigentlicher Mechanik, und es ist deshalb nicht recht verständlich, warum

Frontinus unter die Schriftsteller über diese Wissenschaft gerechnet zu werden pflegt.

Noch mehr gilt dies von Flav. Vegetius Renatus, der um das Jahr 375 nach Chr. über „Kriegswissenschaft und Kriegskunst“ schrieb. Aus seinem Werke erfährt man viel Interessantes über römischen Soldatendienst, aber seine Angaben über Kriegsmaschinen und andere technische Dinge sind äusserst dürftig und von Mechanik ist nichts darin zu finden. In dem Werke des Publius Vegetius Renatus über Thier-Arzneikunde können Leistungen auf mechanischem Gebiete noch weniger gesucht werden.

## Cato der Aeltere (234—149 v. Chr.).

Allgemein bekannt sind CATO's oft wiederholte Worte: „Ceterum censeo, Carthaginem esse delendam"; weniger bekannt ist, dass er ein im Alterthume hochgeschätzt gewesenes Werk über Landwirthschaft geschrieben hat, und am wenigsten, dass darin interessante Angaben über Maschinen zu finden sind, namentlich über Olivenquetschen, Wein- und Oelpressen.

Der chronologischen Reihenfolge nach hätten wir diese Schrift vor der des HERON von Alexandrien betrachten müssen, allein wir thaten dies nicht, weil CATO's Angaben nur verständlich werden, wenn man spätere Schriftsteller und archäologische Funde mit zu Rathe zieht. Denn CATO giebt keine Beschreibungen von den Maschinen, deren Konstruktion er als bekannt voraussetzt, sondern nur Rathschläge über deren Detailkonstruktion, Aufstellung und Behandlung, sowie Inventarien von Presshäusern verschiedener Grösse, wie sie für Landwirthe von Interesse sind, welche ein Presshaus einrichten wollen. Auch wird das Verständniss dieser Angaben durch eine äusserst knappe Ausdrucksweise, mancherlei Fehler der Abschreiber, welche uns das Werk überlieferten und durch zahlreich darin vorkommende technische Namen erschwert, deren Bedeutung nur errathen werden kann.

Hierbei kommt uns jedoch der Umstand zu statten, dass Weinpressen altrömischer Art bis zur Stunde in manchen Gegenden im Gebrauche geblieben sind, wenn auch vielleicht nirgends mehr in der Form, wie sie CATO beschreibt, so doch in der etwas abgeänderten, welche PLINIUS der Aeltere (23—79 n. Chr.) beschrieben hat*).

Als Beispiel zeigen unsere Fig. 64, 65 und 66 eine solche Presse (Trotte), welche sich zu Malans im Canton Graubünden befindet. Die an Ort und Stelle aufgenommene Originalzeichnung wurde mir von Herrn Prof. F. LINCKE zur Benutzung gütigst überlassen. Laut einer auf der Presse befindlichen Inschrift

---

*) Vgl. Reuleaux, Theoretische Kinematik, 1875, S. 226. Dem in Anmerkung 39 dieses anregenden Werkes ausgesprochenen Wunsche dürfte durch die vorliegende Studie, insbesondere durch die beigefügten Abbildungen entsprochen sein.

wurde sie im Jahre 1767 aufgestellt. Es ist eine Hebelpresse, deren einarmiger Presshebel *a* aus einem Balken von 0,6 m Höhe, 0,6 m Breite und 11,2 m Gesammtlänge besteht, auf welchem zur Verstärkung noch ein zweiter Balken von gleicher Breite, 0,4 m Höhe und 9,35 m Länge aufgeschraubt ist. An dem vorderen Ende des Hauptbalkens ist eine Gabel durch Stümpfe von den Aesten gebildet, in welche der den Balken abgebende Baum sich theilte, wie aus Fig. 64 ersichtlich. Seinen Stützpunkt findet der Hebel zwischen zwei, in starkem Fundament verankerten Bäumen *bb* (Fig. 65 und 66), welche etwa 0,63 m von einander abstehen und je 0,6 m Durchmesser haben. Zur Verstärkung der

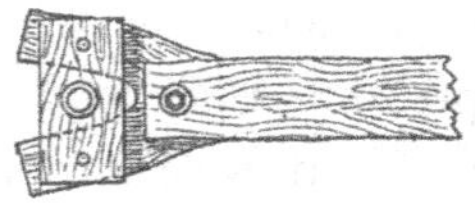

Fig. 64.

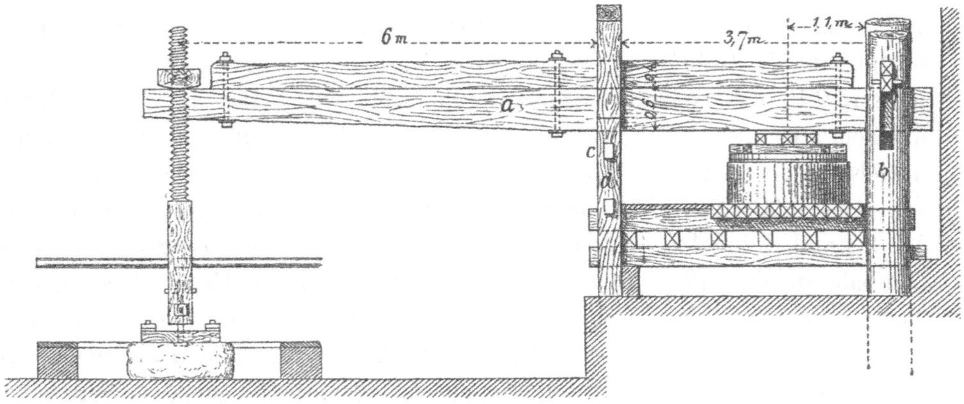


Fig. 65.

oberen Enden hat man auch hier Stümpfe von den Hauptästen der Bäume stehen gelassen. Unterhalb derselben ist ein Schlitz von etwa 1,3 m Länge und 110 mm Breite aus jedem Baume so ausgehauen, dass zwei oder mehr Querriegel oder Keile gleichzeitig durch beide Bäume gesteckt werden können, welche das Ende des Presshebels nach oben stützen. Durch Einschieben einer grösseren oder kleineren Zahl solcher Riegel kann die Höhe des Stützpunktes über dem Presstische regulirt werden und es werden mit fortschreitendem Auspressen immer mehr Riegel eingeschoben, bis das Pressgut entsprechend ausgepresst ist. Vier solcher Keile oder Riegel haben etwa Platz.

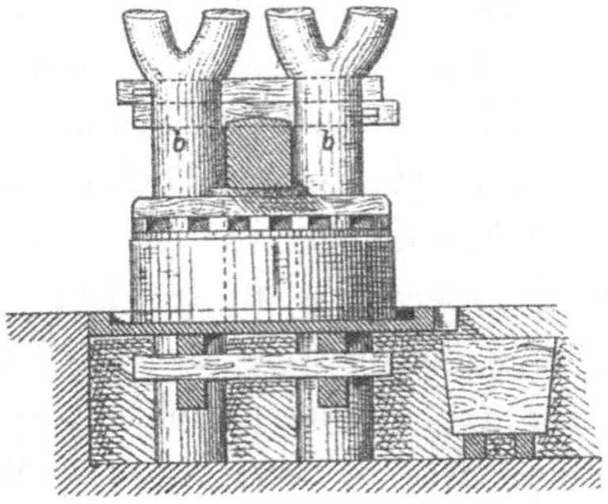


Fig. 66.

Damit der Presshebel sich während der Arbeit nicht der Länge nach verschieben kann, ist derselbe da, wo er sich gegen den Querriegel stützt, etwas eingekerbt. Der Presstisch besteht aus einem niederen Balkengerüste, auf welchem durch dicht aneinandergefügte Hölzer die Tischplatte gebildet ist. In diese sind Rinnen zum Ablaufen des Mostes eingeschnitten.

Körbe, wie sie die Römer anwendeten, um die gestampften Trauben darin auszupressen, sind, wie uns mitgetheilt wurde, in Malans nicht im Gebrauche, vielmehr werden dort die Weintrestern ohne jede Umhüllung gepresst. Auch sind die Bretter und Querhölzer, welche auf den Trestern liegen und auf welche der Presshebel zunächst drückt, nicht wie bei den Römern zu einem Deckel sorgfältig und fest zusammengefügt, sondern nur neben und auf einander gelegt.

Eine Führung für den Presshebel, bestehend aus zwei verstrebten und oben durch ein Querholz mit einander verbundenen Pfosten *d* (Fig. 65) ist am vorderen Ende des Presstisches angebracht. Durch die Gabel am vorderen Ende des Pressbebels geht eine hölzerne Schraube senkrecht herab, deren Mutter auf der Gabel befestigt ist. Die Schraube hat 0,24 m äusseren Durchmesser, 0,16 m Kerndurchmesser und 75 mm Steigung. Das Holz, aus welchem die Schraube geschnitten worden, ist unten vierkantig und am Ende ist vermittelst eines eisernen Bolzens ein schwerer Stein, ähnlich einem Mühlsteine, von etwa 1600 kg Gewicht angehängt. Durch den unteren, vierkantigen Theil der Schraube sind lange Hebel gesteckt, und um den Belastungsstein ist eine Laufbahn für die Arbeiter gemauert, welche, indem sie die Hebelenden erfassen und auf der Laufbahn in entsprechender Richtung im Kreise herumgehen, den Presshebel niederschrauben, bis der Stein sich hebt. Dieser dient nicht nur zur Vermeidung eines Bruches durch übermässige Anstrengung, sondern auch zur Erhaltung eines konstanten Druckes, nachdem der Stein in die Höhe geschraubt ist. Durch die Führungspfosten kann bei *c* (Fig. 65) ein Querriegel geschoben werden, was dann geschieht, wenn man das hintere Ende des Presshebels heben will, indem man die Mitte desselben auf diesem Riegel aufsitzen lässt und das vordere Ende mit der Schraube niederzieht.

Dass ganz ähnliche Pressen anderthalb Jahrhunderte vor der Aufstellung der soeben beschriebenen, sowohl zum Auspressen von Wein als auch von Olivenöl, in Italien gebräuchlich waren, ersehen wir aus Vittorio Zonca's „Novo Teatro di Machine et Edificii", erschienen zu Padua 1621, in welchem Seite 46 bis 52 Zeichnungen von einer Wein- und einer Oelpresse zu finden sind. Erstere ist in unserer Fig. 67 in kleinerem Massstabe wiedergegeben. Seine Oelpresse ist kaum davon verschieden. Man erkennt sofort, dass dies eine Presse derselben Art ist, wie die oben beschriebene, dass aber die Zeichnung, wie in der Perspektive, so auch in den Massverhältnissen fehlerhaft ist. Insbesondere müssen die Bäume *G G* viel näher bei einander stehen, um die in der Abbildung auf der Erde liegenden Querriegel *B* aufnehmen zu können, diese kurz zu fassen, damit sie nicht brechen, dem Hebelende eine sichere Stütze zu geben und es an seitlicher Verschiebung zu hindern. Auch sind die Bäume im Verhältnisse zum Hebel offenbar viel zu schwach gezeichnet.

Interessant ist aber für uns, aus dieser Zeichnung zu ersehen, wie die Bäume oberhalb und unterhalb der Schlitze und wie der Presshebel an mehreren Stellen mit eisernen Bändern gebunden wurden. Zonca sagt, dass das Binden der Bäume nothwendig sei, damit die Querriegel, indem sie sich beim Pressen zu drehen suchen, nicht die Bäume spalten, und es dürfte kaum zu bezweifeln sein, dass die „Fibulae" des Cato eben solche eiserne Bänder waren. Zonca nennt diese Presse „Pistrino prelo", während der Presshebel bei Cato „Prelum" heisst. Die Grube $F$ neben der Kelter, in welcher der Most in eine Kufe aufgefangen wird, heisst bei Zonca „Lago", was dem „Lacus" des Cato entspricht; doch sagt letzterer Kap. 66 von dem Vorarbeiter im Oelpresshause: „Den

Fig. 67.

bleiernen Kessel setze er in die Cisterne (Lacus), in den das Oel fliesst", während hier statt des bleiernen Kessels eine hölzerne Kufe eingesetzt ist. Zonca sagt, dass solche Pressen seit alten Zeiten im Gebrauche seien, und ist offenbar auch der Ansicht, dass sie schon zur Zeit des Plinius im Gebrauche waren, denn indem er von dem Einflusse der Hebellänge auf die Wirksamkeit der Presse spricht, fügt er bei: „was auch Plinius, wie es scheint, ausdrücken wollte, welcher bei Beschreibung der Weinpresse sagte, dass es auf die Länge und nicht auf die Dicke ankomme, wobei er diesen Presshebel meinte."

Die Hebellänge giebt Zonca für Oelpressen zu 40′ an, die Bäume sollen 8—9′ in das Fundament hinabgehen und unten mit einander verankert werden. Die Schraube soll die gleiche Länge haben wie die Bäume, der Durchmesser der Schraube soll $^3/_4{}'$ betragen, das Gewicht des Belastungssteines bei grossen Pressen 2000 Pfund, bei kleineren 1000 Pfund. Bei ersteren soll die Drehung der Schraube durch Pferde erfolgen, bei letzteren durch zwei Mann.

Wir wenden uns nun zu einigen archäologischen Funden, die auf Presshäuser Bezug haben.

Im Jahre 1882 sandte die französische Regierung eine Kommission, bestehend aus den Herren Henri Saladin und M. Cagnat nach Tunis zur Untersuchung der dort befindlichen Alterthümer. In dem darüber erstatteten Berichte: „Description des antiquités de la regence de Tunis, par Henri Saladin. Paris, Imprimerie nationale 1884“ finden sich Seite 125 Notizen und Abbildungen über aufgefundene Reste einer grossen römischen Kelteranlage bei Henchir

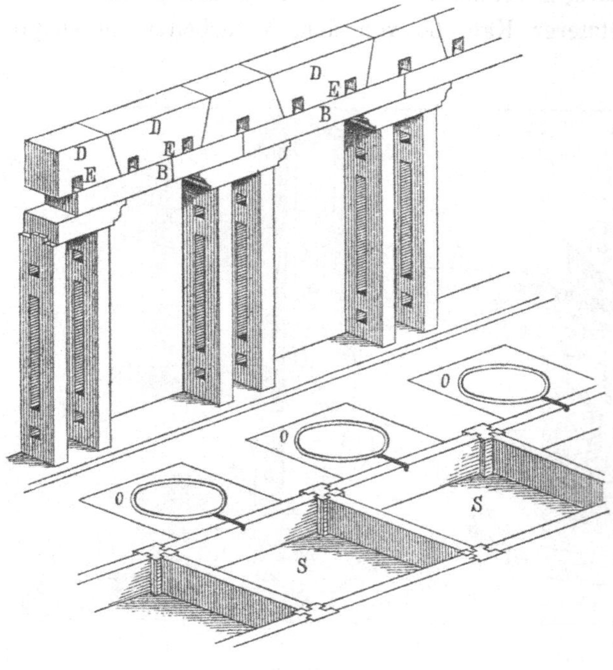


Fig. 68

Choud-el-Battal. Die betreffenden Reisenotizen lauten in der Uebersetzung wie folgt:

„Zahlreiche Ruinen von Häusern zwei Kilometer von Henchir-Hammaja. Skulpturfragmente aus christlicher Zeit inmitten von Säulen und Pfeilern einer kleinen Kirche. Es stehen hier noch vier wohlerhaltene Gestelle von Pressen mit einer Reihe von steinernen Stürzen *B* (siehe Fig. 68), welche sie unter einander verbinden und die Steine *D* mit den Einschnitten *E* tragen. Letztere waren dazu bestimmt, die Dachsparren aufzunehmen, welche von beiden Seiten her Schirmdächer bildeten, um die Arbeiter zu schützen. Vor diesen Pressgestellen liegen die runden (?) Steine *O*, auf die man Körbe setzte, welche die Trauben oder Oliven enthielten. Wir haben keine Spur von einer Olivenquetsche gefunden, vielleicht befinden wir uns daher vor Weinkeltern. Die Kufen *S*, oder Reservoirs, befinden sich davor. Sie sind aus vier grossen, mit einander verbundenen Steinen gebildet“ . . . .

Dem Umstande, dass hier, wahrscheinlich aus Mangel an starkem Holze, die Bäume der Pressen mit ihren Kapitälen von Stein hergestellt worden sind, verdanken wir es, dass diese uns soweit erhalten blieben, um uns aus diesen

Ueberresten eine bestimmte Vorstellung von den betreffenden Theilen der altrömischen Pressen bilden zu können. Wir ersehen daraus, dass die Bäume ausser den Schlitzen, durch welche die Querriegel geschoben wurden, noch andere Löcher enthielten, und dass man deshalb bei der Stelle, wo CATO von einem „Foramen primum" spricht, nicht zu der künstlichen Deutung seine Zuflucht zu nehmen braucht, dass darunter der Anfang des Schlitzes zu verstehen sei, wie dies vielfach geschehen ist, sondern dass damit einfach das erste Loch, d. h. das aus Fig. 68 ersichtliche, quadratische Loch unterhalb des Schlitzes gemeint ist. Oberhalb des Schlitzes befindet sich in den Pressständern von Henchir Choud-el-Battal ein ebensolches quadratisches Loch, und dieser Umstand bestätigt die Vermuthung des Herrn SALADIN, dass wir es hier mit Weinpressen und nicht mit Oelpressen zu thun haben. Denn bei den Oelpressen genügte eine geringere Auf- und Niederbewegung des Hebels und deshalb waren, wie CATO angiebt, die Räume niedriger und schon an der Stelle, wo in Fig. 68 die obersten Löcher angegeben sind, durch die Kapitäle zusammengefasst und in richtiger Entfernung von einander gehalten, wie wir später genauer sehen werden. Es kann kaum zweifelhaft sein, dass durch diese quadratischen Löcher hölzerne Bolzen gingen, welche entweder, wie in Fig. 79 angegeben, am einen Ende mit einem Kopfe, am anderen Ende mit einem Durchsteckkeil, oder beiderseits mit solchen Keilen versehen waren und dazu dienten, die Bäume in möglichst geringer Entfernung von den Schlitzen zusammenzuhalten, damit sie nicht auseinander gezwängt werden konnten, wenn der Hebel dazwischen sich eckte. Der Zwischenraum zwischen den Bäumen aber wurde, soweit er für die Hebelbewegung und die Querriegel überflüssig war, wie CATO angiebt, mit Holz ausgefüllt, so dass man die Keile in den Bolzen fest anziehen konnte, ohne Gefahr zu laufen, dass die Bäume nach innen gebogen oder geschoben wurden. Unter CATO's Bezeichnung: „Confibula lignea" dürfte daher ein solcher hölzerner Bolzen mit mindestens einem Durchsteckkeil zu verstehen sein. Ferner erscheint der Fund von Henchir Choud-el-Battal für die Entscheidung der Frage wichtig, in welcher Weise man sich die Belastung der Bäume mit Balken und Mauerwerk und die Verbindung desselben mit den Dachsparren zu denken hat, welche nach CATO's Angabe zu jener Zeit anstatt der später gebräuchlichen Verankerung der Bäume im Fundamente angewendet wurde, um eine Hebung derselben durch den Presshebel zu verhindern. Sowie hier über die Kapitäle von je zwei Paar neben einander stehenden Bäumen Stürze oder steinerne Balken gelegt und auf diesen das Belastungsmauerwerk in der Richtung der Kapitäle aufgeführt ist, wird man auch annehmen müssen, dass in gewöhnlichen Presshäusern mit hölzernen Bäumen und Balken die Belastungsmauern in gleicher Richtung aufgeführt wurden, und dass die Dachsparren mit je einem Ende so in diese Mauern gesteckt wurden, dass sie in der Regel über zwei neben einander stehenden Pressen ein gemeinschaftliches Schirmdach bildeten.

Die Steinplatten mit den kreisrunden Rinnen vor den Pressständern in Henchir Choud-el-Battal vertreten die Stelle der bei Cato aus einer Art Beton hergestellten „Area“ und die aus vier Steinplatten gebildete Cisterne davor entspricht dem „Lacus“ des Cato. —

Zwei kleine römische Oelpresshäuser wurden in den Jahren 1779 und 1780 zu Stabiae ausgegraben. Der Bericht des die Ausgrabungen leitenden Ingenieurs Francisco da Vega lautet in der Uebersetzung wie folgt:

„Als man auf königlichen Befehl die Gebäude des alten Stabiae ausgrub, wurden mehrere Landhäuser gefunden. Eines derselben begann man Anfangs des Jahres 1779 auf dem Landgute, genannt: „„Die Oelmühle der Nonnen des heiligen Michael, des Erzengels der Stadt Gragnano““, auszugraben. In einer gewissen Entfernung von diesem Gebäude fand man Anfangs Februar des genannten Jahres die Steine einer Oelmühle (Olivenquetsche), bestehend aus einem ausgehöhlten Becken (siehe Fig. 69) mit einem Säulchen in der Mitte und aus zwei Läufersteinen in

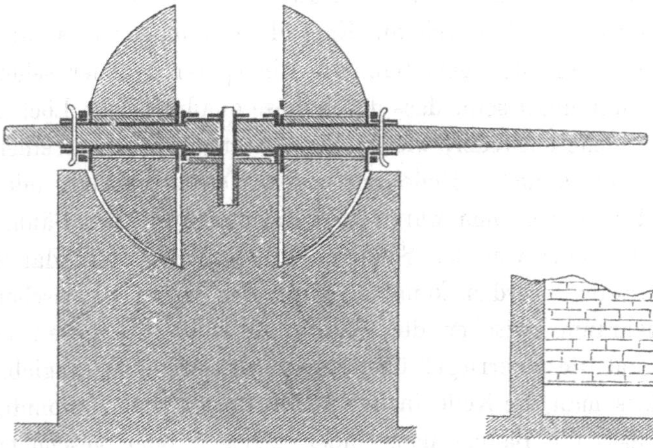

Fig. 69.

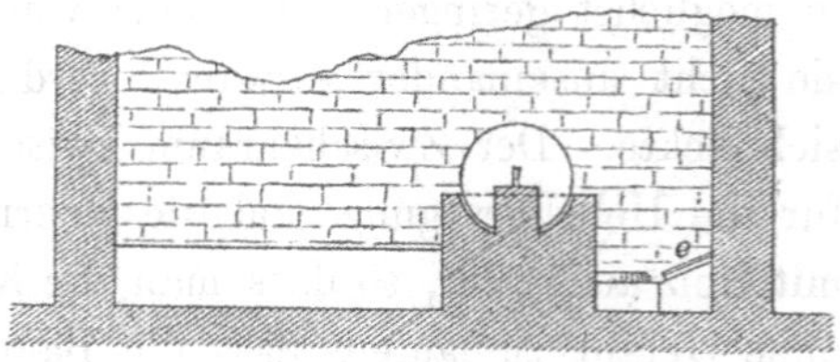


Fig. 70.

Form von konvexen Kugelsegmenten, jeder in der Mitte durchbohrt, alle von sehr hartem, löcherigem, vulkanischem Gesteine. Ausser diesen Steinen fand man einige Eisenfragmente von der Armatur, welche die Läufer führte. In dem Raume, wo diese Maschine stand, war auch ein Bassin mit einem kleinen Rande ringsum und einem durch eine Thonröhre gebildeten Abflusse nach aussen.“

Den Ausdruck „Vasca“ des Italieners, entsprechend dem „Vasa“ des Cato übersetze ich hier und in der Folge in Ermangelung eines besseren Ausdruckes mit „Bassin“. Es ist dies der durch einen niedrigen Wall aus Mauerwerk oder Beton und die Gebäudemauer ringsum eingefriedigte Platz, auf dem die Presse steht.

„Dieses Bassin war ganz mit einem Gemisch aus Kalk und gestossenen Thonscherben bekleidet, sowie auch das Becken der Mühle (der Olivenquetsche) aussen mit dieser Tünche bekleidet war, und zwar bis zu seinem Rande, welcher sich so hoch über dem Estrich befand, dass man die Maschine bequem mit den Armen bewegen konnte. Der Estrich des Raumes war aus geschlagenem Mörtel gebildet. Die Mauern fanden sich ohne Tünche, wahrscheinlich, weil diese bei der Eruption abgefallen war, welche das Gebäude begrub.

In einem anderen Raume desselben Hauses entdeckte man auch ein Bassin mit Spuren der Presse und dem Behälter, in den das aus den Oliven gepresste Oel floss. Viele, aber meist zerbrochene Thongefässe sind in diesem Hause gefunden worden.

Ein anderes grosses Landhaus fing man Ende 1779 an auszugraben, und zwar auf einem Gute, genannt: „Casa di Miri", demselben Kloster gehörig. Man entdeckte im Monat März 1780 einen ziemlich grossen Raum darin mit einer Oelmühle (Olivenquetsche), welche in Allem der früher gefundenen ähnlich war, mit

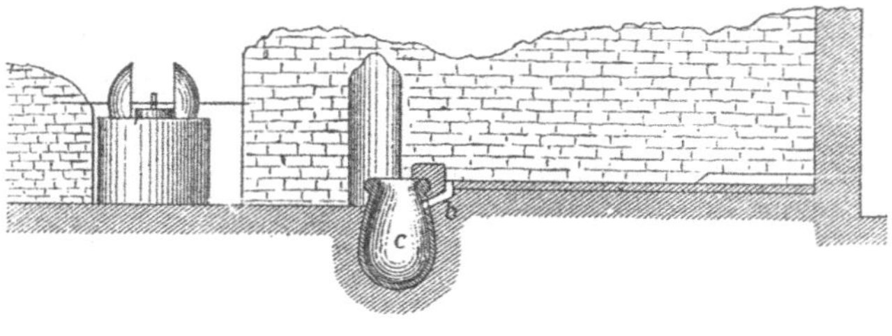


Fig. 71.

kleinen Eisentheilen von ihrer Armatur. In demselben Raume waren zwei Bassins mit den Spuren von zwei Pressen (siehe Fig. 70, 71 und 72). Alle Wände dieses Raumes, sowie der Estrich und die Bassins waren mit einer Mischung aus Kalk und gestossenen Thonscherben bekleidet." . . . .

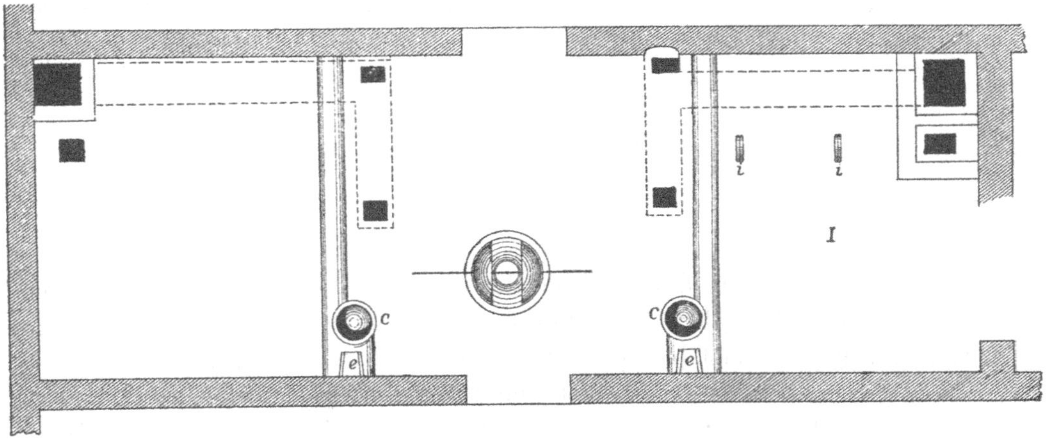


Fig. 72.

Von der Olivenquetsche heisst es dann weiter:

„In dem Centrum des Säulchens (welches, wie oben gesagt, den mittelsten Theil des beckenförmigen Mühlsteins bildete, wie aus Fig. 69 ersichtlich) war ein eiserner Zapfen eingebleit, um welchen sich eine Platte von rechteckiger Form drehte (Fig. 73 und 74). Die gegenwärtige fand sich jedoch durch Rost mit der oberen Fläche des Säulchens (des mittelsten Theiles des beckenförmigen Mühlsteines) vereinigt. Man erkennt, dass sich diese rechteckige Platte längs der beiden grösseren Seiten im rechten Winkel umbog, um eine hölzerne Axe zu umschliessen, von welcher Spuren sowohl in den im Roste befindlichen Eindrücken zu erkennen waren, als auch in den Nägeln, welche durch die eiserne Platte gingen, um diese zu befestigen. Diese hölzerne Axe war in dem Theile, welcher sich in die Löcher der Läufersteine steckte, cylindrisch, wie man aus einigen von seiner Bekleidung übrig gebliebenen Eisenfragmenten erkennt. Jeder dieser cylindrischen Theile war mit einem doppelten Futter bedeckt (Fig. 75 und 76), von welchen das innere mit dem Holze verbunden gewesen sein muss, weil an ihm die oben genannten Spuren zu sehen waren. An dem äusseren Futter, welches jetzt durch den Rost gleichsam einen einzigen Körper mit dem inneren bildet, unterscheidet man einen stark hervortretenden Rand (oder Kragen) nach dem Ende hin und jenseits desselben einen Stift, welcher diametral durch die ganze Dicke der Axe geht" . . . .

Nach der Beschreibung, welche CATO von der Olivenquetsche (Trapetum) giebt, muss angenommen werden, dass dieses Fundstück durch Zusammenrosten von fünf bis sechs Eisentheilen entstanden war, nämlich: 1. der aus zwei

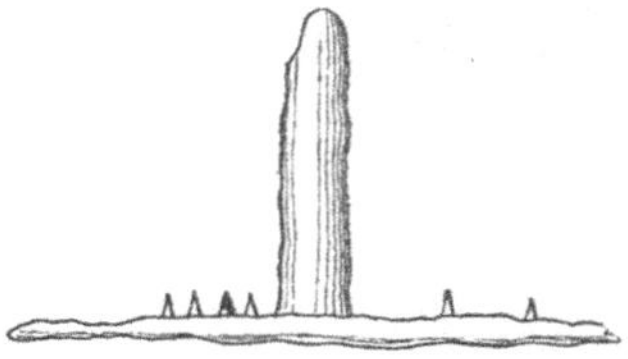

Fig. 73.

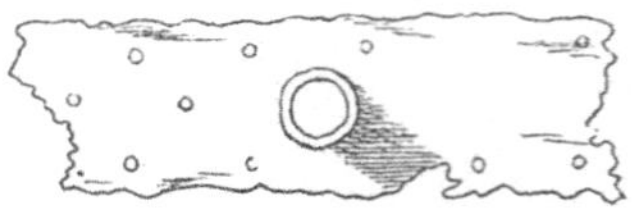

Fig. 74.

Theilen bestehenden Eisenumkleidung der hölzernen Axe, 2. einer in die ausgelaufen gewesene Holzbüchse des Läufersteines eingesetzten Eisenbüchse, 3. einer gegen den Läuferstein gelegten Unterlegscheibe, welche am Fundstücke

Fig. 75.

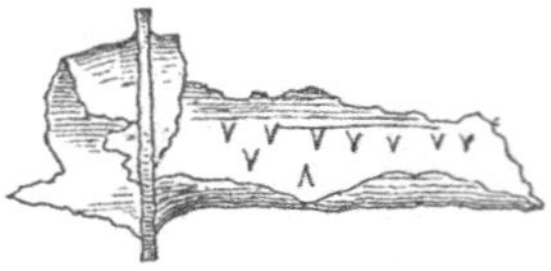

Fig. 76.

den stark hervortretenden Rand oder Kragen bildete, 4. einem davor gesteckten, mit durch die Axe gehendem Stifte befestigten Stellringe, wozu vielleicht 5. noch eine an dem Läufersteine befestigt gewesene eiserne Scheibe kam.

FRANCISCO DA VEGA berichtet zum Schlusse noch:

„Das Loch in jedem der Läufersteine ist quadratisch, aber nach der ebenen Seite des Steines hin etwas enger. In dem engeren Theile des Loches des einen dieser Läufersteine ist ein eiserner Ring eingebleit und im Uebrigen enthielt es ein etwas konisches Holz." (Das ist die von CATO mit dem Namen „Modiolus" bezeichnete hölzerne Büchse, mit welcher der Läufer bei neuer Maschine auf der Axe lief, die aber wieder mit Eisen ausgebüchst wurde, wenn sie ausgelaufen war.)

Dem Vorstehenden fügen wir noch einige Angaben der Akademie von Herculanum über die betreffenden Funde bei. Diese sagt:

„Die Länge des (zuletzt erwähnten) Raumes ist $46^1/_2$ Fuss (= 13,75 m)*), seine Breite $16^1/_4$ Fuss (= 4,80 m) und der Estrich zwischen den beiden Bassins $17^1/_4$ Fuss (= 5,10 m) . . . . . . auf dem Estrich des Bassins *I* (Fig. 72) waren

*) 1 altrömischer Fuss = 0,296 m.

vier eiserne Ringe zu je zwei mit einander vereinigt, welche in dem Plane mit dem Buchstaben *i* bezeichnet sind ..... Die Entfernung zwischen den Bäumen und Pfosten ist in dem Presshause (von Stabiae) 13 Fuss, während sie in dem des CATO 16 Fuss beträgt, und da in diesem der Presshebel mit dem Endstücke 25 Fuss lang ist, so erhält man diesen, wenn man sich für unser Presshaus derselben Verhältnisszahlen zwischen der genannten Entfernung und der Länge des Hebels bedient, 20 1/4 Fuss lang.

Ausserdem ersieht man aus den Ringpaaren, welche in Fig. 72 mit *i* bezeichnet sind, dass der Presshebel rund war und der Durchmesser da, wo die Ringe sassen, 1 1/4 Fuss betrug."

„Das Bassin, welches man in unserem Presshause sieht, diente dazu, die in die Presskörbe gelegten Oliven aufzunehmen und das ausgepresste Oel wegfliessen zu lassen, und anderseits diente es dazu, diese nach der Zerquetschung (im Trapetum) aufzunehmen, ehe sie in die Presskörbe gethan wurden ..... CATO sagt, dass das Oel von dem „Kanal" in den „Lacus" lief, wo es in einem bleiernen Gefässe aufgefangen wurde, aber in dem Presshause von Stabiae lief das Oel vermittelst der Röhre *b* (Fig. 71) in ein irdenes Gefäss *c*. Aehnlich sieht man es in anderen Presshäusern für Oel oder Wein, die in Stabiae ausgegraben wurden. Nur in einem derselben fand sich der „Lacus", wie ihn CATO verlangt, welcher so tief ist, dass man auf einigen Stufen auf seinen Boden hinabstieg."

Hieraus, sowie aus dem Umstande, dass CATO die Dicke des Presshebels zu 2 Fuss angiebt, folgt, dass das Presshaus von Stabiae nur als eine kleine, nothdürftig ausgestattet gewesene Anlage zu betrachten ist. Aus der Stellung der Löcher in den Fundamenten dieses Presshauses schloss die Akademie von Herculanum, dass anstatt zweier Bäume, wie sie CATO vorschreibt, und wie wir sie auch bei der Presse von Malans gesehen haben, bei diesen kleineren Pressen nur ein starker Baum in Anwendung gewesen sei, welcher nicht nur in der Richtung der Querriegel, sondern auch in der Richtung des Presshebels einen Schlitz enthalten habe, in welchen dieser passte; es wäre jedoch auch möglich, dass ein zweiter Baum dicht an der Wandung des weiten Loches hinabgegangen wäre, durch welches man zu den Ankern in dem Fundamente gelangte.

Bezüglich der kleinen, etwas geneigten Fläche *e* neben dem in den Boden eingelassenen Thongefässe war die Akademie von Herculanum der Ansicht, dass sie dazu diente, ein Gefäss darauf zu stellen, welches CATO bald Labrum, bald Dolium (?) nenne, in welches der Capulator oder Abschöpfer, das ist der Vorarbeiter im Oelpresshause, das Oel that, welches er aus dem im Boden eingelassenen Gefässe schöpfte, um es in andere Fässer oder Gefässe zu thun und von da schliesslich in den Lacus (das Reservoir) im Keller zu bringen, wenn es von dem Oelrückstande (Amurca) abgezogen war.

CATO sagt nämlich in Kap. 66 (67) über das Amt des Wächters und Abschöpfers:

„Er bediene fleissig den Keller und das Presshaus. Er sorge dafür, dass das Presshaus und der Keller so wenig wie möglich betreten werden und dass die Gefässe und das Metall so rein und nett wie möglich gehalten werden, sowie dass man keine Kerne zu dem Oel verwendet, denn wenn dies geschieht, bekommt das Oel einen schlechten Geschmack. Den bleiernen Kessel, in welchen das Oel fliesst, setze er in die Cisterne (Lacus). Wenn die Oelmacher (Factores) mit den Hebeln drücken, nehme der Abschöpfer so fleissig als er kann mit der Muschel das Oel weg und säume nicht. Er habe Acht, dass er den Oelrückstand (den wässerigen Bestandtheil der Oliven, Amurca genannt) nicht mit wegnehme. Das Oel wird in die erste Wanne (Labrum) gethan und kommt von da in ein anderes Gefäss (Dolium). Von jenen Wannen (Labris) wird die Oelhefe (die festeren Bestandtheile aus den Oliven) und der Oelrückstand (die wässerigen Bestandtheile) unten abgezogen. Wenn man Oel von dem Kessel abzieht, wird der Rückstand herausgeschöpft."

Von den Ausgrabungen in Stabiae wenden wir uns zu der „Historia naturalis" von Plinius dem Aelteren, der bekanntlich bei demselben Ausbruche des Vesuvs seinen Tod fand, welcher Stabiae verschüttete. Dieser sagt im achtzehnten Buche des genannten Werkes über die Weinpressen:

„Eine Pressung soll 20 Kuleus (= 105 hl) ergeben, das ist das richtige Maass. Für ebenso viele Kuleus genüge auch die Kufe (Lacus) und für 20 Jugera (= 5 ha) Weinberg eine Presse. Einige pressen mit einer Presse, besser ist es mit zwei, mag auch die eine noch so gross sein. Auf die Länge kommt es dabei an, nicht auf die Dicke. Die grossen drücken besser. Die Alten zogen sie mit Seilen und ledernen Riemen und Hebeln nieder. Innerhalb der letzten 100 Jahre sind die Griechischen (Pressen) erfunden worden mit Schraubengängen, welche durch Muttern gehen, von den Enden aus (ab alis) ist ein Armkreuz (Stella) an den Schaft befestigt und von den Enden herab (ab alis) hängen Körbe mit Steinen, welche sich mit dem Schafte in die Höhe schrauben, was sich sehr bewährt hat."

Letztere Stelle ist ohne Kenntniss der älteren Konstruktionen von Wein- und Oelpressen nicht zu übersetzen, viel weniger zu verstehen; wirft man aber einen Blick auf unsere Fig. 67, so wird sofort klar, dass Plinius von derselben Konstruktion der Weinkeltern spricht, welche Zonca anno 1621 abbildete, was letzterer ja in seinem Texte auch andeutet. Nur wurde statt des einen grossen Belastungssteines des Zonca ein Korb voll gewöhnlicher Steine zur Zeit des Plinius ans Ende der Schraube gehängt. Wie die Angabe des Plinius und die Presse von Malans beweisen, ist diese Konstruktion etwa vom Jahre 50 vor Chr. bis auf den heutigen Tag, also fast 2000 Jahre im Gebrauch geblieben. Sie hat sich also sicherlich bewährt und scheint sich unter gewissen örtlichen Verhältnissen, namentlich wo Raum und starke Hölzer leicht zu haben sind, noch immer zu bewähren.

Plinius fährt fort:

„Innerhalb der letzten 22 Jahre sind Pressen mit kleinem Presshebel und kleinerem Presshaus erfunden worden, mit kürzerer Spindel, welche auf die Mitte des Deckels gerichtet ist, den man auf die Weintrester legt, auf den sie mit dem ganzen Drucke wirkt, während man über dem Presshebel den Steinhaufen anbringt."

Von solchen kleineren Pressen spricht auch schon Vitruv. Es ist aber gewiss nicht richtig, wenn man annimmt, Plinius beschreibe hier eine Presse von moderner Form mit feststehendem, die Mutter enthaltendem Querbalken. Plinius spricht offenbar nur von einer Modifikation der zuvor geschilderten Presse und wir werden uns an dieser weiter nichts geändert denken dürfen, als was ausdrücklich angegeben ist, oder was sich daraus als unumgänglich nothwendig ergiebt. Wir haben nur die Schraubenspindel mit ihrer Mutter vom

Ende des Hebels über die Mitte des Pressdeckels zu versetzen und das Belastungsgewicht, welches seither vermittelst der Schraubenspindel an das Ende des Hebels gehängt war, nun oben auf dasselbe zu setzen. Dadurch konnte das Presshaus zunächst um die Länge der Handhebel verkürzt werden, und da man oben auf den Balken ein grösseres Gewicht legen konnte, als man unten an die bewegliche Spindel zu hängen wagen durfte, konnten vielleicht der Hebel und das Presshaus auch noch dem entsprechend weiter verkürzt werden. Den Presshebel werden wir uns aber immer noch beweglich und ähnlich dem Hebel eines gewöhnlichen Sicherheitsventils wirkend denken müssen. Es handelt sich also hier um eine Uebergangsform von der alten Hebelpresse zu der moderneren Schraubenpresse mit feststehender Mutter. Dass diese Uebergangsform sich bewährt habe, sagt PLINIUS nicht, und es ist dies auch nicht sehr wahrscheinlich.

Die oben citirten Worte: „Die Alten zogen sie (die Presshebel) mit Seilen, ledernen Riemen und Hebeln nieder“, zeigen uns an, was wir uns an den Pressen des ZONCA oder der von Malans verändert denken müssen, um zu der Vorstellung einer CATO'schen Presse zu gelangen. Dass dabei zur Uebertragung der Bewegung der Handhebel auf die niederziehenden Riemen am Presshebel noch eine liegende Haspelwelle angewendet werden musste, ist fast selbstverständlich.

Ueber das Seil, welches den Presshebel zunächst niederzog, sagt CATO Kap. 135, in dem er die besten Bezugsquellen für verschiedene landwirthschaftliche Geräthe angiebt:

„Pressseile, wenn sie Jemand macht, so sind es L. TUNNIUS zu Casinum und E. MENNIUS zu Venafrum. Diesem muss man acht inländische Häute geben, welche geknetet und möglichst wenig gesalzen sein müssen. Man muss sie zuvor kneten, einsalben und trocknen. Das Seil muss 72 Fuss lang, dreidrähtig angezettelt werden; die Riemen in den einzelnen Drähten werden 9 Fuss lang und 2 Finger (= 37 mm) breit. Mit der Drehung wird das Seil 49 Fuss lang. Durch die Verbindung werden 3 Fuss absorbirt und bleiben 46 Fuss übrig. Wenn es gestreckt wird, kommen 5 Fuss dazu und es wird 51 Fuss lang. Das ausgestreckte Pressseil soll für die grössten Geschirre 55 Fuss lang sein, für die kleineren 51 Fuss.“

Das Pressseil war also aus Lederriemen zusammengedreht und die Enden waren zusammengepleisst, so dass ein Seil ohne Ende entstand. Nimmt man an, dass die einzelnen Riemen, aus denen das Seil zusammengedreht war, bei 37 mm Breite 4 mm dick waren, so ist die Summe der Querschnitte von drei solchen Riemen 444 qmm. Ein kreisrunder Querschnitt von 444 qmm hat im Durchmesser 24 mm. Man wird daher annehmen dürfen, dass das Pressseil ungefähr 25 mm dick war. Aus der angegebenen Seillänge und den Dimensionen der Presse, welche wir später näher kennen lernen werden, geht hervor, dass das Seil vierfach vom Presshebel nach dem Haspel herabging, und wenn man erwägt, dass sich die vier Seilstränge auf dem Haspel glatt aufwickeln mussten, ohne sich über einander zu legen, kommt man zu dem Schlusse, dass das Seil in der in Fig. 77, skizzirten Art über das Ende des Presshebels gelegt und an dem Haspel befestigt gewesen sein muss. Der Haspel heisst bei CATO „Sucula“, der Seilhalter auf dem Haspel aber „Porculum“ und aus dem soeben Gesagten und Fig. 77 ist ersichtlich, dass dieses „Porculum“ wahrscheinlich aus zwei Hacken bestand, welche durch eine Schiene mit einander verbunden waren, die auf die hölzerne Haspelwelle aufgenagelt wurde.

Um das Pressseil nach und nach stärker zu spannen und aufzuwinden und nach erfolgter Pressung wieder zu lösen, hatte man Handhebel von verschiedenen Längen. In Kap. 19 heisst es: „Die längsten Hebel erhalten 18 Fuss, die zweiten 16, die dritten 14, die zum Zurückdrehen 12 Fuss, die zweiten 10 Fuss, die dritten 8 Fuss“. Demnach wurden mindestens sechs Handhebel zur Bedienung einer Presse gebraucht, wie auch in Kap. 3 angegeben ist, wo die Bestandtheile einer Presse aufgezählt sind. In Kap. 12 freilich, wo das Inventar für ein Presshaus mit fünf Pressen zusammengestellt ist, heisst es,

Fig. 77.

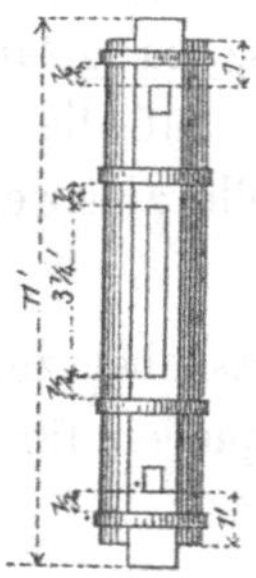

Fig. 78.

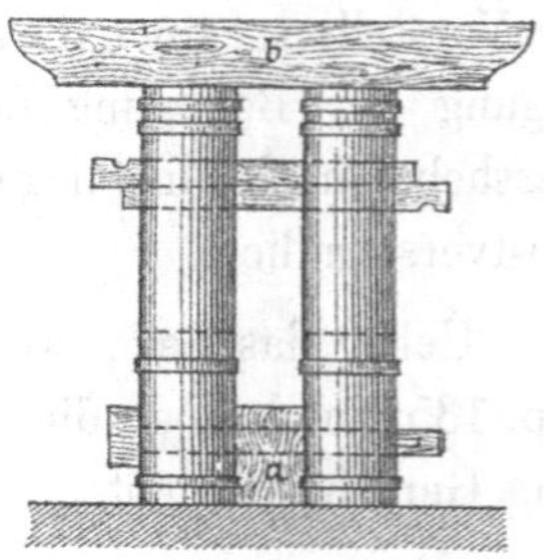

Fig. 79.

es seien 40 Handhebel nöthig, also acht Stück für jede Presse. Da aber bei Aufstellung dieses Inventars von Anfang an Bedacht auf Reservestücke für den Fall eines Bruches genommen ist, so liegt darin kein Widerspruch.

Wegen der bedeutenden Länge der Handhebel mussten dieselben durch einen am Ende befestigten Handriemen niedergezogen werden, wie aus Fig. 80 ersichtlich und dieser Handriemen dürfte es sein, was CATO unter dem Namen „Medipontus“ oder „Melipontus“ versteht.

Da mit dem Riemenseil am Haspel das vordere Ende des Presshebels nicht wieder gehoben werden konnte, wenn es niedergezogen war, so hatte man dazu einen Flaschenzug nöthig, und noch ein zweiter wurde zeitweilig am hinteren Ende des Presshebels gebraucht, um dieses zu heben, indem eine Einrichtung zum Unterstützen des Hebels in der Mitte, wie sie an der Presse des ZONCA und der von Malans zu sehen ist, nicht vorhanden war. Deshalb giebt CATO in Kap. 3 zwei Flaschenzüge als zu einer Presse gehörig an. Da aber diese Flaschenzüge an einer Presse während des grössten Theiles der Zeit nicht gebraucht wurden, leicht transportabel waren und überall leicht aufgehängt werden konnten, so ist auch leicht begreiflich, warum CATO in Kap. 12 zu einer Anlage von fünf Pressen nur fünf Flaschenzüge als nothwendig bezeichnet.

Nachdem wir uns nun durch einen historischen Rückblick eine möglichst deutliche Vorstellung von den Pressen, und Olivenquetschen alter Zeit gemacht haben, werden uns die Detailangaben des CATO nicht mehr unverständlich sein. Derselbe sagt in Kap. 3:

„. . . . . Die Geräthe müssen doppelt vorhanden sein. Wenn der Olivengarten gut, wohl besetzt und kultivirt ist, müssen die Olivenquetschen gut und von einander

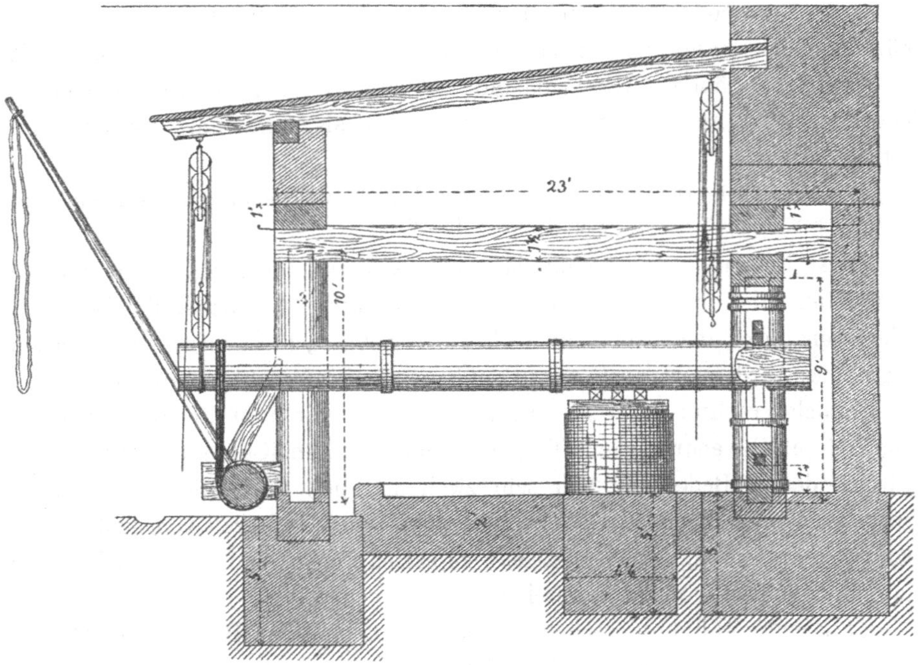


Fig. 80.

verschieden sein, damit man die Läufersteine, wenn sie abgenutzt sind, verwechseln kann. Riemenseile braucht man je eins, Handhebel je sechs, Bänder (Fibulas) je zwölf.“ —

Es sind nämlich auf jeden der beiden Bäume vier Bänder zu rechnen, wie man aus Fig. 78, 79 und 80 ersieht. Erstere stellt einen Baum zu einer Weinpresse dar, analog den steinernen Bäumen von Henchir Choud-el-Battal. Und ferner sind auf den Presshebel vier Bänder zu rechnen, die in Fig. 80 analog der Stellung eingezeichnet sind, wie sie in dem Presshause von Stabiae bei *i i* (Fig. 72) gefunden wurden. CATO fährt fort:

„Handriemen (Medipontos) braucht man je einen, griechische Flaschenzüge je zwei, welche mit Esparto-Seilen arbeiten. Mit je acht oberen Rollen (also wahrscheinlich vier in jeder oberen Flasche) und je sechs unteren (also drei in jeder unteren Flasche) arbeitet man ziemlich schnell. Wenn man Räder anwenden will, arbeitet man langsamer, aber mit geringerer Mühe.“ —

Es ist wahrscheinlich, dass hier unter „Räder“ Seiltrommeln zu verstehen sind, wie wir sie an dem Krahne VITRUV's (Fig. 43) abgebildet haben. Ferner sagt CATO in Kap. 12:

„In Presshäusern, welche mit fünffachem Geschirre arbeiten, sind nöthig: fünf ausgerüstete Presshebel und drei überzählige, fünf Haspel und ein überzähliger, fünf Riemenseile, fünf Flaschenzugseile, fünf Handriemen (Medipontos), fünf Halfterriemen (die wahrscheinlich um die Presshebel geschlungen werden, wenn diese an die Flaschenzüge gehängt werden sollten), fünf Querriegel (Traghölzer Assercula) und fünf, auf denen die Presshebel aufsitzen (das wären zusammen zehn Stück Querriegel, also für jede Presse nur zwei), drei Kufen (? Serias), 40 Handhebel und 40 Bänder (Fibulas).“ —

Es sind nur acht Bänder für jede Presse extra aufgeführt, weil oben ausgerüstete oder armirte Presshebel genannt sind, d. h. solche, welche mit den zugehörigen Bändern versehen sind. Deshalb durften die vier Bänder an jedem Presshebel hier am Schlusse nicht nochmals aufgeführt werden. Es heisst weiter:

„Sechs hölzerne Bolzen (Confibulas) mit Keilen, welche die Bäume zusammenpressen, wenn sie sich auseinander thun wollen.“

Es ist hier nur eine Confibula für jede Presse gerechnet, was für die kurzen Bäume der Oelpresse, welche in Fig. 79 und 80, dargestellt sind, und welche oben durch das Kapitäl kurz über dem Schlitze zusammengepackt waren, genügte. Ausserdem ist noch eine Confibula als Reservestück gerechnet.

Endlich erachtet CATO in einem Presshause mit fünf Pressen noch für nöthig: „Fünf Olivenquetschen (Trapeta), zehn Büchsen (Cupas minusculas, ein Ausdruck, dessen Bedeutung hier sehr zweifelhaft ist. Eigentlich bedeutet er: kleine Kufen oder Tönnchen. Wir werden bei einer späteren Gelegenheit angeben, was uns bewog, dafür „Büchsen“ zu setzen), zehn Wannen, zehn hölzerne Schaufeln und fünf eiserne Grabscheite“.

Es könnte auffällig erscheinen, dass CATO zu jeder Presse eine Olivenquetsche verlangt, während in dem Presshause von Stabiae für zwei Pressen nur eine solche vorhanden war. Dies erklärt sich dadurch, dass die Pressen von Stabiae viel kleiner und schwächer, die Olivenquetsche aber ebenso gross war, wie bei CATO. Dieser sagt ferner in Kap. 18:

„Wenn man ein Presshaus für vier Geschirre (oder mit vier Bassins, Quadrinis vasis) bauen will, so dass sie einander gegenüber stehen, werden die Geschirre in folgender Weise aufgestellt: Die Bäume 2 Fuss (= 60 cm) dick, 9 Fuss hoch einschliesslich der Zapfen, die Schlitze $3^1/_4$ Fuss lang und 6 digiti (= 11 cm) weit ausgeschnitten (siehe Fig. 79 und 80). Vom Boden ist das erste Loch 1 Fuss entfernt. Zwischen den Bäumen und der Wand 2 Fuss, zwischen den beiden Bäumen $1^1/_4$ Fuss, zwischen den beiden Bäumen und den ersten Pfosten 16 Fuss (als zweite Pfosten wären wohl die der gegenüber liegenden Presse anzusehen, siehe Fig. 81). Die Pfosten 2 Fuss dick, 10 Fuss hoch, einschliesslich der Zapfen. Der Haspel, bis über die Zapfen gemessen, 9 Fuss. Der Presshebel 25 Fuss (= 7,40 m) lang, einschliesslich der Zunge von 2 Fuss.“

Unter Zunge (Lingula) scheint hier der über den Stützpunkt hinausragende hintere Theil des Presshebels zu verstehen zu sein, wenigstens gelangt man so zu einer besseren Vertheilung der gegebenen Presshebellänge, als wenn man die 2 Fuss der Zunge von der Stelle an rechnet, wo der Presshebel zwischen die Bäume tritt. Cato sagt weiter:

„Der Estrich für je zwei Geschirre (oder Bassins) mit je zwei Kanälen erhält 34 Fuss (siehe Fig. 81). Die Stellen für die Olivenquetschen zur Rechten und Linken ergeben 20 Fuss Estrich. Der Platz für die Handhebel zwischen je zwei Pfosten 22 Fuss, vom Ende des Pfostens des anderen Geschirres quer hinüber nach der Wand jenseits der Bäume 20 Fuss. Die grösste Breite des Pressraumes für vier Geschirre 66 Fuss, die Länge 52 Fuss zwischen den Wänden.“

Dieses letzte Maass ist offenbar verschrieben und sollte 54 Fuss heissen, wie aus Fig. 81 ersichtlich ist, während man daraus auch ersieht, dass die anderen Maasse gut zu einander stimmen. Es heisst weiter:

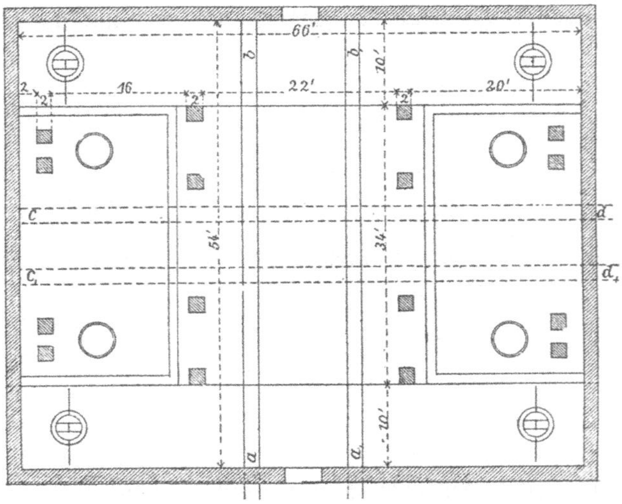


Fig. 81.

„Wo man die Bäume stellt, werden gute, 5 Fuss hohe Fundamente gemacht. Da hinein kommen harte Steine, deren ganze obere Fläche 5 Fuss lang und 2 Fuss breit ist und welche 1 Fuss dick sind. In diese werden die Bäume mit den Fusszapfen gestellt. Nachdem das, was zwischen den beiden Bäumen an Raum überflüssig ist, mit Eichenholz ausgefüllt wurde (siehe diese Ausfüllung bei *a* in Fig. 79), werden sie mit Blei ausgegossen.“

Das Maass von 5 Fuss Länge für die Oberfläche des Fundamentsteines der Bäume wurde vielfach für unrichtig gehalten, indem man von der Ansicht ausging, dass die Bäume einen quadratischen Querschnitt von 2 Fuss Seitenlänge gehabt hätten. Addirte man zwei Baumdicken von je 2 Fuss zu der Breite des Zwischenraumes von $1^1/_4$ Fuss, so ergab sich $5^1/_4$ Fuss als geringste Länge des Fundamentsteines. Einige waren sogar der Ansicht, der Zwischenraum zwischen den Bäumen habe 2 Fuss betragen und berechneten danach die nöthige Länge des Fundamentsteines auf 6 Fuss. Es geht aber zunächst aus der Form der in dem Presshause von Stabiae gefundenen eisernen Bänder vom Presshebel hervor, dass dieser rund war, dass man also nicht so thöricht war, das rund gewachsene Holz durch mühsames Behauen zu schwächen. Dagegen war es, um eine Drehung des Hebels um seine Längsaxe zu verhindern, nothwendig, den Theil desselben, welcher zwischen den Bäumen durchging, beiderseits abzuflachen. Indem man so die Breite dieses Hebelendes auf etwa 1 Fuss 2 Zoll reducirte, verlor dasselbe nur wenig von seiner Bruchfestigkeit und ausserdem war die Schwächung hier am Ende unbedenklich, weil der gefährliche Querschnitt des Hebels über dem Pressgute lag. Man erreichte also auf diese Weise auf die müheloseste und praktischste Art seinen Zweck. Ebenso ist aber auch anzunehmen, dass man von den Bäumen nicht unnöthiger, ja schädlicher Weise Holz herunterhieb, sondern sie nur da beschlug, wo es einen Zweck hatte, wie ja auch der Erbauer der Presse von Malans verfuhr. Die Bäume etwas flach zu behauen, war nur auf der Innenseite und

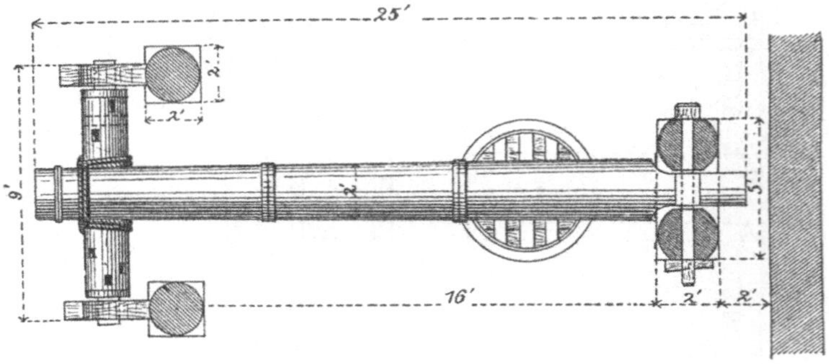

Fig. 82.

der gegenüber liegenden Aussenseite nothwendig, damit innen eine richtige Führungsfläche für das Ende des Presshebels entstand; andererseits, damit an den Rändern der Schlitze keine spitzwinkeligen, sondern rechtwinkelige Kanten entstanden und auch Kopf und Keil des hölzernen Bolzens, der Confibula, richtige Auflagerflächen fanden. Deshalb ist der auf zwei Seiten etwas abgeflachte, kreisförmige Querschnitt, wie er in dem Grundrisse (Fig. 82) angegeben ist, als der natürlichste und praktischste für die Bäume anzunehmen. Bei diesem Querschnitte und $1^1/_4$ Fuss Zwischenraum ist aber eine Länge von 5 Fuss für den Fundamentstein genügend. Dass Cato die geringen Abflachungen an den zwei Seiten der Räume nicht erwähnt, ist nicht auffallend, da es nicht seine Absicht ist, eine genaue Beschreibung der Presse zu geben. Auch ist es nur natürlich, dass in solchem Falle der Durchmesser des Kreises als die Balkenstärke angegeben wird. Cato sagt ferner:

„Den obersten Theil (Zapfen) der Bäume mache man 6 digiti (= 11 cm) hoch und setze ein Kapitäl von Eichenholz darauf (siehe bei *b* in Fig. 79). Ebenso wird da, wo die Pfosten stehen sollen, ein 5 Fuss hohes Fundament gemacht und ein harter Stein von 2 Fuss Länge und 2 Fuss Dicke, in welchen der Pfosten zu stehen kommt, daselbst in die Waage gestellt.“

Warum diese Fundamentsteine einen Fuss höher waren als derjenige, worin die Bäume standen, ergiebt sich aus Fig. 71 und Fig. 80. In letzterer ist nämlich der Boden des Bassins, ebenso wie in dem Presshause von Stabiae (Fig. 71), etwas höher gelegt, als der Boden zwischen den Bassins, auf dem die Arbeiter standen, welche die Handhebel bedienten und in welchem auch, wie man aus Fig. 71 ersieht, die Fundamentsteine der Pfosten standen. Es heisst in unserem Texte weiter:

„Auf gleiche Weise wird der andere Pfosten gestellt. Ueber die Bäume, sowie über die Pfosten wird ein horizontaler Balken gelegt, 2 Fuss breit, 1 Fuss dick und 37 Fuss lang. Unter diese Balken zwischen die Kanäle und die äussersten Wände, wo die Olivenquetschen stehen, wird ein Balken von 23 Fuss gelegt, $1^1/_2$ Fuss dick, oder es werden je zwei anstatt des einzelnen darunter gelegt. Auf diese kürzeren Balken kommen die Balken, welche über den Bäumen und den Pfosten sind, zu liegen. Auf diesen Hölzern werden Mauern errichtet und mit dem Dachgebälk verbunden, damit sie (nämlich die Hölzer) genügende Belastung haben.“ —

Durch Vergleich dieser Stelle mit den Gebäuderesten von Henchir-Choud-el-Battal gelangt man zu der Ansicht, dass die Belastung der Bäume mit

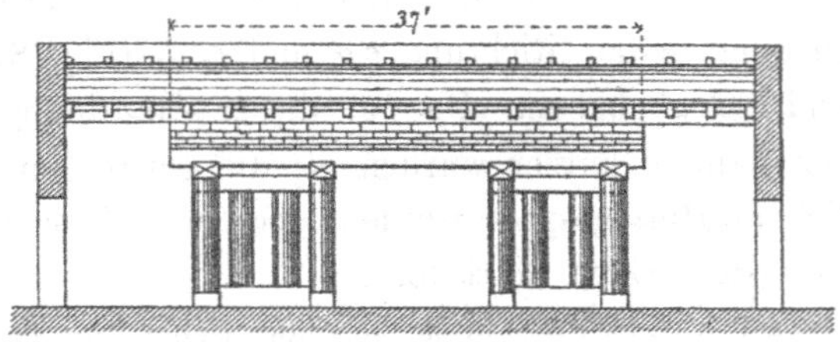


Fig. 83.

Mauer- und Dachwerk etwa so erfolgt sein mag, wie in Fig. 80 und 83 angegeben. Auch wird es wahrscheinlich, dass man bei dieser Stelle unter „Canales“ zwei Rinnsteine $a\ b$ und $a_1\ b_1$ (Fig. 81) zu verstehen hat, die das von den Dachflächen ablaufende Regenwasser wegführten, und dass hier unter den äussersten Wänden (Parietes extremos), an denen die Olivenquetschen stehen, diejenigen parallelen Wände zu verstehen sind, welche den grössten Abstand von 66 Fuss von einander hatten. Durch diese Stelle in Verbindung mit der oben citirten: „Die Stellen für die Olivenquetschen zur Rechten und Linken = 20 Fuss Estrich“, sieht man sich dann veranlasst, die Olivenquetschen in die vier Ecken des Gebäudes zu placiren (siehe den Grundriss Fig. 81). Cato fährt fort:

„Wo man die „Area“ (das ist die Fläche, auf welche man die Presskörbe mit den gequetschten Oliven stellte) machen will, wird 5 Fuss hoch fundamentirt, $4^1/_2$ Fuss breit. Der ganze übrige Estrich erhält 2 Fuss Fundament (siehe Fig. 80). Das erste Fundament wird gerammt, dann eine halb- bis einfüssige Schichte von kleinen Steinen und Kalk mit Sand aufgetragen. Der Estrich selbst wird, nachdem gerammt und die erste Schichte aufgetragen ist, so gemacht: mit einem Siebe wird eine zwei Finger dicke Kalkschichte aufgetragen und darauf aus gebrannten Thonscherben der Estrich zusammengesetzt; wenn er zusammengesetzt ist, wird er gestampft und mit

Oel eingerieben, damit er gut wird. Die Pressbäume und Pfosten werden von Eichen- oder Tannenholz gemacht. Wenn man kleinere Balken machen will, werden die Kanäle ausserhalb der Säulen gelegt, und wenn man dies thut, werden Balken von 22 Fuss Länge nöthig.“ —

Diese letzte Stelle wird nur durch die Annahme verständlich, dass man, um Holz zu sparen, die kürzeren Balken, welche direkt auf den Pfosten und den Kapitälen der Bäume liegen, um einen rechten Winkel in der Horizontalebene drehen soll, so dass sie gleichlaufend mit den langen Balken einerseits über das Kapitäl der Bäume und andererseits über die beiden Pfosten zu liegen kommen und diese mit den 66 Fuss langen Mauern verbinden. Da die Pfosten einer Presse etwa $6^1/_2$ Fuss von einander abstanden, 2 Fuss dick waren und die Entfernung von der Wand bis zu dem zunächst stehenden Pfosten 10 Fuss betrug (siehe Fig. 81 und 82), so genügte alsdann für die kurzen Balken die Länge von 22 Fuss. Da aber nun eine Querverbindung zwischen dem Mauerwerke über den Bäumen und demjenigen über den Pfosten durch diese Balken nicht mehr hergestellt war, so musste eine solche durch die Dachpfetten und das Dach hergestellt werden. Deshalb wird man die Rinnsteine (Canales) nicht mehr innerhalb der beiden Pfosten- (oder Säulen-) Reihen, sondern quer in der Richtung $c\,d$ und $c_1\,d_1$ (Fig. 81) und die Dächer dem entsprechend gelegt haben. Da bei dieser Anordnung die Dachsparren in demselben Verhältnisse kürzer wurden als die genannten Balken, so konnte hierdurch ziemlich an Holz gespart werden, doch war diese Anordnung weniger solid und zweckmässig. Cato fährt fort:

„Der Pressdeckel wird 4 Fuss breit mit phönizischer Fügung, 6 digiti (= 11 cm) dick mit hölzernen Schwalbenschwanzklammern. Diese werden eingefügt und mit Nägeln von Kornelkirschholz befestigt. Mit dem Deckel werden drei Querhölzer (Catenae) aufgelegt (Catenae sind wahrscheinlich drei Querhölzer, wie wir sie auf der Zeichnung der Presse von Malans zu oberst auf dem Pressgute liegen sehen). Diese Querhölzer werden mittelst eiserner Nägel mit dem Deckel verbunden. Den Deckel mache man aus Ulmen- oder Haselholz. Wenn man beide Holzarten hat, verwende man sie abwechselnd neben einander.“

Wie sich die Weinkelter von der seither beschriebenen Oelpresse unterschied, erfährt man aus dem Anfange des Kap. 19, also lautend:

„Bei Weinkeltern macht man die Pfosten und Bäume um je zwei Fuss höher, so dass über die Löcher der Bäume hinaus beiderseits ein Fuss Abstand ist. In halbfüssigem Abstande nach jeder Seite bringt man ein eisernes Band an (siehe Fig. 78).“

Dann heisst es weiter:

„In den Haspel werden sechs Löcher gemacht (siehe den Grundriss Fig. 82), das erste $^1/_2$ Fuss vom Zapfen, die übrigen richtig eingetheilt. Der Seilhalter (Porculum) wird mitten auf den Haspel gesetzt. Die Mitte zwischen den Bäumen wird auf die Mitte der Stelle gerichtet, wo der Seilhalter befestigt werden soll, damit der Presshebel richtig über der Mitte sitze. — Wenn man die Zunge (am hinteren Ende des Presshebels) macht, misst man sie von der Mitte des Presshebels aus so ab, dass sie gut zwischen die Bäume passt. Einen Zoll giebt man Spielraum. — Die längsten Handhebel erhalten 18 Fuss, die zweiten 16 Fuss, die dritten 14 Fuss, die zum Zurückdrehen 12 Fuss, die zweiten 10 Fuss, die dritten 8 Fuss.“

Die folgenden Kapitel handeln von der Olivenquetsche (trapetum) Fig. 69 und lauten:

Kap. 20: „Die Olivenquetsche ist folgendermassen zusammenzusetzen: Die kleine eiserne Säule, welche auf dem Mittelpfeiler steht, muss gerade stehen, in der Mitte und senkrecht. Man muss sie ringsum mit Keilen aus Weidenholz befestigen und dann mit Blei das Loch ausgiessen, damit das Säulchen nicht wackelt. Falls es sich in der Folge bewegen sollte, muss man, nachdem es herausgenommen, von Neuem auf die gleiche Weise verfahren, damit es sich nicht bewegt. Die Büchsen in den Läufersteinen werden von Oelbaumholz (ex orchite olea) gemacht und mit Blei umgossen, wobei man darauf achte, dass sie nicht lose seien. Wenn sie aber auf der Queraxe (Cupa) wackeln, muss man feste Hülsen (vermuthlich eiserne Futterringe) von 1 Zoll Breite hineinschlagen. Dann mache man die Randscheibe (Labeam eigentlich Lippe), deren sie (die Büchsen) je zwei haben müssen, und befestige sie mit doppelten Bolzen, damit sie nicht abfallen."

Von solchen Scheiben, welche eine Verschiebung der hölzernen Büchse in dem Läufersteine verhinderten, fand Francisco da Veca in den Läufersteinen von Stabiae noch eine vor, worüber er mit den Worten berichtet: „In dem engeren Theile des Loches des einen dieser Läufersteine ist ein eiserner Ring

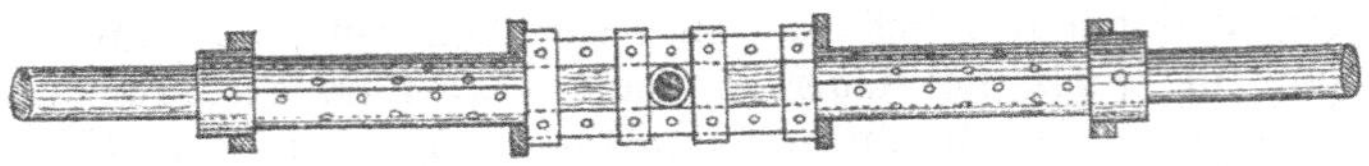

Fig. 84.

eingebleit". Cato befestigte die Scheiben mit zwei jedenfalls eingebleiten Bolzen auf den Steinen. Er fährt fort:

Kap. 21: „Die Queraxe (Cupa) muss 10 Fuss (= 2,96 m) lang gemacht werden und so dick, wie es die Büchsen verlangen; das Mittelstück zwischen den Läufersteinen passe zur Dicke des eisernen Säulchens, es wird in der Mitte durchbohrt, damit das Säulchen hindurchgesteckt werden kann (siehe Fig. 84). In das Mittelstück wird eine eiserne Röhre gesteckt, welche auf das Säulchen und in die Queraxe passt."

Diese Röhre war bei dem Funde in Stabiae jedenfalls mit dem eisernen Säulchen (Zapfen) zu einem Stücke zusammengerostet. Cato fährt fort:

„Der durchbohrte Theil zwischen dem rechten und linken Schenkel der Queraxe wird 4 Zoll (= 10 cm) breit und 3 Zoll (= 75 mm) hoch. Unter der Queraxe wird eine eiserne durchbohrte Platte von der Breite des Mittelstückes der Queraxe befestigt, welche auf das Säulchen passt. Zur Rechten und Linken der Stelle, wo man die Löcher macht, werden Schienen umgelegt, und zwar werden vier solcher Schienen um den inneren Theil jeder Queraxe gebogen (siehe Fig. 84). Unter diese Schienen werden kleine, schwache Unterlagsschienen gelegt und alle so mit einander verbunden, dass keine grösseren Oeffnungen entstehen, wo die Büchsen (? Cupulae minusculae) durchgesteckt werden."

Wie bereits früher erwähnt, ist die Bedeutung des Ausdruckes Cupae minusculae oder Cupulae minusculae sehr zweifelhaft, aber bei dem Bandagiren des Mittelstückes mit eisernen Schienen und Bändern musste es sich vorzugsweise darum handeln, die Büchse oder Röhre, welche den vertikalen, feststehenden Zapfen umschloss, in der hölzernen Queraxe so zu befestigen und sie so mit Eisen zu umschliessen, dass sie nicht lose werden konnte. Durch diese Erwägung wurden wir veranlasst, Cupulae minusculae durch „Büchsen“ zu übersetzen, und wenn in Kap. 12 neben fünf Olivenquetschen zehn Cupae minusculae im Inventar des Presshauses mit fünf Geschirren aufgeführt werden, so scheint eine grössere Zahl solcher eiserner Büchsen als Reservestücke auch sehr am Platze, da diese bei der Arbeit ohne Zweifel viel leiden mussten. Cato fährt fort:

„Die (hölzerne) Queraxe belegt man da, wo sie in den Büchsen (der Läufersteine) steckt, beide Seiten entlang mit vier eisernen Rinnen (je zwei solche halbcylindrische Rinnen umschlossen einen Axschenkel, siehe Fig. 84) und wenn dies auf beiden Seiten (d. h. an beiden Axschenkeln) geschehen ist, befestigt man die Rinnen mit kleinen Nägeln. Jenseits der Rinnen nach aussen hin durchbohrt man die Queraxe, wo der Nagel (Vorsteckstift) hindurchgeht, welcher den Läuferstein zurückhält. Ueber das Loch wird ein 6 digiti (= 11 cm) breiter Ring (Librarium) gezogen, beiderseits mit Durchbohrungen, durch welche der Nagel geht. Alles dies dient dazu, dass die Queraxe in den Steinen nicht abgerieben wird. Vier Unterlegringe (Armillae) werden zu beiden Seiten des Läufersteines aufgesteckt, damit die Queraxe und der Nagel nach beiden Seiten hin nicht abgerieben werden. Die Queraxe wird von Ulmen- oder Buchenholz gemacht. Für das nöthige Eisenwerk, fertig zum Anschlagen durch den Schmied, sind 60 Sestertien (= 12 M.) erforderlich, für das Blei und die (hölzerne) Queraxe deren 4 (= 80 Pf.), für die Arbeiten des Schmiedes, soweit sie das Zusammensetzen der Queraxe und das Einsetzen und Verbleien der Büchsen betrifft, 8 Sestertien (= 1 M. 60 Pf.). Auch muss er die Olivenquetsche montiren. Alles zusammen 72 Sestertien (= 14 M. 40 Pf.).

Kap. 22: „Die Olivenquetsche muss folgendermassen aufgestellt werden: Der Nivellirer muss dafür sorgen, dass sie gleichmässig gestellt werde. Der Läuferstein muss von der Aussenwand um die Dicke eines kleinen Fingers abstehen, den Boden des Mörsers muss er meiden, damit er den Mörser nicht abreibt. Zwischen Läuferstein und Mittelpfeiler soll ein Finger breit Spielraum sein. (Die Zwischenräume hatten den Zweck, dass die Kerne der Oliven nicht zerbrochen wurden, denn diese verdarben den Geschmack des Speiseöls). Wenn mehr Zwischenraum da ist und die Läufersteine zu weit abstehen, wickele man ein Seil in vielen Windungen um den Mittelpfeiler, damit ausgefüllt werde, was an Zwischenraum zu viel da ist. Wenn die Läufersteine höher sind und durch das Zuviel den Boden unten reiben, schiebe man durchbohrte Holzscheiben über das Säulchen (den vertikalen Zapfen), lege sie auf dem Mittelpfeiler unter und regulire dadurch die Höhe. Auf dieselbe Weise wird die Breite (über die Läufersteine gemessen) durch Holzscheiben oder eiserne Ringe regulirt, bis sie richtig ist. Für eine Olivenquetsche bezahlt man in Suessa 400 Sestertien (= 80 M.) und an Oel für die Arbeit (p. l. = pro labore) der Aufstellung 40 Sestertien (= 8 M.; für diesen Betrag wurde also Oel an Zahlungsstatt gegeben), für das Ochsenfuhrwerk und die Mühewaltung von sechs Mann mit den Ochsen 62 Sestertien (= 12 M. 40 Pf.), für die Queraxe mit Beschlag 72 Sestertien (= 14 M. 40 Pf.) und an Oel 25 Sestertien (= 5 M.). Alles zusammen 629 Sestertien (= 125 M. 80 Pf.).“

Hier muss ein Schreibfehler mit unterlaufen sein, da die Summe eigentlich 619 Sestertien ist. Es heisst weiter:

„In Pompeji kauft man sie mit Zubehör zu 384 Sestertien. Der Fuhrlohn beträgt 280 Sestertien. Zu Hause wird sie besser zusammengepasst und aufgestellt. Dafür sind 60 Sestertien nöthig. Summa 724 Sestertien (= 144 M. 80 Pf.).

Wenn man Läufersteine in alte Olivenquetschen anschaffen will, nimmt man die Dicke 1 Fuss 3 digiti. Die Höhe 1 Fuss (dies ist ein Schreibfehler; der Durchmesser wird später zu 3 Fuss bis 3 Fuss 5 digiti angegeben), das Loch $^1/_2$ Fuss weit nach jeder Richtung. Wenn man sie herbeigefahren hat, werden sie je nach der Olivenquetsche auf das richtige Maass gebracht. Sie werden zu Rufri roh für 180 Sestertien (36 M.) verkauft und werden für 30 Sestertien (= 6 M.) auf das richtige Maass bearbeitet. Ebenso werden sie zu Pompeji verkauft."

In Kap. 135 heisst es hierüber noch: „Die Olivenquetschen erhalten 4 Fuss (= 1,18 m) grösste Breite, die Läufersteine 3 Fuss (= 90 cm) Höhe, die Mitte, so wie man sie aus dem Steinbruche bezieht, $1^1/_4$ Fuss (= 37 cm) Dicke. Die Weite zwischen dem Mittelpfeiler und der Wandung beträgt 1 Fuss 2 digiti (= 33 cm). Die Wandung (oben am Rande) 5 digiti (= 9 cm).

Die zweite Olivenquetsche wird $4^1/_4$ Fuss breit. Zwischen dem Mittelpfeiler und der Wandung erhält sie 1 Fuss 1 digitus. Die Wandung 5 digiti. Die Läufersteine erhalten eine Höhe von 3 Fuss 5 digiti und eine Dicke von 1 Fuss 3 digiti. Das Loch des Läufers macht man $^1/_2$ Fuss weit nach jeder Richtung.

Die dritte Olivenquetsche wird 4 Fuss breit. Zwischen Mittelpfeiler und Wandung 1 Fuss. Die Dicke der Wandung oben 5 digiti. Der Läufer wird 3 Fuss 3 digiti hoch und 1 Fuss 2 digiti dick.

Die Olivenquetsche wird, wenn sie herbeigefahren ist, da, wo sie stehen soll, hergerichtet und zusammengesetzt". —

Cato giebt nicht an, dass das Loch in den Läufersteinen nach der flachen Innenseite des Läufers hin eine geringere Weite haben solle, wie es bei den Läufersteinen in Stabiae gefunden wurde, und es mag dies eine spätere Verbesserung gewesen sein, um die hölzerne Büchse fester in den Stein eintreiben zu können.

Wir schliessen hiermit unsere Betrachtung. Viele unserer Leser dürften wohl dem dritten Jahrhunderte vor Christi Geburt den Gebrauch so grosser Maschineneinrichtungen, wie sie die römischen Presshäuser enthielten, nicht zugetraut haben.

# Leonardo da Vinci (1452—1519 n. Chr.).

(Erste Abhandlung.)

Im Jahre 375 n. Chr., als Flav. Vegetius schrieb, erschienen die Hunnen in Europa. Das Jahrhundert der Völkerwanderung und die Zerstörung der römischen Herrschaft über den Westen Europas begann. Diese wurde 476 durch Odoaker vollendet. Es folgte die ebenso blutige Zeit der germanischen Staatenbildung und der Ausbreitung des Christenthums mit dem Schwerte. Die Völker, welche Rom besiegt hatten, suchten dessen Weltherrschaft nachzuahmen, die römische Hierarchie auszubilden, römisches Wissen und römische Bildung zu erlangen. Da aber die Römer für die exakten Wissenschaften nur wenig Begabung gehabt hatten, so konnte auf diesem Gebiete nichts geleistet werden, so lange man ihnen nur nachstrebte; es bedurfte dazu der Anregung von anderwärts.

Diese Anregung gaben zunächst die Araber durch die Ausbildung der aus Indien stammenden Algebra und Trigonometrie und ihr besseres Verständniss griechischer Klassiker. Fast aus ganz Europa zogen im zehnten Jahrhundert Wissbegierige nach Spanien, um von den Arabern zu lernen. Auch das Bekanntwerden des Abendlandes mit dem Osten durch die Kreuzzüge wirkte in diesem Sinne anregend. Denn während bei uns die Theologie die angesehenste Wissenschaft war, beschäftigten sich arabische Gelehrte vorzugsweise mit Mathematik, Sternkunde und Arzneiwissenschaft. Dem alles beherrschenden Klerus im Abendlande aber waren diese Wissenschaften, aus welchen ohnedies dem kirchlichen Despotismus Gefahr drohte, als „heidnische" besonders verhasst. Anatomie war ihm ein Gräuel, Physiker und Chemiker waren in seinen und der grossen Menge Augen Zauberer, Hexenmeister und arge Ketzer, und ketzerische Schriften verbrannte man nicht selten sammt den Autoren.

Die Gefahren, welchen selbständig denkende Menschen im Mittelalter ausgesetzt waren, sobald sie ihren Gedanken öffentlich Ausdruck gaben, lassen vermuthen, dass damals Viele mehr dachten und wussten, als sie veröffentlichten. Bezüglich technischer Hilfsmittel ist dies um so wahrscheinlicher, als ja auch in unserer Zeit Erfindungen und Entdeckungen auf technischem Gebiete oft lieber geheim gehalten und verwerthet, als publicirt und theoretisch behandelt werden. Es ist nicht anzunehmen, dass mit der Herrschaft der Römer gleichzeitig alle ihre Kenntnisse und Fertigkeiten in solchen Dingen untergingen, sondern dass diese von den Siegern gern benutzt und von Geschlecht zu Geschlecht überliefert wurden. Auch dass darin im Verlaufe eines Jahrtausends keinerlei Fortschritte gemacht worden seien, ist nicht wahrscheinlich.

Bezüglich der theoretischen Mechanik hat man bis vor Kurzem angenommen, dass die Zeit von Archimedes bis Galilei eine geschichtliche Wüste sei, aus der kein Schritt zur Vervollkommnung zu verzeichnen wäre, und dass Galilei eine völlig neue Wissenschaft ohne Vermittlung ins Leben gerufen habe. Seitdem man aber den Nachlass des Leonardo da Vinci, den man bis dahin nur als grossen Maler und Bildhauer gekannt hatte, genauer studirte, erkannte man in ihm einen würdigen Vorgänger Galilei's, der als praktischer Ingenieur, Naturforscher und theoretischer Mechaniker ebenso gross war, wie als Künstler*).

Ist aber damit der Beweis der Stetigkeit geschichtlicher Entwicklung bezüglich Galilei's erbracht, so darf man sich auch durch die Freude über Leonardo's Genie und den Stolz, ihn einen der Unserigen nennen zu dürfen, nicht verleiten lassen, dasselbe Gesetz bezüglich seiner zu ignoriren.

Die meisten Schriften des Leonardo, namentlich diejenigen, welche er in den auf uns gekommenen Notizen erwähnt, wie das „Buch von der Bewegung", eine „Abhandlung über den Stoss", die „Maschinenelemente", das „Buch von der Schwere" und das „Buch vom Kraftmoment (libro del impeto)", sind verloren. Was von seinen Schriften für uns übrig geblieben ist, sind nur Handskizzen und handschriftliche Notizen, und man muss im Auge behalten, dass solche ebenso oft gemacht zu werden pflegen, um Gesehenes und Gehörtes festzuhalten, oder Anderen zu verdeutlichen, als wie um eigene Gedanken zu Papier zu bringen. Die Lehrthätigkeit, der sich Leonardo, wie wir später sehen werden, in ausgedehntem Maasse widmete, sowie seine Thätigkeit als praktischer Ingenieur mussten ihm häufig Gelegenheit zu Skizzen der ersteren Art geben.

Leonardo war 1452 zu Vinci, einem Marktflecken im Gebiete von Florenz, geboren. Sein Vater war Notar der Signoria dieser Stadt, während für sie unter der von Cosimo dei Medici geleiteten Regierung das „Mediceische Zeitalter" begann, insofern man mit diesem Namen die Zeit der höchsten Blüthe von Kunst, Wissenschaft, Handel und Industrie bezeichnet.

Was letztere betrifft, so waren besonders die Tuchfabrikation, Färberei und Appretur von Alters her in Florenz gepflegt und zu jener Zeit weltberühmt geworden. Auch die Seidenmanufaktur blühte damals in ganz Italien.

---

*) Für uns ist in dieser Hinsicht namentlich Dr. Hermann Grothe's Schrift: „Leonardo da Vinci als Ingenieur und Philosoph", Berlin 1874, von Wichtigkeit, der wir das Meiste des Nachstehenden entnehmen. Von dem Leonardo'schen Ovalwerk wurde an diesem Orte um deswillen abgesehen, weil dasselbe in Reuleaux's Kinematik § 72 erschöpfend dargestellt und nach seiner technischen Bedeutung gebührend gewürdigt worden ist.

Ein Jahr nach LEONARDO's Geburt fiel Konstantinopel in die Hände der Türken. Tausende gebildeter Griechen flohen nach dem Westen und verbreiteten die Kenntniss ihrer Muttersprache und ihrer Klassiker. Die gelehrtesten dieser griechischen Flüchtlinge fanden bei COSIMO DEI MEDICI würdige Aufnahme, um zur Verherrlichung seines Hofes und als Lehrer in Florenz zu wirken. Die kurz zuvor (1440—1450) erfundene Buchdruckerkunst machte die durch die griechischen Lehrer übermittelten besseren Kenntnisse weiteren Kreisen zugänglich, ein kräftiger, wissenschaftlicher Sinn erwachte, und der blinde Autoritätsglaube der Scholastiker musste allgemach der exakten Forschung weichen. Florenz war der Mittelpunkt der griechischen Klassicität, und LEONARDO's wunderbare Begabung und grosse Liebe für alles Schöne und Wahre gestatten keinen Zweifel, dass er in dieser Umgebung ein gründlicher Kenner der altgriechischen und römischen Schriftsteller wurde. Auch darf vielleicht angenommen werden, dass jenen griechischen Gelehrten noch einiges mehr von ihren Klassikern bekannt war, als uns, was sie ihren Schülern mittheilten.

Bekannt ist, dass LEONARDO als Knabe nicht nur von VEROCHIO in allen freien Künsten, als: Malerei, Bildhauerei, Metallguss, anderen Metallarbeiten und Weberei, unterrichtet wurde und alsbald seinen Meister übertraf, sondern dass er auch mathematische Studien und Musik eifrig pflegte. Dabei war er bemüht, die Kunst auf sichere Regeln zu gründen, und bald umgab ihn eine grosse Zahl von Schülern, so dass er als Lehrer mehr noch wirkte, denn als Künstler.

Im Violinspiel erlangte er eine solche Virtuosität, das LUDOVICO SFORZA ihn in seinem 30. Jahre zunächst als Violinist an seinen Hof nach Mailand berief. Er gründete dort eine Akademie der Wissenschaften und war thätig als Ingenieur, Architekt, Maler und Bildhauer. In letzterer Eigenschaft schuf er das berühmte Modell zu einer Reiterstatue des FRANCESCO SFORZA, wovon eine Zeichnung sich noch in München befindet. 1490 begann er seine Abhandlung über Licht und Schatten zu schreiben, 1497 beschäftigte ihn die Schiffbarmachung des Kanals von Martesana, ein bedeutendes Werk, das zum Reichthume der Stadt viel beitrug. Ebenso segensreich wirkte er für die Landwirthschaft durch die Kanalisation des Ticino. Dabei schuf er sein berühmtestes Gemälde: Das heilige Abendmahl im Refektorium des Dominikanerklosters St. Maria delle grazie, eine Reihe anderer Gemälde und Porträts, sowie Zeichnungen der verschiedensten Art, nicht nur künstlerische, sondern auch solche von Oefen, Geräthen für die Schifffahrt und hydraulischen Maschinen. Auch beschäftigte er sich eingehend mit anatomischen Studien. 1499 in seinem 47. Lebensjahre, als LUDOVICO SFORZA durch LOUIS XII. von Frankreich vertrieben worden war, verliess er Mailand und wandte sich zunächst wieder nach Florenz, wo er die schönen Porträts: Ginevra de Benei und Mona Lisa del Giocundo malte, welch' letzteres FRANZ I. von Frankreich für die damals enorme Summe von 45 000 Frcs. ankaufte.

Die Unsicherheit der politischen Zustände mochte jedoch Leonardo den längeren Aufenthalt in seiner Vaterstadt verleiden. Lorenzo, genannt „der Prächtige", der Enkel des vorhin genannten Cosimo dei Medici war 1492 gestorben, nachdem er durch zu grossen Aufwand dem Bankerotte nahe gekommen war, der Staat aber in Anerkennung der Verdienste seines Hauses um das Gemeinwesen seine Schulden übernommen hatte. Sein Sohn Pietro war 1494 von dem Mönche Savonarola vertrieben worden, der jedoch mit seiner republikanischen Partei nur kurze Zeit am Ruder geblieben und 1498 als Ketzer verbrannt worden war. Jetzt stand Pietro Solderini an der Spitze der Regierung, hatte aber in einem Kriege gegen Pisa seine Kräfte so erschöpft, dass er den Eroberungsplänen des Cesare Borgia, welcher Louis XII. auf seinem Zuge nach Mailand begleitet und sich der Romagna bemächtigt hatte, nun aber als Verbündeter des Pietro dei Medici Florenz bedrohte, keinen Widerstand entgegenzusetzen hatte. 1502 trat Leonardo da Vinci als Ingenieur in die Dienste dieses Cesare Borgia, als welcher er die Festungswerke des Herzogs zu verstärken, neue zu errichten und Kriegsmaschinen zu bauen hatte. Der Herzog aber gab nach dem zwei Jahre später erfolgten Tode des Pietro dei Medici seine Pläne gegen Florenz auf.

1507 kehrte Leonardo auf Bitten seiner Freunde und infolge der Aufforderung des Königs Louis XII. nach Mailand zurück, wo ihn der Martesana-Kanal und das Bassin St. Cristoforo aufs neue beschäftigten, insbesondere aber der Ersatz des Wassers, welches zu Berieselungen den Flüssen entnommen wurde, durch Quellenbohrungen, wie sie noch heute in der Ebene von Lodi-Giano zu finden sind. Auch leitete er die Ausschmückung der Stadt zum Triumphzuge des Königs und wurde Hofmaler desselben.

Im Jahre 1512, als Maximilian Sforza, Ludovico's Sohn, mit Hilfe der Schweizer Mailand wieder eroberte, war Leonardo in Florenz und ging 1514 in seinem 62. Lebensjahre zur Inthronisation des Papstes Leo X. nach Rom, wo damals der 31 jährige Rafael und der 39 jährige Michel Angelo auf der Höhe ihres Ruhmes standen. Dieser Umstand, Misshelligkeiten mit Michel Angelo und die Ungunst des Papstes gegen Leonardo, der für einen Franzosenfreund galt, liessen ihn hier nicht zu befriedigender Wirksamkeit kommen. Missvergnügt liess er Pinsel und Palette ruhen und vergrub sich in das Studium des Fluges der Vögel und des Problemes der Luftschifffahrt. Im folgenden Jahre aber kehrte er zum Einzuge des Königs Franz I. von Frankreich nach Mailand zurück und die grosse Verehrung und aufrichtige Freundschaft, welche dieser ritterliche König ihm entgegen brachte, bewogen ihn, in seinem 65. Lebensjahre mit ihm nach Frankreich zu ziehen.

Dort lebte er noch zwei Jahre ruhig und hochgeehrt in Amboise, mit dem Projekte des Kanals von Romorantin beschäftigt, von dem uns die Zeichnungen noch erhalten sind, und starb 1519.

Ist es auch nur eine Sage, dass Leonardo in den Armen Franz I. gestorben sei, so ist sie doch bezeichnend für das schöne Verhältniss zwischen diesem weltlichen und jenem geistigen Fürsten.

LEONARDO hinterliess ein Testament, demzufolge FRANCESCO DA MELZO als Belohnung für seine Freundschaft sämmtliche nachgelassene Schriften und Handzeichnungen erhielt. Dieser verwahrte sie ängstlich bis zu seinem Tode; seine Nachkommen aber hatten keine Ahnung von deren Werth. Sie verschenkten 13 Bände davon an MAZENTA, einen Ingenieur und Festungsbaumeister; einen anderen Theil erhielt ARETIN, Sohn des Kardinals LEONI und Bronzegiesser am Hofe PHILIPPS II. von Spanien. Durch dessen Begehrlichkeit auf den Werth der Manuskripte aufmerksam geworden, bat Dr. HORATIO MELZI den Bruder des MAZENTA um Rückgabe der 13 geschenkten Bände und erhielt sieben davon zurück. Von den übrigen kam einer später in die Ambrosianische Bibliothek nach Mailand, einer an HERKULES BIANCHI, einer an den Herzog von Savoyen und drei an ARETIN. Dieser formte aus einer Reihe von Bänden ein grosses Volum von 392 Blättern, welches später, sowie ein weiterer vollständiger Band und einige einzelne Manuskripte ebenfalls in die Ambrosianische Bibliothek kam. Eine Anzahl LEONARDO'scher Manuskripte kam 1610 durch Graf ARUNDEL nach London in das British Museum, ebenso einige anatomische Studien, wahrscheinlich aus dem Codex des BIANCHI stammend. Eine Reihe solcher Schriften, die im Besitze des MELZI geblieben war, kam an das Florentiner Museum. Auch befinden sich einige Blätter in Venedig.

Die Sammlung der Ambrosianischen Bibliothek wurde 1796 von den Franzosen als Kriegsbeute nach Paris gebracht mit Ausnahme des grossen, von ARETIN zusammengestellten Codex atlanticus.

Aus diesem Nachweise über den Verbleib der Manuskripte des LEONARDO geht schon hervor, warum deren Inhalt so lange unbekannt blieb. Zwar wurden einige Bände mehrfach kopirt, und auch die Ambrosianische Bibliothek enthält einen solchen kopirten Band, zwar erwähnte VASARI 1568 die nachgelassenen Schriften des LEONARDO über Mechanik, Physik und Maschinen, und seine Abhandlung über Malerei wurde 1651 zu Paris gedruckt, aber im Uebrigen geht aus dem Stillschweigen der naturwissenschaftlichen Schriftsteller des 16. und 17. Jahrhunderts hervor, dass sie jene Schriften nicht kannten. Erst VENTURI verbreitete durch sein „Essai sur les ouvrages physicomathematiques" Paris 1797, die Kunde davon. Er hatte die Schriften in Paris gesehen und trotz der Schwierigkeit, welche aus der Eigenheit des LEONARDO, von rechts nach links zu schreiben, erwächst, dieselben studirt und gefunden, dass deren Verfasser ein würdiger Vorgänger GALILEI's sei. 1828 wurde LEONARDO's Schrift über Wasserbewegung und Wassermessung zu Bologna gedruckt und ELIA LOMBARDINI sagt später in seinen „Oservazioni storico-critiche" von ihm, dass er der Urheber einer systematischen Hydraulik gewesen sei. LIBRI nahm 1840 in seiner „Geschichte der mathematischen Wissenschaften" bereits eingehender Rücksicht auf ihn, aber erst 1872 veröffentlichte Dr. HERMANN GROTHE eine Reihe von Abhandlungen über LEONARDO mit Kopien von technischen und physikalischen Handzeichnungen desselben und danach seine Schrift „Leonardo da Vinci als Ingenieur und Philosoph", Berlin 1874, welche den Zweck verfolgt, die hohe Bedeutung LEONARDO's als Ingenieur und Naturforscher zu beweisen. Diese fand dann auch in der „Kritischen Geschichte der allgemeinen Prinzipien der Mechanik" von Dr. E. DÜHRING, Leipzig 1877, volle Anerkennung.

LEONARDO war frei von der Büchergelehrsamkeit der Scholastiker; eigene Beobachtung und Mathematik waren die Grundlagen seines Forschens. Er war einer der ersten in Italien, die bei mathematischen Betrachtungen das Plus- und Minuszeichen gebrauchten. Auf vielen künstlerischen Entwürfen und anderen Blättern seiner Manuskripte, welche eine mathematische Betrachtung nicht vermuthen lassen, finden sich geometrische Figuren in den Ecken, an den Rändern oder mitten darauf.

Wir können hier auf die ausserordentlich mannigfaltigen mathematischen und physikalischen Untersuchungen LEONARDO's, welche Dr. GROTHE mittheilt, nicht näher eingehen und müssen uns auf wenige Bemerkungen darüber beschränken.

Es bedarf keines besonderen Hinweises darauf, dass LEONARDO das Hebelgesetz kannte, denn des ARISTOTELES „Mechanische Probleme" waren ihm gewiss bekannt, und darin heisst es in Kap. 4: „Die bewegte Last steht zu der bewegenden im umgekehrten Verhältniss der Entfernungen" (vom Drehpunkt). Und von der Schnellwaage mit verschiebbarer Stütze heisst es darin Kap. 21: „Jederzeit wird die grössere Nähe der Stütze bei der Schale ein grösseres Gewicht der darin abzuwägenden Last angeben, weil die ganze Waage ein nach entgegengesetztem Verhältniss der Gewichte getheilter Hebel ist, dessen Unterlage der Aufhängehaken der Waage ist, während die Last in der Waagschale liegt." Das Faktum, dass ARISTOTELES das Hebelgesetz kannte und klar aussprach, wird dadurch nicht alterirt, dass sein Versuch, es auf einfachere Grundsätze zurückzuführen, misslungen ist. Ebenso findet sich auch die Zurückführung der Rollen, Walzen, Kurbeln, Zangen u. s. w. auf das Hebelgesetz, sowie der Satz vom Parallelogramm der Bewegungen, beziehungsweise dem Parallelogramm der Kräfte schon bei ARISTOTELES. Dagegen scheint der Begriff vom „potentiellen Hebel" bei LEONARDO neu und eigenthümlich zu sein. Er sagt: Es sei $AT$ ein Hebel (Fig. 85), sein Drehpunkt sei in $A$, das Gewicht $O$ in $T$ aufgehängt, und die Kraft $N$, welche dem Gewichte $O$ die Waage hält. Man ziehe $AB$ senkrecht nach $BO$ und $AC$ senkrecht auf $CN$. Ich nenne $AT$ den reellen Hebel $AB$, $AC$ potentielle Hebel und man hat die Proportion $N : O = AB : AC$." (D. h. die Kräfte müssen sich umgekehrt verhalten wie ihre potentiellen Hebel.)

„Sei nun $M$ das Gewicht, gehalten durch das Seil in $AM$, dessen Ende in $A$ (Fig. 86) befestigt ist; sei ferner das Gewicht und das Seil in $AM$ ausserhalb der senkrechten Stellung $AB$ mittelst der Kraft $F$ zurückgehalten, deren

Richtung $MF$ mit $AM$ einen rechten Winkel bildet, so wird die Kraft $F$ sich zum Gewichte $M$ verhalten, wie $AC$ zu $AM$" (weil nämlich $F$ als an dem potentiellen Hebel $AM$ und $M$ als an dem potentiellen Hebel $AC$ wirkend zu betrachten ist).

Dr. E. Dühring sagt in seiner „Kritischen Geschichte der allgemeinen Principien der Mechanik" S. 16 von J. B. Benedetti, einem Nachfolger des Leonardo (gest. 1570): „Bei Gelegenheit des nicht geraden Hebels bekundet er (Benedetti) eine Kenntniss von dem Begriffe des Momentes im heute üblichen Sinne des Wortes, indem er S. 143 sagt: „„dass die Grösse eines beliebigen Gewichtes oder die bewegende Kraft (virtus movens) in Beziehung auf eine andere Grösse durch den Nutzen (beneficio) der Senkrechten erkannt werde, die vom Mittelpunkte der Waage auf die Linie der Neigung gezogen würden."" — „Dies ist die Grundlage der gegenwärtigen Theorie der Momente", sagt Dühring; es ist aber dabei übersehen, dass Leonardo da Vinci in den oben citirten Sätzen dieses Princip bereits deutlicher ausspricht als Benedetti.

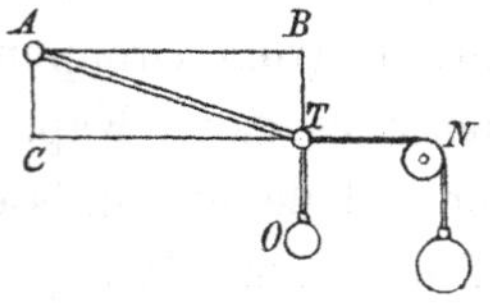

Fig. 85.

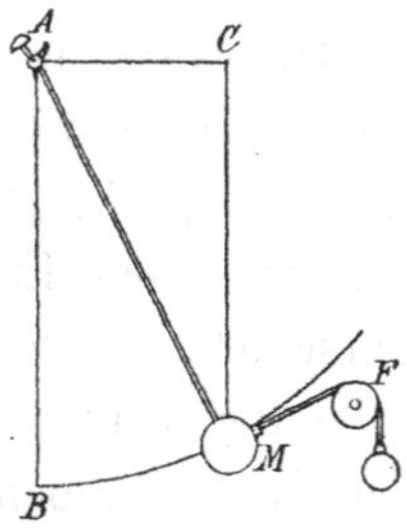

Fig. 86.

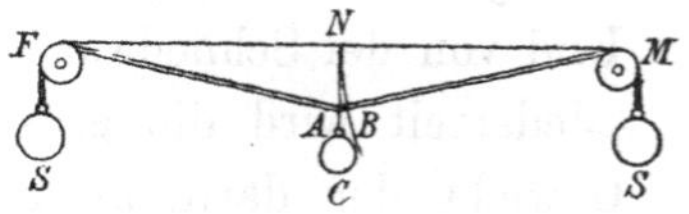

Fig. 87.

Von Guido Ubaldi (geb. 1545) sagt Dr. E. Dühring auf derselben Seite genannten Werkes: „In seinem Buche über Mechanik gebraucht er die Verhältnisse der virtuellen Geschwindigkeiten am Hebel als Erklärungsprincip u. s. w." Dass aber Leonardo bei statischen Berechnungen schon eine Methode anwandte, welche dem Principe der virtuellen Geschwindigkeiten nahe kam, ersieht man aus folgendem Beispiele. Er sagt:

„Ist die Schnur $FM$ (Fig. 87) durch zwei gleiche Kräfte an $F$ und $M$ gespannt, und befestigt man in der Mitte der Schnur in $N$ ein kleines Gewicht $C$, so wird dieses den Punkt $N$ bis $A$ herabziehen, während die Gewichte $FM$ hinaufsteigen. Mit dem Radius $MN$ beschreibe man einen Kreis. Derselbe schneidet $AM$ in $B$ und es wird nun die Bewegung des Gewichtes $S$ an $M$ gleich $AB$ sein. Der Punkt $N$ steigt herab bis die Proportion eintritt: $C:S = BA:NA$" (d. h. bis die zurückgelegten Wege der beiden Gewichte sich umgekehrt verhalten wie diese selbst). — Dieser Satz ist in dem vorliegenden Falle unrichtig, weil die zurückgelegten Wege $NA$ und $AB$, trotz des während der Bewegung stets wechselnden Verhältnisses der momentanen Geschwindigkeiten anstatt der virtuellen Geschwindigkeiten in der Gleichgewichtslage in die Gleichung eingesetzt werden; wo aber das Verhältniss der jeweiligen Momentangeschwindigkeiten während der Bewegung konstant bleibt, wie dies beim Hebel thatsächlich der Fall, ist diese Verwechslung zulässig und für solche Fälle stimmt die hier angewendete Methode im Resultate mit dem Principe der virtuellen Geschwindigkeiten überein.

Der Grundgedanke zu diesem Principe ist noch deutlicher in folgender Stelle von Seite 185 des Codex *N* in Paris ausgesprochen:

„Wenn man irgend eine Maschine zum Bewegen schwerer Körper gebraucht, so haben alle Theile der Maschine, welche eine gleiche Bewegung mit derjenigen des schweren Körpers haben, eine dem ganzen Gewichte des ganzen Körpers gleiche Belastung. Wenn der Theil, welcher der bewegende ist, in derselben Zeit mehr Bewegung äussert, als der bewegte Körper, so hat er mehr Kraft als der bewegte Körper" (d. h. er kann mit geringerer Anstrengung bewegt werden und die Last heben) „und er wird sich um so viel schneller (soll heissen: leichter) bewegen, als der Körper selbst. Wenn der Theil, welcher der bewegende ist, weniger Schnelligkeit hat, als der bewegte, so wird er um so viel weniger Kraft haben" (d. h. um so viel schwerer zu bewegen sein) „als der bewegte Körper".

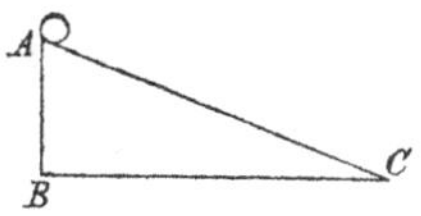


Fig. 88.

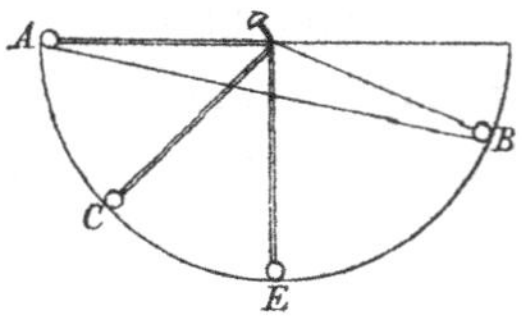


Fig. 89.

Es fehlt hier nur die Präcisirung, dass bei stetig wechselndem Verhältniss der beiden zu vergleichenden Geschwindigkeiten die Betrachtung auf einen bestimmten Zeitmoment beschränkt werden muss, um das Princip der virtuellen Geschwindigkeiten klar zum Ausdruck zu bringen.

Venturi theilt aus den Manuskripten in Paris folgende Stelle mit:

„Der Herabgang des Körpers *A* (Fig. 88) auf der Linie *AC* hat im Vergleiche zu dem Falle *AB* eine um so grössere Zeit nöthig, als *AC* länger als *AB*," woraus hervorgeht, dass Leonardo die Fallzeit eines Körpers auf der schiefen Ebene richtig zu bestimmen wusste. Dass er diese Erkenntniss auch auf das Pendel anzuwenden verstand, ergiebt sich aus dem Satze:

„Der schwere Körper *A* (Fig. 89) steigt schneller auf dem Kreisbogen *ACE* herab, als auf der Linie *AE*."

Zieht man ferner eine von Libri mitgetheilte Aeusserung Leonardo's in Betracht, der zur Folge er sich beim Falle die Geschwindigkeiten in arithmetischer Progression wachsend dachte, so kommt man zu dem Schlusse, dass ihm die Grundzüge der Theorie des Falles bekannt gewesen sein müssen.

Im Hinblick auf obige Sätze darf man auch annehmen, dass er aus den drei seinen Manuskripten entnommenen Skizzen Fig. 90, 91 und 92 die Gleichgewichtsbedingungen für eine auf eine schiefe Ebene gestellte Kugel richtig herleitete. Denn offenbar soll durch Fig. 90 gezeigt werden, dass bei einer auf horizontaler Ebene stehenden Kugel die durch den Schwerpunkt gehende

Senkrechte durch den Stützpunkt der Kugel geht, während Fig. 91 zeigt, dass dies bei der schiefen Ebene nicht der Fall ist. Es ist nach obigem wahrscheinlich, dass Leonardo in der Entfernung des Stützpunktes von dieser Senkrechten den potentiellen Hebel der Schwere der Kugel erkannte und daraus die Gleichgewichtsbedingung ableitete. Fig. 92 bestärkt in dieser Ansicht, indem hier das im Schwerpunkte resultirende Gewicht $Q$ der Kugel nach dem Beispiele des Archimedes bei Begründung des Hebelgesetzes in zwei parallele Kräfte $\frac{Q}{2}$ zerlegt zu sein scheint, wovon die eine durch den Stützpunkt geht, die andere aber an einem potentiellen Hebel wirkt, welcher doppelt so gross ist, als die

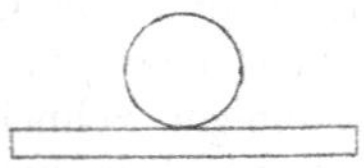

Fig. 90.

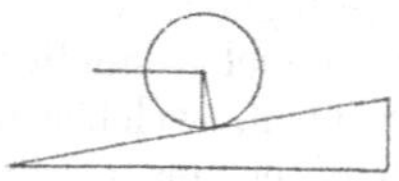

Fig. 91.

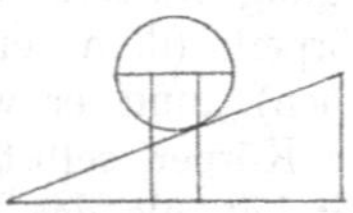

Fig. 92.

Entfernung des Stützpunktes von der Senkrechten durch den Schwerpunkt der Kugel. Waren daher Angriffspunkt und Richtung der Kraft gegeben, welche das Herabrollen der Kugel verhindern sollten, so war ihre nothwendige Grösse nach der oben angegebenen Methode des Leonardo leicht zu bestimmen. Dass

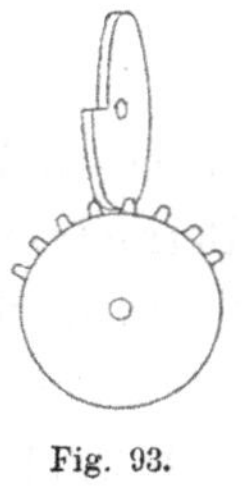

Fig. 93.

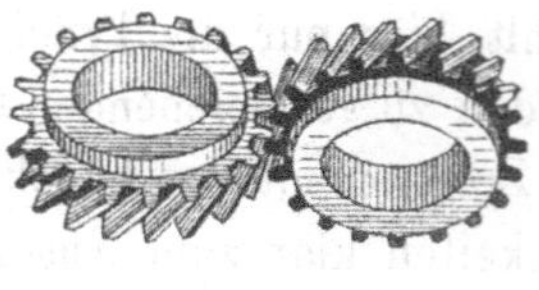

Fig. 94.

er dabei das Rollen der Kugel auf Drehungen um Momentanaxen zurückführte, ist um so wahrscheinlicher, als schon Aristoteles in Kap. 9 seiner „Mechanischen Probleme“ den Gedanken aussprach, dass man das Rollen eines Kreises betrachten könne, wie ein fortwährendes „Umsinken“ desselben nach der Richtung der Bewegung, was mit anderen Worten dasselbe sagt wie „Drehung um die durch den jeweiligen Stützpunkt gehende Momentanaxe nach der Richtung der Bewegung.“ —

Die Kugelgestalt der Erde war schon von den altgriechischen Philosophen angenommen worden. Vitruv sagt in lib. 8, Kap. 5, seines Werkes „de architectura“: „Es könnte aber Jemand, der des Archimedes Bücher gelesen, einwenden, dass man mit Wasser keine verlässliche Nivellirung vornehmen könnte, weil das Wasser nach dessen Ansicht keine wagerechte Oberfläche bilde, sondern *eine sphärische Figur beschreibe, die dort ihren Mittelpunkt habe, wo ihn die Erde hat*“, und Heron von Alexandrien sagt in Kap. 1

seiner „Pneumatica“: „Wenn die Oberfläche einer Flüssigkeit rund ist und den gleichen Mittelpunkt mit der Erde hat, wird sie stehen bleiben.“ Aus folgender Betrachtung des LEONARDO aber geht hervor, dass zu seiner Zeit auch die Drehung der Erde um ihre Axe bekannt war, während man gewöhnlich annimmt, dass bis zu COPERNICUS (dessen Buch: „De orbium coelestium revolutionibus“ im Jahre 1543, dem Todesjahre des Autors, im Drucke erschien) die Astronomie seit anderthalb Jahrtausenden unverändert, und das Ptolemäische System mit seiner im Mittelpunkte des Weltalles bewegungslos ruhenden Erde das allgemein anerkannte geblieben sei. (Vergleiche beispielsweise den Artikel „Copernicus“ in PIERER's Conversationslexicon). Auch ersieht man aus nachstehender Betrachtung, dass dem LEONARDO der Begriff der „relativen Bewegung“ und die Herleitung einer resultirenden aus zwei gegebenen, gleichzeitigen Bewegungen nicht fremd war. Er sagt:

„Sei $A$ (Fig. 95) der Körper, welcher in den Elementen fällt, die er durcheilt um nach dem Mittelpunkte $M$ der Welt zu kommen. Ich sage, dass diese Last, (relativ zur Erde) in einer Spirale herabsteigend, nicht aus der geraden Linie herausgehen wird, welche sie als Weg nach dem Mittelpunkte der Erde verfolgen muss. Denn wenn der Körper von $A$ ausgeht, um nach $B$ zu kommen, so wird, während er nach $B$ geht und in die Lage $C$ kommt, der Punkt $A$ bei Drehung in $D$ ankommen; betrachtet man nun die Lage des Körpers, so findet man, dass er sich immer in der geraden Linie befindet, welche (erst $A$) jetzt $D$ mit dem Mittelpunkte der Welt verbindet. Wenn der Körper nach $F$ weiter geht, wird zu gleicher Zeit der Punkt $D$ nach $E$ wandern. Während des Herabsteigens von $F$ nach $G$ dringt die Drehung $E$ in die Lage $H$. So steigt der Körper auf die Erde herab immer unterhalb des Ausgangspunktes. Es ist dies eine zusammengesetzte Bewegung, sie ist zu gleicher Zeit geradlinig und kurvenförmig etc.“

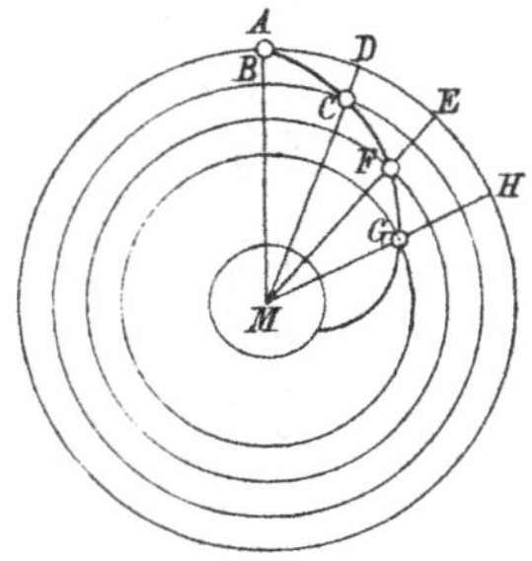

Fig. 95.

Dass die Erde sich dreht, wird hier offenbar als bekannt vorausgesetzt; wie gefährlich es aber war, dies drucken zu lassen, lehrt das Schicksal GALILEI's.

Ueber die **Reibung**, welche noch lange nach LEONARDO von den meisten Schriftstellern über Mechanik nicht berücksichtigt wurde, sagt er:

„Die Reibungen der Körper sind von so verschiedener Stärke, als es Verschiedenheiten in der Schlüpfrigkeit der sich reibenden Körper giebt. Die Körper, welche auf der Oberfläche mehr geglättet sind, haben eine geringere Reibung. Jeder Körper widersteht, eine glatte Ebene und polirte Oberfläche vorausgesetzt, mit einem Viertheil seiner Schwere. Wenn ein polirter Körper eine polirte schiefe Ebene zu passiren hat mit dem Viertheil seiner Schwere, so ist er von selbst geneigt zur Bewegung auf diesem Abhange.“ (Also war auch der Begriff: „Reibungswinkel“ dem LEONARDO nicht fremd.) „Die Reibung irgend eines Körpers mit verschiedenen Seitenflächen verursacht den gleichen Widerstand, gleichviel auf welcher Seite er liegt, wenn es nur eine Ebene ist, auf welcher er sich reibt“ (d. h. mit anderen Worten: Die Grösse der Reibung ist von der Grösse der sich reibenden Flächen unabhängig).

Gegen die Möglichkeit des Perpetuum mobile, das noch Jahrhunderte lang in den Köpfen vieler Mechaniker spukte, spricht sich Leonardo mehrfach ganz entschieden aus.

Auch mit der Festigkeit der Materialien und der zur Haltbarkeit nöthigen Dimensionirung derselben hat er sich viel beschäftigt, wie aus zahlreichen Skizzen hervorgeht, welche mit den Figuren grosse Aehnlichkeit haben, die wir heute in den betreffenden Abschnitten unserer Lehrbücher zu finden gewohnt sind. Seine Resultate kommen dabei unseren heutigen Annahmen sehr nahe. Auch von Betrachtungen dieser Art findet sich noch Jahrhunderte nach Leonardo nichts in den Büchern.

Als Wasserbau-Ingenieur, von welchem Werke, wie der Adda-Kanal und der Kanal von Martesana im Veltlin heute noch bestehen, musste er auch die

Fig. 96.

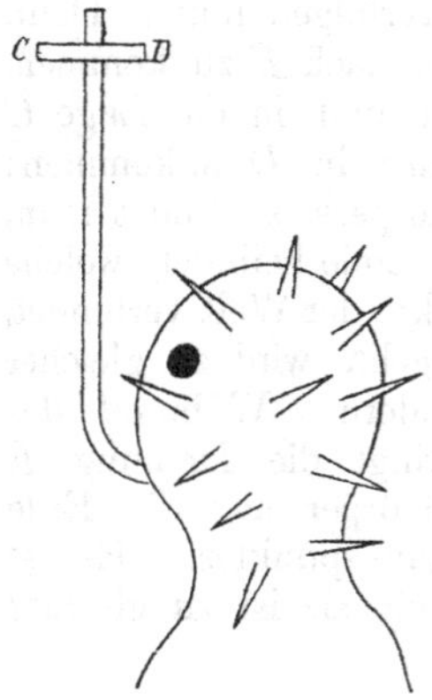


Fig. 97.

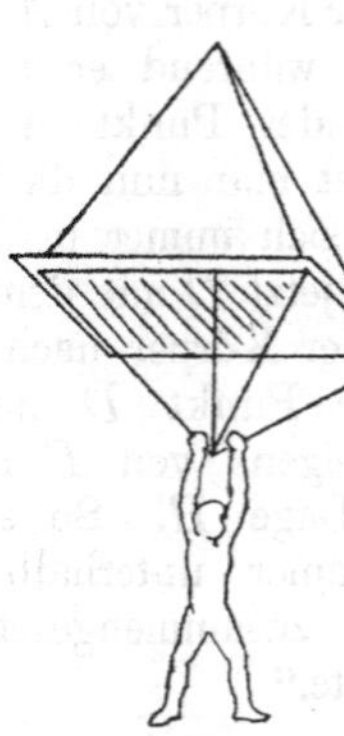

Fig. 98.

Eigenschaften des Wassers studirt haben. Des Archimedes Schrift über die schwimmenden Körper und Heron's Pneumatica wird er gekannt haben und aus ersterer das, was man heute mit dem Namen: „Auftrieb" des Wassers bezeichnet, aus Heron's Schrift aber die Gesetze von den Hebern und von den kommunicirenden Röhren. Er musste daraus wissen, dass sich die Ausflussgeschwindigkeit aus dem Heber nach der Höhendifferenz richtet zwischen der Ausflussöffnung und der Oberfläche des Wassers, in welches der andere Schenkel eintaucht, und bezüglich der kommunicirenden Röhren sagt Heron im 1. Kap. der Pneumatica ganz allgemein: „Weil jede zusammenhängende Flüssigkeit eine runde Oberfläche bildet, wie die Erde und auch den gleichen Mittelpunkt mit ihr hat, fliesst die sich bewegende Flüssigkeit so lange bis beide Theile (mit ihren Oberflächen) in der gleichen Kugelfläche stehen." Ebenso musste ihm aus § 73 der Pneumatica bekannt sein, dass das erwärmte und durch die Wärme „aufgelockerte" Wasser sich über das kalte erhebt. Es kann uns daher auch nicht wundern, dass dahingehende Notizen und Skizzen sich bei LEONARDO finden. Weitergehend aber sind seine Bemerkungen über die Wirbelbewegung des Wassers beim Ausfliessen aus einem Gefässe durch eine in der Mitte des Bodens befindliche Oeffnung und seine treffliche Abhandlung über die Wellenbewegung des Meeres.

Ueber die Luft lehrte schon HERON, dass sie aus Molekülen bestehe und Elasticität besitze, und dass das Feuer sie zerstöre, so dass dadurch z. B. in einem Schröpfkopfe ein luftverdünnter Raum entstehe, und VITRUV erwähnt in lib. 8, Kap. 6, dass die Luft so sehr mit Dünsten geschwängert sein könne, dass weder ein Licht darin brennen, noch ein Mensch darin leben könne. Dagegen weist LEONARDO entschiedener und deutlicher darauf hin, dass die Luft die Flamme ernährt, dass ein stärkerer Luftstrom sie leuchtender machen kann und konstruirt, auf diese Beobachtung gestützt, eine Lampe mit Glascylinder (Fig. 96). Leider schreibt er auf die beiden Hälften der kugelförmigen Glasglocke: „acqua, acqua", weil er ohne Zweifel meinte, der Glascylinder müsse durch Wasser kühl erhalten werden, und daran mag wohl die praktische Verwendbarkeit seiner Lampe gescheitert sein.

Auf den Eigenschaften der Luft basirt auch ein von ihm konstruirter Schwimmgürtel und der Taucherhelm (Fig. 97), welcher mit der Luft über dem Wasser durch einen Schlauch in Verbindung gesetzt ist, dessen Ende durch ein schwimmendes Brett über dem Wasser gehalten wird.

Wie schon erwähnt, beschäftigte sich LEONARDO auch mit dem Probleme der Luftschifffahrt und suchte Flügel für Menschen, ähnlich denen der Vögel, zu konstruiren, wobei ihm seine anatomischen Studien zu Statten kamen. Interessanter, als diese fruchtlosen Bemühungen dürfte für uns jedoch die Skizze (Fig. 98) von einem Fallschirme sein mit der Bemerkung:

„Wenn man ein dichtes Zeltdach hat von 12 Ellen Seitenlänge und 12 Ellen Höhe, kann man sich von jeder grossen Höhe herablassen, ohne Schaden zu nehmen."

Seine Notizen über Akustik, Optik, Wärme und Befestigungskunst können wir hier nicht besprechen. Unter den zahlreichen Geschützen, welche er skizzirte, ist der Architronito, oder die Dampfkanone von besonderem Interesse, welche er als eine Erfindung des ARCHIMEDES bezeichnet, obgleich in den auf uns gekommenen Schriften desselben nichts davon zu finden ist. Wir geben in Fig. 99 eine der Skizzen dieser Dampfkanone wieder. Die dazu gehörige Beschreibung lautet:

„Der Architronito ist eine Maschine von feinem Kupfer, welche eiserne Kugeln mit grossem Geräusche und vieler Gewalt fortschleudert. Man macht so Gebrauch von dieser Maschine: Das Dritttheil des Instrumentes steht in einer grossen Menge Feuer und Kohlen. Wenn das Wasser recht erhitzt ist, wird die Schraube des mit Wasser gefüllten Gefässes *abc* niedergeschraubt, und in demselben Augenblicke, wo dies geschieht, entweicht das ganze Wasser nach unten, fliesst in den erhitzten Theil des Instrumentes und verwandelt sich sofort in Dampf, der so bedeutend und stark ist, dass es wunderbar ist, die Wuth dieses Rauches zu sehen und das hervorgebrachte Geräusch zu hören. Diese Maschine warf eine Kugel von 1 Talent und 6″.

Im Codex atlanticus Fol. 253 soll, nach Dr. H. GROTHE's Angabe, auch eine dunkle Idee zur Bewegung einer Barke mit Dampf enthalten sein (?). Ferner auf Fol. 300 ein Bratspiess, welcher durch die warmen Rauchgase getrieben wird, die in einem Rauchfange gesammelt nach oben ziehen. Die Oeffnung aber zum Eintritte in den Schornstein verschliesst ein mit Schaufeln versehenes horizontales Rad. Die warme Luft streicht durch die schräg gestellten Schaufeln und bewegt das Rad mit seiner Axe, welche nach unten hin mit einem Trieb

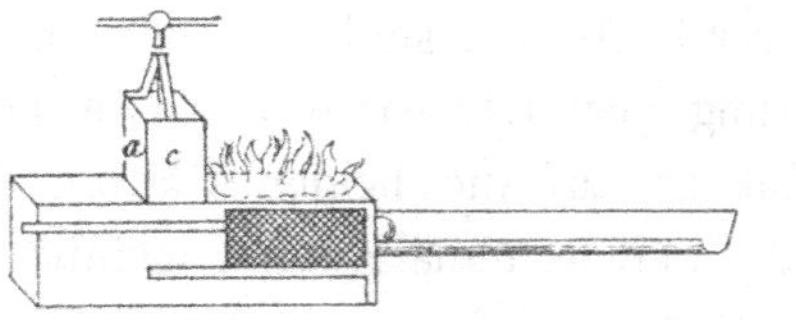

Fig. 99.

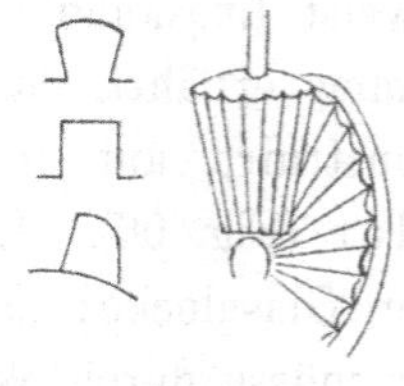
Fig. 100.

in die Zahnräder des Bratspiesses eingreift. Solche mechanische Bratspiesse findet man in den Werken über Maschinen aus dem 16., 17. und 18. Jahrhundert sehr häufig abgebildet. Sie sind dem eben Gesagten zufolge auf LEONARDO zurückzuführen, oder zu seiner Zeit schon bekannt gewesen.

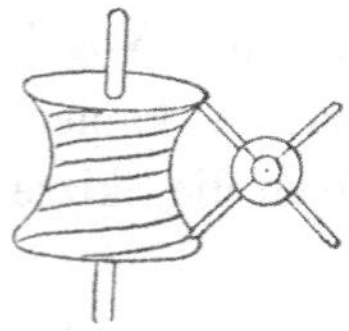
Fig. 101.

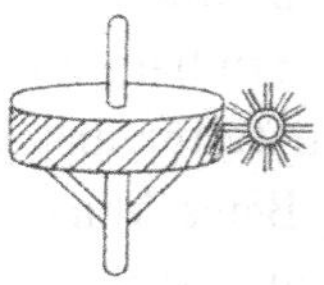
Fig. 102.

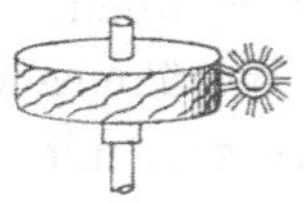
Fig. 103.

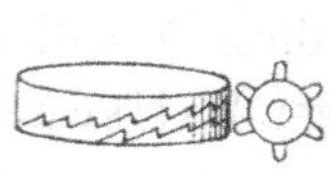
Fig. 104.

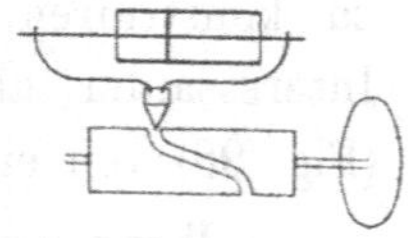
Fig. 105.

Von den in das Gebiet der Kinematik gehörigen Skizzen des LEONARDO heben wir folgende hervor:

Fig. 100 Kegelräder und Zahnformen. Es ist dabei zu bemerken, dass Verzahnungen von Winkelrädern noch 200 Jahre nach LEONARDO nicht in so vollkommener Weise ausgeführt zu werden pflegten, wie er sie hier skizzirte, indem man stets Triebstockverzahnungen anwandte und keine konischen Räder. Richtige Zahnformen wurden erst um die Mitte des vorigen Jahrhunderts gefunden.

Fig. 93, 94, 101, 102, 103 und 104 sind Skizzen von verschiedenartigen Schraubenrädern, und zwar Fig. 93 ein solches mit eingängiger Schraube, nur aus einer nach der Schraubenfläche geformten Scheibe bestehend. Fig. 94 zwei gleiche in einander greifende Schraubenräder. Fig. 101 und 102 Globoid-Schraubenräder (Hohlform). Fig. 103 und 104 Globoid-Schraubenräder mit welligen Schraubenflächen. Diese bilden den Uebergang zu der in Fig. 105 dargestellten

Kurvennutenscheibe zur Umwandlung einer rotirenden Bewegung in die hin- und hergehende eines Pumpenkolbens*).

Derselbe Mechanismus ist in Fig. 106 in etwas anderer Anordnung und in Verbindung mit einer Stirnräder-Uebersetzung zur Bewegung einer liegenden Kolbenpumpe angewendet. Es ist eine Saugpumpe, welche nach LEONARDO's Angabe ein Ventil im Saugrohre und eines im Druckrohre hat. Da beim An-

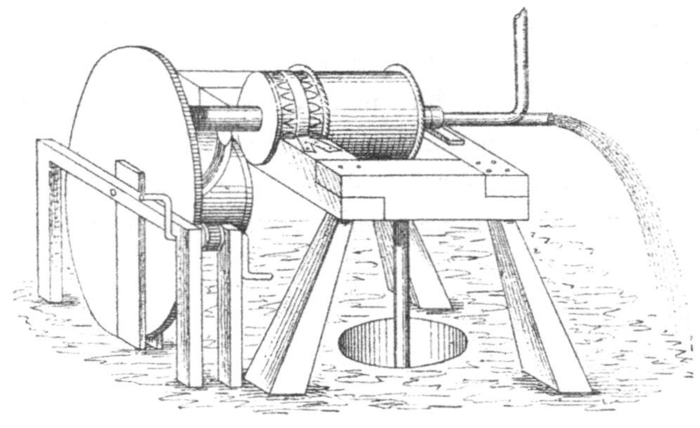

Fig. 106.

saugen einer Pumpe das Wasser durch die atmosphärische Luft in die Höhe gedrückt wird, schrieb er neben diese Skizze die Bemerkung: „acqua alzata per forza di vento", d. h. das Wasser wird durch die Kraft des Windes (der Luft) gehoben. Dass diese Pumpe jedoch nicht allein als Saugpumpe, sondern

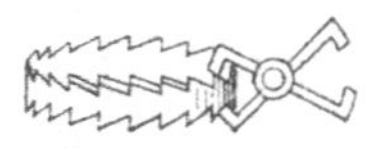

Fig. 107.

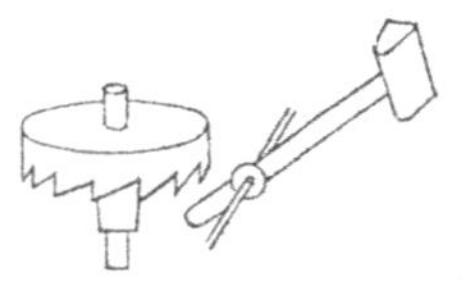

Fig. 108.

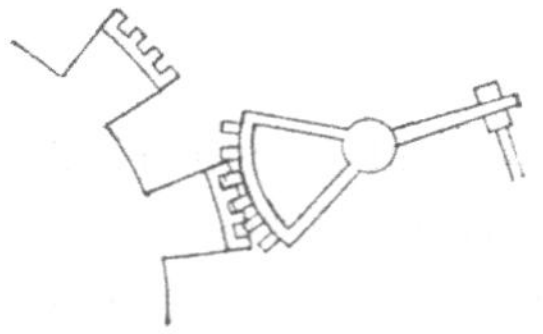

Fig. 109.

unter Umständen auch als Saug- und Druckpumpe gebraucht werden sollte, zeigt das aufwärts gebogene Druckrohr in der Skizze neben dem horizontal ausmündenden an.

Unter den von LEONARDO skizzirten Pumpen finden sich, nach Dr. H. GROTHE's Angabe, auch solche ohne eigentlichen Kolben, bei denen der Pumpenkörper aus zwei in einander geschobenen, einseitig geschlossenen Hohlcylindern besteht, die man durch Auseinander- und Zusammenschieben zur Wirksamkeit bringt, sowie auch solche, bei denen der Pumpenkörper wie ein Lederbalg gebildet ist.

*) Schraubenräder, resp. die Schraube ohne Ende, waren den Griechen zur Zeit HERON's des Aelteren schon bekannt. Siehe vorstehende Abhandlung über PAPPUS.

Als weitere Konsequenzen aus den Globoid-Schraubenrädern mit welligen Schraubenflächen sind die kraftschlüssigen Mechanismen Fig. 107 und Fig. 108 zu betrachten, von welchen LEONARDO ersteren zur Bewegung einer Zange, letzteren zu der eines Hammers projektirt.

Fig. 109 zeigt eigenthümliche Hebedaumen, die zur Vergrösserung des Hubes und Vermeidung grösserer Reibungswiderstände mit mehreren Zähnen versehen sind. Möglich, dass aus diesen die um hundert Jahre später von RAMELLI mit Vorliebe angewendeten, zur Hälfte verzahnten Räder entstanden sind.

Fig. 110 zeigt ein eigenthümliches Schaltwerk, bei welchem das innen gezahnte Schaltrad die hin- und herschwingende Bewegung macht und eine darin liegende, mit Sperrklinken versehene Scheibe in absetzend rotirende Bewegung versetzt. Bei dieser Anordnung kann das Spiel des Mechanismus leicht durch eine auf das Zahnrad befestigte Deckplatte verborgen werden, und

Fig. 110.

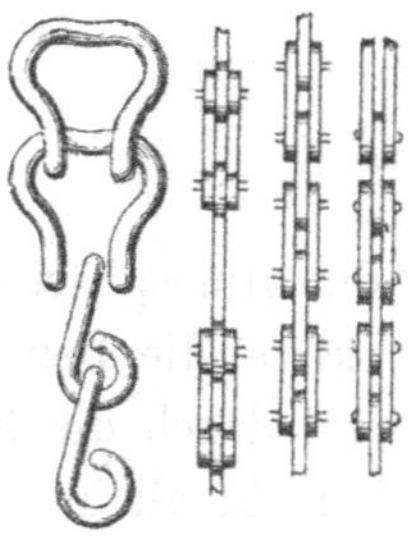

Fig. 111.

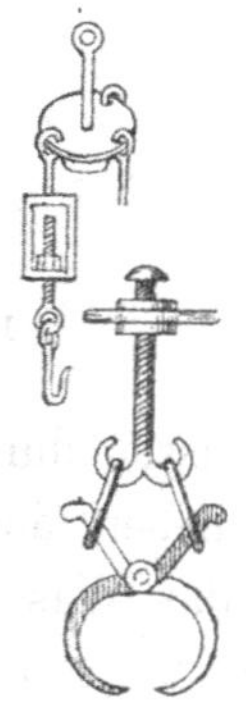

Fig. 112.

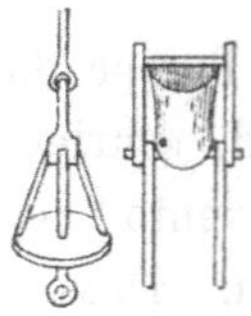

Fig. 113.

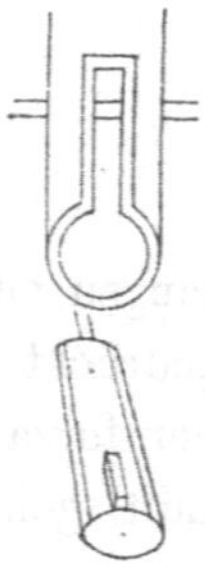

Fig. 114.

es ist wahrscheinlich, dass darin der Grund zu dieser Anordnung zu suchen ist, denn aus verschiedenen Bemerkungen LEONARDO's geht hervor, dass er es liebte, den Beschauern seiner Maschinen die Einsicht in deren Zusammenhang zu erschweren.

Von bemerkenswerthen Maschinenelementen finden sich ferner in LEONARDO's Skizzen:

Die in Fig. 111 dargestellten Ketten, welche man heutigen Tages VAUCANSON'sche und GALL'sche Ketten zu nennen pflegt.

Fig. 112. Haken und selbst sich schliessende Zangen zum Anhängen von Lasten an Krahnen.

In Fig. 113 sehen wir eigenthümlich gebildete Kolben und Becher, erstere für ein Paternosterwerk, letztere für ein Schöpfwerk bestimmt.

Die Fig. 114 ist bemerkenswerth, weil dieselbe einen Schubstangen- oder Charnierkopf mit verstellbarem Inlager darzustellen scheint, während gerade die Charnierbildung bei den Maschinen bis ins vorige Jahrhundert hinein eine sehr unvollständige, meist nur kraftschlüssige blieb.

Von Werkzeugen und Werkzeugmaschinen, welche sich in Leonardo's Skizzen finden, heben wir ferner hervor:

Fig. 115. Ein Erdbohrer zur Herstellung artesischer Brunnen, von Leonardo genannt: „Trivella per forar pozzi alla Modenese". Aus der Bezeichnung: pozzi alla Modenese scheint hervorzugehen, dass das Bohren von Brunnen damals namentlich in Modena gebräuchlich war.

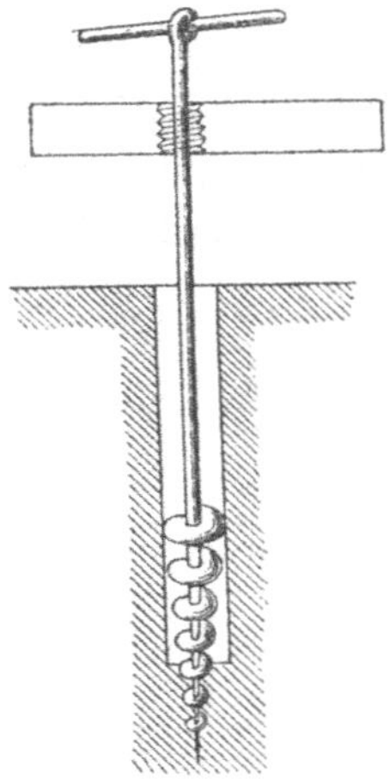

Fig. 115.

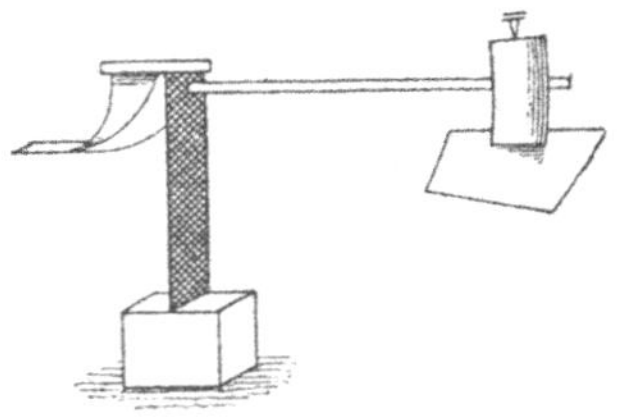

Fig. 116.

Fig. 117.

Fig. 116. Eigenthümliche Form eines Federhammers (?).

Fig. 117. Entwurf einer Tuchscheermaschine, bei welcher der Scheertisch in einen rotirenden Cylinder verwandelt ist, während die Scheere fest liegt. Leonardo giebt zahlreiche Skizzen von Tuchscheermaschinen. Die grösste Anordnung zeigt vier Scheertische mit vier Tuchscheeren von der alten Form. Diese sucht Leonardo bei seinen verschiedenen Entwürfen abwechselnd durch Kurbeln, Doppelkurbeln, Daumenräder, Federn u. s. w. zu bewegen. Wahrscheinlich waren solche Maschinen in den zahlreichen Tuchfabriken zu Florenz im Gebrauche.

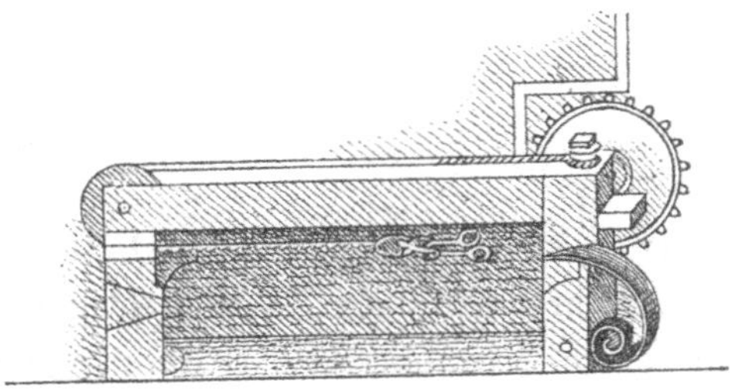

Fig. 118.

Fig. 118. Eine Maschine zum Ziehen von Metallfedern. Mittelst Tau und Zange wird die Feder durch die Presse (eine verstellbares Zieheisen) gezogen. Dies geschieht vermittelst einer Kurbel, einer Zahnräderübersetzung und einer Seiltrommel auf der Axe des Zahnrades. Die Presse ist durch einen Keil und eine Schraube verstellbar.

Es sei hier erwähnt, dass das Drahtziehen mit Wasserkraft etwa um 1350 aufkam, das Drahtziehen von Hand dagegen schon früher betrieben wurde.

(Vergleiche: Dr. Ludwig Beck, „Geschichte des Eisens". Braunschweig 1884. Seite 888).

Fig. 119. Eine Bohrmaschine zum Bohren von Brunnenrohren aus Holz. Auf einem kräftigen Gestelle ist in einem Gerüste die Bohrwelle mit dem Bohrer gelagert, der gegen das Ende hin durch eine Führung gestützt wird. Der zu durchbohrende Baum wird in eine Art Klemmfutter eingespannt. Dasselbe besteht aus einem Hohlcylinder mit dicken, achteckigen Endflanschen, durch welche je vier Stellschrauben gehen. Diese sind durch Bügel an der Drehung verhindert und werden durch drehbare, aber durch die Bügel an der Verschiebung gehinderte Muttern bewegt. Diese sind aussen verzahnte, cylindrische Körper und je vier an einer Flansche befindliche Muttern werden durch

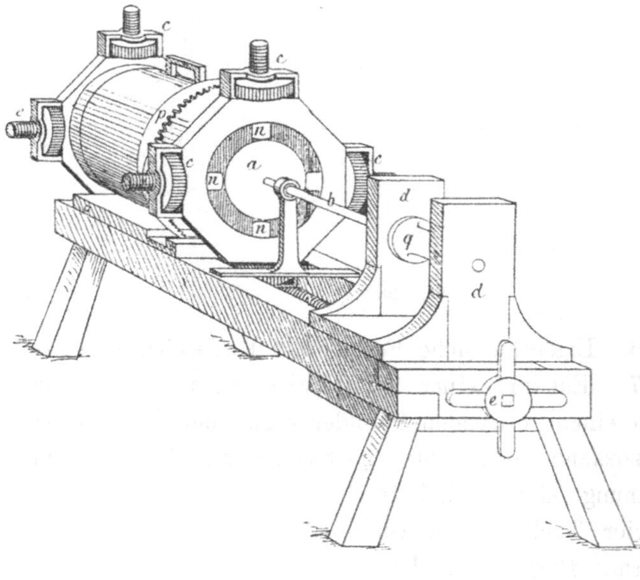


Fig. 119.

einen in sie eingreifenden, verzahnten Ring gleichzeitig gedreht, so dass sie den auszubohrenden Baum stets richtig centriren. Die Einspannvorrichtung sitzt auf einem Schlitten, welcher durch eine Leitspindel in der Richtung des Bohrers verschoben wird.

Diese Bohrvorrichtung steht in Bezug auf mechanische Vollständigkeit erstaunlich viel höher als die Bohrvorrichtungen, welche man noch Jahrhunderte später zum Bohren von Brunnenrohren u. s. w. anwendete. Wahrscheinlich konnte den Anforderungen, welche dieselbe an die Genauigkeit der Ausführung und die Unveränderlichkeit des Konstruktionsmateriales stellte, damals noch nicht entsprochen werden. Gusseisen kannte man damals wenig und verwendete es nur zu Kanonenkugeln, ordinären Geschützen und Ofenplatten (vergleiche: Dr. Ludwig Beck, „Geschichte des Eisens". Braunschweig 1884. Seite 948), und Holz, welches das Hauptmaterial zum Bau der Maschinen war, verzieht sich bekanntlich zu sehr, um exakte Ausführungen zu gestatten. Die Entwicklung der Eisengiesserei machte den modernen Maschinenbau erst möglich.

Es sei noch bemerkt, dass der Gebrauch hölzerner Brunnenröhren im westlichen Europa kurz nach Christi Geburt aufgekommen zu sein scheint, denn Vitruv zählt für Wasserleitungen nur Blei- und Thonröhren auf; Plinius der Aeltere aber sagt in seiner „Historia naturalis", lib. XVI, § 79: „Die Fichte, Weisstanne und Erle werden zu Wasserröhren ausgebohrt und halten sich unter der Erde viele Jahre." Gusseiserne Wasserleitungsröhren kamen erst in der zweiten Hälfte des 17. Jahrhunderts auf und blieben für Trinkwasserleitungen wegen des Rostes, der sich darin bildet, noch lange Zeit unbeliebt. Die Wasserleitung, welche Louis XIV. von Marly nach Versailles in seine grossartigen Gartenanlagen führen liess, war wohl eine der ersten, bei welchen gusseiserne Röhren angewendet wurden.

Da Dr. H. Grothe an dieser Stelle sagt, dass Böckler, dessen Theatrum machinarium novum 1661 erschien, der erste bisher bekannte Schriftsteller sei, welcher „Bohrmühlen" abbildete, sei darauf hingewiesen, dass dieselbe Zeichnung, wie sie Böckler's Theatrum enthält, schon in Salomon de Caus: „Les raisons de forces mouvantes", Frankfurt a. M. 1615, deutsch ebendaselbst 1624, lib. I, Problem XIX, zu finden ist*). Eine ganz ähnliche Bohrmaschine mit Tretrad-Betrieb, aber zum Ausbohren von Geschützen, findet sich dagegen in der 1540 zu Venedig erschienenen „Pyrotechnia" des Vanuccio Biringuccio, lib. VII, Kap. VIII, skizzirt und beschrieben, worauf wir später zurückkommen werden.

Fig. 120. Eine Maschine zum Zersägen von Steinen resp. Marmor. Die Kunst des Marmorsägens ist schon alt. Plinius sagt darüber in lib. 36, § 6, seiner „historia naturalis": „Ich weiss nicht, ob es eine Erfindung Kariens ist, dass man den Marmor in dünne Platten schneidet. So viel ich etwa auffinden kann, ist der Palast des Mausolus zu Halicarnassus das älteste Gebäude, das mit prokonnesischem Marmor ausgeschmückt und von Backsteinen erbaut war. Dieser starb im zweiten Jahre der Olympiade 106, im Jahre Roms 404." (Also um 350 vor Chr.)

Dann sagt er weiter in § 9 desselben Buches:

„Wer aber auch der Erfinder des Marmorschneidens sein mag, so war es jedenfalls ein unglücklicher Einfall, eine Materie des Luxus noch zu zertheilen. Das Marmorschneiden geschieht mit Sand, es scheint aber, als ob es mit Eisen geschähe. Eine Säge drückt in einer sehr engen Riefe auf den Sand und schneidet, indem sie hin- und hergezogen wird. Den äthiopischen Sand hält man hierzu für den besten ...."

Unsere Fig. 120 ist dem Blatte 195 (Nr. II) des Codex atlanticus entnommen. Leonardo giebt von der Steinsäge auf der Mitte des Blattes eine flüchtige Skizze, daneben und darunter noch einige andere, wobei bemerkens-

*) Auch unter den nachstehend abgehandelten „Skizzen aus der Zeit der Hussitenkriege" findet sich eine solche von einer Maschine zum Bohren hölzerner Brunnenrohre.

werth ist, dass in diesen flüchtigen Skizzen der Sägrahmen an über Rollen geleiteten und mit Gegengewichten versehenen Schnüren oder Ketten aufgehängt ist. Bei einer Skizze von einem einseitigen Sägerahmen steht die Bemerkung: „barbera stampa!“ d. h. barbarische Form! Ausserdem befinden sich etwa 32 Detailskizzen über die Befestigung der Sägeblätter in dem Rahmen, die

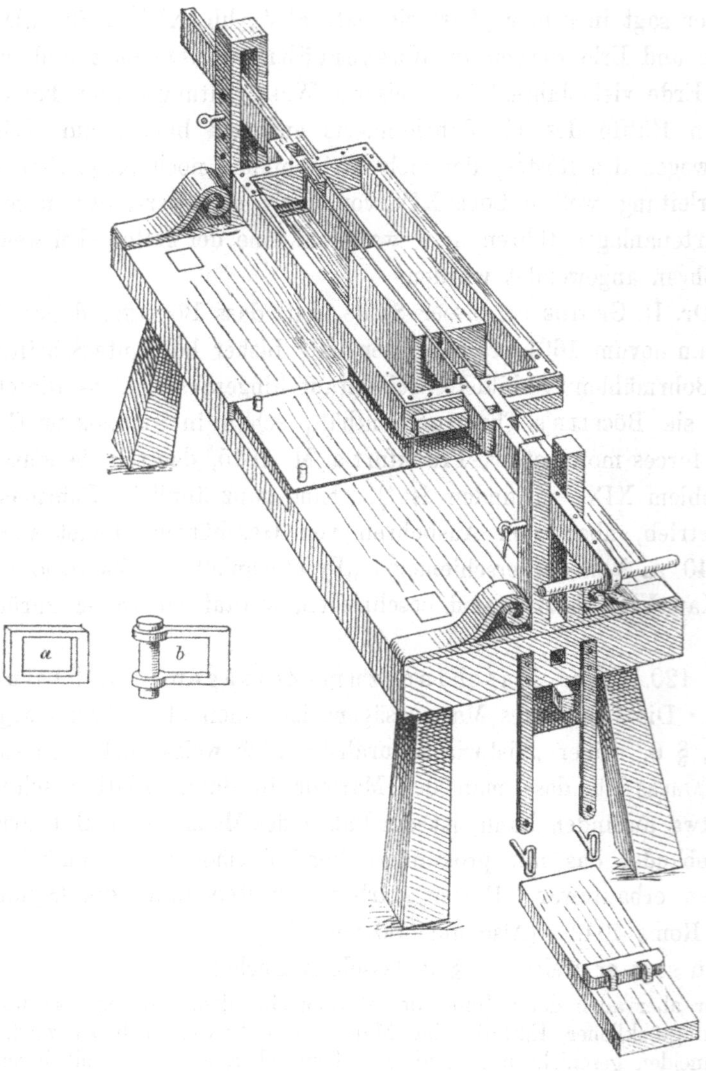


Fig. 120.

Spannvorrichtung derselben und die Geradführung des Rahmens auf dem Blatte, und endlich gelangt dann Leonardo zu der in unserer Fig. 120 wiedergegebenen, ausführlichen Zeichnung, die mit Sepia schattirt ist, und welche mit der noch heute in Carrara u. s. w. gebrauchten Marmorsäge übereinstimmen soll. Die Idee, die Säge an Schnüren aufzuhängen und mit Gegengewichten abzubalanciren, ist hier nicht beibehalten.

Nach Vollendung dieser Zeichnung scheint LEONARDO noch auf den Gedanken gekommen zu sein, die zwei Sägeblätter zu einem Blatte ohne Ende zu vereinigen und anstatt der sogenannten Zange *a* (Fig. 120) die Zange *b* anzuwenden, mit herausnehmbarem Bolzen, um welchen sich das Sägeblatt ohne Ende herumlegt, was das Herausnehmen der Sägeblätter erleichtert. Dies geht aus einer der schriftlichen Bemerkungen auf dem betreffenden Blatte hervor. Eine andere dieser Bemerkungen lautet:

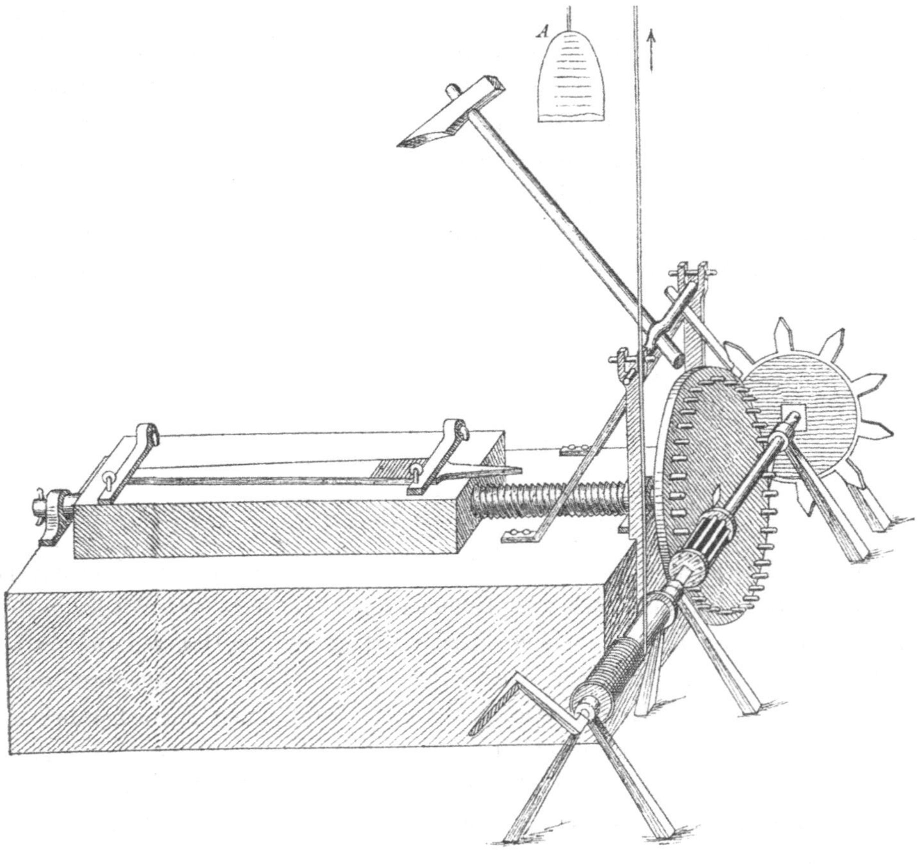


Fig. 121.

„Wenn nur eine von den zwei Sägen den Stein berührt" (im Anfange des Schnittes wegen Unebenheit der Oberfläche), „so sorge man dafür, dass sie in der Mitte des Rahmens sei, damit das Gewicht des Rahmens immer im Gleichgewicht über der Schneide der Säge sei. Dies thut man, bis die zweite Säge mit dem zu schneidenden Steine in Berührung kommt und dann setze man die zwei Sägen in die Mitte des Rahmens. Der Schub der Säge muss so weit gehen, bis der Schwerpunkt derselben am Ende des zu schneidenden Steines ankommt und noch etwas weiter, damit die Säge sich am leichteren Theile erhebe und dem Sande Zugang gewähre. Deswegen muss die Bewegung der Säge so lang sein, wie die Länge des Steines, den man schneiden soll, wenigstens bei diesem hier, aber nicht bei allen, denn er könnte so klein oder so gross sein, dass eine solche Regel nicht gut wäre.

Sorge dafür, dass die Unterlage des Steines, welcher geschnitten werden soll, wenn du sie zusammenleimst, einen Zoll höher sei, als die Oberfläche des Tisches; man muss dies thun, damit die Säge sich lüften und den Schmirgel unter sich nehmen kann.“

Bezüglich des Trittbrettes vor dem Sägegestelle und der Verbindung beider mit einander sagt eine andere Bemerkung:

„$\alpha$ $\beta$ sind Schrauben, um die Bank an den Schemel anfügen und befestigen zu können, auf welchem der Säger sägt, und diese Bänder bewirken, dass der Tisch sich beim Sägen nicht hin- und herschieben kann.“

Fig. 121. Eine Feilenhaumaschine von LEONARDO schon vor dem Jahre 1505 entworfen. Die Konstruktion derselben dürfte aus der Zeichnung klar genug hervorgehen und keiner weiteren Erklärung bedürfen, nur muss erwähnt werden, dass die Kurbel an der Vorgelegwelle nicht während der Arbeit, sondern vor Beginn derselben gedreht wird, um das Gewicht $A$ (welches an einem oben über eine in der Zeichnung nicht sichtbare Rolle gehenden Seile aufgehangen ist) zu heben und so die Maschine wie eine Thurmuhr aufzuziehen; während der Arbeit soll dagegen die Bewegung der Maschine durch das Herab-

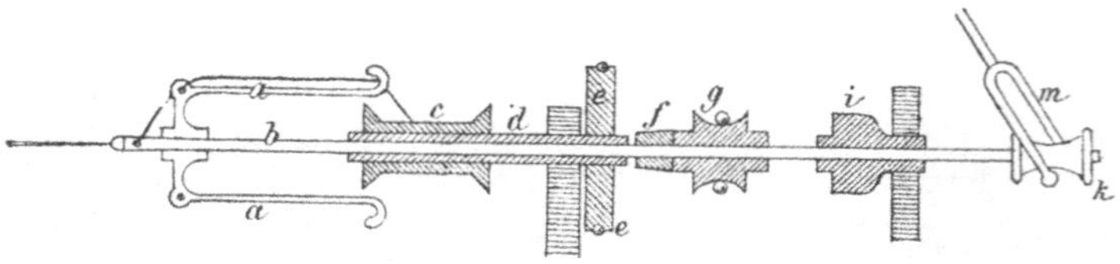


Fig. 122.

sinken dieses Gewichtes bewirkt werden. Neben der von uns wiedergegebenen Zeichnung befinden sich noch zwei Hammerköpfe mit nach verschiedenen Richtungen schräg gestellten Schneiden skizzirt, welche auf den Hammerstiel gesteckt werden sollen, um die kreuzweisen Hiebe für Metallfeilen hervorzubringen, während der auf den Hammerstiel gezeichnete Kopf einen Hieb hervorbringt, wie er für Hornraspeln geeignet ist. Merkwürdig ist es gewiss, dass mit dem Problem des Feilenhauens mit Maschine, das bis auf den heutigen Tag noch nicht ganz befriedigend gelöst ist, LEONARDO schon vor etwa 400 Jahren sich beschäftigte.

Fig. 122. Eine Spindel zu einer Spinnmaschine. Diese ist mit einem Flügel versehen, der mit unserem modernen Vorspinnflügel übereinstimmt. Die Spule erhält nur Drehung; die Spindel dagegen bei rascherer Drehung auch Hin- und Herverschiebung in der Axenrichtung. Für Spindel und Spule kommen gesonderte Bewegungsübertragungen zur Anwendung. In der Zeichnung (Fig. 122) ist *aa* der Flügel, *b* die Spindel, *c* die Spule, *d* die Spulwelle, *e* der Spulenwertel, *g* der Spindelwertel, *i* das Spindellager, *k* ein Muff auf der Spindel für die Gabel *m*, welche (wahrscheinlich von einer Kurvennutenscheibe her) den Muff *k* umfasst und der Spindel die hin- und hergehende Bewegung ertheilt, welche für die Vertheilung des Fadens auf der Spule nothwendig ist.

Diese Skizze Leonardo's mag etwa aus dem Jahre 1490 stammen, während doch die Flügelspindel von Joh. Jürgens aus dem Dorfe Watenbüttel bei Braunschweig um das Jahr 1530 erfunden sein soll. (Vergleiche Pierer's Konversationslexikon, Artikel „Spinnen".)

In Zonca's „Novo Theatro di Machine", Padua 1621, finden sich Abbildung und Beschreibung einer Seide-Zwirnmaschine mit ganz ähnlichen Spindeln und Spulen wie bei der in „Karmarsch und Heeren's Technologischem Wörterbuche". Dritte Auflage. Band VIII, S. 134, beschriebenen Seide-Zwirnmaschine, und es ist nicht unwahrscheinlich, dass diese Zwirnmaschine schon zu Leonardo's Zeit im Gebrauche war und dass deren Spindel und Spule ihm als Grundlage zu vorliegender Konstruktion diente. Originell und seiner Zeit weit vorauseilend scheint hierbei das Hin- und Herschieben der Spindel zur gleichmässigen Vertheilung des Fadens auf der Spule zu sein, denn gewöhnlich nimmt

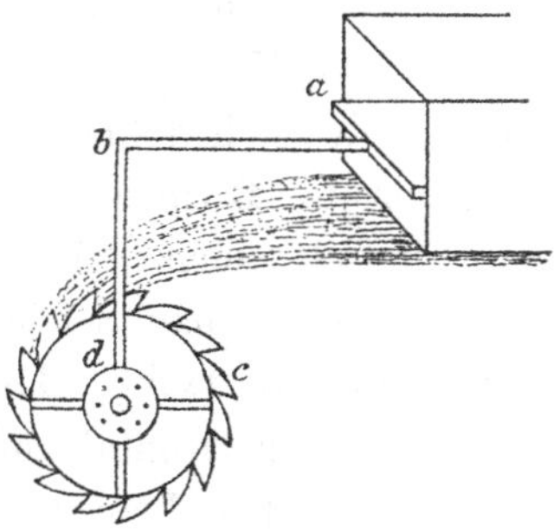


Fig. 123.

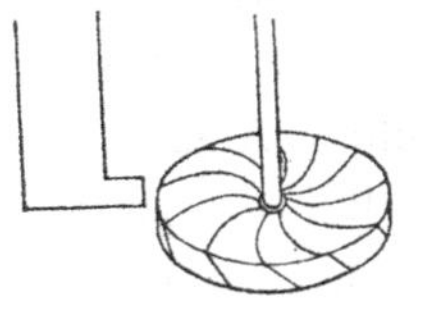

Fig. 124.

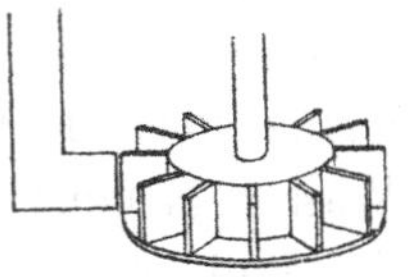

Fig. 125.

man an, dass erst 1792 und 1795 der Engländer Antis eine Vorrichtung angegeben habe, um eine gleichmässige Aufwickelung des Fadens durch Hin- nnd Herschieben der Garnspule zu bewirken.

Zum Schlusse betrachten wir noch einige flüchtige Skizzen Leonardo's über Wasserräder.

Fig. 123 scheint ein oberschlächtiges Wasserrad darzustellen. Was zunächst die schiefe Schaufelstellung zur Vergrösserung des wasserhaltenden Bogens anbelangt, welche Dr. H. Grothe für eine Verbesserung des Leonardo zu halten scheint, so möchten wir darauf hinweisen, dass in Agricola's Werk „de re metallica", Basel 1530, das wir demnächst näher betrachten werden, alle oberschlächtigen Räder mit schräg gestellten Schaufeln abgebildet sind. Da aber dieses Werk den Beweis liefert, dass der Maschinenbau und besonders der Bau oberschlächtiger Wasserräder in den deutschen Berg- und Hüttenwerken damals schon weit entwickelt war, und da auch Vanuccio Biringuccio in seiner „Pyrotechnia" sagt, dass er hauptsächlich in Deutschland gereist sei, um seine Kenntnisse im Berg- und Hüttenwesen zu vermehren, so darf man annehmen, dass oberschlächtige Wasserräder mit schräggestellten Schaufeln auch zu Leonardo's Zeit, wenigstens in Deutschland, nichts Neues mehr gewesen sind. In anderen Ländern waren sie vielleicht weniger in Gebrauch, und jedenfalls standen sie bei den Theoretikern noch lange Zeit in Misskredit, denn selbst Belidor räth noch in seiner 1737—1751 erschienenen „Architectura hydraulica“ lib. II. Kap. I, § 644, das Wasser in einer weiten, schrägen Holzröhre auf die halbe Höhe des Rades herabstürzen, es da erst auf die Schaufeln treffen und durch ein Radgerinne nach dem tiefsten Punkte des Rades gelangen zu lassen, anstatt es oberschlächtig wirken zu lassen.

Bei *a* scheint in Fig. 123 ein Spannschütze vorgesehen zu sein, bestehend aus einem Brett, das sich über einer Oeffnung im Boden des Zuleitungskanales vermittelst einer Zugstange *ab* und eines Hebels verschieben lässt. Die Annahme, dass eine solche Regulirung selbstthätig durch das Rad geschehen sollte, dürfte wohl zu gewagt erscheinen.

Noch verdient Erwähnung, dass die Radschaufeln in Fig. 123 gekrümmt sind. Es scheint, als ob Leonardo dabei von dem Gefühle geleitet gewesen wäre, dass das Wasser möglichst ohne Stoss in die Zellen eintreten müsse.

Fig. 124 ist ein Löffelrad von der Form wie es Belidor 1737 in seiner „Architectura hydraulica“ lib. II. Kap. 1, § 666 besonders deutlich abbildete. Die Löffel sind hier wie doppelt gekrümmte Schaufeln geformt. Belidor sagt, dass diese Räder in der Provence und Dauphiné einheimisch seien. Auch in Werken des sechzehnten und siebzehnten Jahrhunderts findet man solche häufig abgebildet, doch ohne Angabe des Ursprunges. Der Gedanke, das Wasser in einer stehenden Röhre anzusammeln, um es von da horizontal auf das Rad ausströmen zu lassen, ist beachtenswerth und scheint dem Leonardo eigenthümlich zu sein, da anderwärts der Wasserzufluss in offenem Gerinne mit starker Neigung angegeben wird.

Fig. 125 zeigt ein Rad derselben Gattung mit einer Beschaufelung, die sich durch ihre Einfachheit auszeichnet.

Mag auch manches in Leonardo's maschinellen Skizzen uns nur deshalb überraschen, weil wir von dem damaligen allgemeinen Stande der praktischen Mechanik nichts wissen, so ist doch auffallend, wie sehr seine Genialität ihn dem modernen Maschinenbau näher stehend erscheinen lässt, als die meisten seiner Nachfolger auf diesem Gebiete in den nächsten zweihundert Jahren.

# Vanuccio Biringuccio (um 1540 n. Chr.).

Vanuccio Biringuccio, ein Edelmann aus Siena, war der erste Schriftsteller, welcher über Metallurgie in italienischer Sprache schrieb. Sein jetzt sehr selten gewordenes Werk „Pirotechnia" erschien zum erstenmal 1540 zu Venedig, spätere Auflagen 1550, 58 und 59. Letzterer entnehmen wir das Nachstehende. Biringuccio's Werk hat, abgesehen von seinem hohen Alter, deshalb besonderen Werth, weil die darin enthaltenen Mittheilungen auf eigenen Beobachtungen des Verfassers beruhen, wie beispielsweise aus einer Stelle des ersten Buches hervorgeht, wo er in der Einleitung zu seinen Angaben über Messinggiesserei sagt: „Da ich keine anderen Kenntnisse besitze, als solche, die ich mit eigenen Augen gewonnen habe, so spreche ich mit Gewissheit".

Ueber das Leben unseres Autors ist nur wenig bekannt. Mazuchelli nennt ihn in seinem 1760 zu Brescia erschienenen Werke: „Gli scrittori d'Italia" einen Mathematiker, welche Bezeichnung man aber damals auch allen Mechanikern und Ingenieuren beilegte, und sagt: „er wurde von vielen Fürsten berufen, um bei ihnen zu arbeiten, und diente dem Pier Luigi Farnese, Herzog von Parma, dann dem Hercules von Este, Herzog von Ferrara, und den Venetianern".

Pier Luigi Farnese, ein natürlicher Sohn des Papstes Paul III., war Herzog von Parma während der Zeit von 1545—1547, und wenn Mazuchelli fortfährt, dass Biringuccio dann bei Hercules von Este gedient habe, so kann damit nur Hercules II. gemeint sein, der von 1534 bis 1559 Herzog von Ferrara war; nicht aber Hercules I., wie Joh. Beckmann in seinen „Beiträgen zur Geschichte der Erfindungen", Leipzig 1782, meint. Es ist daher anzunehmen, dass Biringuccio diese Staatsanstellungen erst erhielt, nachdem er durch seine „Pirotechnia" berühmt geworden war. Ueber sein früheres Leben geben nur einige Stellen seines Werkes geringen Aufschluss.

Zunächst ist in dieser Beziehung eine Stelle aus lib. I, Kap. VI, bemerkenswerth, wo davon die Rede ist, dass alle anderen italienischen Eisenerze schwerer zu verhütten seien, als das von der Insel Elba, und gesagt wird:

„Dies habe ich in unserer Gegend von Siena erfahren, als ich noch als angehender Jüngling (giovanetto) in dem Thale von Bocheggiano war, wo von dem reichen Fürsten Pandolfo mehrere Gebäude zu einer Eisenhütte eingerichtet waren. Und da mir die Fürsorge für den Betrieb übertragen war, nahm ich ausser den Eisenerzen von Elba auch von denen, welche sich in der Nachbarschaft jenes Ortes finden und gelangte dazu, sowohl mit den einen als mit den anderen gute Geschäfte zu machen."

Da Pandolfo aus der Familie der Petrucci etwa von 1490—1510 an der Spitze der Regierung von Siena stand, so muss Biringuccio, da er sagt, dass er damals ein Jüngling gewesen sei, etwa zwischen 1473 und 1493 geboren sein.

Aus mehreren Stellen seines Werkes geht hervor, dass er viele seiner Erfahrungen in Deutschland und namentlich in Oesterreich gesammelt hat. In lib. III, Kap. II, wo von der Aufbereitung der Erze die Rede ist, sagt er:

„. . . . durch solche Massregeln muss man es dahin bringen, wenn das Erz nicht von Natur leicht schmelzbar ist, dass man den Widerstand seiner Härte besiegt, indem man dabei stets Geduld und die Voraussicht des Meisters walten lässt. Und diesem Zwecke entsprechend, erinnere ich mich, in Deutschland, wo solche Kunst vielleicht am meisten in der ganzen Christenheit blüht und geübt wird, nicht nur die Anordnung der Schacht- und Flammöfen, sondern auch die Aufbereitungsarbeiten gesehen zu haben."

Auch beschreibt er in der Vorrede seines Werkes Bergwerke auf silberhaltige Kupfer- und Bleierze, die er im Herzogthume Oesterreich zwischen „Ispurch" und „Alla" gesehen habe (wir werden später auf die Bedeutung dieser Namen zurückkommen), und giebt noch bestimmtere Nachrichten hierüber in lib. I, Kap. II, wo von den Silbererzen die Rede ist und es heisst:

„Von den Sorten, welche ich im Venetianischen gesehen habe, wie in Carnia (Krain) und an mehreren anderen Orten, kann ich nicht sagen, dass ich je bessere gesehen hätte; auch sind viele Gruben dort, und zwar sind die meisten auf Kupfer mit Silber. So unter anderen in dem Berge „Auanzo" (wahrscheinlich das heutige Auronzo im oberen Piave-Thal, wo noch heute Bergbau auf Galmei und Blei betrieben wird), wo ich mit gewissen Edelleuten in Kompagnie trat, um längere Zeit darin arbeiten zu lassen. Und da mir die ganze Sorge dafür oblag, suchte ich Gelegenheit, von Anderen etwas abzusehen, und ging deshalb zwei Mal nach Deutschland, um die Gruben zu sehen, welche in diesem Lande sind und um mir Erfahrung zu sammeln. Bald durch Abgesandte, bald durch eigenes Sehen und bald von Solchen, von denen ich wusste, dass sie praktisch seien, suchte ich zu lernen, so dass ich dort so viele Kenntnisse sammelte, als ich bei der Sache, die wir zu prakticiren hatten, bedurfte. Und diese Sache war eine gute, denn wir hatten mehr als $3^1/_2$ Unzen Silber auf jeden Centner Erz, und gewiss hätten wir gute Früchte davon geerntet, wenn das Schicksal uns damals nicht einen Krieg zwischen Kaiser Maximilian und der Signoria von Vendig gebracht hätte, welcher bewirkte, dass jene Gegenden von Friaul und Carnia unbewohnbar wurden und uns zwang, unser Unternehmen aufzugeben und jede Einrichtung, die wir dort getroffen hatten, zu zerstören. Und da dieser Krieg längere Zeit dauerte, kam es zur Auflösung unserer Gesellschaft, und ich schlug einen anderen Weg ein, verfolgte aber jenen immer noch in Gedanken. Und als es später dazu kam, dass ich wieder nach Hochdeutschland zurückkehrte, suchte ich mit noch grösserem Fleisse als zuerst, mich dort umzusehen, und zwar in Sbozzo, Plaiper, Ispruch, Alla und Arotimbergh und dann bin ich in Italien an mehreren Orten gewesen, und schliesslich kann ich sagen: Das Meiste und Beste, was ich gesehen habe, was das reinste Silber enthält, sind die Gruben, welche sich in Vicentina (dem Gebiete von Vicenza) in einem aschgrauen Gesteine befinden, wie ich oben schon sagte."

Daraus geht hervor, dass der Berg „Auanzo", in welchem die Grube war, bei der Biringuccio betheiligt gewesen, im Gebiete von Vicenza lag; der genannte Krieg aber, wegen dessen diese Gruben aufgegeben wurden, muss der der Ligue von Cambrai gegen Venedig gewesen sein, welcher 1509 begann, und es ist deshalb anzunehmen, dass Biringuccio in den Jahren vor 1509 jenes Bergwerk betrieb und kurz nach 1509 seine wichtigste Reise in Deutschland machte. In Betreff dieser ist auch noch eine Stelle aus lib. II, Kap. VIII, von Interesse, wo über Salzwerke gesprochen wird und wo es heisst:

„Aber so viele Gegenden es auch giebt, die sich keines anderen Salzes bedienen als desjenigen, welches man aus den Bergen gräbt (Steinsalz), so gebraucht man doch auch noch andere Hilfsmittel als die Arbeit des Ausgrabens, und als beste Bestätigung hiervon will ich, ausser anderen Orten, von denen ich reden könnte, Euch erzählen, dass ich mich erinnere, zu Halla im Herzogthum Oesterreich gesehen zu haben, wie ein kleiner Bach mit süssem Wasser nur dadurch, dass man ihn durch einen Berg fliessen lässt, in dem Steinsalz ist, so salzig wird, dass dieses Wasser in gewisse Kessel gebracht wird, die aus Eisenplatten etwa 4 Ellen gross im Durchmesser über einem Ofen angebracht sind u. s. w."

Da nun Hall am Inn das älteste und berühmteste Salzwerk in Tirol hatte, was heute noch ungefähr 300 000 Ctr. Kochsalz in einem Jahre liefert, wobei die Salzsohle aus dem etwa 8 km nördlich gelegenen Salzberg nach der Saline geleitet wird, da ferner Ispruch (ch wird im Italienischen wie unser k ausgesprochen) ohne Zweifel Innsbruck (Innspruck, im Volksmunde Spruck) bedeutet, wo 1480 eine bedeutende Silberschmelze angelegt wurde, so ist klar, dass Biringuccio im Innthale war. Der grossartigste Hüttenbetrieb im Innthale aber war zu Anfang des sechszehnten Jahrhunderts zu Schwaz, was die Tiroler wie Schwoz aussprechen, und da die italienische Sprache weder ein Sch noch ein w kennt und Biringuccio die Namen jedenfalls nach dem Klange derselben, wie sie von den Eingeborenen gesprochen wurden, niederschrieb, so konnte er dies kaum anders als Sbozzo schreiben. Ferner bestanden um das Jahr 1500 bei dem heutigen Rattenberg im Innthal etwa 100 Silbergruben und 15 Silberhütten. Sagt der Tiroler: „zu Rattenberg", so klingt dies wie „zua Rotemberg" und unser Italiener machte daraus begreiflicherweise Arotimbergh. Der Name Alla dürfte wohl nur eine andere Schreibweise für Halla oder Hall sein, da das h im Italienischen lautlos ist und ausser huomo und einigen Ausrufen kein italienisches Wort mit h anfängt. Was endlich den Namen Plaiper betrifft, so dürfte dieser für Bleiberg stehen und wohl Bleiberg in Kärnthen, Regierungsbezirk Villach gemeint sein, wo das nachweislich seit mehr als 300 Jahren betriebene Bergwerk noch jetzt jährlich 35—40 000 Ctr. Blei und Galmei liefert.

Da sich in der Pfarrkirche zu Hall am Inn ein Gemälde von Albrecht Dürer (geb. 1471, gest. 1528) befindet und Biringuccio in lib. IX, Kap. XII, seiner „Pirotechnia", wo von sphärischen Spiegeln die Rede ist, sagt:

„Vitellio, ein ausgezeichneter Mathematiker, schrieb ausführlich über deren Proportionen und unter den Neueren Albrecht Dürer, ein Deutscher, in seinem Buche über Architektur.

Ausserdem erinnere ich mich aber auch an diejenige (Proportion), von welcher mein Freund, jener deutsche Ehrenmann (gentilhuomo), mir sagte, dass er sie dem Seinigen (nämlich seinem sphärischen Spiegel) gegeben habe u. s. w."

so darf man vielleicht annehmen, dass BIRINGUCCIO zu Hall mit DÜRER bekannt und befreundet wurde.

Aus einer Stelle in lib. VII, Kap. VIII, wo von der Benagelung der Lafettenräder die Rede ist, geht hervor, dass unser Autor auch mit ALFONSO I. VON ESTE, Herzog von Ferrara, bekannt war und vielleicht in dessen Diensten stand. Diese lautet:

„.... und deshalb sind für solche Gegenden jene (Nägel) am besten, welche ebene Köpfe haben, die mit einem Stempel in die Dicke des Reifes eingelassen werden, so dass sie ausserhalb desselben keine Erhöhungen bilden. Mit diesen machte jener weise ALFONSO, Herzog von Ferrara, Erfahrungen, der mir mit eigenem Munde sagte, dass er zu Artillerie-Fahrzeugen bei so gemachten Rädern nur ein Paar nöthig habe und zwei Pferde oder Ochsen."

ALFONSO I. regierte von 1505—1534.

An einer anderen Stelle, lib. VI, Kap. IV, wo von der Herstellung von Hautrelief-Formen die Rede ist, wird gesagt:

„Und auf ähnliche Weise machte ich zur Zeit der Belagerung von Florenz im Dienste der Republik das Bodenstück einer doppelten Feldschlange, an welchem ein grosser Kopf von einem Elephanten (Leofante) angebracht war, gross und in Proportion zu der Grösse des Geschützes, welches $11^1/_2$ Ellen lang war, aus einem Guss, von 18000 Pfd. Gewicht."

Im Jahre 1527 kam in Florenz die republikanische Partei unter Führung der Familie STROZZI wieder einmal ans Ruder; der Kaiser aber versprach dem Papste, die Florentiner wieder den Medici zu unterwerfen, und ein kaiserliches Heer unter Führung des Prinzen PHILIPP von Oranien belagerte vom 14. Okt. 1529 bis 12. Aug. 1530 die Stadt, welche schliesslich kapituliren musste. BIRINGUCCIO muss also zu dieser Zeit in den Diensten der Republik Florenz gestanden haben.

Endlich sagt noch eine Stelle, lib. VI, am Schlusse von Kap. XIV, wo von der Aufhängung der Glocken die Rede ist, und insbesondere davon, dass man diese auch unbeweglich aufhängen und nur den Klöppel bewegen kann:

„Auch ich that dies, um die Glocke auf der Engelsburg zu erhalten, welche bei dem fortwährenden Läuten durch die Schläge oft zerbrochen wurde. Und als ich zur Zeit des Papstes Paul III. diese Glocke wieder gemacht hatte, musste ich über viele Arten (der Aufhängung) nachdenken."

PAUL III. war Papst von 1534—1549, folglich muss BIRINGUCCIO kurz vor dem Jahre 1540, in welchem sein Werk im Drucke erschien, zu Rom beschäftigt gewesen sein.

Dies ist Alles, was wir über sein Leben in Erfahrung bringen konnten, und wir wenden uns nun zur Betrachtung des Inhaltes seines Werkes.

Von den zehn Büchern desselben handelt das erste von den Erzen und den Eigenschaften des Goldes, Silbers, Bleies und Eisens, vom Stahl und vom

Messing. Das zweite handelt vom Quecksilber, dem Schwefel, Antimon, den Kiesen der Metalle, dem Vitriol, Alaun, Arsenik, Auripigment, Realgar, Kochsalz, Salpeter, Salmiak, Steinsalz, Soda, Galmei, Saffara, Braunstein, Magnetstein, Oker, Bolus, Borax, Ultramarin (aus lapis lazuli), von den Edelsteinen und dem Glase. Dabei wird von den verschiedenen Arten der Schmelzöfen und insbesondere von der Konstruktion der Schachtöfen, die für Eisen zu schmelzen 7 bis 8 Ellen Höhe erhielten, mit den dazugehörigen grossen Blasbälgen gesprochen. Die Bereitung des Messings und seine Bearbeitung schildert der Verfasser, wie er sie in Mailand gesehen hat, und war der beschriebene Betrieb bereits ein ganz fabrikmässiger. In der Abtheilung desselben, wo die kleinen Gegenstände geformt wurden, musste ein Arbeiter je acht Tage lang immer ein und dasselbe Modell abformen. Vom Eisen wird unter anderem gesagt, dass es in Stahl verwandelt werde, indem man es längere Zeit in geschmolzenem Eisen (Gusseisen) eingetaucht halte, was von Réaumur in seinem Werke: „L'art de convertir le fer en acier“, Paris 1722, nach eigenen Versuchen bestätigt wurde.

Das dritte Buch der „Pirotechnia“ giebt Anleitung zum Probiren der Erze und der Aufbereitung, zur Einrichtung der eigentlichen Hüttenwerke und der Konstruktion der Schacht- und Schmelzöfen und behandelt den Schmelzprozess, das Saigern des Schwarzkupfers, das Affiniren des Silbers und Goldes und die Darstellung der Holzkohlen. Das vierte Buch handelt von der Scheidung des Goldes und der Bereitung des Scheidewassers, das fünfte Buch von der Legirung des Goldes, Silbers, Kupfers und Zinns, das sechste Buch von der Giesserei, dem Modelliren und Formen, insbesondere von Geschütz- und Glockengiesserei, von der Aufhängung der Glocken und dem Löthen geborstener Glocken. Das siebente Buch beschreibt ausführlich die Konstruktion grosser Flammöfen, sowie anderer kleiner Schmelzöfen und geht dann zu den mechanischen Einrichtungen, zum Betriebe der Blasbälge und zum Ausbohren und Montiren der Geschütze über und lehrt schliesslich noch die Herstellung gusseiserner Geschützkugeln, von denen gesagt wird, dass sie anno 1495 in dem Feldzuge von König Karl VIII. von Frankreich gegen König Ferdinand II. von Neapel zum erstenmal in Italien gesehen worden seien. Das achte Buch lehrt, wie kleine Gegenstände zu formen und zu giessen sind; das neunte handelt von Alchemie, vom Destilliren und Sublimiren, von Münzkunst, von der Gold-, Silber- und Kupferschmiedekunst, von Eisen- und Zinnbearbeitung, von der Schriftgiesserei, der Drahtzieherei, dem Vergolden, der Verfertigung von Metallspiegeln, der Töpferei und der Kalkbrennerei. Wenn wir aber sagten, es handelt zuerst von Alchemie, so müssen wir auch hervorheben, dass Biringuccio, ebenso wie alle einsichtigeren Männer der Wissenschaft jener Zeiten, die Goldmacher und Diejenigen, welche nach dem Steine der Weisen suchen, ganz entschieden für Phantasten oder Schwindler erklärt. Auch der Glaube an Wünschelruthen und dergl. liegt ihm fern. Das zehnte und letzte Buch der „Pirotechnia“ lehrt die Bereitung des Schiesspulvers, die Handhabung der Geschütze, das Anlegen von Minen und die Feuerwerkerei.

Wir müssen uns hier auf die Mittheilung folgender, mechanische Einrichtungen betreffender Stellen aus diesem interessanten Werke beschränken (lib. VII, Kap. VII):

„Verschiedene Arten von Maschinen, um Blasbälge zum Metallschmelzen einzurichten. Wichtige und nothwendige Hilfsmittel für die meisten Schmelzungen sind die Blasbälge, bei welchen nicht nur darauf zu sehen ist, dass sie geschmeidig und reichlich mit Leder (panno, eigentlich Tuch) ausgestattet, sondern auch, dass sie lang und von gutem Aussehen sind, grossen Hub, gute Ventile und lange, gute Düsen haben, sowie, dass sie nicht etwa durch Risse Wind verlieren. Es ist für den Erfolg (des Schmelzprocesses) wichtig, sie so einzurichten, dass sie leicht arbeiten, und deshalb will ich einige der gebräuchlichsten Maschinen angeben, deren man sich bedient, um Blasbälge durch Wasser- oder Menschenkraft zu bewegen, damit der Leser sich vorkommenden Falles derselben bedienen kann. Denn obgleich jeder Meister jenen Erfolg nach seinem Dafürhalten zu erringen sucht, so stimmen doch alle darin überein, dass sie das Material schnell und kräftig zu erhitzen suchen, indem sie einen starken, mächtigen Wind anstreben, damit auch das Feuer stark

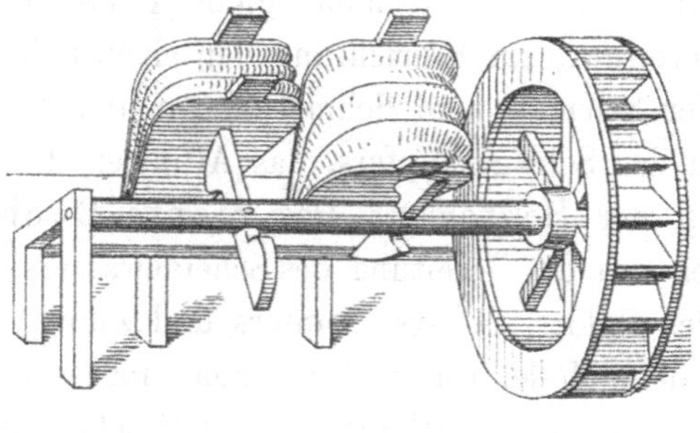

Fig. 126.

und mächtig werde. Da aber die Kräfte der Menschen grossen Dingen gegenüber schwach sind, so sucht man nach Maschinen, indem man Hebel verschiedener Art anwendet, oder sich der Hilfe des Wassers bedient.

Einige ordnen ein Kübelrad (Fig. 126), je nach der Lokalität und Wassermenge von sechs, sieben oder acht Ellen Durchmesser, so an, dass seine Welle unter den Enden der unteren Deckel der Bälge durchgeht und dass an den geeigneten Stellen je zwei einander gegenüber stehende Hebedaumen in dieser Welle befestigt sind. Der obere Deckel der Blasbälge ist fest, der untere aber, durch nichts gehalten, sinkt herab und öffnet den Balg, welcher sich ausdehnt, bis er über der Welle des Wasserrades angekommen ist, worauf der Hebedaumen der Welle, durch die Wasserkraft gedreht, das Ende des unteren Deckels am Blasbalge hebt und es gegen den oberen Theil drückt. Wenn der Hebedaumen vorübergegangen ist, fällt der Balg wieder zurück, und so wird das Ende des unteren Balgdeckels immer von Neuem von dem Ende des Hebedaumens mitgenommen, wie aus der Zeichnung ersichtlich ist.“

Schon hier sei bemerkt, dass Biringuccio in einer Stelle, die wir später citiren werden, selbst sagt, dass er nur ungenügende Fertigkeit im Zeichnen habe. Seine Abbildungen sind daher oft sehr mangelhaft, namentlich auch in Betreff der Perspektive, und haben wir geglaubt, offenbare Zeichenfehler bei sonst möglichst treuer Wiedergabe des Originales den Beschreibungen entsprechend verbessern zu sollen. BIRINGUCCIO fährt fort:

„Man richtet Blasbälge für Wasserkraft auch noch auf mehrere andere Arten ein, wovon ich zwei beschreiben will, damit der Leser sich vorkommenden Falles mit diesen Einrichtungen oder Theilen derselben ausrüsten könne.

Man mache zuerst ein Kübelrad, wie das oben erwähnte, und an das Ende des Zapfens, auf welchem es ruht, eine Kurbel (Fig. 127), wie die eines Schleifsteines, welche, indem sie sich hebt, einen Hebel (mit seinem entgegengesetzten Ende) niederdrückt, und indem sie herabgeht, denselben in die Höhe zieht. Dieser Hebel (oder diese Stange) ist über den Blasbälgen gelagert und hat zwei Arme wie ein Kreuz (d. h. die beiden Hebelarme bilden mit dem Pfosten, in dem sie gelagert sind, ein Kreuz), an welchem die oberen Deckel der Blasbälge angehängt sind, wovon das Rad, indem es sich dreht, immer einen in die Höhe zieht.

Die zweite Art macht man der soeben beschriebenen ähnlich. Auch sie besteht aus einem Wasserrade mit einer ähnlichen Kurbel am Ende des Zapfens und einer auf Zapfen ruhenden Traverse über den Blasbälgen. Diese trägt am einen Ende ein Gegengewicht und hat am anderen Ende auf der Seite des Krummzapfens einen

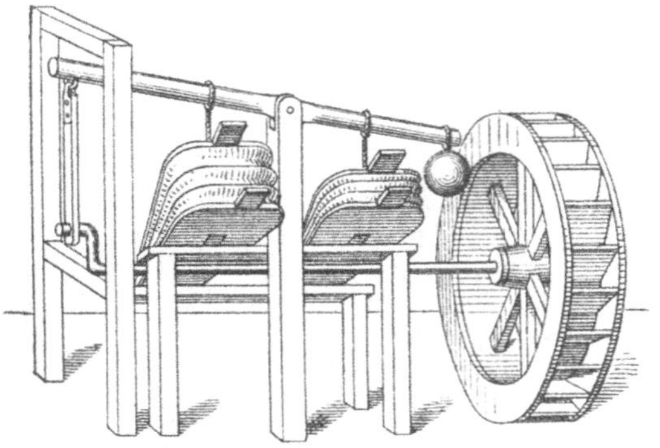

Fig 127.

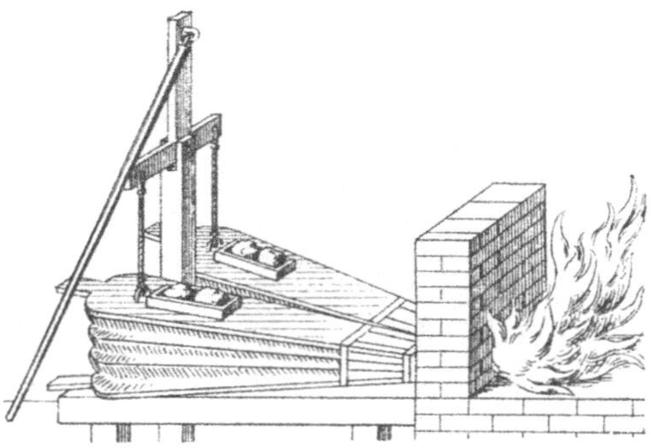

Fig. 128.

Stiel (Flügelstange?). Indem der Krummzapfen sich dreht, zieht er diesen Stiel herunter und lässt ihn hinaufgehen, und da die Traverse an den geeigneten Stellen mit den Bälgen verbunden ist, wird der eine davon niedergedrückt, wenn das Gegengewicht gehoben wird, und der andere hebt sich, wenn dieser niedersinkt."

Hier hat der Drucker der uns vorliegenden Ausgabe der „Pirotechnia" die hierher gehörige Abbildung mit der in unserer Fig. 132 wiedergegebenen verwechselt. Uebrigens unterscheidet sich die in Rede stehende Anordnung von der vorhergehenden nur durch ein am Hebel oder Balancier angebrachtes Gegengewicht, und wir haben deshalb nur eine der beiden Abbildungen in Fig. 127, wiedergegeben. Es heisst weiter:

„Für Menschenkraft macht man mehrere andere Hebvorrichtungen an Blasbälge durch verschiedene Hebel. Die gewöhnlichste und gebräuchlichste ist die mit einem aufrechten, in Zapfen gelagerten Kreuze und mit einer Stange, welche an dem oberen Arme des Kreuzes befestigt ist und, an dem Querarme vorbeigehend, bis zur Höhe von einer halben Elle vom Boden herabreicht (Fig. 128). An die Querarme des Kreuzes hängt man die Blasbälge an. Ein Mann, welcher sich einen Schritt hin und her bewegt, schiebt den Griff der Stange vor- und rückwärts und bewegt dadurch die Bälge, welche aufsteigen, wenn sie gezogen werden, und niedersinken, wenn sie losgelassen werden.

Eine zweite Art (Fig. 129) wird viel gebraucht, weil der Schmied selbst, während er nicht mit Schmieden des Eisens beschäftigt ist, ohne die Hülfe eines Arbeiters die Blasbälge bewegen kann, wann er will. Zu diesem Zwecke stellt man mitten zwischen die Blasbälge einen Pfosten, darüber legt man ein Holz in Drehzapfen mit einem Gegengewicht an einem Ende, während man am anderen einen Strick anbindet, welcher zu einer Stange herabgeht, die längs der ganzen Esse auf die Erde gelegt ist und so angebunden wird, dass sie etwas Steigung von der Erde ab hat. Wenn man nun mit einem Fusse darauf tritt und so das Seil anspannt, so wirkt es wie auf das Schwungholz einer Glocke, und indem man abwechselnd auf die Stange tritt und sie wieder loslässt, werden die Bälge gezogen und herabgelassen und machen dadurch Wind. Diese Einrichtung thut sehr gute Dienste."

Aehnliche Vorrichtungen sind noch heute im Gebrauch, wo man überhaupt noch Schmiedeblasbälge hat. Auch heute wird hierbei die Trittstange, welche längs der Esse hinläuft, mit dem Ende, welches den Drehpunkt des einarmigen Hebels bildet, in der Regel einfach auf die Erde gelegt, wie Biringuccio es in seiner Beschreibung angiebt, nicht aber in ein Charnier, wie es

Fig. 129.

Fig. 130.

in der Abbildung angegeben ist. Solche Verschiedenheiten zwischen Abbildung und Beschreibung, welche den Eindruck machen, als habe der betreffende Holzschneider oder Kupferstecher den Autor nicht richtig verstanden, kommen in der „Pirotechnia" öfters vor. Biringuccio fährt fort:

„Auch bringt man häufig, und namentlich thun dies die Giesser, die Bälge in Bewegung, indem man ein Stück Hanfseil an der Decke oder einem anderen, über den Bälgen befindlichen Gegenstande (festem Punkte) befestigt, so dass er mitten über sie zu hängen kommt (Fig. 130). An diesem Seilstücke befestigt man ein Querholz." (Wie aus der Abbildung ersichtlich, wurden die Enden dieses Querholzes oder Balanciers durch Stricke mit je einem Blasbalgdeckel verbunden, und dieser Balancier diente gleichzeitig dem Arbeiter als Anhalt.) „Und indem man auf die Bälge springt, bald auf den einen, bald auf den anderen, bewirkt man, dass sie Wind erzeugen, indem man sie belastet, und zwar entsteht so viel davon, dass man eine beliebige Menge Material schmelzen kann.

Auch legt man, um je einen der Bälge aufsteigen zu machen, eine horizontale, hölzerne Welle mit Zapfen über den Ort, wo die Blasbälge aufgestellt sind (Fig. 131). Diese hat zwei Arme und wird durch einen Hebel bewegt, welcher zunächst dem äusseren Zapfen von unten in das Ende des Holzes (der Welle) gesteckt ist. Wird dieser Hebel von einem oder zwei Mann zwei Schritte vor und zurück bewegt, so hebt sich bald der eine, bald der andere Balg, wie aus der Zeichnung zu ersehen.

In folgender Weise, neben vielen anderen, kann man es auch machen: Man macht ein grosses doppeltes Rad, so dass ein Mann darin gehen kann (ein Tretrad). Ausserhalb an einer Seite sei es stellenweise verzahnt. Auch werde ein Holz aufrecht gestellt von der Form eines halben Rades, welches einen Hebel in die Höhe hebt. Dieser treibt eine in der Mitte in Zapfen gelagerte Stange, an welche die Ringe der Blasbälge angehängt sind. Wenn dann das grosse Rad sich dreht, so greifen die Zähne in die Leiter des Hebels und bewegen ihn aufwärts und treiben den Wagbalken, an dem die Blasbälge angehängt sind. Der eine bewegt sich durch diesen

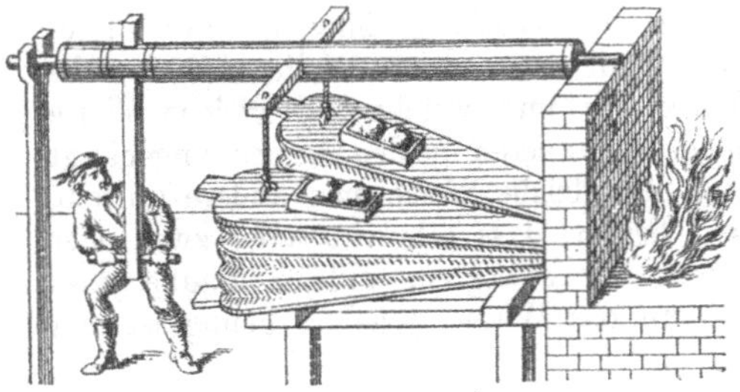

Fig. 131.

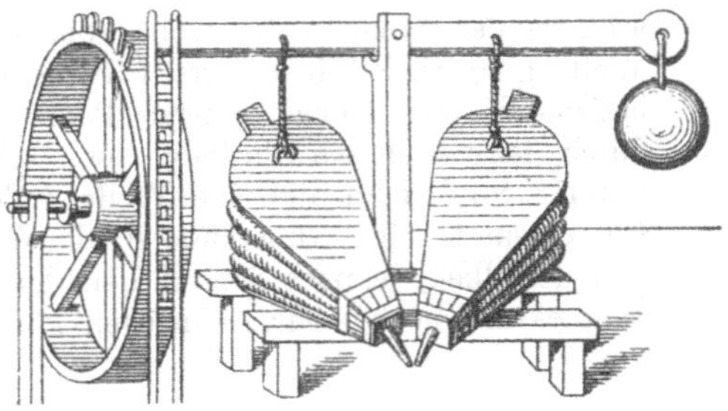

Fig. 132.

Antrieb aufwärts und der andere durch sein Fallen abwärts und so verrichten sie die erforderliche Arbeit.“

Zu dieser Beschreibung kann von den in der uns vorliegenden Auflage der „Pirotechnia“ befindlichen Abbildungen nur die in Fig. 132 wiedergegebene

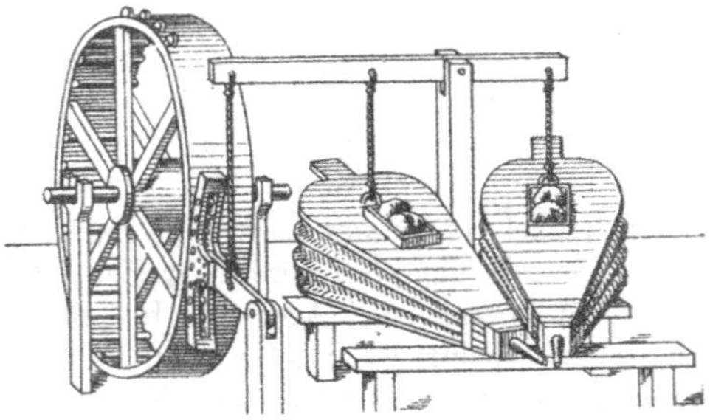

Fig. 133.

gehören. Dieselbe ist jedoch sehr unklar, und überdies scheint es uns, als ob eine Anordnung, wie die in Fig. 133 skizzirte, obiger Beschreibung besser entsprechen würde. Biringuccio fährt fort:

„Es giebt unendlich viele Arten, zu heben, niederzudrücken und zu ziehen, welche man sämmtlich zur Hervorbringung derartiger Wirkungen anwenden könnte, und als ich über diese Maschine nachdachte, kam ich zu dem Schlusse, dass alle jene Wirkungen, welche sich durch Wasser hervorbringen lassen, im Falle der Noth auch durch Menschenkräfte hervorgebracht werden könnten, und dass ebenso Alles, was man mit Menschenkraft macht, viel leichter durch das Wasser gethan werden kann; und viele solche Dinge fand ich in Gedanken aus.

Unter anderem habe ich eine Maschinerie in dem Thale von Bocheggiano angeordnet, welche mit einem einzigen Rade in ein und demselben Raume vier verschiedene Essen bediente, und diese Maschinerie that dieselben Dienste, wie vier Wasserräder (mit den bis dahin beschriebenen einfachen Mechanismen). Sie bestand aus einem Kübelrade der gewöhnlichen Art, aber viel grösser, und an seiner Welle waren Daumen angebracht, welche die Blasbälge der ersten Esse hoben. An dem Ende der Welle aber, wo der Zapfen sich befand, war eine Kurbel wie bei einem Schleifrade (ruota), welche, indem sie sich in einer hölzernen Druckstange (stampatura) umdrehte, einen Hebel in die Höhe hob und beim Rückgange wieder abwärts bewegte. Dieser schob einen anderen Wellenarm, der mit seinem Ende über die Blasbälge einer anderen Welle reichte, welche Blasbälge bei einer anderen Esse lagen, und indem er diese Welle antrieb, bewirkte er, dass diese bald den einen, bald den anderen der Arme in die Höhe hob, an welchem die Blasbälge hingen. Von dieser Welle ging wieder ein anderer Stiel heraus, der wieder eine andere Welle trieb, welche horizontal über einem anderen Paar Blasbälge lag und welche auf gleiche Weise durch den Schub die Blasbälge hob, welche an den anderen beiden Armen angehängt waren. So brachte die eine Welle, indem sie auf gleiche Weise eine andere antrieb, von einem Geräthe zum anderen die Wirkung hervor, dass alle vier, oder zwei, oder drei derselben, je nach dem Willen des Meisters, sich bewegten, und ich glaube, dass man es mit noch mehr so machen könnte, wenn das Wasser mächtig genug ist, um

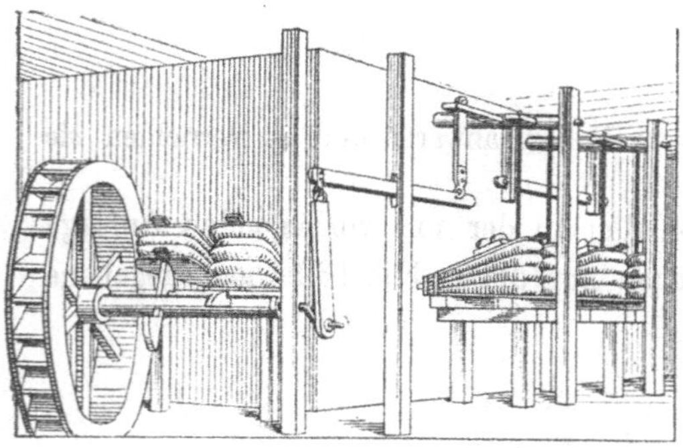

Fig 134.

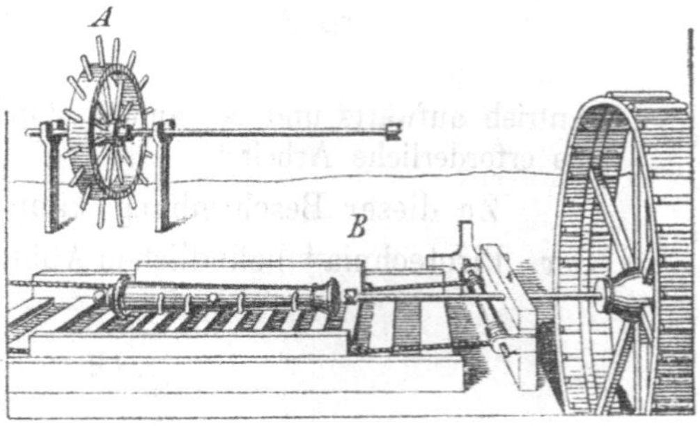


Fig. 135.

die die Welle treibenden Hebel zu bewegen, worauf man zu achten hat. Was die Anordnung anbelangt, so ist sie nicht schwer zu treffen, denn von der ersten Bewegung kann man zu vielen übergehen. Aber was bei dieser Anordnung der Dauerhaftigkeit entgegen zu stehen scheint, ist das Bestehen derselben aus so vielen Theilen und dass so viele Gewichte zu stützen und so viele Kräfte fortzupflanzen sind. Dies hatte zur Folge, dass bei jedem Spiele der Maschinerie durch die Stösse der Hölzer ein grosser Lärm entstand. Ich kann diese Anordnung nicht durch Zeichnung deutlich machen, denn es ist für mich eine zu schwierige Sache, es zu zeichnen."

Es ist dies für uns eine der interessantesten Stellen in BIRINGUCCIO's Werk, denn sie beschreibt vielleicht **die älteste Transmissionsanlage** zum gleichzeitigen Betriebe mehrerer Werkzeugmaschinen durch einen Motor, von der wir Kunde haben, und von der ganzen anspruchslosen Schilderung scheint hervorzugehen, dass die Idee einer solchen Transmissionsanlage neu und unserem Autor eigenthümlich war, so dass man vielleicht sagen dürfte, dass solche Transmission um das Jahr 1500 von BIRINGUCCIO erfunden worden sei*). Wir haben versucht, in Fig. 134, eine der obigen Beschreibung ent-

*) Fraglich bleibt nur, ob die etwas später von AGRICOLA beschriebenen Transmissionsanlagen, welche den sächsischen Hüttenleuten zum gleichen Zwecke dienten, nicht schon früher im Gebrauche waren.

sprechende Anordnung der Hebel-Transmission des Biringuccio zu skizziren. Aus den Schlussbemerkungen desselben geht ferner hervor, dass er bereits ziemlich richtige Vorstellungen von dem Einflusse der bewegten Massen auf den Gang einer Maschine hatte.

Wir gehen nun zu lib. VII, Kap. VIII über, welches von dem Ausbohren der Geschütze handelt. Biringuccio sagt darüber:

„Wo ich konnte, habe ich ein grosses, doppeltes Rad gemacht, so dass ein Mensch darin gehen konnte, um es in Bewegung zu setzen (ein Tretrad). Wenn ich dies aber nicht konnte, so habe ich ein Lafettenrad (als Schwungrad) angewendet. In die Nabe habe ich dann ein Holz eingepasst und in der Mitte desselben eine Eisenstange durchgesteckt mit einer Kurbel, ähnlich der, welche von dem früher erwähnten Wasserrade bewegt wurde. Am anderen Ende habe ich einen guten, vierkantigen Kopf angebracht und habe das Rad auf diesen Zapfen gelegt. In den Kopf desselben habe ich eine starke Stange eingesetzt, so lang, als nöthig war, um den Boden der Höhlung des Geschützes zu erreichen, und an das Ende derselben habe ich ein vierkantiges Stück Stahl schweissen (saldare, eigentlich löthen) lassen, dessen vier Kanten gerade, scharf und gut gehärtet waren, damit, wenn es in das Geschütz gesetzt und gedreht wurde, es genau die Rundung hervorbrachte. Dies ist die gewöhnliche Art. Man hat sie (nämlich die Bohrstange oder den Bohrkopf) aber auch aus Bronce mit Vertiefungen gemacht und vierkantigen Stahl eingesetzt, um die Unbequemlichkeit zu vermeiden, welche das Härten, Schleifen und genaue Justiren jener Eisen- und Stahlmasse verursacht. Alsdann habe ich das Geschütz, welches ich bohren wollte, auf eine Schablone (Fig. 135) (d. i., wie uns die Zeichnung belehrt, ein Rahmen mit nach der äusseren Rundung des Geschützes ausgehöhlten Lagerstellen für dasselbe) von Ulmen-, Nuss- oder anderem Holz aufgepasst, welche unten eben und wie ein kleiner Karren gemacht war, und habe das Geschütz mit eisernen Bändern, oder mit Seilen, wie es mir gut schien, befestigt, damit es der Bohrer beim Schneiden nicht bewegen konnte. Dann habe ich diesen Karren auf ein Gerüste (ein Untergestell oder Bett) gesetzt, welches aus mehreren Hölzern gemacht und wenigstens doppelt so lang war, als das Geschütz, und habe es stark und fest gemacht. Zwischen das Bett, auf welchem das Geschütz ruhte (den Schlitten), und die genannte Ebene (das Untergestell) habe ich drei Querwalzen gelegt, damit das Geschütz, wenn es gezogen wurde, leicht vorwärts ging. Und um es ziehen zu können, habe ich quer davor einen leichten Haspel angebracht, so dass er zwei Stricke gleichmässig anzog, welche an beiden Seiten mit guten, eisernen Oesen an dem Bette befestigt waren. Auch habe ich einen zweiten Haspel hinten angebracht, um das Geschütz zurückziehen zu können, wenn es verlief, und um die Bohrspäne und den Bohrer herausziehen zu können. Als ich mit dieser Vorrichtung fertig war, liess ich durch drei oder vier Menschen das Rad drehen. Zuvor habe ich aber den eisernen Schaft in den Kopf oben und unten gut eingesetzt (soll wohl heissen: sowohl in den Kopf an der Radwelle, als auch in den Bohrkopf) und durch ein Loch, welches quer durchging, einen Keil geschlagen. Dann habe ich mit dem vor der Mündung des Geschützes befindlichen Haspel dieses angezogen und habe es, indem ich ganz langsam drehte, bis zum Grunde gehen lassen (d. h. bis der Bohrer den Grund der Geschützhöhlung berührte). Und so habe ich nach zwei oder dreimaliger Wiederholung, wobei ich die Schneiden des vierkantigen Stahles jedesmal um eine Bindfadendicke wachsen liess, das Geschütz sehr gut und sauber ausgebohrt . . . . . Aber das Bohren mit dem Doppelrade (Tretrade), worin ein oder zwei Menschen gehen können, gefällt mir besser, als das Bohren mit dem Lafettenrade, weil sich auf seiner Axe Kämme (Holzzähne) anbringen lassen, welche in eine Walze (ein Getriebe mit Triebstöcken) eingreifen, der ein zweiter Bohrer als Axe dient. Mit diesem kann man, da er sich gleichzeitig mit dem Bohrer dreht, auch gleichzeitig ein zweites Geschütz ausbohren, und zwar hat dieser Bohrer einen weit grösseren Effekt (weil er sich nämlich infolge der Räderübersetzung schneller dreht), als der, welcher an der eigentlichen Radaxe sitzt. So etwas lässt sich bei dem Lafettenrade nicht anbringen, weil die Menschen mit den Armen keinen so grossen Effekt hervorbringen können.“

Die hier beschriebenen Bohrvorrichtungen sind durch die in unseren Fig. 135 und 136 wiedergegebenen Abbildungen dargestellt; doch zeigen dieselben wieder mehrere Abweichungen von der Beschreibung. Namentlich ist in Fig. 135 A das Lafettenrad mit Spillen versehen, während es nach der Beschreibung durch eine Kurbel gedreht wurde. Ausserdem sind in den Abbildungen die Bohrer mit den Radaxen als ein Stück gezeichnet, während in der Beschreibung gesagt wird, dass die Bohrer in die Köpfe an den Axen eingesteckt und durch Keile befestigt wurden, und endlich sind die Bohrer als sogenannte Kronenbohrer abgebildet, während sie in dem Texte wie Reibahlen beschrieben sind. Es ist nämlich nachträglich noch zu bemerken, dass die Seelen der Geschütze nicht aus dem Vollen gebohrt, sondern, wie aus BIRIN-

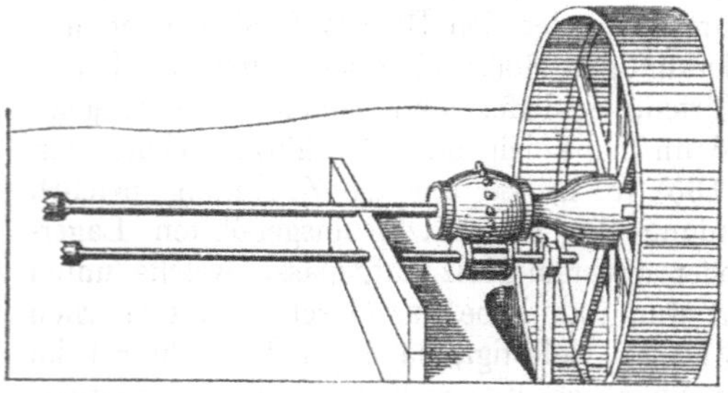

Fig. 136.

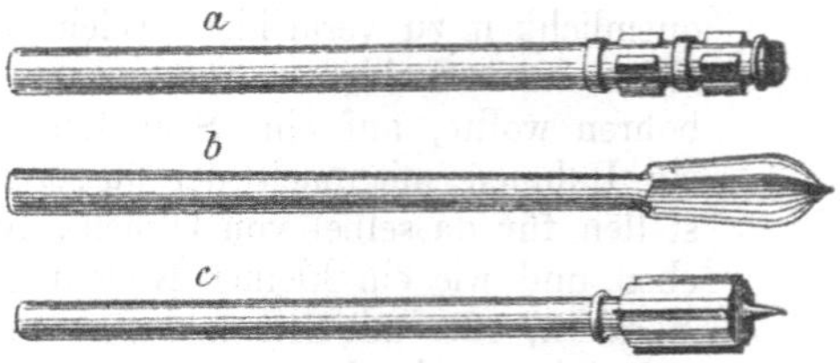


Fig. 137.

GUCCIO's Beschreibung der Geschützgiesserei hervorgehrt, eingegossen und durch das Bohren nur egalisirt und auf die genaue Weite gebracht wurden. Es heisst dann weiter:

„Dasselbe Resultat habe ich auch beim Bohren mit mehreren anderen Sorten von Bohrern erhalten, welche ich hier beschreiben will, damit man vorkommenden Falles nicht auf eine einzige Sorte beschränkt sei. In Florenz habe ich mit verschiedenen Arten Erfahrungen gemacht. Unter anderem nahm ich, um eine Feldschlange auszubohren, einen Schaft von trockenem Eichenholz, der einen etwas kleineren Durchmesser hatte, als die Höhlung des Geschützes. In diesen liess ich acht Schneiden von gehärtetem Stahle, anstatt des stählernen Meissels, einander gegenüberstehend ein (Fig. 137 a). Darum wurden drei eiserne Ringe gelegt, einer unten, einer in der Mitte und einer oben, mit geeigneten Verbindungen, um sie nach Belieben anlegen und abnehmen zu können. Von den Schneiden sassen vier am Ende und vier etwas weiter zurück, und so leistete mir dieser Schaft beim Bohren der Feldschlange sehr gute Dienste.

Ferner machte ich, um das Geschütz „Leofante“ („Elephant“) selbst zu bohren, nach dem Gutachten eines klugen Schmiedes einen Bohrer, ähnlich denen, deren sich einige Drehermeister bedienen und welche sie Bohrer nach französischer Art nennen. Diese sehen aus wie Buckel, aber der meinige war wie ein Stück von einer Rinne (Fig. 137b) mit scharfen Schneiden aus gehärtetem Stahl. Dieser Bohrer wurde mit einem grossen Rade gedreht und schnitt sehr gut, aber manchmal schnitt er mehr oder weniger und entsprach nicht allen gerechten Anforderungen. — Wenn man einen stählernen Bohrer zum Bohren von Kanonen oder doppelten Feldschlangen machen will, oder wenn man einen solchen an das Ende einer Eisenstange anschweissen will, so ist es, wie ich schon erwähnt habe, immer schwer, ihn so herzustellen, dass er vierkantig bleibt und scharfe Kanten behält. Dies betrifft nicht nur die eigentliche Anfertigung, sondern auch das Schweissen, Härten und Schleifen auf dem Schleifrade und hat seinen Grund darin, dass der Bohrer eine zu grosse Masse hat. Deshalb muss man darauf bedacht sein, diese leichter zu machen, und zu diesem Zwecke macht man einen Kopf von Bronce, der einen etwas geringeren Durchmesser als die Kanonenkugel hat und macht in diesen vier, oder höchstens sechs Kanäle, welche auf dem Grunde schwalbenschwanzförmig sind, und in diese werden vier stählerne, gut gehärtete und geschliffene Messer gesetzt (Fig. 137c), und zwar sage ich vier, weil vier besser arbeiten, als wenn es mehr sind, da man sich nur um so mehr ermüdet, je mehr solcher Messer eingreifen. Nachdem dann dieser Kopf an eine viereckige Eisenstange oder eine dicke Holzstange von genügender Länge gesteckt und oben eine Schliesse durchgesteckt ist, damit sie nicht herausgehen kann, bohrt man damit vermittelst des Hebelarmes eines grossen Handrades, oder eines Rades, in oder auf welchem Menschen gehen (eines Tretrades), oder welches von einem Pferde oder durch Wasser getrieben wird, nicht nur Geschütze, wie sie heute zu Tage am gebräuchlichsten sind, sondern auch Mörser, und nimmt daraus alles Ueberflüssige

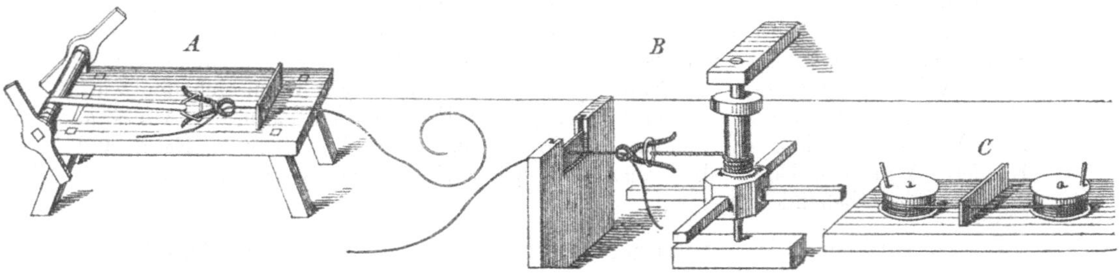


Fig. 138.

und jedes Hinderniss, welches die Kugel beim Herausgehen finden könnte, weg. Dieses sind die verschiedenen Arten des Geschützbohrens, welche man anordnet und welche ich entweder selbst angewendet oder gesehen habe, oder von denen ich gehört habe, dass sie angewendet werden."

Ein anderes Kapitel der „Pirotechnia", in welchem mechanische Vorrichtungen beschrieben sind, ist das von der Drahtzieherei (lib. IX, Kap. VIII):

„Zwei Arten, aus Gold und Silber Draht zu machen. — Man verfährt dabei auf zwei verschiedene Arten. Die eine besteht darin, dass man mit einem starken vertikalen oder horizontalen Haspel zieht, und die andere darin, dass man dies mit kleinen Rollen, welche direkt mit der Hand bewegt werden, thut. Nachdem man den langen, runden Stab so viel wie möglich mit dem Hammer dünner gemacht hat, muss man ihn wieder erwärmen. Alsdann bringt man ihn gewöhnlich auf einen horizontalen Haspel, welcher in einem Tischgestelle gelagert ist (Fig. 138A), oder man setzt ihn der Kraft einer Schraube aus, oder bringt ihn auf einen grossen, renkrecht gelagerten Haspel (Fig. 138B). Welcher Maschine man sich aber auch bedienen mag, stets passt man die stählernen $^1/_2$ palmo (= 125 mm) langen, mit mehreren Reihen der Weite nach abgestuften Löchern versehenen Zieheisen in feste Holzklötze ein, um ziehen zu können. Das Ende des Gold- oder Silberdrahtes wird, nachdem es von dem Arbeiter durch eines der Löcher des Zieheisens gesteckt und mit frischem Wachs bestrichen worden ist, mit einer starken Zange mit grossem Maule und auseinander stehenden Schenkeln gefasst. Um letztere ist ein gewundenes Eisen gelegt, welches unten einen Haken hat. An dem Haken ist das Ende einer Gurte oder eines Hanfseiles befestigt, welches sich auf einen Haspel aufwickelt, wenn man diesen umdreht. Und auf diese Weise zieht man zunächst die Zange zusammen, wenn sie das Ende des Gold- oder Silberdrahtes gefasst hat. Indem man dann die Maschine durch Menschenkraft vermittelst Hebeln weiter umdreht, zieht man den genannten Metalldraht und lässt ihn nach und nach durch alle Löcher des Zieheisens passiren.

Da aber die grossen Maschinen schlechte Dienste leisten, sobald der Draht auf eine gewisse Dicke reducirt ist, so macht man sich zwei Rollen (Fig. 138 C), die sich horizontal auf einer Bank drehen, und befestigt ein Zieheisen zwischen beiden mit kleinen Löchern, die der Reihe nach immer feiner werden, damit man den Draht immer dünner machen kann. Durch Drehen der einen Rolle wickelt man den Draht auf, während er durch das Zieheisen hindurchgeht. Dann nimmt man ihn aus dem Zieheisen heraus, steckt ihn in ein anderes Loch desselben und befestigt ihn an der anderen Rolle, und indem man so von Loch zu Loch fortschreitet, bald die eine, bald die andere Rolle dreht und den Draht immer gut gespannt hält, damit er sich nicht verwirrt, führt man ihn zur grössten Feinheit und dann auf die Spulen, indem man stets darauf bedacht ist, ihn während der Arbeit mit frischem Wachs bestrichen zu halten, was nicht nur den Durchgang durch die Löcher erleichtert, sondern auch die gelbe und schöne Farbe erhält. — Nach meinem Dafürhalten besteht die Kunst dabei in zwei Dingen, nämlich erstens im guten Herrichten der Zieheisen, so dass deren Löcher sich rund erhalten, zu welchem Zwecke die Zieheisen vom feinsten Stahle sein müssen, und zweitens darin, dass das Gold oder Silber, welches man ziehen will, fein und zart von Natur gewählt und immer gut warm gehalten wird, bis zu dem Grade, wo man es eben noch in der Hand halten kann. — Auf ähnliche Weise lässt sich jedes andere Metall ziehen, wie Stahl, Messing, Eisen und Kupfer. Von dem Eisen aber werde ich später eingehender reden und alles auf das Genaueste behandeln.“

Es wird nun die Anfertigung vergoldeter und versilberter Drähte besprochen und dann fährt Biringuccio fort:

„Für dickeren Eisendraht errichtet man ein Gebäude mit einem Wasserrade. Am Ende des Zapfens desselben wird eine gekröpfte Axe angebracht mit einem Ringe, der einen Haken hat, an den sich eine Gurte mit einer Schleife anschliesst. In einiger Entfernung davon setzt man einen festen Klotz in die Erde mit dem Zieheisen und in der Mitte zwischen beiden macht man eine Grube in die Erde (Fig. 139), so tief, dass ein Mensch bis an die Kniee darin stehen kann. In diese Grube steigt der Arbeiter mit einer starken Zange. Diese ist mit einer Strippe von Eisen versehen, welche an der Gurte befestigt ist. Auf solche Weise packt diese Strippe die Schenkel der Zange, presst sie beim Ziehen zusammen und öffnet sie beim Rückgange. Der Arbeiter, nachdem er die Gurte in der Mitte zusammengebunden hat, lässt sich, indem er Wasser auf das Rad giebt, durch die gekröpfte Welle zurückziehen und vorwärts schnellen, wobei er Sorge trägt, bei jeder Rückkehr mit dem Maule der Zange das Ende des Drahtes zu fassen, welcher durch das Zieheisen geht. Er bewerkstelligt dies aber dadurch, dass er in der Grube auf einem Brette sitzt, welches an den Seiten durch zwei lange, an Zapfen hängende Eisen an einem Balken aufgehängt ist, so dass er, je nachdem das Rad schiebt oder zieht, hierhin oder dorthin bewegt wird, während er die Zange festhält. Indem man bei dieser Einrichtung das Eisen immer wieder aufwickelt, wird es, wie das Gold oder Silber, in beliebige Länge und Dicke gezogen. — Ausserdem habe ich Eisen auch in anderer Art ziehen sehen, ohne Einrichtung mit Wasserrad mit horizontalen (d. h. in der Horizontalebene, um eine vertikale Axe sich drehenden) Rollen, wie ich gesagt habe, dass man es bei dem Golde macht. Man muss aber dazu sehr dünnes, gut aufgewickeltes Eisen haben.“

„In Ermangelung des Wassers könnte man dasselbe durch ein grosses Rad erreichen, welches man vermittelst Spillen, oder durch ein Pferd umdrehen lässt, oder durch einen Mann im Inneren (Tretrad), oder durch Gewichte, oder Hebel, welche die Kraft liefern; doch möge von diesen Künsten genug gesagt sein.“

In Fig. 140 theilen wir noch die Abbildung einer Mühle aus BIRINGUCCIO's „Pirotechnia“ hauptsächlich deshalb mit, weil die hier dargestellte, jetzt nicht mehr gebräuchliche Bewegungsweise der Mühle durch einen Arbeiter vermittelst eines Schwengels und einer Flügelstange, welche diesen mit einer Kröpfung der Mühlenspindel verbindet, bei späteren Schriftstellern des sechzehnten und siebzehnten Jahrhunderts häufig wiederkehrt und es daher immer von Interesse ist, zu wissen, dass sich eine solche Mühle schon in dem hier in Rede stehenden Werke skizzirt findet. Der Text hierzu findet sich in lib. IX, Kap. XI: „Vom Ausziehen aller Gold- und Silbersubstanz aus Schlacken, Kehricht von Münzstätten, Goldschläger- und Goldschmiedewerkstätten“. (Durch Amalgamiren.)

Fig. 139.

Fig. 140.

„Man nimmt ein grosses Becken von Holz oder Stein, untermauert es und setzt einen Mühlstein passend hinein, der sich dreht, wie bei einer gewöhnlichen Mühle. In die Höhlung desselben bringt man das goldhaltige Material, nachdem es in einem Mörser gut gestossen (dies kann sich natürlich nur auf Schlacken beziehen) und dann gewaschen und getrocknet ist. Man mahlt es nochmals mit der genannten Maschine und feuchtet es mit Essig oder mit Wasser an, worin Sublimat, Grünspan und gewöhnliches Salz aufgelöst sind. Dann thut man so viel Quecksilber hinzu, als genügt, um es zu bedecken und rührt während einer oder zwei Stunden um, indem man die Mühle je nach ihrer Konstruktion mit der Hand oder durch ein Pferd umdrehen lässt. Denn je mehr man das Material mit dem Quecksilber unter dem Mühlsteine reibt, desto mehr nimmt es von der Gold- und Silbersubstanz auf, welche das genannte Material enthält.“

Zum Schlusse theilen wir noch eine Stelle aus lib. X, Kap. II über das Mahlen des Schiesspulvers mit, weil die verschiedenen hier beschriebenen Arten des Pulvermahlens in den Abbildungen späterer Schriftsteller von maschinellen Einrichtungen für Pulvermühlen wieder zu erkennen sind.

BIRINGUCCIO sagt:

„Man pflegte das Pulver vor Alters mit gewissen kleinen Mühlen und Handmühlsteinen wie das Mehl zu mahlen, aber dies war, abgesehen von der Mühe, sehr gefährlich, denn, indem man die Komposition mit den Steinen zusammenrieb, erhitzte sie sich so, dass sie leicht Feuer fing, da die ganze Masse besonders geneigt war, dies zu thun, sowie es sich ja auch ereignet, dass dies schnell zum Vorschein kommt, wenn man zwei Stückchen trocknen Lorbeerholzes mit einiger Gewalt aneinander reibt. Deshalb zerkleinern und zerquetschen Einige dieses Pulver auf Mühlsteinen, ähnlich denen für die Oliven, und Einige mahlen mit derselben Einrichtung durch Wasser."

Bei „Mühlsteinen, ähnlich denen für die Oliven", hat man an das altrömische Trapetum (siehe S. 85 unserer Abhandlung über CATO) zu denken, bei welchem die Arbeiter weiter von den Mühlsteinen entfernt waren, als bei gewöhnlichen, kleinen Handmühlen; die Worte aber: „Einige mahlen mit derselben Einrichtung durch Wasser" lassen es als gewiss erscheinen, dass Kollergänge mit Wasserradbetrieb schon im fünfzehnten oder doch wenigstens zu Anfang des sechzehnten Jahrhunderts im Gebrauche waren. BIRINGUCCIO fährt fort:

„. . . . und diese Art ist von allen die beste und sicherste, auch sind dies diejenigen Mühlen, welche am besten zermahlen und zwar geschieht dies ohne Anstrengung und Ermüdung. Andere, welche nicht die Bequemlichkeit der Wasserkraft haben, thun dies mit einem grossen Rade (Tretrad?), welches so ausgerüstet ist, dass es mehrere Stempel von Eichenholz hebt, die beim Niederfallen in verschiedene hölzerne Mörser schlagen, welche in einem Balken von Eichenholz ausgehöhlt sind. Einige von diesen haben Böden von Bronce. Andere stampfen mit der Hand mit einem grossen Stempel von Eichenholz, welcher an dem einen Ende einer Stange (eines Hebels) gerade über einem Mörser von Holz oder Bronce aufgehängt ist und zerstossen so das Pulver leicht. Noch Andere zerstossen es in einem Mörser von Stein mit etwas weiter Mündung mit einem grossen hölzernen Stempel, in den ein Stiel, wie bei einem Hammer, eingesteckt ist."

Näheren Aufschluss über manche von BIRINGUCCIO erwähnte Maschinen giebt sein Zeitgenosse GEORG AGRICOLA, der zu Chemnitz sein grosses Werk: „De re metallica" schrieb, welches 1556 erschienen und welches wir demnächst betrachten werden.

---

## Georgius Agricola (1490—1555).

Wer den Ausspruch BIRINGUCCIO's kennt, dass Berg- und Hüttenwesen zu seiner Zeit in Deutschland am meisten unter allen Völkern der Christenheit blühte und gepflegt wurde, muss sich freuen, dass wir in AGRICOLA einen Schriftsteller besitzen, der dieses deutsche Berg- und Hüttenwesen auf das Sorgfältigste beschrieben hat.

GEORG BAUER, der sich als Schriftsteller AGRICOLA nannte, war 1490 zu Glauchau geboren. 1518 wurde er Rector ordinarius der griechischen Sprache zu Zwickau; doch trieb ihn seine Wissbegierde, diese Stelle 1522 aufzugeben und zunächst zwei Jahre in Leipzig und dann in Bologna und Padua Medizin, Chemie und Philosophie zu studiren. 1527 liess er sich als Arzt in Joachimsthal nieder, und zwar aus Gründen, welche aus seiner im folgenden Jahre veröffentlichten Schrift: „Bermannus, sive de re metallica" ersichtlich sind. Durch das Studium der Medizin hatte er erkannt, dass bei Griechen und Römern vor Alters mineralische und metallische Heilmittel im Gebrauche gewesen waren, von welchen man zu seiner Zeit nur noch die Namen kannte, und das Streben, diese Heilmittel wieder aufzufinden, war, wie er an der bezeichneten Stelle sagt, „vornehmlich der Grund, dass er sich an Orte begab, wo Metalle reichlich vorhanden waren". Durch Verkehr mit praktischen Berg- und Hüttenleuten und durch eigene Beobachtung suchte er in Erfahrung zu bringen, was ihm Gelehrte nicht sagen konnten, und so wurde aus dem nach mineralischen Heilmitteln suchenden Arzt allmälig ein epochemachender Mineraloge und der gediegendste technologische Schriftsteller seines und des folgenden Jahrhunderts. Im Jahre 1531 wurde AGRICOLA als Stadtphysikus nach Chemnitz berufen, wahrscheinlich auf Veranlassung des Herzogs MORITZ von Sachsen, der ihn zum Historiographen des sächsischen Fürstenhauses ernannte und ihm stets befreundet blieb. 1546 wurde er in den Chemnitzer Stadtrath und alsbald auch zum Bürgermeister gewählt. Dieses Ehrenamt wurde ihm dreimal von Neuem übertragen; und doch brachten ihn die religiösen Wirren jener Zeit und sein konservativer Sinn schliesslich um Glück und Volksgunst. Er hatte die Reformation anfangs freudig begrüsst und sich auf die Seite LUTHER's gestellt; als aber die protestantischen Fürsten im schmalkaldischen Bunde offen gegen Kaiser und Reich die Waffen ergriffen, wandte er sich von dieser Seite wieder ab und brachte dadurch die protestantische Bürgerschaft von Chemnitz gegen sich auf. 1552 wurde er aller seiner Aemter entsetzt, wurde als Papist verfolgt, gerieth in Armuth und starb 1555 während eines heftigen Disputes mit protestantischen Mitbürgern am Schlagflusse. Doch auch im Tode wollten seine Feinde ihm keine Ruhe gönnen, und man verweigerte ihm ein ehrliches Begräbniss, bis endlich Bischof Julius von Pflug seine Leiche in der Stiftskirche zu Zeitz bestatten liess.

Ausser der erwähnten Schrift: „Bermannus" hinterlies Agricola folgende Abhandlungen: Ueber Entstehung und Ursache unterirdischer Dinge. — Ueber Heilquellen. — Von den Bädern. — Ueber die Natur der Erdausströmungen. Ueber unterirdisch lebende Wesen. — Ueber die Natur der Fossilien. — Ueber alte und neue Metalle. — Aber während er diese zum Theile für die Mineraogie grundlegenden Abhandlungen veröffentlichte, arbeitete er ununterbrochen an seinem Hauptwerke: „De re metallica libri XII", in welchem er seine reichen Erfahrungen über das Berg- und Hüttenwesen seiner Zeit niederlegte. Im Jahre 1550 scheint dieses Werk im Manuskripte fertig gewesen zu sein, da ein demselben als Vorrede vorgedruckter Brief an die Herzöge Moritz und August von Sachsen dieses Datum trägt; doch erschien es erst 1556, ein Jahr nach dem Tode des Verfassers, zu Basel im Drucke. Dass so lange Zeit zur Herstellung erforderlich war, erklärt sich daraus, dass 292 Kupferstiche, zum Theil in Grossfolioformat, darin enthalten sind. Das Werk fand solchen Beifall, dass es im Jahre seines Erscheinens drei Auflagen erlebte. Bis zum Jahre 1624 sind deren sieben gedruckt worden, und ausserdem ist eine deutsche Uebersetzung von Philipp Bechius in zwei Ausgaben erschienen, die eine zu Frankfurt a. M., die andere 1621 zu Basel. Leider ist diese einzige Uebersetzung in einem so gräulichen Deutsch geschrieben, dass der Urtext für Jeden, der nur halbwegs Lateinisch gelernt hat, verständlicher ist. Bei dem grossen kulturhistorischen Werthe, den dieses Werk Agricola's unstreitig hat, wäre daher sehr zu wünschen, dass eine neue deutsche Uebersetzung veranstaltet würde. Dies würde Deutschland und Sachsen insbesondere zur Ehre gereichen, während unter obwaltenden Umständen, da das Studium der lateinischen Sprache immer weniger und von Technikern fast nicht mehr gepflegt wird, zu befürchten steht, dass Agricola's Werk und die Verdienste um Berg- und Hüttenwesen, welche Sachsen sich in früheren Jahrhunderten erworben hat, mehr und mehr in Vergessenheit gerathen.

Den Inhalt der zwölf Bücher de re metallica giebt der Autor selbst in der Vorrede folgendermassen an: Das erste Buch enthält das, was man gegen das Berg- und Hüttenwesen und die Berg- und Hüttenarbeit und zu ihren Gunsten sagen kann. — Das zweite belehrt den Bergmann und verbreitet sich in einem Gespräche über das Auffinden der Erzgänge. — Das dritte handelt von den Erzgängen und Adern und ihrem Bau. — Das vierte handelt vom Ausmessen der Erzgänge und von den Pflichten des Bergmannes. — Das fünfte lehrt das Graben der Erze und die Markscheidekunst. — Das sechste beschreibt die bergmännischen Werkzeuge und Maschinen. — Das siebente handelt von dem Probiren der Erze. — Das achte lehrt die Kunst, die Erze zu rösten, zu pochen und zu waschen. — Das neunte setzt die Lehre vom Ausschmelzen der Erze auseinander. — Das zehnte unterweist die Studirenden der Metallurgie im Scheiden des Silbers von dem Golde und des Bleies von diesem und dem Silber. — Das elfte zeigt, wie das Silber von dem Kupfer geschieden wird. — Das zwölfte giebt Vorschriften über die Bereitung des Salzes, der Soda, des Alaunes, des Eisenvitriols, des Schwefels, des Bitumens und des Glases.

Uns interessirt zunächst das sechste Buch. Hier werden erst die Werkzeuge des Bergmannes, als Schlägel, Eisen, Brechstangen und Hauen beschrieben; dann Fördergefässe, als Körbe, Tröge, hölzerne Eimer und lederne Eimer oder

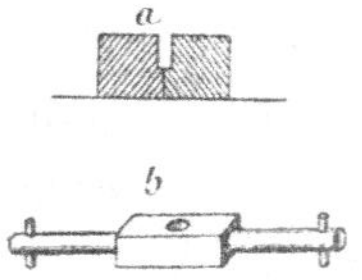


Fig. 141.

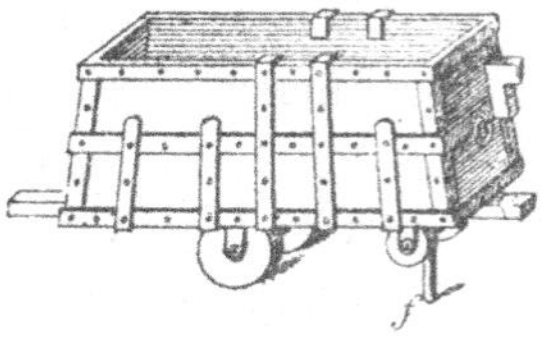


Fig. 142.

„Bulgen“, dann Schubkarren und der vierrädrige, offene Kastenwagen oder „Hund“.

Da Holzbahnen und der Hund als Vorfahren unserer Eisenbahnen und Waggons viel genannt, aber oft unrichtig beschrieben werden, so führen wir die betreffenden Stellen aus Agricola's Werk hier an. Im fünften Buche, wo er von dem Auszimmern der Stollen spricht, sagt er:

„Wenn die Felsstücke oder Erdschollen mit dem Schubkarren herausgefahren werden sollen, legt man Bretter, welche unter sich verbunden werden, auf die unteren Schwellen; wenn sie aber mit „Hunden“ herausgefahren werden sollen, legt man zwei Balken von 22 cm Dicke und Breite*), welche an der Seite, mit der sie aneinander liegen, ausgehöhlt (oder ausgekehlt) zu werden pflegen (siehe Fig. 141a), damit in dieser Höhlung (oder Nute), gleichsam wie in vorgeschriebenem Wege, die eisernen Nägel (Spurnägel, ferrei clavi) der „Hunde“ sich fortbewegen können, durch welche Nägel thatsächlich verhindert wird, dass die „Hunde“ von dem richtigen Wege, d. h. der Höhlung (oder Nute) zur Rechten oder Linken abweichen.“

Die im sechsten Buche enthaltene Beschreibung des „Hundes“ lautet:

„Der offene Kastenwagen (capsa patens) fasst um die Hälfte mehr als der Schubkarren, ist ungefähr 1,20 m lang und 75 cm breit und hoch. Da seine Form

*) Die Maasse, wonach Agricola Dimensionen angiebt, sind: pedes, unciae und digiti. Unter der Voraussetzung, dass lateinisches Maass gemeint ist, dass also 1 pes = 12 unciae = 16 digiti = 296 mm, haben wir Agricola's Maassangaben des leichteren Verständnisses wegen abgerundet in Metermaass übersetzt.

viereckig ist, wird er auch mit drei viereckig gebogenen Eisenschienen gebunden und ausserdem auf allen Seiten mit Eisenstäben beschlagen (siehe Fig. 142). Am Boden desselben sind zwei Aexchen befestigt (das vordere mit Durchbohrung für den Spurnagel zeigt Fig. 141b), um deren Enden sich beiderseits hölzerne, kreisrunde Scheiben (Räder) drehen, welche, damit sie nicht von den unbeweglichen Axen herabfallen, durch kleine, eiserne Nägel verwahrt werden, sowie durch den grossen (den Spurnagel) verhütet wird, dass sie von dem vorgeschriebenen Wege, d. h. von der Höhlung (oder Nute) der Balken abweichen. Diesen Kastenwagen fährt der Fuhrmann mit Mineralien beladen heraus, indem er den hinteren Theil desselben mit den Händen fasst und fortschiebt; und leer fährt er ihn wieder zurück. Weil er aber, wenn er bewegt wird, einen Ton hervorbringt, der von Einigen dem Bellen eines Hundes für ähnlich gehalten wird, so nennt man ihn „Hund".

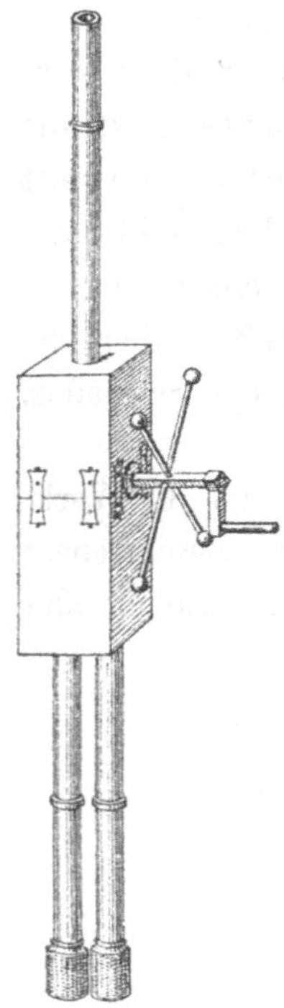

Fig. 143.

Bei der Abbildung ist bemerkt, dass *f* der Spurnagel sei. Es ist also irrig, wenn man meint, die Räder dieses „Hundes" seien mit Spurkränzen versehen gewesen. Bezüglich des Alters der Holzbahnen wird manchmal, z. B. in der Anmerkung auf Seite 231 von Reuleaux's Kinematik, darauf hingewiesen, dass dieselben schon 1676 auf den Gruben von Newcastle im Gebrauche waren; aus den angeführten Stellen Agricola's ersieht man dagegen, dass sie in sächsischen Gruben schon 125 Jahre früher nichts Neues mehr gewesen sind.

Von den Gefässen zur Wasserförderung, welche Agricola aufführt, sind sehr grosse, lederne Eimer oder „Bulgen", welche aus 2 bis $2^1/_2$ Stierhäuten zusammengenäht waren, bemerkenswerth. Diese wurden, wie wir später sehen werden, durch Wasserkraft vermittelst Kehr-Rädern gefüllt aus der Grube gezogen und leer wieder hinabgelassen.

Fig. 144.

Die beim Bergbau gebrauchten Maschinen theilt Agricola ein in: Fördermaschinen (tractoriae), Wetterkünste (spiritales) und Fahrten (scansoriae). Von den ersteren sagt er, dass fünf Formen derselben am meisten im Gebrauche seien, von denen er genaue Beschreibungen mit Massangaben und Abbildungen folgen lässt, nämlich:

Erste Maschine: Ein Hornhaspel mit zwei um 180° gegen einander versetzten Kurbeln.

Zweite Maschine: Ein Haspel mit Schwungrad, einer Kurbel einerseits und einem Spillenkreuze andererseits.

Beide Maschinen sind aus Holz konstruirt mit Zapfen und Lagerfuttern von Eisen. Der hölzerne Kranz des Schwungrades ist durch eingegossenes Blei beschwert. In der Beschreibung wird gesagt, dass man statt dessen auch Schwungkugeln anwende, welche man an den Enden zweier oder dreier kreuzweise durch den Haspel gesteckter Eisenstäbe anbringe, wie bei der Fig. 143 dargestellten Pumpe.

Dritte Maschine: Der in Fig. 144 abgebildete Aufzug mit horizontalem Tretrade.

Vierte Maschine: Der in Fig. 145 abgebildete Aufzug mit direktem Pferdeantrieb, dessen ausführlicher Beschreibung wir Folgendes entnehmen:

Diese Maschine hob sechsmal so schwere Lasten, wie die beiden zuerst beschriebenen. Um sie herzustellen, wurden zunächst 16 Balken von ca. 12 m Länge, 30 cm Breite und Dicke oben mit Bändern verbunden und unten auseinandergespreizt auf untergelegte Hölzer von ca. 1,50 m Länge, 45 cm Breite und 30 cm Höhe gestellt, in die sie eingezapft und mit welchen sie verstrebt

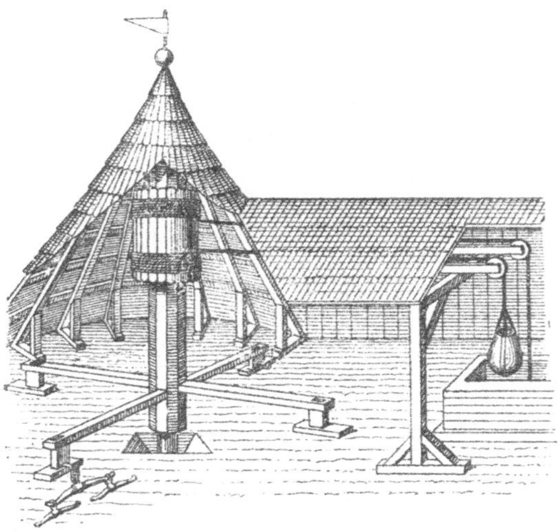

Fig. 145.

wurden. Auf solche Weise grenzte man eine kreisförmige Grundfläche von ca. 15 m Durchmesser ab. In der Mitte derselben wurde eine Grube etwa 3 m tief ausgegraben und mit Rammen festgestampft oder ausgezimmert. Unten in diese Grube wurde eine Schwelle von 0,9 bis 1,2 m Länge und 45 cm Breite und Dicke unbeweglich befestigt. Diese trug die eiserne, stahlharte Spurpfanne. In ähnlicher Weise enthielt ein Querholz, welches oben unterhalb der eisernen Bänder in zwei der aufgerichteten Balken eingezapft war, ein eisernes Lager für den oberen Zapfen des Wellbaumes. Diese Zapfen waren Blatt- oder Flügelzapfen, wie man sie noch heute bei hölzernen Wasserradwellen anwendet. Der stehende Wellbaum war etwa 12 m lang, 45 cm dick. Die Schwengel, an welchen die Pferde zogen, waren 7 m lang und nach unten mit dem Wellbaume verstrebt (was in der Abbildung nicht angegeben ist). An ihren Enden war je ein Holz, 1,20 m lang, abwärts hängend eingezapft und an diesem ein kurzes Brett befestigt, auf welchem der Fuhrmann sass (wie aus Fig. 146, ersichtlich ist). Daran war vermittelst eines Nagels eine kurze Kette mit dem Ortscheite angehängt. Die Seiltrommel wurde aus drei ebenso mit dem Wellbaume verstrebten, vierarmigen, hölzernen Rädern, die je 2 m von einander abstanden und ringsum mit Stäben benagelt waren, gebildet. Das, mit Ausnahme des viereckigen, dem Schachte zugekehrten Theiles, kegelförmige Gebäude wurde mit Schindeln bedeckt. Die beiden um die Trommel geschlungenen und daran befestigten Zugseile liefen zunächst über je eine Holz-

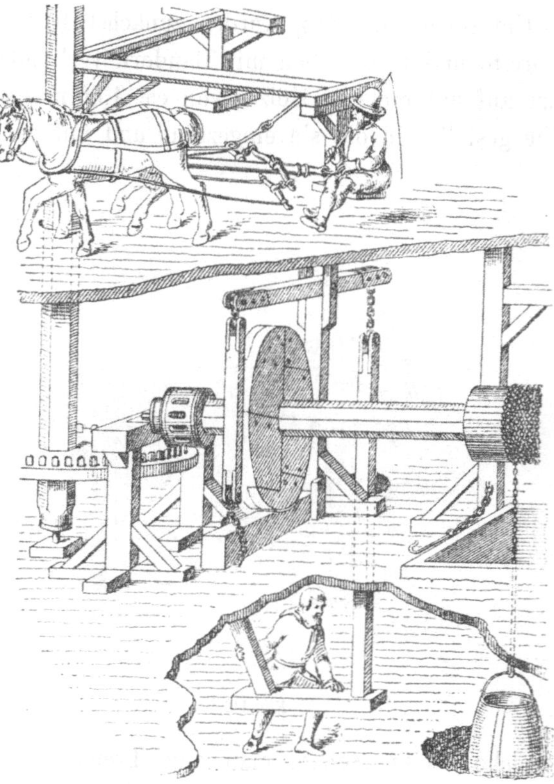

Fig. 146.

walze von 11 cm Dicke und dann über hölzerne, mit eisernen Axen versehene Leitrollen bis zum Schachte. Diese Walzen und Leitrollen waren in horizontalen Balken gelagert, welche auf durch Pfosten unterstützten Querbalken ruhten. Die Schwengel wurden in der Regel durch zwei, bei tiefen Schachten aber durch vier Pferde abwechselnd in der einen oder in der anderen Richtung gezogen, so dass abwechselnd immer das eine Gefäss aus der Grube gezogen wurde, während das andere hinabging. Bei jedem Wechsel wurden die Pferde umgespannt. Um das aufgezogene Gefäss zu entleeren, zog es ein Arbeiter vermittelst eines eisernen Hakens zu sich hin, welcher mit einer Kette von drei oder vier Gliedern an einem neben der Schachtöffnung stehenden Pfosten befestigt war.

Fünfte Maschine: Der in Fig. 146 abgebildete Aufzug mit Pferdegöpel, horizontaler Trommelwelle mit Winkelräder-Uebersetzung und Bremsvorrichtung, welche das Umspannen der Pferde entbehrlich machte.

Wie aus der Zeichnung ersichtlich ist, befindet sich der Göpel über Tag, die horizontale Trommelwelle mit der Bremsvorrichtung in einem oberen und der die Bremse bedienende Arbeiter in einem darunter gelegenen Grubenraume. AGRICOLA's Beschreibung der Bremsvorrichtung lautet:

„Die andere (nämlich die Bremsscheibe), welche nahe bei der aus Triebstöcken bestehenden Trommel (d. h. nahe bei dem Getriebe) sitzt, ist nach allen Seiten um die Axe herum (d. h. von der Oberfläche der Welle bis zum Scheibenrande gemessen) etwa 60 cm hoch und 30 cm dick. Auf diese wirkt die Bremse, welche die Maschine je nach Bedürfniss zum Stillstande bringt . . . Dieses Bedürfniss tritt ein, so oft entweder die mit Steinstücken gefüllten Ledersäcke (oder Bulgen), nachdem sie herausgezogen sind, umgeleert werden, oder das Wasser in den aufgezogenen Gefässen ausgegossen wird . . .“

Daraus geht hervor, dass diese fünfte Maschine auch zur Wasserbeförderung mit Bulgen benutzt wurde, während dies später in dem Abschnitte über die Wasserhaltung nur von der vierten Maschine gesagt wird. Die Beschreibung fährt fort:

„. . . und deshalb gehen von der Bremse aus Balken (d. h. ein Balkenstrang) in die Grube hinab, welche mit einer Kette an der Bremse angebunden sind. Der 30 cm dicke Bremsklotz ragt 15 cm über den Balken vor, welcher an einer Kette von dem einen Ende jenes Balkens herabhängt, der sich um die eiserne Axe dreht, die in der Scheere des Pfostens gelagert ist. An dem anderen Ende dieses beweglichen Balkens aber ist der lange Balken (der Balkenstrang) mit der Kette angehängt. Aus diesem ragt an dem der Kette gegenüberliegenden (dem unteren) Ende ein kurzer Balken hervor, auf den der Arbeiter sich setzt, wenn die Maschine stillgestellt werden soll. Dann schiebt er sofort ein Brett oder einen Prügel ein, welcher bis unter zwei Deckenbalken reicht und von diesen zurückgehalten wird, so dass er nicht in die Höhe gezogen werden kann. Wenn der Bremsklotz, auf diese Weise gehoben, die Bremsscheibe fasst, greift er sie so fest an, dass oft Funken aus ihr herausfliegen*). Der herabhängende Balken, an welchem der Bremsklotz hängt, hat verschiedene Löcher zum Einhängen der Kette, damit derselbe nach Belieben gehoben werden kann. Ueber der Bremsscheibe ist ein Bretterverschlag, damit das herabträufelnde Wasser sie nicht befeuchtet, denn wenn sie befeuchtet würde, so würde die Bremse die Maschine weniger zurückhalten . . .“

Nachdem AGRICOLA dann den Transport der Erze auf der Erdoberfläche und das Hinablassen von Gegenständen in Gruben besprochen hat, geht er zur Beschreibung der Wasserhaltungsmaschinen über, indem er sagt:

---

*) In dem Werke: „De subtilitate“ von HIERONIMUS CARDANUS, welches zuerst 1550 in Nürnberg erschien, kommt im siebzehnten Buche, welches „vom leichten Heben der Gewichte“ handelt, die Stelle vor: „MUNSTERUS berichtet, dass mit zweispännigen Rädern und mit Fördergefässen aus Ochsenleder im Elsass Wasser aus den tiefsten Schächten mit solcher Gewalt aufgezogen werde, dass die Räder, obgleich sie von Holz und nass seien, Feuer von sich gäben. Es scheint, dass dieses Instrument wegen dreier Vorzüge geschätzt wird, nämlich der Höhe, dem Fassungsraume (capacitas) und der Schnelligkeit wegen.“

Diese Stelle findet in obiger Beschreibung AGRICOLA's ihre Erklärung, denn ohne Zweifel handelt es sich hier um die oben beschriebene Maschine.

„Die Wasser werden aus den Gruben entweder herausgezogen oder herausgeschöpft. Das Herausziehen geschieht mit Eimern oder Bulgen, in welche das Wasser hineingegossen wird. Letztere werden vornehmlich vermittelst einer Maschine, deren Wasserrad doppelt beschaufelt ist (ein Kehrrad) aufgezogen; erstere aber durch die fünf Maschinen, welche ich schon beschrieben habe, wiewohl die vierte an gewissen Orten auch mittelgrosse Bulgen aufzieht. Herausgeschöpft aber wird das Wasser entweder mit Bechern (Becherwerke) oder mit Scheiben, in denen Löcher sind (d. s. Pumpenkolben), oder mit Bällen (Paternosterwerke). Wenn wenig Wasser da ist, wird es mit Eimern heraufgezogen, oder mit Bechern oder Scheiben geschöpft; wenn dagegen viel Wasser da ist, wird es mit Bulgen herausgezogen oder mit Bällen (Paternosterwerken)."

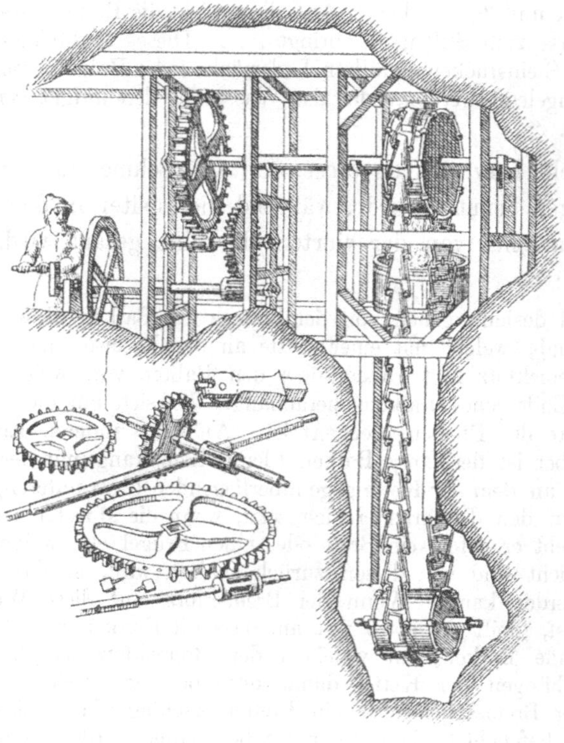

Fig. 147.

Man ersieht hieraus, dass Pumpen damals nur eine untergeordnete Rolle bei der Wasserhaltung spielten und weniger leisteten als Paternosterwerke, nicht nur wegen des unvollkommenen Kolbenschlusses, sondern auch weil man nur hölzerne Pumpen von nicht mehr als 130 mm Bohrung hatte.

Zuerst behandelt Agricola das in Fig. 147 abgebildete Becherwerk mit doppelter Stirnräderübersetzung, Schwungrad und Kurbel für Handbetrieb. Sehr bemerkenswerth ist, dass bei jeder Maschine schon ein eisernes Maschinengestell, eiserne (und wie aus der Zeichnung zu schliessen ist, wahrscheinlich sogar gusseiserne) Zahnräder mit eingeschraubten Stahlzähnen, sowie auch Antifriktionsrollen von Stahl vorkommen. Es heisst nämlich in der Beschreibung:

„Das viereckige Gehäuse (des Räderwerkes) besteht aus ganz eisernen Gittern von 75 cm Höhe, 80 cm Breite und 85 cm Dicke, in welchen drei eiserne Axen liegen, die sich in Lagern, oder breiten, eisernen, stahlharten Ringen drehen, sowie vier eisernen Rädern, wovon zwei aus Triebstöcken bestehen (Getriebe) und ebenso viele gezahnt sind. Auf der unteren Axe sitzt ausserhalb des Gehäuses ein hölzernes Rad (Schwungrad), damit sie zur Bewegung geneigter werde. Innerhalb des Gehäuses sitzt das kleinere Rad der ersten Art, welches aus 8 Triebstöcken von 6 cm Länge besteht. Auf der zweiten Axe, welche nicht aus dem Gehäuse hervorragt und daher nur 77 cm lang ist, sitzt einestheils das kleinere von den gezahnten Rädern, welches 48 Zähne hat, anderentheils das grössere der Räder der ersten Art, welches aus 12 Triebstöcken von 75 mm Länge besteht. Auf der dritten (vierkantigen) Axe von 35 mm Dicke sitzt das grössere gezahnte Rad, welches nach allen Seiten 30 cm hervorragt (d. h. $35 + 2 . 300 = 635$ mm Durchmesser) und 72 Zähne hat. An den Zähnen beider Räder sind Schraubengewinde, deren Gänge in die Gewindgänge der Räder eingeschraubt werden, so dass an Stelle von zerbrochenen andere eingeschraubt werden können. Sowohl die Zähne als auch die Triebstöcke sind von angelassenem Stahle. Anderentheils aber ist die obere Axe, wo sie aus dem Gehäuse hervortritt, so kunstgerecht in eine Matrize einer anderen Axe eingeschlossen, dass sie damit Eins zu sein scheint (d. h. beide Axen sind mit einander verkuppelt).

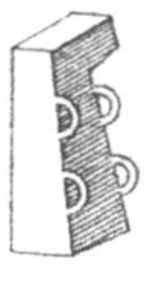

Fig. 148.

Fig. 149.

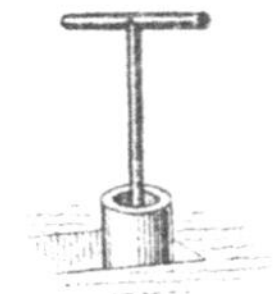

Fig. 150.

Diese geht durch ein Balkengerüste, welches den Schacht umgiebt und dreht sich in eisernen Haken (U-förmigen Futtern), welche in dicke, eichene Klötze eingelassen sind, auf Rollen von Stahl (siehe die Details zu Fig. 147) . . ."

Ausserdem ist noch aus der Beschreibung hervorzuheben, dass die Schöpfbecher von der aus Fig. 148 ersichtlichen Form aus Eisen- oder Bronceblech gemacht und mit Riemen an der Kette befestigt wurden, deren Form aus der Hauptzeichnung ersichtlich ist.

Die zweite Wasserhaltungsmaschine, welche Agricola beschreibt, ist ein einfaches Schöpfwerk mit Tretrad, wie man es schon bei Vitruv beschrieben findet (Fig. 54 S. 48). Bemerkenswerth ist dabei höchstens die Form der Kette, welche in Fig. 149 skizzirt ist.

Die dritte Maschine dieser Art ist ein ebensolches Schöpfwerk mit Wasserrad, hölzernen Schöpfeimern und einer Kette wie bei Fig. 147.

Agricola geht dann zu den Pumpen über und beschreibt zuerst eine einfache, hölzerne Pumpe mit Handgriff direkt an der Kolbenstange, wie Fig. 150 zeigt. Die Pumpenröhre ist unten mit einem hölzernen Saugkopfe versehen (Fig. 151 A), dessen untere Oeffnung jedoch durch einen Holzpfropfen verschlossen wurde. Ferner wird in der Beschreibung gesagt:

„In seinem (des Saugkopfes) oberen Theile wird, wenn die Pumpenröhre nur aus einem Stücke besteht, eine eiserne oder messingene oder broncene Büchse eingeschlossen, welche 75 mm hoch ist, aber keinen Boden hat, und welche eine runde Klappe so dicht verschliesst, dass das durch die Luft in die Höhe geführte Wasser nicht wieder zurückfallen kann. Wenn das Pumpenrohr aber aus zwei mit einander verbundenen Stücken besteht, wird die Büchse in das untere Stück eingeschlossen.... Das unterste Ende der Kolbenstange ist mit einem „Schuh" versehen. So nennt man nämlich ein Leder von beinahe Kreisform, welches in der Weise zusammengenäht ist, dass es am unteren Ende, wo es an der Stange befestigt wird, eng ist, während es am oberen Ende, mit dem es das Wasser schöpft, auseinander steht. Oder es wird eine eiserne kreisrunde Scheibe von 18 mm Dicke, oder eine Holzscheibe von 11 cm Dicke, welche ringsum über den „Schuh" (womit in diesem Falle nur eine einfache, runde Lederscheibe gemeint sein kann) vorsteht, an dem unteren Ende der Stange, welche sie durchdringt, mit einem durchgesteckten eisernen Nagel befestigt, oder das Ende der Stange wird zu einer Schraube geformt und in die Scheibe eingeschraubt. Die Scheibe (d. i. der Pumpenkolben), welche oben ringsum mit Leder bedeckt ist, hat fünf oder sechs Löcher, entweder runde oder längliche, welche zusammen eine Art Stern bilden (siehe Fig. 151 B, D und H) . . ."

Der zuerst beschriebene Kolben oder „Schuh", welcher aus einer trichterförmigen Lederkappe mit nach unten gerichteter Spitze bestand, ist auf der

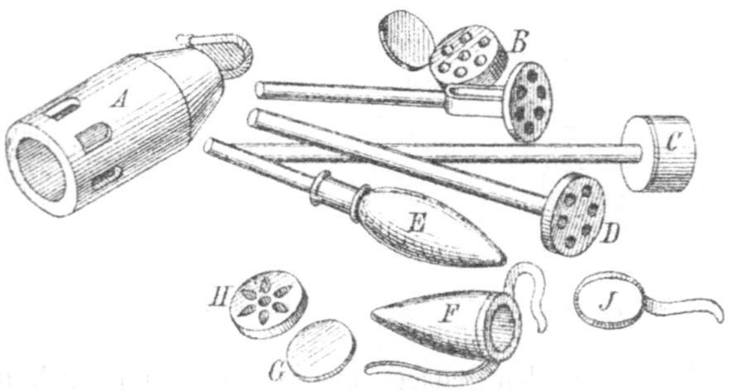


Fig. 151.

Fig. 152.

zu dieser Beschreibung gehörigen Abbildung nicht dargestellt; dagegen findet sich dort die in der Beschreibung nicht angegebene Form Fig. 151 E. Ob dies auf einem Irrthume des Kupferstechers beruht, bleibt zweifelhaft. Auch Fig. 151 F und J sind unverständlich.

Die zweite und dritte der von Agricola beschriebenen Pumpen unterscheiden sich von der ersten nur durch die Art des Antriebes. Bei der zweiten erfolgt dieser durch einen geraden, zweiarmigen Hebel mit quer gestellter Handhabe, wie Fig. 152 zeigt, bei der dritten durch den in Fig. 153 dargestellten Schwengel von eigenthümlicher, nicht unpraktischer, aber heutigen Tages nicht mehr gebräuchlicher Form.

Die vierte ist die in Fig. 143 und 154 dargestellte, doppeltwirkende Pumpe mit zwei Stiefeln, zwei Saug- und einer Steigröhre von Holz, welche durch ein kastenförmiges, eine Doppelkurbel mit Gestänge umschliessendes Gehäuse mit einander verbunden waren. Dieses Gehäuse bestand aus zwei Theilen, zwischen denen die Kurbelaxe eingelegt wurde, und jeder Theil in der Regel aus einem innen entsprechend ausgehöhlten Klotze von Buchenholz (Fig. 154 A und B). Diese beiden Theile wurden, nachdem die Kurbelaxen mit Gestänge

(Fig. 154 D) eingelegt und starke, eiserne Schienen darum gelegt waren, mit breiten eisernen Keilen fest zusammengetrieben und dann durch eiserne Bänder mit einander verbunden. Doch heisst es am Schlusse der Beschreibung:

„Da das hölzerne Gehäuse durch Risse auseinander zu gehen pflegt, so ist es dienlicher, dasselbe aus geschmolzenem Blei, Bronce oder Messing herzustellen."

Man ersieht hieraus, wie wenig das Gusseisen damals im Gebrauche war. — Nach einer Seite ging die Kurbelaxe obiger Pumpe durch die Wandung des Gehäuses und war hier durch kreisförmige Eisenplättchen, mit denen Lederstückchen von gleicher Form und Grösse verbunden waren, abgedichtet, von welchen Plättchen das eine innerhalb, das andere ausserhalb des Klotzes die Axe umschloss. Ausserhalb des Gehäuses war die Axe vierkantig, mit zwei

Fig. 153.

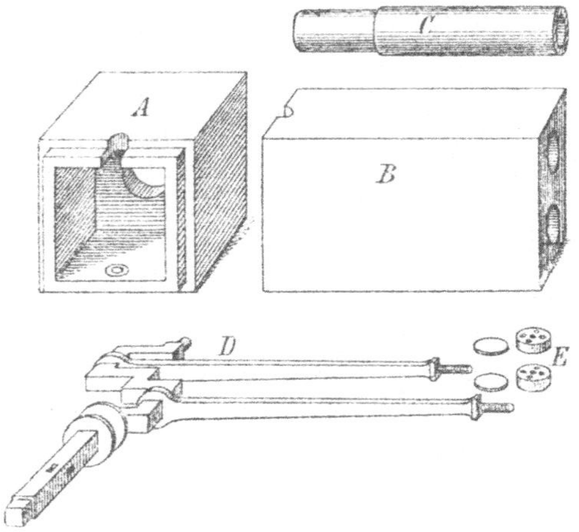


Fig. 154.

kreuzweise durchgesteckten Eisenstäben mit Schwungkugeln und am Ende mit einer Handkurbel versehen.

Das fünfte Pumpwerk besteht aus drei in gerader Richtung nebeneinander aufgestellten Holzpumpen, deren Kolbenstangen in drei Holzstempeln befestigt sind, welche durch eine horizontale Daumenwelle mit Kurbel und Spillenkreuz für Handbetrieb abwechselnd gehoben werden und durch ihre Schwere wieder herabsinken.

Das sechste ist ein ebensolches Pumpwerk; jedoch durch ein Wasserrad getrieben.

Das siebente ist das in Fig. 155 abgebildete, aus mehreren übereinander angeordneten Sätzen bestehende Pumpwerk. Agricola sagt, dass dieses vor zehn Jahren erfunden worden sei, also etwa um das Jahr 1540, und dass es bei weitem das künstlichste, dauerhafteste und nützlichste sei. Da bei den später beschriebenen, übereinander angeordneten Paternosterwerken, von denen jedes einzelne für sich durch Pferde angetrieben wurde, nicht gesagt wird, dass sie erst kürzlich erfunden worden seien, so ist der gleichzeitige

Antrieb dieser Pumpen durch einen gemeinschaftlichen Motor als das Neue bei dieser Erfindung zu betrachten.

Ein solches, aus drei Sätzen von 130 mm Bohrung und 60 cm Hub bestehende Pumpwerk wurde durch ein Wasserrad von 4,50 m Durchmesser getrieben. Die sichelförmige Kurbel war mit dem einen Blattzapfen der Wasserradwelle aus einem Stücke geschmiedet. Die Beschreibung des Gestänges aber lautet:

„Von dem vorderen Theile der Kurbel (der Kurbelwarze) hängt die erste breite Stange (die Flügelstange) herab, denn jener ist durch den oberen Kopf dieser Stange

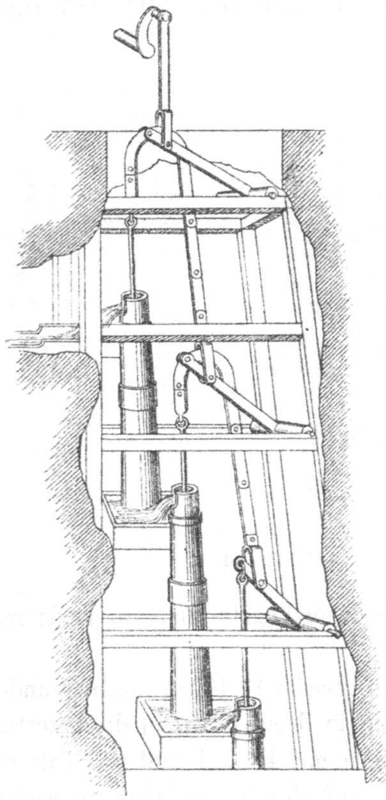

Fig. 155.

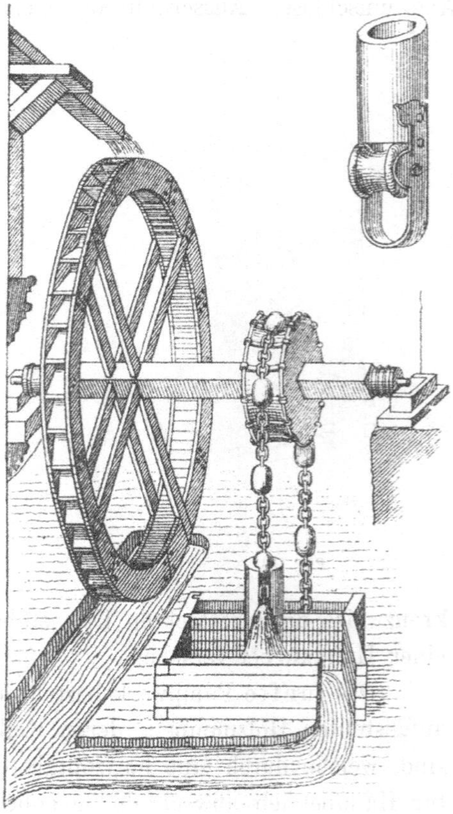

Fig. 156.

gesteckt, sowie auch der eiserne Nagel der ersten Scheere (des ersten Lenkers) an dem unteren Ende durchgesteckt wird. Damit aber die Stange nicht aus ihm herausfalle, wie es leicht geschehen könnte, und sie, wenn es die Umstände erfordern, herausgenommen werden kann, pflegt man das Loch derselben weiter zu machen als diesen Eisentheil (namentlich auch, damit keine Klemmung eintrat, wenn die Holztheile der Maschine sich verzogen) und sie auf jeder Seite durch einen durchgesteckten Stift einzuschliessen. Damit sich aber diese Stifte nicht reiben, pflegt man den Kopf der Stange durch eiserne Plättchen oder zwischengelegte Lederstückchen zu schützen. Diese erste Stange (die Flügelstange) ist ungefähr 3,5 m lang, aber die übrigen zwei haben 7,7 m Länge. Jede ist 75 mm breit und 55 mm dick. Jeder Theil derselben ist durch eine eiserne Platte bedeckt und verwahrt, welche mit ebenfalls eisernen Schrauben zusammengehalten werden (d. h. die Theile, aus welchen jede Stange zusammengesetzt war, wurden durch Laschen mit einander verbunden), damit ein Theil, welcher schadhaft wird, erneuert werden kann. Aber die Scheeren (oder Lenker) sind in einer hölzernen, runden Axe von 45 cm Länge und 150 mm Dicke befestigt. Diese ist beiderseits mit eisernen Ringen umgürtet, damit die eisernen Zapfen, welche sich in eisernen Ringen in den Balken drehen, nicht herausgehen. Aus diesen Axen stehen die beiden hölzernen Theile der Scheere 60 cm heraus und sind 11 cm breit und dick. Der eine steht von dem anderen 22 cm ab und beide Theile sind sowohl innen als aussen mit Eisen beschlagen. In der Scheere aber sind zwei runde, gedrehte, 37 mm dicke eiserne Nägel unbeweglich befestigt. Der hintere derselben dringt durch den unteren durchbohrten, unverschiebbaren Kopf der ersten und den oberen durchbohrten, unverschiebbaren Kopf der zweiten breiten Stange; der vordere Nagel aber ebenso durch den eisernen, unverschiebbaren, gebogenen Kopf der ersten runden Stange (d. h. der ersten Kolbenstange). Jede solche Stange ist 3,85 m lang und 55 mm dick und geht in das erste Rohrstück jeder Pumpe so tief herab, dass ihre Scheibe (der Pumpenkolben) die Klappe der Büchse (des Saugventils) beinahe berührt."

Die gesperrt gedruckte Stelle dieser Beschreibung stimmt mit der Abbildung nicht überein. Bei dem beschriebenen Gestänge bildeten die flachen Stangen eine gerade fortlaufende Kette, deren Gelenkbolzen die hinteren Scheerenbolzen waren, während an den vorderen Scheerenbolzen nur je eine Kolbenstange hing, so dass alle Kolben den gleichen Hub hatten. Die Abbildung dagegen, welche in Fig. 155 wiedergegeben ist, zeigt eine Anordnung des Gestänges, bei der die vorderen Scheerenbolzen die oberen Drehpunkte der flachen Stangen und die Aufhängepunkte der Kolbenstangen; die hinteren Scheerenbolzen aber nur die unteren Drehpunkte der flachen Stangen bilden. Diese Anordnung hat zur Folge, dass die untere Pumpe immer einen grösseren Hub erhält, als die darüber stehende. Da dies aber bei dem schlechten Schlusse der damaligen Kolben und den daraus und aus anderen Undichtigkeiten sich ergebenden Wasserverlusten jedes Pumpensatzes zweckmässig war, so ist nicht anzunehmen, dass die Abweichung der Abbildung von der Beschreibung auf einem Irrthume des Kupferstechers beruht, sondern dass die Abbildung eine spätere Konstruktion darstellt, durch welche man die beschriebene Maschine zu verbessern suchte.

Ueber die Verbindung der hölzernen Pumpenröhre sagt Agricola:

„Die Röhren werden durch zwei 75 mm breite eiserne Ringe mit einander verbunden, einen inneren und einen äusseren. Der Innere ist beiderseits scharf, damit er in beide Röhren eindringen und sie zusammenhalten kann. Jetzt erhalten indess die Röhren keine inneren Ringe mehr, sondern werden zusammengefugt. Und zwar umfasst der untere Kopf des oberen Rohres den oberen Kopf des unteren Rohres, denn beide sind 130 mm hoch ausgeschnitten, jener von innen und dieser von aussen, so dass der eine in den anderen hineingeht."

Unser Autor betrachtet alsdann den Fall, dass Wasser aus einer Grube durch eine Pumpe bis zu einem Stollen gehoben werden soll, durch den es abfliesst, und dass auf der Erdoberfläche über dem Stollen die Wasserkraft eines Baches zu Gebote stehe, welche jedoch bei Anwendung eines Wasserrades über Tag für die erforderliche Arbeit zu schwach sei. Er sagt, in diesem Falle lege man ein der Wassermenge und dem natürlichen Gefälle des Baches entsprechendes Wasserrad über Tag und ein zweites grösseres in dem Stollen an, welch letzteres ein Pumpwerk treibe, das die verlangte Arbeit leiste. Das nöthige Wasser erhalte das grössere Rad dadurch, dass nicht nur das von dem oberen Rade abfliessende auf das untere geleitet, sondern auch durch eine von dem oberen Rade getriebene Pumpe das durch das Hauptpumpwerk bis zur Stollensohle geförderte Wasser noch auf das Rad gepumpt werde, von dem es wieder zur Stollensohle zurückkehrt, nachdem es die Arbeit des Gefälles über Tag auf diese Weise mit derjenigen des Gefälles im Stollen vereinigt hat. Zu Anfang der Arbeit ist erforderlich, dass das Wasser aus dem Bache in das Saugreservoir der Hilfspumpe im Stollen geleitet wird.

Zum Schlusse des Abschnittes über Pumpwerke wird noch ein solches beschrieben, bei welchem die Kraft eines starken Wasserrades zunächst durch Stirnräder auf eine Vorgelegewelle übertragen wird, welche an jedem Ende eine Kurbel hat. Diese beiden Kurbeln bewegen zwei Pumpwerke von der in Fig. 155 abgebildeten Art, so dass ein Wasserrad zum gleichzeitigen Betriebe von sechs Pumpensätzen dient.

Es folgt nun die Beschreibung der Paternosterwerke, welche, wie wir bereits gesehen haben, damals eine sehr wichtige Rolle spielten, weil Kolbenpumpen noch nicht so viel leisteten, wie sie. Agricola unterscheidet sechs solcher Maschinen, welche jedoch wiederum nur durch die Art des Antriebes von einander abweichen.

Die erste Maschine ist das in Fig. 156 dargestellte einfache Paternosterwerk mit oberschlächtigem Wasserrade. Dieses wurde in geringer Tiefe unter der Erdoberfläche in einem ausgezimmerten Grubenraume angelegt; es war meistens 7 m, selten 9 m hoch und etwas schmäler als ein gewöhnliches Mühlenrad. Die hölzerne Kettentrommel war an dem ausgehöhlten Umfange mit vielen eisernen Querstegen armirt, welche die Kette des Paternosters mitnahmen. Dieses zog das Wasser durch eine Röhre herauf und ging durch ausgehöhlte Balken (tigna excavata) wieder hinab. Auch ist in der Beschreibung angegeben, dass sie an der tiefsten Stelle um eine zweite Trommel auf einer eisernen Axe lief, deren Zapfen sich in starken, an einem Balken befestigten Eisen drehten. In der Detailzeichnung der Pumpenröhre (Fig. 156) ist diese unten mit einer Leitrolle versehen. Die Rohrstücke waren zusammengefugt und ausserhalb über die Fuge ein eiserner Ring von 75 mm Breite und 18 mm Dicke gelegt. Ausserdem war jedes Rohrstück noch mit drei solchen Ringen gebunden. Die Bälle des Paternosters waren so dick, dass man sie mit beiden Händen umspannen konnte, standen 1,80 m von einander ab und waren aus Schwanzhaaren von Pferden mit einem Lederüberzuge hergestellt. Mit einem 7 m hohen Wasserrade wurde ein solches Paternosterwerk bei Förderhöhen bis zu 62 m angewendet; mit 9 m hohem Wasserrade bis zu 71 m Förderhöhe.

Die zweite Maschine besteht aus zwei Paternosterwerken derselben Art auf einer gemeinschaftlichen Wasserradwelle.

Ehe Agricola zur dritten Maschine übergeht, beschreibt er noch eine Schwimmervorrichtung mit Gegengewicht im Wärterraume, welche den Wasserstand unten im Sumpfe anzeigte, damit der Wärter danach die Maschine in und ausser Gang setzen konnte. Auch wird ein Läutewerk beschrieben, welches durch Glockenschläge beständig anzeigte, ob die Maschine noch in regelmässigem Gange war. Dieses wurde durch einen Daumen an der Maschinenwelle bewegt.

Die dritte Maschine ist ein einfaches Paternosterwerk, welches durch einen Pferdegöpel ebenso betrieben wurde, wie der Aufzug Fig. 146, aber ohne Brems-Vorrichtung. Hierbei ist angegeben, dass die senkrechten Holzzähne des Rades 22 cm hoch, 15 cm breit und 11 cm dick waren und das Getriebe 12 Triebstöcke von 90 cm Länge (wahrscheinlich einschliesslich der in die Scheiben eingezapften Enden) und 11 cm Breite und Dicke hatte. Die Zahntheilung betrug daher 22 cm. Die Zähnezahl ist leider nicht, dagegen der Durchmesser (? linea dimetiens) mit 3,55 m angegeben, was aber mit der weiteren Angabe, dass die Radarme (radii) 4,44 m lang gewesen seien, nicht in Uebereinstimmung zu bringen sein dürfte. Diese Maschine hob das Wasser auf 71 m Höhe und wurde durch 8 Pferde bewegt. Da diese aber immer nach vierstündiger Arbeit wieder 8 Stunden ruhen mussten, so mussten 32 Pferde für den ständigen Betrieb einer solchen Maschine unterhalten werden. Agricola sagt ferner:

„Wenn es die Umstände erfordern, werden mehrere solche Maschinen beim Ausgraben einer Erzader verwendet, und zwar pflegen die folgenden an immer tieferer Stelle angelegt zu werden, wie z. B. in den Karpathen bei Schemnitz deren drei sind, von denen die unterste das Wasser aus dem tiefsten Sumpfe in den ersten Kanal hebt, durch welchen es nach dem zweiten Sumpfe fliesst. Die mittlere hebt es aus dem zweiten Sumpfe nach dem zweiten Kanale, durch welchen es in den dritten Sumpf fliesst. Die oberste aber hebt es aus der Erde in den Kanal des Stollens, durch welchen es ausfliesst. Auf solche Weise werden drei Maschinen durch 96 Pferde bewegt, welche durch einen geneigten Schacht auf einer Schraubenfläche, gleichwie auf einer Wendeltreppe zu den Maschinen hinabsteigen, deren unterste 195 m unter der Erdoberfläche steht.“

Die vierte Maschine ist ein Paternosterwerk mit direktem Handbetrieb, d. h. mit Handkurbel und Spillenkreuz an der Welle der Kettentrommel. Sie wurde bis zu 14 m Förderhöhe benutzt.

Die fünfte Maschine unterscheidet sich von der vierten nur durch eine Stirnräderübersetzung.

Die sechste Maschine ist ein Paternosterwerk mit Tretrad, Stirnräderübersetzung in's Schnelle und Schwungrad auf der Trommelwelle. Das Tretrad war 7 m hoch und 1,20 m breit, damit zwei Menschen darin gehen konnten. Diese Maschine wurde bis zu 20 m Förderhöhe benutzt.

Die Beschreibung der grossen Wasseraufzugmaschine mit Kehrrad (Fig. 157) beginnt mit den Worten:

„Aber die grösste von allen Maschinen, welche Wasser aufziehen, wird so konstruirt: Zuerst wird das Wasserreservoir in einem ausgezimmerten Grubenraume aufgestellt, 5,30 m lang und 3,50 m breit und hoch, in welches ein Bach durch oberirdische Kanäle oder einen Stollen eingeführt wird“ . . .

Ferner heben wir hervor: Das Kehrrad hatte 10,70 m Durchmesser, die Welle war 60 cm dick und 10,40 m lang. Bezüglich der Bremse, womit die Maschine versehen war, wird gesagt:

„Ausser der Kettentrommel ist nicht weit von dem Ende der Welle eine andere Trommel (die Bremsscheibe), rings um die Axe 60 cm hoch (sie hatte also, da die

Fig 157.

Welle auch 60 cm dick war, 3 . 60 = 180 cm Durchmesser) und 30 cm breit. Eine Bremse, welche dagegen gedrückt wird, so oft es die Umstände erfordern, hält die Maschine zurück, wie ich oben beschrieben habe.“

Daraus darf wohl geschlossen werden, dass die Bremse ebenso beschaffen war, wie die in Fig. 146 dargestellte, während sie in der Abbildung (Fig. 157) nur durch eine zwischen Kettentrommel und Kehrrad sitzende Bremsscheibe und eine darunter befindliche, als Bremsklotz dienende, starke Bohle angedeutet ist. Nachdem noch der Bretterverschlag um die Schachtöffnung beschrieben ist, fährt Agricola fort:

„Diese Maschine wird von fünf Männern regiert. Einer bedient den Schützen des Reservoirs (durch den das Wasser diesem zuströmt), indem er den Schieber schliesst oder öffnet .... Der Maschinenführer aber steht in einem hangenden Häuschen neben dem Reservoir. Wenn die eine Bulge ungefähr bis an den Bretterverschlag herausgezogen ist, schliesst er die Schützenöffnung, damit das Wasser still stehe, und wenn die Bulge ausgegossen ist, zieht er die andere Schützenöffnung auf, damit die anderen Schaufeln des Rades, von dem Stosse des Wassers getroffen, das Rad in entgegengesetzter Richtung bewegen. Wenn er aber die Schützenöffnung nicht bei Zeit schliessen und den Strom des Wassers hemmen kann, ruft er dem Gehilfen zu und lässt ihn den aufgehobenen Bremsklotz gegen die zweite Trommel drücken und so das Rad einhalten. Zwei aber giessen abwechselnd die Bulgen aus, wovon der eine auf der Seite des Bretterverschlages steht, welche auf der Vorderseite des Schachtes ist; der andere aber auf der hinteren Seite. Wenn die Bulge beinahe herausgezogen ist, was ein gewisser Ring der Zugkette, welcher an der anderen Seite des Bretterverschlages (d. h. in dem abwärts gehenden Theile der Kette) erscheint, anzeigt, so steckt der eine einen Enterhaken, d. i. ein grosses, gekrümmtes Eisen, in einen Ring der Zugkette und zieht den ganzen nachfolgenden Theil bis zu sich an den Bretterverschlag, worauf die Bulge von dem Anderen ausgegossen wird. Dies thut Ersterer deshalb, damit der Theil der Zugkette, welcher mit der anderen Bulge vermöge des eigenen Gewichtes herabgegangen ist, den übrigen Theil der Kette nicht von der Welle herunterziehe und nicht die ganze Kette in den Schacht hinabfällt. (Diese Manipulation ist in der Abbildung unrichtig dargestellt. Es geht aber aus der Beschreibung hervor, dass die Kette nicht an der Trommel befestigt war, sondern dass man bereits wusste, dass die Reibung der mehrfach umgeschlungenen Kette genüge, um sie mitzunehmen, wenn das abwärts gehende Ende derselben nur mit dem leeren Eimer belastet war, während der volle heraufgezogen wurde.) Aber der Gehilfe bei dieser Arbeit, wenn er wahrnimmt, dass die mit Wasser gefüllte Bulge beinahe herausgezogen ist, ruft dem Maschinenwärter zu und lässt ihn die Schützenöffnung schliessen, damit er Zeit zum Ausgiessen hat. Wenn die Bulge ausgegossen ist, öffnet der Maschinenführer die andere Schützenöffnung des Reservoirs nur ein wenig, damit der Theil der Zugkette mit der leeren Bulge wieder in den Schacht gelassen werden kann, und dann zieht er sie ganz auf. Wenn nämlich der Theil der Kette, welcher nach dem Bretterverschlage hingezogen war, wieder aufgewickelt ist (was durch das Uebergewicht der in den Schacht herabhängenden Kette geschehen konnte) und dasselbe durch die Trommel in den Schacht gelassen worden ist, zieht der eine den grossen Enterhaken heraus, welchen er in den Ring der Kette gesteckt hatte. Der fünfte Arbeiter aber steht neben dem Sumpfe in einer verborgenen Grube, damit er, wenn etwa ein Theil der Kette durch Brechen eines Ringes oder sonst etwas herabfallen sollte, nicht verletzt werde. Dieser regiert die Bulge mit einer eisernen Schaufel und giesst Wasser hinein, wenn sie dasselbe nicht selbst schöpft. Da man aber jetzt in den oberen Theil jeder Bulge einen eisernen Ring einnäht, so dass sie immer offen steht und, in den Sumpf eingetaucht, das Wasser schöpft, so hat man keinen Bulgenlenker mehr nöthig. (Man machte solche Bulgen zum Selbstschöpfen unten halbkugelförmig.) Weil aber ausserdem in jetziger Zeit von denen, welche bei dem Bretterverschlage stehen, der eine die Bulgen ausleert, der andere durch Zugstangen die Schützenöffnungen des Reservoirs öffnet und schliesst und auch den Enterhaken in den Ring der Kette zu werfen pflegt, so regieren dann drei Leute die Maschine. Und weil manchmal derjenige, welcher die Bulgen ausgiesst, sogar noch das Wasserrad zum Stillstande bringt, indem er den aufgehobenen Bremsklotz gegen die zweite Trommel drückt, so übernehmen in diesem Falle zwei Personen die ganze Arbeit.

Von Maschinen zur Ventilation der Gruben zählt Agricola drei Gattungen auf: 1. Vorrichtungen, welche den natürlichen Wind in die Gruben ablenken, 2. Fächerwerke (Ventilatoren?) und 3. Blasbälge.

Von den Windfängen der ersten Gattung erwähnen wir den in Fig. 158 abgebildeten, dessen Beschreibung lautet:

„Die dritte Maschine besteht aus einer oder mehreren Röhren (einem Rohrstrange) und einem Gefässe. Denn auf die oberste Röhre wird ein hölzernes Fass gesetzt, 1,20 m hoch und 90 cm breit, dessen stets offene, viereckige Mündung den Windstrom aufnimmt und ihn entweder durch ein Rohr in einen Kanal, oder durch mehrere Röhren (einen Röhrenstrang) in die Grube abführt. Der obere Theil der Röhre ist in eine runde Scheibe eingeschlossen, welche so dick ist, wie der Fassboden und etwas weniger breit, damit das Fass sich um dieselbe drehen kann. Die aus der Scheibe hervorstehende Röhre wird durch ein in der Mitte des Fassbodens befindliches Loch gesteckt, und an diesem Theile ist ein stehendes Aexchen an die Röhre befestigt, welches durch die Mitte des Fasses beinahe hindurchgeht und bis zu einem Loche im Deckel des Fasses reicht, von dem es umschlossen wird. Um dieses feste Aexchen und die Scheibe an der Röhre kann das bewegliche Fass durch den Wind leicht gedreht werden, weil es durch einen aus dünnen Brettchen bestehenden, am oberen Theile des Fasses der Richtung des Luftloches gegenüber befestigten Flügel regiert wird. Und deshalb stellt der Wind, aus welcher Weltgegend er auch blasen mag, den Flügel in die ihm gerade gegenüberliegende Richtung, und das Fass kehrt ihm das Luftloch zu, nimmt den Luftstrom auf und leitet ihn durch die Röhre in einen langen Kanal oder durch mehrere Röhren (einen Röhrenstrang) in die Grube.“

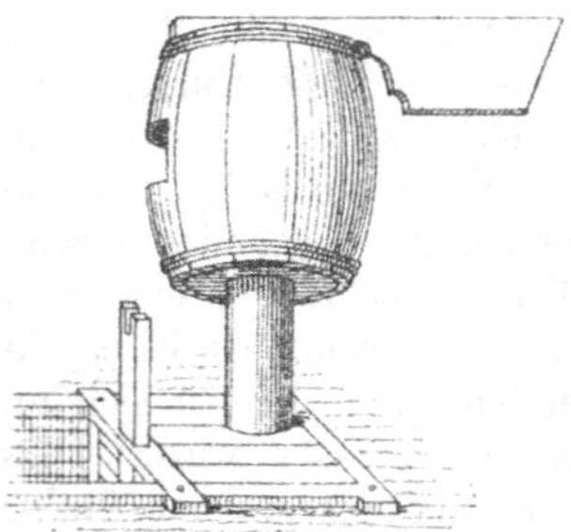

Fig. 158.

Ueber die zweite Gattung von Wettermaschinen wird gesagt:

„Die Fächer (oder Windflügel, flabella) werden entweder in einen Haspel (d. h. eine liegende Welle mit Handkurbel) oder in eine Welle (die auf andere Art getrieben wird) eingezapft. In ersterem Falle ist der Haspel entweder in einer hohlen Trommel, welche aus zwei runden Scheiben und mehreren aneinander gefügten Brettern (Dauben) besteht (siehe Fig. 159), oder in einem viereckigen Gehäuse (siehe Fig. 160) eingeschlossen. Die unbewegliche Trommel, welche an den Seiten geschlossen ist, hat daselbst runde Löcher von solcher Grösse und Zahl, dass der Haspel sich darin drehen kann, und ausserdem hat sie zwei viereckige Luftlöcher, von denen das oberste die Luft aufnimmt, das unterste sie herauslässt, wodurch sie in den Schacht geführt wird. Die Enden des Haspels aber, welche auf beiden Seiten aus

Fig. 159.

Fig. 160.

der Trommel ragen, werden von Pfosten- oder Balkenlagern, die mit Eisen beschlagen sind, unterstützt. Das eine derselben ist mit einer Kurbel versehen, in dem anderen sind vier Stäbe befestigt, welche dicke, schwere Köpfe (Schwungkugeln) haben, damit durch ihr Gewicht der Haspel, wenn man ihn umdreht, zur Bewegung geneigter gemacht werde. Wenn daher der Arbeiter den Haspel mit der Kurbel umdreht, so treiben die Flügel, von denen sogleich berichtet werden wird, wie sie beschaffen sind, die Luft, welche sie durch das eine Luftloch schöpfen, durch das andere, an welches sich der lange Kanal anschliesst, durch den sie in die Grube dringt.“

Wenn die Abbildung zu dieser Beschreibung, welche nur zwei Oeffnungen in dem Cylindermantel der Trommel zeigt, richtig wäre, so müsste diese Maschine absolut unbrauchbar gewesen sein, denn es fehlte dann jeglicher Grund, warum die Luft beim Gange der Maschine zur einen Oeffnung hinein und zur anderen herausgegangen sein sollte. Da aber diese Maschinen Dienste geleistet haben müssen, weil Agricola sie sonst nicht im Gebrauche gesehen und beschrieben haben würde, so folgt daraus, dass er bei dieser Beschreibung oder der Kupferstecher bei Anfertigung der Abbildung sich geirrt haben muss. Die Saugöffnung muss sowohl in dem runden, als auch in dem viereckigen Gehäuse der Axe näher gewesen sein, als die Ausströmungsöffnung. Alsdann waren aber die hier in Rede stehenden Maschinen „Ventilatoren“.

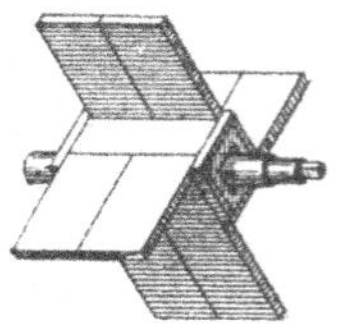

Fig. 161.

Fig. 162.

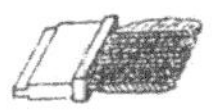

Fig. 163.

Im folgenden Abschnitte werden von Agricola zunächst Gründe angegeben, warum bei solchen Ventilatoren runde Gehäuse den viereckigen vorzuziehen sind. Dann wird eine solche Maschine mit Windmühlenflügeln, welche direkt auf der Ventilatoraxe sassen, beschrieben; doch wird dazu bemerkt, dass diese weniger zweckmässig sei, als die mit Handbetrieb, weil man oft wegen Mangel an Wind die Grube nicht ventiliren könne. Dagegen wird die folgende Maschine, ein Ventilator mit rundem Gehäuse, Antrieb durch ein Wasserrad und Stirnräderübersetzung in's Schnelle, für alle Fälle empfohlen, in denen genügende Wasserkraft vorhanden sei. Von den Ventilatorflügeln wird gesagt:

„Es giebt von diesen Flügeln, welche in Zapfenlöchern eines Haspels oder einer Welle befestigt werden, drei Arten. Die erste besteht aus dünnen Brettchen, so lang und breit, wie es die Länge und Breite der Trommel, oder des Gehäuses erfordert (siehe Fig. 161). Die zweite besteht aus ebenso breiten, aber weniger hohen Brettchen, an welchen lange, dünne Späne aus Pappelholz oder einem anderen Baume befestigt sind (Fig. 162). Die dritte besteht aus Brettchen, wie die vorigen, an welchen doppelte oder dreifache Gänseflügel befestigt sind (Fig. 163). Diese Art ist weniger im Gebrauche, als die zweite, und diese wieder weniger als die erste ...“

Durch Blasbälge, und zwar durch einfache, aus Holz und Leder konstruirte Spitzbälge, wurde entweder frische Luft in Gruben geblasen, oder die schlechte Luft herausgesaugt, indem man den Kanal oder die Röhre, welche in die Grube hinabging, entweder an der Düse oder von unten an das Saugventil des Blasbalges anschloss. Das Ansaugen schwerer, übelriechender Dünste konnte auf diese Weise bis auf 35 m Höhe geschehen. Die Bälge wurden durch Menschen, Pferde oder Wasserkraft getrieben, und zwar wurde der obere Balgdeckel durch den Motor gehoben und, da er mit einem schweren Steine belastet war, durch diesen wieder herabgedrückt. Wo es sich um Bewältigung grösserer Luftmengen handelte, wurden mehrere solcher Bälge nebeneinander gelegt und gleichzeitig betrieben. Agricola's Abbildungen zeigen:

1. Einen durch Handhebel betriebenen Balg zum Aussaugen schlechter Luft aus einem Schachte.

2. Einen ebensolchen Balg zum Eintreiben guter Luft in einen Stollen.

3. Drei nebeneinander liegende Bälge ohne Düsen, welche abwechselnd, wie die Bälge einer Kirchenorgel, von einem Arbeiter getreten werden. Jeder ist mit einer Saugleitung versehen, durch welche schlechte Luft aus der Grube von unten eingesaugt und dann durch ein Klappenventil im oberen Balgdeckel

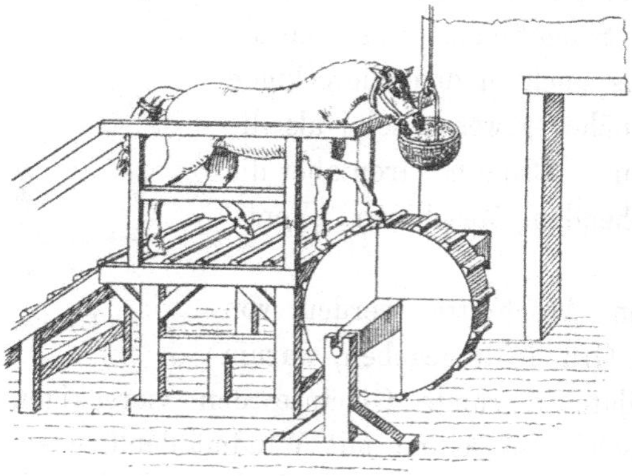

Fig. 164.

ausgestossen wird. Die schlechte Luft konnte auf diese Art auf 355 m Entfernung durch Stollen angesaugt werden.

4. Zwei Bälge, durch einen stehenden Pferdegöpel vermittelst Winkelrädern, Daumenwelle und zwei Hebeln betrieben, um frische Luft in einen Schacht zu treiben.

5. Ein Tretrad (Fig. 164), welches ein Pferd mit den Vorderfüssen trat und welches zum Betriebe zweier Blasbälge benutzt wurde. Vor demselben wurde ein Futterkorb aufgehängt, damit es nicht zurück ging.

Endlich erwähnt auch Agricola noch die schon von Plinius beschriebene, primitive Methode zum Ventiliren kleiner Gruben, welche darin bestand, dass zwei Arbeiter in der Grube ein grosses viereckiges Tuch mit jeder Hand an einer Ecke fassten und kräftig auf und nieder schwangen, um die Luft in Bewegung zu bringen und theilweise auszutreiben.

Unter den Vorrichtungen zum Befahren der Gruben, welche Agricola beschreibt, befindet sich keine mechanische; indem er aber Leitern (Fahrten),

Treppen, Rutschen u. dergl. zu den Maschinen rechnet, steht er bezüglich des Sinnes, den er diesem Worte beilegt, ganz auf dem Standpunkte Vitruv's.

Am Schlusse des sechsten Kapitels spricht Agricola über die Krankheiten und Gefahren, denen Bergleute durch ihren Beruf ausgesetzt sind, und erwähnt dabei unter anderen auch der bösen Geister (Dämonen), welche in den Gruben hausen. Man sagt wohl, es sei merkwürdig, dass unser sonst unbefangener Autor an die Existenz böser Geister geglaubt habe; aber merkwürdiger wäre es, wenn er nicht daran geglaubt hätte, da dies seine Zeitgenossen alle mit wenigen, kaum nachweisbaren Ausnahmen thaten. Warf doch auch Luther auf der Wartburg sein Tintenfass nach dem Teufel, weil er an dessen leibhaftiger Gegenwart nicht zweifelte. Das hier in Rede stehende Werk Agricola's aber ist gerade deshalb für uns von ausserordentlichem Werthe, weil er darin nicht neue Ideen zu entwickeln, sondern das von erfahrenen Berg- und Hüttenleuten Gehörte und Gelernte wiederzugeben und Gesehenes genau und getreulich zu beschreiben sich bestrebt.

Aus dem achten Buche von Agricola's Werk: „De re metallica", welches von der Aufbereitung der Erze handelt, heben wir zunächst die Pochwerke hervor. Man hatte solche zum Trocken- und auch solche zum Nasspochen. Letztere waren im Jahre 1512 in Sachsen erfunden worden. Die Trockenpochwerke werden folgendermassen beschrieben:

„Ein eichener Klotz (der Grubenstock), 1,80 m lang, 67 cm breit und hoch, wird auf den Boden gelegt, in dessen Mitte ein Hohlraum (die Grube) ist, 70 cm lang, 40 cm hoch. Eine Stirnseite desselben ist offen, man könnte dies die Thüre (ostium) nennen. Der Boden des Hohlraumes wird mit einer Eisenplatte von 75 mm Dicke und 185 mm Breite bedeckt, deren beide keilförmig zulaufende Seiten in den Grubenstock geschoben werden. Der vordere und der hintere Theil dieser Eisenplatte wird mit eisernen Nägeln befestigt. An den Seiten der Grube werden zwei Balken auf den Grubenstock gestellt, deren obere, etwas eingeschnittene Enden in Löcher von Durchzügen des Gebäudes eingezapft werden. 74 cm von der Grube entfernt werden zwei Querbalken der ganzen Länge nach mit einander verbunden, deren innen etwas ausgeschnittene Enden sich in äussere Ausschnitte jener aufrecht stehenden Balken legen. Hier werden sie sammt diesen durchbohrt und ein eiserner Bolzen durch das Loch gesteckt, dessen eines Ende zwei Hörner bildet, während das andere so durchbohrt ist, dass ein durchgesteckter Keil eingetrieben und dadurch die Hölzer fest zusammengezogen werden können, da von den Hörnern das eine nach aufwärts, das andere nach abwärts steht. Ueber diesen Querbalken in einem Abstande von 1 m sind wieder zwei solche in gleicher Weise mit den stehenden Balken verbunden. In den Querbalken aber sind viereckige Löcher, in welche die vorn mit Eisen versehenen Stempel eingesetzt werden. Diese stehen nicht weit von einander ab und sind schliessend in den Querbalken gehalten. Jeder Stempel hat nach hinten einen Zahn (Hebling), den man von unten mit Seife schmieren muss, damit er leicht gehoben werden kann. Diesen heben zwei lange, abgerundete Zähne (Hebedaumen) einer kantigen (hölzernen) Welle abwechselnd in die Höhe, damit der in die Grube herabfallende Stempel mit seinem eisernen Kopfe die hineingeworfenen Steine stösst und zerkleinert. Die Welle aber ist mit einem Schaufelrade versehen, welches durch den Stoss des Wassers getrieben wird. An der Grube dient ein Brett als Thüre, welches in Nuten des Grubenstockes auf und nieder bewegt werden kann, damit der Arbeiter durch dessen geöffnete Thüre den Sand, zu welchem die Steine zerstampft worden sind, sowie den Gries und Kies mit der Schaufel herausnehmen kann, worauf er das Brett wieder herablässt, damit bei geschlossener Thüre wieder andere eingeworfene Steine zerstossen werden. — Wenn aber ein eichener Klotz (für den Grubenstock) nicht zur Hand sein sollte, so werden zwei Balken auf den Boden gelegt und durch eiserne Bänder mit einander verbunden, wovon ein jeder 1,80 m lang, 30 cm breit und 45 cm hoch ist, welche Höhe die Grube haben muss. Diese wird zuvor in der Breite von 22 cm und der Länge von 70 cm ausgeschnitten. Auf den ausgegrabenen Boden unter derselben wird ein sehr harter Stein von 30 cm Dicke und 22 cm Breite gelegt, und wenn dabei noch irgend welche Höhlung bleibt, so wird sie mit Erde oder feinem Sande ausgefüllt und ausgestampft. Der Boden vor der Grube wird mit Brettern bedeckt. Wenn der Stein zerbrochen ist, wird er entfernt und durch einen andern ersetzt. Man kann aber auch die Grube kleiner machen, so dass sie nur drei Stempel fasst.“

Aus der Abbildung ist nämlich ersichtlich, dass diese und die nächstfolgenden Angaben sich auf Pochwerke mit 4 Stempeln beziehen.

„Die Stempel aber werden aus 2,70 m langen, kantigen, nach jeder Seite 15 cm breiten Balken gemacht. Jeder derselben hat einen eisernen Kopf, der so beschaffen ist: Der untere (ausserhalb des Balkens befindliche) Theil hat 22 cm

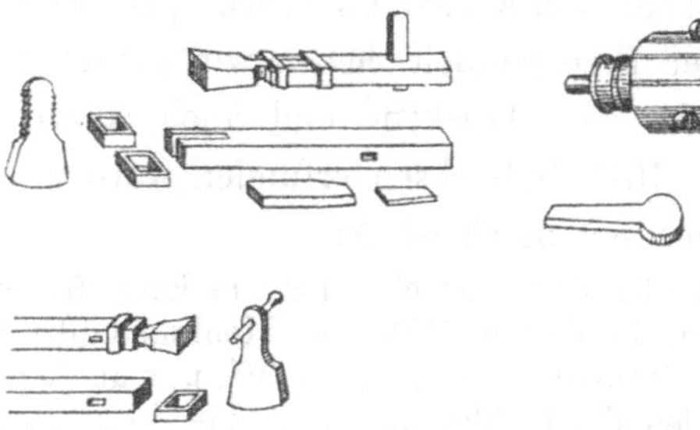

Fig. 165.

Länge und der obere ebenso viel (siehe Fig. 165). Der untere Theil hat in der Mitte auf die Länge von 15 cm eine Breite und Dicke von 75 mm, nach unten schwillt er an, so dass er auf die Länge von 37 mm eine Breite und Dicke von 9 cm hat; nach oben aber schwillt er ebenfalls an und hat auf eine Länge von 37 mm eine Breite und Dicke von 11 cm (dies ist in der Abbildung nicht angegeben). Der obere, in den Stempel eingeschlossene Theil ist ebenso wie dieser durchbohrt, und durch die gemeinschaftliche Bohrung geht ein breiter eiserner Keil, welcher den Kopf hält, so dass er nicht aus dem Stempel herausfallen kann . . . Wenn man aber nur drei Stempel macht, wie es gewöhnlich geschieht, so macht man sie viel grösser. Die vierkantigen Holzstempel macht man dann nach jeder Seite 22 cm breit, den eisernen Kopf derselben im Ganzen 67 cm lang, unten sechseckig 13 cm breit und dick. Dieser untere Theil, welcher aus dem (hölzernen) Stempel heraussteht, wird 45 cm, der obere, welcher in ihn eingeschlossen ist, 22 cm lang. Dieser (eingeschlossene Theil) ist unten 75 mm breit und dick und wird allmälig dünner, so dass er oben noch 65 mm Breite und 37 mm Dicke hat. Hier sind die Kanten etwas gebrochen und an dieser Stelle ist er durchbohrt. Das Keilloch aber ist 55 mm lang, 18 mm breit und steht 18 mm von dem oberen Ende ab. Diesen oberen Theil des Kopfes, welcher in den ausgeschnittenen unteren Theil des Stempels eingeschlossen wird, versieht man gleichsam mit Widerhaken und Riefen, damit er durch die in den Stempel eingreifenden Haken und die in die Riefen eintretenden Wülste in demselben vollständig unbeweglich gehalten wird, zumal der Stempel mit zwei vierkantigen eisernen Schienen umgürtet wird. Den Umfang der Welle aber theilen einige in sechs Theile (sie machen sie sechskantig), andere in neun; besser ist es aber, ihn in 12 Theile einzutheilen, damit abwechselnd ein Theil einen Zahn aufnehme, der andere keinen.

Damit im Winter weder hoher Schnee, noch Eis, noch Stürme den Lauf und die Drehung des Wasserrades hemmen, schliesst man es gänzlich in ein viereckiges Holzgehäuse ein (siehe Fig. 166). Die Balken desselben, welche unter sich zusammengefügt sind, stopft man auf allen Seiten mit Moos aus. Eine der Balkenwände aber hat eine Oeffnung, durch welche ein Kanal geht, der das Wasser zuführt, welches auf die Schaufeln des Rades fällt und es umdreht, während es durch einen unteren Kanal wieder abfliesst. Die Arme des Wasserrades werden aber auch nicht selten in der Mitte einer langen Welle eingezapft, deren Hebedaumen zu beiden Seiten Stempel heben (siehe Fig. 166), welche entweder beide trockene oder beide nasse Erze pochen, wie die Umstände es erfordern; wenn nicht etwa, nachdem die einen gehoben und mit eisernen Nägeln in ihren und der Querbalken Löcher festgehalten sind, die anderen allein Erze pochen.“

Wir schliessen hier die bei Agricola erst später folgende Beschreibung des Pochwerkes zum Nasspochen (Fig. 167) an. Es wird darüber gesagt:

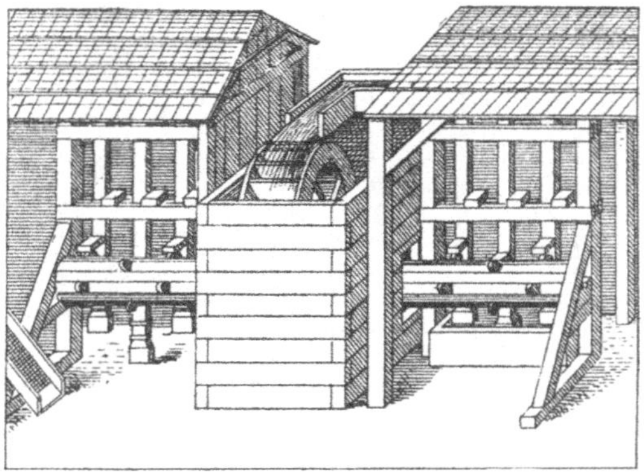

Fig. 166.

„Als im Jahre 1512 Herzog Georg von Sachsen in Meissen dem edlen und klugen Herrn Sigmund Malthiz (dem Vater des Johann, Bischofs von Meissen und des Heinrich) das Recht auf alle aus den Gruben herausgeschafften Erdhaufen gab, erfand dieser zu Dippoldiswalde und Altenburg, an welchem Orte die schwarzen Steinchen gegraben wurden, aus denen das Zinn gewonnen wird, nachdem er die trockenen Stempel, die weiten Siebe und die Mühle verworfen hatte, eine Maschine, welche nasse Erze mit Stempeln, die vornen mit Eisen versehen sind, pocht .... Diese Maschine ist derjenigen ähnlich, welche die trockenen Erze mit Stempeln pocht; doch sind ihre Stempelköpfe um die Hälfte schwerer, als die von jenen. Auch ist der Pochtrog, welcher aus einem eichenen oder buchenen Klotze gemacht ist und in den Zwischenraum zwischen den stehenden Balken gestellt wird, nicht vornen offen, sondern auf der Seite. Derselbe ist 90 cm lang, 22 cm breit und 40 cm hoch (im Lichten). Wenn er keinen Boden hat, wird er ebenso über einen harten, ebenen Stein gestellt, etwas in die Erde eingegraben, und wo sie zusammenstossen, werden sie ringsum mit Moos und dünnen Leinenlappen verstopft. Wenn der Pochtrog aber einen Boden hat, wird eine eiserne Sohle, 90 cm lang, 22 cm breit und 75 mm dick, in denselben gesetzt, und da, wo er offen steht, wird eine Eisenplatte, voll von Löchern, in denselben befestigt, so dass zwischen ihr und dem Kopfe des nächsten Stempels ein Zwischenraum von 37 mm bleibt und ebenso viel zwischen der Platte und dem stehenden Balken, in dessen Oeffnung der kleine längliche Kanal eingesetzt ist, durch welchen das feingepochte Silbererz mit Wasser in das Reservoir abfliesst. Das, was zurückbleibt, wird mit einer hölzernen Schaufel auf den nächsten Boden herausgeworfen, der mit Brettern bedeckt ist; das aber, was sich in dem Reservoir abgesetzt, wird mit einer eisernen Schaufel abgesondert auf diesen Boden gelegt. Auch machen Viele zwei Kanäle, damit, wenn der Arbeiter den einen gefüllten Kanal von dem, was sich darin abgesetzt hat, entleert, anderes sich inzwischen in dem zweiten Kanale absetzt. An der anderen, dem Wasserrade, welches die Maschine treibt, zunächst liegenden Seite fliesst das Wasser durch ein Kanälchen herein, und

Fig. 167.

auf dieser Seite wirft auch der Arbeiter das zu pochende Erz ein, damit die Stücke nicht zwischen die Stempel geworfen werden und für diese ein Hinderniss bilden. Auf diese Weise wird das Silber- und Golderz feingepocht."

Es wird ferner eine damals gebräuchliche Art von Einrichtungen beschrieben, wobei vier Pochwerke auf einer Horizontalebene hintereinander standen. Die beiden hinteren hatten sehr hohe und daher schwere Stempel mit Heblingen nahe dem oberen Ende; die anderen beiden hatten niedere Stempel mit tief sitzenden Heblingen. Jedes Pochwerk wurde durch ein eigenes Wasserrad getrieben, und das von den oberen Rädern abfliessende Wasser fiel auf die unteren Räder. Wo jedoch die Terrainverhältnisse eine solche Anlage nicht gestatteten, wurden zwei Paare gewöhnlicher Pochwerke auf zwei in verschiedenen Höhen gelegenen Ebenen aufgestellt, das Wasser von den oberen den unteren zugeführt und Alles unter ein gemeinschaftliches Dach gebracht. Hier war jedoch die Bedienung weniger leicht und daher kostspieliger, als bei den vorher beschriebenen Anlagen. Es wird ferner gesagt:

„Und wenn kein Bach herbeigeleitet werden kann, welcher von einem höheren Orte aus auf den oberen Theil des Wasserrades stürzt, wird einer herbeigeleitet, welcher den unteren Theil derselben umdreht. Es wird viel Wasser desselben an einem Orte, der zu dessen Aufnahme geeignet ist, gesammelt, aus dem es bei geöffnetem Schützen auf das Rad geschickt wird, welches in dem Kanale umgedreht wird. Die Schaufeln eines Rades dieser Art sind höher und die rückwärts liegenden stehen nach oben; die Schaufeln der anderen Art aber sind niedriger und die nach vorn überhangenden neigen sich nach abwärts.“

Daraus geht hervor, dass oberschlächtige Wasserräder damals in Sachsen die gebräuchlicheren waren, dass man nur da unterschlächtige anwendete, wo die Anlage eines oberschlächtigen Rades unmöglich war, und dass man wohl wusste, dass unterschlächtige Räder mehr Wasser brauchten, d. h. einen schlechteren Effekt gaben, weshalb man für diese vorzugsweise Sammelteiche anlegte, um kein Wasser, welches der Bach lieferte, unbenutzt zu lassen. Daraus erklärt sich auch, warum man in Agricola's Werk fast nur oberschlächtige Räder abgebildet findet. Es ist aber auch aus der soeben citirten Stelle ersichtlich, dass die sächsischen Berg- und Hüttenleute die Schaufeln unterschlächtiger Räder damals schon nicht radial, sondern etwas schräg stellten, um einen besseren Effekt zu erzielen. Endlich wird noch in Betreff der Pochwerke gesagt:

„In den julischen und rhätischen Alpen und in den Karpathen werden jetzt Gold- und Silbererze mit Stempeln, von denen manchmal mehr als zwanzig in einer Reihe stehen, in langen Trögen nass gepocht, welche zwei Platten voll von Löchern haben, durch welche das zerkleinerte Erz gleichzeitig mit dem Wasser in einen darunter liegenden Querkanal fliesst“ . . . .

Die sehr mannigfaltigen Vorrichtungen zum Waschen und Schlemmen der Erze, wie Setzsiebe u. dergl., welche in diesem Kapitel besprochen werden, können wir übergehen und wenden uns zu den Mühlen zum Zermahlen der Gold- und Zinnerze.

Die erste Mühle dieser Art (Fig. 168) ist wie eine Getreidemühle gebaut, und zwar aus Holz; nur hat die Wasserradwelle eiserne Zapfen und Lagerfutter, der Läuferstein eine eiserne Haue und Spindel. Damit er höher oder tiefer gestellt werden kann, unterstützen zwei Balken, welche mit Hebstangen aufgehoben und niedergelassen und durch Einsteckstifte festgestellt werden können, denjenigen Balken, in dem die eiserne Pfanne für den Zapfen der Mühlspindel eingelassen ist. Die Zuführung des Mahlgutes geschieht durch einen über dem Auge des Läufersteines an Stricken aufgehängten Trichter, in dem ein Arbeiter mit einem Stäbchen herumrührt. Anstatt der Zarge ist nur ein niederer Kranz von dünnem Holze in geeigneter Entfernung um den Bodenstein gelegt, und das Mehl, welches sich in dem Zwischenraume sammelt, wird von Zeit zu Zeit von dem Arbeiter nach dem abwärts gerichteten Auslaufe geschoben, durch den es auf den Boden des Arbeitsraumes fällt, um von da zur Wäsche gefahren zu werden.

Man bewegte solche Mühlen, wo es an Wasserkraft fehlte, auch durch Treträder, sowohl durch horizontale (wie in Fig. 144 dargestellt), als auch durch vertikale für Menschen, Pferde, Esel oder starke Ziegenböcke.

Doch benutzte man auch Handmühlen nach Fig. 169, zum Mahlen von Golderzen, deren Beschreibung lautet:

„Zwischen dieser und den übrigen Mühlen ist ein grosser Unterschied, denn der untere Mühlstein ist oben so ausgehöhlt, dass er den Läuferstein, der sich auf einer eisernen Axe dreht, umschliesst. Diese Axe, welche in der Mitte der Aushöhlung eingezapft ist, geht durch den Läuferstein. Der Arbeiter aber dreht den aufrecht stehenden Handgriff, welcher an dem oberen Steine ist, indem er ihn mit

Fig. 168.

Fig. 169.

der Hand fasst, im Kreise herum. Der Läuferstein ist in der Mitte durchbohrt, und in dieses Loch wird das Erz geworfen und fällt in den unteren Stein, wo es zu Mehl zermahlen wird. Dieses fällt allmälig aus dessen Oeffnung und wird auf verschiedene Arten, die ich nachher beschreiben werde, gewaschen, ehe es mit Quecksilber vermischt (amalgamirt) wird.

Mühlsteine der hier beschriebenen Form benutzt man noch heute zu manchen Zwecken, z. B. zum Mahlen des Tafelsenfes oder Mostrichs.

Es folgt nun die Beschreibung der in Fig. 170 abgebildeten Mühle also lautend:

„Es wird jedoch auch eine gewisse Maschine gebaut, welche das Golderz gleichzeitig pocht, mahlt, durch Waschen reinigt und das Gold mit Quecksilber mischt. Diese einzig dastehende Maschine hat ein Rad, welches vom Stosse des Wassers getroffen und umgedreht wird. Aus der Axe stehen auf der einen Seite des Wasserrades lange Zähne (Hebedaumen) heraus, welche Stempel heben, die das trockene Erz pochen. Dann wird es in den runden Hohlraum des Mühlsteines geworfen, und indem es allmälig durch die runde Oeffnung desselben hindurchschlüpft, wird es zu

Mehl zermahlen. Der Bodenstein ist viereckig, hat aber eine runde Aushöhlung, in welcher der runde Läuferstein sich dreht, und ein Loch, durch welches das Mehl in die erste Bütte fällt. Die Haue des Mühleisens wird in den Läuferstein, der obere Zapfen desselben aber in ein Lager in einem Balken eingeschlossen. Das Rad auf dieser Axe, welches aus Triebstöcken besteht, wird von einem Zahnrade auf der Welle getrieben und dreht die Mühle um. Mit dem Mehle fliesst aber auch Wasser in die erste Bütte und von dieser dann in die zweite, welche niedriger steht, und von der zweiten in eine dritte, welche am tiefsten steht. Aus der dritten Bütte aber fliesst es wieder in ein kleines Reservoir, welches aus einem Baume ausgehöhlt wird. In jeder der Bütten aber ist Quecksilber und über jede ein Brett gelegt und daran befestigt, durch dessen Loch in der Mitte eine stehende Axe dringt. Diese reicht nicht weiter als nothwendig in die Bütte, und wo sie das Brett berührt, schwillt sie an (d. h. die Welle hat einen Bund, mit dem sie sich auf das Brett stützt). An ihrem unteren Ende werden zwei sich kreuzende Brettchen befestigt, welche noch ein drittes schneidet. Der Zapfen des oberen Endes ist in ein Lager in einem Balken

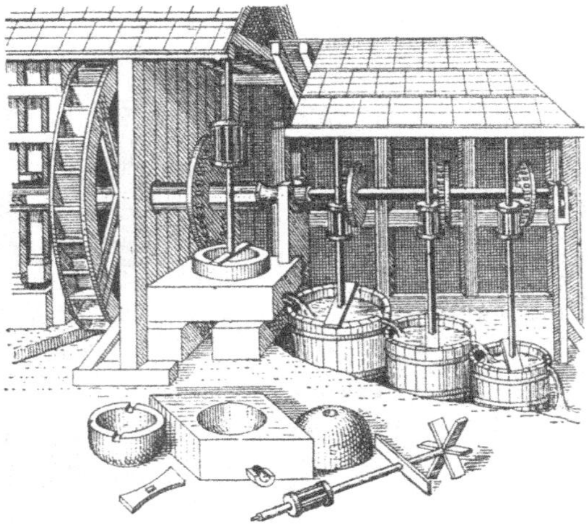

Fig. 170.

eingeschlossen. Auf jeder Axe sitzt ein kleines Rad, welches aus Triebstöcken besteht, und jedes derselben wird von einem kleinen gezahnten Rade umgedreht, welches auf der liegenden Welle sitzt, deren eines Ende in der grossen Welle eingeschlossen (mit ihr verkuppelt) ist. Das andere aber ist in der Höhlung eines Balkens eingeschlossen, welche stark mit Eisen ausgefüttert ist. Und so rühren die Brettchen, von denen sich drei in einer Bütte drehen, das mit Wasser gemischte Mehl um, trennen die Goldtheilchen davon, welche das Quecksilber aufsaugt und reinigt; die Verunreinigungen aber nimmt das Wasser mit fort . . .“

Das Bemerkenswerthe an dieser, wie Agricola sagt, einzig dastehenden Maschine besteht offenbar darin, dass, wie wir zu sagen pflegen, mehrere verschiedenartige Arbeitsmaschinen, nämlich ein Stampfwerk, eine Mühle und drei Rührwerke durch ein einziges Wasserrad vermittelst einer Transmissionsanlage betrieben werden. Die Idee der Transmissionsanlage aber, oder des Betriebes verschiedener Arbeitsmaschinen durch einen Motor, welche sich allem Anscheine nach zu Biringuccio's und Agricola's Zeit erst ausbildete, war eine der wichtigsten für die Entwickelung des Maschinenwesens.

Wir müssen auch bei dieser Gelegenheit hervorheben, dass man Winkelräder-Uebersetzungen in früheren Zeiten sehr häufig mit verschränkt übereinander liegenden Axen anordnete, wie es hier und in Fig. 171 die Abbildungen zeigen. Dies konnte bei den damals üblichen Triebstockverzahnungen ohne besondere Schwierigkeit geschehen; nur waren, da hierbei die Zähne noch mehr längs der Triebstöcke glitten als gewöhnlich, etwas längere Triebstöcke erforderlich.

Im neunten Buche spricht AGRICOLA zunächst von der Einrichtung der Hüttenwerke und beginnt mit den Schmelzöfen. Er sagt:

„Die Erze werden entweder in Oefen oder ohne solche ausgeschmolzen (excoquuntur), und wenn in Oefen, entweder in solchen, deren Abstichloch (os) zeitweilig geschlossen ist, oder in solchen, bei denen es immer offen steht; wenn dagegen ohne Oefen, entweder in Tiegeln oder in Kanälen.“

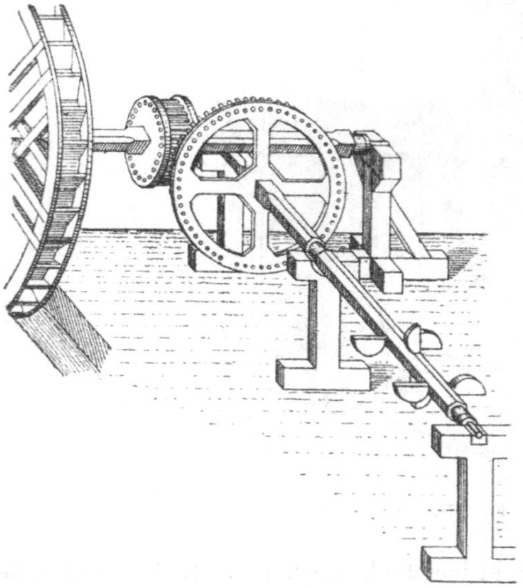

Fig. 171.

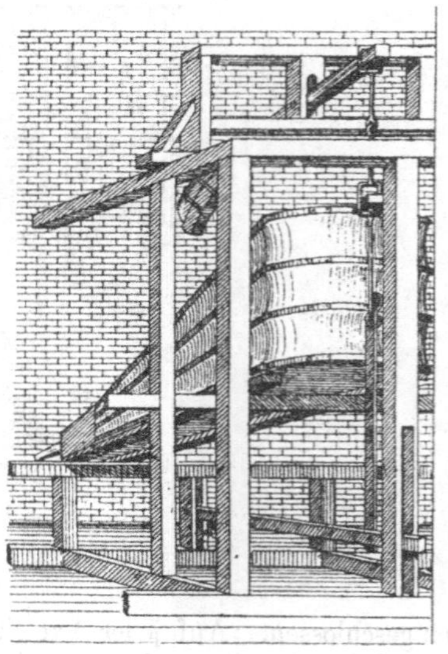

Fig. 172.

Es folgt dann eine Beschreibung der Oefen der ersten Art, wie sie in Silberhütten gebräuchlich waren. Es waren kleine Schachtöfen, welche unten zwischen den Seitenwänden 37 cm und zwischen Vorder- und Hinterwand 46 cm lichte Weite und 22 cm Mauerstärke hatten. Nach oben wurden sie etwas weiter. Die Vorderwand, über welche ein Arbeiter die Beschickung einschüttete, war 1,50 m hoch, die Seitenwände 30 cm höher und die Hinterwand abermals um so viel höher, also 2,10 hoch. In der Hinterwand lag eine eiserne oder broncene Form, in welche die Düsen von zwei Blasebälgen einmündeten; in der Vorderwand dagegen war das Abstichloch, durch welches das Metall in einen Vorherd abfloss. Es standen immer mehrere, aber selten mehr als sechs solcher Oefen in einer Reihe an einer Mauer, durch welche Thüröffnungen nach dem Raume führten, in welchem die Blasbälge in einer

Reihe auf einem Balkengerüste lagen. Diese waren einfache Spitzbälge, aus Holz und Leder gemacht. Sie hatten eine grösste Breite von 75 cm, der obere Deckel war 1,70 m, das Kopfstück 45 cm lang, so dass die Gesammtlänge ohne die Düse und das Schwanzholz 2,15 m betrug. Die Konstruktion dieser Bälge ist von AGRICOLA bis in die kleinsten Details beschrieben, worauf wir jedoch nicht eingehen wollen. Ihre Bewegung erhielten die Bälge durch ein Wasserrad, welches vermittelst Winkelrädern eine Daumenwelle umdrehte (Fig. 171). Diese lief hinter dem Gerüste her, auf welchem die Bälge mit ihren unteren Deckeln befestigt waren. In der Mittelebene jedes Balges hatte die Welle zwei einander gegenüberstehende Daumen, mit welchen sie einen im Gerüste unterhalb des Balges gelagerten einarmigen Hebel niederdrückte (Fig. 172), von dem die Bewegung durch eine Zugstange und eine dreigliederige Kette mit entsprechenden Oesen auf das Schwanzholz des oberen Balgdeckels und auf einen darüberliegenden doppelarmigen Hebel mit Gegengewicht übertragen wurde. Dieses hob den Deckel wieder, sobald der Druck des Daumens auf den unteren Hebel aufhörte. Die Zugstange hatte am oberen Ende mehrere Löcher, in welche der Haken am unteren Ende der dreigliederigen Kette je nach Bedürfniss höher oder tiefer eingehängt werden konnte. Wurde dieser Haken ausgehängt, so stand der betreffende Balg still. Die Konstruktion dieses Bewegungsmechanismus, welche AGRICOLA sehr ausführlich beschreibt, dürfte klar genug aus dem Gesagten und den Fig. 171 und 172 hervorgehen, doch sei bezüglich der Dimensionen noch folgende Stelle angeführt:

„Das Rad, welches aus Triebstöcken besteht, wird aus zwei doppelten, kreisrunden Scheiben gebildet, welche 50 cm von einander abstehen, 9 cm dick und etwa 33 cm hoch sind. Sie sind aber doppelt, weil sie aus zwei gleich dicken, kreisrunden Scheiben zusammengesetzt sind, die mit hölzernen Nägeln zusammengeleimt und ringsum mit einer eisernen Schiene überzogen werden. Die Triebstöcke sind 30 an der Zahl, 48 cm lang, beiderseits in die Scheiben eingezapft, rund und 55 mm dick. Auch stehen sie ebensoviel von einander ab . . . Ferner hat das Zahnrad 60 Zähne . . . Sie sind 30 cm lang, und zwar stehen sie 75 mm aus der inneren Kreisfläche des Rades vor und 55 mm aus der äusseren (der Radkranz aus doppelten Felgen war 17 cm dick und 30 cm breit). Ferner sind sie 75 mm breit und 45 mm dick . . . Die Axe muss so dick gemacht werden, wie es mit den Radarmen und Kranztheilen im Verhältnisse steht. Weil aber je zwei Hebedaumen einen Hebel niederdrücken, so muss die Axe (bei 6 Oefen) 24 Daumen haben, von denen jeder 37 cm aus ihr heraussteht. Sie haben eine nahezu kreisrunde Gestalt (sind nach einem Kreisbogen gekrümmt), ihr breiter Theil ist 24 cm breit und jeder 75 mm dick.“

Wir haben die hier angegebenen Massverhältnisse in unserer Fig. 171 möglichst einzuhalten gesucht, während der betreffende Kupferstich in AGRICOLA's Werk in manchen Stücken unvortheilhaft davon abweicht. Uebrigens wird am Schlusse von dessen Beschreibung bemerkt, dass oft auch nur eine Welle angewendet werde, auf welcher die Daumen zugleich mit dem Wasserrade sässen.

Es wird ferner das Mahlen und Sieben der Kohlen und der Erde beschrieben, welche gemischt zur Herstellung der Herde und Vorherde der Schmelzöfen dienten. Ersteres geschah mit einem Stampfwerke mit vier hölzernen Stempeln, welche keine eisernen Köpfe hatten, sondern nur mit einem eisernen Ringe an ihrem unteren Theile umgürtet waren.

Aus den nun folgenden Beschreibungen verschiedener anderer Schmelzöfen heben wir nur hervor, dass man zum Verhütten schwer schmelzbarer Erze und insbesondere der Eisenerze auch grössere Oefen und Blasbälge anwendete, als die oben beschriebenen; doch werden die Dimensionen derselben leider nicht angegeben. Folgende Stelle am Schlusse des betreffenden Abschnittes ist der eigenthümlichen Form der darin beschriebenen Blasbälge wegen für uns bemerkenswerth:

„Die Lusitanier (im Westen der pyrenäischen Halbinsel) pflegen das Zinn aus schwarzen Steinchen in kleinen Oefen zu erblasen. Sie gebrauchen runde Blasbälge von Leder (Fig. 173 und 174), deren vorderer Theil aus einer kreisrunden, eisernen Scheibe besteht, der hinterste aber aus einer solchen von Holz. In einem Loche der ersteren ist die Düse eingeschlossen, in der Mitte der letzteren aber befindet sich die Saugöffnung und darüber ein Handgriff oder Bügel. Wird der Balg mit dessen

Fig. 173.

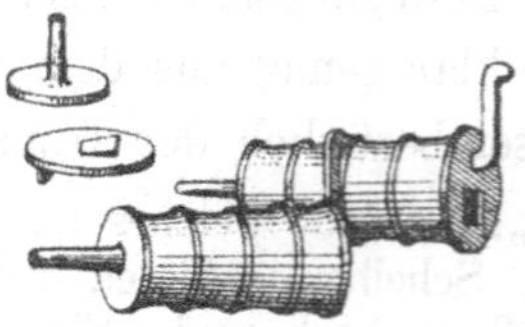

Fig. 174.

Hilfe auseinandergezogen, so nimmt er Luft auf, wird er aber zusammengepresst, so stösst er sie aus. Zwischen den Scheiben hat der Balg einige eiserne Ringe, an denen das Leder so befestigt ist, dass es Falten macht, wie man sie an einer Papierlaterne sieht, die man zusammenlegen kann. Da aber Blasbälge dieser Art keinen starken Wind ausstossen und sie nur langsam auseinandergezogen und zusammengepresst werden, so kann der Schmelzer in einem ganzen Tage wenig mehr als einen halben Centner Zinn erblasen."

Bei der Darstellung des Eisens, von welcher Agricola nun zunächst spricht, spielten damals Hammerwerke eine besonders wichtige Rolle, denn diese geschah nach dem sogenannten direkten Verfahren, d. h. aus den Erzen wurde unmittelbar schmiedbares Eisen erzeugt, aber in einem Klumpen (massa), der je nach der Qualität der betreffenden Erzstücke, den verschiedenen Temperaturen, denen diese bei ihrem Niedergange im Ofen ausgesetzt waren u. s. w., aus einem Conglomerate sehr verschiedener Eisen- oder Stahlsorten bestand. Erst durch wiederholtes Zertheilen, Sortiren, Zusammenschweissen und Ausschmieden konnten daraus brauchbare Eisensorten gewonnen werden. Zu diesem Zwecke bediente man sich etwa seit der Mitte des dreizehnten Jahrhunderts der durch Wasserkraft betriebenen Hämmer (siehe Dr. LUDWIG BECK: „Geschichte des Eisens", S. 752 und 754), während man erst zu Anfang des fünfzehnten Jahrhundert anfing, die Wasserkraft zur Bewegung der Blasbälge zu benutzen (siehe ebendaselbst S. 781). Hieraus dürfte es sich erklären, warum AGRICOLA die Eisenhämmer, wie er sie gelegentlich der Besprechung von Eisen- und Stahlwerken erwähnt und abbildet, und wie wir sie in den Fig. 175 und 176 reproducirt haben, nicht beschreibt. Eisenhämmer waren damals wahrscheinlich so bekannt, dass unser Autor eine nähere Beschreibung derselben für überflüssig hielt. Die abgebildeten sind sogenannte Aufwerfhämmer, bei denen die Wasserradwelle mit dem Hammerstiele parallel gelagert ist und die Hebedaumen denselben in der Nähe des Kopfes von unten fassen und in die Höhe werfen.

Im zehnten Buche von AGRICOLA's Werk interessiren uns zunächst die Drehkrahnen, welche dort zum Abheben der Hüte von Treibherden angegeben werden und deren Beschreibung also lautet:

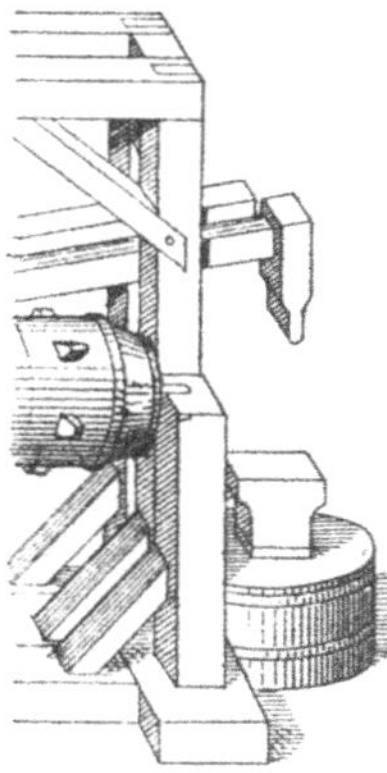

Fig. 175.

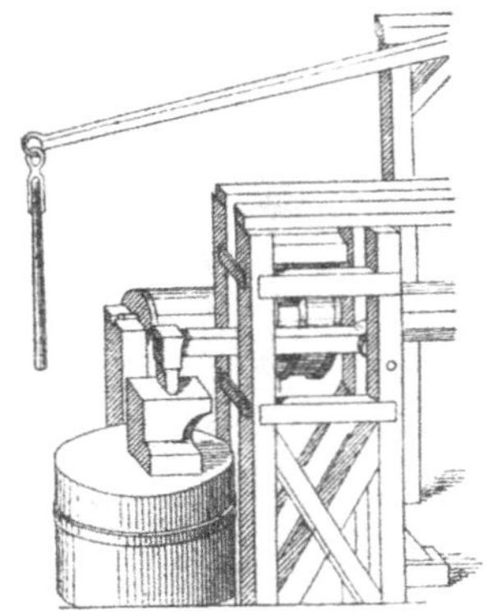

Fig. 176.

„Der Kranich (Fig. 178), mit dem man den Deckel aufhebt, damit ich auch diese Maschine beschreibe, ist so beschaffen: Zuerst wird eine (hölzerne) Welle aufgerichtet, vierkantig, auf jeder Seite 30 cm breit und 3,50 m lang. Ihr unterer Zapfen dreht sich in einer Pfanne von Bronce, welche in ein anderes eichenes Holz eingelassen ist. Zwei solcher Hölzer sind nämlich verschränkt so übereinander gelegt, dass die Vertiefung in der Mitte des einen in die Vertiefung in der Mitte des anderen eingeschlossen ist und beide ein Kreuz bilden. Jedes dieser Hölzer ist 90 cm lang und 30 cm breit und dick. Das obere Ende der Welle ist rund, und zwar so ausgeschnitten, dass es 22 cm dick ist (d. h. am oberen Ende war ein Drehzapfen von dieser Dicke angeschnitten); es dreht sich in einem halbirten eisernen Ringe, der zu beiden Seiten an einem auf die Seitenwand der Feuerstätte sich stützenden Balken befestigt ist. An dieser Welle ist ein Gehäuse befestigt, und zwar ist zunächst in der Höhe von einer Elle (= $1^1/_2{}'$ = 44 cm) ein Holz in ein Zapfenloch der Axe eingezapft, welches mit Ausnahme des Kopfes 50 cm lang und 15 cm breit und dick ist. Alsdann ist wiederum in der Höhe von 1,50 m nach aufwärts ein zweites ebenso langes, breites und dickes Holz in die Axe eingezapft. Die anderen Enden dieser beiden Hölzer sind in die Zapfenlöcher eines senkrechten Balkenstückes eingezapft, welches 2 m hoch, 22 cm breit und dick ist, und beide sind von hölzernen Nägeln durchdrungen. Ferner sind vom unteren Holze aufwärts in einer Höhe von 22 cm in seitlichen Zapfenlöchern wieder zwei Hölzer eingezapft, 37 cm lang mit Ausnahme des Kopfes, 13 cm breit und 75 mm dick, und ebenso unter dem oberen Holze zwei Hölzer von derselben Grösse. Auch in Zapfenlöchern des senkrechten Balkenstückes sind ebenso viele Hölzer eingezapft von derselben Länge wie die vorhergehenden, aber 55 mm dick und 11 cm breit, und zwar die unteren quer über dem unteren Holze, die oberen aber in gerader Richtung mit den beiden oberen Hölzern, welche in die Seiten der Welle eingezapft sind. Ausserhalb sind Bretter an die Hölzer befestigt (diese bildeten ein kastenförmiges Gehäuse um das Räderwerk des Krahns, sind aber in der Abbildung weggelassen, um letzteres nicht zu verdecken). Aber der vordere und der hintere Theil des Gehäuses haben Thürflügel,

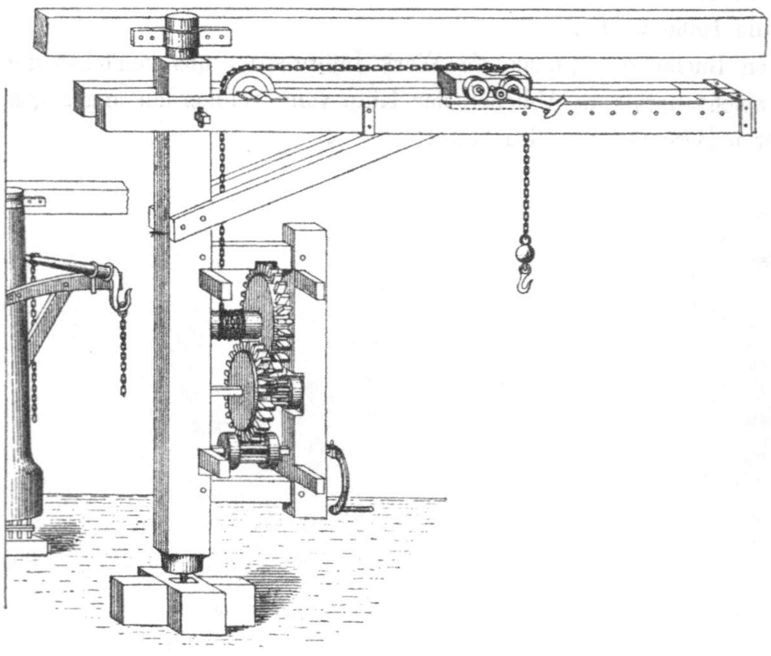

Fig. 177. Fig. 178.

deren Angeln an den Brettern befestigt sind, welche an den in die Seiten der Welle eingezapften Hölzern angeschlagen sind. Ueber die unteren Hölzer sind Bretter quer gelegt, von welchen 15 cm nach oben entfernt eine vierkantige eiserne Axe liegt, deren Seitenflächen 37 mm breit sind. Die Enden derselben sind beide rund und drehen sich in broncenen oder eisernen Ringen, von denen der eine in der Welle, der andere in dem senkrechten Balkenstücke eingeschlossen ist. Auf jeder Seite dieser Axe sitzt eine hölzerne runde Scheibe, 24 cm hoch, 75 mm dick, obenauf mit Eisen beschlagen. Diese beiden Scheiben stehen 18 cm von einander ab und haben 5 Triebstöcke, welche 45 mm dick sind und 55 mm von einander abstehen. Auf diese Weise wird ein Rad erzeugt, welches von dem senkrechten Balkenstücke 9 cm, von der Welle aber etwas weiter, nämlich 13 cm absteht. Oberhalb dieser Axe in einer Höhe von 37 cm liegt eine zweite vierkantige eiserne Axe, von der jede Seite 55 mm breit ist. Sie dreht sich ebenso wie die erste in broncenen oder eisernen Ringen. Auf dieser sitzt ein gezahntes Rad, aus zwei runden Scheiben zusammengesetzt, 52 cm breit und 11 cm dick, welches auf der Stirnfläche 23 Zähne hat, 75 mm breit, 37 mm dick und 75 mm aus dem Rade stehend. Sie stehen 55 mm von einander ab. Auch ist auf derselben Axe gegen das senkrechte Balkenstück hin bei 18 cm Länge eine andere runde Scheibe von gleichem Durchmesser, wie die Scheibe des Getriebes und 75 mm dick. Diese dreht sich in dem senkrechten Balkenstücke, welches an dieser Stelle ausgeschnitten ist. Aus dieser Scheibe und der Scheibe des Rades wird ein anderes Rad gebildet, welches fünf Triebstöcke hat. Von dieser zweiten Axe aufwärts in einer Höhe von einer Elle (ca. 45 cm) liegt eine hölzerne Axe, welche eiserne Zapfen hat und deren Enden mit eisernen Ringen gebunden sind, damit die Zapfen in ihnen fest bleiben. Letztere drehen sich ebenso, wie die eisernen Axen in broncenen oder eisernen Ringen. Diese Axe steht von dem oberen Querholze etwa 45 cm ab und hat nahe bei dem senkrechten Balkenstücke ein Zahnrad von 74 cm Durchmesser, welches auf der Stirnfläche 27 Zähne hat. Der andere Theil der Axe (welcher die Kettentrommel bildet) nach der Welle zu ist mit Eisenblech beschlagen, damit er von der Kette, welche sich darum schlingt, nicht abgerieben wird. Der äusserste Ring dieser Kette ist in eine Klammer eingeschlossen und auf der Axe befestigt. Diese Kette geht aus dem Gehäuse heraus und wird über eine Rolle geschlagen, welche zwischen den Balken des Schnabels gelagert ist. Denn $1^1/_4{}'$ (soll wohl heissen $2^1/_4{}' = 67$ cm) über dem Gehäuse ist der Schnabel des Kranichs, welcher aus zwei in die Welle eingelassenen Balken besteht, von 4,50 m Länge, 22 cm Breite und 15 cm Dicke, welche an der Rückseite der senkrechten Welle 45 cm herausstehen. Dort werden sie mit eisernen Bändern gebunden und ausserdem mit einem hölzernen Nagel, welcher durch sie und die Welle dringt, verbunden. Dieser Nagel hat an einer Seite einen breiten Kopf, an der anderen ein Loch, in welches ein eiserner Keil eingeschlagen ist, damit er die Balken mit der Welle fest zusammenpresst. Die Balken des Schnabels aber sind durch zwei andere Balken verstrebt und unterstützt, welche 1,90 m lang und 15 cm breit und dick sind. Diese sind unten in die Welle und oben in die Balken des Schnabels eingelassen, wo sie von der Welle etwa 1,20 m abstehen, und sind mit eisernen Nägeln befestigt. Hinter dem oberen Ende dieser Balken nach der Welle hin ist ein Eisenband unterhalb über die Balken des Schnabels gelegt, welches sie zusammenhält und zusammenzieht. Das vordere Ende dieser Balken ist in viereckig gebogene Eisenschienen eingeschlossen, zwischen welchen eine dritte viereckig gebogene Eisenschiene eingesetzt ist, so dass die Balken des Schnabels weder auseinander gehen, noch sich einander nähern können. Diese Balken sind oben auf 1,80 m Länge mit Eisenblech beschlagen, damit die „Zunge“ (das ist der Körper des kleinen Wagens, welcher die vordere Kettenrolle trägt) in ihnen fortbewegt werden kann. Dieses Holz wird von Hainbuche oder einem anderen harten Baume 45 cm lang, 30 cm breit und 22 cm dick gemacht und auf beiden Seiten der untere Theil auf 75 mm Höhe und Breite herausgeschnitten, damit das Stehenbleibende zwischen den beiden Balken des Schnabels hin und her gehen kann. Der vordere Theil (der Zunge) aber wird in der Mitte auf 18 cm Länge ausgeschnitten, so dass eine broncene Rolle, welche auf einem eisernen Aexchen sitzt, sich darin drehen kann. Ausserdem hat die Zunge nahe bei den vier Ecken vier Löcher, in welchen ebenso viele Rollen befestigt sind, die auf den Balken des Schnabels fortbewegt werden, indem sie sich drehen. Aber weil die Zunge, wenn sie hin und her gezogen wird, einem dem Bellen eines Hundes einigermassen ähnlichen Ton von sich giebt, so kommt bei uns ihr Name davon her (d. h. man nannte den kleinen Krahnenwagen den „Hund“). Mit einer Stange (vectis, eigentlich Hebel) wird die Zunge vorwärts bewegt und durch die Kette wird sie zurückgezogen. Es ist aber ein eiserner Haken angebracht, dessen Auge sich auf einem eisernen Bolzen dreht, welcher in der rechten Seite der Zunge eingeschlagen ist. Dieser Haken wird in einen von mehreren eisernen Nägeln (in unum aliquem ferreum clavum) eingehängt, welche in dem rechten Balken des Schnabels eingeschlagen sind. — Vorn vor der (stehenden) Welle befindet sich eine broncene Rolle, deren eisernes Aexchen in die Balken des Schnabels gelagert ist, in welcher Rolle die aus dem Gehäuse herauskommende Kette läuft. Nachdem diese dann durch den ausgehöhlten Rücken der Zunge bis zu deren broncener Rolle gelangt ist, schlingt sie sich um diese . . . .“

Es wird nun noch beschrieben, wie der Hut des Treibherdes an die Krahnenkette gehängt und wie die Handkurbel beschaffen war, mit welcher das Räderwerk bewegt wurde, was wir übergehen.

Wir haben uns bemüht, in Fig. 178 diesen Drehkrahnen der Beschreibung gemäss darzustellen und haben diese deshalb bis hierher unverkürzt wiedergegeben, damit wir nicht in den Verdacht kommen möchten, hierbei willkürlich verfahren zu sein, da der Kupferstich, welcher sich in Agricola's Werk befindet, mit unserer Fig. 178 keine Aehnlichkeit hat und nur ein Zerrbild des

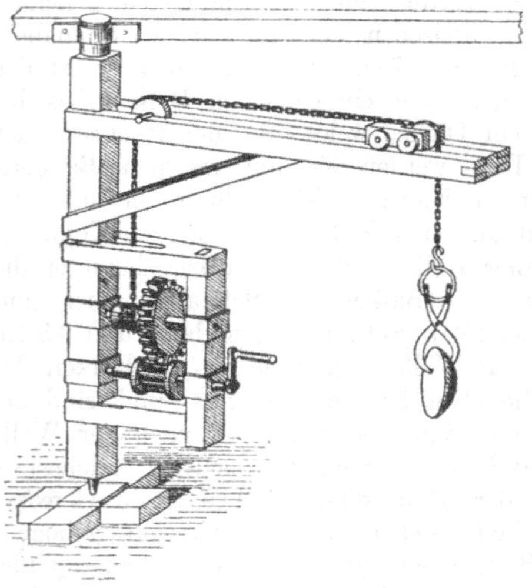

Fig. 179.

Fig. 180.

beschriebenen Krahnen ist. Die in der oben gesperrt gedruckten Stelle angegebenen Nägel an der Seite des Schnabels aber und der Haken am „Hunde“, welcher diesen während des Aufziehens in seiner Stellung hielt, sind in dem Kupferstiche gar nicht angegeben. Interessant ist es, aus dieser Beschreibung, sowie aus mehreren anderen Abbildungen von Krahnen in Agricola's Werk zu ersehen, dass die sächsischen Hüttenleute schon Anfang des sechzehnten Jahrhunderts Räderwerke mit Gehäusen umschlossen, die keinen anderen Zweck haben konnten, als die Arbeiter vor Unfällen zu schützen, während heutigen Tages die Fabrikinspektoren oft Mühe haben, die Anbringung solcher Schutzvorrichtungen durchzusetzen.

Einen sehr einfachen, damals gebräuchlichen Drehkrahnen zum Abheben des Hutes von Treibherden zeigt noch Fig. 177, dessen Beschreibung also lautet:

„Die Zapfen der aufrechtstehenden Welle drehen sich auf dieselbe Weise (wie bei dem soeben beschriebenen Krahn), der eine in einer eisernen Pfanne, der andere in einem Ringe. An dieser Welle steht ein Balken quer heraus, welchen ein schräger unterstützt. Am Ende des Querbalkens ist ein starker, eiserner Ring befestigt, von dem ein anderer, in ihn eingeschlossener Ring ausgeht, in welchen wiederum ein starker hölzerner Hebel eingeschlossen ist, dessen Ende ein dritter eiserner Ring umschliesst, von dem ein eiserner Haken herabhängt, der in den oberen Ring der Kette des Hutes eingehängt wird. Am anderen Ende des Hebels aber ist eine Kette, welche, wenn sie niedergezogen wird, den anderen Arm des Hebels und damit den Hut hebt . . . ."

Im elften Buche beschreibt Agricola noch einen Drehkrahnen mit einfacher Räderübersetzung und einer selbstschliessenden Zange am Ende der Krahnenkette, dessen Abbildung wir in Fig. 179, wiedergeben, wobei wir uns aber erlaubt haben, die Räderübersetzung, welche hier nicht näher beschrieben ist, der früheren Beschreibung zu Fig. 178 gemäss einzuzeichnen, während in dem Kupferstiche Rad und Getriebe gleich gross gezeichnet sind, was keinen Sinn hat. Die Beschreibung dieses Krahnen aber können wir übergehen, da diese Konstruktion der früher beschriebenen Fig. 178 analog ist.

Endlich müssen wir noch den in Fig. 180, dargestellten Fallhammer betrachten, welcher zum Zerkleinern des Schwarzkupfers benutzt wurde, um es zur Saigerung vorzubereiten. Die Beschreibung lautet:

„Die Brode von Kupfer werden auf einen Karren geworfen, in die dritte Abtheilung der Hütte gefahren und hier einzeln auf einen „Stuhl" gelegt, wo sie von wiederholten Schlägen eines vorn mit einem Eisen versehenen Stempels getroffen und zerbrochen werden. Diese Maschine macht man so: Ein Klotz von Eichenholz, 1,50 m lang, 90 cm breit und dick, wird auf den Boden gelegt. Derselbe hat in der Mitte einen nach vorn offenen Hohlraum von 75 cm Länge, 60 cm Breite und 26 cm Höhe. Der sich erhebende Theil ragt dahinter vor, während die Breite des Hohlraumes in den Klotz hineinfällt. In die Mitte desselben wird ein broncener „Stuhl" gestellt. Dessen etwas eingelassener Theil von 11 cm Breite wird zwischen zwei Bleiklumpen gesetzt. Der höhere Theil desselben grenzt beiderseits 75 mm breit daran, so dass der ganze Stuhl 26 cm breit ist, 30 cm lang und 15 cm dick. Ueber den Klotz wird zu beiden Seiten des Hohlraumes je ein 45 cm breiter Balken gestellt . . . ."

Die weitere Beschreibung des Maschinengestelles ist nicht wesentlich verschieden von der bei dem Pochwerke gegebenen. Von dem Stempel wird gesagt:

„Dieser ist vierkantig, 3,25 m lang, 22 cm breit und dick. Der Kopf des 37 cm langen Eisens ist 15 cm lang und breit, oben 11 cm, unten 37 mm dick, denn er wird allmälig schmäler. Der Schwanz desselben ist 22 cm lang und da, wo er von dem Kopfe aus aufsteigt, 15 cm breit und dick. Je weiter er sich aber von dem Kopfe entfernt, desto schmäler wird er . . . ."

Die Art der Befestigung dieses Eisens und der Hebling im Stempel waren ebenso, wie bei den Pochstempeln. Um den Stempel abstellen zu können, war auch hier ein Loch in solcher Höhe durch denselben gebohrt, dass es bei der höchsten Stellung über den unteren Querbalken erschien und ein durchgesteckter Bolzen den Stempel in dieser Stellung erhielt. Bezüglich der Hebedaumen an der Wasserradwelle wird gesagt:

„Die Welle, welche die Stempel hebt, hat beiderseits zwei Zähne (siehe Fig. 181), welche 20 cm von einander abstehen und 40 cm aus ihr hervorragen. Sie werden durch die Axe gesteckt und durch eingeschlagene Keile befestigt. Sie sind 11 cm breit und dick, ihre Enden abgerundet und mit eisernen Schienen von gleicher Breite beschlagen, welche an beiden Seiten 30 cm herabreichen und mit eisernen Nägeln befestigt sind. Diese Köpfe haben runde Löcher, in welche ein eisernes Aexchen eingeschlossen wird, das durch eine broncene Walze hindurchgeht. Das eiserne Aexchen hat am einen Ende einen breiten Kopf und am anderen ein Loch, durch das ein eiserner Nagel gesteckt wird, damit es nicht aus den Zähnen herausfalle. Die broncene Röhre ist 15 cm (?) lang und 75 mm dick. Durch ihr rundes Loch von 37 mm dringt das eiserne Aexchen und ist in sie eingeschlossen. Aber nicht allein die broncene Walze dreht sich um das eiserne Aexchen, sondern dieses dreht sich auch, und wenn die Welle sich dreht, so heben die broncenen Walzen abwechselnd den Zahn (Hebling) des Stempels . . .“

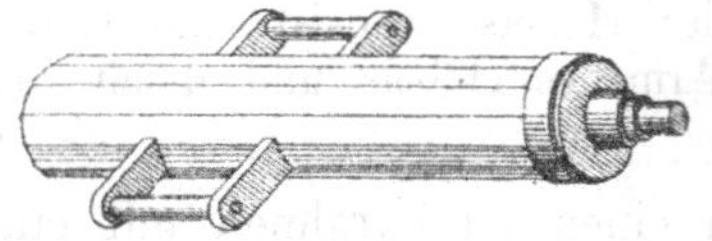

Fig. 181.

Die Hebedaumen waren also hier mit Antifriktionsrollen versehen. Wir haben auch diesen Fallhammer in Fig. 180 möglichst genau nach der Beschreibung darzustellen gesucht, während in dem Kupferstiche bei dieser Beschreibung das Eisen unten am Stempel und der sogenannte „Stuhl“, auf den die Kupferrosetten gelegt wurden, um zerschlagen zu werden, unverhältnissmässig gross gezeichnet sind.

Wir schliessen diese Betrachtung mit dem Wunsche, der Leser möge verzeihen, wenn ihm von den Detail- und Massangaben Agricola's im Vorstehenden zu viele citirt zu sein scheinen. Denn bei allen Anderen, welche im sechzehnten und siebzehnten Jahrhundert über Maschinen geschrieben haben, fehlt es gerade an solchen Angaben, und bei Vielem, was sie beschrieben haben, an der Garantie, dass es auch praktisch angewendet wurde, so sehr, dass man sich nur nach genauerem Studium Agricola's ein ungefähres Bild von dem damaligen Stande des Maschinenbaues machen kann.

# Hieronimus Cardanus (1501–1576).

Reuleaux sagt auf Seite 11 seiner Kinematik: „In früheren Zeiten betrachtete man jede Maschine als ein Ganzes, bestehend aus ihm eigenthümlichen Theilen; jene Gruppen von Theilen, welche man Mechanismen nennt, sah das geistige Auge an der Maschine noch gar nicht, oder nur selten ..... Der Begriff „Wasserrad“ ist allerdings so ziemlich vorhanden, man begegnete doch solchen Rädern auf Weg und Steg, allein der Begriff „Pumpe“, und deshalb auch das Wort dafür, fehlte noch gänzlich .... Erst bei Leupold 1724 finden wir eine Abtrennung einzelner Mechanismen von den Maschinen vor, welche für sich nur mit nebensächlicher Rücksicht auf ihre mannigfache Verwendung betrachtet werden“.

Nachdem wir in unserer ersten Abhandlung über Leonardo da Vinci eine Anzahl Skizzen desselben reproducirt haben, welche einzelne Mechanismen behandeln, und in unserer Abhandlung über Georgius Agricola erwähnt haben, dass dieser die Pumpen, welche er im lateinischen Texte „siphones“ und in dem beigegebenen Verzeichnisse deutscher, technischer Ausdrücke „Pompen“ nennt, als eine eigene Unterabtheilung der Wasserfördermaschinen behandelt, dürfte es Obigem gegenüber nicht uninteressant sein, zunächst das, was Cardanus über einzelne Mechanismen geschrieben hat, zu betrachten, zumal seine Behandlungsweise dieses, allerdings damals noch nicht umfangreichen Gegenstandes eine kaum zu verkennende Aehnlichkeit mit dem hat, was man heutigen Tages die Lehre von den Bewegungsmechanismen oder auch Kinematik nennt. Auch der Begriff „Pumpen“ fehlt ihm nicht, wenngleich er solche „tubae“ nennt, anstatt „siphones“, und er betrachtet sie sogar ganz für sich allein, abgelöst von den Mechanismen, welche zur Einleitung der Kolbenbewegung dienen. Auch finden wir noch einige andere, seither, wie es scheint, unbeachtet gebliebene Mittheilungen über Maschinen in den Werken dieses Zeitgenossen Agricola's.

Geronimo Cardano (lateinisch: Hieronimus Cardanus) wurde 1501 zu Mailand geboren, bezog 1521 die Universität Pavia, wo er Mathematik, Philosophie und Medicin studirte, erklärte bereits zwei Jahre darauf den Euclides, wurde in Padua als Doktor der Medicin promovirt, nahm 1534 eine Professur der Mathematik in Mailand an, las aber gleichzeitig Kollegien über Medicin und prakticirte als Arzt, ging dann nach Schottland, wo er den Erzbischof Hamilton von St. Andrew's, der an Asthma litt, behandelte, bereiste bei seiner Rückkehr die Niederlande und Deutschland, blieb 1559 in Mailand, wurde in diesem Jahre Professor der Medicin in Pavia und 1562 in Bologna, wurde wegen eines Versuches, das Leben Jesu astrologisch zu erklären, eingekerkert und erst 1571 wieder frei gelassen, ging dann nach Rom, wo er vom Papste eine Pension erhielt und starb 1576.

Cardanus war ein Mann von grossem Geiste und Wissen, aber dem Hange zum Wunderbaren sehr ergeben. In der Mathematik ist sein Name durch die Veröffentlichung der sogenannten cardanischen Regel zur Auflösung von Gleichungen dritten Grades berühmt geblieben, obgleich es wahrscheinlich ist, dass diese von Tartaglia herstammt, der sie aber geheim hielt. Des Cardanus Schriften gehören zu den wichtigsten Denkmälern seines Jahrhunderts, obgleich sie oft zusammenhanglos und nicht frei von Widersprüchen sind. Sein naturwissenschaftliches und metaphysisches Wissen legte er in den beiden umfangreichen Werken: „De subtilitate libri XXI" und „De rerum varietate libri XVII" nieder. Ersteres erschien zu Nürnberg 1550 und in vervollständigter Ausgabe ebendaselbst 1554, dann zu Basel 1583 und 1664. Das zweite Werk: „de rerum varietate" erschien zu Basel 1557, Avignon 1558 und 1581 und in deutscher Uebersetzung zu Basel 1559 und 1591. Eine Gesammtausgabe der Werke des Cardanus in 10 Foliobänden erschien 1663 zu Paris.

Wir entnehmen zunächst dem Werke de subtilitate einen Abschnitt, der sich in der Baseler Ausgabe von 1664 auf Seite 20 findet und überschrieben ist: „Von der hin- und hergehenden Bewegung (*de motu alternante*)" und folgendermassen lautet:

„Die wiederkehrende Bewegung eines materiellen Körpers wird zur abwechselnden Hin- und Herbewegung von Blasbälgen und anderen Maschinen benutzt, wie sich beispielsweise bei der Ktesibischen Maschine zu zeigen Gelegenheit bot, dass die Kolben in den Stiefeln abwechselnd auf und nieder gehen. Dies wird so erreicht: Ein Schaufelrad wird in dem Gefälle eines herabschiessenden Wassers so aufgestellt, dass es durch den kontinuirlichen Abfluss des Wassers über die Schaufeln umgedreht wird. In diesem befindet sich die Axe $A$ (Fig. 182)*), welche offenbar mit umgedreht werden muss. Die Beschaffenheit des Wasserrades setze ich als etwas, was man bei jeder Mühle sehen kann, als bekannt voraus. Der auf Pfosten ruhende (sehr dick gedachte, hölzerne) Wellbaum $B$ ist so gelagert, dass er sich auf Zapfen drehen kann. Nahe bei seinem äussersten Ende ist eine Oese $E$ darin befestigt und darin die Oese einer Eisenstange $F$, welche wiederum in einer Oese endigt. Diese nimmt eine Oese $G$ auf, welche an der Stange $H$ gebildet ist. Mit dem Ende von $A$ ist eine Oese verbunden, welche vermittelst eines Hakens (unco,

*) Die Abbildungen in den Werken des Cardanus sind zwar so mangelhaft, dass sie viel zu errathen übrig lassen; andererseits sind aber auch die Beschreibungen oft nicht ausführlich genug, um jene mit einiger Zuverlässigkeit darnach verbessern zu können. Wir geben sie daher fast unverändert wieder.

worunter ein gekröpftes Eisen, hier eine Kurbel zu verstehen ist) so mit einem Nagel (dem Kurbelzapfen) in der Höhe der höchsten Stelle der Welle $A$ verbunden ist, dass sie sich mit ihm bewegt. Aber wenn sich die Axe zurück bewegt (d. h. nach ihrer ersten Stellung zurückkehrt), kehrt auch die Oese in ihre vorige Stellung und Lage zurück. An einer anderen Stelle des Wellbaumes $B$ werden zwei Oesen $C$ und $D$ einander gegenüber angebracht. Man kann auch zwei oder drei Paare auf diese Weise einander gegenüber anbringen. Wenn nun von den Pumpenkolben oder Blasbälgen der eine bei $C$, der andere bei $D$ mit einem Seile angehängt wird und bei der Umdrehung der Wasserradwelle der Wellbaum $B$ auf der Seite von $D$ angezogen wird, so wird der eine Blasbalg von $C$ gehoben, während der von $D$ fällt ... und so werden durch abwechselnde Wirkung die Bälge bewegt, denn der Wellbaum $B$ neigt sich abwechselnd zur Rechten und Linken, dreht sich aber nicht um. Man kann auf diese Weise viele Blasbälge durch viele Oesen, welche an dem Wellbaume einander gegenüber angebracht sind, bewegen, doch ist dazu eine starke Wasserkraft nöthig. Man kann auch noch eine zweite Welle an der linken Seite derselben Wasserradaxe anhängen, was die Schmiede zu thun pflegen, und so die Zahl der Blasbälge noch verdoppeln. Es ist hierzu kein anderes Hilfsmittel erforderlich, als was bei einem einzigen Betriebe nothwendig ist, aber eine grössere Kraft."

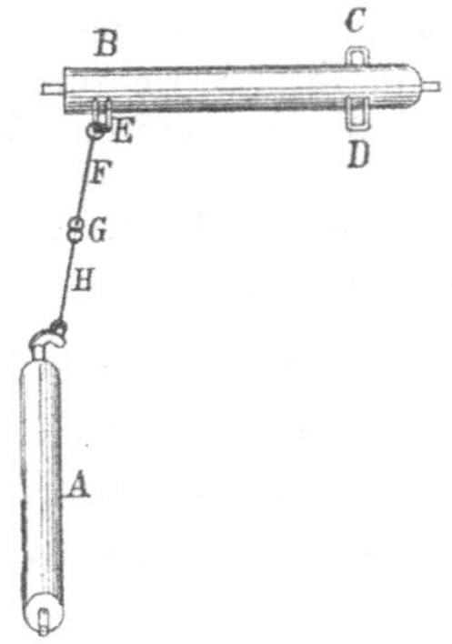


Fig. 182.

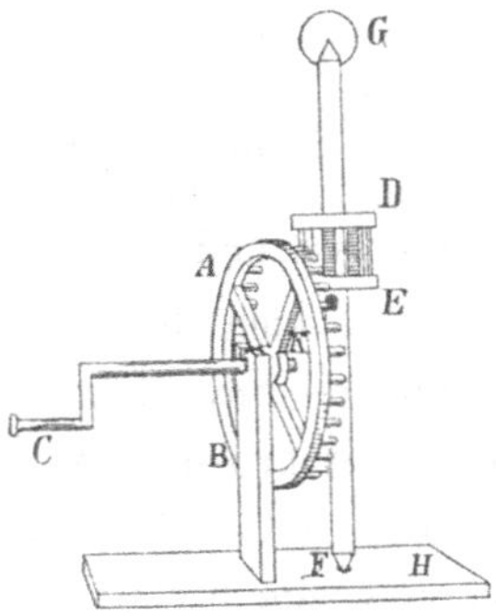


Fig. 183.

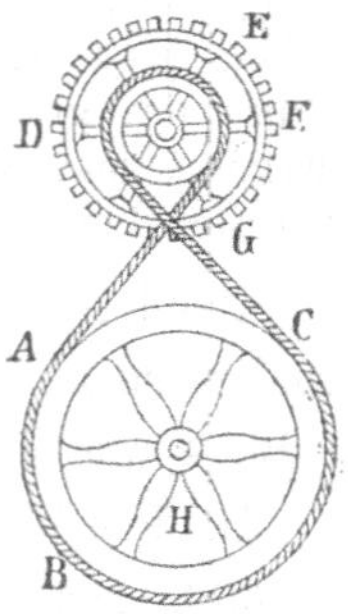


Fig. 184.

Der hier beschriebene Mechanismus ist eine Vereinfachung desjenigen, welchen Biringuccio zum gleichzeitigen Bewegen einer grösseren Zahl von Blasbälgen angab und welchen wir in Fig. 134, S. 120 der Abhandlung über ihn skizzirt haben.

Der nun folgende Abschnitt, welcher sich jedoch in der ersten Ausgabe von 1550 noch nicht findet, ist überschrieben: „Die Uebertragung der Bewegungen (*motuum translatio*)" und lautet:

„Die Bewegungsübertragung, welche sowohl bei Mühlen, als auch bei Uhren gebraucht wird, ist zwar eine sehr gewöhnliche, aber doch von subtilerer Konstruktion. Es sei $AB$ (Fig. 183) ein Rad, welches entweder durch ein Schaufelrad umgedreht werde, wie es bei Mühlen zu geschehen pflegt, oder durch eine Handkurbel $C$. Auf derjenigen seiner Flächen, welche nach der auf der Ebene $FH$ senkrecht stehenden Welle $FG$ hingekehrt ist, befinden sich Zähne. Auf jener Ebene $FH$ ist auch ein hervorragender Pflock für das Rad befestigt, dessen Axe darin gelagert wird. Auf der stehenden Welle $FG$ aber befindet sich das gezahnte Getriebe $DE$. Wenn daher das Rad $AB$ auf der Axe $CK$ gedreht wird, so wird durch die Bewegung von $A$ die Welle $FG$ in der Richtung von $DE$ nach $K$, oder von rechts nach links gedreht und dadurch die Uebertragung der Bewegung erreicht, welche eine um so schnellere sein wird, je grösser die Zahl der Zähne von $AB$ im Vergleiche zu derjenigen der Zähne des Getriebes $DE$ ist. Hiervon werden wir bei der Erklärung der „Augsburger Maschine" Gebrauch machen . . . ."

Auf Seite 613 der genannten Ausgabe wird eine „Seiltransmission" (Fig. 184) mit folgenden Worten beschrieben:

„Wir kehren zur Beschreibung der Räderwerke zurück. Die Gemmen werden mit einer bewunderungswürdigen Kunst gebohrt und geschnitten. Diese besteht in folgendem: Ein grosses hölzernes Rad wird mit einem dünnen Seile umschlungen, und mit demselben wieder ein kleines, welches sich über dem grossen befindet, auf die Weise, wie man es hier neben abgebildet findet. Wenn nun (das grosse Rad) $ABC$ um einen Theil $AB$, der dem ganzen (Umfange des kleinen Rades) $DEF$ gleich ist, gedreht wird, so macht das kleine Rad $G$ eine Umdrehung. Soviel mal daher $AB$ in $ABC$ enthalten ist, soviel mal wird sich bei einer Umdrehung des grossen Rades $H$ das kleine Rad $DEF$ umdrehen. Wie sich daher die Grösse des Umfanges von $H$ zur Grösse des Umfanges von $G$ verhält, so verhält sich die Umdrehungszahl von $G$ zu der von $H$. $G$ wird daher mit dem grössten Ungestüm (*maximo impetu*) umgedreht, weil dies in kürzester Zeit geschieht, wodurch die Axe die Gemme bohrt und abschleift (*comminuet*).

Wenn auf $G$ Zähne gesetzt werden, welche die Axe des anderen Rades durch Zähne, welche in jene eingreifen, umdrehen, so wird in demselben Verhältniss, in welchem jenes Rad grösser ist, dieses schneller umgedreht. Wenn aber das Verhältniss des grösseren Rades zum kleineren öfters wiederholt wird, dann wird die Bewegung der Axe eine sehr schnelle und heftige, jedoch nur, wenn die Kraft, welche das erste Rad treibt, eine sehr grosse und die Räder leicht sind . . . . ."

Bei letzter Stelle muss man sich daran erinnern, dass die Zähne damals verhältnissmässig schwach und von unvollkommener Form waren, so dass sie bei Bewegung grosser Massen mit grosser Geschwindigkeit leicht brachen.

In dem Werke de rerum varietate lib. IX, Kap. 47, Seite 185 der Pariser Gesammtausgabe findet sich folgende Stelle:

„. . . . . Was das Bewegte bewegt, muss nothwendiger Weise berühren („Stützung" nennt es Reuleaux). Der Zug (oder Druck) aber wird durch Zahnräder oder ein Seil hervorgebracht. Ueber das Seil haben wir früher schon gesprochen. Die Zahnräder aber verwandeln einestheils eine Bewegung wie diejenige von oben nach unten (d. h. eine Drehung um eine horizontale Axe) in eine solche von rechts nach links (d. h. in eine Drehung um eine vertikale Axe), und diese Art ist ebenfalls anderswo bereits beschrieben worden, aber andterntheils werden sie in demselben Sinne bewegt (d. h. beide auf parallelen Axen), und davon soll jetzt gesprochen werden.

$AB$ (Fig. 185) sei eine Axe, welche durch Wasser vermittelst Radschaufeln bewegt werde. Auf ihr sitze das Rad $CD$, welches mit Zähnen versehen ist. Wenn diese nach dem Centrum $A$ hin gerichtet sind und ihre Axen in dem äusseren Umfange (d. h. in der Ebene des Umfangskreises) liegen, bringen sie eine Bewegung in demselben Sinne (d. h. Drehung um eine parallele Axe) hervor; wenn sie aber senkrecht auf der seitlichen Fläche $CD$ und parallel der Axe stehen, so bewirken sie eine Verwandlung der Bewegung. Es wird aber die Bewegung eines jeden der beiden Räder im Verhältniss zu den Zähnezahlen stehen . . ."

Es wird nun nachgewiesen, dass, wenn das Rad $CD$ 84 Zähne und das Getriebe $E$ 7 Zähne hat, dieses 12 mal umgedreht wird, während $CD$ eine Umdrehung macht, dass durch einmalige Wiederholung dieser Uebersetzung eine dritte Axe 144 und durch abermalige Wiederholung eine vierte Axe

1728 Touren in derselben Zeit macht. Dann wird gesagt, dass, wenn man noch ein viertes und fünftes Räderpaar derselben Art anwende, die erste Axe 259 Touren in der Stunde machen lasse und auf die letzte Axe ein Rad von fünf Schritten im Durchmesser setze, dass dann die Peripheriegeschwindigkeit dieses Rades so gross sein würde, wie die Geschwindigkeit des Mondes auf seiner Bahn um die Erde. Dann fährt CARDANUS fort:

„Doch wenden wir uns zu nützlicheren Dingen, da diese Bewegung nicht hervorgebracht werden kann, weil es nöthig ist, dass die Räder durch Getriebe oder ein Seil an einander angeschlossen werden, ein Seil aber, wenn es sich überstürzt, eine so grosse Bewegung nicht überträgt, sondern auf der Stelle zerreisst; anderseits aber bei Verbindung der Räder und Getriebe durch Zähne das Rad in eine so schnelle Bewegung, ja selbst in eine viel langsamere noch nicht übergeht, sondern die Zähne plötzlich brechen. Denn was mit dem Verstande ausgedacht wird und der Vernunft wahrscheinlich dünkt, ist oft trügerisch, wie das, was wir soeben gesagt haben. . . . Zur Verlangsamung der Bewegung wendet man die entgegengesetzte

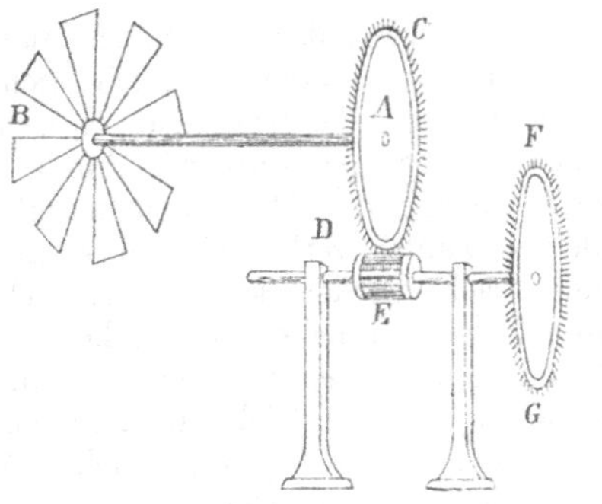


Fig. 185.

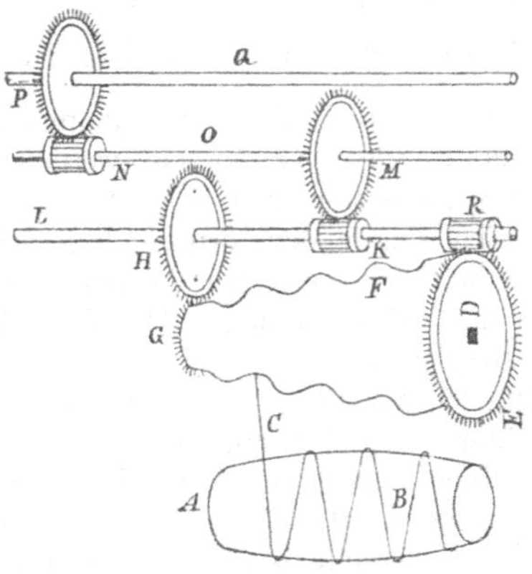


Fig. 186.

Methode von der zur Erzeugung der Schnelligkeit an. So wie die Räder zum Zwecke der Schnelligkeit die Getriebe bewegen, so bewegen die Getriebe zur Erzielung der Langsamkeit die Räder. Wenn wir daher beispielsweise wollen, dass irgend ein Rad in 60 Tagen einmal umgedreht werde*), und die Schnecke oder das Gewichtsrad wird in einem Tage umgedreht, dann muss das zweite Rad in derselben Zeit einmal herumgedreht werden, in der das erste 60 mal umläuft. Daher müsste die Zähnezahl des zweiten Rades das Sechzigfache der Zähnezahl des ersten Getriebes sein. Da dies aber nicht möglich ist, oder doch aus Gründen, die wir später angeben werden, grosse Schwierigkeiten hat, so suchen wir zwei Zahlen, welche mit einander multiplizirt die Zahl 60 ergeben. Es seien diese 6 und 10. Dann werden wir auf die erste Axe ein Getriebe mit beliebig vielen Zähnen setzen, auf die zweite Axe ein Rad mit sechsmal so viel und ein Getriebe mit beliebig vielen Zähnen und auf eine dritte Axe ein Rad mit zehnmal so viel Zähnen, als das Getriebe auf der zweiten Axe hat. Beispiel: Es werde auf die erste Axe ein Getriebe mit 7, auf die zweite ein solches mit 8 Zähnen gesetzt, alsdann werden wir das Rad auf der zweiten

*) CARDANUS hat hier und bei den folgenden Betrachtungen Uhrwerke im Auge, die nicht nur Stunden, sondern auch astronomische Zeitperioden, wie z. B. die Umlaufszeiten des Mondes und der Planeten angeben.

Axe mit 42 und das dritte mit 80 Zähnen aufsetzen. Alsdann wird das Rad auf der dritten Axe in 60 Tagen einmal umgedreht werden, und die allgemeine Regel ist: Multiplicire die Zähnezahlen der Getriebe, z. B. 7 . 8 = 56, dann multiplicire mit der Uebersetzungszahl, welche in unserem Beispiele 60 ist, macht 3360. Dies Produkt ist dann gleich dem Produkte der Zähnezahlen der Räder, 42 und 60, denn diese Zahlen mit einander multiplicirt geben auch 3360.

Daraus folgt weiter, dass wenn die Uebersetzungszahl eine Primzahl, z. B. 73 ist, und wir die erste Axe mit einem Getriebe mit beliebig vielen, z. B. 15 Zähnen, und die zweite Axe mit einem so vielfachen Rade versehen, als wir wollen, z. B. mit einem sechsfachen mit 90 Zähnen, dass wir dann auf die zweite Axe ein Getriebe mit sechs Zähnen und ein Rad mit 73 Zähnen setzen müssen."

Es folgt der Beweis, dass dann die letzte Axe in 73 Tagen einmal umläuft und dass eine vierte Axe mit einem Rade *P* (Fig. 186) mit 35 Zähnen, in welches ein Getriebe *N* mit sieben Zähnen eingreift, in 365 Tagen eine Umdrehung macht, wodurch die Bewegung der Sonne (nach dem Ptolemäischen Systeme, welches damals noch bei weitem die meisten Anhänger hatte) dargestellt werden könne. Es heisst dann weiter:

„Es sei nun die Uebersetzungszahl einerseits so gross, dass an einem Rade so viele Zähne nicht angebracht werden können, anderseits könne sie auch nicht in Faktoren zerlegt werden, wie etwa 229, welches die Zahl der Tage ist, in welchen Mars sich durch den dritten Theil des Himmels bewegt, so dass wir durch diese Zahl, indem wir sie verdreifachen, die mittlere Bewegung des Mars ohne merklichen Fehler darstellen können. Da sie nicht in kleinere Zahlen zerlegt werden kann und auch so viele Zähne in einem Rade nicht angebracht werden können, so nehmen wir 12 . 19, was 228 macht und der verlangten Zahl sehr nahe kommt, konstruiren die Räder nach der angegebenen Regel und lassen das Rad *F*, wenn es nur zu dieser einen Bewegung dient, einen Tag ruhen, wenn es aber gleichzeitig zu mehreren Bewegungen dient, fügen wir noch ein anderes Rad für den Tag zu, welches Additions- oder Verminderungsrad genannt wird. Dieses wird zwischen *F* und *L* auf eine eigene Axe gesetzt. Wenn nun die Zahl der Tage der (verlangten) Bewegung um einen oder zwei Tage kleiner ist als die theilbare Zahl (nehmen wir z. B. 187, welches kleiner ist als 189, dessen Theiler 21 der Uebersetzungszahl 9 entspricht), so bewirken wir durch den Nagel eines eingeschalteten Rades wie bei *D* (vermittelst eines Uhrschlüssels), dass das Rad *H* um zwei Tage fortschreitet. (Es wird nachher erklärt, wie die beiden Zwischenräder auf der besonderen Axe zwischen *F* und *L* miteinander verkuppelt werden müssen, damit die Bewegung von *L* sowohl von der Schnecke aus, als auch vermittelst des Uhrschlüssels geschehen kann). Oder wir bewirken es durch die Ungleichförmigkeit der Bewegung (vermittelst des spiralförmigen Rades Fig. 187), wovon wir weiter unten sprechen werden.

Wenn aber die Zahl der Tage keine ganze ist, wie etwa für den Mond, welcher sich in 27 Tagen und acht Stunden in seinem Kreise dreht, so hat man in Betracht zu ziehen, dass acht Stunden der dritte Theil von 24 Stunden oder einem Tage ist. Man multiplicirt daher $27^1/_3$ mit 3 und erhält 82. Wird nun *F* in einem Tage umgedreht, so setzt man ein Rad *E* (Fig. 186) mit 42 Zähnen darauf, welches in ein Getriebe *R* mit 14 Zähnen eingreift, so dass die Axe *L* drei Umdrehungen in einem Tage macht. Die Zahl der Umdrehungen von *L* (während einer Umdrehung der letzten Axe) muss dann 82 sein. Wir geben daher dem Getriebe *K* fünf Zähne, dieses bewegt das Rad *M* mit 41 Zähnen, auf die Axe *O* setzen wir das Getriebe *N* mit vier Zähnen, welches das Rad *P* mit 40 Zähnen treibt, und dieses macht dann die Mondbewegung (d. h. eine Umdrehung in 27 Tagen und 8 Stunden) . . ."

Wir fahren mit den kinematischen Betrachtungen des Cardanus fort, indem wir die hier zunächst folgenden „Uhrmacherregeln“ bis später versparen. Nach diesen heisst es:

„Wenn man aber eine Scheibe machen will, die mit doppelter oder dreifacher Bewegung umgedreht werden soll (oder auch: welche von zwei oder drei Angriffspunkten, oder auch Kraftquellen bewegt werden soll, da es sich zunächst um ein Sperrwerk handelt, welches im Prinzip mit der sogenannten Uhlhorn'schen Kraftmaschinen-Kuppelung übereinstimmt, wie sie in Reuleaux's Konstrukteur Seite 404 abgebildet ist), so wird es nöthig sein, die Scheibe in eine andere zu setzen, entweder beide auf ein und dieselbe Axe, oder auf verschiedene Axen, worauf nichts ankommt, und dass die Scheiben einzeln sich nur nach einer Richtung, aber nicht rückwärts bewegen können. So sei die Scheibe *cd* (Fig. 188) in die Scheibe *ab* eingelassen, und wir wollen beispielsweise annehmen, dass *cd* durch zwei ähnliche (gleichlaufende) Bewegungen bewegt werde, etwa mit Scheibe *ab* von *a* nach *k* und von *k* nach *b* (das ist Linksdrehung) und auch durch eigene Bewegung (das heisst durch eine direkt auf sie übertragene Bewegung) von *c* nach *m* und von *m* nach *d* (das ist ebenfalls Linksdrehung). Alsdann steht fest, dass, wenn sie durch eigene Bewegung von *c* nach *m* und von *m* nach *d* gelangen und auch von der Scheibe *ab* mitgenommen

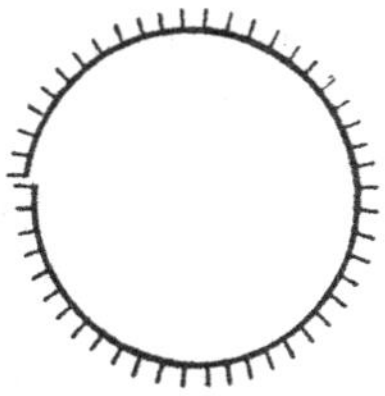

Fig. 187.

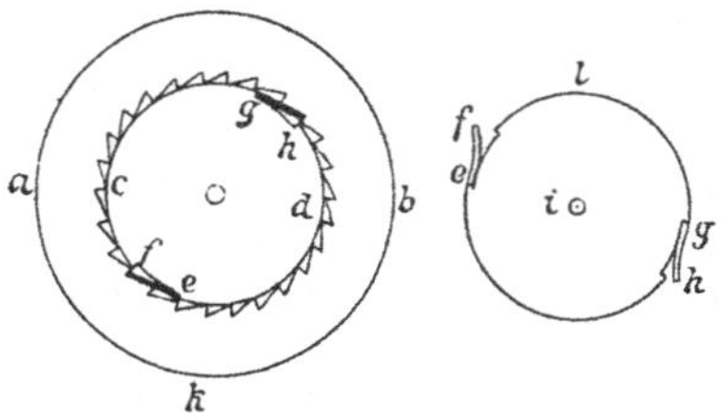


Fig. 188.

werden soll, dass erstere bei der Bewegung von *a* nach *k* und von *k* nach *b* mit der Scheibe *ab* verbunden bleibt (das heisst ihre relative Lage gegen dieselbe nicht ändert). Deshalb muss die Scheibe *cd* in der Scheibe *ab* in der Richtung von *c* nach *m* und von *m* nach *d* beweglich sein, aber nicht umgekehrt. Dies wird folgendermassen bewerkstelligt: Die konkave Fläche von *ab* wird da, wo sie die konvexe Fläche von *cd* berührt, mit kleinen Einschnitten versehen, welche von der Seite *c* nach *m* und *d* allmählich ansteigen. Derjenige Theil derselben, welcher entfernter von dem Punkte *c* ist, berührt *cd*; derjenige aber, welcher gegen *c* hin liegt, ist um die Hälfte der Dicke eines Hirsekornes tiefer. Die Figur (des Einschnittes) hat die Form eines *L*. An der konvexen Fläche der Scheibe *cd* sind zwei Zähnchen (kleine Sperrklinken) *ef* und *gh* einander gegenüber eingesetzt, welche mit den Enden *e* und *g* an die Scheibe befestigt sind, bei *f* und *g* aber überstehen, indem sie beinahe in den Tangenten des Kreises *cd* liegen, wie man aus der ersten Figur ersieht. Sie sind aber biegsam und entsprechende Ausschnitte befinden sich am äusseren Umfange (von *cd*), so dass sie, wenn sie zusammengedrückt werden, den Kreis genau vervollständigen. Wenn dies so angeordnet ist und *c* nach *m* hin bewegt wird, werden *ef* und *gh* an ihren Enden bewegt und zusammengedrückt und steigen allmählich durch die *L*-förmigen Einschnitte. Sie finden daher kein Hinderniss und schreiten vorwärts. Will man aber die Scheibe in entgegengesetzter Richtung bewegen, oder, wenn *cd* unbewegt bleibt, *ab* so bewegen, dass *a* gegen *k* hin fortschreitet, so dringen *f* und *h* allmählich in die Einschnitte von *ab* nach der Seite hin, wo diese am tiefsten sind, und es kann daher die Scheibe *ab* nicht umgedreht werden, ohne dass sie die Scheibe *cd* mitnimmt; noch kann die Scheibe *cd*, während sie sich (in der ersten Richtung) dreht, die Scheibe *ab* mitnehmen, weil sie von jener getrennt ist und sanft fortschreitet, wie erklärt wurde, und weil die Scheibe *ab* von den Rädern zurückgehalten wird, welche mit ihr verbunden sind und von welchen sie bewegt wird.

Es bleiben aber noch zwei Schwierigkeiten zu überwinden. Erstens, wenn wir wollen, dass die Scheibe *ab* auch in entgegengesetzter Richtung bewegt werden könne und die mit ihr verbundene Scheibe mitnehme, so sage ich, dies muss ohne Zähne und Vertiefungen geschehen, indem man die Scheibe *cd* fest in die Scheibe *ab* einschliesst (*inserendo firmiter*, wodurch das entsteht, was wir eine Reibungskuppelung nennen).

Die zweite Schwierigkeit ist beiden Bewegungen eigen, sowohl der entgegengesetzten, als auch der gleichlaufenden. Denn aus demselben Grunde, aus welchem *cd* die Scheibe *ab* bei gleichlaufender Bewegung nicht mitnehmen kann, weil sie nämlich von den Zähnen anderer Räder, welche in sie eingreifen, zurückgehalten wird, aus demselben Grunde wird auch die Scheibe *ab* die Scheibe *cd* nicht herumführen können, ohne dass alles zerbricht, wenn letztere bei der Bewegung nach gleicher Richtung (mit einem sie bewegenden Räderwerke) fest verbunden ist, während erstere überhaupt nicht mitnimmt, wenn sie sich in der Bewegung nach entgegengesetzter Richtung befindet. Dies (nämlich dass in die Scheibe *cd* ein Räderwerk eingreift) ist vornehmlich der Fall, wenn der Ursprung der Bewegung (oder vielmehr beider Bewegungen) in einem einzigen Hauptrade, oder einer Schnecke liegt. (Ein solcher Fall wird nachher näher betrachtet.) Deshalb sage ich, dass in diesem Falle und aus den genannten Ursachen nur die äussere Scheibe verzahnt werden, in die bewegenden Räder eingreifen und fest mit ihnen verbunden werden kann, nicht aber die innere, vielmehr kann diese nur lose (das heisst durch Reibung) mit den Zahnrädern verbunden werden, damit sie von diesen und auch durch entgegengesetztes Anstemmen von der grösseren Scheibe bewegt werden kann, indem sie für die gleichlaufende Bewegung mit zwei Zähnchen (Sperrklinken) versehen ist, die in Einschnitte eingreifen.

Aber bei entgegengesetzter Bewegung ist es dann nicht möglich, dass die beiden Scheiben, wie sie hier für Uhrwerke beschrieben wurden, auf einer Axe bewegt werden und die eine (wie vorhin gesagt, durch Reibung) mitgenommen wird. Denn wenn Scheibe *ab* die Scheibe *cd* mitnimmt, so dass *d* sich nach *m* hin bewegt, so muss *cd* fester mit *ab* (durch Reibung) zusammenhängen, als mit dem eigenen bewegenden Rade, und dann wird das eigene Rad die Scheibe *cd* nicht in entgegengesetzter Richtung bewegen können. Es geschieht dies aber durch Abwechseln (*fit tamen alternando*, worunter wohl nichts Anderes verstanden werden kann, als dass die Reibungskuppelungen aus- und eingerückt werden) mit der Hand oder durch Zähne.

Es werden nun 2 Scheiben *d**) (Fig. 189) auf die Axe *a* gesetzt, *c* aber auf *b*, und es werde die Axe von *c* auf der Scheibe *d* befestigt, nicht aber die Scheibe *c* selbst. Alsdann wird eine Drehung von *d* die Axe *b* um *a* bewegen und daher auch den Punkt *c*; *c* aber kann durch seine Räder um die eigene Axe in entgegengesetzter Richtung bewegt werden, da es mit *d* nicht zusammenhängt.

Nachdem wir dieses betrachtet haben, wollen wir die Bewegung einer achten Scheibe (die vermuthlich zur Darstellung der Präcession dienen sollte) in 36 000 Jahren bewirken. Diese enthalten 13 149 000 Tage. Wenn wir daher vier Räder (mit entsprechenden Getrieben) anwenden, wovon das eine in 44 Tagen umgedreht wird, das zweite aber 48 Zähne hat, wovon ein einzelner eine ganze Umdrehung des ersten Rades erfordert (das Getriebe des zweiten Jahres konnte dann nur ein sogenanntes Einzahnrad sein). Das dritte Rad aber 75 Zähne, wovon ein einzelner genau nach einer ganzen Umdrehung des zweiten Rades fortschreitet, und wenn endlich das vierte, welches mit dem Zeiger verbunden wird, 83 Zähne hat, welche um einen vor-

---

*) Die eine Scheibe ist als Hauptheil des Gehäuses, also feststehend gedacht.

schreiten, nachdem das dritte Rad eine ganze Umdrehung vollendet hat, so folgt daraus, dass das vierte Rad in 13 147 200 Tagen (das sind 35 995,3 Jahre, wenn man das Jahr zu $365^1/_4$ Tage rechnet) einmal umgedreht wird, weshalb bei diesen 35 995 Jahren nur 5 Jahre (an der verlangten Zahl) fehlen, welche Zeit, oder welcher Spielraum bei einer so langen Zeit nicht von Bedeutung ist.

Für den Fall aber, dass man die Umdrehungen von einer untheilbaren Zahl ganz genau machen wollte, nehmen wir das Beispiel von der Bewegung des Mars wieder auf, welche in 229 Tagen zum dritten Theile erfolgt. Wir wollen sie also auf die richtige Zahl bringen, und da wir sie schon auf 228 Tage gebracht haben, so können wir diese (sich so bewegende) Scheibe in eine andere einschliessen, welche in 51 984 (das ist 228 × 228) Tagen einmal umgedreht wird und daher in 228 Tagen um einen Theil (welcher einen Tag repräsentirt) zurückbewegt wird, wodurch in 229 Tagen die Umdrehung (der ersten Scheibe) vollendet wird."

Hier musste also dieselbe Räderübersetzung noch ein zweites Mal ausgeführt und an die erste so angeschlossen werden, dass das letzte Rad die langsame Rückwärtsbewegung der zweiten Scheibe bewirkte, welche die erste einschloss. Hier trat der Fall ein, dass beide Bewegungen in einem einzigen Hauptrade oder einer Schnecke ihren Ursprung hatten. Wie aber das ganze

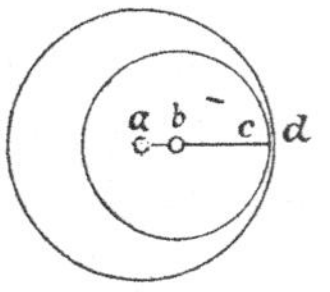


Fig. 189.

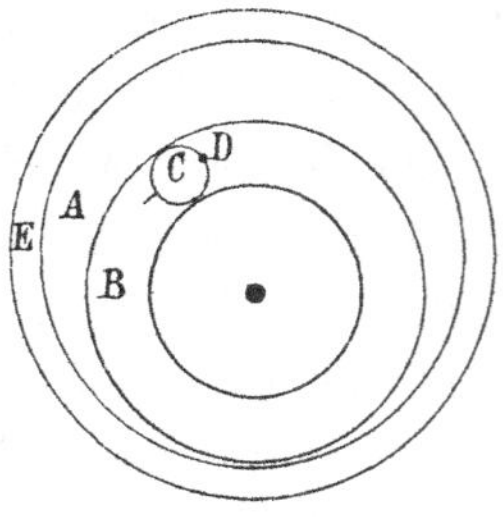


Fig. 190.

Uhrwerk angeordnet werden musste, wird später noch weiter erklärt werden. Cardanus fährt fort:

„Auf andere Weise macht es sich aber mit dem letzten Rade (der ersten Scheibe) leichter. Dieses habe 114 Zähne, das zweite 72, die Getriebe 6 Zähne. Alsdann wird ein jeder Zahn des zweiten (sollte eigentlich heissen: des letzten) Rades zwei Tage brauchen (da die ganze Uebersetzung: $\frac{114 \,.\, 72}{6 \,.\, 6} = 228$). Wir versehen nun aber das Rad mit 115 Zähnen, indem wir es spiralförmig machen, etwa so, dass der 115. Zahn auf die Hälfte des ersten trifft (das heisst in radialer Richtung etwa um die halbe Zahnhöhe versetzt ist), wie man aus der Abbildung (Fig. 187) ersieht, und in dieser Weise thut man dem Theil von der Grösse eines Tages Genüge.

Nachdem wir dies betrachtet haben, nehmen wir an, wir wollten die Bewegung irgend eines Sternes hervorbringen, indem wir sie aus drei Bewegungen zusammensetzen, etwa durch die der Scheibe $A$ (Fig. 190), in welcher sich $B$ und in dieser wiederum $C$ bewegt. Wenn dies mit entgegengesetzter Bewegung geschehen soll, so ist, wie gesagt, nöthig, dass man sie auf verschiedene Axen setzt . . . . . Und weil diese drei Scheiben bewegt werden sollen, muss man noch eine andere feststehende Scheibe machen, welche sie einschliesst (also das Gehäuse, oder Maschinengestell, oder doch den Hauptheil desselben bildet). Diese sei $E$. Durch die Vergleichung mit dieser erkennen wir die Bewegung der anderen vermittelst eines Zeigers und die Stellung des Sternes $D$, welche aus allen Bewegungen hervorgeht. Wir machen zunächst die Räder, welche *C* bewegen, dann diejenigen, welche *C* sammt seinem ganzen Räderwerke bewegen. Denn wenn die Räder von *B* nur dieses mit der Scheibe *C* bewegten, könnte *C* nicht durch sein eigenes Räderwerk bewegt werden, weil die Räder ruhen (das heisst in ruhenden Lagern laufen) und *C* sich bewegen würde. Ebenso müssen die Räder von *A* auch diejenigen von *B* und nicht nur die Scheibe bewegen und damit auch das Räderwerk von *C*, und dadurch wird die Bewegung und Ordnung des Himmels nachgeahmt. Aber die Künstler pflegen den Planeten nicht die tägliche Bewegung *A* zuzufügen, sondern sie machen die tägliche Bewegung getrennt davon mit den Fixsternen. Deshalb muss man bei allen diesen (Uhrwerken) nicht nur die Zeiten der (einzelnen) Bewegungen, sondern auch die Grösse der Theile und die Unterschiede, mit denen sie bewegt werden, beobachten."

In dieser Beschreibung der Erzeugung der dreifachen Bewegung scheint angenommen zu sein, dass Scheibe *A* von einem Uhrwerke bewegt werden müsse, welches in dem Gestelle *E* gelagert ist, dass *A* ein zweites Uhrwerk trägt, welches die Relativbewegung zwischen *A* und *B* erzeugt und dass *B* ein drittes Uhrwerk trägt, welches die relative Bewegung von B und *C* hervorbringt. Das erste Uhrwerk konnte aber auch mit dem zweiten vereinigt werden, wenn man die Axen von *A* mit dem Gestelle *E* fest verband und die Scheibe *A* sich um diese feste Axe drehen liess. Dann konnte ein auf Scheibe *A* gelagertes Uhrwerk sowohl die relative Bewegung von *A* und *B*, als auch die Drehung von *A* um die feste Axe bewirken. Der Fall war dann ein ähnlicher, wie wenn man eine Taschenuhr an der Axe des einen, etwa des grossen Zeigers fasst, aufhebt und festhält. Alsdann macht das Uhrgehäuse*) in einer Stunde eine Linksdrehung, der kleine Zeiger aber wird durch das Uhrwerk in 12 Stunden einmal relativ zum Uhrgehäuse rechtsum gedreht und daher ist die absolute Bewegung des letzteren eine aus beiden genannten Bewegungen kombinirte. Infolgedessen macht der kleine Zeiger in einer Stunde $^{11}/_{12}$ einer Linksdrehung oder in $1^1/_{11}$ Stunde eine volle Linksdrehung. Auch ist dieser Fall ein solcher, in welchem der Ursprung der beiden Bewegungen, aus welchen die kombinirte entsteht, in einem einzigen Hauptrade oder Federgehäuse seinen Ursprung hat. — Der nun folgende Abschnitt führt die Ueberschrift: „Mehrere entgegengesetzte Bewegungen aus einer" und lautet:

„Wie aber aus einer Hauptbewegung mehrere und nach entgegengesetzten Seiten gerichtete entstehen können, soll nun besprochen werden. Es ist bereits gezeigt worden, dass es drei Lagen (von Axen) giebt und in jeder zweierlei Bewegungen, entweder nach einem Orte hin, oder von demselben weg (Linksdrehung und Rechtsdrehung), wobei man aber nicht die Räder und die Lagen der Axen gleichzeitig entgegengesetzt anordnen darf, sondern nur unter sich darf man sie umkehren. So sei *AB* (Fig. 191) ein Getriebe, an welchem Zähne in zwei umlaufenden Reihen angebracht seien. Wenn diese nach aussen (wie bei Stirnrädern) stehen, bewirken die beiden Anordnungen von Getrieben eine entgegengesetzte Bewegung (das heisst wenn das Rad sich rechts dreht, drehen sich alle eingreifenden Getriebe links). Wenn aber die Zähne auf einer äusseren Fläche stehen (das heisst auf den Seitenflächen, wodurch die alte Form des Winkelrades mit Verzahnung nach rechts und links entsteht) und sich in einer Richtung drehen, so bewegen sie die eingreifenden Ge-

*) Vorausgesetzt, dass die Feder und das Räderwerk stark genug sind, um den vermehrten Reibungswiderstand zu überwinden.

triebe in verschiedenen Richtungen bei dem ersten Unterschiede (das heisst, wenn jedes der beiden Getriebe in einen anderen Zahnkranz eingreift bei symmetrischer Lage). Dies geschieht aber auch dann, wenn das aufrechte Getriebe, wie wir es in den Büchern de subtilitate besprochen haben (siehe Fig. 183), eine andere Stellung auf derselben Seite einnimmt. Allerdings bewegen sich die Zähne (Fig. 191) in entgegengesetzten Stellungen in den äusseren Flächen (den Seitenflächen des Hauptrades), wenn man sie für sich allein oder nur in Bezug auf den eigenen Kreis betrachtet, in gleichem Sinne, weil sie sich ebenso bewegen würden, wenn sie (das heisst je zwei in einer der Axe parallelen Geraden liegende Zähne) zusammenhängend wären und nichts geändert würde, wenn sie (durch Verlängerung nach rückwärts) zusammenhängend gemacht würden, so dass sie in einen Zahn übergingen, der an beiden Seiten vorstünde. Wenn sie aber senkrecht stehende Getriebe bewegen, so drehen sie diese, obgleich sie sich selbst in gleichem Sinne drehen, doch wegen des Gegenüberliegens in entgegengesetzten Richtungen.“

Es folgt nun noch eine genauere Erklärung aus Fig. 192, wie aus der gleichlaufenden Bewegung der Seitenflächen $AD$ und $BF$ des Hauptrades die

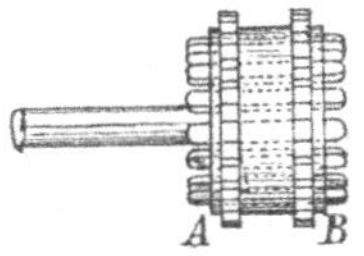

Fig. 191.

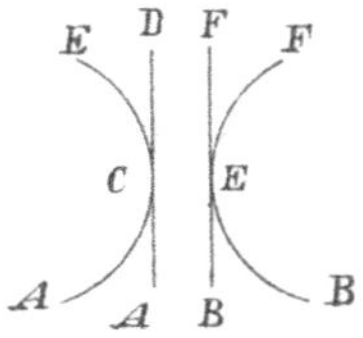

Fig. 192.

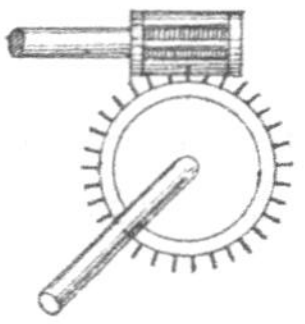
Fig. 193.

beiden eingreifenden Winkelgetriebe $ACD$ und $BEF$ in entgegengesetzten Richtungen, das eine linksum, das andere rechtsum gedreht werden. Dann heisst es weiter:

„Auf diese Weise erhalten wir entgegengesetzte Bewegungen nach der Methode der vorgelegten Axen. Denn wenn in ein und dasselbe Getriebe (Winkelgetriebe, welches auf beiden Seiten verzahnt ist) zwei einander gegenüber (das heisst zu beiden Seiten) eingreifen, werden sie sich in entgegengesetzten Richtungen bewegen. Bequemer ist es aber, wenn man in zwei Getriebe auf derselben Axe zwei Räder, das eine von der rechten, das andere von der linken Seite her eingreifen lässt, welche dicht bei derselben Axe stehen. Die Axe selbst aber erstrecke sich von der Rechten zur Linken. Jene Räder werden in entgegengesetzten Richtungen bewegt.

Räder und Getriebe aber, welche schief zur Axe stehen (es sind vielleicht solche gemeint, deren Zähne geschränkt zur Axe stehen), treiben die eingreifenden (das heisst in kinematischem Zusammenhange damit stehenden) Axen durch andere Räder oder Getriebe in schiefer Richtung und mit mittlerer Bewegung. Dasselbe geschieht aber auch, wenn durch geradestehende Räder oder Getriebe (das heisst solche, bei welchen die Zähne nicht geschränkt zur Axe stehen) Axen, welche schräg zu einander stehen, vermittelst anderer Räder oder Getriebe in Verbindung gesetzt werden, wie es die Figur (Fig. 193) zeigt . . . . .“

Letzteres konnte bei den damaligen Triebstockverzahnungen ohne weiteres geschehen, zumal wenn man, wie dies häufig geschah, cylindrische, oben kugelig abgerundete Kämme in das Rad einsetzte und die Zahnlücken weiter machte als gewöhnlich.

Der vorhin erwähnte Abschnitt über „Uhrmacherregeln“ lautet wie folgt:

„Nachdem wir diese Regeln betrachtet haben, gehen wir zu denjenigen in der Uhrmacherei über, welche auf Gründen der Natur beruhen. Denn diejenigen, welche wir seither betrachtet haben, beruhen auf mathematischen Gründen. Sie trügen deshalb an und für sich nicht, aber erstens ist es schwer, ja sogar unmöglich, die Bewegung der Schnecke so herzustellen, dass sie genau in 24 Stunden eine Umdrehung gleichmässig vollendet, denn die Feder zieht im Anfange stärker als gegen das Ende, weil sie mehr zusammengezogen ist, dann auch, weil die natürliche Bewegung gegen das Ende hin schneller wird, wenn alles Uebrige konstant bleibt (das heisst weil eine konstante Kraft eine bestimmte Masse in beschleunigte Bewegung zu versetzen strebt), drittens wegen der ungleichen Härte des Seiles (welches damals zur Uebertragung der Bewegung des Federhauses auf die Schnecke diente). Dazu kommt noch die Ungleichheit der Zähne der Räder $E$ und $G$, sowie der Getriebe, welche in jene eingreifen. Schmutz, Rost und Staub lähmen die Feder mehr und mehr, weil es ein lebloses Ding ist, welches stark angestrengt wird. Belebte Wesen erholen sich wieder durch Speise. Deshalb gehen alle Uhrwerke mit der Zeit langsamer, keines schneller. Auch giebt es eine natürliche Ungleichheit der Tage, wenngleich sie unbedeutend ist. Da aber alles davon abhängt, dass jenes erste Rad in einem natürlichen Tage eine Umdrehung, oder eine bestimmte Zahl von Umdrehungen macht, so bringen die Uhrwerke unseres Zeitalters mehr Zeit bei dem Uhrmacher, als bei ihrem Herrn zu."

Diese Aeusserung des Cardanus muss man im Gedächtniss behalten, um erklären zu können, warum damals selbst in umfangreichen Abhandlungen über Uhren, wie sie Orontius Fineus in seinem Werke: „Protomathesis", Paris 1532, und Sebastian Münster in seinem Werke: „Rudimenta mathematica", Basel 1551, lieferten, von Räderuhren gar nicht, oder nur vorübergehend die Rede ist, woher es kommt, dass wir über die Konstruktion von Räderuhren damaliger Zeit keine eingehenderen Nachrichten haben. Cardanus fährt fort:

„Und dies ist um so mehr der Fall, je mehr Räder mit einander verbunden und je verschiedener ihre Bewegungen sind, indess ist, wenn die erste Bewegung von einem Tage genau ist, der Fehler, welcher durch die anderen Räder entsteht, nur gering und leicht zu verbessern, wenn nicht etwa ein Zahn fehlt. Auch kann das erste Rad $E$ nicht einen Umgang in einem Tage machen, vielmehr müssen mehrere in dieser Zeit gemacht werden, weil fast das ganze Seil $C$ (Fig. 186) um das Federhaus herumgewickelt wird und $F$ ebensoviel Mal umdreht, als es um jenes herumgeschlungen worden ist. Demzufolge drehen sich Federhaus und Schnecke $F$ sechs- oder mehrmals in einem Tage je nach Art der Uhrwerke um, und dies ist die Ursache, warum in den Uhrwerken wenigstens drei Räder (mit ihren Getrieben) nothwendig sind, welche bei den mehrfachen Umgängen von $F$ das letzte Rad so verlangsamen, dass es in einem Tage seine Bewegung macht und in die Stellung zurückkehrt, von der es ausging. Um die Gleichmässigkeit zu regeln, und damit die Spannkraft der Feder nicht mehr nachlässt, als recht ist, trifft man scharfsinniger Weise dadurch Abhilfe, dass man die Feder viel stärker macht, als eigentlich angemessen wäre, und eine Unruhe (tempus) über die Räder setzt, welche die Bewegung derselben verlangsamt. Als Merkmal davon dient es, dass, wenn man diese Unruhe wegnimmt (sie ist nämlich von dünnem Eisen und von der Form, wie sie Fig. 194 zeigt), alle Räder mit überstürzter Bewegung herumgetrieben werden und schnell ablaufen. Wenn aber das Zeigerrad zu schnell umgedreht wird, vermehrt man das Gewicht der Unruhe, und wenn es zu langsam geht, vermindert man dieses, vorausgesetzt, dass der Fehler nicht wo anders liegt. Wenn dies aber der Fall ist, muss man die Räder und das Federgehäuse schmieren oder abändern."

Fig. 194.

Die von CARDANUS gegebene Skizze von einer Unruhe (Fig. 194) ist so wenig verständlich, dass wir in Fig. 195, die Abbildung einer solchen zufügen, wie sie sich auf des „Künstlichen Abriss von allerhand Wasser-, Wind-, Ross- und Handmühlen" von JACOB DE STRADA A ROSBERG, Frankfurt a. M. 1618 und 1629, findet, welche Abbildung auch in BOECKLER's „Theatrum machinarum", Nürnberg 1661 und 1673, abgedruckt ist. Dieselbe stellt ein Schöpfwerk dar, welches durch aufgezogene Gewichte wie eine Räderuhr bewegt werden soll. Die Gewichte, welche in dieser Abbildung an den Balancier der Unruhe angehängt sind, wurden bei Uhren zuerst als löffelförmige Knöpfe an den Enden des Balanciers angebracht. Solche Unruhen hiessen daher Löffelunruhen. Später erfand man die ringförmige Unruhe, aber erst 1657 gab HUYGHENS den grösseren Uhren das Pendel zum Regulator und liess 1674 durch den Uhr-

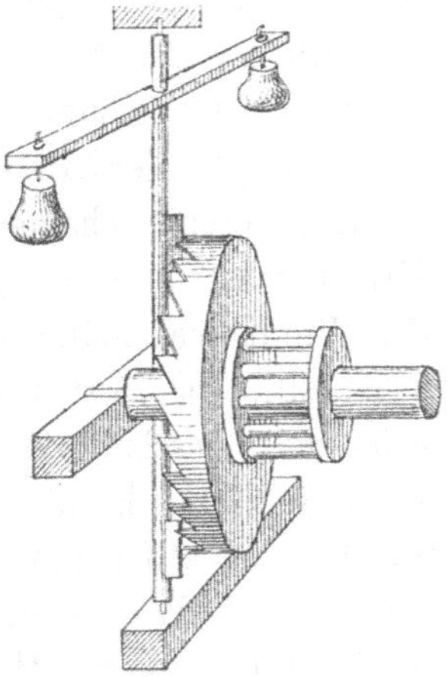

Fig. 195.

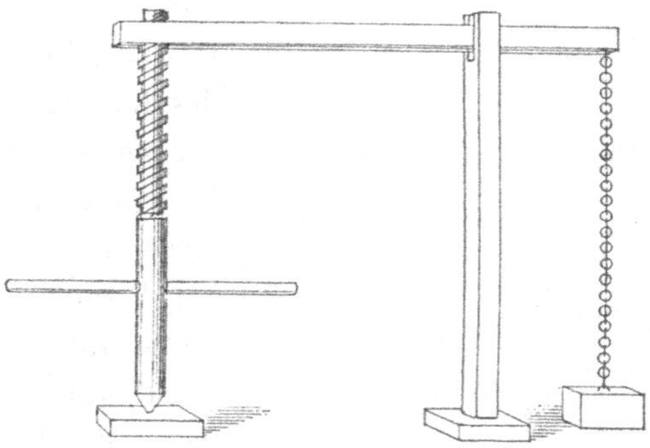

Fig. 196.

macher TÜRET in Paris zum erstenmal eine Taschenuhr mit Spiralfeder an der Unruhe machen. (Vergl. Dr. J. H. M. POPPE: „Geschichte der Technologie". Göttingen 1810. Bd. II, § 243, 250, 251.) CARDANUS fährt fort:

„Was aber die Getriebe und Räder anlangt, so ist ausserdem, dass sie in entsprechender Grösse ausgearbeitet werden, auch nöthig, dass sie vom besten Stahl sind, damit sie nicht verbogen werden, sowie dass sie dick und nicht dünn sind, dass sie aus jedweder Ursache verletzt werden. Aus diesem Grunde müssen sie auch gross sein; die kleinen ergötzen zwar, sind aber nicht zu gebrauchen."

Aus dieser Stelle geht ziemlich deutlich hervor, dass die kleinen Taschenuhren, die sogenannten „Nürnberger Eier" damaliger Zeit mehr Spielerei, als von wirklichem Nutzen waren. Die übrigen Uhrmacherregeln des CARDANUS übergehen wir und wenden uns zu dem Abschnitte: „de subtilitate", lib. XVII, welcher überschrieben ist: „Die Lehre vom leichten Heben der Gewichte". Dieser handelt von den Flaschenzügen, der Schraube und dem Gangspill. Einiges Interesse für uns hat jedoch nur die in Fig. 196 abgebildete

Hebmaschine, in deren Beschreibung gesagt wird, dass sie nach dem Prinzipe der Schraube konstruirt worden sei, um ungeheuere Lasten zu heben. Ihre Konstruktion dürfte aus der Abbildung ersichtlich sein und man wird leicht erkennen, dass dieselbe auf einer Umkehrung der altrömischen Kelterpresse oder Trotte beruht, wie sie PLINIUS beschreibt. (Vergl. S. 67 unserer Abhandlung über CATO).

Von Wasserhebemaschinen beschreibt CARDANUS zunächst die Ktesibische Pumpe nach der in Fig. 197 wiedergegebenen schematischen Skizze. Wir haben in unserer Abhandlung über HERON von Alexandrien auf Seite 14 dessen Beschreibung seiner Feuerspritze, welche nach dem Muster der Ktesibischen Pumpe konstruirt war, wiedergegeben und dabei darauf hingewiesen, dass aus der Bezugnahme auf das vorhergegangene Kap. IX, welches einen Windkessel schildert, geschlossen werden könnte, dass HERON's Feuerspritze einen Windkessel gehabt habe. Wenn dem aber auch so gewesen sein sollte, so geht doch aus der Beschreibung des CARDANUS deutlich hervor, dass das Verständniss für diese Vorrichtung bei den späteren Nachahmern des KTESIBIOS und des HERON vollständig verloren gegangen war, so dass der Windkessel später von Neuem erfunden werden musste, was erst gegen Ende des siebzehnten Jahrhunderts geschah. Schon bei VITRUV erscheint es zweifelhaft, ob der von ihm erwähnte Kessel (catinus) ein eigentlicher Windkessel war, obgleich er sagt, dass das Wasser durch den L u f t d r u c k in dem Steigrohr in die Höhe getrieben werde; CARDANUS aber betrachtet den Kessel $A$ (Fig. 197) an seiner Ktesibischen Maschine entschieden nur als Ventilgehäuse, denn er sagt: „.... und indem es (das Wasser) durch die Röhre $E$ aufsteigt, tritt es, indem es das Ventil öffnet, durch Oeffnung $C$ in den Kessel, b i s d i e s e r v o l l i s t. Nachdem der Druck aus $E$ aufhört, setzt sich das Ventil mit dem Leder auf $C$ nieder und das Gefäss $A$ bleibt gefüllt . . .“

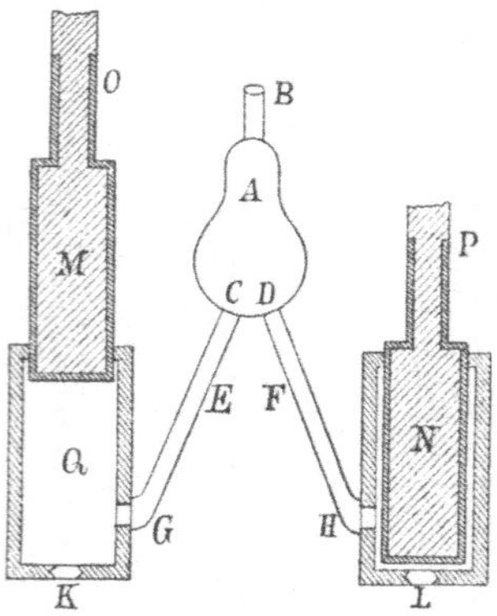

Fig. 197.

Es folgt nun die Beschreibung einer Pumpe, deren Hohlkolben ein in die Mitte sitzendes Ventil hat. Diese Beschreibung lautet:

„Auf demselben Prinzipe beruht die Schiffspumpe (Tuba navium), womit man Schiffe, die durch Wasser in Gefahr gebracht sind, zu entleeren pflegt, und nach deren Beispiel die Maschine des BARTHOLOMAEUS BRAMBILLA konstruirt ist, welche wir in Mailand gesehen haben und welche den älteren Konstruktionen bezüglich der Kunstfertigkeit in keiner Weise nachsteht.

$BD$ (Fig. 198) ist eine inwendig leere, runde, hölzerne Röhre, die an Tragstangen oder Brettern befestigt wird. Der obere Theil derselben ist weiter, der untere enger und das unterste Ende wird von einem Gefäss (dem Saugkorbe) $C$ aufgenommen, welches in das Wasser getaucht und an den Seiten ringsum durchlöchert ist, damit das Wasser eintreten kann, Steinchen und Sand aber nicht, am wenigsten wegen des vorstehenden massiven Bodens. So kann die Röhre reines Wasser, wie erforderlich ist, aus dem Gefässe schöpfen, nicht aber Steinchen und Sand, durch welches die Maschine behindert werden würde. An der Stelle *M*, wo der engere Theil an den weiteren angeschlossen ist, wird ein Leder auf der einen Seite *M* befestigt, auf welchem eine dünne Bleiplatte vorsteht, damit es auf der Seite *Q* emporgehoben, durch sein Gewicht wieder herabfällt und den Kanal *L* vollkommen bedeckt. Die Kolbenstange *AE* ist dünner als die Weite der Röhre, füllt aber oben bei *D* die Oeffnung der Röhre regelrecht aus. (Dies ist aus der Zeichnung nicht ersichtlich.) Der Raum *OP* ist leer. Von dem unteren Ende der Kolbenstange gehen drei massive eiserne Stäbchen aus und reichen bis an die Seiten der Röhre. Sie sind mit Leder bekleidet, damit sie nicht durch die Berührung die Röhren verletzen. Sie bilden die Figur eines Dreifusses, der unten bei *F* breiter und mehr auseinandergespreizt ist, als oben bei *E*. Daraus ist ersichtlich, dass der ganze Raum bei *N* leer ist, da ausser den Stäbchen nichts darin ist, woraus folgt, dass der Weg von *OP* nach *N* frei ist, sowie umgekehrt von *N* nach *OP*, denn der ganze Raum über *F* ist leer, da nichts darin enthalten ist, als die Kolbenstange und die Stäbchen. An den unteren Enden der Stäbchen wird der Reif *F* befestigt, doch ist derselbe nicht ganz leer, sondern nur in der Mitte (d. h. es war weniger ein Reif als eine in der Mitte durchlochte Platte), und wo das Loch bleibt, liegt ein Leder darüber und darauf kommt eine dünne Bleiplatte, wie vorhin gesagt wurde, dass es bei *M* der Fall sei, so dass keine Luft hindurchgeht, wenn das Loch bedeckt wird, und doch das Leder mit dem Blei gegen *N* hin gehoben und das Loch frei werden kann. Dies wird dadurch erreicht, dass das Leder etwa bis zur Hälfte an dem Ringe, der die Enden der Stäbchen aufnimmt, befestigt wird, im Uebrigen aber unbefestigt bleibt und den Boden, wenn es regelrecht aufsitzt, schliesst. Von diesem Boden gehen wieder drei andere Stäbchen aus, welche an der Innenwand der Röhre anliegen. Diese umschliesst ein Leder von allen Seiten, vom oberen Theile *F* bis nach *G*, genau an der Innenwand der Röhre anliegend, so dass keine Luft von *K* nach *N* hindurchgehen kann. Dadurch entsteht bei *F* gleichsam ein Becher (modiolus), aber ein umgekehrter, und zwar ist *F* sein Boden, ringsum mit Leder von runder Form umkleidet, und bei *G* ist die Oeffnung. Wenn dies geschehen, wird der Kolben so ausgerüstet, dass er hin und her bewegt werden kann, indem er mit dem unteren Ende des umgekehrten Cylinders bald bis *M* herabgeht, bald bis zu der Stellung, in welcher er gezeichnet ist, wieder in die Höhe gezogen werden kann . . . . .“ (Siehe Nachtrag S. 185.)

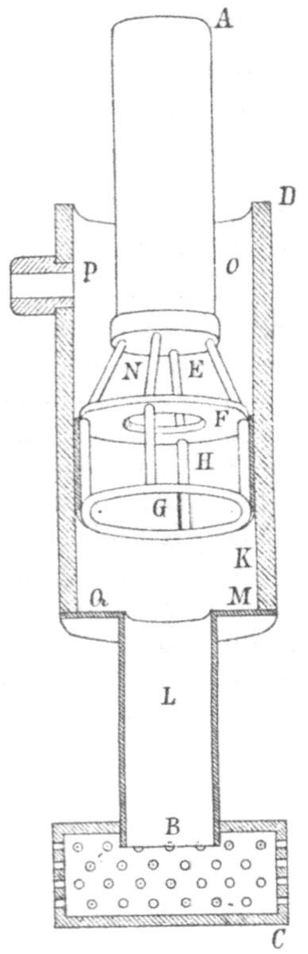

Fig. 198.

Es folgt nun eine Beschreibung der Wirkungsweise dieser Pumpe und dann die folgende Stelle, welche jedoch in der Angabe von 1550 noch nicht enthalten ist:

„Die Pumpen aber, mit welchen Schiffe und hervorquellende Wasser ausgepumpt werden, sind von einfacherer Konstruktion. Bei gleichbleibender Einrichtung bei *B* und *C*, damit nicht Steine die Maschine behindern, hat der Kolben (oder die Kolbenstange) unten vier Stücke Leder und ebenso viele an der Seite, aber durch einen Zwischenraum von zwei Ellen (= 888 mm) oder etwas mehr davon getrennt, welche oben befestigt werden. Die Länge derselben beträgt $^1/_4$' (= 70 mm), und wenn sie in die Höhe gezogen werden, tritt das Wasser wegen des luftleeren Raumes (von unten) ein; wenn sie aber niedergehen, werden sie durch den Druck der Luft ausgedehnt. Aber wegen der Schnelligkeit drückt auch etwas von dem Wasser das obere Leder zurück, und so steigt das Wasser nicht nur beim Ziehen, sondern auch beim Drücken in die Höhe."

Es waren dies also Druckpumpen mit langen Massivkolben, die unten durch vier Lederscheiben und weiter oben durch Ledermanschetten, die mit dem oberen Rande am Kolben befestigt waren, abgedichtet wurden. Eine andere Wasserhebemaschine, welche in dem Werke de subtilitate beschrieben wird, nennt Cardanus zwar „cochlea Archimedis", doch ist sie von der Wasserschraube, welche Vitruv beschreibt (vergl. Fig. 57, S. 50), verschieden. Weisbach nennt sie auf Seite 228, Bd. III, Abth. II, seiner Ingenieur- und Maschinenmechanik „Spiralpumpe", auf Seite 811 ebendaselbst aber allerdings auch „Archimedische Wasserschnecke". (Vergl. auch Nachtrag S. 185.) Der betreffende Abschnitt lautet:

„. . . . Und das Erste dieser Art ist die Erfindung des Archimedes, welche cochlea genannt wird, und welche Diodorus Siculus in der alten Geschichte zweimal erwähnt, indem er sagt, dass Aegypten mit Hilfe dieser von Archimedes erfundenen Wasserschraube trocken gelegt worden sei. Wenn dem so wäre, so wüsste ich nicht, wie in alten Zeiten Aegypten bewohnt werden konnte, da Archimedes zur Zeit des zweiten punischen Krieges lebte. Wie sich die Sache aber auch verhalten mag, so ist es ohne Zweifel ein sehr sinnreiches Instrument und wäre eines solchen Künstlers nicht unwürdig. Vitruv erwähnt dasselbe am Schlusse seines Werkes. Aber Galeazzo de Rubeis, einer unserer Mitbürger, ein Eisenschmied, verlor vor Freude den Verstand, da er die schon lang erfundene gleichsam als erster Autor erfunden zu haben glaubte. Wir haben ihn gesehen, wie er (durch Wasser, das er mit seiner Schnecke gehoben hatte), eine Mühle in Umdrehung versetzte, und kurz nachher kam er von Sinnen. Die Maschine aber war wie folgt beschaffen:

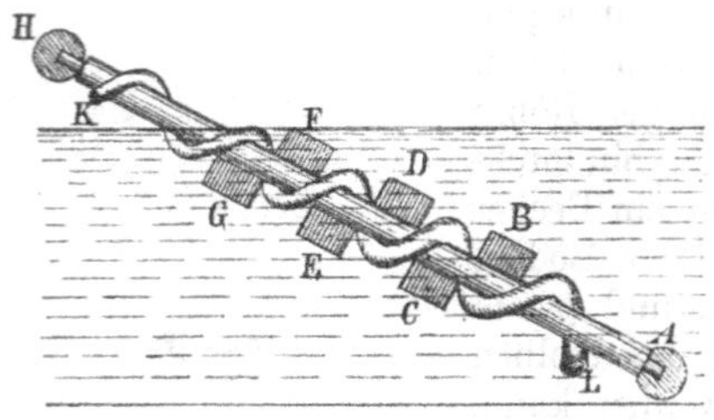


Fig. 199.

Das Holz $AH$ (Fig. 199) ist fest, gerade, gleichmässig, rund und so lang, dass es gegen die Oberfläche des Wassers geneigt und an einem Nachen soviel wie nöthig befestigt, über das Wasser hervorragt. Es wird, wie man sieht, von einem einfachen Metallkanale, der nach einer Schneckenlinie geformt ist, ringsum bedeckt. Es werden jedoch auch mehrfache Kanäle angewendet, und drei, welche allmälig so ansteigen, scheinen mir nothwendig, damit alle Zwischenräume ausgefüllt werden. Der Kanal hat zwei Mündungen, und zwar ist die untere weit, die obere enger. Diese werde $K$ genannt. Es ist nun zu zeigen, dass, wenn der Balken an den Enden $A$ und $H$ so umschlossen (d. h. in Lager gelegt) wird, dass er sich drehen kann, er durch die Bewegung des Wassers umgedreht wird. Zweitens, dass, wenn er umgedreht wird, das Wasser in die Höhe steigt und bei $K$ ausfliesst. Die Schaufeln $BCDEFG$ aber, welche entweder in den Zwischenräumen oder an den Verbindungen des Kanales mit dem Balken befestigt sind, drehen, indem das Wasser daran stösst, das Instrument nothwendiger Weise um, weil sie in der Länge sowohl, als auch in der Breite beliebig vergrössert werden können, der Widerstand von $AH$ aber klein ist, zumal er durch die Neigung der Axe und dadurch, dass die Zapfen sich in Ringen drehen, noch verkleinert wird. Dies zeigen auch die Mühlen in den Flüssen Po und Ticino, wo, obgleich die Wasser sehr langsam fliessen, doch vermöge dieses Hilfsmittels die Mühlsteine so umgedreht werden, dass sie den Weizen zerreissen und zermahlen . . . ."

Demgemäss waren ohne Zweifel damals solche vom Flusse selbst umgetriebene Wasserschnecken im Gebrauche. Da aber der Zeichnung nach die Schaufeln an der Schneckenwelle ganz unter Wasser gingen, so konnte eine Drehung durch den Fluss nur dann erfolgen, wenn die Schaufeln entweder nach einer Schraubenlinie gestellt waren und die Axe der Schnecke längs des Flusses in's Wasser gelassen wurde, oder wenn sie bei quer in den Fluss gestellter Axe so in Gelenken aufgehängt waren, dass sie sich nach einer Seite hin umlegen konnten, so dass immer nur die untenstehenden Schaufeln den Wasserdruck auffingen, die oberen aber demselben auswichen. Windräder wurden zu damaliger Zeit nach beiden Methoden gebaut, wie wir nachher sehen werden. Auch fanden sich in Besson's Werk: „Théatre des instruments mathem. et mech.", welches 1578, also 24 Jahre später als die hier in Rede stehende Beschreibung des Cardanus erschien, Wasserräder sowohl nach dem einen als auch nach dem anderen Prinzipe konstruirt. Von dem Wasserrade aber, bei welchem das Wasser wie bei einer Turbine ohne Leitschaufeln gegen Schraubenflächen stösst, sagt Besson, dass es in Toulouse und anderen Orten gewöhnlich sei. Daher ist wohl anzunehmen, dass solche Wasserräder auch schon zu der Zeit im Gebrauche waren, als Galeazzo de Rubeis seine Spiralpumpe konstruirte. Der Gedanke, eine der beiden erwähnten Methoden zur Bewegung derselben anzuwenden, lag also damals nicht fern. — Die Begründung des Cardanus, warum das Wasser in einer solchen Spiralpumpe in die Höhe gefördert wird, können wir übergehen. Zum Schlusse wird noch einmal hervorgehoben:

„Die Schraube, welche Vitruv kennen lehrte, bedarf fremder Hilfe, die unserige aber dreht sich von selbst, und zwar um so leichter, je zahlreicher die Windungen sind und je sanfter die Maschine ansteigt. Je leichter sie aber umzudrehen ist, desto langsamer arbeitet sie, denn dies ist beinahe allgemein bei allen Maschinen, der Fall."

Es folgt nun die Beschreibung der früher erwähnten „Augsburger Maschine".

Paul von Stetten sagt in seinem aus urkundlichem Material zusammengestellten Werke: „Kunst-, Gewerbe- und Handwerksgeschichte der Reichsstadt Augsburg", Augsburg 1779, über die Wasserversorgung dieser Stadt:

„Im Jahre 1412 gab Leopold Karg dazu den ersten Anschlag. Er wollte von einem Thurme bei dem Schwibbogen das Wasser in sieben Rohrkasten, die in der Stadt vertheilt sein sollten, leiten, allein sein Werk that nicht lange gut. — Vier Jahre später liess man Hans Felber, einen Werkmeister von Ulm, kommen und dieser führte den Gedanken besser aus. Er legte sein Werk bei dem rothen Thore an. — Man verbesserte lange Zeit an dieser Einrichtung. — Im Jahre 1480 liess die Stadt die Brunnenquellen in der Au und auf dem Lechfelde zusammen und vermittelst eines Kanals, welcher der Brunnenbach genannt wird, in die Stadt leiten. — Im Jahre 1538 erbaute man den unteren Brunnenthurm unten an dem Mauerberge. — Endlich, nachdem man genug Wasser hatte und durch den im

Jahre 1558 mit Bayern geschlossenen Vertrag deswegen gesichert war, leitete man es nicht nur in öffentliche Springbrunnen, davon einige nachgehends sehr prächtig ausgeführt wurden, sondern auch in die meisten Häuser der Stadt . . . . .“

In die Periode zwischen 1538 und 1558 nun fällt die Beschreibung der „Augsburger Maschine“ des CARDANUS, die er wahrscheinlich gesehen hatte, als er, von Schottland zurückkehrend, Deutschland bereiste. Nachdem er von der Spiralpumpe des GALEAZZO DE RUBEIS gesprochen hat, fährt er fort:

„Eine andere Art Maschine ist die von Augsburg, wie ich wohl einsehe, welche man aber doch zu dieser Klasse rechnen muss.

Die stehende Welle $AB$ (Fig. 200) wird durch ein Kammrad von dem Flusse umgedreht, und zwar in der Weise, wie es oben von uns beschrieben wurde (nämlich in dem Werke: de subtilitate), als wir von der Uebertragung der Bewegungen redeten. Auf dieser Welle sitzen Getriebe von gleicher Anzahl wie die Schnecken, z. B. $CDEFGHK$, die Schnecken sind von gleicher Anzahl wie die Becken, und die Zahl der Becken richtet sich nach der Höhe. Die Becken $LMNOPQR$ sind aber an der Säule $ST$ befestigt. Wenn nun $AB$ gedreht wird, werden durch die Getriebe alle Schnecken umgedreht, von denen die unterste $C$ das Wasser aus dem darunter befindlichen Flusse schöpft und es in das Becken $L$ übergiesst, aus welchem die Schnecke $D$ schöpft, indem sie das Wasser in das Gefäss $M$ übergiesst, und so giessen infolge der Bewegung der einen stehenden Welle $AB$ die Schnecke $C$ das Wasser nach $L$, $D$ nach $M$, $E$ nach $N$, $F$ nach $O$, $G$ nach $P$, $H$ nach $Q$, $K$ nach $R$, indem sie es aus den darunter befindlichen Gefässen schöpfen. $R$ aber bringt das Wasser durch die Mündung $V$ nach dem Bestimmungsort.

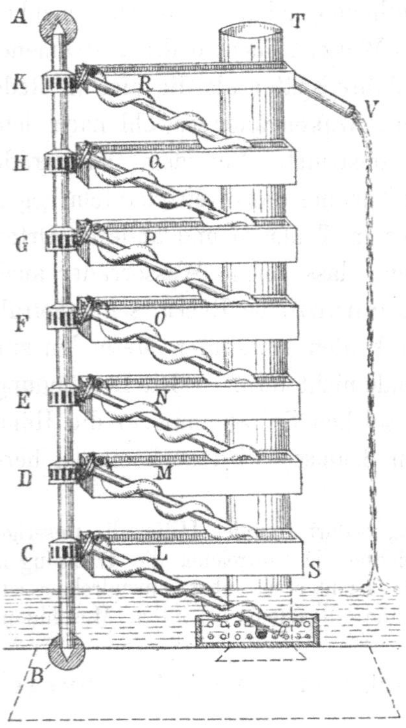


Fig. 200.

Der Zweifel liegt wieder nahe, ob die Schnecke aus der nach oben aufsteigenden Mündung (d. h. wenn das obere Ende der Schnecke aufwärts gerichtet ist) das Wasser auch ausfliessen lasse, weshalb wir die erste dreifach gemacht haben (dann ist nämlich immer eines der oberen Enden der drei Spiralrohre abwärts gerichtet), aber man sah, dass sie das Wasser in die Höhe springend ausgossen, während sie aufwärts gerichtet waren, weil, wie gezeigt worden ist, die Theilchen herabsinken und alles Wasser herabsinkt, weshalb es mit Pressung heraustritt. Nicht nur aus der abwärts geneigten Mündung der Schnecke, sondern aus mehreren um dieselbe Axe angeordneten Schnecken entstand ein gleichförmiger Wasserausfluss. Und dies gilt auch von den Maschinen der ersten Art.“

CARDANUS war also durch Ueberlegung und Experimente zu der Kenntniss gelangt, dass das Wasser mit einem gewissen Drucke aus der Spiralpumpe austritt, was WEISBACH in der oben angegebenen Stelle Seite 828, Bd. III, Abth. 2, seiner Ingenieur- und Maschinenmechanik genauer nachweist.

Wir gehen nun zur Betrachtung einer Mehlsichtmaschine über, welche Cardanus in lib. II de subtilitate beschreibt, welcher aber seither wenig Beachtung geschenkt worden zu sein scheint. Johann Beckmann sagt in seinen „Beiträgen zur Geschichte der Erfindungen", Leipzig 1788, über diesen Gegenstand:

„Zuerst geschah dies (das Scheiden des Mehls von der Kleie) durch Siebe, die man mit der Hand bewegte, und man hat auch noch jetzt in Frankreich bei der sogenannten Mouture en grosse eine besondere Beutelkammer, worin das Sieb mit der Hand durch eine Kurbel gedreht wird. Ebenfalls ist auch noch in manchen Gegenden von Niedersachsen und Elsass die Gewohnheit, das Mehl besonders auszubeuteln, wozu denn verschiedene Siebe nöthig sind. Die Römer hatten vornehmlich zwei Arten (Handsiebe): cribra excussoria und pollinaria, letztere lieferten das feinste Mehl, pollinem, welches noch jetzt unsere Müller und Bäcker „Pol" nennen. Siebe aus Pferdehaar sollen zuerst die alten Gallier, Siebe aus Leinen zuerst die alten Hispanier gemacht haben (Plinius, lib. 18, cap. II, p. 113). Die Einrichtung, ein Sieb von Gestalt eines ausgespannten Beutels an die Mühle selbst anzubringen, in selbiges das Mehl, wenn es die Steine verlässt, fallen und den Beutel durch das Mühlwerk drehen und erschüttern zu lassen, diese vortheilhafte Einrichtung ist erst im Anfange des sechszehnten Jahrhunderts bekannt geworden, welches man in etlichen Chroniken ausdrücklich angemerkt findet. (Chronica Cygnea, oder Beschreibung der Stadt Zwickau durch M. Tobiam Schmidten, Zwickau 1656: Im Jahre 1502 Mittwoch vor Joh. Baptistae ist das Räderwerk der Beutel in Mühlen allhier in Zwickau erstlich aufgekommen und gebraucht worden.)"

Aehnlich spricht sich auch Poppe in seiner „Geschichte der Technologie". Göttingen 1807, aus. Man sieht, dass beide Schriftsteller den zu ihrer Zeit in Deutschland am meisten gebrauchten Beutelkasten in Verbindung mit dem Mahlgange für die vollkommnere Vorrichtung hielten und daraus, wie es häufig geschieht, den Schluss zogen, dass dies die neuere Erfindung sein müsse. Vergleicht man aber obige Jahreszahl 1502 mit dem Jahre, in welchem Cardanus über seine Siebmaschine, als einer noch nicht drei Jahre alten Erfindung schrieb, so wird man jetzt, wo die alten Beutelkästen aus unseren besseren Mühlen verschwunden sind und die Sortirung oder Sichtung getrennt vom Mahlgange erfolgt, vielleicht geneigt sein, die entgegengesetzte Ansicht für richtig zu halten und der Mittheilung des Cardanus mehr Beachtung zu schenken, worin gesagt wird:

„Wenn man es auch gewissermassen einen Luxusgegenstand nennen kann, so will ich doch, um von einer kunstreichen Erfindung zu reden, die von der Natur der Luft ihren Ausgang nimmt, eine sehr schöne Vorrichtung besprechen, durch welche das Mehl gebeutelt wird und welche innerhalb der letzten drei Jahre erfunden worden ist, damit man daraus ersehe, wie auch durch geringfügige Dinge, wenn sie nur geistreich sind, etwas erreicht werden kann. Denn jetzt, da alle Müller diese Vorrichtung wegen ihrer Nützlichkeit haben, jener (Erfinder) aber das Privilegium vom Kaiser erlangt hat, dass Keiner ohne seine Zustimmung sie erhalten kann, zieht er seinen Lebensunterhalt aus dieser Industrie und hat sich vor Kurzem ein Haus gekauft. Denn nicht nur die Müller, sondern auch Mönchs- und Nonnenklöster und Adelige, welche ein grosses Hauswesen haben, besitzen diese Vorrichtung wegen ihrer grossen Nützlichkeit, um nicht zu sagen Unentbehrlichkeit. Auch viele andere haben sie machen lassen, welche nicht so sehr durch den Nutzen, als durch die Bewunderung der Sache dazu veranlasst wurden. Die Konstruktion derselben ist aber folgende:

*B* ist ein kleines Rad, in dessen äusserem Rande ein Handgriff *A* angebracht ist (Fig. 201), mit welchem es herumgedreht werden kann. Beide ragen aus der Maschine hervor. In dem Rade ist die Axe *C*, welche mit ihm umgedreht wird. An dieser sitzen zwei hölzerne Zähne einander gegenüber und zwei andere nahe dabei, ebenfalls einander gegenüber, aber gleichsam in der Mittelstellung der ersteren, damit, wenn das Rad eine Umdrehung macht, sie viermal das breite Holz oder vielmehr das Brettchen *DE* berühren, welches an beiden Seiten an dem Gehäuse aufgehangen ist, so dass durch das sich drehende Rad das Brettchen in eine beständig zitternde Bewegung versetzt wird, während es von den Zähnen berührt wird. Die Axe *C* und ein kleiner Theil des Brettes werden durch ein kleines Gehäuse umschlossen. Auf dem Holze oder Brette *DE* steht das Beutelsieb *FG* schief und von *G* aus in dem Punkte *H* aufgehängt, damit es nicht herabfällt. Es besteht an allen Seiten aus dünnen und unten aus sehr dünnen und leichten Brettchen, ausgenommen in der Mitte, wo das Mehl durch das Sieb hindurchgeschüttelt wird, denn dieser Theil besteht wie gewöhnlich aus leinenem Gewebe. Alle diese Theile werden mit einem überall geschlossenen Gehäuse umgeben, in dessen oberen Theil das Kästchen *K* hereinragt, und in diesem befindet sich eine beinahe quadratische Schüssel (der Schuh),

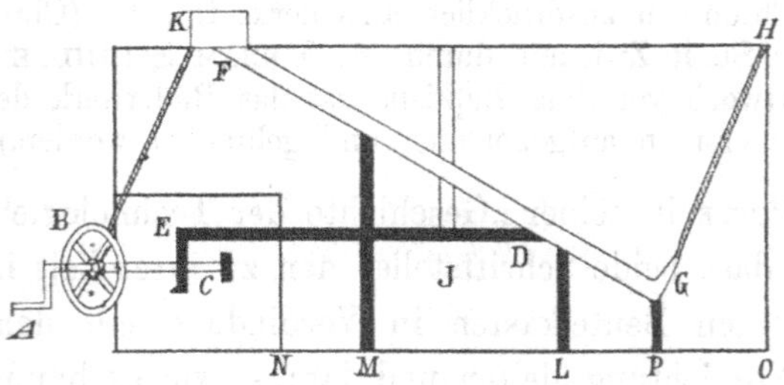


Fig. 201.

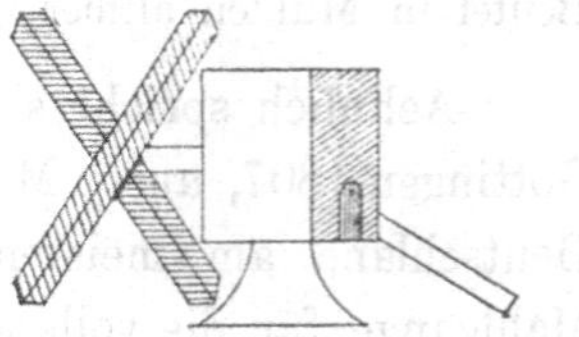

Fig. 202.

in welche das Mehl fällt. Diese ist so aufgehängt, dass sie leicht geschüttelt werden kann, und zwar geschieht dies durch ein Seilchen, welches einerseits an der Schüssel, anderseits bei *B* an dem Rade befestigt ist (sollte wohl heissen an einer Kröpfung der Axe von *B*). Man beachte auch, dass das Sieb *FG* an beiden Enden offen ist, am oberen, damit es das Mehl von der Schüssel aufnehme, und am unteren, damit die Kleie bei *G* ausgeworfen werde. Das ganze Gehäuse aber ist durch aufrechte Scheidewände aus Brettern bei *LM* und *N*, welche unbeweglich sind, dreifach getheilt; doch kann man, wenn man will, auch vierfach abtheilen. Ist dies so hergerichtet und wird das Rad *B* gedreht, so schüttelt das Seilchen die Schüssel und die Zähne schütteln das Brettchen *ED*, die Schüssel schüttelt das Mehl auf das Sieb *FG* und das Brettchen schüttelt das Sieb. Dadurch wird nun bewirkt, dass die feinste Blume des Mehles zuerst ausgeschüttelt wird und in die Abtheilung *NM* des Gehäuses fällt, wenn es aber nach abwärts geht, wo es heftiger geschüttelt wird, wird ein geringwerthigerer Theil von weniger reinem Mehl in die Abtheilung *LM* ausgeschüttelt, bis zuletzt durch die untere Oeffnung des Siebes bei *G* die ganze Kleie in die Abtheilung *LO* fällt, und so werden drei getrennte Sorten gesammelt, die Blume des Mehles in *MN*, das grobe Mehl in *LM* und die Kleie in *LO*. Alles Mehl aber, welches verstäubt, kehrt nothwendiger Weise wieder an seinen Ort zurück, so dass innerhalb nichts verloren gehen kann, weil das Gehäuse nirgends etwas durchlässt. Es ist aber, wie man leicht einsieht, erforderlich, dass das Sieb *FG* nicht zu sehr geneigt ist, denn das Mehl würde dann bis *G* gelangen und mit der Kleie ausgeworfen werden, weshalb man auch, wenn die Scheidewand *L* bis an den Auswurf des Siebes versetzt, oder noch eine andere Scheidewand *P* eingefügt wird, den Auswurf *G* selbst etwas, wenn auch nur wenig, nach aufwärts biegen muss, damit man nicht einen Theil des Mehles zum Opfer bringt.

Wie viele Vortheile sich aus dieser Vorrichtung ergeben, sehe ich wohl ein. Erstens wird durch die Arbeit eines einzigen Menschen, der das Rad dreht, das Mehl auf die Schüssel aufschüttet und das Gesiebte, sowie die Kleie sammelt, wenn die Abtheilungen voll sind, die Arbeit von drei Siebern ersetzt. Zweitens, weil die Arbeit weder so mühsam noch so schädlich ist (als die des Siebens mit der Hand), so kann ein beliebiger Arbeiter genügen und man kann Tagelöhner (geruli, eigentlich Träger) verwenden, welche für viel geringeren Lohn zu haben sind, als Sieber. Drittens wird alles Mehl gesammelt und es geht nichts verloren, während es, wenn von Hand gesiebt wird, nothwendig ist, dass so grosse Oeffnungen (in dem Gehäuse) bleiben, dass man die Arme hineinstecken kann, wodurch ein nicht geringer Theil des Mehles verloren geht. Dazu kommt, dass das leinene Sieb, weil es nur zittert nicht so sehr abgerieben wird, viel weniger, als wenn von Hand gesiebt wird, denn hierbei ist nothwendig, dass man das Sieb so heftig stösst, wie man es zu thun pflegt. Kurz, das Mehl wird besser gesichtet und die Kleie wird vollkommen rein. Und alles dies ohne Besudelung des Hauses und Aufopferung oder Unbequemlichkeit der Arbeiter. Auch hat diese Vorrichtung die Eigenschaft, dass sie zweierlei oder dreierlei Mehl (ausser der Kleie) ausscheidet, was von Siebern anfangs nur mit unsicherem Urtheile und auch später nur unzuverlässig geschehen kann.“

Letztere Bemerkung könnte auffallend erscheinen, da man geneigt ist, zu glauben, es könne keinerlei Schwierigkeiten haben, durch verschiedene Handsiebe, wie das Cribrum excussorium und das Cribrum pollinarium der alten Römer, verschiedene Mehlsorten zu erhalten, wenn man nicht weiss, dass das Produkt des Siebens unter sonst gleichen Umständen gröber wird, wenn die Operation des Siebens länger andauert, oder weniger Mahlgut auf das Sieb gebracht, oder kräftiger geschüttelt wird. Das stärkere Rütteln giebt Cardanus in seiner Beschreibung sogar allein als Grund davon an, dass die tiefer gelegenen Theile des Siebes ein gröberes Produkt ergeben, als die höher gelegenen. Sehr bemerkenswerth erscheint uns aber, dass Cardanus in der Einleitung seiner Beschreibung der Sichtmaschine sagt, diese Erfindung nehme von der Natur der Luft ihren Ursprung. Sollte denn etwa Cardanus vor 350 Jahren schon daran gedacht haben, dass durch das in senkrechter Richtung zur Siebfläche erfolgende Schütteln des Siebes die Luft auf beiden Seiten desselben abwechselnd verdichtet und verdünnt und dadurch der Durchgang des Mehles durch die Maschen des Siebes befördert werde, während doch in unseren Tagen diese sichtende Wirkung von Luftwellen für eine neue, von Friedr. Georg Winkler in Zschopau gemachte Erfindung gehalten wird?

Zum Schlusse müssen wir noch die Windmühle erwähnen, welche Cardanus in lib. I de rerum varietate bespricht und abbildet, da man diese schlechte Abbildung (Fig. 202) vielfach für die älteste gehalten hat, welche sich von einer Windmühle in wissenschaftlichen Werken findet.

Joh. Beckmann sagt: „Ich meine, die deutschen Mühlen (die sogenannten Bockmühlen) sind älter als die holländischen (mit drehbarem Dach), denn die ältesten Beschreibungen, deren ich mich erinnern kann, reden sämmtlich nur von ersteren. Hieronimus Cardanus, zu dessen Zeiten Windmühlen in Italien und Frankreich längst gemein waren, hat doch nur der ersteren gedacht". Das ist wohl richtig, aber in dem Werke: „Der fürnehmbsten, nothwendigsten, der ganzen Architektur angehörigen, mathematischen und mechanischen Kunst eigentlicher Bericht" von Gualtherius H. Rivius, Nürnberg 1547, findet sich in lib. III, p. 41 neben einer viel schöneren Abbildung einer gewöhnlichen Bockmühle (Fig. 203) auch die Abbildung einer Mühle mit horizontalem Windrade, wie sie unsere Fig. 204, wiedergiebt. Die Flügel des Windrades bestehen hier aus einem in viele Felder eingetheilten Rahmenwerk. Auf den Feldern sind Ventilklappen angebracht, welche sich alle nach ein und der-

Fig. 203.

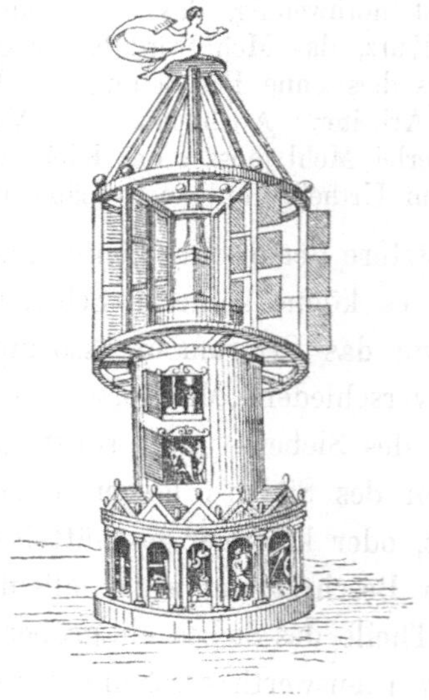

Fig. 204.

selben Seite hin öffnen. Auf der einen Seite des Rades werden sie durch den Winddruck geschlossen und dieser wirkt auf die ganze Fläche des Flügels; dreht sich aber das Rad infolge dessen um und kommt der Flügel auf die andere Seite des Rades, so werden die Klappen in demselben durch den Winddruck geöffnet und dieser wirkt nur auf den kleinsten Theil der Flügelfläche. Rivius zeichnete diese, sowie die zuerst genannte Windmühle nur zur Ausfüllung eines leeren Raumes auf dasselbe Blatt mit einem Stadtplane, ohne ein Wort der Erklärung im Texte zuzufügen. Gewiss hätte er dies nicht wagen können, ohne befürchten zu müssen, dass man nicht verstehen würde, was seine Zeichnung bedeute, wenn nicht solche Mühlen bei den Architekten seiner Zeit sehr bekannt gewesen wären. Wenn daher Rühlmann im ersten Bande seiner allgemeinen Maschinenlehre sagt: „Als Gegenstand besonderer Aufmerksamkeit wurde schon am Ende des siebzehnten Jahrhunderts an die Konstruktion horizontaler, d. h. solcher Windräder betrachtet, wobei die betreffende Welle vertikal steht, die Flügel also in horizontaler Ebene laufen", so ist dies nicht so aufzufassen, als ob nicht auch schon anderthalb Jahrhunderte früher solche Windräder bekannt gewesen wären. Die Konstruktion des horizontalen Windrades, wie es Rivius 1547 abbildete, muss man sich aber auch um deswillen merken, weil, wie schon erwähnt, etwa 30 Jahre später von Besson horizontale Wasserräder abgebildet wurden, die nach demselben Prinzipe konstruirt sind. (Vergl. den letzten Absatz des Nachtrags.)

## Nachtrag.

Als wir vorstehende Abhandlung über Cardanus schrieben, waren uns die nachstehend besprochenen „Skizzen aus der Zeit der Hussitenkriege", sowie die in der nachstehenden „zweiten" und „dritten Abhandlung über Leonardo da Vinci" besprochenen Skizzen desselben noch unbekannt. Wir können nun auf Folgendes hinweisen:

Eine Pumpe mit Hohlkolben, ähnlich Fig. 198, findet sich schon unter den Skizzen aus der Zeit der Hussitenkriege (um 1430) Blatt 63 R abgebildet.

Von den, wie in Fig. 199, aus gebogenen Metallrohren hergestellten Wasserschrauben findet sich schon eine einfache unter den in der „zweiten Abhandlung" (E 13 v und 13 h und 14 v) und eine dreigängige unter den in unserer „dritten Abhandlung" (Fol. 7 h) besprochenen Skizzen von Leonardo da Vinci.

Die Abbildungen von Bockwindmühlen, welche sich unter den „Skizzen aus der Zeit der Hussitenkriege" (Blatt 47 V und 19 V und 19 R) finden, sind etwa um 120 Jahre älter, als die von Cardanus, und unter den in unserer „zweiten Abhandlung über Leonardo da Vinci besprochenen Skizzen desselben findet sich (L 35 h und 36 v) sogar schon eine Windmühle mit drehbarem Dache (sogenannte „Holländische Windmühle").

## Jaques Besson († 1569).

Im Jahre 1578 erschien zu Lyon ein Werk unter dem Titel: Théatre des Instruments mathématiques et méchaniques de JAQUES BESSON, Dauphinois, docte Mathematicien, avec interprétation des figures d'iceluy par FRANCOIS BEROALD. Gleichzeitig erschien auch eine lateinische Ausgabe dieses Werkes. Dasselbe enthält auf 60 sauber in Kupfer gestochenen Tafeln in gross Folioformat Entwürfe von Maschinen und mathematischen Instrumenten. Aus ersteren erkennt man, dass der Autor mehr Kinematiker als Maschinenbauer war, die Erklärungen BEROALD's aber verrathen ein nur mangelhaftes Verständniss der Figuren, sowie der beiden genannten Disciplinen.

Ueber das Leben des JAQUES BESSON ist wenig bekannt. Aus der Widmung BEROALD's an einen Monsieur D'HASTINGS geht hervor, das BESSON bereits gestorben war, als diese geschrieben wurde, und dass man es hier mit nachgelassenen Skizzen desselben zu thun hat.

In der Vorrede an den Leser nennt BEROALD den JAQUES BESSON einen „Ingenieur und Mathematiker des Königs", woraus vielleicht geschlossen werden darf, dass er ein Nachfolger LEONARDO DA VINCI's in diesem Amte gewesen, der bekanntlich im Jahre 1519 als Ingenieur des Königs Franz I. von Frankreich starb. Dass BESSON aus der Dauphiné gebürtig war, geht schon aus dem Titel seines Werkes hervor. Ferner wird in der Vorrede des BEROALD gesagt: „Cependant nous voulons bien, que chacun sache, qu'il n'y a aucun instrument ni machine portraitée, qui n'ait été ou inventée ou enrichie par BESSON et qui ne soit ferme et munie de toutes pars de raisons prégnantes et nécessaires, tirées des Mathématiques et de la physique." Wie weit namentlich der letzte Theil dieser Behauptungen richtig ist, überlassen wir dem Leser, zu beurtheilen.

In dem Werke: „Nouvelle Biographie générale, publiée par M. M. FIRMIN DIDOT frères sous direction de M. Le Dr. HÖFER. Paris 1862" wird angegeben, dass BESSON aus Grénoble, der Hauptstadt der Dauphiné, gebürtig und im Jahre 1569 Professor der Mathematik in Orléans gewesen sei. Ueber sein in Rede stehendes Werk wird nur gesagt: „il inventa pour de démonstrations mathématiques plusieurs instruments ingenieux." In dem „Lehrbuche der allgemeinen Litterargeschichte von Dr. J. G. F. Grässe" wird gesagt, Besson habe die Erfindungen, welche er auf seinen Reisen kennen gelernt hatte, abzeichnen lassen, was gewiss nur theilweise richtig ist und obiger Behauptung Beroald's geradezu widerspricht.

Was diesen Herausgeber des in Rede stehenden Werkes betrifft, so wird er in dem oben citirten Werke: „Nouvelle Biographie générale" ein Philosoph und Mathematiker genannt, geboren 1558 zu Paris als Sohn des Mathieu Beroald, eines Theologen und Geschichtsschreibers und gestorben etwa 1612. Es heisst ferner von ihm: „er pflegte alle Wissenschaften, wenn auch nicht mit gleichem Erfolge, so doch mit gleichem Eifer. Im Jahre 1593 wurde er zum Domherrn von St. Gratien de tours ernannt, trotz der Unanständigkeit und dem wenig religiösen Geiste seines in vielen Auflagen erschienenen Buches: „Moyen de parvenir." — Jedenfalls ist dieser Francois Beroald nichts weniger als ein praktischer Ingenieur und erst 20 Jahre alt gewesen, als er das hier in Rede stehende Werk herausgab. Man wird daher seinen ohnehin meist unklaren und dürftigen Interpretationen von Besson's Skizzen keine grosse Bedeutung beizumessen haben und, wo eine hinterlassene Skizze des letzteren eine bessere Deutung zulässt, als sie Beroald giebt, wird man annehmen dürfen, dass dieser ihn missverstanden hat.

Das erste Blatt Besson's zeigt einen Zirkel, auf dessen Schenkeln ein Massstab eingravirt ist, ein Lineal, welches zur sicheren Auflage auf der unteren Seite so ausgehöhlt ist, dass es nur mit den beiden Längskanten aufliegt. Ferner eine Schraube und Mutter mit scharfgängigem Gewinde und die Werkzeuge zur Herstellung der ersteren. Diese Werkzeuge bestehen nur aus einem Pergamentstreifen, mit dessen Hilfe die Schraubenlinie durch vorgezeichnete Punkte vorgerissen wurde und aus einer dreikantigen Feile oder Raspel, womit die Gewindegänge ausgefeilt wurden. Schneidwerkzeuge und Gewindeschneidmaschinen zur Herstellung von Schrauben und Schraubenmuttern scheint demnach Besson nicht gekannt zu haben, obgleich Leonardo da Vinci, wie wir in unserer zweiten Abhandlung über ihn zeigen werden, solche in seinen Skizzen dargestellt hat. Metallene Muttern wurden wohl über eiserne Schrauben gegossen oder dadurch hergestellt, dass man eine Drahtspirale in eine Hülse löthete.

Das zweite Blatt zeigt die Konstruktion eines Proportionalzirkels, das dritte den in Fig. 205 dargestellten Zirkel zum Zeichnen von Kurven vermittelst feststehender Patrone oder Schablone. Derselbe besteht aus einer Axe ($ab$), welche, mit einer Hand vertikal auf die Zeichenfläche gesetzt, durch drei Spitzen am unteren Ende an der Drehung verhindert wird. Auf dieser Axe ist die Patrone befestigt, welche hier aus einer dreiseitigen, abgestumpften Pyramide besteht. Der horizontale Arm ($cd$) mit der daran festgeklemmten Stange ($ef$) dreht sich lose auf dieser Axe. Der den zeichnenden Stift tragende horizontale Arm ($gh$) und der am rechten Ende mit einer auf der Patrone laufenden Rolle versehene horizontale Arm (*ik*) sind beide an dem vertikalen Stabe (*lm*) festgeklemmt, der sich auf dem horizontalen Arme (*c d*) hin und her schieben lässt; (*i k*) aber wird durch eine an (*e f*) befestigte Feder stets gegen die Patrone gedrückt, während (*c d*) mit allen daranhängenden Theilen um (*a b*) gedreht wird. Während die Rolle bei (*i*) über eine der ebenen Flächen der Patrone läuft, beschreibt die Spitze des zeichnenden Stiftes ein Stück einer oberen Konchoide und während sie um eine der Ecken läuft, einen Kreisbogen.

Je nach Gestaltung der Patrone können mit diesem Zirkel verschiedene Kurven gezogen werden. Auf Besson's viertem Blatte ist ein ebensolcher Zirkel dargestellt, bei dem die Patrone drei nach aussen gewölbte Flächen hat. Wenn Beroald dabei schreibt, diese Vorrichtung sei dazu geeignet, geradlinige Figuren zu zeichnen, so ist dies ein Irrthum, denn dazu wäre erforderlich, dass die Seiten des Querschnittes der Patrone nach einer Aequidistanten

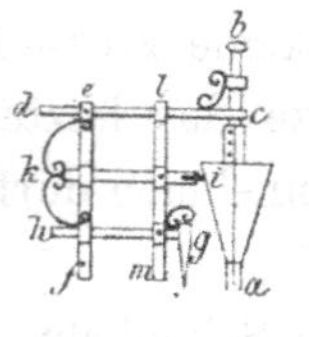

Fig. 205.

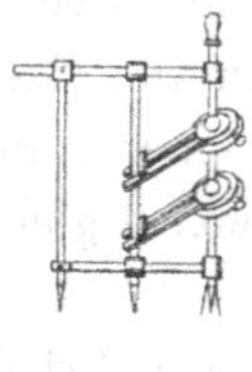

Fig 206.

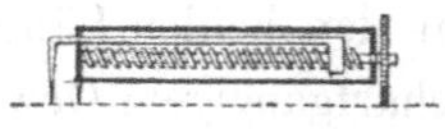

Fig. 207.

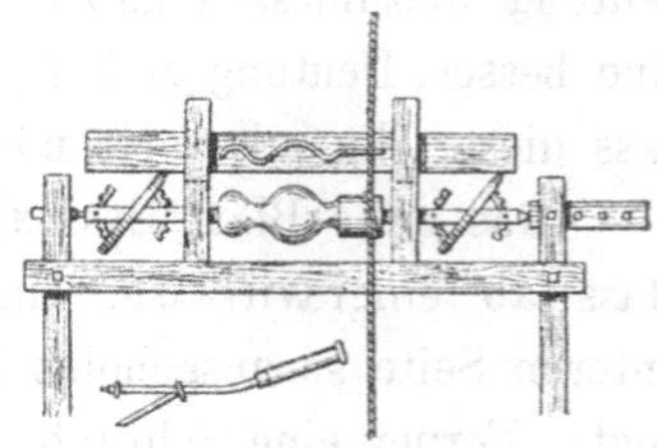

Fig. 208.

von einer unteren Konchoide gekrümmt, dass sie also konkav wären, und selbst dann blieben noch die kreisförmigen Uebergänge von einer Geraden zur anderen bestehen.

Das fünfte Blatt zeigt den in Fig. 206 wiedergegebenen Ellipsenzirkel. Derselbe hat, wie der oben beschriebene Kurvenzirkel, eine festgehaltene, vertikale Axe (*a b*), um welche der Rahmen (*c d e f*) sich drehen lässt. Die den zeichnenden Stift tragende Stange (*g h*) lässt sich auf den horizontalen Stangen (*c d*) und (*e f*) hin und her schieben. Auf der fesstehenden Axe (*a b*) sind zwei parallele, zur Achse schräg stehende, runde Scheiben festgeklemmt. Um diese dreht sich je ein Ring, an welchem je ein Arm befestigt ist, der die Stange (*g h*) mit seinen Enden umfasst. Diese Enden beschreiben, wenn der Rahmen (*c d e f*) um (*a b*) gedreht wird, gleiche, parallele, gegen die Horizontalebene geneigte Kreise und die Spitze des zeichnenden Stiftes beschreibt die Horizontalprojektion derselben, das ist eine Ellipse. Da die Neigung der runden Scheiben auf der Axe (*a b*) und die Länge der Schubstangen an den Ringen verstellbar sind, so lassen sich mit diesem Zirkel viele verschiedene Ellipsen ziehen.

Das sechste Blatt zeigt den Fig. 207 wiedergegebenen Zirkel zum Ziehen von Spirallinien. Derselbe besteht aus einer horizontalen Hülse, die am linken Ende eine vertikale Spitze hat, welche in den Mittelpunkt der zu ziehenden Spirale eingesetzt wird. In der Hülse ist eine Schraube konaxial gelagert, welche am rechten, aus der Hülse hervorragenden Ende eine runde, aussen gerändelte Scheibe trägt, welche auf der Zeichenfläche im Kreise herumrollt, wenn man die Hülse um ihre Spitze dreht, und die Schraube im Inneren wird dadurch gleichzeitig um ihre Axe gedreht. Eine Schraubenmutter, welche sich nicht mit der Schraube um deren Axe drehen kann, wird dadurch in deren Axenrichtung verschoben. An dieser ist eine Stange befestigt, welche durch den Boden am linken Ende der Hülse geht und an dem aus der Hülse hervorragenden Ende den zeichnenden Stift trägt. Die Spitze dieses Stiftes dreht sich also um die Spitze der Hülse und bewegt sich gleichzeitig in radialer Richtung fort, beschreibt daher eine Spirallinie. Ist die Schraube in der Hülse eine gewöhnliche, so ist die Spirale eine archimedische. Durch Aenderung des Durchmessers des Laufrades, oder durch Einsetzen einer gewöhnlichen Schraube mit anderer Steigung erhält man andere archimedische Spiralen. Setzt man aber Schrauben ein, die an verschiedenen Stellen verschiedene Steigung haben, so entstehen Spirallinien anderer Art. In diesem Falle kann die Mutter selbstverständlich nur mit einem abgerundeten Zapfen, oder vermittelst eines um einen zylindrischen Zapfen drehbaren Gleitstückes in die Schraube eingreifen.

Das siebente Blatt zeigt den Entwurf einer Drehbank zum Passigdrehen vermittelst Patronen (Fig. 208). Das hölzerne Werkstück ist zwischen zwei gleichen, an den einander zugekehrten Enden mit mehreren Spitzen versehenen Spindeln eingespannt und erhält seine Drehung in der damals und bis zu Anfang unseres Jahrhunderts bei Holzdrehbänken üblichen Weise durch eine darum geschlungene Schnur, welche zwischen einer Wippe an der Decke des Arbeitsraumes und einem Trittbrette unter der Drehbank gespannt ist. Beim Niedertreten des Trittbrettes dreht sich das Werkstück in einer Richtung, und der mit den Händen angedrückte Stahl schneidet; während der Fuss gehoben wird, wird der Stahl etwas zurückgezogen und das Werkstück dreht sich in entgegengesetzter Richtung. Die beiden Spindeln, welche sich mit dem Werkstücke umdrehen, tragen gleiche Patronen, welche im vorliegenden Falle, da elliptisch gedreht werden soll, aus zwei gleichen, schräg zur Axe gestellten Kreisscheiben bestehen, deren Schräge verstellbar ist. Auf diesen Patronen liegt ein in zwei Schlitzen der vorderen Docken geführtes, breites Lineal, welches während des Drehens, je nach der Form der Patronen, bald durch diese gehoben wird, bald durch seine Schwere und den Druck des Arbeiters auf den Drehstahl niedergeht. In diesem Lineale ist eine Nute von der Form der erzeugenden Linie des zu drehenden Rotationskörpers. Der Drehstahl ist am Ende gabelförmig, wie unter der Drehbank in Fig. 208 abgebildet. Die obere Zinke der Gabel wird mit ihrem Ende in die Nute des Lineals eingesetzt und in dieser nach und nach fortgeschoben, während die Schneide an der unteren Zinke, welche immer lothrecht unter dem oberen Gabelende bleiben muss, die Späne von dem Werkstücke wegnimmt.

Dass übrigens Ende des sechszehnten Jahrhunderts bei der Metalldreherei schon Drehbänke gebräuchlich waren, bei denen vermittelst eines Handschwungrades und Schnurtriebes das Werkstück in eine stetige Drehung nach einer Richtung versetzt wurde, ersieht man aus der Abbildung einer Zinngiesserwerkstätte in Thom. Garzoni's „Piazza universale“, Venedig 1601, in der deutschen Uebersetzung Frankfurt a. M. 1619 auf Seite 531.

Die auf dem achten Blatte Besson's dargestellte Methode des Passigdrehens dürfte wohl noch schwieriger gewesen sein, als die vorhin besprochene. Hier ist nur auf einer Seite des Werkstückes eine Patrone. Beide Docken

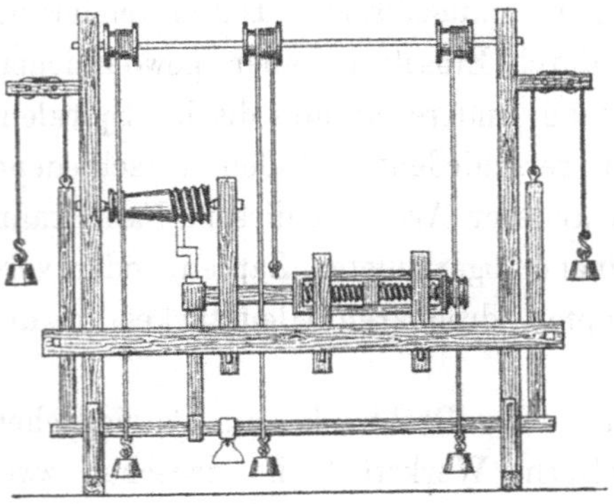

Fig. 209.

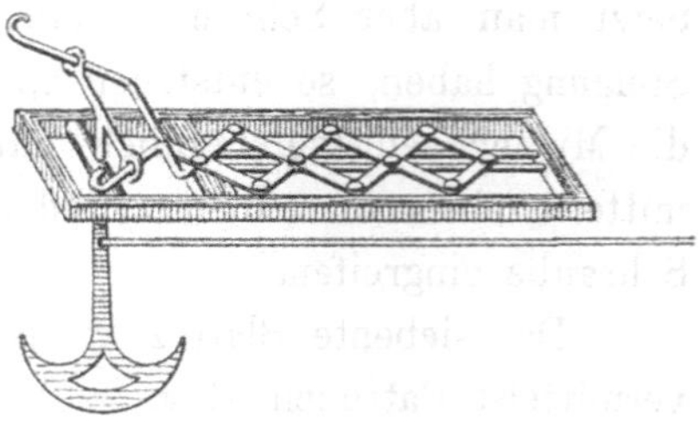

Fig. 210.

sind auf dieser Seite nach oben verlängert und mit einem Schlitze versehen. Der Arbeiter steht vor diesem Ende der Drehbank, hat das Heft eines sehr langen, durch beide Schlitze reichenden Drehstahles auf der Schulter ruhen und drückt ihn auf die Patrone nieder, während die Schneide am Ende des langen Stahles den Span von dem Werkstücke wegnimmt.

Auf dem neunten Blatte ist die in unserer Fig. 209 wiedergegebene, nach Beroald von Besson erfundene Drehbank zum Schneiden von Schrauben, und sogar von konischen Schrauben, abgebildet, bei welcher bereits eine Leitspindel zur Anwendung kommt. Hoch über dem Drehbankbette ist eine horizontale Welle mit drei Schnurrollen gelagert. Zieht der Arbeiter an dem einen Ende der um die mittlere Rolle geschlungenen Schnur, so dreht er dadurch die Welle in einer Richtung; hebt er dann den Arm wieder auf, so dreht das Gegengewicht am anderen Ende der Schnur sie in entgegengesetzter Richtung. Auf der linken Rolle ist eine Schnur mit einem Ende befestigt, dann mehrmals um die Rolle und einmal um das Ende des Werkstückes geschlungen und durch ein an ihrem freien Ende hängendes Gewicht gespannt. Auf diese Weise wird die Bewegung der oberen Welle auf das Werkstück übertragen. Rechts unter diesem ist eine Schraube in einem mit dem Drehbankbette fest verbundenen Holzrahmen horizontal gelagert. Sie ist an ihrem rechten, über den Holzrahmen vorstehenden Ende mit einer Schnurrolle fest verbunden, und diese wird ebenso wie das Werkstück und gleichzeitig mit diesem von der oberen Welle aus in hin und her drehende Bewegung versetzt. Dadurch wird die in dem Holzrahmen sich führende Schraubenmutter abwechselnd von rechts nach links und von links nach rechts geschoben. An dieser ist ein horizontaler Arm befestigt, an dessen linkem Ende eine unter dem Werkstücke sich hin und her bewegende, vertikale, prismatische Hülse befestigt ist. Diese Hülse dient einem vertikalen Prisma zur Führung, in dessen oberem Ende der Drehstahl befestigt ist, während sein unteres Ende mit einer horizontalen Hülse versehen ist, die einen Trittbalken umfasst. Dieser wird an beiden Enden durch über Rollen geleitete Schnüre mit Gegengewichten in die Höhe gezogen und dadurch der Drehstahl gegen das Werkstück gedrückt, während der Arbeiter an der Schnur in seiner Hand zieht, und der Stahl schneidet. Den einen Fuss aber hat der Arbeiter in dem am Trittbalken hängenden Bügel, und während er die Hand mit der Schnur hebt, drückt er mit dem Fusse den Trittbalken nieder und bringt dadurch den Drehstahl ausser Angriff. Durch die Rotation des Werkstückes während des ersten Theiles der Bewegung und die gleichzeitige Verschiebung des Stahles wird das Gewinde in das Werkstück geschnitten. Da aber der Hub des Stahles nach oben nur durch den Widerstand des Werkstückes begrenzt wird, so kann das Gewinde ebenso gut in ein konisches oder sonst geeignet profilirtes, wie in ein zylindrisches Werkstück geschnitten werden.

Das zehnte Blatt zeigt eine Maschine zum Schleifen und Poliren von Marmor und dergleichen. Der Mechanismus, durch welchen hier der Schleifbacken hin und her geschoben werden soll, ist aus Fig. 210 ersichtlich. Er besteht aus einer sogenannten Nürnberger Scheere und einem schweren, ankerförmigen Pendel, beides Maschinenbestandtheile, welche Besson über die Maassen liebte, wie wir später noch sehen werden. Von den mittleren Scharnierbolzen der Scheere ist der linke im Maschinengestelle befestigt, die anderen sind zwischen zwei Leitschienen geführt, und am rechten ist der Schleifbacken angehängt, welcher den darunter liegenden Stein schleift und polirt. Die nach links vorragenden Arme der Nürnberger Scheere sind nach oben abgekröpft und werden von zwei Oesen umfasst, welche durch eine an dem über die Axe hinaus verlängerten Pendelarme angeschweisste oder angegossene Querstange fest mit einander verbunden sind. Der Arbeiter steht vor der rechten Seite des Maschinengestelles und setzt durch abwechselndes Anziehen und Nachlassen der aus Fig. 210 ersichtlichen Schnur das Pendel in Schwingungen, die Oesen an seinem oberen Ende setzen die Scheerenarme in Schwingungen und der rechte Scharnierbolzen der Scheere bewegt den Schleifbacken in langen Schüben hin und her.

Hierbei sei bemerkt, dass die sogenannte Nürnberger Scheere lange vor Besson bekannt war. In dem Werke: „de re militari“ von Robertus Valturius, welches, wie aus der Vorrede der verbesserten Pariser Ausgabe von 1532 hervorgeht, im Jahre 1483 zum ersten Male erschien, findet sich in lib. 10, Kap. IV, S. 259 eine Maschine zum Emporheben von Mannschaften auf Festungsmauern abgebildet, welche aus zwei gleichen Nürnberger Scheeren besteht, die durch Traversen, deren Enden die Scharnierbolzen beider Scheeren bilden, mit einander verbunden sind. Die untersten Enden der Scheeren sind durch Scharniere mit zwei Schienen verbunden, welche sich in einem horizontalen, auf Rädern laufenden Holzrahmen hin und her schieben lassen. Diese Bewegung erfolgt durch zwei in demselben Rahmen gelagerte Schrauben. Werden durch diese die unteren Enden der Scheeren einander genähert, so steigt der an den

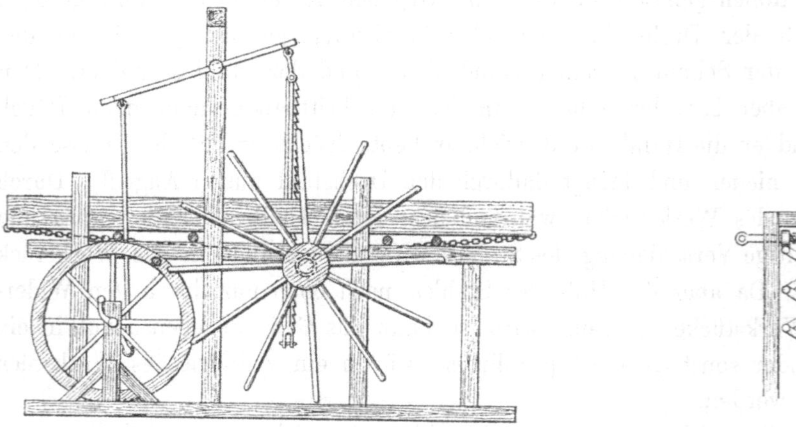

Fig. 211.

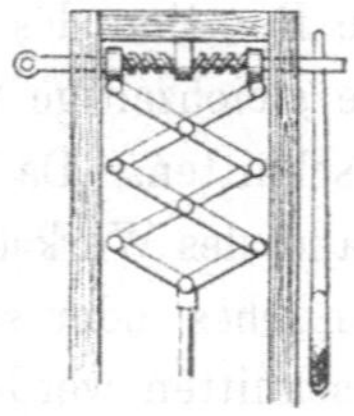

Fig. 212.

oberen Enden derselben befestigte Korb mit der darin sitzenden Mannschaft in die Höhe. Ein ähnlicher Apparat soll kürzlich neu erfunden (?) worden sein, um Feuerwehrmannschaften bequemer als auf der Leiter in die Höhe zu befördern.

Das elfte Blatt Besson's zeigt ein mit dem oben erwähnten schweren ankerförmigen Pendel ausgestattetes Hebelwerk zur Bewegung zweier Blasbälge. Das Pendel wird durch zwei Arbeiter hin und her gezogen, und Beroald, sowie nach seiner Angabe auch Besson, versprachen sich von dieser Arbeitsweise solche Vortheile, dass sie meinten, die zwei Arbeiter könnten dabei so viel leisten, wie sonst nur durch Pferde- oder Wasserkraft geleistet würde.

Auf ähnlichen irrigen Voraussetzungen beruht die Anordnung der auf dem zwölften Blatte dargestellten Maschine, die wir deshalb übergehen.

Das dreizehnte Blatt zeigt ein Sägegatter für Handbetrieb. Die Konstruktion desselben ist aus unserer Fig. 211 ersichtlich. Der Vorschub des zu schneidenden Holzes erfolgt durch zwei Ketten, welche um eine Walze geschlungen sind, die eine rechtsum, die andere linksum, und welche mit Haken an ihren Enden je ein Ende des zu schneidenden Holzes erfassen. Die Walze wird durch ein grosses Spillenrad ruckweise umgedreht, indem ein Zapfen im Kranze des Schwungrades bei jeder Umdrehung einmal gegen eine der Spillen stösst und sie um eine Theilung weiterschiebt. Beroald sagt, diese Maschine solle in Wäldern und an Orten gebraucht werden, wo es an Wasser mangele, und wo die Maschine so tief gestellt werden könne, dass man das Holz von dem Erdboden direkt auf die Maschine schieben könne. „Denn, fährt er fort, an Orten, wo Wasser reichlich vorhanden ist, wie in Deutschland, wo man grosse Mengen Bretter damit schneidet, sind die Maschinen ganz andere, als diese hier.“

Aus dieser Stelle geht hervor, dass Sägemühlen damals in Deutschland besonders häufig waren. Paul von Stetten fand unter den Bauamtsrechnungen der Stadt Augsburg schon unter der Jahreszahl 1322 und hernach noch öfter eine Ausgabe unter der Rubrik: „Molitori dicto Hanrey pro asseribus et swaertlingis“, d. h. „dem Müller, genannt Hanrey, für Bretter und Schwarten“ und sagt: „Diese Worte machen das Dasein einer Sägemühle ziemlich gewiss. Hierzu kommt, dass wir noch eine solche Mühle haben, die bis auf den heutigen Tag die Hanrey-Mühle, sowie der Kanal, der ihr Wasser giebt, der Hanrey-Bach heisst.“ Um's Jahr 1427 hatte die Stadt Breslau schon eine Sägemühle, welche jährlich 3 Mark Pacht gab, und 1490 kaufte der Magistrat zu Erfurt einen Wald und liess in demselben eine Schneidemühle anlegen. (Vergl. „Beiträge zur Geschichte der Erfindungen“ von Joh. Beckmann. Leipzig 1788. Bd. II, S. 269—271.) Diese deutschen Holzsägemühlen sind die ältesten, von denen wir Kunde haben. Die Stelle des Ausonius (310—390 n. Chr.), welche Joh. Beckmann, Bd. II, S. 265, anführt, bezieht sich offenbar auf eine Steinsägemühle, und seine Annahme, dass die Erfindung der Holzsägemühle derjenigen der Steinsägemühle vorausgegangen sein müsse, scheint uns allzu gewagt.

Das vierzehnte Blatt Besson's zeigt ebenfalls eine Holzsägemühle für Handbetrieb, die aber zu seinen kinematischen Spielereien zu rechnen ist, denn er hängt das Sägegatter hier an den in unserer Fig. 212 wiedergegebenen Mechanismus, das ist eine Nürnberger Scheere, deren obere Endglieder durch eine links- und rechtsgängige Schraube bewegt werden. Letztere trägt rechts das bekannte schwere Pendel, links einen horizontalen Hebel, der durch eine Schnur niedergezogen und dann wieder losgelassen wird.

Die Blätter 15 bis 20 können wir übergehen, da sie für uns kein Interesse haben. Blatt 21 ist in unserer Fig. 213 wiedergegeben. Diese Vorrichtung soll dazu dienen, einen See- oder Flusshafen, oder einen Teich vermittelst eines grossen eisernen Rechens von Steinen, Wasserpflanzen und dergleichen zu reinigen.

Blatt 22 ist in unserer Fig. 214 wiedergegeben. Es zeigt eine Kunstramme, bei welcher zwei Rammklötze durch zwei schräg liegende Schrauben, eine rechtsgängige und eine linksgängige, abwechselnd gehoben werden sollen.

Sie sind an ihrem tiefer liegenden Ende durch zwei Stirnräder und ein Zwischenrad mit einander verbunden, welch' letzteres durch einen Arbeiter vermittelst einer Kurbel erst in der einen, dann in der anderen Richtung gedreht wird. An jeder der beiden Schraubenmuttern ist ein Seil befestigt, das über eine Rolle geleitet und am Ende mit einem Haken versehen ist, welcher die Oese des Rammklotzes erfasst. Ist dieser aufgezogen, so bewirkt ein zweiter Arbeiter durch Zug an einem Seile, welches von einem seitlichen Arme am Haken herabhängt, die Auslösung des letzteren.

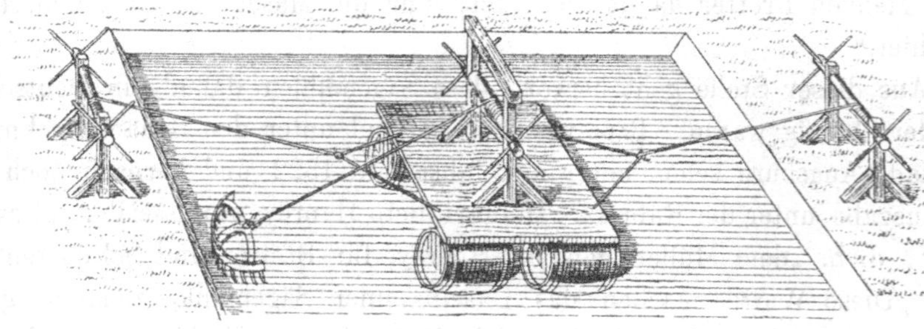

Fig. 213.

Beroald sagt in seiner Beschreibung: „Die gewöhnliche Art Pfähle einzuschlagen, um Brücken und andere Bauwerke darauf zu setzen, ist eine ziemlich einfache und leichte Sache, aber wegen des grossen Rades und der übrigen

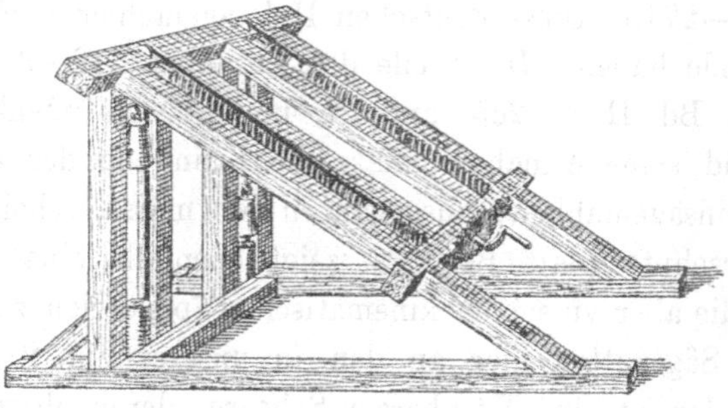

Fig. 214.

Stücke, welche viel Raum einnehmen, ist es schwer, sie auf ein Boot zu bringen, was hier mit Leichtigkeit geschehen kann." Unter dem hier erwähnten „grossen Rade" ist wahrscheinlich ein Tretrad zu verstehen.

Eine sehr schöne Abbildung in gross Folioformat von einer Kunstramme für Handbetrieb mit Schwungrad findet sich in dem Werke: „Delle fortificationi" von Bonajuto Lorini (Venedig 1597) Seite 206, worauf wir später zurückkommen werden. Rühlmann sagt in seiner „Allgemeinen Maschinenlehre", Bd. 4, S. 235: „Bestimmte, namentlich mit Abbildungen begleitete Angaben über bemerkenswerthe Kunstrammen habe ich in keinem älteren Werke, als in den vorhin citirten Pariser Memoiren von 1707 finden können.“ Aber, wenn auch Besson's Kunstramme nicht verdient, unter die bemerkenswerthen gezählt zu werden, so ist dies doch sicherlich bei der unter den später zu betrachtenden „Skizzen aus der Zeit der Hussitenkriege“ befindlichen und bei der von Lorini beschriebenen und abgebildeten der Fall.

Das 23. Blatt Besson's zeigt die in unserer Fig. 215 dargestellte Zugramme zum Setzen schräger Pfähle, und zwar ist zu diesem Zwecke projektirt, anstatt eines Fall- oder Rammklotzes einen grossen, hölzernen Schlägel anzuwenden, dessen Stiel durch ein Paar zusammengedrehter Taue gesteckt ist, die als Wrill- oder Wringfeder wirken und den Schlag beim Niedergange des Schlägels verstärken, nachdem derselbe durch Zug an den am Ende des

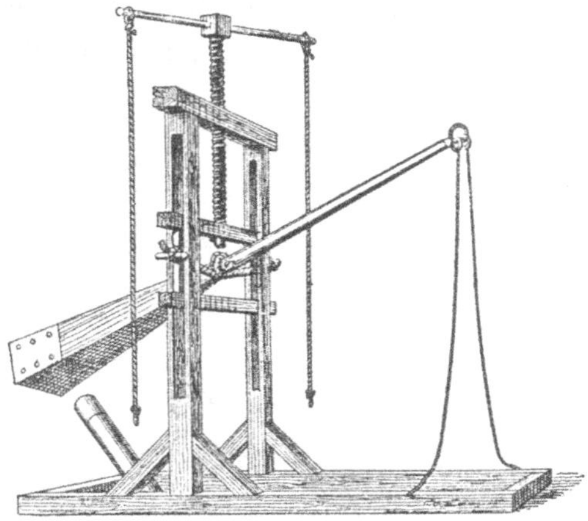

Fig. 215.

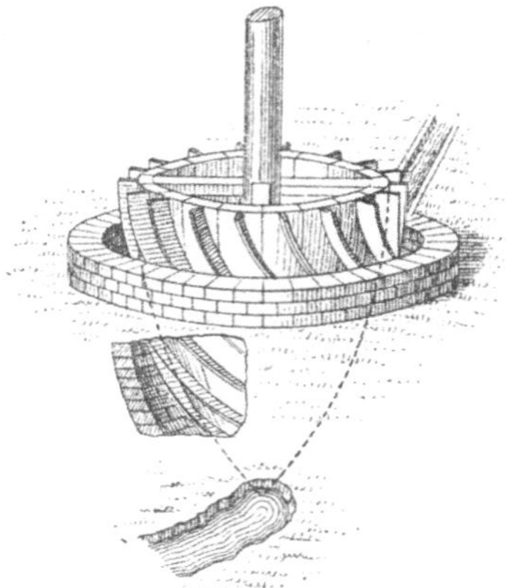

Fig. 216.

Schlägelstieles befestigten Seilen gehoben und losgelassen wurde. Dass der Stiel des Schlägels dabei leicht abprellt, hat Besson übersehen.

Das 24. Blatt zeigt einen Pfahlrost, in dem senkrechte und schräg eingeschlagene Pfähle zum Zwecke grösserer Stabilität mit einander verbunden sind. Das 25. Blatt zeigt ein Stampfwerk, welches nach Beroald zum Walken von Tüchern, Stampfen von Papierzeug u. s. w. dienen soll. Die Stempel haben keulenförmig runde Köpfe und fallen in halbkugelig ausgehöhlte, steinerne Tröge. Blatt 26 zeigt ein Mühlwerk mit zwei Mahlgängen, das von einer Schwungradwelle aus vermittelst Schnurtrieb durch zwei Mann betrieben werden soll. Blatt 27 zeigt einen Mahlgang, bei welchem die Mühlspindel auf einer grossen hölzernen Schraube ruht, die als Aufhelfe dient. Im Uebrigen ist der Mechanismus für uns ohne Interesse.

Das 28. Blatt zeigt einen Mahlgang, dessen Mühlspindel direkt durch ein horizontales Wasserrad (Fig. 216) betrieben wird. Dies hat einen halbeiförmigen Körper und ist mit schraubenförmig gekrümmten Schaufeln versehen. Es ist anzunehmen, dass dasselbe nur deshalb über sein steinernes Gehäuse vorstehend gezeichnet ist, um die Art dieser Beschaufelung besser zu zeigen*), und dass die Schaufeln die Innenwand dieses Gehäuses nahezu berühren würden, wenn es in seine richtige Stellung herabgelassen würde, sowie dass das Aufschlagwasser mit starkem Gefälle tangential zum Radkörper eintrat, und dass es nur eine Mangelhaftigkeit der Zeichnung ist, wenn dies aus ihr nicht klar ersichtlich ist. Denn diese Räder waren, wie BEROALD sagt, damals schon in ausgedehntem Gebrauche, müssen also leistungsfähig gewesen sein. Derselbe sagt: „Was diese Form von Mühlen betrifft, so sind sie, wenn sie auch Vielen unbekannt sein mögen, doch an mehreren Orten und namentlich in Toulouse (Tholoze) und anderwärts in einigen Dörfern, wo ich sie gesehen habe, in häufigem Gebrauche. Bei alledem hat unser Autor sie verbessert (enrichi), dadurch, dass die Flügel gerundet sind (vont en rond)." Es bleibt zweifelhaft, ob mit diesem Ausdrucke gemeint ist, dass die Flügel von BESSON nach der Schraubenlinie angeordnet, oder ob nur das Anpassen derselben an einen halb-

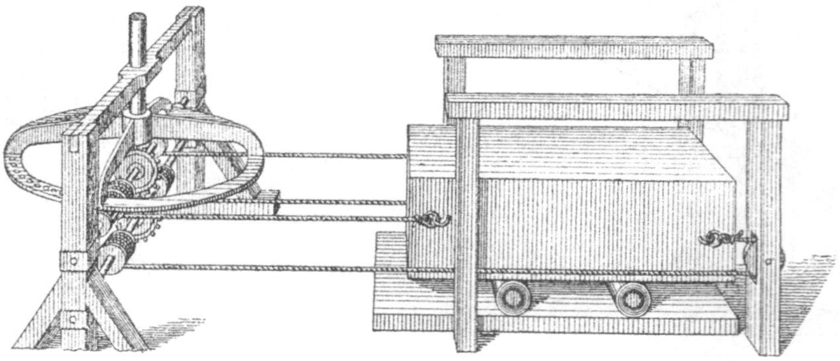

Fig. 217.

eiförmigen Radkörper von ihm herrühren soll. (Vergl. LEONARDO DA VINCI'S Skizzen Fig. 124 und 125 S. 109, sowie Blatt 18 R der nachstehend abgehandelten „Skizzen aus der Zeit der Hussitenkriege". Bezüglich des von diesem Turbinenrade betriebenen Mahlganges erscheint uns bemerkenswerth, dass er, sowie alle anderen von BESSON aufgezeichneten Mahlgänge, noch ohne Schuh und Schüttelwerk arbeitet.

Auf dem 29. Blatte ist ein musikalisches Saiteninstrument und auf den Blättern 30 bis 33 sind Vorrichtungen zum Horizontaltransporte schwerer Lasten abgebildet, deren Konstruktionen auf irrthümlichen Voraussetzungen beruhen, weshalb wir sie übergehen.

Das 34. Blatt zeigt eine schwere Mange mit Pferdebetrieb, welche unsere Fig. 217 wiedergiebt. Die in unserer Skizze abgebrochen gezeichnete Göpelwelle geht von dem Raume, in dem das Pferd geht, in einen Keller herab, in dem die Mange aufgestellt ist. Dieselbe trägt an ihrem unteren Ende ein

*) Vergl. BELIDOR's Architectura hydraulica. Theil I, Buch II, Tab. I, Fig. 5.

grosses, nur am halben Umfange verzahntes und, wie es der Zeichnung nach scheint, aus Eisen gegossenes Winkelrad. Unter demselben liegt eine horizontale Welle mit zwei Getrieben, in welche die Zähne des grossen Winkelrades abwechselnd eingreifen und die horizontale Welle bald rechts-, bald linksum drehen. Ausserdem trägt diese noch zwei gleiche Seiltrommeln und ein Stirnrad, welches in ein gleich grosses, auf einer weiter unten liegenden Welle sitzendes Stirnrad eingreift. Diese zweite horizontale Welle trägt zwei ebensolche Seiltrommeln wie die erste. Anstatt des bei Mangen jetzt üblichen, mit Steinen gefüllten, hölzernen Kastens ist hier ein massiver, unten geglätteter Steinblock angewendet. Wie dieser durch vier Seile, welche um die vier genannten Seiltrommeln geschlungen und andererseits mit dem Steinblocke verbunden sind,

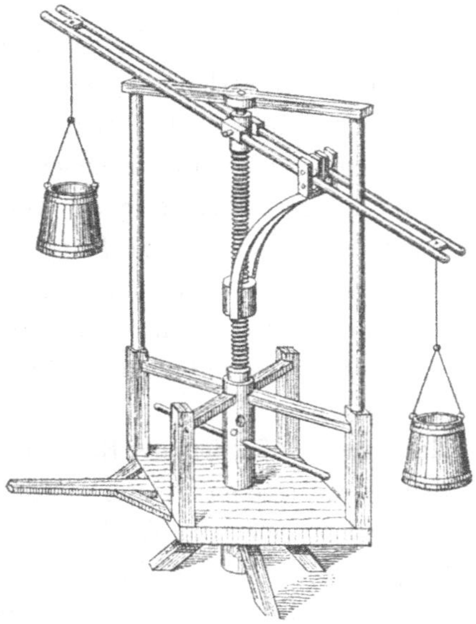

Fig. 218.

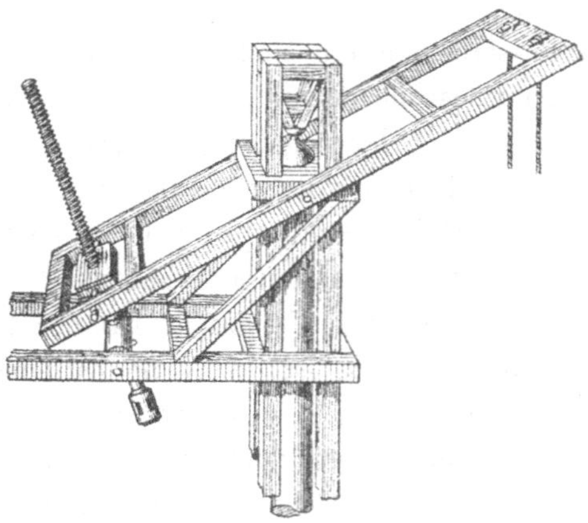

Fig. 219.

hin und her gezogen wird, ist aus Fig. 217 und dem Gesagten ersichtlich. Mangen, die durch Pferde getrieben und zur Glättung von Webwaaren gebraucht wurden, sind nach Paul von Stetten's „Kunst- und Handwerksgeschichte der freien Reichsstadt Augsburg (Augsburg 1779. S. 143) daselbst schon im Jahre 1320 und 1451 auf Gemeindekosten angeschafft worden.

Besson's 35. Blatt zeigt eine Vorrichtung, um für mehrere auf einem Baugerüste arbeitende Maurer gleichzeitig Mulden mit Steinen und Speis aufzuziehen. Der dabei angewendete Mechanismus ist dem von Vitruv zum Aufziehen von Riesenlasten angegebenen mit grossem Seilrade (Amphieryon oder Peritrochion) nachgebildet. (Vergl. Fig. 43, S. 43.)

Das 36. Blatt zeigt den in unserer Fig. 218 wiedergegebenen Drehkrahn, der allerdings nur vom Standpunkte des Kinematikers aus einiges Interesse bietet. Auf einem Fundamente ist eine kurze runde Säule befestigt, um welche sich eine Plattform und unabhängig davon eine Hülse dreht, die den unteren Theil einer starken, vertikalen Schraube bildet. Mit der Plattform ist ein Balkengestell fest verbunden, in welchem die Schraube unterhalb und oberhalb des Gewindes durch Halslager gehalten ist. Unter dem oberen Halslager ist ein stärkerer Zapfen an die Schraube angedreht, auf den eine Hülse geschoben ist, welche mit zwei einander gegenüber stehenden, horizontalen Zapfen versehen ist. Um diese Zapfen schwingt ein aus zwei fest mit einander verbundenen Stangen gebildeter Balancier, an dessen beiden Enden je ein Fördergefäss hängt. Zwischen den beiden Stangen, welche den Balancier bilden, gehen zwei Säulen des mit der Plattform verbundenen Gestelles durch, welche den Balancier mitnehmen, sobald sie sammt der Plattform um die feste Säule gedreht werden. Zum Zwecke dieser Drehung ist die Plattform mit einem seitlich herausstehenden Handhebel versehen. Mit der das Gewinde der Schraube umschliessenden Mutter sind zwei gebogene Arme fest verbunden, wie aus Fig. 218 ersichtlich. Jeder derselben endigt oben in eine Gabel, welche eine der beiden den Balancier bildenden Stangen umfasst. Jede dieser Stangen ist ausserdem durch eine darüber und eine darunter in der Gabel gelagerte Antifriktionsrolle eingeschlossen. Wird die Schraube durch den auf der Plattform im Kreise herumgehenden Arbeiter vermittelst eines in die Wandung ihres hohlen Fusses gesteckten Hebels gedreht, so wird die Mutter, wenn sie dadurch in die Höhe geschraubt wird, auch den Arm des Balanciers, mit dem sie durch die Arme verbunden ist, heben.

Mancherlei Umstände, nämlich 1. dass der Druck auf jeden der Balancierzapfen so gross ist, dass die Zapfenlöcher bei einigermassen grosser Förderlast die Balken des Balanciers zu sehr verschwächen, oder die Zapfen überhaupt nicht genügend stark hergestellt werden können, 2. dass beim Heben der Last ein Drehungsmoment auf die Mutter wirkt, infolge dessen sehr ungünstige Reibungswiderstände entstehen, 3. dass die Schraube auf Bruch in Anspruch genommen wird und 4. dass infolge der Kürze der Drehsäule beim Wenden des Krahnens starke Reibungswiderstände zu überwinden sind, machen diese Konstruktion zu einer unpraktischen.

Etwas besser in dieser Beziehung ist der auf dem 37. Blatte dargestellte Drehkahn, dessen oberen Theil unsere Figur 219 zeigt. Hier dreht sich das Gestell um eine höhere Säule, indem es oben auf einem Zapfen ruht, in den die Säule ausläuft. Mit dem Gestelle sind ein horizontaler Rahmen und weiter oben zwei einander gegenüber stehende, horizontale Zapfen fest verbunden, um welche ein zweiter Rahmen als Balancier schwingt. In dem festen Rahmen ist eine diametral durchbohrte, um zwei Endzapfen drehbare Walze gelagert. Durch diese ist eine lange Schraube gesteckt und durch Vorsteckstifte an Verschiebung in ihrer Axenrichtung verhindert. Die Mutter, durch welche diese Schraube geht, ist mit zwei einander gegenüber stehenden, horizontalen Zapfen in dem Balancier nahe bei dessen Ende gelagert, während an dem anderen Ende desselben die Last angehängt wird. Doch gilt auch hier das vorhin bezüglich der Stärke der Balancierzapfen und der Verschwächung der Balancierbalken Gesagte.

Diese Konstruktion ist eine Modifikation der von Cardanus beschriebenen Hebmaschine, welche wir in Fig. 196, S. 175 abgebildet haben, und welche wiederum als eine Umkehrung der von Plinius beschriebenen Kelterpresse oder Trotte zu betrachten ist.

Das 38. Blatt zeigt eine Maschine, welche, wie es in der Ueberschrift heisst, dazu dienen soll, Erde aus einem Festungsgraben über die Festungsmauer zu heben. Es ist ein starkes Becherwerk, ähnlich denen, welche man heutigen Tages bei Baggermaschinen anwendet. Zwei endlose Ketten, die über zwei Trommeln laufen, sind durch Querstäbe verbunden, welche deren Scharnierbolzen bilden, zwischen den Ketten die kastenförmigen Fördergefässe tragen und ausserhalb der Ketten mit Rollen auf zwei parallelen, schräg stehenden Führungsbalken laufen, die so eingekehlt sind, dass sie die Rollen und Querstäbe auch an seitlicher Verschiebung hindern. Die obere Kettentrommel wird durch eine Schraube ohne Ende gedreht und an der unteren noch durch einen Arbeiter an einem Spillenkreuze nachgeholfen. Die zu fördernde Erde wird von Arbeitern in die Fördergefässe geschaufelt, weshalb die Maschine nicht als Bagger zu betrachten ist.

Das 40. Blatt zeigt eine Vorrichtung, um einen Obelisken umzulegen und wieder aufzurichten. Dieser ist mit eisernen Schienen und Bändern armirt. Eines der letzteren umgürtet ihn oberhalb des Schwerpunktes und hat zwei einander gegenüber stehende, horizontale Zapfen, deren gemeinschaftliche Achse etwas seitlich von der Vertikalen durch den Schwerpunkt des Obelisken liegt. An diesen Zapfen soll letzterer durch eine Hebelvorrichtung aufgehoben werden, wobei er wegen der excentrischen Stellung der Zapfen in eine schräge Lage kommen würde. Domenico Fontana, welcher im Jahre 1585 den vatikanischen Obelisken von seinem früheren Standorte entfernte und mitten auf dem St. Peters-Platze in Rom wieder aufstellte, scheint dieses Projekt Besson's gekannt zu haben, denn es finden sich bei seinen Anordnungen zu diesem Zwecke, welche er in seinem Werke: „Della trasportatione dell' obelisco Vaticano etc.“, Roma 1590, genau beschrieben und abgebildet hat, mehrere Details, welche mit solchen aus Besson's Projekt übereinstimmen. Fontana berechnete aber, ehe er seine berühmte Arbeit begann, das Gewicht des Obelisken auf nahezu eine Million Pfund und sah wohl ein, dass von Aufhängen desselben an zwei eisernen Zapfen von ausführbaren Dimensionen keine Rede sein könne. (Vergl. unsere Abhandlung über Fontana.)

Das 42. und das 43. Blatt haben für uns kein Interesse. Das 44. bietet solches wiederum nur für den Kinematiker. Es zeigt einen Ziehbrunnen, bei dem die hin und her schwingende Bewegung des bekannten schweren Pendels durch den aus Fig. 220 ersichtlichen Mechanismus in die stetig drehende einer Kettentrommel, resp. in die aufsteigende Bewegung des an der Kette hängenden Eimers umgesetzt werden soll. Zu diesem Zwecke sitzt auf der Trommelwelle ein Laternengetriebe, in welches rechts und links zwei Räder eingreifen, die an einem entsprechenden Theile ihres Umfanges mit Ratschenzähnen versehen sind, welche die Zähne des Laternengetriebes nur in einer Richtung mitnehmen, sich aber umlegen, sobald sie bei entgegengesetzter Drehung diesen begegnen. Die beiden Wellen, auf welchen diese Ratschenräder sitzen, sind an ihren Enden auf einer Seite durch zwei gleiche Stirnräder verbunden, die jedoch nur so weit verzahnt sind, als die Verzahnung bei der schwingenden Bewegung zur Wirksamkeit kommt. Mit der einen dieser Axen ist ausserdem das Pendel fest verbunden, welches durch intermittirenden Zug an einem seitlichen Arme in schwingende Bewegung gesetzt wird. Da die beiden Axen, die durch Stirnräder mit einander verbunden sind, sich stets in einander entgegengesetzter Richtung drehen müssen, so wird die Kettentrommel kontinuirlich, bald von dem einen, bald von dem anderen Ratschenrade in einer bestimmten Richtung umgedreht. In welcher Weise das Herablassen des Eimers bewirkt werden soll, ist weder aus der Zeichnung noch aus Beroald's Beschreibung ersichtlich.

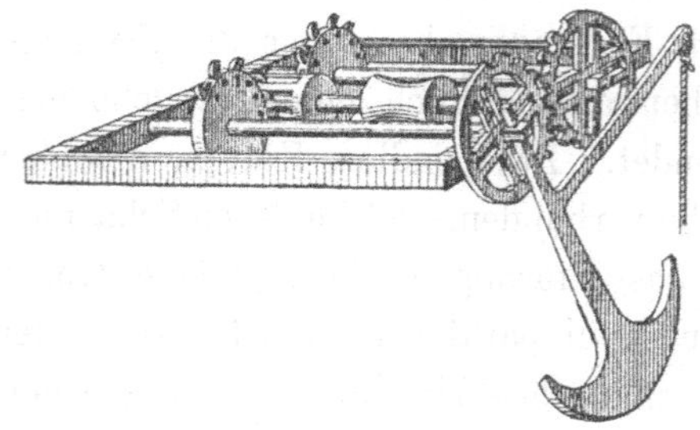

Fig. 220.

Das 45. Blatt zeigt den in Fig. 221 skizzirten Apparat, vermittelst dessen Arbeiter sich selbst aus einem Schachte herausziehen können. Eine Winde, welche durch Schraube ohne Ende und Handkurbel bewegt wird, ist in dem Fördergefässe befestigt, während zwei Seile von der Trommel derselben mit zwei festen Punkten über dem Schachte fest verbunden sind. Auch dieser Apparat liefert den Beweis, dass die Umkehrung der Mechanismen den Kinematikern des 16. Jahrhunderts schon geläufig war.

Das 46. Blatt zeigt die in Fig. 222 wiedergegebene Maschine zum selbstthätigen Heben von Wasser aus einem Flussbette und Ableiten desselben auf das Ufer. Dieselbe besteht aus einer im Flussbette stehenden, vertikalen Welle, mit welcher am unteren Ende ein horizontales Wasserrad, am oberen Ende ein nach einem halben Schraubengange gekrümmter Kranz fest verbunden sind. Das Wasserrad besteht aus einer grösseren Zahl radialer Arme, von welchen Flügel herabhängen, die durch Scharniere so mit den Armen verbunden sind, dass sie sich nach einer Seite hin aufklappen und horizontal stellen, wenn das Wasser des Flusses in diesem Sinne gegen sie stösst, während sie bei dessen Druck in entgegengesetztem Sinne in vertikaler Stellung verharren. Auf diese Weise wird bewirkt, dass die Flügel auf einer Seite des Rades dem Wasserdrucke ausweichen, während derselbe auf der anderen Seite voll auf die Flügel wirkt und das Rad umdreht. Dieses Wasserrad ist nach demselben Prinzipe konstruirt, wie das von Gualterius Rivius abgebildete horizontale Windrad. (Vergl. Fig. 204, S. 184 unserer Abhandlung über Cardanus.) Ueber dem oben erwähnten schraubenförmigen Kranze ist ein Balancier in einem mit dem Maschinengestelle fest verbundenen, vertikalen Balken gelagert und das untere Ende des letzteren dient gleichzeitig dem oberen Zapfen der Wasserradwelle als Lager. Sobald das tiefste Ende des schraubenförmigen Kranzes unter einen Arm des Balanciers tritt, wird der andere Arm desselben frei. Ersterer wird bei weiterer Drehung dieses Kranzes gehoben, während letzterer herabsinkt. Die Arme des Balanciers

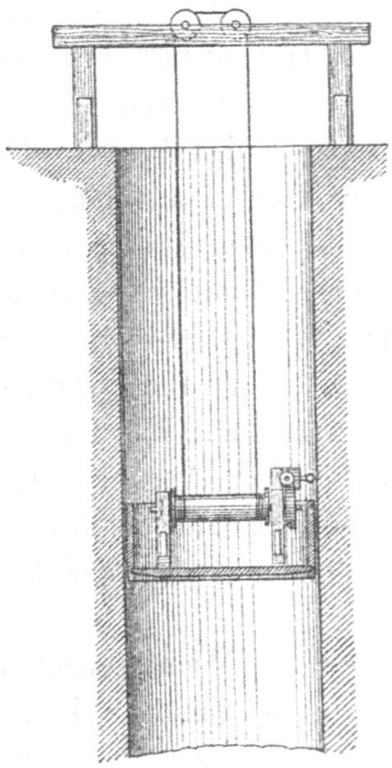

Fig. 221.

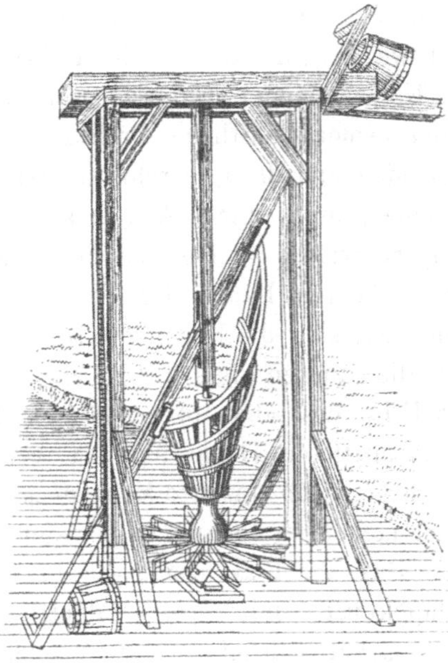

Fig. 222.

sind an den Stellen, unter welchen der schraubenförmige Kranz hingleitet, mit Antifriktionsrollen versehen. Auf diese Weise wird die rotirende Bewegung des Wasserrades in eine schwingende des Balanciers verwandelt. An den beiden Enden desselben hängen Eimer, welche bei ihrer tiefsten Stellung Wasser aus dem Flusse schöpfen, bei ihrer höchsten Stellung aber durch Anstoss an einen oben auf dem Maschinengestelle angebrachten Trog umkippen und das Wasser in diesen ausgiessen, welches von da durch eine hölzerne Rinne auf das Ufer geleitet wird.

Das 47. Blatt zeigt ein Pumpwerk, bei dem die Pumpenstiefel aus vierseitig prismatischen, aus Brettern gebildeten und mit eisernen Bändern gebundenen Röhren bestehen, ohne Zweifel, weil die Bohrung bei runden Röhren damals nur einen kleinen Durchmesser erhalten konnte. Bei dieser Form musste die Mangelhaftigkeit des Kolbenschlusses doppelt fühlbar werden, und deshalb stellt Besson zwei solche Stiefel, die oben durch ein Druckventil abgeschlossen sind, ganz unter Wasser. Am unteren Ende sind dieselben vorn und hinten aufgeschlitzt und die Schlitze dienen den an beiden Seiten des Massivkolbens hervorstehenden Stiften zur Führung. Bei der tiefsten Stellung des Kolbens gestattet dieser dem Wasser durch den oberen Theil der beiden Führungsschlitze in den Stiefel einzudringen und diesen zu füllen; beim Aufgange aber schliesst der Kolben erst das Wasser in dem oberen Theile des Stiefels ab und drückt es dann durch das Ventil am oberen Ende desselben. Es tritt in ein horizontales Querrohr, welches auf den beiden genannten Stiefeln liegt und in der Mitte eine dritte Pumpe trägt, der das Wasser in der angegebenen Weise zugebracht wird und die es dann aus dem Brunnenschachte heraushebt. Um die Kolben der unteren Pumpen abwechselnd auf und nieder zu bewegen, sind die aus den Führungsschlitzen hervorragenden Führungsstifte der Kolben paarweise durch zwei parallele Balanciers mit einander verbunden, deren gemeinschaftliche Drehaxe durch einen zwischen den beiden Stiefeln stehenden und das Querrohr unterstützenden Pfosten geht. Parallel mit dieser ist eine grosse, starke Axe in angemessener Höhe über dem Brunnenschachte gelagert, welche zwei ebensolche Balanciers trägt, wie die untere. Durch vier Ketten, deren Länge der Entfernung der beiden Axenmittel von einander gleich ist, sind die Enden des Balanciers paarweise so mit einander verbunden, dass die unteren stets die gleiche Bewegung machen müssen, wie die oberen. Mit Hilfe des schon oft erwähnten Pendels wird die obere Axe bewegt; auf ihrem mittleren Theile aber ist rechts und links Gewinde eingeschnitten und der in Fig. 212 skizzirte Mechanismus angewendet, um den Kolben der dritten, höher stehenden Pumpe zu bewegen.

Das 48. Blatt zeigt die in Fig. 223 dargestellte „Wasserzange“ oder „Kluppkunst“ mit Wasserradbetrieb. Leupold giebt in seinem „Theatrum machinarum hydraulicarum“ (Ausgabe von 1774, Kap. XIV) eine Längenschnittzeichnung und Beschreibung einer solchen „Wasserzange“, wobei er richtig angiebt, dass jeder der beiden zwischen zwei parallelen Wänden schwingenden Kolben seine besondere Drehaxe haben und zwischen den Naben der Kolben genügender Zwischenraum bleiben müsse, um dem austretenden Wasser den Durchgang zu gestatten, was aus Besson's Zeichnung nicht ersichtlich ist. Die beiden parallelen Wände sind unten durch eine bogenförmige Querwand mit einander verbunden, welche innen so gestaltet ist, dass die Enden der Kolben sie in allen Stellungen berühren. Die mit den schwingenden Kolben fest verbundenen Axen sind ausserhalb der Seitenwände mit je einem langen, gebogenen Hebel fest verbunden, wie aus Fig. 223 ersichtlich ist, so dass diese Hebel mit den Kolben zusammen gleichsam eine Zange bilden. Wird diese Zange geöffnet, so kann das Wasser durch ein in der Mitte angebrachtes Saugventil, oder, wie Leupold angiebt, erst bei ganz geöffneter Zange durch zwei

Oeffnungen ohne Ventile nahe an den Enden der bogenförmigen Querwand in das Pumpengehäuse dringen und dieses ausfüllen; wird dagegen die Zange geschlossen, so wird das Wasser durch ein oberhalb der Kolbenaxen angebrachtes Steigventil in die Höhe gedrückt. Die Wasserzange dient jedoch in vorliegender Pumpenanlage BESSON's nur als Zubringer für eine in dem Steigrohre weiter oben angebrachte Kolbenpumpe. Die Bewegung der Hebelarme der Wasserzange durch das Wasserrad erfolgt in der Weise, dass dieses zunächst durch Stirnräderübersetzung eine Kurbelwelle in Umdrehung versetzt, welche durch eine Kreuzschleife eine lange, senkrecht geführte Schiene auf und nieder bewegt. An dieser ist eine kurze, horizontale Schiene kreuzweise befestigt, welche an beiden Enden Schlitze hat, in denen die symmetrisch angeordneten Hebelarme der Wasserzange gleiten, und da diese an dieser Stelle nach oben divergiren, so werden sie beim Aufwärtsgange der Schienen einander genähert und beim Abwärtsgange von einander entfernt, und wird so die Wasserzange abwechselnd geöffnet und geschlossen. Die oberen Enden der symmetrischen Zangenhebel aber sind mit seitlichen Zapfen versehen, und von diesen gehen zwei gleich lange Schubstangen schräg aufwärts nach dem oberen Ende der Kolbenstange der höher stehenden Kolbenpumpe. Dieses Stangenende wird auf solche Weise stets geradlinig und senkrecht auf und nieder bewegt.

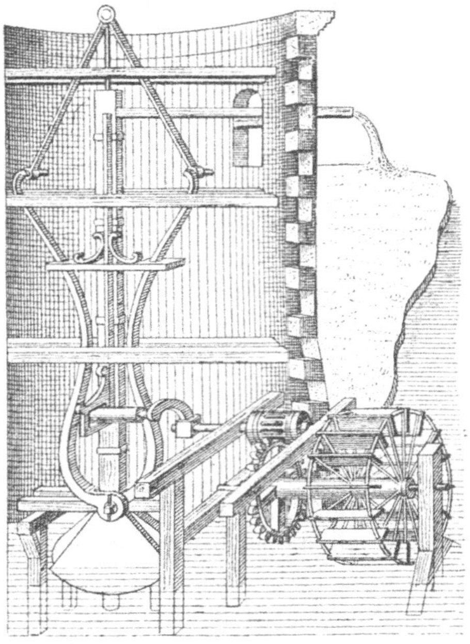

Fig. 223.

Das 49. Blatt zeigt eine ähnliche Pumpenanlage, deren Beschreibung wir übergehen können. Das 50. Blatt zeigt ein Paternosterwerk, welches durch ein **horizontales Windrad** betrieben wird. Die Flügel desselben bestehen aus drei übereinander angeordneten Armkreuzen, deren senkrecht übereinander stehende gekrümmte Arme mit Segeltuch überspannt sind. Die eine Hälfte des Radumfanges ist durch die Mauer des runden Thurmes, in welchem das Windrad aufgestellt ist, gegen den Wind geschützt, während die andere Hälfte offen ist, indem hier das Thurmdach nur durch einige dünne Säulen gestützt ist. Aus der Zeichnung ist ersichtlich, dass die Windflügel auf der offenen Thurmseite dem Winde die konkave Seite zukehren sollen, und es darf daraus geschlossen werden, dass man zu BESSON's Zeit schon wusste, dass der Wind auf eine solche Fläche stärker drückt, als auf eine gleich grosse konvexe Fläche.

Da aber die den halben Radumfang bedeckende Mauer nicht verstellbar ist, so ist die hier in Rede stehende Anordnung nur für eine bestimmte Windrichtung geeignet.

Das 51. Blatt ist unverständlich. Das 52. Blatt zeigt die Fig. 224 dargestellte Feuerspritze. In unserer Abhandlung über Cardanus haben wir bereits erwähnt, dass die Feuerspritzen im 16. Jahrhundert keine Windkessel hatten, weshalb sie keinen gleichmässigen Wasserstrahl liefern konnten. Aus dem Bestreben, einen solchen wenigstens für einen längeren Zeitabschnitt zu erzielen, ist offenbar die vorliegende Konstruktion Besson's hervorgegangen. Zu diesem Zwecke projektirt er eine sehr voluminöse fahrbare Spritzbüchse, die bei zurückgezogenem Kolben durch einen unten mit Hahnenverschluss versehenen Trichter gefüllt werden kann. Das Auspressen soll, nachdem der Trichterhahn geschlossen worden ist, durch gleichmässiges Verschieben des Kolbens vermittelst einer Schraube mit Handkurbel geschehen. Um möglichste Gleich-

Fig. 224.

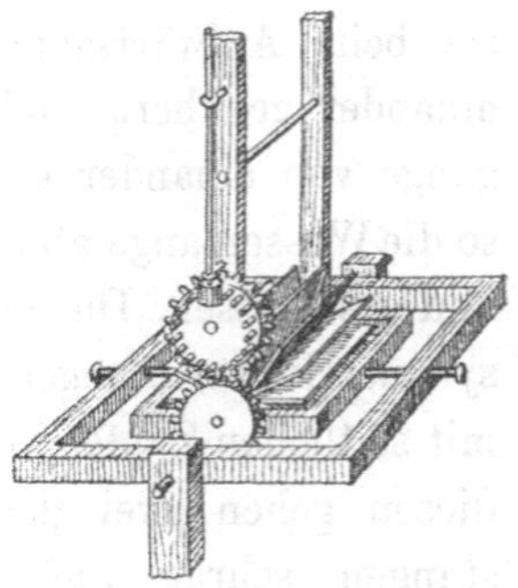

Fig. 225.

mässigkeit dieser Bewegung zu erzielen, wäre die Anwendung eines Schwungrades am Platze gewesen, was aber Besson in seiner Skizze weggelassen hat. Von Interesse ist die Konstruktion des Kolbens, welcher nach Beroald's Beschreibung bei dieser Spritze angewendet worden sein soll, die er aber wahrscheinlich anderswo gesehen hatte, da Besson's Skizze darüber keinen Aufschluss giebt. Beroald sagt: „Am Ende der Schraube ist ein Stiel, welcher ein Stück Holz fortschiebt, das in vier Theile zerlegt ist, und welches sich innen an das Gehäuse anschliesst. Genanntes Stück Holz ist mit Federn versehen, durch welche seine Theile zurückgedrängt werden, um das Gehäuse auszufüllen, wenn das Stück Holz gegen die Basis zurückgezogen wird. Am vorderen Ende ist es mit einem Stücke Leder versehen, damit, wenn es sich infolge der Weite oder Enge des Gehäuses ausdehnt und zusammendrückt, das Wasser nicht in dasselbe eindringt, sondern vorwärts getrieben wird, wie es erforderlich ist.“ Es ist dies die älteste Beschreibung eines Federkolbens, die wir besitzen.

Das 53. Blatt zeigt eine Vorrichtung, mit welcher untergegangene Schiffe und Waaren gehoben werden sollen. Sie besteht aus einer grossen vertikalen

Schraube, deren Mutter mit Spillen versehen und in einem auf zwei Pontons errichteten Balkengerüste so eingeschlossen ist, dass sie sich nur drehen, aber nicht vertikal verschieben kann. Unten an der Schraube hängt eine doppelte, selbstschliessende Zange mit vier Seilen an einem Ringe.

Das 54. Blatt zeigt, wie Besson dachte, dass die Maschine des Archimedes hätte beschaffen sein können, womit dieser im Hafen von Syrakus grosse Schiffe vom Lande in das Meer gezogen haben soll. Die auf einem Schiffe montirte Maschine besteht aus einer grossen Winde mit dreimaliger Uebersetzung durch Schrauben ohne Ende.

Dass den alten Griechen die Schraube ohne Ende bekannt war, geht aus S. 29—32 unserer Abhandlung über Pappus hervor. Die Schraubenmutter dagegen, welche uns heutigen Tages als so einfach und unzertrennlich von der Schraube erscheint, ist, ihrer schwierigeren Herstellung wegen, viel später in Gebrauch gekommen.

Das 55. Blatt Besson's zeigt einen hölzernen, freistehenden Drehkrahn, bei welchem die Seiltrommel vermittelst einer Schraube ohne Ende bewegt wird.

Das 56. Blatt zeigt einen solchen Krahn, bei dem die Last durch eine Kombination von Hebeln gehoben wird.

Das 57. Blatt zeigt das in unserer Fig. 225 wiedergegebene Instrument zum Messen der Fahrgeschwindigkeit eines Schiffes, das ist ein Log. Wenn Beroald in seiner Erklärung sagt, dasselbe solle in den Kiel des Schiffes eingesetzt werden, so ist dies wohl nur ein Irrthum seinerseits, denn ganz unter Wasser würde sich das Flügelrad des Instruments nicht drehen. Dieses muss vielmehr so auf dem Wasser schwimmen, dass das Flügelrad nur mit seiner unteren Hälfte in das Wasser taucht, und es sollte wahrscheinlich zu diesem Zwecke zwischen zwei schwimmenden Balkenstücken oder anderen Schwimmern befestigt werden. Das Flügelrad ist so in zwei Rahmen gehängt, dass es sich ausser um seine eigene auch noch um zwei senkrecht zu einander stehende Axen drehen kann, so dass die Schwimmer, zwischen welchen das Instrument vermuthlich befestigt werden sollte, auf dem Wasser schaukeln konnten, während das Instrument in vertikaler Stellung erhalten wurde. Die drehende Bewegung des Flügelrades wird durch ein Räderwerk nach oben auf einen Zeiger mit Zifferblatt übertragen und aus der Zahl der Umdrehungen dieses Zeigers innerhalb einer bestimmten Zeit die Fahrgeschwindigkeit des Schiffes bestimmt.

Die Drehbarkeit des Instrumentes um zwei aufeinander senkrechte, in einer Ebene liegende Axen ist von besonderem Interesse, weil dies die älteste uns bekannte Anwendung des Prinzipes ist, auf welchem die Konstruktion des Universalgelenkes, oder des sogenannten Hook'schen Schlüssels beruht.

Die übrigen drei Blätter Besson's bieten kein Interesse. Das letzte derselben ist ganz unverständlich und beruht offenbar auf falschen Voraussetzungen.

## Agostino Ramelli (etwa 1530–1590).

Ein ausserordentlich reich ausgestattetes Werk, betitelt: „Le diverse et artificiose machine del capitano AGOSTINO RAMELLI, dal Ponte della Tresia, ingeniero del christianissimo Re di Francia et di Pollonia“, erschien im Jahre 1588 zu Paris im Selbstverlage des Verfassers. Es enthält 195 in Linienmanier vollständig schattirte Kupferstiche in Grossfolioformat und zu jedem Blatte eine italienische und eine französische Beschreibung. Dem Verfasser müssen bedeutende Mittel zu Gebote gestanden haben, um ein solches Werk im Selbstverlage herausgeben zu können. Sein Porträt auf der Rückseite des Titelblattes zeigt ihn in reicher Ritterkleidung, die linke Hand auf einem vor ihm stehenden Helme ruhend, während die rechte mit einem Zirkel ein Maass auf einem Festungsplane abgreift. Die künstlerische Umrahmung dieses Porträts trägt die Inschrift: „Augustinus de Ramellis de Masanzana aetatis suae LVII“, woraus hervorgeht, dass unser Autor etwa 1530 geboren und dass Masanzana sein Geburtsort war. Man könnte jedoch auch den Beisatz: „dal Ponte della Tresia“, welcher sich auf dem Titel bei seinem Namen findet, als Bezeichnung seines Geburtsortes ansehen. Das heutige Ponte Tresa liegt am Ausflusse der Tresa aus dem Lago di Lugano, während Mesenzana, in gerader Luftlinie gemessen, etwa $8^1/_2$ km westlich davon in dem kleinen Seitenthale „Val S. Michele“ liegt, welches in das Thal der Margorabbia mündet. Mesenzana ist der unbekanntere von beiden Orten, und dies spricht dafür, dass es der eigentliche Geburtsort RAMELLI's ist.

In der Vorrede zu seinem Werke sagt dieser, dass er fast die ganze „Blüthe seiner Jahre“ in dem Dienste des Marchese di Marignano, eines der ausgezeichnetsten Heerführer Kaiser KARL's V. zugebracht und unter seiner Leitung Mathematik und Kriegswissenschaften, zu welchen auch das Ingenieurwesen gehörte, studirt habe.

GIACOMO MEDICHINO, Marchese di Marignano, war als Sohn BERNHARD's von Medici (Medichino) 1495 zu Mailand geboren und gehörte dem in dieser Stadt sesshaft gewordenen Zweige der berühmten Florentiner Familie dei Medici an. Er trat 1529 in kaiserliche Dienste, kämpfte ruhmreich gegen die Türken, züchtigte 1543 den Herzog von Cleve, befehligte bei der Einnahme von Luxemburg und bei der von St. Dizier 1544, sowie bei der Belagerung von Metz, schlug die Franzosen 1554 bei Marciano, belagerte Siena und Porto Ercole und starb in demselben Jahre zu Mailand. RAMELLI war damals etwa 25 Jahre alt.

Während MARIGNANO's früher Kindheit war LEONARDO DA VINCI als Ingenieur und Lehrer an der von ihm gegründeten Akademie der Wissenschaften in Mailand thätig, ging 1499 nach seiner Vaterstadt Florenz, kehrte 1507 in seine frühere Stellung nach Mailand zurück, ging 1512 wieder nach Florenz, dann nach Rom, war 1515 bis 1517 nochmals in Mailand und siedelte 1517, als MARIGNANO 22 Jahre alt war, nach Frankreich über. Es ist daher kaum zu bezweifeln, dass MARIGNANO, wenn nicht bei LEONARDO selbst, so doch in dessen Schule und unter seinen Augen die Ingenieurwissenschaft studirte, und deshalb ist auch sein Zögling RAMELLI zu dieser Schule zu rechnen. Auch in dem Amte als Ingenieur des Königs von Frankreich war dieser einer von LEONARDO's Nachfolgern.

HEINRICH III., der französische König, welchem RAMELLI diente, war der dritte Sohn HEINRICH's II. und im Jahre 1551 geboren. In seinem achtzehnten Jahre, als Herzog von Anjou, erhielt er den Oberbefehl in dem Kriege gegen die Hugenotten, siegte 1569 bei Jarnac und Montcontour, belagerte aber 1572 La Rochelle acht Monate lang vergeblich. Durch Intriguen und Bestechungen von Seiten seiner Mutter, KATHARINA von Medici, zum König von Polen erwählt, reiste er 1573 dorthin, kehrte aber im folgenden Jahre auf die Nachricht von dem Tode seines zweiten Bruders KARL IX. heimlich nach Frankreich zurück, um dessen Krone in Besitz zu nehmen.

Dem jugendlichen Herzoge von Anjou wurden bei seinem Kriegszuge gegen die Hugenotten die berühmtesten und erfahrensten Hauptleute mitgegeben, und unter diesen muss RAMELLI ihm besonders nahe gestanden haben, denn in der Widmung an den König sagt er:

„Da ich (vor langer Zeit) gerufen und im Namen Eurer Majestät in Italien eindringlich gebeten wurde, unter ehrenhaften Bedingungen in die Dienste von Ew. Majestät unbesiegbarer Krone zu treten, und da ich weiss, dass ich dem grossmüthigsten und ruhmreichsten Könige der Christenheit, der heute Europa beherrscht, begegnet bin, und wie unendlich viel ich den göttlichen Eigenschaften und seltenen Gaben verdanke, die der Himmel Ew. Majestät verliehen hat, wollte ich Ew. Majestät kluger und geheiligter Tapferkeit diese meine mathematischen Demonstrationen widmen ..... Und wenn auch meine Augen nicht so blind sind, um nicht zu sehen, dass mein geringes Verständniss mit der Höhe Ew. Majestät Tugenden nicht zu vergleichen ist, so haben doch die ausserordentlichen Gunstbezeugungen, welche mir Ew. Majestät königliche Güte stets angedeihen liess, und die besondere Zuneigung, welche Ew. Majestät mir vor La Rochelle bewiesen, als ich in Ew. Majestät Diensten in Gefangenschaft und zum Tode verwundet in die Hände der Feinde fiel, die ausserordentliche Fürsorge und der Schutz, welche Ew. Majestät meinem Sohne zuerst in Paris angedeihen liessen und die liebenswürdigen Briefe, welche Ew. Majestät mir aus Polen zu schreiben geruhten . . . . . mich mit dem sehnlichen Wunsche erfüllt, Ew. Majestät meine Dankbarkeit wenigstens zum Theile zu beweisen, so gut ich es vermag".

In der Vorrede an den Leser kommt eine Stelle vor, worin unser Autor sagt, es seien ihm Zeichnungen zu einem Werke über Befestigungskunst entwendet und in verstümmelter Form veröffentlicht worden, er hoffe aber, dieselben eines Tages in unverdorbener Gestalt, wie er sie erfunden habe, der Welt zu zeigen. Hieraus und aus dem Umstande, dass ein solches Werk RAMELLI's nicht erschienen ist, hat man wohl geschlossen, dass er nach der Herausgabe seiner „Machine diverse et artificiose" nicht mehr lange gelebt habe, und dies mag MICHAUD veranlasst haben, in seiner „Biographie universelle" zu sagen, RAMELLI sei um das Jahr 1590 im Alter von etwa 60 Jahren gestorben. MICHAUD hat, soweit uns bekannt ist, die ausführlichste Biographie unseres Autors geliefert, aber an thatsächlichem Material enthält sie nichts, was nicht aus den angeführten Stellen des Titelblattes, der Widmung und der Vorreden seines Werkes herausgelesen werden kann.

Wirft man einen flüchtigen Blick in RAMELLI's Werk, so fällt zunächst die Komplizirtheit vieler seiner Maschinen auf, weshalb die meisten Biographen ihn als „Freund komplizirter Maschinen" oder mit der Bemerkung: „seine Maschinen würden besser sein, wenn sie weniger komplizirt wären", kurz abfertigen. Auch werden gebildete Ingenieure unserer Zeit seine Beschreibungen höchst langweilig finden, denn die Schilderung, welche REULEAUX auf Seite 11 seiner Kinematik irrthümlicher Weise von allen älteren Büchern über Maschinenbau entwirft, passt auf diejenigen RAMELLI's und seiner späteren Kopisten und Nachahmer. Doch ist zu berücksichtigen, dass unser Autor weder Maschinenbauer noch Gelehrter vom Fach war und auch weniger für Fachleute, als für reiche Liebhaber der Mechanik schrieb, wie man sie damals unter den höchsten Herrschaften fand. So war beispielsweise Kaiser KARL V. Dilettant in mechanischen Künsten, insbesondere ein leidenschaftlicher Liebhaber von Räderuhren. Kaiser RUDOLPH II. soll einige sinnreiche, mechanische Apparate selbst erfunden haben, und nicht nur die französischen Könige, sondern auch viele andere Fürsten und Herren hielten Hofmechaniker so gut wie Hofalchimisten. Das kostbare Werk RAMELLI's aber konnten nur reiche Leute kaufen. Bezüglich der Pumpwerke, welchen ein grosser Theil desselben gewidmet ist, muss man ferner berücksichtigen, dass Cylinder mit grosser Bohrung damals nicht hergestellt werden konnten, was zur Folge hatte, dass viele Pumpen gleichzeitig betrieben werden mussten, wenn es sich um Förderung eines grösseren Wasserquantums handelte. Sah sich doch hundert Jahre nach RAMELLI der Ingenieur des Königs LOUIS XIV. noch genöthigt, sieben Pumpen im Niveau der Seine aufzustellen, um das Wasser für die Fontänen und Kaskaden in den Versailler

Gartenanlagen auf halbe Bergeshöhe zu heben, von wo es wieder sieben Pumpen bis zum Gipfel des Berges bei Marly und abermals sieben Pumpen auf den Wasserthurm heben mussten. Dass der gleichzeitige Betrieb vieler Pumpen eine komplizirte Transmissionsanlage erfordert, liegt in der Natur der Sache. Auch erscheinen Ramelli's Maschinenanlagen oft dadurch komplizirt, dass er bestrebt ist, dieselben auf einen möglichst kleinen Raum zusammen zu drängen. Dieses Streben war aber zu jener Zeit, in der die meisten industriellen Anlagen in eng gebauten, befestigten Städten untergebracht werden mussten, sehr berechtigt. Endlich kann man es auch unserem Autor kaum zum Vorwurfe machen, wenn seine Kenntnisse Lücken und seine Konstruktionen Irrthümer enthalten, die seiner Zeit eigen waren. Wenn er z. B. von der naiven Ansicht ausgeht, dass man Räderübersetzungen in's Langsame und solche in's Schnelle bei einer Maschine gleichzeitig anwenden solle, weil erstere sie befähigen, grosse Widerstände zu überwinden und letztere ihr die Fähigkeit verleihen, mit grosser Geschwindigkeit zu arbeiten, so folgt er hierin nur einer damals sehr verbreiteten irrigen Anschauungsweise.

Lässt man sich die Mühe nicht verdriessen, Ramelli's Werk auf seinen kinematischen Inhalt zu prüfen, so findet man so viel Interessantes und Anerkennenswerthes darin, dass man geneigt ist, zu glauben, es seien hier nicht sowohl die Erfindungen des Autors, sondern vielmehr ein beträchtlicher Theil der kinematischen Kenntnisse der Leonardo'schen Schule zusammengestellt, wofür auch der Umstand spricht, dass in den Beschreibungen von den 195 Maschinen nur drei als neu bezeichnet werden.

Andererseits kann man freilich auch schon von Ramelli lernen, wohin es führt, wenn man reine Kinematik für die Theorie des Maschinenbaues hält, denn seine Kinematik ist so abstrakt, dass er in vielen Fällen nicht nur von der Festigkeit, welche die Maschinentheile haben müssten und ihrer technischen Ausführbarkeit, sondern sogar von der Geschwindigkeit der Bewegung, welche zur Verrichtung der betreffenden Arbeit nothwendig wäre, abstrahirt und zufrieden ist, wenn er die gegebene Bewegungsart in die verlangte umgesetzt hat. Dadurch werden viele seiner Konstruktionen, die er allerdings in der Widmung an den König nur als mathematische Demonstrationen bezeichnet, unausführbar oder unbrauchbar.

Bei unserer Betrachtung des Ramelli'schen Werkes würde es zu weit führen, wenn wir sämmtliche Kupfertafeln desselben besprechen wollten. Wir müssen uns im wesentlichen auf das beschränken, was von den Motoren, Bewegungsmechanismen und Arbeitsmaschinen, welche darin enthalten sind, als neu erscheint, d. h. was uns bei früheren Autoren noch nicht begegnet ist.

Von den Motoren für Menschenkraft sind zunächst in dieser Beziehung als neu zu betrachten: Die in Fig. 226 zum Betriebe einer Getreidemühle benutzten horizontalen Schwengel mit Flügelstangen und Axenkröpfungen, letztere um 180° gegen einander verstellt. Sie sind als eine Modifikation des vertikalen Schwengels mit Flügelstange und Axenkröpfung zu betrachten, welchen wir bei BIRINGUCCIO zum Betriebe einer Amalgamirmühle angewandt sahen. (Vergl. Fig. 140.) Ferner die über ein Kettenrad gehängte Kette ohne Ende (Fig. 227), wie man sie heute namentlich bei Flaschenzügen oft angewendet findet. Treträder für Menschen finden sich bei RAMELLI in den mannigfachsten Formen, nicht nur die bekannten, bei welchen der Arbeiter nicht weit von der Vertikalebene durch die Axe entweder in oder auf dem Rade geht und dasselbe hauptsächlich durch sein Gewicht umdreht, sondern auch solche, bei denen er vor dem vertikalen Rade in der Axenhöhe oder über dem horizontalen Rade auf einer Bank sitzt und nur durch die Muskelkraft seiner Beine, aber mit grösserem Hebelarme auf das

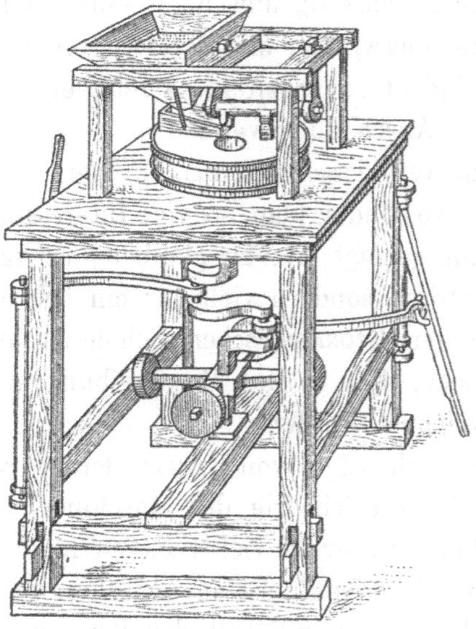

Fig 226.

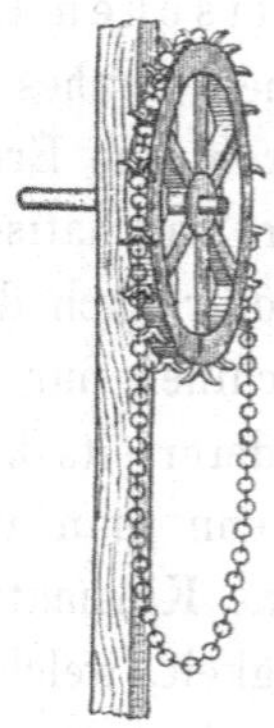

Fig. 227.

Rad wirkt. Zu letzterer Gattung war auch das horizontale Tretrad zu rechnen, welches wir bei AGRICOLA angewendet sahen. (Vergl. Fig. 144, S. 130.) Eine Zwischenstufe zwischen den genannten beiden Gattungen bildet das bei RAMELLI angewendete geneigte Tretrad (Fig. 228), auf dessen Kreisfläche der Arbeiter aufwärts zu schreiten sucht, indem er sich mit den Händen an einer festen, horizontalen Stange hält.

Von Perdegöpeln finden wir keine neuen Formen in dem uns vorliegenden Werke.

Bei den ober- und unterschlächtigen Wasserrädern RAMELLI's ist bemerkenswerth, dass letztere öfters auf Hölzer gelagert sind, welche durch je zwei Schrauben, dem Wasserstande entsprechend, gehoben oder herabgelassen werden können, oder dass diese Hölzer zu dem gleichen Zwecke einarmige Hebel bilden, deren Enden, durch einen Querbalken mit einander verbunden, durch einen Flaschenzug und ein Amphieryon oder Peritrochion gehoben und abgelassen werden können (Pansterräder).

Ein Löffelrad, wie wir ähnliche schon bei LEONARDO DA VINCI skizzirt sahen, findet sich auf RAMELLI's Blatt 114; dagegen scheint ihm das bei BESSON abgebildete Turbinenrad (Fig. 216, S. 195) unbekannt gewesen zu sein. Mit Vorliebe skizzirt er ein horizontales Wasserrad (Fig. 229), welches er dem bei BESSON abgebildeten Windrade, dessen halber Umfang durch die Thurmmauer vor dem Winde geschützt ist (vergl. S. 203), nachgebildet hat. Dass ein solches Rad keinen guten Effekt geben konnte, scheint selbst einem ZEISING und einem BOECKLER eingeleuchtet zu haben, denn obgleich diese RAMELLI stark plünderten, haben sie doch keines seiner Blätter kopirt, auf welchen ein solches Wasserrad vorkommt.

Windräder mit Leinwand bespannt finden sich auf den Blättern 73, 132 und 133, und zwar zeigen die beiden ersteren Mühlen mit beweglichem

Fig. 228.

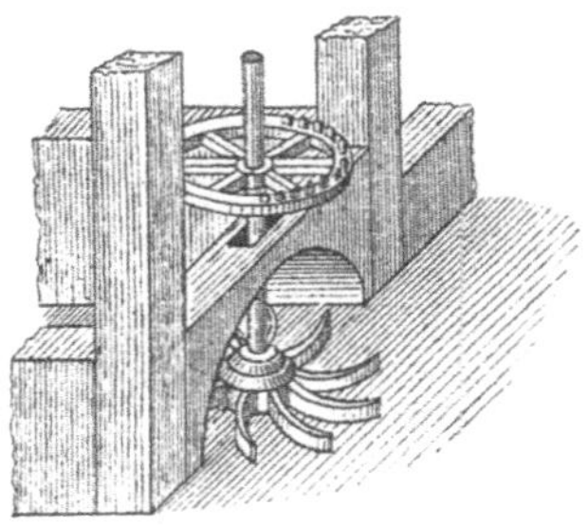

Fig. 229.

Dache, sogenannte holländische Windmühlen, während das letztere eine deutsche oder sogenannte Bock-Windmühle darstellt. Die holländischen Windmühlen sollen in der Mitte des 16. Jahrhunderts von einem Flanderer erfunden worden sein (vergl. JOH. BECKMANN, „Beiträge zur Geschichte der Erfindungen", Leipzig 1788, Bd. II, S. 38), während die Bock-Windmühle, wie wir sie bei GUALTHERIUS RIVIUS abgebildet fanden (Fig. 202 unserer Abhandlung über CARDANUS), wahrscheinlich älteren Ursprunges ist. Windflügel oder Windräder waren den alten Griechen schon als Motoren bekannt, wie aus dem 76. Kapitel der „Pneumatica" von HERON dem Aelteren ersichtlich ist. Auch geht daraus hervor, dass diese Windflügel oder Windräder damals schon auf drehbaren Gestellen gelagert waren. Nach der lateinischen Uebersetzung des FEDERICUS COMMANDINUS (Urbino 1575) lautet dieses Kapitel, in welchem eine Orgel beschrieben wird, deren Balg durch Wind bewegt werden soll, wie folgt:

„Es seien *A* die Pfeifen, *BC* ein Querrohr, welches mit ihnen kommunizirt, *DE* ein senkrechtes Rohr, von dem wiederum ein Querrohr ausgeht, das bis zu dem Pumpencylinder *GH* reicht. In diesen wird der Kolben *KL* gepasst, welcher leicht in denselben eindringen kann. Mit dem Kolben ist ein Stab (eine Kolbenstange) *MN* verbunden, welcher sich an einen anderen Stab (Balancier) *NX* anschliesst, der um eine Axe *PR* drehbar ist. Bei *N* (wo die Kolbenstange mit dem Balancier verbunden ist) ist ein leicht löslicher kleiner Nagel (Scharnierstift), bei *X* (dem anderen Ende des Balancier) aber ist eine Platte (platismation von *πλάτυσμα*) aufgesetzt und mit *XO* (dem Endstücke des Balanciers) fest verbunden. Daran liegt eine Axe *S*, welche sich in einem Gestelle (in pegmate von *πῆγμα*), das beweglich ist, um eiserne Zapfen (cnodaces von *κνώδαξ*) dreht. Mit der Axe *S* aber sind zwei Scheiben (tympanula, eigentlich: Trommelchen) *YV* fest verbunden, von denen *Y* kleine Keulen (scytalas von *σκυτάλη*, das sind hier „Hebedaumen") hat, welche sich auf die Platte *XO* legen. Die Scheibe *V* aber hat Flächen (platas von *πλάτη*, das sind hier Flügel) wie die, welche Windflügel (anemaria, sollte wohl anemuria heissen von *ἀνεμούριον*) genannt werden. Wenn diese von dem Winde getroffen werden, eilen sie vorwärts, drehen die Scheibe *V* um und daher wird auch die Axe und die Scheibe *Y* gedreht. Da sich in dieser Keulen (Hebedaumen) befinden, welche in Intervallen auf die Platte *XO* schlagen, so heben sie *KL* (den Kolben) auf, und wenn die Keulen die Platte verlassen, so sinkt der Kolben nieder und drückt die in dem Cylinder enthaltene Luft in die Röhren und Pfeifen und bringt den Ton hervor. Es ist aber erforderlich, dass das Gestell, welches die Axe

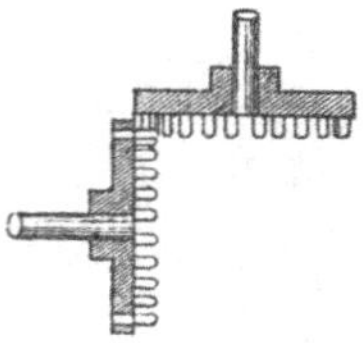

Fig. 230.

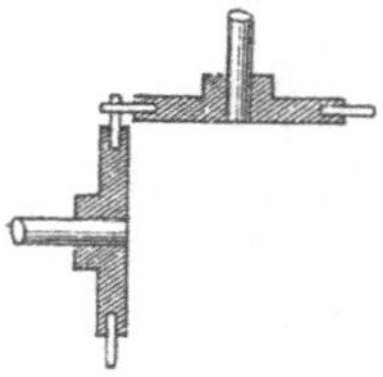

Fig. 231.

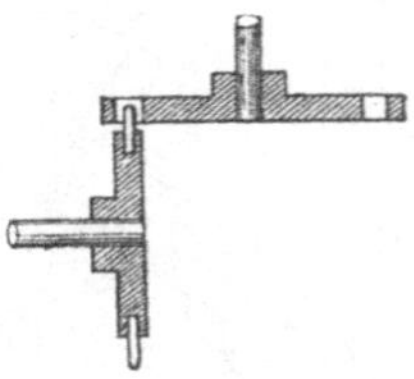

Fig. 232.

hält, immer nach dem Winde gedreht werde, damit die Drehung heftiger und kontinuirlicher erfolgt."

Ob man zu damaliger Zeit schon Getreidemühlen durch Windräder betrieb, ist eine andere Frage, und liegen hierfür keinerlei Beweise vor.

Endlich sind noch die bei Ramelli zuerst erscheinenden Gewichtsmühlen zu erwähnen, bei welchen ein aufgewundenes Gewicht zum Betriebe eines Mühlwerkes dienen soll. Denn obgleich solche Mühlen niemals einen praktischen Nutzen haben konnten, sind sie doch im 17. Jahrhundert von Jacob de Strada, Zeising, Boeckler u. A. so oft wieder abgebildet worden, dass es immerhin einiges Interesse hat, zu wissen, dass sie auf Ramelli zurückzuführen sind.

Von den Bewegungsmechanismen unseres Autors erwähnen wir zunächst ein Stirnrad mit innerer Verzahnung auf Blatt 78. Winkelräder kommen mit drei verschiedenen Arten von Verzahnung vor, welche wir in den Figuren 230, 231 und 232 dargestellt haben.

Das am halben Umfange verzahnte Rad (Fig. 233), wie wir es bei Besson zur Erzeugung der hin- und hergehenden Bewegung einer Mange fanden (Fig. 217, S. 196), sowie die in Fig. 234 dargestellte Modifikation, bei der zwei auf einer Axe sitzende, am halben Umfange verzahnte Räder abwechselnd in ein

Laternengetriebe eingreifen, werden von Ramelli mit besonderer Vorliebe zur Erzeugung fast aller kreisförmig und geradlinig hin- und hergehenden Bewegungen in seinen Mechanismen verwendet.

Der in Fig. 235 dargestellte Mechanismus zur Umwandlung einer rotirenden in eine geradlinig hin- und hergehende Bewegung, welcher sich auf den Blättern 19 und 20 angewendet findet, ist ebenfalls als eine Modifikation des Mechanismus, Fig. 233, zu betrachten, entstanden durch Unendlichwerden der Radien der beiden Getriebe und entsprechende Aenderung der Verzahnung. Hier sind die beiden in ein halbverzahntes Rad eingreifenden Zahnstangen durch zwei Traversen zu einem viereckigen Rahmen fest mit einander verbunden und machen daher stets zwangläufig die gleiche Bewegung. Sollen sie sich aber stets in einander entgegengesetzter Richtung bewegen, so wendet Ramelli eine analoge Modifikation

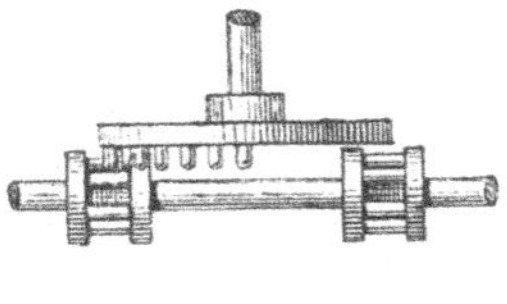

Fig. 233.

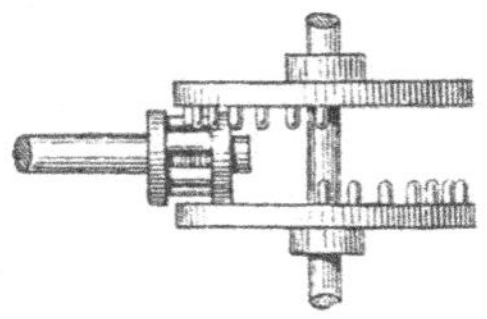

Fig. 234.

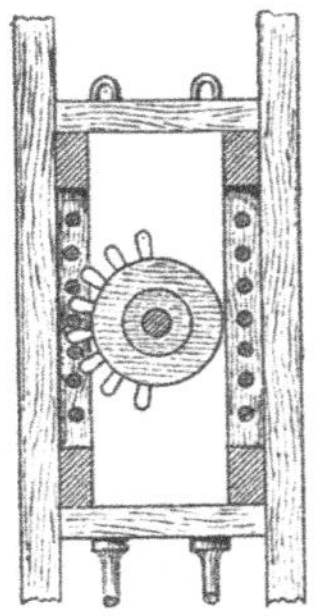

Fig. 235.

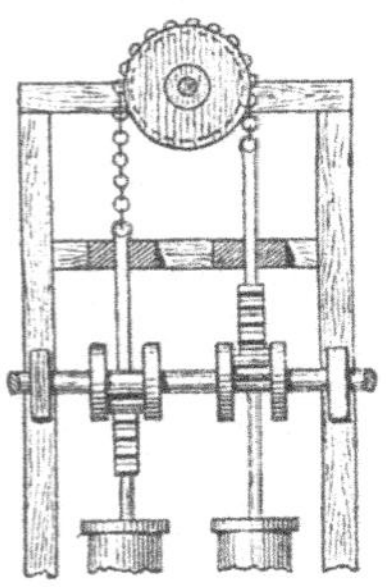

Fig. 236.

des Mechanismus, Fig. 234, an. Denkt man sich, dass hier der Durchmesser des Laternengetriebes unendlich gross werde, so gehen die in Eingriff kommenden Theile desselben in zwei unendlich weit von einander entfernte parallele Zahnstangen über, von denen stets eine durch eines der halbverzahnten Räder bewegt, die andere aber durch den Zusammenhang des unendlich grossen Rades mitgenommen und in entgegengesetzter Richtung bewegt wird. Dieses Mitnehmen erfolgt auf der einen, z. B. der oberen Radseite stets durch Zug, auf der anderen gleichzeitig durch Druck. Eine von den beiden Uebertragungen genügt, und man kann sich daher die gedrückte Radseite weggeschnitten und die gezogene durch ein Zugkraftorgan (eine Kette, oder ein Seil) ersetzt denken, welches über eine Leitrolle gelegt ist. Die Grösse des Durchmessers dieser Leitrolle ist für die Bewegung der Zahnstangen von keiner Bedeutung, wenn diese einander so weit näher gerückt werden, dass ihre Mittellinien die Leitrolle tangiren. Durch Verkleinerung des Leitrollendurchmessers gelangt man dann zu dem in Fig. 236 dargestellten Mechanismus, welchen Ramelli auf Blatt 71 zum Betriebe einer zweistiefeligen Pumpe benutzt.

Man kann auch auf der anderen Seite der beiden halbverzahnten Räder ein zweites Zahnstangenpaar eingreifen lassen und durch ein über eine Leitrolle gelegtes Zugkraftorgan mit einander verbinden, doch muss hier die Leitrolle unterhalb der Verbindungsstellen desselben mit den Zahnstangen liegen, wenn sie bei dem ersten Zahnstangenpaar oberhalb lag. Hierdurch entsteht der Mechanismus Fig. 237, welchen RAMELLI auf Blatt 70 zum Betriebe eines vierstiefeligen Pumpwerkes verwendet. Die Bewegung ist übrigens hier ganz dieselbe, als ob die in je ein halbverzahntes Rad eingreifenden beiden Zahnstangen, wie in Fig. 235, fest mit einander verbunden und die Zugkraftorgane und Leitrollen weggelassen wären.

Für die in Geradführungen gehenden Zahnstangen kann man Zahnbogen substituiren, die um ihren Mittelpunkt schwingen, und gelangt dann zu dem

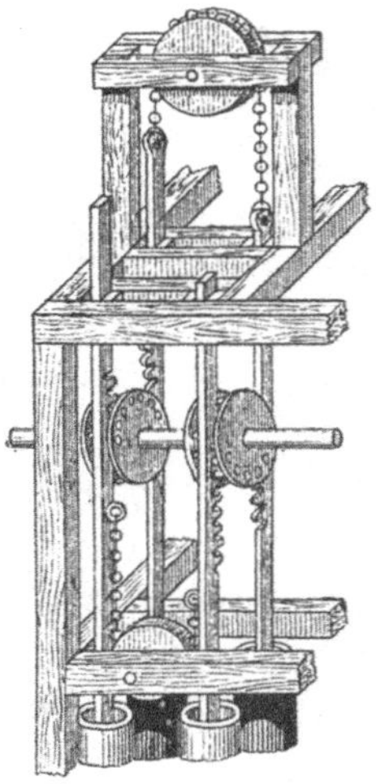

Fig. 237.

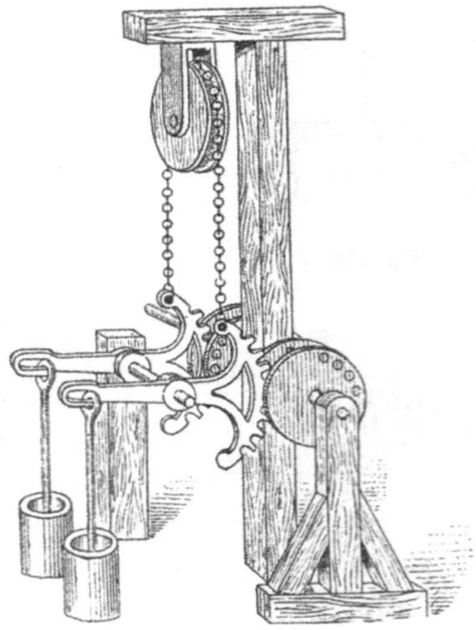

Fig. 238.

Fig. 238 dargestellten Mechanismus RAMELLI's. Doch wäre es besser, die Stellen, an welchen die Zahnbogen mit den Kettenenden verbunden sind, in die Mittellinien der ersteren zu verlegen und nicht, wie hier geschehen, an die Bogenenden.

Selbstverständlich lassen sich auch mehrere solcher Zahnbogenpaare von einer Welle aus bewegen, wie auf RAMELLI's Blatt 31 gezeigt ist.

Die Schraube wird von unserem Autor ebenfalls mit Vorliebe in seinen Bewegungsmechanismen angewendet, nicht nur in Verbindung mit dem Schraubenrade, als sogenannte Schraube ohne Ende, oder dem gezahnten Bogen, sondern auch in Verbindung mit der Zahnstange und der Mutter. Die Verbindung von Zahnstange und Schraube kommt uns heutigen Tages am auffallendsten vor, ist aber, wie wir in unserer letzten Abhandlung über JAQUES BESSON schon zu erwähnen Gelegenheit hatten, bereits von HERON dem Aelteren beschrieben worden und wohl die älteste Art der Anwendung der Schraube. Den in

Fig. 239 wiedergegebenen Mechanismus, bei welchem auf einer vermittelst des Mechanismus Fig. 234 bald links-, bald rechtsum gedrehten vertikalen Axe eine linksgängige und eine rechtsgängige Schraube sitzen, in welche je eine Zahnstange eingreift, benutzt Ramelli beispielsweise auf Blatt 1 zur

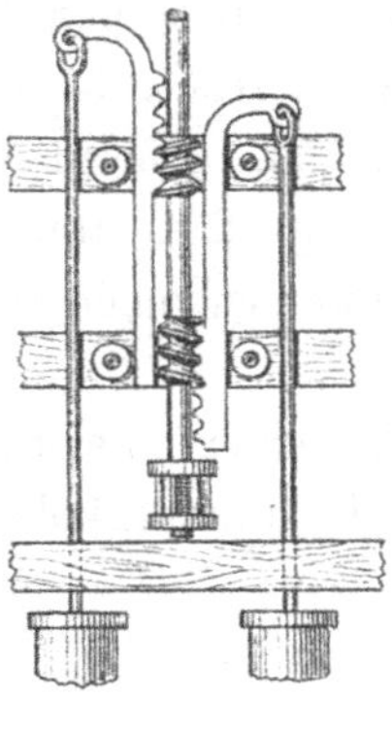

Fig. 239.

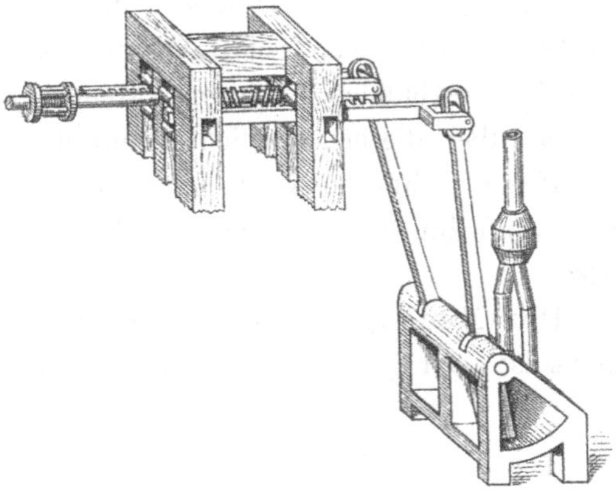

Fig. 240.

Bewegung einer zweistiefeligen Pumpe. Auf anderen Blättern sind mehrere Kolbenstangen vermittelst Balanciers an jede der beiden nach oben verlängerten Zahnstangen angehängt. Auf Blatt 47, welche der Hauptsache nach in unserer Fig. 240 wiedergegeben ist, sind Zahnstangen und Schraubenaxe horizontal an-

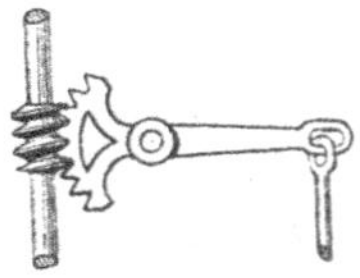

Fig 241.

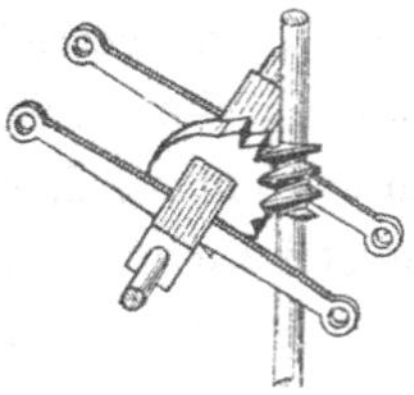

Fig. 242

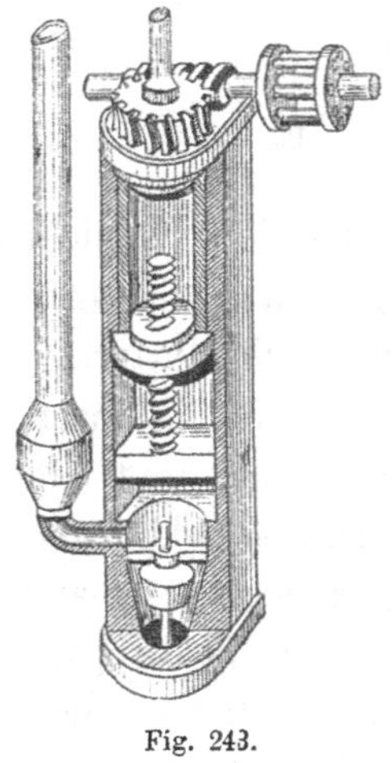

Fig. 243.

geordnet. Tritt an Stelle der Zahnstange ein Zahnbogen, so bildet dieser bei Ramelli entweder das Ende eines Balanciers (Fig. 241), oder er sitzt mit mehreren Balanciers auf einer gemeinschaftlichen Welle (Fig. 242).

Die Schraube mit Mutter findet sich auf den Blättern 3, 4, 63, 64 und 74 als Bewegungsmechanismus angewendet. Das Wesentliche des Mechanismus auf Blatt 3 ist in unserer Fig. 243 wiedergegeben. Die Stiefel des hier dargestellten Pumpwerkes haben viereckigen Querschnitt, so dass sich die Kolben darin verschieben, aber nicht drehen lassen. In die Kolbenstange ist Schraubengewinde eingeschnitten, welches in eine Mutter eingreift, die den Boden eines Hohlcylinders bildet. Dieser ist in den oberen cylindrischen Theil des Stiefels gepasst und lässt sich darin drehen, aber nicht verschieben. Mit dem Deckel des genannten Hohlcylinders ist ein senkrechter Zapfen koncentrisch fest verbunden, welcher durch den Deckel des Stiefels geht und mit welchem über diesem ein Schraubenrad fest verbunden ist. Die in dasselbe eingreifende Schraube wird durch den Mechanismus Fig. 234 abwechselnd rechts- und linksum gedreht und bewegt daher den Pumpenkolben auf und nieder.

Der Mechanismus auf Blatt 63 zum Betriebe einer zweistiefeligen Pumpe ist in Fig. 244 angedeutet. Auch hier haben die Pumpenkolben eine

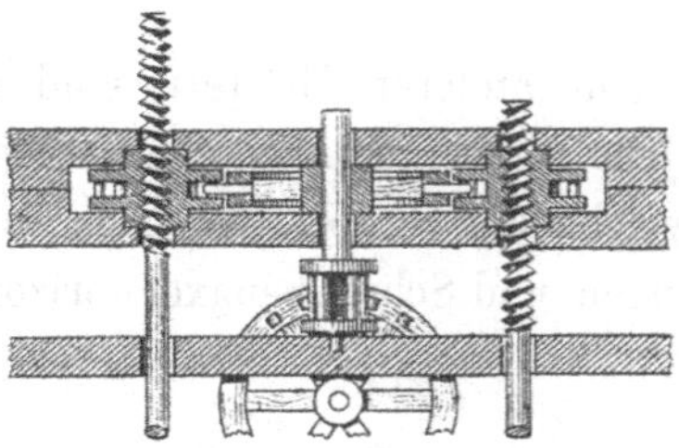

Fig. 244.

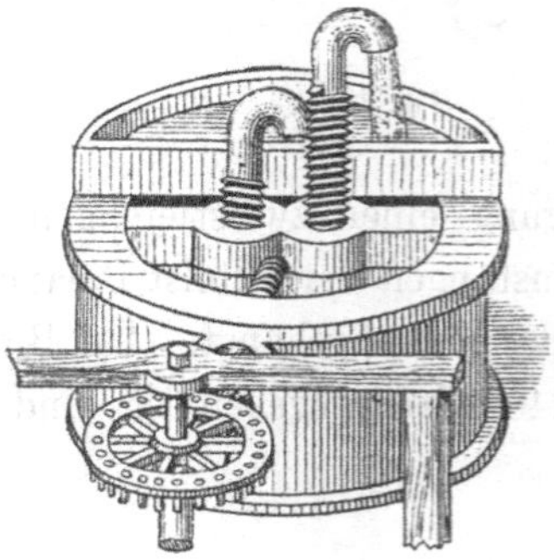

Fig. 245.

solche Form, dass sie sich nicht drehen können. Auf die eine Kolbenstange ist rechtsgängiges, auf die andere linksgängiges Gewinde geschnitten. Diese Gewinde gehen durch Muttern, welche, an der Verschiebung gehindert, sich nur drehen können und in ihrer äusseren Form Laternengetriebe bilden. Da diese durch ein Zwischenrad mit einander verbunden sind, welches durch den Mechanismus Fig. 234 bald rechts- bald linksum gedreht wird, so bewegen sich die Kolbenstangen in stets einander entgegengesetzter Richtung auf und nieder.

Den auf Blatt 74 dargestellten Mechanismus zeigt unsere Fig. 245. Hier sind die Kolbenstangen der zweistiefeligen Pumpe hohl und dienen gleichzeitig als Steigrohre. Nahe dem oberen, umgebogenen Ende ist die eine aussen mit rechtsgängigem, die andere mit linksgängigem Gewinde versehen. Die durch feststehende Umhüllung an der Verschiebung gehinderten Muttern bilden aussen Schraubenräder, von denen das eine von rechts, das andere von links in eine horizontale Schraube eingreift. Da diese durch einen Arbeiter vermittelst eines horizontalen Tretrades und durch Winkelräder-Uebersetzung bald rechtsum, bald linksum gedreht wird, so bewegen sich die röhrenförmigen Kolbenstangen auf und nieder. Da aber die Drehungen der Muttern in stets einander entgegengesetzten Richtungen erfolgen, so müssten die Gewinde beide rechts- oder beide linksgängig sein, um die Kolben in stets einander entgegengesetzten Richtungen zu bewegen, wie es offenbar beabsichtigt ist. Die Abbildung ist daher in diesem Punkte fehlerhaft.

In dem auf Blatt 62 dargestellten und in unserer Fig. 246 wiedergegebenen Mechanismus zur Bewegung mehrerer vertikaler Kolbenstangen ist das auf einer stehenden Welle sich drehende Hauptrad mit keilförmigen Aufsätzen als eine vielgängige Schraube zu betrachten, von der nur so kurzes, scheibenförmiges Stück zur Ausführung gekommen ist, dass die Gewindegänge nicht übereinander reichen. In jedem Gang, d. h. über jeden der keilförmigen Aufsätze, greift eine Zahnstange mit einem Zahn oder Stift, der

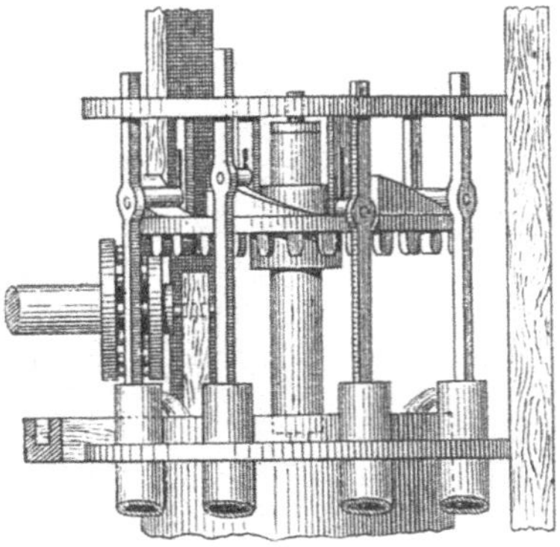

Fig. 246.

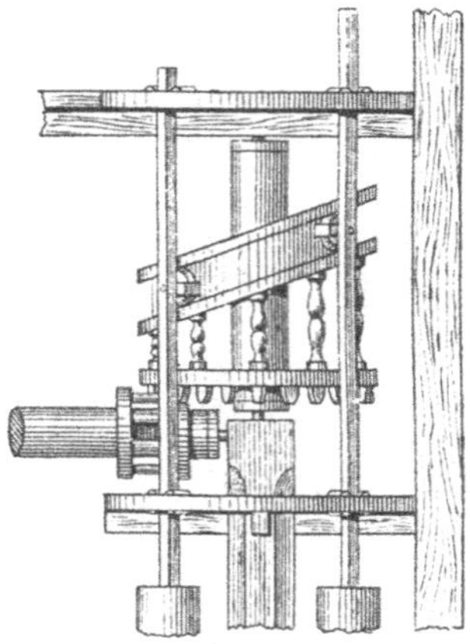

Fig. 247.

mit Antifriktionsrolle versehen ist. Hat dieser das obere Ende eines Gewindeganges oder keilförmigen Aufsatzes passirt, so sinkt die betreffende Stange mit ihrem Kolben durch das eigene Gewicht nieder, und wird darauf von dem folgenden keilfömigen Aufsatze gehoben.

Sollen aber die um die Schraube herumgestellten Zahnstrangen bei jeder Umdrehung des Hauptrades nur einmal auf und nieder gehen, so können die Zähne von einem Schraubengange gehoben werden, der während einer halben Umdrehung ansteigt, und beim Herabgehen kann man sie wieder auf einem Schraubengange gleiten lassen, der während einer halben Umdrehung um ebensoviel herabsteigt.

Diese Kombination von zwei Schraubenlinien lässt sich ersetzen durch eine schräggestellte Ellipse, deren Horizontalprojektion einen Kreis bildet, und man erlangt dadurch den Vortheil, dass der Uebergang von der aufsteigenden in die absteigende Bewegung ein allmäliger ist, so dass man die Bewegungen zwangläufig machen kann, ohne Stösse befürchten zu müssen. Man gelangt dann zu dem auf Blatt 57 abgebildeten und in unserer Fig. 247 wiedergegebenen Mechanismus, bei welchem durch Hinzufügung des oberen Randes der elliptischen Scheibe der Auf- und Niedergang der Zahnstange zwangläufig gemacht sind.

Soll die Verschiebung des eingreifenden Zahnes während der Drehung der Hauptaxe nicht parallel, sondern senkrecht dazu erfolgen, so müssen die Schraubenflächen durch Flächen ersetzt werden, die nach archimedischen Spirallinien gekrümmt sind, wie sie Ramelli auf Blatt 60 in einem Mechanismus anwendet, den unsere Fig. 248 zeigt. Doch ist hier für die geradlinige Bewegung des eingreifenden Zahnes die Bewegung in einem flachen Kreisbogen substituirt, indem die beiden einander gegenüber liegenden Zähne die Enden von zwei um vertikale Axen schwingenden Hebeln bilden. Um auch die Bewegung bei dem Rückgange der Hebel von dem Mechanismus abhängig

Fig. 248.

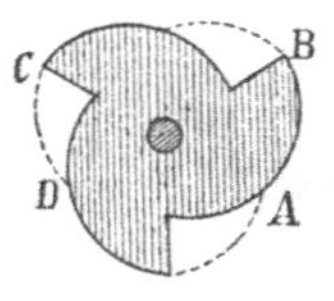


Fig. 249.

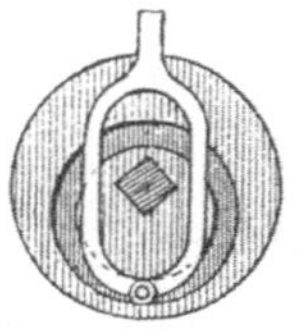

Fig. 250.

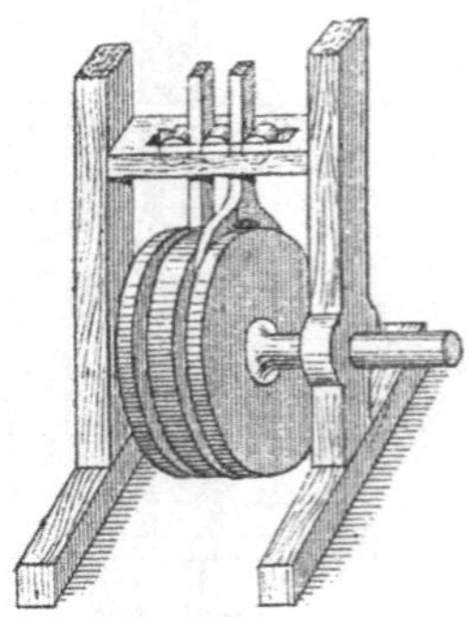

Fig. 251.

zu machen, hat Ramelli diese beiden Hebelenden in der aus der Zeichnung ersichtlichen Weise so mit einander verbunden, dass sie stets die gleiche Entfernung von einander behalten müssen. Doch kommt alsdann nur die Hälfte jeder spiralförmig gekrümmten Fläche in Wirksamkeit, denn während der eine Zahn auf der Spiralfläche von $A$ nach $B$ (Fig. 249) gleitet, beschreibt der andere den punktirten Bogen $CD$ relativ zur Kurvenscheibe. Aber wenn auch hier der Rückgang jedes Zahnes durch die Verkettung mit dem anderen erzwungen ist, so ist der Mechanismus doch nicht zwangläufig, denn er hindert nicht, dass der Zahn, welcher relativ zur Kurvenscheibe den punktirten Bogen beschreiben soll, in diesen hineintritt und der andere Zahn gleichzeitig die Kurvenscheibe verlässt. Zur zwangläufigen Bewegung wäre nöthig, dass die einspringenden Winkel der Kurvenscheibe so ausgefüllt würden, wie es die punktirten Bogen in Fig. 249 anzeigen. Obgleich dieser Mechanismus auf den ersten Blick wie ein Sperrrad mit zwei Sperrklinken erscheint, ist er doch thatsächlich ein Kurvenschubgetriebe nach Art des in Reuleaux's Kinematik Fig. 332 abgebildeten. Erwähnenswerth ist noch die Schraubenmutter mit linksgängigem und rechtsgängigem Gewinde bei *a* (Fig. 248) zur Regulirung der Länge der Kuppelstange zwischen den beiden Hebeln.

Das in REULEAUX's Kinematik Fig. 334 dargestellte paarschlüssige Kurvenschubgetriebe findet sich bei RAMELLI auf den Blättern 27 und 28 so, wie wir es in unserer Fig. 250 skizzirt haben, und zwar ist es auf Blatt 27 paarweise, wie in unserer Fig. 251 angeordnet, um zum gleichzeitigen Betriebe zweier Pumpengestänge zu dienen.

Eine Modifikation dieses Mechanismus ist der in unserer Fig. 252 dargestellte, bei welchem die in der Ebene der Kurve geradlinig hin- und hergehende Klinke durch eine bogenförmig hin- und herschwingende, in der mittleren Stellung auf der Kurvenebene senkrecht stehende ersetzt ist. RAMELLI wendet auf Blatt 55 diesen Mechanismus zur Bewegung eines Pumpwerkes mit vier Stiefeln an.

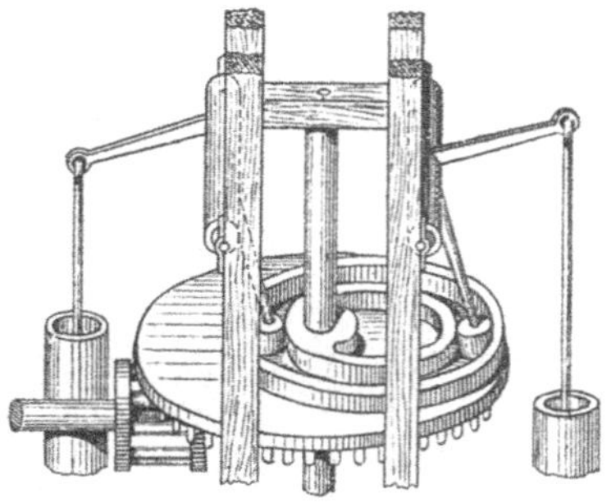

Fig. 252.

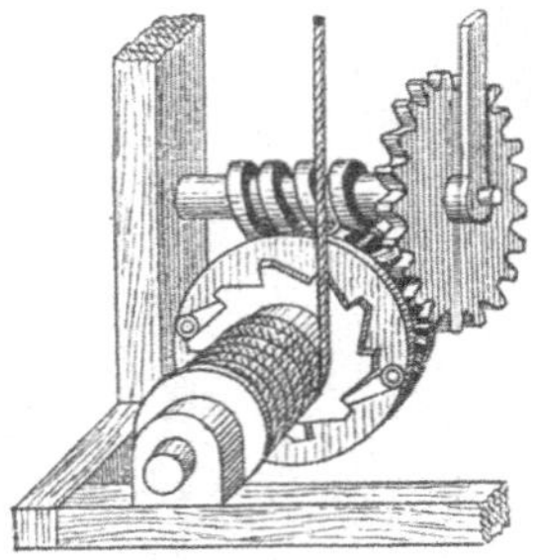

Fig. 253.

Das Sperrrad mit Sperrklinke findet sich auf Blatt 177 ähnlich wie bei CARDANUS (Fig. 188, S. 169) als einseitig wirkende Kuppelung zwischen zwei Trommeln, von denen die eine fest, die andere lose auf einer und derselben Welle sitzt (Fig. 253). Auf Blatt 147 dagegen finden wir es an einer Winde zur Verhinderung der rückgängigen Bewegung angebracht.

Kurbeln kommen bei RAMELLI sowohl in der gewöhnlichen Form, sowie als ein- oder mehrfache Axenkröpfungen vor. Häufig ist die Kurbel durch eine Flügelstange mit einem Balancier zu einem sogenannten Kurbelviereck verbunden. Die Verbindung der Flügelstange mit der Kurbel ist meist paarschlüssig, die mit dem Balancier aber nur kraftschlüssig, indem die ringförmigen Enden dieser beiden Theile wie gewöhnliche Kettenglieder ineinander gehängt sind. Auf Blatt 94 (siehe Fig. 254) findet man jedoch auch einmal Paarschluss an beiden Enden der Flügelstange, und auf Blatt 137 ist sogar das Ende der Flügelstange zum Zwecke der Scharnierbildung zu einer Gabel ausgebildet, welche das Ende des Balanciers einschliesst. Die kettengliedartige Verbindung wurde wohl um deswillen mit Vorliebe angewendet, weil sie als die einfachste

Form des Universalgelenkes bei Formänderungen der hölzernen Gestelle und sonstigen Maschinentheile Klemmungen in den Gelenken verhinderte.

Die oscillirende Kurbelschleife, wie sie Fig. 219 in Reuleaux's Kinematik zeigt, findet sich auf Blatt 97 angewendet, wie aus unserer Fig. 255 zu ersehen ist.

Die Uebertragung der schwingenden Bewegung eines Balanciers auf einen anderen vermittelst einer Kuppelstange kommt selbstverständlich bei Ramelli häufig vor; interessant ist aber die Art, wie er die Kuppelstange, welche bald schiebend, bald ziehend wirkt, bei grosser Länge durch ein Zugkraftorgan ersetzt. Er gestaltet nämlich den treibenden Balan-

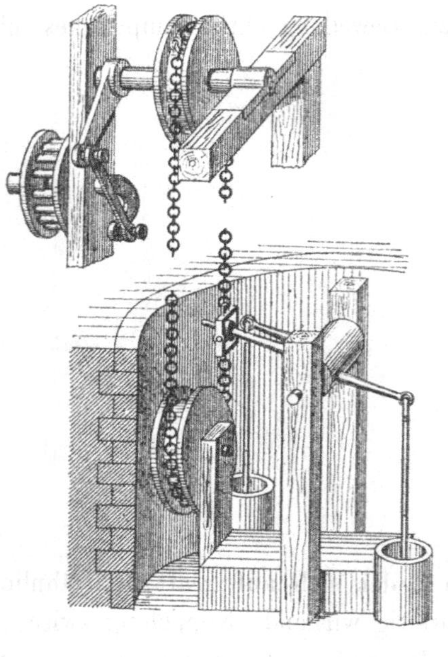

Fig. 254.

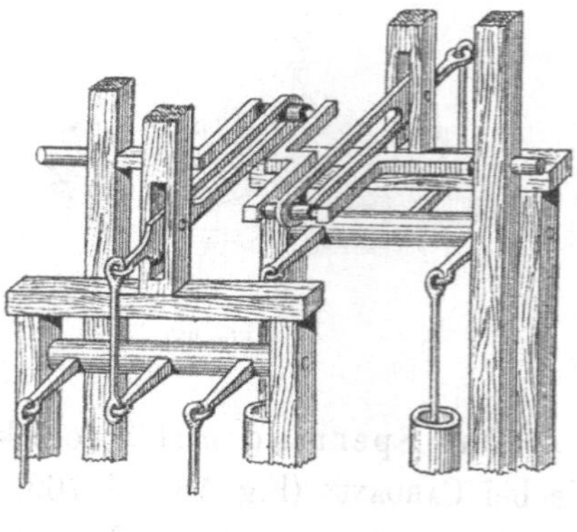

Fig. 255.

cier zu einer Kettenrolle aus, bringt senkrecht darunter und unterhalb des zu treibenden Hebels eine gleiche Rolle an, legt um beide eine Kette ohne Ende und verbindet den zu treibenden Hebel mit dieser in der aus Fig. 254 ersichtlichen Art.

Eine Modifikation dieses Mechanismus ist in der Fig. 256 wiedergegeben.

Seiltrommeln findet man bei Ramelli zunächst zum Aufwickeln von Aufzugsseilen nicht nur in cylindrischer Form, sondern auch in konischer so angeordnet, dass mit zunehmender Aufwickelung und abnehmendem Gewichte des herabhängenden Seiles der Durchmesser der Trommel zunimmt. Häufig ist bei ihm auch die Anwendung des von Vitruv schon beschriebenen Amphieryon oder Peritrochion zur Uebersetzung der drehenden Bewegung einer kleinen Trommel auf eine grosse vermittelst eines Seiles, das sich von der grossen Trommel auf die kleine wickelt. Auch findet sich die Uebergangsform von Amphieryon zur eigentlichen Seiltransmission, wobei, wie bei letzterer, ein Seil ohne Ende über beide Trommeln gelegt, aber einigemal um jede derselben geschlungen ist. Diese Anordnung hat mit der eigentlichen Seiltransmission die Uebertragung der Bewegung durch Reibung gemein, mit dem Amphieryon aber das Fortschreiten des Seiles in der Richtung der Trommelbreite und die daraus folgende Beschränktheit der Zahl der möglichen Umdrehungen. Die eigentliche Seiltransmission findet sich auffallender Weise bei Ramelli nicht, während Cardanus sie als in der Diamant-

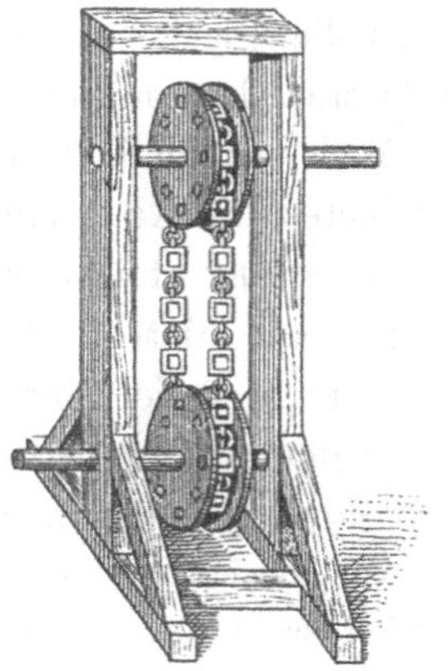

Fig. 257.

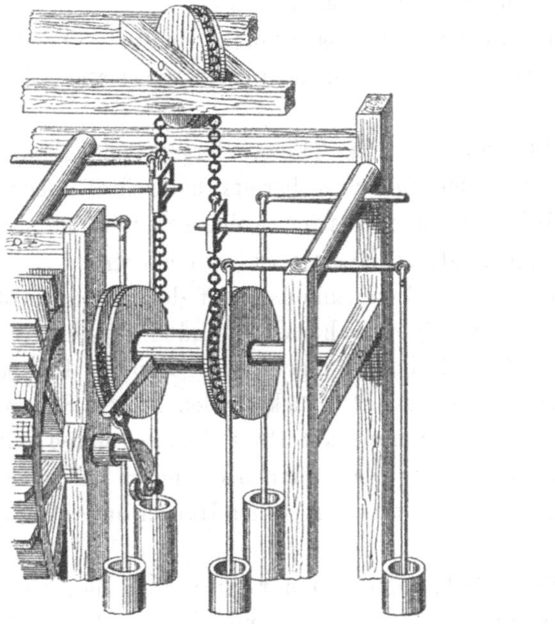

Fig. 256.

Fig. 258.

Fig. 259.

schleiferei gebräuchlich beschreibt (vergl. Fig. 184, S. 165). Daraus darf wohl geschlossen werden, dass diese Art der Kraftübertragung zu jener Zeit noch wenig und nur für geringe Kräfte gebräuchlich war. Dagegen findet man auf den Blättern 39, 93 und 126 die Kette ohne Ende mit Kettenrädern zur Transmission kontinuirlich drehender Bewegung angewendet, und zwar in der aus Fig. 257 ersichtlichen Form.

Was die Bremswerke betrifft, so findet sich an den Windmühlen auf den Blättern 132 und 133 eine Uebergangsform von der Backenbremse, wie sie Agricola beschreibt (vergl. S. 132), zur Bandbremse, indem der Kranz des Hauptwinkelrades auf der Windradwelle von einem halben Holzreif umschlossen wird, von dem in der Beschreibung gesagt ist, dass er sich beim Anziehen der Bremse zusammenziehe und beim Loslassen derselben wieder erweitere.

Von den Arbeitsmaschinen nehmen die Pumpen den grössten Raum in Ramelli's Werk ein. Sie erscheinen in den mannigfaltigsten, einige auch in so abenteuerlichen Formen, wie sie nur dem Kopfe eines Jüngers der abstrakten Kinematik entspringen können; doch findet sich auch ebensoviel Bemerkenswerthes und Vorzügliches darunter.

Zunächst ist das konische Ventil hervorzuheben, welches von Ramelli vorzugsweise angewendet wird, und zwar in der Fig. 258 angegebenen Form, die heute noch zu den besten gehört. In dem Texte zu Blatt 1 wird darüber gesagt: „Es ist zu bemerken, dass diese Art von Ventilen viel besser ist, als diejenigen, deren sich zu bedienen viele gewohnt sind, denn diese Ventile sind dauerhafter und verschliessen die Oeffnung besser".

Auch bei Hohlkolben werden diese Ventile angewendet, wie Fig. 259 zeigt. Sonst bieten die Kolbenkonstruktionen Ramelli's nichts Bemerkenswerthes. Die Dichtung erfolgt stets durch Leder.

Die auf Blatt 3 dargestellte und in Fig. 243 wiedergegebene Pumpe haben wir bezüglich ihres Bewegungsmechanismus bereits betrachtet. Dass die Kolbenbewegung derselben bei dem mangelhaften Kolbenschluss eine viel zu langsame ist, muss man dem Kinematiker Ramelli zu gute halten.

Auf dieselbe Weise werden auch die Pumpenkolben auf den Blättern 24 und 25 bewegt; doch sind die Cylinder hier sehr weit und sind vier, beziehungsweise zwei Saugventile im Cylinderboden angebracht. Bei der Pumpe auf Blatt 24 schliessen auch vier Steigrohre mit Druckventilen an die Seitenwand des Cylinders an, während bei der Pumpe auf Blatt 25 zwei unten mit Löchern versehene Steigrohre vom Boden des oben offenen Cylinders aus senkrecht aufsteigen und dem Kolben, der sie mit aufgegossenen Hülsen umschliesst, gleichzeitig als Führung dienen.

Eine ähnliche Pumpe auf Blatt 23 hat dagegen nur ein weites, derartiges Steigrohr in der Mitte des Cylinders. An der dasselbe umschliessenden Hülle sind zwei Zahnstangen einander gegenüber befestigt, in welche zwei Getriebe eingreifen, die gleichzeitig so bewegt werden, dass sie die Hülse mit dem Kolben auf und nieder schieben. Die weiten Cylinder sind bei diesen Pumpen innen mit Längsnuten und die Kolben mit da hinein passenden Nasen versehen, um die Drehung derselben zu verhindern.

Bei der auf Blatt 74 dargestellten Pumpe, deren Bewegungsmechanismus in Fig. 245 skizzirt ist, ist ein sehr weiter Cylinder durch eine diametrale Scheidewand in zwei halbcylindrische Pumpenstiefel getheilt und die röhrenförmigen Kolbenstangen sind über den Schwerpunkten der halbmondförmigen Kolben befestigt, wodurch sie nahe zusammenkommen.

Die Blätter 5, 6, 7, 9, 10 und 11 zeigen Pumpen, bei denen das Steigrohr mit dem Cylinder durch ein kastenförmiges Gehäuse verbunden ist, welches den Bewegungsmechanismus (eine gekröpfte Axe mit Flügelstange, oder eine vertikale Schraubenaxe mit eingreifenden Zahnstangen, oder Zahnräder mit Zahnstangen) umschliesst, wie wir eine solche Pumpe schon bei Agricola (vergl. S. 136 unten) kennen gelernt haben.

Als Kuriositäten mögen auch Ramelli's Pumpen mit ringförmig gebogenen Cylindern erwähnt werden, wie sie sich auf den Blättern 13 und 14 durch Schrauben mit Zahnbogen und auf Blatt 15 durch Laternengetriebe mit Zahnbogen bewegt, abgebildet finden. Die erstere dieser Pumpen ist in unserer Fig. 260 wiedergegeben. Es stossen hier zwei gekrümmte Pumpencylinder mit den Böden zusammen, so dass sie zusammen einen halben Ring bilden. Im Uebrigen bedarf die Zeichnung wohl keiner Erklärung.

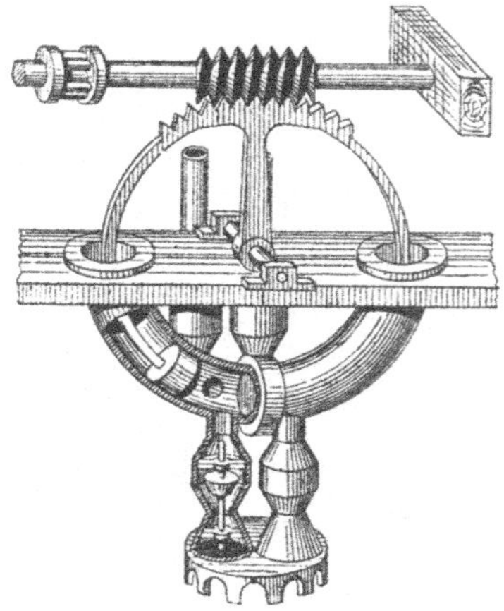

Fig. 260.

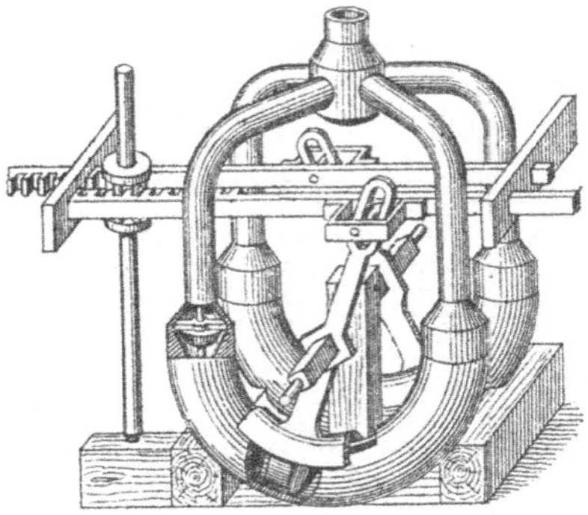

Fig. 261.

Noch kühner ist die Konstruktion der auf Blatt 54 abgebildeten und durch unsere Fig. 261 wiedergegebenen Pumpe mit ringförmig gebogenen Cylindern. Diese sind auf der Innenseite aufgeschlitzt. Ueber dem Schlitze bewegt sich ein an die äussere ringförmige Cylinderfläche dicht anschliessender Schieber, an welchem der Kolben befestigt ist. Gegen das Ende seines Hubes hin lässt der Schieber den Schlitz an einem Ende offen, und da die Pumpe unter Wasser steht, dringt dieses durch die so entstandene Oeffnung in den Cylinder. Beim Rückgange schliesst der Schieber zunächst den Schlitz und der Kolben drückt dann das Wasser durch das Steigventil in die Höhe. Das Pumpwerk hat zwei doppeltwirkende derartige Cylinder.

Giebt man bei dieser Pumpe dem gekrümmten Pumpenstiefel einen viereckigen Querschnitt und macht den Schlitz so breit wie die Stiefelweite, d. h. nimmt man an seiner Statt einen gekrümmten, nach innen offenen Kasten, so erhält man die auf Ramelli's Blatt 104 dargestellte und in unserer Fig. 262 wiedergegebene Pumpe.

Lässt man alsdann den Krümmungsradius des Kastens unendlich gross werden, so gelangt man zu der auf Blatt 102 abgebildeten und in Fig. 263 wiedergegebenen einfach kastenförmigen Pumpe. Hierbei ist die Einrichtung getroffen, dass sich die eine Seitenwand und der Deckel durch Stellschrauben etwas nach innen verschieben lassen, wodurch nach erfolgter Abnutzung des Kolbens wieder ein dichter Schluss hergestellt werden soll.

Auf Blatt 103 ist dieselbe Pumpe mit der Abänderung dargestellt, dass der Kastendeckel mit dem Kolben durch ein Seil hin- und hergezogen wird, welches einigemal um eine Walze geschlungen ist, und dessen beide Enden über Leitrollen geführt und mit den Enden des schiebbaren Deckels verbunden sind. Durch abwechselndes Rechtsum- und Linksumdrehen dieser Walze wird alsdann der Deckel mit dem Kolben hin- und hergeschoben.

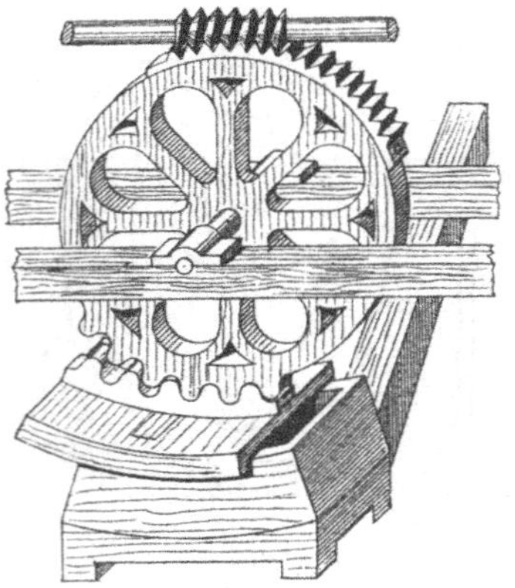

Fig. 262.

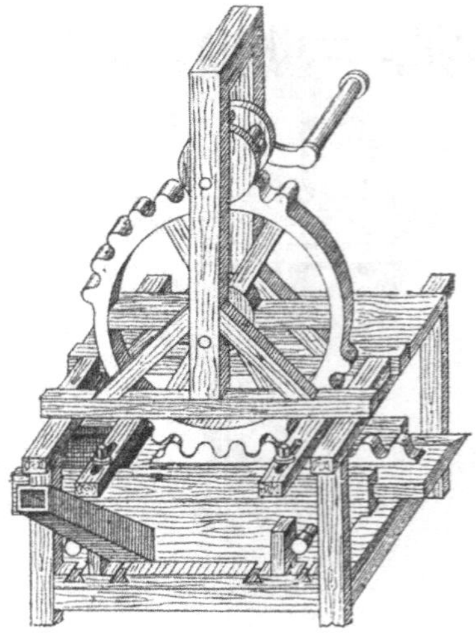

Fig. 263.

Bei diesen Kastenpumpen sind innerhalb durch Kanäle die Ausströmungen von den beiden Enden in ein gemeinschaftliches Auströmungsrohr zusammengeführt. Ramelli empfiehlt dieselben zum Entleeren von Baugruben, bei denen das Wasser unrein und die Förderhöhe gering ist.

Die Pumpen mit gekrümmtem Stiefel von rechteckigem Querschnitt bilden den Uebergang von den gewöhnlichen Kolbenpumpen zu denjenigen mit schwingenden Kolben nach Art der sogenannten Bramah-Pumpen, denn diese entstehen, wenn man bei jenen den Krümmungsradius des Stiefels so klein wählt, dass der Krümmungsmittelpunkt in den Kasten hineinfällt, beziehungsweise der schiebbare Deckel des Kastens durch die Nabe des schwingenden Kolbens ersetzt wird. Solche Pumpen sind auf den Blättern 67, 68 und 69 von Ramelli abgebildet und die erstere in unserer Fig. 240 wiedergegeben.

Selbstverständlich lassen sich solche Pumpen auch mit vertikaler Axe anordnen und lassen sich auch zwei diametral einander gegenüber angeordnete Pumpen dieser Art von einer gemeinschaftlichen Axe aus betreiben. Werden dabei die Kolbendicken und die Amplituden der Kolbenschwingungen so gewählt, dass die beiden Gehäuse zu einem Cylinder mit diametraler Scheidewand zusammenwachsen, macht man die vertikale Kolbenaxe hohl, stellt sie fest und benutzt sie als Steigrohr, während die Kolben mit gemeinschaftlicher Nabe darum drehbar gemacht werden und versieht den Kolben und den Fuss des Steigrohres mit den nöthigen Kanälen und Oeffnungen, damit das Wasser bei geeigneten Stellungen der Kolben in die Steigröhre hineingetrieben werden kann, so erhält man die auf den Blättern 53 und 105 dargestellte Pumpe Ramelli's, von welcher unsere Fig. 264 einen nahe dem unteren Cylinderboden genommenen, von oben gesehenen Querschnitt zeigt. Bei der hier gezeichneten Kolbenstellung tritt das Wasser durch die offenen Schlitze im Boden in den Cylinder. Bei Rechtsdrehung der Kolben werden diese Schlitze abgesperrt, der Weg nach dem Steigrohre geöffnet und das im Cylinder eingeschlossene Wasser

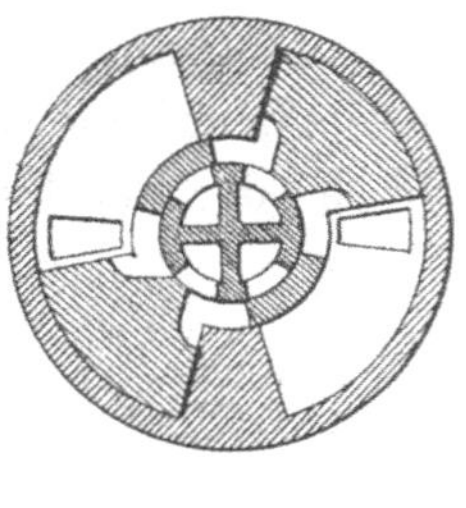

Fig. 264.

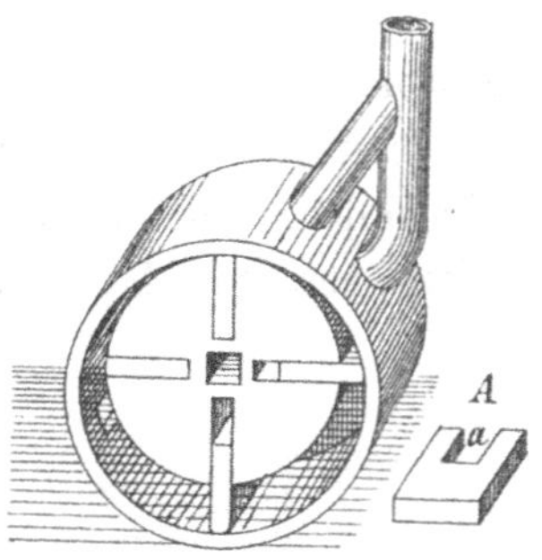


Fig. 265.

in dieses gedrückt. Gegen Ende des Hubes öffnen sich die Schlitze im Boden wieder und das Wasser dringt nun hinter den Kolben in den Cylinder, um beim Rückgange derselben in die Steigröhre gedrückt zu werden.

Von sogenannten rotirenden Pumpen oder **Kurbel-Kapselwerken** findet man bei Ramelli drei, beziehungsweise vier verschiedene Arten, von denen zwei in Reuleaux's Kinematik S. 361 und 374 beschrieben sind. Die erste ist die bekannte Konstruktion Fig. 265. Wenn Reuleaux sagt, Ramelli habe sich bei dieser Pumpe mit dem einigermassen ausreichenden Schluss durch die Schwere der Schieber begnügt, so erscheint dies insofern einigermassen zweifelhaft, als auf dem Blatte 38 des letzteren, welches eine solche Pumpe darstellt, ein einzelner Schieber, wie bei *A* (Fig. 265) herausgezeichnet ist, und diese Form es wahrscheinlich macht, dass in den Ausschnitt *a* des Flügels eine mit dem Boden des Gehäuses fest verbundene und mit dem Umfange desselben koncentrische Rippe passte, welche die Flügel so führte, dass sie mit der cylindrischen Aussenwand stets in Berührung bleiben mussten. Weitere Anhaltspunkte finden sich allerdings hierfür nicht, im Gegentheile spricht die

Abbildung (Fig. 265, Hauptfigur) insofern dagegen, als der linksstehende Flügel nicht mit der Aussenwand in Berührung stehend gezeichnet ist.

Die zweite Art rotirender Pumpen, welche Reuleaux auf Seite 374 seiner Kinematik bespricht, ist auf den Blättern 39 und 107 abgebildet und in unserer Fig. 266 wiedergegeben, und Pumpe Fig. 267, welche dem Blatte 51

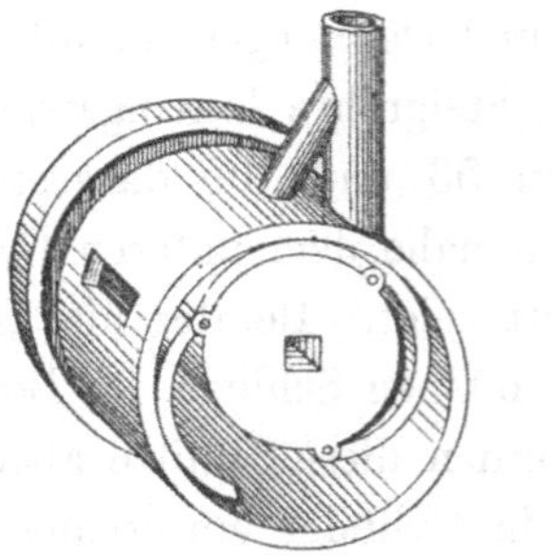

Fig. 266.

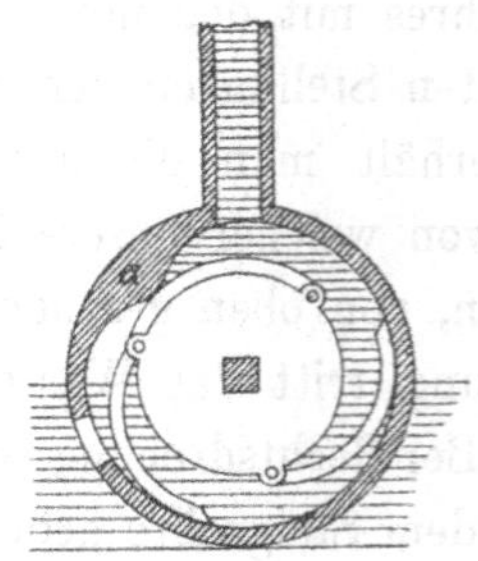

Fig. 267.

Ramelli's entnommen ist, zeigt in ihrer Konstruktion nur eine geringe Abweichung von ersterer. Hier sagt unser Autor in der Beschreibung von den Flügeln ausdrücklich: „sie öffnen sich durch ihre Schwere", und es wird ferner gesagt: „indem besagte Flügel sich dieser Enge (d. h. der Berührungsstelle

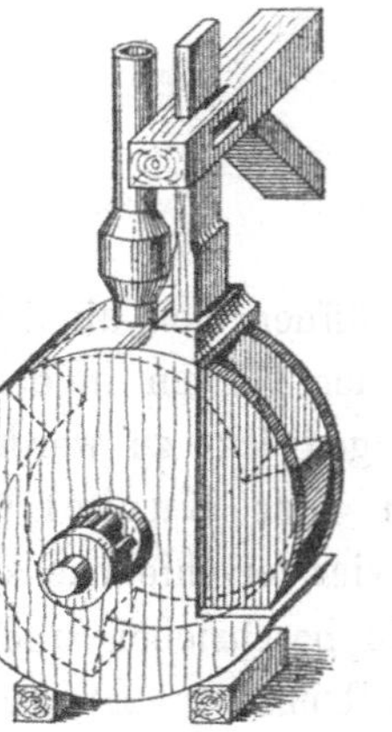

Fig. 268.

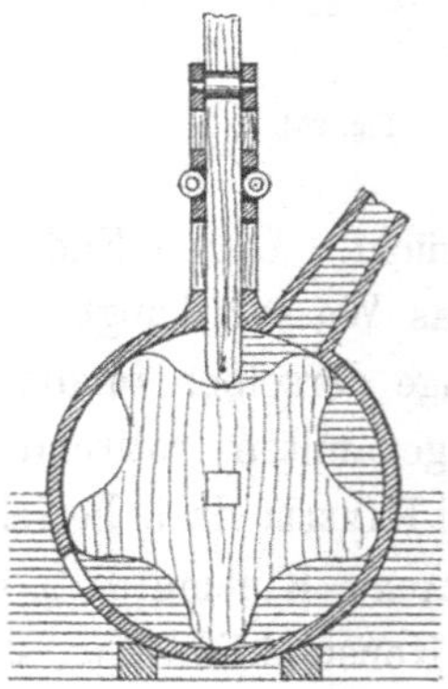

Fig. 269.

zwischen dem rotirenden Cylinder und dem Gehäuse) nähern (d. h. wenn die Enden der Flügel die Mündung des Steigrohres passirt haben), schliessen sie sich, einer nach dem andern, durch den Druck des Wassers, welcher von dem Steigrohre aus über sie kommt." Der Umstand, dass die Flügel in dieser Stellung durch die vereinigte Wirkung des Wasserdruckes und der eigenen Schwere energisch gegen den rotirenden Cylinder gepresst werden, gab wohl die Veranlassung, bei der Konstruktion Fig. 267 den rotirenden Cylinder koncentrisch in das Gehäuse zu setzen und dieses innen bei *a* mit einem Stege zu versehen, welcher die Berührung zwischen beiden herstellt. Dieser Steg ist zwar aus RAMELLI's Abbildung nicht ersichtlich, in der Beschreibung aber wird gesagt: „neben der Einmündung des Steigrohres befindet sich ein Steg (traverse) von der Höhe, welche die Flügel haben, wenn sie geöffnet sind."

Auf den Blättern 40, 49 und 109 ist eine andere Art rotirender Pumpen dargestellt, welche REULEAUX in seiner Kinematik nicht als RAMELLI'sche anführt. Wir geben die beiden Modifikationen von Blatt 40 und 109 in unseren Figuren 268 und 269 wieder. Sie stimmen im wesentlichen mit dem Mechanismus überein, welchen REULEAUX auf Seite 351 seiner Kinematik als rotirende Dampfmaschine von YULE (1836) und von HALL (1869) bezeichnet; nur hat bei dieser der rotirende Cylinder nur eine Erhöhung, die sich über den ganzen

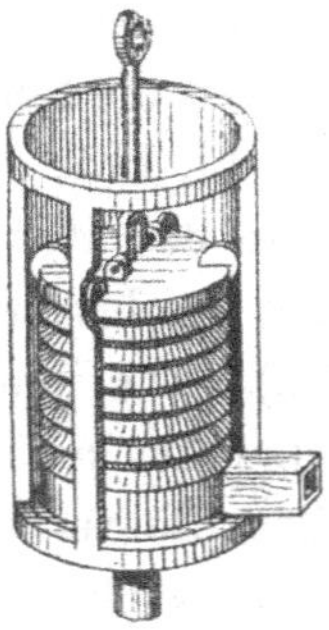

Fig. 270.

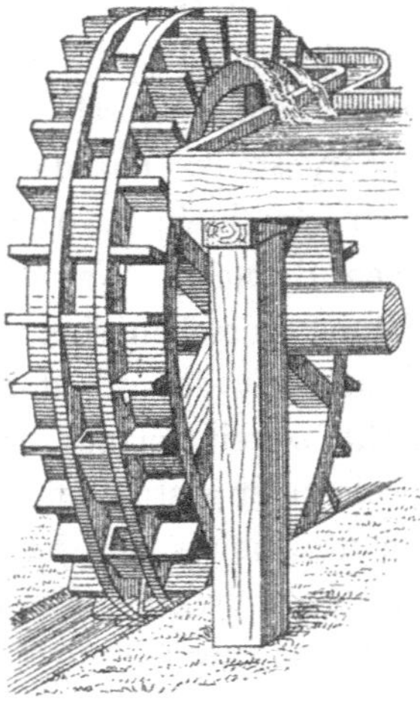

Fig. 271.

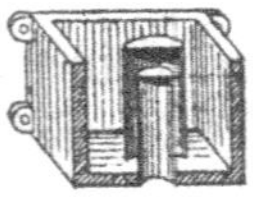

Fig. 272.

Umfang erstreckt, so dass er die Form einer excentrischen Kreisscheibe annimmt, während er bei RAMELLI mit mehreren Erhöhungen versehen ist, so dass sein Umfang mehrfach gewellt erscheint.

Es ist jedoch hervorzuheben, dass RAMELLI die rotirenden Pumpen niemals Wasser ansaugen lässt. Ein Saugvermögen war bei der mangelhaften Ausführung derselben in damaliger Zeit entweder nicht vorhanden oder unserem Autor unbekannt. Er stellt diese Pumpen immer so weit unter Wasser, dass dieses von selbst in die Pumpe fliesst und spricht nur von der fortschiebenden Wirkung derselben.

L e d e r b a l g p u m p e n dagegen, wie wir sie dem Blatte 66 entnommen und in Fig. 270 dargestellt haben, werden von RAMELLI immer nur als reine Saugpumpen angeordnet. Auf Blatt 65 ist ein grösseres Pumpwerk mit zwei solcher Pumpen, die durch ein horizontales Wasserrad betrieben werden, dargestellt. Solche Balgpumpen finden sich schon unter den nachfolgend von uns abgehandelten Skizzen aus der Zeit der Hussitenkriege, sowie auch unter den vorstehend abgehandelten Skizzen von LEONARDO DA VINCI dargestellt.

Von anderen Wasserfördermaschinen findet man bei RAMELLI zunächst das Schöpfrad und die Archimedische Schraube, wie sie VITRUV beschreibt. Meist werden mehrere Exemplare der einen oder der anderen Art so übereinander angeordnet, dass sie das Wasser einander zubringen, um eine grössere Förderhöhe zu erzielen. Auf Blatt 57 findet sich eine Anordnung, welche von der von CARDANUS beschriebenen „Augsburger Maschine“ (Fig. 200, S. 180) nur dadurch abweicht, dass die Schnecken die von VITRUV angegebene Konstruktion haben und nicht aus spiralförmigen gebogenen Rohren hergestellt sind.

Die Konstruktion der Schöpfräder RAMELLI's ist die in Fig. 271 wiedergegebene. Oft findet man sie auf verstellbare Hölzer gelagert, welche zwischen zwei Pfosten geführt sind und durch zwei Schrauben dem jeweiligen Wasserstande entsprechend gehoben oder gesenkt werden können (Pansterräder).

Auf Blatt 98 ist ein durch ein unterschlächtiges Wasserrad betriebenes Becherwerk (Eimerkunst) dargestellt, um das Wasser aus dem Flusse zu schöpfen, auf Blatt 87 aber ein durch ein Tretrad betriebenes Becherwerk zum Fördern des Wassers aus einem Brunnen. Neu daran erscheint, dass die Eimer mit einer Ventilationsvorrichtung versehen sind, durch welche die Luft entweichen kann, wenn die Eimer mit der Mündung zu unterst in das Wasser getaucht werden. Diese besteht, soweit sich aus der Abbildung und Beschreibung erkennen lässt, aus zwei übereinander gestülpten Röhren (Fig. 272). Die innere Röhre geht durch den Boden des Eimers und ist oben durch einen Deckel mit einem kleinen Loche theilweise geschlossen. Die darüber gestülpte Röhre lässt am Boden des Eimers einen Durchgang für die Luft offen und muss oben geschlossen sein. Die Luft dringt zunächst in den Zwischenraum zwischen beiden Röhren und entweicht durch das Loch im Deckel der inneren Röhre. Wäre diese oben ganz offen und der Zwischenraum genügend weit, so würde diese Vorrichtung als sogenannter „gedoppelter Heber“ wirken und während des Aufsteigens des gefüllten Eimers Wasser aus demselben ziehen. Ist aber der Zugang zu dem inneren Rohre so eng, dass das Wasser dieses nicht ausfüllen kann, so hört diese nachtheilige Wirkung auf.

Ein Paternosterwerk, durch ein Windrad betrieben, findet sich auf Blatt 73. Dasselbe stimmt in seiner Konstruktion mit dem von AGRICOLA beschriebenen überein (vergl. Fig. 156, S. 138).

Ziehbrunnen sind auf den Blättern 75 bis 92 in 17 verschiedenen Konstruktionen abgebildet. Als weiterer Beweis dafür, dass die Umkehrung der Mechanismen den Kinematikern des 16. Jahrhunderts geläufig war, erwähnen wir davon besonders diejenigen, bei welchen umgekehrte Potenzflaschenzüge oder Rollenzüge angewendet werden, um einen kleinen Eimer voll Wasser rasch zu heben.

Ganz eigenthümliche Wasserhebmaschinen sind die aus schwingenden Rinnen zusammengesetzten Apparate RAMELLI's. Die einfache schwingende Rinne, wie sie auf Blatt 112 angewendet wird, um Wasser in einem durch Spundwände abgegrenzten Theile eines Flusses auszuschöpfen, ist in unserer Fig. 273 abgebildet, die wohl keiner weiteren Erklärung bedarf. Blatt 95 zeigt, wie durch eine fortlaufende Reihe solcher Rinnen, die alle gleichzeitig in verschiedenen Richtungen durch ein Wasserrad bewegt werden, Wasser einen Berg hinan gefördert werden kann (vergl. nachstehende Abhandlung über JUANELO TURIANO), und Blatt 96 zeigt, wie durch eine Anzahl senkrecht übereinander angeordneter, schwingender Rinnen, bei ähnlicher, gleichzeitiger Bewegung Wasser in einer Zickzacklinie nach einem Punkte befördert werden kann, der in beliebiger Höhe senkrecht über dem Ausgangspunkte liegt.

Auf den Blättern 113 bis 133 sind 21 verschiedene Anordnungen von Getreidemühlen abgebildet, welche durch die verschiedenen, bereits ge-

Fig. 273.

nannten Motoren bewegt werden sollen. Wir begegnen hier zum ersten Male dem Schuh mit Rüttelwerk über dem Läufersteine, während wir denselben als Bestandtheil einer Beutelmaschine schon bei CARDANUS beschrieben fanden (vergl. S. 182). Der Schuh ist bei RAMELLI mit Schnüren an den Trichter gehängt. Das Rüttelwellchen ist horizontal über dem Läufersteine in dem Trichterstuhle gelagert und ist nach unten mit einem Daumen versehen, an welchen ein anderer in den Läuferstein eingelassener Daumen bei jeder Umdrehung einmal anstösst und das Rüttelwellchen in pendelnde Bewegung versetzt. Diese wird entweder durch einen zweiten Daumen an dem Rüttelwellchen, wie aus Fig. 226 ersichtlich, oder durch Schnüre auf den Schuh übertragen. Bei dieser Einrichtung musste die Zarge oben offen sein, wie bei den Mühlen, welche AGRICOLA beschreibt, während wir bei BESSON schon oben geschlossene Zargen, aber noch keinen Schuh mit Rüttelwerk fanden.

Die Aufhelfe besteht bei RAMELLI entweder in einem Keil, welcher unter das eine Ende des andererseits um einen Scharnierbolzen drehbaren Spurpfannenträgers geschlagen wird, oder in einem doppelarmigen Hebel, welcher das bewegliche Ende des Spurpfannenträgers aufwärts zieht, indem sein anderer Arm durch Gegengewichte belastet wird. Letztere Anordnung dürfte schwerlich in der Praxis angewendet worden sein, da es sich bei einer Aufhelfe darum handelt, den Läufer in eine bestimmte Entfernung vom Bodenstein zu stellen, nicht aber darum, sein Gewicht ganz oder theilweise abzubalanciren.

Auf Blatt 119 hat Ramelli auch einen Mahlgang mit Beutelkasten und Stellvorrichtung für den Schuh zur Regulirung des Einlaufes abgebildet. Leider ist aber diese Abbildung in sehr kleinem Massstabe ausgeführt und stellenweise unklar. Dass solche Beutelkasten schon zu Anfang des 16. Jahrhunderts in Deutschland gebräuchlich wurden, haben wir bereits in unserer Abhandlung über Cardanus S. 181 erwähnt.

Was die Frage anbelangt, wie schnell Ramelli die Läufersteine von Getreidemühlen umlaufen liess, so lässt sich darüber zwar nichts Bestimmtes sagen, da Ramelli in seinen Beschreibungen keinerlei Zahlen- und Massangaben macht, aber schätzungsweise lässt sich sagen, dass die Umdrehungszahl der Läufersteine kaum 30 in der Minute überstiegen haben dürfte. Eine auf Blatt 120 dargestellte Rossmühle hat siebenfache Räderübersetzung. Die Umdrehungszahl des Göpels darf etwa auf vier in der Minute geschätzt werden und dann ergeben sich für den Läuferstein 28 Touren. Bei einer Mühle für Handbetrieb wird erst fünffach ins Langsame und dann wieder dreifach ins Schnelle übersetzt. Für die Handkurbel wird man höchstens 45 Touren in der Minute annehmen dürfen und erhält dann für den Läuferstein 27 Touren in der Minute. Auf Blatt 116 ist ein Mahlgang mit oberschlächtigem, auf Blatt 118 ein solcher mit unterschlächtigem Wasserrade abgebildet. Beide haben 3½fache Räderübersetzung. Wenn man annimmt, dass die Mühlsteine etwa 1 m Durchmesser gehabt hätten, so ergiebt sich aus der Zeichnung für die Wasserräder etwa ein Durchmesser von 3½ m. Die Umfangsgeschwindigkeit derselben wird man etwa zu 1,5 m annehmen dürfen und erhält dann etwa 8 Umdrehungen in der Minute für das Wasserrad und wiederum etwa 28 Touren für den Läuferstein (vergl. hiermit die Angaben von Zonca). Diese geringe Umdrehungszahl wird weniger auffallend erscheinen, wenn man in Betracht zieht, dass Belidor (1737) in seiner „Architectura hydraulica“ dieselbe für einen Mahlgang für Pferdebetrieb zu 42 (§ 685), für eine Mühle mit Wasserrad zu 60 (§ 662) angiebt. Berücksichtigt man ferner, dass diese Umdrehungszahl seitdem auf das Zwei- bis Dreifache gestiegen ist, so wird es wahrscheinlich, dass dieselbe überhaupt mit der Zeit immer mehr zugenommen hat und damit wird auch wahrscheinlich, was wir über die ersten, in der Abhandlung von Vitruv (S. 49) beschriebenen Wassermühlen gesagt haben, dass man nämlich nicht zu glauben brauche, es sei ein Schreibfehler, wenn in der handschriftlichen Kopie von Vitruv's Werk zu lesen ist, in das Zahnrad auf der Wasserradwelle habe ein grösseres auf der Mühlspindel sitzendes gegriffen. Denn es ist anzunehmen, dass die Läufersteine dieser ersten Wassermühlen nicht viel schneller gingen, als die der Hand- und Eselsmühlen, welche bei ihrer Konstruktion als Muster dienten und bei welchen der Stein nicht schneller als die Hand oder der Esel im Kreise herumging.

Ramelli hat übrigens nicht nur Steinmühlen zum Zermahlen von Getreide gekannt, sondern auf seinem Blatte 129 ist auch eine eiserne Walzenmühle für Handbetrieb abgebildet, welche in unserer Fig. 274 im Längenschnitte dargestellt ist. Das Getreide wird hier zwischen einer geriffelten, nach einer Seite hin etwas verjüngten Stahlwalze und einem umschliessenden, ebenfalls geriffelten Hohlkegel aus dem gleichen Material zerrieben. Durch Stellschrauben kann das hintere Zapfenlager verschoben und die Mühle dadurch enger oder weiter gestellt werden.

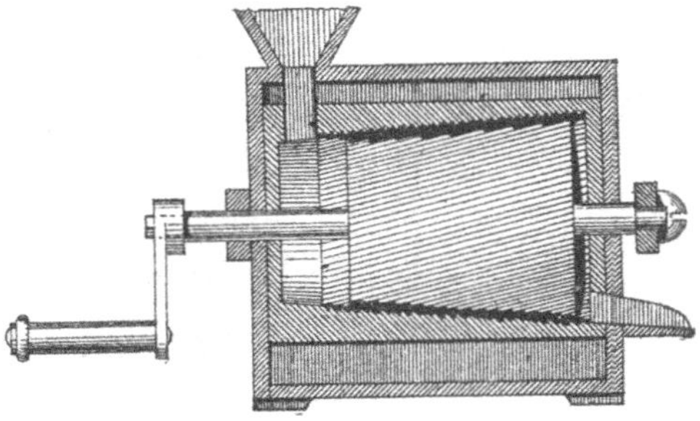
Fig. 274.

Bevor wir die Getreidemühlen verlassen, wollen wir noch erwähnen, dass auf Blatt 116 ein Mahlgang mit oberschlächtigem Wasserrade abgebildet ist, welches gleichzeitig eine Pumpe betreibt. Dieses fördert einen Theil des Unterwassers wieder in den Obergraben, um, wie es in der Beschreibung heisst, dem Wasserrade behülflich zu sein. Da dieser verfehlte Gedanke bei Schriftstellern des folgenden Jahrhunderts und hier und da wohl auch in unklaren Köpfen unserer Zeit immer wieder auftaucht und oft zu dem Glauben an die Erfindung des Perpetuum mobile geführt hat, ist es nicht ganz ohne Interesse, zu wissen, dass er sich schon bei Ramelli findet und bei Späteren nicht einmal mehr als neu gelten kann.

Vielfach hat man auch ein Rad dadurch in immerwährende Bewegung setzen zu können geglaubt, dass man darin Gewichte anbrachte, welche sich auf der einen Seite von der Vertikalebene durch die Drehungsaxe durch Fortrollen oder Umschlagen eines Hebels, an dem sie befestigt waren, weiter entfernten und sich auf der anderen Seite der Mittelebene wieder näherten. Auch diese verfehlten Ideen liegen schon bei Ramelli der Konstruktion eines Schöpfrades auf Blatt 43 zu Grunde; doch bemerkt er in der Beschreibung dazu:

„Ihr müsst aber wissen, dass das Innere dieses Rades einem hohen Herrn zu Gefallen so gemacht wurde, welcher mich darum bat, weil er dachte, da der Lauf des Flusses zu langsam war, dies müsste dem Rade helfen. Nun mag sich Jeder desselben bedienen, je nachdem er glaubt, dass es dem Zwecke entspreche.“

Auf den Blättern 134 und 135 sind zwei Arten von Steinsägen abgebildet, deren Bewegungsmechanismen in den Fig. 275 und 276 wiedergegeben sind. Dass Steinsägen mit Wasserradbetrieb schon im vierten Jahrhundert in Deutschland an dem Flusse Roer (Regierungsbezirk Aachen) vielfach im Betriebe waren, geht aus einer Stelle des Ausonius hervor, welcher 378 n. Chr. Präfekt von Gallien wurde. In seinem Gedichte „Mosella“ sagt dieser von dem Flusse Erebrus (Roer):

„Da er mit schnell gedrehten Steinen Getreide zerreisst und knirschende Sägen durch glatten Marmor zieht, hört das Ufer den immerwährenden Lärm von beiden.“

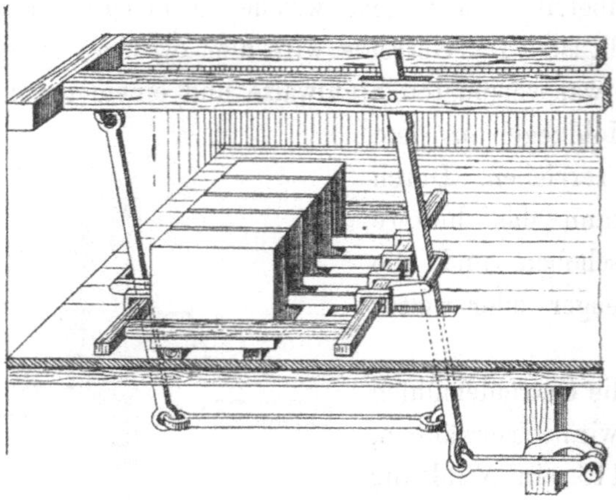

Fig. 275.

Auf Blatt 136 ist eine Holz-Sägemühle abgebildet, wie aus Fig. 277 ersichtlich. Dieselbe unterscheidet sich wenig von den älteren, einfachen Schneidemühlen unserer Zeit, doch erfolgt der Vorschub des Blockwagens noch durch ein Seil, welches sich ebenso, wie die Kette bei Besson's Handsägemühle

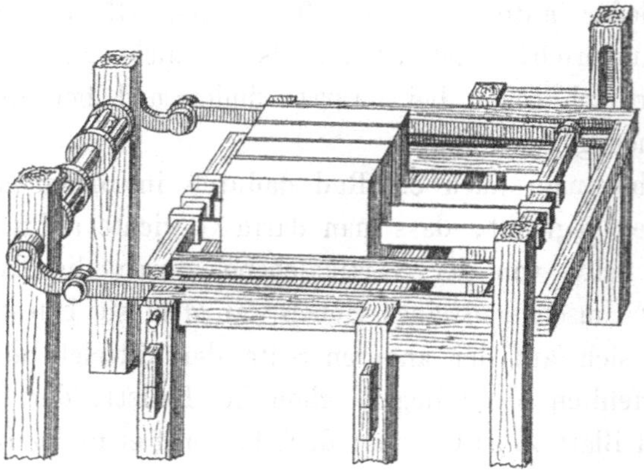

Fig. 276.

(Fig. 211, S. 192), um eine Walze schlingt und mit Haken an seinen Enden je ein Ende des Blockwagens erfasst. Die Walze erhält ihre Bewegung durch das aus Fig. 277 ersichtliche Schaltwerk.

Blatt 137 zeigt eine Schmiede, in der vier Blasebälge durch ein Wasserrad vermittelst einer Hebeltransmission (eines Kunstgestänges) betrieben werden. Diese hat Aehnlichkeit mit der von Biringuccio angegebenen (vergl. Fig. 134, S. 120).

Blatt 138 zeigt einen Aufzug mit direktem Pferdebetrieb zur Förderung von Erde aus einem Festungsgraben, Blatt 139 ein Becherwerk zu dem gleichen Zwecke, wie wir es schon bei Besson gefunden haben.

Auf den Blättern 140 bis 153 sind verschiedene fahrbare Brücken und Pontons zum Ueberschreiten trockener und nasser Festungsgräben dargestellt.

Auf den Blättern 154 bis 167 sind verschiedene kompendiöse, leicht transportable Winden und Brechwerkzeuge abgebildet, um Riegel und Angeln von Festungsthoren und Gitterstäbe zu zerbrechen oder auch gleichzeitig die Thore auszuheben.

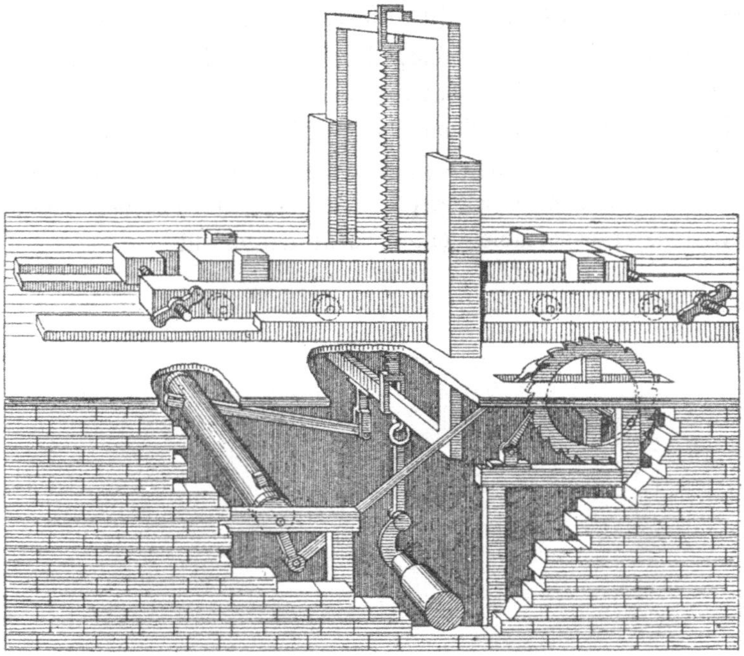

Fig. 277.

Die Blätter 168 bis 183 zeigen verschiedene Winden und Drehkrahnen für Bauzwecke, sowie zum Ent- und Beladen von Schiffen u. s. w., die für uns wenig Interessantes mehr bieten, nachdem wir die von unserem Autor angewendeten Mechanismen bereits kennen gelernt haben. Diese sind hier auf die mannigfaltigste Weise kombinirt, wobei Ramelli mit seinen Uebersetzungen oft bis ins Ungeheuerliche geht. Schon Leupold (1724) hat darauf hingewiesen, dass weder die Maschinengestelle, noch die übrigen Konstruktionstheile für die Kräfte genügen könnten, welche bei solchen Uebersetzungen auftreten müssten, und dass die Arbeiter bei vielen dieser Maschinen ihr Leben lang an der Kurbel drehen müssten, um die angehängte Last eine nennenswerthe Strecke weit fortzubewegen.

Auf den Blättern 184 bis 187 finden sich einige künstlerisch ausgestattete pneumatische Spielwerke nach der Art HERON's des Aelteren.

Blatt 188 zeigt eine grosse Trommel, die sich um eine feststehende horizontale Axe dreht. Am Umfange der Trommel gleichmässig vertheilt, ist eine grössere Anzahl von Lesepulten angebracht, welche stets die gleiche Neigung gegen den Horizont behalten, während ein vor der Trommel sitzender Leser diese dreht, um verschiedene auf die Pulte gestellte Bücher nacheinander zu Gesicht zu bekommen. Zu diesem Zwecke ist jedes Lesepult auf einer in den Böden der Trommel gelagerten horizontalen Axe befestigt, auf welche aussen ein Stirnrad aufgekeilt ist, das mit einem ebenso grossen, auf der festen Hauptaxe befestigten Stirnrade durch ein Zwischenrad verbunden ist.

Blatt 189 zeigt, wie mit Hilfe eines transportablen Bockgestelles, an welchem Flaschenzüge befestigt sind, durch wenige Pferde ein schweres Geschütz einen steilen Berg hinan gezogen werden kann.

Die Blätter 190 bis 193 zeigen Wurf- und Schleudermaschinen für Kriegszwecke, Blatt 194 eine Vorrichtung, um mit einer Kanone auch bei Nacht nach einem bestimmten Ziele schiessen zu können, und auf dem letzten Blatte ist nochmals eine transportable Pontonbrücke dargestellt.

# Buonaiuto Lorini (geb. um 1545).

Buonaiuto Lorini, ein Edelmann aus Florenz, wie aus dem Titelblatte seines im Jahre 1597 zu Venedig erschienenen Werkes „Delle Fortificationi“ hervorgeht, erweist sich in diesem durchaus als ein praktischer Ingenieur. In der Widmung an den Fürsten und die Signoria von Venedig sagt er:

„Sowie ein Jeder durch seine Neigungen bewogen wird, sich vorzugsweise einer Sache zu befleissigen, entstand in mir während meiner Jugendzeit der Wunsch, mich dem Studium der Mathematik und derjenigen Arbeiten zu widmen, welche dem Kriegsingenieur obliegen, und gab mir den Muth, durch Fleiss und Mühe danach zu streben, christlichen Fürsten dienen und Hilfe leisten zu können. Durch diese natürliche Neigung wurde ich bewogen, Flandern und andere Länder zu besuchen, um die verschiedenen Wirkungen des Krieges kennen zu lernen. Alsdann stieg nach mancherlei Erfolgen der Wunsch in mir auf, in Euerer Durchlaucht und dieses hohen Senates Dienste zu treten . . . ., weil Ew. Durchlaucht den Staat gegen den mächtigsten und allgemeinen Feind der Christenheit vertheidigt und deshalb überall die stärksten Festungswerke errichten liess, auch auf dem Festlande viele edle Städte besitzt, welche durch Befestigungen, die Ew. Durchlaucht hat anlegen lassen, nun fast alle wohl vertheidigt sind . . . . . Bei diesen Arbeiten habe ich Ew. Durchlaucht sechzehn Jahre lang gedient und schulde für Aufträge und Gunstbezeugungen, die mir zu Theil geworden sind, unbegrenzten Dank. Vornehmlich war ich während dieser Zeit bei der Befestigung von Zara und dem Castell von Brescia thätig, wo man aus den verrichteten Arbeiten ersehen kann, wie ich diente, und dass ich kein anderes Ziel dabei im Auge hatte, als die gewissenhafte Erfüllung meiner Pflicht. . . . .“

In der Vorrede an den Leser sagt er:

„. . . . Ueber diesen Gegenstand zu schreiben, habe ich mich in der Hoffnung entschlossen, die Gründe und Erklärungen, welche zum Verständniss der leichtesten und sichersten Befestigungsart beitragen können, mit der nöthigen Klarheit vortragen zu können, und ich beabsichtige, dies mit allen Regeln und Winken zu thun, welche ich aus einer dreissigjährigen, in verschiedenen Ländern Italiens und in Flandern erworbenen Praxis ableiten kann, wo ich mich bei denjenigen Fürsten und Herren aufhielt, welche sich der Kriegskunst am meisten widmeten. Ein besonders glücklicher Anfang war es, als ich im Alter von zweiundzwanzig Jahren durch die Gnade des Cosimo dei Medici, Grossherzogs von Toscana ruhmreichen Andenkens begünstigt, in diesen Beruf eingeführt wurde, welcher Fürst, wie allbekannt, in allen königlichen und kriegerischen Tugenden mustergiltig ist. Dadurch wurde ich noch über meine natürliche Neigung hinaus angetrieben, jede Gelegenheit zur Erwerbung derjenigen Kenntnisse aufzusuchen, welche mein Stand erfordert, insbesondere aber auch durch den sechzehnjährigen Dienst unter der hohen Signoria von Venedig, der Herrin so vieler Grenzfestungen gegen den mächtigsten Feind, während dessen ich stets Befestigungen auszuführen hatte und bei allen Gelegenheiten in Betreff von Festungswerken zu Rathe gezogen wurde . . . . ."

Mehr, als aus diesen Stellen hervorgeht, ist über LORINI's Leben nicht bekannt. Da er um die Zeit, als er schrieb, eine dreissigjährige Praxis hinter sich hatte, welche in seinem zweiundzwanzigsten Lebensjahre unter COSIMO DEI MEDICI begann, und da sein Werk 1597 erschien, so dürfte etwa das Jahr 1545 als sein Geburtsjahr anzusehen sein.

Aus diesem Werke ist zunächst das achte Kapitel des zweiten Buches, welches von Hinterladungsgeschützen handelt, für uns von Interesse. LORINI sagt:

„Geschütze, welche von hinten geladen werden, sind auf Galeeren und Kriegsschiffen zur Bequemlichkeit der Kanoniere sehr gebräuchlich, damit diese beim Laden eine gedeckte Stellung haben und schneller schiessen können: bei der üblichen Beschaffenheit aber werden sie durch das Entweichen von Pulvergas durch das Bodenstück in ihrer Wirkung geschwächt und leisten nicht, was sie leisten sollten. Da man indess die Ursache kennt, so behaupte ich, dass man so nachdrücklich abhelfen könnte, dass sie nicht nur für die genannten Kriegsschiffe tauglich, sondern auch zur Vertheidigung von Festungen sehr geeignet sein würden. Jene Fehler entspringen nur aus ungenügender Festigkeit des Bodenstückes und schlechtem Einpassen des Verschlussstückes in die Geschützkammer . . . . Demzufolge vermindert sich die Kraft des Schusses im Verhältniss zur Gasentweichung. Wäre diese beseitigt, so würde der Schuss ebenso kräftig sein, wie bei Vorderladern. Sollte dies aber auch bezüglich eines minimalen Theiles nicht gelingen, so würde doch der Vortheil, welcher aus der Sicherheit der Bedienungsmannschaft beim Laden und aus dem schnelleren Schiessen entspringt, so gross sein, dass man einige Unvollkommenheiten dafür hinnehmen könnte. Um diese Abhilfe zu treffen, giesse man das Geschützrohr mit der Seele so, dass diese sowohl durch das Bodenstück, als auch durch das Vorderstück geht, wie man aus der Abbildung (Fig. 278) ersieht. Durch die Mitte des Vorderstückes geht die Kugel, welche bei dieser Art von Geschützen acht Pfund Gewicht nicht übersteigen sollte, am nützlichsten aber sind solche von sechs und von drei Pfund . . . . ."

Es folgt die Beschreibung des Verschlussstückes mit genauer Angabe der Massverhältnisse, wie solche der Hauptsache nach aus unserer Zeichnung ersichtlich sind. Der Kugeldurchmesser bildet dabei die Bezugeinheit. Dann wird weiter gesagt:

„Die Kammer und das Keilloch werden mit dem Bohrer, der Keil auf der Drehbank bearbeitet . . . . . Letzterer muss so lang sein, dass er auf jeder Seite des Bodenstückes etwa um die Länge eines Kugeldurchmessers vorsteht. Um das Geschütz zu laden, sind drei Dinge nöthig: ein Hammer von Eichenholz, ein Wischer, welcher genügt, um die Hälfte des Rohres, wie gebräuchlich, auszuwischen, und die Pulversäcke oder Kartuschen mit dem Pulver und der Kugel als Ladung darin. Diese werden so in die Höhlung der Bodenstückes gesteckt, dass ihr Ende in die Pulverkammer hineinreicht, und wenn man dann das Verschlussstück einschiebt, drückt es die Kartusche so weit, wie nöthig, vor . . . . ."

In Kap. IX werden zwei andere Verschlüsse für Hinterladungsgeschütze in folgender Weise beschrieben:

„Geschütze nur mit einem Keil zu verschliessen, ist sehr bequem, aber keine so sichere Verschlussart, wie die soeben beschriebene; doch leistet sie bei kleinen

Stücken von drei Pfund Kugelgewicht genügende Dienste. Der Keil kann von Eisen, von rechteckiger, nach einer Seite hin etwas verjüngter Form gemacht werden. Er muss ebenso wie das Keilloch, in welchem er quer durch das Bodenstück geschoben wird, auf das Genaueste bearbeitet sein. In der Mitte der schmäleren Seite macht man ihn so dick, wie die Kugel, und giebt der anderen Seite $1^1/_2$ Kugeldurchmesser. Diesse grössere Breite kommt aufrecht zu stehen, so dass sie nach jeder Seite hin um ein Viertel Kugeldurchmesser über die Weite der Pulverkammer vorspringt und die Pulvergase besser zurückgehalten werden (siehe Fig. 279). Die Länge des Keiles muss so gross sein, dass man ihn bequem herausnehmen und einsetzen kann, indem man ihn mit einem Hammer von Blei oder Eichenholz in seine richtige Stellung im Bodenstücke bringt . . . . . Man kann sich auch bei dem vierseitigen Keile eines Propfens (*A*) (Fig. 279) bedienen, ähnlich denen, womit man Flaschen verschliesst. Sein vorderer Theil tritt auf die Länge von ein Drittel Kugeldurchmesser in die Pulverkammer herein, und sein breiterer Theil, welcher nach jeder Seite hin um ein Viertel Kugeldurchmesser vorspringt, also im Ganzen $1^1/_2$ Kugeldurchmesser hat, muss sich nach innen an das Metall gut anschliessen. Alsdann kann man mit dieser Art von Geschützen mit Sicherheit und grossem Vortheil operiren . . . .

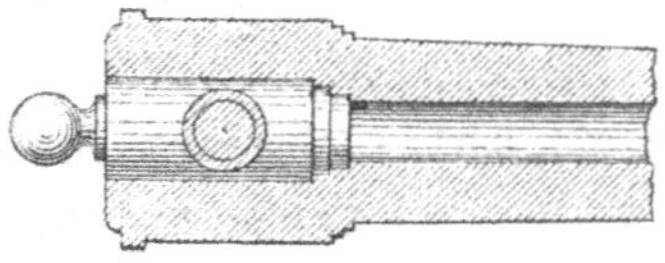

Fig. 278.

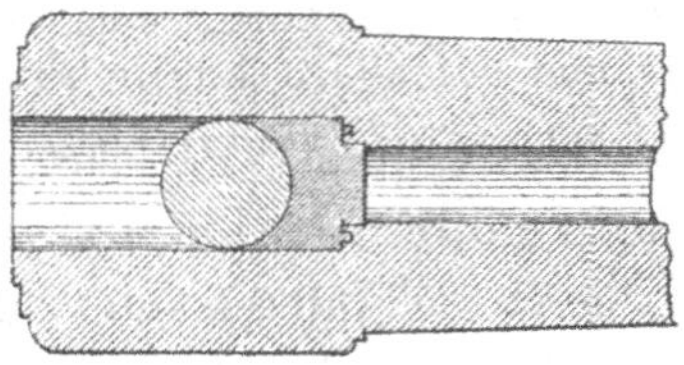

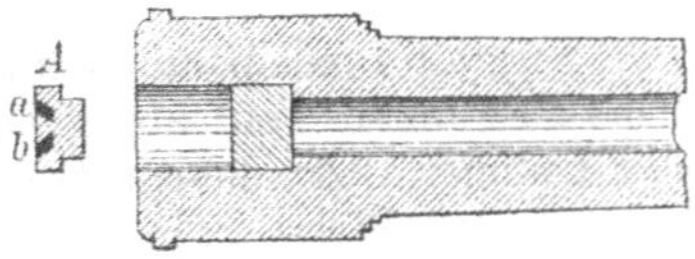


Fig. 279.

Fig. 280.

Wenn wir aber ein besonders vollkommenes Hinterladungsgeschütz herstellen und sicher sein wollen, dass kein Gas entweicht, so müssen wir die Theile, durch welche man sich die Kraft des Schusses sichert, mit Hilfe von Bohrern und der Drehbank in der Weise bearbeiten, dass sie so vollkommen aneinander schliessen, als ob sie ein Stück wären, und dies kann man am besten erreichen, wenn man den Keil rund und ein wenig konisch, das Verschlussstück aber, der mittleren Dicke des Keiles entsprechend, halbmondförmig macht und das Kopfende mit Vorsprüngen versieht, wie aus Fig. 280 zu ersehen ist . . . . ."

Es folgt nun wiederum eine genaue Beschreibung mit Angabe der Massverhältnisse, wie solche im wesentlichen aus unserer Abbildung ersichtlich sind. Dann fährt Lorini fort:

„Man muss jedoch darauf achten, dass die Weite der Bohrung nach aussen ein wenig grösser wird, als innen, damit das Verschlussstück herausgenommen werden kann, indem man mit zwei oder mehr Fingern in die Löcher (*a b*) greift, nachdem man den Keil herausgeschlagen und den Arm in die Höhlung des Bodenstückes gesteckt hat. Wenn aber das Geschütz warm geworden ist, kann man dies nicht einfach mit der Hand thun, sondern bedient sich am besten eines eisernen Schlüssels, welcher am Ende mit etwas Schraubengewinde, das aus einem einzigen Gange besteht, versehen ist und der einen Zoll tief mitten in das Verschlussstück hineinreicht. Auf diese Weise kann man es leicht herausnehmen und einsetzen, indem man den Griff des Schlüssels so lang macht, wie die Bohrung des Bodenstückes. Auch kann man vermittelst eines solchen Schlüssels sehr kleine Geschütze laden, während dies ohne einen solchen nicht möglich ist, weil man den Arm hineinstecken müsste . . . . ."

Es folgt nun eine Beschreibung des Formens und der Bearbeitung dieser Geschütze und Verschlusstheile, es werden die Manipulationen beim Laden geschildert und dann wird gesagt:

„Da aber der Keil schwer zu handhaben ist, namentlich bei Geschützen von grossem Kaliber, so muss man dafür sorgen, dass man ihn nicht in die Höhe zu heben, sondern nur vor- und zurückzuschieben hat, weshalb man ihn niemals ganz aus der Geschützwandung herausziehen darf und auf zwei eisernen oder hölzernen Lagern ruhen lassen muss, welche an der Wand der Lafette befestigt sind. Diese sind mit Rollen versehen, damit man den Keil um so leichter einschieben und heraustreiben kann, indem man mit dem Hammer gegen das dünnere Ende schlägt. Und damit er nicht niederfallen und aus seiner Stellung kommen kann, muss man ihn mit einer an seinem Ende befestigten Kette halten, deren anderes Ende unten an der Wand der Lafette befestigt ist. Diese Kette hat eine solche Länge, dass der stets mit Talg geschmiert erhaltene Keil nur um die angegebene Länge heraustreten kann und auf seinen Lagern ruht . . . . ."

Lib. X, Kap. VIII lehrt: „Wie man Mauern unter Wasser fundamentirt oder einen Hafendamm auf dem Meeresgrunde erbaut" und bietet viel Interessantes, doch glauben wir uns hier auf Wiedergabe derjenigen Stelle beschränken zu müssen, welche von der Anwendung der Taucherglocke handelt. Diese lautet:

„. . . . . Da man solche Bauwerke mit besonderer Sorgfalt fundamentiren muss, so ist zunächst darauf zu achten, dass die Quadersteine sich unten wohl abgeglichen aneinander setzen und so viel wie möglich in Verband kommen. Zu diesem Zwecke schickt man einen Mann hinab, der sie in der angegebenen Weise ordnet. Man macht nämlich aus sehr starkem Holze eine mit eisernen Reifen beschlagene Bütte, oder einen Bottich, welcher mit dem Boden nach oben und mit der Mündung nach unten gerichtet und mit einem so grossen Gewichte beschwert wird, dass dieses ihn unter Wasser hält. Oben wird er an ein Seil gehängt, welches unten (d. h. zunächst über dem Bottich) um eine Rolle läuft. Mit seiner Mündung bleibt er etwa drei Fuss von einem Steine entfernt, auf welchem der Mann stehen und mit einem Eisenstäbchen jeden Quaderstein dirigiren kann, während er mit einem Theile seines Körpers und hauptsächlich mit dem Kopfe in dem genannten Bottiche steht, dessen innerer Raum voll Luft ist, wie wir es im fünfzehnten Kapitel des fünften Buches näher angeben werden."

In diesem Kapitel wird gesagt:

„Bei allen Arbeitsprocessen besteht die höchste Vervollkommnung darin, sie mit Leichtigkeit so ausführen zu können, dass sie die Vortheile bringen, welche dabei bezweckt werden. Die genannten Vorrichtungen, um sich unter Wasser aufhalten zu können, muss man, obgleich ihre Ausführung schwierig erscheinen könnte, daher sehr hoch schätzen, weil man durch Erfahrung weiss, welche Leichtigkeit und Sicherheit des Arbeitens durch sie herbeigeführt werden kann. Sie leisten sehr schätzbare Dienste, wenn es sich darum handelt, Geschütze oder andere Gegenstände, welche sich auf Schiffen oder anderen Fahrzeugen befanden, aus dem Meere zu fischen. Auch kann man mit ihrer Hilfe solche Fahrzeuge mit Tauen verbinden, um sie herauszuziehen. Ueberdies gewähren sie grossen Nutzen bei der Korallenfischerei.

Was die Herstellung dieser Apparate, und zwar zunächst die grösseren (Fig. 281) betrifft, so macht man einen länglich viereckigen Kasten aus besten Bohlen, im Lichten $1^1/_2$ Ellen breit, 2 Ellen*) hoch und lang. Derselbe muss so zusammengefügt und mit Eisen gebunden werden, dass auf keine Weise Wasser hineindringen, oder besser gesagt, dass auf keine Weise Luft entweichen kann, welche darin eingeschlossen wird, wenn man ihn mit nach unten gekehrter Mündung herablässt. Hierbei wird er durch ein Gewicht (*A*) herabgezogen, wovon wir annehmen, dass es aus einem genügend schweren Steine bestehe, welcher daran aufgehängt ist, oder besser gesagt, welcher den genannten Apparat durch die eisernen Bänder an allen Seiten herabzieht. Oben in der Mitte, wo die Bänder sich kreuzen, wird eine Flasche mit einer Rolle befestigt, in welche sich ein Seil einlegt, dessen eines Ende an der Seitenwand eines Schiffes befestigt ist, während man mit dem anderen den Apparat nach Bedürfniss auf den Grund des Wassers herablässt, oder ihn aufzieht. Die Höhe (*BK*) ist so zu wählen, dass ein Mann, welcher in dem Apparate ist, durch die Fensterchen (*JH*), in welche Gläser eingesetzt sind, herausschauen, und dass er herausgehen und wieder in das Innere, wo das Wasser die Höhe (*LK*) nicht übersteigt, zurückkehren kann.“

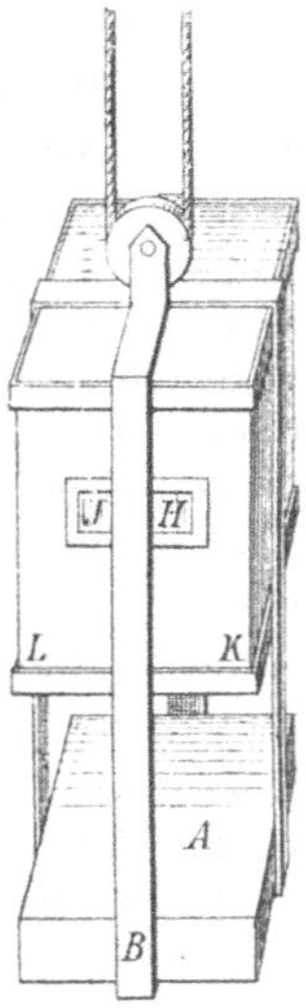

Fig. 281.

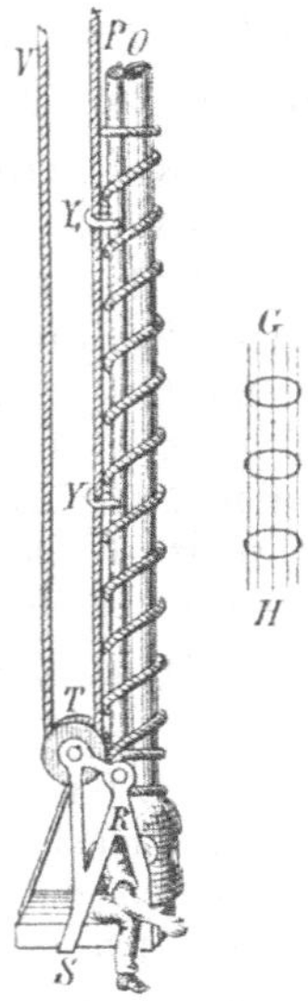

Fig. 282.

„Der zweite Apparat (Fig. 282) wird aus einem ledernen Schlauche (*OR*) hergestellt, welcher im Inneren mit eisernen Ringen und Längsstäben armirt ist, wie man aus (*HG*) ersieht. Dieser Schlauch muss so lang sein, wie das Wasser tief ist. Er wird durch ein umgewickeltes Seil an die Stange (*PR*) gebunden, an deren unterem Ende (*R*) der starke eiserne Bügel (*RS*) und das Gewicht (*S*) von Blei oder Stein befestigt sind. Darauf sitzt rittlings der Mann, mit einer Jacke aus Ziegenfell bekleidet, wie man es gebraucht, um Oelschläuche daraus zu machen. Diese Jacke muss mit Aermeln versehen sein, wie ein Panzerhemd, und muss an den Verbandstellen eng und wohl angepasst sein, so dass kein Wasser eindringen kann, wenn man den Kopf in den leeren Raum unter dem Schlauche steckt, in welchem Glasscheiben angebracht sind, die das Licht einfallen lassen. Und da er die Arme frei hat, kann er jede beliebige Arbeit verrichten. Auch kann er sich durch Sprechen mit denjenigen, welche sich oben bei der Mündung (*OP*) befinden, nach Belieben verständigen, während er durch das Seil (*PTV*), welches um die in der Oese (*ST*) gelagerte Rolle geschlungen ist, getragen wird. Dies ist längs der Stange bei ($YY_1$) geführt, und da das Ende (*P*) desselben an einer Segelstange der Barke gebunden ist, kann man mit dem anderen (*V*) den Mann mit dem Apparate nach Bedürfniss herablassen und aufziehen.“

Hier sei bemerkt, dass sich schon in des Aristoteles problem XXXII, § 5, eine, wenn auch unklare und schwer zu übersetzende Stelle findet, aus der hervorgeht, dass kleine Taucherglocken (Kessel) den Griechen schon im vierten Jahrhundert vor Christi Geburt bekannt waren. Nachdem Aristoteles die Frage behandelt hat, warum die Taucher, um sich das Athmen zu erleichtern, Nase und Ohren aufritzen, sagt er:

*) Eine florentiner Elle war gleich 58 cm.

„Aehnlich scheint es bei den Tauchern zu sein, welche sich das Athmen ermöglichen, indem sie einen Kessel herablassen. Denn dieser füllt sich nicht mit Wasser, sondern hält die Luft zurück. Mit Kraftanstrengung geschieht nämlich das senkrechte Herablassen (des Kessels), denn wenn die gerade Richtung nur ein wenig verschoben wird, fliesst es (nämlich das Wasser) ein."

Nächst dieser ist die älteste Nachricht vom Gebrauche der Taucherglocke in Europa die in: „J. Taisnierii opusculo perpetua memoria dignissimo etc.", Coloniae 1562, pag. 40 und 44, enthaltene. Dieser Johann Taisnier, aus dem Hennegau gebürtig, war, als er schrieb, Doktor der Rechte, poëta laureatus und Dirigent der Musikkapelle des Erzbischofs von Köln und soll vordem Pagen-Informator und Kapellan bei Kaiser Karl V gewesen sein. Die betreffende Stelle auf Seite 40 seines Werkchens lautet in der Uebersetzung:

„Wenn man unwissenden Leuten sagen würde, es könne Jemand mitten in den Wellen und Fluthen mit trockenen Kleidern und ohne den geringsten Theil seines Körpers zu benetzen, auf den Grund des Rheines hinabsteigen und auch ein brennendes Feuer vom Grunde des Wassers heraufbringen, so würde ihnen dies lächerlich und ganz unmöglich erscheinen. Nichtsdestoweniger habe ich solches im Jahre 1538 in der spanischen Stadt Toledo in dem Flusse Tajo .... in Gegenwart des Kaisers Karl V seligen Andenkens und von etwa zehntausend Menschen bei einer Probe gesehen ....."

Dann wird auf Seite 44 gesagt:

„Nun komme ich zu dem vorhin erwähnten Experiment, welches zu Toledo von zwei Griechen gezeigt wurde. Diese nahmen einen Kessel von grosser Weite, und nachdem sie ihn mit der Mündung nach unten an Seilen aufgehangen hatten, befestigten sie mitten in dem hohlen Kessel einen Balken mit Brettern, auf welche sie sich mit dem Feuer begaben. Durch ringsum angebrachte Bleistücke von gleicher Schwere brachten sie den Rand des Kessels ins Gleichgewicht, damit nicht, wenn dieser in das Wasser herabgelassen werde, irgend ein Theil des Kesselrandes das Wasser eher berühre, weil es dann leicht geschehen könne, dass das Wasser über die in dem Kessel eingeschlossene Luft die Oberhand gewänne. .... Wenn aber der so vorbereitete Kessel entsprechend langsam in das Wasser herabgelassen wird, verschafft sich die in dem Kessel eingeschlossene Luft, da das Wasser Widerstand leistet, gewaltsam Platz (d. h. die eingeschlossene Luft verdrängt das Wasser). Auf diese Weise bleiben die eingeschlossenen Menschen hier inmitten des Wassers vollständig trocken, bis mit der Zeit die eingeschlossene Luft durch wiederholtes Einathmen verdorben wird ..... Wenn aber der Kessel zu richtiger Zeit langsam herausgezogen wird, bleiben die Menschen trocken und das Feuer unbeschädigt..."

Bezüglich des zweiten von Lorini beschriebenen Taucherapparates ist darauf hinzuweisen, dass lederne Taucheranzüge und Taucherhelme mit einem Luftzuführungsschlauche, dessen oberes Ende durch einen Schwimmer von Holz und dergl. über Wasser gehalten wird, schon in dem Werke: „De re militari" des Robertus Valturius (1483 und 1532), sowie in Flavii Vegetii Renati „vier Büchern der Rytterschaft", Augsburg 1529, gedruckt durch Heinr. Stainer, abgebildet sind. Es war nämlich zu damaliger Zeit üblich, das Werk des genannten altrömischen Schriftstellers mit Abbildungen der im fünfzehnten Jahrhundert gebräuchlichen Kriegsgeräthschaften zu illustriren. Auch erinnern wir an die Abbildungen eines solchen Taucherhelmes, welche sich unter den Skizzen von Leonardo da Vinci fand (Fig. 97, S. 98) und weisen auf denjenigen hin, welcher unter den nachfolgend abgehandelten Skizzen aus der Zeit der Hussitenkriege dargestellt ist.

In der Einleitung zu lib. V, welches von den mechanischen Gesetzen und verschiedenen Hebmaschinen handelt, sagt LORINI:

„. . . . . Da hierüber von berühmten Autoren weitläufig geschrieben worden ist, wie in letzter Zeit namentlich von GUIDO UBALDI DEL MONTE . . . ., und ich mir die Arbeiten Anderer nicht aneignen will, so verweise ich auf diesen und werde nur summarisch, kurz und möglichst klar von den Wirkungen des Hebels bei Flaschenzügen, Schrauben, dem Rade auf der Welle und dem Zahnrade sprechen, deren Erkenntniss am meisten zum Verständniss dessen beiträgt, was über die Herstellung und Beurtheilung von Maschinen zu sagen ist, und wie diese nicht nur mit richtigen Verhältnissen anzuordnen sind, sondern auch wie man mit Hilfe des Zirkels ihre Kraft, d. h. ihre Hebelübersetzungen mit der wünschenswerthen Sicherheit finden kann, damit man sich bei der Ausführung solcher Werke in realer Form über ihre Leistungsfähigkeit nicht täuscht, wie es denen oft begegnet, welche, ohne die nöthigen Grundsätze zu kennen, auf die Leichtigkeit vertrauen, womit kleine Modelle arbeiten.“

Da hier von den sogenannten einfachen Maschinen oder mechanischen Potenzen die Rede ist, und REULEAUX in § 64 seiner Kinematik von diesen sagt:

„In der Mehrzahl der Lehrbücher werden sie seit GALILEI, oder noch früher, mehr oder weniger als diejenigen Einrichtungen angegeben, auf welche man alle Maschinen zurückführen, nämlich als aus welchen man sie alle zusammengesetzt nachweisen könne“, so glauben wir hier daran erinnern zu sollen, dass in dem Auszuge aus HERON's Mechanik, welcher sich in „Pappi Alexandrini collectionis“, lib. VIII, herausgegeben von FRIDERICUS HULTSCH, Berlin 1878, findet, die fünf mechanischen Potenzen: Rad auf der Welle, Hebel, Flaschenzug, Keil und Schraube, als solche aufgezählt und ausführlich behandelt werden (vergl. S. 32 u. 33). Dieser HERON aber lebte mehr als 1700 Jahre vor GALILEI.

LORINI fährt fort:

„Denn ehe ich weiter gehe, muss ich auf den Unterschied hinweisen, welcher zwischen einem rein spekulativen Mathematiker und einem praktischen Mechaniker besteht. Dieser Unterschied hat seinen Grund darin, dass Demonstrationen und Proportionen, welche von Linien, Flächen und imaginären, von der Materie abgelösten Körpern hergeleitet sind, nicht mehr genau zutreffen, wenn sie auf materielle Dinge angewendet werden, mit denen der Mechaniker arbeitet, weil die geistigen Gebilde des Mathematikers von den hindernden Einflüssen frei sind, denen die Materie ihrer Natur nach unterworfen ist. Wenn beispielsweise aus der mathematischen Demonstration mit Nothwendigkeit folgt, dass eine viermal kleinere Kraft eine Last heben könne, wenn die Entfernung zwischen Drehpunkt und Kraft viermal so gross ist, als zwischen Drehpunkt und Last, so werden wir doch, wenn wir mit materiellen Körpern operiren, wenn wir uns beispielsweise eines Balkens als Hebel bedienen wollen, auch das Gewicht desselben in Betracht ziehen müssen, welches, da sich der grösste Theil des Balkens auf der Seite der Kraft befindet, diese unterstützt . . . . . Und deshalb besteht die Kunst des Mechanikers, welcher anordnen und denen, welche ein Werk ausführen sollen, befehlen muss, hauptsächlich darin, dass er die Schwierigkeiten voraussieht, welche die verschiedenen Eigenschaften der Materie mit sich bringen . . . . .“

Lorini bespricht hierauf die Hauptsätze aus der Lehre vom Hebel, wie sie Guido Ubaldi entwickelte, der zuerst die Schwere und den Schwerpunkt des Waagbalkens mit in die Betrachtung zog und dadurch Klarheit in diesen Lehrgegenstand brachte*). Alsdann geht er zu den Flaschenzügen über, und nachdem er gezeigt hat, dass bei einer festen Rolle die Kraft der Last gleich sein muss, sagt er:

„. . . . . woraus wir schliessen könnten, dass uns ein solches Instrument nichts hilft, sondern nur die Bequemlichkeit bietet, dass wir unsere Kraft um es herum ausüben können. Aber gerade dadurch gewährt es auch beim Heben der Last einigen Nutzen, indem wir dabei das Seil niederziehen und hierin durch die Schwere und Bewegung unseres Körpers unterstützt werden; während beim Heben der Last durch Aufwärtsziehen nicht nur die Kraft unserer Arme, sondern auch diejenige zum Aufrichten des Eigengewichtes unseres Körpers erforderlich ist . . .“

Nachdem dann die Theorie der Flaschenzüge vollständig entwickelt ist, wird weiter bemerkt:

„Was aber den Effekt anbelangt, den man erreicht, wenn man diese Maschine praktisch anwendet, so kann er hiervon in vielen Beziehungen verschieden sein . . . . Dieser Unterschied rührt hauptsächlich von dem Gewichte der unteren Flasche und von dem Seile her, besonders wenn letzteres dick und neu, d. h. ungebraucht ist, woraus dem Flaschenzuge ein Widerstand erwächst, und dies um so mehr, wenn die Aexchen, welche die Rollen tragen und um welche diese sich drehen, nicht durch deren Mitte gehen und nicht mit der nöthigen Sorgfalt abgedreht sind. Auch dürfen die Seile sich nicht aneinander reiben, wenn sie die Last aufziehen. Doch findet sich für alles Abhilfe. Was die Flaschen betrifft, so muss man ihr Gewicht in ein richtiges Verhältniss zur Last und Zugkraft bringen und das Seil so dünn wie möglich nehmen . . . . ., doch muss es immerhin so stark sein, dass es die Last mit Sicherheit trägt, entsprechend der Zahl der Rollen, welche sich auf jeder Seite in den beiden Flaschen befinden, denn je zahlreicher diese sind, desto geringer ist das Gewicht, welches jedes einzelne Seil zu tragen hat. Und damit die Seile sich nicht aneinander reiben, muss man (in der oberen Flasche) die untere Seilrolle immer um die doppelte Seildicke kleiner machen, als die obere . . . . . Was aber die Schnelligkeit des Arbeitens betrifft, so ist offenbar, dass bei der grösseren Kraft die kleinere Geschwindigkeit und umgekehrt bei der grösseren Geschwindigkeit die kleinere Kraft zu finden ist, in dem Verhältniss der Vergrösserung der Hebelarme oder der Vermehrung der Seile, von denen jedes seinen Theil der Last in der angegebenen Weise aufnimmt. Und dies gilt von allen Arten von Maschinen, wie anderen Ortes noch weiter ausgeführt werden wird.“

Da in den Werken damaliger Theoretiker von Berücksichtigung des Eigengewichtes von Maschinentheilen (ausgenommen Guido Ubaldi's Waagbalken), von Steifigkeit der Seile und dergl. nirgends die Rede ist, so dürften diese Erwägungen eines ausführenden Ingenieurs nicht ohne Interesse sein. Nachsätze, wie der zuletzt citirte, finden sich bei Guido Ubaldi häufig, und bei einem solchen, welchen er zu seiner Prop. VI macht, fügt er an: „Hieraus wird sich die Lehre von der Schnellwaage ebenfalls leicht entwickeln lassen.“ Dies ist unseres Wissens die einzige Stelle, welche Dr. E. Dühring im Auge haben konnte, als er in seiner „Kritischen Geschichte der Principien der

*) Aus unserer „dritten Abhandlung über Leonardo da Vinci ist jedoch ersichtlich, dass dieser bei der Berechnung einer Hebelpresse (Codice atlantico Fol. 49 v) das Eigengewicht des Hebels auch schon berücksichtigt hat.

Mechanik“ auf Seite 16 sagte, GUIDO UBALDI gebrauche die Verhältnisse der virtuellen Geschwindigkeiten am Hebel als Erklärungsprincip. Bei der Lehre vom Keil beweist er, nachdem er die Demonstrationen des ARISTOTELES und des PAPPUS wiedergegeben hat, dass zwei Körper, die durch einen Keil mit grösserem Schneidewinkel auseinander getrieben werden, sich schneller bewegen müssen, als wenn dies in der gleichen Zeit vermittelst eines Keiles mit kleinerem Schneidewinkel geschieht, und sagt: da ein Körper durch eine Kraft in einer bestimmten Zeit leichter durch einen kleinen Raum bewegt werde, als durch einen grossen, wenn alle sonstigen Umstände die gleichen bleiben, so könne man auch sagen, dass vermittelst eines Keiles um ebenso viel leichter Lasten bewegt oder Körper gespalten würden, als der Schneidewinkel des Keiles kleiner sei. Bei Erklärung der Schraube dagegen beruft sich GUIDO UBALDI ganz auf PAPPUS. Dessen Demonstration ist zwar fehlerhaft, aber doch sachgemässer als die des ARISTOTELES, welcher sagt, die konvergirenden Seiten des Keiles wirkten wie zwei Hebel, deren Drehpunkt in der Oberfläche des zu spaltenden Körpers liege, und es ist immerhin als ein Verdienst GUIDO UBALDI's zu betrachten, dass er die erstere der letzteren mindestens als gleichberechtigt an die Seite stellte und damit dem Glauben der Scholastiker an die unbedingte Autorität des ARISTOTELES entgegentrat. LORINI aber musste als praktischer Mann sofort einsehen, dass ihn sein Gewährsmann GUIDO UBALDI hier im Stiche lässt, denn nach dem Beweise des PAPPUS (vergl. S. 28 u. 29) wird für den Neigungswinkel einer schiefen Ebene $\beta = 90^0$ die Zugkraft $Z = \infty$, während doch jeder praktische Mann wissen musste, dass sie in diesem Falle ebenso gross wie die Last ist. Mit richtigem Blicke greift er deshalb das von GUIDO UBALDI nur schüchtern in Zusätzen (corollaria) angedeutete Princip der virtuellen Geschwindigkeiten heraus, um es an die Spitze seiner Erklärung der Schraube zu stellen, und wenn auch das Resultat, zu dem er gelangt, noch nicht ganz richtig ist, so entfernt es sich doch nur wenig von der Wahrheit. Er sagt nämlich über die vermittelst eines Hebels umgedrehte Schraube:

„. . . . . Bei ihr kommt der doppelte Hebel, wie beim Handgöpel in Anwendung, und man hat, was von grosser Bedeutung ist, durch die Kraft die Last nicht direkt senkrecht in die Höhe zu heben, in welchem Falle die Kraft der Last gleich sein müsste, sondern man hat sie auf einer Ebene mit geringer Neigung hinzuschieben, wie sie die Gewindgänge haben, mit welchen die Schrauben hergestellt werden. Und mit je geringerer Steigung ihre Gewindgänge hergestellt sind, um so leichter wird man die grösste Last vermittelst des Hebels heben und niederlassen können; wenn auch mit langsamerer Bewegung, wie dies die gewohnte Folge ist. Denn man muss die Ursachen, von welchen die grössere oder geringere Kraft abhängt, wohl einsehen, und diese sind: die Schnelligkeit einerseits und die Langsamkeit anderseits, womit die Last vermittelst des Hebels, des Flaschenzuges oder der Schraube gehoben wird.“

Es werden nun zunächst Hebel und Flaschenzüge in diesem Sinne betrachtet, und dann fährt LORINI fort:

„Es bleibt uns noch übrig, die Schraube zu betrachten, und zur Vergleichung nehmen wir an, wir hätten ein Gewicht auf die Höhe eines Berges zu transportiren und es sei nur eine Strasse vorhanden, welche direkt auf die Höhe des Berges führt. Eine solche Strasse ist zwar die kürzeste und die am schnellsten zum Ziele führende, allein gerade deshalb die am meisten Kraft erfordernde, und in vielen Fällen wird hier die Kraft der Last gleich sein müssen. Aber wenn die Strasse in einer Schneckenlinie, wie man zu sagen pflegt, um den Berg herumgeführt wird, so wird das Vermögen, das Gewicht zu ziehen, im Verhältniss der Länge des Weges und der geringeren Steigung der Strasse grösser sein, ebenso wie die Langsamkeit (womit man die Höhe erreicht). Es liegt aber in unserer Aufgabe, den Unterschied der Kräfte kennen zu lernen, welche angewendet werden müssen, um Gewichte auf verschiedenen Ebenen hinzuziehen oder zu heben. Was zunächst das direkte Heben derselben in senkrechter Richtung betrifft, so wissen wir schon, dass dabei die Kraft der Last gleich sein muss; wenn man sie aber auf einer horizontalen Strasse ohne Beihilfe von Rollen und dergleichen fortschleifen will, so wird eine Kraft das Vierfache fortschleifen (den Reibungskoëfficienten nahm schon Leonardo da Vinci gleich ein Viertel an. Vergl. S. 97), so dass, wenn ein Mensch fünfzig Pfund heben kann, er deren zweihundert fortschleifen wird. Wenn man aber mit Hilfe von Rollen oder Wagenrädern ein Gewicht auf der genannten Strasse fortziehen will, so wird die genannte Kraft das Vierundzwanzigfache ziehen, und um so mehr, wenn das Gewicht in Bewegung gekommen und die Strasse eben ist und keine Hindernisse bietet, d. h. wenn sie so fest ist, dass sie gleichmässig tragen kann, wie zum Beispiele, wenn man über wohlabgeglichene, horizontale, eichene Bohlen fährt, wobei das Gewicht, welches von den Rollen oder Rädern getragen wird, immer auf einem Punkte ruht, wegen der Rundung der Räder einerseits und der Ebenheit der Horizontalen, auf welcher sie laufen, anderseits. Aus der Verhältnisszahl aber, welche wir für die senkrechte, und derjenigen, welche wir für die horizontale Strasse gefunden haben, können wir die Regel für die Kraft ableiten, welche bei einer beliebigen Steigung nothwendig ist, und da wir vermittelst solcher Proportionen die Kraft der Schraube erklären wollen, müssen wir zunächst ihre Herstellung kennen lernen . . . . ."

Es wird nun beschrieben, wie eine hölzerne Schraube mit Mutter zu konstruiren sei, und zwar ergiebt sich aus dieser Beschreibung, dass die Ganghöhe gleich dem zwölften Theile des Umfanges angenommen wurde. Nachdem dann zunächst berechnet ist, um wieviel die Kraft durch die Hebelübersetzung vermehrt wird, sagt Lorini:

„. . . . . nun ist noch die Kraft der Schraube zu bestimmen, welche infolge der Ganghöhe und aus den angegebenen Gründen summarisch das Dreifache der durch die Hebelübersetzung erlangten Kraft beträgt . . . ."

Dies ist wohl so zu verstehen: Da beim Heben um die ganze Weglänge, d. h. bei direktem, senkrechtem Aufheben, die Kraft gleich der Last sein muss, so muss beim Heben um ein Zwölftel der Weglänge auf der schiefen Ebene die Kraft gleich ein Zwölftel der Last sein. Hierzu den Reibungswiderstand mit nahezu ein Viertel der Last gerechnet, ergiebt nahezu ein Drittel der Last.

In lib. V, Kap. V beschreibt Lorini die in Fig. 283 abgebildete Winde mit Zahnstange und sagt darüber:

„Dieses Instrument wird von Kanonieren und Frachtfuhrleuten viel gebraucht, namentlich in Flandern, wo ich oft gesehen habe, dass man die schwersten Geschützrohre damit hob und sie auf die Lafette setzte Doch waren diese Instrumente klein von Gestalt, d. h. sie hatten ein langes, schmales Gehäuse aus starkem Holze, worin die eiserne Zahnstange, sowie die Räder und Getriebe sich befanden und verdeckt waren. Die Last wurde mit dem Kopfe der Stange gehoben, welcher, um sie erfassen zu können, halbmondförmig war. Aber wenn man das Instrument in grösseren

Dimensionen von Holz ausführen will, um auf einem Bocke damit zu arbeiten, muss die Zahnstange durch das von dem Bocke unterstützte Gehäuse hindurchgehen, um die Last vermittelst der beiden Räder und dreier Getriebe zu heben . . . ."

In obiger Schilderung der flandrischen Maschine haben wir die älteste Beschreibung einer Wagenwinde, wie sie noch heute von Fuhrleuten u. A. gebraucht wird, vor uns. Pater CASPARUS SCHOTTUS sagt darüber in seiner 1657 zu Würzburg erschienenen „Magia universalis naturae et artis", lib. III, mach. V:

„Von den Hebmaschinen, welche wir bis dahin erklärt haben, ist eine besonders kompendiöse das Instrument, dessen sich die Fuhrleute bedienen, um beladene Karren zu heben, wenn sie in weiche Wege eingesunken sind, sowie die Winzer bei Weingefässen und die Architekten bei schweren Lasten und selbst zum Heben ganzer Häuser. Die Deutschen nennen es eine „Winde", die Franzosen „cric". Wie es

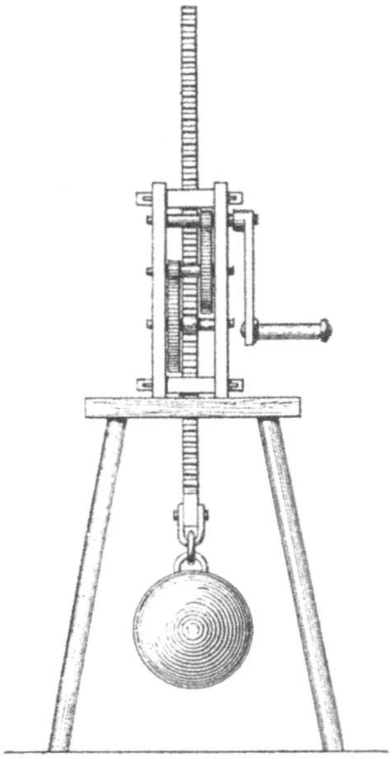

Fig. 283.

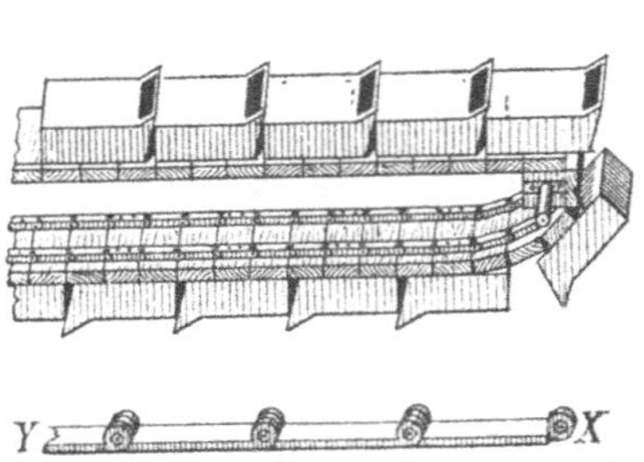


Fig. 284.

die Italiener nennen, weiss ich nicht, vielleicht haben sie keinen Namen dafür, weil sie dessen Gebrauch nicht kennen. Gewiss ist, dass ich in dem Zeitraume von zweiundzwanzig Jahren, während dessen ich in Sicilien und Italien an verschiedenen Orten lebte, nur eines zu Rom gesehen habe, welches ein Kardinal als eine Seltenheit aus Polen mitgebracht hatte, wo er als apostolischer Legat funktionirt hatte."

In Kapitel VII beschreibt LORINI eine transportable Eimerkunst zum Ausschöpfen von Baugruben und dergl. Zum Antriebe derselben wird ein Rad benutzt, welches halb Tret-, halb Spillenrad ist, denn es wird folgendermassen beschrieben:

„Den Radkranz macht man doppelt aus Brettern und setzt von einem zum andern Sprossen ein, welche einen halben Fuss von einander entfernt sind, damit man das Rad mit den Händen und Füssen umdrehen kann . . . ."

Von den Ketten, welche die Eimer tragen, wird gesagt:

„. . . . Die beiden Ketten macht man in der Weise, wie aus $YX$ (Fig. 284) ersichtlich ist, die eisernen Stäbchen $1/2'$ lang, d. h. ebenso lang wie eine der vier Seiten des Quadrates der Axe, und die Köpfe hängt man in einander, wie wenn es ein deutscher Zirkel wäre . . . . ."

In Kapitel VIII wird gezeigt, wie man vermittelst einer Kette ohne Ende, welche über eine horizontale Welle gehängt ist und durch diese bewegt wird, auch Erde rasch und bequem fördern kann, indem man sie in Körben an den aufsteigenden Theil der Kette hängt und die Körbe oben durch andere Arbeiter abnehmen, entleeren und dann an den abwärts gehenden Theil der Kette hängen lässt.

In Kapitel IX ist der in unserer Fig. 285 abgebildete Apparat zum Transportiren von Erde bei der Umwallung von Festungen beschrieben. Die gefüllten Erdkarren werden auf einer stark ansteigenden Holzbahn vermittelst eines Haspels mit Spillen- und Tretrad auf den Wall gezogen, dort

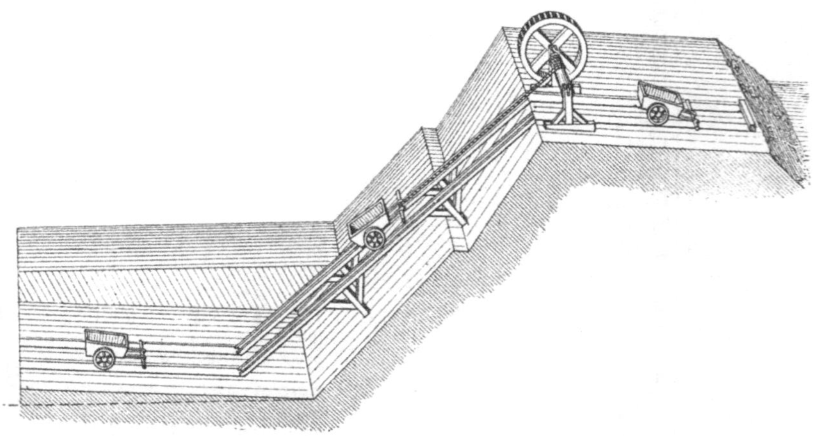

Fig. 285.

abgenommen und entleert und alsdann auf der geneigten Holzbahn wieder hinabgelassen. Die Zuführungsbahn unten im Graben hat Fall nach der Rampe, die Abführungsbahn oben auf dem Walle Fall nach der Entleerungstelle hin, so dass die gefüllten Karren auf beiden bergab laufen. Dieser Apparat bietet besonders dadurch Interesse, dass die Balken der ansteigenden Bahn mit einer Spur versehen sind, durch welche die Karrenräder geführt werden, während bei dem „Hund", wie ihn Agricola beschrieb (vergl. S. 129), ein Nagel zwischen den Vorderrädern des Karrens sich in einer Nute zwischen den Balken, welche die Bahn bilden, führte.

Am Schlusse dieses Kapitels sagt Lorini:

„Man kann mit Erde beladene Karren auch noch in anderer Weise fortbewegen, wenn es sich darum handelt, die Erde aus dem Graben zu schaffen, oder sie aus der Contrescarpe zu nehmen und über den Graben zu schaffen, nämlich auf zwei an starken Stützpfählen befestigten und durch Handgöpel und Flaschenzüge gespannten Seilen, oder sonst etwas, das zur Unterstützung geeignet und leicht transportabel ist. Alsdann müssen jedoch die Räder der genannten Karren etwas breiter sein, als gewöhnlich, von weichem Holze und ausgehöhlt, wie die Rollen eines Flaschenzuges. Diese Rinne muss durch starke Bretter hergestellt werden, die man auf jeder Seite anpasst, und die Kanten müssen innen so abgeschrägt werden, dass der Kanal nach aussen viel weiter ist, als auf dem Grunde, d. h. als die Breite des Rades. Und um mit diesem Apparate zu arbeiten, muss man wissen, dass der Karren immer auf den beiden Seilen stehend be- und entladen werden muss. Obgleich hieraus hervorgeht, dass das Herbeibringen der Erde, um die Karren zu füllen, und das Verbringen derselben an ihren Bestimmungsort, nachdem der Karren entleert ist, als zwei gesonderte Arbeiten behandelt werden müssen, so ist diese Arbeitsweise doch von grossem Vortheile, weil man bei der Herrichtung des Apparates nichts zu thun hat, als die Seile zu spannen, und die Vertheidigungswerke der Festung dabei nicht verletzt werden. Wenn die Karren oben umgestürzt werden, müssen sie

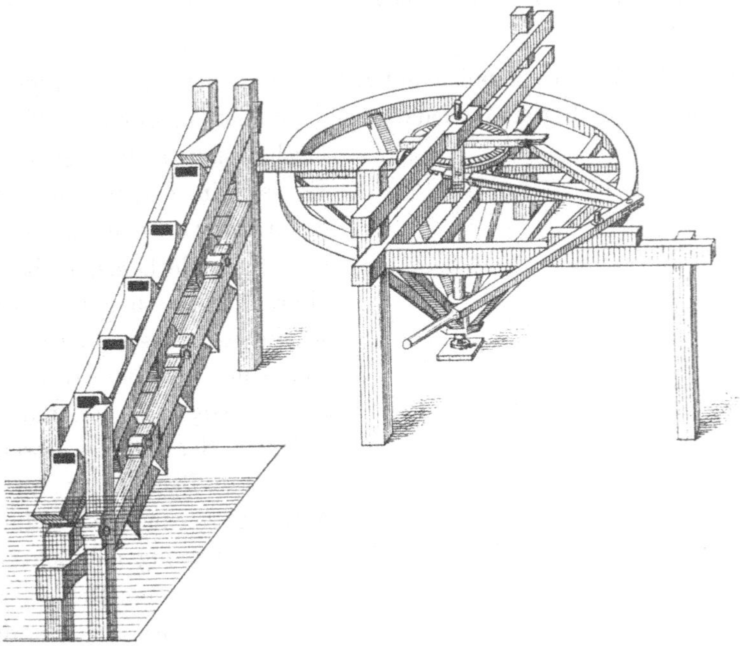

Fig. 286.

etwas über dem Walle stehen und umkippen, ohne rückwärts fahren zu können bevor sie entleert sind; unten aber müssen sie so tief stehen, dass sie mit Schubkarren oder anderen Instrumenten bequem gefüllt werden können, und zwar geschieht dies vermittelst eines Steges. Das Ganze muss, wie gesagt, transportabel sein und leicht von einem Orte zum anderen bewegt werden können.“

Dies ist die älteste Nachricht von einer Seilbahn*).

In Kapitel X wird das in Fig. 286 dargestellte Becherwerk mit eigenthümlichem Bewegungsmechanismus beschrieben. Die Beschreibung beginnt mit folgenden Worten:

„Wenn mit der Kraft zum Heben des Wassers ein Rad oder Schwungrad in geeigneter Weise verbunden wird, so dass es vermöge seiner Bewegung oder Schwere

*) Abgesehen von der ganz primitiven, die sich in den nachfolgenden „Skizzen aus der Zeit der Hussitenkriege“ findet.

die Kraft unterstützen kann, so wird eine solche Vorrichtung zum Wasserheben sehr leicht gehen und von grossem Nutzen sein. Und dies um so mehr, wenn wir sie nach dem Principe anordnen, den ganzen Druck der Schwere der beweglichen Maschinentheile, sowie des zu hebenden Wassers auf einzelne Punkte zu reduciren (d. h. auf dünne Drehzapfen vertheilen) .... Zu diesem Zwecke wird das Schwungrad von Blei mit einer eisernen Spindel versehen (Fig. 286) .... Es ist jedoch darauf hinzuweisen, dass das obere Ende dieser Spindel nicht aus der Zeichnung ersichtlich ist, weil diese von dem unteren Balken so gehalten wird, dass ihr oberes Ende die Scheibe oder das kleinere Zahnrad aufnehmen und dieses sich mit dem Schwungrade frei bewegen kann, während der obere Balken dazu dient, die auf dem in der Zeichnung sichtbaren Zapfen sitzende Zange zu halten. Die an dem äusseren Ende des Hebels angreifende Kraft öffnet und schliesst die Zange, wobei je ein Sperrhaken an den Enden derselben den eisernen Zahnkranz fortstösst und auf diese Weise die Scheibe und das Schwungrad in Bewegung setzt, wie es in einem späteren Kapitel gezeigt werden wird ....."

In Kapitel XXI wird nämlich mit Hilfe einer Zeichnung in vergrössertem Massstabe, die wir in Fig. 287 wiedergeben, der hier angewendete Bewegungsmechanismus ausführlicher erläutert. Es ist ein doppeltwirkendes Schaltwerk, und da wir einem derartigen Mechanismus bei keinem älteren Autor begegnet sind, so scheint es, dass Lorini, der ihn empfiehlt, um die Kraft möglichst gleichmässig auf das Rad wirken zu lassen, der Erfinder desselben ist.

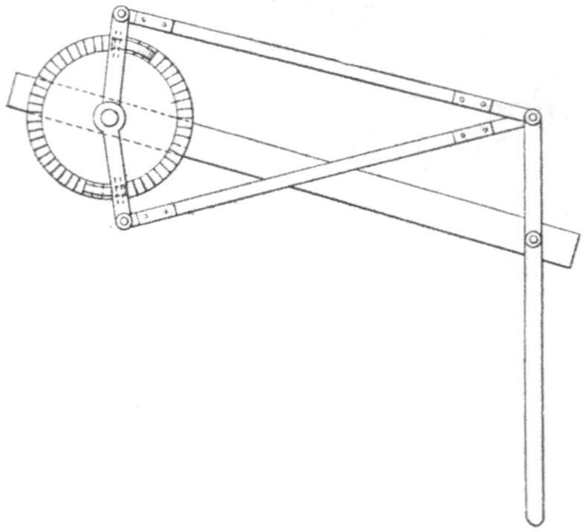

Fig. 287.

Das Becherwerk an diesem Apparate zeichnet sich dadurch aus, dass die jeweilig mit den gefüllten Bechern belasteten Theile der schräg ansteigenden Ketten von drei um Zapfen leicht drehbaren Trommeln getragen werden, und dass die Becher gleichzeitig zwischen zwei schräg ansteigenden Balken des Gestelles geführt und an seitlicher Verschiebung gehindert sind. Auf den beiden Ketten sind Brettchen, wie aus Fig. 284 ersichtlich, und auf diesen die Becher durch Oesen und Schliessen so befestigt, dass sie leicht ausgewechselt werden können, wenn sie schadhaft geworden sind.

In den Kapiteln XI bis XIV werden Wasserpumpen beschrieben, welche die Eigenthümlichkeit haben, dass das Wasser durch den Ventilkolben in den Pumpenkörper eintritt, wie aus Fig. 288 ersichtlich ist, wo der Pumpenstiefel im Wasser liegt, während er in Fig. 289 stehend, mit dem offenen Ende nach unten gekehrt, angeordnet ist. Auch ersieht man aus Fig. 288, dass sich Lorini des schweren Pendels bedient, welches Besson empfahl (vergl. S. 191).

Kapitel XVI handelt von den Rammmaschinen und lautet folgendermassen:

„Auf verschiedene Arten kann man in Flüssen oder anderen Gewässern oder in sumpfigem Terrain Pfähle einrammen, um Fundamente für Brücken oder Schutzwehren herzustellen, doch ist der Apparat, welchen man das Gerüst mit dem Rammbär (castello co'l maglio) nennt, der gebräuchlichste, welcher mit seiner Basis auf flache Barken oder das Terrain gestellt, durch die Kraft von 25 bis 30 Mann in

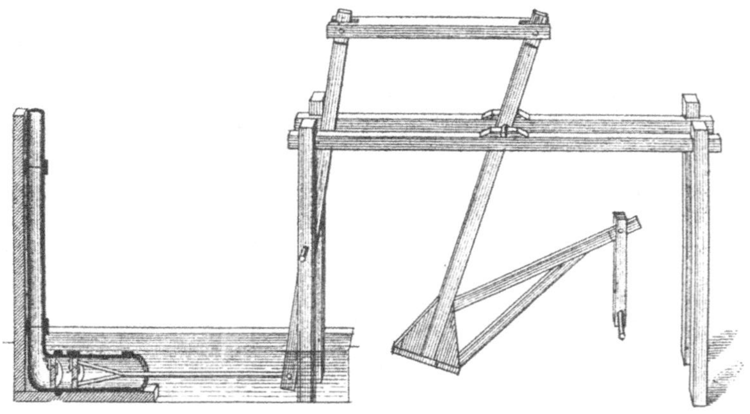

Fig. 288.

Thätigkeit gesetzt wird, von welchen jeder an einer Leine zieht, deren eines Ende in ein starkes Seil übergeht, welches oben über eine Rolle läuft und mit dem anderen Ende unten an den Ring des Rammbären befestigt ist. Hierbei arbeitet man mit grossen Kosten und die Arbeiter werden sehr ermüdet. Deshalb habe ich gedacht, vermittelst desselben Gerüstes, aber mit anderer Hebelübersetzung und Kraft den Rammbär zu heben, die Kosten für so viele Menschen zu vermeiden und denselben Effekt oder selbst einen besseren durch die Bewegung und Hebelkraft eines Schwungrades, die Vertheilung des Gewichtes durch Rollen und die Art der Aufhängung des Rammbären zu erreichen. Es sei ($GF$) (Fig. 290) der Durchmesser des Schwungrades von zehn Fuss*), welches sich mit seinen Armen auf die Welle ($A$) stützt. Diese ist zu beiden Seiten durch Pfosten ($B$) auf der Basis des genannten Gerüstes unterstützt, welches man aus der Zeichnung ersieht. ($K$) ist der Rammbär, an dessen Ring ($J$) das Ende des Seiles befestigt ist. Oben in der Höhe ($R$) geht dieses über die Rolle ($S$) und an seinem Ende ist eine Rolle befestigt, in welche sich ein zweites, dünneres Seil legt, das mit seinem einen Ende bei ($L$) an dem Fussgestelle angebunden wird, während das andere sich um die Welle ($A$) schlingt. An dieser stehen auf jeder Seite zwei Mann und drehen das Rad vermittelst der Kurbeln ($DE$). Ein anderer Mann fasst mit seiner rechten Hand den Seiltrum ($H$) und indem er ihn in der Richtung anzieht, in der die Welle sich dreht, hebt sich der Rammbär bis zur gewünschten Höhe. Sobald es aber dem Arbeiter passend erscheint, den Rammbär fallen zu lassen, um auf den Pfahl zu schlagen, wirft er den Seiltrum, den er in seiner linken Hand angesammelt hat, über die Welle hinüber, während

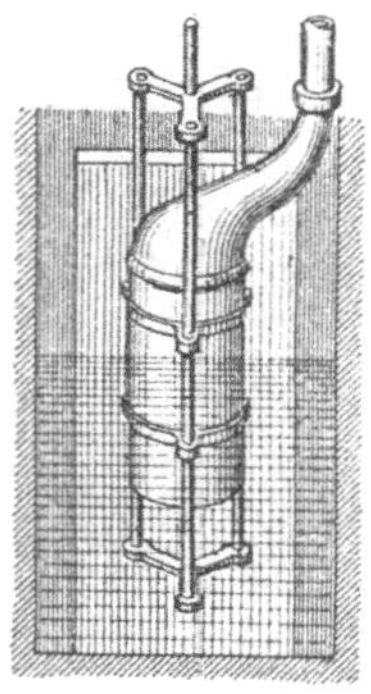

Fig. 289.

*) Ein venetianischer Fuss war gleich 34½ cm.

er das Ende festhält, und giebt so den Schlag. Durch wiederholtes Anziehen schlägt er den Pfahl nach seinem Gefallen ein. Was die Kraft dieses Apparates betrifft, so sage ich: Da vier Mann an den beiden Kurbeln stehen und jeder eine Kraft von 40 Pfund ausübt, und da der Kurbelhalbmesser um ein Drittel grösser ist, als der Halbmesser der Welle, so üben sie zusammen eine Kraft von 212 Pfund aus (richtiger wäre: 213 Pfund), und bei dem Hebelarme des Schwungrades, welches ich von Blei annehme und von gehörigem Gewichte, nämlich gleich dem des Rammbären, können

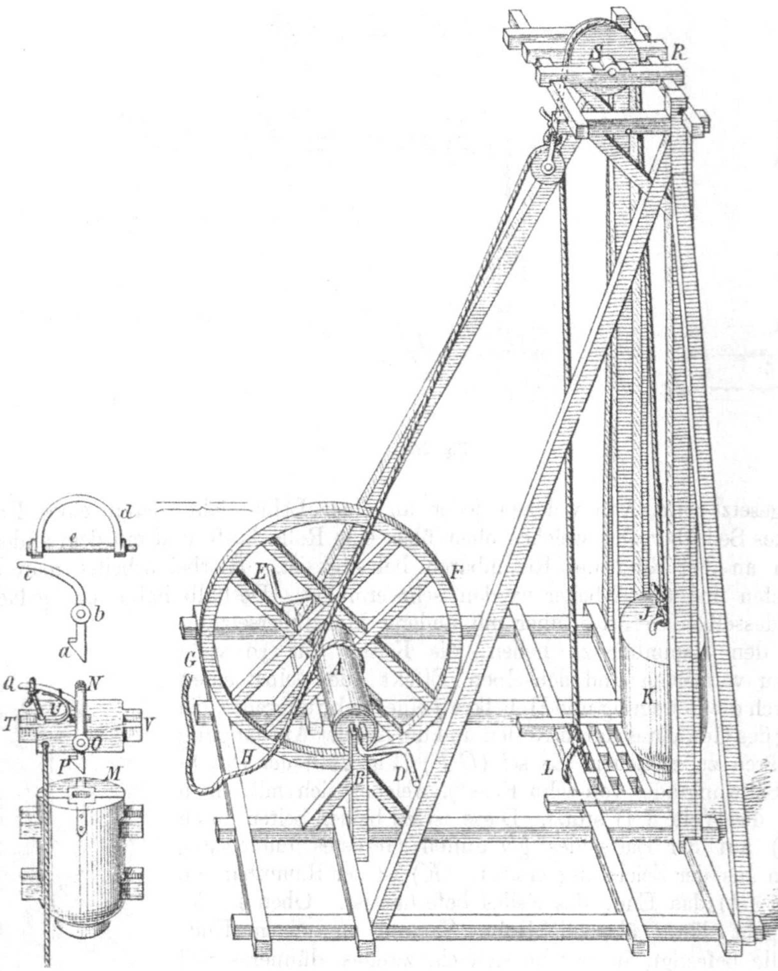


Fig. 290.

wir annehmen, dass die Kraft um die Hälfte vermehrt wird, was 303 Pfund macht ($212 \times {}^3/_2$ ist eigentlich $= 318$), und weil die Spannung an der Stütze (*L*) ebenso gross sein wird, so werden die Arbeiter mit dem Rade eine Zugkraft von 606 Pfund auf die Rolle ausüben, und so schwer könnte man den Rammbär machen; doch genügt es, wenn er 400 Pfund wiegt. Wenn man will, dass der Rammbär allein herunterfällt und das Seil nur die Auslösungsvorrichtung (*NP*) zurückhält, muss man ersteren so machen, wie man bei (*M*) sieht, wo in das Loch in der Mitte der eiserne Haken (*P*) sich einsetzt; (*a b c*) ist das Eisen, welches den Rammbär erfasst, (*d*) der

Ring oder Bügel und (*e*) der Bolzen, um diese beiden Theile an ihrem Orte so festzuhalten, wie sie bei (*QNOP*) mit der Feder (*U*) darunter zu sehen ist. (*TV*) sind die Führungen, welche denen am Rammbäre gleich sind. Auch sieht man das Zugseil (in unserer Zeichnung ist es weggelassen) und die bei (*Q*) angebundene Leine in der Figur. Wird diese Leine von unten angezogen, so fällt der Rammbär herab, und wenn man dann die Auslösungsvorrichtung herunterlässt, erfasst sie den Rammbär selbstthätig wieder."

In Kapitel XVII wird eine Art Baggermaschine (Fig. 291) beschrieben wie folgt:

„Die Städte, welche die Wohlthat eines schiffbaren Hafens geniessen, sind wegen der Bequemlichkeit und dem allgemeinen Vortheile, den ein solcher gewährt,

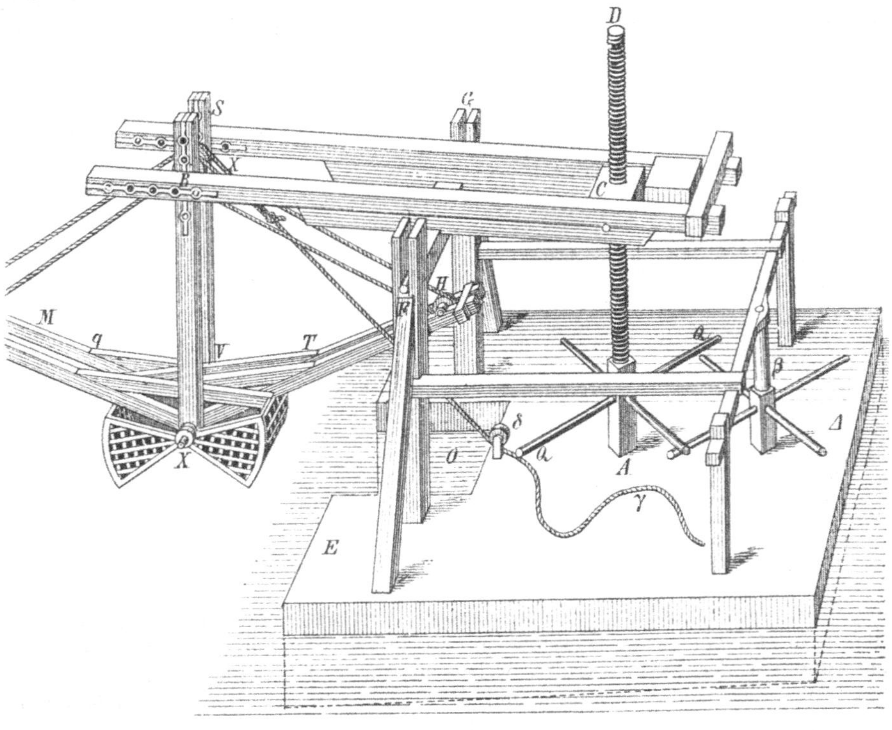


Fig. 291.

von der Natur sehr begünstigt. Deshalb ist es aber auch Pflicht, diese Bequemlichkeit durch Kunst zu erhalten und zu vermehren. Man erreicht dies hauptsächlich dadurch, dass man die Tiefe seines Wassers erhält, damit die Schiffe nicht nur bequem, sondern auch sicher darin verweilen können, und darum ist es nothwendig, gute Vorrichtungen, wie die gegenwärtige, für diesen Zweck herzustellen. Diese habe ich in einer Zeichnung darstellen wollen, weil sie mehr als irgend eine andere nützlich und leicht zu handhaben ist, obgleich nichts weiter von mir daran erfunden ist, als die Schaufel oder doppelte Zange und die Vergrösserung des Hebels. Dieselbe ist unter andern im Gebrauche, um die Kanäle von Venedig auszubaggern (cavare). Der Apparat wird auf eine lange, viereckige Fähre gestellt, wie sie am bequemsten und sichersten ist, um ihn auf dem Wasser zu tragen. Darauf steht in der Mitte des Verdeckes die Schraube (*AD*), welche durch die Mutter (*C*) geht. Diese ist in dem Hebel ($CB$) gelagert, welcher auf der Axe ($FG$) ruht, die von den Theilen ($F$ und $G$) gestützt wird. An das Ende bei ($B$) werden zwei senkrechte Hölzer ($BX$) und ($VS$) gehängt, an deren unteren Enden man die Theile der Zange aufhängt, welche doppelte Arme ($MH$) von gleicher Länge hat. Daran sieht man die beiden Streben ($Tq$) zur Verstärkung beim Oeffnen und Schliessen der Zange. Was die Handhabung betrifft, so wird die Zange so geöffnet, wie sie abgebildet ist, auf den Grund herabgelassen, wobei die Länge ihres Hebelarmes ($HT$) durch den Ausschnitt ($O$) hindurchgeht. Dann wird mit dem Göpel ($\beta$) das Ende des Seiles ($\gamma$) angezogen, welches durch die Rolle ($\delta$) gehen muss (eigentlich müsste es von der Rolle ($\delta$) aus erst über die Axe des Balanciers laufen, damit es während der Bewegung des letzteren ohne Nachhilfe immer gleichmässig gespannt bliebe) und über die Rollen ($X$) und ($H$) läuft, sowie über eine solche auf der anderen Seite, welche man in der Zeichnung nicht sieht, um die Zange zu schliessen. Diese greift mit ihrem Maule unter den Schlamm und füllt sich, da sie sich nicht heben kann, weil der Hebel ($CB$) von der Schraube unbeweglich festgehalten wird. Ist die Zange geschlossen und dreht man die Schraube ($AD$) durch ihre Hebel ($Q$), so wird das

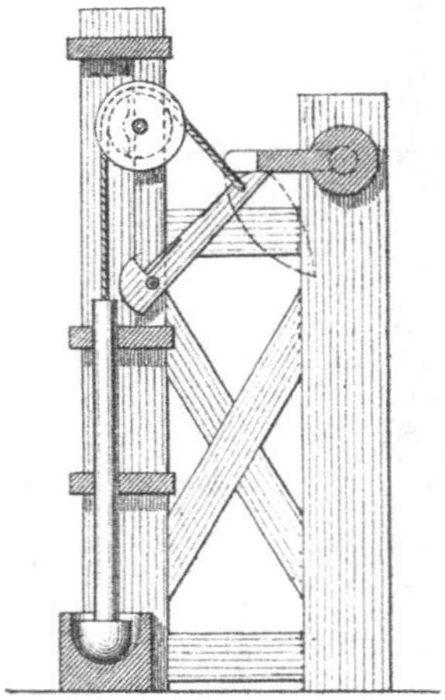

Fig. 292.

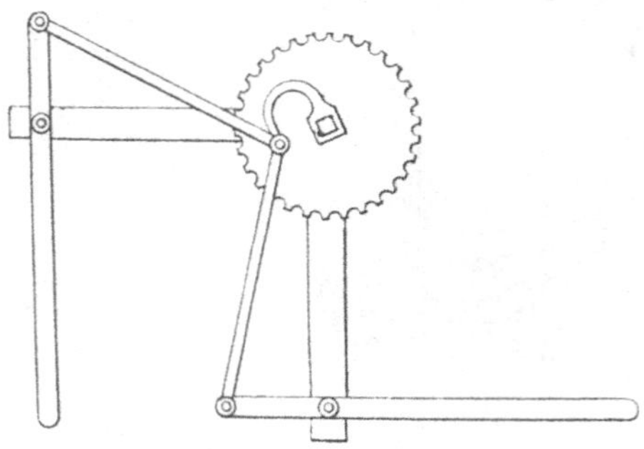

Fig. 293.

Vermögen, die gefüllte Zange zu heben, aus der Proportion gefunden, welche zwischen der Kraft in ($C$) und dem Gewichte in ($B$) bei der Drehung um die Axe ($FG$) besteht, und aus der Vergrösserung, welche es durch die Schraube und ihre Hebel erfährt. Wenn die Zange gehoben und der Transportnachen darunter gefahren ist, öffnet man sie mit dem Göpel ($\beta$). Man muss aber darauf achten, dass an der Seite bei ($\Delta$) ein Anhaltepunkt, etwa ein eingerammter Pfahl sein muss, damit der Apparat nicht zurückweichen kann, und dass der grosse Kasten (die Fähre) am vorderen Theile bei ($\varepsilon$), wo die Last hängt, viel höher ist, als hinten bei ($\Delta$). Will man den genannten Göpel, wegen der Unbequemlichkeit infolge des grossen Raumes, den er für die Arbeiter beim Umdrehen beansprucht, nicht anwenden, so kann man ein Zahnrad auf einer Welle gebrauchen, an welcher man das Ende des Seiles vermittelst eines Hakens befestigt, welches Rad man durch ein Getriebe und Kurbeln umdreht . . . . ."

In Kapitel XVIII wird eine Pulvermühle beschrieben, deren eigenthümlicher Bewegungsmechanismus zum Heben der hölzernen Stempel aus Fig. 292 ersichtlich ist. Am Schlusse des Kapitels wird aber gesagt:

„Wenn man die Anfertigung des genannten Hebels mit der Schnur (welche über eine Rolle läuft und den Stempel in der Mitte seines oberen Endes erfasst) vermeiden will, so kann man die Stempel länger machen und oben einen jeden mit einem Arme versehen, so dass die Axe, wenn sie nun in entgegengesetzter Richtung umgedreht wird, mit dem Hebedaumen den Stempel in derselben Weise heben und herabfallen lassen kann, was dann freier geschieht und viel besser ist, namentlich, wenn man an dem Ende des Hebedaumens eine Rolle anbringt, welche umlaufen kann und beim Heben des Stempels keinen Widerstand leistet."

In der zuletzt angedeuteten Weise wurde der von Agricola angegebene Fallhammer (Fig. 180, S. 160) betrieben.

In den Kapiteln XIX und XX beschreibt Lorini Getreidemühlen für Handbetrieb. Bei der ersten sitzt ein Schwungrad auf einer horizontalen Kurbelaxe, deren Bewegung durch eine Winkelräderübersetzung wie 1 : 3 in's Schnelle auf die Mühlspindel übertragen wird. Bei der in Kapitel XX beschriebenen erfolgt die Bewegung durch einen in einer Horizontalebene schwingenden Handhebel. Durch Flügelstange und Kurbel wird dessen Bewegung in Drehung einer vertikalen Axe umgesetzt, welche ein Schwungrad, wie das in Fig. 286 dargestellte trägt. Durch Stirnräderübersetzung wie 1 : 2 in's Schnelle wird die Bewegung von dieser Axe auf die Mühlspindel übertragen.

In Kapitel XXI wird das Schwungrad als das beste Mittel bezeichnet, um bei Anwendung animalischer Kräfte eine Maschine in eine Bewegung von ähnlicher Gleichmässigkeit zu versetzen, wie sie beim Betriebe mit Wasserrädern erreicht wird; doch, sagt Lorini, sei es schwer, eine animalische Kraft (namentlich bei Handbetrieb) gleichmässig auf das Schwungrad wirken zu lassen. Dies werde am besten durch die bei Beschreibung von Fig. 286 erwähnte und in Fig. 287 in vergrössertem Massstabe abgebildete doppeltwirkende Schaltung erreicht, sowie auch durch die in Fig. 293 dargestellte Anordnung, bei welcher die Bewegung von zwei Hebeln durch zwei in ihren mittleren Lagen rechtwinklig zu einander stehende Flügelstangen auf eine Kurbel übertragen wird. Auch der Idee, auf welcher diese zweite Anordnung beruht, sind wir bei keinem früheren Autor begegnet, und müssen sie daher als eine Erfindung Lorini's betrachten. Denn wo wir vor ihm Doppelkurbeln angewendet fanden, waren sie um 180° gegeneinander verstellt.

In den letzten Kapiteln seines Werkes bespricht Lorini transportable Pontonbrücken und zusammenlegbare Leitern, wie sie sich schon bei Robertus Valturius a. a. O. abgebildet finden.

## Giambattista della Porta (1538–1615).

Giambattista della Porta, aus altadeligem Geschlechte um 1538 zu Neapel geboren, wurde mit seinem Bruder Vincent unter der Leitung eines Oheims, der sehr unterrichtet war, erzogen. Beide Brüder beseelte gleicher Eifer für das Studium der Naturwissenschaften, und sie blieben für ihr ganzes Leben die treuesten Gefährten und Freunde. Nachdem Giambattista sich frühzeitig, namentlich durch das Lesen der Werke alter Naturforscher, gebildet und alle Quellen, die Neapel ihm für sein Studium bieten konnte, erschöpft hatte, reiste er durch Italien, Frankreich und Spanien, wo er Bibliotheken durchforschte, durch Unterredung mit Gelehrten, Künstlern und Handwerkern sich weiter zu bilden suchte und viele Notizen zur späteren Verwerthung sammelte. In seine Vaterstadt zurückgekehrt, wurde er Mitbegründer der Akademie der „Otiosi“ und errichtete kurze Zeit darauf in seinem Hause diejenige der „Secreti“, in welche Niemand aufgenommen wurde, der sich nicht durch eine nützliche Entdeckung oder Erfindung auf dem Gebiete der Naturwissenschaften ausgezeichnet hatte. Des geheimnissvollen Namens wegen wurde diese Gesellschaft bald der Zauberei verdächtigt und ihr Gründer und Leiter nach Rom vorgeladen, um sich zu rechtfertigen. Infolge des grossen Rufes, den er sich in der Gelehrtenwelt erworben hatte, gelang ihm dies leicht; doch löste Papst Paul III. die Akademie der „Secreti“ auf und Porta musste ihm versprechen, sich für die Folge unerlaubter Künste zu enthalten, was ihn indess nicht abhielt, auch ferner physikalische Studien in seiner Heimath zu pflegen.

Schon 1558, im neunzehnten Lebensjahre unseres Autors, erschien zu Neapel die erste Auflage seiner „Magia naturalis“, die jedoch damals nur aus drei Büchern bestand. Einunddreissig Jahre später (1589) gab er dasselbe Werk erweitert in zwanzig Büchern heraus. In dieser vollständigen Ausgabe finden sich nicht nur bemerkenswerthe Forschungen über Optik, die den Verfasser unter anderem zur Erfindung der Camera obscura führten und ihn der Erfindung des Fernrohres sehr nahe brachten, sondern auch eine für jene Zeit sehr vollkommene Abhandlung über Magnetismus.

Später verarbeitete PORTA einzelne Abschnitte seiner „Magia naturalis“ zu selbständigen Traktaten, welche weitere Deduktionen aus den dort aufgestellten Lehrsätzen enthalten. Von diesen werden wir „Pneumaticorum libri III“, Neapel 1601, im Nachstehenden näher betrachten. Sein Traktat „De aëris transmutationibus“, Rom 1604, ist die vollständigste Meteorologie jener Zeit, und seine Bemerkungen über Ebbe und Fluth nach Beobachtungen, die er zu Venedig gemacht hatte, sind fast die ersten, welche wir über diesen Gegenstand besitzen.

Trotz seines Hanges zum Wunderbaren und vieler naiver Anschauungsweisen, die unseren Autor als Kind seiner Zeit beherrschten, leistete er den Naturwissenschaften grosse Dienste und trug zur Verbreitung des Geschmackes an ihnen mehr bei, als irgend einer seiner Zeitgenossen; nicht nur durch seine Schriften, sondern auch dadurch, dass er jedem Freunde der Wissenschaft den Zutritt zu seinem reich ausgestatteten physikalischen Kabinette gestattete.

PORTA starb in seiner Vaterstadt am 4. Februar 1615 und wurde in einer Kapelle, die er in der Kirche des heiligen Laurenzius hatte errichten lassen, beigesetzt.

Aus seiner „Magia naturalis“ haben für uns nur wenige Abschnitte des neunzehnten Buches hier Interesse.

Im dritten Kapitel wird zunächst gelehrt, dass ein Gefäss, in dem die Luft durch Wärme verdünnt, und das mit der Mündung in Wasser getaucht worden ist, dieses ansaugt, während die darin befindliche Luft sich abkühlt. Es entspricht dies in der Wirkungsweise dem Schröpfkopfe, den schon HERON der Aeltere um 120 v. Chr. beschrieben hatte. (Vergl. S. 8.)

Dann wird die Aeolipyle besprochen, die VITRUV im sechsten Kapitel des zweiten Buches seiner „Architectura“ erwähnt, wo er von den Winden spricht und sagt:

„Der Wind ist eine strömende Luftwelle mit unbestimmt überfluthender Bewegung. Er entsteht, wenn Hitze auf Feuchtigkeit trifft und der Andrang der Erwärmung einen gewaltig wehenden Hauch herauspresst. Dass dies der Fall ist, kann man aus den ehernen Aeolipylen (Luftgefässen) ersehen und so hinsichtlich der verborgenen Gesetze des Himmels durch künstlich erfundene Dinge die göttliche Wahrheit erkennen. Man macht nämlich eherne, hohle Gefässe, die eine möglichst enge Oeffnung haben. Durch diese werden sie mit Wasser gefüllt und dann stellt man sie an's Feuer. Bevor sie warm werden, zeigt sich keinerlei Hauch, sobald sie aber anfangen, sich zu erhitzen, bewirken sie am Feuer ein heftiges Blasen, und so kann man aus diesem kleinen Schauspiele Kenntniss und Urtheil über die grossen, unermesslichen Naturgesetze erlangen.“

Von der hier zu Grunde liegenden Ansicht, dass das aus erhitztem Wasser aufsteigende Gas atmosphärische Luft sei, geht auch PORTA aus.

Schon HERON sagte:

„Das Wasser, wenn es von dem Feuer umgewandelt wird, geht in Luft über. Die Dämpfe aus erhitzten Tiegeln sind nichts Anderes, als ausgedehnte Flüssigkeit, die sich in Luft verwandelt hat, denn das Feuer löst alles Dichte auf und wandelt es um.“

Und diese Ansicht hat sich bis gegen das achtzehnte Jahrhundert erhalten. Nichtsdestoweniger ist die Aeolipyle, welche früher in keinem physikalischen Kabinet fehlte, von historischem Interesse, weil sie allmälig zu besserer und allgemeinerer Kenntniss der Dampfkraft führte. So bespricht beispielsweise schon ALBERTUS MAGNUS (geb. um 1200 zu Lauingen in Schwaben als ALBRECHT Graf VON BOLLSTÄDT) in seiner Abhandlung „De Meteoris" lib. IV, cap. III die Art, wie man durch Dampf die Entstehung eines Erdbebens anschaulich machen könne, mit folgenden Worten:

„Man hat ein starkes Gefäss von Erz, das eine Oeffnung im Kopfe und eine im Bauche hat und auf Füssen steht. Es wird mit Wasser gefüllt, die Oeffnungen werden verstopft, und dann stellt man es an's Feuer. Es entsteht Dampf im Gefässe und dieser nimmt immer mehr an Stärke zu, bis er durch eine der Oeffnungen gewaltsam herausbricht und das Wasser weit über die umliegenden Dinge hinausstösst. Oder wenn es unten herausbricht, schleudert es durch die Gewalt des Dampfes Brände, Kohlen und heisse Asche weithin. Man nennt ein solches Gefäss „sufflator" und giebt ihm gewöhnlich die Gestalt eines blasenden Mannes."

Doch möchten wir hier auch an die Dampfkanone erinnern, die sich in den Skizzen des LEONARDO DA VINCI findet, und welche dieser als eine Erfindung des ARCHIMEDES bezeichnet (vergl. S. 99), und möchten auch darauf aufmerksam machen, dass ANTHEMIUS aus Tralles, der Erbauer der Sophienkirche in Konstantinopel, im sechsten Jahrhundert n. Chr. schon besser ein Erdbeben durch Dampfkraft nachzuahmen verstand, als ALBERTUS MAGNUS.

Der byzantinische Historiker AGATHIAS, der unter Kaiser Justinian lebte und eine Geschichte jener Zeit geschrieben hat, erzählt (nach der lateinischen Uebersetzung des BUONAVENTURA VULCANIUS, Paris 1660) im fünften Buche dieses Werkes von ANTHEMIUS und dem Redner ZENO, die mit einander im Streite lebten, Folgendes:

„ZENO hatte ein hohes Haus, sehr geräumig und schön und sorgfältig ausgeschmückt, worin er selbst oft verweilte und gute Freunde als Gäste zu empfangen pflegte. Aber die unteren Wohnräume desselben, gleicher Erde, bildeten zum Theil das Haus des ANTHEMIUS, so dass die Decke dazwischen einestheils eine Abdachung, anderentheils eine Basis (für das darüber liegende Stockwerk des ZENO) war. Hier nun stellte er grosse, mit Wasser gefüllte Kessel in verschiedenen Räumen des Hauses auf. Diese umgab er aussen mit ledernen Röhren, und zwar waren sie an ihrem unteren Theile so weit, dass sie den ganzen Umfang des Kessels umschlossen, dann nach Art von Trompeten in engere Form übergeführt und im richtigen Verhältniss verlaufend, befestigte er ihre Enden an den Balken und Bretten, und heftete sie so genau an, dass die von den Röhren aufgenommene Luft (Dampf) zwar aus freiem Antriebe aufstieg, indem sie in deren Höhlung in die Höhe strebte und an die nackte Dachfläche anstiess, soweit sie es bei der Umschliessung mit Leder vermochte, nach aussen aber auf keine Weise entwich oder durchbrach. Nachdem dies im Geheimen hergerichtet war, brachte er ein mächtiges Feuer unter den Boden der Kessel und erzeugte eine grosse Flamme. Allmälig wurde aus dem siedenden, wallenden Wasser viel Dampf (vapor) entwickelt, der ebenso schnell als dicht in die Höhe stieg. Und da er keine Gelegenheit zum Ausströmen hatte, wurde er in die Röhre getrieben und strebte, durch die Enge zusammengepresst, mit um so grösserer Gewalt aufwärts, bis er mit heftigem Anprall an die Decke stiess und das Ganze erschüttert und bewegt wurde, so dass die Balken allmälig zitterten und knarrten. Die aber bei ZENO waren, wurden von Furcht und Schrecken ergriffen und liefen, die Götter anrufend, laut schreiend und von der Schwere des Unglücks erschüttert auf die Strasse . . . . . ."

Es wird auch erzählt, wie ANTHEMIUS seinen Feind noch durch künstliche Blitze und Donner erschreckte; doch wollen wir zu unserem Thema zurückkehren.

Während bei der von VITRUV beschriebenen Aeolipyle die Oeffnung noch eben gross genug sein musste, um Wasser eingiessen zu können, sagt PORTA, man solle sie sehr fein machen, und wenn es alsdann zu schwierig sei, das Wasser einzugiessen, solle man das vorher besprochene Experiment anwenden, um die Aeolipyle zu füllen, d. h. man solle sie erst erwärmen und dann in Wasser tauchen, damit sie beim Erkalten der eingeschlossenen Luft Wasser ansauge. Auf diese Weise findet man die Aeolipyle bei späteren Schriftstellern meist beschrieben.

Der folgende Abschnitt ist überschrieben: „Ein Gefäss, welches Wasser fortschleudert" und lautet:

„Es wird bei uns ein Gefäss von pyramidaler Form und mit sehr enger, länglicher Mündung feilgeboten (circumfertur), womit Wasser in die Ferne geschleudert wird. Damit dieses durch die Mündung Wasser einziehe, sauge man mit dem Munde nach Kräften Luft aus und tauche die Mündung plötzlich unter Wasser. Dann zieht es das Wasser so lange an, bis dieses den dritten Theil ausfüllt. Wenn Du willst, dass das Wasser in die Ferne geschleudert werde, fülle das Gefäss mit Luft, indem Du so stark, als Du kannst, hineinbläst. Neige die Mündung des Gefässes, sobald Du sie vom Munde thust, so dass das Wasser in sie hineinläuft und ein Hinderniss bildet, so schleudert die Luft, indem sie herauszuströmen sucht, das Wasser weit fort. Wenn Du aber ohne Heranziehung der Luft das Wasser in die Ferne schleudern willst, erhitze den Boden des Gefässes ein Weilchen, denn die ausgedehnte Luft verlangt einen grösseren Raum, und indem sie sich auszudehnen strebt, treibt sie das Wasser heraus. Auf diese Weise machen die Trunksüchtigen ein kleines Loch in das Weinfass, und weil der Wein nicht herausläuft, indem das Spundloch, durch welches Luft eintreten sollte, durch einen Stöpsel verschlossen ist, blasen sie, so stark sie können, in jenes Loch, und sobald sie von ihm zurücktreten, fliesst so viel Wein aus, als Luft eingeblasen wurde."

Die hier beschriebene Flasche ist eine unvollkommene Form des sogenannten Heronsballes (der Spritzflasche). Offenbar fehlte die beinahe bis zum Boden herabreichende Spritzröhre, weshalb die verdichtete Luft nur Wasser fortschleudern konnte, wenn das Gefäss so geneigt wurde, dass das Wasser in die Mündung trat; aber immerhin muss man den Apparat als eine Art Heronsball betrachten.

Bekanntlich hat sich ARAGO seiner Zeit bemüht, SALOMON DE CAUS zum Erfinder der Dampfmaschine zu machen. Der Apparat zum Heben des Wassers durch Feuer, den dieser beschreibt, stimmt mit dem überein, den man erhält, indem man einen Heronsball so erhitzt, wie es PORTA hier angiebt.

Die übrigen Gegenstände des neunzehnten Buches der „Magia naturalis", die für uns Interesse bieten, sind in dem Traktate „Pneumaticorum libri III" ausführlicher und besser behandelt, weshalb wir uns zu diesem wenden. Es liegt uns die italienische Uebersetzung, welche 1606 zu Neapel erschienen ist, vor.

Das erste Buch enthält Betrachtungen über das Vakuum, das Gleichgewicht von Flüssigkeiten und den Heber.

Im ersten Kapitel des zweiten Buches wird gesagt:

„Wenn wir Wasser um 100 Fuss*) heben wollen, so sei (*DC*) (Fig. 294) ein hochgestelltes Gefäss, in welches das Wasser aus einem um 100 Fuss tiefer stehenden ersten Gefässe (*AB*) zu steigen habe. Es sei (*BC*) eine Röhre, welche so weit zum Boden des Gefässes (*AB*) herabreicht, dass das Wasser noch eben nach dem Gefässe (*CD*) ablaufen kann. Sie sei mit dem Gefässe (*CD*) verlöthet. Der andere Schenkel des Hebers, d. i. die Röhre mit dem Gefässe (*EF*) gehe von demselben Deckel nach abwärts und sei oben verlöthet. Ferner gehe eine ebenfalls 100′ lange Röhre von dem Boden des Gefässes (*EF*) senkrecht herab und sei zum beliebigen Schliessen und Oeffnen bei ihrer Einmündung mit einem Hahne (*F*) versehen. Auf

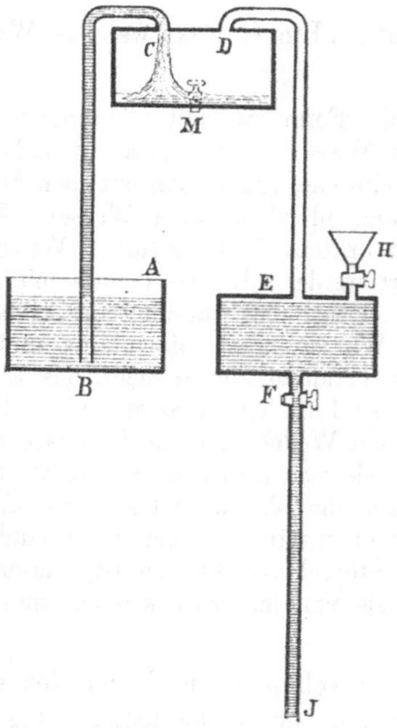


Fig. 294.

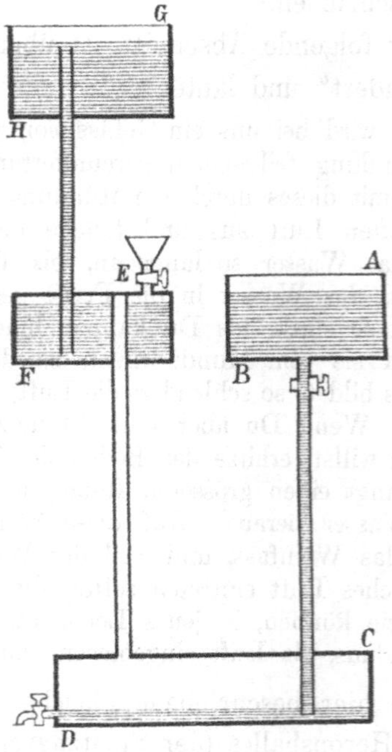


Fig. 295.

dem Gefässe (*EF*) sei ein Trichter (*H*) mit Hahnenverschluss, durch welchen wir es mit Wasser füllen können. Man fülle die beiden Gefässe (*AB*) und (*EF*) und verschliesse den Hahn (*H*), dass er keine Luft einlässt. Wird dann der Hahn (*F*) geöffnet und das Wasser beginnt durch den Kanal (*FJ*) abzulaufen, so sucht das Gefäss (*EF*), da es die durch das Wasser entstandene Leere mit Luft wieder füllen muss, diese auf jedem Wege und zieht daher die Luft aus der Röhre (*ED*) und diese zieht sie aus dem Gefässe (*CD*). Ist aber die Luft aus (*CD*) gesogen, so wird das Wasser gezwungen, von seinem Orte aus gegen seine natürliche Neigung

*) Im Texte steht 100 palmi anstatt 100 piedi, was aber, wie aus dem Nachfolgenden hervorgeht, ein Schreib- oder Druckfehler ist. — In den Figuren des vor uns liegenden Werkes stimmen die Buchstaben sehr häufig nicht mit denen im Text überein oder sind in diesem fehlerhaft. Wir haben uns erlaubt, diese Buchstabenbezeichnungen in Uebereinstimmung zu bringen.

in die Höhe zu steigen und einen höher gelegenen Ort einzunehmen. So gelangt es in das Gefäss (*CD*). Und wenn aus dem Gefässe (*EF*) alles Wasser ausfliesst, zieht es ebensoviel Wasser aus dem Gefässe (*AB*), welches nach (*CD*) gelangt und dort verbleibt. Wenn wir dann das Gefäss (*DC*) öffnen, können wir uns des Wassers zu unserem Gebrauch bedienen und haben erreicht, was wir uns vorgenommen hatten. Die Druckhöhe (il perpendicolo) des herabfliessenden Wassers sei 100′, so wird es durch die Röhre (*BC*) auf dieselbe oder auf eine um Weniges geringere Höhe steigen . . . . .“

Im zweiten Kapitel weist Porta darauf hin, dass Heron der Aeltere in Kapitel 53 seiner „Pneumatica“ einen ähnlichen Apparat beschreibt, aber nicht angiebt, dass die Länge der Ausflussröhre mindestens ebenso gross sein muss, wie die Steigröhre, während die Abbildung vermuthen lässt, er habe es für genügend gehalten, wenn das Wasser nur etwas tiefer abfliesst, als das anzusaugende Wasser steht. „Daher“, sagt Porta, „irrt Heron. Doch könnte man auch sagen, Heron habe nicht geirrt, aber die Abbildung sei falsch.“ Letzteres ist um so wahrscheinlicher, als diese Abbildungen erst im sechzehnten Jahrhundert von Bernhard Baldo oder von Federico Commandino dem Texte beigegeben wurden. Dies thut indess dem Verdienste Porta's keinen Eintrag, die nothwendige Länge der Abflussröhre für solche Apparate annähernd festgestellt zu haben. Unbekannt war ihm dagegen der erst von Toricelli (1643) entdeckte Atmosphärendruck, durch welchen das Wasser in die Saugröhre emporgetrieben wird, und der höchstens ein Ansaugen auf etwa 10 m gestattet, während der horror oder metus vacui, wodurch die früheren Physiker das Ansaugen erklärten, als unbegrenzt gedacht wurde. Unbekannt war unserem Autor auch, dass bei dem in Rede stehenden Apparat die gehobene Wassermenge wegen der Elasticität der eingeschlossenen Luft eine geringere ist, als die ausgeflossene. Und es scheint ihm auch nicht klar gewesen zu sein, dass das obere Gefäss (*D C*) nur dann um die Länge der Ausflussröhre höher gestellt werden darf, als das untere Gefäss (*A B*), wenn dieses stets gefüllt erhalten wird, dass es anderenfalls aber um so viel tiefer gestellt werden muss, als der Wasserspiegel in (*A B*) während der Thätigkeit des Apparates sinkt. Sein Glaube, dass der Apparat seinen Angaben gemäss funktionire, konnte nur daraus entspringen, dass er, wie Lorini sagt, auf die Leichtigkeit vertraute, womit kleine Modelle arbeiten.

In Kapitel III weist Porta darauf hin, dass Heron auch bei dem gewöhnlichen Heber mit Ansaugegefäss versäumt hat, zu sagen, dass die Ausflussröhre des letzteren dieselbe Länge haben muss, wie der aufsteigende Schenkel des Hebers.

Kapitel IV zeigt, „wie Wasser durch Verdrängung in die Höhe getrieben werden kann“. Sind die Gefässe (*A B*) und (*E F*) (Fig. 295) mit Wasser gefüllt und wird der Hahn bei (*B*) geöffnet, so fliesst das Wasser von (*A B*) nach (*D C*), und die in (*D C*) und (*E F*) komprimirte Luft drückt das Wasser von (*E F*) nach (*G H*), vorausgesetzt, dass die Wassersäule zwischen (*B A*) und (*D C*) gleich der Druckhöhe zwischen (*E F*) und (*G H*) ist oder etwas höher.

In Kapitel V wird darauf hingewiesen, dass HERON auch bei Apparaten dieser Art, insbesondere bei dem sogenannten Heronsbrunnen, versäumt hat, die nöthige Druckhöhe anzugeben oder zu berücksichtigen.

In Kapitel VI wird ausgeführt, dass bei den beschriebenen Apparaten die Länge der Röhren, sofern sie ohne Einfluss auf die Druckhöhe ist, die Wirkungsweise des Apparates nicht beeinflusse, was jedoch wegen der Elasticität der eingeschlossenen Luft bezüglich der Fördermenge bei gegebener Betriebswassermenge nicht ganz richtig ist.

In Kapitel VII wird gezeigt, wie man durch Kombination (Fig. 296) eines Druck- und eines Saugapparates, wie beschrieben, Wasser auf das Doppelte der

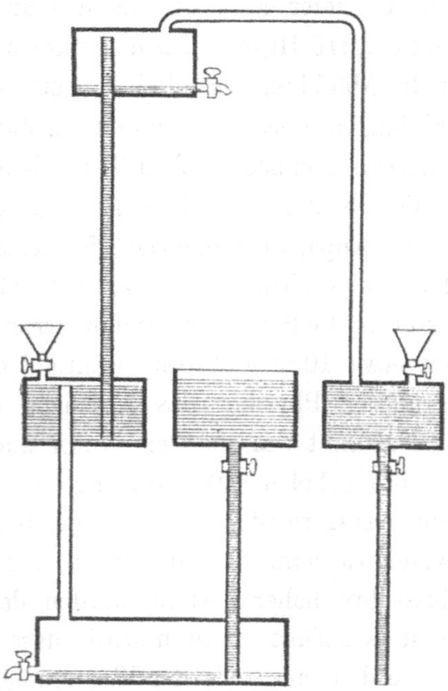

Fig. 296.

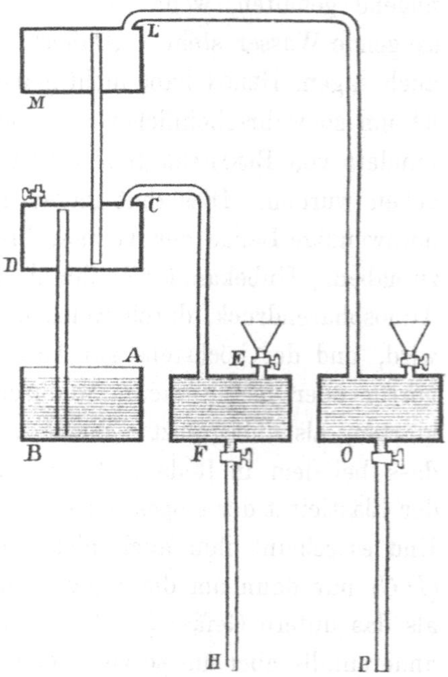


Fig. 297.

Gefällhöhe des Betriebswassers emporheben kann. Es geschieht dies in der Weise, dass der eine Apparat das Wasser nach dem hochstehenden, ganz geschlossenen Gefässe hindrückt, während der zweite die Luft aus demselben saugt.

In Kapitel VIII wird darauf hingewiesen, dass bei dem Saugapparate das Betriebswasser ins Freie und nicht etwa in ein geschlossenes Gefäss ausströmen muss, um seine Wirkung zu thun.

In Kapitel IX wird eine Kombination von zwei Saugapparaten zu dem in Kapitel VII angegebenen Zwecke so beschrieben, wie aus Fig. 297 ersichtlich ist, und dann wird gesagt:

„Nachdem diese Dinge hergerichtet sind, füllt man das Gefäss (*AB*) mit Wasser und öffnet den Hahn (*F*). Indem das Wasser durch die Röhre (*FH*) ausfliesst, wird das Wasser von (*AB*) durch die Luft gehoben, die nun in (*EF*) und der Röhre ($EC$) eingeschlossen ist, und das Wasser steigt daher nach ($CD$). Man dreht alsdann den Hahn ($O$) um, der dem Gefässe ($AB$) gegenübersteht, und das Wasser bewirkt durch ($OP$) und die Röhre ($OL$), dass das Wasser aus dem Gefässe ($CD$) nach ($LM$) steigt, indem durch den Kanal ($CH$) Luft in das Gefäss ($CD$) tritt. Denn wenn hier keine Luft eintritt, zieht es nicht. Und so kann man fortfahren bis zu einer beliebigen Höhe, weil bei jedem weiteren Apparat dasselbe stattfindet, wie wir es bei dem ersteren beschrieben haben."

Hier ist, ausser dem früher Erwähnten, übersehen, dass durch die grössere Luftmenge, welche in dem längeren Verbindungsrohre zwischen dem hochstehenden und dem tiefstehenden Gefässe eingeschlossen ist, der Effekt jedes folgen-

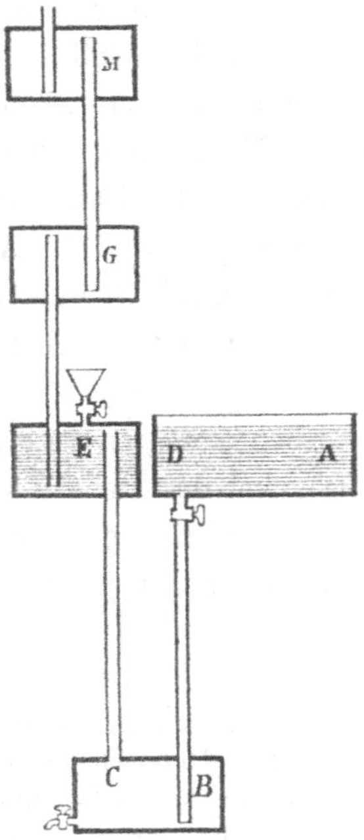


Fig. 298.

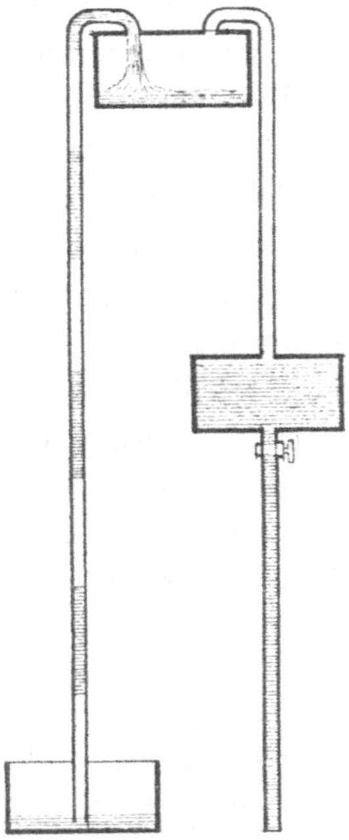

Fig. 299.

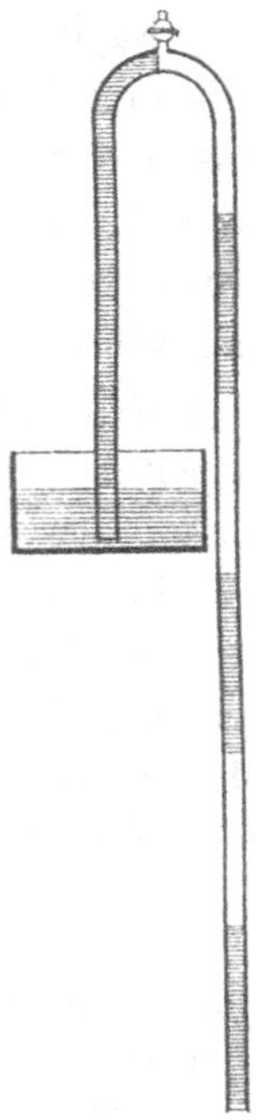

Fig. 300.

den Apparates kleiner wird, als der des vorhergehenden, sowie, dass das Wasser durch die Röhre ($FH$) wegen Verdünnung der darüber befindlichen Luft nicht vollständig ablaufen kann, weshalb Lufthähne auf den Gefässen ($DC$), ($ML$) u. s. w. erforderlich sind.

In Kapitel X soll gezeigt werden, wie man bei einem gegebenen Gefälle durch einen Druckapparat der beschriebenen Art Wasser auf beliebige Höhe heben kann. Zunächst wird der Apparat beschrieben, wie ihn Fig. 298 zeigt. Der Fassungsraum eines jeden der Gefässe ($CB$), ($E$), ($G$) u. s. f. entspricht der Wassermenge, die gehoben werden soll. Das Gefäss ($DA$) aber fasst so viel, wie die Gefässe ($E$), ($G$) u. s. w. zusammengenommen. Man füllt die Gefässe ($DA$) und ($E$) mit Wasser und öffnet den Hahn unter dem ersteren, nachdem man das letztere abgeschlossen hat.

„Wenn dann", sagt PORTA, „das Wasser von (*A D*) nach (*B C*) herabfliesst, treibt die verdrängte Luft das Wasser aus dem Gefässe (*E*) und hebt es nach (*G*). Und wenn wir uns wiederholt in derselben Weise der Maschine bedienen, können wir allein mit der Druckhöhe (*D B*) das Wasser bis zu den Sternen heben." Er meint offenbar, man solle den Hahn unter (*D A*) schliessen, das in (*C B*) befindliche Wasser ablassen, (*C B*) schliessen und den Hahn unter (*D A*) wieder öffnen, so würde das Wasser von (*G*) nach (*M*) gedrückt, und so könne man es stufenweise immer höher und höher heben. Es ist ihm unbekannt, dass die eingeschlossene Luft erst bis zu einer gewissen Spannung komprimirt werden muss, um den nöthigen Druck ausüben zu können, und dass hierzu von Stufe zu Stufe eine immer grössere Betriebswassermenge nöthig wird.

Kapitel XI führt die Ueberschrift: „Wie man durch Luft die Saughöhe vermehren kann." Mit einem Saugapparate, wie beschrieben (Fig. 299), wird Wasser angesaugt; sobald dies aber in der Saugröhre ein wenig gestiegen ist, entfernt man das Wassergefäss einen Augenblick von der Mündung des Saugrohres, so dass etwa das gleiche Volumen Luft eingesaugt wird. Dann lässt man wieder etwas Wasser, dann wieder etwas Luft einsaugen u. s. f. Auf diese Weise kann die abwechselnd aus Luft und Wasser bestehende Säule etwa doppelt so hoch werden, bis sie der abwärts fliessenden, ununterbrochenen Wassersäule das Gleichgewicht hält.

In den Kapiteln XII und XIV wird analog dem soeben Gesagten gezeigt, dass das Eindringen von etwas Luft in den anderen Schenkel des Hebers den Lauf des Wassers nicht unterbricht, wenn die Fallhöhe in diesem die Steighöhe im ersten Schenkel um mehr als die Länge der Luftblasen übertrifft (siehe Fig. 300).

Kapitel XIII lautet:

„Nun werden wir eine Art des Wasserhebens beschreiben, die den Alten nicht bekannt war, vielmehr von ihnen für unmöglich gehalten wurde. Denn Jeder, der versuchte, in der Biegung eines Hebers an seiner höchsten Stelle eine kleine Oeffnung zu machen, fand, dass durch plötzliches Eindringen von Luft, die den Lauf des Wassers unterbrach, die Wassersäule ihres Gewichtes beraubt wurde, das Wasser zu beiden Seiten herabfiel und der Heber nicht nur aufhörte zu wirken, sondern plötzlich leer wurde . . . . . Man nehme einen gebogenen Heber, an dessen höchster Stelle im Halse (*B*) (Fig. 301) eine kleine Oeffnung ist, an die ein Gefäss sich anschliesst oder angelöthet ist, so dass keine Luft eindringen kann. Am Halse bringen wir einen Hahn (*D*) an, so dass durch diesen ein Weg in das Gefäss geht. Wenn nun die Strömung des Wassers in dem Heber eine kontinuirliche geworden ist, öffnen wir das Hähnchen und von dem durch den Hals des Hebers strömenden Wasser wird ein wenig durch die kleine Oeffnung in das Innere des Gefässes fliessen, während ebensoviel Luft daraus entweicht und Luft und Wasser gemischt durch den Schenkel (*B A*) herabfliessen*). Und auf diese Weise wird sein Lauf nicht unterbrochen, wie wir oben gezeigt haben (d. h. wenn der Schenkel, worin das Wasser herabfliesst, genügend lang ist). Beim Oeffnen und Schliessen des Hahnes ist nöthig, dass es im richtigen Verhältniss zu der Wasserströmung und der Grösse des Heber-

*) Wir haben in unserer Abbildung der besseren Verständlichkeit wegen für Wasser und Luft je ein besonderes Verbindungsröhrchen zwischen Gefäss und Heber eingezeichnet.

schenkels geschehe, so dass die Oeffnung nicht zu gross wird (und nicht zu lange Zeit offen bleibt). Denn wenn zu viel Wasser in das Gefäss dringt, wird der Heber eine zu grosse Luftmenge aus diesem aufnehmen, und indem diese durch den Schenkel abfliesst, könnte sie das Gewicht der Wassersäule zu sehr beeinträchtigen und die Wasserströmung aufhören. Um dies zu vermeiden, muss man die Mündung immer nur wenig öffnen und rasch schliessen ..... So wird das Gefäss in abgebrochenen Zwischenräumen gefüllt, und wenn es voll und der Hals geschlossen ist, öffnet man eine untere Mündung und nimmt das Wasser heraus .....“

Selbstverständlich muss auch durch ein Hähnchen Luft in das Gefäss eingelassen werden können, wenn das Wasser daraus abfliessen soll. Da die mangelhafte Abbildung von diesem Apparate aus PORTA's Werk in diejenigen

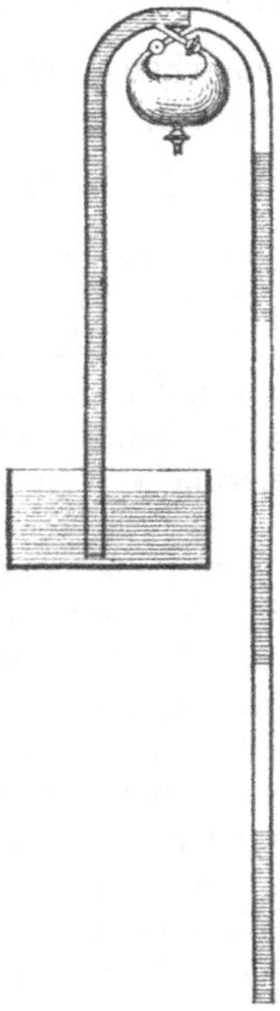

Fig. 301.

Fig. 302.

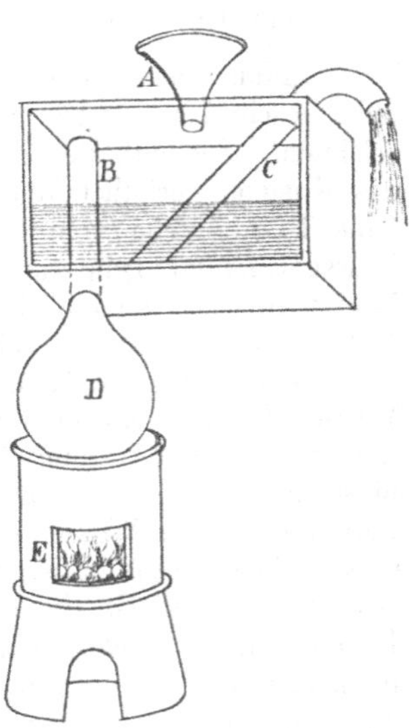


Fig. 303.

vieler späterer Schriftsteller übergegangen ist, und diese meist noch mangelhaftere Erklärungen dazu gesetzt haben, glaubten wir die Beschreibung PORTA's, soweit es uns für die Verständlichkeit nöthig schien, hier wiedergeben zu sollen.

In Kapitel XV wird gezeigt, wie man durch den soeben beschriebenen Heber Wasser aus einem Bache auf einen Thurm schaffen kann. Es ist hier offenbar vorausgesetzt, dass bei dem Thurme ein genügend grosses Gefälle in dem Bache vorhanden sei (siehe Fig. 302). Das Ende des kürzeren Heberschenkels ist gegen die Strömung horizontal umgebogen und in das Oberwasser eingetaucht, so dass dieses nicht nur von dem Heber angesaugt, sondern auch durch die Strömung hineingetrieben wird. Das Ende des längeren Schenkels ist in das Unterwasser eingetaucht und mit der Strömung horizontal umgebogen, so dass diese das aus dem Heber fliessende Wasser rasch wegführt.

Hier, sowie in dem nun folgenden ersten Kapitel des zweiten Buches, tritt wieder deutlich hervor, dass Porta von der bei etwa 10 m gelegenen Grenze der Saughöhe nichts wusste. Denn in dem letztgenannten Kapitel will er zeigen, dass man vermittelst eines Hebers Wasser über einen Berg aus einem Thale in ein benachbartes, tiefer gelegenes Thal bringen könne, und es ist kaum zu bezweifeln, dass er sich den Berg höher als den vorhin genannten Thurm und diesen mehr als 10 m hoch vorstellte. Am höchsten Punkte des über den Berg geführten Hebers soll ein Trichter mit Hahnverschluss angebracht sein, um ersteren füllen zu können. Die Heberöhre soll aus Thon, Blei oder Kupfer hergestellt werden. Eisen ist nicht genannt, denn gusseiserne Röhren kamen, wie wir schon früher zu bemerken Gelegenheit hatten, erst in der zweiten Hälfte des siebzehnten Jahrhunderts in Gebrauch und schmiedeiserne noch später.

Ferner ist aus dem zweiten Buche das siebente Kapitel bemerkenswerth, in dem ein Apparat beschrieben wird, mit dessen Hilfe untersucht werden soll, in wie viel Luft (Dampf) eine bestimmte Wassermenge sich auflöst. Es lautet:

„Man mache einen Kasten (*BC*) (Fig. 303) von Glas oder Zinn. Im Boden habe er ein Loch, wodurch die Röhre einer Destillirblase geht, die wir mit (*D*) bezeichnen. Sie enthalte ein oder zwei Unzen Wasser. Der Hals sei in dem Boden des Kastens verlöthet (oder verkittet), so dass nichts aus ihm herauslaufen kann. Eine Röhre stehe vom Boden dieses Kastens so weit ab, als zum Auslaufen des Wassers genügt, gehe durch den Deckel und ein wenig über seine Oberfläche hinaus. Man fülle den Kasten durch das Loch (*A*) und verschliesse es gut, so dass keine Luft entweichen kann. Endlich setze man die Destillirblase über ein Feuer und erwärme sie langsam, damit, wenn das Wasser sich in Luft auflöst, diese auf das Wasser in dem Kasten drückt und es zwingt, in der Röhre (*C*) in die Höhe zu steigen, aus der es dann herausläuft. Man erwärme das Wasser (in der Destillirblase) so lange, bis es alle geworden ist. Während es verdampft, drückt es fortwährend auf das Wasser im Kasten und treibt dieses aus. Wenn die Verdampfung (l'essalatione) beendigt ist, messe man, wieviel Wasser (dem Volumen nach) aus dem Kasten geflossen ist, denn an die Stelle des ausgeflossenen Wassers wird ebensoviel Luft (Dampf) getreten sein, und aus der Menge des ausgeflossenen Wassers erkennt man, dass das (verdampfte) Wasser sich in ebensoviel Luft aufgelöst hat. Man kann auch (mit diesem Apparat) bequem messen, in wieviel Theile dünnerer Luft eine gegebene Menge dichter Luft sich ausdehnen lässt, und obgleich wir dieses Thema schon in unserer Meteorologie behandelt haben, so soll es uns, da es unserem Zwecke hier entspricht, doch nicht verdriessen, noch einmal darüber zu sprechen."

Es folgt die Beschreibung des betreffenden Experiments.

Trotz aller Mangelhaftigkeit des Apparates ist der vorstehend beschriebene Versuch Porta's als der erste zur quantitativen Bestimmung einer Verdampfung von Interesse. Auch möchten wir schon jetzt darauf hinweisen, dass man nach einer kleinen Veränderung des Steigrohres diesen Apparat dazu benutzen kann, um das Wasser aus dem Kasten durch den Dampf hoch in die Höhe zu treiben. Er ist als eine Modifikation des Heronsballes zu betrachten. Wendet man zwei Kasten an, versieht deren Steigrohre mit einem Hahn und schleift sie in eines zusammen, so kann man einen kontinuirlichen Wasserstrahl erhalten, wenn man abwechselnd den einen Kasten füllt, während der andere sich entleert.

In dieser Form gross und stark ausgeführt, stimmt der Apparat wahrscheinlich mit der Dampfmaschine überein, welche der Marquis of Worcester erfand, denn in seiner Schrift „a Century of the Names and Scantlings of the Marquis of Worcester's Inventions. 1663“ sagt er*):

68. „Eine wunderbare und höchst kraftvolle Art, Wasser durch Feuer in die Höhe zu treiben, nicht durch Anziehen oder Ansaugen, denn das kann, wie die Philosophen sagen, nur „Infra sphaeram activitatis“, d. h. nur auf eine gewisse Entfernung (Höhe) geschehen, sondern diese Art hat keine Grenzen, wenn die Gefässe stark genug sind; denn ich habe ein Stück von einer ganzen Kanone, deren Ende zersprungen war, genommen und zu drei Viertel mit Wasser gefüllt, und nachdem ich das zerbrochene Ende, sowie das Zündloch verstopft und verschraubt und ein anhaltendes Feuer darunter gemacht hatte, barst es innerhalb 24 Stunden mit einem lauten Knall; so dass, nachdem ich ein Mittel gefunden hatte, meine Gefässe so zu machen, dass sie durch die Kraft darin verstärkt werden und sich eines nach dem anderen füllt, ich das Wasser in einem andauernd 40 Fuss hohen Springbrunnenstrahle ausströmen sah. Ein Gefäss voll Wasser, das durch Feuer verdünnt wird, treibt 40 (Gefässe) kalten Wassers in die Höhe. Und ein Mann, der den Apparat bedient, hat nur zwei Hahnen zu drehen, damit, wenn ein Gefäss voll Wasser verbraucht ist, ein anderes zu drücken anfängt und es sich wieder mit kaltem Wasser füllt, und so abwechselnd, wobei das Feuer gewartet und gleichmässig erhalten wird, was dieselbe Person gleichfalls in der Zwischenzeit zwischen den nothwendigen Umdrehungen der genannten Hahnen besorgen kann.

Da hier das Zersprengen eines Kanonenrohres als Beweis für die Grösse der Kraft angeführt wird, welche bei der Maschine angewendet wurde, so ist wohl nicht zu bezweifeln, dass diese eine Hochdruck-Dampfmaschine war, und die oft wiederholte Behauptung, dass die ersten brauchbaren Dampfmaschinen Niederdruck oder vielmehr atmosphärische Maschinen gewesen seien, dürfte danach einzuschränken sein. Denn brauchbar sind auch Maschinen nach Art derjenigen des Marquis of Worcester, da sie thatsächlich noch heute, z. B. als Monte-jus in Zuckerfabriken, gebraucht werden. Die Stelle obigen Citats: „damit, wenn ein Gefäss voll Wasser verbraucht ist, ein anderes zu drücken anfängt und es sich wieder mit kaltem Wasser füllt“, scheint sagen zu wollen, dass das ausgetriebene Wasser heiss gewesen sei, dass also die Maschine wohl nur aus einer Kombination zweier direkt erhitzter Heronsbälle nach Art des Salomon de Caus bestand. Da es aber doch kaum möglich gewesen sein dürfte, das kalte Wasser bis zur Siedhitze zu bringen, ehe das aus dem anderen Gefässe getriebene zu Ende gegangen war, und auf diese Weise einen kontinuirlichen Wasserstrahl zu erhalten, so neigen wir zu der Ansicht hin, dass die Dampferzeugung, wie bei dem soeben besprochenen Apparate Porta's, in einem besonderen Dampfkessel erfolgte.

Wenden wir uns dem in Rede stehenden Werke desselben wieder zu, so finden wir das neunte Kapitel des zweiten Buches überschrieben: „Wie wir starken Wind für Schmiede und zum Kühlen von Zimmern erhalten können, ohne dass er jemals abnimmt, sowie über einige Irrthümer des Heron.“ Es lautet:

*) Nach der Kopie der betreffenden Schrift, welche sich findet in: The life, times and labours of the second Marquis of Worcester by Henry Dircks, London 1865.

„(*AB*) (Fig. 304) sei ein grosses Gefäss oder eine Kammer. Am Boden habe sie ein Loch (*E*) und darüber erhebe sich ein Kanal (*F*) von einem Fuss Länge. Die Kammer habe ferner eine Mündung (*G*), wodurch der Wind blasen soll, und oben einen Trichter (*C*). Wenn sich nun Wasser aus einem Kanale (*D*) in diesen Trichter ergiesst, so führt es Luft mit sich und diese stürzt gleichzeitig mit dem Wasser in die Kammer (*AB*). Das Wasser wird durch die Mündung (*E*) entweichen, in dem Kanale (*F*) in die Höhe steigen und ausfliessen. In das Innere aber fliesse ebensoviel Wasser durch (*C*) ein, als durch (*F*) austritt, so dass die Kammer immer bis zu (*F*) gefüllt sei. Und da das Wasser unausgesetzt in die Kammer (*AB*) herabstürzt und beständig Luft mitführt, so wird stets Wind durch die Mündung (*G*) ausströmen.“

Eine unvollständigere Beschreibung desselben Apparates findet sich schon in PORTA's „Magia naturalis“ von 1589. Dort wird im sechsten Kapitel des neunzehnten Buches gesagt:

„Wie Luft die Dienste von Blasbälgen leistet, haben wir zu Rom gesehen. Es wird eine überall verschlossene Kammer zusammengefügt. Von oben nimmt sie durch einen Trichter eine Quantität Wasser auf. In der Wandung ist oben ein kleines Loch, wodurch die Luft mit grosser Gewalt ausströmt. Sie wird mit solcher Kraft ausgetrieben, dass sie ein Feuer auf's Beste in Brand setzt und in Kupfer- und Eisenschmieden die Stelle von Blasbälgen leicht ausfüllt, indem der Einlauf so konstruirt ist, dass er je nach Bedürfniss abgewendet oder das Wasser hineingeleitet wird.“

Dies ist die älteste Beschreibung eines Wassertrommelgebläses.

In „Pneumaticorum libri III“ fährt PORTA fort:

„Aber in Nettuno bei Rom*) sind zwei Kammern errichtet, damit, während die eine sich mit Wind füllt, die andere sich von Wasser entleert, und während diese sich wieder füllt, die andere sich von Wind entleert. Und auf diese Weise fehlt der Wind niemals dem Feuer, sondern bläst es auf's Heftigste an. Auf unsere Weise aber haben wir zwar immer anhaltend Wind, jedoch nicht so starken.“

Diese Stelle scheint uns nur dann einen Sinn zu haben, wenn unter „Wind“ gepresste Luft zu verstehen ist, und diese entsteht, indem die Kammer sich mit Wasser füllt, sowie dass unter „Entleeren von Wind“ das Verschwinden dieser Luftpressung zu verstehen ist und dieses gleichzeitig mit der Entleerung von Wasser erfolgt. Beides ist sowohl bei Wassertrommel- als auch bei Wassersäulengebläsen der Fall, und es bleibt daher zweifelhaft, welcher von beiden Gattungen das Gebläse von Nettuno angehörte. Wir halten es indessen für das Wahrscheinlichste, dass das Wasser in der vorhin beschriebenen Weise in die Kammern hineinstürzte, aber nicht kontinuirlich ablief. Anstatt des stets offenen Auslaufes (*F*) dürfte ein Hahn angebracht gewesen sein, durch welchen das Wasser nur zeitweilich abgelassen wurde, nachdem es die Kammer gefüllt hatte. Während des Wasserzuflusses würde alsdann eine solche Kammer gleichzeitig als Wassersäulen- und als Wassertrommelgebläse gewirkt haben, woraus sich die stärkere Windpressung erklären liesse.

PORTA fährt fort:

„Ich will auch nicht unterlassen, eine Art anzugeben, auf welche wir einen sehr starken Windstrom dadurch erzeugen können, dass wir Wasser durch eine Röhre

---

*) Nettuno liegt nahe der Küste des Tyrrhenischen Meeres, etwa 50 km südlich von Rom.

in eine Kammer (camera) herableiten, und je länger die Röhre ist (d. h. je grösser die Druckhöhe), desto stärker wird der Wind sein. Man kann auf diese Weise bei der grössten Sommerhitze, um Zimmer (camere) zu kühlen, einen sehr starken Luftstrom erzeugen, wie wir es in Tivoli gesehen haben.

Es sei ($AB$) (Fig. 305) ein Zimmer und darunter ein tiefer Brunnen (pozzo) ($CF$), dessen Mündung mit einem Deckel ($GJ$) geschlossen ist, so dass keine Luft daraus entweichen kann. Durch diesen gehe ein grosser offener Trichter ($H$), der mit ihm verlöthet ist und aus einer grossen Röhre (canale) Wasser aufnimmt (in der Abbildung ist dieser Trichter seitlich angebracht). Je höher die Röhre (oder je höher der Kanal gelegen ist) und mit je grösserer Gewalt das Wasser in den Trichter stürzt, desto besser wird es sein, weil dieses dann eine grössere Menge und kühlere Luft mitführt. Von dem Brunnen gehen Röhren ($CA$) und ($FB$) in das Zimmer,

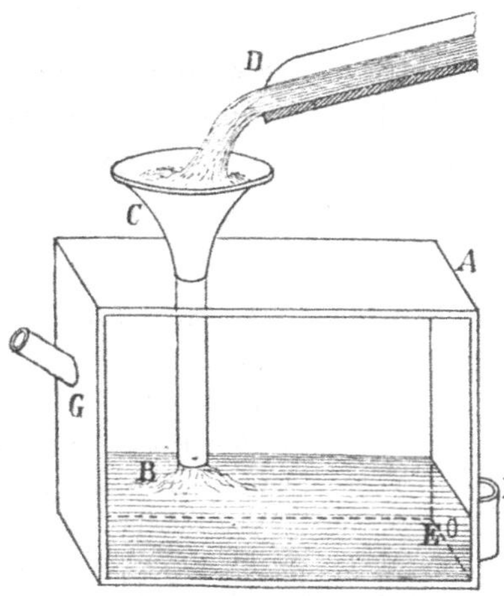


Fig. 304.

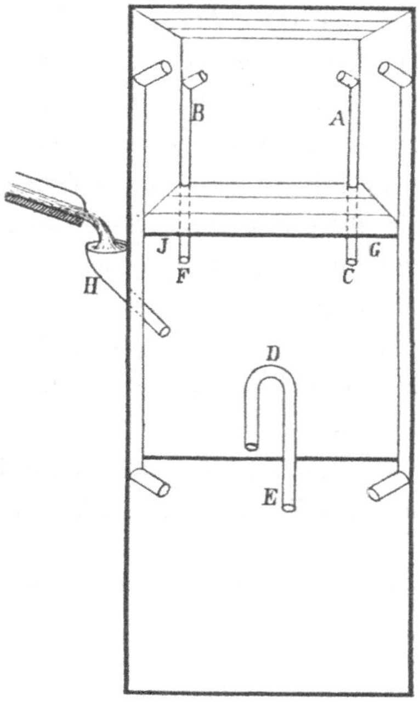


Fig. 305.

die den Wind in dasselbe führen. In halber Höhe des Brunnens sei eine Scheidewand, durch welche ein Heber ($DE$) geht, damit, wenn die Brunnenabtheilung ($CF$) mit Wasser gefüllt ist, dieses durch den Heber in den unteren Brunnen herabfliesst. Durch andere Röhren werde der in dem Zimmer (oder der Schachtabtheilung, camera) aufgefangene Wind abgeführt, damit durch vermehrte Röhren der Wind vermehrt werde. Wenn man nun den Luftstrom erzeugen will, lasse man den Wasserstrom (il fiume) sich in den Trichter ergiessen, und sofort wird, indem die Luft aus dem Schachte entweicht und in das Zimmer tritt, dieses so abgekühlt, dass diejenigen, welche sich schlafend darin befinden, eine scharfe Kälte in allen Gliedern fühlen."

Dadurch, dass „pozzo" sowohl durch Brunnen, als auch durch Schacht, das Wort „canale" sowohl durch Kanal, als auch durch Röhre übersetzt werden kann, und dass hier offenbar unter „camera" ein Mal ein Zimmer, das andere Mal eine Schachtabtheilung oder ein sonstiger Behälter verstanden wird, ist diese Beschreibung unklar. Da jedoch vom Ablassen des Wassers aus der unteren Schachtabtheilung keine Rede ist, glauben wir annehmen zu müssen dass hier ein Brunnen gemeint ist, worin der natürliche Wasserspiegel nicht stieg, wenn das Wasser aus der oberen Abtheilung in die untere abfloss, und dass wir es daher einfach mit einem Wassertrommelgebläse zu thun haben, dessen Kasten durch die obere Schachtabtheilung gebildet wurde.

Wollte man annehmen, der Schacht sei unten geschlossen gewesen und das durch den Heber in die untere Abtheilung fliessende Wasser habe die daraus verdrängte Luft ebenfalls in das Zimmer getrieben, so wäre zeitweiliges Ablassen des Wassers aus dieser unteren Abtheilung nothwendig gewesen. Es wäre zwar möglich, dass man zunächst Wasser in die obere Kammer stürzen liess, bis der Wasserspiegel den höchsten Punkt des Hebers erreichte, währenddessen die obere Abtheilung dann theils als Wassersäulen-, theils als Wassertrommelgebläse gewirkt haben würde; dass man alsdann den Zufluss so lange abstellte, wie das Wasser aus der oberen Schachtabtheilung in die untere floss und diese als Wassersäulengebläse wirkte, indem das eindringende Wasser die hier verdrängte Luft in das Zimmer trieb, und dass man dann wieder Wasser in die obere Kammer fliessen liess, während das untere abfloss. Es wäre aber hierzu die beständige Aufmerksamkeit eines Wärters nöthig gewesen, und da der Schacht ausdrücklich als ein tiefer bezeichnet wird, würde das Ablassen des Wassers aus der unteren Abtheilung desselben jedenfalls schwierig, wenn nicht unmöglich gewesen sein. Deshalb halten wir diese Annahme für unzulässig.

In Kapitel XII, welches die Ueberschrift führt: „Art, wie man machen kann, dass Wasser sehr hoch in die Luft springt,“ sagt Porta:

„Ich will nicht unterlassen, eine Art zu zeigen, wie man Wasser aus einer Mündung bis zu hundert oder zweihundert Fuss Höhe in die Luft treiben kann, was man nicht ohne Verwunderung und Vergnügen sieht. Es wird dies eine grosse Zierde für Gärten sein, insbesondere wenn Gäste anwesend sind.

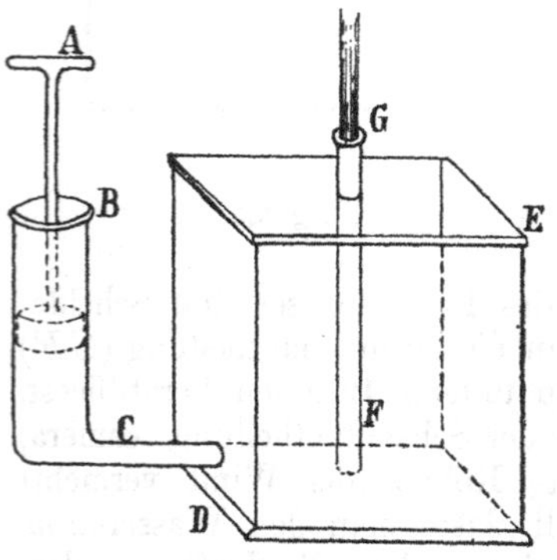

Fig. 306.

Man nehme einen Kasten (*DE*) (Fig. 306) je nach der Wassermenge, welche man in die Luft springen lassen will. Er muss von sehr starkem Kupfer oder Eisen sein, damit die Luft und die Gewalt des Wassers ihn nicht zersprengen, wie ich es oft gesehen habe, und ringsum muss er gut verlöthet sein. Vom Boden steige eine Röhre (*GF*) auf, die so weit vom Boden absteht, als genügt, um das Wasser durchzulassen. Sie reiche bis über den Deckel des Kastens und sei wohl verlöthet, so dass sie keine Luft entweichen lässt. In den Kasten münde eine Röhre, welche das Wasser und die Luft aus einer Ktesibischen Maschine (einer Pumpe) hineinführt. Wenn man nun will, dass das Wasser in die Luft springe, bewege man den Handgriff (*A*), wie gewöhnlich, auf und nieder, damit der Kolben, indem er das Wasser anzieht, gleichzeitig Luft anziehe und beim Niedergange das mit Luft gemischte Wasser in den Kasten treibe. Kaum erfüllt dies den Kasten, so treibt die Luft, welche in grösserer Menge hineingekommen ist, das eingepresste Wasser in die Höhe.

Je rascher man die genannte Ktesibische Maschine bewegt, desto mehr Luft und Wasser wird hineinkommen und mit um so grösserer Gewalt wird letzteres in die Höhe geschleudert und wird niemals aufhören zu springen, solange die Bewegung der Ktesibischen Maschine nicht aufhört."

Diese Beschreibung einer Pumpe mit Windkessel stimmt im Wesentlichen mit derjenigen überein, welche schon HERON der Aeltere etwa 1700 Jahre früher gegeben hatte (vergl. Fig. 11, S. 10), aber noch weitere hundert Jahre mussten vergehen, bis die Feuerspritzen mit Windkesseln versehen wurden. Charakteristisch für die Auffassung der genannten beiden Autoren ist es, dass sie von Elasticität, Kompression und Expansion der in dem Windkessel von Anfang an eingeschlossenen Luft nicht reden, sondern die Austreibung des Wassers dem Umstande zuschreiben, dass neue Luft, die von dem Wasser mitgeführt wird, in den Windkessel gelangt.

Kapitel XIII führt die Ueberschrift: „Wie nur durch Wasser und die Bewegung der Tasten eine Orgel ertönt." Der Kasten eines Wassertrommelgebläses umschliesst die Windlade und die Walze einer Drehorgel, deren Pfeifen luftdicht durch den Deckel des ersteren gehen. Das durch den Trichter in den Kasten strömende Wasser setzt ein kleines Wasserrädchen und durch dieses die Walze in Umdrehung, während die von dem Wasser mitgerissene Luft durch die geöffneten Pfeifen entweicht und die Orgel ertönen lässt.

In Kapitel XIV giebt PORTA zum ersten Male eine richtige Darstellung der von KTESIBIUS erfundenen und von HERON und VITRUV beschriebenen Wasserorgel der Alten. Diese Darstellung stimmt im Wesentlichen mit derjenigen überein, die wir in unserer Abhandlung über HERON (S. 25) gegeben haben. Schon in seiner „Magia naturalis," lib. XIX, Cap. II, schrieb PORTA über diesen Gegenstand, ohne jedoch damals zu einer richtigen Vorstellung von der Wasserorgel der Alten kommen zu können.

Die übrigen Kapitel von PORTA's „Pneumaticorum libri III" haben für uns hier weniger Interesse

# Skizzen aus der Zeit der Hussitenkriege (um 1430).

Durch eine Abhandlung von M. BERTHELOT, betitelt: „Pour l'histoire des arts mécaniques et de l'artillerie vers le fin du moyen-âge“, welche in „Annales de Chimie et Physic“, sixième série, Tome XXIV, Paris 1881, veröffentlicht wurde, sind wir auf mehrere Handschriften aufmerksam gemacht worden, welche neue Gesichtspunkte zur Beurtheilung alter Werke über Maschinenbau eröffnen. BERTHELOT sagt:

„Bei Untersuchungen über die Brandmassen der Alten und das „Griechische Feuer“ hatte ich Gelegenheit, verschiedene Handschriften mit Abbildungen über Mechanik und Artillerie zu studiren, welche interessante Urkunden für die Geschichte der angewandten Wissenschaften, insbesondere der Mechanik und Artillerie, enthalten. Ich hielt es für nützlich, wenigstens eine Auswahl von diesen Abbildungen in Lichtdruck reproduciren zu lassen, da die Wiedergabe aller zu grosse Auslagen verursacht haben würde. Diese umfasst nahezu sämmtliche Abbildungen, die sich auf Artillerie beziehen.

Das eine Manuskript befindet sich in der Königlichen Bibliothek in München (lateinisch Nr. 197). Herr Direktor LAUBMANN machte mich darauf aufmerksam und sandte mir es zu. Es ist aus zwei Manuskripten, einem deutschen und einem italienischen, zusammengesetzt, welche nichts mit einander gemein haben, als den Einband, der sie verbindet.

I. Das erste Heft, welches ich mit I bezeichne, umfasst 48 Blätter von 220 mm auf 320 mm, die auf beiden Seiten mit Abbildungen von Apparaten bedeckt sind*). Die Striche sind etwas grob, aber sorgfältig und bestimmt. Die Numerirung der Blätter ist fortlaufend ohne Lücken oder Einschiebungen. Bei einigen der Skizzen befinden sich Bemerkungen in altdeutscher Sprache. Darin werden München und Nürnberg und die Wagenburgen der Hussiten als der gleichen Zeit angehörig erwähnt, woraus hervorgeht, dass die Zeichnungen aus der Zeit um 1430 stammen, da ZISKA, der sich dieser Geräthe bediente, 1424 starb und die Taboriten 1434 untergingen. Es ist darin auch von einem historischen Ereignisse (der Belagerung von Saaz durch ARCHINGER VON SEINSHEIM) die Rede, das nach einer beigefügten Bleistiftnotiz im September 1421 stattfand ..... Der Name des Autors ist unbekannt.

II. Das zweite Heft hat etwa den dreifachen Umfang. Die Blätter haben 220 mm auf 300 mm. Ihre Nummerirung hat mehrere Korrekturen erfahren, die Veränderungen und Verstümmelungen anzuzeigen scheinen, die das Heft zu ver-

*) Wir bezeichnen im Folgenden mit V die Vorderseite, mit R die Rückseite eines Blattes.

schiedenen Zeiten erlitt. Wie dem auch sei, jedenfalls haben wir es hier mit dem Hand- oder Skizzenbuch eines italienischen Ingenieurs zu thun, das Skizzen aller Art von mechanischen und militärischen Konstruktionen enthält und nicht mit einem gelehrten Werke, wie die gleichzeitige Abhandlung „De re militari" des ROBERTUS VALTURIUS eine ist, die 1472 zu Verona und mehrmals im XV. und XVI. Jahrhundert gedruckt wurde und wovon eine Handschrift aus der Mitte des XV. Jahrhunderts existirt. Die Zeichnungen sind theils bestimmt ausgeführt, theils flüchtig auf das Papier geworfen mit bald kürzeren, bald ausführlicheren Bemerkungen, die lateinisch oder italienisch geschrieben sind. Einige davon, welche ich vollständig anführen werde, geben die Daten 1438 und 1441 an. Sie nennen gleichzeitig den Autor der Zeichnungen MARIANUS JACOBUS aus Siena, sowie mehrere seiner Zeitgenossen aus dieser Stadt.

Der Name ist von grösster Wichtigkeit. In der That scheint das Münchener Manuskript das Brouillon oder Notizbuch zu sein, mit dessen Hilfe das Manuskript

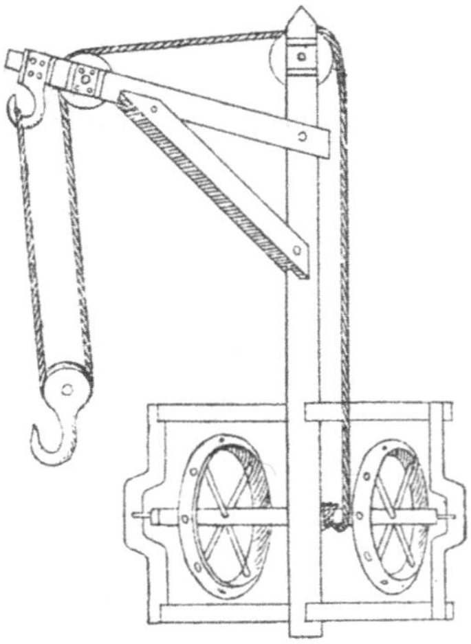

Fig. 307.

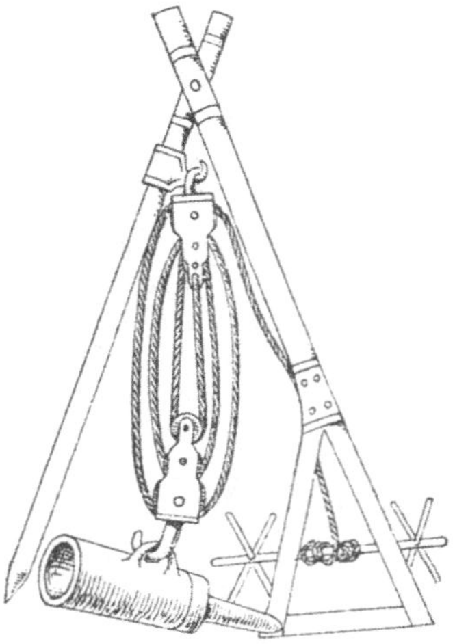

Fig. 308.

in Venedig verfasst wurde, von dem ich sogleich sprechen werde .... MARIANUS JACOBUS, genannt TACCOLA, genoss im XV. Jahrhundert grossen Ruf. Er war Erfinder und wurde von seinen Zeitgenossen der ARCHIMEDES von Siena genannt. Mehrere seiner Zeichnungen stellen ohne Zweifel unausgeführte Projekte dar, haben aber doch einen durchaus praktischen Charakter. Jedenfalls ist das Münchener Manuskript von seiner eigenen Hand und erinnert in dieser Beziehung an die berühmten Skizzen von LEONARDO DA VINCI, die augenblicklich von M. RAVAISSON herausgegeben werden ....."

Da die veröffentlichten Lichtdrucke hier als eine hauptsächlich artilleristische Skizzen umfassende Auswahl bezeichnet werden, so war zu vermuthen, dass die betreffende Handschrift noch andere Abbildungen enthalte, die für uns vielleicht noch grösseres Interesse haben möchten, als die von BERTHELOT ausgewählten. Bei Durchsicht des Manuskriptes in der Königlichen Hof- und Staatsbibliothek in München fanden wir diese Vermuthung vollauf bestätigt und legen hiermit eine Auswahl von Skizzen vor, die wir dieser Handschrift entnommen und hier in verkleinertem Massstabe wiedergegeben haben.

Im ersten Hefte findet sich:

Fig. 307 (Blatt 2 V des Originals). Ein Drehkrahn, bei dem die horizontale Seiltrommel durch zwei Spillenräder direkt angetrieben und deren Zugkraft durch eine lose Flaschenrolle verdoppelt wird.

Fig. 308 (Blatt 2 R). Ein dreifüssiger Krahn mit Seilhaspel und sechsfachem Flaschenzug.

Schon Heron der Aeltere von Alexandrien sagt: „Um Lasten in die Höhe zu heben, konstruirt man einfüssige (μονόκωλοι), zweifüssige, dreifüssige oder vierfüssige Maschinen (siehe S. 35 unserer Abhandlung über Pappus). Vitruv spricht in seinem Werke „de architectura“ nur von zweifüssigen und einfüssigen Krahnen, da die drei- und vierfüssigen sich für Bauzwecke weniger eigneten.

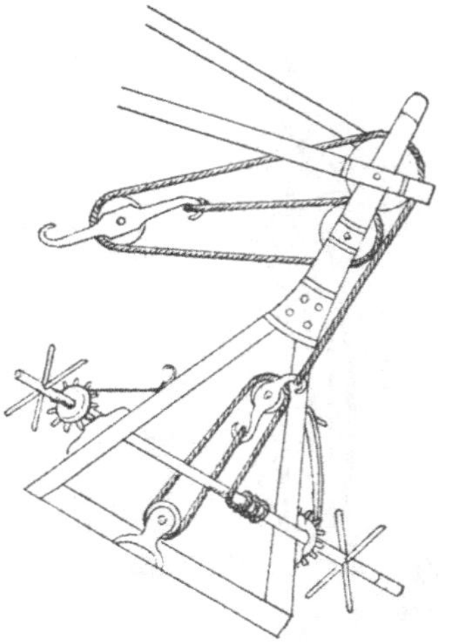

Fig. 309.

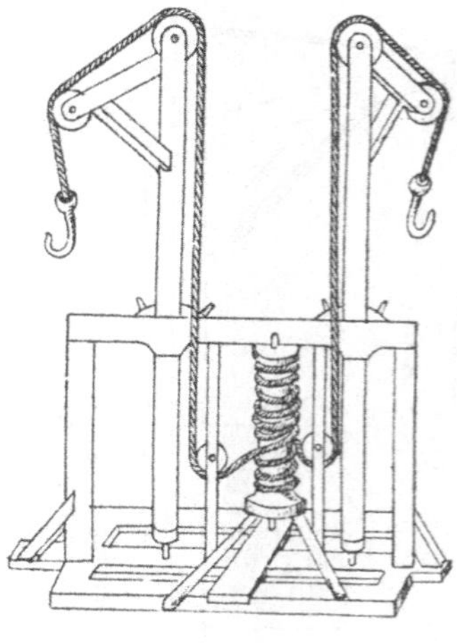

Fig. 310.

Nach Vitruv's Beschreibung von dem zweifüssigen Krahn ist es jedoch wahrscheinlich, dass bei dem dreifüssigen der Römer und Griechen die drei Beine aus drei gleichlangen Balken gebildet nnd oben zusammengehalten wurden, während hier zwei Füsse in halber Höhe durch einen eisernen Schuh zusammengefasst sind und von da nur ein Balken aufwärts geht.

Fig. 309 (Blatt 3 V). Ein vierfüssiger Krahn, bei dem ebenfalls zwei Beine in halber Höhe durch einen eisernen Schuh zusammengefasst sind. Die Last hängt an einem dreizügigen Flaschenzuge (τρίσπαστος), dessen Seilende von einem am Krahnenfusse befestigten zweizügigen Flaschenzuge erfasst wird. Das Seilende des letzteren schlingt sich um eine horizontale Haspelwelle. Dabei steht die Bemerkung:

„Daz ist der tzug der von munchen der gehort tzu der puchssen“ (das ist der Aufzug derer von München, der gehört zu dem Geschütz).

Fig. 310 (Blatt 3 R). Doppelter Drehkrahn mit zwei drehbaren Krahnsäulen, zwischen denen eine vertikale Seiltrommel auf einer Göpelwelle sitzt.

Der mittlere Theil des Zugseiles ist mehrmals um die Seiltrommel geschlungen, jedes Ende geht von da nach einer Leitrolle am Fusse einer Krahnsäule, über eine zweite an deren oberem Ende und über eine dritte am Ende des Auslegers. Die beiden Krahnsäulen stehen in der Skizze viel zu nahe bei einander, da die Schwengel des Göpels zwischen ihnen durchgehen müssen. Bei dieser Skizze steht die Notiz:

„Item daz ist ain tzug mit tzwain kasten unn d'ain auff der ander ab tzu nurenberg auch dem graben den treyben tzween pfard.“ (Das ist ein Aufzug mit zwei Kasten, der eine geht auf, der andere ab, zu Nürnberg auf dem Graben, den treiben zwei Pferde).

Fig. 311 (Blatt 38 V). Ein einfacher Drehkrahn ähnlicher Konstruktion, bei dem aber der Göpel unterhalb des Krahnes aufgestellt ist.

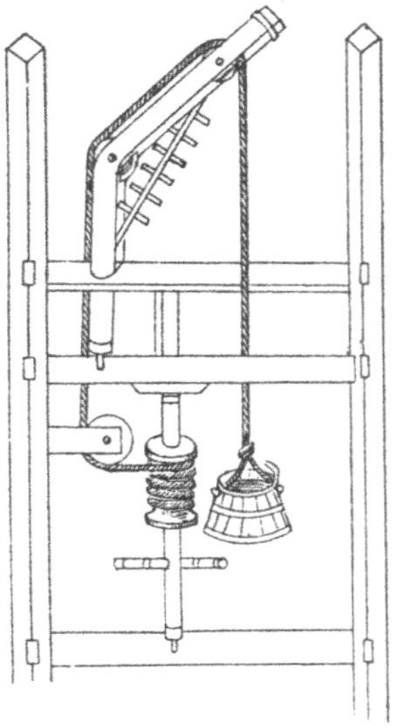

Fig. 311.

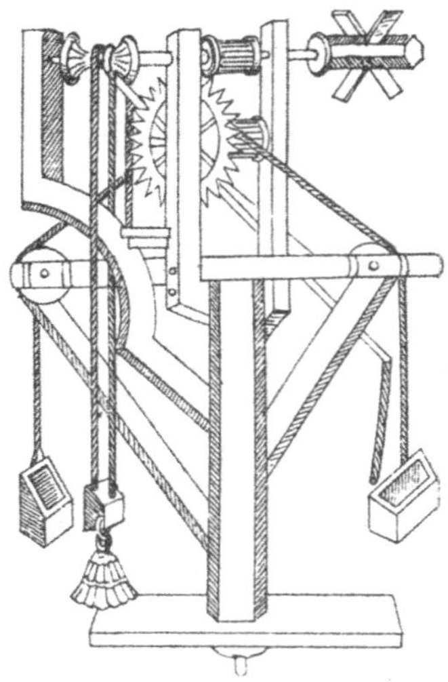

Fig. 312.

Fig. 312 (Blatt 4 R). Bei dieser Maschine steht die Notiz:

„Daz ist ein tzug daman turn̄ mit abtragt oder ander paw abtregt get ein truch auff dy ander ab. (Das ist ein Zug, womit man Thürme oder andere Gebäude abträgt. Es geht ein Trog auf, der andere ab).

Diese Maschine diente also nicht zum Aufziehen, sondern nur zum Ablassen von Lasten, wobei es hauptsächlich darauf ankommt, zu verhindern, dass sie in zu raschen Gang kommt, und zu ermöglichen, dass sie mit einer Bremse angehalten werden kann. Ein Seil ist um eine horizontale Trommel geschlungen, jedes Ende ist über eine Leitrolle geführt und trägt einen Trog zur Aufnahme der abzulassenden Last. Ein mit dieser Trommel fest verbundenes Zahnrad greift in ein Getriebe, das auf einer darüber gelagerten horizontalen Welle befestigt ist. Rechts auf deren Ende sitzt ein Windflügel, wie man solche noch heute anwendet, um zu verhindern, dass Schlagwerke von

Uhren in zu raschen Gang kommen. Ausserdem ist links auf der Vorgelegswelle eine Seiltrommel befestigt, die als Bremsscheibe dient. Ueber sie ist ein Seil gelegt, dessen beide Enden unten in einem Gewichte befestigt sind. An diesem Gewichte hängt eine Quaste oder ein zweites quastenförmiges Gewicht, um es bequem erfassen und das Bremsseil nöthigenfalls mit der Hand noch schärfer anziehen zu können. Hinter dem Maschinengestelle bemerkt man einen schrägen Hebel, dessen linkes, höherstehendes Ende hinter der Bremsscheibe unter das Bremsseil greift, während am rechten, tiefer stehenden Ende eine Zugleine befestigt ist. Wird diese angezogen, so wird das Bremsseil theilweise von der Bremsscheibe abgehoben und die Last sinkt herab. Lässt man die Zugleine los, so vermehrt sich die Reibung des Bremsseiles auf der

Fig. 313.

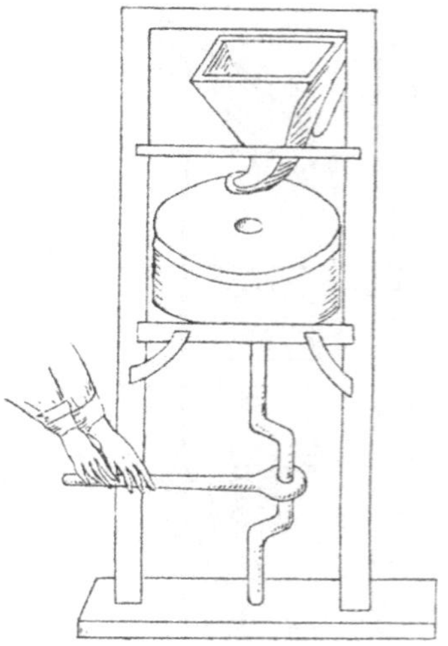

Fig. 314.

Bremsrolle und die Maschine kommt zum Stillstande. Es ist sehr bemerkenswerth, dass hier schon das richtige Prinzip befolgt ist, die Bremse in volle Wirksamkeit treten zu lassen, wenn der Arbeiter die Zugleine am Steuerhebel loslässt, und der Maschine nur so lange die Bewegung zu gestatten, als der Arbeiter die Steuerleine in der Hand hält.

Fig. 313 (Blatt 9 V). Eine Schraubenwinde zum Heben eines Geschützrohres. Die hölzerne Schraube, an der das Geschützrohr hängt, geht frei durch eine Tischplatte und durch das in eine daraufliegende starke Bohle geschnittene Muttergewinde. An den Enden dieser Bohle sind abwärts gebogene starke Eisenstangen befestigt, deren untere Enden die Arbeiter erfassen und damit um den Tisch herumgehen, um die Schraube zu heben oder abzulassen. Das an der Schraube hängende Geschütz ist eine jener alten Bombarden, mit denen grosse steinerne Kugeln abgeschlossen wurden. Der hintere Theil derselben, welcher die Pulverkammer bildete und mit dem Zündloche versehen war, hatte einen bedeutend kleineren Durchmesser als der vordere Theil, welcher die grosse Kugel aufnahm. Eiserne Geschützkugeln kamen erst gegen Ende des XV. Jahrhunderts auf. (Vergl. S. 115 unserer Abhandlung über Biringuccio.) Schraubenwinden derselben Art und zu dem gleichen Zwecke dienend findet man in dem Werke Lorini's (1597) abgebildet.

Fig. 314 (Blatt 18 V). Ein Mahlgang für Handbetrieb. Dabei findet sich die Bemerkung:

„Item wer dy mul machen will der sol nemen zwo schin teucheleysen unn sol machen dy furm des eysen als sy da gemalt ist unn sol oben sein haupt unn unttn stahln sein dy sulln da das eysen nein geht sol auch staehln sein unn dy mulstain dreyer schuch prayt unn man sol sy tzychñ mit den tzwayen tzugen y tzwyen man so mald sie vertig.“ (Wer die Mühle machen will, soll zwei Eisenschienen nehmen und ein Eisen von der Form machen, wie sie da abgemalt ist.

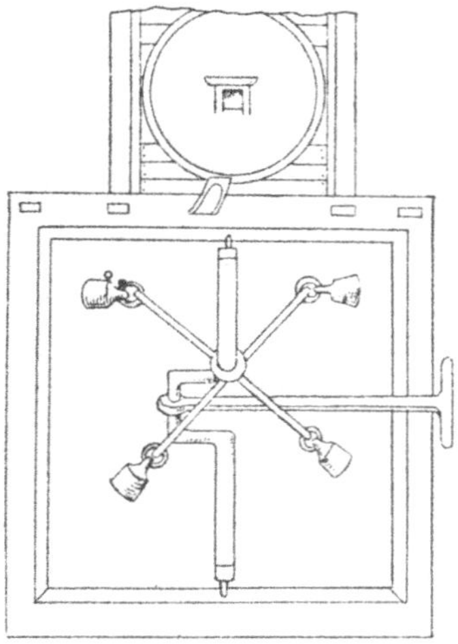

Fig. 315.

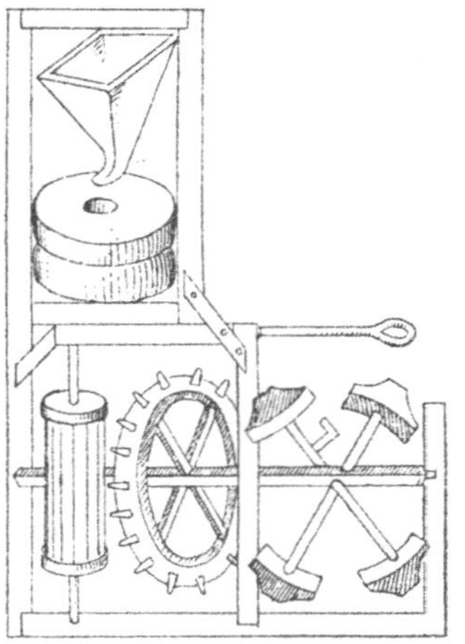

Fig. 316.

Oben sein Haupt und unten soll es stählern sein. Die Sohle, wo das Eisen darin geht, soll auch stählern sein, und die Mühlsteine drei Schuh breit, und man soll die Mühle ziehen mit den zwei Zügen je zwei Mann, so mahlt sie tüchtig.)

Da hier von zwei Zug- oder Schubstangen die Rede ist, so unterscheidet sich diese Mühle von der in der ersten Figur unserer Abhandlung über Ramelli (Fig. 226, S. 210) abgebildeten nur dadurch, dass hier die Schubstangen direkt von den Arbeitern erfasst werden, während sie dort mit je einem Handhebel verbunden sind. Auch ist bei Ramelli das Mühleisen doppelt, hier aber nur einfach gekröpft. Bei der Amalgamirmühle des Biringuccio (Fig. 140, S. 125) war das Mühleisen einfach gekröpft, wurde aber nur durch eine Schubstange mit Handhebel bewegt.

Fig. 315 (Blatt 42 V) zeigt eine ähnliche Mühle. Die Mühlsteine sind in Horizontalprojektion, der untere Theil der Mühle ist dagegen in der Seitenansicht gezeichnet. Auf dem Mühleisen sitzt ein Armkreuz mit angehängten

Schwunggewichten. Solche finden sich häufig an Schwungrädern in dem „Künstlichen Abriss allerhand Wasser-, Hand- und Rossmühlen“ von JACOBUS DE STRADA a Rosberg, Frankfurt a. M. 1618 und 1629, von wo sie in BÖCKLER's „Theatrum Maschinarum“, Nürnberg 1661, welches überhaupt nur Abdrücke der Kupfertafeln von STRADA, RAMELLI u. A. enthält, übergegangen sind. Aus der hier vorliegenden Skizze erkennt man, dass solche angehängte Schwunggewichte schon zweihundert Jahre vor dem Erscheinen des Werkes von DE STRADA gebräuchlich und zu seiner Zeit wohl schon eine veraltete Einrichtung waren.

Fig. 316. Eine Mühle für Handbetrieb mit einer Vorgelegswelle, worauf ein Armkreuz mit festen, hammerförmigen Schwunggewichten und einem Kurbelzapfen sitzt, der vermittelst einer über dem Armkreuze skizzirten Schubstange bewegt werden soll. Um diese Drehung zu ermöglichen, müsste die

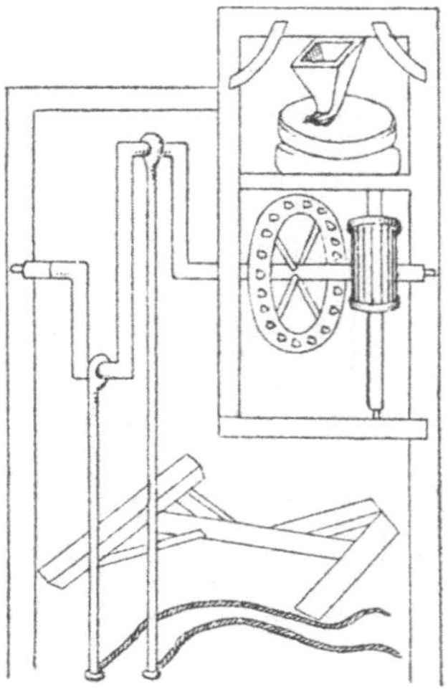

Fig 317.

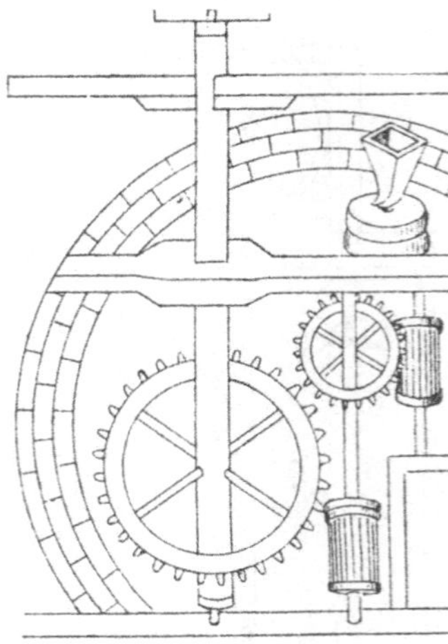

Fig. 318.

Welle über das Endlager vorstehen und das Kreuz mit den Schwunggewichten auf dem überstehenden Wellenende sitzen, was in der Skizze nicht berücksichtigt ist. Bei dieser steht die Bemerkung:

„Item ze machen ein mul man sol machen ein mulgestell 4 schuch lanck unn acht schuch weyt unn daz gestell sol acht schuch wayt sein unn dy slegel dy sol man auff seinen wellpawm gen mitten an dem wellpawm da sol ein kamprad sten vier schuch hoch eng kompt mit LII kamen unn sein fur getrib mit sex tribeln unn sein steg unn sein muleysen gestalt als ein ander muleysen unn sein mulstein der obrist dreyer schuch prayt unn ain hand prayt unn aines halben schuch dick so wirt es ein recht vertigen mul dye da melt als vil als ain halbe pachmul.“ (Item eine Mühle zu machen. Man soll ein Mühlengestell machen 4 Schuh lang und acht Schuh weit [das Gestell soll acht Schuh weit sein] und die Schlegel soll man auf ihren Wellbaum setzen. Gegen die Mitte auf dem Wellbaum soll ein Kammrad stehen, vier Schuh hoch, eng gekämmt mit 52 Kämmen, und sein vorgelegtes Getriebe mit 6 Triebstöcken, und ihr Steg und ihr Mühleisen gestaltet wie bei einem anderen Mühleisen. Und von den Mühlsteinen soll der oberste drei Schuh und eine

Hand breit sein und einen halben Schuh dick, so wird es eine recht tüchtige Mühle werden, die halb so viel mahlt, wie eine Bachmühle.)

Bei den nun folgenden drei Skizzen ist es besonders nothwendig, sich in die kindliche Darstellungsweise des Autors hineinzufinden, um sie verstehen zu können.

Fig. 317 (Blatt 21 R). Eine Mühle für Handbetrieb mit eigenthümlichem Bewegungsmechanismus. Dabei steht die Bemerkung:

„Daz ist ain mul dy man lewt mit den saylln an den stangen." (Das ist eine Mühle, die man läutet mit den Seilen an den Stangen.)

Daraus geht hervor, dass an den Seilen wie an Glockenseilen gezogen werden soll, um die Mühle zu bewegen. Man hat sich daher den im unteren Theile der Skizze in horizontaler Lage skizzirten Bock, bestehend aus einem

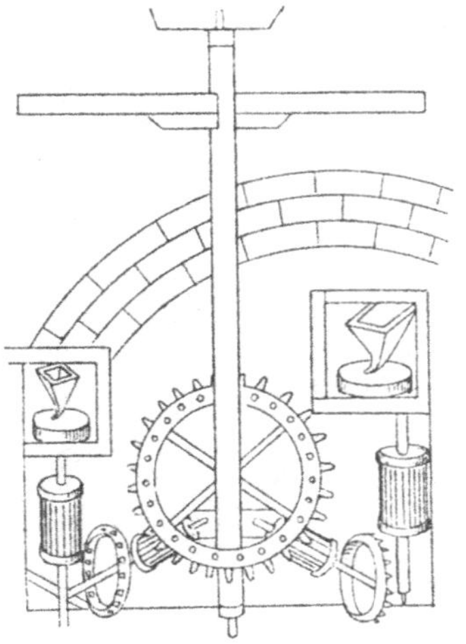

Fig. 319.

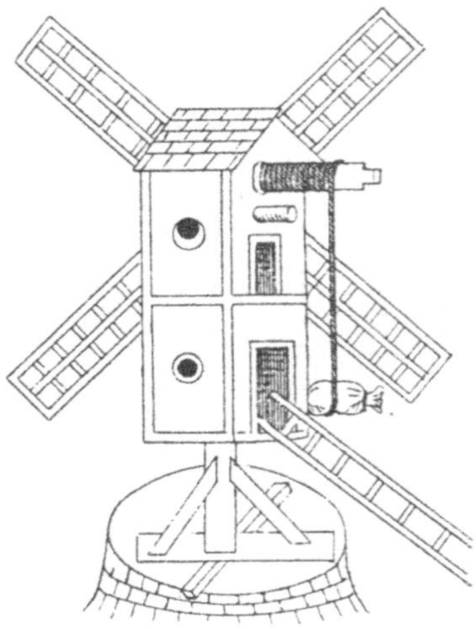

Fig. 320.

Pfosten mit einer darunter und einer darüber liegenden verstrebten Schwelle, vor der doppelt gekröpften Vorgelegswelle senkrecht stehend zu denken, und die beiden Stangen, an deren Enden die Zugleinen befestigt sind, auf der oberen Schwelle desselben liegend und auf irgend welche Weise an seitlicher Verschiebung verhindert, sonst aber frei beweglich. Wird nun an den beiden Zugseilen abwechselnd, wie an Glockenseilen, gezogen, so beschreiben die mit den Kurbeln verbundenen Stangenköpfe Kreise, die Stangen schieben sich auf der Kopfschwelle des Bockes hin und her und ihre Enden, an denen die Zugseile befestigt sind, beschreiben eigenthümliche Kurven, die wir hier nicht näher zu betrachten haben. Nach Reuleaux ist der Mechanismus als eine schwingende oder oscillirende Kurbelschleife zu bezeichnen, bei welcher der Schieber nicht ausgebildet, vielmehr der Lenkstab nur kraftschlüssig mit dem feststehenden Gliede gepaart ist.

Fig. 318 (Blatt 22 V). Ein Mahlgang mit Göpelbetrieb, bei dem das doppelte Rädervorgelege in einem Schachte unterhalb der Ebene, auf der das

Pferd geht und die Mühlsteine liegen, angeordnet ist. Das Schachtmauerwerk und die Zahnräder sind in Horizontalprojektion in die Skizze eingezeichnet, die doch eine Seitenansicht des Mühlwerkes darstellen soll.

Fig. 319 (Blatt 22 R). Zwei Mahlgänge, gleichzeitig durch einen Pferdegöpel mit doppelter Winkelräderübersetzung betrieben. Im Uebrigen ist die Anordnung und sind auch die Zeichenfehler dieselben wie bei der vorhergehenden Figur.

Fig. 320 (Blatt 47 V). Aeussere Ansicht einer Windmühle, und zwar einer sogenannten deutschen Windmühle oder Bockmühle, mit Sackaufzug. In unserer Abhandlung über Cardanus (S. 184) wiesen wir auf die Abbildung einer solchen Windmühle von Gualtherius Rivius, Nürnberg 1547, als die älteste, die

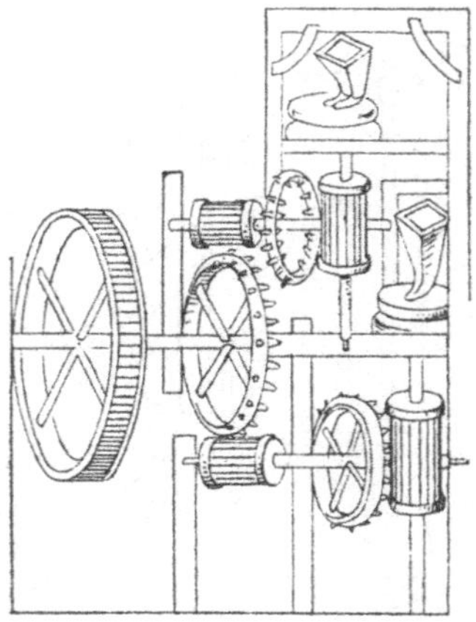

Fig. 321.

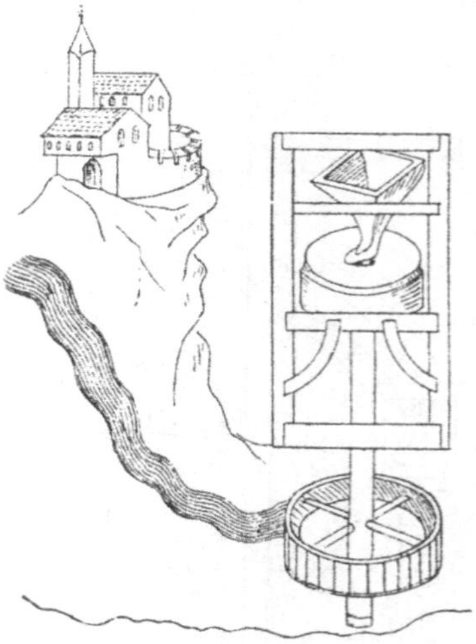

Fig. 322.

uns damals bekannt war, hin. Die hier in Rede stehende Abbildung aber ist um mehr als hundert Jahre älter, und

Fig. 321 und 322 (Blatt 19 V und Blatt 19 R), zeigen auch noch zwei verschiedene innere Einrichtungen von solchen Windmühlen. Fig. 321 stellt eine kleine Windmühle mit einfachem, Fig. 322 eine grössere mit doppeltem Winkelrädervorgelege dar.

Fig. 323 (Blatt 23 V), zeigt eine Wassermühle mit zwei Mahlgängen, die von einem gemeinschaftlichen Wasserrade getrieben werden. Die beiden Mahlgänge mit ihren Rädervorgelegen, welche in der Zeichnung, einer Seitenansicht, hintereinander stehen müssten, sind nach der naiven Darstellungsweise des Autors übereinander gezeichnet und der Wasserradwellbaum mit dem Hauptzahnrade dazwischengesetzt. Dass man schon zu Anfang des XV. Jahrhunderts zwei Mahlgänge durch einen Motor betrieb, ist bemerkenswerth.

Fig. 324 (Blatt 18 R). Ein Mahlgang, durch ein horizontales Wasserrad betrieben, welches kein Löffelrad zu sein scheint und an die Konstruktion erinnert, welche Belidor in seiner „Architectura hydraulica“ lib. II, Cap. 1 § 669 als die Betriebsräder der „Basacle-Mühlen“ zu Toulouse beschreibt.

Bei unserer Skizze steht die Notiz:

„Item das ist ain wassmull da das Rad nach der prayt auff dem wass leyt unn sein wellpawm stet ob sich unn ist auch ein gerechte mull unn sy darf chain chomprad ain pabst von Rom der hat sy erdacht.“ (Item das ist eine Wassermühle, bei der das Rad der Breite nach auf dem Wasser liegt und sein Wellbaum aufrecht steht. Und es ist auch eine richtige Mühle und sie bedarf keines Kammrades. Ein Papst von Rom hat sie erdacht.)

Fig. 325 (Blatt 10 R). Ein Stampfwerk für Handbetrieb. Dabei steht bemerkt:

„Item daz ist ain stampff damit man pulver stost unn dye stampff gent all drey in ain loch ainer auff der ander ab.“ (Item das ist ein Stampfwerk, womit man Pulver stösst, und die Stempel gehen alle in ein Loch, einer auf, der andere ab.)

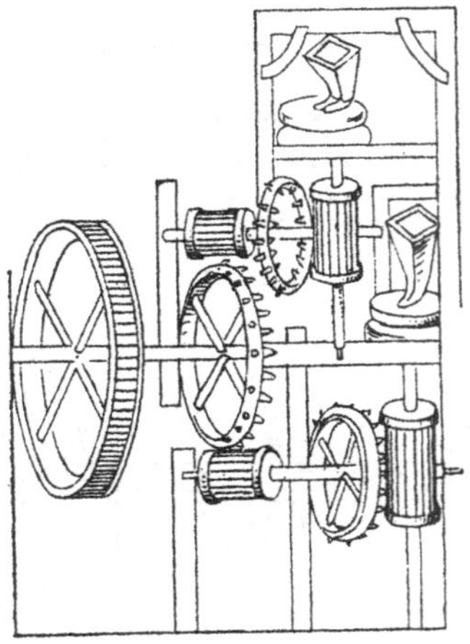

Fig. 323.

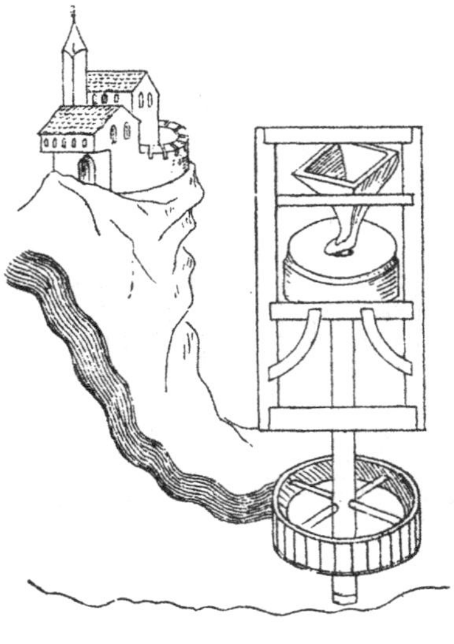

Fig. 324.

Wir erinnern hier an die Stelle Biringuccio's (S. 125), wo er vom Zermahlen des Pulvers spricht und sagt: „Andere, welche nicht die Bequemlichkeit des Wassers haben, thun dies mit einem grossen Rade, welches so ausgerüstet ist, dass es mehrere Stempel von Eichenholz hebt, die beim Niederfallen in verschiedene hölzerne Mörser schlagen, welche in einem Balken von Eichenholz ausgehöhlt sind. Einige von diesen haben Böden von Bronce.“ Dieser Beschreibung entspricht allerdings

Fig. 326 (Blatt 17 V), besser, da hier hammerförmige Stempel in je einen hölzernen Mörser schlagen, welche Mörser alle in einem Balken ausgehöhlt sind; allein bei dieser Skizze steht im Original die Bemerkung:

„Item daz sein stampff damit man korn stampfft wan man nit mul gehabn mag, den sie treibt ein man umb an dem rad. D'ains get auff der ander nyder etc.“ (Item das ist ein Stampfwerk, womit man Korn stampft, wenn man etwa keine Mühle hat, denn dieses treibt ein Mann an dem Rade um. Der eine Stempel geht hinauf, der andere herab u. s. w.)

Indess schliesst dies nicht aus, dass solche Stampfwerke auch zum Mahlen von Pulver gebraucht werden konnten.

Fig. 327 (Blatt 15 V). Eine Bohrmaschine zum Ausbohren hölzerner Brunnenrohre. Dabei steht die Bemerkung:

„Daz ist ein gestell damit man mit roren prot (soll heissen: port) das habn dy von nurenberg eins gemacht damit port man alltag XV roren daz yeglichen achtzehn schuch lank ist von den roren macht man prunnen mit etc.“ (Das ist ein Gestell, womit man Rohre bohrt, so haben die von Nürnberg eines gemacht, womit man alle Tag 15 Rohre bohrt, deren jegliches achtzehn Schuh lang ist. Aus diesen Rohren macht man Brunnen u. s. w.)

Soweit sich aus der Skizze erkennen lässt, bestand diese Maschine aus einem hölzernen Rahmen, auf dem die Bohrspindel gelagert war und vermittelst eines Spillenrades umgedreht wurde. Das zu bohrende Rohr war auf

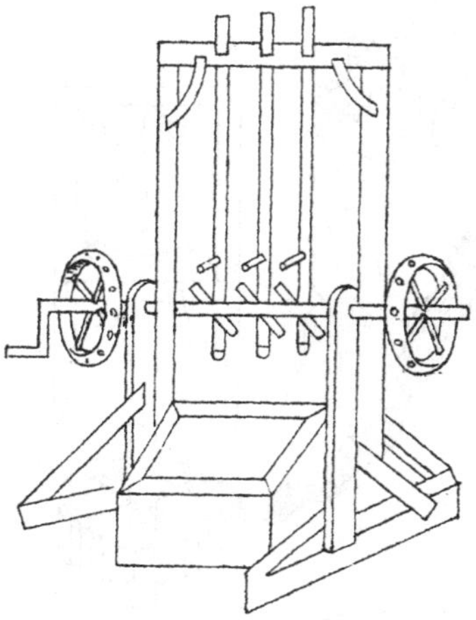

Fig. 325.

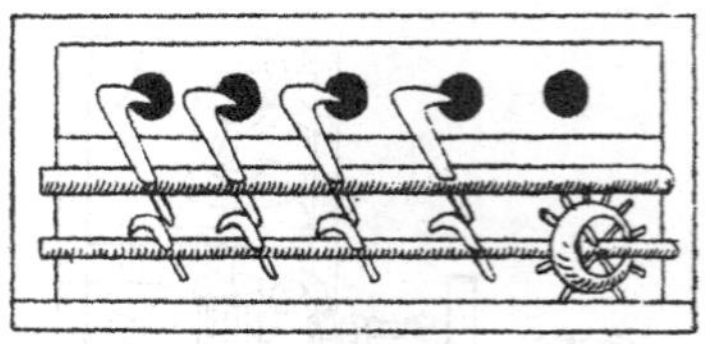

Fig. 326.

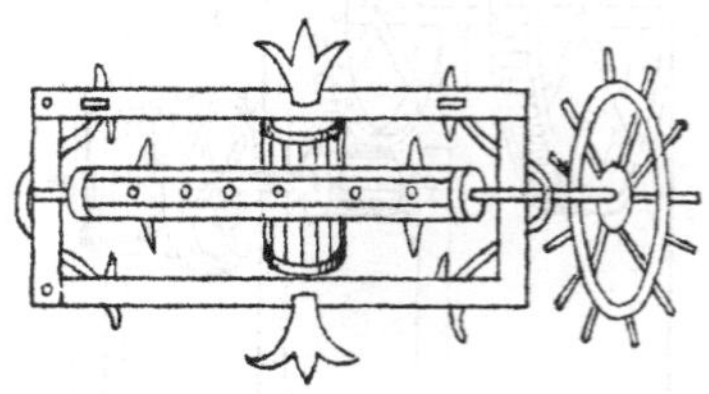

Fig. 327.

einer Zahnstange befestigt, die vermittelst eines unter dem Rahmen gelagerten Getriebes mit lilienförmigen Handhaben an der Axe fortgeschoben wurde.

Fig. 328 (Blatt 36 R) stellt unseres Erachtens einen Erdbohrer zum Vertiefen eines Schachtbrunnens dar.

Fig. 329 (Blatt 8 V, ist eine rohe Skizze von einer Kunstramme. Das Seil mit Haken, an dem der Rammbär hängt, geht über eine oben im Maschinengestelle gelagerte Leitrolle und dann herab nach einer horizontalen Haspelwelle, die an beiden Enden Räder trägt, von denen das vordere wohl als Spillenrad, das hintere als Schwungrad zu betrachten ist. Im zweiten Hefte der in Rede stehenden Handschrift befindet sich eine flüchtige Skizze von einer weit ausgebildeteren Kunstramme, die wir nachher betrachten werden. Auf S. 250 besprachen wir eine Kunstramme von Lorini (1597) und eine auf S. 194 von Besson (†1569) als die älteste, die wir damals kannten. Die heute vorliegenden Skizzen von Kunstrammen sind etwa um 140 Jahre älter als diejenige

BESSON's und um 280 Jahre älter als die von RÜHLMANN in seiner „Allgemeinen Maschinenlehre", Bd. IV, S. 235 angeführte aus den „Pariser Memoiren" von 1707.

Fig. 330 (Blatt 13 V), zeigt einen ledernen, mit Luft aufgeblasenen Schwimmgürtel und links zwei Strickleitern mit Haken an dem oberen Ende, die der Schwimmer zum Hinaufklettern auf das Schiff oder das Ufer nöthig hatte. In der Originalskizze sind rechts unten auch noch ein Paar Stiefel mit schweren Sohlen abgebildet, wie sie der Schwimmer tragen musste, um die Füsse unten und den Kopf oben zu behalten. In der Schrift „De re militari" des ROBERTUS VALTURIUS sind Schwimmer mit solchen Gürteln abgebildet und ein solcher findet sich auch wieder auf Taf. 39 der „Machinae novae" des FAUSTUS VERANTIUS (um 1628).

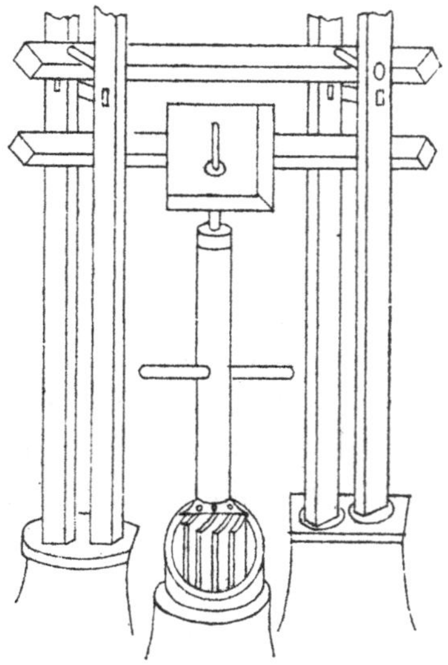

Fig. 328.

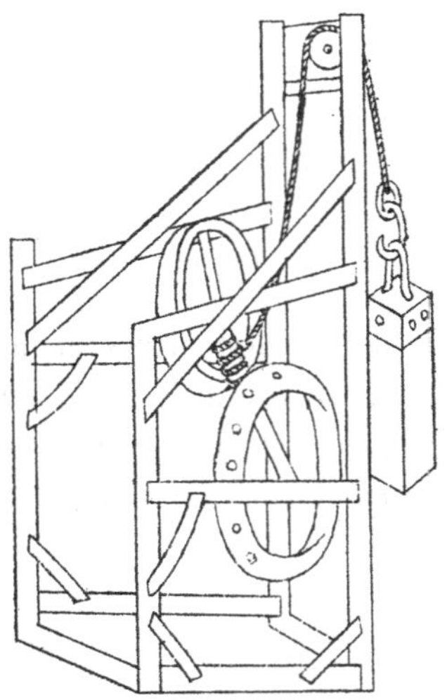

Fig. 329.

Fig. 331 (Blatt 14 V) zeigt einen mit einem Taucherhelme ausgerüsteten Taucher auf dem Grunde des Meeres oder Flusses. In unserer Abhandlung über LEONARDO DA VINCI betrachteten wir mit Dr. HERMANN GROTHE den dort skizzirten Taucherhelm (Fig. 97, S. 98) als eine Konstruktion LEONARDO's; die hier vorliegende Skizze aber lehrt, dass solche Taucherhelme schon früher bekannt waren.

Fig. 332 (Blatt 17 R). Ein Boot, durch Ruderräder fortbewegt. Dabei steht die Bemerkung:

„Item daz ist ein schiff daz get auf stillen wassern und hat 4 vettig da gehoren 4 man tzu tzwen hinten unn tzween forn unn daz mag wol XX wappen tragen unn dy vier man dy daz schiff tzyehn unn dy vettich gen in daz wass unn inwendig hat ydlich vettich ein wendl den man umb treybt inwendig in dem schiff so mag man farn auff dem wass ab und zw unn daz schiff sol verdeckt sein daz man dy leyt nicht gesehen müg unn sol fornen ein staehlen spitz habn un an yedlich seyten ein nebenspitz ain puchsen daz hayst ein streytschiff daman dye von katalon all andern schiffen obligen. (Item das ist ein Schiff, das geht auf stillen Wassern und hat 4 Flügelräder [Fittiche]. Da gehören 4 Mann dazu, zwei hinten und zwei vornen. Dieses Schiff kann wohl 20 Gewappnete tragen und die vier Mann, die es ziehen. Die Flügelräder gehen in das Wasser und inwendig [im Schiffe] hat jegliches Flügelrad eine Kurbel, die man inwendig im Schiffe umdreht. So kann man auf dem Wasser ab und zu fahren. Und das Schiff soll verdeckt sein, damit man die Leute darin nicht sehen möge, und vornen soll es eine stählerne Spitze haben und an jeder Seite eine Nebenspitze und ein Geschütz. Dies heisst man ein Streitschiff, worin die von Katalonien allen anderen Schiffen überlegen sind.)

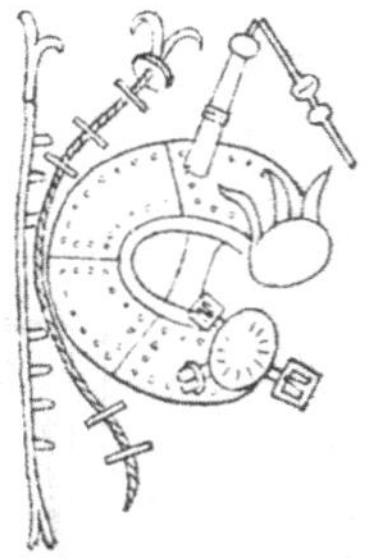

Fig. 330.

Fig. 331.

In dem schon öfters erwähnten Werke des ROBERTUS VALTURIUS, lib. 10, Cap. 4. S. 314 und 315 finden sich abgebildet: 1. Ein Boot mit ein Paar Ruderrädern. 2. Ein Schiff mit fünf Paar Ruderrädern. 3. Ein in sechs kastenartige Theile zerlegbares Boot mit gewöhnlichen Rudern. 4. Ein in zwei

Fig. 332.

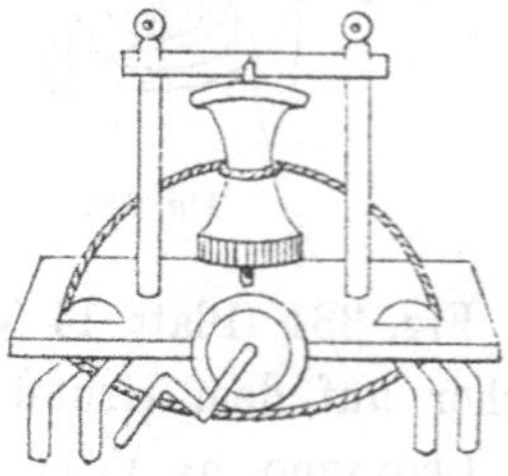

Fig. 333.

cylinderförmige und zwei paraboloidförmige, nach allen Seiten hin geschlossene Theile zerlegbares Schiff, das, wie es scheint, dazu bestimmt war, mit dem grössten Theile des Schiffsrumpfes unter Wasser zu fahren. Seitlich sind zwei Ruderräder angebracht, die ganz unter Wasser nicht hätten wirken können.

Fig. 333 (Blatt 23 R). Eine Edelsteinschleifmaschine. Dabei steht die Notiz:

„Item daz ist ein polier mull als dy hochn maister tzu Venedig habn darauff man allerley gestain poliert dy bedarf III scheiben dy erst ist pleyen dy ander zynen dy tritt kupffern." (Item das ist eine Poliermühle, wie sie die hohen Meister zu Venedig haben, worauf man allerlei Steine poliert. Dazu sind drei Scheiben nöthig, die erste bleiern, die zweite zinnern, die dritte kupfern.)

Von dem übrigen Inhalte des ersten Heftes der in Rede stehenden Handschrift wollen wir nur noch die beiden schriftlichen Bemerkungen wiedergeben, aus denen zu schliessen ist, dass dieses Heft zur Zeit der Hussitenkriege entstanden ist. Die erste befindet sich auf Blatt 16 R bei einer Skizze von einem fahrbaren Schirm für eine Bombarde und lautet:

„Item den schirrem hat her arking vor satz gehabt da gen hundert man wol darunter sicher der haspel ist inwending unn wan man tzw der stat kumt so tzeugt man den schirm auff unn schiust unn lat in den wider tzu gien wint den haspel wider hinter sich so get der schirm wider von stat unn dye lewt stien dar hinter an schad." (Item den Schirm hat Herr Archinger vor Saaz gehabt. Da stehen wohl hundert Mann dahinter sicher. Der Haspel ist inwendig, und wenn man zu der Stadt kommt, so zieht man den Schirm auf und schiesst und lässt ihn dann wieder zugehen; windet den Haspel wieder hinter sich, so geht der Schirm wieder von der Stadt weg und die Leute stehen dahinter, ohne Schaden zu nehmen.)

Die zweite Bemerkung findet sich auf Blatt 23 R bei einer Skizze, welche ein Fuhrwerk darstellt, das ringsum mit Pallisaden verkleidet ist und ohne Zweifel auch durch Drehen eines Haspels im Innern des Wagens fortbewegt werden konnte. Sie lautet:

„Item daz ist der hussen wagenburgk darauf dy hussen vechtn dy ist gut und gerecht." (Item das ist der Hussiten Wagenburg, worauf die Hussiten fechten. Die ist gut und recht.)

Aus der ersten dieser beiden Bemerkungen geht hervor, dass die Belagerung von Saaz durch Archinger von Seinsheim, welche im September 1421 stattfand, der vergangenen Zeit angehörte, als diese Bemerkung niedergeschrieben wurde, und da in der zweiten Bemerkung das Verbum „fechten in der gegenwärtigen Zeit gebraucht wird, so ist daraus zu schliessen, dass die Kämpfe der Hussiten noch nicht vorüber waren, als diese zweite Bemerkung niedergeschrieben wurde.

Was das zweite Heft der in Rede stehenden Handschrift betrifft, so sind die schriftlichen Bemerkungen, welche über die Zeit seiner Entstehung und den Namen seines Autors Aufschluss geben, die folgenden:

Auf Blatt 70 resp. 73 steht bei der Skizze von einer durch Saumthiere getragenen Bombarde:

„Die 3ª mensis septembris hanc bombardam anno 1438 indicavi Daniello Nicolay Romaneltis de Sen̄." (Am dritten September des Jahres 1438 habe ich diese Bombarde dem Daniel Nikolaus Romaneltis aus Siena gezeigt.)

Auf Blatt 79 resp. 82 V steht geschrieben:

„Dominus Marianus Scizun de Sen̄ die 8ª mensis decembris vidit omnia ista in domo suo habitans.

Anno 1438 et at 9 di dicembre de mo domino Petro de Micheglis de Sen̄ in designis bombardam ad bossulam ad ciconiam ac at vitem tunc dixit volebat immediate conferre un famulo Francisci Piccini etc." (Herr Marianus Scizun aus Siena hat am 8. Dezember alle diese Sachen in seinem Hause gesehen. — Im Jahre 1438 am 9. Dezember zeigte ich dem Herrn Petro de Micheglis aus Siena in Zeichnungen die

Bombarde mit Bussole, Richtscheit und Schraube, worauf er sagte, er wolle sofort mit einem Diener des Francesco Piccini konferiren u. s. w.)

Auf Blatt 98 resp. 96 V endlich steht geschrieben:

1441. — Dominus Antonius Catelonus, presbiter de civitate Tortose die XV mensis Augusti vidit haec disegna ac etiam rotulum, in quo erant machinae et tormenta antiqua designata ex manu mei Mariani Jacobi de Señ. (Herr Antonius Catelonus, Priester der Stadt Tortosa, hat am 15. August diese Zeichnungen gesehen und auch eine Rolle, auf der Maschinen und alte Schleudermaschinen gezeichnet waren, von meiner, des Marianus Jacobus von Siena, Hand.)

Von den in diesem Hefte enthaltenen Skizzen heben wir hervor:

Fig. 334 (Blatt 32—22 R). Ein fahrbarer doppelter Aufzug.

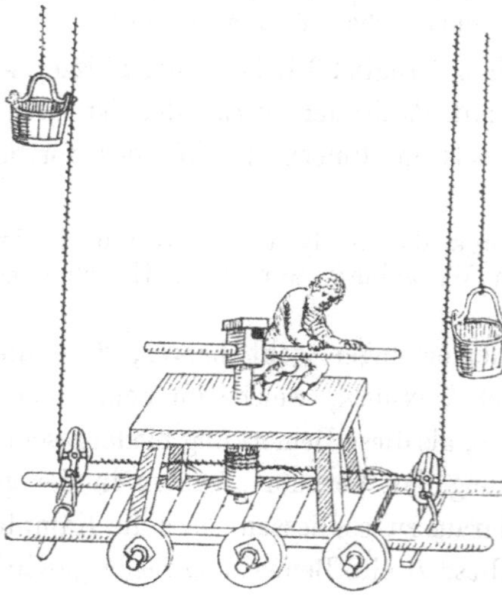

Fig. 334.

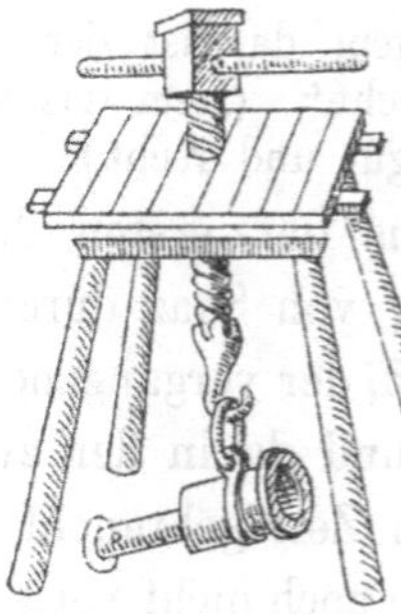

Fig. 335.

Fig. 335 (Blatt 22 R). Eine Schraubenwinde zum Heben von Geschützen, von der in Fig. 313 dargestellten nur dadurch verschieden, dass hier die Schraube, dort aber die Schraubenmutter gedreht wird.

Fig. 336 (Blatt 21 V). Ein doppelter Aufzug, durch einen Göpel direkt betrieben. Das Maschinengestell wird wie bei den altrömischen Keltern (S. 71 unserer Abhandlung über Cato) nicht durch Befestigung an einem Fundament, sondern durch Belastung mit Steinen niedergehalten.

Fig. 337 (Blatt 4 V). Ein Drehkahn einfachster Art zum Ent- oder Beladen von Schiffen. Derselbe besteht aus einer feststehenden Säule mit vertikalem Zapfen am oberen Ende und einem darauf gesteckten horizontalen Hebel. Da der Durchmesser der Bohrung im Hebel grösser ist als der Zapfendurchmesser, aber kleiner als der Durchmesser des oberen Säulenendes, so stützt sich der Hebel auf dieses, kann um den Vertikalzapfen gedreht werden und seine Enden können innerhalb gewisser Grenzen auf und nieder schwingen. An dem der Last gegenüber liegenden Hebelende ist ein Kasten befestigt, der mit Steinen gefüllt werden kann, um die Last theilweise oder ganz abzuwuchten. Rechts von dem Krahn ist durch eine kleine Skizze gezeigt, wie dieselbe Beweglichkeit des Hebels dadurch erreicht werden kann, dass man ihn um eine vertikale und horizontale Axe drehbar macht. In unserer Abhandlung über Besson (S. 205) sagten wir nach der Beschreibung seines Logs: „Die Drehbarkeit des Instrumentes um zwei aufeinander senkrechte in einer Ebene liegende Axen ist von besonderem Interesse, weil dies die älteste uns bekannte Anwendung

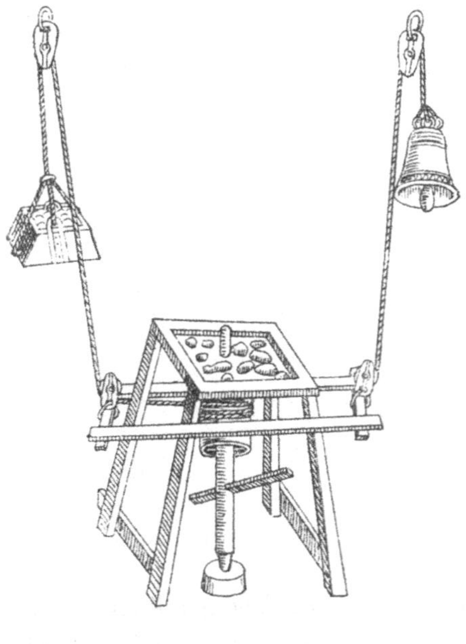

Fig. 336.

Fig. 337.

Fig. 338.

des Principes ist, auf welchem die Konstruktion des Universalgelenkes oder des sogenannten Hook'schen Schlüssels beruht.“ Hier haben wir nun eine um 140 Jahre ältere Anwendung dieses Principes vor uns; nur mit dem Unterschiede, dass die beiden Axen in einer senkrechten, anstatt in einer waagrechten Ebene liegen.

Fig. 338 (Blatt 23 V). Ein Aufzug für Geschütze, der als eine Umkehrung der altrömischen Kelter, wie sie Cato beschreibt, zu betrachten ist. In unserer Abhandlung über Cardanus gaben wir eine Hebmaschine wieder, die als analoge Umkehrung der späteren römischen Kelter zu betrachten ist. (Fig. 196, S. 175.)

Fig. 339 (Blatt 31 V). Ein Krahn zum Heben von Baumaterialien auf im Bau begriffene Thürme oder andere Gebäude. Er ist nach demselben Principe konstruirt, wie die im dritten Theile von WEISBACH's „Ingenieur- und Maschinen-Mechanik“ § 223 beschriebenen Hängemaschinen oder sogenannten „Drops“, womit man, wie WEISBACH sagt, in England die Wagen, welche auf einer Eisenbahn zugefahren werden, sammt ihrer Last herablässt in die Kohlenschiffe. Auch dieses Princip ist also sehr alt.

Fig. 340 (Blatt 74 R) zeigt die Konstruktion eines Hebedaumens damaliger Zeit. Soweit es sich nach dieser Skizze beurtheilen lässt, war die Konstruktionsregel: Beschreibe den Umfang der Daumenwelle und den Umfang des Kreises, den der äusserste Punkt des Daumens beschreiben muss, damit der verlangte Hub erzielt wird. Ziehe einen Radius, theile das Stück desselben, welches zwischen den beiden Kreisen liegt, in drei Theile und ziehe durch den Theilungspunkt zunächst der Welle einen koncentrischen Hilfskreis. Theile

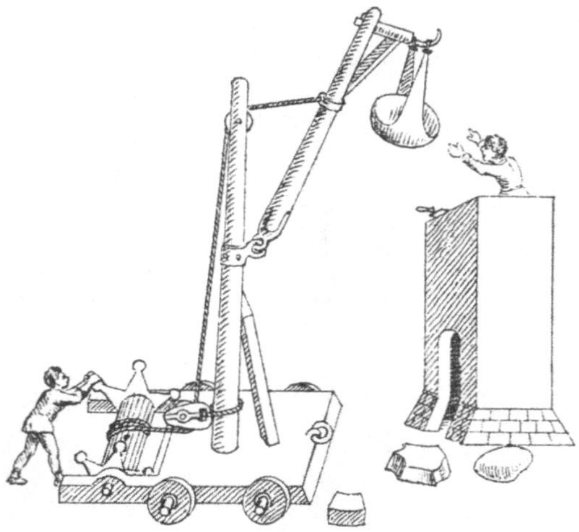

Fig. 339.

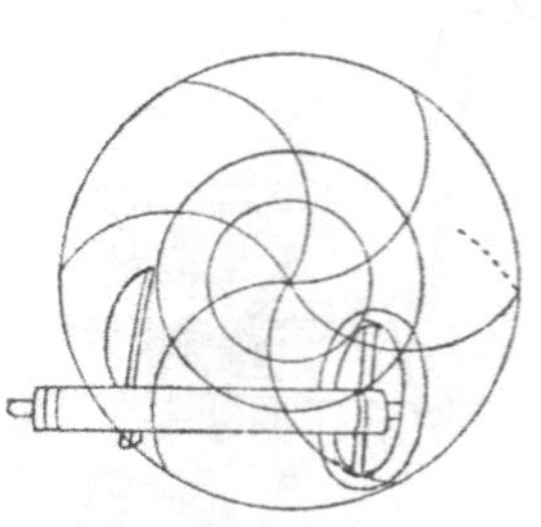

Fig. 340.

diesen Hilfskreis in sechs Theile und beschreibe aus den Theilpunkten mit dem Radius des Hilfskreises Kreisbogen zwischen dem ersten und zweiten Kreise, so geben diese die Krümmung der arbeitenden Flächen der Hebedaumen an.

Fig. 341 (Blatt 58 V). Ein Perpetuum mobile. In unserer Abhandlung über RAMELLI (S. 231) sagten wir: „Vielfach hat man auch ein Rad dadurch in immerwährende Bewegung setzen zu können geglaubt, dass man darin Gewichte anbrachte, welche sich auf der einen Seite von der Vertikalebene durch Fortrollen oder Umschlagen eines Hebels, an dem sie befestigt waren, weiter entfernten und sich auf der anderen Seite der Mittelebene wieder näherten. Auch diese verfehlten Ideen liegen schon bei RAMELLI der Konstruktion eines Schöpfrades auf Blatt 43 zu Grunde.“ — Eine Skizze von einem solchen Rade, das durch Umschlagen von Hebeln in immerwährende Bewegung kommen soll, sehen wir aber hier schon in einer Skizze aus dem Anfange des XV. Jahrhunderts vor uns.

Fig. 342 (Blatt 125—134 R). Eine kompendiöse Konstruktion eines Stampfwerkes. Die Daumenwelle liegt dicht an dem Stempel, aus dem ein Schlitz herausgearbeitet ist, durch den der Daumen bei seiner Drehung hindurchgeht. Oben in diesem Schlitze ist eine Antifriktionsrolle angebracht, gegen die der Daumen drückt, wodurch der Stempel gehoben wird.

Fig. 343 (Blatt 36—26 V). Eine Schraubenaufhelfe für eine stehende Welle, beispielsweise für ein Mühleisen.

Fig. 344 (Blatt 86—87 V). Ein Ziehbrunnen mit zwei Eimern, durch ein horizontales Windrad betrieben. Da dieses feste Flügel hat und sich daher nicht drehen kann, wenn es ganz dem Winde ausgesetzt ist, so muss angenommen werden, dass seine eine Hälfte durch einen Schirm vor dem Winde geschützt sein sollte, wie bei dem horizontalen Windrade Besson's. (S. 203.) Und da bei dem Ziehbrunnen mit zwei Eimern immer abwechselnd der eine

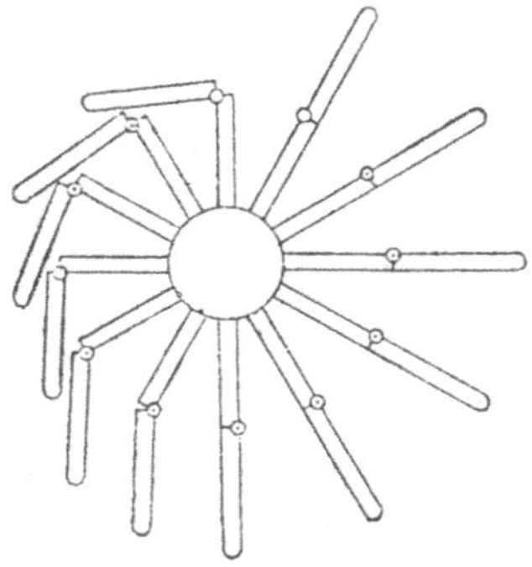

Fig. 341.

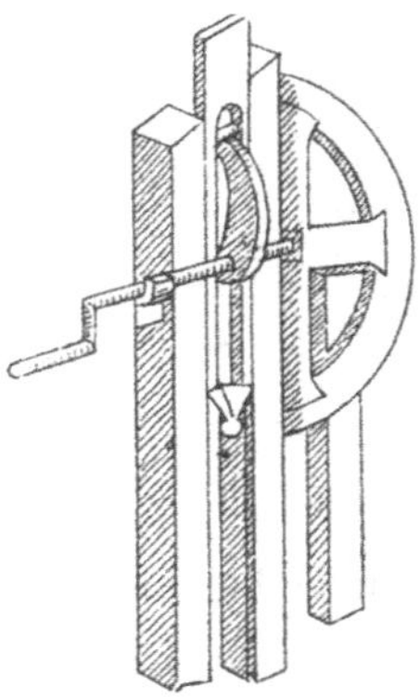

Fig. 342.

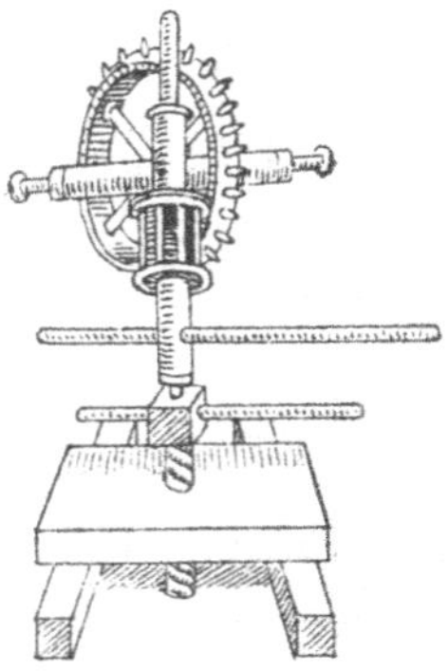

Fig. 343.

auf-, der andere abwärts gehen muss und daher eine Umsteuerung des Mechanismus unumgänglich nöthig ist, so muss man sich diesen Schirm hier verstellbar denken.

Fig. 345 (Blatt 80 R). Ein Paternosterwerk mit flachen Kolben. Ein flacher Kolben zu einem Pasternosterwerke findet sich unter den Skizzen von Leonardo da Vinci (Fig. 113, S. 102) und da wir solche in anderen älteren Werken seither nicht angetroffen hatten, hielten wir diese Konstruktion für eine dem Leonardo eigenthümliche; die vorliegende Skizze beweist jedoch, dass sie schon früher bekannt war.

Fig. 346 (Blatt 21—20 R). Ein Ziehbrunnen mit Räderübersetzung und einer um ein Rad geschlungenen Kette, woran der Arbeiter zieht Diese Kette ist hier noch ganz um das Rad herumgeschlungen, während wir sie bei Ramelli schon einfach darüber gelegt sahen. (Fig. 297, S. 210.)

Fig. 347 (Blatt 58 R). Eine nicht saugende (nur drückende) Plungerpumpe für geringe Förderhöhe, wie man ähnliche in alten Werken öfters abgebildet findet. Der Pumpenkörper steht mit seinem unteren Theile unter

Wasser und hat im Boden oder in der Seitenwand dicht über demselben ein oder mehrere sich nach innen öffnende Ventile und in einiger Entfernung vom oberen Rande ein Auslaufrohr. Der Plungerkolben schliesst nicht an den Pumpenkörper an, zwischen den Seitenwänden beider bleibt aber nur ein enger

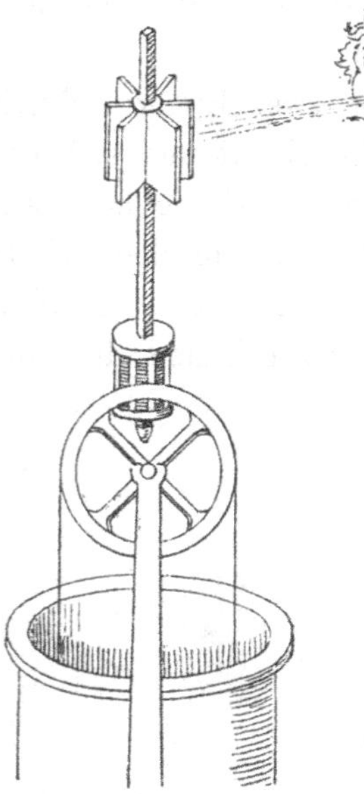

Fig. 344.

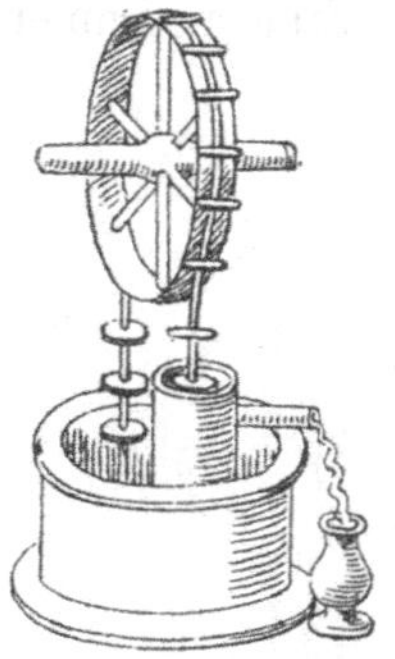

Fig. 345.

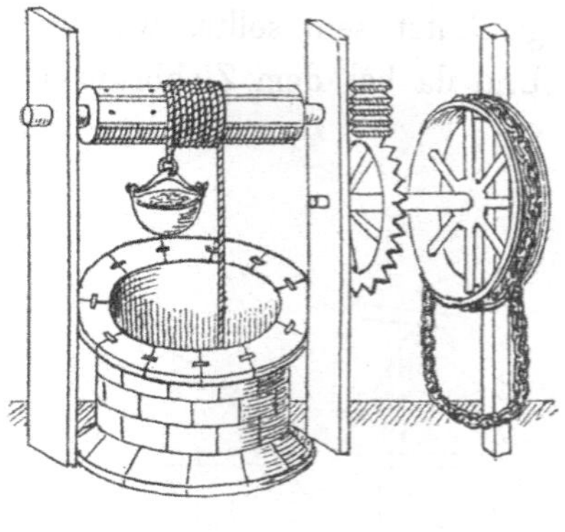

Fig. 346.

Zwischenraum. Hebt man den Hebel über den Kolben, so dringt das Wasser von selbst durch die Ventile in den Pumpenkörper, bis der innere Wasserspiegel mit dem äusseren gleich hoch steht. Wird dann der Kolben nieder-

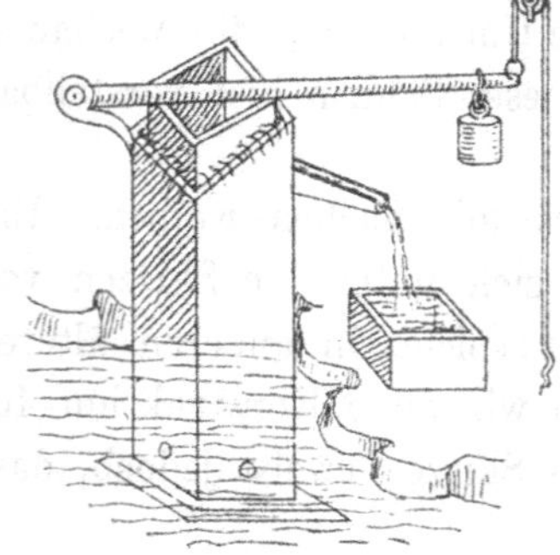

Fig. 347.

Fig. 348.

gedrückt, so schliessen sich alle Ventile, das Wasser im unteren Raume des Pumpenkörpers wird verdrängt und in dem Zwischenraume zwischen den Seitenwandungen des Pumpenkörpers und des Kolbens in die Höhe gepresst, bis es durch das Auslaufrohr oder über den Rand des Pumpenkörpers ausfliesst. Bei besseren Konstruktionen dieser Art ist der obere Theil des Pumpenkörpers von einem schalenförmigen Gefäss umschlossen, von dem das über den Rand des Pumpenkörpers ausfliessende Wasser aufgefangen wird und an welches sich dann das Auslaufrohr erst anschliesst, während bei der hier vorliegenden Skizze das über den Rand des Pumpenkörpers ausfliessende Wasser verloren geht.

Fig. 348 (Blatt 31 R). Ein Paar Balgpumpen in Form von gewöhnlichen Schmiedeblasbälgen und in derselben Weise betrieben wie die von Biringuccio beschriebenen Giessereiblasbälge. (Fig. 130, S. 118.)

Fig. 349 (Blatt 55 V). Schwingende Rinnen zur Wasserförderung auf geringe Höhe, ähnlich denen, welche Ramelli beschreibt. (Vergl. S. 229.)

Fig. 350 (Blatt 25—30 R). Ein Paar Schmiedeblasbälge, durch ein oberschlächtiges Wasserrad in derselben Weise betrieben, wie es Biringuccio als erste Art angiebt. (Fig. 126, S. 116.) In unserer Abhandlung über Leonardo da Vinci (S. 109) sagten wir bei Besprechung einer Skizze von einem ober-

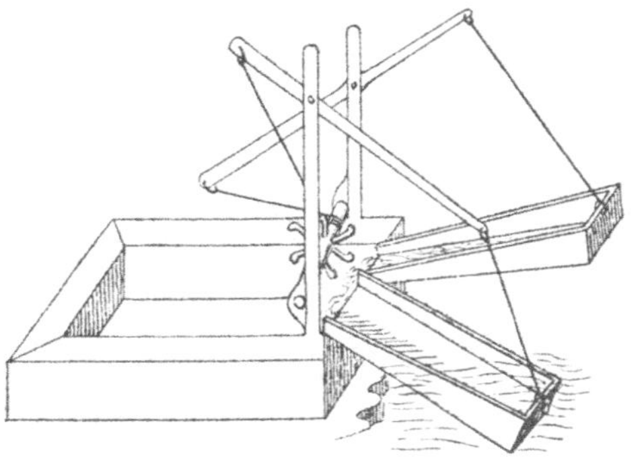

Fig. 349.

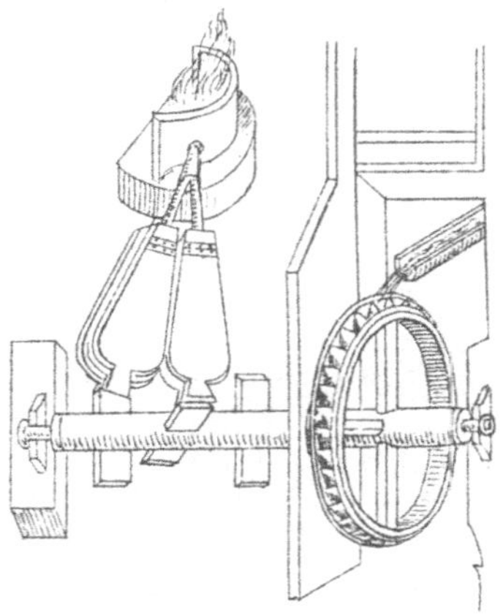

Fig. 350.

schlächtigen Wasserrade: „Was zunächst die schiefe Schaufelstellung zur Vergrösserung des wasserhaltenden Bogens anbelangt, welche Dr. H. Grothe für eine Verbesserung des Leonardo zu halten scheint, so möchten wir darauf hinweisen, dass in Agricola's Werk „De re metallica", Basel 1530, alle oberschlächtigen Räder mit schräg gestellten Schaufeln abgebildet sind u. s. w." Die hier vorliegende Skizze des Marianus Jacobus aber liefert den direkten Beweis, dass oberschlächtige Wasserräder mit schräggestellten Schaufeln auch in Italien lange vor Leonardo bekannt waren.

Fig. 351 (Blatt 87 V) zeigt eine Methode, wie durch die Wasserkraft eines Flusses ein darauf schwimmendes Schiff stromaufwärts bewegt werden kann. Quer über einem Boote ist ein Wellbaum gelagert, an dessen über die Schiffswandungen hervorragenden Enden je ein Flügelrad oder unterschlächtiges Wasserrad angebracht ist, das mit seinen Schaufeln in den Strom taucht. Oberhalb der Stelle, wo das Boot sich befindet, ist ein Seil über den Fluss gespannt. An diesem ist ein zweites langes Seil befestigt, nach dem Boote hingeführt und einigemal um den Wasserradwellbaum geschlungen. Zieht der Bootsmann das freie Ende dieses Seiles etwas an, so kann die Strömung des Flusses das Boot nicht mit sich fortführen, dreht vielmehr die Wasserräder mit ihrem Wellbaume um und windet das Boot stromaufwärts, wenn das Seil in der entsprechenden Richtung um den Wellbaum geschlungen ist. In der vorliegenden Skizze ist letzteres allerdings nicht der Fall und man muss sich diesen Zeichenfehler verbessert denken. Diese Art, zu machen, dass ein Schiff „von selbst“ gegen den Strom fährt, wird auch in des Faustus Verantius „Novae Machinae“ (1628) beschrieben (Probl. 40), man ersieht aber aus der hier vorliegenden Skizze, dass dies zu des Verantius Zeit keine nova machina

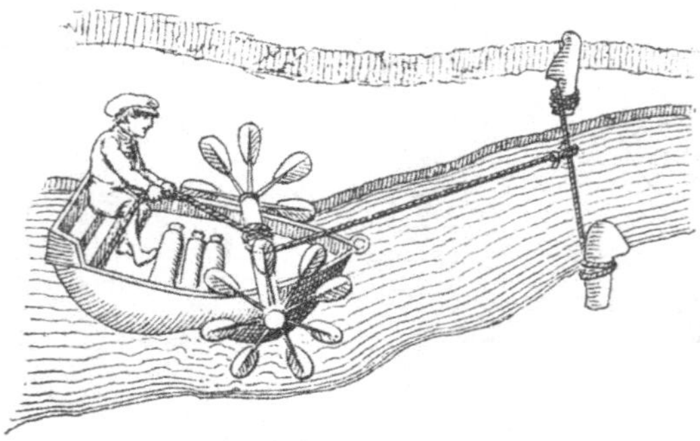

Fig. 351.

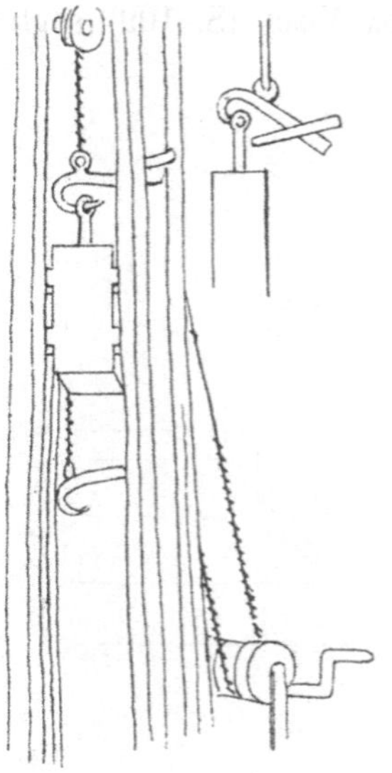

Fig. 352.

mehr gewesen ist. Doch giebt dieser gleichzeitig noch eine verbesserte Methode an, die ihm eigenthümlich sein mag.

Fig. 352 (Blatt 119—128), zeigt die vorhin erwähnte flüchtige Skizze einer Kunstramme. Der Rammbär ist hier vermittelst eines Hakens an das Zugseil gehängt, der sich selbstthätig aushängt, wenn der Bär auf die richtige Höhe gezogen ist, wie man aus der Hauptskizze ersieht, wo der nach rückwärts verlängerte Stiel des Hakens eben an einen im Gestelle befestigten Stift von unten anstösst. Aus der rechts neben der Hauptskizze befindlichen kleineren Skizze ersieht man, dass der Haken sich auch selbstthätig einhängen sollte, wenn er wieder bis zur entsprechenden Höhe herabgelassen war. Denn der Haken ist hier in dem Momente gezeichnet, wo sein Stiel von oben gegen einen Stift stösst und er sich demzufolge in die vor ihm stehende Oese des Rammbärs einhängen muss. Das Zugseil geht in der Hauptskizze über eine Leitrolle oben im Maschinengestell und dann herab zu einer Seiltrommel, ist einigemal um diese geschlungen und geht dann wieder aufwärts. Hinter dem am erstgenannten Seilende hängenden Rammbär sieht man das zweite Seilende mit einem zweiten Fanghaken herabhängen. Es liegt daher dieser Skizze offenbar die Idee zu Grunde, durch die Maschine zwei Rammbären zu bewegen und in der Weise wirken zu lassen, dass immer der eine von seinem Fanghaken wieder erfasst wird, sobald der andere ausgelöst wird.

Fig. 353 (Blatt 23 R) zeigt, wie man eine Bombarde oder eine andere Last durch Zugthiere über einen Fluss oder eine Schlucht schaffen kann, welche die Zugthiere nicht überschreiten können. Zwischen einem Baume auf dem linken und einem eingeschlagenen Pflocke auf dem rechten Flussufer ist ein Seil gespannt, an das die Bombarde vermittelst eines Ringes gehängt ist. An den Baum ist eine Flasche mit einer Rolle gebunden, über welche ein Zugseil geht, dessen eines Ende an dem Ringe, der die Bombarde trägt, befestigt ist, während an dem anderen Ende, welches ebenfalls über den Fluss hinübergeführt ist, die Zugthiere angespannt sind. Gehen diese landeinwärts, so ziehen sie die Bombarde über den Fluss, indem der Ring, an welchem sie hängt, über das gespannte Seil hingleitet.

Fig. 353.

In unserer Abhandlung über Lorini (S. 246) gaben wir die Beschreibung einer Seilbahn zum Erdtransport in Karren wieder und sagten, dies sei die älteste Beschreibung einer Seilbahn. Man ist jedoch berechtigt, auch den in vorliegender, um etwa 170 Jahre älteren Skizze dargestellten Apparat als eine Seilbahn zu bezeichnen.

Fig. 354 (Blatt 82 R). Eine Pumpe mit einem hohlen Ventilkolben. In unserer Abhandlung über Cardanus (S. 176) findet sich die dortige Beschreibung der Pumpe des Bartholomäus Brambilla, die wir damals für die älteste Beschreibung einer Pumpe hielten, deren Hohlkolben ein in der Mitte sitzendes Ventil hat. Wir haben jedoch hier eine um etwa 120 Jahre ältere Skizze von einer Pumpe dieser Art vor uns.

Fig. 355 (Blatt 63 R) zeigt einen Mahlgang, durch einen Göpel betrieben, der durch eine in der Erde gelagerte Transmissionswelle mit ersterem verbunden ist.

Von den übrigen in diesem Hefte enthaltenen Skizzen sind hier etwa noch zu erwähnen:

Blatt 98—96 R. Eine schön ausgeführte grössere Zeichnung von einem Becherwerke, mit Ochsengöpel betrieben.

Blatt 30—35 R und Blatt 31—36 V. Schöpfräder.

Blatt 37—27 V. Ein fahrbarer Aufzug mit grossem Tretrade, ähnlich denen in den Figuren 52 u. 53, S. 47 u. 48; jedoch hält sich der Arbeiter nicht direkt an einer Querstange, vielmehr ist diese in höherer Lage angebracht, und es hängt von ihr ein Strick herab, den der Arbeiter mit den Händen erfasst.

Blatt 105—99 R zeigt einen Teich in der Nähe des Meeres, das durch das eingeschriebene Wort „Mare" kenntlich gemacht ist. Der Teich steht durch zwei Kanäle, die durch Schleusen abgeschlossen werden können, mit dem Meere in Verbindung. Bei dem Kanale rechts, wo die Schleuse zunächst des Meeres angebracht ist, steht: „Introitus" (Einlauf) und die Bemerkung: „per sex horas crescit et per sex horas decrescit intra diem et noctem, d. h. während sechs Stunden steigt es (das Wasser) und während sechs Stunden fällt es bei Tag und bei Nacht. Bei der Schleuse des linken Kanales, welche zunächst des

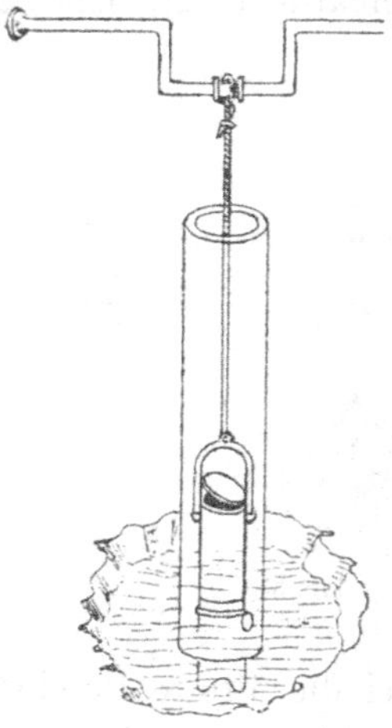

Fig. 354.

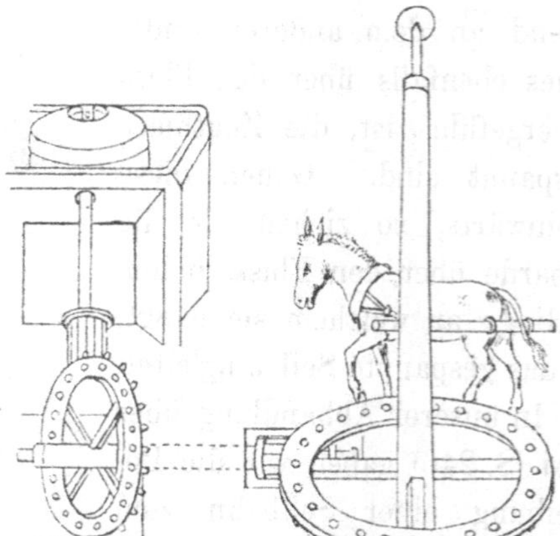

Fig. 355.

Teiches angebracht ist, steht: „exitus" (Auslauf) und zwischen dieser Schleuse und dem Meeresufer an zwei verschiedenen Stellen: „hic molendum" (hier soll gemahlen werden).

Es unterliegt keinem Zweifel, dass durch diese Skizze gezeigt werden soll, wie man mit Hilfe von Fluth und Ebbe des Meeres Mühlen betreiben kann. Auch Belidor behandelte in seiner „Architectura hydraulica", die 1737 erschien, dieses Thema ausführlich.

Als vor Kurzem die Zeitungen von einem französischen Ingenieur berichteten, der den Plan habe, Fluth und Ebbe als Kraftquelle zu benutzen und die so gewonnene Kraft in Form von Elektricität in das Binnenland zu leiten, schien Vielen die Idee, das periodisch wiederkehrende Steigen und Sinken des Meerwassers als Kraftquelle nutzbar zu machen, als eine der neuesten und genialsten des neunzehnten Jahrhunderts. Die soeben beschriebene Skizze lehrt uns, dass diese Idee mindestens vierhundert und siebzig Jahre alt ist.

# Vittorio Zonca (1568–1602).

In unserer Abhandlung über CATO den Aelteren haben wir auf Seite 69 eine Kelter römischer oder eigentlich griechischer Art aus ZONCA's „Novo Teatro di Machine et Edificii" (Padua 1621) besprochen und daselbst in Fig. 67 abgebildet. Wir glaubten damals, dass diese Auflage die älteste sei, haben aber inzwischen gefunden, dass sich in der Kgl. Hof- und Staatsbibliothek in München eine solche von 1607 befindet, deren Inhalt mit Ausnahme der Widmung mit der vorhin genannten übereinstimmt. Diese Widmungen der Verleger bilden in beiden Auflagen die einzige Vorrede. In der von 1607 folgt nach einem Lobe der Ingenieurkunst die Stelle:

„Diese Erwägung, erlauchter Herr, hat mich zuerst bewogen, die ehrenwerthe Arbeit des Herrn VITTORIO ZONCA, Architekten von Padua, die mir in die Hände gefallen war, nicht umkommen und in Vergessenheit gerathen zu lassen."

Auf dem Titelblatte wird der Autor noch genauer als: „Architetto della Magnifica Communità di Padua" bezeichnet.

Darnach war zu vermuthen, dass ZONCA vor 1607 als Stadtbaumeister von Padua gestorben sei, und weil wir Genaueres über seine Person in Büchern nicht finden konnten, wandten wir uns an Herrn K. KELLER, Professor der Technischen Hochschule in Karlsruhe, Doctor honoris causa der Universität Padua, mit der Bitte, dort Erkundigungen darüber einzuziehen. Durch ihn gelangte unser Gesuch an Dr. CAROLO FERRARIS, Rector Magnificus der Universität, Professor GLORIA, Archivinspektor, und Sign. A. CAPELLO, Archivar des Museo Civico in Padua. Der Güte dieser Herren verdanken wir die Mittheilung folgenden Briefes des Letzteren an Dr. C. FERRARIS:

„. . . . In der Liste der Verstorbenen des Gesundheitsamtes Bd. I finde ich, dass am 15. November 1602 ein VITTORIO ZUNCO in der Pfarrei S. Giacomo an der Ruhr starb. Er war 34 Jahre alt und daher 1568 geboren. Dass der Name ZUNCO und nicht ZONCA geschrieben ist, hat nichts zu bedeuten, da auch die anderen Glieder dieser Familie bald ZONCA, bald ZONCHI und auch ZUNCHI genannt werden, und VITTORIO in den Akten des Stadtrathes ZUNCA genannt wird. Aus diesen ist ersichtlich, dass er auf sein Gesuch durch Rathsbeschluss vom 12. Februar 1597 zum Architekten der Stadt ernannt wurde. Doch war dies nur ein Ehrenamt, und an seine Ernennung wurde die Bedingung geknüpft, dass daraus für Privatpersonen keinerlei Verpflichtung erwachsen solle, seine Dienste in Anspruch zu nehmen und sie denen Anderer vorzuziehen. — Von seinem Werke „Novo Teatro di Machine etc." sind sicher vier Auflagen erschienen: die von 1607, welche in dem an Sie gerichteten Briefe erwähnt ist, eine zweite von 1621, welche sich in der Universitätsbibliothek befindet, eine dritte von 1627 wird von Vedova in seinen „Biografie degli scrittori Padovani" und von Petrucci in seinen „Biografie degli artisti Padovani" erwähnt, eine vierte endlich von 1656 besitzt unsere Bibliothek. Das Erscheinen so vieler Auflagen dieses Werkes beweist den hohen Werth, welcher ihm zu seiner Zeit beigelegt wurde und die Tüchtigkeit seines Verfassers. — Ueber Gebäude, welche nach Zeichnungen desselben ausgeführt wurden, konnte ich keine Aufzeichnungen finden."

Das Werk Zonca's bildet einen kleinen Folioband von 115 Seiten, wovon 42 mit je einem Kupferstiche und die übrigen mit Beschreibungen ausgefüllt sind. Seine theoretischen Betrachtungen haben für uns keinen Werth mehr, aber interessant bleibt sein Werk, weil es über die damalige Anwendung von Maschinen auf mehreren Gebieten der Industrie die ersten genaueren Aufschlüsse giebt. Wir haben deshalb hier die meisten seiner Abbildungen in verkleinertem Massstabe wiedergegeben und werden im Nachfolgenden das Wichtigste aus seinen Beschreibungen mittheilen.

Seite 1 zeigt eine Winde mit Schraube ohne Ende (Fig. 356), worüber unter anderm gesagt wird:

„. . . . Die Arbeiter pflegten mit einer solchen Maschine jedesmal ein Gewicht von 20000 Pfund durch die Kraft von zwei Mann auf die grössten Gebäude der Stadt Padua zu heben, als Steine, Kalk, Eisenwerk und andere zum Bau erforderliche Materialien. Jetzt aber hat man sie verlassen, weil eine andere Maschine in die Praxis eingeführt worden ist, die mit einem Göpel und Rollen dieselbe Arbeit leistet. Die Schraube ist von gutem Metall (Bronce) gemacht und in einem Stücke gegossen. An ihren Enden sind eiserne Kurbeln von $1^1/_4{}'$ Länge (der Handgriffe) aufgesteckt, damit auf jeder Seite ein Arbeiter Platz findet . . . Das Rad, welches auf der Seiltrommel befestigt ist und durch die Schraube umgedreht wird, ist von Eisen, damit es sich an dem Metalle wenig abnutzt, und hat einen Durchmesser von 9″, eine Breite von $1^1/_2{}''$ und 18 schräg laufende Zähne von abgerundeter Form, so dass sie genau in die Vertiefungen der Schraube passen. In der Mitte hat es ein quadratisches Loch von knapp 4″ Seitenlänge. Dieses umschliesst einen Zapfen der Seiltrommel, die $2^3/_4{}'$ lang und so dick ist, dass sie die Zähne des Rades frei lässt. An dem Ende gegen das Rad hin muss die Trommel dicker sein als an dem anderen, wo das Seil befestigt wird, damit dieses, wenn es die Last ruckweise anzieht, sich um das dünnere Ende wickelt und langsam bewegt. Die Zapfen der Trommel sind von demselben Holze aus einem Stücke mit dieser. Der eine, und zwar der längere, hat dieselben Abmessungen wie das Loch im Rade und eine Länge von $^3/_4{}'$. Auf diesem wird das Rad mit einigen hakenförmigen Eisen befestigt, die auf die Trommel genagelt werden. Dann setzt man noch eine hölzerne Scheibe von solcher Grösse davor, dass sie die Lücken der Zähne frei lässt, während sie die Köpfe der Haken bedeckt. Der übrige Theil des Zapfens ist rund, wie der andere kürzere Zapfen.

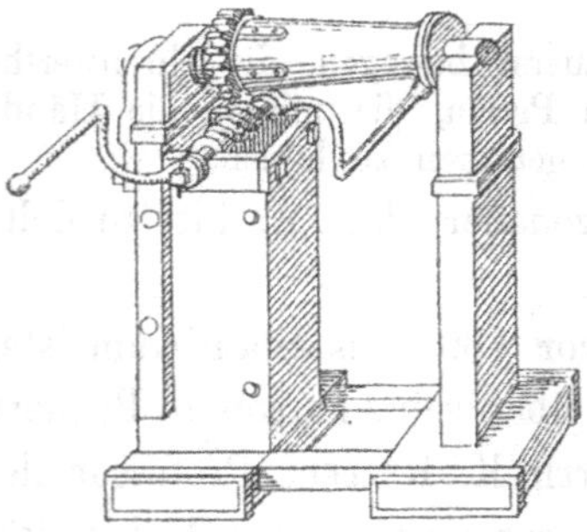

Fig. 356.

Die Lager, d. h. die Löcher, worin sich die Zapfen drehen, füttert man mit Leder aus, damit das Holz sich nicht abreibt. Die ganze Maschine ist von Eichenholz. Die Pfosten, insbesondere die, welche die Schraube tragen, sind mit eisernen aufgenagelten Bändern gebunden . . . .“

Das Gewicht, welches mit dieser Maschine durch zwei Mann gehoben worden sein soll, scheint mit 20 000 Pfund zu gross angegeben zu sein, was sich jedoch dadurch erklären lässt, dass man das damals allgemein übliche Einschalten eines Flaschenzuges bei Beschreibungen von Hebmaschinen oft unerwähnt liess.

Seite 3 zeigt die durch unsere Fig. 357 wiedergegebene Vorrichtung zum Heben eines eisernen Fallthores. Eine am unteren Ende einer Handgöpelwelle angebrachte Schraube greift in ein auf horizontaler Welle sitzendes Schraubenrad. Am anderen Ende dieser Welle greift ein Zahnrad in eine am Gitterthore befestigte senkrechte Zahnstange. Mehrere Sperrklinken, die sich auf Quadersteine im Fussboden stützen, verhindern sein Herabfallen, wenn der Druck der Arbeiter aufhört oder während des Hebens ein Bruch vorkommt. Die horizontale Welle liegt unter dem Fussboden und ist nur darüber abgebildet, um sie besser sichtbar zu machen.

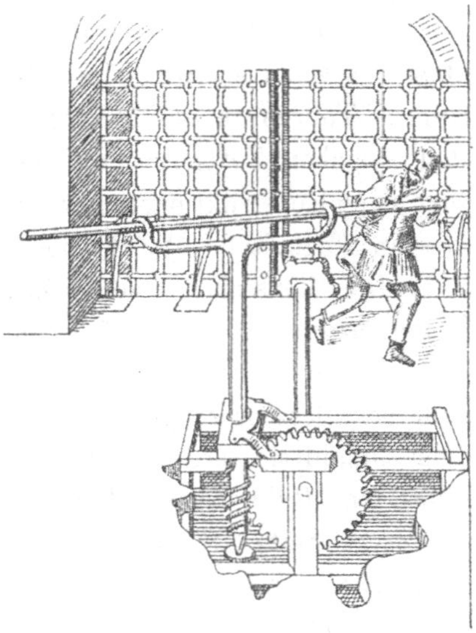

Fig. 357.

Seite 6 zeigt die Hebmaschine, wovon gesagt wurde, dass sie die Winde mit Schraube ohne Ende bei Bauarbeiten verdrängt habe. Es ist ein stehender Pferdegöpel, dessen Seiltrommel gleichzeitig ein Seil auf- und ein anderes abwickelt. Beide Seile gehen horizontal unter Leitrollen durch und aufwärts nach Flaschenzügen über der Baustelle. Die Vorrichtung entspricht der Fördermaschine Agricola’s, die wir auf S. 131 besprochen haben; doch ist das Maschinengestell aus einem Balkengerüste gebildet, das man leicht auf- und abschlagen kann.

Seite 14 zeigt eine Schiffmühle. Zwischen zwei Pontons ist ein unterschlächtiges Wasserrad gelagert, das einen Mahlgang und einen Schleifstein auf dem einen Ponton und einen hammerförmigen Stempel an dem anderen treibt. Solche Stempel fanden wir unter den Skizzen aus der Zeit der Hussitenkriege (Fig. 326, S. 280). Bei diesen steht die Bemerkung, man könne sich ihrer bedienen, wenn man keine Mühle habe; Zonca sagt, dass der Hammer dazu diene, das Getreide in einem steinernen Mörser zu zerstampfen, ehe es auf die Mühle gebracht werde. Es ist erstaunlich, dass sich diese primitivste Art der Getreidezerkleinerung so lange erhalten hat. — Den Durchmesser des Wasserrades giebt er zu 12 bis 14′ an und sagt bezüglich des übrigen Räderwerkes:

„Das Zahnrad am Ende der Wasserradwelle hat $5^1/_4'$ Durchmesser und 54 Zähne. Das Getriebe erhält sechs Triebstöcke. Die Zähne der Räder und die Triebstöcke der Getriebe pflegt man je nach der Oertlichkeit auf dreierlei Art einzutheilen. Man giebt nämlich dem Rade 48, 54 oder 60 Zähne und den Getrieben 6, 9 oder 12 Triebstöcke . . . .“

Für das unterschlächtige Wasserrad von 12—14′ Durchmesser kann man etwa sieben Umdrehungen in der Minute annehmen und erhält dann bei der von ZONCA als normal angegebenen Uebersetzung $6:54 = 1:9$ für den Läuferstein etwa 63 Umdrehungen in der Minute. Dies stimmt mit BELIDOR's Angabe überein, der in seiner „Architectura hydraulica“ vom Jahre 1737, erster Theil, § 638 sagt, dass der Läufer in einer Minute höchstens sechzig Mal umlaufen solle, damit das Mehl nicht erhitzt werde. Aus den Abbildungen RAMELLI's schlossen wir seiner Zeit, dass die Läufersteine seiner Wassermühlen nur 28 Touren in der Minute gemacht hätten (S. 230); es scheint aber nach den Angaben ZONCA's, verglichen mit denen BELIDOR's, als ob RAMELLI auch hier seine Konstruktionen nur kinematisch behandelt und von der erforderlichen Geschwindigkeit des Werkzeuges abstrahirt habe.

Die Mühlsteine sind bei ZONCA noch nicht mit Zargen umkleidet, sondern liegen in grossen, oben offenen Kasten, worin sich das Mehl sammelt, insoweit es nicht verstäubt, während wir bei RAMELLI oben offene und bei BESSON schon ganz geschlossene Zargen fanden. Auch fehlt bei ZONCA meist der Schuh unter dem Einlauftrichter, den RAMELLI stets anbrachte; doch ist an dem Trichter selbst eine Rühr- oder Schüttelvorrichtung.

Auf Seite 18 ist eine gewöhnliche Mühle mit einem unterschlächtigen, auf Seite 21 eine solche mit mehreren oberschlächtigen Wasserrädern dargestellt, wovon jedes einen Mahlgang treibt. In der Beschreibung wird gesagt, dass man das Wasser für letztere Mühlen in Teichen sammele, von denen es durch Schleusen und steinerne oder hölzerne Kanäle auf die Räder geleitet werde. Der Kanal soll zunächst dem Reservoir $1^1/_2'$ breit sein und auf 10 bis 12 Ellen Länge wenigstens 2′ Fall haben; zunächst dem Rade aber soll er sich verengen und doppelt so viel Fall haben, damit das Wasser mehr Zusammenhalt und grössere Gewalt erlange. Ferner sagt ZONCA:

„Indem nun hier das zusammengezogene Wasser rasend (furiosamente) auf die Zellen der Räder stürzt, fängt es an, sie in Bewegung zu setzen. Aber weil der Durchmesser dieser Räder so gross ist (16 bis 20′), werden sie sehr schwer, und deshalb macht man Löcher in je drei oder vier Zellenwände, damit das Ausfliessen des Wassers die Bewegung des Rades erleichtere.“

Er hält also möglichst starken Stoss des Wassers gegen die Zellenwände für das Wesentlichste, um einen guten Effekt mit oberschlächtigen Wasserrädern zu erzielen, und in diesem Irrthume war auch BELIDOR noch befangen, der a. a. O. lib. II, Kap. 1, § 644 das Wasser durch eine schräge Röhre auf die halbe Radhöhe herabstürzen und durch ein Gerinne nach dem tiefsten Punkte des Rades gelangen lässt. Die deutschen Bergleute aber hatten das richtige Princip, wonach oberschlächtige Wasserräder zu konstruiren sind, in der ersten Hälfte des 16. Jahrhunderts schon erkannt, wie aus AGRICOLA's Abbildungen hervorgeht (vergl. die Figuren 156, 157 u. 166, S. 138, 142 u. 149). Bezüglich der Zahnräderübersetzung bei diesen Mühlen sagt ZONCA:

„Weil die grösseren Wasserräder eine langsamere Bewegung haben, vermehrt man die Radzähne und vergrössert den Umfang des Zahnrades. Es erhält 48 Zähne und $7^1/_2{}'$ Fuss Durchmesser . . . . . Das Getriebe erhält sechs Triebstöcke, und eine volle Umdrehung des Wasserrades erzeugt daher 14 Umdrehungen des Mühlsteines . . . .“

Für ein oberschlächtiges Wasserrad von der angegebenen Grösse darf man etwa $4^1/_2$ Umdrehungen in der Minute annehmen und erhält alsdann mit der angegebenen Uebersetzung wieder 63 Umdrehungen für den Mühlstein.

Bei einem der dargestellten Mahlgänge greift ausser dem Mühlengetriebe noch ein auf horizontalem Wellchen sitzendes Getriebe mit 12 Zähnen in das

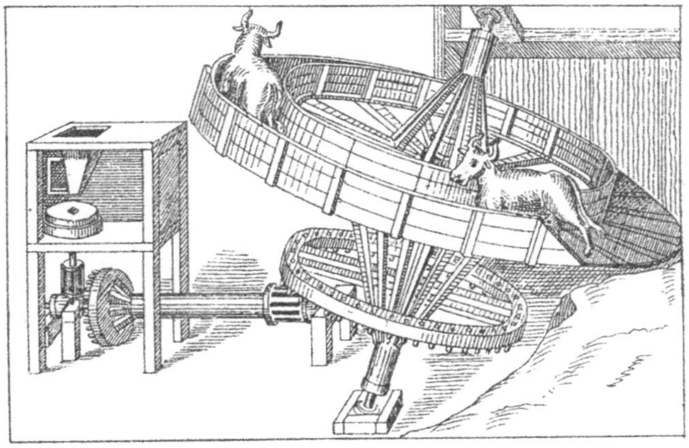

Fig. 358.

grosse Zahnrad. Auf das andere Ende dieses Wellchens ist ein Rädchen mit 20 Zähnen gekeilt, das in ein Getriebe mit 10 Zähnen auf einem stehenden Wellchen greift. Dieses ragt in einen Kasten und trägt am oberen Ende ein sternförmiges Rädchen (Schüttelrädchen) mit 10 Strahlen. In der Beschreibung wird gesagt, dass es „Mehl siebe in der Art, wie die Bäcker arbeiten“. Es ist wahrscheinlich eine Beutelmaschine damit gemeint, wie sie CARDANUS beschreibt (vergl. S. 182).

Auf Seite 25 ist eine Mühle mit schrägem Tretrade für Ochsenbetrieb (Fig. 358) dargestellt. Ein ähnliches Tretrad für Menschenkraft fanden wir schon bei RAMELLI (Fig. 228, S. 211). In der Beschreibung wird gesagt, dass die Mühle in Venedig (wo Wasserräder nicht angewandt werden konnten) das Getreide bequem mahle. Dann heisst es weiter:

„Der Wellbaum des Tretrades von 15′ Länge neigt sich mit einem Ende um den dritten Theil derselben gegen den Horizont. In seiner Mitte sitzt das Rad von 21′ Durchmesser, welches geeignete Neigung hat, dass die Thiere darauf gehen können.

Während sie gehen, giebt das Rad nach, und sie bleiben immer an derselben Stelle. Doch ermüden sie sehr, und deshalb muss man zwei Paare davon halten, um alle zwei Stunden abzuwechseln. Das Rad hat an der Seite eine Umzäunung, damit die Thiere durch seine Höhe nicht erschreckt werden. Der Wellbaum hat oben einen hölzernen, unten einen eisernen Zapfen, der in einem metallenen Lager steht, weil er die ganze Last trägt und das Eisen in Metall Stand hält, wie Stahl in Messing. Unter dem Tretrade auf derselben Welle sitzt ein Rad mit kleinerem Durchmesser und 144 Zähnen, dass ein Getriebe mit zwölf Triebstöcken auf horizontaler Welle treibt, an deren anderem Ende ein Rad mit 48 Zähnen sitzt, wie dies bei anderen Mühlen meistens der Fall ist. Aber sein Getriebe, das den Mühlstein treibt, hat zwölf Triebstöcke, so dass der Mühlstein 48 Umdrehungen macht, während das Tretrad sich einmal umdreht . . . .“

Seite 28 zeigt einen Pferdegöpel, durch den vermittelst einer unter dem Fussboden liegenden Transmissionswelle ein Mahlgang getrieben wird,

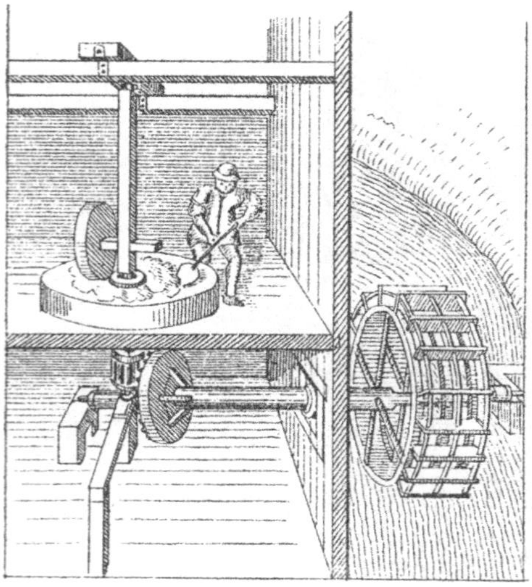

Fig. 359.

Fig. 360.

entsprechend der Skizze des Marianus Jacobus aus der Zeit der Hussitenkriege (Fig. 355, S. 292).

Auf Seite 30 ist der durch unsere Fig. 359 wiedergegebene Kollergang mit einem Läuferstein dargestellt, der durch ein Wasserrad von unten betrieben wird. In der Beschreibung wird gesagt:

„Die gegenwärtige Maschine, Quetschmühle (pistrino) genannt, dient zum Zerkleinern verschiedener Materialien, welche die Meister nöthig haben, die Felle zurichten und Leder bereiten (d. h. zum Zerkleinern von Knoppern, Galläpfeln und dergl. für Gerber), sowie jene anderen, die Leinsamen zerquetschen, um Oel daraus zu gewinnen.“

Der Durchmesser des Wasserrades wird zu 12′, die Zähnezahl des Zahnrades zu 48 und die des Getriebes zu 12 angegeben.

Auf Seite 33 ist eine Mühle mit Pferdebetrieb dargestellt, ähnlich der auf Seite 28; nur wird von dem Zahnrade aus gleichzeitig noch eine horizontale Welle mit einem Schleifsteine betrieben.

Seite 36 zeigt eine durch ein Wasserrad betriebene Schleiferei (Fig. 360). In der Beschreibung wird gesagt:

„. . . . Man kann zwei Schleifsteine und einige Polirscheiben aufstecken, wie man es in der Abbildung sieht. Durch Oeffnen einer Schütze setzt man das Wasserrad in Bewegung. Durch sie tritt das Wasser in einen Kanal von 2′ Breite, worin das Rad von 15′ Durchmesser eingeschlossen ist und sich rasch bewegt, indem das Wasser gegen seine Schaufeln stösst. Zwischen diesen sind einige Kästchen mit Löchern angebracht, um Wasser aufzunehmen und durch einen Kanal nach einem auf der anderen Seite der Bretterwand der Schleifmühle gegenüberliegenden Trog zu leiten, wo es durch ein Röhrchen ausfliesst, um den Meistern zum Schleifen zu dienen. Am anderen Ende der Wasserradwelle sitzt ein Zahnrad mit 60 Zähnen, das zwei Getriebe mit je 15 Zähnen umtreibt, die mit der Schleifsteinwelle fest verbunden sind*). Diese ist von Eisen, damit sie bei ihrer fortwährenden und raschen Bewegung sicher widersteht. Die Schleifsteine drehen sich viermal, während das grosse Rad

Fig. 361.

Fig. 362.

eine Umdrehung macht . . . . . Aber es ist zu beachten, dass keine Räderübersetzung nöthig ist, wenn man Wasser im Ueberflusse hat.“

Paul von Stetten weist in seiner „Kunst- und Handwerksgeschichte der Stadt Augsburg“ (Augsburg 1779) S. 141 urkundlich nach, dass im Jahre 1389 eine Schleifmühle auf dem Stadtgraben daselbst betrieben wurde.

Seite 39 zeigt eine Schleiferei für Handbetrieb (Fig. 361). Dass der hier angewandte Schnurtrieb zu jener Zeit noch nicht häufig gebraucht wurde, geht daraus hervor, dass Zonca ihn im Anfange seiner Beschreibung als eine schöne Konstruktion bezeichnet und am Ende derselben sagt, seine Erfindung sei eine sehr kunstreiche gewesen, er habe Aehnlichkeit mit dem Instrumente, das man Drillbohrer (Trappano) nenne, womit man Eisen, Stahl,

*) Hier ist ein Fehler in Beschreibung und Abbildung und daher zweifelhaft, ob zwei Schleifsteinwellen sich in entgegengesetzten Richtungen drehten, oder ob nur ein Getriebe und eine Welle vorhanden waren.

Knochen und andere Dinge bohre. Wir erinnern daran, dass CARDANUS in seinem Werke „de subtilitate“ (Nürnberg 1550) den Schnurtrieb als eine „bewunderswürdige Kunst“ bezeichnet, mit der Gemmen gebohrt würden (vergl. S. 166 und Fig. 184). In unserer Abhandlung über BESSON haben wir erwähnt, dass in GARZONI's „Piazza universale“ (Venedig 1601) eine Zinngiesserwerkstätte abgebildet ist, worin eine Drehbank mit Schwungrad und Schnur betrieben wird. Inzwischen haben wir aber erfahren, dass die Abbildungen in diesem Werke aus JOST AMMAN's „Stände und Handwerker mit Versen von HANS SACHS“ entnommen sind, das 1568 erschien und kürzlich durch G. HIRTH's Verlag in München reproducirt worden ist.

Seite 42 zeigt eine Walkmühle (Fig. 362). In der Beschreibung wird gesagt:

„Gegenwärtige Maschine dient zum Drücken und Walken von Tüchern und Mützen aus Wolle, Hemden, Strümpfen und anderen Dingen, um sie von Fett zu reinigen. (Es scheint daraus hervorzugehen, dass die Walkmühlen auch als Waschanstalten dienten und als die älteste Form der Waschmaschinen zu betrachten sind). Diese Konstruktion hält man für sehr alterthümlich; nichtsdestoweniger ist sie im Gebrauche und wird von vielen Handwerkern in der Stadt Padua benutzt. Sie hat ein kleines Wasserrad von nur 7 bis 8′ Durchmesser. Demzufolge wird, wenn der Fluss anschwillt, das Rad vom Wasser bedeckt und unbeweglich. Ausserdem scheint sie den Mangel zu haben, dass nur wenige Hebedaumen an dem Wellbaume sind, wodurch die Bewegung der Hämmer sehr langsam wird.“

Auf der Abbildung ist im Vordergrunde ein einzelner Hammerkopf dargestellt. Rechts im Hintergrunde sieht man ein Schöpfrad, das Wasser aus dem Flusse in einen Kanal hebt, der es durch ein Fenster in den Arbeitsraum leitet und in den Walktrog fallen lässt. Links im Hintergrunde ist das Wasserrad, das ein Paar Walkhämmer durch vier Hebedaumen in Bewegung setzt.

Es möchte scheinen, als ob zur Zeit HISKIAS' (725 v. Chr.) bei Jerusalem schon Walkmühlen gewesen seien, denn im zweiten Buche der Könige, Kap. 18, Vers 17 heisst es nach LUTHER's Uebersetzung: „Und da sie kamen, hielten sie an der Wassergrube bei dem oberen Teiche, der da liegt an der Strasse auf dem Acker des Walkmüllers.“ Ein gründlicher Kenner der hebräischen Sprache, Herr Dr. S. BÄR, schrieb uns indess auf Befragen über die Stelle: „LUTHER's Uebersetzung ‚auf dem Acker des Walkmüllers‘ ist falsch, auch inkonsequent, denn in Jes. 7, 3 und 36, 2 giebt er die ganz gleichlautende Stelle mit ‚Acker des Färbers‘. Richtig heisst sie ‚Feld der Wäscher‘, wie auch AUGUSTI und DE WITTE richtig übersetzen.“ Diese ungenaue Uebersetzung LUTHERS bestärkt uns in der Annahme, dass zu seiner Zeit die Walkmühlen auch Waschanstalten waren.

In der „Geschichte der Technologie“ von J. H. M. POPPE, Goettingen 1807, Bd. I, S. 287 wird gesagt: „Schon zu Ende des zehnten Jahrhunderts haben Walkmühlen existirt“; jedoch fehlt die Quellenangabe.

Dass im Jahre 1389 zu Augsburg auf dem Stadtgraben auch eine Walkmühle gewesen ist, weist PAUL VON STETTEN a. a. O. urkundlich nach.

Auf Seite 45 ist die durch unsere Fig. 363 wiedergegebene Schraubenpresse dargestellt, die dazu diente, der Leinwand und anderen Arten von Geweben Glanz zu geben und Falten daraus zu entfernen, wenn sie vom Webstuhle kamen.

Auf Seite 47 ist die Kelter altrömischer oder eigentlich griechischer Art dargestellt, wie sie PLINIUS beschreibt, und wie sie damals in Italien noch allgemein gebräuchlich gewesen zu sein scheint. Wir haben, wie eingangs erwähnt, unserer Abhandlung über CATO den Aelteren bereits eine verkleinerte Kopie dieser Kupfertafel beigegeben (Fig. 67, S. 69).

Fig. 363.

Die auf Seite 50 dargestellte Oelpresse unterscheidet sich im wesentlichen nicht von der vorhergehenden Weinkelter.

Auf Seite 53 ist eine Mange mit Tretrad, und auf Seite 56 eine ähnliche Mange mit Pferdegöpel (Fig. 364) dargestellt. Wir begegnen hierbei zum erstenmal einer Umsteuerung durch zwei auf einer liegenden Welle

Fig. 364.

einander gegenüber sitzende Winkelräder, in die ein am oberen Ende der Göpelwelle angebrachtes Getriebe abwechselnd eingreift, je nachdem es durch Verschiebung des Balkens, in dem der obere Zapfen der Göpelwelle gelagert ist, an das eine oder das andere Winkelrad gerückt wird. In der Beschreibung der Mange auf Seite 53 wird gesagt:

„Das Wichtigste bei dieser Maschine ist, wie die Meister sagen, der Theil, welcher Arbeitstisch (lavorativa) heisst, über dem sich auf einigen, mit dem zu glättenden Stoffe umwickelten, runden Stäben ein grosses Gewicht von Steinen hinbewegt. Dieser Arbeitstisch ist ein über dem Terrain erhabenes Holzgetäfel von wenigstens 15 bis 16′ Länge. Macht man es, wenn es die Oertlichkeit erlaubt, noch länger, so ist es um so besser. Man lässt das Gewicht sechs Touren (auf dem Stoffe) machen, oder nur zwei, oder auch mehr bis zu zwölf, je nach Gutdünken der Meister und je nach der Art des Stoffes, den man mangen will. Man kann sagen: bei Leinwand gebe man fünf bis sechs, bei Kamelot und dergl. nur zwei Touren. Die ganze Länge der Maschine kann man etwa zu 44′ annehmen."

Wir erinnern hier an die Mange für Pferdebetrieb von Besson (Fig. 217, S. 196).

Seite 62 zeigt ein Schöpfrad mit Pferdebetrieb, ähnlich dem von Vitruv beschriebenen, das wir (Fig. 52, S. 47) abgebildet haben.

Fig. 365.

Seite 64 zeigt die durch unsere Fig. 365 wiedergegebene Buchdruckerpresse. Die Beschreibung Zonca's stimmt insofern nicht mit der Abbildung überein, als in dieser die Schraube mit einem viereckigen Kopfe in die obere Traverse des Maschinengestelles eingelassen ist, also feststeht, und eine lange Mutter, an der das Führungsstück mit der Pressplatte hängt, ihren unteren Theil umschliesst und gedreht wird, während in der Beschreibung die Schraube als drehbar und die Mutter als in der oberen Traverse des Gestelles festsitzend geschildert wird. Wir entnehmen der Beschreibung folgendes:

„. . . . Die Schraube sollte von Metall gegossen werden, weil sie dann besser und sauberer wird. Man kann sie zwar von Eisen machen, aber es ist nicht so gut, Man sollte sie mit vierfachem Gewinde versehen. . . . . Die Schraube geht in einer Mutter, die ebenfalls von Metall ist und erstere nicht über die Traverse hinausgehen lässt. Auch die Pressplatte wird aus Metall gegossen, damit sie glätter wird, weil sie die Lettern gleichmässig anzudrücken hat. Von Eisen würde sie weniger gut sein, weil man sie mit dem Hammer nicht so eben machen kann .... Will man die Pressplatte aber von Holz machen, so nehme man Olivenholz. Unten an der Schraube (nach der Abbildung an der Mutter) hängt eine vierkantige eiserne Büchse, die nur vermittelst einer Schnur die Pressplatte in die Höhe hebt. Diese Büchse hat vierkantige Form, damit die Schraube (resp. die Mutter) mit ihrem konischen Stahlzapfen besser drückt (d. h. die Büchse diente zur Versteifung des von der Schraube, resp. der Mutter, bis zur Pressplatte herabreichenden konischen Stahlzapfens. Ausserdem diente sie aber auch zur Geradführung). Die Büchse ist an dem dickeren Theile des Zapfens mit einem durch ein Loch gehenden Stifte befestigt, das sich an der Stelle des Schraubenschaftes (oder des Zapfens an der Mutter) befindet, welche um zwei Finger Breite in die Büchse eintritt (es durfte hierdurch nur die Verschiebung, nicht aber die Drehung des Zapfens in der Büchse verhindert werden). Unter dieser Vorrichtung ist in der Höhe von $2^1/_2{}'$, in der ein Mensch bequem arbeiten kann, ein Tisch mit Rädern angebracht, der die Breite zwischen den Pfosten einnimmt, welche die ganze Konstruktion einschliessen. Auf dem Tische bewegt sich der Karren, in dem die Lettern eingeschlossen sind. Er wird von dem Arbeiter mit einer Kurbel vermittelst einer Schnur, die sich um eine Walze schlingt, vor und zurück bewegt. Unten an dem Karren sind der Länge nach einige Eisen befestigt und ebenso einige auf dem Tische, über die jener, wenn sie mit Oel geschmiert sind, leicht gleitet. Nachdem der Arbeiter mit dem Pressbengel der Schraube zwei Drehungen gegeben hat, zieht er mit der Kurbel den Karren nach rechts, öffnet einen Rahmen, gleichsam wie ein Fenster, nimmt daraus die bedruckten Blätter, nimmt mit beiden Händen die mit Wolle gefüllten Druckballen, befeuchtet sie mit Schwärze aus Lampenruss, Harz und Leinöl, stösst sie zwei- oder mehrmals gegen einander und dann auf die Lettern in dem Rahmen, verschliesst diesen, führt ihn nach links zurück, drückt mit dem Pressbengel die Schraube nieder und wiederholt so das Drucken. Auf diese Weise druckt man Blatt für Blatt eine unbegrenzte Zahl von Bogen."

Die nun folgende genauere Beschreibung des Mechanismus, mit dem der Karren hin und her bewegt wird, ist nicht ganz richtig; aus den Detailabbildungen geht aber deutlich hervor, dass es derselbe ist, den Besson bei einem Sägegatter zum Vorschieben des Holzes anwendete (vergl. Fig. 211, S. 192), und der auch heute noch bei Handpressen gebraucht wird (siehe Karmarsch und Heeren's „Technologisches Wörterbuch", 3. Auflage, Fig 673).

J. H. M. Poppe sagt a. a. O., Bd. III, § 277:

„Die Presse des Guttenberg, welche Conrad Sasbach verfertigte, war schon 1436 fertig. Vorher hatte man Holztafeln bloss mit einem Reiber von Horn abgedrückt. Die erste Abbildung dieser Presse findet man hinter dem Titel von Plautus' Komoedien, Daventriae 1518 a. p. Theod. de Borne. Der Nürnberger Mechaniker Leonhard Danner führte um 1550 zuerst die messingenen Spindeln in den Buchdruckerpressen ein."

Ausführliches über Leonhard Danner findet man in J. G. Doppelmeyer's „Historische Nachrichten von Nürnbergischen Mathematicis und Künstlern" (Nürnberg 1730).

Auf den Seiten 68 bis 75 schreibt Zonca eine durch Wasserkraft betriebene Seidenzwirnei. Sonderbare Weise bespricht er zuerst den Bewegungsmechanismus und dann erst die zu bewegenden Theile der Zwirnmaschine. Des leichteren Verständnisses wegen wollen wir zuerst die letzteren betrachten, die auf Seite 74 seines Werkes und durch unsere Fig. 366 abgebildet sind.

In KARMARSCH und HEEREN's „Technologischem Wörterbuche", Bd. VIII, S. 134 wird gesagt:

„Die Zwirnmaschine für Seide zeigt meist die durch Fig. 4217 angegebenen Organe. Auf der senkrechten Spindel steckt die mit duplirten Fäden gefüllte Spule fest. Auf dem oberen schwächeren Spindeltheile kann sich ein mit zwei Drahtflügeln versehenes Hütchen frei drehen und auf und ab bewegen. Die horizontal liegende, durch Räder getriebene Spule (bei ZONCA ein Haspel) nimmt das gezwirnte Garn auf, und ein Fadenführer dicht unter der Spule (der bei ZONCA fehlt, weil bei ihm

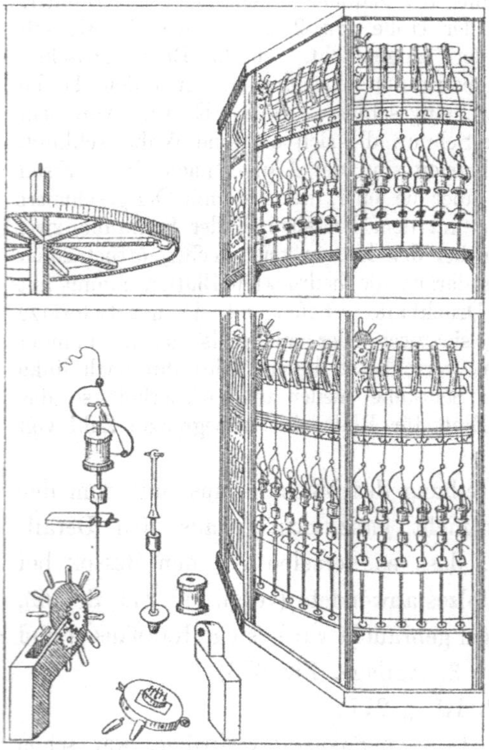

Fig. 366.

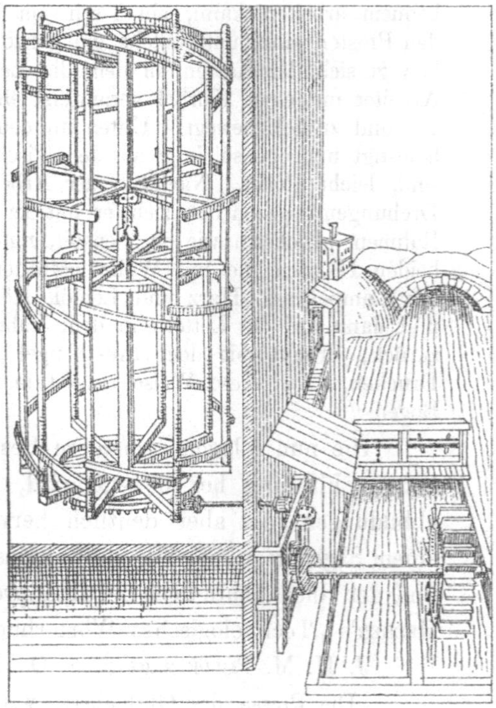

Fig. 367.

das Garn in Strähne gewickelt wird) erhält, wie bei der Spulmaschine beschrieben wurde, Bewegung . . . . Die Zwirnmaschinen wurden früher kreisförmig oder oval gebaut, jetzt ausschliesslich rechteckig, sind zweiseitig und erhalten auf jeder 2 bis 3 Etagen mit je 60 Spindeln . . . ."

Wir haben es hier mit einer kreisförmigen Zwirnmaschine zu thun, wovon in unserer Abbildung nur einige Vertikalabtheilungen zu sehen sind. Diese Maschine hat zwei Etagen. ZONCA sagt auf Seite 70 seines Werkes:

„Nachdem wir nun die Beschreibung der Guirlande (das ist der innere Theil des Bewegungsmechanismus) beendigt haben, bleibt noch übrig, den Theil der Einrichtung zu betrachten, der um diese herumläuft und von einigen die Strassen oder Etagen (varghi) genannt wird. Jede Strasse enthält eine Reihe von Haspeln und

Spindeln und man macht mehr oder weniger solcher Reihen, je nach der Höhe des Raumes, worin man die Maschine aufstellt. Sie sind von kreisrunder Form und die Abtheilungen haben eine Breite, welche genügt, um je einen Haspel aufzunehmen. Deshalb werden 16 oder 17 Säulchen um die Guirlande gestellt, welche 18 Zwischenräume ergeben, in die man die Haspel legt. An die Säulchen setzt man Konsole oder Lagerböcke nach innen gegen die Guirlande hin. In diese Konsole, die am Ende aufgespalten sind (vergl. die Detailzeichnung in der Abbildung links unten) werden Scheiben mit sieben oder acht Strahlen oder Bolzen (Schraubenräder) gelagert, die von schraubenförmig gekrümmten Hölzern auf der Guirlande, die man Schlangen (serpi) nennt, bewegt werden. Auf der Axe dieser Scheiben sitzen kleine Zahnräder mit 18 Zähnen und greifen in Zahnrädchen mit 12 Zähnen, die auf den tiefer liegenden Haspelaxen befestigt sind. Die Zahl der Scheiben ist so gross wie die der Haspel, während die Konsole mit Scheiben mit solchen ohne Scheiben abwechseln. Jeder Haspel fasst sechs Seidensträhne und darunter läuft eine kreisförmige Traverse mit einer mitten darauf befestigten Glasröhre von Säulchen zu Säulchen. Auch sind daran unterhalb der Glasröhre kleine M-förmig gebogene Eisendrähte, Pferdchen (cavaletti) genannt, die den Seidenfaden durch ihre mittlere Vertiefung in der Richtung erhalten. Dieser läuft über die Glasröhre, damit er nicht zerreisst, und gelangt zuletzt auf den sich drehenden Haspel. Weiter unten sind andere Konsole an der Innenseite der Säulchen befestigt, welche eine ringsum laufende ebene Holzleiste tragen, die in jeder Abtheilung sechs Löcher hat, um ebenso viele gläserne Pfännchen aufzunehmen, worin sich die eisernen Spindeln mit Oel geschmiert drehen. Wie man aus der Detailzeichnung ersieht, sind die Spindeln rund, unten zugespitzt, aber an dem Theile, der in die Spule eintritt, vierkantig, damit diese sich nicht auf ihnen dreht. Auch sitzt unter der Spule ein Eisenbutzen, der durch seine Schwere bewirkt, dass die Spindel nicht in die Höhe springt. Oberhalb der gläsernen Pfännchen bringt man eine andere ringsum laufende Holzleiste an, die oben nach der Form von Geigenstegen ausgeschnitten ist und in welche sich andere vierkantige Brettchen setzen, die innen durch einen hölzernen Stift befestigt werden und an den aus der Leiste herausragenden Enden Ausschnitte haben. In diese passen die Spindeln und werden durch Vorsteckstifte darin gehalten. Diese Brettchen, Muschelchen (conchette) genannt, können etwa in die halbe Höhe der Spindeln gesetzt werden. Ist die Spule mit der Seide auf der Spindel befestigt, so setzt man auf ihr oberes Ende ein glockenförmiges Hütchen mit zwei Aermchen von gebogenem Eisendraht, wovon das obere nicht über die Mitte des Hütchens, das untere nicht über die Mitte der Spule hinausragt. Beide bilden Oesen, durch die der Seidenfaden läuft, wenn er von der Spule kommt, um dann über die Pferdchen und das Glasrohr auf den darüber liegenden Haspel zu gelangen."

Wir erinnern hier an die verbesserte Spindel von Leonardo da Vinci (Fig. 122, S. 108).

Der Bewegungsmechanismus der Maschine (Fig. 367) wird von Zonca, nachdem er von der Anlage des Wasserrades gesprochen hat, folgendermassen beschrieben:

„Am Ende der Wasserradwelle sitzt ein Zahnrad mit 40 Zähnen, das ein senkrechtes Getriebe mit zehn Triebstöcken treibt. Ueber diesem auf derselben Welle sitzt ein Zahnrad mit 36 Zähnen und treibt ein Getriebe mit neun Triebstöcken auf einer quer darüber liegenden eisernen Welle. An deren anderem Ende sitzt ein Getriebe mit zwölf Triebstöcken, welches ein Rad mit 108 Zähnen treibt. Dieses befindet sich innerhalb der Guirlande, eines Maschinentheiles, wovon viele Hölzer auf das Zahnrad gesetzt sind, und der sich um einen mit einem oberen und einem unteren Zapfen versehenen, in seiner Mitte befindlichen Wellbaum dreht. Von dem Wellbaume aus gehen nämlich acht Hölzer sternförmig quer über das Rad und stehen etwas darüber vor. Auf ihren Enden stehen acht hölzerne Säulchen, die am oberen Ende durch ein Rad wie das untere und ebenso viele Traversen wieder mit dem Wellbaume verbunden sind. Wenn die Guirlande sehr hoch ist und für zwei oder drei Etagen dient, hat man noch ein solches Rad mit ebenso vielen Traversen in der Mitte nöthig. Um die Säulchen sind Hölzer in schräger Richtung gesetzt, die man Schlangen nennt. Sie werden von einem Säulchen zum anderen mit den rechten Enden etwas höher, mit den linken Enden etwas tiefer befestigt. (Sie bildeten eine achtgängige Schraube von sehr grossem Durchmesser, deren Höhe wenig mehr als ein Achtel der Steigung betrug.) Diese erfassen mit ihren tiefer liegenden Enden die Bolzen an den Scheiben, welche nach innen über die Haspel vorragen, und drehen sie gegen uns. Mit diesen dreht sich ein grösseres Zahnrädchen und treibt ein darunter liegendes, das auf der Haspelwelle sitzt, daher dreht sich der Haspel in entgegengesetzter Richtung. — An dem Wellbaume der Guirlande sind noch vier Querhölzer befestigt, die weiter vorragen als die Schlangen und bis an die Spindeln reichen. Sie tragen an ihren Enden je ein bogenförmiges Querholz (so dass diese zusammen nahezu einen Ring bilden), das aussen mit Leder überzogen ist, womit sie an den Spindeln hinstreichen und sie umdrehen, wenn sie mit dem Wellbaume der Guirlande herumgehen. An dem rechten Ende von jedem dieser Hölzer ist eine Schnur befestigt, die über eine an dem Wellbaume befestigte Rolle geht und ein Gewicht von Blei oder Stein trägt, welches das rechte Ende der Hölzer anzieht, damit es nicht an die Spindeln stösst und das linke Ende sie um so stärker antreibt. Diese Hölzer werden Bügel (straffinazzi) genannt."

In der Abbildung ist nur ein Armkreuz mit solchen Bügeln angegeben, während für jede Etage, mit der man zwirnen wollte, eines nöthig war. Auch sind die drei Kränze von Schlangen (Schraubengewinde) ihrer Zahl und ihren Höhenlagen nach nicht der Abbildung der Etagen entsprechend. ZONCA fährt fort:

„Wenn man einen sehr starken Motor hat, kann man noch eine zweite Zwirnmaschine damit betreiben, nachdem man ein zweites Zahnrad, wie das untere, in die Mitte der Guirlande gesetzt hat, das durch ein Getriebe auf horizontaler Welle mit einem zweiten Getriebe am anderen Ende eine gleiche Zwirnmaschine auf dieselbe Weise in Bewegung setzt."

Das Wasserrad trieb alsdann zwei Maschinen, jede mit 2 bis 3 Etagen von 16 bis 18 Abtheilungen à 6 Spindeln. Das macht 384 bis 648 Spindeln.

Nach der bei ZONCA nun folgenden, von uns aber vorausgeschickten Beschreibung der Strassen oder Etagen spricht er noch von einer anderen Art, die Spindeln umzudrehen, indem er sagt:

„Wenn man die Seide auch drehen (zwirnen) will, legt man aussen um die Spindeln einen zwei Finger breiten Ledergürtel (Riemen), welcher durch ein gebogenes Eisen auf einer der Traversen der Guirlande an einer Stelle gehalten wird. Dieser Riemen ist an acht von den 16 Säulchen durch einen dazwischen gesetzten Zapfen (oder ein Röllchen, pernetto) gehalten. Aber nicht immer legt man den Gürtel um. Wenn die Zwirnmaschine durch den Lauf des Wassers links herumgeht, wird die Seide durch die Bügel (straffinazzi) im Innern gezwirnt, und nur wenn die Maschine rechts herumgeht, thut man es in der soeben beschriebenen Weise."

Wir finden hier zum erstenmal einen Riemenantrieb erwähnt. Unter dem „gebogenen Eisen, das ihn auf einer Stelle hält", ist vermuthlich ein eiserner Reif zu verstehen, der um eines der Armkreuze der Guirlande gelegt war und verhinderte, dass der Riemen abglitt. Ein solcher Riemen lief, der

Beschreibung nach, nur über die Hälfte einer Etage. Wenn mit allen Spindeln gezwirnt werden sollte, mussten daher für jede Etage zwei Riemen angewandt werden. Zonca sagt ferner:

„Man zwirnt aber die Seide mehr oder weniger, je nach dem Bedarfe für verschiedene Arbeiten, und dies geschieht in folgender Weise: Die Zahnrädchen, welche mitten auf den Scheiben (Schraubenrädern) sitzen, lassen sich wegnehmen, und man setzt grössere oder kleinere auf, je nachdem man mehr oder weniger zwirnen will. Das Aufsetzen der Räder geschieht vermittelst mehrerer eiserner Spitzen, die in einem in die Scheibe eingelassenen und durch einen Splint gehaltenen Stücke von quadratischer Form befestigt sind, wie man es aus der Detailzeichnung ersieht."

Fig. 368.

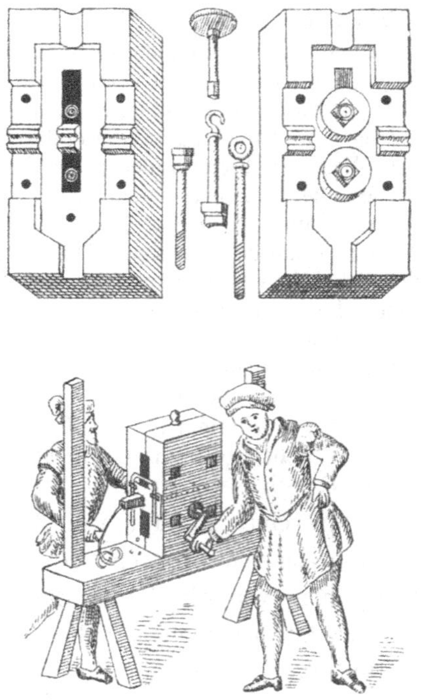

Fig. 369.

Auf Seite 76 ist eine Kupferdruckpresse (Fig. 368) abgebildet. Es ist eine ganz von Holz konstruirte Walzenpresse. Für die Walzen wird astfreies Buchs- oder auch Birnbaumholz empfohlen. Sie sind in hölzernen Lagern so gelagert, dass man sie enger oder weiter stellen oder herausnehmen kann. Zwischen den Walzen geht ein gleichmässiges, glattes Brett geschlossen durch, das mit Papier belegt wird, ehe man die Kupferplatte darauf bringt. Das zu bedruckende Papier wird zuvor etwas angefeuchtet, mit einem gleichmässigen Filze bedeckt und dann durchgewalzt. Diese Schwärze wurde bereitet aus verkohlten Nuss- oder Bittermandelschalen oder Weinhefe, insbesondere von Malvasier, oder aus Lampenruss, mit Wasser auf einem Porphyrsteine fein zerrieben, getrocknet und dann mit Firniss, und zwar am besten mit Bernsteinfirniss (vernice d'ambra), angerieben. Die Kupferplatte wurde, ehe man die

Schwärze auftrug, erwärmt, indem man sie mit der Rückseite über ein Kohlenbecken hielt.

Die ältesten Kupferstiche sind aus der Zeit um die Mitte des fünfzehnten Jahrhunderts.

Auf Seite 80 beschreibt ZONCA ein kleines Walzwerk zum Auswalzen von Fensterblei (Fig. 369), indem er sagt:

„. . . . Nur die Scheiben bearbeiten das Blei beim Betriebe. Sie sind mit den Zapfen oder der Axe in einem Stücke aus Stahl geschmiedet . . . . An den Enden sind die Axen quadratisch, damit sich hier die Kurbel anschliesst, um die Scheibe herumzudrehen, wenn die Maschine geschlossen ist. Die Scheiben sieht man (rechts oben) im Inneren der Bretter durch ihren Zapfen gehalten, sowie in der Seitenansicht (unten) die Kurbel ausserhalb der Bretter. In der anderen Figur (links oben), welche eine Innenseite darstellt, sowie theilweise in der ersten, sieht man sieben Löcher, wovon die mittleren dazu dienen, die Zapfen der Scheiben aufzunehmen. Diese stecken in Messinghülsen, damit sie und die Stahlzapfen Stand halten, denn bei einer anderen Art von Metall nutzen sie sich ab. Das einzelne Kanälchen (in der Mitte der Figur links oben) ist von Stahl, damit es das Blei schneiden kann, wie es die Scheiben thun. Die anderen beiden Kanälchen (die es beim Ein- und Austritte umschliessen) sind aus demselben Nussbaumholze geschnitten, aus dem die Maschinenwände bestehen. Diese werden mit vier durch die anderen Löcher gehenden Schrauben zusammengehalten. Die ganze Maschine befestigt man mit einer von innen herausgehenden Schraube auf ein stabiles Untergestell, damit die Werkleute daran arbeiten können. Von oben geht eine Schraube durch das ausgeschnittene Kanälchen hinein, welche am unteren Ende mit einem Gleitstücke versehen ist, das sich, wenn die Schraube angezogen wird, auf die obere Scheibe setzt und beide Scheiben fest zusammenhält. In der unteren Figur sieht man die Werkleute arbeiten und das Fensterblei aus einem abnehmbaren Röhrchen austreten, das mit Vorsteckstiften befestigt ist . . . .“

Mit einer unserer nächsten Abhandlung werden wir eine neue Auswahl von Skizzen von LEONARDO DA VINCI bringen, worunter sich ein Walzwerk zur Herstellung von Zinn- oder Bleiblech befindet, während LEONARDO, soweit wir es bis jetzt beurtheilen können, zur Darstellung gleichmässig dünner Kupferplatten und dergl. nur Ziehbänke kannte, womit bandförmige Streifen von höchstens Handbreite erzeugt werden konnten.

Seite 82 zeigt eine Mühle zum Zermahlen von Holzkohle für die Bereitung von Schiesspulver (Fig. 370). In der Beschreibung wird gesagt:

„Diese Mühle ist von der früher beschriebenen zum Zerquetschen von Knoppern oder Galläpfeln nur dadurch verschieden, dass sie zwei Mahlgänge hat, die durch einen Motor betrieben werden . . . . und dass der Läuferstein eines jeden Ganges nur den dritten Theil eines Umkreises beschreibt, während das Wasserrad einmal herumgeht . . . . Aber solche Langsamkeit ist zweckentsprechend, weil die Arbeiter die Kohlen besser regieren können, indem sie sie zurückziehen und umwenden, und weil grosse Feinheit derselben, besonders zum Gebrauche der Artillerie, nicht erforderlich ist, während die Galläpfel stark zermahlen werden müssen. Alle Zahnräder, ausser dem auf der Wasserradwelle, haben 36 Zähne und ihre Getriebe zwölf Triebstöcke. Das Wasserrad hat 16′ Durchmesser, das Zahnrad auf seiner Welle 54 Zähne und seine Getriebe 18 Triebstöcke . . . . Die Zapfen der stehenden Welle sind von Eisen und eichelförmig, damit sie sich leichter drehen, und die Pfannen dazu von Metall . . . .“

Auf Seite 85 ist ein Stampfwerk zu Mahlen von Pulver für Bombarden dargestellt (Fig. 371). Es hat zwei Reihen von je sechs Stempeln aus Hainbuchenholz von quadratischem Querschnitte, $^{1}/_{2}'$ dick und 6 bis 7′ lang, unten mit einem Kopfe aus Bronce versehen, der mit einem Durchsteckkeile befestigt ist. Die Stempel der einen Reihe werden direkt von der Wasserradwelle durch je vier Hebedaumen, die aus hainbuchenen Brettchen von $^{3}/_{4}'$ Länge gebildet sind, gehoben, während dies bei der gegenüberstehenden Reihe durch einen dem genannten parallelen Wellbaum geschieht. Die 24 Hebedaumen auf jedem Wellbaume greifen wie Radzähne ineinander und übertragen die Bewegung von dem ersten auf den zweiten. Zu diesem Zwecke mussten sie auf jedem Wellbaume so gegeneinander versetzt sein, dass nach je $^{1}/_{24}$ Umdrehung zwei andere Daumen mit einander in Eingriff kamen, was weder

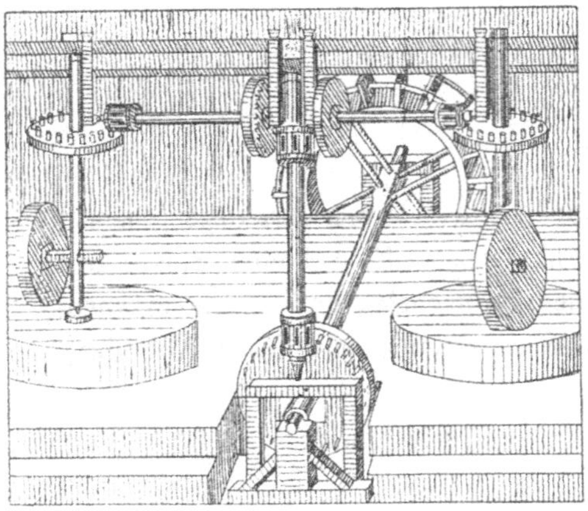

Fig 370.

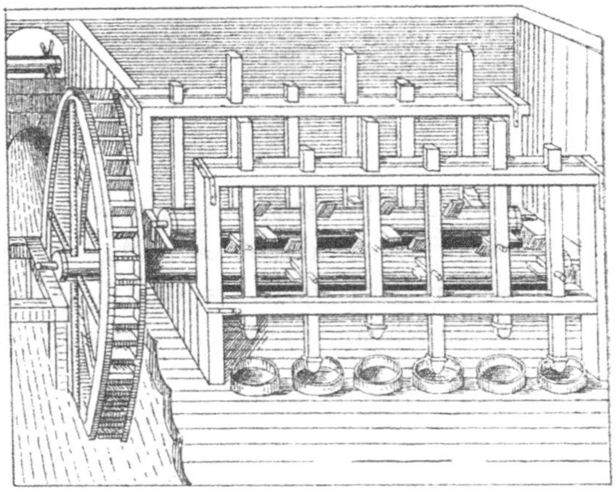

Fig. 371.

in der Abbildung, noch in der Beschreibung berücksichtigt ist. Die Mörser unter den Stempeln waren ebenfalls von Bronce. Der Durchmesser des Wasserrades war 13′, die Länge seines Wellbaumes 20′, die Höhe des Gestelles des Stampfwerkes 5′.

Zwischen den Seiten 88 und 89 enthält Zonca's Werk zwei Blätter, die nicht zu der übrigen Paginirung passen. Das erste davon zeigt auf der Vorderseite, die ebenfalls mit 88 numerirt ist, einen Drehkrahn (Fig. 372) zum Ausheben von Erde aus Festungsgräben, ohne dass eine Beschreibung beigegeben wäre. Das Maschinengestell mit dem Ausleger dreht sich hier um eine feststehende Säule. Die von Vitruv beschriebenen, sowie die von Leonardo da Vinci und Ramelli dargestellten Drehkrahnen standen oder lagen auf Drehscheiben (verg. S. 45). Unter den Skizzen aus der Zeit der Hussitenkriege (Fig. 307, 310, 311, S. 271—273) fanden wir nur Krahnen, deren Ausleger sich mit der Krahnensäule drehten. Nur bei Besson fanden wir einen Krahnen mit feststehender Säule, drehbarem Gestelle und einem Ausleger in Form eines Balanciers (Fig. 219, S. 197), den wir aber als ziemlich unpraktisch bezeichnen mussten.

Die Rückseite desselben Blattes trägt keine Seitenzahl und zeigt die durch unsere Fig. 373 wiedergegebene Abbildung. Sie ist überschrieben: „Neue Erfindung einer Mahlmühle zum Mitführen im Kriege, erfunden

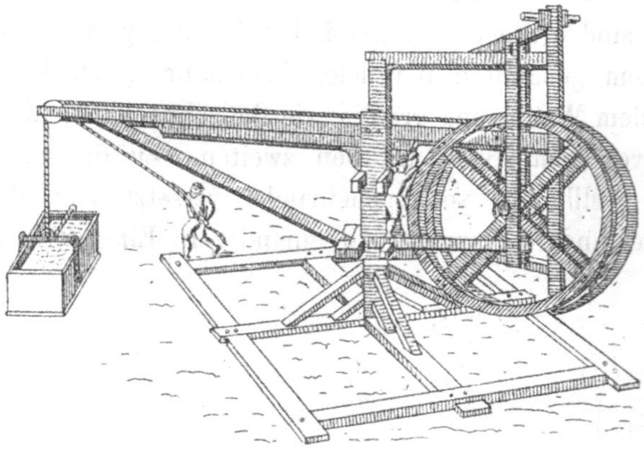

Fig. 372.

von Pompeo Targone, Ingenieur Seiner Excellenz des Herrn Ambrosio Spinola, General Seiner katholischen Majestät in Flandern." Eine kleine Skizze auf derselben Seite zeigt die Mühle während des Transportes mit abgenommenem und seitlich angehängtem Schwengel. Die Beschreibung zu dieser Abbildung fehlt ebenfalls.

Fig. 373.

Joh. Beckmann sagt a. a. O., Bd. I, S. 356, wo er von dieser Feldmühle spricht:

„Der Erfinder war, wie schon der Name anzeigt, ein Italiener, der sich vornehmlich bei der fürchterlichen Belagerung von Rochelle unter Ludwig XIII. bekannt gemacht hat, wozu er gewählt ward, weil er schon vorher 1603 unter Spinola, der selbst vor Rochelle zu Rathe gezogen ward, in der langweiligen Belagerung von Ostende durch einen Damm den Hafen hatte sperren lassen. Alle diejenigen, welche die Schicksale der Hugenotten, die Geschichte des Richelieu und Ludwig's XIII. und die Belagerung von Rochelle ausführlich beschrieben haben, haben auch des Targone gedacht. Er ward in französischen Diensten „Intendant des machines"; doch leisteten seine vielen und kostbaren Unternehmungen nicht so viel, als er davon hoffte."

Die hier erwähnte Belagerung von La Rochelle ist die dreizehnmonatliche, welche am 29. Oktober 1628 mit der Uebergabe der Stadt endigte. Wie wir in unserer Abhandlung über Ramelli erwähnt haben, gehörte dieser während der achtmonatlichen vergeblichen Belagerung derselben Stadt im Jahre 1572 zum Gefolge des damaligen Herzogs von Anjou, nachmaligen Königs Louis XIII.

Ueber Ambrosio Marquis de Spinola, einen der grössten Feldherrn seiner Zeit, entnehmen wir Michaud's „Biographie universelle" Folgendes: Er entstammte einer Familie, die seit dem zwölften Jahrhundert in der Republik Genua den ersten Rang einnahm, wurde 1571 geboren und war bis zu seinem dreissigsten Jahre nur bestrebt, seine ererbten Reichthümer zu vermehren, während er es seinem jüngeren Bruder Federico überliess, seiner Neigung für die Waffen zu folgen. Dieser trat 1598 in die Dienste Philipp's III., Königs von Spanien, wurde nach kurzer Zeit Grossadmiral und bestimmte nun seinen Bruder ebenfalls in spanische Dienste zu treten. Mit einem Theile seines Vermögens warb Ambrosio innerhalb zwei Monaten eine Truppe von 9000 Mann erfahrener Kriegsleute und rückte im Mai 1602 mit diesen seinen eigenen Söldnern von Genua aus, während gleichzeitig 10 Galeeren unter dem Kommando und auf Kosten seines jüngeren Bruders von da ausliefen, um in den Niederlanden für Philipp's Sache zu kämpfen.

Zonca kann daher die Konstruktion der Mühle, die Ambrosio Spinola im Felde mitführte, erst im Jahre 1602 kennen gelernt haben, und da er im November desselben Jahres vom Tode überrascht wurde, so lässt sich daraus erklären, warum zu dieser Abbildung die Beschreibung fehlt. Die gleiche Bewandniss dürfte es dann auch mit der vorhergehenden Abbildung gehabt haben; doch wäre es immerhin auch möglich, dass das Blatt nicht von Zonca herrührt, sondern erst von dem Verleger eingeschoben worden ist.

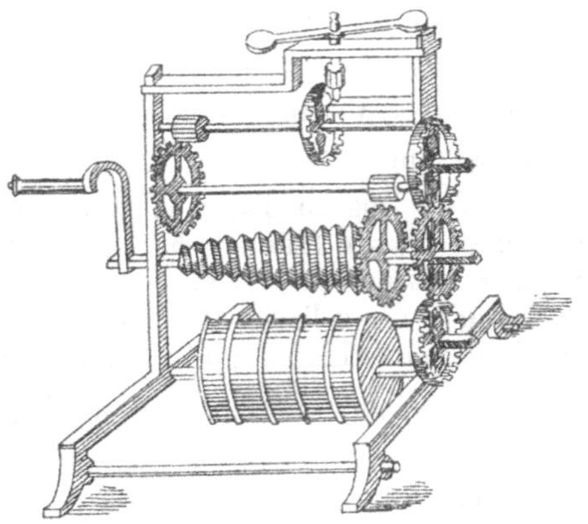
Fig. 374.

Das zweite der zwischen den Seiten 88 und 89 befindlichen Blätter ist auf einer Seite leer und zeigt auf der anderen die auf Seite 89 beschriebene und durch unsere Fig. 374 wiedergegebene Abbildung eines durch eine Uhrfeder getriebenen Bratenwenders. In der Beschreibung wird gesagt:

„Gegenwärtige Maschine ist geistreich und leicht konstruirt, würdig des deutschen Erfindungsgeistes, ganz von Eisen mit Ausnahme der Schnecke .... Sie hat nicht die Bewegung durch Gewichte nöthig, die viel Raum einzunehmen pflegt, sondern diese wird durch eine Feder hervorgebracht, die mit vielen Windungen um eine eiserne Axe gewunden und in eine so weite eiserne Trommel eingeschlossen ist, dass die Feder sich ausdehnen kann, wenn ihre Spannung nachlässt. Wenn man sie spannen will, dreht man die Kurbel an der Schnecke so lange um, dass die Schnur sich von der Trommel abwickelt, deren eines Ende mit einem Nagel daran befestigt ist, der gleichzeitig zur Befestigung der Feder im Inneren dient. Indem die Schnur sich in die Gewindgänge der Schnecke legt, wird die Feder in der Trommel um die Axe gewunden, während die anderen Räder stehen bleiben. Dies geschieht vermöge einer kleinen Stahlfeder am dickeren Ende der Schnecke, woran das innere Zahnrad sich dicht anschliesst . . . . .“

Das zuletzt genannte Rad setzt durch Getriebe und Zahnräder die darüber liegenden Axen in Bewegung, und darüber befindet sich eine sogenannte Löffelunruhe, welche ihre Geschwindigkeit regulirt. Auf das der Kurbel gegenüber stehende vierkantige Ende der Schneckenwelle wird ein Bratspiess gesteckt. Hinter diesem sitzt ein Stirnrad ausserhalb des Gestelles, das durch zwei eingreifende Räder einen darüber und einen darunter befindlichen Zapfen umdreht, auf welche ebenfalls Bratspiesse gesteckt werden können.

Aus der Ueberschrift eines Sonnets des italienischen Dichters Gaspar Vicecomes geht hervor, dass transportable Uhren, die wahrscheinlich durch Federn bewegt wurden, schon gegen Ende des fünfzehnten Jahunderts bekannt waren. Diese Ueberschrift lautet:

„Man macht gewisse kleine tragbare (portativi) Uhren, welche sehr kunstreich sich beständig bewegen, die Stunden, die Umläufe der Planeten und die Festtage anzeigen und schlagen, wenn es die Zeit erfordert. Dieses Sonnet ist einem Verliebten in den Mund gelegt, der, indem er eine solche Uhr betrachtet, sich selbst damit vergleicht.“ (Vergl. Joh. Beckmann a. a. O., Bd. I, S. 177.)

Indem man diese tragbaren Uhren für Taschenuhren hielt, glaubte man, bestreiten zu müssen, dass Peter Hele um das Jahr 1510 zu Nürnberg die Taschenuhren erfunden habe. Zum Beweise hierfür citirt Gab. Doppelmayr a. a. O. eine Stelle aus des Joannes Coclaeus „Commentario über die Cosmographie des Pomponii Melae“, welches 1511 zu Nürnberg erschien. Sie lautet in der Uebersetzung:

„Von Tag zu Tag werden kunstreichere Dinge erfunden, und in der That hat der junge Peter Hele bisher solche Werke gemacht, welche die gelehrtesten Mathematiker bewundern. Denn aus Eisen machte er kleine Uhren, mit vielen Rädern angeordnet, die beliebig umgedreht werden können, kein Gewicht haben, 40 Stunden anzeigen und schlagen und im Busen oder im Geldbeutel getragen werden können.“

Da in der vorhin citirten Ueberschrift des Gaspar Vicecomes nur einfach von „tragbaren“ Uhren gesprochen und gesagt wird, dass sie auch die Umläufe der Planeten und die Festtage angezeigt hätten, so ist doch wohl anzunehmen, dass er nicht von Taschenuhren, sondern von Stand- oder Tischuhren spricht.

Dieselbe Abbildung von einem durch eine Uhrfeder getriebenen Bratenwender, wie sie Zonca giebt, findet sich schon in des Bartolomeo Scappi, „Opera“ (Venedig 1570). Dieser war Mundkoch des Papstes Pius V. Sein Werk ist ein umfangreiches Kochbuch mit vielen Abbildungen von Küchengeräthen.

J. H. M. Poppe (a. a. O., Bd. II, S. 451) sagt, dass Montaigne, der 1580 Deutschland, Italien und die Schweiz bereiste, und dessen „Journal du Voyage“

von Guerlon 1774 in Paris herausgegeben wurde, auf dieser Reise in Brixen einen durch ein Gewicht vermittelst eines Räderwerkes getriebenen Bratenwender gesehen habe, wie solche von Zonca auch erwähnt werden. Ein Irrthum ist es, dass Poppe ebendaselbst S. 450, Anm. 59 sagt, Scappi's Buch enthalte die Abbildung eines Bratenwenders, welchen der Rauch betreibt. Eine solche findet sich bei Zonca auf Seite 90 und ist durch unsere Fig. 375 wiedergegeben. Ueber den Motor dieser Maschine wird gesagt:

„. . . . . Oben auf das Eisen setzt man ein Hütchen oder Windrädchen (virandola) von dünnem Weissblech, wie es aus Deutschland kommt, weil dies leichter ist. Man nietet es auf ein Kreuz von gewundenem Eisen mit einem viereckigen Loche in der Mitte, damit, wenn es herumgeht, auch das Wellchen sich dreht. Das Windrädchen wird von runder Form gemacht und soll die Kaminöffnung

Fig. 375.

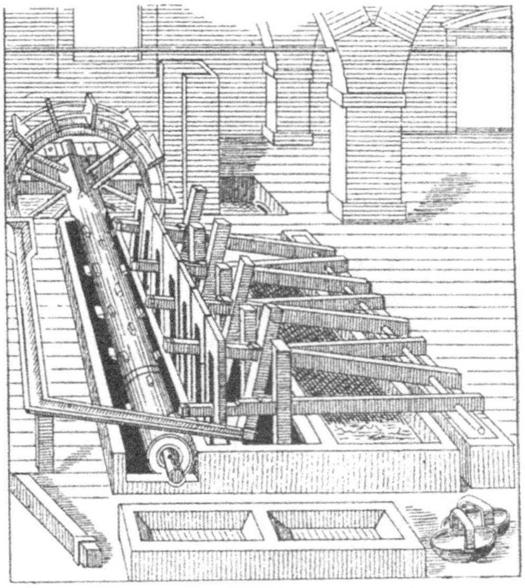

Fig. 376.

ausfüllen, damit aller Rauch hineintritt. Ist aber die Kaminöffnung zu gross, so verenge man sie durch ein Brett oder etwas Aehnliches, so dass nur das Windrädchen frei bleibt . . . .“

Wir erinnern daran, dass sich schon unter den Skizzen von Leonardo da Vinci diejenige eines solchen Bratenwenders befinden soll. (Siehe S. 100, sowie auch die in der nachstehenden zweiten Abhandlung über Leonardo da Vinci wiedergegebene Skizze dieses Bratenwenders).

Auf Seite 94 giebt Zonca die Abbildung von einer Papiermühle (Fig. 376) und sagt:

„. . . . Das Gebäude errichtet man an einem Flusse und legt das Wasserrad an einer geeigneten Stelle an, damit er das nöthige Wasser in das Gebäude bringt. Je klarer dieses Wasser ist, desto schöner und besser wird das Papier. Die zu zermahlenden Lumpen bringt man in hölzerne Tröge, wo sie von Stempeln, die durch Wasser betrieben, so lange zerstampft werden, bis sie sich in einen ganz feinen und weichen Teig verwandelt haben. Diesen nimmt man heraus und mischt ihn an einem anderen geeigneten Orte mit Wasser. Alsdann formt der Meister mit Hilfe gewisser, zu diesem Zwecke hergestellter Formen die Papierbogen daraus . . . ."

Seite 96 zeigt eine Maschine zum Kratzen wollener Tücher (Fig. 377). In der Beschreibung wird gesagt:

„Sehr nützlich ist die Erfindung der gegenwärtigen Maschine gewesen, weil damit ein Mann in kurzer Zeit viele Ellen Tuch bearbeitet, und weit besser, als dies die Meister nach ihrer früheren Gewohnheit zu thun pflegten. Denn nachdem sie das Zeug ausgespannt hatten, hoben sie die Arme in die Höhe und kratzten es mit vieler Mühe von unten, was grosse Kosten verursachte. Bei der gegenwärtigen Maschine legt man die Karden um einige Wellbäume, die von einem Arbeiter, der eine Kurbel mit einem Schwungrade herumdreht, vermittelst einiger Zahnräder bewegt

Fig. 377

Fig. 378.

werden. Und so kratzt man die Tücher und andere Wollenzeuge mit geringer Mühe. Die Räder werden von einem Manne bewegt, wenn die Meister nur ein Tuch kratzen wollen, aber von zweien, wenn sie zwei Tücher kratzen wollen, zu welchem Zwecke man die Maschine durch zwei Wellbäume mit Zahnrädern vergrössert. Zunächst dreht der Mann mit der Kurbel das Schwungrad, das zwischen vier der senkrechten Pfosten in der Abbildung eingeschlossen ist, welche die Bearbeitung eines Tuches zeigt. Auf der Schwungradwelle sitzt ein Getriebe, das ein Zahnrad von 1 palmo (etwa 215 mm) oder mehr im Durchmesser treibt. Mit ihm ist ein kleineres Zahnrädchen fest verbunden, das ein grösseres, auf dem Zapfen der darüber liegenden Kardenwalze sitzendes umdreht, so dass sie das Tuch ganz langsam herablässt. Ausserdem dreht das kleine Rädchen ein anderes auf der unteren Kardenwalze sitzendes kleines Rädchen oder Getriebe. Diese kratzt daher das Tuch schneller, während es in Wasser gebadet wird. Weiter unten ist noch eine Welle gelagert, auf deren linkem Ende ein Rad mit einigen Schaufeln sitzt, worauf ein Knabe steigt und so das Rad mit der Welle umdreht. Er hält mit einer Hand das Tuch, damit es gut ausgebreitet wird, tritt gleichzeitig das Rad und wickelt das Tuch auf den Wellbaum . . . ."

Auf Seite 100 ist das durch unsere Fig. 378 wiedergegebene Modell einer Pumpe mit schwingendem Kolben abgebildet. Die Anordnung entspricht im Ganzen der Skizze des Marianus Jacobus (Fig. 348, S. 288), wo mit einem Paare gewöhnlicher Blasebälge Wasser gepumpt wird; nur sind hier die Blasebälge durch zwei Pumpen mit schwingenden Kolben ersetzt, wie sie Ramelli beschreibt (Fig. 240, S. 215). Dadurch, dass die Kolben in dem Gehäuse bewegt werden müssen, ist ein zweiter Balancier, auf den der Arbeiter tritt, mit zwei nach dem Kolben herabgehenden Schubstangen bedingt. Darüber liegt der Balancier, woran er sich mit den Händen hält. Dieser ist von Zonca mit Schwunggewichten versehen worden, weil er glaubte, dass dadurch der Betrieb erleichtert würde; doch kann dies nur zur Folge haben, dass die Kolben mit Kraft verzehrenden, heftigen Stössen auf den Boden des Gehäuses schlagen.

Fig. 379.

Fig. 380.

Seite 103 zeigt eine Pumpe mit Massivkolben (Fig. 379). Wir begegnen hier zum erstenmal der „rechtwinkeligen Kurbelkreuzschleife“; doch ist sie hier in elliptischer Form ausgeführt, wodurch der Hub verringert wird, und das Gleitstück ist durch eine Antifriktionsrolle ersetzt.

Auf Seite 105 ist eine zweistiefelige Pumpe (Fig. 380) abgebildet, welche nach demselben Principe konstruirt ist, wie diejenige Pumpe, welche wir unter den Skizzen des Marianus Jacobus (vergl. Fig. 347, S. 288) fanden; doch ist hier der enge Zwischenraum zwischen Pumpenkörper und Kolben auf eine Nute in diesem reducirt, indem er sonst genau anschliesst. Die Ausflussöffnung müsste so weit vom oberen Rande des Pumpenkörpers und das obere Ende der Nute so weit vom oberen Ende des Kolbens abstehen, dass die Nute abgeschlossen wird, wenn das Wasser an ihrem oberen Ende ankommt. Beim weiteren Niedergange des Kolbens würde es dann nur durch die Ausflussöffnung gepresst. Allein diese Konstruktionsverhältnisse sind in Zonca's Abbildung nicht berücksichtigt.

Auf den letzten Seiten seines Werkes sind noch zwei Pumpen, eine schwingende Rinne und ein auf falschen Voraussetzungen beruhendes Projekt von einem Perpetuum mobile abgebildet, die uns nicht interessiren. Dagegen wollen wir zum Schlusse die bisher unerwähnt gebliebenen Abbildungen auf den Seiten 9, 12 und 58 noch betrachten.

Auf Seite 9 ist eine Kammerschleuse (Fig. 381) dargestellt, und Seite 12 zeigt Detailabbildungen der Schleusenthore. In der Beschreibung wird gesagt:

„. . . . Die Kammer kann man von rechteckiger Form machen, oder oval, wie die hier abgebildete. Die beiden Thore müssen mit Schützen versehen sein, die man mit Haspeln öffnet, oder durch ihr Gewicht sich schliessen lässt. Vor Allem aber müssen die Thore aufs beste zusammengefügt und aus Holz gemacht werden,

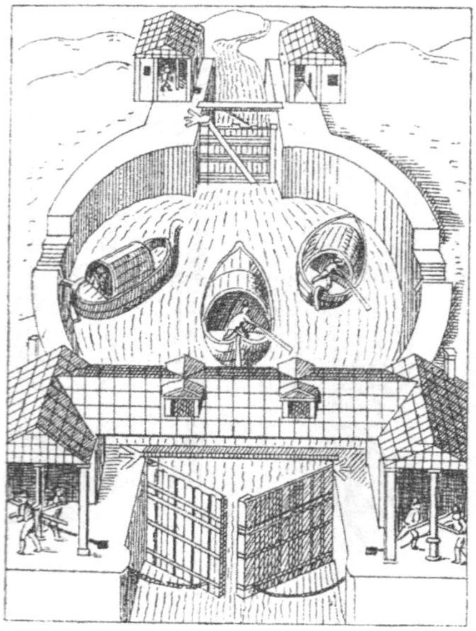

Fig. 381.

Fig. 382.

das nicht leicht fault . . . . Auf solche Weise sind sie in dem durch Padua fliessenden Flusse zur Bequemlichkeit der Stadt angelegt, und ähnlich sind sie auch bei dem Orte Strà, 5 Meilen von Padua, wo man durch Theilung des Flusses Brenta das Wasser für die Schiffahrt nach Venedig und andere Bequemlichkeiten sammelt. Aehnlich sind auch die bei dem Orte Dolo, aber von diesen behaupten Einige, sie seien überflüssig und hätten nur den Zweck, das Wasser reiner nach den Lagunen von Venedig zu führen, um sie vor Veränderung zu bewahren . . . . Wenn sich die Schiffe nähern, um in die Thore einzufahren, öffnet man zuerst ein kleines Thürchen, das sich um eine in seiner Mitte sitzende Axe dreht, vermittelst einer Kette, die um einen Haspel geschlungen ist, oder man öffnet die andere Ausflussöffnung (Schütze) mit einem Hebeisen, damit sich das Wasser in der Kammer mit dem oberhalb befindlichen gleichstellt. Dann öffnet man die Thore, damit die Schiffe hereinfahren, und schliesst sie wieder . . . .“

Ausführliche Beschreibungen verschiedener Schleusen finden sich in Simon Stevin's „Oeuvres de Matematiques“, herausgegeben von Albert Girard (Leyden

1634). Rühlmann giebt in seiner „Geschichte der Technischen Mechanik“ an, Stevin sei geboren 1548 zu Brügge, gestorben 1620 zu Haag und habe 1586 seine Theorie der schiefen Ebene und des Hebels aufgestellt.

Nachdem Stevin (S. 601 a. a. O.) einfache Schleusen und Kammershleusen mit sogenannten „Umläufen“ zum Ein- und Auslassen des Wassers beschrieben hat, sagt er: „Wir haben bis dahin von Dingen gesprochen, die seit langer Zeit im Gebrauche sind, um dadurch die neue Erfindung, die nun folgt, leichter verständlich zu machen.“ Es wird dann eine zweiflügelige Schleuse an der Ausmündung eines Kanales in einen Hafen beschrieben, die rasch geöffnet werden kann, um durch das herausstürzende Wasser den Hafen auszuspülen und zu vertiefen.

Auf Seite 58 ist ein Aufzug mit Pferdebetrieb dargestellt, um Boote auf schiefen Ebenen über einen Deich zu transportiren. Hierbei ruht das Boot auf einem niederen Rollwagen, und die Abbildung (Fig. 382) ist überschrieben: „Der Karren von Zafosina“. Fusina heisst heute ein Ort an der Mündung des Canale di Brenta. Zonca sagt in der Beschreibung:

„Bei den Lagunen, fünf Meilen von Venedig entfernt, wo der Fluss Brenta endigt, ist das vorliegende Bauwerk, „carro“ genannt, errichtet, welches die Barken zur Bequemlichkeit der Reisenden vom Flusse nach der Lagune und zurück befördert. Dieser Karren ist aus quadratischen Hölzern konstruirt, zwei langen, die an ihren Enden mit eisernen Ringen versehen sind, um die Haken des Seiles hineinzuhängen, und zwei kürzeren, welche diese so mit einander verbinden, dass sie einen quadratischen Raum einschliessen. In der Mitte der letzteren sind noch zwei Hölzer von derselben Länge (gleichlaufend mit den langen Hölzern) eingefügt. In dem quadratischen inneren Raume sind vier Rollen mit eisernen Zapfen und starken eisernen Reifen von solchem Durchmesser gelagert, dass sie nicht über die Hölzer hinausragen, damit die Barken auf dem Karren ihre Bewegung nicht hindern. Sie können einen Durchmesser von einem Fuss und eine Breite von dreiviertel Fuss haben. Die übrige Vorrichtung wird auf dem Lande aufgestellt. Sie besteht aus einer senkrechten Welle mit zwei kreuzweise hindurch gehenden Stangen, woran die Pferde gespannt werden, und einem darüber sitzenden Getriebe. Dieses setzt ein Zahnrad in Bewegung, das so auf einer Welle befestigt ist, dass sich das Seil mit den eisernen Haken zum Anziehen der Barke darum wickelt .... Das Pferd auf der rechten Seite des Flusses zieht die Barke nach der Lagune und das auf seiner linken nach dem Flusse hin, um Verwirrung zu vermeiden .... Wir fügen noch bei, dass zwischen dem Flusse Brenta und der Lagune, wo der Karren das Trajekt bildet, ein dachförmiges Mauerwerk mit sehr stumpfem Winkel errichtet ist, von der Höhe, bis zu welcher das Wasser bei der höchsten Fluth steigt. Die Form des höchsten Theiles desselben ersieht man aus der Abbildung. Da wo die Räder des Karrens laufen, stellt man zwei etwas erhöhte Geleise von Stein her. An ihrem Fusse, da wo sie beiderseits im Wasser endigen, setzt man zwei sehr grosse Steinplatten von derselben Härte, so dass der Karren sie beim Darüberfahren nicht zerbricht und abnutzt ....“

In neuerer Zeit werden schiefe Ebenen beispielsweise am Elbing-Oberländischen und an dem nordamerikanischen Morris-Kanale betrieben, und zwar erstere mit Lokomotiven, letztere mit Wasserkraft.

# Leonardo da Vinci (1452—1519).

(Zweite Abhandlung.)

Als wir die erste Abhandlung über Leonardo da Vinci für den Jahrgang 1888 des „Civilingenieur" schrieben, stand uns nur Dr. Hermann Grothe's Schrift „Leonardo da Vinci als Ingenieur und Philosoph" als Quelle zu Gebote. Inzwischen sind durch M. Ravaisson-Molien die Manuskripte Leonardo's, die sich in der Bibliothek de l'Institut zu Paris befinden, durch Heliogravüre vervielfältigt, mit einer genauen Wiedergabe des Textes in Druckschrift und mit einer französischen Uebersetzung versehen, in sechs Foliobänden herausgegeben worden. Durch diese grosse, mühevolle und höchst dankenswerthe Arbeit sind wir in den Stand gesetzt, unsere früheren Angaben zu vervollständigen und zu berichtigen.

Beim Anblicke der genannten Manuskripte Leonardo's ist man erstaunt darüber, dass sie fast ausschliesslich wissenschaftlichen Studien gewidmet sind, malerische und architektonische Skizzen aber nur sehr wenige enthalten. Die früher von uns gehegte Ansicht, was von seinen Schriften für uns übrig geblieben ist, seien nur solche Skizzen und Notizen, welche sich zwischen künstlerischen Entwürfen zu uns durchstahlen, erweist sich als irrig. Hätten wir den Verfasser nur nach diesen Manuskripten zu beurtheilen, so müssten wir ihn für einen Mathematiker, Ingenieur und Physiker von Beruf halten, der zwar ausserordentliches Talent zum Zeichnen besass, aber sich nur gelegentlich mit Malerei und Architektur praktisch beschäftigte.

Seine wissenschaftlichen Notizen und Abhandlungen sind so sorgsam zusammengetragen, dass es wohl möglich sein dürfte, den wesentlichen Inhalt seiner verloren gegangenen Lehrbücher daraus wieder herzustellen; wenn es auch eine schwierige Aufgabe ist, diese ungeregelte Masse gelegentlich zusammengeschriebener Notizen zu sichten und so zu ordnen, dass man sich daraus ein Bild von dem Wissen des Autors machen kann. Der Geist der freien Forschung aber, der aus Leonardo spricht, erhebt ihn, auch wenn er hundertmal sich wiederholt oder irrt, so weit über die Schulweisheit seiner Zeit und bringt seine Denkweise der unserigen so nahe, dass wir beim Lesen seiner Schriften Mühe hatten, die Zeit, in der er lebte, stets in Gedanken festzuhalten. Und dieser freie Forschergeist unter Scholastikern und kirchlichen Fanatikern in seinem Ringen nach Erkenntniss der Naturgesetze hat etwas so Anziehendes, dass wir, nachdem die Manuskripte Leonardo's allgemein zugänglich gemacht sind, an der baldigen Lösung jener Aufgabe nicht zweifeln.

In Anbetracht des Zieles, das wir bei unseren Abhandlungen hier verfolgen, und des beschränkten Raumes, der uns für diese zu Gebote steht, müssen wir uns versagen, auf seine rein theoretischen Betrachtungen einzugehen und uns auf das beschränken, was in das Gebiet des Maschinenbaues und der mechanischen Technologie gehört.

Um die Gegenstände, worüber wir zu berichten haben, einigermassen übersichtlich zu ordnen, müssen wir oft Skizzen und Bemerkungen, die in den Manuskripten weit auseinander liegen, neben einander stellen. Diese sind in der Bibliothek de l'Institut mit grossen lateinischen Buchstaben bezeichnet und deren Folien numerirt. Zur Bezeichnung der Stelle, wo eine Skizze oder Notiz zu finden ist, werden wir den Buchstaben des betreffenden Manuskripts und die Nummer des Foliums mit angehängtem v für die vordere und h für die hintere Seite jedesmal angeben, so dass z. B. B 43 h die hintere Seite von Folio 43 des Manuskriptes B bezeichnet. Das Zeichen L: bedeutet: Leonardo bemerkt hierzu, was folgt:

Von einzelnen Mechanismen, die sich a. a. O. finden, führen wir an:

Ein Winkelrädergetriebe mit sich schneidenden Axen (Fig. 383), I 26 h.

L: „Je näher das Getriebe bei dem Durchmesser des Rades gelegen ist (nämlich in der skizzirten Ansicht, d. h. je näher die beiden Axen aneinander vorbeigehen), desto geringer ist die Reibung, die die Zähne des Rades längs der Triebstöcke des Getriebes erzeugen. Und umgekehrt wird die Reibung um so grösser sein, je weiter das Getriebe von dem Durchmesser des Rades entfernt ist."

Wir haben bereits darauf hingewiesen, dass man früher, als die Triebstockverzahnungen noch üblich waren, Winkelrädergetriebe sehr häufig mit geschränkten Axen anordnete. Leonardo weist hier auf den Nachtheil hin, den diese Anordnung hat, im Vergleiche mit Getrieben, deren Axen sich schneiden. Dies führt er im Folgenden noch weiter aus.

Ein Winkelrädergetriebe mit geschränkten Axen (Fig. 384), I 27 v.

L: „Wenn das Getriebe ausserhalb des Durchmessers des Rades liegt, macht es die drehende und die gleitende Bewegung (moto della confregatione). — Dieses ausserhalb des Raddurchmessers gelegene Getriebe konsumirt seine Triebstöcke stark und ebenso die Zähne des Rades. Im Anfange der Berührung, in die dieses mit dem Getriebe tritt, berührt es die Triebstöcke an ihrem oberen Theile, und wenn es sie verlässt, verlässt es sie an ihrem unteren Theile, so dass es vom Angreifen bis zum Auslassen zweierlei Bewegungen macht, nämlich die drehende und die gleitende. — Du siehst, dass der Zahn (*a*) über der Mitte des Getriebes eintritt und unterhalb der Mitte in der Stellung (*b*) es verlässt."

Dieselben Skizzen mit fast denselben Bemerkungen finden sich auf H 86 h.

Eine Schraube ohne Ende mit so starker Steigung, dass das Rad die Schraube zu drehen vermag (Fig. 385), I 26 h.

L: „Der einfache steile Schraubengang ist es, der in einer grösseren Entfernung vom Durchmesser, als irgend eine andere Art von Getrieben, von dem Rade bewegt wird. Aber ein solches Getriebe wird niemals das Rad mit der Leichtigkeit bewegen, mit der das Rad es in Drehung versetzt.“

Eine gewöhnliche Schraube ohne Ende (Fig. 386), I 26 v.

L: „Dieses ist die beste Art von Schraubengetrieben, die man machen kann. Hier kann das Rad niemals die Schraube bewegen.“

Eine Schraube mit sogenanntem Trapezgewinde (Fig. 387), B 73 v. Sie soll bei einem Windwerke zur Uebertragung starken Druckes dienen und wird hierzu noch heute empfohlen.

Ein Einzahnrad (Fig. 388), I 28 v.

L: „Pagolo sagt, dass man bei keinem Instrumente, das ein anderes berührendes Instrument bewegt, machen könne, dass dieses nicht auch jenes bewegt, sowie, wenn ein Rad sein Getriebe bewegt, dieses auch das Rad bewegen wird. Aber dies ist nicht allgemein gültig, denn wenn auch der Zahn (*n*) das Rad bewegt, so wird doch das Rad nicht den Zahn (*n*) während einer ganzen Umdrehung bewegen.“

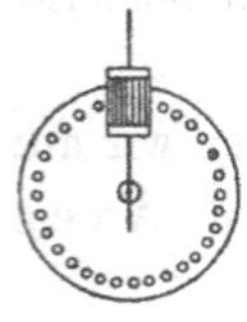

Fig. 383.

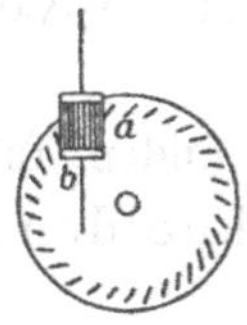


Fig. 384.

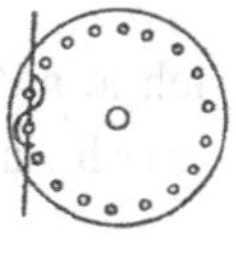

Fig. 385.

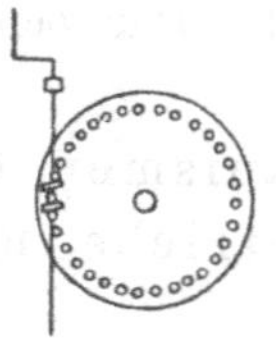

Fig. 386.

Fig. 387.

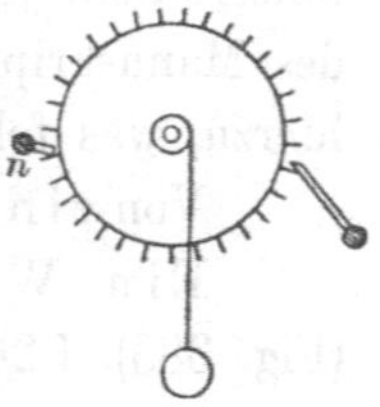


Fig. 388.

Ein Spiralrad (Fig. 389), H 103 v. Diesen Mechanismus will Leonardo zum Spannen einer Armbrust benutzen. In seiner Skizze greift die Spirale in eine vollständige Zahnstange, und es scheint, als ob Leonardo die Idee gehabt habe, die Spirale solle die Zahnstange dadurch ihrer ganzen Länge nach verschieben, dass sie in immer neue Zähne derselben eingreift. Dazu wäre erforderlich, dass die Spirale in einer zur Zahnstange geneigten Ebene läge, so dass nur der jeweils obere oder der jeweils untere Theil derselben in die Zahnstange eingriffe. Die Berücksichtigung dieses Umstandes ist weder aus der Skizze, noch aus einer beigefügten Bemerkung zu erkennen.

Ein Mangelrad (Fig. 390), H 110 v, zur Verwandlung einer kontinuirlich drehenden in eine geradlinig hin- und hergehende Bewegung.

Das am halben Umfange verzahnte Rad in zwei auf einer Axe sitzende Getriebe eingreifend (Fig. 391), H 115 v, zur Verwandlung einer kontinuirlich drehenden in eine hin- und hergehende Bewegung. Dieser und ähnliche Mechanismen wurden später von Ramelli mit besonderer Vorliebe benutzt. (Vergl. Fig. 233, 234 u. a. S. 213).

Zwei am halben Umfange verzahnte, in gleichem Sinne sich drehende und von gegenüberliegenden Seiten abwechselnd in ein Getriebe eingreifende Räder (Fig. 392), H 112 h, zu dem gleichen Zwecke; jedoch sitzt das sich hin- und herdrehende Getriebe hier auf einer an der Drehung verhinderten Schraubenspindel, während es selbst an Verschiebung verhindert gedacht werden muss, wodurch die hin- und herdrehende Bewegung noch in eine geradlinig hin- und hergehende verwandelt wird.

Auch diese sehr komplicirte Art, eine kontinuirlich drehende in eine geradlinig hin- und hergehende Bewegung umzuwandeln, wird von Ramelli mit grosser Vorliebe und einigen Modifikationen angewendet, und wenn wir in unserer Abhandlung über ihn die Vermuthung aussprachen, dass die Kenntnisse, die ihm durch Marignano übermittelt wurden, aus der Leonardo'schen Schule stammten und er deshalb dieser zuzuzählen sei, so dürfte dies hierin eine Bestätigung finden. Auch wird sich ergeben, dass noch vieles andere, was wir bei Ramelli für ihm eigentümlich hielten, in Leonardo's Manuskripten zu finden ist.

Fig. 389.

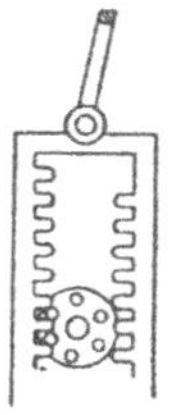
Fig. 390.

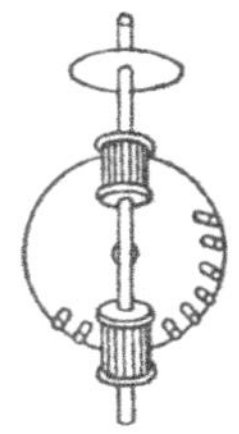
Fig. 391.

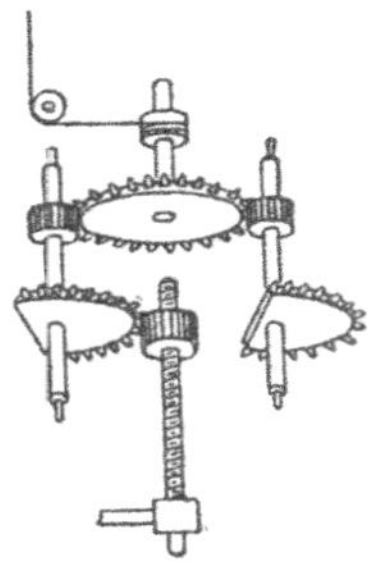
Fig. 392.

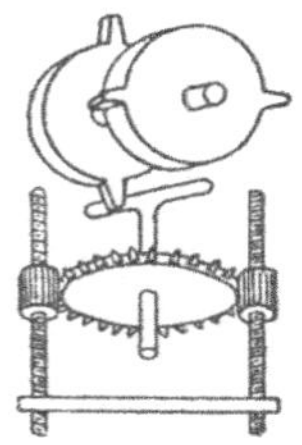
Fig. 393.

Eine sehr nahe liegende Modifikation, die Ramelli hauptsächlich anwendet, ist die, dass man anstatt der halb verzahnten Stirnränder halb verzahnte Winkelräder nimmt, die man auf eine gemeinschaftliche Axe setzen kann.

Nimmt man anstatt der halb verzahnten Räder solche, bei denen zwei gegenüberliegende Viertelskreise verzahnt sind, so macht das Getriebe bei jeder Umdrehung zwei kürzere Schwingungen. Man kann dann auch die Zähne je eines Viertelkreises durch einen einzigen längeren Zahn und das Getriebe durch einen gleicharmigen Hebel ersetzen. Diese Modifikation finden wir bei Leonardo auf H 130 h (Fig. 393) dargestellt, jedoch mit der weiteren Komplikation, dass der hin- und herschwingende Doppelhebel mit einem Stirnrade auf einer gemeinschaftlichen Axe befestigt ist, das in zwei einander gegenüberliegende Getriebe eingreift, die die Muttern zweier gleichzeitig auf- und niedergehenden Schrauben bilden.

Wird der in Fig. 391 dargestellte Mechanismus in ähnlicher Weise modificirt, so dass abwechselnd ein Sechzehntel des Radumfanges verzahnt wird und ein Sechzehntel unverzahnt bleibt, so braucht man jedes der Getriebe nur mit so viel Zähnen zu versehen, als auf einem Sechzehntel des Radumfanges Platz finden, und kann auch jede dieser Zähnegruppen durch einen einzigen längeren

Zahn ersetzen. Auf diese Weise entsteht der Mechanismus, der bei den alten Löffelunruhen angewendet wurde (Fig. 394), H 114 v. Die sich hin- und herdrehende Axe trägt oben ein Stirnrad, wodurch offenbar angedeutet werden soll, dass man durch Zufügung einer eingreifenden Zahnstange auch eine geradlinig hin- und hergehende Bewegung erzeugen kann.

Eine weitere Modifikation dieses Mechanismus zeigt Fig. 395, die im Original auf derselben Seite steht, wie die soeben besprochene. Hier ist der untere Zahn der sich hin- und herdrehenden Vertikalaxe rückwärts verlängert und setzt einen auf der horizontalen Radaxe sich drehenden Hebel in pendelartige Schwingungen. Dieser Hebel ist an seinem oberen Ende mit einem Zahnsegment versehen, wodurch offenbar wieder angedeutet werden soll, dass durch Zufügung einer in dieses eingreifenden Zahnstange auch eine geradlinig hin- und hergehende Bewegung erzeugt werden kann.

Der Mechanismus (Fig. 396), H 110 h, unterscheidet sich von dem in Fig. 394 dargestellten nur dadurch, dass er um $90^0$ gedreht ist, so dass die seither

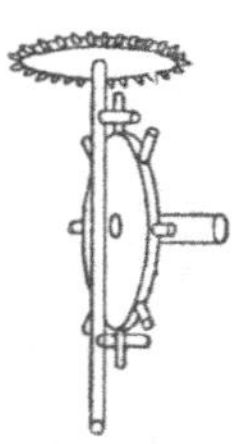

Fig. 394.

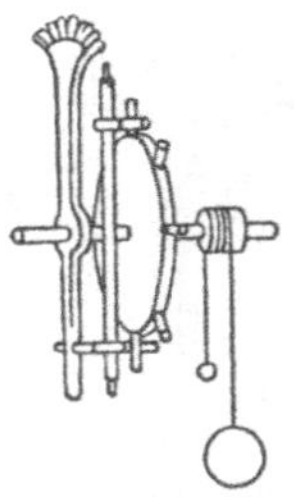

Fig. 395.

Fig. 396.

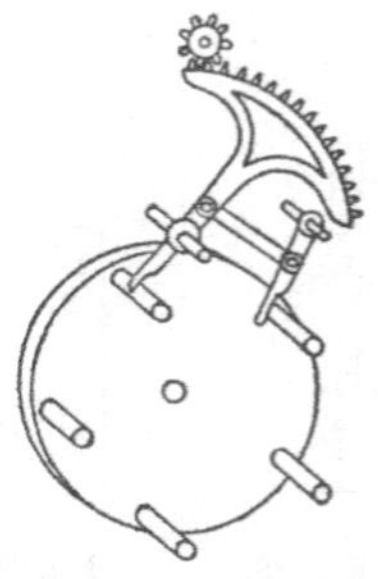

Fig. 397.

vertikale, sich hin- und herdrehende Axe nun horizontal zu liegen kommt. Mit dieser ist ein hammerförmiges Pendel fest verbunden. Der Radkranz ist sägeförmig gestaltet, und der ganze Mechanismus hat eine solche Aehnlichkeit mit einer Pendelunruhe, dass man ihn für eine solche halten könnte, wenn nicht die Pendelgesetze zu Leonardo's Zeit noch unbekannt gewesen wären.

Ein eigenthümlicher Mechanismus zur Verwandlung einer kontinuirlich drehenden in eine hin- und herdrehende Bewegung zeigt Fig. 397, H 115 v. Dadurch, dass in der Originalskizze der Drehpunkt des kurzen einarmigen Hebels weiter links liegt, als in unserer Fig. 397, ist erstere nicht ganz verständlich. Da aber derartige Ungenauigkeiten bei flüchtigen Handskizzen fast unvermeidlich sind, glauben wir annehmen zu dürfen, dass die beiden Hebeldrehpunkte so liegen sollen, dass in der abgebildeten Stellung das untere Ende des linken Hebels frei wird, während der folgende Triebstock des Rades das des rechten Hebels erfasst. Dieser ist mit dem oberen Arme des linken Hebels durch eine Schubstange so verbunden, dass sein unterer Arm sich nach rechts bewegt, während der einarmige rechte Hebel durch den Triebstock nach links geschoben wird. Treffen die unteren Enden der beiden Hebel in der Mitte zusammen, so muss der rechte Hebel frei und der linke erfasst werden, so dass das untere Ende des letzteren nun von dem Triebstocke nach links und das des rechten Hebels vermittelst der Schubstange nach rechts geschoben wird. Auf diese Weise entsteht durch kontinuirliche Drehung des Rades pendelartiges Schwingen der beiden Hebel. Der eine endigt oben in ein Zahnsegment, das in ein kleines Getriebe eingreift, das folglich eine oder mehrere volle Umdrehungen abwechselnd rechts- und linksum macht.

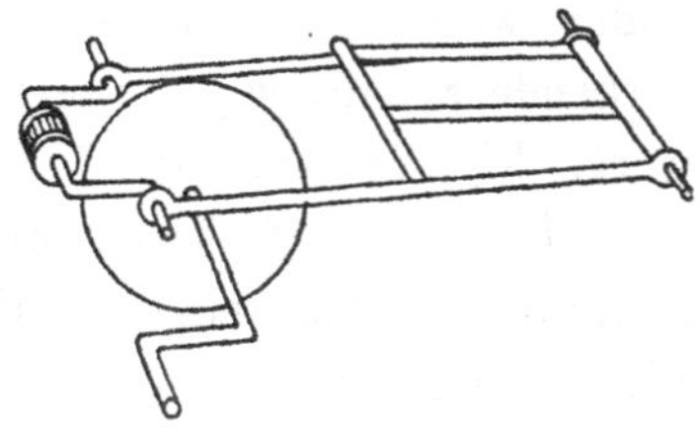

Fig. 398.

Die Umwandlung kontinuirlich drehender in geradlinig hin- und hergehende Bewegung durch Kurbel und Pleuelstange findet sich in den drei Skizzen von Sägegattern (Fig. 398) H 109 h, (Fig. 399) H 120 h und (Fig. 400) H 120 h.

In Fig. 399 ist das Sägegatter an einer Stange befestigt, die über eine Führungsrolle läuft und vermittelst einer Pleuelstange durch eine einfache

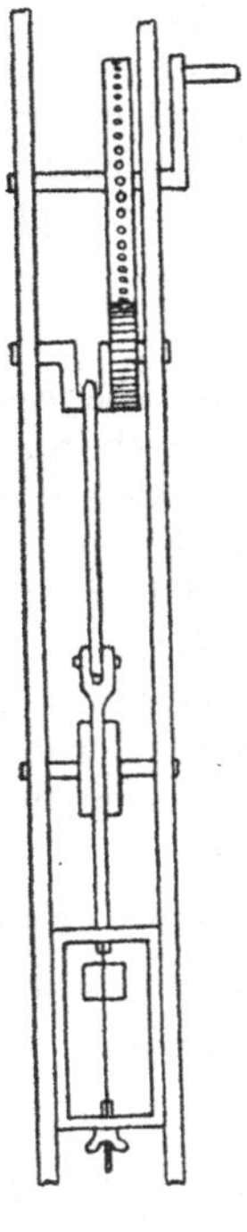

Fig. 399.

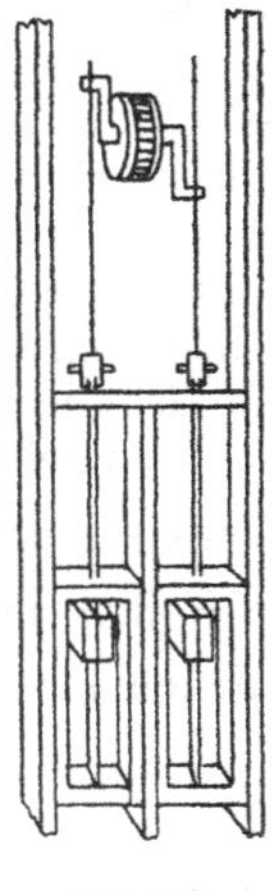

Fig. 400.

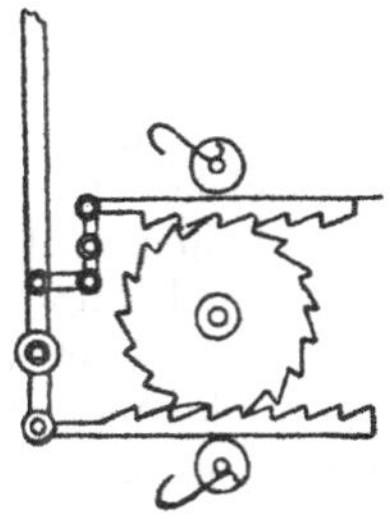

Fig. 411.

Fig. 402.

Kurbel in Form einer gekröpften Axe bewegt wird. In Fig. 398 wird die Bewegung des Gatters durch zwei gleichgerichtete Kurbeln an einer Welle vermittelst zweier Pleuelstangen hervorgebracht. In Fig. 400 werden zwei Gatter durch zwei um 180⁰ gegeneinander versetzte Kurbeln und je eine Pleuelstange stets in entgegengesetzten Richtungen hin- und hergeschoben.

Fig. 401, H 113 h, zeigt eine doppeltwirkende Schaltung zur Verwandlung einer schwingenden in eine kontinuirlich drehende Bewegung. Zwei parallele, sägeförmig gezahnte Stangen, die durch je eine Feder mit Antifriktionsrolle gegen ein Schaltrad gedrückt werden, sollen durch eine aus der Zeichnung ersichtliche Hebelkombination stets in gleicher Richtung hin- und herbewegt werden, so dass immer eine Stange das Rad dreht, während die andere wirkungslos darüber hingleitet. Wir erinnern an die einfachere doppeltwirkende Schaltung, die etwa fünfzig Jahre später BUONAIUTO LORINI angab (vergl. Fig. 287, S. 248).

Unrunde Zahnräder (Fig. 402), H 111 h, entwirft LEONARDO für die Spannvorrichtung einer starken Armbrust. Da hier der zu überwindende Widerstand anfangs sehr gering ist, aber mit zunehmender Spannung rasch wächst, soll dadurch Zeit gewonnen werden. Die Form der Räder ist in der flüchtigen Handskizze selbstverständlich keine genaue, aber es scheint, als ob die Zahnbogen nach archimedischen Spiralen, ähnlich unserer Fig. 402, gekrümmt sein sollten.

Antifriktionsrollen (Fig. 403), I 114 v.

L: „Von den Drehzapfen und ihrer Leichtigkeit in der Bewegung. — Alle haben 1 : 10 als Hebelübersetzung (in der Skizze ist diese nur 1 : 6). Obgleich diese Zapfen nach unten zu immer mehr belastet sind als die oberen und die Last (la noia) des Gewichtes keinem abgenommen ist, wird doch die bewegende Kraft so vervielfacht, dass sie jede noch so grosse Zapfenreibung überwindet.“

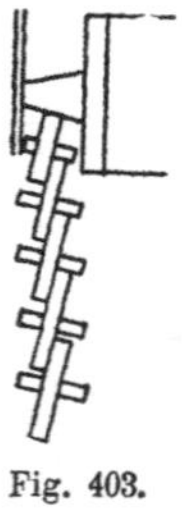
Fig. 403.

Fig. 404 und 405, I 58 v.

L: „Diese Anordnung (regola) giebt der Kreisbewegung eine solche Dauer, dass es wunderbar und übernatürlich erscheint, denn es werden nach Aufhören der Bewegung des Motors noch viele Bewegungen (Umdrehungen) gemacht. — Man lasse das Gewicht (*m*) von einer solchen Höhe herabfallen, dass es das Rad 30- und mehrmals umdreht und dieses dann frei wird, nach Art eines Kreisels. Um Geräusch zu vermeiden, sollte der Stein (das ist das antreibende Gewicht) auf Stroh herabfallen. — Dass das nachfolgende Rad immer grösser gemacht wird, als das darüber befindliche, ist nur nöthig, damit sich der Umfang des Rades unten nicht auf den Zapfen des anderen setzt und ihn dadurch hindert.“

Fig. 405 zeigt einen Theil der Seitenansicht dieser Anordnung. Es wechseln dabei einfache, in der Mitte sitzende Rollen mit paarweise zu beiden Seiten angeordneten ab, um die Axen stets gleichmässig zu unterstützen.

Fig. 406, I 57 h.

L: „Drehzapfen in höchster Vollkommenheit (valitudine). Sie dienen zu schwingenden Bewegungen, wie für Glocken, Sägen und Dinge ähnlicher Art. — Aus einer Kraft von einem Pfund in (*b*) resultiren 10 000 000 000 in (*m*) (nach der Figur ergiebt sich nur $10^9 = 1\,000\,000\,000$). Und dasselbe leistet die gegenüberstehende Figur (Fig. 404), die von gleicher Beschaffenheit ist, nur mit dem Unterschiede, dass die Räder vollständig sind, weil sie sich immer in derselben Richtung drehen sollen. Und wenn das erste, obere, hunderttausend Millionen Umdrehungen ausführt, macht das unterste nur eine volle Umdrehung. Dies sind Wunder der Kunst des mechanischen Genies. — Auf diese Weise setzt man eine Glocke auf ihre Zapfen, die von einem leichten Winde geläutet werden wird, wenn sie vom Centrum gleich weit abstehende, gleiche Gewichte hat (d. h. wenn die Axe durch ihren Schwerpunkt geht)."

Dass eine so aufgehängte Glocke nicht in ihre ursprüngliche Lage zurückkehrt, oder, wenn die Axe nahe über dem Schwerpunkte vorbeigeht, zu langsam schwingt, hat Leonardo entweder nicht beachtet oder nicht gewusst. Die Pendelgesetze waren zu seiner Zeit noch nicht gefunden.

Fig. 407, I 113 h.

L: „Bei so gelagerten Zapfen ist es zwar richtig, dass das Gewicht auf verschiedene Zapfen vertheilt wird, aber wer alle diese verminderten und getheilten

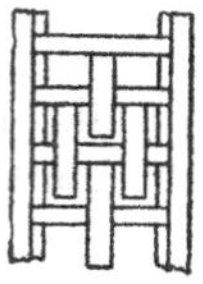

Fig. 405.

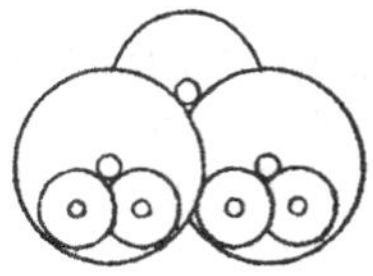

Fig. 407.

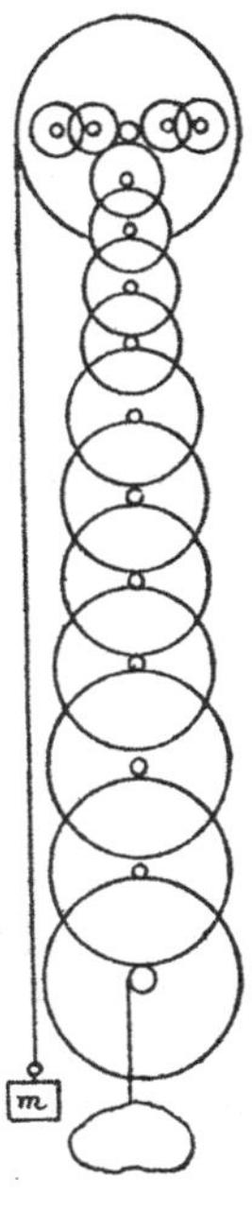


Fig. 404.

Fig. 406.

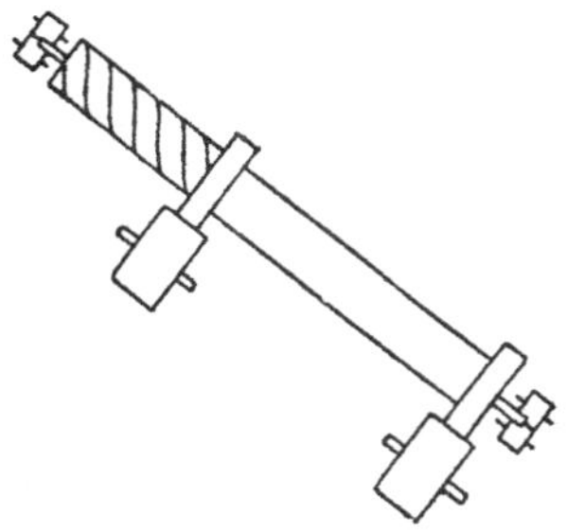

Fig. 408.

Fig. 409.

Gewichte addirt, wird denselben Widerstand (difficultà) finden, wie auf der gegenüberstehenden Seite (bei Fig. 403). Es ist gerade so, wie wenn ein Pfund in 12 Unzen getheilt wird, die, wieder vereinigt, gerade wieder ein Pfund ergeben."

Verschiedene Wasserschnecken mit Antifriktionsrollen-Lagerungen (Fig. 408 und 409), I 23 v. Dabei befindet sich noch eine Skizze ähnlich Fig. 410, aber ohne die Antifriktionsrolle unter der Mitte der Schnecke.

L: „Ich frage: Welche von diesen drei Arten ergiebt die leichteste Bewegung?"

Fig. 410, I 21 v.

L: „Drehbolzen von grösster Vollkommenheit (in somma perfetione)."

Kegelventile verschiedener Konstruktion (Fig. 411), E 75 v.

L: „Die leere Röhre (*ab*) bildet die Führung für den vorderen Theil des Eisens, das die gerade Richtung erhält.“

Auf derselben Seite findet sich das Kegelventil (Fig. 412) und auf E 76 v die in unserer Fig. 413 wiedergegebene Konstruktion. Diese beiden Kegelventile wendet RAMELLI vorzugsweise an. Die vorliegenden Skizzen lassen aber keinen Zweifel darüber, dass sie ihm durch MARIGNANO aus der LEONARDO'schen Schule bekannt geworden waren.

Bei einem Cylindergebläse, das wir später betrachten werden, findet sich ferner skizzirt:

Ein mehrfaches Klappenventil (Fig. 414), E 34 v.

L: „Der Ausfluss wird um so reichlicher sein, je schmälere Scheidewände die Durchgangsöffnungen haben. Der Flächeninhalt aller Durchgangsöffnungen zusammen wird dem freien Querschnitte des Rohres gleich gemacht.“

Motoren.

Ueber den Vortheil des Schwungrades beim Betriebe von Maschinen durch belebte Motoren findet sich auf B 26 h folgende Notiz:

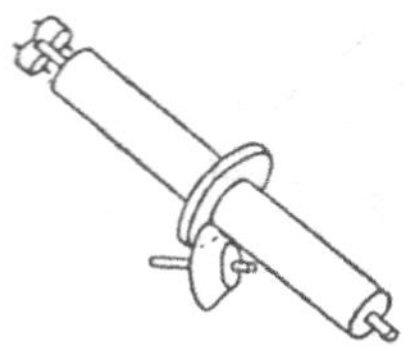

Fig. 410.

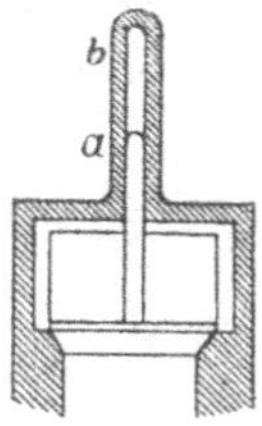


Fig. 411.

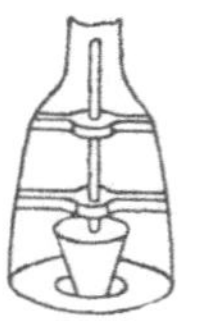

Fig. 412.

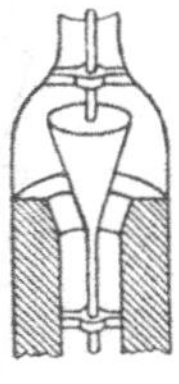

Fig. 413.

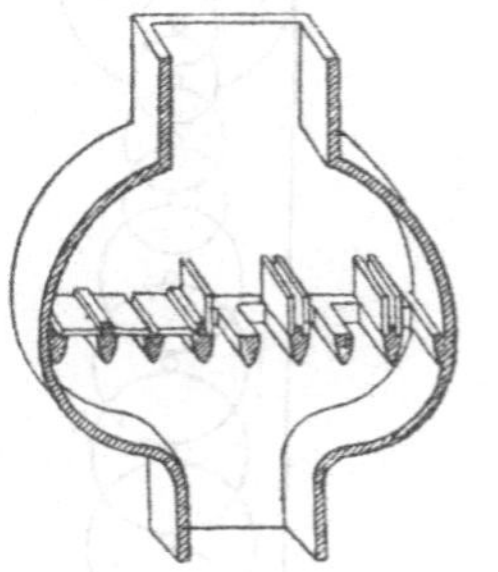

Fig. 414.

L: „Da ein in heftige Bewegung versetztes Rad, das der Motor verlässt, von selbst noch viele Umdrehungen macht, so wird, wenn der Motor mit der obengenannten Geschwindigkeit zu drehen fortfährt, diese Erhaltung der Geschwindigkeit mit wenig Kraftaufwand erfolgen. Und ich schliesse daraus, dass, wenn man die Bewegung nur erhalten will, der Motor wenig Mühe haben wird, um so mehr, als es (das Schwungrad) sich von Natur antreibt.“

Das Beharren in der Bewegung wird hier als ein eigener Antrieb aufgefasst. Uebrigens erinnern wir daran, dass wir in den Skizzen aus der Zeit der Hussitenkriege schon vielfach Schwungräder angewendet sahen.

Ueber Wasserräder findet sich nur wenig in den in Rede stehenden Manuskripten.

Ein oberschlächtiges Wasserrad (Fig. 415), F 44 v.

L: „Es fragt sich, indem das Wasser (*ab*) den Zellen des Rades einen Stoss giebt, ob das Rad ihn aufnimmt und er dem Gewichte des Wassers, welches auf der gestossenen Seite in den Zellen ist, zuzuzählen ist; ob man ihn als ein Mehr der Wassermenge zu betrachten hat, indem man die Kraft des Stosses dieser zufügt. — Wenn dem so wäre, würde das Rad das Wasser (vorausgesetzt, dass es so lange in dem Rade bliebe) auf der gegenüberliegenden Seite höher heben, als es herabfällt.

Wenn auch der Stoss kein Gewicht ist, überwindet er doch die Kraft eines Gewichtes, welches ungefähr so gross ist, wie seine eigene Kraft."

*Ein oberschlächtiges Wasserrad, das eine Wasserschnecke bewegt* (Fig. 416 und 417), I 21 h.

L: „Während das zuerst bewegte Rad*) eine volle Umdrehung ausführt, macht die Schnecke vier volle Umdrehungen nach den Regeln über die Ursachen solcher Bewegungen (der Kinematik). — Man muss das Wasser über dem Viertel (*an*) (Fig. 416) des Rades ausgiessen, damit das Gewicht möglichst weit vom Mittelpunkte (eigentlich der senkrechten Mittellinie) des Rades entfernt bleibt. — Und wenn das (genannte) Viertel seinen Lauf vollendet hat, muss die Schraube eine volle Umdrehung gemacht haben. Um dies zu bewirken, gebe man dem Rade 32 Zähne und jedem Getriebe acht Triebstöcke. Das genügt."

Wenn auch die hier aufgestellten Regeln nicht zutreffend sind, so ist doch LEONARDO's Ansicht, dass es bei einem oberschlächtigen Rade hauptsächlich auf richtige Ausnutzung des Wassergewichtes ankomme, viel richtiger als jene bis ins achtzehnte Jahrhundert hinein namentlich von italienischen und französischen

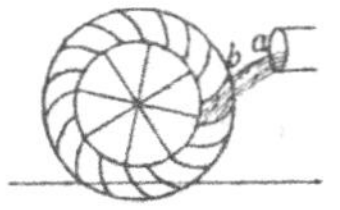

Fig. 415.

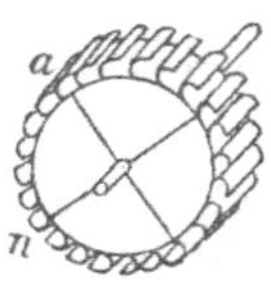

Fig. 416.

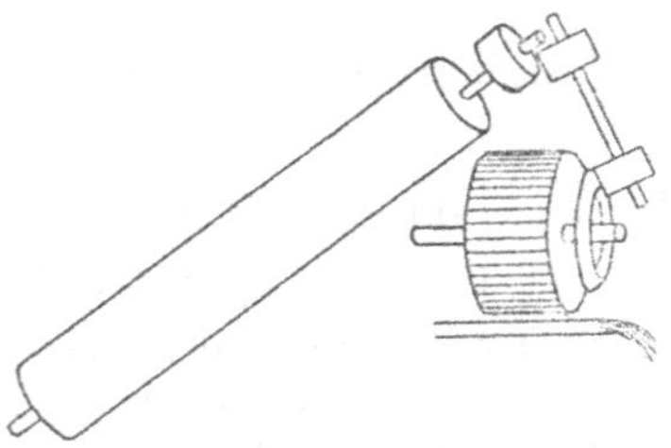

Fig. 417.

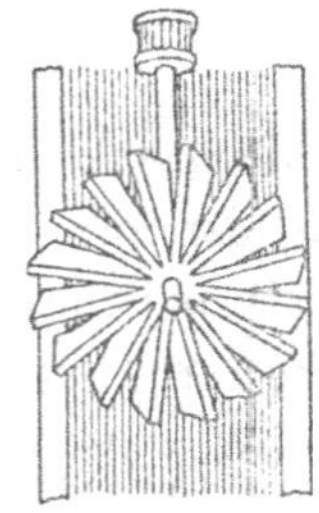

Fig. 418.

Ingenieuren vertretene Ansicht, dass auch bei oberschlächtigen Rädern ein starker Wasserstoss das Wesentlichste zur Erzielung eines guten Effektes sei.

*Die Schraube als Wassermotor* (Fig. 418), F 88 h.

*Windmühle mit drehbarem Dache*, sogenannte „holländische Windmühle" (Fig. 419 und 420), L 35 h und 36 v. Diese beiden Skizzen stehen in dem Manuskripte nebeneinander. Es ist daher nicht zu bezweifeln, dass Fig. 419 eine Detailzeichnung zu der in Fig. 420 dargestellten Windmühle ist. Unter Fig. 420 stehen die Worte: „Il tetto è posato sulla rota (das Dach ruht auf dem Rade), und aus der Skizze ist erkenntlich, dass aus der Oberfläche des Mauerwerkes eine kreisrund gebogene Schiene ragt, worauf das Dach auf Rollen läuft, und dass zwischen den koncentrischen Holzringen, worin die Axen dieser Rollen lagern, leiterartige Sprossen eingesetzt sind. Nahe dem oberen Mauerrande ist ein nach innen gerichteter horizontaler Zapfen befestigt und dient

*) La rota del primo moto. Die Alten fassten den Begriff „Motor" anders auf, als es jetzt gebräuchlich ist, wo man Wasserräder Motoren nennen darf; damals war das Wasser der Motor.

einem losen Hebel als Stützpunkt, der mit seinem oberen Ende in die genannten Sprossen greift. Es bedarf keiner weiteren Erklärung, wie ein Arbeiter vermittelst dieses losen Hebels das Dach der Windmühle drehen kann.

Allgemein wird angenommen, dass die Windmühlen mit drehbarem Dache um die Mitte des sechzehnten Jahrhunderts von einem Flanderer erfunden worden seien, dass aber LEONARDO solche Mühlen etwa 50 Jahre früher kannte,

Fig. 419.

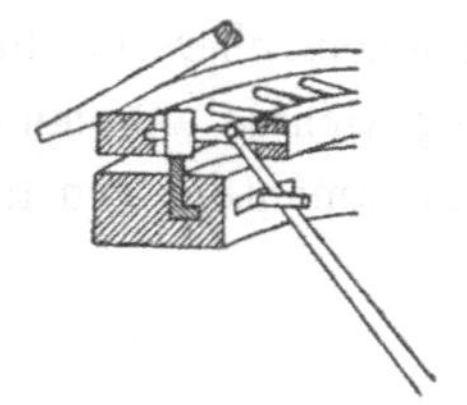

Fig 420.

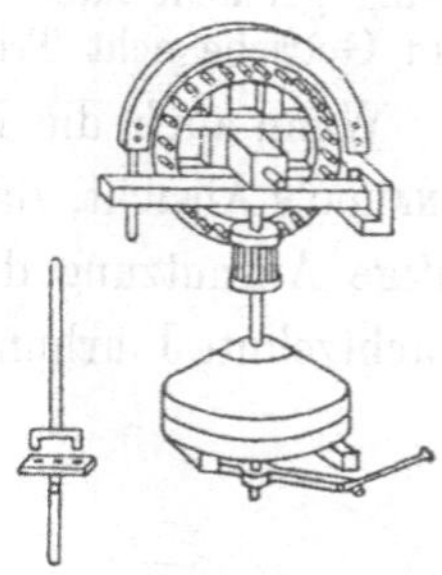

Fig. 421.

oder doch entwarf, ist in Anbetracht dieser Skizzen nicht zu bestreiten. Wir fügen hier an:

*Den inneren Mechanismus zu einer Windmühle* (Fig. 421), L34h.
In unserer Abhandlung über RAMELLI sagten wir (S. 221):

„Was die Bremswerke betrifft, so findet sich an den Windmühlen auf den Blättern 132 und 133 eine *Uebergangsform von der Backenbremse*, wie sie AGRICOLA *beschreibt zur Bandbremse*, indem der Kranz des Haupt-

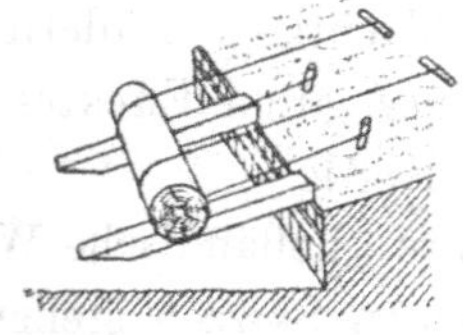

Fig. 422.

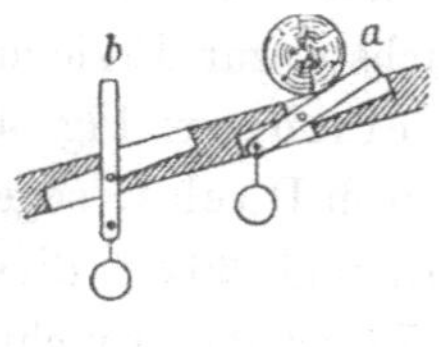

Fig. 423.

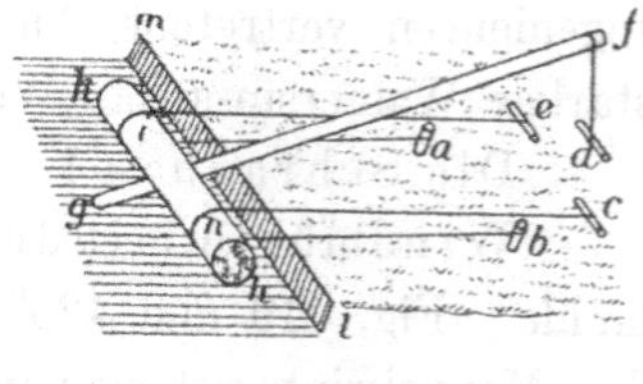

Fig. 424.

winkelrades auf der Windradaxe von einem halben Holzreife umschlossen ist, von dem in der Beschreibung gesagt wird, dass er sich beim Anziehen der Bremse zusammenziehe und beim Loslassen derselben wieder erweitere.“

Die hier vorliegende Skizze spricht dafür, dass RAMELLI auch die Kenntniss von dieser Bremse aus der LEONARDO'schen Schule geschöpft hatte.

Ferner ist beachtenswerth, dass bei dem Mahlgange (Fig. 421), wie aus der links danebenstehenden Detailskizze ersichtlich ist, die Haue auf das vierkantige Ende eines *ganz kurzen* Mühleisens gesteckt ist und nur durch einen Mitnehmer am unteren Ende der von oben in das Läuferauge hereinragenden

Antriebwelle umgedreht wurde. Diese Konstruktion gestattet dem Läufer etwas freie Bewegung, ähnlich wie bei einer Balancierhaue.

Hebmaschinen und Hebvorrichtungen. Heben von Baumstämmen und dergl. (Fig. 422, 423 und 424), F 46 h.

Zu Fig. 424. L: „Es soll ein Raum mit Leichtigkeit und Schnelligkeit aus dem Wasser gezogen werden. — (*kh*) sei der gegebene Raum, (*b*) sei der Befestigungspunkt eines Seiles, das bei (*n*) den Baum umfasst und sich nach (*c*) wendet in die Hände eines Mannes. Das Gleiche thut (*e i a*) am anderen Ende des Baumes. Gleichzeitig werde der Hebel (*fg*) hergerichtet, der den Baum in der Mitte fasst. Werden gleichzeitig (*c*) und (*e*) angezogen und (*f*) niedergedrückt, so wird sich der Baum auf das Ufer (*ml*) bewegen, indem er sich auf dem Hebel (*fg*) wälzt.“

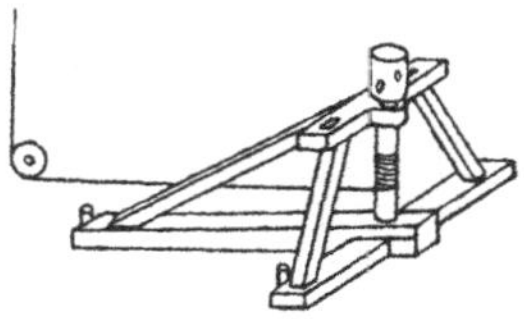
Fig. 425.

Zu Fig. 423. L: „(*a*) und (*b*) wirken wie eine Sperrklinke (fattorino) in der Weise, dass die Säule sich nicht rückwärts bewegen kann.“

Ein Gangspill (Fig. 425), B 53 v, in der Form, wie es sich in vielen späteren Werken abgebildet findet.

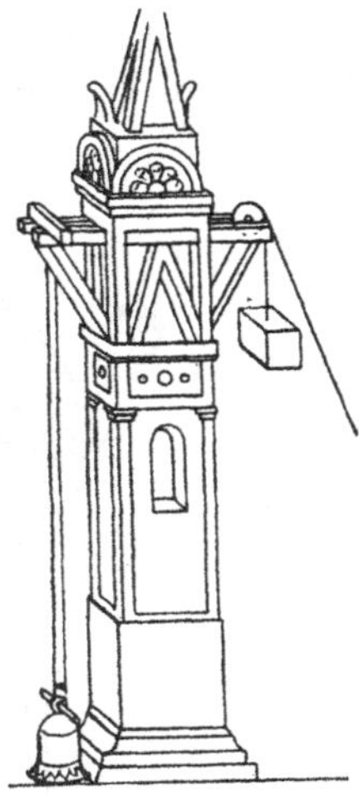
Fig. 426.

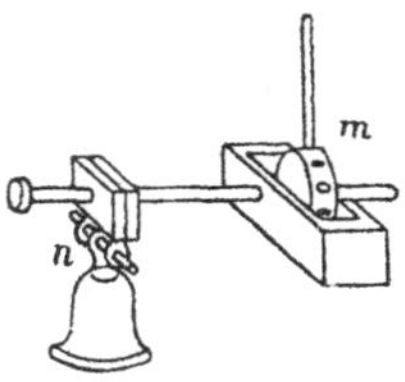

Fig. 427.

Fig. 429.

Fig. 428.

Fig. 430.

Ein Haspel mit Schwungrad, auf dessen Welle sich gleichzeitig ein Seil auf- und ein anderes abwickelt, B 71 v.

L: „Dieses Rad ist gut, um eine Arbeit rasch auszuführen. Es sind zwei Seile daran, und wenn das eine umkehrt, steigt das andere.“

Hebvorrichtung zum Verbringen einer Glocke in einen Thurm (Fig. 426 und 427), B 71 v.

L: „Wenn die Glocke in ihrer Höhe angekommen ist, setze die Hölzer an die Stelle, wo die Seile aufgehangen waren, die sie mit zwei starken Haken heraufgezogen haben. Dann drehe die Mutter (*m*) (Fig. 427), und die Glocke, festverbunden mit (*n*), wird dadurch unter den Balken durchgehen, die die Schraube zwischen sich nehmen, bis an ihren Ort. — Wenn der Kasten (der, mit Steinen gefüllt, am anderen Ende des Zugseiles hängt) ein nur um 10 Pfund grösseres Gewicht hat, als die Glocke, wird er niedersinken und die Glocke aufziehen. Aber halte das Gewicht von 10 Pfund vermittelst einer Schnur auf und lasse den Kasten nur nach und nach herabsinken.“

Wir fügen hier an:

Aufhängung von Glocken (Fig. 428, 429 und 430), B 70 h.

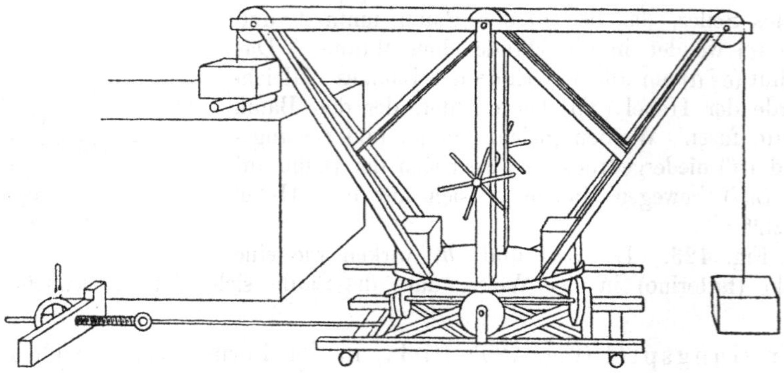

Fig. 431.

Zu Fig. 429. L: „Mache, dass die Zapfen des Glockenbalken so tief liegen, dass sie beinahe in die Mitte der Glocke treffen und der Theil unter der Axe nur 10 Pfund mehr wiegt, als der über der Axe, und ein kleiner Junge wird sie läuten.“

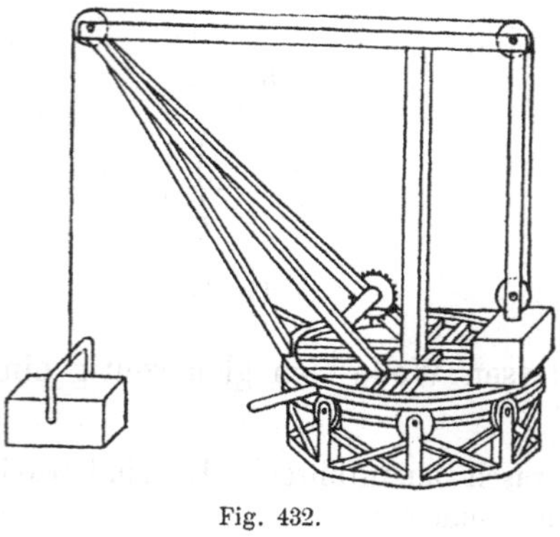

Fig. 432.

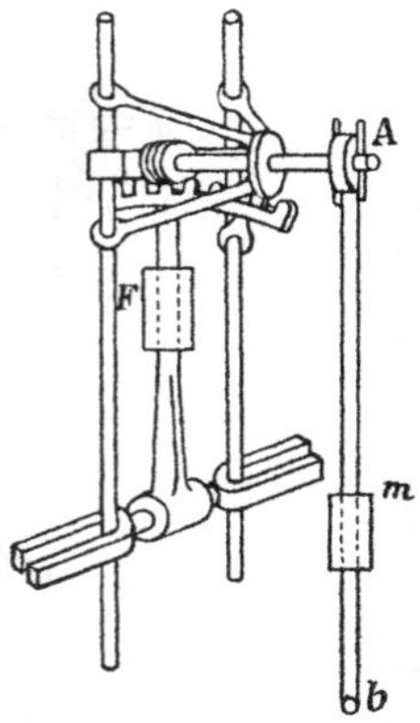


Fig. 433.

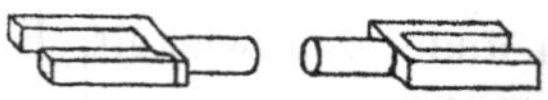

Fig. 434.

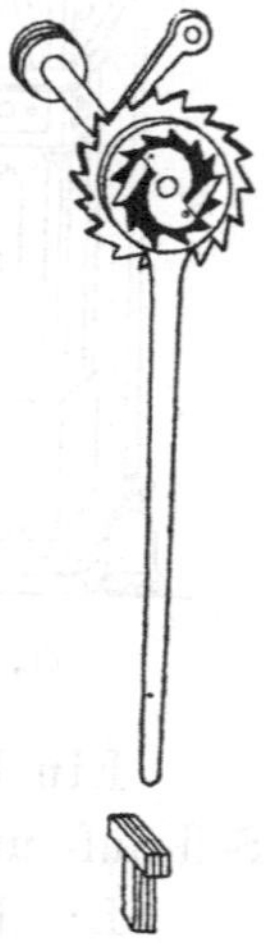

Fig. 435.

Zu Fig. 430 (Skizze eines Baumes mit einem Hauptaste). L: „Der Theil (*a b*) ist gut für den Glockenbalken.“

Zwei Drehkrahnen (Fig. 431 und 432, B 49 v und h, auf Drehscheiben ähnlich denen, die schon Vitruv erwähnt (vergl. S. 44).

Schraubenwinde zum Auseinanderbiegen oder Zerbrechen eiserner Gitterstäbe (Fig. 433, 434 und 435), B 71 h und 72 v. Die beiden

Gabeln, die über die beiden Gitterstäbe gesteckt sind, so dass sie diese mit dem Grunde ihrer Zinken berühren, sind an ihren Stielen mit Gewinde versehen, das eine rechts-, das andere linksgängig und in der Nabe eines Hebels eingeschraubt. Wird der Hebel angezogen, so werden die Gitterstäbe etwas auseinander gebogen. Der Hebel wird dann zurückbewegt und, nachdem ein T-förmiger Keil zwischen einen Gitterstab und den Grund der ihn umfassenden Gabel geschoben ist, abermals angezogen. Auf diese Weise wird fortgefahren und werden immer mehr Keile eingeschoben, bis die Gitterstäbe genügend weit auseinander gebogen oder zerbrochen sind. Durch die Schraubenmutter (*F*) können nach Belieben verschieden lange gerade Hebel oder ein Hebel mit Zahnbogen an die Nabe mit rechts- und linksgängigem Gewinde gekuppelt werden.

L: „Thue erst, was Du kannst, mit dem einfachen Hebel, dann setze den Feuerkasten (um die Gitterstäbe glühend zu machen) und thue, was Du kannst, mit dem einfachen Hebel, und nöthigenfalls wird der verzahnte Hebel gut sein. — Der erste Hebel sei $1^1/_3$, der zweite 2 Ellen lang, so dass 60 Pfund 40000 Pfund heben. — Mache sechs Zähne auf $^1/_3$ Elle des Hebels, der ein verzahntes Kreuz bildet. Und wenn Du dem Hebel (*AB*) jedesmal eine Bewegung von einer Elle geben wirst, wird zuletzt die ganze Drehung erzielt, wenn der Hebel (*AB*) 1944 Drehungen (Schwingungen?) gemacht haben wird. — (*m*) dient dazu, den Schraubenhebel nach Bedarf zu verlängern. — (*N*) wird in der richtigen Weise eingeschoben: T. — (*F*) dient dazu, das gezahnte Kreuz wegzunehmen und einen längeren Hebel einzuschrauben."

Zu Fig. 433. L: „(*A*) sei so beschaffen, dass man es wegnehmen und wieder ansetzen kann."

Fig. 435, mit noch mehreren anderen Detailzeichnungen auf B 72 v skizzirt, zeigt das Schaltwerk zwischen dem Hebel (*AB*) und der Schraube ohne Ende. Wir haben ein gleiches Schaltwerk schon in unserer ersten Abhandlung über Leonardo besprochen und abgebildet (Fig. 110, S. 102).

Ramelli stellt auf den Blättern 154 bis 167 seines Werkes verschiedene kompendiöse Brechwerkzeuge dar, um Riegel und Angeln von Festungsthoren und Gitterstäbe zu zerstören. Wir sehen aus Vorstehendem, dass auch diese Aufgabe schon in der Leonardo'schen Schule behandelt wurde.

Heben schwerer Lasten durch Wasserauftrieb (Fig. 436), F 49 h.

L: „Um jedes noch so schwere Gewicht aus einem Stücke auf ein widerstandsfähiges Boot zu laden, muss man das Gewicht an das Meeresufer ziehen, mit seiner Längsseite nach dem Ufer gerichtet und in der Richtung desselben. Alsdann mache man einen Kanal, der unter dem Gewichte durch- und so viel darüber hinausgeht, als die Hälfte der Länge des Bootes beträgt, das das Gewicht tragen soll. Und in ähnlicher Weise mache man die Breite des Kanales der Breite des Bootes entsprechend. Dieses wird mit Wasser gefüllt und unter das Gewicht gezogen. Dann wird das Wasser herausgeschöpft. Das Fahrzeug wird sich dann bis zu einer solchen Höhe heben, dass es das Gewicht von selbst von der Erde hebt, und Du wirst dann die Last in das Meer ziehen und nach dem Orte führen können, der dafür bestimmt ist."

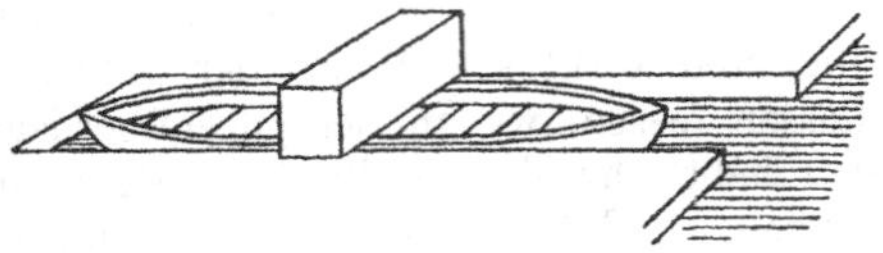

Fig. 436.

Diese Stelle liefert einen Beweis dafür, dass LEONARDO nicht immer eigene Gedanken und Erfindungen in seine Manuskripte niederschrieb, sondern auch Dinge, die zu seiner Zeit längst bekannt waren, darin notirte. Denn PLINIUS schreibt im 14. Kapitel des 36. Buches seiner „Historia naturalis“:

„Zu Alexandrien stellte PTOLEMAEUS PHILADELPHUS (geb. 309 v. Chr.) einen Obelisken von 80 Ellen auf. Ihn hatte der König zu Nethebis glatt aushauen lassen, und man hatte grössere Mühe mit dem Transportiren und Aufstellen, als mit dem Aushauen desselben. Einige berichten, dass er von dem Architekten SATYRUS auf einem Fahrzeuge fortgeschafft worden sei. Nachdem KALISTHENES aus Phönizien vom Nil aus bis zu dem daliegenden Steine einen Kanal gegraben hatte, seien zwei breite offene Fahrzeuge mit fussgrossen Quadern von demselben Gesteine derart beladen worden, dass sie das doppelte Gewicht (des Obelisken) hatten, und die Fahrzeuge unter dem auf den beiden Ufern aufliegenden Obelisken hindurch gingen. Nachdem dann die Quader herausgenommen worden seien, hätten die Fahrzeuge die Last aufgehoben.“

Hier reihen wir an:

Einen Apparat zum Messen hydraulischen oder auch pneumatischen Druckes (Fig. 437), B53h.

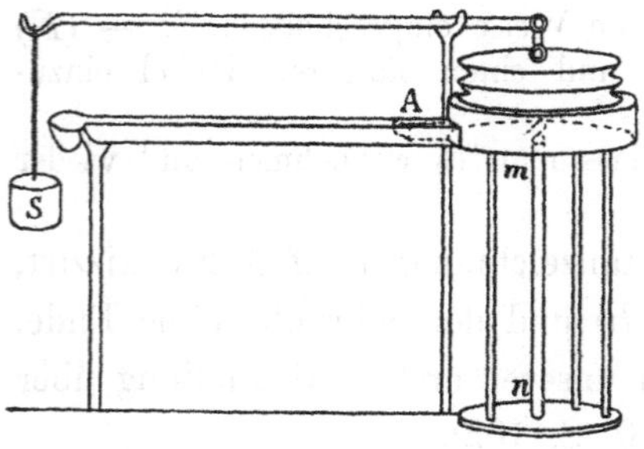


Fig. 437.

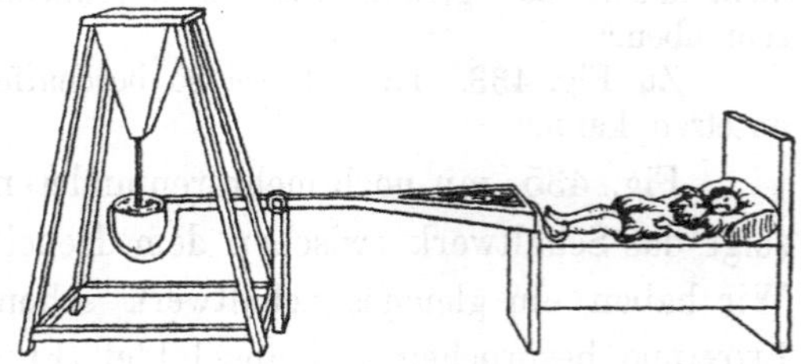

Fig. 438.

L: „Es sei ein Ventil an der Mündung (*A*) nach aussen. — Das Wasser, das sich zwischen (*m*) und (*n*) befindet, sei 25 Pfund und das Wasser, welches das Gegengewicht bildet (sollte wohl heissen: das Gegengewicht, welches das Wasser bildet), sei 1000 Pfund.“

Ein hydraulischer Wecker (Fig. 438), B20h.

L: „Dies ist eine Uhr für Solche, die in der Verwendung ihrer Zeit geizig sind, und wirkt so: Wenn der Wassertrichter so viel Wasser in das Gefäss (*e*) hat fliessen lassen, wie in der gegenüberliegenden Wagschale ist, giesst diese, indem sie sich hebt, ihr Wasser in das erstgenannte Gefäss, das, indem es sein Gewicht verdoppelt, die Füsse des Schlafenden mit Gewalt hebt. Dieser erwacht und geht seinen Geschäften nach.“

Ist dieser Apparat als Wecker auch kaum ernsthaft zu nehmen, so ist er doch um deswillen interessant, weil er auf demselben Grundgedanken beruht, wie unsere sogenannten „Krafteinschalter“ oder „mechanischen Relais“, d. h. Mechanismen, bei denen durch die geringe Kraft eines Regulators oder Indikators (hier einer Wasseruhr) eine leicht bewegliche Steuerung in eine solche Stellung gebracht wird, dass eine vorhandene grössere Kraft in Wirksamkeit tritt und die eigentlich beabsichtigte Bewegung erzeugt.

Eine Höllenmaschine. Auf G 44 h und 48 v finden sich Skizzen von einem Heber, dessen kürzerer Schenkel in einem Schwimmer befestigt ist, wie ihn schon Heron angab, um einen gleichmässigen Abfluss zu erzielen (vergl. Fig. 4, S. 8), und aus dessen nur sehr wenig längerem Schenkel die Flüssigkeit in ein anderes Gefäss tropft.

Zu G 44 h. L: „Präparirtes Quecksilber, das durch äusserst dünnes Kupfer angezogen wird, welches als Heber dient und dessen Schenkel, vermöge deren die Flüssigkeit steigt und fällt, von kaum fühlbarer Dicke sind, wird eine Uhr beim Gebrauche von Pulver abgeben. Es ist dies das langsamste und feinste Herabfliessen, das man bewirken kann, so dass man machen kann, dass in einer Stunde noch kein Gran Gewicht von dem Quecksilber aus dem einen Gefässe in das andere gelangt. — Die Oberfläche seines Bades ist eine sichtbare (sensibile) wegen der Undurchsichtigkeit des Quecksilbers. Die Haut dieses Quecksilbers sei unmerklich niedriger als der Stand des ausserhalb nach dem Heber hin befindlichen (? la pelle del qual mercurio sia di basezza insensibile colla basezza, ch'è di fuori verso la cicognola), und so wirst Du am Ende eines Jahres Feuer geben können, das durch einen Stoss entsteht, und zwar ohne irgend ein Geräusch bis zu dem Zeitpunkte der Entstehung des Feuers. — Unten am Rande des vierten Blattes (das ist Fol. 48) ist aufgezeichnet,

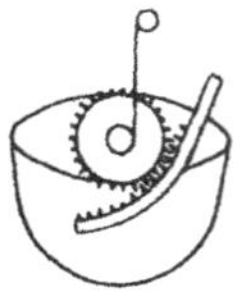

Fig. 439.

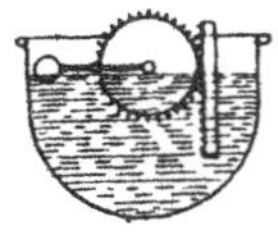

Fig. 440.

wie man dieses Gefäss stellen muss, damit es mit der erwähnten Gewalt die Wirkung thue, die es schliesslich verspricht."

Zu G 48 v. L: „Vom Quecksilberheber zum Feuergeben. Je mehr das Wasser (das durch einen gewöhnlichen Heber abfliesst) in dem Gefässe abnimmt, um so mehr sinkt seine Oberfläche, und je mehr die Oberfläche des Wassers sinkt, um so weniger schnell giesst der Heber aus. Aber wenn der Heber gleichzeitig mit der Oberfläche des Wassers niedergeht, die ihn trägt, wird ohne Zweifel die Bewegung des Wassers, das durch den Heber abfliesst, sich immer gleich bleiben. Um diese Gleichmässigkeit zu erreichen, setzen wir daher das Gefäss (*n*) auf das Quecksilberbad (*m*). Dieses Gefäss (*n*) ist (gleichsam) ein den Heber tragendes Boot, durch dessen Boden er aus der Luft in das Quecksilber dringt. Dieses Quecksilber fliesst durch den Heber (*nst*) in das Gefäss (*f*), und so viel die Oberfläche des Quecksilbers sinkt, um so viel sinkt auch das Boot herab, das mit dem Heber darauf sitzt. Dieser besteht aus einem ganz feinen, im Feuer vergoldeten Kupferdrahte, und das Quecksilber fällt in ein Gefäss, das, wenn es das nöthige Gewicht erlangt hat, herabfällt und durch einen Schlag Feuer giebt."

Eine sich selbst regulirende Lampe (Fig. 439 und 440), G 41 v.

Zu Fig. 439. L: „Lampe, bei der der Docht sich um ebensoviel hebt, als das Oel sinkt. Dieses geschieht dadurch, dass das Rad, welches die Zeichnung darstellt, auf dem Oele schwimmt. Um so viel als das Oel abnimmt, sinkt das Rad, und indem es niedersinkt, dreht es sich von selbst, wegen des Fadens, der um seine Axe geschlungen ist (und dessen eines Ende über der Axe befestigt ist), und die Zähne des Rades schieben die verzahnte Röhre vor, die den Docht enthält."

Zu Fig. 440. L: „Auch wird man dasselbe erreichen, wenn die Axe (*a*) des Rades nicht niedergeht, sondern nur der Schwimmer (*b*), der auf dem Oele obenauf ist. Dieser Schwimmer geht mit der Oberfläche des Oeles nieder und bringt das Rad in Drehung, das vermöge seiner Verzahnung die genannte gezahnte Röhre langsam in die Höhe treibt.“

Dieses Problem ist das zweiunddreissigste, das Heron in seinem Werke „Pneumatica“ behandelt. Auch zu einigen anderen Problemen Heron’s entwirft Leonardo im Manuskripte G bessere Skizzen, als sie Commandinus (1575) seiner Uebersetzung des genannten Werkes beigegeben hat.

Durch einen Heber Wasser auf einen Berg zu bringen (Fig. 441), B 26 v.

L: „Wenn Du das Wasser um eine Meile (miglio) heben willst, damit es oben auf dem Berge bleibe, mache es, wie hier abgebildet. Wenn Du den Wasserstrahl so dick haben willst, wie Dein Bein, mache die Leitung so dick, wie Deinen

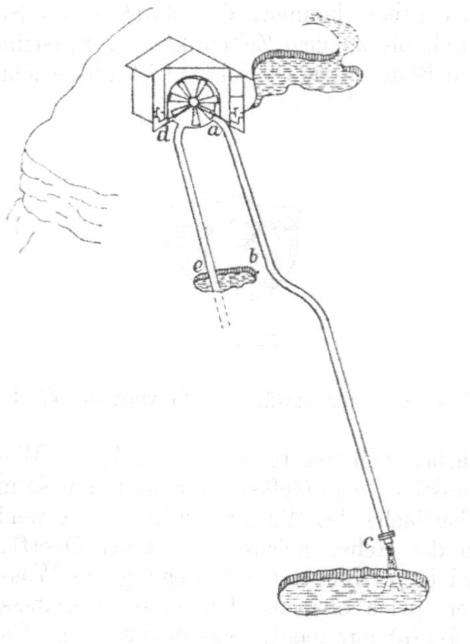


Fig. 441.

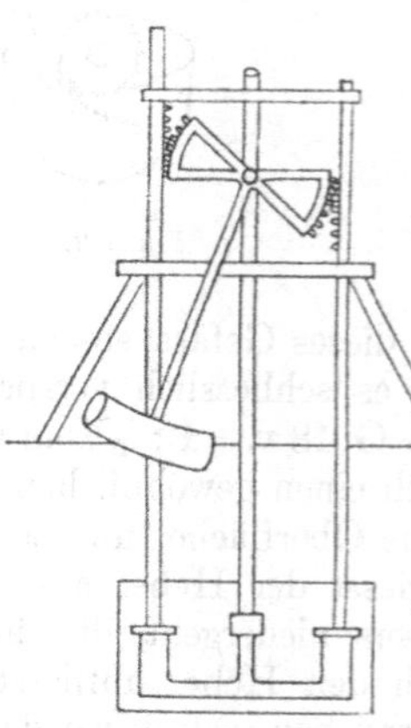

Fig. 442.

Oberschenkel, und wenn es eine Meile in die Höhe steigen soll, lasse es zwei Meilen herabfallen. Die Gewalt des Wassers, das sich in ($bc$) befindet, wird so gross sein, dass es das Wasser, welches sich in ($de$) befindet, heben und das Rad der Pumpen (oder Spritzen, scizaroli, wohl verwandt mit dem heutigen schizzare, spritzen) umdrehen wird. Und wisse, dass durch die Pumpen keine Luft in den Kanal (? bottino) dringen kann, denn jedesmal, wenn der Kolben (l’anima, die Seele, das Innere, der Kern) der Pumpe zurückkehrt, schliesst sich das Ventil, welches im Boden des Kanales ist, und selbst, wenn es nicht gut ausgeputzt wäre, würde es doch noch keine Luft zulassen, weil es sich zwei Ellen unter Wasser befindet, so dass es keine Luft zulassen kann, wenn es nicht zuvor zwei Ellen Wasser zugelassen hat. Wenn Du von Anfang an die Leitung füllen willst, sammle von Felsen einen kleinen See Wasser (vermuthlich Regenwasser) und verstopfe die Röhren am Fusse mit Erde (Thon?), d. h. bei ($c$) und ($e$). Dann lasse den See in die Leitung ausfliessen. Wenn das Rad eine halbe Elle im Wasser steht, verschliesse den Kasten gut und öffne die Leitung bei ($c$) und ($e$) gleichzeitig. Das Rad mache vier Ellen gross.“

Heutigen Tages ist allgemein bekannt, dass vom Heben des Wassers auf einen Berg vermittelst eines Hebers nicht die Rede sein kann. Wer sich aber auf den wissenschaftlichen Standpunkt der Zeiten vor Toricelli zurückzuversetzen vermag, wird zugeben, dass vorliegende Konstruktion aus den damals gültigen physikalischen Lehrsätzen logisch richtig entwickelt und geistreich ausgedacht ist.

Pumpen.

Eine doppeltwirkende Druckpumpe mit zwei Stiefeln (Fig. 442), B 20 v.

L: „Dies thut genau die Dienste einer Spritze (wie sie Heron beschreibt. Scigatojo, vermuthlich gleichbedeutend mit dem vorhin erwähnten scizarolo und dem heutigen schizzatojo).“

Die Umwandlung der schwingenden Bewegung des Schwengels, der als

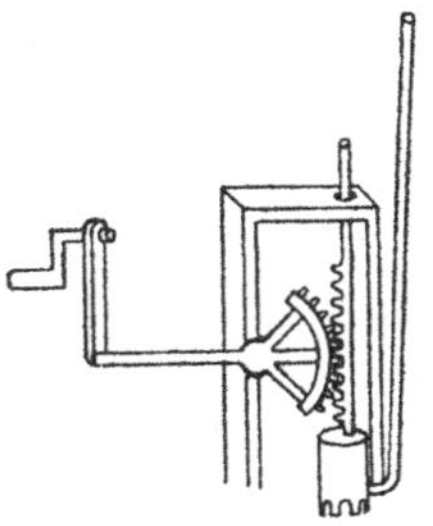

Fig. 443.

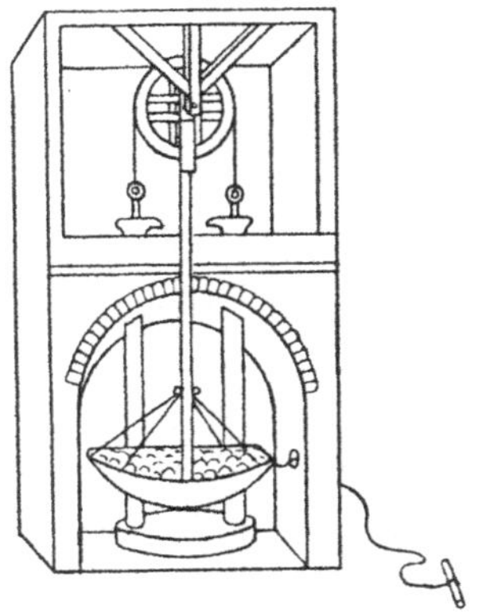

Fig. 444.

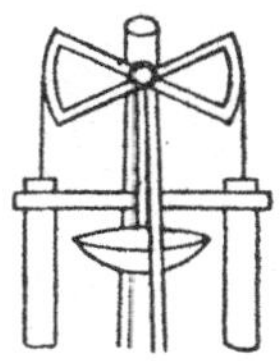

Fig. 445.

ein schweres Pendel angeordnet ist, erfolgt durch Zahnbogen und Zahnstangen. Dieser Mechanismus findet sich auch angewendet bei:

Einer einfachwirkenden Druckpumpe (Fig. 443), B 53 h.

L: „Dasselbe kann man mit Seilen machen, wie mit dem gezahnten Rade.“

Diese Bemerkung deutet auf die Konstruktionen Fig. 444 und 445, B 54 v, hin. Die Anordnung Fig. 445 hat sich bekanntlich bei den Dampfmaschinen bis zur Erfindung des Watt'schen Parallelogrammes erhalten.

Bei Fig. 444 ist an Stelle der beiden Bogen oder Krümmlinge eine volle Kreisscheibe gesetzt. Das Gewicht des schweren Pendels ist durch ein wie ein Boot geformtes, mit Steinen gefülltes Gefäss hergestellt. Eine andere Anordnung einer Pumpe mit Balancier zeigt Fig. 446, B 53 h. Die Bewegung des letzteren wird durch ein Wasserrad vermittelst Kurbel und Pleuelstange hervorgebracht.

Pumpe mit zwei feststehenden Kolben und beweglichen Stiefeln (Fig. 447), B 20 v.

L: „Bei diesem Instrumente bewegt sich die Hohlform (la femina).“

Das Heben der Stiefel geschieht durch einen doppelten Balancier vermittelst vier Ketten. Durch ihr eigenes Gewicht sinken sie wieder herab. Aus dieser Skizze und der dabei stehenden Bemerkung Leonardo's ist ersichtlich, dass ihm, wie seinen Schülern, die Umkehrung der Mechanismen und der Begriff „Hohlform" geläufig waren.

Pumpe mit gebogenem Cylinder (Fig. 448), B 20 v. Diese sonderbare Pumpenkonstruktion haben wir in unserer Abhandlung über Ramelli (S. 223), bereits beschrieben. Sie spricht wohl am deutlichsten für den Zusammenhang Ramelli's mit der Leonardo'schen Schule.

Auffallend bei den meisten Leonardo'schen Pumpenkonstruktionen sind auch die schweren Pendel, die als Schwengel dienen. In unserer Abhandlung über Besson (S. 191), sagten wir, dass er solche schwere Pendel über die Maassen liebte, und dies scheint darauf hinzudeuten, dass auch er ein Schüler

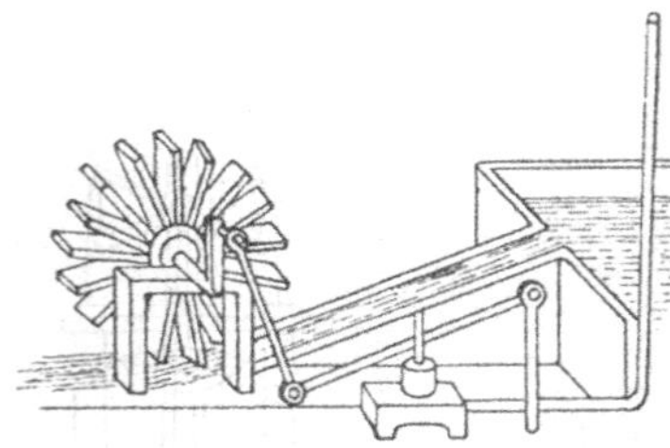

Fig. 446.

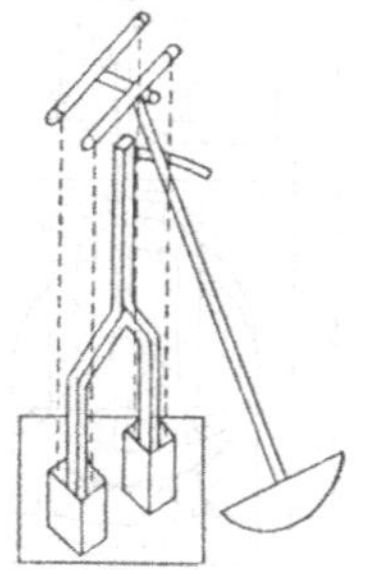

Fig. 447.

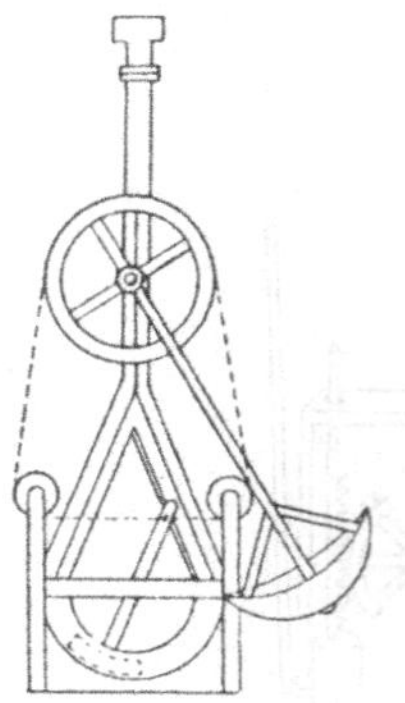

Fig. 448.

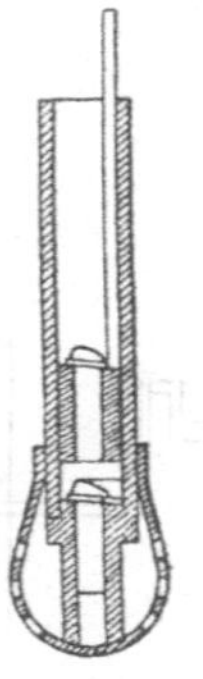

Fig. 449.

Leonardo's war, sowie wir in dem Umstande, dass ihn Beroald als „Ingenieur und Mathematiker des Königs von Frankreich" bezeichnet, schliessen zu dürfen glaubten, dass er ein Nachfolger Leonardo's in diesem Amte war.

Eine Schiffspumpe (Fig. 449), L 25 h. Leonardo bezeichnet sie als „Galeerenpumpe", tromba da galea. Der Name „tromba" für den Begriff „Pumpe" entspricht dem lateinischen „tuba" des Hieronimus Cardanus (vergl. S. 163).

Künstliche Wirbel, eine Art von Centrifugalpumpen (Fig. 450, 451, 452, 453, 454, 455, 456, 457, 458), F 13 v, 15 v und 16 v.

Auf F 15 v steht gleichsam als Ueberschrift: „Hilfsmittel, um Sümpfe auszutrocknen, die an das Meer grenzen."

Zu Fig. 450. L: „Die Hand in einem halb mit Wasser gefüllten Gefässe gedreht, erzeugt einen künstlichen Wasserwirbel, der den Boden des Gefässes dem Luftzutritte frei macht. Wenn sein Motor still steht, folgt der Wirbel noch derselben Bewegung, aber sie wird sich stetig vermindern, bis der Antrieb (impeto) aufhört, den der Motor ertheilte."

Auf F 15 v, am besten zu Fig. 451 passend:

L: „Es ist möglich, in ein und demselben Gewässer (pelago) die Wasserfläche, die der Boden eines Wirbels bildet, niedriger zu machen, als diejenige Oberfläche, die von der Strömung eines anderen (einmündenden) Wassers getroffen wird.“

Fig. 451 zeigt einen Damm am Meeresufer. Rechts davon ist das Meer, links der Sumpf. In dem Meere ist ein künstlicher Wirbel erzeugt. Eine Heberröhre führt von dem Sumpfe über den Damm nach dem tiefer liegenden Boden des Wirbels. Das Sumpfwasser kann durch den Heber in den Wirbel und damit in das Meer abfliessen.

Zu Fig. 456 (die Ellipse über der Maschine stellt ein Schwungrad, rota d'aumento, vor).

L: „Gefäss, überall verschlossen mit Ausnahme eines Loches im Boden, wo das Wasser nur durch den Heber eintritt, der von dem Sumpfe da hinein geleitet ist.“

Letzteres ist aus Fig. 458 ersichtlich.

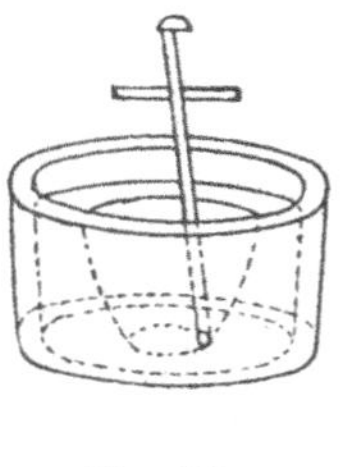

Fig. 450.

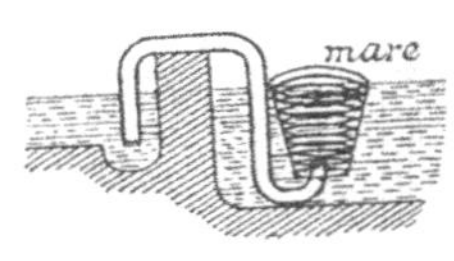


Fig. 451.

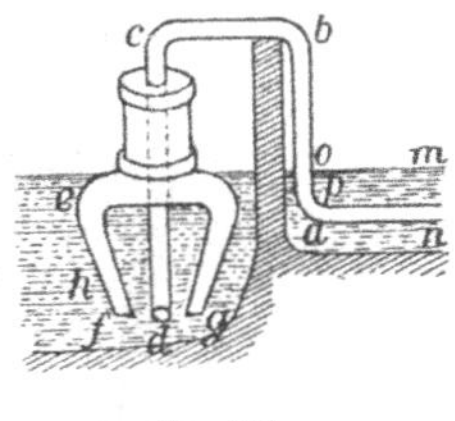

Fig. 452.

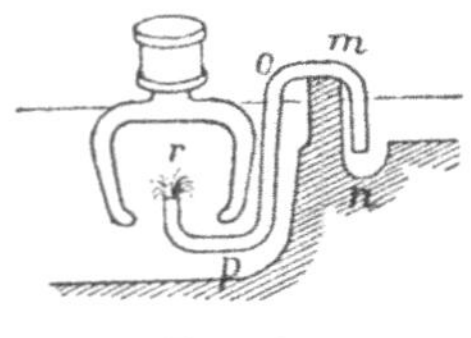

Fig. 453.

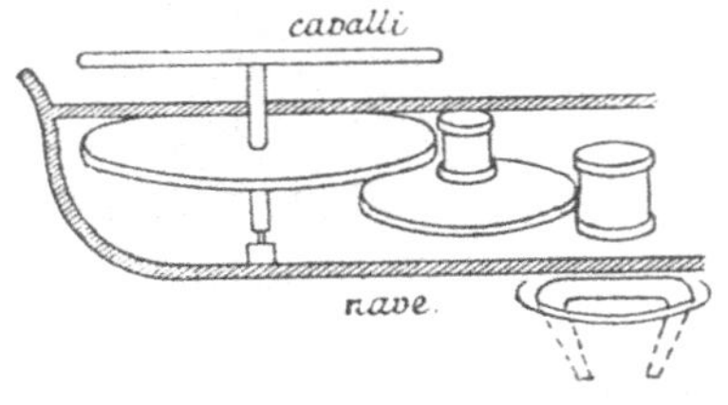


Fig. 454.

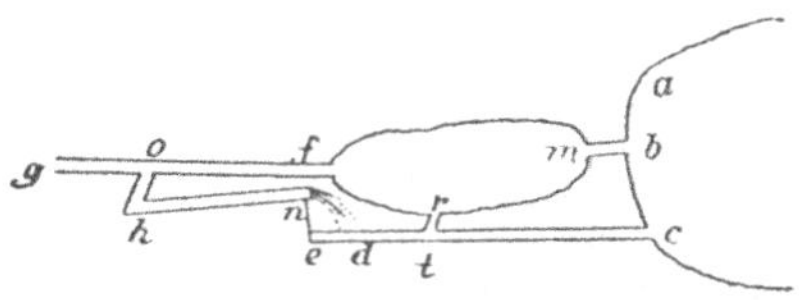

Fig. 455.

„Zu Fig. 452. L: „Gegeben sei: Ein Wirbel im Meere, dessen Bodenfläche doppelt so tief liege, als der Boden des niedrigsten Terrains, das der Sumpf einnimmt, der in gleichem Niveau an das Meer grenzt. — (*aomn*) sei der Sumpf, dessen Oberfläche mit der des angrenzenden Meeres (*h*) gleich steht. Ich werde den künstlichen Wirbel (*efdg*) herstellen, der doppelt so tief ist als (*ao*), und werde den Heber (*abcd*) einführen. Dieser muss durch das Getriebe ohne Welle gehen und über den Damm des Sumpfes. Er mündet über dem Grunde des Wirbels und führt das Wasser hinein.

Zu Fig. 453. L: „Auch der Heber (*nmopr*) ist gut, wenn das Getriebe eine Welle hat, wie hier gezeichnet. Aber besser ist der andere, weil der Stoss des Wassers auf den Grund (des Wirbels) trifft und seine Bewegung noch mitwirkt.“

Zu Fig. 457 (Vertikalschnitt und Grundriss). L: „(*amn*) (im Grundrisse) ist das Gefäss des künstlichen Wirbels, das $1^1/_2$ Elle im Durchmesser und $^2/_7$ Elle am Boden hat und in das die Mündung des Hebers eintritt. Das Brett, das sich auf dem Zapfen dreht, hat eine grössere Geschwindigkeit (am Umfange?) als das Wasser beim Eintritte in das Gefäss, oder auch die gleiche Geschwindigkeit, damit die Bewegung des Wassers es begleite und seiner Bewegung behülflich sei. Wenn Du aber die Axe schneller drehen willst, als die (der Bewegung des Wassers entsprechende) Bewegung des Brettes (*h*) ist, wirst Du mehr ermüden, d. h. das Brett wird seinen Motor mehr ermüden. Um so viel, wie dieser schneller ist als das Brett, um so viel mehr wird er ermüdet. Wenn aber die Geschwindigkeit des Brettes und des Wassers gleich sind, so wird er wenig oder fast keine Ermüdung spüren. — Der Heber soll sein Wasser hinter dem bewegten Brette (*h*) her stossen, und dieses Ausstossen muss noch nach aufwärts in der Richtung der Schräge des Gefässes (d. h. der schrägen Seitenwand) geschehen. Zwischen dem Gefässe und dem Brette sei ein Finger breit Zwischenraum und nicht mehr, damit nicht das zu grosse Gewicht des Wassers die Bewegung des Brettes hindere, dessen Schneide schief stehen muss, wie es die Figur zeigt."

Zu Fig. 455. L: „(*abc*) sei das Meeresufer, (*bm*) die Ausmündung des Sumpfes, (*fg*) der Fluss, der den Sumpf erzeugt, (*ohn*) ein Kanal in der Höhe des Flusses (d. h. eines höher gelegenen Punktes desselben, mit möglichst wenig Gefälle) nach der Mühle geführt (die den Wirbel erzeugt), (*cde*) der gerade (d. h. möglichst

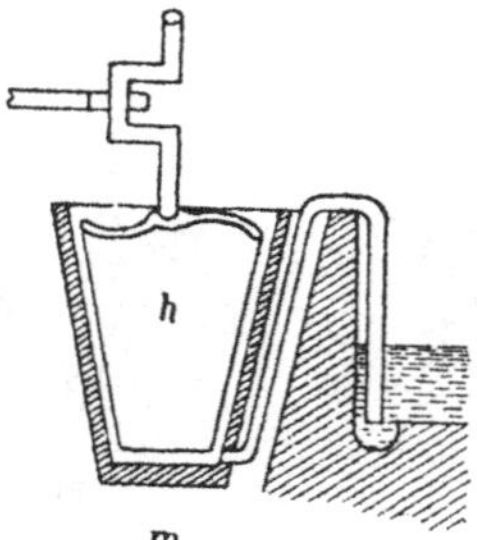


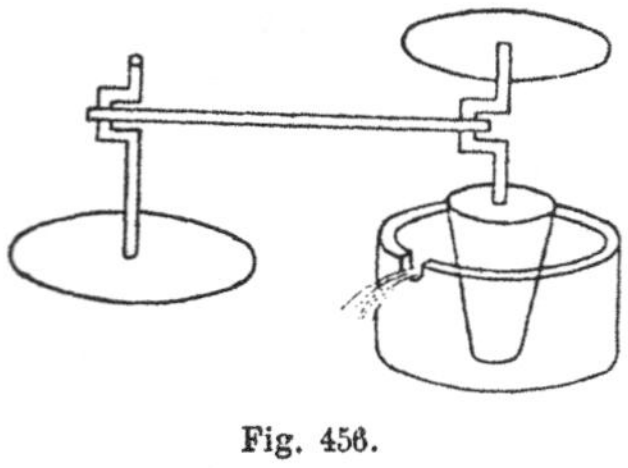

Fig. 456.

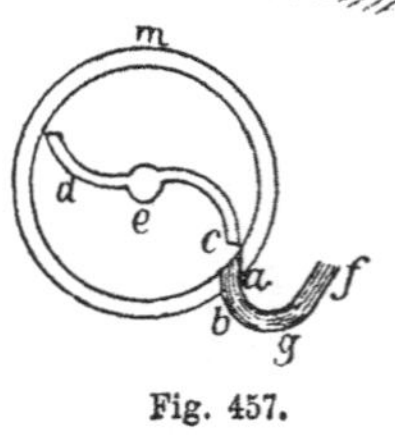


Fig. 457.

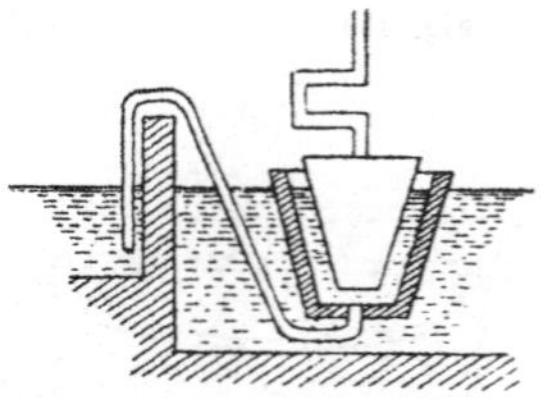

Fig. 458.

horizontale) Kanal vom Meere nach dem Gefälle (das ist der Untergraben), (*rt*) die Einmündungsstelle des Hebers, (*t*) der Wirbel. — Man verschliesse die Mündung (*mb*). Bei der Arbeit werde das Geheimniss des Hebers und des Wirbels verdeckt und übermauert, und dieser werde von dem Meere getrennt angelegt." — Ferner auf F 16 v: „Mache eine Schütze in den geraden Kanal (den Untergraben), der von dem Meere kommt, um ihn bei Stürmen und während der Fluth verschliessen und während der Ebbe öffnen zu können."

Fig. 454 zeigt den „künstlichen Wirbel" für Pferdebetrieb auf ein Boot montirt.

Ein Ziehbrunnen mit umgekehrtem Flaschenzuge zum raschen Aufziehen leichter Eimer (Fig. 459), L 18 v.

L: „Art, wie man mit 12 Ellen Seil in eine Brunnentiefe von 24 Ellen gelangen kann. Aber man zieht um die Hälfte weniger Wasser, was nicht geschehen würde mit 24 Ellen Seil aus einem Stücke."

Aehnliche Ziehbrunnen, auch mit mehrfachen umgekehrten Flaschenzügen, finden sich bei Ramelli (vergl. S. 228).

Eine Archimedische Wasserschnecke, wie sie Vitruv beschreibt, mit Winkelrädervorgelege und Schwungrad für Handbetrieb (Fig. 460), B 52 h.

Eine Wasserschnecke, aus einer aufgewickelten Röhre bestehend (Fig. 461), E 13 v und 13 h und 14 v.

Cardanus beschreibt diese Art von Wasserschnecken, und nach seiner Erzählung (vergl. S. 178) hielten wir Galeazzo de Rubeis für deren Erfinder, allein wir sehen nun, dass Leonardo sie schon ein halbes Jahrhundert früher kannte.

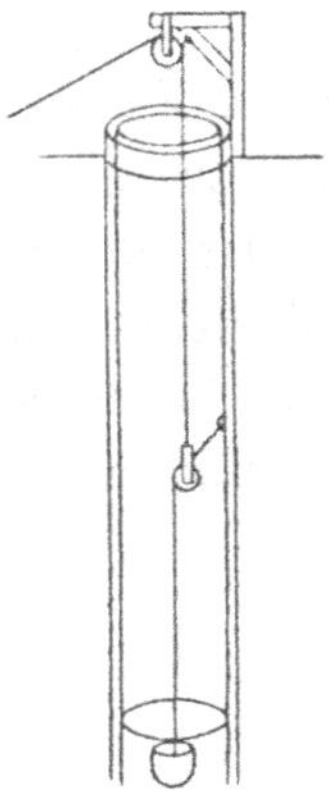

Fig. 459.

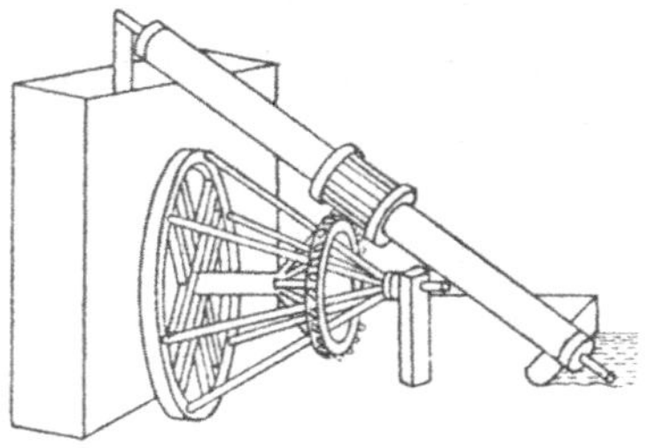

Fig. 460.

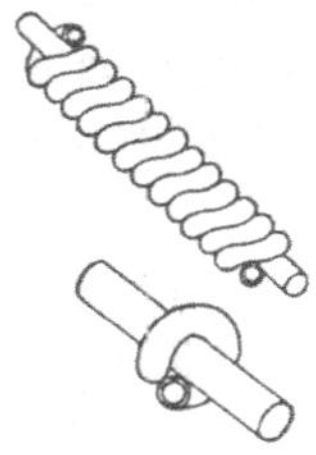

Fig. 461.

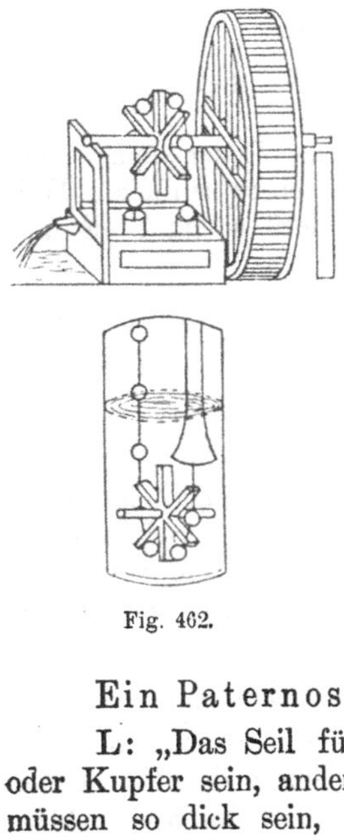

Fig. 462.

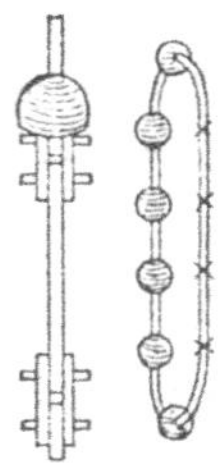

Fig. 463.

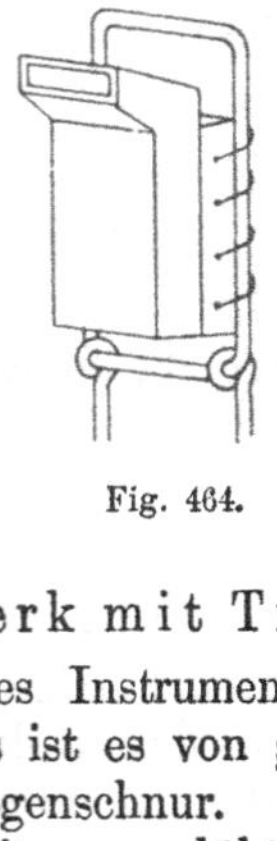

Fig. 464.

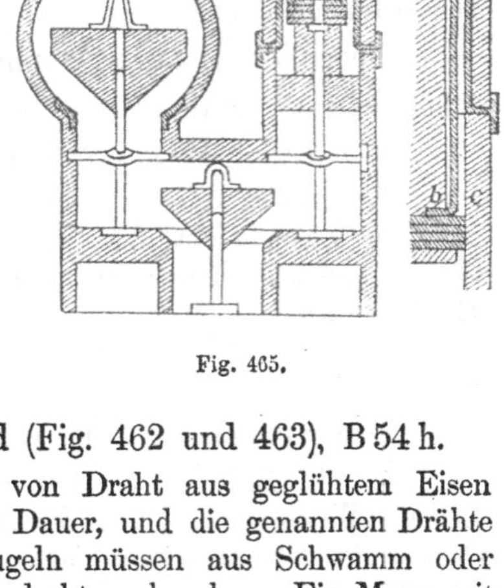


Fig. 465.

Ein Paternosterwerk mit Tretrad (Fig. 462 und 463), B 54 h.

L: „Das Seil für obiges Instrument muss von Draht aus geglühtem Eisen oder Kupfer sein, anderenfalls ist es von geringer Dauer, und die genannten Drähte müssen so dick sein, wie Bogenschnur. Die Kugeln müssen aus Schwamm oder Werg gemacht sein, aussen mit ausgeglühtem Eisendrahte gebunden. Ein Mann mit seinem Gewichte in dem Rade sei die Betriebskraft.“ Bei dem im Wasser liegenden Armkreuze steht: „Von Steineiche oder wildem Wein, die dem Wasser widerstehen.“

Die Erwähnung eines Drahtseiles in dieser Stelle ist beachtenswerth, da man solche wohl allgemein für eine Erfindung neuerer Zeit zu halten pflegt.

Becher und Kette zu einem Becherwerke (Fig. 464), I 16 v. Die Konstruktion ist ähnlich der, welche Buonaiuto Lorini angiebt (vergl. Fig. 284, S. 245), indem auch hier die Becher nicht direkt an der Kette, sondern auf Brettchen so befestigt sind, dass sie behufs raschen Auswechselns leicht abgenommen werden können.

Gebläse.

Eine Uebergangsform vom Balg- zum Cylindergebläse (Fig. 465), E 33 h und 34 v. Es ist ein Cylindergebläse, dessen Kolben durch zusammengepresste Lederplatten gedichtet ist. Zur grösseren Sicherheit aber ist eine lederne Röhre eingeschaltet, die sich, wie der Finger eines Handschuhes, umstülpen lässt, und deren eines Ende an dem Kolben, das andere an der oberen Cylinderwand befestigt ist. Die Ventile sind Kegelventile eigentümlicher Art.

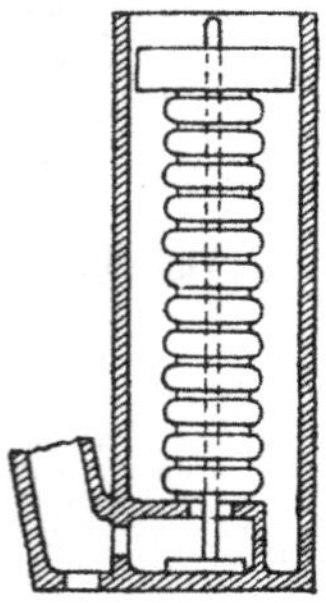

Fig. 466.

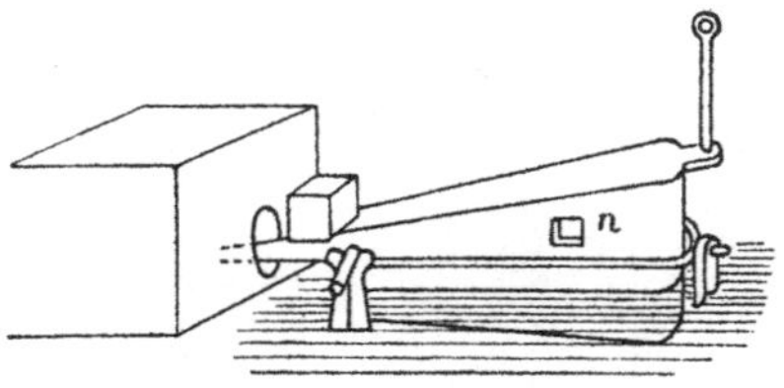


Fig. 467.

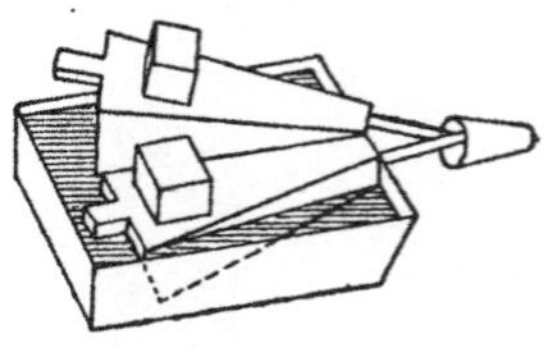

Fig. 468.

L: „Zwischen (*m*) und (*n*) (in der Detailzeichnung) wird das Leder (tela, eigentlich Tuch) (*a*) immer doppelt sein, und zwischen (*c*) und (*b*) sei es einfach. Habe Acht, dass es nicht aneinander reibt, wo es doppelt ist, aber doch so nahe wie möglich beisammen liegt."

Neben der Detailzeichnung auf E 34 v findet sich das obenerwähnte mehrfache Klappenventil (Fig. 414) abgebildet.

Ein cylindrischer Kastenbalg (Fig. 466), E 75 v.

L: „Diese Maschine muss gerade niedergehen ohne irgend welche Reibung, so dass das Leder nicht abgenutzt wird (deshalb ist oben auf dem Balge eine runde Scheibe von grösserem Durchmesser befestigt, die in einem den Balg umschliessenden Hohlcylinder geführt wird). Die Ringe, die dieses Leder umgürten und verstärken, müssen darum gelegt sein, damit sie eine übermässige Ausdehnung des Leders verhüten."

Ein Spitzbalg mit Wasserdichtung (Fig. 467), B 40 h.

L: „Zu Brescia*) auf der Eisenhütte sind Bälge aus einem Stücke, d. h. ohne Leder. Wenn man sie in die Höhe hebt, dringt die Luft durch das Fensterchen (Ventil) (*n*) ein, und wenn man sie niederlässt, entweicht die Luft durch die Düse."

*) a brescia. Ravaisson glaubt breccia (Bresche) lesen zu sollen. Wir zweifeln nicht, dass die Stadt Brescia gemeint ist, zumal der beste Stahl Italiens noch heute „Brescianer Stahl" heisst.

In WEISBACH's „Ingenieur- und Maschinenmechanik“ Bd. III, S. 999 wird diese Art von Gebläsen als eine Modifikation des sogenannten „Harzer Wettersatzes“ oder des BAADER'schen Gebläses beschrieben.

Ein Paar abwechselnd wirkender Gebläse derselben Art (Fig. 468), E 34 v.

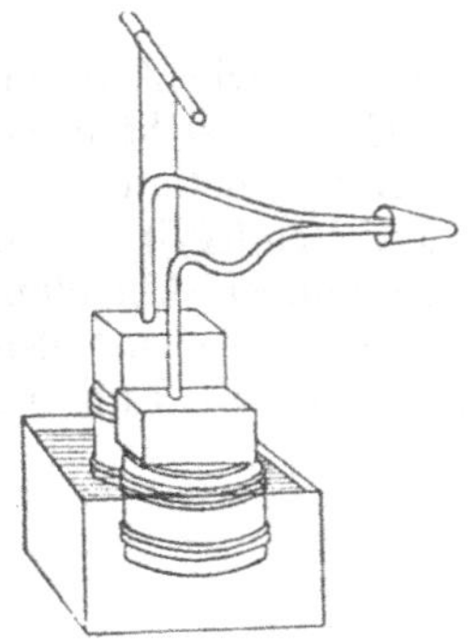

Fig. 469.

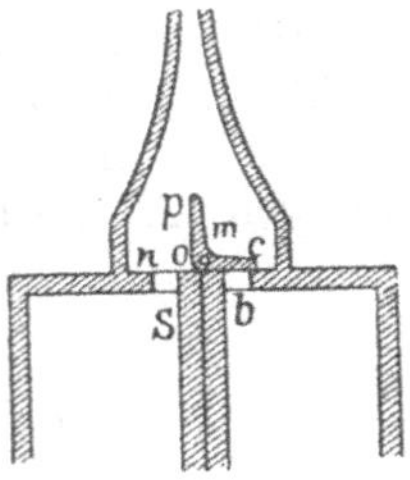


Fig. 470.

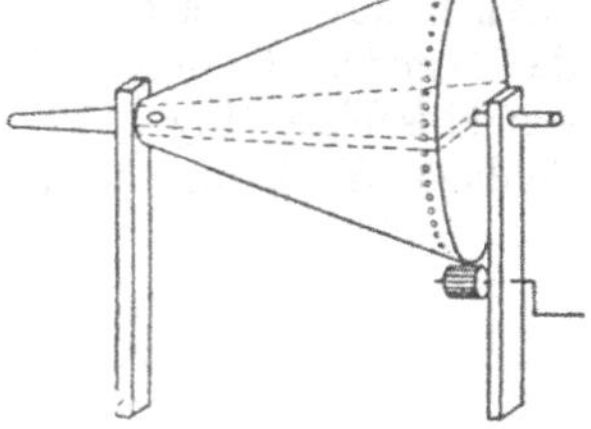

Fig. 471.

Ein sogenannter „Harzer Wettersatz“ oder BAADER'sches Gebläse (Fig. 469), E 34 v.

L: „Haltbare Blasbälge. Gesalzenes Wasser, damit sie nicht verderben.“

Die beiden Bälge sind mit Schnüren an die Enden eines Balanciers gehängt, um in der bereits bekannten Weise durch einen Mann, der abwechselnd

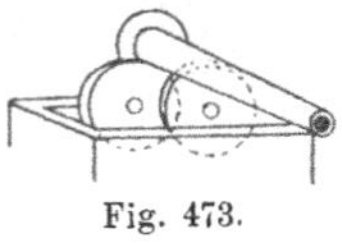

Fig. 473.

Fig 175.

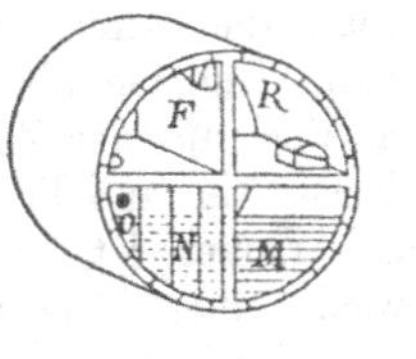


Fig. 472.

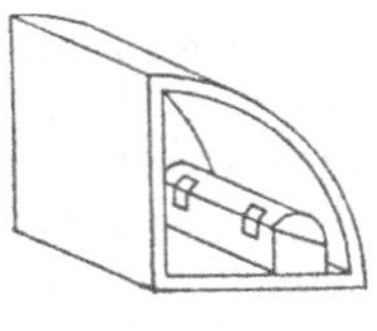

Fig. 474.

Fig. 476.

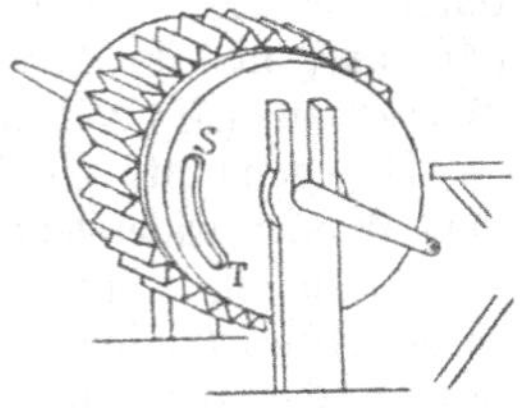


Fig. 477.

von einem auf den anderen springt, bewegt zu werden, wobei ihm der Balancier als Anhalt dient.

Ein Rückschlagventil für ein Paar Blasbälge (Fig. 470), L 34 v.

L: „Wenn der Balg (*S*) bläst, öffnet sich die Klappe (*op*) und er bläst durch (*n*). Dadurch schliesst die Klappe (*mc*) das Loch (*b*), damit das Feuer nicht in den Balg trete.“

Rotirendes Tonnengebläse mit zwei Kammern (Fig. 471), B 81 v.

L: „Gebläse ohne Leder und nur von Holz. Dieses Gebläse ist wie ein Zuckerhut gestaltet und mit einer Scheidewand versehen, die es der Länge nach in zwei Theile theilt. Der eine, nämlich der obere, ist voll Wasser, der untere voll Luft. Das Wasser fällt durch ein Loch nahe der Düse in den Luftbehälter herab, und durch das Steigen des Wassers wird die Luft durch die Mündung des Balges getrieben. Was oben an Wasser abgeht, füllt sich durch ein Ventil, das wie andere beschaffen ist, mit Luft. Dies ist das nützlichste Gebläse, das man gebrauchen kann."

Rotirendes Tonnengebläse mit vier Kammern (Fig. 472, 473, 474, 475, 476, 477), B 82 v.

L: „Dies sind Gebläse ohne Leder von bewundernswerther Nützlichkeit und grosser Dauerhaftigkeit. Ihre Wirkungsweise ist folgende: Das Gebläse steht immer von der Mitte nach unten voll Wasser, d. h. (*M*) und (*N*). Beim kontinuirlichen Drehen des Gebläses steigt (*N*) in die Höhe und erreicht das Luftloch (*ST*), das in dem zweiten, äusseren Mantel angebracht ist, wie man es in der unteren Abbildung der Maschine (Fig. 477) sieht. Das Loch (*o*) in der Kammer (*N*) begegnet dem Schlitze (*ST*), und so viel Wasser, wie von (*M*) nach (*N*) fliesst, so viel Luft tritt

Fig. 478.

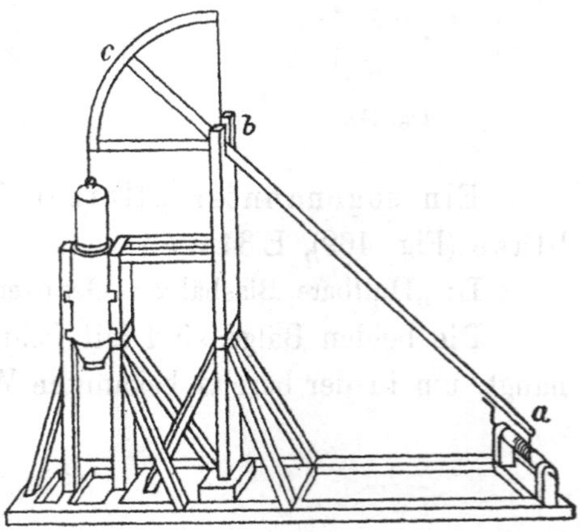


Fig. 479.

durch das Loch (*o*) in die Kammer (*N*). Und ebensoviel Luft tritt aus der Kammer (*M*) aus, als ihr Wasser von (*N*) abgegeben wird. Die Luft aber, die durch das Wasser aus (*M*) vertrieben wird, ist diejenige, welche macht, dass das Gebläse bläst. — Das genannte Gebläse muss von Eichenholz sein, damit es im Verlaufe der Zeit dem Wasser widersteht, und innen muss es einen Ueberzug von Terpentin und Pech haben, damit, wenn es nicht arbeitet, der obere Theil, der ohne Wasser ist, sich nicht öffnet (verlechzt). — Dieses Gebläse wird durch das Gewicht eines Mannes bewegt, der auf den daran befindlichen Treppenstufen fortschreitet. Auch würde es von grossem Nutzen sein, es durch die Kraft eines Wassergefälles umzudrehen. Der Boden des (äusseren) Mantels steht unterhalb des Schlitzes (*ST*) fest auf und ruht. Das Gebläse dreht sich darin, wie eine Schachtel in ihrem Deckel. — Nimm Salzwasser, damit es in dem Gebläse nicht verdirbt."

Eine Baggermaschine (Fig. 478), E 75 h.

L: „Maschine zum Ausgraben des Grundes. Die Berechnung der Leistungsfähigkeit wird hier nicht beabsichtigt, aber Du musst wissen, dass dasjenige nützlich ist, was mit Abkürzung der Zeit geschieht. Und diese Abkürzung erfolgt daraus, dass die Maschine, die den Grund von unten heraufhebt, während dieser Thätigkeit des Hebens sich niemals rückwärts bewegt. Der Gegner sagt in diesem Falle, dass man so viel zu drehen und ohne Nutzen im Kreise herumzuführen habe, wie bei einem Zurückgehen, das dieselbe Zeit erfordert, wie das Vorgehen. Aber wenn auch die Zeiträume, die zwischen die nützlich verwendeten fallen, bei dieser und allen anderen Erfindungen gleich sind, so hat man hier eine Art und Weise zu suchen, wie die Zeit möglichst ausgiebig zu nützlicher Arbeit verwendet wird, und die uns eine Maschine finden lässt, welche mehr Grund aufnimmt, wie sie nachstehend auf dieser Seite dargestellt ist. — Durch das Drehen der Kurbel (*n*) wird ein Getriebe bewegt. Dieses dreht das Zahnrad (*f*), das mit dem Kreuze für die Kasten fest verbunden ist, die das Erdreich des Sumpfes aufnehmen, welches man auf die Boote bringen will. Die beiden Seile (*mf*) und (*mb*) winden sich auf die Welle (*f*), um die Maschine mit den beiden Barken gegen (*m*) hin zu bewegen. Die Seile sind für diesen Zweck von grossem Nutzen. Die Welle ist mit einer Vorrichtung versehen, dass man sie so weit herablassen kann, wie das Rad herabgelassen werden muss, um das Wasser zu vertiefen."

Eine Kunstramme (Fig. 479), B 70 v.

L: „Um Pfähle mit dem Rammgerüste einzuschlagen. Aber mache, dass (*ab*) das gleiche Gewicht hat, wie (*bc*)."

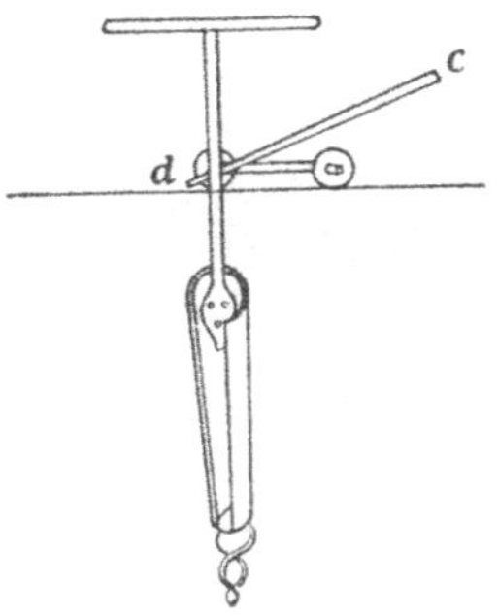


Fig 480.

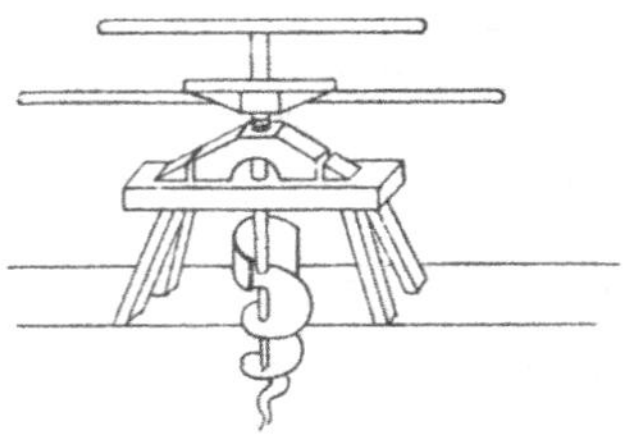

Fig. 481.

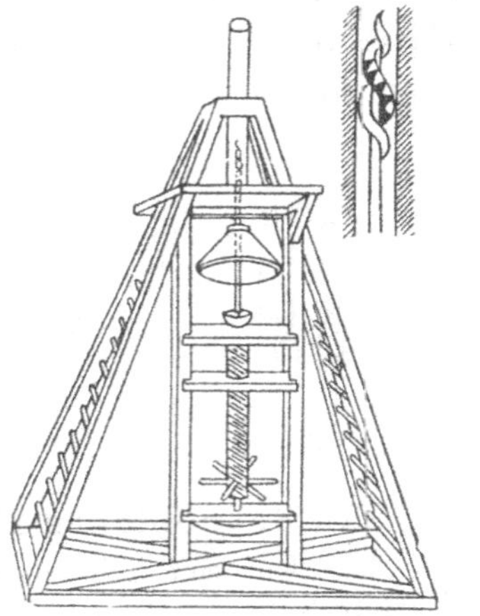

Fig. 482.

Erdbohrer (Fig. 480 und 481), B 65 v.

Zu Fig. 481. L: „Wenn Du mit Leichtigkeit ein Loch in die Erde bohren willst, bediene Dich des oben abgebildeten Instrumentes. Um das Loch zu machen, drehe mit der Hand vermittelst des Hebels (*mn*) die Schraube, so wird sie eindringen, indem sie sich selbst das Muttergewinde in der Erde macht. Wenn sie eingedrungen ist nach Deinem Gutdünken, halte den Hebel (*mn*) fest und drehe den Hebel (*fg*) in entgegengesetzter Richtung nach links, so wird die Schraube zurückkehren, indem sie sich herauszieht, ohne sich zu drehen, und wird das Erdreich mitführen, das darauf lag."

Zu Fig. 480. L: „Auch dieses Instrument ist gut zu obengenanntem Zwecke, indem die Schraube am unteren Ende die Bahn macht, während der darüber befindliche Theil das Erdreich abschneidet, wodurch das Loch entsteht. Der Hebel (*cd*) lüftet das Instrument im Anfange, und dann zieht man es mit Leichtigkeit heraus. Es dient dies zum Pflanzen von Weinstöcken und Obstbäumen."

Wir erinnern hier an den Erdbohrer zur Herstellung artesischer Brunnen, den wir in unserer ersten Abhandlung über Leonardo erwähnten (vergl. Fig. 115, S. 103).

Eine Bohrmaschine für hölzerne Brunnenrohre (Fig. 482), B 47 h.

L: „Um einen Stamm zu durchbohren, muss man ihn senkrecht stellen, damit das Loch sich von selbst entleere. Und man macht jenes Zeltdach, damit die Späne dem, der die Schraube dreht, nicht auf den Kopf fallen. Die, welche den Bohrer drehen, steigen mit der genannten Schraube in die Höhe. Das Loch macht man zuerst mit einem dünnen Bohrer und dann mit einem dickeren.“

Zur Detailskizze. L: „Eisen des Bohrers. Man versieht es mit Kerben (wie einen Fräser), damit er sich von selbst entleert.“

Ein Rundfräser (Fig. 483), G 45 v.

L: „Drehscheibe (d. h. Scheibe zum Drehen), bei der eine Stange durch ein Loch geht und alle Theile, oder alle Dicken, die die Gleichförmigkeit des Ganzen überragen, durch eine quergehauene Raspel*) weggenommen werden und die Späne durch die beiden Löcher (*a*) und (*b*) fallen.“

Eine Säge mit Stockzähnen (Fig. 484), B 66 h.

L: „Doppelte Säge, die sowohl beim Ziehen als beim Stossen schneidet.“

Auf derselben Seite sind noch Skizzen von Hämmern, Keilen, Gabeln und Hacken für Erd- und Maurerarbeiten, und auf der folgenden (B 60 v) eine Wasserwurfschaufel und eine ganze Sammlung von Hacken, Rechen, Schaufeln, Tragbahren und Schiebkarren, sowie ein Pflug für Erdarbeiten.

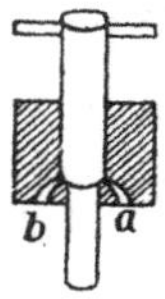


Fig. 483.

Fig. 484.

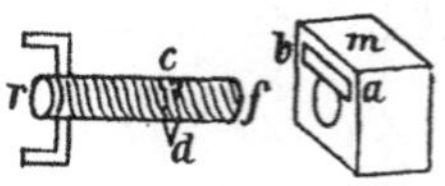


Fig. 485.

Ein Schneidzeug für Schraubenmuttern (Fig. 485), B 71 v.

L: „Um eine Schraubenmutter herzustellen, mache man zuerst ein Loch in das Holz (*m*) so weit, wie die Schraube (*fr*) dick ist, ehe sie eingeschnitten wird. Dann nagele ein Eisen darauf, zwei Finger breit und so dick, wie Bogenschnur, und zwar setze es an die Stelle (*ab*), so dass es dass Loch um $^1/_2$ Fingerbreite überdeckt. Dann mache in das Holz (*fr*) ringsum einen Kanal von der Form, die der Schraube entspricht. In diesen Kanal tritt das Eisen (*ab*) ein, und indem er sich umdreht, wird er fortschreiten, und der Stahl (*cd*) wird schneiden und die Mutter herstellen.“

Da wir bisher in keinem alten Werke ein Schneidzeug für Schraubenmuttern abgebildet oder auch nur erwähnt gefunden hatten, hielten wir es für eine neuere Erfindung. Leonardo belehrt uns eines Besseren.

Eine Schraubenschneidmaschine (Fig. 486), B 70 h.

L: „Dies ist die Art, eine Schraube zu machen. Man dreht das mittlere Rad, das auf der Schraube sitzt, die man neu machen will. Wenn Du eine Schraube mit mehr oder weniger steilen Gewindgängen machen willst, so nimm die Räder (*s*) und (*f*) weg und setze die Räder (*a*) und (*b*), oder die Räder (*c*) und (*d*) auf, und dem entsprechend schiebe die Bügel (*h*) und (*t*) weiter auseinander oder näher zusammen.

---

*) Una asspa overo scuffina abburimata. Da scuffina die Holzraspel heisst, ist anzunehmen, dass asspa für raspa steht, was ebenfalls Raspel heisst. Abburimata dürfte wohl einen ähnlichen Sinn haben, wie burelato, quergestreift.

und ebenso diejenigen an dem Hobel (der Schneidkluppe) (*k*) und dem Lagerholze (*g*). Der Hobel ist der Theil, der die beiden Schneidbacken (le 2 femine) enthält, und der, indem er fortgeschoben wird, das Gewinde der neuen Schraube (*m*) schneidet."

Da BESSON auf dem ersten Blatte seines „Théatre des Instruments", Lyon 1578, nur einen Pergamentstreifen zum Vorzeichnen und eine dreikantige Feile zum Ausarbeiten eines Schraubenganges abbildet und wir andere Vorrichtungen zum Schraubenschneiden um diese Zeit nirgends erwähnt fanden, so glaubten wir annehmen zu müssen, dass vor 1570 solche nicht bekannt gewesen wären. Doch war das, was J. G. DOPPELMAYR (1730) von Nürnberger Mechanikern berichtet, hiermit nicht in Einklang zu bringen. Denn dieser sagt von HANS DANNER (gest. 1545):

„Er war geschickt, allerlei starke Hebzeuge und grosse Schraubenwerke, womit man die schwersten Sachen mit leichter Mühe zu heben vermag, aus Eisen und Messing zu machen."

Von dessen Bruder LEONHARD DANNER (gest. 1585 im 88. Lebensjahre) sagt er dasselbe mit dem Zusatze:

„. . . . wozu ihm seine ordentliche Profession als Schraubenmacher Anlass gab. Er erfand um 1550 eine Maschine, die er die Brechschraube (davon die 4. und 5. Figur in der XIII. Kupfertabelle zweierlei Gattungen, und zwar die letztere eine geringere zeigt*)) benennte und zur Ausübung übermässiger Forcen brauchte, da er mit Beihilfe derselben die dicksten Mauern von Thürmen und anderen Gebäuden zu brechen und über den Haufen zu werfen vermochte, wie er sowohl in Nürnberg 1558 an einer starken Thurmmauer, als ausserhalb an den dicksten Mauern alter Gebäude rühmlichst erwiesen. Erstbemeldte Invention gab ihm auch Anlass, dass er die messingenen Spindeln zur mehreren Beförderung der Buchdruckerei, dabei ein Drucker alsdann nur eine halbe Stärke anzuwenden hatte, am ersten bei dergleichen Pressen ganz glücklich anbrachte."

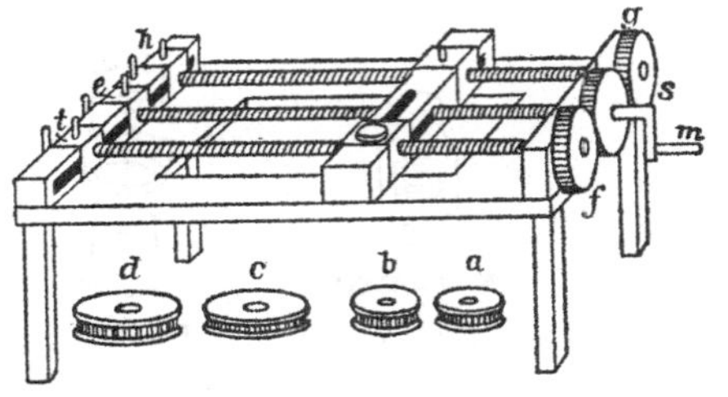

Fig. 486.

Von HANS LOBSINGER (gest. 1570) berichtet er unter anderem:

„Er war auch wohl geübt, grosse messingene Platten mit dem Hobel (vielleicht auf einer Hobelmaschine, wahrscheinlich aber durch Plandrehen mit Hilfe eines Supports, der hier als Hobel bezeichnet wird) so schön eben zu machen, als man immer auf dem Holze zu thun vermochte, vielerlei Gattungen von Schrauben, starken Spindeln zu allerhand Pressen zu verfertigen, ja sonsten Alles, was man verlangte von Metall, wie auch von Bein, Holz, Horn und Stein auf einem von ihm angegebenen Drehwerke zu drehen und darzustellen."

Auch sagt DANIEL SPECKLE, Stadtbaumeister von Strassburg, in seiner „Architectura von Vestungen", Strassburg 1599, I. Thl., Kap. 3 unter anderem:

„Da aber Gebäu zuvor von Mauern und Thürmen dastünden, muss solches (was nicht zu Nutzen kommen kann) hinweggebrochen werden, darzu, ob man wohl allerhand Instrumente hat, ist keins tauglicher noch besser, dann die grossen Brechschrauben, so der alt Meister LIENHARD DANNER zu Nürnberg erstlich erfunden

*) Es sind einfache, stark gebaute Schraubenwinden.

und gemacht hat, welche auf 5 oder 6 Schuh lang, im Diameter auf 4 Zoll dick und in einem Stock wohl gefasst und versehen sind, wie mit Lit. T. im Kupferplatt Num. 2 zu sehen. Hintzu in's Erdreich da werden gute starke Bäume eingelegt oder gesetzt und nach der Seiten auf Schrägen gelegt (d. h. vermuthlich: schräg eingerammt), oben mit einer messingenen Platten, darauf man starke Bäume wider die Mauer setzt und also demnach mit einem oder zwei langen Schlüsseln anzogen, so wirft es die Mauern, die 10, 12 bis über 16 Schuh dick sind, hernieder, wie dann er, Danner, im fränkischen Kriege Blassenburg, Landsberg und andere Markgräfliche Schlösser, Mauern und Thürme, so auf 16 Schuh dick gewesen und man nicht brechen hat können, hernieder geworfen hat."

Wir konnten uns seither nicht erklären, wie man mit so unvollkommenen Werkzeugen, wie wir sie uns nach Besson's Angaben vorstellten, so mächtige Schrauben herstellen konnte. Die Skizze und Beschreibung Leonardo's lehrt uns nun, dass schon um das Jahr 1500 recht gut ausgebildete Schraubenschneidmaschinen bekannt oder auch von Leonardo erfunden worden waren. Wahrscheinlich hielten aber die Meister, die sie benutzten, deren Konstruktion geheim, wie ja auch aus Leonardo's Manuskripten ersichtlich ist, dass er bestrebt war, seine Konstruktionen geheim zu halten.

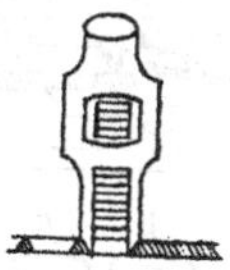
Fig. 487.

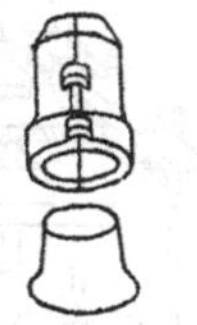
Fig. 488.

Fig. 489.

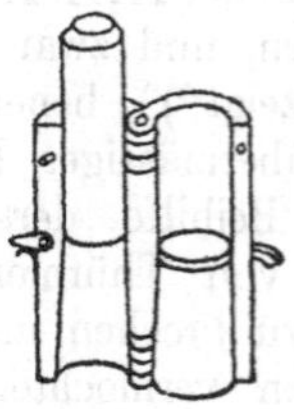
Fig. 490.

Vorrichtungen zum Münzenschlagen (Fig. 487, 488, 489 und 490), G 43 v.

Zu Fig. 489 und 490. L: „Die Münzstätte von Rom. Man kann es auch ohne die Feder machen, aber immer muss der obere Stempel mit dem beweglichen Hülsentheile verbunden sein. — Alle Münzen, die nicht den vollständigen Zirkel haben, sind nicht als gut anzunehmen, und um die Vollkommenheit ihres Zirkels zu erreichen, ist es nothwendig, dass die Münzplatten von Anfang an ganz kreisrund sind. Um dies zu erreichen, muss man zuerst eine Münzplatte machen, die vollkommen ist im Gewichte, der Breite und Dicke. Von dieser Breite und Dicke mache man dann viele Schienen, alle durch dasselbe Zieheisen gezogen, die Linealen ähnlich sehen. Aus den so beschaffenen Linealen stanzt man runde Münzplatten in der Art heraus, wie man Kastaniensiebe macht, und diese Platten prägt man in der oben angegebenen Weise."

Zu Fig. 487 (ein Locheisen darstellend, womit die runden Münzplatten ausgestochen wurden).

L: „Die Höhlung des Stempels werde nach oben gleichmässig und unmerklich weiter als unten. — Dieser schneidet die Platten vollkommen rund, von richtiger Dicke und richtigem Gewichte, und erspart den Mann, der ausschneidet und wägt, sowie den Mann, der die Platten rund macht. Denn diese gehen nur durch die Hände des Ziehers und des Stanzers und geben sehr schöne Münzen."

Zu Fig. 489 und 490 wäre etwa noch zu bemerken, dass der untere Stempel in der einen Hälfte der Hülse festsitzt, und der obere Stempel in der anderen Hälfte durch einen federnden Arm in solcher Höhe gehalten wird, dass er gerade über die Münzplatte zu stehen kommt, wenn diese auf den unteren Stempel gelegt wird und die beiden, durch Scharniere verbundenen Hälften der Hülse zusammengeklappt werden, wonach eine federnde Falle sie zusammenhält. Die Prägung erfolgte durch kräftige Schläge auf den oberen Stempel, wozu vielleicht ein Fallwerk benutzt wurde. Alsdann konnte rasch die Hülse geöffnet, die Münze herausgenommen und eine neue Platte eingelegt werden.

Eine Kugelformmaschine (Fig. 491), B 72 v.

L: „Um Formen für Flintenkugeln (balotte da scoppietti) zu machen."

Ein Walzwerk für Zinnfolie u. dergl. (Fig. 492 und 493), I 48 h.

L: „Art, eine dünne und gleichmässige Zinnplatte zu machen. — Diese (Walzen) sollen von Glockenmetall sein, damit sie härter sind, und man versehe sie mit eisernen

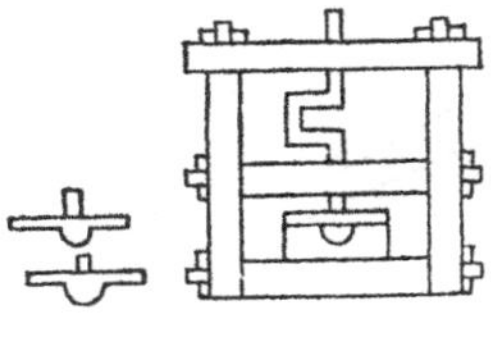

Fig. 491.

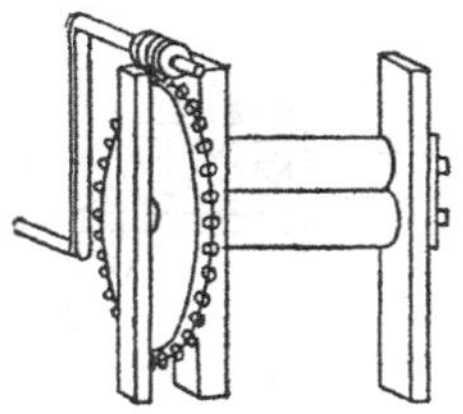

Fig. 492.

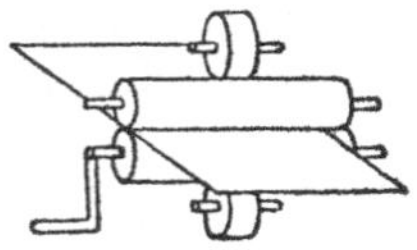

Fig. 493.

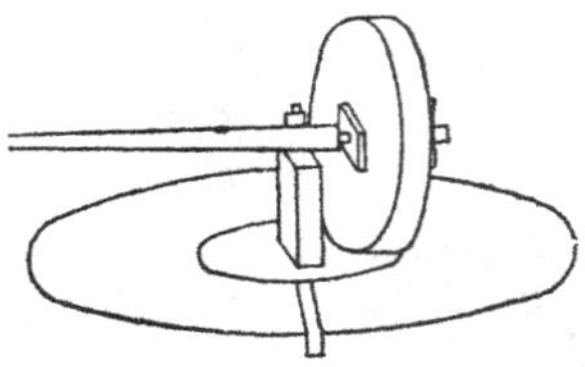

Fig. 494.

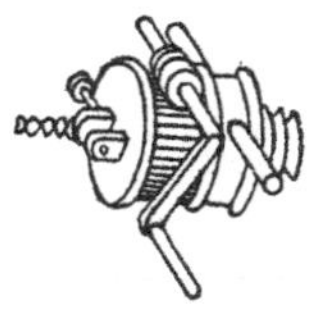

Fig. 495.

Fig. 496.

Axen, damit sie sich nicht verwinden. Indem so die eine die andere umdreht, strecken sie eine Platte aus, die etwa $1/2$ Elle breit ist."

Ein Kollergang für Handbetrieb (Fig. 494). Wir erinnern hier an die Stelle BIRINGUCCIO's:

„Deshalb zerquetschen Einige dieses Pulver auf Mühlsteinen, ähnlich denen für die Oliven, und Einige mahlen mit derselben Einrichtung durch Wasser."

In unserer Abhandlung über diesen Autor (S. 126) wiesen wir darauf hin, dass unter „Mühlsteinen für die Oliven" das altrömische trapetum zu verstehen sei. Der hier abgebildete Kollergang für Handbetrieb dürfte dem von BIRINGUCCIO angeführten entsprechen. Damit vergleiche man die in Fig. 370, S. 309 dargestellte Wassermühle zum Zermahlen von Holzkohlen für Schiesspulver, wie sie ZONCA abbildet. Auch bei dieser arbeiten die Kollergänge nur mit einem Läufer.

Ein Hinterladungsgeschütz (Fig. 495, 496 und 497), B 24 h.

L: „Grosse Bombarde, die man von hinten läd und die ein einziger Mann zusammen- und auseinanderschraubt. — Die Kurbel (*b*) bildet eine Schraube ohne Ende, die das balancirende Verschlussstück vermittelst ihres Getriebes umdreht, das so lang sein muss, wie die Schraube, die in das Rohr eintritt. Die Axe (*an*) ist mit dem Verschlusstücke durch einen broncenen Ring verbunden, der es umfasst. Aber mache, dass dieser Ring um so viel mehr nach der Bombarde hin liegt, dass das Verschlussstück darin beinahe im Gleichgewichte ist und der hintere Theil nur vier Pfund mehr wiegt, als der vordere, damit, wenn das Verschlussstück zurückgezogen ist und sich in der Aussparung (*c*) befindet, es in gerader Richtung bleibt, und man leicht laden und es richten kann, und dass es beim Drehen der Schraube ohne Ende

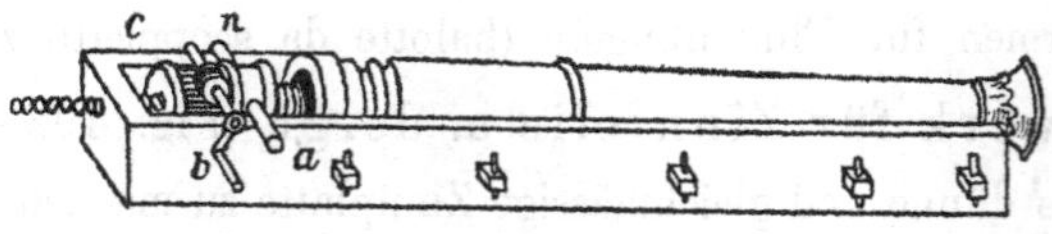

Fig. 497.

Fig 498.

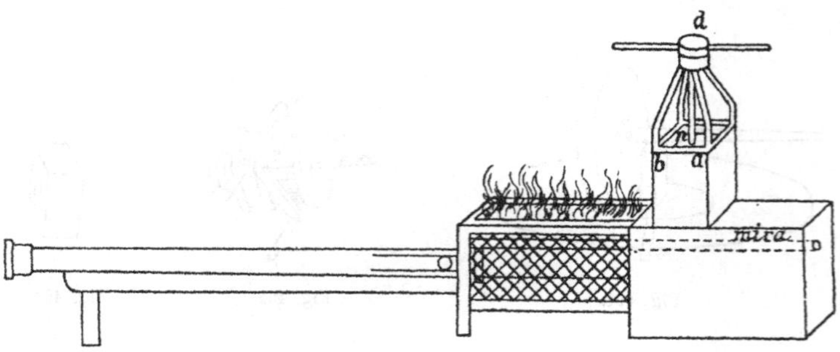

Fig. 499.

in dem Getriebe sich in das Rohr schiebt und einschraubt. Alsdann setzt man hinten einen Keil (Fig. 496) zwischen das Verschlussstück und das Widerlager. Dies ist gut für Galeeren."

Die Dampfkanone (Architronito) (Fig. 498, 499, 500 und 501), B 33 v.

Wir haben die Skizze und Uebersetzung des Textes über diesen Gegenstand, wie sie Dr. Herm. Grothe gab, in unsere erste Abhandlung über Leonardo aufgenommen; da aber dort beides mangelhaft ist, geben wir hier bessere Kopien der Skizzen und eine getreuere Uebersetzung des Textes.

Unterhalb Fig. 499. L: „Erfindung des Archimedes. Architronito ist eine Maschine von dünnem Kupfer und wirft Kugeln von Eisen mit grossem Geräusche und grosser Gewalt. Man gebraucht sie in folgender Weise: Der dritte Theil des

Instrumentes befindet sich innerhalb einer grossen Menge Kohlenfeuer, und wenn er durch dieses gut erhitzt ist, schraube die Schraube nieder, die sich über dem Wassergehäuse (*a b*) befindet. Wenn man die Schraube darüber niederschraubt, öffnet es sich nach unten, und nachdem das Wasser herabgeflossen ist, fliesst es in den erhitzten Theil des Instruments und verwandelt sich plötzlich in eine Menge Dampf (fumo, eigentlich Rauch), so dass es ein Wunder zu sein scheint und namentlich, die Wuth zu sehen und den Lärm zu hören. Dies warf eine Kugel, die ein Talent wog, sechs Stadien weit.“

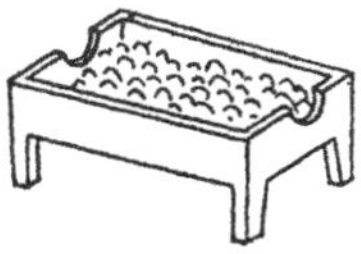

Fig. 500.

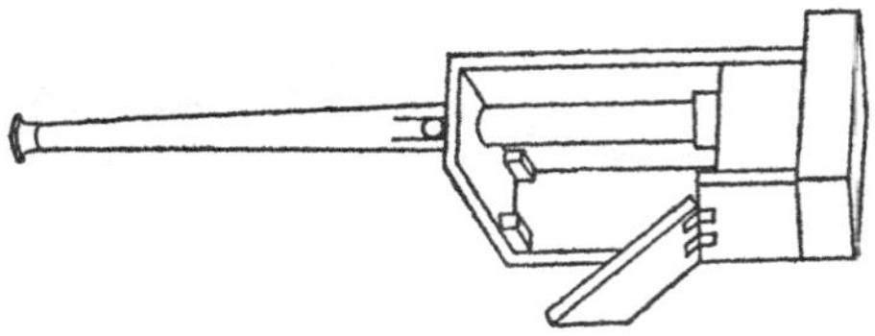

Fig. 501.

Oberhalb Fig. 499. L: „Mache, dass das Eisen (*cn*) mitten auf der Tafel steht, die unten darangehängt ist, damit das Wasser zu gleicher Zeit rings um die Tafel herum herabfallen kann.“

Das Wort mira, Visier, in Fig. 499 deutet an, dass man beim Richten des Geschützes durch die Röhre blicken soll, die durch den Wasserkasten und den Feuerraum hindurchgeht.

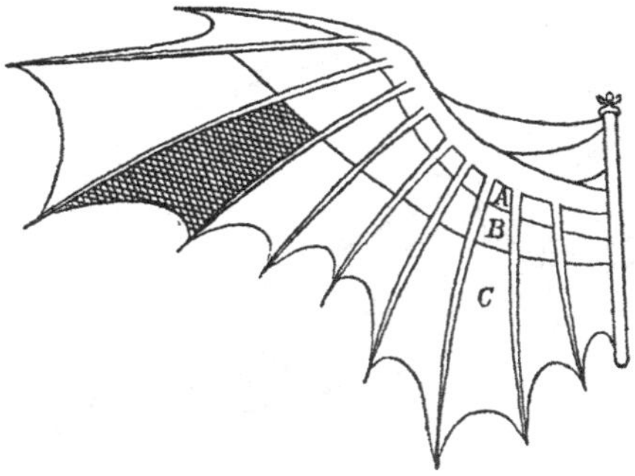


Fig. 502.

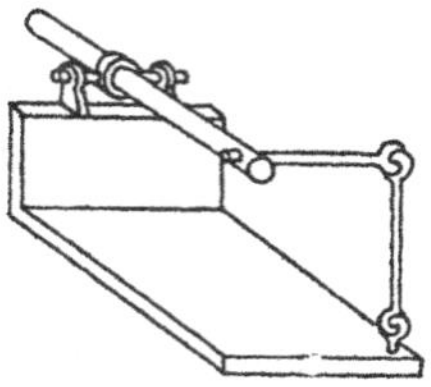

Fig. 503.

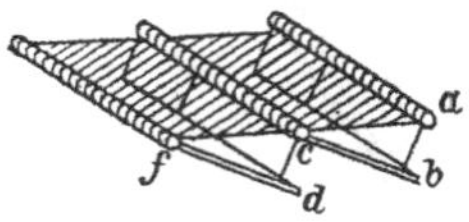


Fig. 504.

Zu Fig. 498. L: „Wie man den Architronito im Felde transportirt.“

Mit den Worten carbone und acqua in der Skizze ist der Kohlen- und der Wasserbehälter bezeichnet.

Aus Fig. 500 und 501 ist ersichtlich, dass in dem Feuerraume ein eiserner Kasten mit Füssen und vermuthlich einem Roste stand, worunter sich die Asche sammeln konnte.

Flugmaschinen (Fig. 502, 503, 504, 505, 506 und 507), B 73 h, 74 v, 74 h und 83 h.

Schier zahllos sind die Notizen und Skizzen über den Flug der Vögel und anderer fliegender Tiere, sowie über Flugmaschinen, die Leonardo in seinen

Manuskripten zusammengetragen hat. Auch eine vollständige Abhandlung über ersteren Gegenstand findet sich darunter. Wenn auch diese Bestrebungen wegen ihrer Aussichtslosigkeit wenig Interesse für uns haben, so glauben wir doch durch einige Beispiele die Richtung andeuten zu sollen, in der LEONARDO bemüht war, das Problem der Luftschifffahrt zu lösen. Es stand dabei offenbar der sagenhafte Flug von Dädalus und Ikarus vor seinem geistigen Auge. Durch

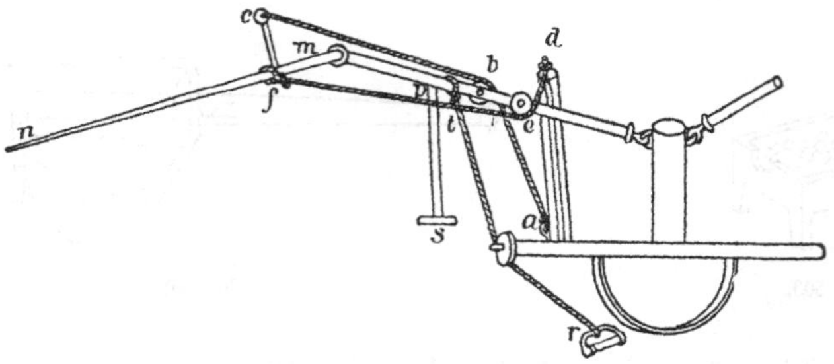


Fig. 505.

seine Beobachtungen wurde er dahin geführt, die Form des Fledermausflügels als die geeignetste für eine Flugmaschine anzusehen. Fig. 502 zeigt einen solchen Flügel. Er ist mit einem Netzwerke überspannt, an dessen unterer Seite grosse Ventilklappen hängen, wie es Fig. 504 zeigt. Diese verschliessen

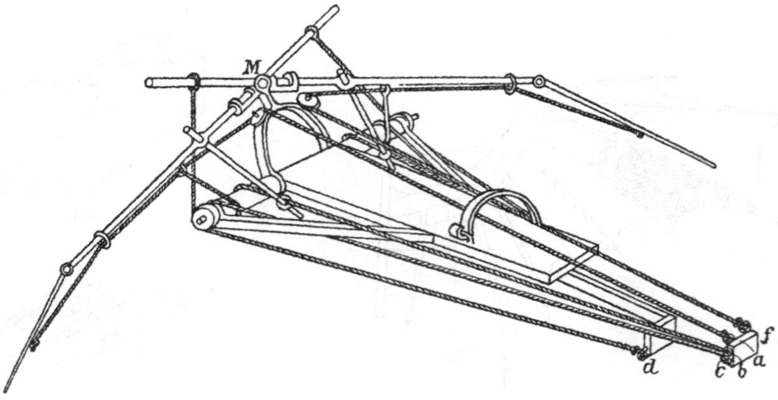


Fig. 506.

beim Niedergange des Flügels das Netzwerk, während es beim Aufgange derselben die Luft durchlässt. Der Flügel soll nicht einfach auf- und nieder schwingen, sondern sein vorderer Theil soll mehr herabgehen, als der hintere. Auch soll der Flügel nicht nur um eine horizontale, sondern gleichzeitig um seine Längsaxe schwingen. Die Flügel sollen durch die Hände und Füsse, oder auch nur durch die Füsse des Luftschiffers bewegt werden, der horizontal liegend das Maschinengestell auf dem Rücken oder unter dem Leibe festgeschnallt hat.

Zu Fig. 502. L: „(*A*) sei ein Brett von begrünter Tanne (? d'abete inerbata), von dem ich muthmasse, dass es leicht ist. (*B*) sei Barchent mit darauf geleimten

Flaumfedern, so dass die Luft nicht leicht entweicht. (*C*) sei mit Stärkekleister bestrichener Taffet (taffeta inamidato), und zur Probe werde ich dünnes Papier nehmen."

Zu Fig. 504. L: „Art, wie der Flügel ganz durchlöchert bleibt, wenn er sich hebt, und ein Ganzes bildet, wenn er niedergeht. Die Ursache davon ist, dass (*b*) sich von (*a*) und (*d*) von (*c*) entfernt, wenn er sich hebt, und die Luft das Heben gestattet, und dass (*b*) nach (*a*) und (*d*) nach (*c*) zurückkehrt, wenn er niedergeht. Und das Netz, das an die Rohre darüber gebunden ist, giebt guten Zusammenhalt. Aber mache, dass Dein Weg von (*a*) nach (*f*) gehe, damit die Luft keinen Widerstand findet."

Zu Fig. 505. L: „(*abc*) bewirkt, dass beim Aufheben der Theil (*mn*) sich rasch in die Höhe hebt. — (*def*) bewirkt, dass beim Niedergehen (*mn*) mit Schnelligkeit niedergeht und der Flügel seine Schuldigkeit thut. — (*rt*) zieht den Flügel durch den Fuss nieder, d. h. indem man das Bein ausstreckt. — (*vs*) hebt den Flügel durch die Hand und dreht ihn."

Zu Fig. 503. L: „Art, zu machen, dass der Flügel nur durch das Auf- und Niedergehen sich dreht."

Zu Fig. 506. L: „(*a*) biegt den Flügel, (*b*) dreht ihn mit dem Hebel, (*c*) zieht ihn herab, (*d*) hebt ihn von unten nach oben. Der Mensch, der die Maschine bewegt, hat seine Füsse in (*f*) und (*d*). Der Fuss (*f*) zieht den Flügel herunter und der Fuss (*d*) hebt ihn in die Höhe. Der Zapfen (*M*) ist gegen die Senkrechte geneigt, damit, wenn die Flügel herabgehen, sie sich gegen die Füsse des Mannes hin neigen. Das ist es, was bewirkt, dass der Vogel vorwärts kommt. Diese Maschine wirst Du über einem See probiren. Und du wirst einen langen (mit Luft gefüllten) Schlauch umgegürtet tragen, damit Du beim Fallen nicht ertrinkst. — Auch kann man, wenn man will, machen, dass das Niedergehen der Flügel mit beiden Füssen gleichzeitig geschieht (so dass jeder Flügel durch einen Fuss niedergezogen wird), damit Du zögern und Dich im Gleichgewichte halten kannst, indem Du den einen schneller herabziehst, als den anderen, wie Du es Weihe und andere Vögel machen siehst. Auch erfolgt das Niederziehen mit zwei Füssen um so viel kräftiger, als mit einem. Allerdings ist die Bewegumg um so viel langsamer, und das Aufheben muss durch die Kraft einer Feder, oder, wenn Du willst, mit der Hand geschehen, oder auch dadurch, dass Du die Füsse an Dich ziehst, was besser ist, damit Du die Hände frei hast."

Auch die Luftschraube oder der Luftkreisel war dem Leonardo bekannt, und er dachte darüber nach, ob man diesen Apparat zur Luftschifffahrt verwenden könne.

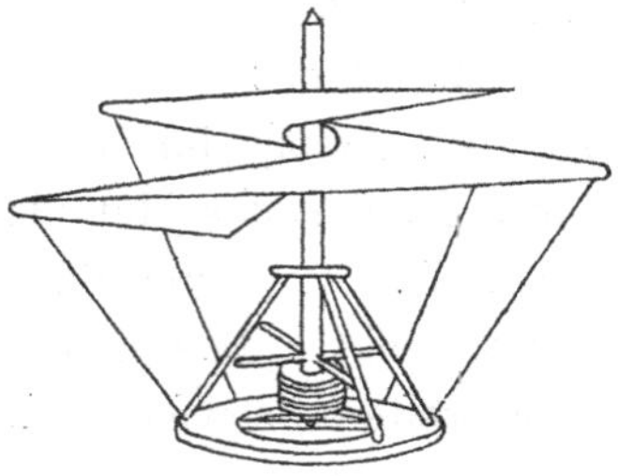

Fig. 507.

Zu Fig. 507 (B 83 h). L: „Der äussere Rand sei von Eisendraht, so dick wie eine Schnur, und vom Umfange bis zur Mitte seien es acht Ellen. — Ich finde, wenn dieser Apparat, wie eine Schraube geformt, gut, nämlich aus mit Stärke gedichteter Leinwand, hergestellt und schnell herumgedreht wird, dass genannte Schraube sich ihre Mutter in der Luft macht und in die Höhe steigt. Ich nehme als Beispiel ein breites und dünnes Lineal, das mit rasender Schnelligkeit (con furia) durch die Luft geführt wird. Du wirst alsdann sehen, dass Dein Arm in der Richtung des Schnittes mit der genannten Axe geführt wird. Die Versteifung (armatura) der obengenannten Leinwand bestehe aus dünnen, langen Rohren. Man kann sich ein kleines Modell davon aus Papier machen. Sein Stift bestehe aus dünnem Eisenblech (vermuthlich einer schraubenförmigen Feder), das mit Gewalt gewunden wird und, wenn es losgelassen wird, die Schraube in Drehung versetzt."

Wie LEONARDO sich dachte, dass die grosse Luftschraube bewegt werden sollte, ist unverständlich. Würden bei der Anordnung Fig. 507 Arbeiter gegen die horizontalen Hebel drücken, während der Apparat frei in der Luft schwebt, so würden sie eher den Boden unter ihren Füssen in der entgegengesetzten, als die Schraube in der beabsichtigten Richtung drehen. Doch scheint auch unten an der Schraubenaxe eine Seiltrommel angebracht zu sein, vermittelst deren LEONARDO den ganzen Apparat vielleicht wie einen Luftkreisel umdrehen und nur für kurze Zeit in die Höhe steigen lassen wollte.

Wir wenden uns nun zu einer Reihe von Skizzen und Notizen im Manuskript (*G*), die besonders schwer zu verstehen sind, weil LEONARDO offenbar bestrebt war, sie möglichst geheim zu halten. Sind seine Manuskripte im allgemeinen schon dadurch für Uneingeweihte unlesbar, dass er von rechts nach links schrieb (wahrscheinlich mit der linken Hand) und die Worte oft willkürzusammenzog*), so wendet er hier noch zwei besondere Kunstgriffe an, um seine Notizen Anderen unverständlich zu machen. Der erste besteht darin, dass er für Metalle oft die Namen gebraucht, womit sie die Alchimisten bezeichneten. Die gebräuchlichsten waren: Sonne für Gold, Mond (italienisch Luna) für Silber, Merkur (Mercurio) für Quecksilber, Venus (Venere) für Kupfer, Mars für Eisen, Jupiter (Giove) für Zinn, Saturn (Saturnio) für Blei. Alle die italienisch angegebenen Namen kommen in LEONARDO's Notizen vor, und ausserdem findet sich noch Nectunno (Neptun), was dem Zusammenhange nach zu urtheilen, Bronce bedeutet. Aus solchen Namen bildet aber LEONARDO auch noch Zeitwörter, z. B. alunata, versilbert; s'innectunnare, sich in Bronce verwandeln. Dem entsprechend bildet er auch aus den Namen des Feuergottes Vulkan das Zeitwort invulghanare, im Feuer erhitzen oder glühen. — der zweite Kunstgriff besteht darin, dass er die Namen von Materialien, die verwendet werden sollen, ausserdem dass er sie von rechts nach links schreibt, auch noch umkehrt. So schreibt er: osseg für gesso, Gyps; ortev für vetro, Glas; emar für rame, Kupfer; obmoip für piombo, Blei; olgirems für smeriglo, Schmirgel, enimalli für il lamine, das Metallband; enoiserpni für impressione, der Eindruck oder Abdruck. Auch die obengenannten alchimistischen Namen kehrt er oft um und schreibt z. B. erenev für venere, evoig für giove, oirucrem für mercurio. — Eine weitere Schwierigkeit bietet die Uebersetzung des häufig wiederkehrenden Wortes sagoma (oder saghoma, wie LEONARDO schreibt). Dies ist ein lombardisches Wort, das im allgemeinen „Form“ bedeutet**). LEONARDO gebraucht es aber nicht nur in dieser Bedeutung, sondern bezeichnet damit Schablonen, Schleifbacken und ganze Vorrichtungen zum Schabloniren, sowie zum Glätten

---

*) Er schreibt z. B. sichelanopo für sich'ella non puo, oder lastrada fiesole, was RAVAISSON liest: la strada Fiesole, während dem Sinne nach gelesen werden muss: lastra da Fiesole.

**) So sagt ZONCA in seiner Beschreibung des „Carro delle Zafosina“, wo von der dachförmigen Steinbahn die Rede ist, worauf der Karren läuft: la s a c o m a della quale si vede ne disegno (deren F o r m aus der Zeichnung ersichtlich ist).

und Schleifen konvexer und konkaver Flächen. — Der Gegenstand aber, von dessen Herstellung die betreffenden Notizen handeln, wird ignia, oder umgekehrt aingi, genannt. Das lateinische Wort ignea bezeichnet feurige oder brennende Dinge. Wir wollen sehen, ob wir nachweisen können, was LEONARDO hier mit ignia oder aingi gemeint hat.

Auf G 85 h steht die Notiz:

L: „Von der Natur der Wärme. Wenn eine Grundfläche von 4 Ellen (Seitenlänge oder Durchmesser) ihre Kraft auf eine Stelle von 1 Elle sendet, so wächst die Hitze dieser Fläche auf das 16fache, und wenn diese Fläche sich auf ein Viertel reducirt, so erreicht die Kraft das 64fache auf dieser Fläche. Diese Abnahme der Grundflächen und Zunahme der Kraft sind hier unten notirt. Es folgt die Ausrechnung der Potenzen von 4, nämlich 4, 16, 64, 256, 1024, 4096, 16384, 65536, 262144, 1048576, 4194304.) — Wenn Du die Fläche von 4 Ellen Durchmesser reducirst auf die Grösse einer Wicke (duveccia, vermuthlich anstatt d'una veccia), so wirst Du die 4194304fache Kraft erlangen, indem Du immer vervierfachst. — So wie der Querschnitt abnimmt, so wächst die Kraft der Pyramide (piramide), und so wie dieser Querschnitt wächst, vermindert sich die Kraft der Pyramide.“

Zu Fig. 508. L: Ueber aingi. Dieselbe Proportion besteht zwischen Wirkung und Wirkung, wie zwischen Ursache und Ursache. Daraus folgt, dass der Schnitt

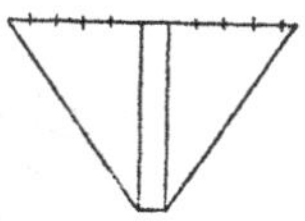

Fig. 508.

Fig. 509.

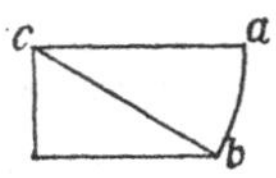


Fig. 510.

(*en*) des Dreiecks (eigentlich der Pyramide) und der Säule bezüglich der Kräfte in demselben Verhältnisse steht, wie das ist zwischen den Flächen (*ab*) und (*cd*). Diese (d. h. die Längen der Linien (*ab*) und (*cd*)) verhalten sich wie 10 : 1, was bezüglich des Verhältnisses der Kreisflächen zu einander das Hundertfache ergiebt.“

Nach diesen beiden Bemerkungen unterliegt es wohl keinem Zweifel, dass unter aingi oder ignia Brennspiegel zu verstehen sind, und dass mit „piramide“ der Strahlenkegel eines solchen bezeichnet wird.

Wenn sich aber LEONARDO so eifrig mit dem Probleme der Herstellung grosser Brennspiegel beschäftigte, wie wir es in dem Nachfolgenden zeigen werden, und so sehr bestrebt war, seine Gedanken darüber Anderen nicht preiszugeben, so ist es sehr wahrscheinlich, dass er das Ziel verfolgte, die sagenhaften Brennspiegel des ARCHIMEDES, womit dieser feindliche Schiffe im Hafen von Syrakus verbrannt haben soll, nachzubilden.

Um die Schwierigkeit der Herstellung grosser Brennspiegel in damaliger Zeit zu begreifen und die Projekte LEONARDO's recht zu verstehen, muss man sich vergegenwärtigen, dass man für härtere Metalle als Zinn oder Blei keine Walzwerke hatte und Bleche nur in kleineren Platten und mit Unebenheiten durch Treiben mit dem Hammer, oder gleichmässig, aber nur in schmalen Streifen, auf der Ziehbank herstellen konnte. Ob die Benutzung von Ziehbänken zur Herstellung von Metallbändern schon vor LEONARDO bekannt war, oder von ihm erdacht wurde, wissen wir nicht. Um die Art kennen zu lernen, wie er aus solchen gezogenen Metallbändern grosse Brennspiegel herstellen wollte, betrachten wir zunächst:

Fig. 509, G 82 h.

L: „Vom Drücken. Nehme Kupfer, das in Bänder gezogen ist, die 1 palmo (etwa 75 mm) breit sind. Diese befestige über der Form (stampa). Es sei (*a b c*) eine solche. Sie werden mit verschiedenen Hebeln nacheinander angezogen, und so fest aneinander liegend, löthest Du sie mit der Pyramide (das wäre nach Obigem: mit dem Strahlenkegel eines Brennspiegels). Dann schlägst Du sie mit hölzernen Hämmern, indem Du sie über einem flachen Kohlenfeuer öfters erwärmst. Die Form sei von Marmor oder einem anderen dichten Stein. Und diese wirst Du sechs oder acht Ellen im Durchmesser machen (ob hier etwa der Durchmesser des Krümmungskreises gemeint ist, bleibt dahingestellt). Und mache es vollkommen, indem Du die Schienen zuerst glättest."

Jedes über die genannte Form gezogene Band bildet einen Theil des Mantels einer Kugelzone. Der Apparat zum Glätten oder Abschleifen desselben (Fig. 510, 511 und 512), B 82 h, wird wie folgt beschrieben:

Zu Fig. 511 und 512. L: „(*b*) ist der Schleifbacken, (*n m*) ist die Stelle, wo dieser sich transversal bewegt, und je enger (*n m*) an das Holz anschliesst, worauf er

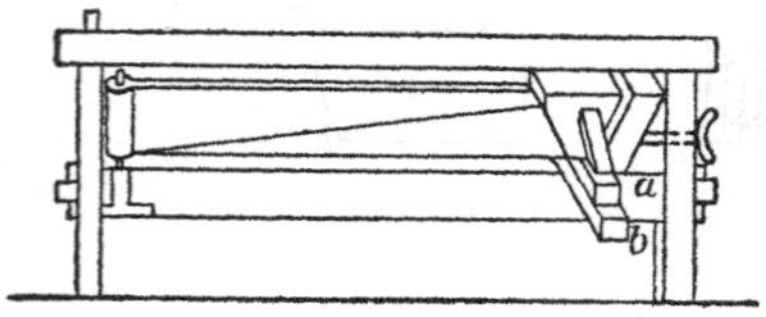


Fig. 511.

Fig. 512.

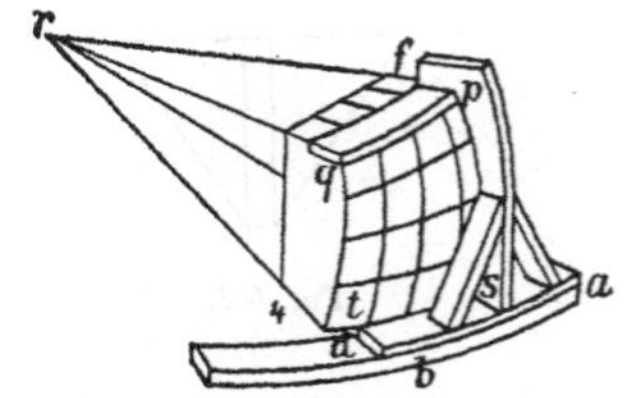


Fig. 513.

sich bewegt, um so genauer und richtiger bewegt sich (*b*). — Das Abschleifen wird auf Kupfer mit Blei und Schmirgel bewirkt."

Zu Fig. 510. L: „Derjenige Kreis, welcher den kleineren Halbmesser hat, hat geringere Bewegung, daher beschreibt der Halbmesser (*c a*) (mit seinem Endpunkte) einen grösseren Kreis als der Halbmesser (*c b*), und deshalb wird der Brennspiegel am Fusse enger als oben."

Ueber das Löthen und die Herstellung der steinernen Formen wird gesagt:

Bei Fig. 513, G 81 h. L: „Man löthe mit geschmolzenem Kupfer (? rame arso) oder Zinn. — Der Lehrbogen (*p s*) wird nur gemacht, um die Oberfläche (*p q s t*) herzustellen. — Mache die Bänder ein Viertel (vermuthlich $^1/_4$ Fuss = 1 palmo breit), dann schlage sie mit dem Hammer über die Form, und dann löthe sie mit Zinn. — Das Mauerwerk (*p q s t*) sei dicht aus Marmor oder einem anderen Steine, der sich polirt, jedes Stück gut zusammengefügt und dann nach der Form des Lehrbogens (*p s*) bearbeitet, der sich von (*a*) nach (*b*) bewegt. Dieser Lehrbogen werde mit den Führungsleisten (*p q*) und (*s t*) in Kontakt erhalten. Die Umfänge dieser Führung haben den gemeinschaftlichen Mittelpunkt (*r*). Du kannst auch die Bänder zwischen der Führung (dem Lehrbogen) (*p s*) und dem bearbeiteten Steine durchziehen, aber zuerst mache, dass der Stein nach der Bewegung des genannten Lehrbogens gut bearbeitet wird."

Von Ziehbänken zur Herstellung der Kupferbänder enthält Manuskript G mehrere Skizzen, nämlich:

Fig. 514, G 72 v. Das Kupferband wird vermittelst eines starken Seiles durch die Ziehbacken gezogen. Es läuft über eine Leitrolle am linken Ende der Ziehbank und wickelt sich um die Trommel einer Winde an ihrem rechten Ende. Die Winde wird durch ein Schraubenrad bewegt, in das eine Schraube mit senkrechter Axe eingreift. Von letzterer ist nur das obere Ende mit der Kurbel in der Skizze sichtbar. Auf derselben Seite steht:

Fig. 515. Hier wird das Kupferband vermittelst einer langen Schraube durch die Ziehbacken gezogen. Die drehbare, aber nicht verschiebbare Mutter dieser Schraube bildet die Nabe eines Schraubenrades, in das eine Schraube mit horizontaler Axe greift. Diese wird mit einer Kurbel umgedreht.

L: „Für ebene (glatte) Brennspiegel aus Kupfer, überzogen mit einem Material, das nicht trübe wird.“

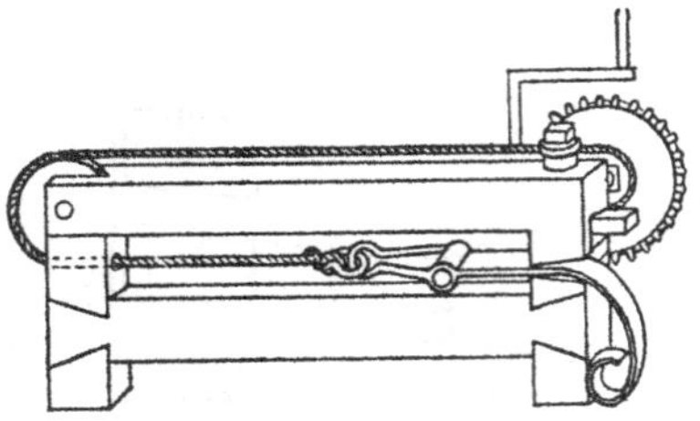

Fig. 514.

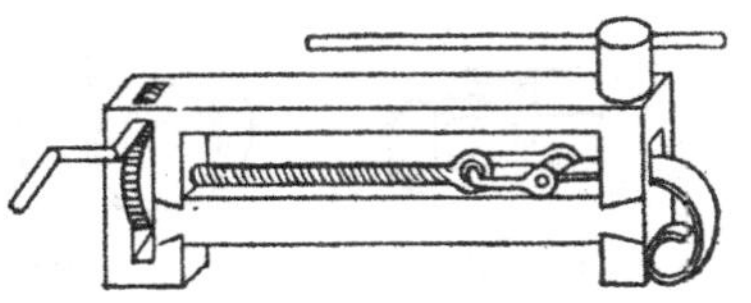

Fig. 515.

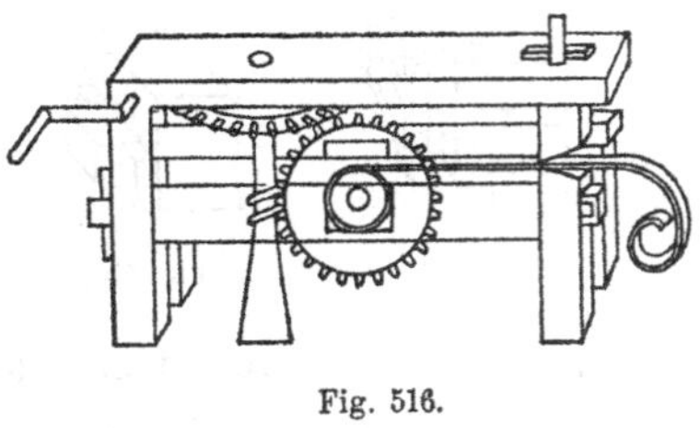

Fig. 516.

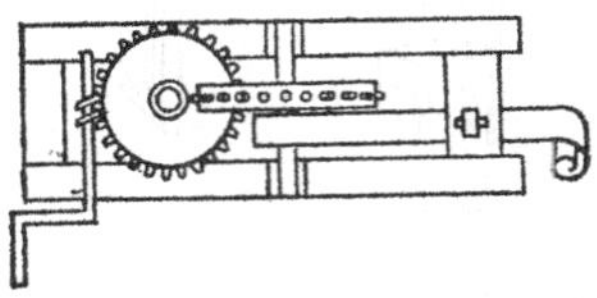

Fig. 517.

Fig. 516 und 517, G 70 h, zeigt eine Ziehbank, bei der sich das gezogene Metallband auf eine Welle aufwickelt, die durch ein aus zwei Schrauben ohne Ende zusammengesetztes Getriebe umgedreht wird.

L: „Die Räder hier unten haben eine Elle im Durchmesser und je 36 Zähne. Wenn die Kräfte geringer sind, wird man das zweite Rad auswechseln und an seine Stelle auf dieselbe Axe ein um die Hälfte kleineres Rad setzen. Mache die Verzahnung sehr stark von Eisen. Und wenn Du die Zeit wissen willst, in der die Welle, die das Metallband aufnimmt, sich dreht, multiplizire die Zahl der Zähne des einen Rades mit der des anderen, indem Du sagst: 36 $\times$ 36 macht 1296. Und so wird die Kurbel des Motors 1296 Umdrehungen machen, während die Welle mit einer Umdrehung $^1/_2$ Elle des Metallbandes aufnimmt. Das Metallband, das von dem Ende der Welle aufgenommen wird, behält diese Krümmung. Auch kann man die Metallbänder vergolden und poliren, nachdem sie in das Werk an richtiger Stelle eingesetzt sind. — (*a b c*), die Kurbel, sollte ein Wasserrad sein.“

Zu dieser Ziehbank gehören auch die Detailzeichnungen:

Fig. 518, G 73 v. L: „(*a*) ist die Welle, die das ganze Metallband mit drehender Bewegung aufwindet. Dieses Metallband ist an seinem Ende dick und rund, wie es die Abbildung zeigt (Fig. 519), und setzt sich (mit diesem Ende) in die Welle, die aus dem Rade hervorragt, vermöge eines Kanales (einer Nute), geformt wie eine Schleuse (? a uso di cateratta), der in die Welle gemacht ist.“

Bei Fig. 519, G 77 h, steht dann noch die Notiz:

L: „Die erste Bewegung werde dieser Ziehbank ertheilt, wenn das Metallband die Verkeilung (la ulivella, eigentlich die Steinzange) (*a*) bedeckt, denn alsdann macht der Druck dieses Bandes die Verkeilung fest schliessend und giebt ihr Haltbarkeit.“

Bei den Detailzeichnungen zu Köpfen von Ziehbänken (Fig. 520, 521, 522, 523, 524, 525 und 526, G 72 h und 73 v, stehen folgende Bemerkungen:

Zu Fig. 524. L: „Diese Gegenkeile werden, da sie von Eisen sind und grosse Schräge (d. h. wenig Anzug) haben, sowie auch wegen des Stosses*) (womit sie angetrieben werden), sehr grosse Kraft ausüben.“

Zu Fig. 525. L: „Die innere Kante (*b c*) des eisernen Bügels muss scharf und gut gehärtet sein, da sie eine von denen ist, welche die Seiten des Bandes erzeugen. Unterhalb der Linie (*a b*) seien die Schneiden der Ziehbank, die die obere und untere Seite des Bandes zu bilden haben.“

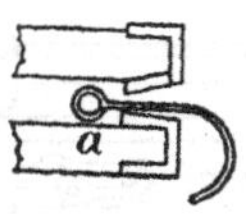

Fig. 518.

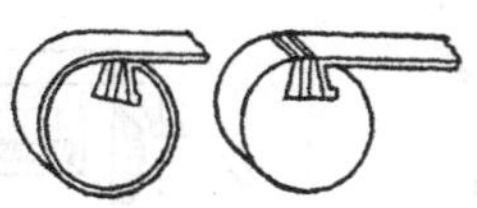
Fig. 519.

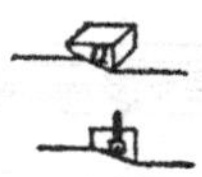
Fig. 520.

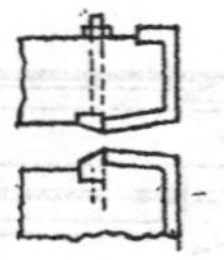
Fig. 521.

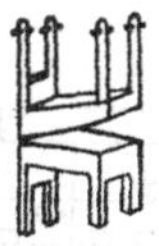
Fig. 522.

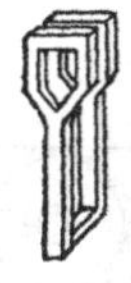
Fig. 523.

Fig. 524.

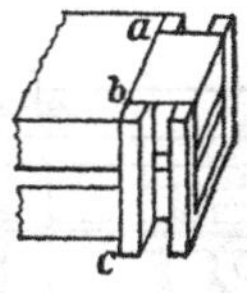

Fig. 525.

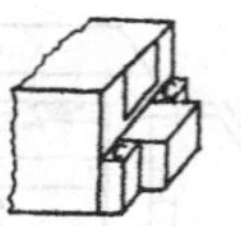
Fig. 526.

Zu Fig. 526. L: „Dies ist die dritte Darstellung der scharfen Kante bei (*o*) und (*c*) des Maules der Ziehbank, welche die Seitenflächen des Bandes erzeugt. Es genügt, wenn die Kante auf die Länge eines Querfingers aus gehärtetem Stahle besteht.“

Zu Fig. 520 (die Messer darstellend, die die obere und untere Fläche des Bandes erzeugen). L: „(*a*) tritt durch eine Nute in seinen Gegentheil (la sua madre) ein (d. h. (*a*) wird in den Theil, der es aufnimmt, versenkt).“

Zu Fig. 522 (eine andere Konstruktion dieser Messer darstellend). L: „Der grösste Fleiss muss darauf verwendet werden, die Schneiden (labbri, eigentlich Lippen) der Ziehbank vollkommen gerade zu machen und zu schmirgeln, und dann werden sie gehärtet.“

Zu Fig. 523. L: „Dies erfüllt denselben Zweck, wie jener Theil, der die einander entgegengesetzten Keile enthält (Fig. 524), ist aber nicht so widerstandsfähig.“

Fig. 527, G 71 v, zeigt eine andere Konstruktion zur Regulirung der Maulweite der Ziehbank.

L: „Hier zieht der Keil (*a*) das Zieheisen (*m*) mit grosser Gewalt zusammen, aber die Balken, die Handhaben der so gebildeten Zange, müssen sehr stark sein.“

*) Die Lehre vom Stoss bildet ein Lieblingsthema der theoretischen Betrachtungen Leonardo's

In Fig. 528 und 529, G 74 h, ist die Idee behandelt, das Metallband, sobald es aus dem Maule der Ziehbank kommt, direkt über die Brennspiegelform zu ziehen. In der Skizze ist alles stehend angeordnet, und zu dieser Anordnung gehören die Bemerkungen:

L: „Es ist eine Kurve zu machen, die die Platte (das Band) genau parallel führt, denn das gezogene Band würde einen Bogen nach abwärts bilden. — Das Mauerwerk und der Zug stehen dicht nebeneinander. — Die Welle hat alles Gezogene bei **einer** vollen Umdrehung aufzunehmen."

Eine kleine Skizze (Fig. 529), die im Original über der Hauptzeichnung steht, zeigt eine Verbesserung, die durch die Bemerkung erklärt wird:

L: „Das Band sollte durch eine einzige Schnur in der Mitte seiner Endfläche angezogen werden, damit es gleichmässig gezogen wird."

Nachträglich aber kam LEONARDO zu der Ueberzeugung, dass diese stehende Anordnung nicht gut sei, woraus sich folgende Bemerkung erklärt:

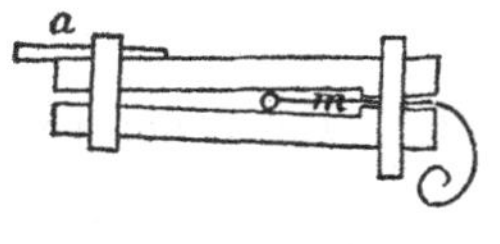


Fig. 527.

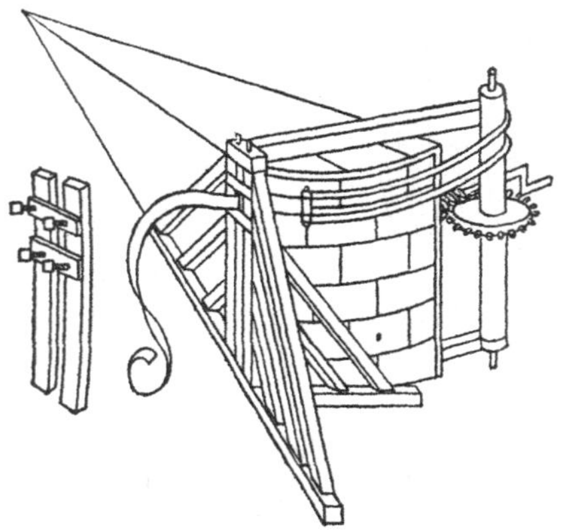

Fig. 528.

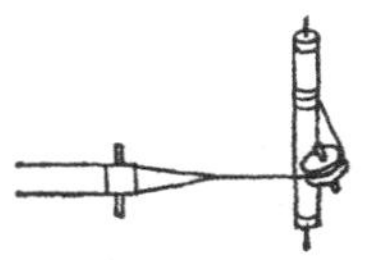

Fig. 529.

L: „Dieses Mauerwerk muss horizontal liegen zur grösseren Bequemlichkeit des Arbeiters."

Darunter steht geschrieben:

L: „Von versilbertem Kupfer (di venere alunata) werden die Metallbänder gut geglättet."

Zur weiteren Erklärung, wie das Ueberziehen der Form mit den Kupferbändern erfolgen sollte, dient folgende Bemerkung unter dieser Skizze:

L: „Es sei ein Rahmen von starkem Nussbaumholz, worauf man einen Rahmen für das Quadrat der gemauerten Form machen soll. Auf diesen befestige man den Anfang und das Ende des gezogenen Bandes. Derselbe wird schliesslich (d. h. nachdem die Bänder zusammengelöthet sind und der Spiegel mit hölzernen Hämmern gerichtet ist) von dem Mauerwerke abgenommen und trägt und hält alle die Bänder, die darauf befestigt sind. Und dieser Rahmen bleibt immer an den polirten Metallbändern."

Dass die Metallspiegel jedoch noch weitere Versteifungen erhalten sollten, ersieht man aus:

Fig. 530, G 71 h.

L: „Von den Brennspiegeln. Hier zeigt man das Verlöthen der Metallbänder durch die Pyramide (den Strahlenkegel eines Brennspiegels?) mit dem Kamme oder den Rippen, an die man die hölzernen Lehrbögen befestigt, nur damit der Brennspiegel nicht biegsam sei. Aber diese Armaturen müssen vollständig fertig sein, ehe der Brennspiegel von seinem Mauerwerke (d. h. von seiner Form) abgehoben wird.“

Ueber das Verlöthen findet sich noch: Fig. 531, G 77 h.

L: „Was Du zu-löthen hast, löthe auf diese Weise, indem Du mit dem Material löthest, woraus das Ganze besteht. — Um die gebogenen Platten (*op*) zusammenzulöthen, wenn sie von Kupfer sind, nimm den Kupferdraht (*me*) und schmelze ihn mit der Pyramide (*n*). Aber zuerst binde die vier Theile des Rohres fest zusammen und erwärme es. Dann fülle es mit flüssiger Erde (terra liquida, vermuthlich Thonbrei) mit Scheerwolle, und nachdem es etwas gestanden, öffne es unten, so wird die Flüssigkeit herausfliessen und das Trockene zurückbleiben. Dann löthe, wie oben gesagt.“

Zu Fig. 532, G 84 h.

L: „Vom Löthen. Die Bänder von gezogenem Kupfer auf der Fläche von gebrannter Erde mit Scheerwolle stossen an ihren Seitenflächen zusammen, welche von

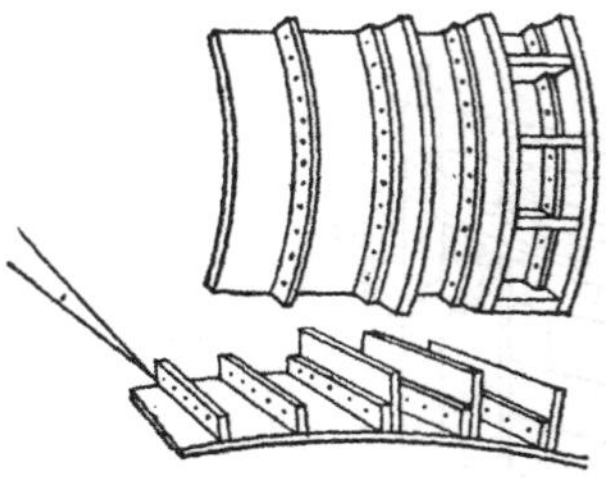

Fig. 530.

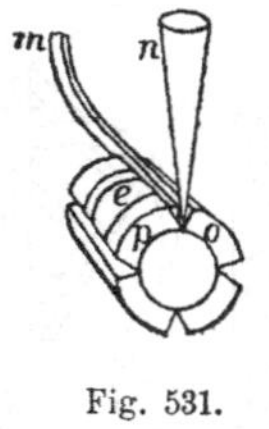


Fig. 531.

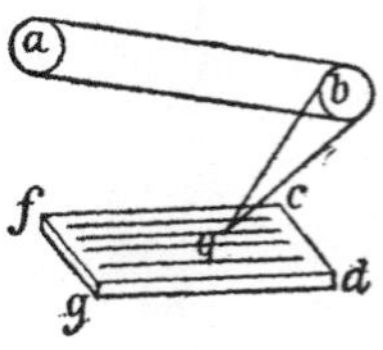


Fig. 532.

der Pyramide (*bq*) berührt werden. Die Metallbänder seien (*cfdg*). Ihre Seiten sind geradlinig mit gleichmässiger Berührung. Die Erde wird unter diesen Seitenflächen berührt und ein Kupferdraht über dieser Berührungsstelle flüssig gemacht. Wenn diese verlötheten Verbindungsstellen dick geworden sein sollten, und Du könntest sie durch denselben Ziehbacken ziehen, durch den die Bänder gezogen worden sind, so würde die ganze Verbindung dieser Bänder von gleicher Dicke werden.“

Wie die innere Fläche der Brennspiegel behandelt werden sollte, geht zunächst aus einer Stelle auf G 53 v hervor, wo vom Glätten und Poliren die Rede ist:

L: „Der Schleifbacken sei von Kupfer, Zinn oder Blei und werde oft in dem Schoosse seiner Matrize umgegossen. Er wird mit feinem Schmirgel benutzt. Und das Geschliffene*) sei von Kupfer und Zinn (Bronce), aufgetragen auf Kupfer. Aber zuerst wirst Du Kupfer und Quecksilber gemischt mit Zinn (d. h. ein Kupfer-Zinn-Amalgam) versuchen und so verfahren, dass das Quecksilber sich verflüchtigt. Dann erhitze gut, so dass das Kupfer und das Zinn sich in ganz dünne Bronce verwandelt, wenn es möglich ist.“

Hier ist der Ausdruck gebraucht: „s'innectunni sotilissemente.“ Und da aus Kupfer und Zinn durch Zusammenschmelzen Bronce entsteht, so geht aus dieser Stelle hervor, dass Leonardo mit dem Namen Nectunno (Neptun) Bronce bezeichnet.

*) Hier steht zwar im Original sagoma, wofür aber dem Sinne nach sagomata stehen sollte.

Eine dem Obigen entsprechende Notiz findet sich auf G 46 h:

L: „Firniss (Ueberzug) von Brennspiegeln: Quecksilber mit Zinn und Kupfer, Nachdem das Gemenge daraus gemacht ist, wird es (wenn es aufgetragen ist) mit der Schablone fortgesetzt korrigirt, bis das Quecksilber sich von dem Zinne und Kupfer vollständig getrennt hat."

Dies macht denn auch Fig. 533, G 47 v, wo ein Herd mit abhebbarem Helme und einer darüber aufgehängten Schablone abgebildet ist, die vielleicht gleichzeitig als Schleifbacken dient, und die dabei stehende Notiz verständlich:

L: „Mit dem Krahn (*kq*) hebt man den Deckel (*srt*) von seinem Sitze und zieht ihn durch seitliche Bewegung weg, indem man die konkave Fläche seines Mauerwerkes (des Herdes) rasch entblösst. Ueber dieses Mauerwerk fährt die Schablone mit Schnelligkeit hin. Aber mache, dass erst der Grund (fondo, d. h. die Kupferschale des Spiegels) mit reiner Masse ohne Feuchtigkeit (d. h. mit Amalgam, woraus alles Quecksilber verdunstet ist) ausgeschlagen sei, und mache die Probe, ob sie gar

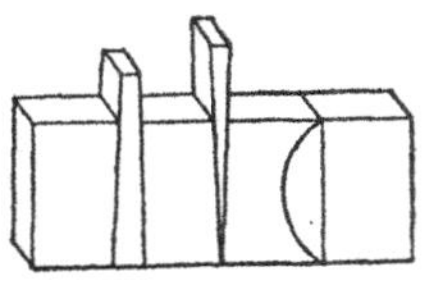

Fig. 534.

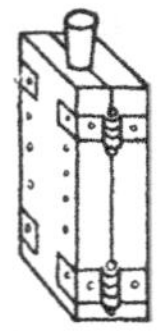

Fig. 535.

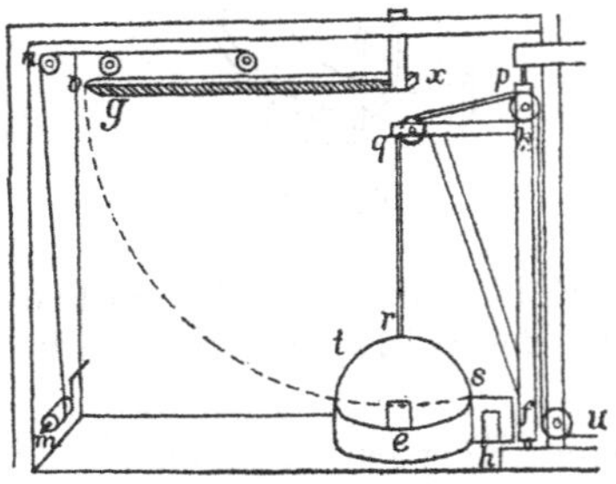

Fig. 533.

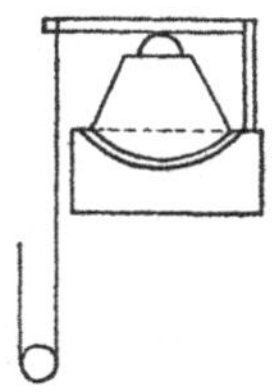

Fig. 536.

Fig. 537.

Fig. 538.

ist, wie man es bei den Oefen für Pokale macht (nämlich bei der Feuervergoldung, die bekanntlich auch durch „Abrauchen" eines Ueberzuges von Amalgam bewirkt wird). Alsdann wirst Du die Schablone so viel mal hin und her bewegen, bis die Masse (auf der Kupferschale) ihre Stärke verliert. Und wisse, dass das Mauerwerk, welches das Schablonirte unterstützt, die Form von diesem haben muss, d. h. von seiner Rückseite. Und so wird man es gut zu Ende führen. — Mache, dass die Schablone (*v*) in (*t*) ist und sofort den Kreisbogen über dem Raume (*ts*) des Brennspiegelgrundes (d. h. der Kupferschale) beschreibt, wenn der Deckel (*rst*) entfernt ist. Dann fahre mit wiederkehrender, einschneidender Bewegung mehrmals über dieselbe Stelle mit gelegentlicher Hilfe der Hände des Nachhelfers (aumentatore, vermuthlich: eines Hilfsarbeiters). — Die konkave Fläche werde erst mit der Schablone mehrmals hin und her überfahren, bevor man sie firnisst (d. h. mit dem oben beschriebenen Amalgam überzieht), und dann gebe man den Firniss auf die gebadete (d. h. gebeizte, dekapirte) Fläche, und zwar gebe man ihn mit dem Haarsiebe auf und überfahre sie zwei- oder dreimal mit der Schablone. Dann erhitze man sie, und wenn sie Glanz annimmt, glätte man sie sofort mit der Schablone, während sie heiss ist. — Die Axe des drehbaren Theiles, der die Schablone trägt, muss an der Decke fest sein und muss sich auf und nieder, sowie hin und her bewegen lassen, damit ihr Mittelpunkt über die Mitte der Form (des konkaven Herdes) falle. — Der Boden des Herdes sei von derselben Gestalt, welche die in den Herd eingesetzte Sache hat.

Es ist gut, wenn er von Tuffstein aus einem Stücke gebildet ist, damit er, wie ein Amboss, den Querstössen der schweren Schablone widerstehen kann.“

Die oben erwähnte künstliche Steinmasse beabsichtigte Leonardo nicht nur zum Formen metallener, sondern auch zum Formen und Pressen gläserner Hohlspiegel zu benutzen. Dies ist ersichtlich aus:

Fig. 534, 535, 536, 537 und 538, G 52 v und 47 h.

L: „Formen (vesti) von Thon (oder Kreide, creta), mit Leim getränkt, und Schnitt mit dem Diamant. Mache sie aus Gips zum Mauern (d. h. wie ihn die Maurer gebrauchen), erwärme sie und tränke sie mit Leim (dies bezieht sich auf die Formen), schneide aus, wende um, lege Gold auf und polire (dies bezieht sich vermuthlich auf geformte metallene oder auch gläserne Spiegel). — Diese Masse, gut getrocknet, gut erwärmt und gut mit Leim getränkt, wird gute Abdrücke in dünnes Kupfer machen (Fig. 534 deutet die Idee zu einer Keilpresse zu diesem Zwecke an). — Brenne das Konvexe, tränke es mit Leim und trockne es wieder in einem lauwarmen Ofen, oder in der Sonne, oder im Winde. Und dieser Gips sei mit Scheerwolle gemischt. Aber Fasern von roher Leinwand, klein gehackt und mit Gips oder Thon gemischt, würden besser sein. Diese (Fasern) werden in grösserer Menge gesiebt

Fig. 539.

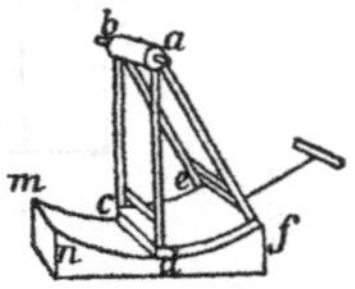


Fig. 540.

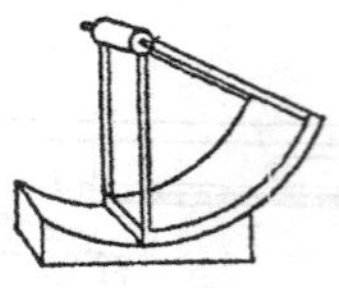

Fig. 541.

und immer mit Wasser und zarter, nicht zu fetter Erde gemischt. Dies trockne und brenne gut, und es wird immer porös bleiben und das Glas wird sich darin aufblasen.“

In Fig. 535 sieht man eine mit konvexen Körpern aus solcher Masse ausgefütterte Form, in die ein Glasballon geblasen worden ist. Die Figuren 537 und 538 zeigen die Gestalt, die ein solcher Glasballon annimmt. Durch die Punkte darauf soll wohl angedeutet werden, welche Linien der Diamant beschreiben soll, um die Hohlspiegel aus dem Glasballon zu schneiden.

Zu Fig. 536, eine Hebelpresse darstellend.

L: „Glas, heiss gepresst und wieder erwärmt — oder Kupfer im Feuer erhitzt, zusammen mit seinem ausgeglichenen Belege.“

Auch scheint Leonardo mit der Idee umgegangen zu sein, metallene Hohlspiegel ganz aus Kupferamalgam herzustellen. Denn auf G 75 h findet sich die Notiz:

L: „Bringe Stuck, der aus Kupfer und Quecksilber zusammengesetzt ist, auf den Brennspiegelbuckel von Gips, und trage ihn gleichmässig in der Dicke eines Messerrückens auf den Buckel, was mit der Schablone gemacht wird. Dies bedecke mit einem glockenförmigen Destillirhelme, und Du wirst die Feuchtigkeit (das ist hier das Quecksilber), womit Du eingeteigt (amalgamirt) hast, wieder erhalten. Das zurückbleibende trockne gut und setze es ins Feuer. Schlage und glätte es gut mit einem Glätter und mache es stark an den Seiten.“

Man erkennt aus dem Gesagten, dass zur Durchführung des vorliegenden Planes konkave und konvexe Schablonen und Schleifbacken mit Vorrichtungen zu ihrer richtigen Bewegung nicht nur zum Glätten und Poliren der Spiegelflächen, sondern auch zur Herstellung der Formen, über welche die Spiegel gezogen und gehämmert werden sollten, nothwendig waren. Dem entsprechend finden sich im Manuskript G verschiedene Entwürfe von solchen Schablonir- und Schleifvorrichtungen.

Fig. 539, 540 und 541, G 16 v.

Zu Fig. 539. L: „Die Schablone mit einer Schneide dient nur dazu, dem Schablonirten die Form zu geben mit drei oder vier Bewegungen, die sie vollständig herstellen."

Zu Fig. 540 und 541. L: „Das Schleifen des Schleifbackens auf dem Geschliffenen darf bei der Herstellung des letzteren nicht mit einer Schneide des Schleifbackens geschehen, sondern, wenn das Geschliffene polirt werden soll, darf der Schleifbacken keine geringere Breite haben, als die Hälfte des Geschliffenen. Um dies zu beweisen, sei (*fedc*) der Schleifbacken und (*fenm*) das Geschliffene. Wenn ein solcher Schleifbacken nur eine Schneide bildet, wie (*abdc*), so würde er in der senk-

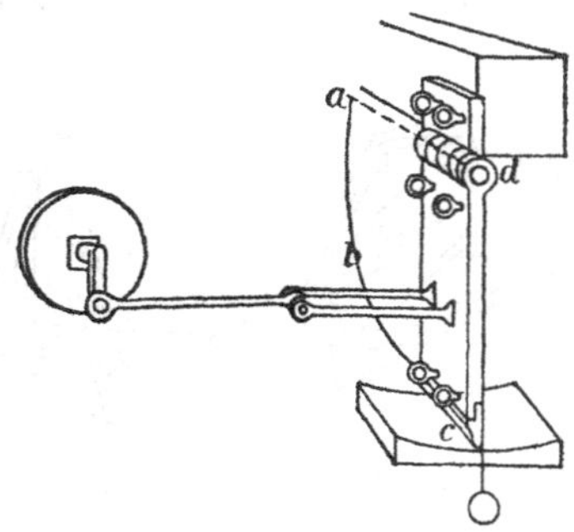

Fig. 542.

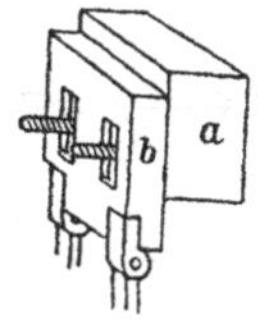

Fig. 543.

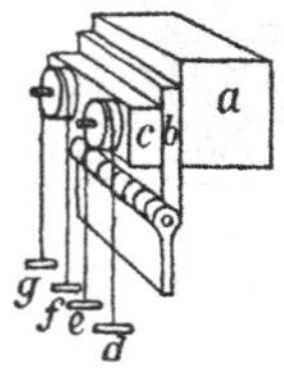

Fig. 544.

rechten Stellung über dem Theile (*dc*) des Geschliffenen (einen geringen Spielraum der Axe vorausgesetzt) mit einem viel grösseren Gewichte drücken, als wenn er über der Stelle (*fe*) desselben stände, und er würde daher viel mehr wegnehmen, wenn die sich reibenden Theile senkrecht auf einander stehen, und die Konkavität des Geschliffenen würde ungleich werden, welche Ungleichheit bei einer grossen Berührungsfläche des Schleifbackens mit dem Geschliffenen nicht entstehen kann. Am besten würde es sein, wenn der Schleifbacken und das Geschliffene einander gleich wären. Denn wenn alsdann die Seite des Schleifbackens in der Mitte des Geschliffenen wäre, würde das Ende des Geschliffenen das ganze betreffende Gewicht des Schleifbackens aufzunehmen haben."

Auf G 43 h findet sich noch eine Skizze, wie Fig. 539, wobei die Notiz steht:

L: „Die Schablone sei Steinplatte aus Fiesole (lastra da fiesole) mit Wasser," d. h. diese Schablonen zum Glätten sollten aus Schleifstein gemacht und es sollte mit Wasser geschliffen werden.

Fig. 542, 543 und 544, G 43 h.

Zu Fig. 542. L: „(*da*) ist die Axe des drehbaren Theiles (*abc*), und die Bewegung der Kurve (*abc*) (d. h. des Theiles davon, der die untere Kante der Schablone bildet) ist um so langsamer, je kürzer er (nämlich der drehbare Theil) ist, und um so kürzer, je höher sie, d. h. die untere Kante der Schablone) liegt."

Zu Fig. 543 und 544. L: „Da es nöthig ist, dass die Schablone um so viel niedergelassen werden kann, als sie sich abnutzt, und dass sie, wenn niedergelassen, sehr fest steht, so ist es erforderlich, die Seilrollen mit Muttergewinde darin (wie man sie in der Skizze sieht) zu machen, und dass sie (die Schablone oder eigentlich ihr oberer Scharniertheil) sich zwischen (*a*) und (*c*) klemmt, wie es (*b*) thut zwischen (*a*) und (*c*). Diese Rollen, welche die Muttern der Schrauben bilden, werden durch die Schnüre (*defg*) gezogen (und umgedreht)."

Leonardo beabsichtigte zuerst, diese Schablone durch zwei Gelenkstangen mit einem horizontalen Bolzen zu verbinden, der in einer Geradführung laufen sollte, denn bei diesem Bolzen stehen in der Skizze die Worte: „va per canale" (läuft in einem Kanal). Eine dritte Gelenkstange sollte diesen Bolzen mit der Kurbel verbinden. Nachher fiel ihm ein, dass die Geradführung wegfallen und man alle die Stangen mit dem Bolzen durch eine starre Gelenkstange ersetzen könne. Denn darüber steht geschrieben: „questi ferri son d'un pezzo" (diese Eisen sind aus einem Stücke).

Fig. 545, G 53 v zeigt einen Apparat zum Glätten der bleiernen Schleif-

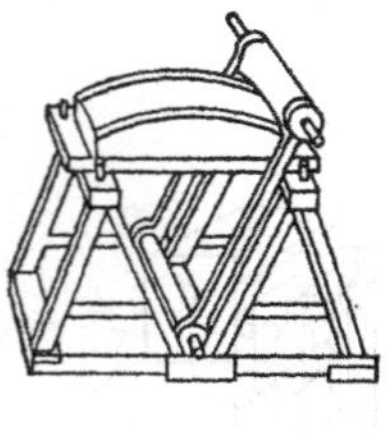
Fig. 545.

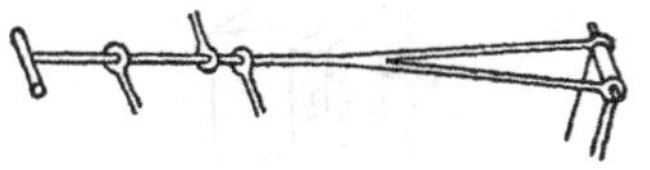
Fig. 546.

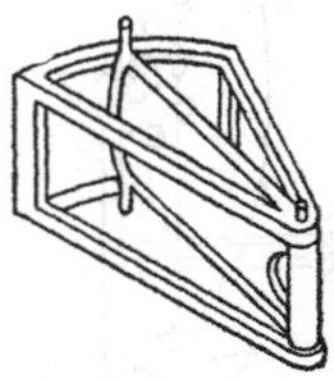
Fig. 547.

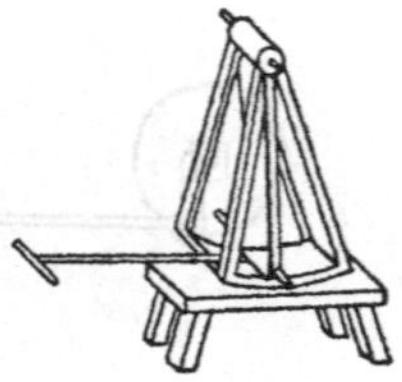
Fig. 548.

backen für die Hohlspiegel. Darunter ist eine Schubstange mit Handgriffen (Fig. 546) abgebildet, womit die Schablonen bewegt werden sollen.

L: „In den Glätter muss man den Schleifbacken von Blei legen, den man auswechseln können muss, je nachdem sie sich abnutzen, und so wird man die Patrize des Brennspiegels zur Vollkommenheit bringen, auf die sich das Kupfer pressen wird, damit sie vollkommen geebnet werde. — Der Motor (d. i. die Schubstange Fig. 546) ist von Bronce."

Darunter befindet sich Fig. 547 und 548, Vorrichtungen zum Glätten von Brennspiegeln darstellend.

Zu Fig. 548. L: „Dies wird das, was zu poliren ist, unten und den Schleifbacken oben haben. Die Drehaxe muss oben liegen, so wird das Instrument sich konserviren, weil die Axe nicht beschwert ist, wie die der oben abgebildeten Maschine (Fig. 547). Und weil sie (die Axe) sich nicht abnutzt, wird die Arbeit eine vollkommenere sein. Der Gegenstand, den man polirt, wird den darüber befindlichen, der ihn polirt, unterstützen. Der Schleifbacken sei von Blei, oft umgegossen und adjustirt."

Am Rande steht dann noch einmal:

L: „Dies muss umgekehrt stehen, damit sich der Schleifbacken mit seinem senkrecht wirkenden Gewichte auf das Geschliffene setzt, denn so wird die Axe des drehbaren Theiles sich nicht abnutzen, weil sie kein Gewicht auf sich hat, und was ihn (den Schleifbacken) trägt, wird Politur empfangen, wie ich zuvor gesagt habe."

Für Spiegel mit sehr grosser Brennweite würden jedoch Schleifapparate der soeben besprochenen Art zu grosse Dimensionen erhalten haben, und es finden sich daher für solche Fälle im Manuskripte G verschiedene Entwürfe von Schleifapparaten, bei denen der Schleifbacken sich nicht um eine durch den Krümmungsmittelpunkt gehende Welle dreht, sondern auf andere Art geführt wird. Zunächst gehört hierher die Schleifvorrichtung mit Wasserradbetrieb.

Fig. 549, G 45 h.

L: „Der Schwanenhals oder die Kurbel des Wasserrades greift mit ihrem Ende (Zapfen) in einen Ring, an den die Enden der beiden Seile gegenüberstehend angebunden sind, wie man es bei Sägen mit Wasserradbetrieb sieht. Und so geschieht auch Aehnliches (wie mit solchen Sägen) mit dem konkaven Theile, den man auf dem konvexen polirt. Die Winde an dem Gestelle, das vor der konvexen Brücke aufgestellt ist, dient dazu, den geschliffenen konkaven Theil aufrecht zu stellen, um

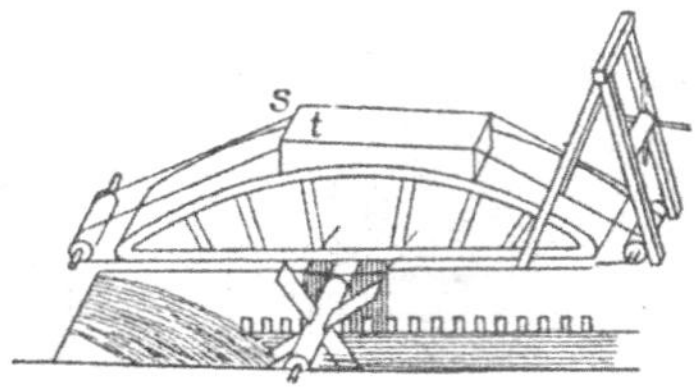


Fig. 549.

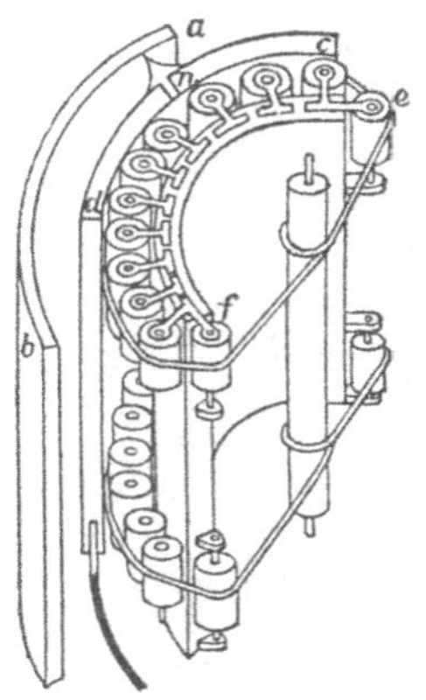


Fig. 550.

innen zu sehen, wie das Poliren erfolgt. Man hängt diesen Theil an die Seile der Winde mit den Haken (*s*) und (*t*), die sich in die beiden Ringe einhängen, die an den Enden der Seile der genannten Winde befestigt sind. Das Bett sei von Blei und nach der angegebenen Regel adjustirt."

Ferner gehört hierher Fig. 550, G 47 h.

L: „(*a b*) ist der Gegenstand, der durch die Schablone (*n*) zu gleichmässiger Konkavität gebracht werden soll. Dieser muss sicher und fest aufgestellt werden. (*c d*) ist eine Führung der Schablone (*n*), die sich mit ihrer gleichmässig konkaven Seitenwand gegen die Rollen stützt, die zu ihrer genauen und passenden krummlinigen Bewegung die Führung bilden. (*e f*) ist ein Lehrbogen, woran die Rollen befestigt sind. — Das Schablonirte will nach Art eines Betttuches (? al lenzulo) gegen die Schablone gezogen sein."

Darüber steht noch die Bemerkung:

L: „Die zwölf Rollen hier unten befestigt man mit konischen Schrauben, woraus sich die Bequemlichkeit ergiebt, dass dieselben Rollen zu den verschiedenen Krümmungen verschiedener Lehrbögen benutzt werden können."

Kinematisch interessant sind:

Fig. 551, 552 und 553, G 83 h. Der Schleifbacken soll hier in das in der Mitte auf einer Unterlage stehende und durch bogenförmige Schlitze geführte Gleitstück eingespannt werden. Die Bewegung erfolgt durch vier konische Walzen, die an ihren beiden Enden von Riemen umschlungen werden, welche an dem Gleitstücke befestigt sind. Die beiden Walzen des rechten, sowie die des linken Paares sind an ihrem dickeren Ende durch je einen gekreuzten Riemen mit einander verbunden. Auf diese Weise bewegen sich alle Walzen gleichzeitig, wenn eine mit der Kurbel gedreht wird, und das hintere Ende des Gleitstückes durchläuft eine kürzere Bahn, als das vordere.

Zu Fig. 551 und 552. L: „Der Schleifbackenhalter bewegt sich nach rechts und links, geführt durch zwei krumme Kanäle, die zwei Zähne in sich aufnehmen. — Die Spitzen der vier Pyramiden (d. h. der konischen Walzen) müssen alle in einem und demselben Punkte zusammenlaufen. — (Am Schlusse der Bemerkungen:) Der Schleifbackenhalter (*n m*) muss sich in krummen Leitkanälen hin und her bewegen, deren Krümmungen einen gemeinschaftlichen Mittelpunkt haben, in dem auch die Mantelflächen aller der konischen Walzen zusammenlaufen. — Sorge dafür, dass die Gürtel nicht mehr als eine ganze Umdrehung auf den konischen Walzen machen (d. h. dass sie sich nur einmal darum schlingen), denn die Dicke dieser Walzen

Fig. 551.

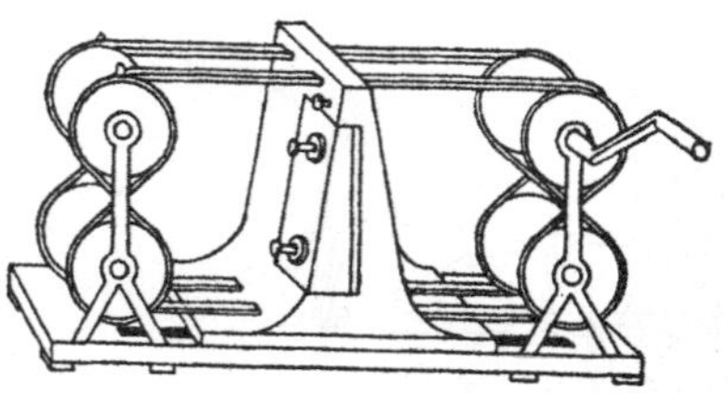

Fig. 552.

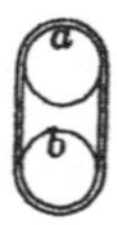


Fig. 553.

würde sonst wachsen und die Proportion des Zusammenlaufes verderben, welchen die Seiten dieser Pyramiden haben. Dieses beweist man durch einen der Elementarsätze, welcher sagt: Wenn zwei ungleichen Grössen gleiche Grössen zugefügt werden, ändert sich ihre Proportion . . . . . Und dies sage ich in Betreff der konischen Walzen, die die Gürtel während der Umdrehung ungleich aufwickeln. Denn bei einer zweiten Umdrehung legen sich die Gürtel übereinander und die Dicke der Walzen ist verändert.“

Bei der kleinen Skizze Fig. 553, die sich auch in dem Manuskript unter der Skizze Fig. 552 befindet, steht die Bemerkung:

L: „Die Räder (*a*) und (*b*) drehen sich in ein und derselben Richtung, sowohl auf der rechten, als auch auf der linken Seite (z. B. rechts beide abwärts und links beide aufwärts), und die hier oben (in Fig. 552) gezeichneten Räder (oder eigentlich Walzen) thun das Gegentheil.“

Obgleich wir noch anderthalb Jahrhundert nach Leonardo nur Schnurscheiben mit gekreuzten Schnuren angewendet sahen, finden wir den kinematischen Unterschied zwischen offenen und gekreuzten Schnur- oder Riemengetrieben hier schon festgestellt.

Damit glauben wir, aus den in der Bibliothek de l'Institut befindlichen Manuskripten alles Wesentliche, was in das Gebiet des Maschinenbaues und der mechanischen Technologie gehört, in einigermassen übersichtlicher Ordnung zusammengestellt zu haben.

# Juanelo Turriano (1500—1585).

Auf Taf. 95 von Ramelli's Werk: „Le diverse et artificiose machine" findet sich die in unserer Fig. 554 wiedergegebene Maschine abgebildet, die vermittelst zweier Reihen (bezw. einer Reihe) schwingender Rinnen, die durch ein unterschlächtiges Rad gleichzeitig in verschiedenen Richtungen hin und her gedreht werden, Wasser einen Berg hinan fördert.

Als wir unsere Abhandlung über Ramelli für den Jahrgang 1890 des „Civilingenieur" schrieben, erschien uns die Form dieser Maschine so sonderbar, dass wir sie nur für ein Produkt theoretischer Spekulation hielten und nicht glaubten, dass sie jemals praktisch angewendet worden sei, weshalb wir sie nur mit wenigen Worten erwähnten. Inzwischen sind wir durch Herrn Dr. Nick, Bibliothekar der Grossherzoglich Hessischen Hofbibliothek, auf eine Abhandlung des Bergingenieurs Don Luis de la Escosura y Morrogh aufmerksam gemacht worden, die im Jahrgange 1888 der „Memorias de la Real Academia de Ciencias exactas etc." zu Madrid erschienen ist und woraus sich ergiebt, dass eine solche Maschine im 16. Jahrhundert nicht nur ausgeführt, sondern etwa achtzig Jahre lang im Betriebe war und solche Berühmtheit erlangte, dass der Scharfsinn und die Kunstfertigkeit ihres Erbauers in Spanien sprüchwörtlich wurde, dass Chronisten sie priesen und Dichter sie besangen.

Diese Abhandlung ist überschrieben: „El Artificio de Juanelo y el Puente de Julio Cesar" (Die „Kunst" des Juanelo und die Brücke des Julius Cesar). In der Einleitung wird gesagt:

„Janelo oder Juanelo Turriano, Uhrmacher und Mechaniker Kaiser Karl's V., gelangte während der Regierung Philipp's II. dahin, ein berühmter Ingenieur zu werden*), indem er, um das Wasser des Tajo nach dem Alcázar von Toledo zu heben, die »Kunst« (Maschine) konstruirte, die seinen Namen trägt. Die Wasserkunst hatte einen breiten Strassenzug zu überschreiten, wie der Chronist Ambrosio Morales berichtet, und Juanelo löste diese schwierige Aufgabe dadurch, dass er die Röhren und Gefässe seiner Maschine auf eine hölzerne Brücke setzte, die eine

*) In unserer Abhandlung über Ramelli (S. 208) erwähnten wir, dass viele der damaligen Fürsten und Herren sowohl Hofmechaniker, als Hofalchimisten hielten. Wir werden nun einige genauere Nachrichten über die Stellung eines solchen Hofmechanikers geben können.

getreue Wiedergabe derjenigen war, welche JULIUS CAESAR über den Rhein schlagen liess . . . . .

Es dürfte nicht überflüssig sein, dem Leser mitzutheilen, dass die Rathsversammlung von Toledo unter dem Vorsitze von DON RODRIGO ALEGRE mich im Jahre 1861 beauftragte, die Versorgung der Stadt mit Wasser zu studiren, und dass damals beim Betrachten der jetzt verschwundenen Mauerreste der »Kunst«, die bei der Brücke von Alcántara standen, der Wunsch in mir erwachte, die fast als wunderbar gerühmte Maschine des JUANELO kennen zu lernen, so dass ich von jener Zeit an kein mir zu Gebote stehendes Mittel unbenutzt liess, um diese Wissbegierde zu befriedigen . . . ."

Auf die Einleitung folgen in der Abhandlung: Notizen über Werke und Projekte zur Wasserversorgung Toledo's in der Zeit vor der Aufstellung von JUANELO's „Kunst". Darin wird gesagt:

Fig. 554.

„In Römerzeiten leitete man das Wasser der Quellen »del Roble« und »del Castaño«, die in den Einsenkungen der Gebirgszüge liegen, welche das Thor von Yebenes und die Abhänge von Castañar bilden, vermittelst eines Aquäduktes in die Stadt, der den Fluss Tajo an deren Fuss auf einer gemauerten Brücke überschritt. Die Fundamente dieser Brücke reichen, namentlich auf dem linken Ufer, mehr unterhalb der Brücke von Alcántara sehr nahe an die Ruinen der »Kunst« heran. Man weiss weder zu welcher Zeit der Aquädukt erbaut wurde, noch wann er ausser Gebrauch kam, aber man kann sich aus seiner Länge, die mehr als 7 leguas (6 geographische Meilen) beträgt, eine Idee von der Wichtigkeit dieses Werkes bilden. Das Wasser trat durch das Thor »De Doce Cantos« in die Stadt, das in früheren Zeiten »De Doce Caños« (der zwölf Röhren) oder »De Doce Cauces« (der zwölf Rinnsale) hiess . . . .

„Seit der Zerstörung des Aquäduktes versorgte man Toledo während vieler Jahrhunderte mit Wasser aus dem Tajo zum täglichen Konsum oder zum Füllen der Reservoirs in den Häusern, das man auf Lastthieren hinaufschaffte. Wie aus einigen

Notizen in einem Einnahmebuche des Klosters »de la Conception Francisca« hervorgeht, worüber PARRO (»Toledo en la mano«, t. II, p. 659) berichtet, dachte man bis zu Anfang des Jahres 1526 nicht daran, dieses primitive System der Versorgung zu ändern. »Damals fing man an«, sagen die Notizen, »ein Werk zum Hinaufschaffen des Wassers von den Mühlen von Gazi-Sanchez bei der Brücke von Alcántara an bis zu dem Platze von Zocodover auszuführen. Es kamen zu diesem Zwecke Ingenieure aus Deutschland, die Graf MASCIO, Marquis von Zenete und Camarero, Verwalter unseres Herrn, des Kaisers, hatte kommen lassen. Vom Beginne des Werkes an legte man sehr hohe Steuern zur Deckung der Kosten auf .... Diese Erfindung bestand aus grossen Stempeln, die das Wasser wüthend (furiosamente) stampften und mit solcher Gewalt durch metallene Röhren hinauftrieben, dass alle Leitungen zerbrachen, und man kein genügend starkes Material hatte, um sie daraus zu giessen. So kam es, dass dieser Apparat von sehr kurzer Dauer war.«"

Wahrscheinlich gebrauchten die deutschen Ingenieure Pumpen mit langen Massivkolben, ähnlich Fig. 555, denn die Benennung „Stempel" ist für solche Kolben passend. Der Ausdruck: „wüthend stampfen" ist für die heftigen Stösse, die beim Arbeiten solcher Pumpen ohne Windkessel bei grosser Druckhöhe und Länge der Leitung entstehen mussten, bezeichnend. DON LUIS DE LA ESCOSURA fährt fort:

Fig. 555.

„Welche Art von Metall wird das der Röhren gewesen sein? Was für Pumpen gebrauchten die Deutschen? Aus den »Notizen« kann man nichts entnehmen. Wenn man das Wort Metall nicht im allgemeinen Sinne nimmt, sondern Bronce oder Messing darunter versteht, so überrascht es, dass der Ausgang ein so unglücklicher und rascher gewesen ist. Die Länge der Rohrleitung zwischen den Mühlen von Gazi-Sanchez nnd Zocodover übersteigt nicht 600 m, und der Höhenunterschied ist etwa 80 m, so dass die Röhren zunächst des Flusses einen permanenten Druck von 8 Atmosphären und den zufälligen des Antriebes auszuhalten hatten, der durch die Pumpenkolben hervorgebracht wurde. Auch wenn diese »wüthend stampften«, wie die Notizen des Klosters sagen, mussten sie doch nicht die sofortige Zerstörung von Röhren aus gegossenem Messing bewirken."

Uns scheint es, als ob die Gewalt der Wasserstösse, wie sie unter den obwaltenden Umständen eintreten mussten, hier unterschätzt würde. Wenn broncene oder messingene Röhren angewendet wurden, gab man ihnen wegen der Kostspieligkeit des Materials und aus Mangel an Erfahrung wahrscheinlich geringe Wandstärke, und es scheint uns durchaus nicht unglaublich, dass solche Röhren bei 8 bis 9 Atmosphären konstantem Wasserdrucke (später wird nämlich die Druckhöhe zu 90 m angegeben), verbunden mit heftigen Wasserstössen, sehr bald barsten. Unser Autor fährt fort:

„Man kann nicht annehmen, dass die Röhren von Gusseisen gewesen wären, denn ausser, dass seine Widerstandsfähigkeit den Bruch verhindert haben würde, erscheint es auch als eine erwiesene Thatsache, dass die ersten Gegenstände von diesem Metalle in England von RALPH HAGE und PETER BAWDE im Jahre 1554 gegossen wurden (Baker Chronikles of the Kings of England. Edit. 1665, pag. 317, cit. per Ewbank: A description and historical account of hydraulic and other machines for raising water. London 1842. pag. 553).“

Letztere Behauptung dürfte insofern unrichtig sein, als gusseiserne Kugeln, Geschütze, Ofenplatten und Feuerböcke schon gegen Ende des 15. und zu Anfang des 16. Jahrhunderts in Deutschland und Frankreich gegossen wurden (vergl. Dr. Ludwig Beck, „Geschichte des Eisens“, Bd. I, S. 910, 912, 948 und Bd. II, S. 293, 318, 319); doch stimmen wir darin, dass die Herstellung gusseiserner Röhren um 1526 unwahrscheinlich ist, mit unserem Autor überein. Dieser fährt fort:

„Nach dem, was ich gesagt habe, und dem Wenigen, was man aus den »Notizen« herleiten kann, bin ich geneigt zu glauben, dass die Röhren von Blei waren; entweder aus Platten von diesem Metalle hergestellt, oder in kurzen Stücken gegossen und durch Blei oder Loth mit einander verlöthet . . . .“

Es wird darauf hingewiesen, was Vitruv über Bleirohre zu Wasserleitungen angiebt, aber dabei irrthümlich behauptet, dass die Wandstärke der Röhren nach diesen Angaben dem Durchmesser proportional gewesen sei, während Vitruv das Gewicht bei gleicher Röhrenlänge dem Durchmesser proportional angiebt, was für alle Durchmesser ein und dieselbe Wandstärke ergiebt, und zwar annähernd 8 mm. Nachdem dann das hohe Alter der Kunst des Bleigiessens nachgewiesen worden ist, heisst es weiter:

„In der Zeit, worauf sich die Notizen des Klosters beziehen, waren die Pumpen, die man in den Bergwerken Deutschlands, Ungarns und in Almaden, sowie zum Auspumpen von Wasser aus Schiffsrumpfen gebrauchte, von Holz (vergl. Agricola: De re metallica und Morales: Las Antig. de España, t. IX, p. 167), während die von Metall wenig in Gebrauch sein mussten, weil am 9. November des Jahres 1526, in dem die Deutschen in Toledo ankamen, eine königliche Verordnung zu Gunsten des Diego Ribero, Kosmographen und Meisters in nautischen Instrumenten, erlassen wurde in Betreff einer neuen metallenen Pumpe seiner Erfindung, wie Don Martin Fernandez de Navarete berichtet*). Es ist ersichtlich, dass die Pumpe ausgezeichnete Resultate ergab. Diese königliche Verordnung und die Sorge des Fernandez Navarete, jede sich bietende Gelegenheit zu benutzen, um das Genie unserer Landsleute zu preisen, sind Thatsachen, die man anführen könnte, um zu beweisen, wie riskirt es bei vielen gewerblichen Erfindungen ist, ihnen Originalität zuzuerkennen. Die Druckpumpe des Ktesibius, die Vitruv in seiner »Architectura« unter dem Namen »Ktesibische Maschine« beschreibt, war von Metall. »Ea (die Maschine) fit ex aere« sind seine Worte. So dass man drei Jahrhunderte vor Christus in Alexandrien Pumpen von Bronce konstruirte und 1800 Jahre nach dem Erscheinen der »Kommentarien« des Ktesibius in Spanien eine königliche Verordnung in Betreff der Erfindung einer solchen Pumpe erliess . . . .

Die Deutschen, welche im Jahre 1526 nach Toledo kamen, könnten broncene Pumpen gebraucht haben, da solche bekannt waren; allein ich bin geneigt zu glauben, dass sie von Holz waren; da in den Bergwerken ihres Landes, sowie Spaniens, gewöhnlich hölzerne Pumpen gebraucht wurden . . . .

Das Werk der Deutschen, wovon das Manuskript berichtet, war nicht das letzte, das man plante, um Wasser aus dem Tajo nach Toledo hinaufzuschaffen, ehe man die »Kunst« des Juanelo aufstellte. Denn in einer Verordnung vom 20. Oktober

*) „Coleccion de viajes y descubrimientos que hizieron por mar los Españoles“, t. I, ilust. IV, pag. 124. Madrid 1825.

1570, registrirt auf Fol. 211 des Buches »De Obras y Bosques«*), befahl der König den Rechnungsführern, auf Konto des Zahlmeisters von Toledo 117640 maravedis (692 *M*) einzutragen, die er an die Pächter der Mühle bezahlt hatte, die unterhalb der Brücke von Alcántara stand, »für 865 Tage, die im vergangenen Jahre 1562 nach unserem Befehle JUAN COTEN und Meister JORGE, ein Flamländer, unsere Diener, zum Hinaufschaffen von Wasser nach der genannten Stadt an der Herstellung gewisser Maschinen arbeiteten, die nicht den Effekt hatten, wie diejenige, welche JUANELO TURRIANO, unser Uhrmacher, vom 1. Januar 1564 bis 14. Mai 1566 seitdem gemacht hat«. Aus welchem Dokumente der Leser ersehen wird, ohne dass ich ausführlichere Nachricht geben könnte, dass JUAN DE COTEN und Meister JORGE im Jahre 1562 irgend eine Maschine zum Heben von Wasser nach Toledo projektirten und die Mühle bei der Brücke von Alcántara benutzten oder bewohnten. Man weiss nicht, ob sie Proben anstellten, oder ob die Maschine im Stadium des Projektes gelassen wurde . . . ."

Unter der Ueberschrift „Juanelo tritt in die Dienste des Kaisers" wird berichtet:

„JUANELO wurde zu Cremona geboren, entweder im letzten Jahre des 15. oder im ersten des 16. Jahrhunderts. Als Kaiser KARL V. 1529 zu Bologna gekrönt ward, wurde JUANELO mit anderen Künstlern gerufen, um eine Uhr von komplicirter Konstruktion zu prüfen, die man dem Kaiser überreicht hatte und die, weil ihre Theile verrostet und unvollständig waren, nicht funktioniren konnte. Von den Gerufenen verstand nur JUANELO das Werk, das als ein wunderbares geschildert wird, und erbot sich, es wieder herzustellen, doch hielt er es für rathsamer, eine neue gleiche Uhr, von derselben Gestalt wie die alte, zu machen. Dieser Beweis seiner einzig dastehenden Geschicklichkeit, verbunden, wie es scheint, mit der Protektion, die ihm DON ALONSO DE AVALES, Marqués de Vasto, angedeihen liess, bestimmten den Kaiser, ihn in seine Dienste zu nehmen. Er musste mit dem übrigen Gefolge den Kaiser in seine Feldzüge und auf seine Reisen in Spanien begleiten.

Von der alten Uhr, die JUANELO wieder herstellte, oder die ihm als Muster diente, berichten Alle, die über das Leben des Kaisers oder über die Werke JUANELO's geschrieben haben. Doch finden sich in den Nachrichten dieser Autoren grosse Widersprüche und in den Citaten, meines Erachtens, unbegreifliche Irrthümer. Und da diese Uhr vielleicht das wichtigste Werk ist, das JUANELO in seinem Leben ausführte, insofern es ihm zuerst Berühmtheit als Mechaniker und Mathematiker verschaffte und ihm den Eintritt in die Dienste des Kaisers eröffnete, wodurch er dann dazu gelangte, die Wasserkunst in Spanien zu konstruiren, so glaube ich, keine Nachricht über dieses berühmte Werk aufnehmen zu dürfen, ohne sie sorgfältig zu prüfen. Ich beginne diese Prüfung damit, dass ich kopire, was AMBROSIO MORALES, ein begeisterter Verehrer und Freund JUANELO's, in seinen »Antiguedades de las ciudades de España«, t. IX, de la Cronica general de España, pag. 337 sagt: »Da ich angefangen habe, von den Werken dieses ausserordentlichen und berühmten Ingenieurs zu sprechen, so will ich für den, der sie nicht gesehen hat, hier einige Aufzeichnungen darüber hinterlassen . . . ., und es wird mir dabei zu statten kommen, was JUANELO selbst mir davon gezeigt und erklärt hat. Denn wenn ich fähig war, es zu verstehen und Vergnügen daran zu haben, beliebte es ihm manchmal, mich zu belehren und mich dadurch zu erfreuen. Er fasste den Plan, eine Uhr mit allen Bewegungen des Himmels zu machen, sodass sie die des ARCHIMEDES überträfe, die PLUTARCH beschreibt, sowie die eines anderen Italieners jener Zeit, worüber ein Brief des HERMOLAO BARBARO an ANGELO POLICIANO berichtet. Und er übertraf sie so

*) Noticias de los Arquitectos y de la Arquitectura de España, por el Excm. Sr. DON EUGENIO LLAGUNO, illustradas y acrecentadas por D. JUAN AUGUSTIN CAEN-BERMUDEZ, t. II, pag. 246. Madrid 1829.

weit, dass, wer die Uhr des Juanelo gesehen und über die der anderen Künstler gelesen hatte, sofort einsah, dass diese alle zu unbedeutend waren, um ihn mit den anderen vergleichen zu können. Denn es giebt keine Bewegung am Himmel, welche die Astronomie (nach dem Ptolemäischen System) betrachtet, so geringfügig, verschiedenartig oder entgegengesetzt sie auch sein möge, die hier nicht auf Jahre, Monate, Tage und Stunden sicher bestimmt wäre. Nichts gab es, was ihm als Muster hätte dienen können. Ich will nur erwähnen, dass man hier das primum mobile (d. i. in der alten Astronomie die tägliche, scheinbare Bewegung des Himmels) mit seiner entgegengesetzten Bewegung fand, die acht Sphären mit ihren Schwingungen, die Bewegungen der sieben Planeten mit allen ihren Verschiedenheiten, Sonnenstunden, Mondstunden, die Erscheinung der Zeichen des Thierkreises und vieler anderer Hauptsterne, dazu noch viele andere äusserst erstaunliche Dinge, die ich nicht im Gedächtniss habe. Er verbrachte, wie er mir sagte, zwanzig Jahre damit, sie sich im Geiste vorzustellen und den Plan dazu auszuarbeiten, und infolge dieser grossen Anstrengung und Versenkung in seine Betrachtungen erkrankte er zu jener Zeit zweimal und kam dem Tode nahe . . . . alsdann aber brachte er nicht mehr als drei Jahre damit zu, diesen Plan mit seinen Händen auszuführen . . . . Das war viel, denn die Uhr enthält 1800 Räder. Er musste daher jeden Tag (die Festtage ausgenommen) wenigstens drei Räder ausarbeiten ohne das Uebrige. Die Räder aber waren nicht nur in der Grösse, sondern auch in der Zahl und Form der Zähne verschieden. Aber so bewundernswerth diese Schnelligkeit (des Arbeitens) ist, so setzt doch eine geistreiche Drehbank, die er erfand, noch mehr in Erstaunen. Auch sahen wir ihn Räder von Eisen mit der Feile in den Zirkel arbeiten und die Gleichheit der Zähne herstellen, wie sie erforderlich war . . . . Juanelo sagte, dass er die grössten Schwierigkeiten in drei Dingen gehabt habe, nämlich in der Bewegung des primum mobile, in der Bewegung des Merkur und in den ungleichen Stunden des Mondes. Um diese Schwierigkeiten zu überwinden und diese Bewegungen mit aller Genauigkeit und allen ihren widersprechenden Verschiedenheiten in die Uhr zu bringen, sagte er, habe er die Kunst dahin gebracht, wohin die Zahlen nicht kommen könnten, und er würde dies, wo es erforderlich sei, mit aller Klarheit beweisen. Dies ist ein merkwürdiges, unerhörtes Vorauserfassen und Eindringen mit dem Verstande. Und wenn ein solches im allgemeinen bewundernswerth ist, so ist es bei Juanelo um so höher anzuschlagen, weil er die Arithmetik kannte und wusste, wieviel man bei vollständiger Kenntniss derselben ausrichten kann . . . .“

„Ich wundere mich, dass ein Schriftsteller von so viel Gelehrsamkeit und Verstand, wie Morales, sich bemühen konnte, den Archimedes, den ersten Geometer und den geistreichsten und tiefsinnigsten Weisen, den es auf der Welt gab, dadurch herabzusetzen, dass er erklärte, seine wichtigen Entdeckungen und seine für bewundernswerth gehaltenen Werke seien im Vergleiche mit der Uhr des Juanelo geringfügig. Die Anmaassung Juanelo's, zu behaupten, dass er die Kunst dahin gebracht habe, wo Zahlen nicht hinreichen, eine Aeusserung, die in jedem Lichte betrachtet dunkel und prätentiös ist, nimmt das Wohlwollen des Morales, seines entschiedensten und enthusiastischsten Bewunderers, bis aufs Aeusserste in Anspruch . . . .“

Es scheint, als ob unser Autor durch seine Verehrung für Archimedes, die wir vollkommen theilen, hier zu einem unbilligen Urtheile gegen Morales und Turriano verleitet würde. Denn in den citirten Stellen des Ersteren wird nicht gesagt, dass die Entdeckungen und Werke des Archimedes im allgemeinen im Vergleiche mit der Uhr des Juanelo geringfügig seien, sondern es wird nur gesagt, dass dieser eine weit vollständigere und bessere Uhr gemacht habe, als Archimedes, und dies ist sehr wahrscheinlich. Was aber die Aeusserung Juanelo's anbelangt, er habe die Kunst dahin gebracht, wohin die Zahlen nicht reichten, so dürfte er damit die Kunst gemeint haben, durch mechanische Mittel Umdrehungen von einer „untheilbaren Zahl“ zu erzeugen, worüber CORDANUS in seinem Werke: „De subtilitate“ schreibt (vergl. S. 168 u. 171). Und in diesem Sinne finden wir seine Aeusserung zwar dem damaligen Zeitgeschmacke entsprechend etwas mysteriös, aber doch nicht so dunkel und prätentiös, wie DON LUIS DE LA ESCOSURA sie hinstellt. Dieser sagt ferner:

„Unter allen Umständen beweist die Erzählung dieses Schriftstellers (MORALES), dass, wenn er diejenige von der Uhr von Bologna kannte, er es nicht für angezeigt hielt, sie in den »Antiguedades de España« wiederzugeben; und wenn er sie nicht kannte, dass JUANELO Sorge trug, ihn nicht mit der Gelegenheit und den Umständen bekannt zu machen, die seinen Eintritt in die Dienste des Kaisers veranlassten.“

Auch dieses Urtheil erscheint uns zu hart. MORALES sagt, JUANELO habe den Plan gefasst, eine vollkommenere Uhr zu bauen, als alle seine Vorgänger, und es ist anzunehmen, dass er während der zwanzig Jahre, die er auf die Feststellung ihrer Konstruktion verwendete, seine Aufgabe mehr und mehr erweiterte, so dass schliesslich seine Uhr die von Bologna weit übertraf und er berechtigt war, sie als seine eigene Erfindung zu betrachten. Auf die Untersuchung unseres Autors, ob die in Bologna dem Kaiser überreichte alte Uhr von Boëcius, der von 470 bis 525 n. Chr. lebte, herstammte, wie ein Schriftsteller behauptet, oder ob sie aus Paris gekommen sei, wie ein anderer sagt, wollen wir nicht näher eingehen. Es wird dadurch erwiesen, dass diese Behauptungen auf nachlässigem Lesen einer Stelle aus BERNARDO SACCO's Werk: „De Italicarum Rerum Varietate“, Papiae 1565, beruhen, in welcher Stelle ausdrücklich gesagt wird, dass man nicht wisse, wer die Uhr gemacht habe („Cujus operis auctor ignoratur“). Ueber die Beschaffenheit der Uhr des JUANELO berichtet unser Autor:

„Die Uhr hatte etwa zwei Fuss Durchmesser, war beinahe kugelförmig, ein wenig breiter, als hoch. Sie endigte nach oben in eine Kuppel, und darüber war ein Thürmchen mit Stundenglöckchen und Wecker gesetzt. Das äussere Gehäuse von vergoldetem Messing liess einige Oeffnungen frei, wodurch man die Bewegungen grösstentheils sehen konnte. Durch das Spiel von zwei oder drei Federn, sagt MORALES, ging alles mit seinen verschiedenen Umlaufszeiten: Saturn in seinen dreissig Jahren, das primum mobile in einem Tage, die Sonne in einem Jahre, der Mond in einem Monate durch die Ekliptik, und so wie diese auch die übrigen mit den ihnen eigenthümlichen Bewegungen.

Als der Kaiser ihn fragte, was er als Inschrift auf die Uhr zu setzen dächte, antwortete er: »Juanelus Turianus Cremonensis horologiorum architector«. Und da er hier innehielt, fügte Se. Majestät bei: »Facile Princeps (das Leichte machte der Fürst)«, und so steht es nebeneinander. — An eine andere Stelle, wo das Portrait JUANELÒ's angebracht ist, schrieb er: »Qui sim scies, si par opus facere conaberis (Wer ich bin, wirst Du verstehen, wenn Du ein ähnliches Werk zu machen versuchen wirst)«.

„Wenn auch die Messingplatten die Bewegungen der Planeten und viele andere unbedeckt lassen, so bedecken sie doch die ganze innere Bewegung der Räder. Deshalb machte er noch eine quadratische, etwas kleinere Uhr mit weniger Bewegungen und bedeckte sie mit Deckeln von Krystall, durch die man alle Bewegungen der Räder sieht. Auf diese Uhr setzte er den philosophischen Spruch: »ut me fugientem agnoscam (damit ich mich den Flüchtigen erkenne)«.

„Auch erzählt Morales, dass Juanelo eine kleine eiserne Mühle erfand, die man im Mantelsacke bei sich tragen konnte und welche zwei celemines (etwa 8 kg) Getreide im Tage mahlen konnte. »Ich glaube,« sagt er, »dass sie für das Heer bei Belagerungen und auf Seefahrten von grossem Nutzen ist, da sie sich selbst bewegt, ohne angetrieben zu werden.« Man weiss nicht, was man mehr bewundern soll, die Geschicklichkeit, womit Juanelo die Feder verbarg, oder die Naivität des Morales beim Untersuchen der Mühle."

Wir sehen uns durch die angeführte Stelle des Morales nicht veranlasst, anzunehmen, dass er die treibende Feder nicht als nothwendig erkannt, oder dass Juanelo sie ihm verheimlicht habe. Auch heute noch ist es bei Feder- und Gewichtsuhren, sowie bei vielen Maschinen und Mechanismen üblich zu sagen, sie bewegten sich von selbst, oder sie seien selbstthätig, wobei es Niemanden einfällt, Den als zu naiv oder als betrogen hinzustellen, der sich dieser Ausdrucksweise bedient. Unser Autor fährt fort:

„Er erzählt ferner, dass Juanelo die alten, sich bewegenden Statuen, die die Griechen Automaten nannten, wieder hergestellt und eine Frau gemacht habe von mehr als ein Drittel der natürlichen Grösse, die, auf einen Tisch gestellt, nach den Klängen eines Tambourins, das sie selbst schlug, darüber hin tanzte und sich drehend dahin zurückkehrte, von wo sie ausgegangen war. Obgleich dies nur ein Spielzeug zum Lachen gewesen sei, zeuge es doch von seinem grossen Geiste.

Estrada*) fügt zu den Wunderwerken, die Morales beschreibt, noch andere zu, wie Figürchen von Soldaten, die kämpften, von Pferden, die sich bäumten, von Kriegern, die Trommeln schlugen und Trompete bliesen, und von Vögeln, die wie lebend durch das Haus flogen.

Es gelang mir nicht, die Zeit festzustellen, wann er diese Spielzeuge machte, die bei seinen Zeitgenossen so viel Bewunderung erregten. Man weiss, dass er in den 27 Jahren zwischen 1529, als er bei der Krönung in Bologna die Uhr prüfte, und 1556, als er mit dem Kaiser in Yuste**) in der Zurückgezogenheit lebte, an den beiden Uhren, der grossen und der mit krystallenen Deckeln, arbeitete; aber es ist nicht erwiesen, ob er während dieser Zeit noch alle oder auch nur einige der erwähnten Maschinen konstruirte.

Der Kaiser lebte knapp zwei Jahre in Yuste, und während der Stunden, welche ihm die Erfüllung der religiösen Uebungen, die man ihm auferlegt hatte, und seine Korrespondenzen und Staatsgeschäfte frei liessen, ging er in die Werkstätte Juanelo's, der für die beiden grossen Uhren und für Taschenuhren, die damals auch schon im Gebrauche waren, zu sorgen hatte, und half seinem Mechaniker bei der Reparatur und Konstruktion dieser Instrumente, deren Räder, wie Estrada sagt, er leichter im Zaume halten konnte, als die des Schicksals.

Ein Autor versichert, dass Juanelo die erste Person gewesen sei, die der Kaiser des Morgens empfangen habe; allein die Angaben des Fr. J. Siguenza, Priors des Escurial und Geschichtsschreibers des Ordens des Hieronimus, scheinen den Vorzug zu verdienen, und danach trat zuerst Pater Regla ein, um sich zu erkundigen, wie Se. Majestät die Nacht zugebracht habe, um ihm bei seinen Privatgebeten zu assistiren. Alsdann kam der Arzt, Dr. Mathys. Turriano, den Mechaniker, zählte man zu den ersten Besuchern, die Se. Majestät empfing.

Ich weiss nicht, wo man die beiden Uhren seit dem Tode des Kaisers (1558) hingebracht hat, noch kenne ich den Aufenthaltsort der Spielzeuge. Das einzige

---

*) Famiani Stradae, Romani e Societate Jesu „De Bello Belgico", decas prima, pag. 8. An. 1708.

**) St. Juste, Hieronimitenkloster in Estramadura, worin Karl V. die beiden letzten Jahre seines Lebens zubrachte.

Dokument, worin von diesen Werken geredet wird, ist eine Verordnung vom 26. Mai 1566, worin der König (Philipp II.) befiehlt, dem Juanelo 2750 Dukaten (6066 ℳ) für eine Uhr von Krystall, die er gemacht habe, zu zahlen, indem er den Unterschied zwischen 2500 und 3000 Dukaten, wozu sie durch verschiedene Taxatoren geschätzt worden war, theilte. Was die grosse Uhr betrifft, so ist anzunehmen, dass sie der Kaiser (Karl V.) bezahlte . . . .“

Unter der Ueberschrift: „Juanelo tritt in die Dienste des Königs Philipp II. Beschreibung der Wasserkunst“ berichtet Don Luis de la Escosura:

„Nach dem Tode des Kaisers lud der König, Don Philipp II., der sich in Flandern befand, Juanelo ein, in seinen Diensten zu bleiben, mit der Verpflichtung, in seinen Landen zu wohnen. Dafür wies er ihm jährlich 200 Dukaten an, die ihm bis 1561 durch den Generalschatzmeister Domingo Orbea gutgeschrieben wurden. Danach ging Juanelo zu dem Könige und bat ihn, den Gehalt zu erhöhen, da er nicht davon leben könne und er geringer sei als derjenige, welcher ihm von dem Kaiser, seinem Vater, bewilligt worden wäre. Und in Anbetracht der Dienste, der Tüchtigkeit und Geschicklichkeit Juanelo's befahl der König, dass dessen Gehalt vom 1. Juli 1562 an verdoppelt werde, . . . . . wogegen er die Verpflichtung hatte, bei Hofe zu leben und Uhren und andere Dinge seiner Profession zu machen. Doch bezahlte man ihm ausserdem alle Arbeiten, die er für den König machte, so, wie sie taxirt wurden.

In einer anderen Verordnung, datirt: en el Bosque de Segovia (Valsain) den 26. Mai 1563, giebt der König dem Juanelo Turriano die Erlaubniss, dass er in Madrid oder Toledo bleiben könne, um »gewisse Dinge« seiner Profession, die den Dienst des Königs angingen, nach dessen Anordnungen zu machen, während dieser nach Aragonien ging, um dort den Landtag der Krone abzuhalten. Aus dem Vergleiche des Datums dieser Verordnung mit der oben citirten vom 20. Oktober 1570, wonach Juanelo vom 1. Januar 1564 bis 14. Mai 1566 die Mühle bei der Brücke von Alcántara bewohnte, schliesse ich, dass jene »gewissen Dinge« die »Kunst« waren, um Wasser vom Tajo nach dem Alcázar zu fördern.

Auch ist noch zuzufügen, dass der König durch eine andere Verordnung vom gleichen Datum (20. Oktober 1570) befahl, die Mühle, die Juanelo ausgewählt und bezeichnet hatte, um seine Wasserkunst zu entwerfen und aufzustellen, zu kaufen. Es heisst darin: »Und weil der genannte Ingenieur sich da befindet, wie schon früher, und an dem genannten Platze bleiben und verweilen muss, haben wir beschlossen, die genannte Mühle für uns zum Gebrauche des genannten Ingenieurs ankaufen zu lassen.« *)

Danach ist klar und gewiss, dass Juanelo Mitte 1563 vom Könige die Erlaubniss bekam, in Madrid oder Toledo zu leben, dass er vom 1. Januar 1564 an die Mühle bewohnte, und dass 1570 die Wasserkunst funktionirte, die nach dem, was Juanelo in einer Vollmacht erklärte, die er zu Gunsten der Juan Antonio Fassole ausstellte, wovon wir später noch sprechen werden, im Jahre 1568 vollendet wurde . . . .

Juanelo erzählte dem Morales, als er einst in Italien gewesen sei, habe er den Marqués del Vasto über den Wassermangel klagen hören, den die Einwohner von Toledo litten wegen der Schwierigkeit, das Wasser aus dem Tajo auf die grosse Höhe zu heben, auf der die Stadt liegt. Seit diesem Tage habe er sich damit beschäftigt, die Wasserkunst zu entwerfen, die er erst nach 38 Jahren aufgestellt sah. Estrada bestätigt dies, indem er von den Erlebnissen des Kaisers in Yuste spricht, denn er setzt voraus, dass der Kaiser an dem Studium der Wasserkunst theilnahm und über die Maschine das grösste Lob aussprach, worüber Turriano fortwährend nachsann.

---

*) Noticias de los Arquitectos, t. II, pag. 246.

„Der Lombarde machte zuerst ein Modell von der Maschine, und MORALES, der Gelegenheit hatte, es zu sehen, beschreibt das, was er »die Grösse und ausserordentliche Tiefe der Erfindung« nennt, folgendermassen:

„Das Wesentliche davon besteht darin, einige kreuzweise Bälkchen in der Mitte und mit den Enden in der Art zusammenzubolzen oder durch Zapfen zu verbinden, wie sich eine Maschine bei ROBERTUS VALTURIUS findet, um einen Mann in die Höhe zu heben. Indem die ganze Strecke so zusammengekettet ist, bewegen sich, wenn man die beiden ersten beim Flusse bewegt, die zunächst dem Alcázar befindlichen mit grosser Ruhe und Zartheit. Dies scheint schon von VALTURIO gefunden worden zu sein, aber das, was ganz sein (JUANELO's) Eigen ist, ist, dass er mit diesem Bewegungsmechanismus von Holz gewisse weite Messingröhren, beinahe eine Klafter (braza) lang*), zusammengebolzt oder verzapft hat mit zwei Gefässen von demselben Metalle an den Enden, die bei der Bewegung des Holzwerkes auf und ab gehen. Beim Niedergehen füllt sich das eine und das andere entleert sich, indem beide in seitliche Verbindung treten und während der ganzen Zeit ruhig stehen, welche nothwendig ist, damit das volle sich in das leere ausgiesst. Sobald dies geschehen ist, geht das volle an die Höhe, um dann wieder niederzugehen und mit dem hinteren

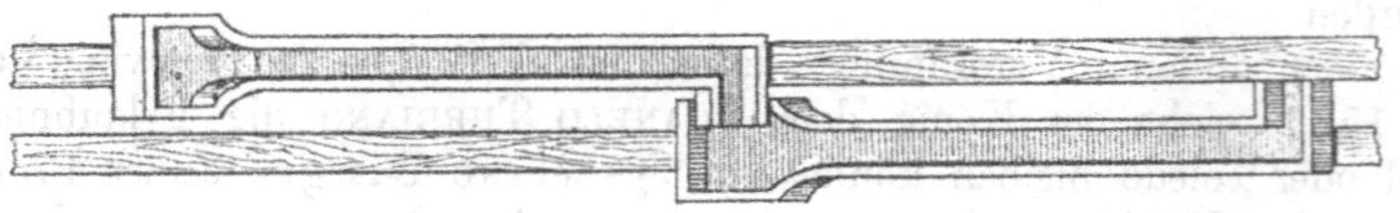

Fig. 556.

vollen in Verbindung zu treten, das ebenfalls niedergeht, um es zu füllen . . . .

Ich gestehe, als ich die Erklärung des MORALES mehrmals gelesen hatte und versuchte, die Maschine des JUANELO aufzuzeichnen, gelang mir dies nicht. Die Autoren, welche von der Wasserkunst sprechen, müssen nicht glücklicher gewesen sein, denn alle beschränken sich darauf, die Nachricht des MORALES oder einen Auszug daraus ohne Beifügung irgend einer Erklärung abzuschreiben. Vergeblich suchte ich in Archiven und Bibliotheken nach einer Abbildung der Wasserkunst, und nachdem ich die Hoffnung aufgegeben hatte, auf diesem Wege zur Befriedigung meiner Wissbegierde zu gelangen, beschloss ich, Werke über Architektur, Mechanik und Kriegsbaukunst aus jener Zeit durchzusehen, um Abbildungen oder Beschreibungen von etwas der Wasserkunst Vergleichbarem zu suchen. Was ich mit Fleiss und Arbeit nicht erreichen konnte, spielte mir zuletzt der Zufall in die Hände, indem ich ein sehr seltenes Buch besah, das D. CONSTANTIN ARDANAZ, ein Freund von mir, . . . . aus Italien mitbrachte . . . . Der Titel dieses Werkes ist: »Le diverse et artificiose machine« del capitano AGOSTINO RAMELLI. 1588. Der Zufall wollte, dass ich dieses Buch gerade bei dem Kupferstiche, der zu Kap. 95 gehört, aufschlug, worin ich sofort die »Kunst« des JUANELO erkannte, wie sie MORALES beschreibt, . . . . die auch der Leser bei der einfachen Betrachtung der Abbildung (Fig. 554) sofort verstehen wird, . . . . und damit er sich in die wahre Stellung der (schwingenden) Rinnen hineindenken kann, habe ich die Skizze Fig. 556 entworfen, welche zeigt, wie diese sich in der Horizontalprojektion über den Hölzern (*N*) und (*S*) darstellen und beide »seitlich in Verbindung treten«, wie der Chronist sagt.

Wenn der Leser an die Stelle der Mulden und Rinnen (*K*, *B*) (Fig. 554) im Geiste Gefässe und Röhren von Messing auf die Schwingen (*MM*) . . . (*OO*) . . .

*) Aus einer später folgenden Stelle scheint hervorzugehen, dass 1 braza = 1,5 m.

setzt, so wird er bemerken, dass sie mit der abgebildeten Maschinerie diejenigen Bewegungen und Pausen ausführen, wie sie MORALES bei der »Kunst« des JUANELO beschreibt.

Diese hatte auch ihr Wasserrad, denn, wenn es auch der Chronist in der Beschreibung mit der Ueberschrift: »Die Art der Wasserleitung« nicht erwähnt, so kommt doch später ein Abschnitt, die »Vergleichung« genannt, worin er sich folgendermassen ausdrückt: »Merkwürdige Einzelheiten an der »Kunst« giebt es viele, aber zwei davon setzen uns ganz besonders in Erstaunen. Die erste ist die Harmonie der Bewegungen in Maassen und Verhältnissen, so dass sie zu einander passen und alle von der ersten Bewegung des Rades abhängen, welches durch das Wasser des Flusses bewegt wird ....« An dem Wasserrade der »Kunst« waren jedoch die Schöpfkasten (*bb*) von RAMELLI's Kupferstich nicht angebracht, denn in einem anderen Paragraphen, betitelt: »Merkwürdige Einzelheiten der Wasserleitung«, sagt MORALES, dass die Form der Kette und der kupfernen Schöpfbecher, die das Wasser zuerst aus dem Flusse nehmen, auch eine Erfindung JUANELO's sei, die vieles Neue biete und Erleichterung in der Bewegung gewähre, wie sich an ähnlichen Schöpfwerken zeige, die JUANELO später in Madrid ausgeführt habe. Fig. 557, ebenso wie Fig. 555, dem handschriftlichen Werke JUANELO's entnommen, stellt eines dieser Schöpfwerke in Madrid dar.

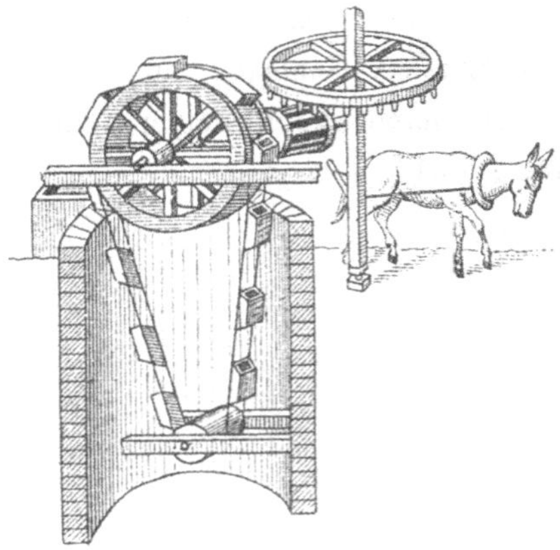

Fig. 557.

Es existirt nämlich in der »Bibliotheca nacional« ein handschriftliches Werk, betitelt: »21 Bücher über Maschinen und Apparate des JUANELO«, die der katholische König DON PHILIPP II., zu beschreiben und zu erklären befahl, dem Serenissimus DON JUAN DE AUSTRIA, Sohn des Königs PHILIPP II., gewidmet. Die Widmung kann jedoch nicht von JUANELO herrühren, weil dieser viel früher starb, als der Prinz geboren wurde. Dieser Umstand, verbunden mit einigen verständlichen und einigen unverständlichen Stellen, die man in dem Werke findet, haben den Verdacht erweckt, dass dieses Manuskript kein Original, sondern eine Abschrift von dem sei, was JUANELO verfasste. LLAGUNO und CAEN BERMUDEZ geben in ihren „Noticias de los Arquitectos y de la Arquitectura de España“, Bd. II, pag. 250 eine von D. BENITO BAILS geschriebene Nachricht, worin jeder der fünf Bände, woraus das Werk JUANELO's besteht, für sich geprüft wird. Der erste enthält drei Bücher, worin das, was zum Aufsuchen, Prüfen und Leiten von Wasser gehört, sowie das Nivelliren behandelt wird. Auch finden sich darin mehr als vierzig Recepte von Kitten zum Verbinden von Röhren. In dem zweiten Bande, der fünf Bücher enthält, werden erklärt: Aquädukte, unterirdische Kanäle, um Wasser zu Tage zu leiten, Bewässerungsgräben, Schiffskanäle, Werke zum Schiffbarmachen von Flüssen, Wasserleitungen, Trockenanlagen und Drainagen, Anlagen von Fischplätzen, Fischteichen, Deichen, Wehren, Cisternen, kalten und warmen Bädern. Der dritte Band enthält drei Bücher, welche umfassen: die Konstruktion von Getreide- und Oelmühlen, Walkmühlen, die Fabrikation von Stärke, Zuckerapparate, Apparate zum Schleifen von Waffen, zum Waschen von Wolle und gefärbten Tüchern, die Fabrikation von Alaun und Salz und verschiedene Methoden, um Wasser aufzuziehen und auf gewisse Höhen zu heben, worunter sich jedoch weder eine Beschreibung der »Kunst«, noch eine Erwähnung von Toledo oder dem Tajo findet. Der vierte Band ist in fünf Bücher getheilt, worin die Mittel zum Uebersetzen über Flüsse besprochen werden, wie Boote und

Fähren, hölzerne, steinerne und Schiff-Brücken. Auch wird bei dieser Gelegenheit von Holzwerk, Steinen, Fabrikation von Ziegelsteinen und Dachziegeln, Kalk und Gyps ausführlich gesprochen, und zuletzt beschreibt der Verfasser eine durchbrochene Brücke seiner Erfindung für Flüsse, worauf Schiffe mit hohen Masten zu verkehren haben. Die drei Bücher des fünften und letzten Buches enthalten maritime Werke, Wasseruhren und Bewässerungsanlagen. BAILS bezeichnet diesen Band als den dürftigsten. Er ist der Meinung, das Werk sei wenig methodisch geschrieben, und über den Styl sagt er, er sei wegen seiner erstaunlichen Schwerfälligkeit und ermüdenden Wiederholungen fast durchweg barbarisch.“

Man vergleiche hiermit die weiter unten folgende Charakteristik JUANELO's von ESTABAN GARIBAY, worin gesagt wird, dass er das Spanische niemals gut erlernt habe und in seiner Rede breit gewesen sei. DON LUIS DE LA ESCOSURA fährt fort:

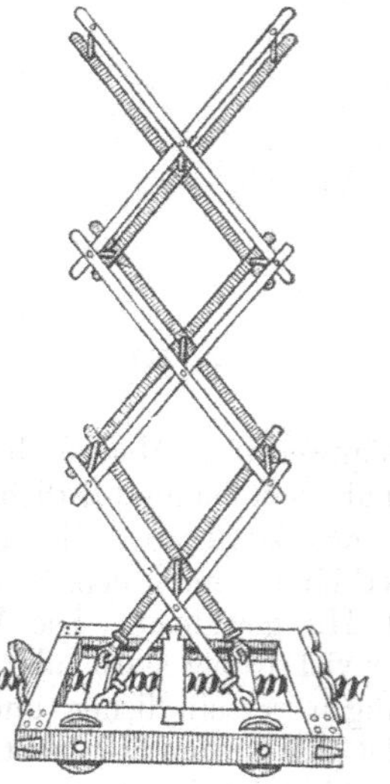

Fig. 558.

Fig. 559.

„Die einzige Neuerung, die sich in ihm (dem erwähnten Schöpfwerke, Fig. 557) zeigt, ist die auf dem Grunde des Brunnens angebrachte Walze zur Führung der Kette, als ob sich JUANELO vorgenommen hätte, die Reibung in dem Apparate ohne Noth zu vermehren. Die kupferne Kette, deren Konstruktion man aus der Abbildung nicht erkennen kann, ist eine wirkliche Verbesserung gegenüber den Hanfseilen, und die Form der Becher weit besser, um nach der Seite auszugiessen, als die thönernen Eimer der gewöhnlichen Schöpfwerke.“

Dem gegenüber ist auf das Schöpfwerk in GEORG AGRICOLA's Werk: „De re metallica“ hinzuweisen, das wir in Fig. 147, S. 134 wiedergegeben haben, woran sich diese sogenannten Neuerungen bereits in ausgebildeterer Form vorfinden. Unser Autor fährt fort:

„allein die untere Walze konnte bei Toledo keine Anwendung finden, weil die Kette am Umfange des Wasserrades angebracht war.“

Wenn dies der Fall gewesen wäre, so hätte die Kette ohne Ende um den Kranz des Wasserrades und eine d a r ü b e r liegende Walze laufen müssen.

Die gefüllten Becher hätten dann von dem schlafferen Theile der Kette gehoben werden müssen, was starke Schwankungen und Verschüttungen zur Folge gehabt hätte. Unseres Erachtens geben aber die citirten Stellen des Morales keine Veranlassung zu der Annahme, dass Juanelo sein Becherwerk so mangelhaft angeordnet habe. Don Luis de la Escosura fährt fort:

„Aber nach dem Ersetzen der Rinnen durch Röhren und Gefässe von Messing und der Schöpfkästen des Wasserrades von Ramelli durch die Kette mit kupfernen Bechern bleibt noch die Stelle zu erklären übrig: »einige kreuzweise Bälkchen in der Mitte und mit den Enden in der Art zusammenzubolzen oder durch Zapfen zu verbinden, wie sich eine Maschine bei Robertus Valturius findet, um einen Mann in die Höhe zu heben«, mit welchen Worten Morales die Beschreibung der »Kunst« beginnt.

Die aus dem Werke des Valturius: »De re militari«, lib. X, pag. 259, Parisiis 1534, entnommene Fig. 558 zeigt eine aus dünnen, kreuzweise in der Mitte und an den Enden zusammengebolzten Hölzern gebildete Leiter, deren Erfindung dem Valturius nicht zugeschrieben werden kann, weil man in dem Werke des Vegetius, ebenfalls betitelt: »De re militari« und mehr denn tausend Jahre älter als das des Valturius, nicht nur eine solche Leiter findet, sondern auch einen Krieger, der daran hinaufsteigt, wie man es aus Fig. 559 ersieht*). Vegetius widmete sein Werk dem Kaiser Valentinian II. im 4. Jahrhundert n. Chr.“

Wir begegnen hier wieder dem häufig vorkommenden Irrthume, dass die Abbildungen in den im sechzehnten Jahrhundert erschienenen Ausgaben des Werkes des Vegetius von diesem herrührten, während sie doch nur von dem Herausgeber beigefügt sind und Apparate aus dem Mittelalter darstellen, wie sie diesem bekannt waren. Gerade bei der hier wiedergegebenen Abbildung (Fig. 559), erkennt man doch deutlich, dass die darin abgebildeten Krieger keine alten Römer, sondern Landsknechte sind, zumal einer davon offenbar damit beschäftigt ist, eine Muskete zu laden. Auch scheint uns nur Fig. 559 eine zusammenlegbare Leiter darzustellen, worauf Mannschaften in die Höhe steigen, während wir Fig. 558 für eine Maschine zum Heben von Mannschaften auf Festungsmauern halten, wie ja auch Morales sagt. Unser Autor fährt fort:

„In welcher Weise Juanelo diese Leiter von dünnen Hölzern bei seiner »Kunst« verwendete, kann aus der Beschreibung des Morales nicht erkannt werden. Nur wenn man sich auf das Gebiet der Vermuthungen begiebt, wird es möglich, sich die Maschine nach dieser Beschreibung vorzustellen, indem man den Zweck und die Lage der Leiter bestimmt. Glücklicherweise sind das bewegende Rad mit seinen Bechern, die Zahnräder und Laternengetriebe und die Bewegungen und Pausen der Röhren und Gefässe, welche das Wesentliche ausmachen, bereits erklärt. Die Leiter aus dünnen Hölzern diente, nach meiner Meinung, als Schubstange oder Pleuelstange, wie man heutigen Tages sagt, zur Uebertragung der Bewegung auf die Messingrohre und Pfannen, indem sie die Stelle der eisernen Stangen (*P*) und (*F*) des Kupferstiches von Ramelli vertrat. Es dürfte das Einfachste und deshalb Wahrscheinlichste sein, wenn man annimmt, dass die Leiter aus dünnen Hölzern in der Stellung, welche Fig. 560 darstellt, als Stange diente, um den Messingröhren die auf und nieder gehende Bewegung vermittelst der Räder zu ertheilen, die mit (*V*) bezeichnet

*) Flavii Vegetii Renati: „De re militari“, lib. V, apud Christianum Vechelum. Lutetiae 1532. pag. 161.

sind, um anzudeuten, dass sie wie diejenigen funktioniren, bei welchen in RAMELLI's Apparat die gleichen Buchstaben stehen und die dazu dienen, die Rinnen (*KK*) zu bewegen . . . . Selbstverständlich ist ein anderes gleiches und paralleles Rad für die zweite Reihe von Rinnen nöthig, wovon Fig. 560 nur einen Theil (*E*) zeigt, weil das Rad (*V*) das Uebrige bedeckt. Von den beiden Abbildungen, die Fig. 560 zeigt, stellt die obere ein einziges Gestänge in den beiden äussersten Stellungen der Bewegung dar, die es von dem Rade (*V*) empfängt. In der äussersten Stellung nach vorwärts sind das Gestänge, die Röhren und Gefässe in punktirten Linien dargestellt, und man sieht weiter nichts (vollständig dargestellt) als das Rad (*V*) und das Holz (*N*). Diese Stellung entspricht dem Zeitpunkte, worin die Gefässe Wasser von der anderen Reihe aufnehmen. Die äusserste Stellung des Gestänges mit den Röhren und Gefässen nach rückwärts ist mit vollen Linien dargestellt. In beiden Fällen drehen sich die Schwingen, welche die Röhren mit den Gefässen tragen, um die

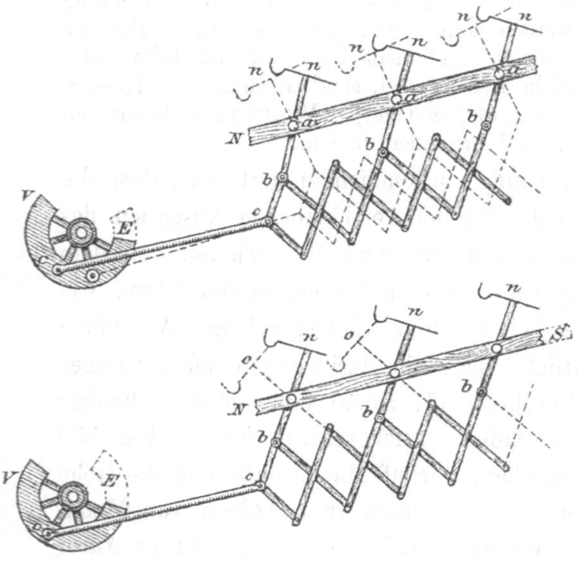

Fig. 560.

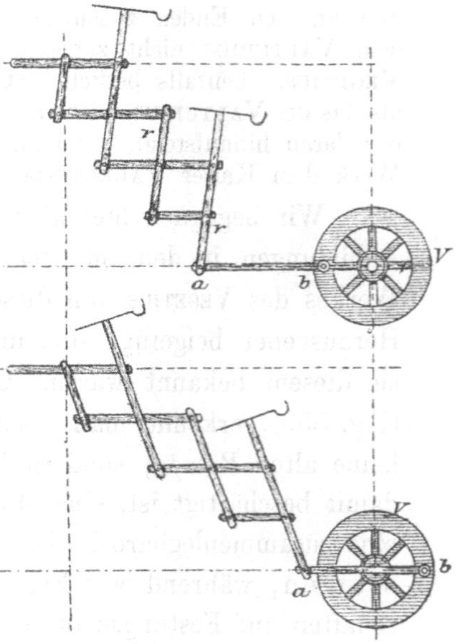

Fig. 561.

Zapfen (*a a a*) . . ., die ihren Ort nicht ändern, wie man es in dem Apparate RAMELLI's (Fig. 554) sieht. In den Vereinigungspunkten der Schwingen mit dem Gestänge nehmen wir Scharniere an, die mit den Buchstaben (*b b b*) . . . . bezeichnet sind.

In der unteren Abbildung sind mit punktirten Linien dargestellt: das Rad (*E*), das Holz (*S*) und die Röhren (*o o o*) . . ., die von den Röhren (*n n n*) . . . . Wasser aufnehmen, die mit ihrem Gestänge, dem Rade (*V*) und dem Holze (*N*) mit vollen Linien dargestellt sind. Bei den Vor- und Rückwärtsbewegungen werden die Rhomben, die das Gestänge bilden, weder länger noch kürzer, d. h. die Längen ihrer Diagonalen bleiben unverändert.

Nähme man nicht an, dass die Leiter des VALTURIUS als steifes Gestänge wirkte, sondern dass sie als ein aus gegliederten Hebeln zusammengesetztes Gestänge (eine sogenannte »Nürnberger Scheere«) gebraucht worden wäre, so würden die Hölzer (*N*) und (*S*) unnöthig sein.

In Fig. 561 sind die äussersten Stellungen dargestellt, welche die aus gegliederten Hebeln zusammengesetzten Gestänge annehmen würden. In der oberen Abbildung der Figur ist angenommen, dass die Gefässe Wasser aufnehmen und in der unteren, dass sie Wasser abgeben; jedoch ist es schwierig, wenn nicht unmöglich, die Reihe der Röhren, welche Wasser aufnehmen, und diejenigen, welche Wasser abgeben, gleichzeitig darzustellen. Ich gestehe, dass es mir nicht gelungen ist, diese Bewegungen zu kombiniren, denn beim Bewegen der Räder (*V*) und (*E*) (Fig. 560) drehen sich die Schwingen, woran die Rinnen befestigt sind, die das Wasser abwechselnd aufnehmen und abgeben, um Axen oder Zapfen, die ein und dieselbe Stellung beibehalten; in dem durch Fig. 561 dargestellten Falle aber ändern diese Axen oder Zapfen (*r r r* . . . .) ihre Stellungen, d. h. sie schreiten vor und zurück, je nachdem das System von gegliederten Hebeln sich öffnet oder schliesst. Und daraus folgt, dass die Entfernung zwischen zwei aufeinander folgenden Röhren bei der Rückwärtsbewegung grösser wird (untere Abbildung), weil die aus dünnen Hölzern gebildeten Rhomben sich nach der Richtung des ganzen Gestänges ausdehnen. Bei der Vorwärtsbewegung (obere Abbildung) verkürzt sich die Entfernung, weil die Rhomben sich in vertikaler Richtung zur Axe des Gestänges ausdehnen. Wenn die Leiter als Gestänge aus gegliederten Hebeln funktionirt hätte, was nicht anzunehmen ist, würden die Hölzer (*N*) und (*S*) nicht in der Maschine vorgekommen sein, und das Gestänge müsste mit der grossen starken Mauer verbunden gewesen sein, die sich vom Flusse nach dem Alcázar hinzog und deren Ueberreste, die bis vor einigen Jahren erhalten waren, in Fig. 562 dargestellt sind.

Fig. 562.

Wegen der dargelegten Schwierigkeiten, worauf ich gestossen bin, und wegen der Unklarheit, womit MORALES die Kunst beschreibt, sehe ich mich genöthigt zu erklären, dass die einzige Möglichkeit der Anwendung der Leiter des VALTURIUS auf die Maschine des JUANELO meiner Meinung nach diejenige ist, welche Fig. 560 darstellt, worin die Schwingen, die die Röhren und Gefässe unterstützen, sich in feststehenden Lagern (*a a a*) . . . . drehen, die in den Balken (*N*) und (*S*) angebracht sind, wie bei der Maschine RAMELLI's.

Das aus dünnen Hölzern zusammengesetzte Gestänge der »Kunst« ist ein vervollkommnetes, den eisernen Stangen und Ringen RAMELLI's weit überlegenes Organ, da diese bei den häufigen Wechseln der Maschine nothwendigerweise Stösse und Erschütterungen verursachen mussten, welche die Dauerhaftigkeit beeinträchtigten."

Es ist aber zu berücksichtigen, dass bei einem federnden Gestänge, wie unser Autor es annimmt, die Bewegung jeder folgenden Rinne kleiner geworden wäre, als die der vorhergehenden, und dass sich hieraus bei einer Bewegungsübertragung auf so grosse Entfernung, wie vom Tajo bis zum Alcázar, bedeutende Bewegungsdifferenzen und nicht zu unterschätzende Schwierigkeiten ergeben haben würden. Auch hat der Gedanke, durch ein federndes Gestänge Stösse zu vermeiden, im sechzehnten Jahrhundert den Ingenieuren gewiss viel ferner gelegen, als dies jetzt vielleicht der Fall sein mag. Uns scheint es, als ob DON LUIS DE LA ESCOSURA an der Idee, die Abbildung VALTURIO's stelle eine Leiter dar, zu fest hielte, während die Worte des MORALES: „in der Art, wie sich bei ROBERTUS VALTURIUS eine Maschine findet, um einen Mann in die Höhe zu heben" darauf hinweisen, dass er die Abbildung als einen Bewegungsmechanismus auffasste, womit der JUANELO's Aehnlichkeit hatte. Es ist das der Mechanismus, den wir „die Nürnberger Scheere" zu nennen pflegen. Diese Aehnlichkeit aber kann sehr wohl nur eine äusserliche gewesen sein, denn MORALES, der Chronist des Königs, ist in mechanischen Dingen den Dilettanten zuzurechnen, die mehr nach dem Aussehen als nach dem Wesen der Dinge urtheilen. Wenn sich aus sachlicher und gründlicher Behandlung der in Rede stehenden Aufgabe naturgemäss ein Mechanismus ergäbe, der mit der „Nürnberger Scheere" grosse, wenn auch nur äusserliche Aehnlichkeit hätte, so dürften wir daher unseres Erachtens annehmen, dass es der des JUANELO sei, dessen klarer Verstand und dessen Gründlichkeit nach den Aussagen seiner Zeitgenossen ausser Zweifel stehen.

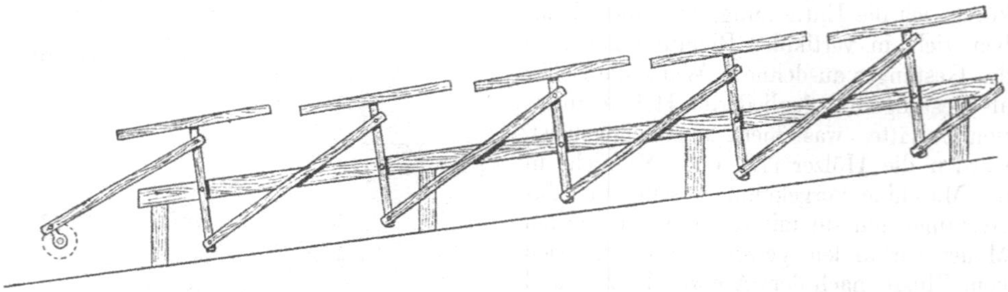

Fig. 563

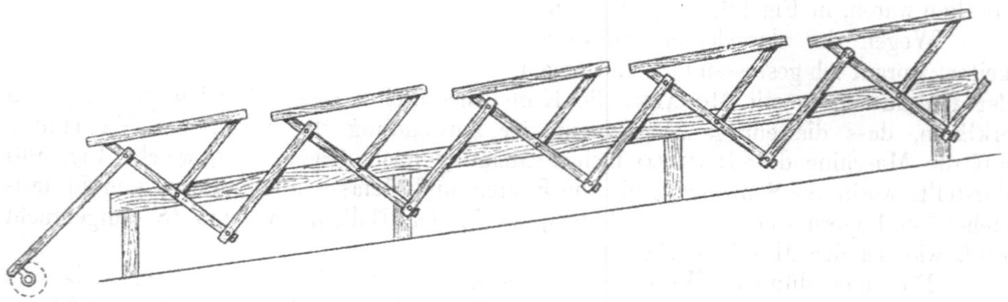

Fig. 564.

Bei der Betrachtung von RAMELLI's Abbildung drängt sich uns die Frage auf: Warum bildete RAMELLI zwei Reihen aus den schwingenden Röhren und bewegte sie durch zwei parallele Gestänge? Liegt nicht der Gedanke näher, nur eine Reihe aus den Rinnen zu bilden und die Bewegung von der ersten auf die zweite, von der zweiten auf die dritte u. s. w. in der Art zu übertragen, dass die Bewegungsrichtung durch jede dieser Uebertragungen umgekehrt wird? Um dies zu erreichen, würde man wohl zunächst den untersten Punkt einer jeden, in der mittleren Stellung senkrecht zum Terrain stehenden Schwinge mit einem in gleicher Entfernung über dem Drehzapfen gelegenen Punkte der nächsten Schwinge durch eine Stange verbinden, wodurch der in Fig. 563 dargestellte Mechanismus entstünde. Bei diesem fällt aber vor allem der Fehler in die Augen, dass die Stangen in der mittleren Stellung nicht rechtwinkelig zu den Schwingen stehen, wie es die Konstruktionsregel für Kunstgestänge verlangt. Dieser Regel kann nur dadurch entsprochen werden, dass man die Schwingen in der mittleren Stellung um 45$^0$ gegen das Terrain geneigt anordnet. Will man dann die Rinne so mit der Schwinge verbinden, dass bei der mittleren Stellung ihr Mittelpunkt senkrecht über dem Drehpunkte bleibt, so muss man noch eine zweite Stütze anbringen, wodurch der Mechanismus die in Fig. 564 dargestellte Form annimmt. Rein kinematisch betrachtet könnte er so genügen. Da aber die Scharnierbolzen durch Abnutzung während der Arbeit etwas Spielraum erhalten, so wird, da die Stangen hier abwechselnd ziehen und drücken, bei jedem Wechsel der Bewegungsrichtung in jedem

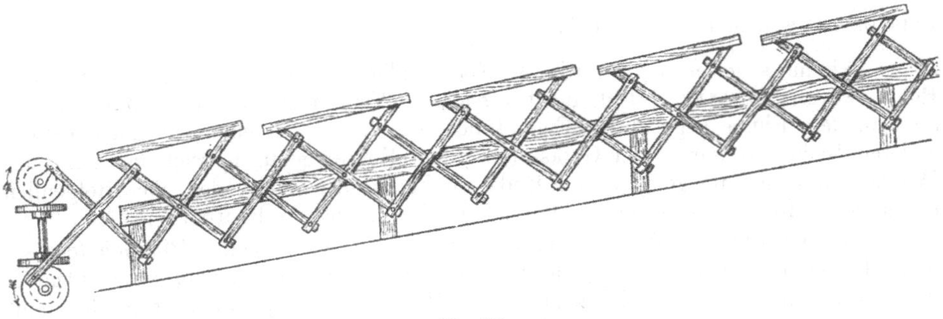

Fig. 565

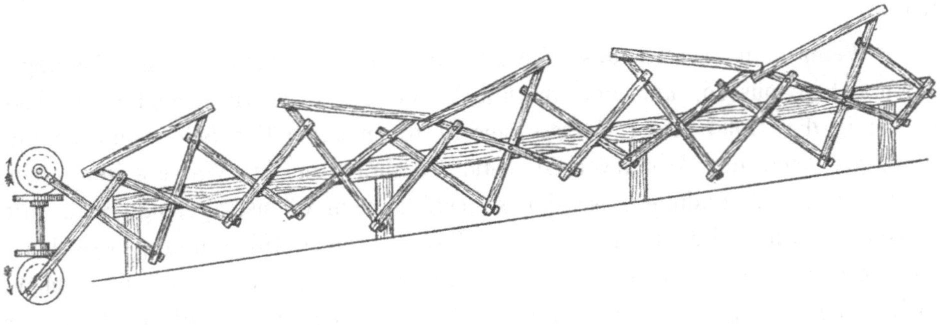

Fig. 566.

Scharnier etwas todter Gang und ein kleiner Stoss entstehen, und bei der grossen Zahl der Stangen werden sich diese vielen kleinen Fehler zu einem grossen summiren. Wenn der Mechanismus ruhig arbeiten soll, wie es von dem Juanelo's gerühmt wird, muss Vorkehrung getroffen werden, dass jede Stange nur auf Zug in Anspruch genommen wird. Das bereits vorhandene System von Stangen darf daher die Schwingen nur nach einer Richtung hin ziehen, und es muss ein zweites, dem ersten symmetrisches, eingeschaltet werden, welches das Ziehen der Schwingen nach der entgegengesetzten Richtung übernimmt. Daraus erklärt sich auch, warum Morales sagt, dass man von den kreuzweise verbundenen Hölzern die beiden ersten beim Flusse bewege. Auf diese Weise ergiebt sich der in Fig. 565 dargestellte Mechanismus. Ist Vorkehrung getroffen, dass man die Lagerfutter in den Enden der Stangen so verstellen kann, dass sie sich einander nähern, so kann man die Stangenlängen so reguliren, dass jeder todte Gang in den Stangenlagern vermieden wird. Dieser Mechanismus sieht in seiner mittleren Stellung einer „Nürnberger Scheere" vollkommen ähnlich. Zwar nimmt die Aehnlichkeit mit der Entfernung aus der mittleren Stellung ab und ist in der äussersten Stellung (Fig. 567), sehr beeinträchtigt, doch glauben wir nach Erwägung aller Umstände annehmen zu müssen, dass dies der Mechanismus der „Kunst" des Juanelo gewesen sei. Seine Befestigung an einer Seitenfläche einer starken Mauer würde sehr praktisch, und der Gedanke, noch eine zweite Maschine derselben Art an der anderen Seitenfläche der Mauer zu befestigen, sehr naheliegend gewesen sein. Don Luis de la Escosura fährt fort:

„Ich muss gestehen, dass ich die Nothwendigkeit der (zwei) Gefässe an jedem Rohre, wovon Morales spricht, nicht verstehe. Wenn man annimmt, dass sich alle an dem dem Flusse zugekehrten Ende füllen, sowohl die der einen, als auch die der anderen Reihe, so würde ein Gefäss (an jedem Rohre) genügen, weil das Rohr das Wasser mit dem entgegengesetzten Ende direkt in das Gefäss des nächstfolgenden der anderen Reihe ausgiessen konnte, wie in dem Apparate Ramelli's.

Morales erklärt weder die Form der Gefässe, die das Volk »Pfannen (cazos)« und »Löffel (cucharas)« nannte, noch giebt er uns eine Idee davon, aber indem er von den bewundernswerthen Einzelheiten der Wasserleitung spricht, sagt er, dass eine davon die Form der Gefässe sei, die mit eigenthümlicher Gestalt ausgerüstet seien, um das Wasser abzugeben und aufzunehmen, ohne dass ein Tropfen verschüttet werde . . . ."

Wenn man erwägt, dass die Aufnahmegefässe einen grossen Fassungsraum haben müssen, um eine ansehnliche Fördermenge zu ermöglichen, dass aber mit der Höhe dieser Gefässe sowohl die nothwendige Schwingungsamplitude, als auch der Arbeitsverlust beim Herabfliessen des Wassers von einer Rinne in das Aufnahmegefäss der nächstfolgenden wächst, gelangt man mit logischer Nothwendigkeit dazu, den Gefässen geringe Höhe und grosse horizontale Dimensionen zu geben, d. h. sie pfannen- oder löffelförmig zu machen. Wahrscheinlich waren sie mit einem festen Deckel grösstentheils bedeckt, der nur eine so grosse Oeffnung hatte, als sich für den Einguss des Wassers als nothwendig erwies. Um das Wasser in den Eingussgefässen nicht höher als nothwendig zu heben und den hierdurch bedingten Arbeitsverlust möglichst zu vermeiden, musste Vorkehrung getroffen werden, dass das Wasser aus dem aufsteigenden Gefässe möglichst bald nach dem abwärts gehenden Ende der Röhre abfliessen konnte, während der Ausfluss in das Aufnahmegefäss der folgenden Röhre, um Verschütten und unnöthig hohes Herabfallen beim Abfliessen von einem Gefässe in das andere zu vermeiden, erst dann erfolgen durfte, wenn das abwärts gehende Ende seiner tiefsten Stelle nahe war. Es musste insbesondere dafür gesorgt werden, dass sich das Wasser bei der horizontalen Stellung der Röhre symmetrisch auf beiden Seiten der Vertikalen durch die Drehaxe vertheilen konnte, so dass es bei der Weiterbewegung in derselben Richtung nicht mehr zu heben war. Daher musste ein auf gute

Leistung des Apparates bedachter Ingenieur auch an dem Ausgussende der Röhre ein pfannenförmiges Gefäss anbringen, worin sich das Wasser sammeln und die Weiterbewegung unterstützen konnte, bis es seiner tiefsten Stellung nahe dicht über dem folgenden Ausflussgefässe, wahrscheinlich erst nachdem sich ein Ventil durch Anstoss geöffnet hatte, in dieses abfloss. Unser Autor sagt weiter:

„Juanelo legte eine Probe seines Genies ab, indem er einen so komplicirten Apparat, wie die „Kunst", in Gang setzte, wozu zweihundert Fuhren »dünner Hölzer« und fünfhundert Centner (quintales) Messing verwendet wurden. Denn da eine jede Röhre nicht länger als 1 braza und der Alcázar 600 m vom Fluss entfernt war, so befanden sich nicht weniger als 400 Röhren gleichzeitig in Bewegung (demnach wäre 1 braza = 1,5 m). Und dazu kam, dass sie nicht in gerader Linie geführt werden konnten, was grosse Schwierigkeiten verursacht haben muss. Denn Morales sagt: »sie bewegten sich, indem sie Krümmungen, Winkel und Ecken machten, und es war ein weiterer Aufwand von Kunst erforderlich, um die Bewegung an solchen Stellen fortzupflanzen und passend zu machen.«

„Es ist daher nicht auffallend, dass die Maschine grosse Bewunderung unter den Zeitgenossen erregte. Aber mehr noch als durch die Erfindung wurde diese durch die Aufstellung der Maschine erregt, wodurch es Juanelo gelang, das Wasser des Flusses 90 m hoch zu heben ... Der Effekt, den die Wasserkunst gab, entsprach, ökonomisch betrachtet, nicht dem Lobe, das die Schriftsteller ihr spendeten, denn sie hob nicht mehr als 400 cargas (Lasten) Wasser den Tag, oder 162 hl in 24 Stunden, was eine geringe Ergiebigkeit ist, wie sie die Quelle jedes beliebigen Dorfes im Sommer erreicht.

Juanelo hatte sich durch einen Vertrag von 1565 verpflichtet, die Stadt mit einem gewissen Wasserquantum zu versehen*), das neben dem Alcázar fortwährend ausfliessen sollte, um von da in die ganze Stadt gebracht zu werden. Dafür verpflichtete sich diese, vierzehn Tage, nachdem das Wasser in den Alcázar fliesse, 8000 Dukaten (17647 ℳ) an Juanelo zu zahlen und ausserdem jährlich 1900 Dukaten für die Wartung und Reparatur der Maschine, die Juanelo zu besorgen hatte. Da sich die Stadt durch diesen Vertrag für ausserordentlich belastet hielt, weigerte sie sich, ihn zu erfüllen, und der König befahl mit Verordnung vom 12. Dezember 1578, fünf Jahre nach Inbetriebsetzung der Wasserkunst, dass Toledo Jemanden bevollmächtigte, um mit Juanelo zu unterhandeln und diesen Streit zu Ende zu bringen. Die Stadt ernannte am 29. Oktober 1574 ihren Schöffen Luis Gaytán de Ayla zu diesem Zwecke, und Juanelo, der krank zu Bette lag, am 24. Dezember desselben Jahres seinen Freund Juan Antonio Fassole. Der König war ebenfalls hierbei interessirt, da er dem Juanelo 8400769 maravedis (49416 ℳ) vorgeschossen hatte und weil der Alcázar den grössten Theil des Wassers verbrauchte. Für den König wurde daher der Lizentiat Juan Diaz de Fuentemayor, Mitglied seines Konseils und seiner Kammer, als Bevollmächtigter ernannt. Darauf befahl er, die Sache vor die Kommission für Gebäude und Gärten zu bringen, und vor dieser kamen sie am 20. Mai 1575 dahin überein:

1. dass Juanelo von dem Vertrage, den er mit der Stadt geschlossen hatte, abstehe, und dass der König, in Anbetracht, dass er das Wasser, das durch die Maschine gehoben wurde und für den Alcázar diente, für sich nahm, dem Juanelo die Schuld von 8400769 maravedis, die man ihm zur Anfertigung der Maschine aus dem königlichen Schatze vorgeschossen hatte, erlasse;

2. dass Se. Majestät das Wasser beanspruche, das durch die Maschine gehoben werde und das während eines Tages und einer Nacht 1600 Kannen à 4 Maass betragen solle, und dass Juanelo sich verpflichte, diese Menge vollständig zu liefern;

*) Noticias de los Arquitectos, t. II, pag. 103.

3. in Anbetracht, dass sechs Jahre verflossen seien, seit JUANELO die erste Maschine vollendet habe, durch die der Alcázar versorgt werde, und man dem JUANELO das Nothwendige dazu gegeben hatte, werde man ihn jetzt mit dem Weiteren versehen, was nothwendig sei, um eine zweite Maschine zu machen, die er bereits angefangen habe und in fünf Jahren vollenden solle;

4. dass JUANELO sie auf Kosten seiner Majestät in der Art mache, dass sie das Wasser sechs bis acht Fuss höher als das Pflaster des Hofes hebe, damit man es im Alcázar vertheilen könne;

5. dass er sich verpflichte, die zweite Maschine in fünf Jahren fertigzustellen, wozu Se. Majestät das Geld geben werde, das sich bis zur Vollendung auf 8000 bis 10000 Dukaten (20000 ℳ) belaufen werde. Das Wasser, welches sie liefern würde, solle dem JUANELO zu gute kommen*);

6. dass man das Terrain, worauf die erste Maschine aufgestellt worden war und die zweite aufgestellt werden sollte, unentgeltlich abtrete;

7. dass die Stadt dem JUANELO 6000 Dukaten (13235 ℳ) auf einmal, oder die Zinsen davon im Verhältniss von 14000 : 1000 (das sind 7 Proz.) zahlen werde und keinen anderen Nutzen aus der Anlage ziehen wolle, als dem Könige zu dienen, da das Wasser dem JUANELO zu gute kommen solle.

Der König bestätigte diesen Vertrag durch eine Verordnung vom folgenden Tage, dem 21. März 1575 (Reg. 4⁰ de Obras y Bosques, fol. 168, citirt durch LLAGUNO Y CAEN BERMUDEZ in Noticias de los Arquitectos, t. II, pag. 248) . . . .

Unter diesen Umständen werden wohl einige glückliche Nachbarn Wasser aus dem Alcázar für ihren Gebrauch bezogen haben, aber es sind keine Ueberreste von Rohrleitungen oder Brunnen in der Stadt gefunden worden, die für eine Vertheilung des Wassers aus dem Tajo sprächen.

Trotzdem begeisterte die Maschine alle, die Gelegenheit hatten, sie zu sehen, so dass man sich vornahm, die Statue des Erbauers in der Wasserkunst aufzustellen, und für sie liess JUANELO die Inschrift abfassen: »Virtus nunquam quiescat«, was MORALES übersetzt: »Die Kraft eines grossen Geistes kann niemals ruhen«. Und voll Bewunderung für das Modell, die Ausführung des Wasserwerks, die Statue und ihre schöne Inschrift, sandte er dem JUANELO ein Epigramm mit einer Widmung in lateinischer Sprache, worin er ihn bis in die Wolken erhebt, indem er sagt, JUANELO beherrsche die Natur durch die Kunst, habe sich den Tajo unterthan gemacht und bis zu den Sternen hinaufsteigen heissen. Dieses Epigramm und die Widmung kann man im neunten Bande der »Cronica general de España« lesen.

Die Statue hat man nicht auffinden können, aber in dem Provinzialmuseum von Toledo sieht man eine Büste JUANELO's in weissem Marmor, die wir dem Meissel des BERRUQUETE verdanken, mit der Inschrift: »Juanellus Turrianus Cremon. Horolog. Architect« . . . . und in dem Museum von Madrid sieht man eine Broncemedaille, die auf der Vorderseite das Bildniss des JUANELO mit der gleichen Inschrift, wie die der Büste des BERRUQUETE, und auf der Rückseite die bekannte Allegorie des Brunnens der Weisheit und die Inschrift trägt: »Virtus nunquam deficit«.

In dem Kloster des Escurial über der Thüre einer Zelle sieht man das Brustbild JUANELO's, in Oel gemalt, mit der Inschrift: »Nunquam deficit virtus«. Auch in Madrid hat man dem Gedächtniss des Erbauers der »Kunst« ein Andenken gewidmet, indem man einer Strasse der Hauptstadt seinen Namen gab. Und in Toledo nennt man die Strasse, worin er starb, noch heute »De la estatua« oder »Hombre de Palo« (Strasse der Statue oder des hölzernen Mannes), weil er in ihr einen hölzernen Automaten herumgehen liess.

Die Einwohner von Toledo versahen sich, während die Wasserkunst funktionirte, wie gewohnt, mit Flusswasser, das durch Lastthiere heraufgebracht wurde."

---

*) Darunter dürfte zu verstehen sein, dass JUANELO es an die Bewohner der Stadt verkaufen oder der Stadt verpachten durfte.

Unser Autor führt zum Beweise hierfür eine Stelle aus der Novelle des CERVANTES: „La illustre Fregona“ an und fährt dann fort:

„Als ich im Jahre 1861 in Toledo war, war die Zahl der Einwohner viel geringer als in der Zeit des CERVANTES*), und man beschäftigte dessen ungeachtet zum Hinaufschaffen des Wassers zu der Einwohnerschaft 230 Lastthiere, ohne die, welche im Dienste der Wohlthätigkeit und des Militärs standen, und alle zusammen schafften nach meiner Berechnung sieben oder acht mal so viel Wasser hinauf, als die Wasserkunst hob.

In einem anderen Buche jener Zeit, das die »Sociedad de Bibliófilos« herausgab betitelt: »El Pelegrino curioso y Grandezas de España« von Bartholomé de Villalba y Estaña, wird die Wasserkunst beinahe in denselben Ausdrücken beschrieben, die Morales gebraucht: . . . . sie verdiene unter die Weltwunder gerechnet zu werden, und dass man viele Meilen weit gehe, um sie zu sehen, denn zur Bezeichnung von etwas Unmöglichem habe man in Castilien die Redensart: »Es ist, wie Wasser nach Zocodover zu heben . . . .«

Auch andere Autoren sprechen sich lobend über die Wasserkunst aus und bezeichnen sie als bewundernswerth; nur QUEVEDO behandelt in seinem »Itinerario de Madrid a su Torre de Juan Abad« (Poesias, Romance 75) den JUANELO unbesonnen. Denn als er durch Toledo kam, fiel ihm ein zu schreiben:

»Ich sah die Kunst aus Kochgeschirr, — wo in so vielen Pfannen — JANELO Wasser schwingen lässt, gleich wie in lauter Schaukeln. — Flamländer war er von Geburt, — ein Trinker alles Klaren; — allein dem Wasser war er Feind, — da er's so grausam quälte.«

Er macht JUANELO zu einem Flamländer, um ihn dann einen Trinker zu nennen, ohne dass irgend ein Grund eine solche Beleidigung rechtfertigte . . . . **)

Meister VALDIVIESO***) widmet der »Kunst« Verse folgenden Inhalts:

»JUANELO's Wunderwerk betrachte — ehrerbietig, das, wie eine Uhr, — selbst sich treibt, und das mit seinen Rädern — eine Kette zieht, die Wasser schöpft, — das in Schwengeln steigt zu unserm Staunen, — weil bis zum Alcázar es sich wagt, — fast der Wolken hohes Reich berühret, — wo dem Munde es sich dienstbar macht.«

Weder die Verse, noch was er über die Wasserkunst sagt, verdient besondere Erwähnung; es zeigt aber, mit welcher Hochachtung JUANELO, obgleich er längst gestorben war, von Allen behandelt wurde, die über Toledo schrieben.

LUIS QINONES de BENAVENTE, gebürtig aus Toledo, setzte in seinem Zwischenspiele: »El Mago« (Coleccion de entremeses, Madrid 1645) die Wasserkunst sogar in Scene. Alle Mitspielenden in einer Reihe singen, indem jeder mit einem hölzernen, blattförmigen Löffel die Arme hebt und senkt, als ob sie Wasser schöpften:

»Das Wasser kommt mit Kraft — und dreht das Wasserrad — zum Treiben der Maschine — aus Pumpen und aus Löffeln. — Und wenn die einen steigen, — so geh'n die andern nieder, — so dass vom tiefsten Punkte — bis zu der höchsten Stelle — die einen übernehmen, — was aus den andern fliesset, bis dass das Wasser kommt — zum Ausfluss im Alcázar.«

Diese Beschreibung ist klarer und genauer als die des »PELEGRINO«, allein der Autor nennt das Wasserrad »rodezno«, welchen Namen man den horizontalen Wasserrädern oder Turbinen zu geben pfegt. Die »Pumpen« sind eine reine Erfindung des QUINONES.

---

*) Toledo hatte zur Maurenzeit gegen 200000 Einwohner, im Jahre 1860: 17633 Einwohner.

**) Wir erinnern an JUAN COTEN und Meister JORGE, ein Flamländer, die 1562 mit dem Projekte, Toledo mit Wasser zu versorgen, beschäftigt waren. Vielleicht hat QUEVEDO den Meister JORGE mit JUANELO verwechselt.

***) Sagrario de Toledo. Poema heroico por el maestro JOSEPH DE VALDIVIESO, Capellán del Illmo. de Toledo. Madrid 1616.

Ein anderer Autor*) verwandelt des Reimes wegen die Pfannen (cazos) in grosse Kübel (gamellas), indem er sagt:

»Die Verwicklung macht man Dir nach Wunsch, — man verwandelt Mädchen Dir in Krieger, — wenn Du in das span'sche Schauspiel gehst. — Du wirst sehen, dass der Mienenkünstler — gröss're Kunst Dir zeigt, als JUANELO, — wenn er Wasser hebt in grossen Kübeln.«

Ich will diese Citate aus Gedichten, worin die Maschine von Toledo erwähnt wird, mit einigen Versen des LOPE DE VEGA schliessen, worin er von der Wasserförderung, ohne sie zu nennen, spricht, wie nur er es vermochte:

»Wenn zum Preis berühmter Männer, — Stolzer, Du, das Haupt bekränztest, — König der Ströme, würdiger Tajo, — kannst Du jetzt Dich füglich krönen — wegen himmelsgleicher Schönheit! — Wenn am Fusse des Alcázar früher die Wellen hingeglitten, — steigen jetzt sie wie auf Treppen aus der Tiefe in die Höhe. — Dich verzehrend, wie die Wolke, — schenkst den herrlichsten Krystall Du — diesem Schlosse, und die Vögel — baden ihre dunklen Schwingen — in den silberweissen Wellen . . . .«

Im Jahre 1573 liess der König dem JUANELO in Anbetracht seiner guten Dienste und seiner Bedürftigkeit 400 Dukaten (882 ℳ) als Beitrag zu den Kosten auszahlen. Es steht fest, dass 1581 die zweite Maschine fertig war, und dass die erste im folgenden Jahre (dem vierzehnten nach ihrer Aufstellung) sich in schlechtem Zustande befand und bereits anfing zu zerfallen, weshalb der König sie zu repariren befahl. Seit der Zeit um 1585, in der JUANELO starb, erscheinen in den Dokumenten keine Nachrichten mehr über die Wasserkunst.

ESTABAN GARIBAY**) berichtet über die Beerdigung JUANELO's wie folgt: »Der Einzige, der meiner Meinung war in Bezug auf die Schiffahrt auf dem Tajo, war JUANELO TURRIANO, gebürtig aus der Lombardei, der die bewundernswerthe Vorrichtung zum Heben des Wassers aus dem Tajo nach dem Alcázar gemacht hatte. Bevor jedoch diese Schiffahrt sich verwirklichte, starb dieser ausgezeichnete Mann in derselben Stadt am 13. Juni 1585 im 85. Lebensjahre (wenig darüber oder darunter) und wurde daselbst in der Kirche »del Carmen« in der Kapelle »de nuestra Señora de Soteraño« begraben, wo ich zugegen war, ohne das schuldige Geleite, das ein so hervorragender Mann verdient hätte, der in allen Dingen, womit sein klarer Geist und seine Hände sich beschäftigten, sehr anerkannt war.

Er war gross und stark von Körper, karg an Worten und reich an Wissen, von grosser Freimüthigkeit in allen Dingen, von etwas groben Gesichtszügen, etwas breit in der Rede und sprach das Spanische niemals gut. Der katholische König, DON PHILIPP II., hielt viel auf ihn, behandelte ihn stets freundlich und ehrte ihn wie Einer, der wohl wusste, was er verdiente. Er that, was sein Vater, der erlauchte Kaiser DON CARLOS, für ihn gethan hatte.

JUANELO hinterliess eine Tochter und einzige Erbin, BARBARA MEDEA TURRIANO, der der König am 20. Dezember 1585, sechs Monate nach ihres Vaters Tod, 200 Dukaten als Vergütung des Werthes der Instrumente und anderer Sachen JUANELO's auszahlen liess. Später, am 23. Dezember 1586, empfing sie, ebenfalls auf Befehl des Königs, 2000 Dukaten als Abschlagszahlung auf die Gesammtsumme von 6000, die er für die Gefälle, die ihr Vater von der einen der beiden Maschinen bezogen hatte, zu zahlen befahl.

Er hinterliess auch einen Enkel Namens JUANELO TURRIANO, dem man die Wartung der »Kunst« gegen vier Reales täglich übertrug, welche Vergütung der König am 6. November 1593 auf 100 Dukaten jährlich erhöhte. Von dieser Wohlthat genoss er jedoch sehr wenig, da er 1597 starb und eine Frau und einen Sohn in grosser Dürftigkeit hinterliess . . . .

*) Las Eroticas de D. ESTABAN MANUEL VILLEGAS. Madrid Sancha 1774, t. I, pag. 328.

**) Obras Genealogicas de ESTABAN GARIBAY, t. V, parte 2, lib. 38, cit. por LLAGUNO Y BERMUDEZ: Noticias de los Arquitectos, t. II, pag. 250.

Ausser dem Sohne JUANELO hatte DOÑA BARBARA noch einen zweiten Sohn Namens GABRIEL, der, nachdem er dasselbe Amt bekleitet hatte, wie sein Bruder, nach Flandern ging, um in dem Heere zu dienen. Von da begab er sich nach Sicilien, wo er 1516 im Kriege durch eine Musketenkugel getödtet wurde . . . .

Im Jahre 1598 wurde JUAN FERNANDEZ DE CASTILLO, Diener Seiner Majestät, dazu ernannt, die Wartung und Unterhaltung der Maschine zu übernehmen . . . . Er machte einige Jahre danach eine Vorstellung, dass die alte Maschine von keinem Nutzen mehr sei, wenn sie nicht erneuert würde. Die Kosten dieser Erneuerung könne man aber vermeiden, wenn man ihm erlaube, aus den Ueberresten der Maschine nach der Zeichnung und dem Plane, die er einreichte, einen neuen Apparat zu machen, womit man mehr Wasser mit grösserer Leichtigkeit und geringeren Kosten heben würde, als mit denen JUANELO's . . . ."

Der König billigte diesen Vorschlag, doch wurden von anderer Seite Bedenken dagegen erhoben. Das letzte Aktenstück, das davon handelt, ist eine königliche Verordnung vom Jahre 1606. Dann ist von dieser neuen Vorrichtung nicht mehr die Rede, und es ist wahrscheinlich, dass sie niemals vollendet wurde. Unser Autor sagt weiter:

„Im Jahre 1626 starb CASTILLO. Ihm folgte sein Sohn JUAN DE CASTILLO RIVADENEIRA in der Beaufsichtigung der Maschine und diesem 1639 LUIS MAESTRE, zu dessen Zeit, wie man annimmt, die »Kunst« aufgegeben werden musste."

DON LUIS DE LA ESCOSURA behandelt nun die Frage, ob ein Ingenieur in der Mitte des sechzehnten Jahrhunderts eine andere, bessere Maschine zum Heben des Wassers auf so grosse Höhe hätte wählen können, als jene „Kunst" des JUANELO. Er sagt:

Zur Zeit JUANELO's waren, wie wir angedeutet haben, hölzerne Pumpen am meisten im Gebrauche . . . . In Schachten halten sich diese, der beständigen Feuchtigkeit wegen, gut, aber die freie Luft trocknet sie aus, und das Wasser entweicht sowohl aus den Pumpen, als auch aus den Röhren. Auch ist es, wegen der geringen Widerstandsfähigkeit des Materials, mit Pumpen und Röhren von Holz unmöglich, Wasser durch einen Pumpensatz auf 90$^{m}$ zu heben . . . .

Fig. 555 ist die Kopie einer Druckpumpe, die JUANELO in den dritten Band, lib. 13, pag. 354 seines handschriftlichen Werkes »Los Ingenios y Maquinas« aufnahm . . . .

„JUANELO sah ohne Zweifel ein, welche Schwierigkeiten und grosse Kosten es verursachen würde, die Röhren und Pumpen zum Heben des Wassers bis zum Alcázar aus Bronze zu giessen, und seine Entschliessung musste nicht nur durch das Missgeschick der Deutschen im Jahre 1526, wovon die »Apuntes del Monasterio« erzählen, beeinflusst werden, sondern wohl auch durch die Erwägung, dass eine Pumpe und Rohrleitung, so gewagt ihre Konstruktion auch sein mochte, doch nicht die Gelegenheit bieten könne, seinen Geist und seine Geschicklichkeit so zu zeigen, wie es mit den Gefässen und Röhren der Fall sein würde, wobei er, wie »EL PELEGRINO« sagt, nur Wenige das bewegende Wasserrad und die Zahnräder sehen liess, wodurch die abgemessenen Bewegungen und Pausen hervorgebracht wurden, die die Bewunderung seiner Zeitgenossen so sehr erregten . . . .

In Paris, London und anderen grossen Städten Europas waren, als JUANELO seine »Kunst« aufstellte, Maschinen zum Wasserheben noch nicht im Gebrauche, und berühmte Wasserwerke, wie die von Augsburg und von Bremen, wodurch das Wasser sich auf nicht mehr als vierzig Meter Höhe hob, sind aus späterer Zeit, als die Maschine von Toledo."

Bezüglich der „Augsburger Maschine" müssen wir auf das hinweisen, was wir in unserer Abhandlung über CARDANUS S. 179 gesagt haben. Danach hatte Augsburg schon seit 1412 eine Maschine für Wasserversorgung, und die berühmte, aus übereinander angeordneten Archimedischen Schnecken und Reservoirs bestehende „Augsburger Maschine", die auch JUANELO in seinem handschriftlichen Werke abgebildet hat, war um 1540, also vor JUANELO's „Kunst" gebaut worden. Aber richtig ist, dass die Maschine für die in Toledo gegebenen Verhältnisse nicht geeignet gewesen wäre. Unser Autor fährt fort:

„. . . . JUANELO hat sich schon dadurch, dass es ihm gelang, das Wasser bis zum Alcázar zu heben, des Lobes seiner Zeitgenossen werth gemacht . . . . Er wusste ausserdem seinem Werke einen gewissen Schein des Wunderbaren und gewissermassen Uebernatürlichen zu geben, wodurch es ihm gelang, eine Gesellschaft zu fesseln, die für diese Art von Schauspielen eine Vorliebe hatte und sich nicht darum kümmerte, ob es wenig oder viel Wasser war, was gehoben wurde, wofern es nur durch verborgene Künste gehoben wurde, die ausserhalb ihres Bereiches lagen, aber ihren Enthusiasmus erregten und der Bewunderung würdig waren . . . . Und indem ich mich in Gedanken in jene Zeit versetze, zögere ich nicht zu erklären, dass dieser berühmte Ingenieur die geeignetste und passendste Maschine adoptirte, um das zu jener Zeit sehr schwierige Problem zu lösen, Wasser des Tajo bis zum Alcázar zu heben."

Mit dieser Beurtheilung sind wir im allgemeinen einverstanden, aber die Andeutung, als habe JUANELO es darauf abgesehen, seiner Maschine den Schein des Wunderbaren zu geben, halten wir nicht für gerechtfertigt. DON LUIS DE LA ESCOSURA sagt selbst in einer Stelle, die wir noch nicht angeführt haben, dass JUANELO und RAMELLI, die beide aus der Gegend von Mailand waren, wo LEONARDO da VINCI gelehrt hatte, Zeichnungen oder irgend eine ausgeführte Maschine in Italien gesehen haben dürften, wovon sie beide die Idee von der Wasserkunst genommen und Jeder sie in seiner Weise ausgearbeitet hätte. Und wir glauben gezeigt zu haben, dass sich einfach aus sachgemässer Behandlung der Aufgabe ein Apparat ergiebt, von dem wir annehmen dürfen, dass er dem JUANELO's entspricht. Dass dieser seine Konstruktion nicht jedem zeigen mochte, ist aus praktischen Gründen sehr erklärlich; die Annahme dagegen, dass es ihm dabei nur um die Bewunderung seiner Zeitgenossen zu thun gewesen sei, erscheint uns willkürlich. Unter der Ueberschrift: „Von anderen Werken und Arbeiten, die dem JUANELO aufgetragen waren", theilt unser Autor noch Folgendes mit:

„Die Tradition erzählt, JUANELO habe im Sinne gehabt, zu Aranjuez über dem Tajo einen prächtigen Palast für den König zu bauen, und habe beabsichtigt, ihn auf grosse Pfeiler von Granit zu stellen, die die Bevölkerung noch heute die „Pfosten des JUANELO" nennt. Man stellte vier davon in den Steinbrüchen von Sonseca her, wo sich noch einer befindet, während man die übrigen drei auf dem Wege liegen liess. Man sieht sie noch in der Nähe von Nambroca, etwa elf Kilometer von Toledo entfernt. Jemand der sie gesehen hat, versicherte mir, dass sie vierzig und einige Meter hätten*), genügend, um bei dem höchsten Wasserstande des Tajo noch einen Theil unbedeckt zu lassen.

*) Dies ist kaum glaublich, da der grösste altägyptische Obelisk ohne Postament nur 32 m hoch ist.

Im Jahre 1571 wurde Juanelo durch Befehl des Königs beauftragt, die Richtung des Kanals von Colemar, zu prüfen, dessen Ausführung Juan Francisco Siton leitete. Sowohl Juanelo als Benito Morales meinten, er gehe fehl . . . .

Am 26. Januar 1580 benachrichtigte der Abt Biseño den König brieflich, dass Se. Heiligkeit den Kalender mit möglichst geringen Abänderungen reformirt haben wolle, sobald die Instrumente und Tabellen, die Juanelo darüber ausgearbeitet habe, ankämen. (In dem Archiv von Simancas, Staat Rom, Aktenheft 934 und 938)....

Das Ei des Juanelo. Bei irgend einer Gelegenheit, die ich nicht näher kenne, brachte es Juanelo dahin, dass ein Ei auf einem Tische stehen blieb, indem er es so aufschlug, dass nur die Spitze zerbrach und sich eine genügende Grundfläche bildete, um es im Gleichgewicht zu halten. So sagt Calderon (geb. 1600, gest. 1681) im »zweiten Tage« seines Lustspieles »La Dama Duende«: Angela: »Doch weisst Du — von dem Ei des Juanelo, — das so viele grosse Geister — lang' vergeblich sich bemühten, — aufzustell'n. Und Juanelo — kommt hinzu. Mit leichtem Schlage — stellt er gleich es auf die Spitze. — Grosse Schwierigkeiten sind es — nur so lang' wir sie nicht kennen; — was man weiss, ist immer leicht.«

Die Aufgabe, ein Ei auf die Spitze zu stellen, indem man sie zerbricht, hat zwar sehr geringe Bedeutung und etwas Vulgäres, aber da aus der Begebenheit ein Sprichwort hervorgegangen ist, das den Namen des Erbauers der »Kunst« trägt, und es Leute giebt, die behaupten, dass Columbus der Erfinder dieses knabenhaften Räthsels gewesen sei, habe ich geglaubt, dass das Gesagte am Platze sei und es nicht auffallend erscheinen dürfte, wenn hier einige Erklärungen über diesen Streit gegeben werden, worüber, soweit er Columbus betrifft, Don Martin Fernandez de Navarete in seiner »Coleccion de los Viajes y Descubrimientos« (Madrid 1825, t. II, pag. 141 der Einleitung) ausführlich berichtet und massgebende Erläuterungen giebt.

Bossi, der das Leben des Columbus in italienischer Sprache beschrieben hat, liess sich durch einen Kupferstich von Bray, der 1570 in Frankfurt lebte, zu der Erzählung verleiten, dass unter den Festen, womit die Grossen des Hofes den Entdecker der neuen Welt feierten, als er von seiner ersten Reise zurückgekommen war, ein Banquet des Kardinals Mendoza gewesen sei. Während der Mahlzeit habe einer der Grossen behauptet, wenn Columbus Amerika nicht entdeckt hätte, so wären in Spanien genug Leute von Talent und Geschicklichkeit, um dasselbe Unternehmen auszuführen. Darauf habe Columbus ein Ei genommen und gefragt, ob einer der Anwesenden machen könne, dass es ohne irgend eine Unterstützung aufrecht stehen bliebe. Niemand habe es vermocht, und Columbus habe durch einen Schlag, wodurch er eines der Enden des Eies abgeplattet habe, erreicht, dass es auf dem Tische stehen geblieben sei. Señor Fernandez de Navarete, der diese Erzählung als eine abgeschmackte und unwahrscheinliche Fabel bezeichnet, beweist, dass sie keinen Grund hat, da weder die Geschichtsschreiber des Columbus von einem derartigen Gastmahle oder Ereigniss sprechen, noch diejenigen, welche über Westindien, noch die, die über Kardinal Mendoza geschrieben haben."

Unter der Ueberschrift: Von den Werken und Projekten zur Wasserversorgung Toledos zur Zeit nach der Aufgabe der „Kunst" berichtet unser Autor:

„Im Anfange des achtzehnten Jahrhunderts beabsichtigte eine englische Gesellschaft, Wasser vom Tajo mit eisernen Pumpen zu heben. Aber wenn sie auch Röhren von quadratischem Querschnitte herbeigeschafft hat, wovon man später einige in den Spazierwegen der Stadt benutzte, andere am Flussufer, etwa an der Stelle, von der die »Wasserkunst« ausgegangen war, liegen liess, so konnte das Werk doch nicht vollendet werden. Man kennt indess die Ursachen nicht, die Toledo damals der grossen Wohlthat beraubten, die man sich von dem Vorhaben versprochen hatte.

Seitdem haben sich viele Projektemacher angeboten, die verlangten, dass ihnen ihre meist sehr hohen Remunerationen bezahlt würden, ehe sie noch zu einem definitiven Studium der Projekte übergegangen waren. Allein dies hätte weder zu einem praktischen Resultate für die Einwohnerschaft führen können, noch erlaubten die Verwaltungsgesetze der Rathsversammlung, unter solchen Bedingungen Verträge abzuschliessen.

Im Jahre 1861 verhandelte man von Neuem über das Heben von Wasser nach der Stadt. Damals war Don Rodrigo Alegre Vorsitzender des Rathes. Er war eifrig um die Wohlfahrt der Bevölkerung, deren Interesse er zu vertreten hatte, bemüht und, mit Talent und energischem Charakter begabt, nahm er sich vor, die nöthigen Schritte zur Ausführung eines so wichtigen Werkes zu thun. Es gelang ihm, seine Begeisterung für die Sache den meisten Rathsmitgliedern und Beisteuernden mitzutheilen, so dass Alle sein Vorhaben unterstützten. Dieses lief darauf hinaus, das Wasser der Quelle »del Cardenal«, die etwa $4^{km}$ von der Stadt entfernt auf dem Weideplatze von Pozuela gelegen ist, nach dem höchsten Punkte der Häusermasse zu leiten und Wasser aus dem Tajo vermittelst einer geeigneten Maschine nach dem Alcázar zu heben. Ersteres sollte als Trinkwasser dienen, letzteres zu industriellen und ähnlichen Zwecken .... Er schaffte die Mittel zur Ausführung der Arbeiten herbei und beauftragte mich mit dem Studium der beiden Projekte. Meine Denkschriften, Pläne und Voranschläge wurden in der Sitzung vom 30. Juni 1861 gebilligt und die Leitung der Quelle »del Cardenal« am 15. März 1863 vollendet.... Ein Reservoir und drei Brunnen mit sieben Röhren besorgen die Vertheilung des Wassers .... Die Wasserförderung aus dem Tajo kam damals nicht zur Ausführung. Politische Ereignisse gaben Veranlassung, dass Don Rodrigo Alegre aus dem Stadtrathe ausschied, und der neue Alcalde verzichtete auf mein Projekt, das darin bestand, eine Dampfmaschine über dem Niveau, das der Fluss beim höchsten Wasserstande erreichte, aufzustellen, um die Pumpen zu bewegen, die das Wasser aus dem Tajo heben sollten. Er begründete seine Entscheidung mit den Kosten des Brennmaterials und dem Gehalte für einen Maschinenwärter. Ein durch den Tajo getriebenes Wasserrad schien ihm ökonomischer, rationeller und mehr der Tradition über die »Kunst« entsprechend, ohne dass ihn der Misserfolg der Deutschen abgeschreckt hätte.

Die Wünsche des neuen Würdenträgers verwirklichten sich im Jahre 1869. Eine Turbine, die seitdem Wasser aus dem Tajo bis zu dem höchsten Punkte der Stadt hebt, löst die Aufgabe ohne Dampfmaschine. In den Sommern pflegen Reparaturen nothwendig zu werden, um Beschädigungen auszubessern, die durch die Anschwellungen des Flusses veranlasst werden. Und in einigen Sommern, in denen die Trockenheit anhielt, konnte man nur wenige Stunden des Tages arbeiten.

Die Einwohnerschaft wünscht heute im Rückblicke auf die Römer die Herstellung eines Aquäduktes (soll wohl heissen einer Rohrleitung?), um die Wasser von Castañar nach Toledo zu leiten, und nur die grossen Kosten dieser Anlage werden die Ausführung des Projektes verzögern können.“

Don Luis de la Escosura geht nun zur Betrachtung der hölzernen Brücke über, die Julius Caesar über den Rhein schlug. Da jedoch über diesen Gegenstand schon viel geschrieben worden ist und die Bedeutung unklarer Stellen in Caesar's Beschreibung wohl immer zweifelhaft bleiben wird, wollen wir schliessen.

# Heinrich Zeising (gest. 1613).

Zu den in Deutschland bekanntesten alten Werken über Maschinenbau gehört das in den Jahren 1612 bis 1614 in klein Quartformat erschienene „Theatrum Machinarum etc. durch HENRICUM ZEISINGK, der Architektur Studiosum, in Verlegung Henning Grossen des jüngeren, Buchhändler in Leipzigk"; doch kann es dem grössten Theile seines Inhaltes nach nicht als Originalwerk gelten.

Ueber den Autor ist nichts Näheres bekannt; nur geht aus der vom 1. September 1613 datirten Vorrede zum zweiten Theile des Werkes hervor, dass er vor dessen Vollendung starb. Die Herausgabe des dritten Theiles scheint von dem Verleger allein besorgt worden zu sein, denn erst in der Vorrede des vierten wird gesagt, dass dieser „Mehrestheils aus Italiänischer und Französischer Sprache durch Hieronimum Megiserum, churfürstlich sächsischen Historicum" übersetzt sei.

Was ZEISING zur Herausgabe seines Buches bewog, ersieht man aus der Vorrede an den Leser, wovon wir folgende Stellen hervorheben*):

„. . . . . Nicht ohne grosse Mühe und Arbeit kann es geschehen, wenn man die Maschinen, welche von scharfsinnigen Leuten erfunden worden sind, aus den von ihnen und Anderen hinterlassenen Schriften zusammenbringen und aus vielen ein Buch machen will . . . . ."

„. . . . . Damit auch dem geneigten und kunstliebenden Leser nicht irgend etwas Fremdes und Unbekanntes begegnen möge, was ihn an dem richtigen Verständniss der Maschinen verhindern könnte, ist zuvörderst in diesem Theatrum, gleichsam als Einleitung, das Büchlein „Vom rechten Grund und Verstand Waag und Gewichts", das vor dieser Zeit von dem hochgelehrten und berühmten Mathematico und Medico D. GUALTHERO HERMINIO RIVIO in deutscher Sprache in den Druck gegeben worden ist, abgedruckt . . . . .

. . . . . Es werden auch vielerlei künstliche Mühlwerke, Schrauben und sonstige Inventiones und vortheilhafte Bewegungen in den künftigen Theilen gefunden werden. Diese und noch andere nützliche Dinge, bin ich gesonnen, in kurzer Zeit auch zu publiciren und hoffe zuversichtlich, es werde dem kunstliebenden Leser ein Gefallen damit geschehen, zumal die Autores, so von diesen Dingen geschrieben

*) Schwer verständliche veraltete Worte und Redewendungen erlauben wir uns durch moderne zu ersetzen.

haben, in deutscher Sprache nicht wohl zu bekommen auch meistentheils in grossem Format gedruckt und sehr theuer sind; dieses Theatrum aber in bequemer Form und mit geringen Kosten zu erzeugen ist."

Aus der Vorrede an Bürgermeister und Rath der Stadt Leipzig wollen wir noch folgende kulturhistorisch nicht uninteressante Stelle erwähnen:

„. . . . deshalb habe ich mich keine Arbeit noch Fleiss verdriessen lassen, dieses löbliche Werk mit Reissen und Kupferstechen zu fördern, fürnehmlich weil ich gesehen, dass diese nützliche Kunst des Kupferstechens und Druckens vor dieser Zeit allhier in Leipzig noch fast fremd und unbekannt war, und ich es für unbillig erachtete, dass diese löbliche Stadt dieser Kunst noch länger ermangeln sollte. . . .“*)

In der Unterschrift dieser Vorrede ist der Name ZEISING ohne k am Ende geschrieben und wir haben diese Schreibweise beibehalten.

Dem angegebenen Zwecke entsprechend sind bei weitem die meisten der in ZEISING's „Theatrum" enthaltenen Kupferstiche verkleinerte Kopien aus Werken älterer Autoren, oder nach Angaben solcher entworfene Zeichnungen; nur von 36 unter den 128 Kupfern können wir dies nicht nachweisen und lassen sie als Originale gelten.

Der erste Theil enthält 25 Tafeln. Davon sind die Nummern 1, 2, 3 dem Werke des GUALTHERUS RIVIUS entnommen, die Nummern 8, 9, 10, 13, 15, 17, 21, 22 von BESSON's Tafeln: 21, 33, 30, 35, 31, 15, 38, 53 (vergl. S. 186—205). Nach VITRUV's Angaben sind 11, 12 und 14 entworfen und nach denen des CARDANUS die Nummern 20, 23, 24 und 25. Für Originale können 4, 5, 6, 7, 16, 18 und 19 gelten.

Der zweite Theil enthält ebenfalls 25 Abbildungen. Davon zeigt die erste ein nach VITRUV's Angaben konstruirtes Nivellirinstrument (CHOROBAT, S. 38). Die Nummern 2 und 12 bis 18 einschliesslich sind kopirt von ZONCA's Seiten 61, 100, 103, 105, 107, 110, 112, 114 (vergl. S. 293—317), die Nummern 6 bis 10 von BESSON's Tafeln 47 bis 50 und 44. Für Originale können gelten: 3, 4, 5, 11, 19 und 20 bis 25.

Von den 26 Tafeln des dritten Theils sind die Nummern 1, 2, 3, 5, 8, 10 bis 14 und 16 kopirt von RAMELLI's Tafeln: 128, 127, 123, 124, 132, 114, 115, 116, 135, 134, 136 (vergl. S. 206—234), die Nummern 6, 7, 18, 21, 22, 23 von ZONCA's Seiten: 25, 89, 43, 83, 85, 94, die Nummern 9 und 15 von BESSON's Tafeln 28 und 13. Für Originale können gelten: 4, 17, 19, 20, 24 bis 26.

Der vierte Theil enthält 28 Tafeln. Davon sind die Nummern 1 bis 4, 6, 7, 27, 28 kopirt von ZONCA's Seiten: 45, 47, 50, 64, 76, 96, 1 und 3, die Nummern 8 bis 11 von BESSON's Tafeln: 7, 8, 9, 59, die Nummern 12 bis 26 von RAMELLI's Tafeln: 169, 170, 168, 173 bis 183 und 189. Nummer 5 zeigt eine Buchdruckerei, ähnlich der von ZONCA abgebildeten.

---

*) Schon hundert Jahre früher blühte die Kupferstecherkunst in Nürnberg.

Der fünfte Theil enthält 24 Tafeln. Davon sind die Nummern 1, 2, 3, 13 bis 21 kopirt von RAMELLI's Tafeln: 185, 184, 187, 88, 85, 86, 79, 76, 64, 73, 9 und 95, Nummer 11 von BESSON's Tafel 19. Die übrigen Nummern, nämlich 4 bis 10, 12 und 22 bis 24, mögen Originale sein, zeigen aber nur hydraulische und pneumatische Spielereien, ähnlich denen, welche man bei HERO von Alexandria findet.

In der Einleitung zum ersten Theile giebt ZEISING zunächst die Definition des Begriffes „Maschine" nach VITRUV wieder und spricht nach Aristoteles von der „wunderbaren Natur" des Kreises. Dann theilt er die Maschinen nach den sie bewegenden Kräften ein.

Die erste Klasse bilden die sich selbst bewegenden (d. h. die durch eine gespannte Feder bewegten) Maschinen. Darunter werden genannt:

„kleine schlagende, die Stunden zeigende und weckende Uehrlein, welche auch etliche der Planeten Lauf weisen, so jetziger Zeit mit grossem Fleiss und Subtilität in Deutschland gemacht werden. Da es auch so hoch mit dieser Kunst gebracht worden, dass man dieselben auch aufs allerfleissigste und subtilste in einem Daumenring gemacht, bekommen kann."

J. H. M. POPPE sagt in seiner „Geschichte der Technologie", Göttingen 1810, Bd. II, § 247, wo er von Taschenuhren spricht:

„Gleich nach der Erfindung dieser Maschinen wurde es für etwas Vorzügliches gehalten, sehr kleine Uhren zu haben, z. B. in Knöpfen, an Halsketten etc. So vermachte der Erzbischof PARKER in seinem Testament vom 5. April 1575 seinen Stock, in dessen Knopf eine Uhr war, seinem Bruder RICHARD (SOMMER's Canterbury. Supplement Nr. 14. p. 36). Diese Liebhaberei erhielt sich bis ins siebzehnte Jahrhundert. Besonders waren im siebzehnten Jahrhundert die Halsuhren, welche man vermittelst einer feinen kostbaren Kette um den Hals hängte, sehr beliebt. PANCIROLLUS (rerum memorabilium etc. P. I. Francof. 1660. Tit. X. p. 168) und FLUDD (utriusque Cosmi .... Historia. Oppenh. 1618. cap. 4) sprechen von den Hals- und Ringuhren als von etwas sehr schätzbarem."

Unter den Maschinen, die vom Winde getrieben werden, sind angeführt:

„die grossen Lastwägen, welche durch Aufspannung der Segel von den Winden auf trockenem Lande in geschwinder Eil fortgetrieben werden. Diese sind zu unserer Zeit in den Niederlanden von dem vortrefflichen Mathematico SIMON STEVINO erfunden worden."

Im „Buch von der Weltpost" von VEREDARIUS (Pseudonym des Generalpostdirektors HEINRICH STEPHAN), dritte Auflage, Berlin 1894, S. 95 wird über diese Segelwagen gesagt:

„.... Besonders liegen aus dem siebzehnten Jahrhundert Nachrichten über die Benutzung von Segelwagen vor; auch sind einige Abbildungen aus jener Zeit vorhanden, die über die Bauart und die Benutzung dieser Fuhrwerke Aufschluss geben. Unsere Abbildung nach einem alten Kupferstiche stellt „den Segelwagen von SCHEVELING" vor. Bischof WILKINS schreibt über diese Art von Verkehrsmitteln in seiner „Mathematical Magic", London 1648, Folgendes: „Die auf Segel wirkende Kraft des Windes kann auch zum Forttreiben eines Wagens benutzt werden, sodass man auf diese Weise ebensogut zu Lande segeln kann, wie mit einem Schiffe auf dem Wasser. Solche Wagen sind seit undenklichen Zeiten auf den Ebenen von China, sowie in Spanien im Gebrauche; ihren grössten Erfolg aber haben sie in Holland erzielt, wo sie die Geschwindigkeit der schnellsten Schiffe weit übertreffen. Dort sind mit diesen

Wagen in wenigen Stunden 6 bis 10 Personen auf Entfernungen bis zu 20—30 holländischen Meilen befördert worden, wobei der am Stern sitzende Steuermann dem Fahrzeuge mit Leichtigkeit jede beliebige Richtung geben konnte.“ — Ferner sind Abbildungen eines ähnlichen Segelwagens vorhanden (eine solche befindet sich im Berliner Postmuseum), welchen der Mathematiker SIMON STEVINUS für den Grafen Moritz von Nassau (1567—1625) erbaut haben soll.“

Die Eingangs als Original bezeichneten Kupfer des ersten Theiles von ZEISING's „Theatrum“ sind unbedeutend. Nr. 4 zeigt einen Hebel und eine Schnellwaage. Nr. 5 zeigt, wie mit zwei langen Hebeln, die am Ende durch einen darüber gestellten, mit Steinen gefüllten Kasten belastet werden, eine Mauer umgeworfen werden kann, Nr. 6 wie man mit Hebeln einen Baumstamm fortwälzt, Nr. 7 einen liegenden und einen stehenden Haspel einfachster Konstruktion, Nr. 16 eine Ramme einfachster Art, Nr. 18 und 19 eine liegende und stehende Winde mit Schraube ohne Ende.

Im zweiten Theil zeigt Nr. 3 ein Schöpfrad für Handbetrieb, Nr. 4 ein Becherwerk mit Göpelbetrieb, Nr. 5 ein Schöpf- und Wasserrad.

Nr. 11 (Fig. 567) wird bezeichnet als:

„Eine gar schöne Machina, wie das Wasser mit Hilfe eines Wasserrades mit drei Gestängen in einem Triangel (d. h. einer dreifach gekröpften Axe, deren Kurbelarme um 120° gegen einander versetzt sind) auf einen Thurm gehoben und von da durch den Fall in eine Stadt geführt werden kann.“

In der Beschreibung wird gesagt:

„. . . . je stärker das Wasser, desto mehr Gestänge an dem Rade, mit welchem das Wasser gepumpt wird, kann es regieren, sodass es anstatt des Triangels auch mit einem Pentaculo oder fünfeckigen Werke (d. h. einer fünffach gekröpften Axe) regiert werden kann. Hier wird es aber nur mit einem Triangel, der mit *A* bezeichnet ist, getrieben. Dieser muss sehr stark sein, von Messing gegossen, sodass sein Gewicht zum Wenigsten 7 Centner ist. Und ob nun wohl das Rad vom wilden und fliessenden Wasser getrieben wird, so hebt es doch das Wasser nicht aus dem Flusse, sondern aus einem schönen hellen Quellbrunnen, aus dem die mit *C* bezeichnete Röhre heraufgeht in die liegende Röhre *D*, worauf drei Stockröhren (hölzerne Röhren) *Q*, mit Eisenringen wohl verwahret, stehen. In diesen Stöcken aber stehen starke messingene Stiefel *P*, worauf die fürfallenden Ventile ruhen. Die drei Stöcke *O* aber über den messingenen Stiefeln, welche von Holz, unten und oben mit starken eisernen Ringen verwahrt, sind, kann man herausnehmen, denn über denselben sind die Pumpleder (Kolben). Wenn die Gestänge mit neuen Pumpledern versehen (d. h. die Kolben neu geliedert) werden sollen, so macht man sie oben von der Waage (dem Balancier *H*) los und lässt also die Stiefel herunter. Wann sie neu geliedert sind, so schlägt man den Stock *O* wieder hinein und verwahrts mit den Stützen *R* und verdämmet (dichtet) es wohl mit alter Leinwand und Hadern . . . Die Röhren über den Stöcken *O* aber, welche mit *S* bezeichnet sind, sind von Messing gegossen, inwendig 1/4 Elle weit. Darin gehen die Ventile mit den Pumpledern (d. h. die Ventilkolben mit Lederdichtung). Auf diesen messingenen Röhren stehen die hölzernen Röhren *F*, mit eisernen Ringen wohl verwahrt, dass sie das Wasser nicht auseinander treiben kann, das wegen der Höhe ein grosses Gewicht hat. Oben aus diesen Röhren fällt das Wasser in einen kupfernen Trog *I*, aus dem es wieder in die Röhren *K* hinabfällt und unter der Erde in die Stadt geleitet wird.“

Diese Beschreibung ist hauptsächlich deshalb schwer verständlich, weil wir heutigen Tages unter dem „Stiefel" einer Pumpe die Röhre verstehen, in der sich der Kolben bewegt, während hier die untere, das Saugventil tragende Röhre so genannt wird; die darüber befindliche, 1/4 Elle weite Messingröhre *S* aber, worin sich der Kolben bewegt, keinen besonderen Namen führt.

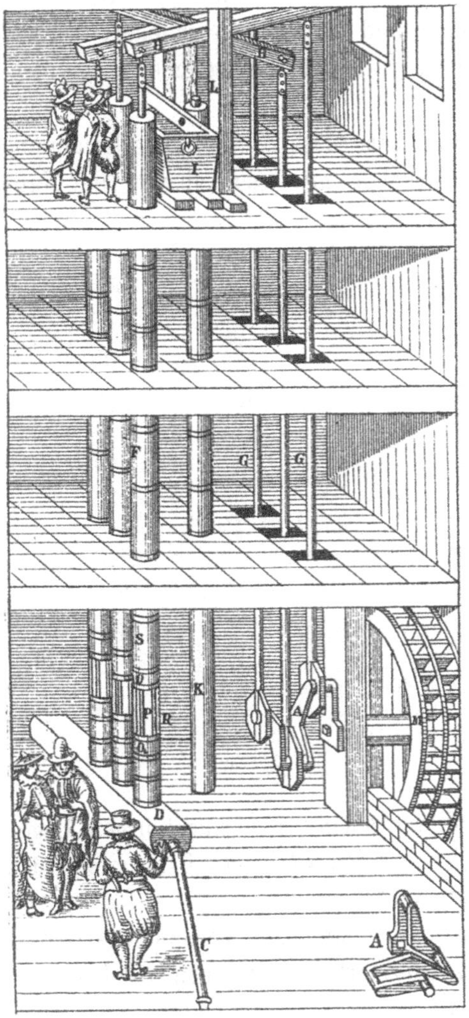

Fig. 567.

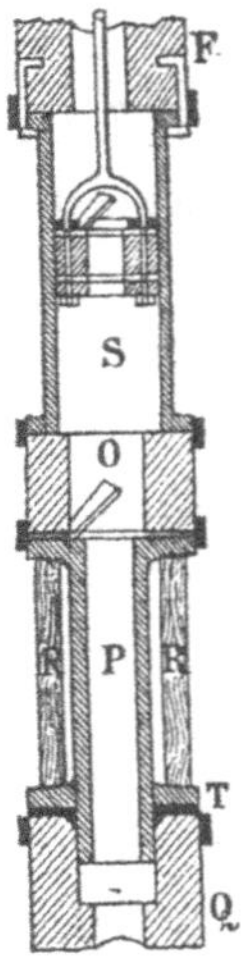

Fig. 568.

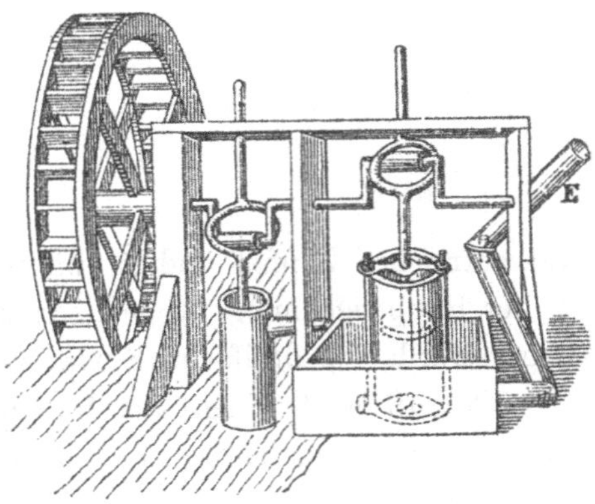

Fig. 569.

Wir haben versucht, in Fig. 568 die Konstruktion der Pumpe nach dieser Beschreibung darzustellen. Der messingene Pumpencylinder *S* ist an dem hölzernen Steigrohre *F* befestigt. Das Messingrohr *P*, welches das Saugventil trägt, lässt sich in der Holzröhre *Q* etwas auf und nieder schieben. Das kurze hölzerne Rohrstück *O* umschliesst das Saugventil und bildet daher gewissermassen das Ventilgehäuse. Die Stützen oder Spreizen *R* drücken einerseits die lose Flansche $T$ (die in der Beschreibung nicht erwähnt ist) nach unten gegen das Saugrohr $Q$, anderseits das Rohr $P$ mit dem Ventilgehäuse $O$ nach oben gegen den Pumpencylinder $S$ und pressen die Dichtungen zwischen $S$, $O$ und $P$, sowie zwischen $T$, $Q$ und $P$ zusammen. Werden diese Spreizen entfernt, so sinkt das Messingrohr $P$ etwas herab und das Ventilgehäuse $O$ kann leicht herausgenommen werden. Löst man dann das Gestänge vom Balancier und lässt es herab, so erscheint der Kolben in der Lücke zwischen dem Saugventile und dem Cylinder und kann frisch geliedert werden.

Eigenthümlich bei dieser Konstruktion ist das Fehlen jeglicher Schraubenverbindung.

Bei Fig. 567 ist noch darauf hinzuweisen, dass in der Detailzeichnung in der Ecke rechts unten die dreifache Kurbel $A$ mit einem vierten, der Nabe

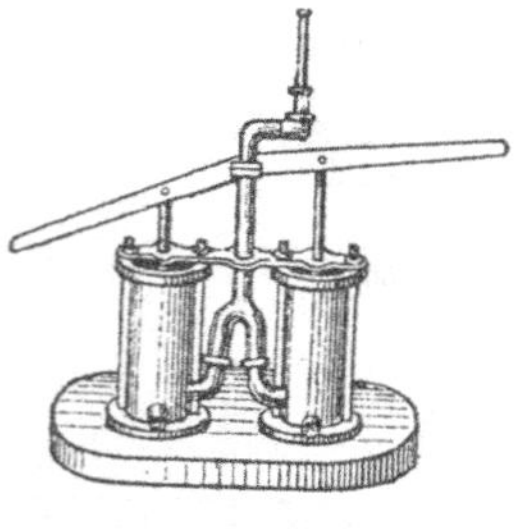

Fig. 570.

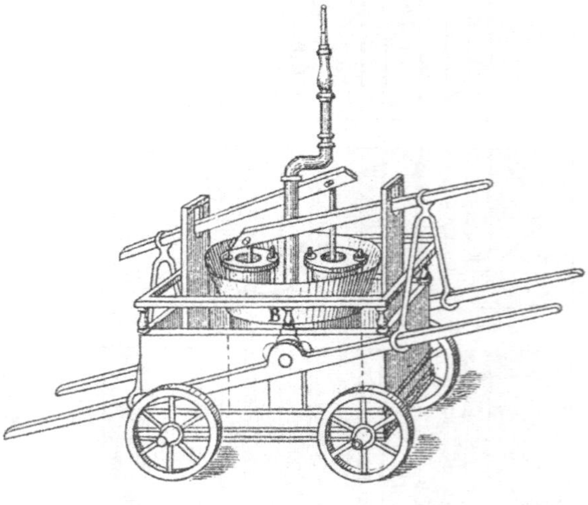

Fig. 571.

konzentrischen Zapfen endigt, während dieser sammt dem zugehörigen Lager in der Hauptzeichnung weggelassen ist, vermuthlich weil man befürchtete, das Lager würde die dreifache Kurbel zu sehr verdecken.

Nr. 19 zeigt einen aus Holzröhren und metallenen Verbindungsstücken zusammengesetzten Heber zur Entleerung eines erhöht gelegenen Teiches.

Nr. 20 (Fig. 569) ist überschrieben:

„Eine andere Machina, um durch ein Wasserrad das Wasser mit einer Pumpen in einen Trog zu heben und dasselbige ferner mit einem Druckwerk einen hohen Berg hinauf zu bringen.“

In der Beschreibung wird gesagt:

„. . . . die hölzernen Röhren $E$ müssen wohl mit eisernen Banden und Ringen verwahrt sein, damit sie von dem Wasser, welches eine grosse Gewalt hat, nicht zertrieben werden . . . .“

Da auch hier, wo es sich um die Förderung von Wasser auf einen hohen Berg handelt, nur von hölzernen, mit Eisenringen verstärkten Steigröhren gesprochen wird, ist anzunehmen, dass gusseiserne Wasserleitungsröhren zu Anfang des siebzehnten Jahrhunderts noch unbekannt waren.

Nr. 21 zeigt eine Wasserschraube (Archimedische Schnecke), deren Konstruktion von den Angaben VITRUV's (vergl. S. 50) nur dadurch abweicht, dass die Schraubengänge nicht durch aufeinandergenagelte und mit Theer verklebte, gebogene Holzleistchen, sondern durch seitlich aneinander gefügte, sektorenförmige Brettchen gebildet werden. Diese sind in den Kern und in den Mantel etwas eingelassen, letzterer mit eisernen Reifen gebunden und das Ganze innerlich und äusserlich durch einen Pechüberzug gedichtet. Die eisernen Zapfen laufen in Lagern mit messingenen Antifriktionsrollen.

Nr. 22 bis 25 sind (abgesehen von der Zeichnung, die BALDO VON URBINO nach HERO's Beschreibung entworfen hat) die ältesten Abbildungen von

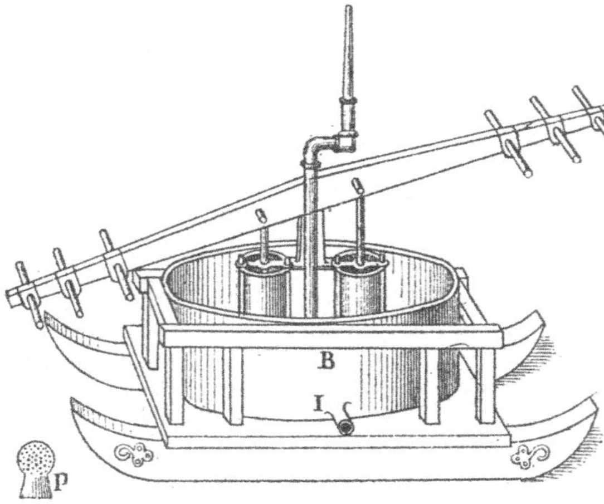


Fig. 572.

Feuerspritzen, die wir kennen. Die Nummern 22, 23 und 24 sind in unseren Figuren 570, 571, 572 und 573 wiedergegeben. Nr. 25 zeigt die Anwendung einer solchen Spritze bei einem Brande.

Die Ueberschrift ZEISING's lautet:

„Eine schöne neue Invention einer Machinae oder Feuerspritze, welche in Feuersnoth sehr nützlich zu gebrauchen ist, also das ihres Gleichen zuvor noch nie erfunden gewesen ist, denn jetzt kann man trefflich grosse Rettung dadurch thun."

Und die Beschreibung hebt an:

„Es ist nicht genugsam zu loben und auszusprechen, was diese nachstehenden Feuerspritzen für grossen Nutzen und Errettung in Feuersnöthen gethan haben, denn es können 5 oder 6 Personen, die eines Theils Wasser in die Spritze tragen, anderen Theils die Spritze regieren und das Wasser in das Feuer spritzen, mehr ausrichten, als etliche Hundert Mann sonst thun können."

In der Beschreibung zu der Detailzeichnung Nr. 24 (Fig. 573) wird gesagt:

„Man lässet zwo starke messingene Röhren (Cylinder) giessen, wie sie im Kupferstiche mit *A* bezeichnet sind .... sie müssen, je nachdem man das Werk stark haben will, 2—10 oder mehr Zoll weit sein. .... und müssen etwa eine Elle oder anderthalb Ellen hoch und inwendig gleich weit und fein glatt ausgedreht sein, auch unten einen starken Boden haben. Auch muss unten eine jede ein ziemlich grosses rundes oder viereckiges Loch haben und inwendig auf jedem Loch ein Ventil *B* darüber. Solch Loch aber mag man entweder auf der Seite unten bei dem Boden, oder unten im Boden machen, was bequemer und besser ist. Denn die Pumpen (-kolben), die inwendig an die eisernen Stangen *M* gemacht und recht justirt sind, müssen das Wasser durch diese Löcher ziehen, und es müssen die Röhren (Cylinder) in einem kupfernen Kessel stehen, wie er im Kupferstich Nr. 22 (Fig. 571) mit *B*, oder in einer kupfernen Wanne, wie sie im Kupferstich Nr. 23 (Fig. 572) ebenfalls mit *B* bezeichnet ist, und also mit dem Kessel oder mit ihm in einem hölzernen starken Kasten stehend unten mit starken Schraubenbolzen und Schraubbanden von Messing wohl angemacht und befestigt sein, damit sie feststehen . . . Es müssen danach noch andere Rohrlöcher, eines in jeder der genannten Röhren (der Cylinder) sein, durch welche das eingezogene Wasser wieder herausgedrückt wird. Diese haben

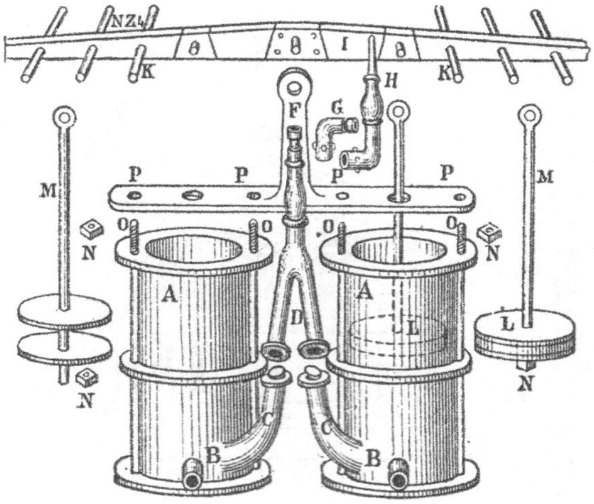


Fig. 573.

Röhrlein, die nach oben gegen einander zusammengehen, wie sie im Kupferstich Nr. 24 (Fig 573) mit *C* bezeichnet sind, und oben an eines jeden Ende angesetzte Ventile. Diese Röhren werden unten an den Zwiesel (die gabelförmige Röhre) der Spritze gestossen . . . . Die eisernen Pumpenstangen sind mit *M* bezeichnet und unten daran sind messingene Kolben *L*. Das Obertheil der Pumpenkolben ist an den Stangen unbeweglich, das Untertheil aber steckt man darauf, zwängt das Pumpleder dazwischen und schraubt die Stücke so mit einer Schraube *N* (d. i. eine Mutter) zusammen. Die Pumpenstangen sind aber oben in einen starken Querbalken (Balancier) *I* eingemacht. Dieser steht auf einem starken Stock oder Quereisen *F*. Derselbe ist auf dem Kasten querüber wohl befestigt, denn er muss die ganze Gewalt der Bewegung aushalten. Er hat Löcher *P*, durch welche theils die Schraubenbolzen *O*, die ihn und zugleich die grosse Röhre (den Cylinder) in dem Kasten befestigen, theils auch die Pumpenstangen in die Pumpenröhren gehen. — Wenn nun das Wasser durch die unteren Ventile in die Pumpenröhren gezogen ist, so wird es durch die Arme oder kleinen Seitenröhren *C*, die in die Höhe gerichtet sind, in den Zwiesel *D* heraufgedrückt, wo es in einem Stock (Rohrstücke) zusammenkommt und zu dem oberen Ende der Zwieselröhre getrieben wird. Auf diese ist oben ein Hut (Knierohr) gesteckt. Dieser muss zwar geheb angesteckt sein, aber doch so, dass man ihn herumdrehen kann, gleichwie die Theile eines Bierhahnes geheb in einander herumgedreht werden. Dieser Hut hat seinen Ausgang oder seine Mündung nach der Seite hin, sodass er wie ein Winkelmaass geformt ist, und damit er nicht abfahre von dem Halse der Röhre, daran er stecket, muss die Röhre um und um eine Kerbe haben und durch den Hut (d. h. durch seine Wandung) müssen ein Paar Schräublein auf beiden Seiten in die Kerbe geschraubt werden. Dieselben halten dann den Hut, sodass er von der Gewalt des Wassers und beim Herumdrehen nicht weggetrieben oder abgestossen wird. In die Mündung des Hutes wird das letzte Stück der Spritzröhre *H* gesteckt; doch ist es besser, dass das Mundloch des Hutes in die letzte Spritzröhre *H* gesteckt und wohl gefügt werde. Und gleichwie man den Hut *G* auf seiner Röhre *D* herumdrehen kann, so muss auch die Röhre *H*, worin die Schnautze des Hutes geht, herumgedreht werden können. Dann kann man, wegen der Beweglichkeit des Hutes, das Wasser in jedem Augenblicke hinlenken und spritzen, wohin man will, wegen der Beweglichkeit des Spritzrohres *H* aber kann man das Spritzwasser in die Höhe oder Tiefe bringen, wie man will .... Es ist auch zu merken, dass man in den Waagbalken (Balancier) *F* gegen beide Enden hin Querhölzer steckt oder mit eisernen Bändern umfasst, auf dass 12 oder 14 Personen, je nachdem man das Wasser mit Gewalt spritzen will, daran ziehen können; .... auch ist noch zu merken, dass die letzte, mit *H* bezeichnete Röhre sehr lang sein muss, etwa drei Ellen und nicht viel darunter, denn je länger sie ist, desto höher kann das Wasser getrieben werden, gleichwie auch ein Blasrohr um so weiter trägt, je länger es ist... Und solche Spritzen mit allen ihren Theilen kann man entweder in einen Kessel, der in einem dazu verfertigten Kasten auf einem Wagen steht, setzen, wie Nr. 22 (Fig. 571) zeigt, oder man kann sie in eine kupferne Wanne in einem starken Kasten auf eine starke Schleife oder einen Schlitten setzen, wie im Kupferstich Nr. 23 (Fig. 572) zu sehen ist. Auch kann man kleine Spritzen in der Art machen, dass man die beiden Röhren (Cylinder) auf ein starkes Messing- oder Kupferblech schraubt, wie im Kupferstich Nr. 22 bei *A* (Fig. 570) dargestellt ist, dass man sie hernach in ein Wasserfass setzen und daraus in die Zimmer, die Feuermauer, den Schornstein, oder wohin es Noth thut, spritzen möge ....“

Am Schlusse der speziellen Beschreibung der Kupfertafel Nr. 22 (Fig. 571) ist bemerkt:

„Es muss auch der Kessel *B* oben einen löcherigen Messingdeckel haben, damit nicht Unreines von Holz, Steinen oder grobem Koth, sondern nur das Wasser in die Spritzröhre kommt.“

In der speziellen Beschreibung des Kupfers Nr. 23 (Fig. 572) findet sich die Stelle:

„Allhier ist auch noch zu bemerken, dass unten aus der kupfernen Wanne eine mit *I* bezeichnete Röhre herausgeht, f e r n e r  d a s  l i n k s  u n t e n  a b g e b i l d e t e  S t ü c k *P**), welches ein hohler kupferner Kolben oder Knopf ist, in welchen viele kleine Löcher gemacht sind. Dieser Kolben biegt sich mit seinem Halse (der in der Abbildung nicht dargestellt ist) unter sich, wenn man ihn an die Röhre steckt, die aus der Wanne herausgeht, und ist Solches an einer ausgeführten Spritze gemacht worden, damit man auch das Wasser aus dem Gerinne auf der Gasse, welches man mit einem Schutzbrette abgedämmt hat, von unten in die Pumpenröhren ziehen kann. Aber diese ausgeführte Spritze hat unten im Kessel eine messingene Querröhre, worauf die zwo grossen messingenen Pumpröhren (Cylinder) ruhen und das Wasser von unten aus dem Kessel (oder aus dem Strassengerinne) in sich ziehen .... Man muss auch einen Stöpsel gar fest vor denselben Kanal oder die Röhre *I* schlagen, wenn man kein Wasser aus dem Gerinne oder fliessenden Wasser hineinziehen lassen will.“

*) Diese gesperrt gedruckten, nothwendigen Worte fehlen im Texte, wahrscheinlich in Folge eines Versehens des Setzers.

Aus alledem geht hervor, dass diese Feuerspritzen weder Windkessel noch Spritzenschläuche hatten, und es ist daher nicht recht verständlich, was unter der „neuen Invention“ gemeint ist, die ZEISING so sehr rühmt.

Bekanntlich sind Feuerspritzen ähnlicher Art von HERO dem Aelteren von Alexandria, einem Schüler des CTESIBIOS, schon im zweiten Jahrhundert vor Christi Geburt beschrieben worden (siehe S. 14).

„Aber zweifelhafter ist es (sagt JOH. BECKMANN in seinen ‚Beiträgen zur Geschichte der Erfindungen‘, Leipzig 1799, Bd. IV, S. 431), ob deren Gebrauch bald allgemein geworden sei, und ob schon das alte Rom diese vortheilhafte Maschine gehabt habe. PLINIUS der Jüngere, welcher vom Jahre 111 n. Chr. an Legat in Bythinien war, meldete dem Kaiser TRAJAN, dass die Stadt Nikomedien grösstentheils abgebrannt sei und sagt (Epistol. 42, lib. 10):

„Der Brand hat sich weiter ausgebreitet, erstens durch die Heftigkeit der Windes und dann wegen der Trägheit der Leute. Denn es steht fest, dass die Zuschauer bei diesem grossen Unglücke müssig und unbeweglich blieben. Uebrigens war auch nirgends in der Gemeinde eine Spritze (et alioqui nullus usquam in publico sipho), nirgends ein Feuereimer und überhaupt kein Instrument zum Unterdrücken von Bränden, und zwar waren diese, wie ich schon angeordnet habe, in der Vorbereitung begriffen.“

„Unter diesen Löschgeräthschaften scheint sipho allerdings die Feuerspritze des CTESIBIUS gewesen zu sein, obgleich Einige darunter nur Wasserleitungen, Kanäle, Röhren zur Vertheilung des Wassers in der Stadt haben verstehen wollen. Nun möchte ich nicht leugnen, dass das Wort auch solche Röhren bedeutet hätte, zumal wegen einer Stelle des STRABO, wo er von den unterirdischen Wasserleitungen zu Rom redet und sagt (lib. 5 ed Almel p. 360):

„Soviel Wasser wird durch den Aquaeduct in die Stadt geleitet, dass Ströme durch die Stadt und die Kloaken fliessen und fast jedes Haus reichlich Cisternen, Röhren (σίφωνας) und Kanäle hat.“

„Aber einen starken Beweis (fährt JOH. BECKMANN fort), dass PLINIUS allerdings Feuerspritzen gemeint hat, kann ich aus einem gleichzeitigen Schriftsteller beibringen. Nämlich APOLLODOR, der Baumeister, dessen Hülfe Kaiser TRAJAN bei Erbauung der berühmten Donaubrücke und bei Aufführung einiger grossen Werke in Rom brauchte, sagt in dem Ueberbleibsel seines Buches von Kriegswerkzeugen (Poliorcetica p. 32 in Veterum mathematic. opera):

„Wenn der obere Theil eines Gebäudes, zu dem der Aufstieg schwierig ist, stark brennt und jenes Instrument, welches sipho genannt wird, nicht in der Nähe ist, passt man nochmals durchbohrte Rohre, wie die der Vogeljäger*), an denjenigen Stellen an, wo sie Wasser hinbringen sollen, und Schläuche voll Wasser, welche zusammengepresst werden, werfen das Wasser nach der Stelle aus, die von Feuer verzehrt wird.“

---

*) Arundines rursus perforatae, cuiusmodi sunt aucupum, sind Schilf-, Bambus- oder dergleichen gewachsene Rohre, die ausgebohrt wurden, um die Knoten aus der inneren Höhlung zu entfernen und diese gleichmässig zu machen, und deren sich die Vogeljäger als Blasrohre bedienten.

Wir erinnern daran, dass eine zusammengenähte Thierhaut, d. i. der Schlauch, die älteste Form des Blasbalges ist (vergl. Dr. Ludwig Beck, „Geschichte des Eisens", Bd. I, S. 97 und 75), und dass der Balg auch eine der ältesten Formen der Wasserpumpen ist (vergl. „Skizzen aus der Zeit der Hussitenkriege", Fig. 348, S. 288).

„Dass man wenigstens im vierten Jahrhundert unter sipho eine eigentliche Feuerspritze verstand (fährt Joh. Beckmann fort), beweist Hesychius völlig sowie Isidorus*), der jedoch erst im Anfange des siebenten Jahrhunderts lebte."

Ersterer schrieb ein Lexikon, worin er sagt:

„Sipho ist ein Instrument, um Wasser nach den Bränden hin zu werfen."

Letzterer sagt in seinem Werke „Origines s. Etimologiae" XX, 6:

„Sipho wird ein Gefäss (vas) genannt, welches Wasser durch Ausblasen ausgiesst. Solche gebrauchen nämlich die Orientalen. Denn wo sie merken, dass ein Haus brennt, laufen sie mit Spritzen (cum siphonis) hinzu und löschen den Brand, aber sie reinigen auch damit Altäre (oder Steindenkmäler, aras) durch das nach den obersten Theilen hin ausgepresste Wasser."

„Aus den Worten: ‚solche gebrauchen die Orientalen' sollte man schliessen, dass Feuerspritzen im Occident selbst im siebenten Jahrhundert noch nicht gebräuchlich gewesen wären."

„Nur eine Stelle des Ulpianus**) pflegt man zum Beweise anzuführen, dass man schon zu seiner Zeit in Rom Feuerspritzen gehabt habe. Da wo er diejenigen Dinge nennt, welche zu einem Hause, das verkauft wird' gehören, sagt er (Digest. XXXIII, 7, 18):

„Auch Essig (acetum), welcher wegen zu löschender Brände bereit gehalten wird, sowie aus Lappen zusammengeflickte Decken (centones, womit man das Feuer zu ersticken suchte), Spritzen (siphones), Stangen und Leitern, Matten, Schwämme und Besen soll es enthalten, sagen die meisten und auch Pegasus."

„Auch Alexander ab Alexandro***), dessen Urtheil freilich nichts entscheidet, hat dort Spritzen verstanden, denn er sagt in seinem Werke ‚Dies geniales' V, 24, p. 342:

„Siphones nennt man mit Lederschläuchen (oder Bälgen, follibus) verbundene Röhren oder hydraulische Maschinen, durch deren Bewegung sie Wasser nach den oberen Theilen der Gebäude auswerfen, und welche auch pneumatische Maschinen genannt werden."

Diese fistulae follibus junctae, sagt Joh. Beckmann, sind diejenigen Röhren, welche schon Appollodor vorgeschlagen hat; wir aber möchten dabei auch auf die vorhin schon erwähnte Balgpumpe (Fig. 348, S. 288) hinweisen, welche von Jacobus Marianus um 1440, also etwa 80 Jahre früher als Alessandro Alessandri Obiges schrieb, von einem seiner Landsleute skizzirt wurde.

---

*) Hesychius aus Alexandria, Grammatiker des vierten oder sechsten Jahrhunderts n. Chr. St. Isidorus Hispalensis wurde um 594 Bischof von Sevilla in Spanien und starb 636.

**) Berühmter römischer Rechtsgelehrter, geb. um 170 n. Chr. in Tyrus, um 228 als Präfekt der Prätorianer von diesen ermordet.

***) Eigentlich Alessandro Alessandri, Advokat in Neapel, lebte von 1461 bis 1523.

Ueber die angeführte Stelle Ulpian's sagt Joh. Beckmann im Gegensatze zu Denen, welche daraus entnehmen, dass man zu Anfang des dritten Jahrhunderts n. Chr. in Rom Feuerspritzen gehabt habe:

„Aber wenn dieses Wort (siphones) Spritzen bedeuten soll, so scheint diese Stelle zuviel zu beweisen; dann müsste man es als einen damals gewöhnlichen Fall annehmen, dass einzelne Häuser eigene Spritzen gehabt hätten. Das müssten denn doch nur kleine Handspritzen gewesen sein, dergleichen auch hier manche Häuser haben, und die Stelle könnte wenigstens nicht als ein Zeugniss von öffentlichen Spritzen, dergleichen Plinius in Nikomedien vermisste, gedeutet werden. Allein viel wahrscheinlicher ist, dass Ulpian nur diejenigen siphones gemeint hat, welche nach des Strabo Bericht fast jedes Haus zu Rom hatte, das ist: Röhren, welche das Wasser zum häuslichen Gebrauche hinführten".

Ohne diese Ansicht Beckmann's bestreiten zu wollen, müssen wir doch darauf hindeuten, dass diese Stelle an Inkonsequenz leidet. Vorher war nur die Frage, ob der Gebrauch der von Hero beschriebenen Feuerspritzen bald allgemein geworden sei und ob das alte Rom schon solche gehabt habe; hier aber wird die „öffentliche Spritze" der „kleinen Handspritze" gegenübergestellt, und der Satz so gefasst, als ob es sich nur um die Frage handle, ob das alte Rom „öffentliche Spritzen" gehabt habe, worunter ohne Zweifel grosse fahrbare Spritzen verstanden werden sollen.

Hero erwähnt aber in seiner Beschreibung weder einen Wagen noch einen Schlitten, und es ist daher anzunehmen, dass er keine fahrbare, sondern eine tragbare Spritze gemeint hat, und daraus folgt, dass ihr Gewicht und ihre Dimensionen nicht gross gewesen sein können. Zu der Annahme, dass diese nicht öffentlichen Zwecken dienen könnten, ist kein Grund vorhanden. Beckmann scheint der Ansicht gewesen zu sein, dass die kleinen Handspritzen eine modernere Erfindung seien, weil zu seiner Zeit nur manche Häuser in seiner Umgebung sie hatten. Naturgemässer dürfte aber die Annahme sein, dass man zuerst kleine Spritzen baute und später zu grösseren überging, und es ist zu berücksichtigen, dass die Häuserbesitzer im alten Rom in andern Verhältnissen lebten als die deutschen des vorigen Jahrhunderts, und dass bei diesen, gerade weil bessere öffentliche Spritzen vorhanden waren, ein so grosses Bedürfniss zur Anschaffung eigener Handspritzen nicht bestand, wie es im alten Rom der Fall gewesen sein dürfte. Der Grund, warum Beckmann sich eine öffentliche Feuerspritze nur als eine grosse fahrbare denken konnte, dürfte darin zu suchen sein, dass diese zu seiner Zeit mit Windkessel und Spritzenschläuchen versehen waren, und er sich keine Vorstellung davon machen konnte, von wie geringem Nutzen gerade die grossen fahrbaren Spritzen waren, ehe sie diese Vervollkommnungen erfahren hatten. Will man hierüber zu einer richtigen Vorstellung gelangen, so sollte man nicht versäumen, das nachzulesen, was die Erfinder der Spritzenschläuche, Jan van der Heide und

Jan van der Heide der Jüngere, General-Brandmeister der Stadt Amsterdam, in ihrem mit vielen ausserordentlich schönen Kupfern ausgestatteten Werke in Grossfolio „Beschrijving der nieuwlijks uitgevonden en geoctrojeerde Slang-Brand-Spuiten etc.“, Amsterdam 1690, über die alten fahrbaren Spritzen sagen, die diese Verbesserung noch nicht hatten. Da heisst es zunächst in der Vorrede an Bürgermeister und Rath der Stadt Amsterdam:

„. . . . Sie (die Verbesserungen) wurden auf Ew. Hochwohlgeboren Befehl in's Werk gesetzt und vorerst zur Probe an alten städtischen Feuerspritzen angebracht, als im Jahre 1672 . . . . uns die Aufsicht über die alten Spritzen übertragen wurde, weil diese damals, wie Ew. Hochwohlgeboren mit Recht bemerkten, mehr Nachtheil als Nutzen bei den Bränden brachten.“

Das zweite Kapitel des ersten Theiles handelt ausführlich „von den alten Spritzen“ und lautet:

„Dieses Instrument verhiess zuerst sehr viel. Es ist gross und ansehnlich, und man kann damit das Wasser von der Strasse bis auf die Dächer der Häuser werfen und es vermittelst des Spritzrohres, welches auf oder an der Spritze befestigt, aber drehbar ist, nach allen Seiten hinsenden. Damit schien dem Mangel der Feuereimer, welcher für den grössten gehalten wird, weil er am meisten in die Augen fällt, abgeholfen zu sein, und man machte sich so grosse Erwartungen davon, dass sie in sehr vielen Städten angewendet und auch in dieser Stadt bis zu ungefähr sechzig an der Zahl angeschafft wurden. Aber diese Erfindung entsprach den darauf gesetzten Erwartungen so schlecht und ihre Wirkung bei Bränden war von so geringem Nutzen, dass einer der ältesten Bürgermeister von Amsterdam, der damals genaue Beobachtungen über die Brände angestellt hatte, uns sagte, er habe klar herausgefunden, dass sie bei dem Gebrauche von diesen Spritzen durchweg schwerer würden, als zuvor, und dass man sie jetzt weniger oft löschen könne, ehe ein oder mehrere Häuser vernichtet seien, als damals, als man sich noch mit Eimern allein behalf . . . . Der Grund davon ist, dass die alten Spritzen, auf der Strasse stehend, das Wasser nicht anders, als von unten gerade von sich weg gegen die Vordergiebelmauer*) und selbst darüber hinaus, oder durch die Fenster und Glasscheiben, wenn sie offen waren, nur kurz hinter die Giebelmauer spritzen konnten . . . . Die Strahlen endigten oder prallten (an die Zimmerdecken) kurz hinter der Giebelmauer an, wo sie herabfielen . . . . folglich konnten sie nur die Vorderseite der Brände, die in den vorderen Zimmern entstanden, treffen, während sie die hinteren Theile dieser Brände nicht erreichen konnten und diesen volle Freiheit liessen, sich nach hinten und seitwärts auszudehnen. So wird die ganze Wirkung dieser Spritzen auf die Giebelmauer verwendet, und diese etwas länger stehend erhalten, obgleich sie für diese Spritzen besser zuerst aus dem Wege geräumt würde. Und wenn sie bei solchen Bränden, die in den vorderen Zimmern entstehen und die bequemsten und erreichbarsten sind, offenbar keinen Vortheil gewähren können, so ist sicher, dass sie gegen alle anderen, die in inneren Zimmern und in Hinterhäusern fern von der Strasse entstehen, nichts in der Welt ausrichten können . . . . In allen diesen Fällen, die bei weitem die häufigsten sind, weil die Küchen und anderen Räume, worin das meiste Holzwerk ist und am meisten mit Feuer und Licht umgegangen wird, gewöhnlich in den hinteren Theilen der Häuser liegen, können diese Spritzen, weil dann der vordere Theil des Hauses im Wege steht, nichts thun, bevor der Brand, indem er das Innere durchgebrannt hat, schwerer geworden ist und, sich nach allen Seiten ausbreitend, bis zur vorderen Giebelmauer durchgedrungen ist.“

*) Zu damaliger Zeit pflegte man bekanntlich die Häuser mit einer Giebelseite an die Strasse zu stellen.

Hat man in Amsterdam, nachdem man die Spritzen alter Konstruktion in so grossen Dimensionen angeschafft hatte, dass sie gefahren und auf die Strasse gestellt werden mussten, alsbald diese schlechten Erfahrungen gemacht, so wird man sie wohl in Rom im gleichen Falle auch gemacht haben, zumal die Häuser dort sehr hoch und die Strassen eng waren. Denn SENECA tadelte dort (Controvers. 9, libri 2, pag. 153):

„Die Wohnhäuser, welche man so sehr in die Höhe baut, dass die Wohnungen, welche man zum Nutzen und Schutze errichtet, jetzt eine Gefahr und kein Schutz sind. Die Höhe der Gebäude und die Enge der Strassen sind so gross, dass es weder einen Schutz gegen Feuer noch nach irgend einer Seite hin einen Ausweg aus den Ruinen giebt."

Deshalb ist anzunehmen, dass sich in alten Zeiten nur tragbare Spritzen einbürgern konnten, und es scheint, dass solche nicht nur von Gemeinden, sondern mehr noch von wohlhabenden Hausbesitzern zum Schutze einzelner Häuser angeschafft wurden. Wohlhabend mussten die Hausbesitzer gewiss sein, welche alle die von ULPIANUS aufgezählten Dinge für den Fall eines Brandes bereit halten sollten. Denn wer einen Brand mit Essig löschen will, braucht viel davon, und wenn man ihn mit nassen Decken und Matten ersticken will, müssen diese zahlreich oder so gross sein, wie die Segeltücher, die JAN VAN DER HEIDE in seinen Abbildungen der früher üblichen Löschweisen darstellt. Man sieht da oft das ganze Dach des brennenden Hauses mit einem oder mehreren solcher Tücher bedeckt.

Wohl darf aber angenommen werden, dass man schon in alten Zeiten hin und wieder auf den Bau grosser, nur auf Fuhrwerk transportabler Spritzen verfiel, indem man sich von ihrem mächtigen Wasserstrahle grossen Nutzen versprach.

PAUL VON STETTEN berichtet in seiner „Kunst und Handwerksgeschichte der Reichsstadt Augsburg", die 1779 daselbst erschien, dass man in den Bauamtsrechnungen dieser Stadt zuerst im Jahre 1518 Feuerspritzen genannt findet. Sie heissen dort „Instrumente zu Brunsten" oder „Wasserspritzen zum Feuer dienlich" und wurden von einem Goldschmied, ANTON BLATNER zu Friedberg, der aber in dem genannten Jahre Bürger von Augsburg ward, verfertigt. Aus dem Zusatze, dass die Räder und Stangen dazu von einem Rademacher gemacht werden, und aus der Grösse der dafür angesetzten Ausgaben kann man schliessen, dass es grosse fahrbare Spritzen gewesen sind. Aber vor der Erfindung der Spritzenschläuche mussten praktische Versuche mit diesen immer zu derselben Enttäuschung führen, die JAN VAN DER HEIDE schildert, und die Begeisterung, womit ZEISING von solchen Spritzen als einer neuen Invention spricht, beweist nur, dass frühere Versuche dieser Art zu seiner Zeit wieder in Vergessenheit gerathen waren, oder dass doch unserem Autor die Kenntniss davon, sowie die praktische Erfahrung zur richtigen Beurtheilung derselben abging.

Im dritten Theile seines Werkes ist auf der Kupfertafel Nr. 4 eine Mühle mit zwei Mahlgängen, die vermittelst eines grossen horizontalen Tretrades durch Menschenkraft betrieben wird, abgebildet (Fig. 574). Ein kleines horizontales Tretrad für Menschen sahen wir schon bei AGRICOLA (siehe Fig. 144, S. 130); dieses aber erinnert durch seine Grösse mehr an das schrägstehende, venezianische Tretrad für Ochsenbetrieb, welches ZONCA beschreibt (siehe Fig. 358, S. 297).

Die Kupfertafel Nr. 16 zeigt, wie Eingangs erwähnt wurde, eine Kopie der auf RAMELLI'S Taf. 136 abgebildeten Holzsägemühle (siehe Fig. 277, S. 233), Nr. 17, die durch unsere Fig. 575 wiedergegebene. Diese unter-

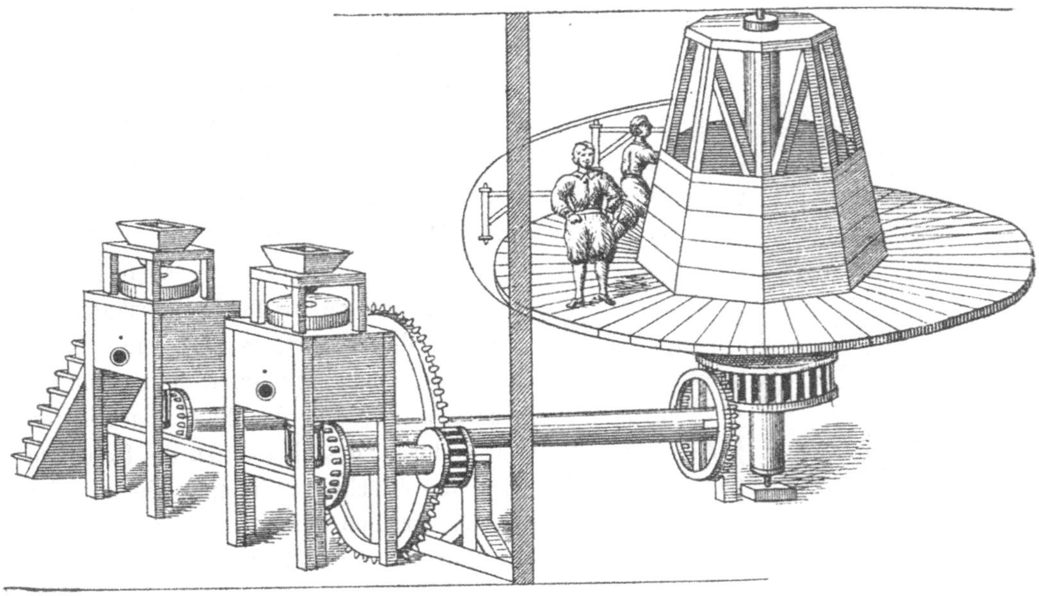

Fig. 574.

scheidet sich vortheilhaft von der vorhergehenden. Die Kurbel, welche das Sägegatter bewegt, sitzt bei RAMELLI auf der Wasserradwelle, hier aber auf einer rascher gehenden Vorgelegewelle mit Schwungrad. Der Blockwagen, der bei RAMELLI wie eine grosse Schraubzwinge den zu schneidenden Block einklemmt, bildet hier einen festen Rahmen, worauf der Block liegt und mit einigen Eisenklammern befestigt wird. Bei RAMELLI wird dieser Blockwagen durch ein Seil bewegt, das mehrmals um die Welle des Schaltrades geschlungen und dessen eines Ende am hinteren, das andere am vorderen Ende des Blockwagens befestigt ist; hier aber ist das Seil durch eine Kette ersetzt, deren Enden auf Spannwalzen hinten und vorn am Blockwagen befestigt sind. Die Rückwärtsbewegung des letzteren muss bei RAMELLI mit der Hand geschehen, während hier ein aus- und einrückbares Rädervorgelege angebracht ist, vermittelst dessen diese Rückwärtsbewegung durch das Wasserrad erfolgt.

Nr. 18 ist, wie Eingangs bemerkt, eine Kopie der Walkmühle, die ZONCA auf Seite 18 seines Werkes darstellt (siehe Fig. 362, S. 299). Sie führt bei ZEISING die Ueberschrift:

„Eine Machina oder Rüstung, den Tuchmachern die Tuch zu walken, desgleichen auch die gebleichten Schetter."

Nr. 19 unterscheidet sich hiervon nur dadurch, dass die Hebedaumen der Walkhämmer nicht direkt auf der Wasserradwelle, sondern auf einer Vorgelegewelle sitzen, und dass diese andererseits noch mit der Welle eines grossen Schleifsteins durch Zahnräder verbunden ist. Die Ueberschrift lautet:

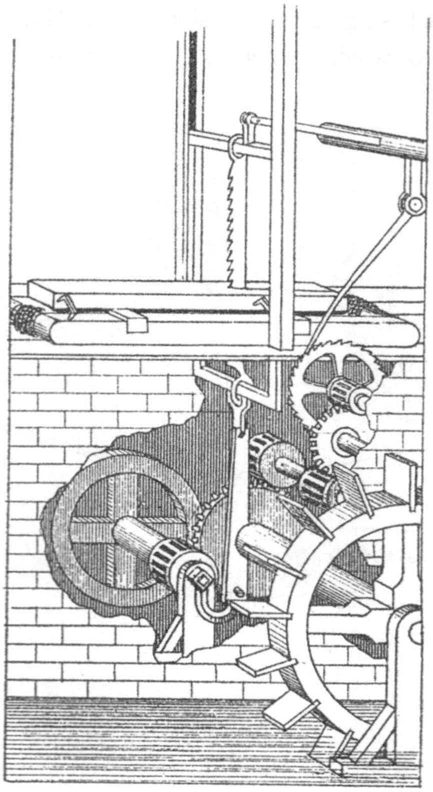

Fig. 575.

„Eine andere Art und Manier einer Walkmühle, darinnen die Weissgerber ihr Leder walken, mit dem Eischtrog (oder Lischtrog), dabei auch ein Schleifstein hängt."

Nr. 20: „Eine Machina oder Oelmühle, dadurch man allerhand Oel schlagen kann, als Mandeln, Nuss, Lein und Rübsaat" (Fig. 576).

Dies ist die älteste Abbildung einer Keilpresse für Oelfabrikation.*) Pressen dieser Art, welche man heute noch in kleinen Oelmühlen findet, unterscheiden sich von der hier abgebildeten nur dadurch, dass bei ihnen die Keile von oben durch schwere Stempel hinein- oder herausgetrieben werden, während dies hier in horizontaler Richtung durch einen schweren Holzhammer geschieht, der an einer horizontalen Welle über der Presse aufgehangen ist, und den man vermittelst einer Stellvorrichtung bald auf die eine, bald auf die andere der beiden in der Oellade angebrachten Pressvorrichtungen wirken lassen kann. Die Beschreibung ZEISING's lautet:

„Es wird aber solche Mühle mit einem Wasserrade umgetrieben, an dessen Wellbaum das Kammrad $S$ ist. Dieses ergreift mit seinen Zähnen das Stirnrad, in dessen Wellbaum die Hörner (Hebedaumen) kreuzweise eingezapft sind, je nach der Zahl der Stempel, welche unten mit eisernen Köpfen beschlagen sind und ihrer Schwere halber, wenn die Heber durch die Hörner erreicht und die Stempel in die

*) Eine sehr primitiv konstruirte Keilpresse zum Weinkeltern, die wohl auch zum Auspressen von Oliven verwendet werden konnte, zeigt allerdings schon ein in Herculanum aufgefundenes Gemälde. (Siehe ANTONY RICH's Illustrirtes Wörterbuch der Römischen Alterthümer, Artikel: torcular.)

Höhe gehoben sind, stracks unter sich stossen in die ausgehauenen Vasa, die unten am Boden mit starken Eisen beschlagen sind. Darin stösset man die Materie, daraus man Oel haben will, klein. Diese wird nachmals in einem Kessel geröstet und also warm zwischen zwei haarenen Tüchern *VZ* in die Eorm *BC* gelegt und in den eichenen Baum *A* gesteckt, in den man einen anderen viereckigen Klotz *D* von oben herab einsenkt und von hinten einen Keil *E* durchstösst, der vornen etwas schmäler ist, als hinten. Danach steckt man den Keil *F* dazwischen und richtet den Schlegel durch den Arm *G*, der Löcher hat, wie der Balken (Stiel), woran der Schlegel hängt, auf den Keil. So ergreifet das eine Horn (ein Hebedaumen) am Wellbaum das eine Holz *M* an der Wand (welches in der Abbildung nicht sichtbar ist) und zieht solches herab, und in solcher Bewegung ergreift das andere Horn (vermuthlich ein anderer

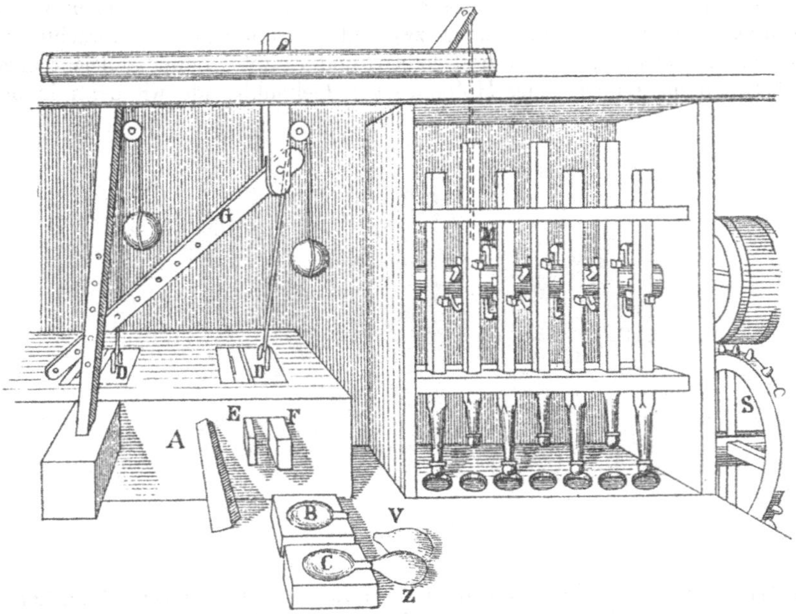


Fig. 576.

Hebelarm, der mit dem Holze *M* auf einer Axe sass) auch das obere Holz (in dem horizontalen Wellbaume), von dem der Strick nach dem unteren geht, und zieht es nach, hebt den Schlegel sehr hoch und schnappt los. So schlägt der Schlegel den Keil hinein und zwinget also das Oel mit grosser Macht heraus, welches unten durch den grossen eichenen Baum *A*, der ein Loch hat, heraus in ein untergesetztes Geschirr fliesst."

Genau dieselbe Einrichtung wird noch in Beyer's „Theatrum Machinarum Molarum oder Schauplatz der Mühlenbaukunst", Leipzig 1735, S. 81, als die in Deutschland für Oelmühlen allgemein gebräuchliche ausführlicher beschrieben und abgebildet. Auf S. 83 folgt dann die Beschreibung der „Holländischen Oelmühlen", die mit einem Kollergang und schwereren Stampfen die Oelsaat zerkleinern und das erwärmte Mahlgut in Keilpressen auspressen, deren Keile durch schwere Stempel von oben angetrieben werden. Wie wenig aber diese Art von Oelmühlen im Jahre 1735 noch in Deutschland im Gebrauche waren, geht aus der Einleitung und der Schlussbemerkung zu BEYER's Beschreibung hervor. Erstere lautet:

„Nachdem wir die Beschaffenheit hiesiger Oelmühlen deutlich abgehandelt haben, wollen wir nun dem geneigten Leser auch ein Modell der Holländischen Invention mittheilen und dabei zeigen, wie solche von Wasser ihre Bewegung erhalten können, während in Holland meist alle Maschinen vom Winde getrieben werden, hier zu Lande aber auf denselben nicht viel zu bauen ist. Die Zeichnung ist aus PIETER LIMPERCH's Moele-Boek genommen."

Am Schlusse sagt BEYER:

„Und also würde man das Wasserrad noch einmal so breit erbauen müssen, als es Tab. XXVIII (welche die vorhin beschriebene Einrichtung darstellt) ist und auch doppelt so viel Wasser dazu nöthig haben. Es wäre demnach ja ebenso wohlgethan, wenn man ein so weites Wasserrad mit dem dazu erforderlichen Wasser anlegen wollte, wenn man an demselben zwei solche Stampfwerke anbrächte, wie wir eines bei unserer Oelmühle dargestellt haben, und es wäre dann vielleicht ebensoviel damit auszurichten, als mit einer Holländischen Oelmühle, wie wir denn in der That

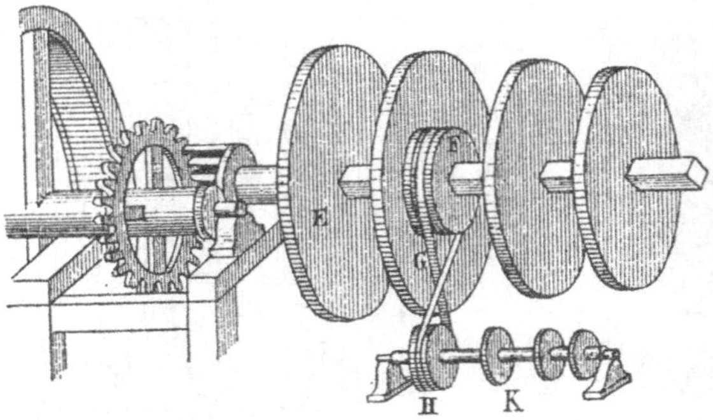


Fig. 577.

hier zu Lande viele derselben mit doppeltem Zeuge gar nutzbar gebrauchen. Wir lassen inzwischen die Holländische Oelmühle in ihrem Werth. Dass sie in Holland gute Dienste thut, ist gewiss; ob wir sie aber mit dem Trieb des Wassers (weil auf die Kraft des Windes hier zu Lande nicht wie in Holland gebaut werden kann) so gut nützen würden, ist nicht ausgemacht."

ZEISING's Nr. 24 zeigt eine Schmiede, worin ein Paar Blasbälge und ein Schwanzhammer durch ein Wasserrad und eine ziemlich komplicirte Transmission mit Zahnräderübersetzungen betrieben werden.

Nr. 25 zeigt eine Schleiferei mit Wasserradbetrieb, wovon in unserer Fig. 577 die wesentlichen Theile wiedergegeben sind. Der Text hierzu ist hauptsächlich dadurch interessant, dass wir darin zum ersten Male Riemen zur Uebertragung einer drehenden Bewegung erwähnt finden. Aus der eigentlichen Beschreibung ist dies zwar nicht ersichtlich, denn darin heisst es:

„An der anderen (d. h. der zweiten) Scheibe ist ein Rad *F* mit einer Hölen (Höhlung) ausgedreht, daran leit (liegt) eine Röhren *G* und treibet also das Rad *H*, an dessen eiserner Axe drei kleine Räder *K* stecken, welches man den Stechzeug nennet, zu gar subtilen Dingen und hohlen Rappier- und Dolchklingen."

Danach folgt aber noch eine „Erklärung der Stück", d. h. eine Erklärung der in der Abbildung durch Buchstaben bezeichneten Theile, worunter aufgezählt werden.

Die grösste grobe Scheib *E.*
Die ander Scheib, daran der Riemen leit *F.*
Der Riemen *G.*
Das Rad, das vom Riemen rumbgezogen wird *H.*

Dass der Theil *G* im eigentlichen Text „eine Röhre" genannt wird, während in der „Erklärung der Stück" dafür immer „der Riemen" steht, könnte auf einem Druckfehler beruhen. Es könnte aber auch andeuten, dass der Riemen nach einer Schraubenlinie zusammengedreht war, so dass er auch

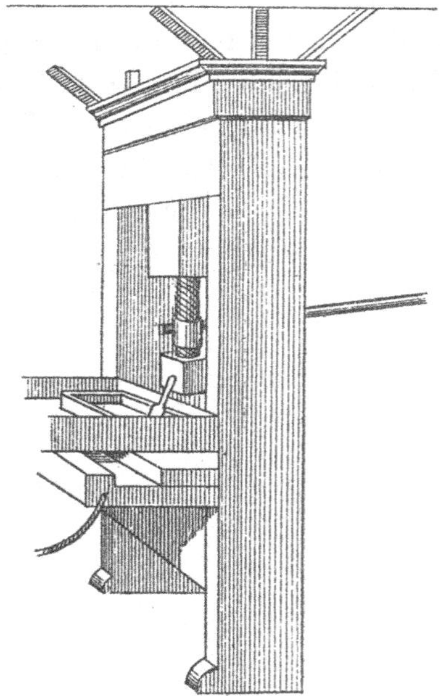

Fig. 578.

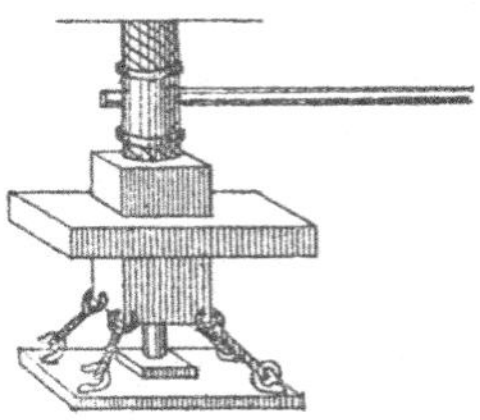

Fig. 579.

als Röhre bezeichnet werden konnte. Diese Art des Ueberganges von dem schon lange bekannten Schnurtrieb zum Riementrieb ist nicht unwahrscheinlich und der Umstand, dass von der Riemenscheibe gesagt wird, sie sei mit einer Hölen (Höhlung) ausgedreht, scheint auch darauf hinzudeuten, dass man sich den Querschnitt des Riemens rund vorzustellen habe. Aus der Abbildung ist in dieser Beziehung nichts zu ersehen.

Nr. 26 ist überschrieben:

„Eine andere Art einer Machinae, dardurch die Waffen und allerhand Werkzeug geschliffen wird, ist fast der vorhergehenden zu vergleichen."

Aus der Beschreibung führen wir folgende Stellen an:

„. . . . dieweil aber die Steine täglich (d. h. den ganzen Tag) Wasser haben müssen, so ist eine Rinne über den Steinen angemacht, darein von dem Wasserrad durch zween Schöpfer täglich gossen wird, welches Wasser dann auf die Schleifsteine fällt . . . .“

Diese Vorrichtung sahen wir schon bei Zonca abgebildet und beschrieben (S. 299 u. Fig. 360).

Zeising fährt aber hier fort:

„Es wird auch ebenermassen der kleine Zeug, darauf man hell schleift, durch einen Riemen wie der Stechzeug in der Poliermühlen (die vorhin beschrieben wurde) umgetrieben.“

Und in der „Erklärung der Stück“ findet man:

„Das Rad, daran man den Riemen legt *F*.“

Aus dem vierten und fünften Theile des uns vorliegenden Werkes heben wir noch die Kupfertafel Nr. 5 des vierten Theiles hervor, deren wesentliche Theile in unseren Figuren 578 und 579 wiedergegeben sind, weil daraus deutlicher als aus Zonca's Abbildung einer Buchdruckerpresse (Fig. 365, S. 302), zu ersehen ist, wie damals bei diesen Pressen die Pressplatte nur durch Schnüre an die vierkantige Führungshülse gehängt war (Fig. 579), damit die Pressplatte nachgeben konnte, bis sie gleichmässig auf die Pressfläche drückte. Im Uebrigen verweisen wir auf die Beschreibung Zonca's (S. 302).

# Leonardo da Vinci (1452—1519).

(Dritte Abhandlung: Codice atlantico.)

Die Accademia dei Lincei zu Rom hat im Jahre 1894 begonnen, den Codice atlantico, die grösste Sammlung LEONARDO'scher Handschriften und Skizzen, unter dem Schutze und mit Unterstützung des Königs von Italien und der italienischen Regierung in ähnlicher Weise zu veröffentlichen, wie dies mit den im Institut de la France befindlichen Manuskripten LEONARDO's durch RAVAISSON-MOLIEN geschehen ist.

Man beabsichtigt, das ganze Werk in 35 Lieferungen herauszugeben, wovon jährlich fünf erscheinen sollen. Wollten wir sämmtliche Maschinen und Mechanismen, die im Codice atlantico enthalten sind, in einer Abhandlung behandeln, so könnten wir erst nach sieben Jahren damit beginnen. Wir ziehen deshalb vor, uns zunächst auf die Besprechung der im verflossenen Jahre erschienenen fünf Lieferungen zu beschränken und weitere Abhandlungen folgen zu lassen, sobald wieder genügendes Material dazu vorliegt.

Ueber die Entstehung und die Schicksale des Codice atlantico entnehmen wir der Einleitung der Accademia dei Lincei Folgendes:

LEONARDO, dem der König von Frankreich gestattet hatte, über sein Vermögen frei zu verfügen, vermachte durch ein in Amboise aufgesetztes Testament vom 23. April 1518 alle seine Manuskripte, Instrumente und Gemälde, die er nach Frankreich gebracht hatte, seinem Lieblingsschüler FRANCESCO MELZI, der ihm dahin gefolgt war.

Nach dem Tode LEONARDO's, der am 2. Mai 1519 in Cloux erfolgte, brachte MELZI die ererbten Gegenstände nach Italien in die Villa di Vaprio, wo er seinen Meister oftmals bewirthet hatte. Fünfzig Jahre lang, bis zn seinem Tode, bewahrte er diese theuren Andenken mit grösster Sorgfalt, aber als sie in den Besitz seiner Erben gekommen waren, die, wie GIOV. AMBROGIO MAZZENTA berichtet, ganz andere Neigungen und Beschäftigungen hatten, waren sie den mannigfachsten Wechselfällen ausgesetzt.

Einige Jahre nach FRANCESCO MELZI's Tode kamen einem gewissen LELIO GAVARDI DA ASOLA, Vorsteher von S. Zeno in Pavia, in seiner Eigenschaft als Hauslehrer der Familie MELZI dreizehn Bände von LEONARDO's Manuskripten und Zeichnungen in die Hände. Er missbrauchte das geringe Interesse der MELZI für die Handschriften und brachte sie nach Florenz; wo er sie in der Hoffnung auf reichen

Gewinn dem Grossherzog FRANCESCO, einem leidenschaftlichen Sammler von Kunstgegenständen, anbieten wollte.

Durch den unerwarteten Tod dieses Fürsten wurde GAVARDI's Plan vereitelt, und er begab sich nach Pisa zu seinem Verwandten ALDO MANUZIO, der dort die Rechte studirte. Er hoffte, ihn bereit zu finden, die Manuskripte zu erwerben. Der Zufall wollte, dass mit MANUZIO der Mailänder GIOV. AMBROGIO MAZZENTA studirte. Dieser, wie er selbst in einer Schrift über die damaligen Schicksale der LEONARDOschen Handschriften erzählt, hob GAVARDI's Bedenken wegen des unrechtmässigen Besitzes der Bände, indem er den Auftrag übernahm, sie der Familie MELZI zurückzubringen, sobald er nach Vollendung seiner Studien nach Mailand zurückgekehrt sein würde. Aber Dr. ORAZIO MELZI, erstaunt über diese unerwartete Rückgabe, glaubte dem Ueberbringer als Belohnung für seine Bemühung die Manuskripte schenken zu sollen, indem er beifügte, es befänden sich noch viele Zeichnungen LEONARDO's unter dem Dache der Villa di Vaprio, als ob er sie dem MAZZENTA auch noch zur Verfügung stellen wollte.

Nachdem sich die Kunde von diesem Geschenke und dem geringen Interesse der MELZI für die Andenken an LEONARDO verbreitet hatte, erhielten, wie MAZZENTA sagt, noch viele Personen Zeichnungen, plastische und anatomische Modelle und andere kostbare Reliquien von LEONARDO's Studien.

Unter den Sammlern dieser Zeichnungen zeichnete sich POMPEO LEONI, der bevorzugte Bildhauer des Königs Philipp II. von Spanien, aus, der in seinem Palaste in Mailand eine werthvolle Kunstsammlung zusammengebracht hatte. Er veranlasste MELZI, die Rückgabe der dreizehn Bände, die dieser so leichtfertig verschenkt hatte, von MAZZENTA zu verlangen, indem er ihm vorstellte, dass er Aemter und Würden im Senate von Mailand erlangen könnte, wenn er diese Bände dem Könige von Spanien anböte. Durch solche Lockungen angeregt, brachte es MELZI durch vieles Bitten dahin, dass MAZZENTA ihm sieben Bände zurückgab, die wahrscheinlich kurz danach dem LEONI überlassen wurden. Drei Bände von den sechsen, die MELZI nicht zurückerhielt, weil sie schon in das Eigenthum der Brüder MAZZENTA übergegangen waren, konnten später in die Hände LEONI's gelangen.

Um seine Sammlung LEONARDO'scher Manuskripte augenfälliger zu machen, liess sich dieser beikommen, die Originalhandschriften auseinander zu reissen, um Bände von grösserem Format daraus zu bilden und auch grössere Zeichnungen LEONARDO's, die er hier und da gesammelt hatte, darin unterbringen zu können. So bildete LEONI aus mehr denn 1700 Zeichnungen jenen Band von 67 cm Höhe und 45 cm Breite, der wegen seines Formates und der Mannigfaltigkeit der darin enthaltenen Zeichnungen den Namen „Codice atlantico", d. h. Atlasförmige Handschrift, erhielt. Die Zusammenstellung der vielen Zeichnungen auf den 402 Folien des Bandes geschah ohne jede Regel, so dass anzunehmen ist, LEONI habe es der Willkür des Buchbinders überlassen, diejenige Anordnung zu treffen, die ihm die schnellste Lösung der Aufgabe gestattete, die verschiedenen Dimensionen der Zeichnungen dem Formate des Bandes anzupassen. Es ergab sich dabei die Nothwendigkeit, für Blätter, die auf beiden Seiten Schrift und Zeichnungen trugen, Fensteröffnungen in die Folien des Bandes zu schneiden, und wahrscheinlich ging die Willkür des Buchbinders sogar so weit, einzelne Zeichnungen zu zerschneiden, um deren Theile auf verschiedenen Folien unterzubringen.

Aus alldem geht hervor, dass LEONI nur darauf bedacht war, einen grossen Band zusammenzustellen und der Eigenliebe des Sammlers dadurch zu genügen, dass er ihm seinen Namen aufdrucken liess.

Den grössten Theil der LEONARDO'schen Zeichnungen dürfte LEONI in dem kurzen Zeitraume zwischen der Rückkehr MAZZENTA's nach Mailand (1587) und seiner eigenen Abreise nach Spanien gesammelt haben, wohin er sich im August 1589 begeben musste, um die Broncearbeiten zum königlichen Grabmale im Escurial zu vollenden. Gewiss ist, dass er mit vielen Kunstgegenständen seiner Mailändischen Sammlung, deren Ueberführung BERMUDEZ in seinem „Dizzionario“ bezeugt, auch seine LEONARDO-schen Zeichnungen nach Madrid brachte, denn VINCENZO CARDUCHO berichtet in seinen „Dialogos de la pintura“, Madrid 1633, dass nach dem gegen 1610 erfolgten Tode LEONI's, bei dem Verkaufe seiner Hinterlassenschaft, zwei Bände LEONARDO-scher Schriften und Zeichnungen von DON JUAN DA ESPINA erworben wurden. Davon kam einer nach langen Verhandlungen in den Besitz des Königs von England. Es ist der jetzt in Windsor befindliche von 236 Folien mit der goldenen Aufschrift: „Disegni di Leonardo da Vinci, restaurati da Pompeo Leoni.“

Der Codice atlantico dürfte von Madrid nach Italien zurückgebracht worden sein, als LEONI gegen 1604 sich für kurze Zeit wieder in Mailand aufhielt, denn nach seinem Tode fiel dieser Band „hereditario jure“, wie P. P. BOSCA in seinem Werke: „De origine et statu Bibl. ambros.“ sagt, an CLEODORO CALCHI, der ihn dem Grafen GALEAZZO ARCONATI für 300 scudi verkaufte.

Aus der Art, wie LEONI den Codice atlantico zusammensetzte, ersieht man, dass den Schriften LEONARDO's bis zu Anfang des siebzehnten Jahrhunderts keine besondere Wichtigkeit beigelegt wurde. Es waren hauptsächlich seine Zeichnungen, die das Interesse der Sammler erregten. Als aber der Codice atlantico mit anderen LEONARDO-schen Schriften einen Theil der Kunstsammlung des ARCONATI bildeten, begannen sie die Aufmerksamkeit der Gelehrten auf sich zu ziehen. Dies beweist die Thatsache, dass der Kardinal FRANCESCO BARBERINI, der die von ihm in Rom gegründete Bibliothek nicht mit Originalhandschriften LEONARDO's bereichern konnte, weil sie sich alle in Händen von Sammlern befanden, Kopien davon zu erhalten suchte und durch Vermittelung des Kardinals FEDERICO BORROMEO die Erlaubniss erhielt, die dem ARCONATI gehörigen Manuskripte abschreiben zu lassen, womit gegen 1626 begonnen wurde.

Die Dazwischenkunft des FEDERICO BORROMEO, des Gründers der Bibliotheca Ambrosiana, war wahrscheinlich der Ausgangspunkt zu der berühmten Schenkung LEONARDO'scher Handschriften, die GALEAZZO ARCONATI dieser Bibliothek machte. In dem vom 22. Januar 1637 datirten Schenkungsakte ist der Codice atlantico wie folgt beschrieben:

„Ersteres ist ein grosses Buch, nämlich 13 Zoll lang in Holz und $9^1/_2$ Zoll breit, mit rothem Leder überzogen, das bedruckt ist mit zwei Streifen in Gold, vier Wappen mit Adlern und Löwen und vier Blumenverzierungen in den Ecken, sowohl auf der einen, als auch auf der anderen Seite, und mit goldenen Aufschriften auf beiden Seiten, die lauten: „Disegni di machine et delle arti secreti et altri cose di Leonardo da Vinci, racolta da Pompeo Leoni.“ Auf dem Rücken sind 7 Blumenverzierungen und 14 Goldstreifen. Das Buch enthält nach der Nummerirung 393 Folien Realpapier, aber es sind noch sechs Folien mehr darin, als nummerirt sind, das macht im Ganzen 399 Folien. Darauf sind verschiedene Papierblätter mit 1750 Zeichnungen geklebt.“

Die LEONARDO'schen Handschriften wurden von 1637 bis zum letzten Decennium des vorigen Jahrhunderts mit aller Sorgfalt in der Bibl. ambros. aufbewahrt, und man kann nicht sagen, dass sie dort 150 Jahre lang „dans l'obscurité“ geblieben wären, wie RAVAISSON-MOLIEN behauptet, gleichsam um die späteren Schicksale, denen diese Handschriften ausgesetzt waren, zu rechtfertigen. Denn während alle anderen Schriften LEONARDO's, die sozusagen über ganz Europa zerstreut waren, von eingehenden Studien vor Beginn unseres Jahrhunderts unberührt blieben, veranlasste in Mailand ANTONIO DAVID schon zu Anfang des siebzehnten Jahrhunderts den LUDOVICO MURATORI, ihm über einige im Codice atlantico enthaltene Zeichnungen über Mechanik Notizen zu verschaffen. Später suchte BALDASSARE OLTROCCHI, Vorstand der Bibl. ambros., in den Handschriften LEONARDO's alle diejenigen Bemerkungen auf, die über das Leben dieses grossen Künstlers Aufschluss geben konnten, um Material zu einer Lebensbeschreibung zu sammeln, die Graf ANTONIO DELLA TORRE DI REZZONICO schreiben wollte. Dieses Material wurde später zu den „Memorie Storiche di Leonardo da Vinci“ benutzt, die AMORETTI im Jahre 1804 veröffentlichte. Gleichzeitig suchte in Mailand GIUSEPPE GERLI durch eine Reihe fleissig gestochener Kupfertafeln die Zeichnungen LEONARDO's öffentlich bekannt zu machen. Diese Publikation ist der erste Versuch einer getreuen Nachbildung, soweit die Vervielfältigungsmethoden der damaligen Zeit eine solche gestatteten..

Aber dieses wachsende Interesse für die Werke LEONARDO's musste durch die Wechselfälle des Krieges in seiner Entwickelung gestört werden. Am 15. Mai 1796 rückte das französische Heer unter BONAPARTE in Mailand ein und vier Tage danach wurde gleichzeitig mit der Proklamation, die der Lombardei eine Kriegskontribution von zwanzig Millionen auferlegte, ein Befehl erlassen, der unter dem Vorwande, die Denkmäler der Wissenschaft und Kunst, die sich in den von den Armeen eroberten Städten fänden, auf die sicherste Weise zu konserviren, bestimmte, wie vorgegangen werden sollte, um die von den Truppen besetzten Städte aller der Gegenstände der Kunst und Wissenschaft zu berauben, die die Museen und Bibliotheken von Paris bereichern konnten.

Die Kisten, die die in Mailand weggenommenen Kunstgegenstände enthielten, wurden schon am 29. Mai nach ihrem Bestimmungsorte abgesandt, kamen aber erst am 25. November in Paris an, und aus dem Briefwechsel dieser langen Zeit geht hervor, dass man einen Augenblick fürchtete, die Kisten mit LEONARDO's Zeichnungen seien verloren gegangen.

Während diese sich noch auf dem Wege befanden, wurde am 14. August die Kiste Nr. 19, die unter dem Titel: „carton des oeuvres de Leonardo d'avinci“ (sic!) den Codice atlantico enthielt, für die Nationalbibliothek bestimmt; die andere Kiste aber, welche „Douze petits manuscrits de Leonardo da Vinci sur les sciences“ enthielt, dem Institut de la France zugewiesen. Daher schreibt sich die Trennung des Codice atlantico von den anderen kleineren Handschriften, und diese Trennung sollte die Ursache werden, warum die Rückgabe an die Bibl. ambros. nur unvollständig erfolgte, als im Jahre 1815 die Truppen der Alliirten Paris besetzten.

Während in dem Friedensvertrage von 1814 die Rückgabe der Kunstgegenstände, die man in den Kriegen der Republik und des Kaiserreiches nach Frankreich gebracht hatte, nicht vorgesehen war, beeilten sich die alliirten Mächte, als sie nach der hunderttägigen Herrschaft Paris besetzten, diese zu verlangen, und die Depesche WELLINGTON's vom 23. September spricht ohne Rückhalt aus, welchen Werth man darauf legte.

Jede der interessirten Mächte beauftragte einen besonderen Kommissär, die ihr entrissenen Kunstgegenstände wieder zu erlangen. DE RIBBENTROP und HAMILTON, die Beauftragten Preussens und Englands, entwickelten eine militärische Energie in Erfüllung ihrer Aufgabe, aber Baron OTTENFELS, der von Oesterreich beauftragt war, die Kunstschätze wieder zu erlangen, die der unter Oesterreichs Herrschaft zurückgekehrten Lombardei genommen worden waren, wusste nicht alle der Bibliotheca ambrosiana entnommenen LEONARDO'schen Manuskripte zurückzuerhalten, obgleich er ein genaues Verzeichniss davon besass. In der Königlichen Bibliothek fand er nur den Codice atlantico, weil die anderen Handschriften in das Institut de la France gebracht worden waren, und anstatt geeignete Schritte zu thun, um auch diese ausfindig zu machen, begnügte er sich mit drei anderen Bänden alter Kopieen LEONARDO-scher Handschriften, die er für Originale hielt, und stellte am 5. Oktober 1815 ohne Weiteres eine Quittung über die Bände aus „à l'exception de neuf volumes mss. de la main de Leonardo da Vinci, lesquels d'après la déclaration de messieurs les conservateurs ne seraient point arrivés à la bibliothéque du Roi.“

So nahm der Codice atlantico nach 19 Jahren seinen alten Platz in der Bibl. ambros. wieder ein, während die anderen kleinen Handschriften endgültig in Frankreich blieben, da wiederholte Schritte zu ihrer Wiedererlangung, die Graf BORROMEO in seiner Eigenschaft als Patron der Ambrosiana that, erfolglos blieben.

Nach Italien zurückgekehrt, zog der Codice atlantico alsbald von Neuem die Aufmerksamkeit der Gelehrten auf sich. Im Jahre 1839 hielt sich GUGLIELMO LIBRI lange Zeit in Mailand auf, um aus dem Codice diejenigen Stellen abzuschreiben, die zu der „Storia delle science mathematiche", woran er schrieb, dienen konnten. Andere die Kriegskunst betreffende Notizen schrieb Obrist OMODEI aus, der sich vorgenommen hatte, eine Geschichte der italienischen Artillerie zu schreiben, und eine Kopie der militärischen Zeichnungen und des zugehörigen Textes liess Erzherzog RAINER, Vicekönig des Lombardisch-Venezianischen Königsreiches, anfertigen. In neuerer Zeit reproducirte Obrist ANGELUCCI Schriften und Zeichnungen aus dem Codice atlantico in seinem Werke über die Feuerwaffen Italiens.

Der Entschluss zu einer vollständigen Reproduktion dieser wichtigsten LEONARDOschen Handschrift konnte erst, begünstigt durch besondere Umstände, im Jahre 1870 heranreifen. Die im September dieses Jahres bei dem Kongresse zu Parma vereinigten Künstler bestimmten Mailand zum Orte ihrer nächsten Zusammenkunft im Jahre 1872. Zu jener Zeit war das Monument beinahe vollendet, das die Stadt Mailand mehr als zwanzig Jahre zuvor dem LEONARDO DA VINCI zu errichten beschlossen hatte. Der Kongress gestaltete sich demzufolge zu einem Feste zu Ehren des grossen Künstlers, der die arbeitsvollste Zeit seines Lebens in Mailand zugebracht hatte. Sehr zu gelegener Zeit äusserte CESARE CORRENTI, der Minister des öffentlichen Unterrichtes, als er durch eine Note vom 6. November 1870 die Königliche Akademie der schönen Künste in Mailand beauftragte, den Kongress zu organisiren, die Ansicht, dass das LEONARDO's und der Stadt Mailand würdigste Denkmal die Herausgabe seiner Werke sein würde. Und da diese Idee günstige Aufnahme fand, betraute er am 5. November 1871 eine Kommission mit der Aufgabe, Notizen über die noch nicht veröffentlichten Autographen und Zeichnungen LEONARDO's zu sammeln und die Veröffentlichung einer Probe von diesen kostbaren Seltenheiten der italienischen Kunst und Wissenschaft vorzubereiten.

Der Entschluss, eine Probe aus den Werken LEONARDO's zu veröffentlichen, wurde nicht nur dadurch hervorgerufen, dass die verfügbare Zeit sehr kurz war, weil diese Publikation einen Theil der Huldigungen bilden sollte, die man LEONARDO gelegentlich des Kongresses darbringen wollte, sondern diese Probe sollte auch dazu dienen, diejenige Illustrationsmethode zu finden, welche für ein des LEONARDO würdiges Resultat die meiste Garantie bot.

Die Erfahrungen, die man aus dieser Publikation, aus der von RAVAISSON-MOLIEN und aus J. P. RICHTER's „The literary works of Leonardo da Vinci" (1883) schöpfte, bestimmten mehr und mehr die Methode, die bei der Veröffentlichung des Codice atlantico zu befolgen war. Um deren Ausführung zu beschleunigen, schrieb der Minister des öffentlichen Unterrichtes MICHELE COPPINO, der die Idee des CESARE CORRENTI aufgegriffen und alle möglichen Schritte gethan hatte, um die für diese Publikation nöthige Summe aufzubringen, am 23. Juni 1885 an den Präsidenten der Königlichen Akademie „dei Lincei":

„Als ich mich vor einigen Monaten an diese ausgezeichnete Akademie wandte, um ihren Beistand bezüglich der Kosten der Herausgabe des Codice atlantico zu erlangen, deutete ich noch andere Schritte an, die ich gleichzeitig gethan hatte, um die entsprechenden Mittel zur Ausführung des geplanten Unternehmens zu sichern. Ich freue mich nun, Ihnen mittheilen zu können, dass der Erfolg dieser Schritte meinen Hoffnungen vollständig entsprochen hat durch die Protektion Sr. Majestät unseres erlauchten Herrschers, des freigebigen Förderers alles dessen, was zur Zierde des Vaterlandes und zum Wachsthume der Wissenschaft beiträgt." —

Wenn wir zur Betrachtung der in dem Codice atlantico enthaltenen Skizzen von Maschinen und Mechanismen übergehen, so müssen wir, wie bei unserer früheren Abhandlung über die in Paris befindlichen LEONARDO'schen Handschriften, der Uebersichtlichkeit wegen oft Skizzen nebeneinander stellen, die im Codice atlantico weit auseinander liegen. Zur Bezeichnung der Stelle, wo eine Skizze im Original zu finden ist, werden wir die Nummer des Foliums mit angehängtem v für die vordere und h für die hintere Seite jedesmal beisetzen, so dass z. B. 7 v andeutet, dass die betreffende Originalskizze auf der vorderen Seite von Folio 7 des Codice atlantico zu finden ist. Das Zeichen L: bedeutet auch hier wieder: LEONARDO bemerkt hierzu, was folgt:

### Bewegungsmechanismen.

Auf Fol. 14 v findet sich ein quadratisches und ein dreieckiges Schraubengewinde abgebildet.

Zu Ersterem L: Schraube mit rechteckigem Gewinde. Diese Schraube ist stärker und kann grösseres Gewicht heben, als irgend eine andere. Während die gewöhnliche Schraube an ihrem Gewinde zwei Aussenflächen hat, hat diese drei, und während die allgemein üblichen Schrauben Gewinde haben, die am Fusse breit und am Kopfe schwach sind, sind diese, da sie gleichmässig sind, überall gleich stark. Ich habe schon die Erfahrung gemacht, dass bei einer gewöhnlichen Schraube aus Eisen die

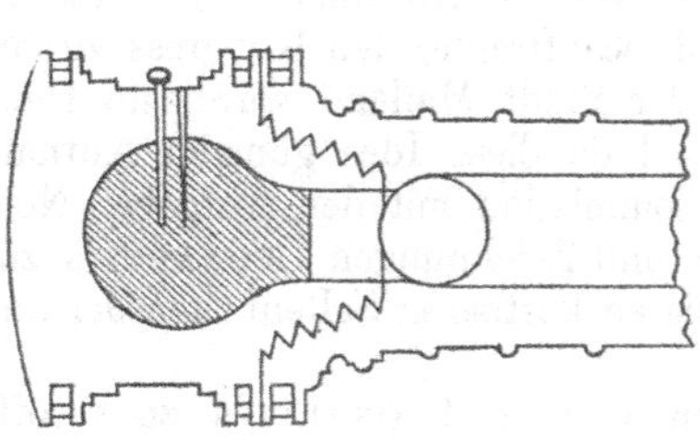

Fig. 580.

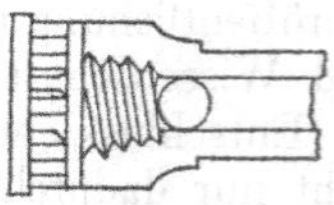

Fig. 581.

Gewinde durch ein nicht allzu grosses Gewicht losgerissen wurden, was bei dieser nicht vorgekommen sein würde.

Zu Letzterem L: Dies ist die Art der allgemein gebräuchlichen, gewöhnlichen Schrauben. Wenn sie auch in ihren dreieckigen Gewindgängen schwächer sind, als die vorhergehenden mit quadratischen Gewindgängen, so ziehen sie doch leichter. Denn wo diese quadratisch sind, muss ihre Mutter drei Aussenseiten berühren; die mit dreieckigen Gewindgängen aber hat nur mit zwei Aussenseiten in Berührung zu treten, und die Erfahrung lehrt, dass je weniger die Mutter die Schraube berührt, desto leichter hebt sie ein nicht zu grosses Gewicht.

Wir erinnern daran, dass scharf- und flachgängige Schrauben schon bei den alten Griechen im Gebrauche waren, wie aus einer Stelle des Auszuges aus HERON's Mechanik hervorgeht, der in den Schriften des Alexandriners PAPPUS enthalten ist.

Konische Schrauben (Fig. 580 und 581), Fol. 34 v und 23 h, wendet LEONARDO an, um bei Geschützrohren, die aus mehreren Theilen zusammengeschraubt wurden, einen möglichst dichten Verschluss zu erzielen.

Fig. 582, Fol. 10 h, zeigt eine Vorrichtung zum festen Anziehen solcher Geschütz-Verschraubungen. Die beiden Theile des Geschützrohres sind an den zu verschraubenden Enden mit einem Zahnkranze, oder eigentlich mit einem Kranze von Triebstöcken versehen. In diese werden zwei S-förmige Sperrhaken gelegt, und zwischen die aufwärts gerichteten Enden derselben wird das Ende eines langen Hebels geschoben, dessen anderes Ende auf einer horizontalen Bohle geführt und durch das Seil eines Gangspills angezogen wird. Dadurch werden die aufrecht stehenden Enden des S-förmigen Sperrhakens auseinander gezwängt und die beiden Geschütztheile fest mit einander verschraubt.

Fig. 583, Fol. 40 v zeigt drei durch Spannwirbel verbundene Schrauben mit rechtem und mit linkem Gewinde zur Erzeugung

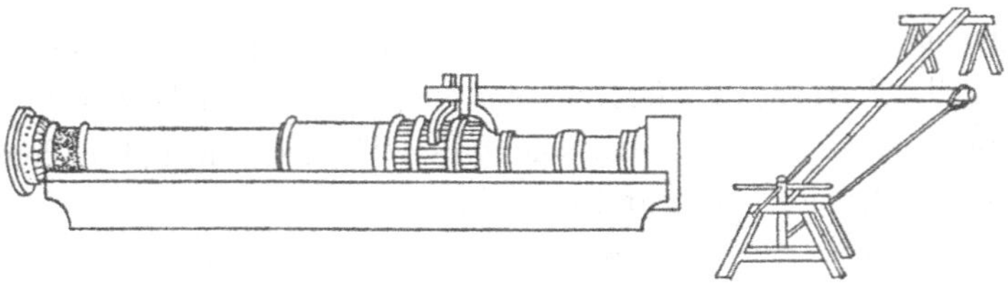

Fig. 582.

eines grosses Schubes bei einer Umdrehung. Die Schrauben sind mit seitlichen, durch eine Stange verbundenen Armen versehen, so dass man sie gleichzeitig umdrehen kann, während man die ebenso mit einander verbundenen Spannwirbel festhält.

Der in sich selbst zurückkehrende Schraubengang zur Umwandlung einer drehenden in eine in der Axenrichtung hin- und hergehende

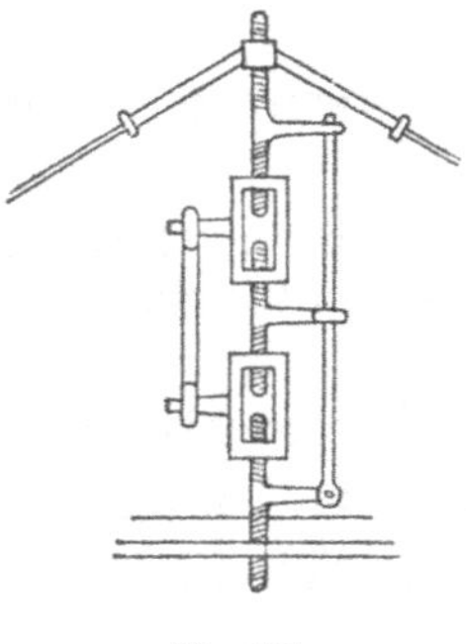

Fig. 583.

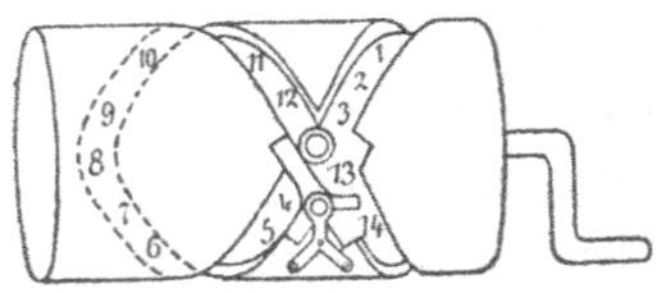

Fig. 584.

Fig. 585.

Bewegung ist dargestellt in Fig. 584, 585, 586 und 587, Fol. 14 v. Die Mutter besteht hier, wie bei den von HERON von Alexandrien beschriebenen Schrauben, nur aus einem in den Gewindegang eingreifenden Zapfen. In Fig. 584 ist er von einer Antifriktionsrolle umschlossen. Hier ist an den Stellen, wo der rechtsgängige und der linksgängige Zweig des Schraubenganges sich schneiden, je ein drehbarer Steg angebracht, der immer den Theil des Gewindeganges überbrückt, den der Zapfen überschreiten soll. Ist dies geschehen, so stösst er gegen einen hervorstehenden Arm des Steges und wirft ihn herum, so dass dieser bei seiner Rückkehr zu dieser Stelle den zu überschreitenden Theil des Gewindeganges wieder überbrückt findet.

L: Dies ist eine Schraube, welche die Mutter hin und her bewegt, während sie sich immer in derselben Richtung bewegt. Beim Hingange schiebt sie und beim Hergange zieht sie mit grosser Gewalt. In der Richtung, in der der Kanal von der eingeschriebenen Zahl 1 bis 23 läuft, legt die Mutter ihren Weg (relativ zur Walze) zurück.

In Fig. 585 ist der Steg so angeordnet, dass er dem von 1, 2, 3 herkommenden Zapfen für gewöhnlich den Weg verschliesst. Er wird aber nur durch eine Feder in dieser Lage erhalten, und indem der Zapfen ihn zurückdrängt, dreht er sich so, dass er den Theil des Kanales, den der Zapfen überschreiten soll, überbrückt. Ist dies geschehen, so schnellt der Steg wieder in seine erste Lage zurück und überbrückt den Theil des Kanales, den der Zapfen auf seinem Rückwege überschreiten soll.

L: Auch diese Schraube bewegt die Mutter hin und her, während sie in ein und derselben Richtung umgedreht wird, aber beim Hingange schiebt sie und beim Rückgange unterstützt sie das, was sie zuvor geschoben hat, damit es nicht nach

Fig. 586.

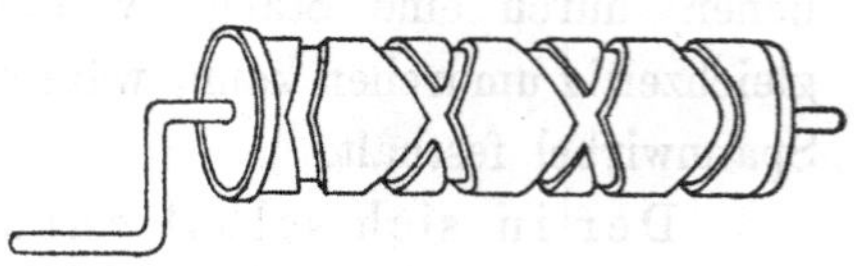

Fig. 587.

der früheren Stelle, wovon es ausging, zurückläuft, wenn es durch die Kraft fortgeschoben worden ist.

Diese Anordnung wäre also beispielsweise zu wählen, wenn ein Gewicht gleichmässig auf und nieder bewegt werden sollte.

Zu Fig. 586. L: Dies ist eine Schraube, die die Mutter hin- und herschiebt in welcher Richtung Du willst, während sie sich in ein und derselben Richtung dreht. Der Zapfen geht nach der Spitze des Gewindganges hin.

Hier soll vermuthlich nur gezeigt werden, dass durch Umschlagen der drehbaren Stege nach Belieben ein rechtsgängiger oder ein linksgängiger Schraubengang hergestellt werden kann. Es ist dies wahrscheinlich eine frühere Skizze, als die vorhin besprochenen.

Zu Fig. 587. L: Dies ist die Art, wie die obengenannte Schraube zu machen ist, damit ihr Kanal ein einziger werde, und das Ende desjenigen (Zweiges), der nach der einen Richtung geht, in den anderen übergehe, der in der anderen Richtung zurückkehrt, sowohl am einen Ende, als auch am anderen.

Fig. 588, Fol. 61 h zeigt einen anderen Mechanismus zur Umwandlung einer kontinuirlich drehenden in eine in der Axenrichtung geradlinig hin- und hergehende Bewegung. Durch eine Schraube ohne Ende wird eine Welle kontinuirlich umgedreht. Auf dieser sind zwei um 180° gegeneinander versetzte Hebedaumen befestigt. Der eine schiebt das obere Ende eines doppelarmigen, der andere alsdann das eines einarmigen Hebels vor. Dieser ist durch eine Schubstange mit dem unteren Ende des doppelarmigen Hebels verbunden und bewegt daher diesen wieder zurück in seine erste Stellung. Mit dem doppelarmigen Hebel ist eine zweite Schubstange verbunden, deren Ende auf solche Weise geradlinig hin und her geschoben wird.

Fig. 589, Fol. 27 h. Drei Stirnräder von verschiedenen Durchmessern, deren Axen mit der eines Getriebes, in das sie eingreifen, in einer Ebene liegen. Fig. 589 scheint nur eine Vorstudie gewesen zu sein zu der daneben stehenden Skizze Fig. 590, worin dieser Mechanismus so abgeändert ist, dass die Räder konaxial liegen. Das Getriebe ist hier konisch gezeichnet, was jedoch nur zulässig wäre, wenn die Radzähne eine minimale Breite hätten. Andernfalls muss das Getriebe treppenförmig sein, oder mit anderen Worten: es müssten drei Getriebe von verschiedenen Durchmessern auf einer Axe fest miteinander verbunden sein. Solche

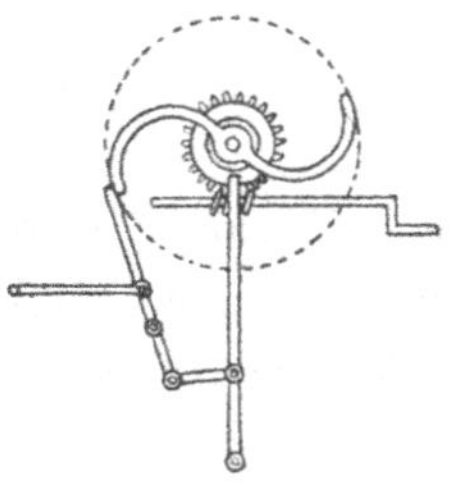
Fig. 588.

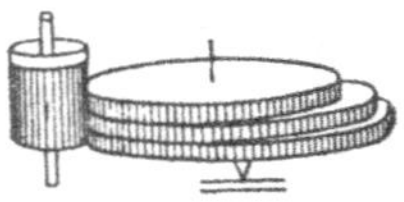
Fig. 589.

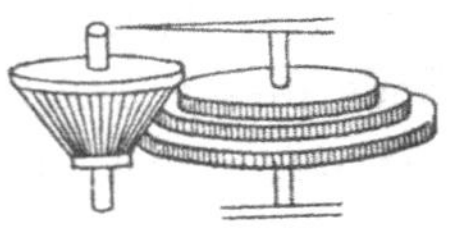
Fig. 590.

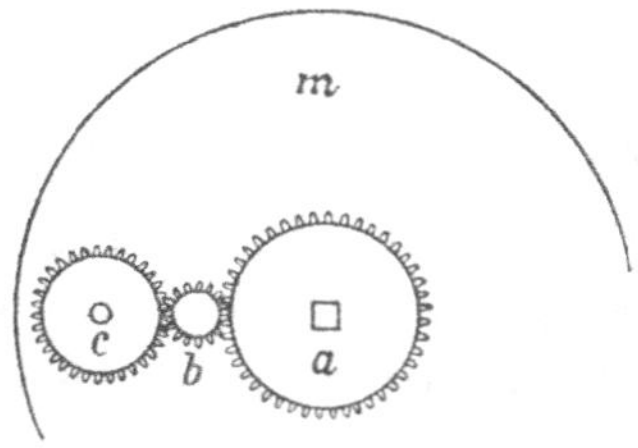

Fig. 591.

Mechanismen, jedoch nur mit zwei Rädern und Getrieben, finden beispielsweise Anwendung bei Uhren, um den kleinen Zeiger von der Axe des grossen aus zu bewegen; bei Drehbänken, um der Spindel eine geringere Umdrehungszahl zu geben, als dem lose darauf sitzenden Stufenwertel u. s. w.

Zu Fig. 591, Fol. 27 h.

L: Das Rad *a* dreht sich rechtsum und *b* linksum und *c* wieder rechtsum. Das Rad *m* aber dreht sich in entgegengesetzter Richtung als *a*, denn die viereckige Axe wird rund, und das Getriebe *b* hat keine feststehende Axe (polo), sondern das Rad *m* hat in einem seiner Arme eingesetzte Zapfen (impolati) und führt sie um *a*, das sich in entgegengesetzter Richtung dreht, als *b*.

Zum besseren Verständniss sollte hier aus der Skizze ersichtlich sein, dass das Rad c in einen feststehenden, innen verzahnten Kranz von demselben Durchmesser, der hier dem Rade *m* gegeben ist, eingreifen muss, und die Beschreibung müsste etwa folgendermassen ergänzt werden:

Dreht sich das Rad *a* rechtsum, so dreht sich *b* linksum und *c* wieder rechtsum. Das Rad *m* aber, das lose auf einer runden Stelle der hier vierkantig skizzirten Welle von *a* sitzt, dreht sich in entgegengesetzter Richtung als *a*, weil die Getriebe *b* und *c* sich nicht um feststehende Axen, sondern auf Zapfen drehen, die in einem Arme des Rades *m* befestigt sind. Da sich *c* in gleicher Richtung dreht, wie *a*, und in einen feststehenden, innen verzahnten Kranz eingreift, so werden die Zapfen *c* und *b* und damit das ganze Rad *m* in entgegengesetzter Richtung um *h* herumgeführt.

Zu Fig. 592, Fol. 27 h.

L: Wenn *c* sich umdreht und nach *a* bewegt, geht *a* nach *b*, woraus folgt, dass *m* und *f* sich berühren, d. h. dass *f* sich dreht und dem *m* begegnet, und zwar begegnet *m* dem *f* in der Weise, dass sie ein wenig in Berührung bleiben und dann nach und nach in die erste Entfernung zurückkehren, je nach der Drehung der Räder.

In Fig. 593, Fol. 27 h, ist dieser Mechanismus dahin abgeändert, dass der Zapfen *a* in der Flügelstange drehbar und durch ein Stirnräderpaar und

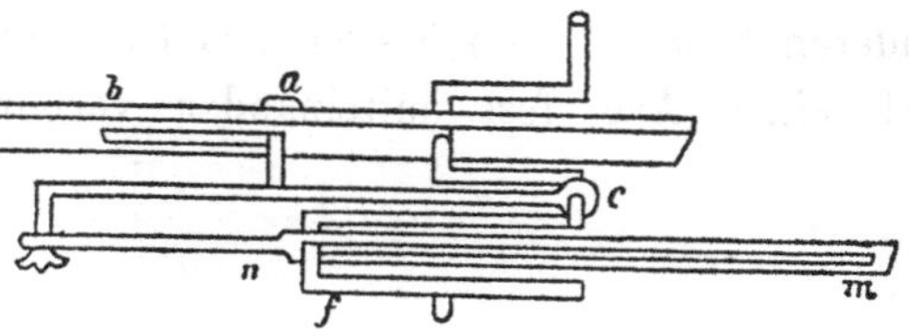


Fig. 592.

ein Zwischenrad mit dem Kurbelzapfen *c* verbunden ist. Dadurch wird dem Zapfen *a* ausser der geradlinig hin- und hergehenden noch eine drehende Bewegung ertheilt. Am unteren Ende dieser Axe *a* sitzt eine Kurbel. Dass diese unter der Schleife *m n* skizzirt wurde, ist nicht richtig, denn wenn die

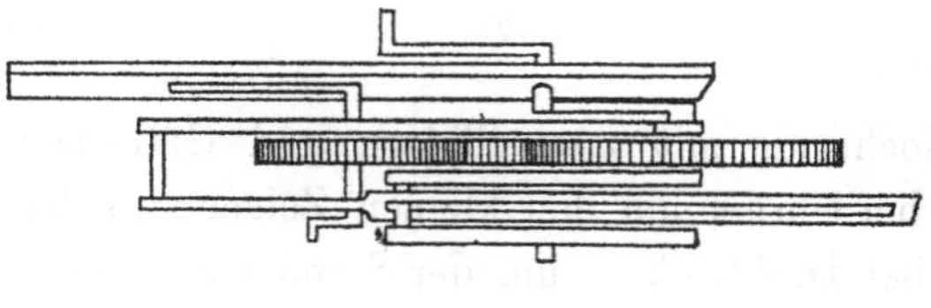

Fig. 593.

Flügelstange, die *c* mit *a* verbindet, um ebensoviel über *a* hinaus verlängert ist, so bleibt die Schleife *m n* in allen Lagen zu der Mittellinie durch *a b* parallel und liegt immer ebenso weit von dieser entfernt, wie *c*, aber auf der entgegengesetzten Seite. Deshalb müsste die Kurbel oberhalb der Schleif *m n* sitzen, wenn diese nicht in ihrer Bewegung gehindert sein soll. Auch muss man sich unterhalb des Räderwerkes noch eine gleiche Flügelstange angebracht denken, wie die darüber liegende, damit die vertikale Stellung der Axe *a* erhalten bleibt.

Fig. 594, Fol. 8 h, zeigt links die Zusammenstellung und rechts die Details zu einem Mechanismus zur Umwandlung einer pendelnden in eine kontinuirlich drehende Bewegung. Auf dem einen Ende der kontinuirlich zu drehenden Welle ist ein Getriebe befestigt, das in zwei einander gegenüberstehende Winkelräder eingreift, deren Zahnkränze an der Innenseite mit Sperrzähnen versehen sind, die bei dem einen Rade nach der entgegengesetzten Richtung weisen, als bei dem anderen. Diese Winkelräder sitzen lose auf einer Welle, worauf zwei Scheiben mit Sperrklinken befestigt

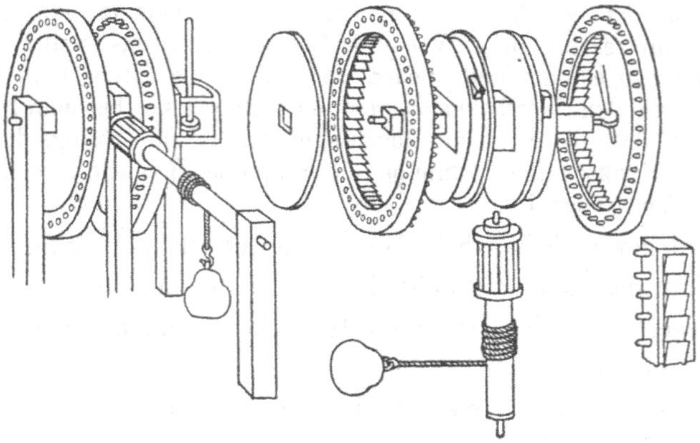

Fig. 594.

sind, die in die Sperrzähne der Winkelräder eingreifen und das eine nur bei der Rechtsdrehung, das andere nur bei der Linksdrehung mitnehmen, die bei der pendelnden Bewegung des am Ende der Welle befestigten Hebels entstehen. Da aber die beiden Winkelräder auf entgegengesetzten Seiten des Getriebes eingreifen, drehen sie dieses immer in gleicher Richtung um.

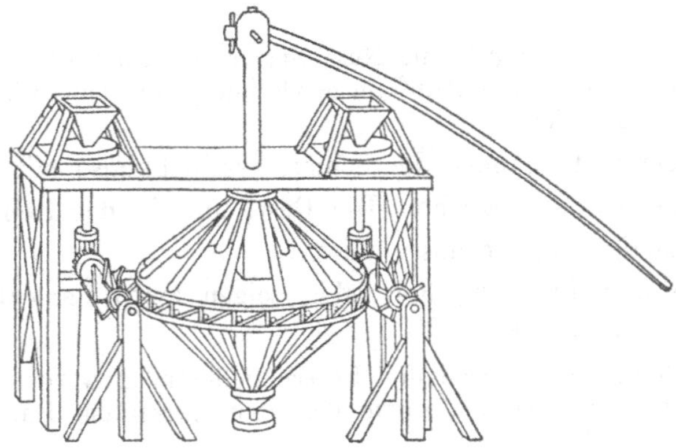

Fig. 595.

Fig. 595, Fol. 33 v. Ein Schraubenräderwerk mit Antifriktionswalzen. Ein grosses Schraubenrad auf einer Göpelwelle greift in zwei Schraubengetriebe, wovon jedes durch Winkelräderübersetzung einen Mahlgang treibt. Um die starke Zahnreibung der Schraubengetriebe zu vermindern, liegen auf den unteren Enden der schräg ansteigenden Zähne des grossen

Rades dünne Walzen oder kleine Kugeln, die von den Zähnen der Getriebe während des Eingriffes auf den Radzähnen hinaufgerollt werden und nach dem Eingriffe wieder herabrollen.

Fig. 596, Fol. 51 v. Eine Umkehrung des gewöhnlichen Schaltwerkes zum Spannen einer grossen Armbrust.

L: Dieses ist die Art, wie man eine Bockarmbrust (balestra a banca) spannt. Man thut es auf diese Weise: Erfasse den Armbrustschaft am unteren Ende bei *A* und bewege es auf und nieder, so schiebt die Strebe (Schaltklinke) *N* die Zahnstange vor in den Sperrhaken *F*, und da verbleibt sie, bis man losschiesst. Und wenn Du willst, dass die Nuss zur Bogensehne zurückkehre, bringe die Strebe (Schaltklinke) in den Punkt *c* und schraube die Schraube *B* nieder, so lässt der Sperrhaken *F* die Zahnstange los.

Bei dem gewöhnlichen Schaltwerke gleitet die Zahnstange in einer feststehenden Führung, und die Schaltklinke hängt an einem auf- und niedergehenden Hebel; hier aber ist dieser feststehend und die Zahnstangenführung schwingt auf und nieder.

Eine andere Spannvorrichtung zu einer Armbrust (Fig. 597) finden wir auf Fol. 61 h.

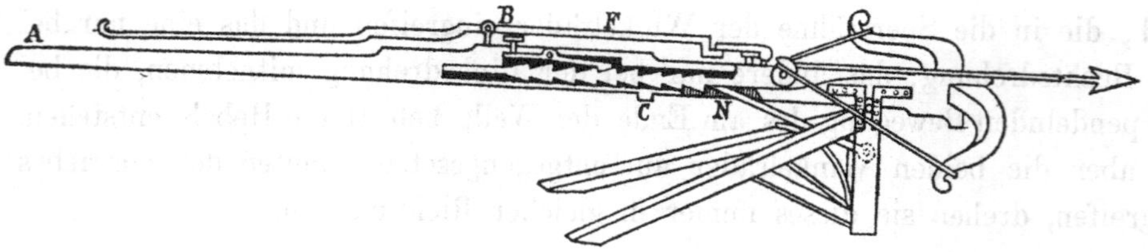


Fig 596.

L: Wenn der Bügel *c* in die Nuss eingetreten sein wird, und Du fassest mit dem Halbmonde *a* in die schulternförmige Oeffnung *bn*, dann wirst Du die Schnur auf die Nuss herabdrücken.

Das äusserste Anspannen der Schnur geschieht also mit stärkerer Hebelübersetzung als das anfängliche. Die Oese, in die der Hebel greift, ist zu einer bajonnetartigen Spitze ausgebildet.

Fig. 598 und Fig. 599, Fol. 56 h, zeigen zwei verschiedene Radschlösser für Musketen.

Zu Fig. 598. L: Es sind drei Federn nothwendig, wovon die erste die Umdrehung des Rades bewirkt, die zweite den Stein gegen das Rad drückt und die dritte das Rad festhält.

Ueber die Art, dem Rade Bewegung zu ertheilen. Die Bewegung geht von *p*, der Axe des Rades aus, und zwar von dem quadratischen Ende dieser Axe. Dieses tritt in eine quadratische Höhlung ein, die, der Form der Axe entsprechend, in der Mitte eines Ringes angebracht ist, der den gleichen Durchmesser hat wie das Rad, das sich auf diese Axe setzt. Auf diese Axe wickelt sich mit einer ganzen Windung die aus der Zeichnung ersichtliche Kette. Diese wird von einer schraubenförmigen Feder zurückgezogen, die um einen Zapfen gewunden ist, der an der Kette befestigt ist. Das eine Ende der Feder stemmt sich bei *q* an und bleibt hier fest stehen. Das Rad wird durch den Zahn *r* festgehalten, der in seinen

Rand eingreift. Wenn man auslöst, indem man *f* gegen *h* drückt, tritt der Zahn *r* aus dem Rande des Rades, und sobald er die Seite *h* berührt, dreht sich das Rad schnellstens um und reibt sich an dem Feuersteine, der in *g* eingesetzt ist, während einer ganzen Umdrehung, so dass es viel Feuer giebt, wodurch sich das in dem Behälter *k* befindliche Pulver entzündet.

Von den oben genannten drei Federn ist die erste die treibende Feder (molla della potenzia), welche schraubenförmig um eine Säule gewunden ist. Sie steht bei *q* fest und stützt sich mit dem entgegengesetzten Ende gegen das Ende der Säule. Die zweite Feder ist *bc*. Diese drückt gegen den Absatz *a* und hält den Zahn *r* in dem Ausschnitte, womit der oben genannte Rand des Rades versehen ist. Die dritte Feder ist *mo*. Diese drückt gegen den Vorsprung *n* und presst dadurch den Stein gegen die Schneide des Rades, das in den Pulverbehälter *k* eintritt.

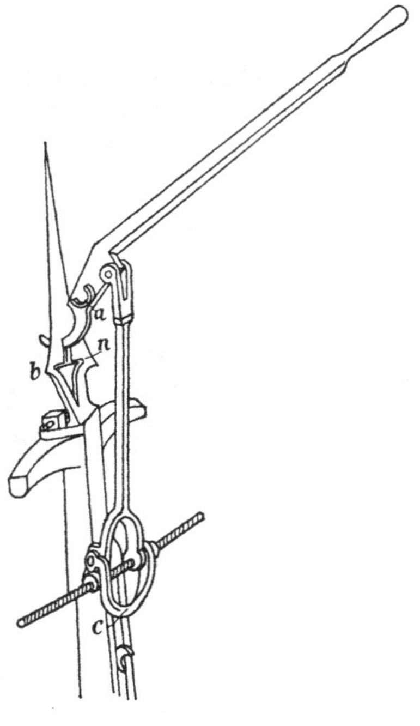


Fig. 597.

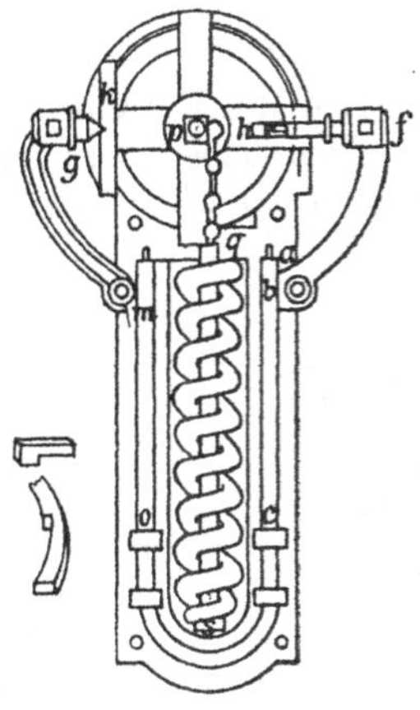


Fig. 594

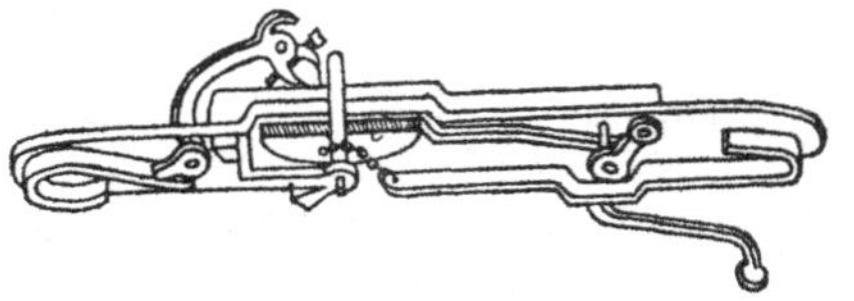

Fig. 599.

Zu den Details links von der Hauptzeichnung L: Das Rad wird von dem Zahne *f* festgehalten, der in den Ausschnitt *b* eingreift.

Es wird in der Regel angenommen, dass das Radschloss 1515 zu Nürnberg erfunden worden sei (M. Jähns, Handbuch einer Geschichte des Kriegswesens 1880, S. 1203); da aber Leonardo 1519 im siebenundsechzigsten Lebensjahre starb, dürften seine hier vorliegenden Skizzen von Radschlössern vielleicht schon vor 1515 entstanden sein.

Fig. 600, Fol. 1v zeigt einen Schrittzähler.

L: *A* ist ein Zahnrad mit 60 Zähnen, *b* hat deren 50 und *c* ebenfalls 50. Bei jedem Schritte, den der Mann oder das Pferd macht, stösst der Hebel *g* gegen den Schenkel dessen, der ihn trägt, und bei seiner Bewegung bewegt er das Rad um einen Zahn, und die Sperrklinke *f* stützt es, so dass es nicht rückwärts geht. Also macht das Rad eine Umdrehung bei 60 Schritten, und zu gleicher Zeit bewegt sich das Rad *b* nur um einen Zahn, da das Getriebe *a* von *A* nur einen Zahn hat.

Das Rad *A* hat fünf Zoll Umfang und zwölf Zähne pr. Zoll, was 60 Zähne ergiebt, und es hat $1^{13}/_{22}$ Zoll im Durchmesser.

Fig. 601, Fol. 1 v, ein Wegmesser nach VITRUV's Beschreibung (siehe S. 53), während in der daneben stehenden Skizze Fig. 602 eine verbesserte Konstruktion dieses Wegmessers dargestellt ist, bei der der Antrieb des ersten Zahnrades nicht durch einen Zahn ruckweise, sondern durch eine Schraube kontinuirlich gedreht wird. Auch ist ein Zählwerk angebracht, dessen Zeiger sich kontinuirlich dreht und die zurückgelegte Wegstrecke auch noch auf eine halbe oder viertel Meile genau, wenigstens schätzungsweise erkennen lässt, während bei dem von VITRUV beschriebenen Wegmesser die in ein klingendes Gefäss herabfallenden Steinchen nur die Zahl der zurückgelegten ganzen Meilen angeben.

L: Das Rad des Karrens soll 10 Ellen Umfang haben, daher muss der Durchmesser $3^{11}/_{22}$ Ellen haben. . . . Hat das Kammrad eine volle Umdrehung gemacht, so hat es alsdann 10 Ellen des Terrains durchmessen, d. i. der dreihundertste Theil

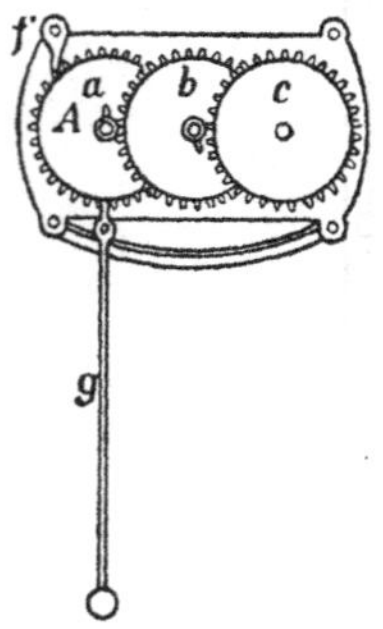

Fig. 600.

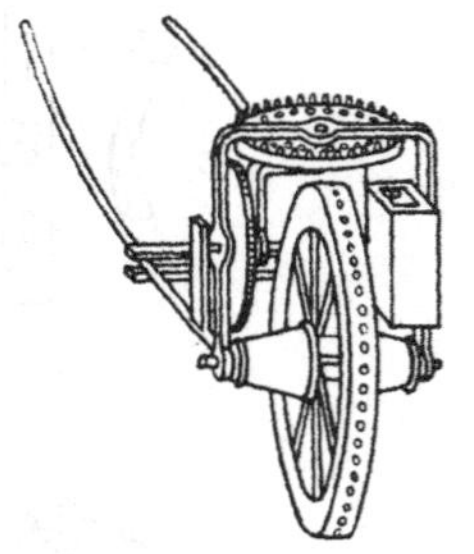
Fig. 601.

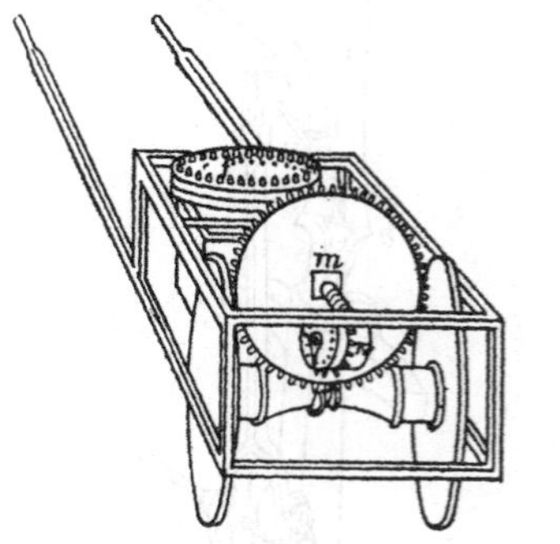

Fig. 602.

einer Meile (miglia), die 3000 Ellen lang ist, und das Rad wird nur um einen Zahn weiter gegangen sein. Dieses hat 300 Zähne, und daraus folgt, dass der Karren gerade eine Meile durchlaufen hat, wenn das Rad *m* eine volle Umdrehung gemacht hat, aber das Rad *f* hat sich dann nur um einen Zahn weiter bewegt, und das Gleiche hat das Rad *n* gethan. Dieses zeigt mit seinem Zeiger jede Meile an, nicht die Stunden, wie der Zeiger einer Uhr. Das Rad *f* dagegen lässt, anstatt zu zeigen, das Ohr ein Geräusch oder einen Ton hören durch einen kleinen Stein, der in ein zur Abgabe eines Tones geeignetes Gefäss fällt.

An den Wegmesser nach VITRUV's Beschreibung wollen wir den selbstfahrenden Wagen mit Göpelwerk anreihen, der in Fig. 603, Fol. 4 h dargestellt ist, weil sein Bewegungsmechanismus als eine Umkehrung desjenigen des Wegmessers betrachtet werden kann.

L: *a* zeigt die Art, wie das Karrenrad umgedreht wird; *b* ist ein quadratischer Zapfen, worauf das Hauptrad gesteckt ist.

Meist wird der von Hand betriebende selbstfahrende Wagen von JOH. HAUTSCH (1649), wovon GG. PHIL. HARSTÖRFFER in seinen „Mathematischen und philosophischen Erquickstunden“, Nürnberg 1651, Thl. X, Aufg. XI, berichtet, für das älteste selbstfahrende Strassenfuhrwerk gehalten. Wir haben aber in unseren „Skizzen aus der Zeit der Hussitenkriege“ (S. 283) darauf hingewiesen, dass die Wagenburgen, worauf die Hussiten fochten, nach einer solchen Skizze zu urtheilen, selbstfahrende Fuhrwerke von ähnlicher Konstruktion gewesen sind, wie das von LEONARDO hier flüchtig skizzirte. — In dem Werke des ROBERTUS VALTURIUS „de re militari“, dessen erste Auflage 1483 erschien, findet sich (lib. X, Cap. IV, p. 231 der Auflage von 1532) ein selbstfahrender Streitwagen abgebildet, der durch Windräder und Zahnräderwerk bewegt werden soll; doch dürfte kaum anzunehmen sein, dass diese Konstruktion praktisch anwendbar war.

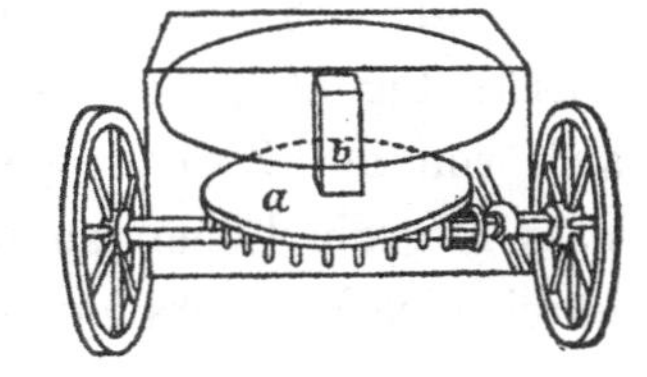

Fig. 603.

### Mechanische Bratenwender.

Fig. 604, Fol. 5h, zeigt einen durch ein Gewicht betriebenen Bratenwender, dessen Gang durch einen Windflügel regulirt wird. Die Druckflächen dieses Windflügels sind durch vier in die Enden des Armkreuzes gesteckte Schwungfedern von einem Vogel gebildet.

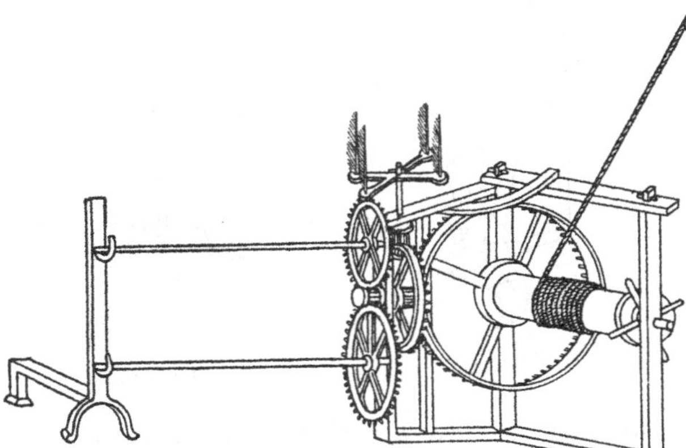
Fig. 604.

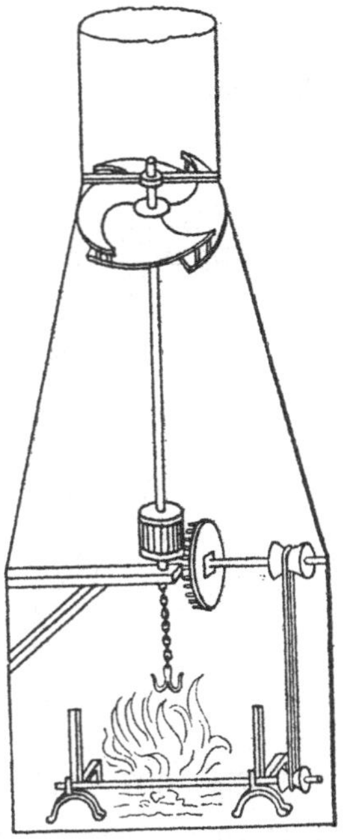
Fig. 605.

Wie wir in unserer Abhandlung über VITTORIO ZONCA (S. 312) erwähnten betrachtete man seither die Nachricht MONTAIGNE's über einen solchen Bratenwender, den er auf seinen Reisen 1580 in Brixen gesehen hatte, als die älteste Kunde hiervon. Die vorliegende Skizze LEONARDO's aber ist fast um hundert Jahre älter.

Wir wiesen auch in unserer ersten Abhandlung über LEONARDO darauf hin, dass sich nach HERMANN GROTHE's Angabe unter LEONARDO's Skizzen eine von einem Bratenwender befinde, der durch den Rauch oder vielmehr durch die aufsteigende erwärmte Luft betrieben wird. Unsere Fig. 605, giebt nun diese Skizze von Fol. 5 h wieder. Sie unterscheidet sich von der ZONCA'schen (Fig. 375, S. 313) im wesentlichen nur dadurch, dass hier die Uebertragung der Bewegung vom Flügelrade auf den Bratspiess durch eine Winkelräderübersetzung und einen Schnurtrieb erfolgt, während dies bei ZONCA nur durch Räderübersetzungen geschieht.

L: Dieses ist die richtige Art, Fleisch zu braten, weil der Braten sich langsam oder schnell dreht, je nachdem das Feuer mässig oder stark ist.

In dieser Anmerkung LEONARDO's sind die Worte: di cuocer li arosti und l'arosto si volge so durchstrichen, dass sie kaum lesbar sind, was auf LEONARDO's Bestreben hindeuten dürfte, diese Sache geheim zu halten, und daraus dürfte vielleicht geschlossen werden, dass es sich hier um eine eigene Erfindung LEONARDO's handelt.

## Werkzeuge und Werkzeugmaschinen.

Fig. 606, Fol. 26 v, zeigt eine Schraubzwinge, deren Schraube mit linkem und mit rechtem Gewinde versehen ist, um ein rasches Oeffnen und Schliessen zu ermöglichen.

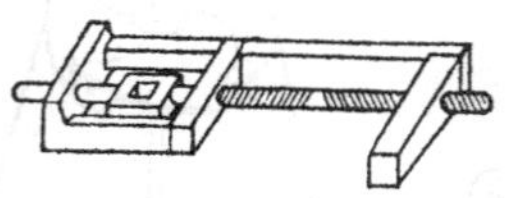

Fig. 606.

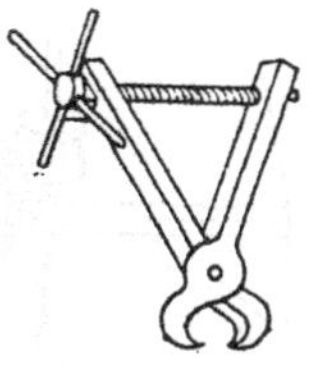

Fig. 607.

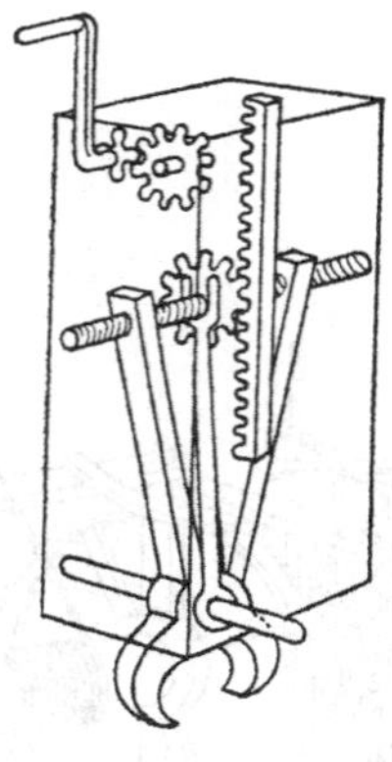

Fig. 608.

Fig. 609.

Fig. 607, Fol. 8 v, eine Zange, deren Schenkel durch eine Schraube zusammengezogen werden.

Fig. 608, Fol. 26 v, eine solche Zange, die aus der Ferne geschlossen und geöffnet werden kann. Der Scharnierstift dieser Zange ist in einem Gestelle befestigt, das man sich offenbar als einen langen Balken vorzustellen hat. Die die Schenkel der Zange zusammenziehende Schraube ist mit linkem und rechtem Gewinde versehen, und auf ihrer Mitte ist ein Stirngetriebe befestigt, in das das eine Ende einer Zahnstange greift, während ihr anderes Ende von einem Räderwerke erfasst wird, das man mit einer Handkurbel bewegt. Denkt man sich die Zahnstange sowie den Balken genügend lang, so ist dieser Apparat dazu geeignet, fernliegende Gegenstände mit der Zange zu erfassen, z. B. Steine aus einem tiefen Wasser zu ziehen.

Fig. 609, Fol. 26 v, eine einfache Schraubenwinde, wobei die Schraube ziehend wirkt und das Muttergewinde in ein dreifüssiges Gestell geschnitten ist.

Fig. 610, Fol. 9 h, eine Vorrichtung zum Ausziehen starker Nägel, nach demselben Princip konstruirt; doch geht hier die Schraube frei durch das Gestell und wird durch eine besondere Mutter angezogen. Mit einer selbstschliessenden Beisszange am Ende der Schraube werden die Nägel gefasst.

Zur Hauptzeichnung L: Instrument zum Oeffnen eines Gefängnisses von innen.

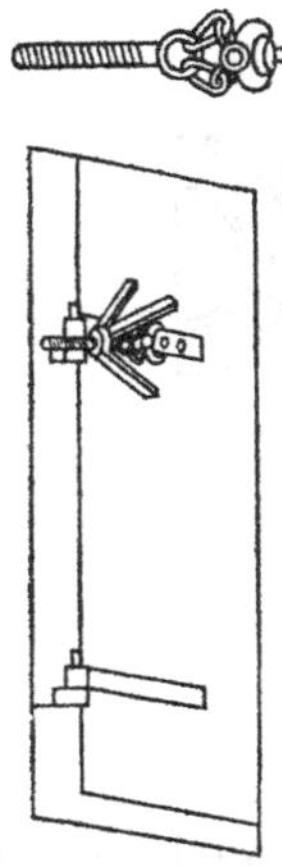

Fig. 610.

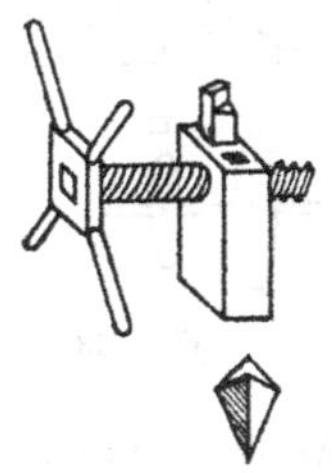

Fig. 611.

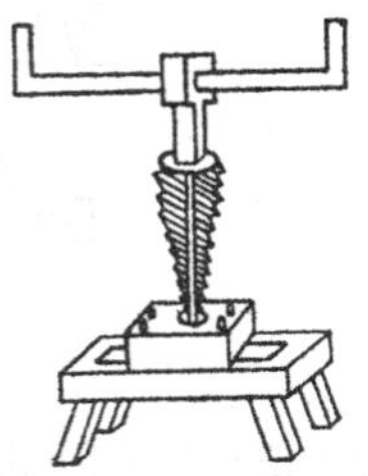

Fig. 612.

Zur Detailzeichnung L: Wie die Zange des oben genannten Instrumentes sein muss.

Fig. 611, Fol. 56 v, eine Schraubenkluppe.

L: Wie man eine Schraube macht.

Dies ist eine Umkehrung der Vorrichtung zum Schneiden hölzerner Schraubenmuttern, die sich in den zu Paris befindlichen Manuskripten Leonardo's skizzirt und beschrieben findet. (Siehe Fig. 485, S. 344.)

Zu dem Detail unter der Hauptfigur L: Wie der Stichel (la lanzetta) der Schraube zu stehen hat.

Fig. 612, Fol. 56 v, ein Gewindbohrer.

L: Um die Mutter zu der Schraube zu machen.

Abgesehen von der Konicität, die wohl übertrieben skizzirt ist, entspricht dieser ganz unseren heutigen Gewindebohrern für Metallmuttern.

Fig. 613, Fol. 7 v, eine Schleif- und Poliermühle mit verschiedenen Schmirgelrädern.

L: Das Wasser habe mindestens 3 Ellen Fall, das Wasserrad 4 Ellen und 16 Schaufeln, das Zahnrad $1^2/_3$ Ellen und 36 Zähne, das Getriebe $^1/_3$ Elle und 6 Triebstöcke.

Zu der Skizze unter der Hauptzeichnung, worin die verschiedenen Schmirgelscheiben, auf einer Welle sitzend, angedeutet sind. L:

*a* von Nussbaumholz, auf die Schnittfläche gestellte Streifen von dickem Leder, Talg und Schmirgel in Stücken aufgegeben;

*b* von Weidenholz, sternförmig zusammengesetzt. Man trägt auf die Schnittfläche, als ob sie von Stein wäre, Talg und Schmirgel;

*c, d, e* macht man von Nussbaumholz mit Oel und Schmirgel. Bringe immer den Schmirgel auf Deine Arbeit.

Zu den Details rechts von der Hauptzeichnung L: (*a*) Wie man das Leder auf die Scheibe legt; (*b*) Scheibe von Weidenholz; (*d*) von Nussbaumholz.

Fig. 614, Fol. 27 v, eine hammerförmige Ramme.

L: Um einen Pfahl schräg einzurammen.

In unserer Abhandlung über Jaques Besson (S. 195) haben wir eine ähnliche, von diesem konstruirte Ramme mit keulenförmigem Schlägel besprochen. Der

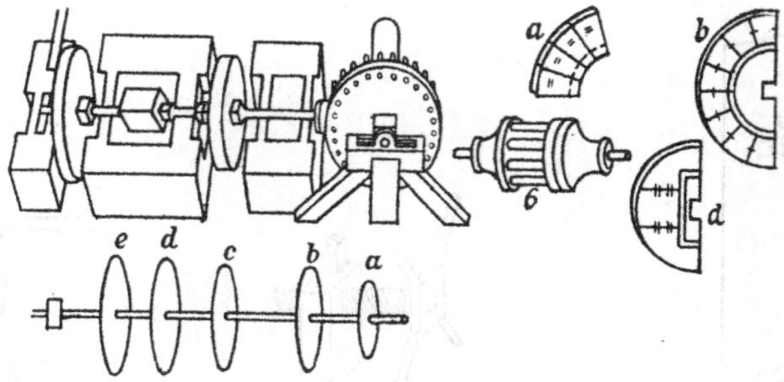


Fig. 613.

hammerförmige Schlägel Leonardo's verdient den Vorzug, weil er wegen der günstigeren Lage seines Schwerpunktes wirksamere Schläge giebt und dabei das Gestell weniger erschüttert.

Fig. 615, Fol. 27 v, ein Werkzeug, das Aehnlichkeit mit einem Rohrschlüssel hat und vermuthlich zum Erfassen und Losdrehen von Gitterstäben dienen sollte. Es ist jedoch auch möglich, dass die Zähne dieses Instruments die Gitterstäbe durchfräsen sollten, wie dies bei den folgenden Werkzeugen unzweifelhaft der Fall ist.

Fig. 616, Fol. 16 v und 16 h, eine Vorrichtung zum Durchsägen oder Durchfräsen von Gitterstäben. Zwei starke Säge- oder Fräseblätter sind in einen doppelten Scharnierkopf so eingehängt, dass ihre gezahnten Seiten einander gegenüber stehen. Ihre Breite nimmt nach unten so zu, dass ihre äusseren Seitenflächen parallel laufen, wenn ihre inneren gezahnten Seitenflächen, die oben um den Durchmesser des dicksten zu zerschneidenden Stabes von einander abstehen, sich unten berühren. Der zu zerschneidende Stab wird zunächst an einer solchen Stelle zwischen die

Sägeblätter gebracht, dass er die Berührung ihrer unteren Enden nicht hindert. Der doppelte Scharnierkopf bildet den unteren Theil einer Schraube, die durch einen Bügel geht, worauf ihre Mutter sitzt. Diese wird durch eine Schraube ohne Ende umgedreht und so der Scharnierkopf mit den Sägeblättern mit grosser Gewalt in den Bügel gezogen. Der untere Theil dieses Bügels setzt sich auf den zu zerschneidenden Stab und umschliesst die Sägeblätter so, dass sie nicht auseinander gehen können. Wird der Scharnierkopf mit den Sägeblättern in den Bügel hereingezogen, so nehmen deren Zähne mehr und mehr Material von dem Stabe weg, bis er durchschnitten ist.

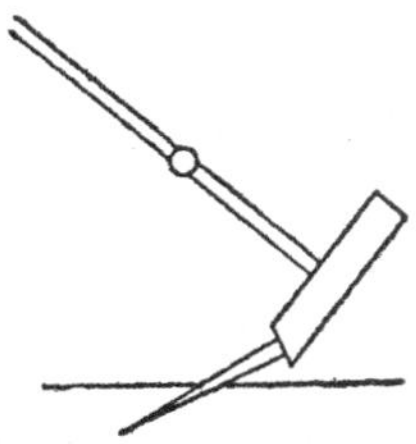

Fig. 614.

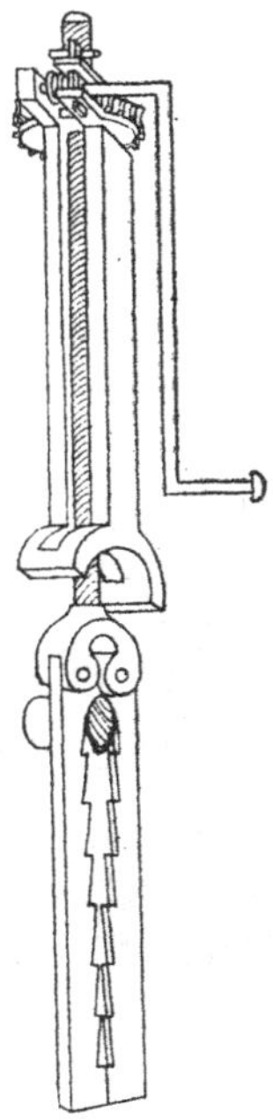

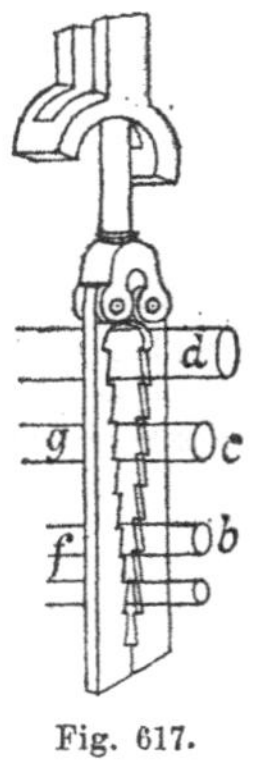


Fig. 617.

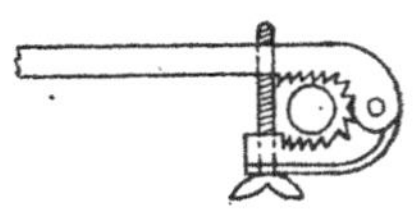

Fig. 615.

Fig. 616.

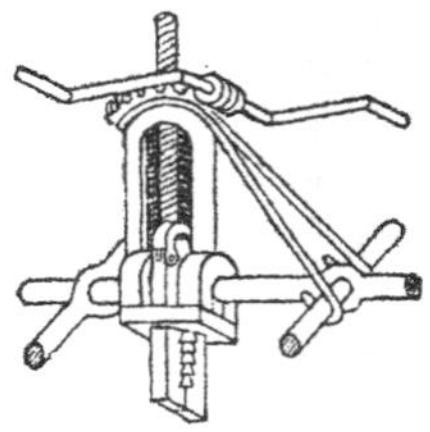

Fig. 618.

Fig. 617, Fol. 6 v, zeigt die unteren Theile desselben Werkzeugs mit verschieden starken Stäben zwischen den Sägeblättern.

L: Mache, dass die grösste Weite der Zange, die *d* fasst, fähig ist, die dicksten Eisenstäbe aufzunehmen. Wenn dann das Eisen, das man zerschneiden will, *c* oder *b* ist, wirst Du es in die Weite *g* oder *f* der Zange bringen.

Fig. 618, Fol. 6 h, zeigt eine andere, wahrscheinlich ältere Konstruktion desselben Apparates. Hier bildet der die Sägeblätter umschliessende Rahmen einen Theil für sich. Aus dieser Figur geht auch klar hervor, dass die zu zerschneidenden Stäbe Gitterstäbe sein sollten, da hier noch zwei Querstäbe des Gitters eingezeichnet sind.

In Fig. 619, Fig. 6 h, sind die gegen die Rücken der Sägeblätter drückenden Theile des sie umschliessenden Rahmens durch Antifriktionsrollen ersetzt.

Fig. 620, Fol. 6 h, zeigt einen einfacheren Apparat zum gleichen Zwecke. Hier ist die Schraube unten hakenförmig umgebogen. Ein nach unten immer schmäler werdendes Sägeblatt führt sich an der Schraube und in einem Schlitz in dem Haken derart, dass sein Rücken mit der Schraube parallel bleibt. Der zu zerschneidende Stab wird in dem Haken zwischen die Schraube und das Sägeblatt gefasst und dieses durch eine mit Handhaben versehene Mutter niedergedrückt, wobei seine Zähne mehr und mehr in den Stab einschneiden.

Fig. 621, Fol. 2 v. Maschine zum Ziehen der daubenartigen Eisenstäbe, woraus im 15. Jahrhundert die Seelen schmiede-

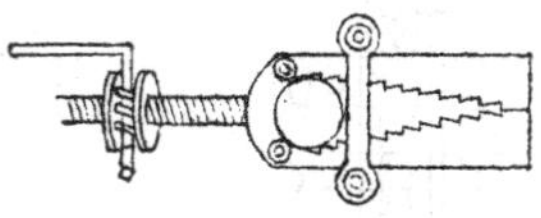

Fig. 619.

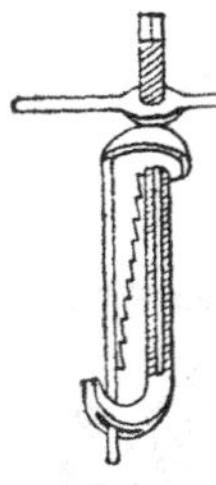

Fig. 620.

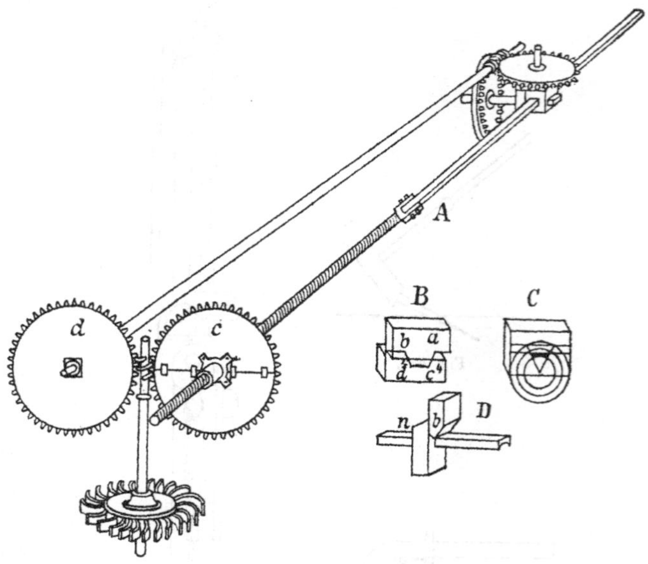


Fig. 621.

eiserner Bombarden gebildet wurden. Diese Eisenstäbe, etwa 30×60 mm im Querschnitte, wurden durch geschweisste, wahrscheinlich warm daraufgetriebene, schmiedeiserne Ringe zusammengehalten und verstärkt. Sie bildeten im Innern ein kreisrundes Tonnengewölbe und hatten der ganzen Länge nach die gleiche Breite, ihre Dicke aber wuchs nach hinten ein wenig, so dass die Aussenfläche schwach konisch ward, um die Ringe fest antreiben zu können. Die Aussenflächen erhielten dadurch, ebenso wie die Seitenflächen, nach hinten eine etwas grössere Breite. Die Berührungsflächen waren nach der Mittellinie des Geschützes hin gerichtet. Fig. 622, Fol. 11 h, soll einen ungefähren Begriff hiervon geben. Genaueres über diese Art von Geschützen findet man u. A. in „Geschichte des Eisens“ von Dr. Ludwig Beck, Braunschweig 1884, Band 1, S. 907 u. ff.

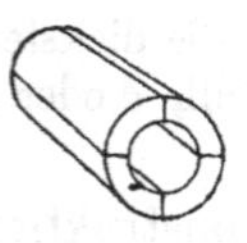

Fig. 622.

L: Von dem gleichmässig veränderten Zieheisen. Diese Maschine muss durch Wasser betrieben werden. Denn wenn sie durch Menschenhand bewegt würde, würde sie so langsam gehen, dass die Arbeit geringen Erfolg hätte, und zwar nicht, weil es einer solchen Maschine an Kraft fehlen würde (d. h. weil man den nöthigen Zug oder Druck nicht erzeugen könnte), sondern wegen der Länge der zur Arbeit erforderlichen Zeit. Deshalb führt das Wasser neben der ausserordentlichen Kraft der Schrauben ohne Ende, welche man in solcher Weise einfügt, die Vollkommenheit herbei. Aber wenn das gleichmässig veränderte Zieheisen des vierseitigen Gegenstandes eine gleichmässige hohle Seite hat (wie es bei den betreffenden Stäben für Geschütze der Fall war), so muss man das eine Rad *b* weglassen (d. h. drei Seiten des Zieheisens werden feststehend und nur die vierte beweglich gemacht), und mit dem Rade *a* wirst Du es dann machen, wie unten erklärt wird.

Aus der Detailzeichnung D rechts von der Hauptzeichnung Fig. 621 ist ersichtlich, dass der bewegliche obere Theil des Zieheisens scheerenartig hinter dem unteren feststehenden Theile vorbeiging.

L: *b* ist abwärts beweglich, *n* ist unbeweglich nach jeder Richtung. — *b*, das obere Glied des Zieheisens *bn*, bewegt sich mit langsamer, unwiderstehlicher Bewegung gegen seinen unteren Theil *n*. Die ganze Bewegung aber macht nur die Breite eines Messerrückens aus, wenn die Bewegung des gezogenen Eisens 20 Ellen Länge hat. — Da die Kanten des Zieheisens sich nicht alle in gleicher Entfernung von dem Motor des gezogenen Gegenstandes befinden, muss der Anfang des Ziehens zu verschiedenen Zeiten erfolgen, d. h. von den vier Seiten des gezogenen Gegenstandes werden die drei unteren eher gezogen, als die vierte obere Seite. Durch diese Differenz entsteht an den gezogenen Seiten, die mit der oberen zusammenstossen, ein wenig Bart. Dieser wird zur Vollkommenheit der Arbeit beitragen, wenn alle die gezogenen Stäbe mit einander verbunden werden. Denn diese werden alsdann mit dem Hammer geschlagen und bis zur gegenseitigen Durchdringung der Bärte, welche die aneinander stossenden Seiten haben, zusammengetrieben.

Eine kleine Skizze, wie die hier in Rede stehende, findet sich auch auf Fol. 11 h. Von den dabei stehenden Bemerkungen ist folgende beachtenswerth:

L: Von dem Eindringen der Schneide in das Eisen ist die grosse Scheere, welche die Rüstung aus Eisen schneidet (la gran cesora, che taglia l'armadura del ferro), ein Beispiel.

Cesora ist ohne Zweifel eine alte Form des heute gebräuchlichen Wortes cesoie = Scheere, denn dass die Bleche zu Rüstungen zu LEONARDO's Zeit mit Blechscheeren ausgeschnitten wurden, ersieht man aus HANS BURCKMAIER's Abbildung einer Plattnerwerkstätte zu Kapitel 48 des „Weiss-Kunig", die in Dr. LUDW. BECK's „Geschichte des Eisens", zweite Abtheilung S. 351 wiedergegeben ist. Darin ist links im Hintergrunde eine Stockscheere zum Blechschneiden abgebildet.

Fig. 624, Fol. 2 v, eine andere Konstruktion derselben Maschine, wobei der obere bewegliche Backen des Zieheisens durch eine scheibenförmige Walze mit spiralförmiger Umfangsfläche ersetzt ist.

L: Der Eisenstab, der gezogen werden soll, werde zuerst mit dem Hammer nahezu in die Form geschmiedet, die durch das Ziehen erhalten werden soll. Dann zieht man die erste Seite, indem man die Rundung der Kugel für die Seele des Geschützes eindrückt; alsdann zieht man den Stab mit den richtigen Seitenflächen, und zuletzt zieht man die vierte Seite, die die Aussenfläche des Geschützes bildet. Dies geschieht mit dem Spiralrade *a*.

Zu den beiden kleinen Skizzen rechts von der Hauptfigur L: *n* ist das Endresultat des ersten Ziehens. *m* ist das Endresultat des zweiten Ziehens, wodurch die Dauben, woraus das Geschütz zusammengesetzt wird, fertig gestellt werden. . . . . Es sollten so viele Zieheisen gemacht werden, als Dauben für ein und dasselbe Geschütz zu ziehen sind. Ich sage dies, weil sich jedes Zieheisen beim Ziehen einer Daube etwas abnützt. Jede Daube (zum ersten Geschütze) wird alsdann durch je ein Zieheisen hindurch gegangen sein, das durch Abnützung in gleicher Weise verändert ist (wie die anderen). Diese Zieheisen werden dann für ebenso viele Dauben zu einem anderen, von dem ersten etwas verschiedenen Geschütze gut sein, und so fortfahrend, wird man alle Dauben, die zu einem Geschütze gebraucht werden, unter sich gleich herstellen.

Zu der Skizze links von der Hauptfigur (Fig. 623), die die vordere Ansicht der spiralförmigen Walze darstellt L: Rad, umgeben von einer kombinirten Schnecke.

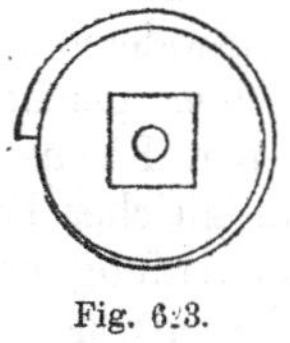

Fig. 623.

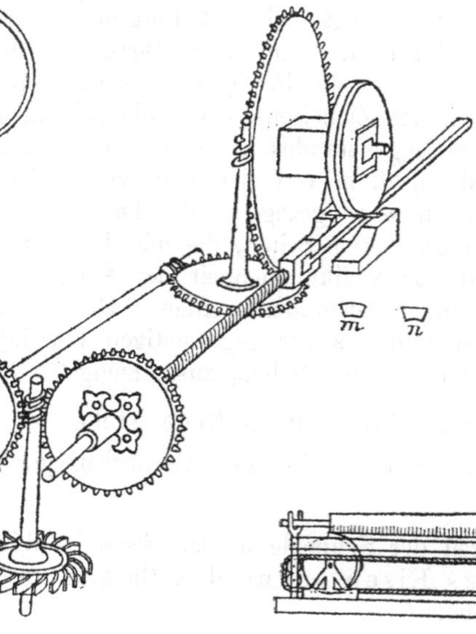


Fig. 624.

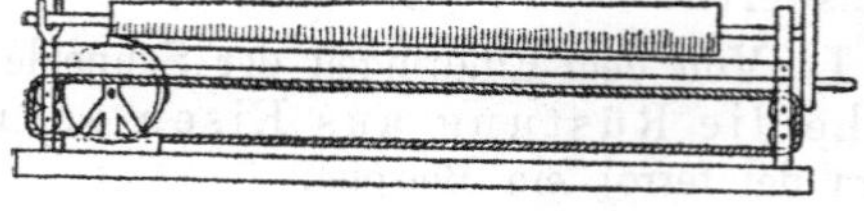

Fig. 625.

Eine Schnecke ist eine Pyramide, die mit einer kreisförmigen Biegung (einer Seite) und mit gleichmässig zunehmender Entfernung (der gegenüber liegenden Aussenseite) von dem Mittelpunkte jenes Kreises um diesen gewunden ist. Wenn von den vier Seiten einer solchen Schnecke (d. h. des gewundenen Körpers) zwei parallel sind, so wird sie eine einfache Schnecke genannt, aber wenn diese Seiten alle nach einem Punkte zusammenlaufen, so entsteht die oben genannte kombinirte Schnecke. Ihre Aushöhlung erhält sie durch die Abwickelung der Spiralen (l' incavo le vien dal-l' isviticcio della vite).

Diese letzte Bemerkung bezieht sich ohne Zweifel auf die nicht weit davon stehende Skizze Fig. 625. Wir sehen hier die spiralförmige Scheibe oder Walze in einem Schlitten gelagert, der durch ein Seil horizontal hin und her gezogen wird. Sie rollt sich dabei an der Mantelfläche einer konischen Walze ab, deren Axe horizontal darüber gelagert ist. Gleichzeitig wird diese Walze durch ein Handrad gedreht. Auf dieser Walze stehen in der Originalskizze die Worte: „Kupfer mit Schmirgel.“ Hat nun diese Walze die Form des äusseren Geschützmantels, so schleift sie die richtige Höhlung in die Spiralfläche, die sich an ihr abwickelt.

Die hier folgenden siebzehn Figuren zeigen alle kleine Hammerwerke, und man sieht bei den Figuren 626, 627, 628, 629 und 630 immer die gleiche kurze

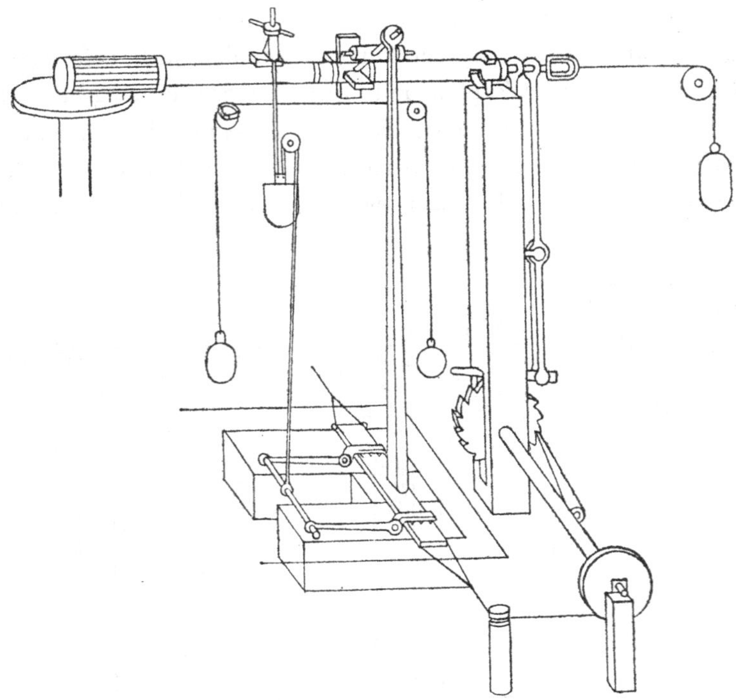

Fig. 626.

Schiene auf dem Amboss liegen. Für welchen Zweck diese Hammerwerke bestimmt waren, ist am klarsten ersichtlich aus den Bemerkungen zu Fig. 626, Fol. 38 h.

L: Mache, dass der Hammer bei jeder Umdrehung, die das Getriebe macht, acht Schläge giebt. Und da das Gold, das man schlagen will, im Anfange schmäler ist, als gegen das Ende, so wirst Du jedesmal die Schraube ohne Ende (auf der Daumenwelle, wodurch diese sich nach links schiebt) auswechseln und diese Auswechselungen folgendermassen vornehmen: Die erste ergebe einen halben Umgang (auf die Verschiebung um die geringste Schienenbreite) und der Hammer gebe vier Schläge, die zweite Auswechselung ergebe fünf Schläge, die dritte sechs, die vierte sieben, die fünfte acht Schläge, und das Gold sei dann in seiner Breite vollendet.

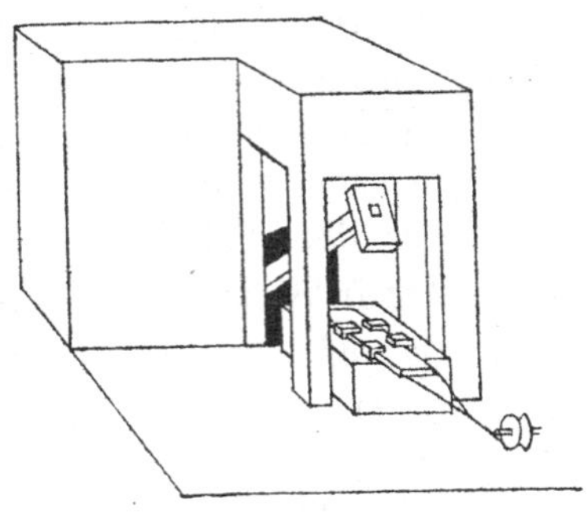

Fig. 627.

Hieraus geht hervor, dass diese Hammerwerke für Goldschläger zum Ausstrecken der Zaine bestimmt waren, was jetzt grösstentheils durch kleine Walzwerke geschieht.

Fig. 628, Fol. 8 v, zeigt eine vollständige Abbildung dieser Maschine, während die soeben besprochene Figur nur eine schematische Skizze ist. Aus Fig. 628 ersieht man, dass die Führung des stempelförmigen Hammers sich an einem Wagen befindet, der auf dem Maschinengestelle hin und her läuft. An diesem Wagen hat man sich auch zwei Lager zu denken, die die eingedrehten Lagerstellen der Daumenwelle umschliessen. In ihren übrigen Lagern ist diese Welle verschiebbar. Auf ihr ist ein kurzer Schraubengang befestigt, in den ein am Gestelle befestigter Zapfen mit Antifriktionsrolle eingreift. Dadurch verschiebt sich die Welle, indem sie sich dreht, sammt Wagen und Hammer so weit nach links, wie der Schraubengang reicht, und wird dann durch das rechts an der Welle hängende Gegengewicht rasch wieder zurückgezogen.

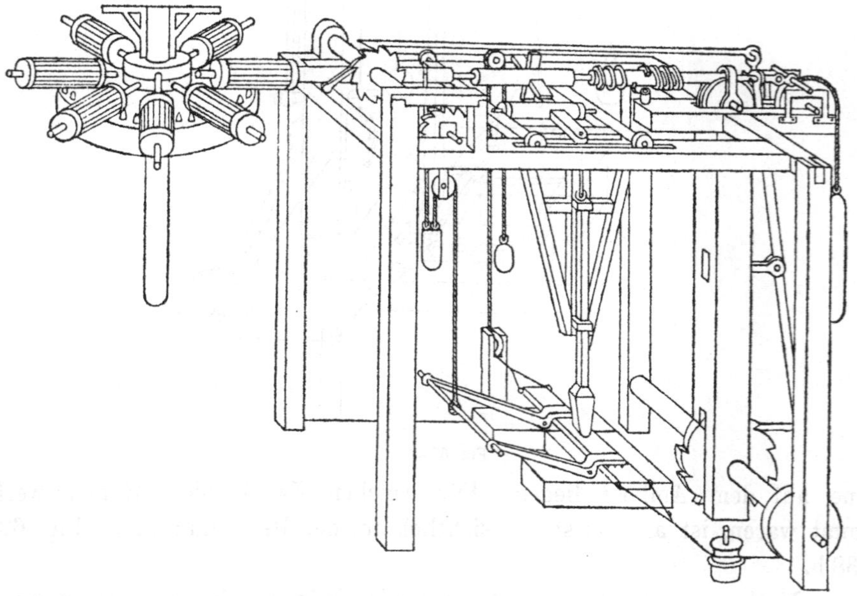

Fig. 628.

Die Detailzeichnung Fig. 631, Fol. 38 h, zeigt den am Gestelle sitzenden Zapfen mit Antifriktionsrolle, wie er in den Schraubengang auf der Welle greift.

L: Den Zapfen der Rolle *n* muss man anschrauben, damit man ihn auswechseln kann, wenn er sich abnützt.

Fig. 632, Fol. 38 h, zeigt die Lagerung der Endzapfen der Welle auf einer Antifriktionsrolle, während in Fig. 628 das rechte Wellende mit einer Traverse auf Führungslinealen gleitet.

L: Die Zapfen an jedem Ende dieser Holzwelle müssen ähnlich gelagert sein, wie an diesem Ende *a*.

Fig. 633, Fol. 38 v, zeigt die verschiedenen Schraubengewinde auf der Welle, die je nach der Breite des Zains wechselweise an der Stelle auf die Welle geschraubt werden, wo der feste Zapfen mit Antifriktionsrolle in sie eingreift.

L: Alle die Schraubenstücke von verschiedener Länge je nach der Verschiedenheit der Breite des Goldes durch Zunahme. Sorge dafür, dass jedes mit zwei Schräubchen an der Stelle *mn* befestigt werden kann.

Ferner zu Fig. 626, Fol. 38 h.

L: Die Anordnung ist so getroffen, dass das Gold sich plötzlich auf dem Amboss verschiebt, sobald sich der Hammer von dem Golde erhebt.

Diese Bemerkung ist insofern ungenau, als die Längsverschiebung der Zaine nicht nach jedem Hammerschlage, sondern bei jedem Hin- und Hergange der Welle und des Hammers einmal erfolgt. Während der Hammerschläge

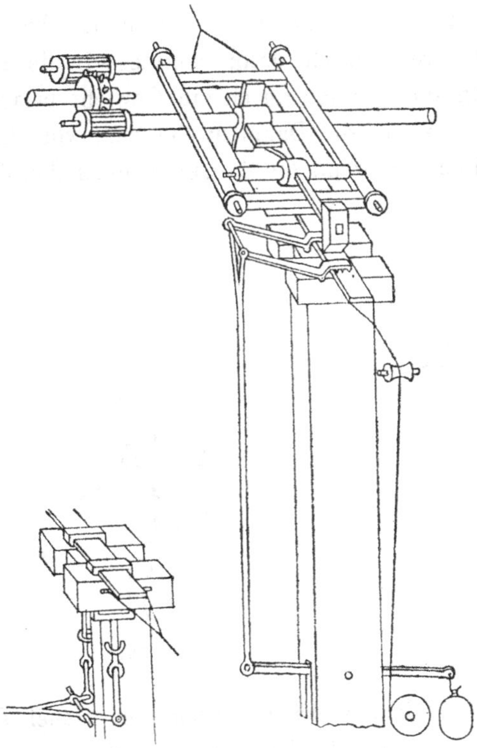

Fig. 629. Fig. 630.

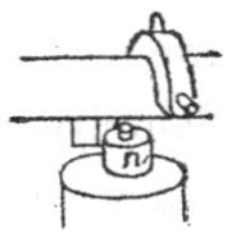

Fig. 631.

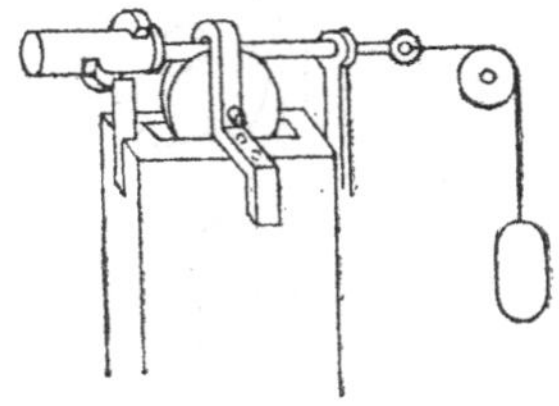

Fig. 632.

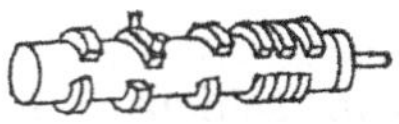

Fig. 633.

wird der Zain durch zwei Zangenschenkel auf dem Amboss niedergehalten, deren längere Hebelarme mit einander verbunden sind und durch eine Schnur in die Höhe gezogen werden, die über eine feste Rolle läuft und am Ende ein Gewicht trägt.

Die Detailzeichnung Fig. 634, Fol. 38 h, zeigt, wie von diesem Gewichte eine Stange aufwärts geht, die am oberen Ende mit einer Nase zwischen den Zähnen eines Sperrades ruht. Mit dem rechten Ende der Daumenwelle ist ein langer Sperrhaken verbunden, der in das Sperrrad eingreift. Wird die Daumenwelle durch das Gegengewicht rasch nach rechts zurückgeschoben, so schiebt der lange Sperrhaken das Sperrrad um einen Zahn weiter, die Nase an der senkrechten Stange wird, während ein Zahn unter ihr hingleitet, auf kurze Zeit gehoben und damit das Gewicht, und die Zangenschenkel lassen den Zain für kurze Zeit los.

Fig. 635, Fol. 38 h, zeigt dasselbe, wie die soeben besprochene Fig. 634.

L: Wenn *b* an *a* stösst, fällt *b* in die Kerbe.

Mit dem rechten Ende der Daumenwelle ist aber auch ein abwärts gehender, doppelarmiger Hebel verbunden, der an seinem unteren Ende eine Schaltklinke trägt. Diese greift in ein Sperrrad, das auf einer horizontalen Welle sitzt, die an ihrem vorderen Ende eine Schnurrolle trägt. Von dieser läuft eine Schnur horizontal um eine Leitrolle nach dem Zain, an dessen vorderem Ende sie befestigt ist. Von seinem hinteren Ende läuft ebenfalls eine Schnur horizontal unter einer Leitrolle durch, dann senkrecht in die Höhe über eine zweite Leitrolle und ist an ihrem Ende durch ein Gewicht belastet, das beide Schnüre gespannt erhält. Wenn die Daumenwelle sich von links nach rechts bewegt, d. h. in dem Momente, wenn die Zangenschenkel den Zain

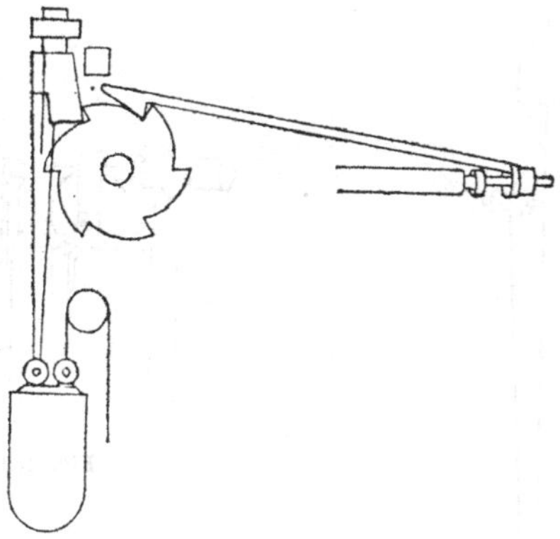

Fig. 634.

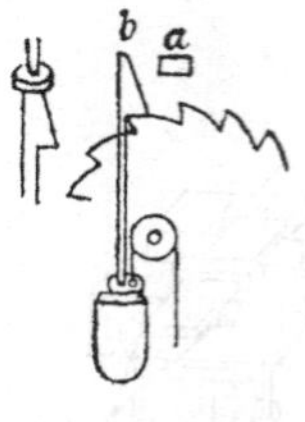


Fig. 635.

loslassen, schiebt die Schaltklinke an dem abwärts gerichteten Hebel das Sperrrad um einen Zahn vor und zieht dadurch den Zain auf dem Amboss ungefähr um die Hammerbreite vor.

Zu Fig. 628. L: Die Maschine muss so angeordnet werden, dass, wenn der Hammer den letzten Schlag giebt, ein Gegenstand berührt wird, der ein Gewicht herabfallen lässt, wodurch das Getriebe von dem Rade des Motors weggezogen wird. Dies muss geschehen, damit nicht ein überflüssiger Schlag die Arbeit verderbe, wenn der Meister nicht sogleich zur Stelle ist, und damit das Rad des Motors keine Zeit verliert, um die Arbeiten fertig zu machen.

Aus Fig. 628 ist nämlich ersichtlich, dass sechs solcher Maschinen von einem gemeinschaftlichen Antriebsrade aus betrieben werden sollen. Dies ist durch die sechs Getriebe angedeutet, die in das Antriebsrad eingreifen. Da aber nicht anzunehmen ist, dass diese sechs Maschinen gleichzeitig mit der Streckung der Zaine fertig werden, soll jede in diesem Moment sich selbst abstellen.

Fig. 630, Fol. 21 h, zeigt ein ähnliches Hammerwerk für Goldschläger, das jedoch nicht mit einem stempelförmigen, sondern mit einem kleinen Schwanzhammer arbeitet. Dadurch ist eine höhere Lage des Ambosses bedingt. Das zweite Getriebe, das in das Antriebsrad greift, deutet an, dass zwei Maschinen von diesem Stirnrade getrieben werden sollen.

Die daneben stehende Fig. 629 zeigt eine andere Einspannvorrichtung für den Zain. Die Zangenschenkel sind hier durch zwei durch den Amboss gesteckte Bügel ersetzt, die den Zain festhalten, wenn sie niedergezogen werden.

Fig. 636, Fol. 21 v, zeigt im Grundrisse sechs solcher Hammerwerke, die von einem Winkelrade getrieben werden. Das Zurückziehen der Daumenwelle geschieht hier durch eine bogenförmige Feder.

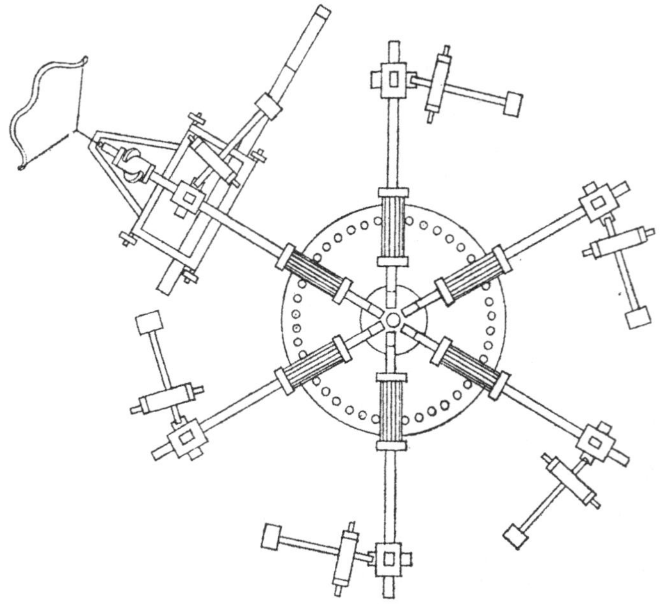

Fig. 636.

Auf derselben Seite des Manuskriptes findet sich das Hammerwerk Fig. 627, sowie Skizzen von verschiedenen Hammeranordnungen, die wir in den Figuren 637 A, B, C und D und in Fig. 638 A, B, C wiedergegeben haben.

In Fig. 637 A wird der Schlag des Schwanzhammers dadurch verstärkt, dass eine bogenförmige Feder den Schwanz des Hammers in die Höhe zieht.

In Fig. 637 B ist diese Feder durch zwei elastische Stäbe ersetzt, wovon der eine vor der Axe über dem Hammerstiele, der andere hinter der Axe unter dem Hammerschwanze liegt.

In Fig. 637 C wird der Hammer durch eine Feder gehoben und durch die Hebedaumen, die von unten gegen den Hammerschwanz drücken, herabgeschnellt.

In Fig. 637 D ist diese Feder durch ein Gewicht ersetzt, das an einer um die Axe geschlungenen Schnur hängt.

L: Es (das Gewicht) schlägt auf Sand unter Wasser.

In Fig. 638 C geschieht dasselbe, indem ein elastischer Stab vor der Axe unter dem Hammerstiele, ein zweiter hinter der Axe über dem Hammerschwanze angebracht ist.

L: Diese zwei Stäbe, die wie Federn wirken, brauchen nicht sehr stark zu sein. Es genügt, wenn sie so viel Kraft haben, dass sie den Hammer nach dem Schlage knapp in die Höhe heben, so dass er sich gleichsam selbst hebt.

In Fig. 638 B ist die Hammeraxe weggelassen und der Hammerstiel nur zwischen die beiden elastischen Stäbe eingeklemmt. Vier durch die Stäbe gesteckte Stifte verhindern ihn an seitlicher Abweichung von seiner Bahn.

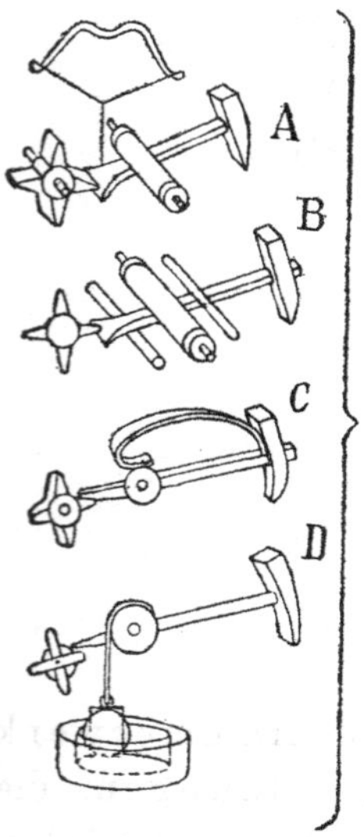

Fig. 637.

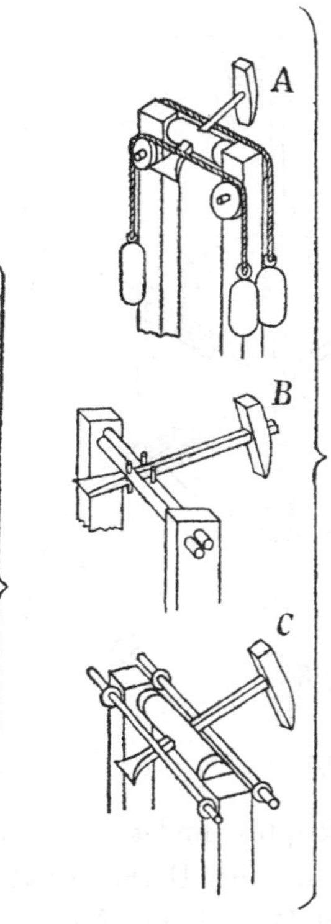

Fig. 638.

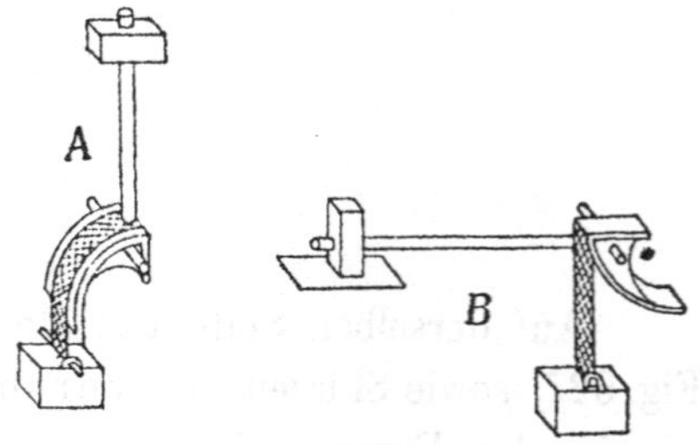

Fig. 639.

Fig. 638 A unterscheidet sich von Fig. 638 C nur dadurch, dass an Stelle der beiden elastischen Stäbe zwei durch Gewichte gespannte Seile angeordnet sind.

L: Dies ist die letzte und beste Art, weil hier die Federn von Seil niemals lahm werden, indem die Gewichte daran sich niemals vermindern.

Die beiden Skizzen Fig. 639, Fol. 11 v, hält Hermann Grothe in seiner Schrift „Leonardo da Vinci als Ingenieur und Philosoph“ für Darstellungen eines Federhammers (vergl. S. 103). Wir halten für wahrscheinlicher, dass das, was Dr. Grothe hier für eine Feder hält, eine Gurte sein soll, woran ein Gewicht hängt, das den Schlag des Hammers verstärkt. Diese Anordnung schliesst sich dann ebenso an Fig. 637 A und B an, wie Fig. 637 D an Fig. 637 C und Fig. 638 C, jedoch mit dem Unterschiede, dass LEONARDO in Fig. 637 D ein Abprellen des Gewichtes dadurch zu vermeiden sucht, dass er es auf Sand und Wasser aufstossen lässt, während in Fig. 639 dessen Abwärtsbewegung gegen das Ende hin dadurch verlangsamt wird, dass sich die Gurte von einem spiralförmigen Bogen abwickelt. Auch ist hier die Hammerbahn eben, was darauf hindeutet, dass dieser Hammer entweder zum Ausstrecken von Bändern, oder von Quartieren dienen sollte.

Zum Ausstrecken der Bänder, was heutzutage ebenfalls durch Walzwerke geschieht, sollte offenbar Fig. 640, Fol. 5 h, dienen. Hier werden zwei Bänder von einer auf eine zweite Walze gewickelt und gehen dabei über einen polirten Marmorblock, wo sie von zwei kleinen Schwanzhämmern ausgestreckt werden, die von einem Stirnrade bewegt werden, dass auf beiden Seiten je sechs Zapfen hat, die wie Hebedaumen wirken.

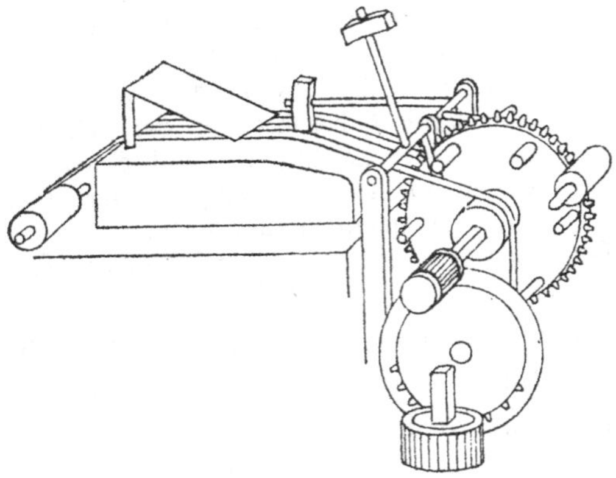

Fig. 640.

Fig. 641.

Fig. 641, Fol. 21 h, stellt vermuthlich ein Hammerwerk zum Schlagen von Quartieren dar:

L: Hier ist der Hammer über seine senkrechte Stellung hinausgegangen und würde umfallen, wenn die Stütze *n* nicht wäre, die den Hebelarm *t* aufhält. Alsdann bewegt ihn das Rad *s* mit Heftigkeit, denn durch jeden Zahn, um den sich das grosse Rad nach rechts bewegt, bewegt sich das Rad *s* mit drei Zähnen um einen nach links.

Auch der Mechanismus Fig. 642, Fol. 11 v, sollte vermuthlich zum Schlagen von Quartieren dienen. Hier wird durch das Spiel von acht Hebedaumen an einer langsam gehenden Axe und einen Hebedaumen an einer rasch gehenden Axe ein kleiner Schwanzhammer mit ebener Bahn abwechselnd gehoben und niedergeschnellt.

L: Dieses ist der stärkste Schlag, den man für den Zweck des Goldschlägers (battiloro) anwenden kann, und dies geschieht in folgender Weise: Wenn das Rad *k* den Hammer *o* durch den Zahn *m* vermittelst des Hebelarmes *n* gehoben hat, stützt er sich einen Moment gegen die Stütze *l*, und plötzlich erfasst der Zahn *b* an dem Getriebe *S* den Zapfen *f* und schleudert den Hammer mit Gewalt auf den Amboss *g* herab. Alsdann wird von dem folgenden Zahne des Rades *k* der Hammer von Neuem gehoben. Aber achte darauf, dass die Mitte des Hammers nicht über den Punkt *c* hinausgeht. Damit der Zahn *b* nicht zu viel Mühe hat, ihn zurückzutreiben, genüge es, dass die halbe Hammerbreite den Perpendikel überschreite, der auf seinen Drehpunkt gefällt wird.

Aber besser ist es, wenn sofort, nachdem der Zahn *m* den Hebel *n* verlässt, der Hebelarm *f* sich gegen den Zahn *b* stützt und die Stütze *l* weggelassen wird.

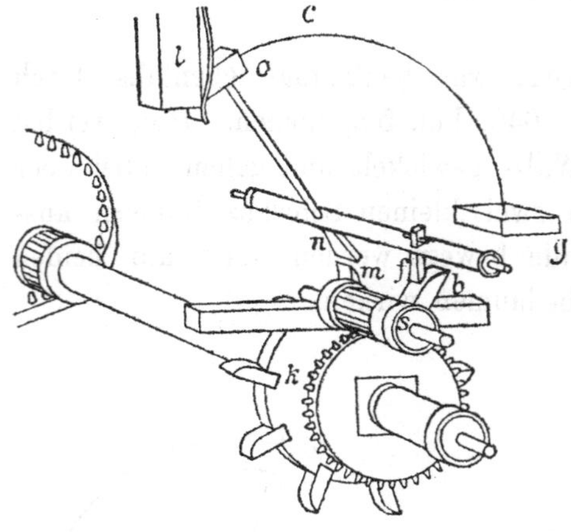


Fig. 642.

Das Rad des Motors habe 128 Zähne und sein Getriebe 8 Triebstöcke, das Rad *k* 8 Hebedaumen, das Rad *x* 64 Zähne und sein Getriebe *S* 8 Triebstöcke.

Obgleich ich sagte, man solle das Holz *l* weglassen, so erkenne ich nun doch, dass es nützlicher sein wird, es stehen zu lassen und es anstatt einer Feder zu gebrauchen, so dass, wenn der Hammer *o* gegen das Holz *l* schlägt, die Feder durch den Stoss des Hammers zurückweicht. Wenn sie dann wieder zurückkehrt, fängt sie an, dem Hammer die entgegengesetzte Bewegung zu ertheilen, so dass, wenn der Zahn *h* den Hebelarm *f* berührt, er den Hammer mit grosser Leichtigkeit herabschnellt, da dieser durch den Rückprall der Feder bereits angefangen hat zu fallen.

In diesem Falle muss man das Gold bewegen und nicht den Hammer, d. h. wenn man das Gold breit schlägt.

Auch die letzte Bemerkung deutet darauf hin, dass dieser Hammer zum Schlagen von Blättchen in der Form bestimmt war, da diese hierbei bekanntlich von dem Schläger unablässig umgedreht wird.

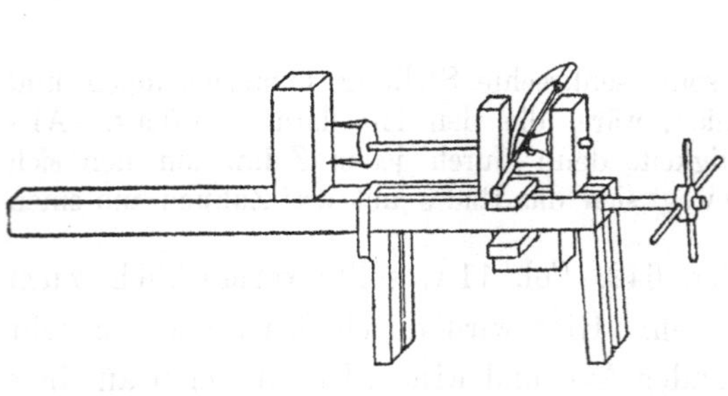

Fig. 643.

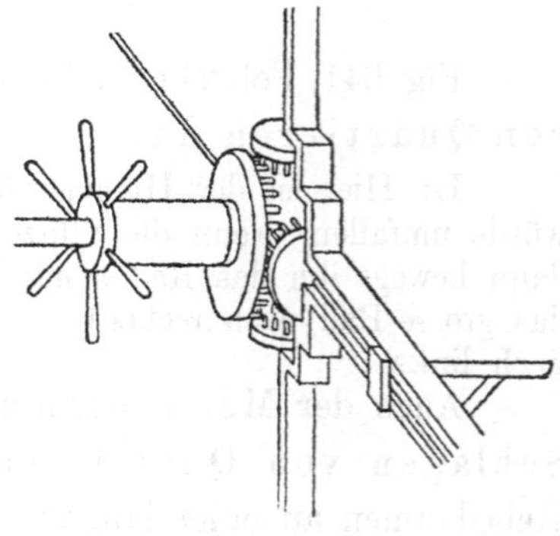

Fig. 644.

Fig. 643, Fol. 38h, zeigt eine horizontale Bohrmaschine. Auf einem Gestelle, ähnlich dem einer Drehbank, ist ein Spindelkasten vermittelst Schraube verschiebbar. Die Bewegung der Spindel erfolgt durch Drehrolle und Bogen. Das zu bohrende Stück ist auf dem Gestelle befestigt. Bemerkenswerth ist, dass der Bohrer wie ein Kernbohrer skizzirt ist, der nicht das ganze herauszubohrende Material in Späne verwandelt, sondern den grössten Theil davon als Cylinder herausschneidet.

Die Figuren 644, 645, 646 und 647, Fol. 38 h, zeigen verschiedene mechanische Centrirvorrichtungen, und zwar

Fig. 644 und Fig. 646 eine kreuzförmige Planscheibe mit vier Backen, die durch vier gleiche, nach der Mitte gerichtete Schrauben bewegt werden. Da auf diesen Schrauben gleiche Winkelräder sitzen, die alle in ein Winkelrad eingreifen, das sich um einen in der Mitte senkrecht auf dem Kreuze sitzenden Zapfen dreht, so werden durch dessen Drehung die vier Backen stets um gleich viel und nach gleicher Richtung verschoben.

Fig. 645 zeigt, wie die gleichmässige Verschiebung der vier Backen von einem in der Mitte der Planscheibe sitzenden Stirnrade aus durch vier kreuzweise angeordnete Zahnstangen geschehen kann.

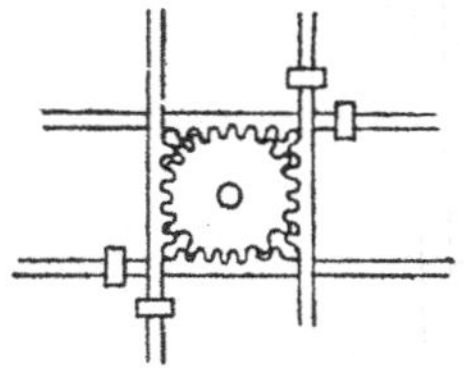

Fig. 645.

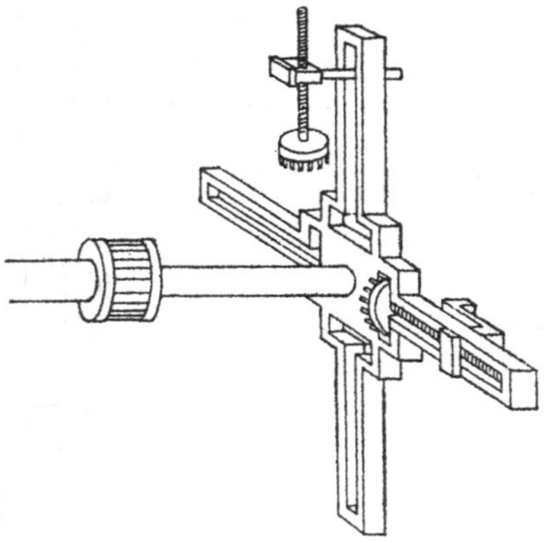

Fig. 646.

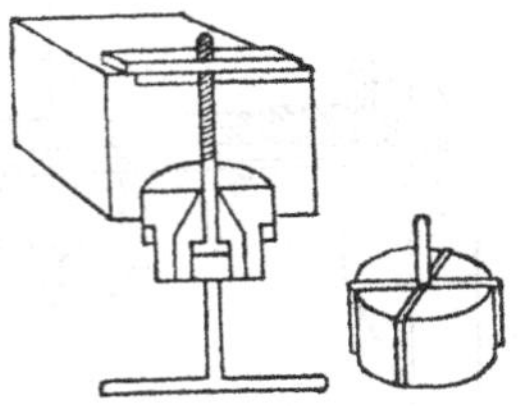

Fig. 647.

Fig. 647 zeigt eine Vorrichtung, um die Bohrung eines Ringes eines Rades u. s. w. zu centriren. In einem Cylinder, worüber der Ring oder die Radnabe geschoben wird, sind vier radial und rechtwinklig zu einander gestellte Platten verschiebbar. Diese schliessen sich mit ihren Innenflächen an einen in dem Cylinder konaxial verschiebbaren Konus an. Wird dieser Konus durch eine Schraube in den Cylinder hineingeschoben, so werden die vier Platten stets um gleich viel nach aussen geschoben und centriren die Nabe oder den Ring, indem sie sich gegen deren Innenwand stemmen.

Fig. 648, Fol. 14 v, zeigt eine Patronendrehbank zum Gewindeschneiden. Die Patrone ist bei dieser primitiven Konstruktion nur an einem Ende gelagert und muss mit der zu schneidenden Schraubenspindel so fest verbunden werden, dass beide zusammen eine steife Stange bilden. Das zweite Lager befindet sich am Ende des Werkstückes. Das erste Lager ist mit einem Bügel fest verbunden, der die Patrone umschliesst, und darin ist ein feststehender Zahn, der von oben in die Patrone eingreift. Die Bewegung des Werkstückes erfolgt durch eine einmal darum geschlungene Schnur, die oben an einer Bogensehne und unten an einem Fusstritte befestigt ist.

L: Art, eine Schraube auf der Drehbank zu machen.

Wir erinnern daran, dass sich unter den in Paris befindlichen Skizzen LEONARDO's eine recht gut ausgebildete Schraubenschneidmaschine befindet. (Siehe Fig. 486, S. 345).

Fig. 649, Fol. 3 v, zwei Lochstempel, die durch Hammerschläge niedergetrieben und durch eine Feder gehoben werden.

Die Figuren 650, 651, 652, 653, 654 und 655, Fol. 38, zeigen eine Hobelvorrichtung. HERMANN GROTHE theilt a. a. O. S. 79 eine ähnliche Skizze mit und spricht die Ansicht aus, sie stelle eine Hobelmaschine dar,

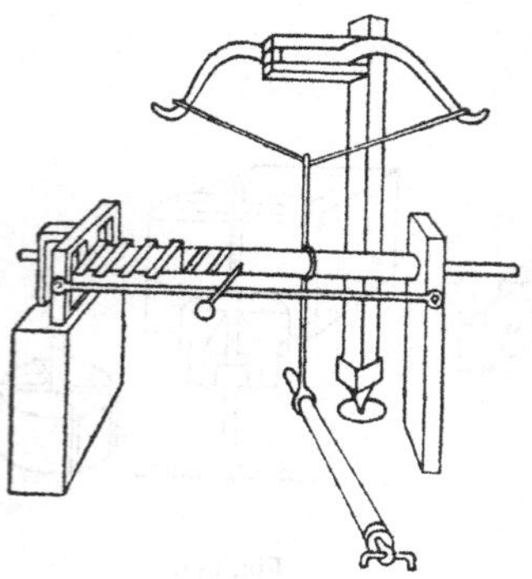

Fig. 648.

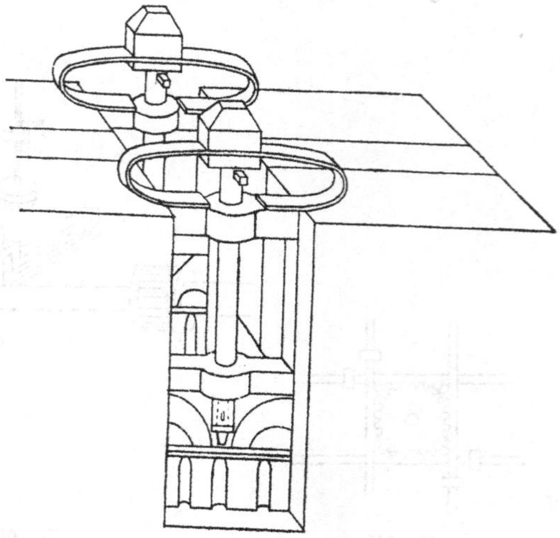

Fig. 649.

indem er annimmt, dass hier der Hobel durch den Mechanismus bewegt werden solle. Dies ist aber nicht der Fall. In der Hauptzeichnung Fig. 652 ist der Hobel an den beiden Seiten mit Handhaben versehen, was beweist, dass er direkt mit der Hand bewegt werden sollte. Der Mechanismus an der Hobelbank aber kann keinen anderen Zweck haben, als den abzuhobelnden Balken rasch und richtig einzuspannen. Es sind zu diesem Zwecke sechs seitliche und, wie wohl angenommen werden darf, drei von unten nach oben gehende Schrauben anzuziehen. Durch den Mechanismus aber soll ermöglicht werden, diese neun Schrauben gleichzeitig und gleichmässig anzuziehen.

In den Figuren 651, 652 und 653 soll dies dadurch erreicht werden, dass die Muttergewinde für die neun Schrauben in gleiche Schnurrollen eingeschnitten sind, die an Verschiebung in der Axenrichtung verhindert sind, und dass eine Schnur ohne Ende alle diese Schraubenmuttern, die nöthigen Leitrollen und eine Antriebsrolle umschlingt. Wird durch Drehung der Antriebsrolle die Schnur bewegt, so verschiebt sie, (abgesehen von der Dehnbarkeit der Schnur) alle Schrauben um gleich viel.

In Fig. 654 sind die Muttergewinde in verzahnte Getriebe eingeschnitten und die Bewegungsübertragung geschieht durch eine Zahnstange.

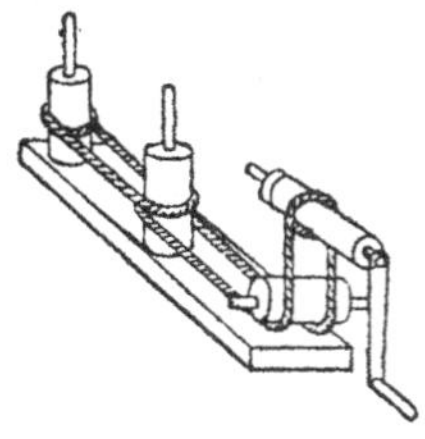

Fig. 651.

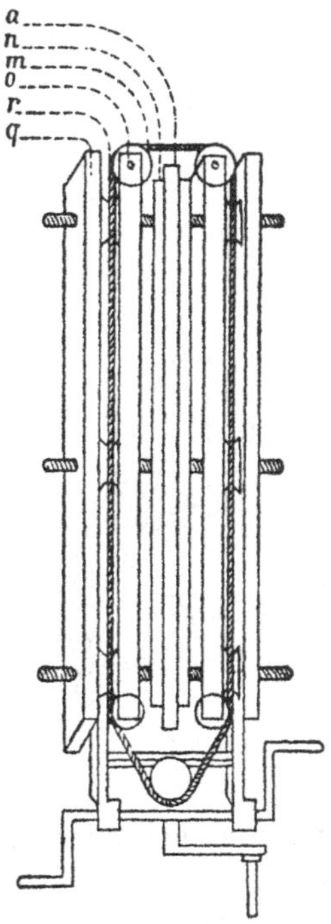


Fig. 650.

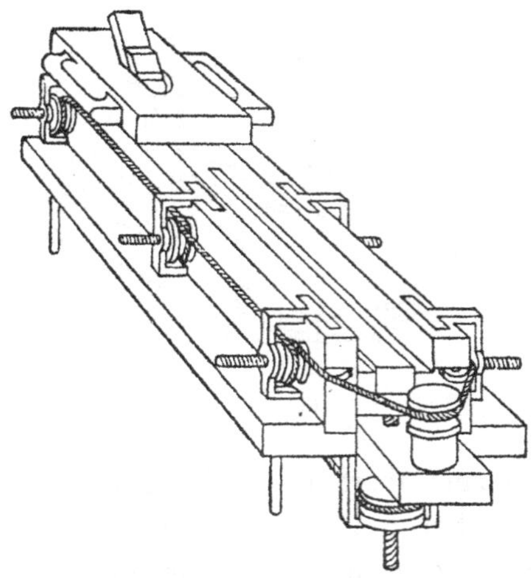

Fig. 652.

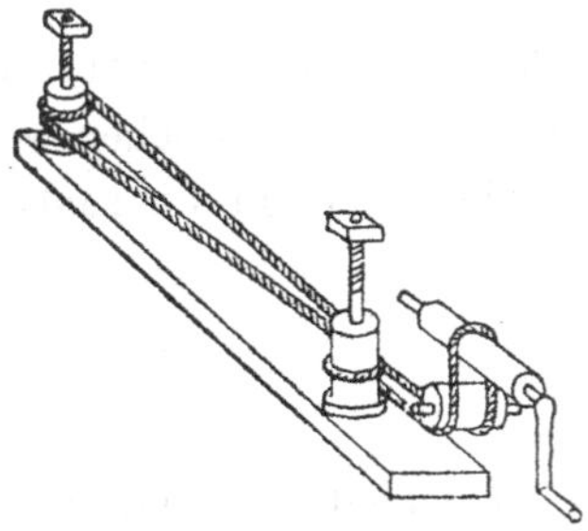

Fig. 653.

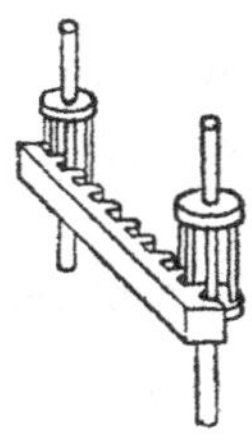

Fig. 654.

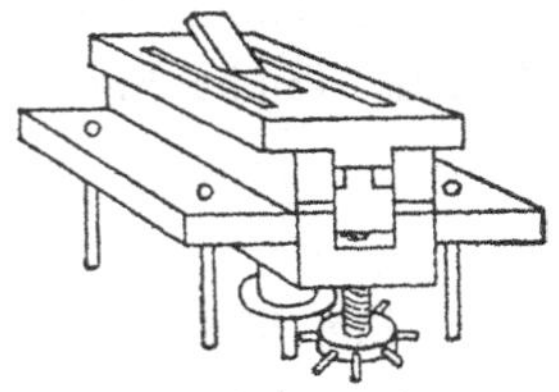

Fig. 655.

Fig. 650 zeigt den Grundriss von Fig. 652 bei weggenommenem Hobel.

L: *a* ist das Holz, welches man abhobeln soll. *n* ist das Brett, das den gehobelten Gegenstand festhält. *o* ist die Wand, die den Hobel unterstützt. *r* ist der Zwischenraum, worin das Seil läuft, das die Schraubenmuttern dreht. *q* ist die letzte Wand.

Zu Fig. 656, Fol. 4 v.

L: Art, eine Hohlkugel zu machen, um Feuer zu werfen. Wo der Buchstabe *T* eingeschrieben ist, ist die Schablone, welche genau die Höhlung macht, und wo *S* eingeschrieben ist, ist die Kugel, die sich unter der Schablone herumdreht.

Da die hier skizzirte Maschine grosse Aehnlichkeit mit einer Töpferscheibe hat, so ist anzunehmen, dass die darauf herzustellenden Hälften von Hohl-

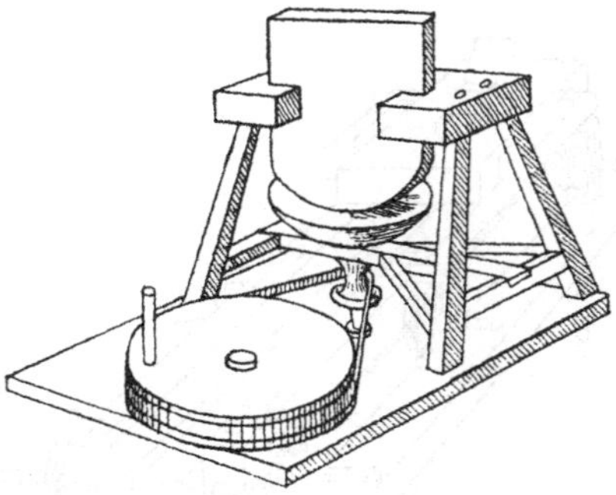

Fig 656.

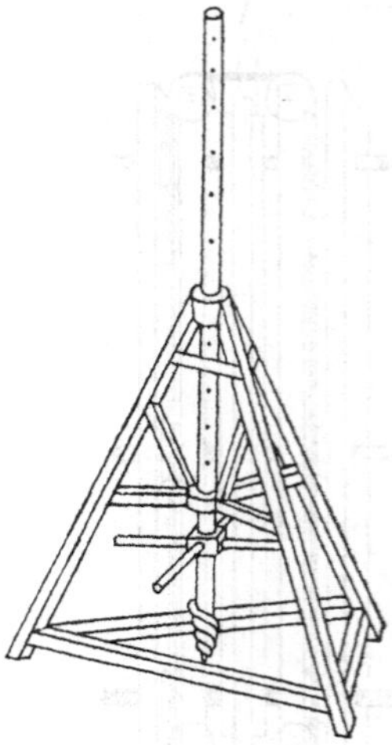

Fig. 657.

kugeln zum Werfen von Brandmasse aus Thon geformt und gebrannt werden sollten. Schon im Alterthume kannte man Brandgeschosse. Es waren dies irdene Gefässe, die mit brennenden Stoffen gefüllt waren. Diese „Feuertöpfe“ wurden aus Ballisten geworfen. (Ludwig Beck, „Geschichte des Eisens“, zweite Abtheilung S. 338.)

Zu Fig. 657, Fol. 9 h L: Bohrer, um in die Erde zu bohren, um Wasser zu finden. Wir erinnern an die Erdbohrer für Löcher von geringer Tiefe, die sich unter den in Paris befindlichen Skizzen Leonardo's finden. (Siehe Fig. 480 u. 481, S. 343).

## Hebemaschinen.

Fig. 658, Fol. 10 h, zeigt eine Steinklaue und verschiedene Steinzangen zum Versetzen von Quadern.

L: Das Zangenmaul *ab* ist viel schwächer als das Maul *cd*.

Fig. 659, Fol. 32 h, eine fahrbare Schraubenwinde zum Aufheben von Geschützrohren.

Fig. 660, Fol. 27 h, ein Krahn für denselben Zweck. Der Schraubenmechanismus ist hier umgekehrt und zieht das eine Ende eines Balanciers nieder, an dessen anderem Ende das Geschütz hängt. Die Figuren 661 und 662 zeigen Details zu dem Schraubenmechanismus dieses Krahns.

Fig. 663, Fol. 49 h, eine Schraubenwinde zum Aufrichten von Säulen. Die auf der Erde liegende Säule wird etwas oberhalb ihres Schwerpunktes von der Schraubenwinde erfasst und an ihrem Fussende mit zwei Laufrollen armirt. Dann wird die Schraubenwinde angezogen, der Säulenfuss läuft dabei auf den Laufrollen bis unter den Aufhängepunkt, bis die Säule senkrecht stehend aufgezogen wird. Dann wird die ganze Maschine auf Walzen

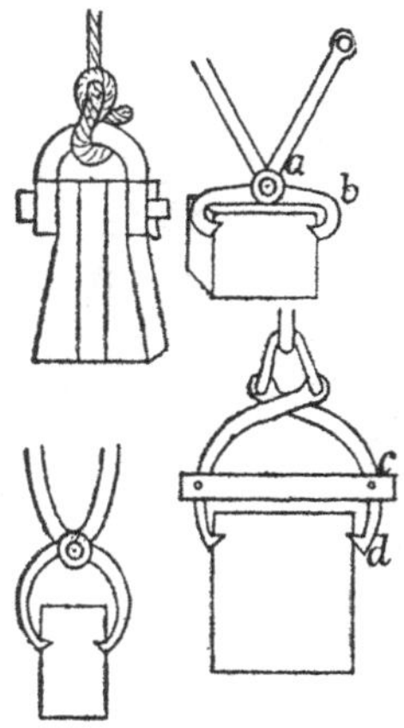


Fig. 658.

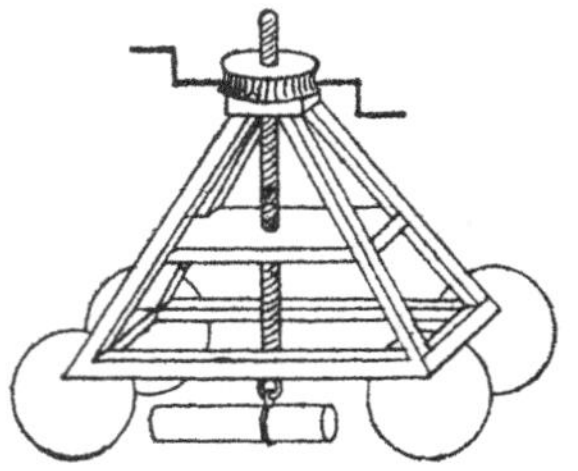

Fig. 659.

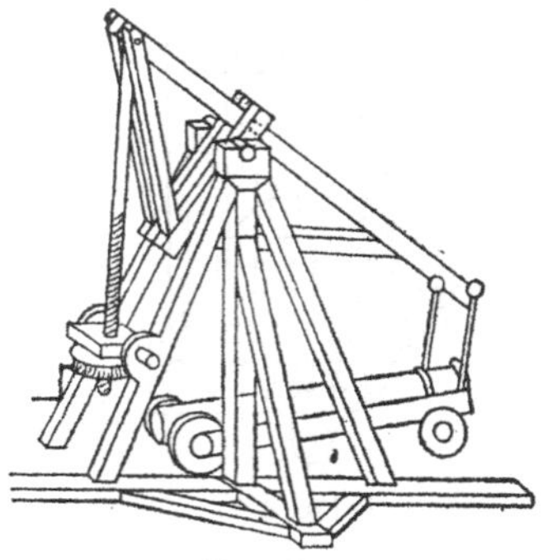

Fig. 660.

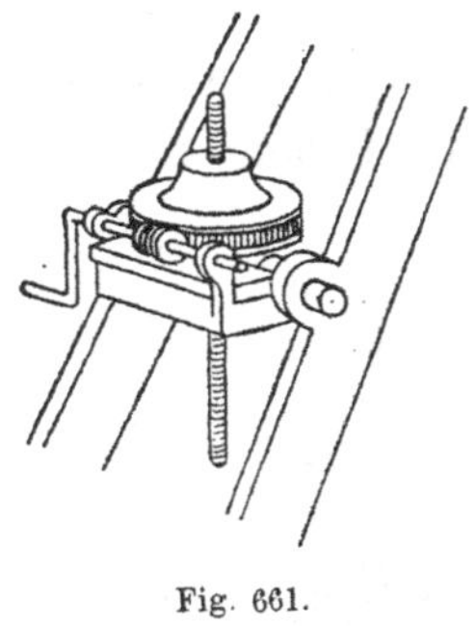

Fig. 661.

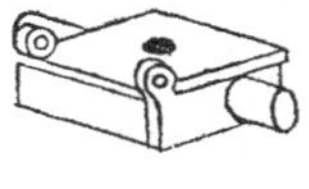

Fig. 662.

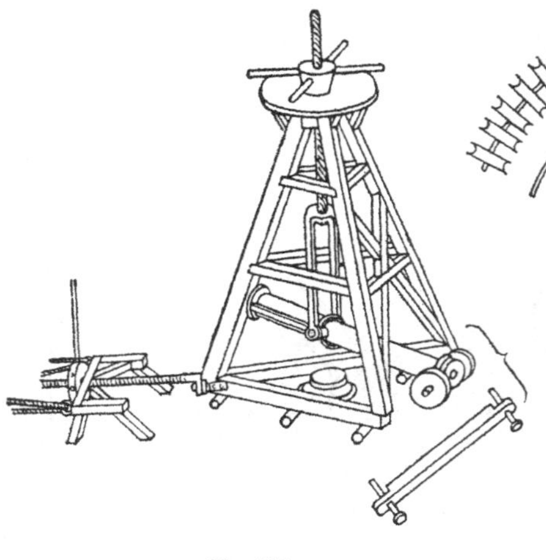

Fig. 663.

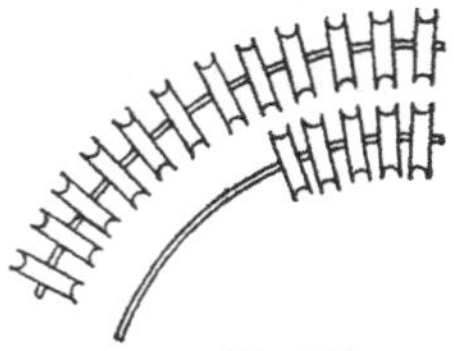

Fig. 664.

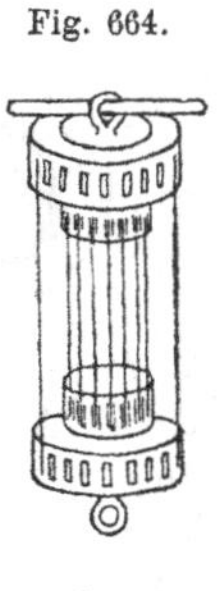

Fig. 665.

vermittelst einer horizontalen Schraube über den Ort der Aufstellung gezogen und die Säule auf ihre Basis herabgelassen.

L: Dieses Gerüst ist dreieckig, und an jeder Ecke (seiner Basis) kann man die Schraube anhängen, um das Gerüste fortzuziehen. Die Säule muss mit zwei Brettern armirt sein, wenn man sie aufrichtet.

Da nämlich die Säule nach oben verjüngt ist, würde sie in dem sie umfassenden Ringe herabgleiten, und um dies zu vermeiden, werden zwei Bretter als Spreizen zwischen den Ring und den Säulenkopf geklemmt.

Fig. 665, Fol. 32 v, ein Flaschenzug mit 60 losen und 60 festen, also im Ganzen 120 Rollen, die in jeder Flasche in zwei Kreisen angeordnet sind, deren Durchmesser um etwas mehr als das Doppelte des Rollendurchmessers differiren.

L: Ein Seidenfaden hebt bei 120 Rollen mit 10 Pfund Kraft 6 Menschen, wovon jeder 200 Pfund wiegt.

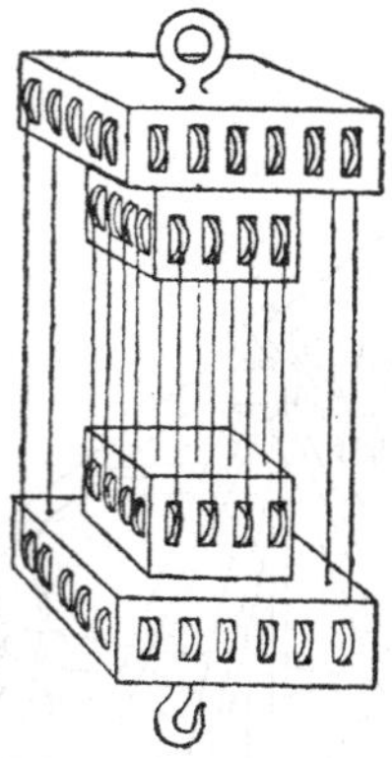

Fig. 666.

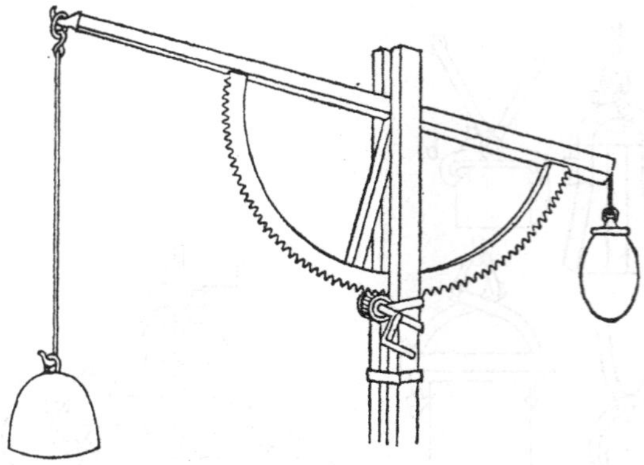

Fig. 667.

Fig. 666, Fol. 32 v, zeigt einen eben solchen Flaschenzug, wobei jedoch die Rollen in Quadraten angeordnet sind.

Fig. 667, Fol. 8 v, ein Krahn mit einfacher, aber sehr starker Stirnräderübersetzung. Die Last wird durch einen Balancier gehoben,

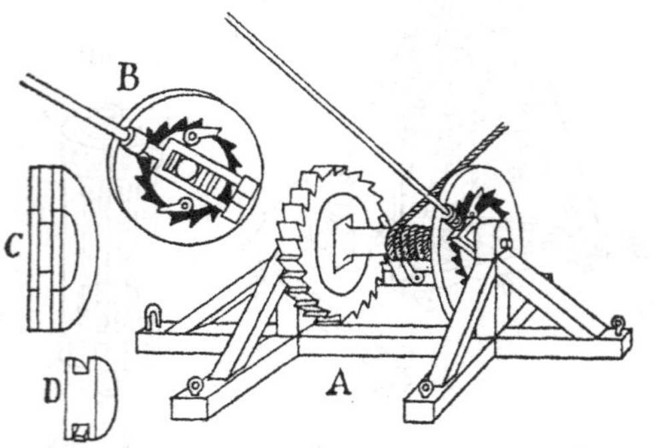


Fig. 668.

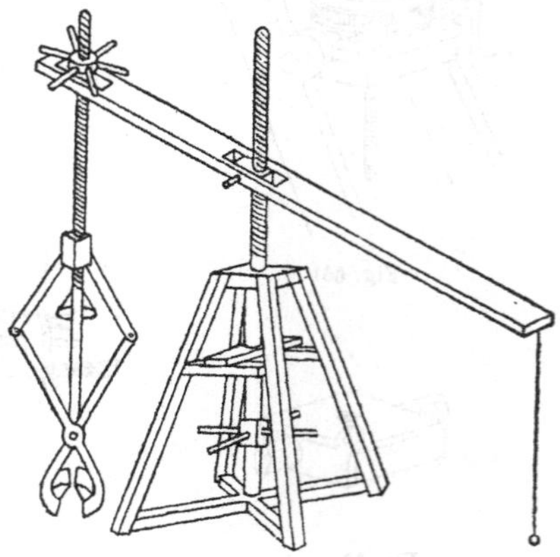

Fig. 669.

der an seinem anderen Ende ein Gegengewicht trägt, um die Arbeit beim Auf- und Niedergange auszugleichen. Unten an dem Balancier ist ein halber Zahnkranz befestigt, dessen Durchmesser etwa der Ausladung des Balanciers gleich ist und der diesen verstrebt und verstärkt. In diesen grossen halben Zahnkranz greift unten ein kleines Getriebe, das durch eine Kurbel gedreht wird.

Fig. 668, Fol. 53 v, eine Winde, die durch ein Schaltwerk bewegt wird. Dieses Schaltwerk behandelten wir schon in unserer ersten

Abhandlung über LEONARDO DA VINCI nach einer Skizze von HERM. GROTHE (S. 102) und sagten: „Bei ihm macht das innen verzahnte Schaltrad die hin- und herschwingende Bewegung und versetzt eine darin liegende, mit Sperrklinken versehene Scheibe in absetzend rotirende Bewegung. Bei dieser Anordnung kann das Spiel des Mechanismus leicht durch eine auf das Zahnrad befestigte Deckplatte verborgen werden, und es ist wahrscheinlich, dass darin der Grund zu dieser Anordnung zu suchen ist.“ Aus der hier vorliegenden Hauptskizze ersehen wir nun, dass die innere Scheibe des Schaltwerkes, woran die Sperrklinken sitzen, mit einer Windetrommel fest verbunden ist, an deren anderem Ende ein Sperrad sitzt, in das ein am Gestelle sitzender Sperrhaken eingreift und den Rückgang der Trommel verhindert.

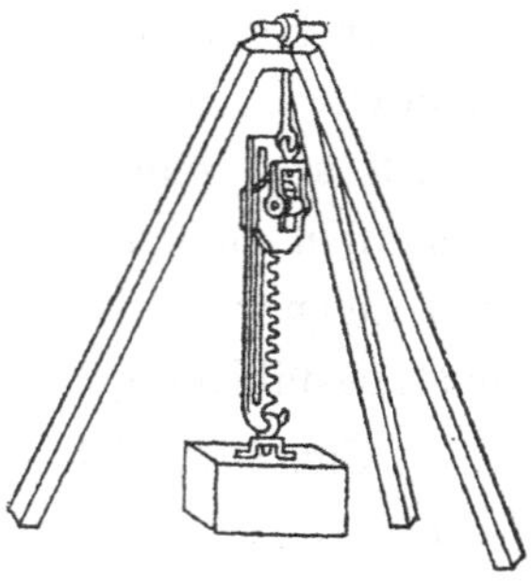

Fig. 670.

L: Diese Maschine ist gut, um eine Last zu heben, aber sie ist nicht so armirt, wie es sein sollte, weil man ihr Geheimniss zu rasch sieht. Die Flächen

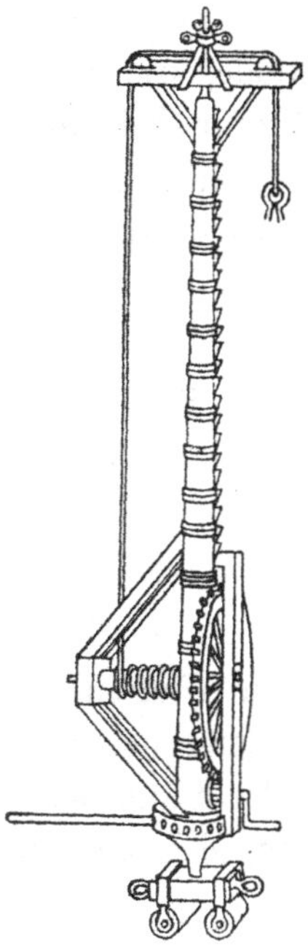

Fig. 671.

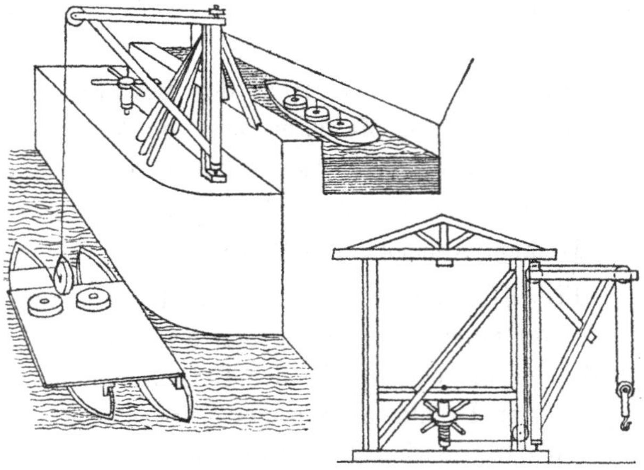

Fig. 672.

*MN* sollten aussen und innen, d. h. auf jeder Seite, eine Scheibe haben, die das Geheimniss der Federn (der Sperrklinken) umschliessen, armiren und verdecken.

Der Hebel, der die Bewegung verursacht, hat nur eine Elle niederzugehen und sich um ebensoviel zu heben.

Zu den Details links von der Hauptskizze.

L: Dieses sei die obige Vorrichtung *A* in ihren Theilen dargestellt, um ihre

Verhältnisse besser verständlich zu machen. Und wisse, dass der kleinere Theil an seiner tiefsten, mit *B* bezeichneten Stelle die Feder (Sperrklinke) enthält, welche in die mit *N* bezeichneten Zähne des benachbarten Theiles eingreift.

Fig. 669, Fol. 8 v, eine Art Baggermaschine zum Heben von Steinen und Erde aus dem Wasser. Sie ist nach demselben Princip, jedoch viel leichter konstruirt, als diejenige, welche Buonaiuto Lorini zu Anfang des siebzehnten Jahrhunderts beschrieb und abbildete. (Siehe Fig. 291, S. 251.) Lorini sagt selbst, dass daran nichts weiter von ihm erfunden sei, als die Schaufeln an der doppelten Zange und die Vergrösserung des Hebels, was so viel sagen will, als dass er diese Maschine zuerst grösser und dem entsprechend leistungsfähiger gebaut habe.

Fig. 670, Fol. 40 v, ein dreifüssiger Krahn mit dem Mechanismus einer gewöhnlichen Wagenwinde, der in dem Gestelle aufgehangen ist, und an dessen Zahnstange die zu hebende Last hängt.

L: Doppelte Wagenwinde (martinello doppio), welche jede grosse Last hebt.

Wir erinnern daran, dass Buonaiuto Lorini in seinem Werke „delle fortificazioni", Venedig 1597, denselben Mechanismus auf einem Bockgestelle stehend beschreibt und abbildet, dass aber Gasparus Schottus in seiner „Magia universalis naturae et artis", Würzburg 1657, erzählt, er habe während seines zweiundzwanzigjährigen Aufenthaltes in Italien eine Wagenwinde, wie er sie in Flandern kennen gelernt habe, nur einmal gesehen, und zwar bei einem Kardinal, der sie als Seltenheit aus Polen mitgebracht habe. (Vergl. S. 245.)

Fig. 671, Fol. 49 v, ein einsäuliger Krahn. Die alten Griechen nannten diese Maschinen *μονόκωλοι*. Wir verweisen auf den Schluss unserer Abhandlung über Pappus (S. 35).

Nach dieser, sowie nach der Beschreibung Vitruv's (siehe S. 44), der bemerkt, dass diese Maschine nur von kundigen Leuten gehandhabt werden könne, hat Leonardo die Skizze Fig. 670 wahrscheinlich entworfen.

Bei den vier Oesen an der Spitze der Säule.

L: Zum Anbinden von Seilen.

Fig. 672, Fol. 51 v, ein Drehkrahn zum Umladen von Waaren aus Booten auf einem höher gelegenen Kanal in solche auf einem tiefer liegenden Kanal, oder umgekehrt. In der Detailzeichnung rechts unter der Hauptzeichnung ist der Drehkrahn von der Seite dargestellt und zwar so, dass die am Handgöpel beschäftigten Arbeiter unter Dach arbeiten.

### Maschinen zum Horizontaltransport grosser Lasten.

Die Figuren 673, 674 und 675 zeigen Maschinen, die eine Platte, worauf die Last liegt und die auf Walzen und Schienen läuft, vermittelst mehrerer Schrauben fortziehen.

Bei Fig. 675 sind es zwei solcher Schrauben, deren Muttergewinde in die Naben von Winkelrädern eingeschnitten sind, die durch zwei auf einer Welle sitzende Getriebe gedreht werden.

Fig. 674 unterscheidet sich hiervon dadurch, dass die Umdrehung der Muttern durch zwei auf einer Welle sitzende Schrauben ohne Ende erfolgt. Auf dieser Schraubenwelle sitzt ein Schwungrad, das als Hand- oder Spillenrad dienen könnte. Es ist aber darunter nochmals eine Schraube ohne Ende

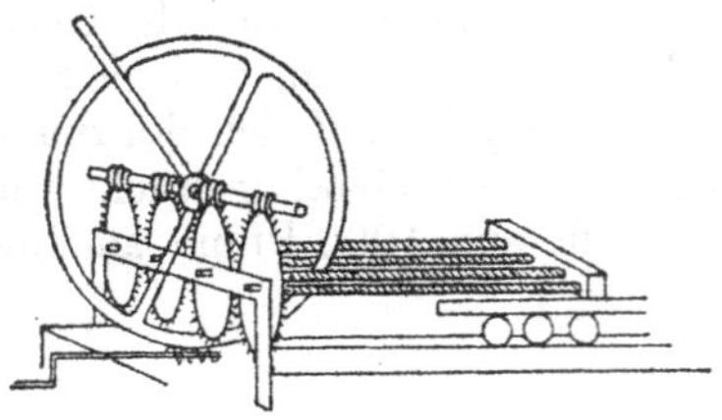

Fig. 673.

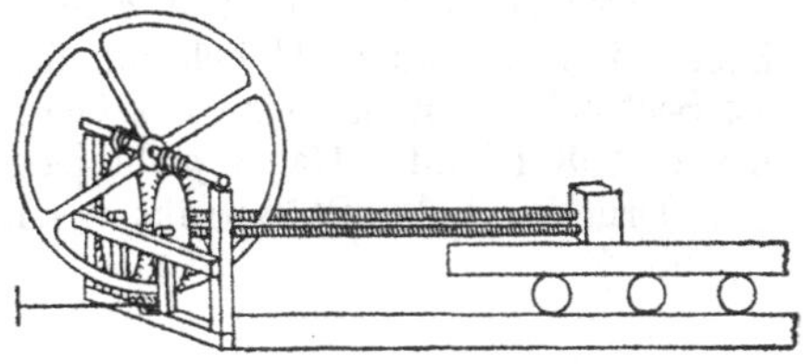

Fig. 674.

mit Handgriff angedeutet, so dass das Schwungrad ebenfalls aussen verzahnt und in diese Schraube eingreifend gedacht werden muss. Die Räderübersetzung wird dadurch eine allzu grosse.

Fig. 673 unterscheidet sich nur dadurch von Fig. 674, dass vier Schrauben an der Platte ziehen, anstatt zwei.

Man hat es Ramelli vielfach zum Vorwurf gemacht, dass er derartige Maschinen mit übertrieben starken Uebersetzungen in seinem Werke abgebildet und beschrieben hat. Wer aber die hier vorliegenden Skizzen Leonardo's

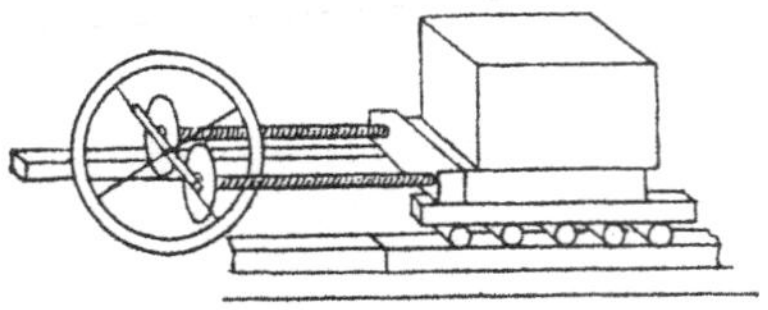

Fig. 675.

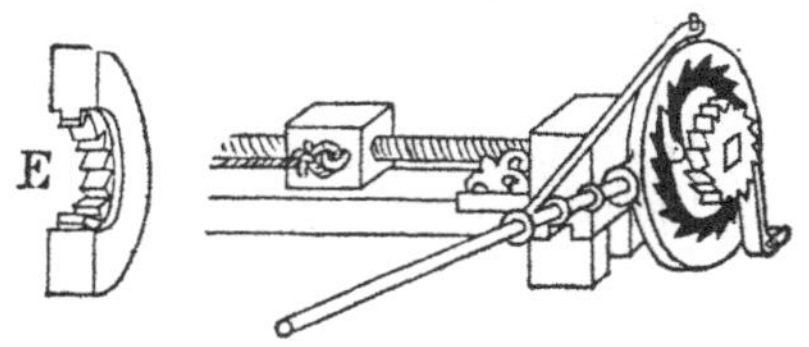


Fig. 676.

(sowie die Fig. 665 und 666, dargestellten Flaschenzüge) mit den betreffenden Kupfern Ramelli's vergleicht, wird darin einen weiteren Beweis für die Zugehörigkeit Ramelli's zur Leonardo'schen Schule finden.

Fig. 676, Fol. 53 v, ist eine Abänderung der in Fig. 668 dargestellten Winde mit Schaltwerk. An die Stelle der Seiltrommel ist eine Schraube gesetzt, deren Mutter an der Drehung verhindert und horizontal geführt ist. An diese Mutter wird die zu verschiebende Last mit einem Seile angehängt.

## Pressen.

Fig. 677, Fol. 49 v, eine Hebelpresse, ähnlich den altrömischen Keltern und Oelpressen. Der Presshebel wird durch den Handhebel *d c* niedergezogen, bis das Gewicht an der Rolle bei *c* sich hebt. Dieses übt dann einen konstanten Druck auf das Pressgut aus. Durch den Handhebel *ab* wird der Presshebel gehoben.

L: Der Balken hat 100 Pfund Gewicht und 9 Ellen Länge und $^1/_6$ (Elle) als Gegenhebel. Im Ganzen übt er für sich allein einen Druck von 2700 Pfund aus und auf der anderen Seite von dem Drehpunkte ebensoviel, um im Gleichgewichte zu sein, daher lasten auf der Drehaxe 5400 Pfund Gewicht.

Der Balken ist 100 Pfund schwer, so dass 50 auf *b* wirken und (da die Hebelarme von *ab* sich wie 1 : 5 verhalten) 10 Pfund auf *a* kommen.

Der Hauptbalken ist 9 Ellen lang und hat ausserdem $^1/_6$ Elle als Gegenhebel (d. i. der kurze Hebelarm), daher bleibt als Hebelarm 9 Ellen, was gleich ist 54 Sechstel gegen das eine des Gegenhebels; und das Doppelte auf den Stützpunkt, macht 108 Pfund. Daher giebt jedes Pfund, womit auf den Hebel gedrückt wird, 108 Druck auf den Stützpunkt des Balkens. Bringe ich nun 1000 Pfund am Ende

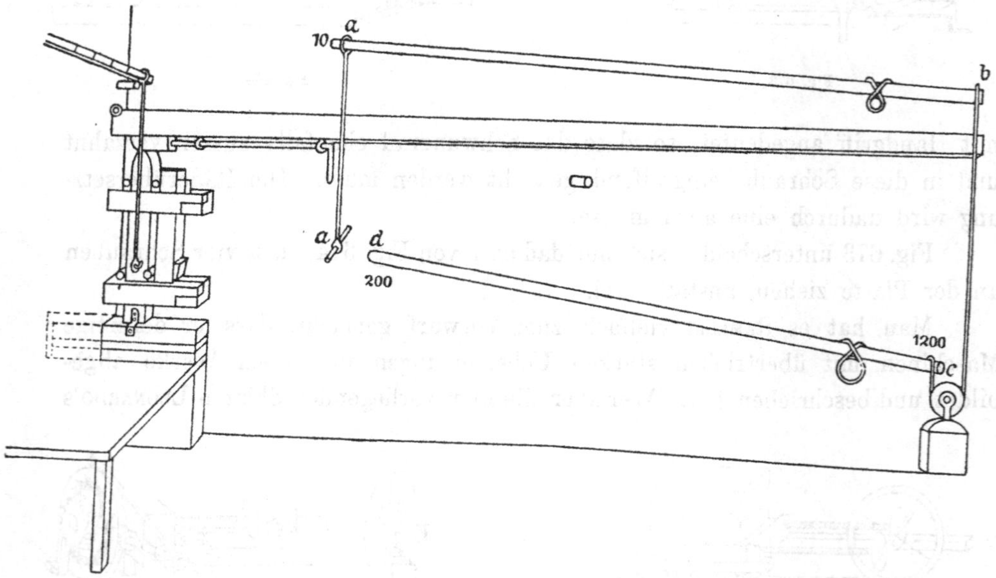


Fig. 677.

des Hebels an, so wird gewiss der Stützpunkt des Hebels 108000 Pfund verspüren.

Der Balken für sich allein, der 100 Pfund wiegt, drückt für sich allein mit 5400 Pfund auf seinen Stützpunkt. Diese zu den 108000 Pfund gefügt, giebt 113400 Pfund.

Man ersieht hieraus, dass Leonardo bereits das Eigengewicht des Hebels bei Berechnung des von ihm ausgeübten Druckes berücksichtigte, während wir seither meinten, dass Guido Ubaldi dies zuerst gethan hätte; dagegen ersieht man auch aus dieser Rechnung, dass Leonardo den Druck des Hebels auf seinen Stützpunkt bedeutend überschätzte, indem er ihn doppelt so gross annimmt, als die an dem kleineren Hebelarme wirkende Kraft.

Fig. 678, Fol. 11 v, eine Schraubenpresse zum Auspressen von Oel.

L: Eine Oelpresse. Jedesmal, wenn Du die Schraube (direkt) drehen willst, nimm jene Traverse weg, die sich über den Presskörben befindet, und drehe die Schraube so, dass Du die genannten Presskörbe so stark zusammenpressest, wie Du es (auf diese Weise) kannst. Dann setze die genannte Traverse wieder ein, spanne ein Pferd an den grossen Hebel und lasse es herumgehen, und ich verspreche Dir, dass die Oliven so stark gepresst werden, dass sie gleichsam trocken zurückbleiben. Aber wisse, dass diese Presse viel stärker gemacht sein will, als die anderen, die im Gebrauche sind, damit sie von der Kraft des Pferdes nicht überwältigt werde, sondern ihr Widerstand leistet.

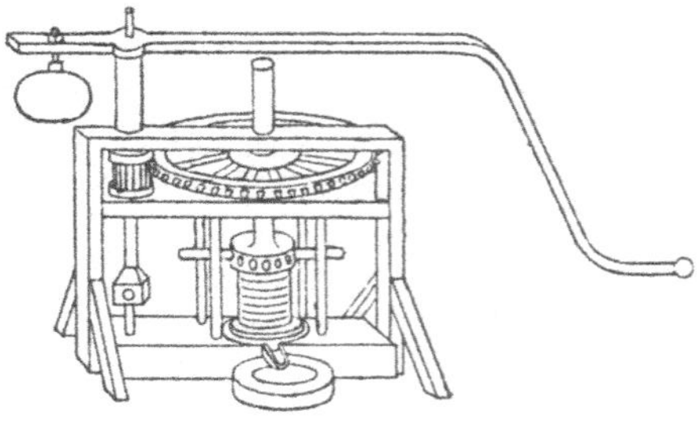

Fig. 678.

## Mühlen.

Die Figuren 679 und 680 zeigen eine Rossmühle mit sechs Mahlgängen, die von einem Pferdegöpel aus bewegt werden.

Fig. 681, Fol. 32 v, eine Handmühle mit gekröpftem Mühleisen und einer Schubstange. Eine solche Mühle fanden wir schon unter den Skizzen aus der Zeit der Hussitenkriege. (Siehe Fig. 314, S. 274.)

L: Art, Getreide zu mahlen.

Fig. 682, Fol. 60 v. Vermuthlich eine Farbmühle.

L: Wenn man will, dass das Gewicht (der Läuferstein) sich um sich selbst drehe, ist erforderlich, dass das mit *a* bezeichnete Loch ein wenig breit, d. h. weit sei.

Fig. 683, Fol. 60 v, Mühle mit oben ausgehöhltem Bodenstein. Auch hier möchten wir annehmen, dass die Mühle zum Mahlen von Farben

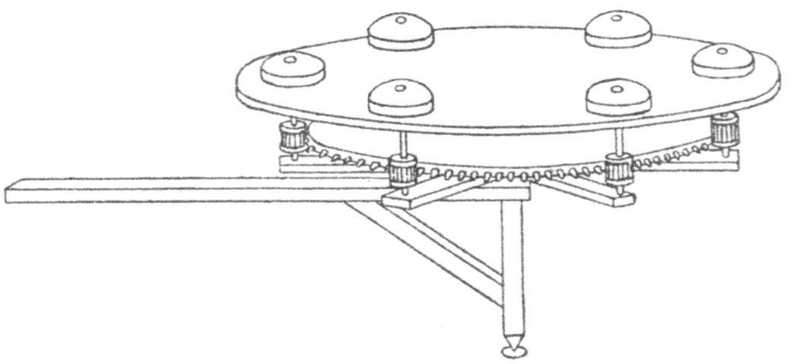

Fig. 679.

benutzt werden sollte. Von GEORGIUS AGRICOLA wurde eine Handmühle mit solchen Steinen zum Mahlen von Erzen beschrieben. (Siehe Fig. 169, S. 152).

Fig. 684, Fol. 60 h, ein Mahlgang, der vermittelst eines schweren Pendels von Hand betrieben werden soll. Ein sehr schweres Pendel soll durch eine Winde aus seiner Gleichgewichtslage gebracht und dann losgelassen werden. So oft es auf der der Winde gegenüberliegenden Seite sich seiner höchsten Lage nähert, stösst es gegen einen Handhebel und ein Arbeiter ertheilt vermittelst dieses Hebels dem Pendel einen neuen Impuls. Auf der Axe des Pendels sitzt ein Winkelrad, wovon jedoch rechts und links etwa je ein Viertel als überflüssig ausgeschnitten ist. Dieses Winkelrad greift in zwei auf einer senkrechten Axe sitzende Getriebe. Das Winkelrad hat Ratschenzähne, die die Getriebe nur nach einer Richtung umdrehen, bei der entgegengesetzten Bewegung aber sich umlegen. So wird durch abwechselnde Ein-

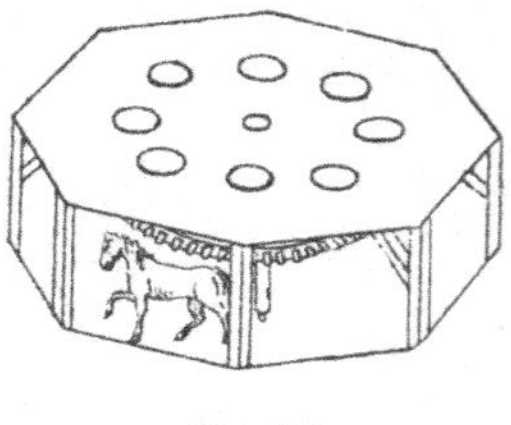

Fig. 680.

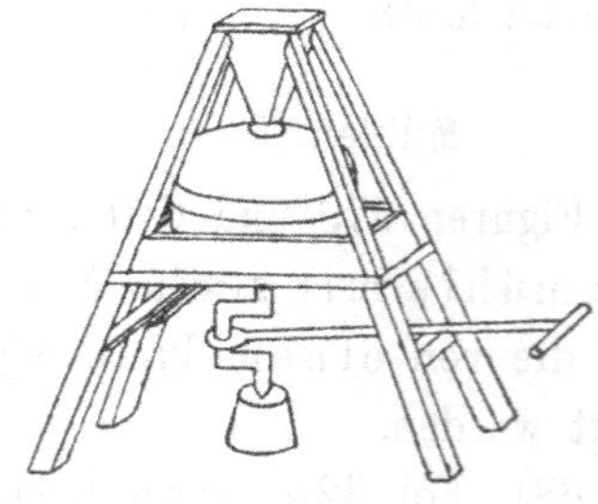

Fig. 681.

wirkung der beiden Winkelradquadranten diese erste senkrechte Welle in kontinuirliche Umdrehung versetzt und diese durch drei weitere Räderübersetzungen auf das Mühleisen übertragen.

Fig. 682.

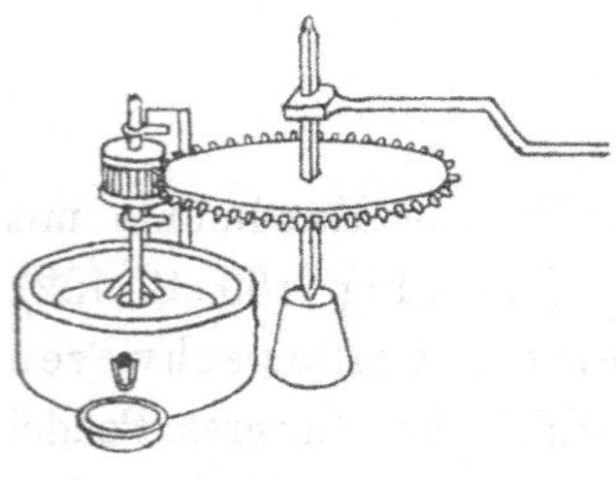

Fig. 683.

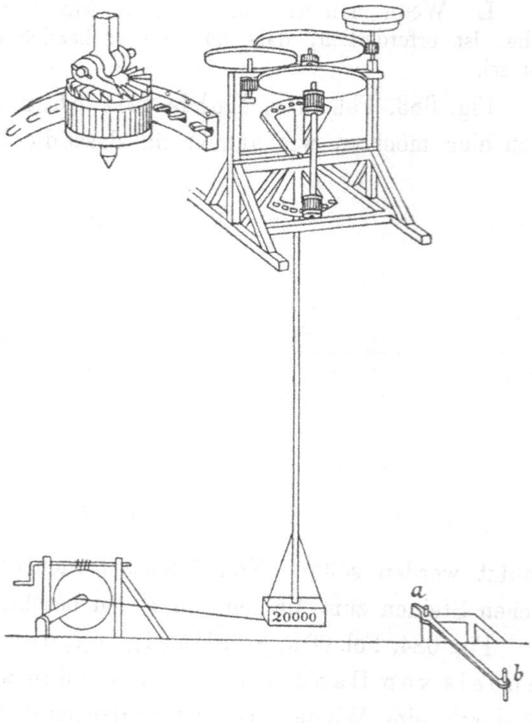


Fig. 684.

In der links von der Figur stehenden Detailskizze von der Räderübersetzung mit Ratschenzähnen ist auch das Getriebe nur durch ein Sperrwerk mit seiner Axe verbunden, das die Uebertragung der Bewegung auch nur nach einer Richtung gestattet. Dies scheint eine Vorsichtsmassregel zu sein für den Fall, dass einer der Ratschenzähne in den Quadranten sich nicht rechtzeitig umlegen sollte.

L: Mache das Gewicht am unteren Ende (des Pendels) 20000 Pfund schwer und den Hebelarm, der bis zu seinem Centrum hinaufreicht, 30 Ellen lang, und sein Gegentheil 1 Elle. Und so habe auch das erste Getriebe 1 Elle (im Durchmesser) und 25 Triebstöcke. Das Rad, das es überdacht, habe 8 Ellen im Durchmesser und 200 Zähne, das zweite habe 150 und das dritte 100 Zähne und jedes Getriebe 25 Triebstöcke. Und wisse, dass der Läuferstein 960 Umdrehungen während einer Umdrehung des ersten Rades macht, da das letzte Getriebe 5 Triebstöcke hat.

Wenn der Stein (am unteren Ende des Pendels) gegen den Gegenhebel *a* stösst, schiebt er den Hebel *b* zurück.

Du wirst zuerst den Läuferstein $^1/_2$" von seinem Kameraden abstehend in Umdrehung versetzen. Wenn er in seiner vollen Geschwindigkeit ist, lasse ihn dann vermittelst der Schraube herab, die unter der Axe des Läufersteins ist, und dann gieb das Getreide auf.

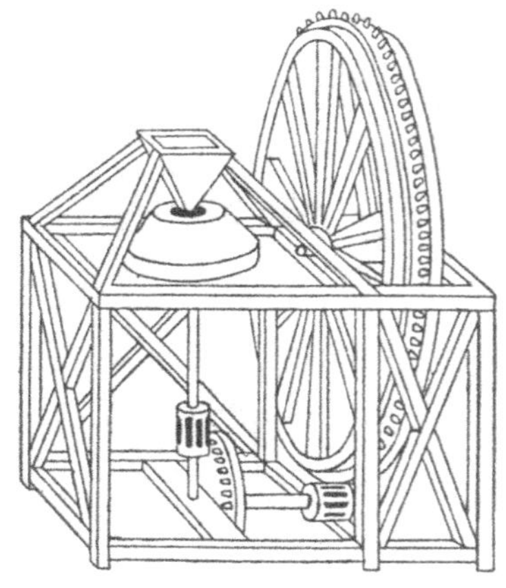

Fig. 685.

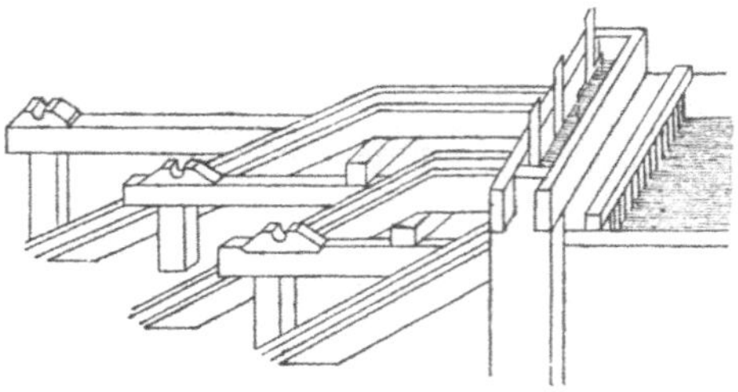

Fig. 686.

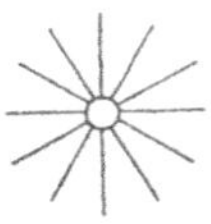

Fig. 687.

Diese Skizze LEONARDO's ist zur Beurtheilung JAQUES BESSON's von Wichtigkeit, denn man ersieht daraus, dass auch BESSON's Vorliebe für schwere Pendel aus der LEONARDO'schen Schule stammt.

Fig. 685, Fol. 13 v, ein Mahlgang durch Tretrad betrieben.

Fig. 686 und 687, Fol. 24 h, eine Gerinnanlage für kleine unterschlächtige Stossräder.

Zu Fig. 687, eines der Wasserrädchen darstellend. L: Mühle von Pavia. 12 Schaufeln, 2 Ellen lang und $^1/_3$ Elle breit.

Zu Fig. 686. L: Das Wasser fällt drei Ellen. Die abgebildeten Rinnen haben in der grössten Breite 1 Elle und an der engen Stelle $^1/_2$ Elle oder mehr. Ihre Seitenwände sind $^2/_3$ Ellen hoch.

## Seilerei.

Fig. 688, Fol. 2 h, ein Seilerrad, das im Wesentlichen mit den heute noch gebräuchlichen übereinstimmt, und rechts davon eine Spannvorrichtung für die gesponnenen Fäden.

Fig. 689, Fol. 2h, ein anderes Seilerrad zum Spinnen und Zusammendrehen einer grossen Zahl von Seilen, deren Anfänge alle in einer Horizontalebene liegen.

Seidenzwirnerei.

Fig. 690, Fol. 36h, ein Fadenwächter für Duplirmaschinen.

L: Eine Art, Seitenfäden zu dupliren, die dann auf der Zwirnmaschine gedreht werden.

Hier ist ein Glied der Maschine dargestellt, die Seide duplirt und spult. Weil ein einziger Mensch deren viele zu bedienen hat, ist erforderlich, wenn einer der beiden Fäden reissen sollte, die man zusammendrehen will, dass der andere, der nun für sich allein ist, sich nicht über die Stelle wickelt, die jenen aufnahm. Deshalb bewirke ich, dass das Getriebe, das ihn (von der ersten Spule) abwickelt, sofort stille

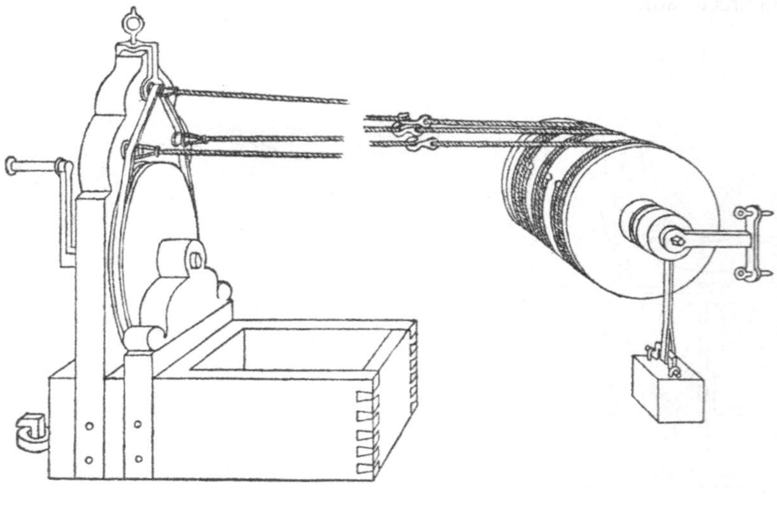

Fig. 688.

steht, wenn ein Faden zerreisst, und zwar bewerkstellige ich es folgendermassen: *fl* sind die beiden Rollen der einfachen Fäden (Fortsetzung fehlt).

*a* ist die Axe, von der aus die Last des Kranzes, der die (Rollen) *m* trägt, gehoben und niedergelassen wird. — Es ist nothwendig, dass das Getriebe plötzlich angehalten werde, das den duplirten Faden aufwickelt.

Aus der Zeichnung ist zu erkennen, dass jeder der beiden einfachen Fäden, ehe er auf die Spule für den duplirten Faden gelangt, unter einer Führungsrolle durchläuft, die in dem Ende eines beinahe senkrecht stehenden Hebels gelagert ist. Reisst der Faden, so fällt dieser Hebel um, und sein kürzerer Hebelarm greift, wenn er in die horizontale Lage gelangt, in die Zähne des Getriebes und verhindert dessen Drehung.

Fig. 691, Fol. 36h, eine andere Konstruktion dieses Fadenwächters.

L: Hier setzt man die Spule zurück (d. h. hinter die senkrecht stehende, arretirende Feder) und hält ihre Drehung auf. Ihr Auf- und Niedergang erfolgt nur durch den Kranz *S*, der die Spindel unterstützt; jeder andere Theil aber steht fest in seiner Höhe.

Bei der vorigen Anordnung blieb die Spule in derselben Höhe und die Leitrolle des Fadens bewegte sich auf und nieder; hier aber bleibt die Leitrolle des Fadens in derselben Höhe, und die Spule wird auf und nieder bewegt, um den Faden gleichmässig auf ihre Länge zu vertheilen. Der senkrechte Hebel, der die Leitrolle für den einzelnen Faden trägt, ist auch hier

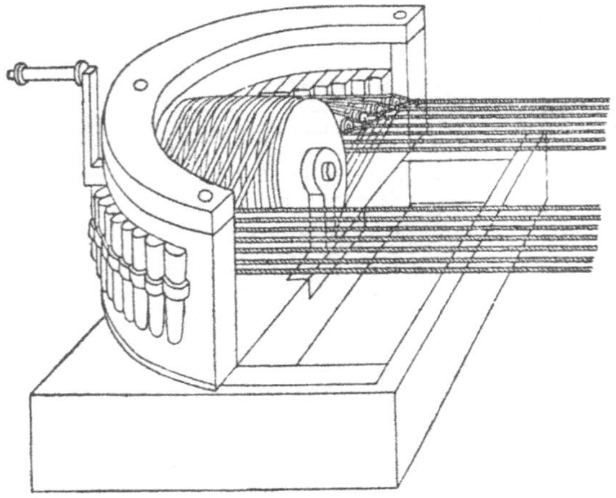

Fig. 689.

innerhalb des Kreises, in dem die Spulen stehen, gelagert. Fällt er infolge eines Fadenbruches um, so zieht er vermittelst einer Schnur einen einarmigen Hebel nieder, dessen Drehungsaxe weiter rechts unten an einem feststehenden

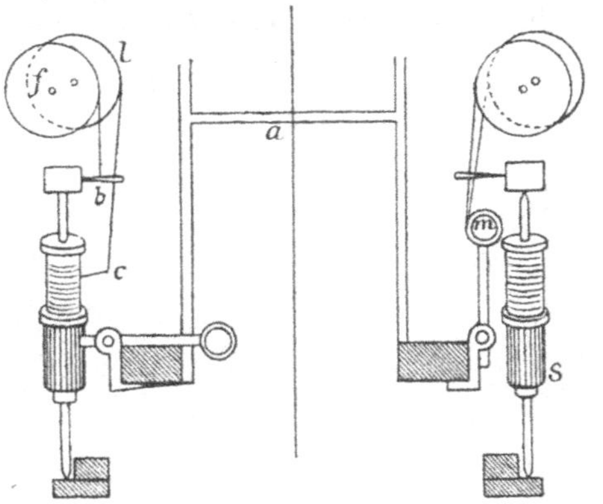


Fig. 690.

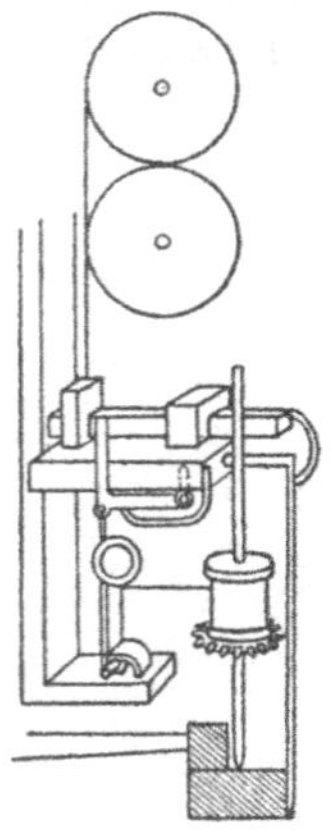

Fig. 691.

Brettchen angebracht ist. Von dem Befestigungspunkte der Schnur an ist dieser Hebel senkrecht in die Höhe gebogen und schiebt bei der genannten Bewegung einen auf dem Brettchen gleitenden Schieber nach links. Dabei drückt ein am rechten Ende des Schiebers befestigter, abwärts gebogener Arm gegen die senkrechte Feder vor der Spule und schiebt sie zwischen die Zähne des Getriebes, das die Spule bewegt, wodurch diese sofort angehalten wird.

### Tuchfabrikation.

Fig. 693 und 692, Fol. 38 v, eine Rauhmaschine.

Zu Fig. 692. L: *A* ist die Stelle (der Balken), an der sich unten die Kratz- oder Karde befindet. *N* ist die Stelle, wo die Axe die Handkurbel eines Schwung-

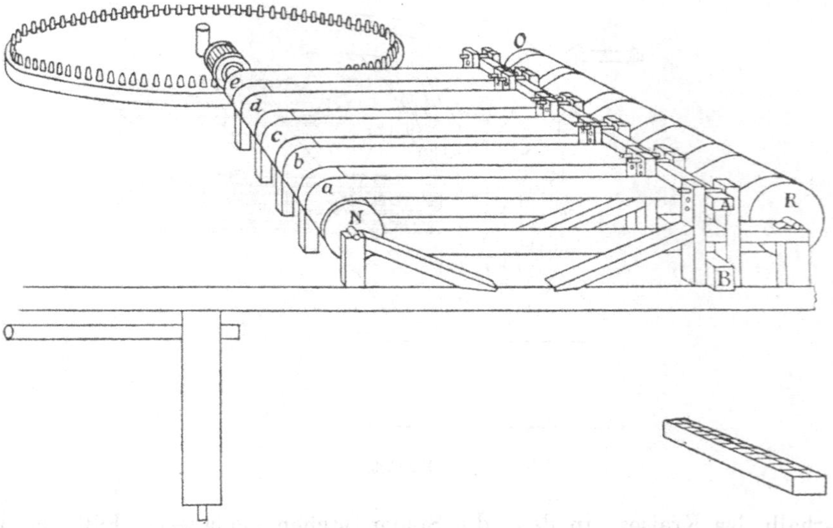


rades bilden könnte für den Fall, dass es nur ein oder zwei Tücher wären ohne andere Arbeit.

Zu der Walze *abcde*. L: Jede Walze, welche ein darauf gezogenes Tuch trägt, d. h. *abcde*, sollte getrennt sein, und zwar zu dem Zwecke, dass man sie

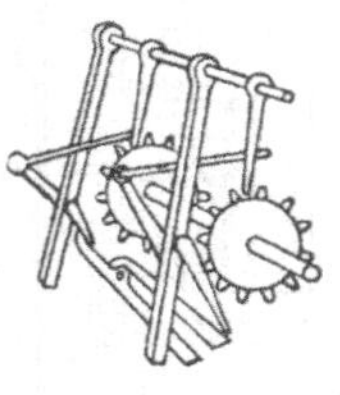

Fig. 694.

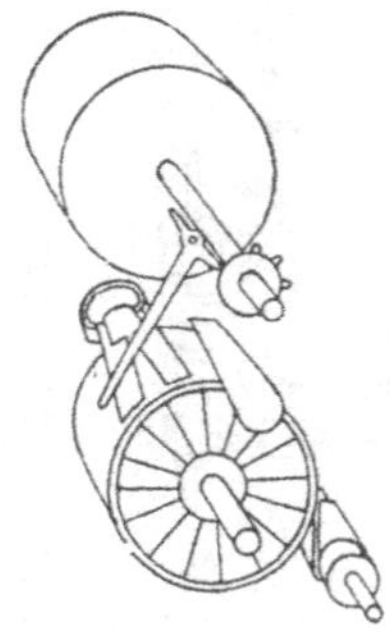

Fig. 695.

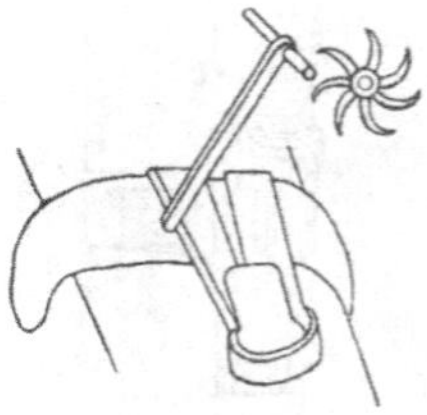

Fig. 696.

bei Tüchern von verschiedener Länge in verschiedene Entfernungen (von der gegenüberliegenden Walze) ziehen könnte. Und dann versetze das Antriebsrad an die Walze, die aus einem Stücke besteht, nämlich an *RO*.

Bei Fig. 693 steht das Wort: „cardi", sie stellt daher eine der Karden in umgekehrter Lage dar.

Die Figuren 694, 695 und 696, Fol. 5 v, sowie die Figuren 697, 698, 699, 700 und 701, Fol. 11 h, sind Skizzen zu Tuchscheermaschinen (sogen.

„mechanische Scheeren"). In den Skizzen Fig. 694, 695, 696 hat die Scheere noch die Form der alten Handscheere (Schafscheere). In Fig. 696 liegt das Tuch auf einem Tische, und nur ein Scheerenblatt wird mechanisch bewegt. In Fig. 695 erfolgt die Bewegung ebenso, aber das Tuch läuft über einen Cylinder. In Fig. 694 werden beide Blätter der Scheere mechanisch bewegt. In den Figuren 698, 699, 700 und 701 sind die Scheerenblätter nicht direkt

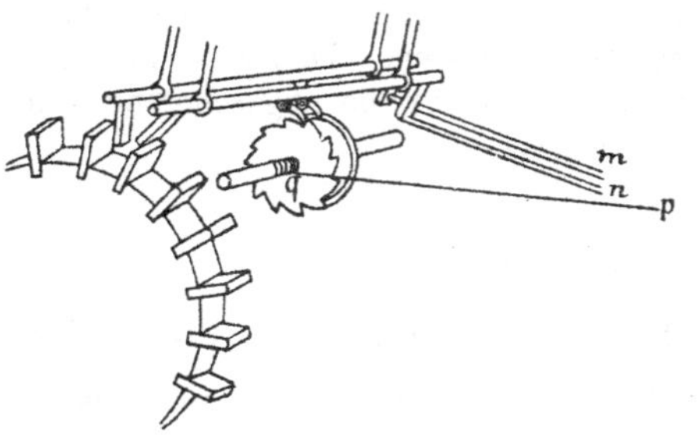


Fig. 697.

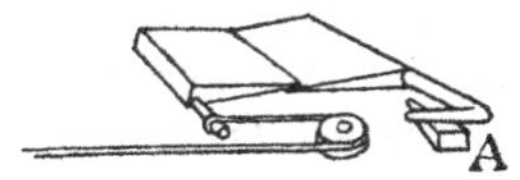


Fig. 698.

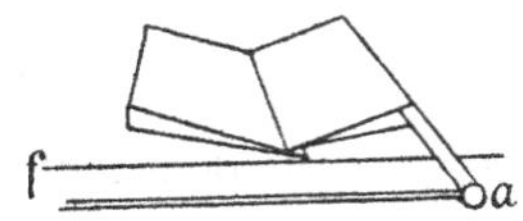


Fig. 699.

mit einander verbunden. Diese Skizzen zeigen verschiedene Arten der Bewegungsübertragung auf das obere Scheerenblatt (den Läufer) und Stellvorrichtungen für das untere (den Lieger).

Fig. 697 zeigt einen Mechanismus zur Bewegung von zwei Scheerenblättern und zum Fortschieben des Tuches durch ein Schaltwerk.

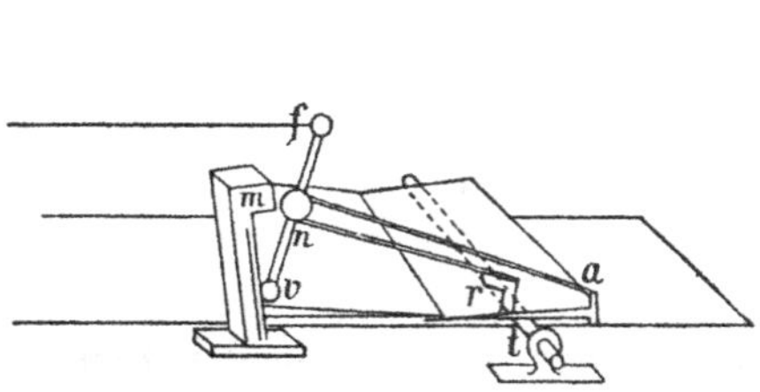


Fig. 700.

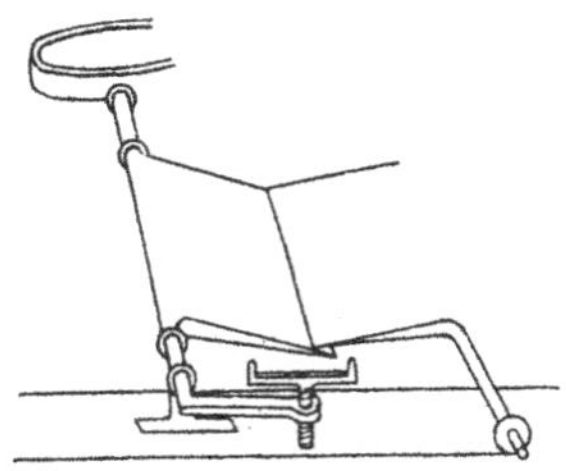

Fig. 701.

Zu Fig. 698.

L: *A* ist ein Keil, der die Scheerenschneide hebt und senkt, je nachdem sie das einemal mehr Wolle wegzunehmen hat als das anderemal.

In Fig. 701 ist dieser Keil durch eine Stellschraube ersetzt.

Zu Fig. 699.

L: *a*, weil es ohne Rolle ist, wird besser sein, da ein Zapfen weniger vorhanden ist, der sich abnützt. Auch ist es die einfachste Art, die man anwenden kann. Da das Tuch gegen *f* hin fortschreitet, bewegt es sich gegen die Schneide der Scheere (des Liegers), die die liegende Wolle aufhebt und auf das Beste arbeitet.

Zu Fig. 700.

L: Es scheint in diesem Falle nöthig zu sein, dass beim Zugehen der Scheere die untere Schneide niedergehe, damit sie besser an die Wurzel der Wolle gelangt. Beim Niedergehen der Schneide hebt sich der Rücken *a*, weil sich das Blatt bei *t* um einen Zapfen dreht. Damit aber die Schneide nur wenig Niedergang erfahre, machen wir, dass der Ring *n* an das Knie *m* stösst.

Zu Fig. 697.

L: Von den beiden Eisenstangen *m* und *n* kann jede der Führer einer Scheere sein, oder wenn Du willst, von zweien, wenn nur *m* ebensoviel zu arbeiten hat, wie *n*. — Die Schnur *pq* bewegt das Tuch gegen die Scheere hin, wenn diese geöffnet ist; wenn aber die Scheere sich schliesst und schneidet, muss das Tuch fest liegen. Denn wenn das Tuch sich unaufhörlich bewegte, würde der Theil des Tuches, der beim Beginne des Scheerenschlusses geschoren wird, schon etwas fortgerückt sein, wenn die Scheere aufhört, sich zu schliessen, und wenn man sie zum zweitenmal schliessen wollte, würde sie Tuch dazwischen ungeschoren lassen. Daher ist nöthig, dass das Tuch während des Schnittes sich nicht bewegt, damit die abgeschorene Linie gerade und rechtwinkelig zu den Seiten des Tuches sei.

### Nähnadelschleifmaschinen.

Dass die in dem Codice atlantico zerstreuten Skizzen, die in den Figuren 702 bis 708, wiedergegeben sind, zusammengehören und was sie bedeuten,

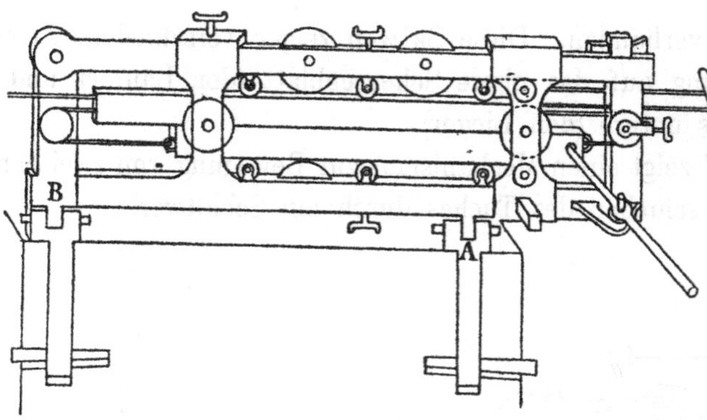


Fig. 702.

kann nur mit Hilfe einer Zusammenstellung der dabei stehenden Bemerkungen Leonardo's errathen werden.

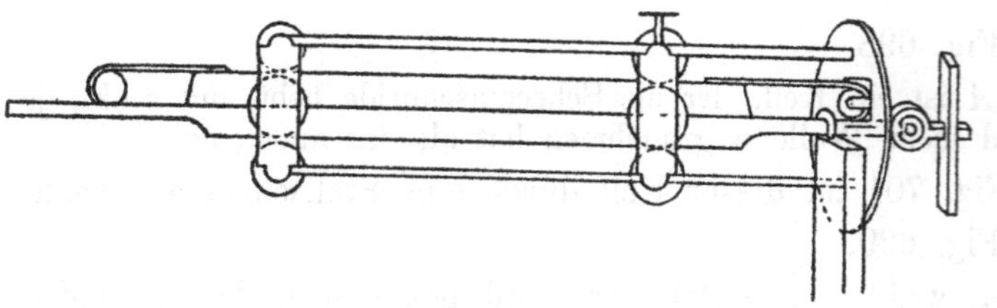

Fig. 703.

Zu Fig. 707, Fol. 31 h, auf dem Rande des grossen, um eine vertikale Axe sich drehenden Rades:

L: Kranz von Blei mit Schmirgel.

Daraus ist ersichtlich, dass dieses Rad ein Schleifrad ist.

Zu dem in der Detailzeichnung 707 A angegebenen Führungsstücke für den unteren Zapfen der vertikalen Axe:

L: Dieses macht man, damit die Axe beim Heben ihres Rades nicht aus der Senkrechten kommt.

Zu der Detailzeichnung Fig. 707 B, die den in der Vorrichtung neben dem Schleifrade über zwei Rollen laufenden und dazwischen zusammen gehaltenen, endlosen Riemen vorstellt:

L: Dies sei Sämischleder, das die weniger dichte Seite innen hat und dessen Enden durch Zwirnnähte und Leim verbunden sind, so dass sie wie aus einem Stücke sind. Seine Bewegung mache es von *b* nach *a* hin, damit seine Verbindungsstelle nicht gegen den Strich läuft.

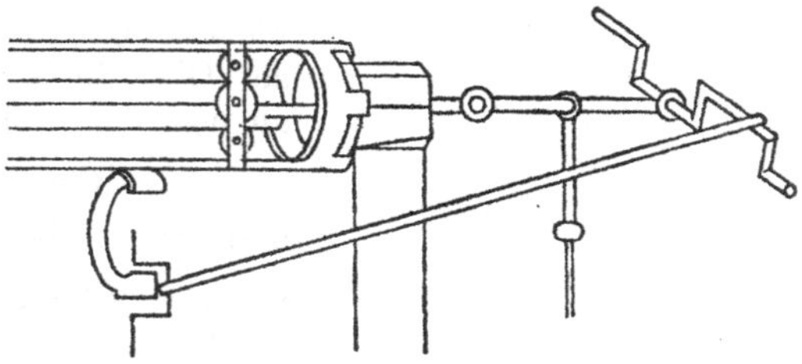

Fig. 704.

Die in Fig. 702, Fol. 25 v, dargestellte Vorrichtung unterscheidet sich von der in Fig. 707 neben dem Schleifrade dargestellten nur dadurch, dass an Stelle der geraden, übereinander hingleitenden Riementheile zwei Lineale gesetzt sind und dem entsprechend die Bewegung nicht kontinuirlich, sondern hin- und hergehend erfolgt.

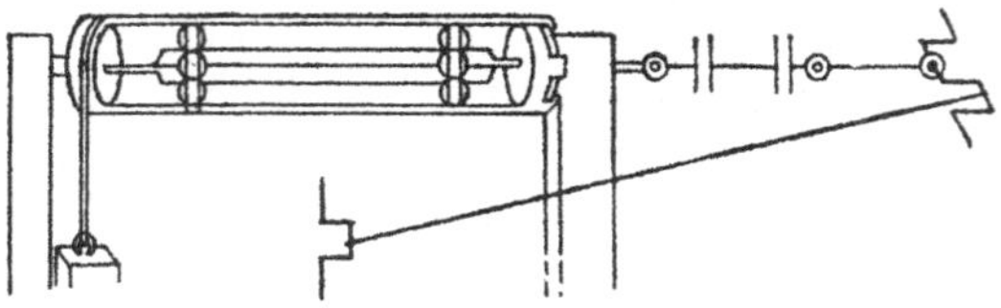

Fig. 705.

Fig. 706, Fol. 25 h, zeigt denselben Mechanismus mit einigen kleinen Aenderungen, und hier sieht man, dass zwischen den Linealen kleine Körperchen mit kreisrundem Querschnitte liegen, die durch die Bewegung der Lineale um ihre Axe gedreht werden.

Zu Fig. 702. L: Hier legt man die gehärteten (temperate) ein und macht sie ganz fertig, und wenn man die Spitze herstellen will, wird der Drehzapfen des Rades in der Mitte (des Schleifrades) durch den Fuss niedergelassen und gehoben. Das Rad, das durch einen Schraubenfuss (piè a vite) gehoben wird, sinkt nieder, um die Spitze zu bilden, und diese Vorrichtung (Fig. 702) beugt sich in den Scharnieren *AB*.

Da aus Fig. 707 ersichtlich ist, dass das Heben des Schleifrades durch eine Kröpfung in der vertikalen Axe geschieht, so ist auch anzunehmen, dass das Wort piè (Fuss) ein Kunstausdruck für eine solche Abbiegung war, der Zusatz „a vite" aber deutet darauf hin, dass die Einkerbungen in dieser

Abbiegung ein Schraubengewinde bilden. Wahrscheinlich sollte der Ring, woran die Zugleine befestigt ist, anfangs in den obersten Theil dieses Gewindes eingelegt werden und sich an der schrägen Abbiegung der Axe herunterschrauben, damit die Schwingungen des Schleifrades während des Anschleifens der Spitze allmählich wüchsen. Allein es ist nicht verständlich, wie bewirkt werden sollte, dass das Schleifrad sich nur mehr und mehr nach abwärts bewegt, aber nicht über seine ursprüngliche Lage hinaus steigt.

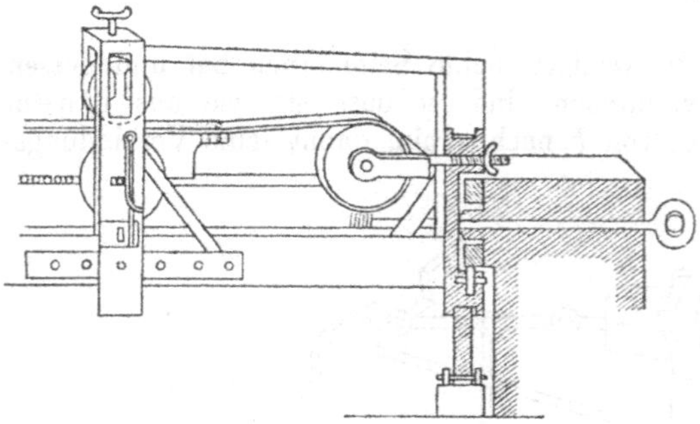

Fig. 706.

Zu Fig. 707. L: Beachte, um wieviel 500, alle zusammengelegt, am Ohr (finestra) breiter sind, als an dem daran sitzenden Theile.

Aus diesen Bemerkungen ist ersichtlich, dass hier dünne, gehärtete Gegenstände mit kreisrundem Querschnitte und einer Durchlochung am einen Ende erst rund und dann am anderen Ende spitz geschliffen werden sollten, wenn auch die Bezeichnung „finestra" für ein Nadelöhr heute nicht

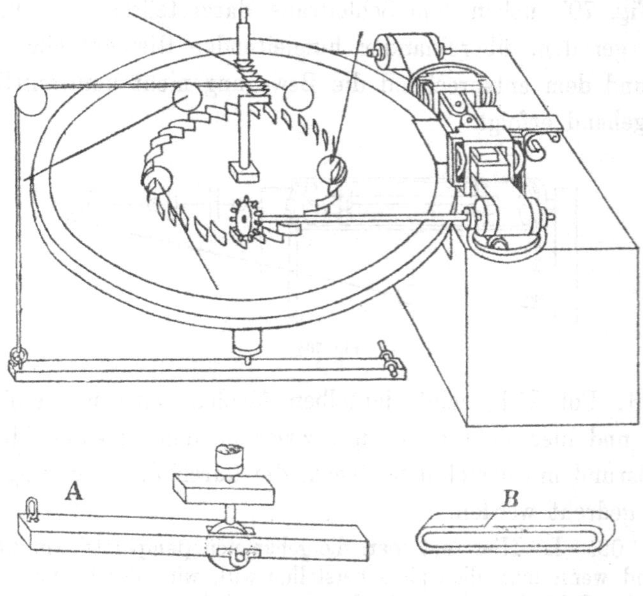


Fig. 707.

mehr gebräuchlich ist. Beim Anspitzen von Nadeln von Hand werden diese mit dem Daumen hin und her gerollt, deshalb ist anzunehmen, dass Fig. 702 zu den ersten Entwürfen Leonardo's gehört, weil hier die beiden Lineale die hin- und hergehende Bewegung von zwei übereinander hingleitenden Fingern nachahmen. Wahrscheinlich sollte hier, wie in den Fig. 707 und 708, das Andrücken der Nadeln auf das Schleifrad durch eine Feder geschehen. Doch hatte diese Konstruktion (Fig. 702) den Fehler, dass die Axe, um die sich der Rahmen drehte, von seiner Mitte zu weit entfernt lag. Deshalb wurde in Fig. 706 die Drehungsaxe dem Rahmenmittel bedeutend näher gerückt. Die Zugstange, die das untere Lineal bewegt, geht hier durch den festen Zapfen am Gestelle, um den der Rahmen schwingt. Zum Andrücken der Nadeln auf den Schleifstein ist hier ein Gewicht angewendet, das an einer Gurte hängt, die um eine an dem Rahmen befestigte Scheibe geschlungen ist. Bei den Anordnungen Fig 703, 704 und 705, Fol. 25 v, ist die Drehaxe ganz in die Mitte des Rahmens versetzt. Bei Fig. 704 ist unten ein Arm angebracht, gegen den bei dem Hin- und Hergange der Lineale einmal eine Kurbel stösst und dadurch den Rahmen in Schwingung versetzt. Obgleich bei diesen Mechanismen, abgesehen von der Riemenstreckung zu einer seitlichen Verschiebung oder einem Fortrollen der Nadeln keine Neigung vorhanden ist, hat LEONARDO doch an den Enden der Nadelreihe Antifriktionsrollen angebracht, die im Falle einer Verschiebung der äussersten Nadeln diese zurückhalten sollen, ohne einen merklichen Reibungswiderstand zu veranlassen. Da aber bei gleich schneller Bewegung der beiden Lineale in entgegengesetzten Richtungen nicht seitliches Fortschreiten, sondern nur eine Drehung der Nadeln erfolgt und die Drehungsrichtung für die Schleiferei gleichgültig ist, so konnten die Lineale auch weggelassen und die Nadeln zwischen einen kontinuirlich umlaufenden, endlosen Riemen gefasst werden, wie dies die Fig. 707 und 708 zeigen. Die Bewegung der Antriebswalze dieses Riemens geschieht in Fig. 707 durch spiralförmige Zähne auf der Schleifscheibe. Das in diese Zähne eingreifende Getriebe muss der auf- und niedergehenden Bewegung der Schleifscheibe folgen, deshalb ist das Bügellager, das die Antriebsrolle des Riemens umfasst, um einen horizontalen Zapfen drehbar. Daraus, dass in Fig. 707 sechs Axen mit Getrieben angedeutet sind, die in die spiralförmigen Zähne auf dem Schleifrade greifen, ist ersichtlich, dass sechs solcher Apparate, wie sie Fig. 708 darstellt, um die Schleifscheibe herum gestellt werden sollten. Für die Annahme, dass LEONARDO die Konstruktion Fig. 707 als die endgültige betrachtete, spricht auch der Umstand, dass die Zeichnung Fig. 708, Fol. 57 v, mit besonderer Sorgfalt ausgeführt ist.

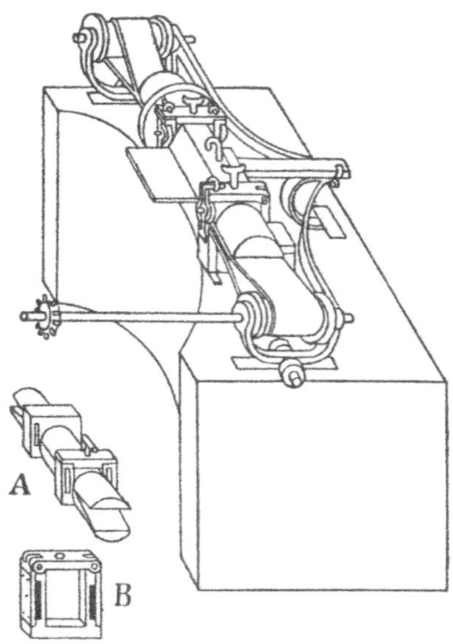

Fig. 708.

## Formerei.

Die Fig. 709 bis 714, Fol. 19 v, und Fig. 715, Fol. 19 v, über die Herstellung des Modells und die Form zu einem Geschütze bilden eine werthvolle Ergänzung zu den Beschreibungen und Abbildungen Vanuccio Biringuccio's über Geschützformerei im 15. und 16. Jahrhundert. (Siehe Dr. Ludwig Beck, Geschichte des Eisens, Abth. II, S. 270.)

Fig. 709 zeigt die hölzerne Spindel des Modells. In Fig. 710 sehen wir diese mit einem Seile dicht umwickelt. Darauf wurde Lehm in mehreren

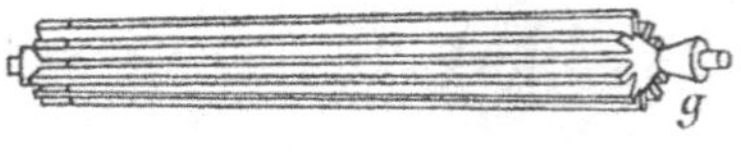


Fig. 709.

Fig. 710.

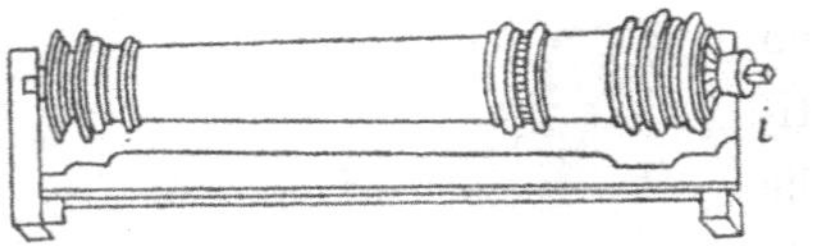


Fig. 711.

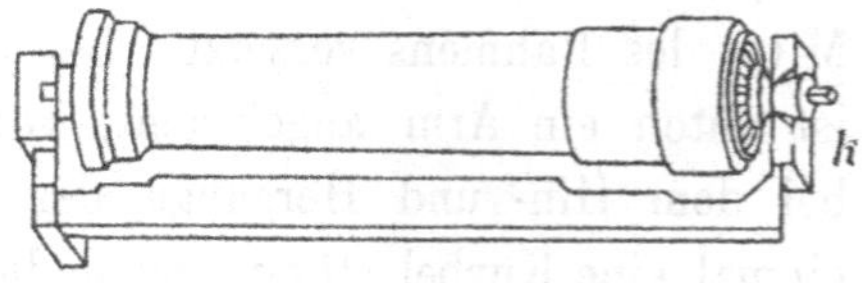


Fig. 712.

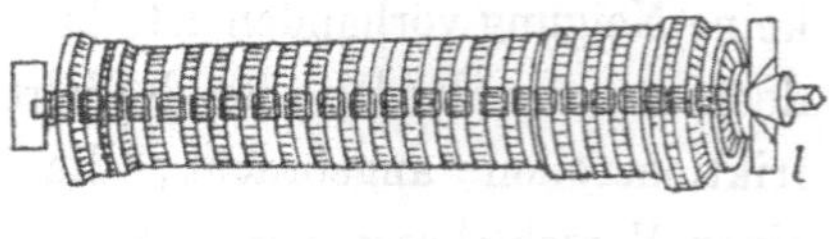


Fig. 713.

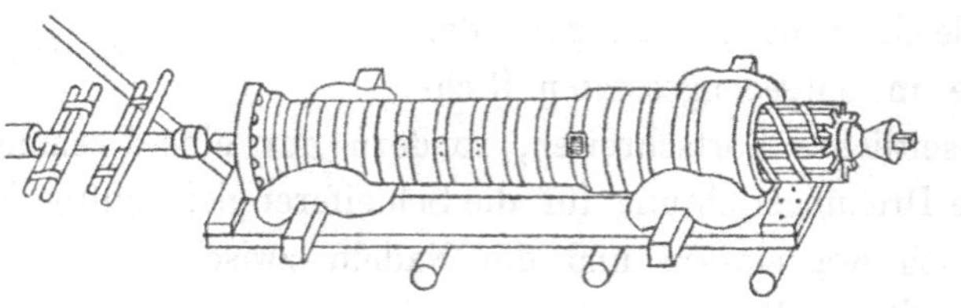

Fig. 714.

Lagen mit Hülfe von Schablonen aufgetragen. Um das Thonmodell, das nach Vollendung der Form zerschlagen und stückweise herausgenommen wurde, leicht zerbrechlich zu machen, wurde, wo es erforderlich schien, die zuletzt aufgetragene Lehmschicht mit Holzasche bestrichen, ehe man eine neue Schicht auftrug, so dass sich diese beiden Schichten nicht mit einander verbanden. Feine Verzierungen wurden aus Wachs oder Talg hergestellt, so dass sie bei der Trocknung der Form über Kohlenfeuer schmolzen und von dem Thone aufgesogen wurden.

Zu Fig. 711. L: Diese Figur *i* sei die fertige Bombarde (d. h. das fertige Modell) mit ihren Karnisen, die man durch Seil und Lehm bis zur Berührung mit der Schablone bringt. Wenn sie getrocknet ist, glättet man sie mit flüssigem Lehm, trocknet wieder und trägt Talg dünn auf.

Auf das Modell wurde flüssiger Lehm, d. h. dünner Lehmbrei mit dem Pinsel wiederholt aufgetragen, bis die Form die gewünschte Wandstärke erreicht hatte. Dann wurde sie wieder mit einer Schablone abgedreht, wie Fig. 712 zeigt.

L: Wenn die Form in dem hier gezeichneten Zustande *k* ist, muss man sie der Länge nach mit Eisen armiren, die den Krümmungen der Form so gut wie möglich folgen. Diese Eisen müssen so lang sein, wie die Form, müssen 1/3 Elle von einander abstehen, 2 Finger breit und 1 Finger dick sein. Dann nimm von dem Bandeisen, das die Umschliessung bildet, und nachdem Du es in die richtigen Längen zerschnitten hast, machst Du vier Finger breite Gürtel daraus. Damit bindest Du die genannten Eisen alle 1/3 Elle der ganzen Länge, indem Du die (aufgebogenen) Kopfenden der genannten Gürtel mit Eisendraht umwickelst. Darüber streichst Du eine dünne Schicht Lehm und armirst wieder mit anderen Gürteln zwischen den unteren, und diese oberen lasse unbedeckt, und Du hast die Form vollendet.

Fig. 713 zeigt die vollendete Form.

Zu Fig. 714. L: Wenn Du die Form vollendet hast, nimm zwei Bretter, etwas länger als die Form, und verbinde sie an ihren Enden mit einander, so dass von einem zum anderen eine Entfernung von einer Elle bleibt. Dann legst Du nahe bei jedem ihrer Enden einen dünnen Balken darauf, so lang, wie die beiden Bretter mit ihrem Zwischenraume breit sind. Dann lege auf jedes dieser Bälkchen einen Sack voll Werg. Diese Säcke müssen etwas länger sein, als die Dicke der Form. Dann hebe die Form mit Hebeln auf und lege sie auf die Wergsäcke. Aber zuerst sorge dafür, dass der Weg, den sie zu durchlaufen haben, abgekehrt und sauber ist. Dann lege drei Walzen unter die obengenannten Bretter und mache sie mit Hebeln dahin laufen, wohin Du willst.

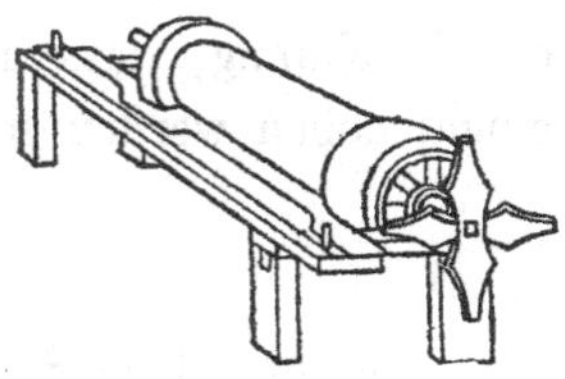

Fig. 715.

Wenn Du sie (die Form) nahe bei ihre Grube gebracht hast, treibe die Spindel heraus, indem Du gegen ihr dünnes Ende stössest, wie oben abgebildet, und ziehe das Seil heraus, fahre hinein und reinige sie, so gut Du kannst (d. h. befreie die Form von dem Thonmodell und reinige sie sorgfältig). Dann binde sie ein wenig unterhalb der Mitte an, hebe sie senkrecht über das kleine Loch, das neben ihrer Grube ist, und erhitze sie wie abgebildet (diese Abbildung ist in den bis jetzt erschienenen Lieferungen des Codice atlantico nicht zu finden).

Fig. 715 zeigt eine Ansicht der Vorrichtung zum Schabloniren der Form.

## Oefen.

Fig. 716, Fol. 32 v, zeigt einen Kesselofen, bei dem die Luft nicht nur durch den Rost, sondern auch von der Seite in die Flamme geleitet wird.

L: *a* Mundloch, von dem aus die Luft eintritt. Von *a* bis *b* sei ein Kanal, damit die Luft es sei, die dem Feuer Bewegung ertheilt.

Demnach verfolgte Leonardo bei der seitlichen Einführung der Luft in die Flamme nur den Zweck, diese nach der Seite hin zu treiben, von wo sie in den Kanal gelangen sollte, der unter den Kesseln herzieht.

Die Fig. 717 und 718, Fol. 32 v, zeigen den Grundriss und die Ansicht eines Flammofens.

In dem Grundrisse Fig. 717 ist der Feuerraum mit fuoco = Feuer, der Herd mit bagnio = Bad (hier: das Feuerbad), der Fuchs mit sfiatoio = Ausblaseöffnung bezeichnet. Bei einer dem Feuerraume gegenüberliegenden Oeffnung steht das Wort: zaffo = Spund oder Zapfen, sie dürfte daher als ein Abstichloch zu betrachten sein.

In Fig. 718 ist das Schürloch auf der linken Seite des Ofens, durch das die Holzscheite für die Feuerung eingeschoben werden, und das Aschenloch

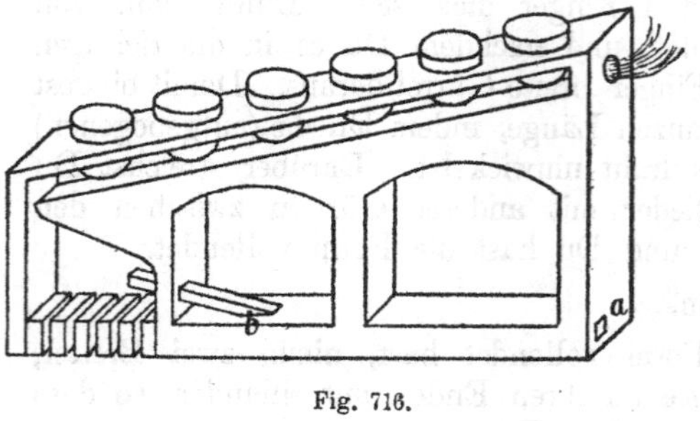

Fig. 716.

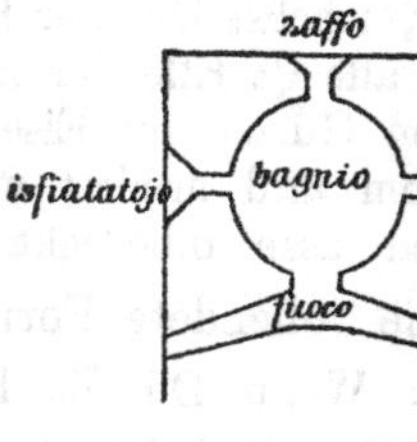

Fig. 717.

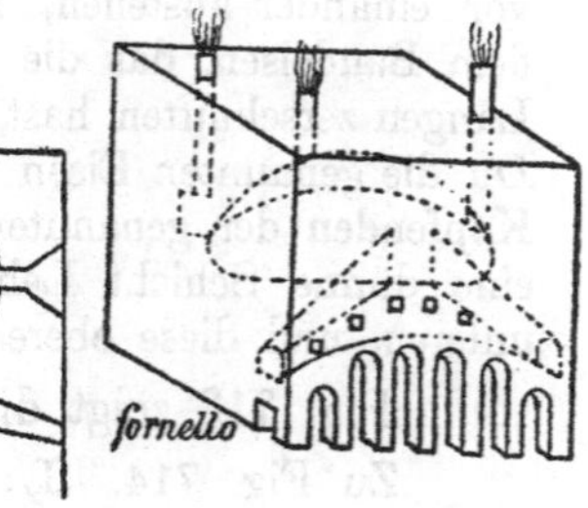

Fig. 718.

darunter mit dem Worte fornello = Ofen bezeichnet. Man ersieht jedoch aus der Zeichnung, dass auch von der gegenüber liegenden Seite Brennmaterial eingeschoben werden sollte.

### Verschiedene andere Maschinen.

Auf derselben Seite mit diesen Oefen findet sich Fig. 719, Fol. 32 v, die eine Schleifmaschine für Hohlkugelabschnitte darstellt.

L: Diese Kugel mache man von Erde (Thon), dann erhitze (brenne) man sie und bringe sie wieder auf obiges Instrument, dann übergiesse man sie dick mit Glas

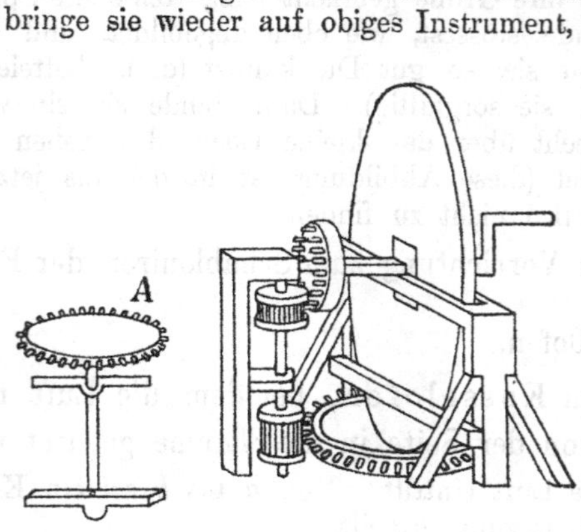

Fig. 719.

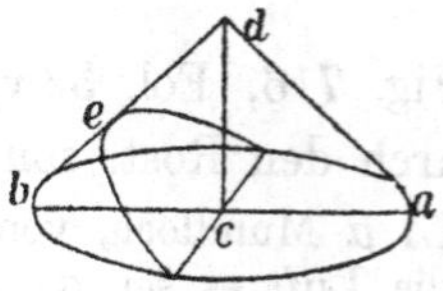

Fig. 720.

und setze sie umgekehrt in den Ofen auf Asche und auf die ebene Fläche gestellt, damit das Glas schnell herausläuft.

Zu der daneben stehenden Detailskizze Fig. 719 *A* L: Befestigung der Kugel (d. h. Lagerung der Spindel, die das Gefäss trägt, worin der Hohlkugelabschnitt hergestellt und abgeschliffen wird).

Ferner findet sich auf derselben Seite Fig. 720, Fol. 32 v, eine Parabel als Kegelschnitt darstellend.

L: Wenn man eine Hohlkugel machen will, die, indem sie die Sonnenstrahlen zurückwirft, das verbrennt, was man ihrem Strahlenkegel (piramida) aussetzt, mache man zuerst eine Pyramide, wie oben abgebildet, so dass *cd* zweimal in *ab* geht. Dann nehme man die Mitte der Linie *db*, welche *e* ist, und säge bis zur Mitte der Grundfläche der Pyramide, welche *c* ist, und nach diesem Schnitte mache Deine Schablone. Und wisse, dass die Pyramide rund sein muss, vergleichbar einem Zuckerhute (d. h. es ist eigentlich keine Pyramide, sondern ein Kegel).

Bei unserer Betrachtung der in Paris befindlichen Manuskripte Leonardo's haben wir gesehen, wie sehr er bestrebt war, grosse Brennspiegel herzustellen, sowohl aus Metall, als auch aus Glas. (Siehe S. 353 bis 364.) Es scheint uns danach kaum zweifelhaft, dass die Schleifmaschine Fig. 719 zur versuchsweisen Herstellung thönerner, innen mit Glas überzogener Brennspiegel dienen sollte und nicht unwahrscheinlich, dass die Oefen Fig. 716 bis 718 ebenfalls für diesen Zweck bestimmt waren.

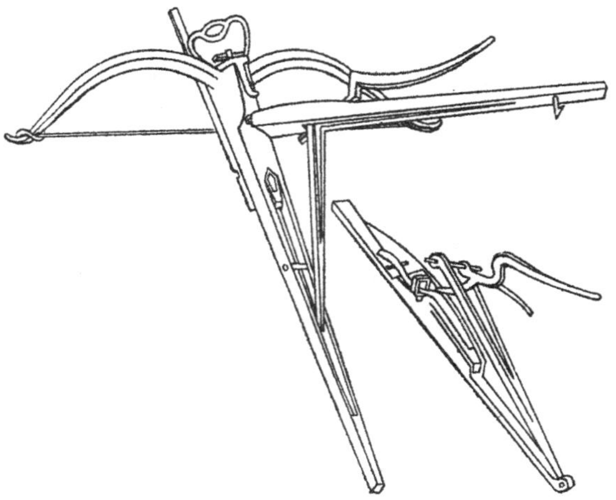

Fig. 721.

An dem soeben angegebenen Orte haben wir den Beweis zu erbringen gesucht, dass Leonardo den Strahlenkegel eines Brennspiegels mit dem Worte „piramida“ bezeichnet. Seine Bemerkung zu Fig. 720 zeigt dies auf's Klarste. Es geht auch daraus hervor, dass ihm ein besonderer Name für den Begriff „Kegel“, wenn nicht unbekannt, so doch nicht geläufig war, denn er bedient sich auch hier, wo von einem zu zerschneidenden „Kegel“ die Rede ist, des Namens „Pyramide“, und erst am Schlusse fällt ihm ein, den Begriff „Kegel“ durch die Umschreibung „runde Pyramide“ besser zum Ausdrucke zu bringen.

Von den vielen Schleudermaschinen, die Leonardo skizzirt hat, wollen wir nur einige hier vorführen.

Fig. 721, Fol. 56 v, eine grosse Armbrust, die durch Kniehebel gespannt wird. Der Haken, der die Bogensehne erfasst (die Nuss), ist, wie bei den von Vitruv beschriebenen Katapulten, in einem langen Schieber (Läufer) gelagert (vergl. S. 55). Dieser Läufer wird hier durch einen Kniehebel bewegt, der bekanntlich die Eigenschaft hat, dass er anfangs eine rasche Bewegung mit geringem Drucke, gegen das Ende der Bewegung hin aber eine langsame mit sehr starkem Drucke erzeugt, und dies ist es gerade, was LEONARDO bei seinen mechanischen Spannvorrichtungen für Armbrüste zu erreichen suchte.

Zur Hauptfigur. L: Diese Armbrust hat eine Nuss, die die Schnur erfasst.

Zur Detailzeichnung rechts von der Hauptfigur. L: Wie die Armbrust im Inneren beschaffen ist.

Fig. 722, Fol. 53 v, eine riesige Armbrust zum Schleudern von Steinen.

Zur Hauptfigur. L: Diese Armbrust hat zwischen ihren Armen, d. h. wo die Schnur befestigt ist, 42 Ellen und an der dicksten Stelle ohne die Armatur $1^2/_3$ Ellen

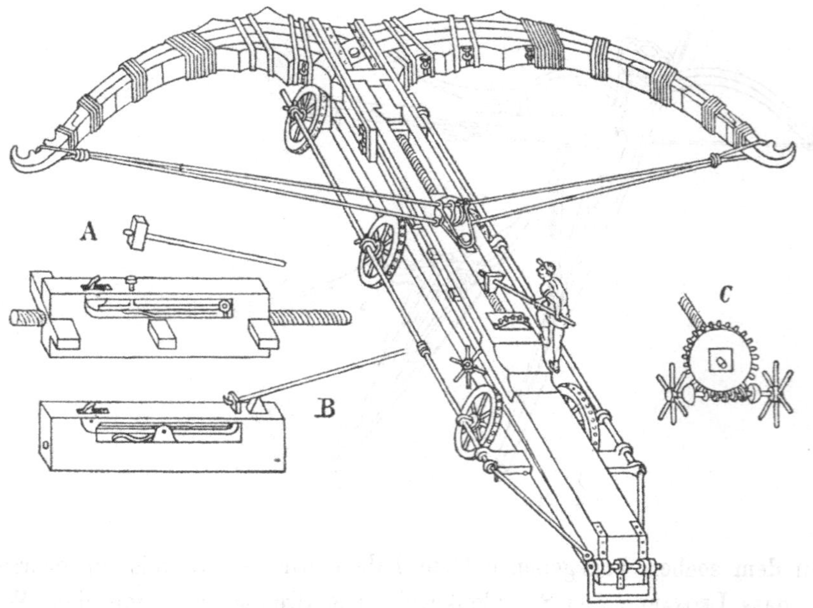


Fig. 722.

und an der dünnsten $^2/_3$ Elle. Sie hat eine Höhe (Pfeilhöhe des Bogens?) von 14 Ellen, ihr Schaft ist 2 Ellen breit und 40 lang, und sie schleudert 100 Pfund Stein. Und wenn sie auf dem Wege ist, wird der Schaft niedriger gemacht und den Bogen stellt man der Länge des Schaftes nach.

Zu der Detailskizze links oben. L: Dies zeigt, wie die Vorrichtung gemacht wird, die die Schnur fasst. Ihr Loslassen wird durch einen Schlag mit dem Hammer über der Nuss bewirkt.

Zu der Detailskizze links unten. L: Dieses bringt denselben Effekt hervor, wie die obige Vorrichtung, nur dass das Auslösen mit dem Hebel und ohne Geräusch erfolgt.

Zu der Detailskizze rechts. L: Das Anziehen der Armbrustschnur.

Fig. 723, Fol. 31 v. Eine Schleudermaschine nach einem System, das LEONARDO vielfach behandelt hat. Eine Schleuder ist an einem Ende eines gebogenen, elastischen Balkens befestigt, der über einem horizontalen Balken des Gestelles liegt. Sein anderes Ende ist mit dem eines zweiten solchen Bogens durch Flaschenzug verbunden. Dieser zweite Bogen geht ebenfalls über den genannten horizontalen Gestellbalken und ist mit seinem anderen Ende wiederum durch Flaschenzug mit dem eines dritten Bogens verbunden, dessen anderes Ende mit dem Gestelle fest verbunden ist. Die Flaschenzüge können durch eine Winde gleichzeitig angezogen werden. Ist vorher die Schleuder mit dem Gestelle leicht lösbar verbunden, wie aus der Figur ersichtlich ist, so spannt man durch das Anziehen der Flaschenzüge sämmtliche Bogen gleichzeitig. Werden nun die zusammengezogenen Enden in dieser relativen Lage erhalten und wird die Verbindung der Schleuder mit dem Gestelle gelöst, so wird die Schleuder durch einen grossen Bogen mit grosser Kraft bewegt.

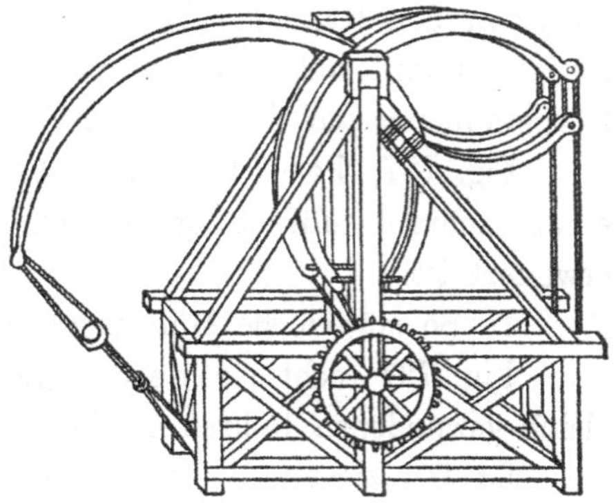

Fig. 723.

## Hydraulik und Pneumatik.

Fig. 724, Fol. 7 v, zeigt einen Taucherapparat. Unter der schwimmenden Scheibe, die das Ende des Respirationsschlauches über Wasser hält, steht das Wort: sughero = Kork. Links von dem Kopfe des Tauchers:

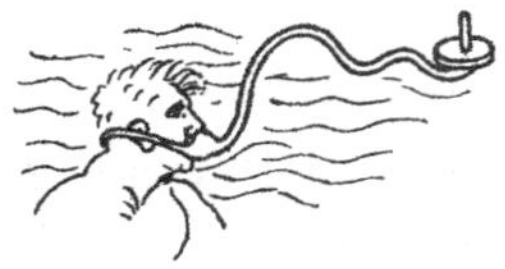

Fig 724

Fig. 725.

Fig. 726.

L: Unter Wasser zu gehen.

Die daneben stehende Skizze Fig. 725 zeigt nur eine Verbesserung dieser Taucherarmatur. Der muschelförmige Mundabschluss ist vergrössert, die Augen sind durch eine Brille und der Schädel durch eine Kappe geschützt.

Wir erinnern an den in unserer ersten Abhandlung über Leonardo besprochenen Taucherhelm (siehe Fig. 97, S. 98), besonders aber an denjenigen, welcher sich schon in den „Skizzen aus der Zeit der Hussitenkriege“ findet (Fig. 331, S. 282).

Fig. 726, Fol. 7 v, zeigt die Ausrüstung eines Mannes, der auf dem Wasser gehen soll. An seinen Füssen und unten an zwei Stöcken, die er in den Händen hält, sind grosse Korkstücke oder Schwimmblasen befestigt. Damit soll er über das Wasser schreiten, indem er die Last seines Körpers immer auf drei Stützpunkte vertheilt, während er den vierten vorsetzt.

Fig. 727, Fol. 7 h, zeigt links eine Archimedische Schnecke, aus einem schraubenförmig gebogenen Rohre gebildet, das am unteren Ende erweitert ist.

L: So müssen die Mündungen solcher Schrauben gemacht werden.

Fig. 727 rechts: eine doppelgängige Wasserschraube, aus zwei gleich gewundenen Röhren gebildet.

L: Die zweiseitige (di 2 faccie) zieht mehr Wasser als irgend eine und ist (dem entsprechend) schwerer zu drehen.

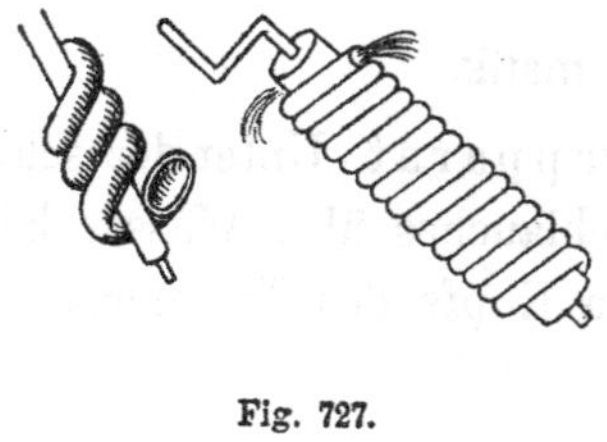

Fig. 727.

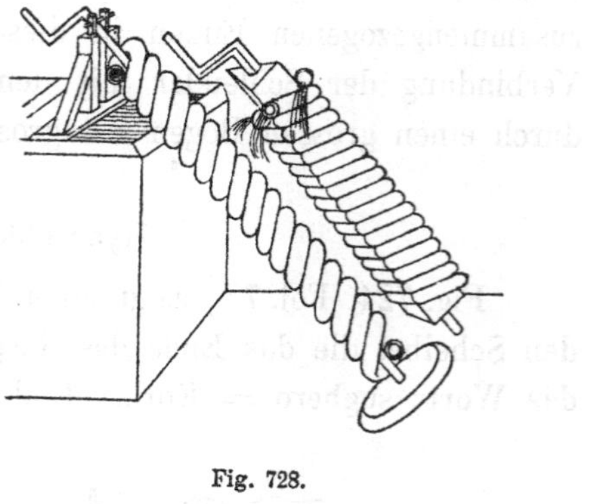

Fig. 728.

Fig. 728, Fol. 7 h, eine eingängige Wasserschraube und dahinter eine dreigängige und ein dreiseitiges Prisma gewundene.

Zu Ersterer L: Art, Wasser zu heben und jeden grossen Sumpf zu entleeren. Sie (die Wasserschraube) entleert schnell, wie eine Pumpe (tromba).

Zu Letzterer L: Diese Schnecke in Dreiecksform würde viel mehr Wasser fördern, als die runde (eingängige), doch ist sie weniger leicht umzudrehen. Es ist weniger mühsam, sie aus Holz zu machen. Bei dieser Schraube werfen beim Austritte des Wassers zwei von den drei Seiten Wasser aus.

Fig. 729, Fol. 7 h, ein durch ein unterschlächtiges Wasserrad vermittelst Zahnräderübersetzung betriebenes Schöpfrad.

L: Der mit *a* bezeichnete Trog hat das grosse Rad (Schöpfrad) in sich aufzunehmen, und der mit *b* bezeichnete muss innerhalb des Durchmessers (oder eigentlich des Umfanges) des genannten Rades liegen.

Die Figuren 730 und 731, Fol. 9 h, zeigen ein Schöpfrad, durch Handgöpel betrieben, und zwar liegt bei Fig. 730 die Transmissionswelle über, bei Fig. 731 aber unter dem Fussboden.

Zu Fig. 731. L: Wasser schöpfen mit demselben Erfolge, wie bei obiger Abbildung.

Fig. 732, Fol. 7v, eine mechanisch bewegte Wippe mit angehängtem Eimer, um Wasser aus einem Brunnen zu schöpfen.

L: Art, Wasser zu heben. Bei vier Umdrehungen, die man der Kurbel des Rades giebt, wird die Wippe sich heben und niedergehen.

Das Gegengewicht der Wippe ist hier zu einem Zahnbogen mit 32 Zähnen (wie die in der Skizze eingeschriebenen Zahlen andeuten) ausgebildet. In

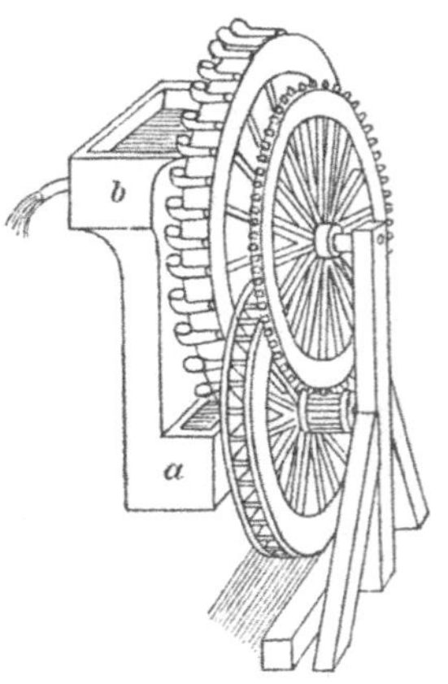


Fig. 729.

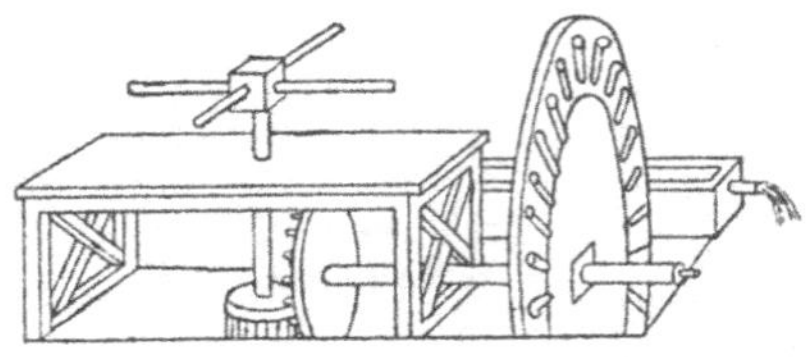

Fig. 730.

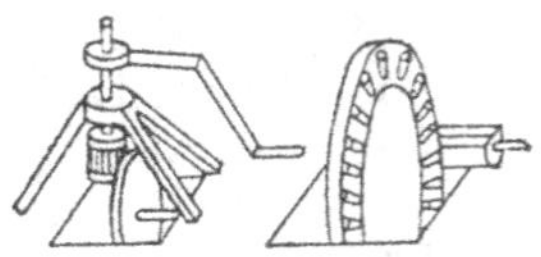

Fig. 731.

diesen greift ein auf einer Kurbelaxe verschiebbares, aber nicht darauf drehbares Getriebe mit 8 Zähnen. Mit der Kurbelaxe fest verbunden ist ein Getriebe mit 6 Triebstöcken, das vermittelst eines Stirnrades mit 64 Zähnen eine unterhalb der Kurbelaxe gelagerte Welle umdreht, worauf eine Walze

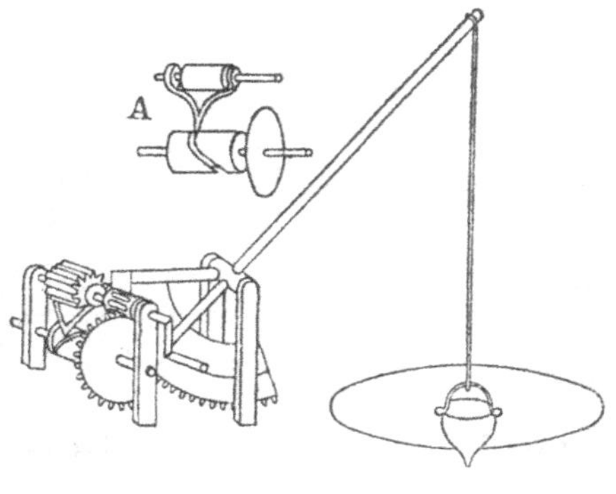


Fig. 732.

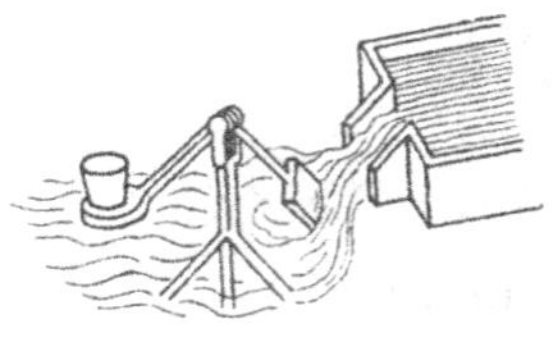

Fig. 733.

befestigt ist, in die ein in sich selbst zurückkehrender Schraubengang eingeschnitten ist. In diesen greift ein Mitnehmer, der das zuerst genannte Getriebe auf der Kurbelaxe soweit hin und her schiebt, dass es nach vier Kurbeldrehungen, wenn die Wippe vollständig gehoben ist, ausser Eingriff kommt und die Wippe wieder herabfällt.

Die von uns beigefügte Detailskizze A zeigt den Mechanismus zum Hin- und Herschieben etwas deutlicher als die Hauptfigur.

Fig. 733, Fol. 5 v, zeigt einen Apparat zum Messen des Druckes, den ein fliessendes Wasser auf eine Schaufel ausübt.

Fig. 734, Fol. 20 h, ein hydraulisches Füll- und Läutewerk zu einer Wasseruhr.

L: Wenn es 24 Uhr läutet, haben sich die Bottiche *fn* vollständig gefüllt, und so entleeren sie sich durch Heber alle auf einmal und verschliessen die Bottiche

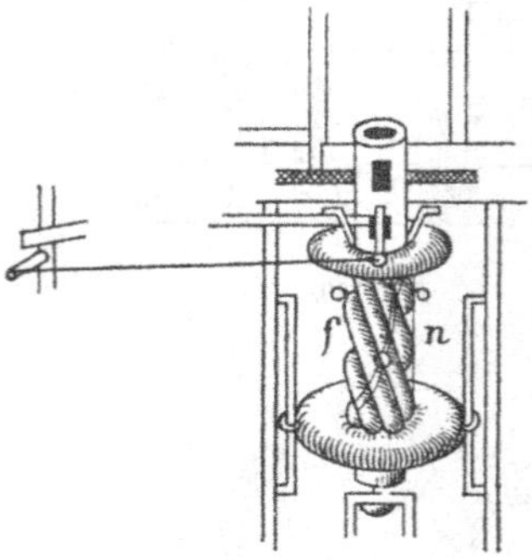


Fig. 734.

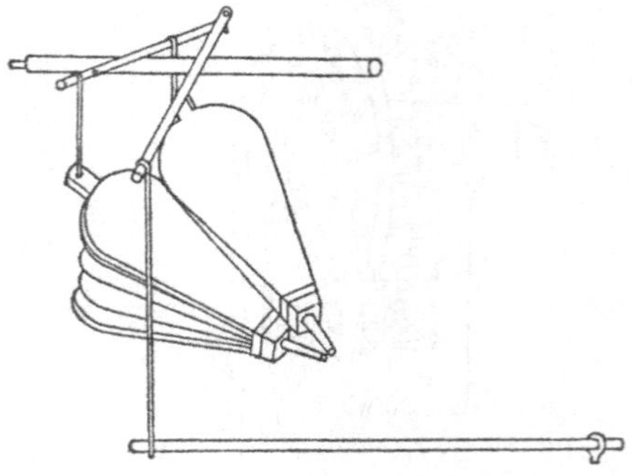

Fig. 735.

darüber, die sich bei der gegebenen Einrichtung schnell füllen. — Mache, dass der Schwimmer (baga) *m* beim Niedersinken vermöge seines Gewichtes ebensoviel Kraft hat, wie beim Aufsteigen vermöge seines Auftriebes (levità). Er muss daher einmal die Schwere für das Herabgehen und zweimal soviel Auftrieb haben, wovon die eine Hälfte dem Gewichte widersteht und die andere zum Aufsteigen frei bleibt.

Die Zifferblätter der italienischen Uhren zeigten 24 Stunden. 24 Uhr war die Mittagszeit. Die sehr zahlreichen Hausgenossen eines römischen Pa-

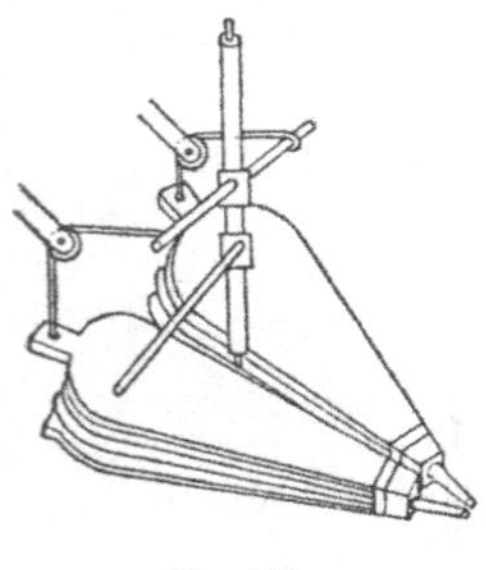

Fig. 736.

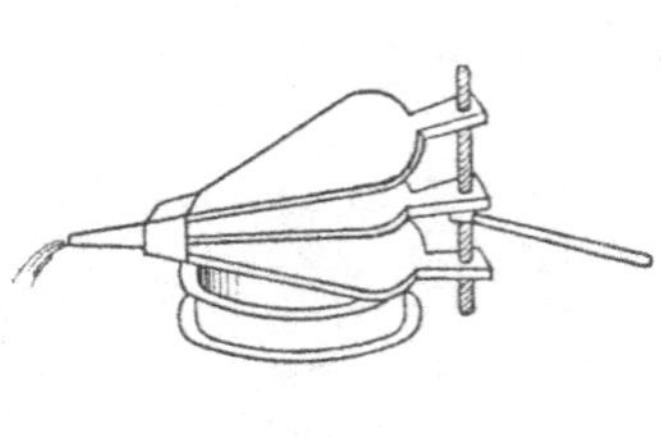

Fig. 737.

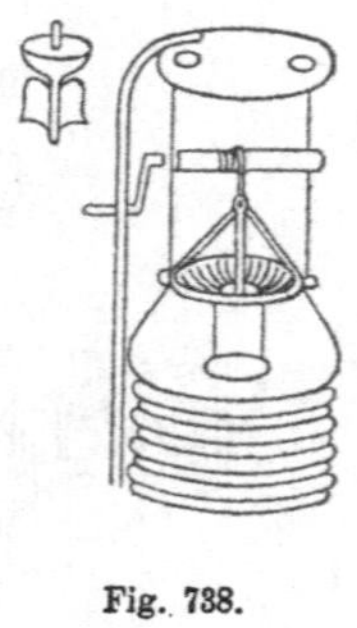

Fig. 738.

trizierhauses zu den Mahlzeiten durch Glockengeläute zusammenzurufen, war eine alte Sitte, die schon Lucianus (120 bis 190 n. Chr.) erwähnt. Auch wird in Hieronimi Maggii „de Tintinabulis", Hannover 1608, erwähnt, dass dies in vornehmen römischen Häusern Sitte sei. Da in Leonardo's Bemerkung das Wort „Bottiche" stets in der Mehrzahl gebraucht ist, darf man wohl annehmen, dass mehrere Läutwerke, wie Fig. 734 eines zeigt, in dem betreffenden Patrizierhause angebracht werden sollten.

Die Figuren 735 und 736, Fol. 14 h, zeigen zwei Hebelmechanismen zur Bewegung von Blasbälgen. Wir erinnern an die verschiedenen

Mechanismen, die VANUCCIO BIRINGUCCIO zu diesem Zwecke angiebt. (Siehe S. 117 bis 121.)

Fig. 737, Fol. 7 v, zeigt einen gewöhnlichen Lederbalg zum Wasserpumpen. Hier soll die Bewegung des Deckels durch eine Schraube mit rechtem und linkem Gewinde erfolgen, die vermittelst eines seitlichen Armes hin und her gedreht wird.

Zu Fig. 738, Fol. 7 h.

L: Aus diesem Apparat könnte man ein Gefäss bilden, das zwei oder drei Stunden lang Wasser auswirft, oder einen Kühler auf den Tisch. Er besteht aus einem Gewichte von Blei, das auf einen mit Wasser gefüllten ledernen Sack (einen cylindrischen Balg) drückt. Und dasselbe Wasser füllt den Sack wieder, wenn man das Blei wieder in die Höhe zieht, wie es abgebildet ist, aber er müsste zwei Ventile haben, das erste über dem Blei, das zweite über dem Sacke. Und dieser Sack müsste von Hundeleder sein, getränkt mit Leinöl und getrocknet.

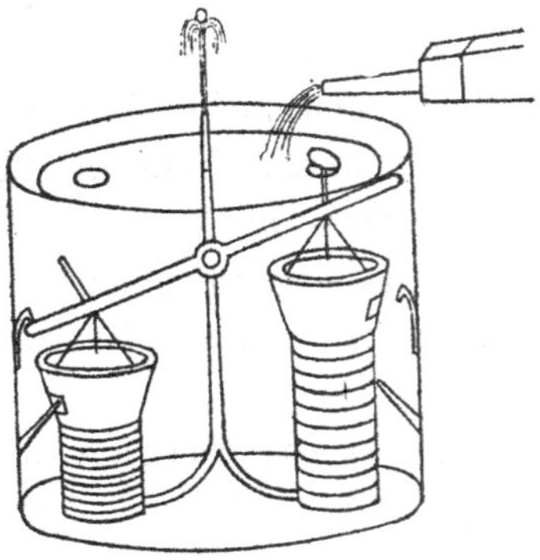

Fig. 739.

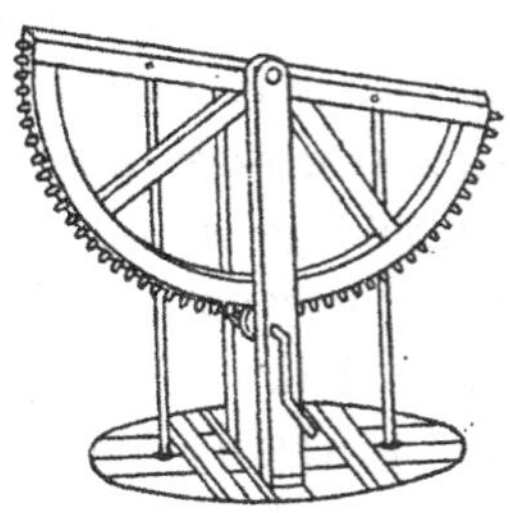

Fig. 740.

Fig. 739, Fol. 7 v, zeigt einen selbstthätigen Apparat für ähnliche Zwecke, wie der vorige. In einem ganz geschlossenen Gefässe, dessen oberer Boden eine Schale mit zwei nach aussen sich öffnenden Ventilen bildet, stehen zwei kleine Balgpumpen mit gemeinschaftlichem Steigrohre. Von diesen trägt jede ein Wassergefäss, das oben offen und weiter ist, als am Boden, und nahe bei diesem in der Seitenwand ein sich nach innen öffnendes Ventil hat. Jede der Balgpumpen mit dem Wassergefässe ist an einem Arm eines Balanciers mit Schnüren oder Ketten angehängt. Dieser Balancier ist nach jeder Seite hin so weit verlängert, dass er beinahe an die Wand des die Bälge umschliessenden Gefässes reicht. Kommt eines seiner stark konisch zugespitzten Enden in seine tiefste Stellung, so öffnet sich das Ventil des daranhängenden Wassergefässes, indem es gegen einen schräg stehenden Stift stösst, der an der Wand des umschliessenden Gefässes befestigt ist. An dieser Wand ist auch ein federnder Haken befestigt, der das konische Ende des Balanciers in seiner tiefsten Stellung erfasst. Auf dem Balancier sind zwei in die Höhe stehende Stifte befestigt, wovon jeder in seiner höchsten

Stellung eines der Ventile im Deckel des umschliessenden Gefässes aufstösst. Diese Ventile sitzen über der Mitte der Gefässe auf den Balgpumpen.

Ist etwas Wasser in dem umschliessenden Gefässe, steht der Balancier so, wie in Fig. 739 angegeben, und lässt man Wasser auf den Deckel des umschliessenden Gefässes fliessen, so läuft es durch das offene Ventil in das Wassergefäss auf der rechten Balgpumpe. Ist dies gefüllt, so drückt es den federnden Haken über dem konischen Ende des linken Balancierarmes zurück und beginnt zu sinken, wodurch sich zunächst das seither offene Ventil schliesst. Während des Niederganges des rechten Wassergefässes saugt die linke Balgpumpe Wasser aus dem umschliessenden Gefässe. Gelangt das rechte Wassergefäss in seine tiefste Stellung, so öffnet sich sein Ventil und das über dem linken Wassergefässe, worauf dieses sich füllt und das andere sich entleert. Dann treibt die linke Pumpe ihr Wasser in ihr Steigrohr, während die rechte ansaugt u. s. f. Das emporgetriebene Wasser fällt in den Deckel des umschliessenden Gefässes zurück und dient wieder als Aufschlagwasser; doch genügt es nicht, um die Maschine im Gange zu halten, sonst wäre sie ein Perpetuum mobile. Es muss bedeutend mehr Wasser in den Gefässen auf den Balgpumpen niedersinken, als durch diese in die Höhe geworfen werden soll. Deshalb müssten diese Gefässe im Verhältniss zu den Balgpumpen viel grösser sein, als sie in der Skizze angegeben sind, und der Theil des Aufschlagwassers, der nicht von den Pumpen angesaugt wird, müsste aus dem umschliessenden Gefässe abfliessen.

Fig. 740, Fol. 7 v, zeigt zwei Wasserpumpen, durch einen Balancier getrieben, der zwei einander gegenüber liegende Arme eines halben Stirnrades bildet, das durch ein Getriebe auf einer Kurbelwelle von Hand bewegt wird. Die Art, wie der Balancier hier bewegt wird, ist dieselbe, wie bei dem Krahn Fig. 667, und es gilt daher auch hier, was wir zu Fig. 667 bemerkten.

Fig. 741, Fol. 7 h.

L: Art, Wasser in ein Haus zu ziehen aus einem Brunnen, der in der Strasse ist.

An der Seite eines Fensters, durch das der gefüllte Wassereimer in das Haus gebracht werden soll, ist ein eiserner Arm befestigt, der über den Brunnen in der Strasse reicht und an seinem Ende eine feste Leitrolle trägt. Eine zweite Leitrolle ist beinahe senkrecht unter diesem Arme an der Seite des Fensters befestigt. Ueber beide Leitrollen ist ein Seil gelegt. Darauf läuft die obere Rolle eines Rollengehäuses, woran auch das über dem Brunnen herabhängende Ende des genannten Seiles befestigt wird, während ein an seinem anderen Ende befestigtes Gewicht das Seil spannt und das Rollengehäuse nach der über dem Brunnen befindlichen festen Leitrolle hinzieht. Ueber die untere Rolle in dem Rollengehäuse ist ein zweites Seil gelegt, das am einen Ende den in den Brunnen herabhängenden Eimer trägt, während sein anderes Ende an einer Seiltrommel befestigt ist, die durch eine Handkurbel gedreht wird und mit einem Sperrrade versehen sein muss. Dreht man dann die Kurbel so, dass letzteres Seil sich auf die Trommel windet, so wird der Eimer senkrecht in die Höhe gezogen, bis sein Bügel an das Rollengehäuse stösst und er nicht weiter steigen kann. Dreht man dann die Kurbel in derselben Richtung weiter, so zieht man dadurch das Rollengehäuse mit dem Eimer nach dem Fenster hin, und das Gewicht an dem Seile, worauf dieses läuft, wird gehoben. Ist der Eimer an dem Fenster angelangt, so wird er abgenommen, entleert und wieder angehängt. Hebt man dann die Sperrklinke aus und dreht die Handkurbel rückwärts, so wird zunächst das Rollengehäuse durch das Gewicht wieder nach aussen gezogen, bis es an der festen Leitrolle über dem Brunnen anstösst, und dann geht der Eimer wieder nieder.

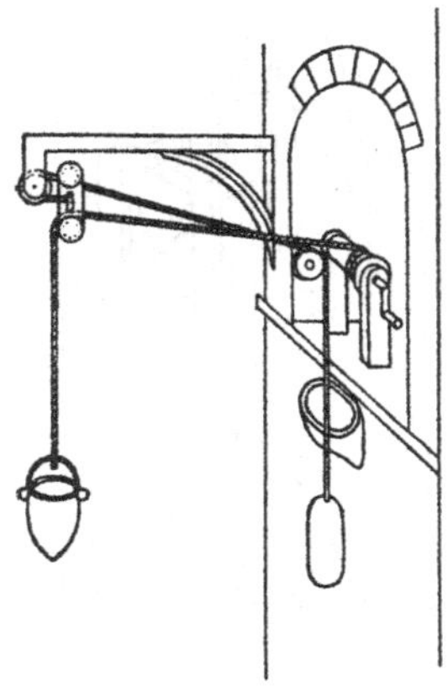

Fig. 741.

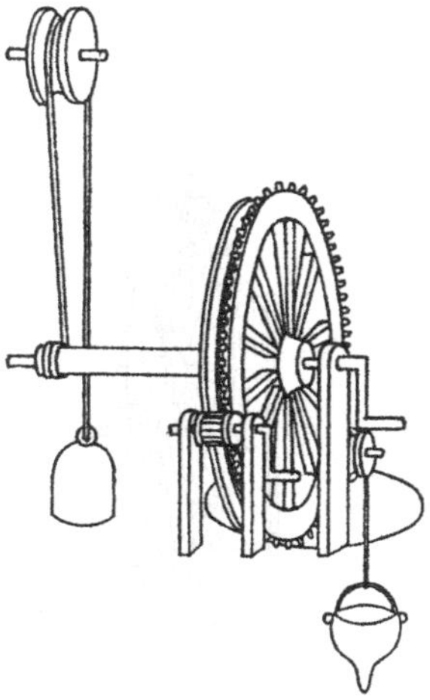

Fig. 742.

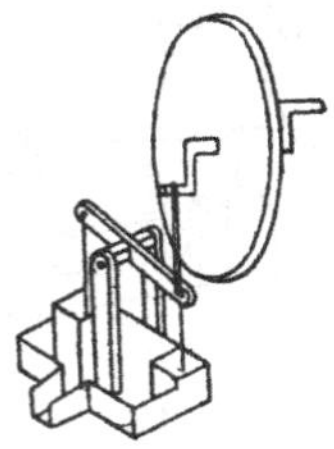

Fig. 743.

Zu Fig. 742, Fol. 7 h.

L: Jedesmal, wenn der Eimer voll ist, lege die Hand auf das Getriebe (aggrava la mano in su la rocca), und der Eimer wird von selbst heraufkommen, überwältigt von der Schwere des Gegengewichtes.

Welchen Vortheil dies bieten sollte, ist schwer verständlich, da die Arbeit, die man beim Aufziehen des Eimers gespart hatte, beim Herablassen desselben oder beim Heben des Gegengewichtes aufgewendet werden musste.

Fig. 743, Fol. 63 v: Zwei Pumpen durch Balancier, Flügelstange und Kurbelaxe mit Schwungrad betrieben.

Auf derselben Seite findet sich Fig. 744, Fol. 63 v: Zwei Pumpen durch zwei in parallelen Ebenen liegende Hebel betrieben. Diese werden von einer Scheibe bewegt, die beiderseits mit je zwei Zapfen versehen ist, die wie Hebedaumen wirken.

L: *ab* kürzer.

Fig. 745, Fol. 56 v: eine Pumpe, durch Kurbelaxe mit Schwungrad betrieben, die durch eine Schubstange von Hand bewegt wird.

L: Dieses Schwungrad muss am Kranze (per testa) Backsteine haben, damit es schwer sei.

Fig. 746, Fol. 7 v: Zwei Pumpen in einem Brunnen mit gekrümmten Cylindern, deren ebenso gekrümmte Plungerkolben direkt an zwei Hebeln festsitzen, die sie bewegen. Die Krümmungsmittelpunkte der Cylinder fallen mit den einander gegenüber liegenden Drehpunkten der Hebel zusammen. Die zu bewegenden Enden der Hebel sind durch Ketten oder Zugstangen mit zwei über dem Brunnen gelagerten Balanciers verbunden. Am anderen Ende dieser Balanciers sind Zahnbogen befestigt, die beide von entgegengesetzten Seiten in ein Getriebe greifen,

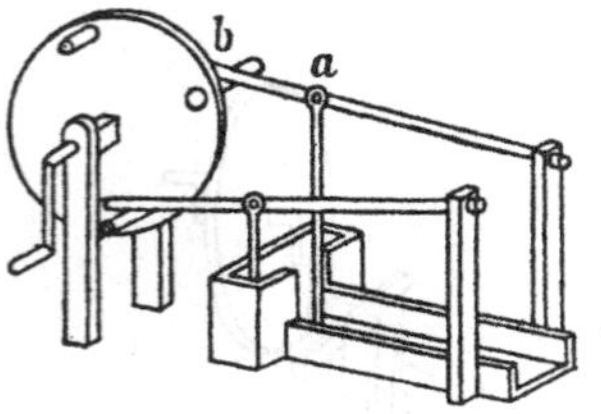


Fig. 744.

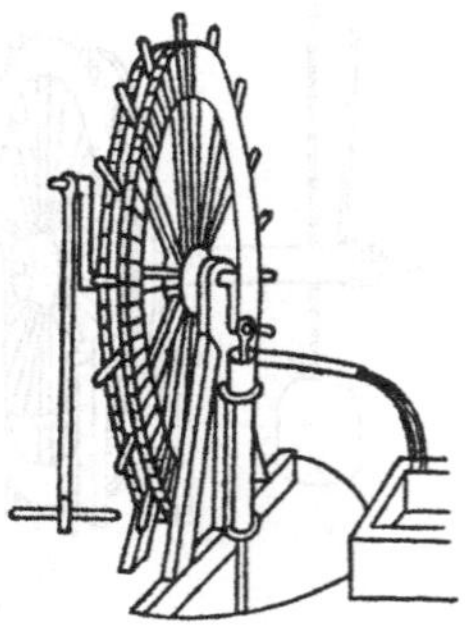

Fig. 745.

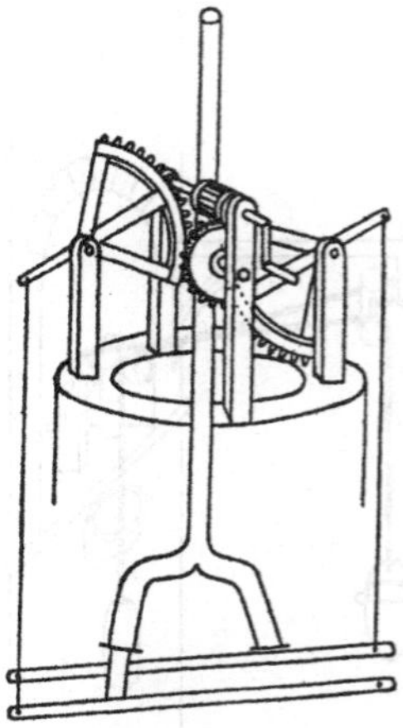

Fig. 746.

das durch eine Handkurbel vermittelst einer Stirnräderübersetzung bewegt wird.

Wer Ramelli's Pumpenkonstruktionen kennt, dürfte beim Anblicke dieser Skizze kaum mehr zweifeln, dass Ramelli's Kunst aus Leonardo's Schule stammte.

Fig. 747, Fol. 5 v: Zwei Pumpen, die in einen vollständig geschlossenen Kasten eingesetzt sind, der wie ein Saugwindkessel wirken musste, während sie mit ihren oberen Enden über den mit Randleisten versehenen Deckel des Kastens hervorragen, auf den das Wasser überfliesst und seitlich herabgeleitet wird. Die Bewegung der beiden Ventilkolben der Pumpen erfolgt durch einen Balancier mit schwerem Pendel, dessen Gewicht mit zwei Zugstangen von Hand bewegt wird.

Leider fehlt zu dieser Skizze jede Erläuterung von Seiten Leonardo's, so dass man nicht weiss, ob er nicht etwa die Absicht hatte, den Kasten ganz mit Wasser zu füllen, ehe er die Pumpenkolben in Bewegung setzte. Hätte er vor Ingangsetzung der Pumpen kein Wasser in den Kasten bringen wollen, so hätte er wissen müssen, dass dann die Pumpen zunächst Luft aus dem Kasten saugen, d. h. er hätte bereits eine Idee von einer Luftpumpe haben müssen, während angenommen wird, dass diese etwa 150 Jahre später von OTTO VON GUERICKE erfunden worden sei. In diesem Falle, sowie bei nur theilweiser vorheriger Füllung des Kastens, hätte dieser als Saugwindkessel funktionirt. Der Saugwindkessel aber gilt für eine noch viel neuere Erfindung als die Luftpumpe.

Fig. 748, Fol. 56v: eine schwingende Rinne zum Wasser heben. Solche fanden wir schon unter den „Skizzen aus der Zeit der Hussitenkriege“

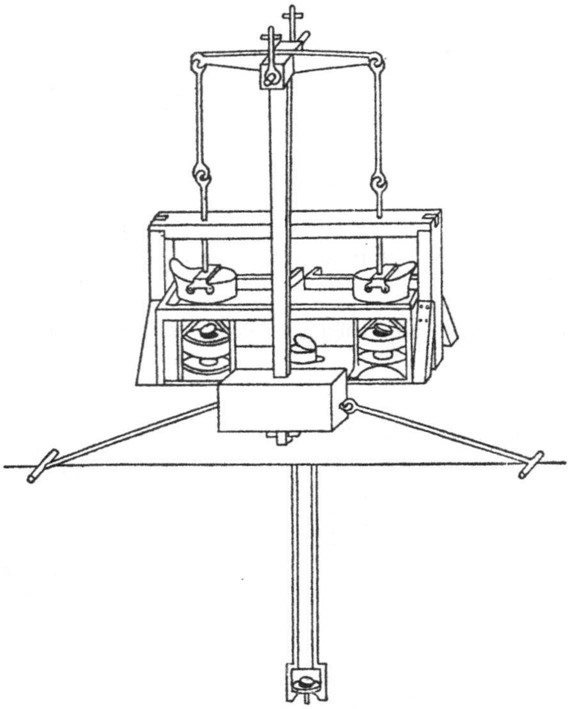

Fig. 747.

(siehe Fig. 349, S. 289); doch wird die hier schwingende Rinne einfach durch ein Stück Leder oder Tuch gebildet.

Fig. 749, Fol. 22v: ein Apparat, um selbstthätig ein Gefäss mit einer Flüssigkeit abwechselnd zu füllen und zu entleeren.

L: Wenn $g$ bis zur äussersten Höhe steigt, schaltet sich $h$ aus, fällt und zieht $a$ nach sich, wodurch $sr$ bewegt wird. Zu gleicher Zeit öffnet sich $a$ und schliessen sich $b$ und $c$ oben und $d$ und $e$ unten (?).

Wenn $f$ bis zum tiefsten Stande niedergegangen ist, schaltet sich $g$ aus, fällt und stösst mit $nm$ auf $rs$. Daher geht $rs$ nieder, hebt $h$ und schaltet es ein, und zu gleicher Zeit öffnet sich $a$ und schliesst sich $b$ und $c$ oben und $d$ und $e$ unten.

Ohne Zweifel sollen $A\,A_1$ und $B\,B_1$ Schwimmer sein. Steigt die Flüssigkeit bis zur äussersten Höhe, so heben sie den Konus $g$ und dieser treibt die beiden Sperrklinken auseinander, die den Konus $h$ unterstützen. Alsdann fallen *h* und *a*, die durch eine Stange verbunden sind, und bewegen durch die Verlängerung ihrer Verbindungsstange, die durch *g* geht, die Hebel *s r*. Der Satz LEONARDO's aber, hinter den wir ein Fragezeichen gesetzt haben, müsste offen-

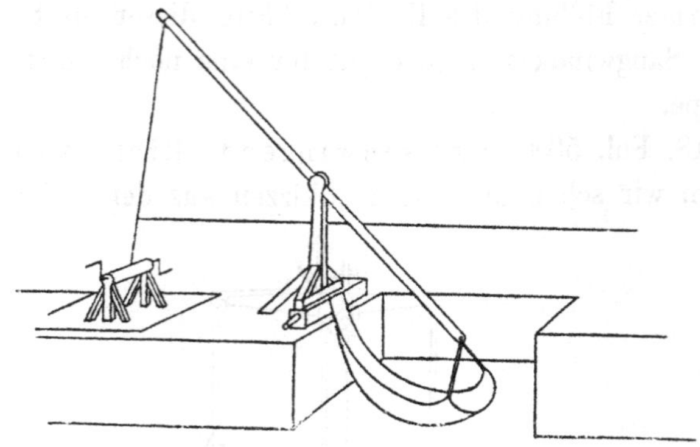

Fig. 748.

bar lauten: zu gleicher Zeit schliesst sich *a* und öffnet sich *b* und *c* oben und *d* und *e* unten.

Die Flüssigkeit fliesst nun durch *d* und *e* aus und durch *b* und *c* kann Luft eindringen.

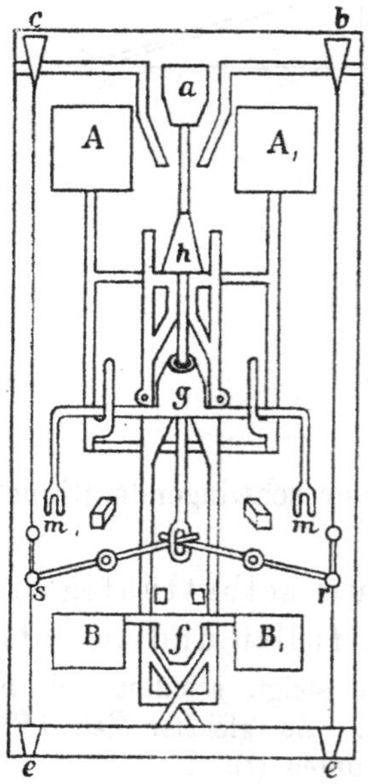


Fig. 749.

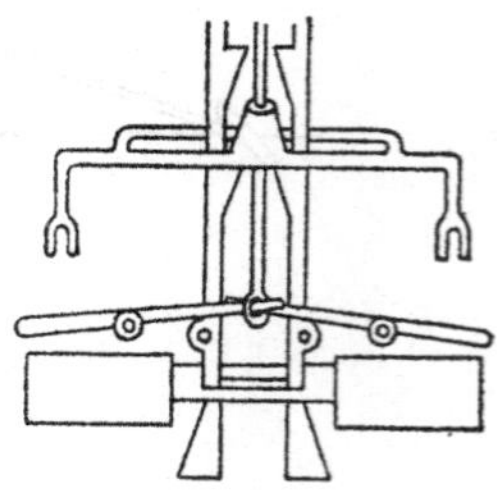

Fig. 750.

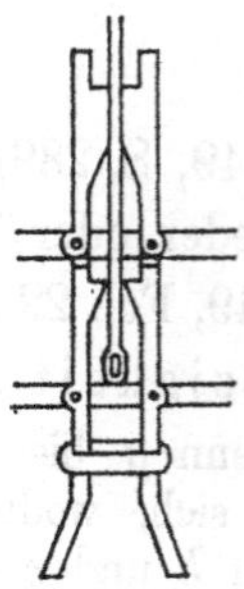

Fig. 751.

Mit dem Sinken der Flüssigkeit sinken auch die Schwimmer $AA_1$ herab, bis sich ihre Verbindungsstange auf zwei in der Zeichnung angegebene feste vierkantige Stifte setzt. Der Konus *g* aber mit seinen abwärts gebogenen Armen, die in den Gabeln *m* und *n* endigen, bleibt vorläufig in seiner Stellung, weil er ebenfalls durch zwei Sperrklinken gestützt ist, deren weiter oben gelegene Drehpunkte in der Zeichnung nicht sichtbar sind, während ihre bis auf den Boden des Gefässes herabreichenden Arme an ihren Enden konvergirende schiefe Ebenen bilden.

Hat die Oberfläche der Flüssigkeit ihre tiefste Lage erreicht, so sinken die Schwimmer $B\,B_1$ mit dem Konus *f*. Dieser treibt die soeben genannten schiefen Ebenen und damit die Sperrklinken unter *g* auseinander. Dadurch wird *g* ausgeschaltet, fällt, stösst mit den gabelförmigen Enden *m n* seiner Arme die Hebelenden *s* und *r* nieder und hebt mit den gegenüberliegenden Hebelenden und der Verlängerung der Verbindungsstange von *h* und *a* diese beiden Organe, so dass alles wieder in die ursprüngliche Stellung gelangt. *a* ist geöffnet, *e* und *d* sind geschlossen, das Gefäss füllt sich von oben her. Die Ventile *c* und *b* müssten nun soviel freies Spiel behalten, dass die Luft in dem Gefässe sie bei geringer Kompression heben könnte. Beim Entleeren des Gefässes würde der äussere Luftdruck sie verschliessen, weshalb hierbei ein Offenhalten durch den Mechanismus geboten erscheint. Doch bleibt unerklärt, weshalb Leonardo in den Oeffnungen *b* und *c* überhaupt Ventile anbrachte.

Die Detailzeichnung Fig. 750 zeigt eine Abänderung des unteren Theiles des Mechanismus Fig. 749. Die Drehpunkte der Sperrklinken, welche *g* unterstützen, sind weiter nach unten verlegt. Die Hebel sind in Folge dessen hier zweiarmig und die schiefen Ebenen daran dementsprechend divergirend angeordnet.

Die Detailzeichnung Fig. 751 zeigt von der Anordnung Fig. 750 nur die Sperrklinken, so dass man hier die Lage ihrer Drehpunkte und die Befestigungsweise ihrer Zapfen besser erkennen kann.

Fig. 752, Fol. 6h, zeigt einen hydraulischen Bewegungsmechanismus, der nach demselben Princip konstruirt ist, wie Fig. 739. Die beiden Wassergefässe, durch deren abwechselnde Füllung und Entleerung zwei Balgpumpen bewegt werden sollen, stehen hier nicht auf diesen, wie in Fig. 739, sondern hängen an den Enden eines doppelarmigen Hebels, dessen Arme einen stumpfen Winkel mit einander bilden. Von diesen werden die in einer Cisterne oder einem Brunnen stehenden, mit Gewichten belasteten Balgpumpen durch Zugstangen gehoben. Jedes der Wassergefässe steht in seiner höchsten Stellung nur wenig von einer festen Wand ab. Nach ihr hin ist in dem oberen Teile der Gefässwand ein kleiner Hebel gelagert, der durch eine schwache Feder und durch einen an derselben Gefässwand befestigten Sperrhaken in horizontaler Lage erhalten wird, so dass sein anderer Arm wie ein Zahn aus der Gefässwand hervorragt. Dieser ruht bei der höchsten Stellung des Wassergefässes auf einer in der festen Wand angebrachten federnden Sperrklinke. An einem Arme des Sperrhakens in dem Wassergefässe ist ein Schwimmer befestigt. Ist das Gefäss gefüllt, so hebt sich dieser mit dem Sperrhaken, die Feder des kleinen Hebels giebt dem Drucke des Wassers nach, der aus der Gefässwand hervorragende Zahn weicht zurück, das gefüllte Gefäss sinkt nieder und zieht mit dem gegenüberliegenden Hebelarme die eine Balgpumpe auf, während das Gewicht auf der anderen diese zusammendrückt. Gelangt das Wassergefäss in seine tiefste Stellung, so kommt es auf eine nach der Mitte der Maschine hin geneigte Fläche zu stehen, und sein Wasser fliesst nach dieser Richtung über die Gefässwand. Daran ist durch Verdoppelungen der Wandung ein Heber hergestellt, der bewirkt, dass das Ueberfliessen erst aufhört, wenn

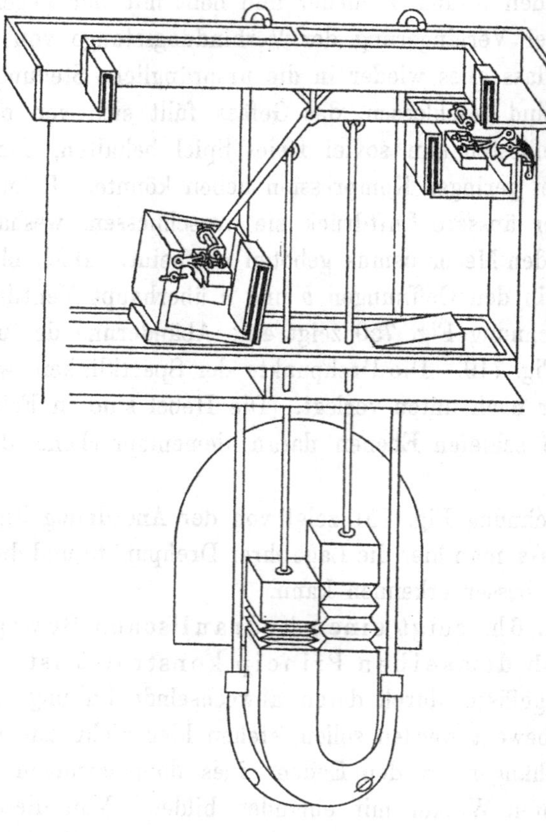

Fig. 752.

das Gefäss nahezu leer ist. Inzwischen ist das andere Gefäss in seine höchste Stellung gekommen, der daraus hervorragende Zahn hat die federnde Sperrklinke in der festen Wand zurückgedrückt, diese ist, sobald der Zahn vorbeigegangen war, wieder vorgeschnellt und unterstützt ihn nun, während das Gefäss sich füllt.

In der Skizze sind die Steigrohre der Balgpumpen in den abgetheilten Kanal geleitet, der die Wassergefässe an der Maschine speist. Auch hier soll der Ausfluss durch Heber erfolgen, die durch Verdoppelungen der inneren Kanalwand an der betreffenden Stelle gebildet sind, so dass der Ausfluss erfolgt, sobald die betreffende Abtheilung des Kanals ganz gefüllt ist. Daraus kann man schliessen, dass das von einer Balgpumpe bei einem Niedergange ausgeworfene Wasser gerade hinreichen sollte, um die gegenüberliegende Abtheilung des Kanales und aus dieser das Wassergefäss an der Maschine ganz zu füllen, kurz, dass diese als Perpetuum mobile gedacht war, und dies könnte der Grund gewesen sein, warum Leonardo daneben schrieb: „rusticana“, d. h. bäuerisch oder tölpelhaft. Uebrigens hat ihn der Gedanke an diese Maschine viel beschäftigt, denn es finden sich mehrere Skizzen davon in dem Codice atlantico, theils mit, theils ohne Abänderungen.

Fig. 753, Fol. 7 h, zeigt einen Mechanismus zum Betriebe zweier Pumpen, der auch auf ein Perpetuum mobile hinauszulaufen

Fig. 753.

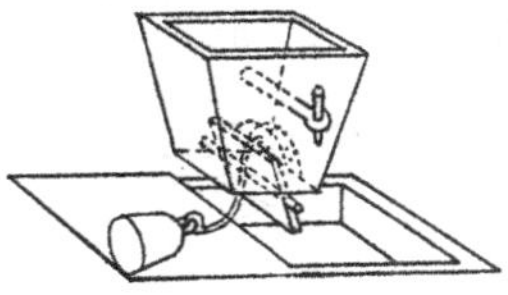

Fig. 754.

Fig. 755.

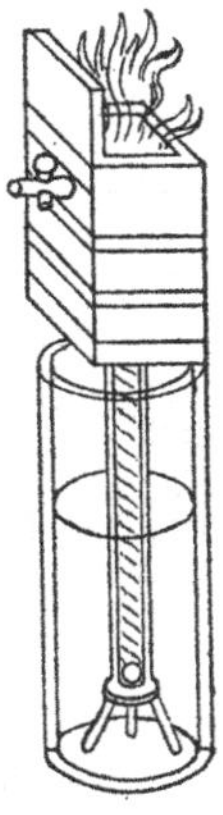

Fig. 756.

scheint. Die beiden Pumpen, die man sich unten im Brunnen stehend denken muss, haben kurze Stiefel von quadratischem Querschnitt und horizontale Schlitze in der Nähe des oberen Randes, durch die das Wasser eindringt, wenn der Kolben hoch gehoben ist. Die Kolben haben die Form von Gewichten und gehen durch ihre Schwere nieder. Ueber dem Brunnenrande werden zwei Hebel durch eine Daumenwelle abwechselnd gehoben, indem diese Hebel durch Seile oder Ketten mit den Pumpenkolben verbunden sind. Auf der Daumenwelle sind zwei gleiche Radkränze befestigt, zwischen denen drei Kasten gleichmässig auf den Umfang vertheilt, so mit Zapfen aufgehängt sind, dass sie während der Drehung des Rades stets in senkrechter Stellung verharren. Fig. 754 zeigt einen solchen Kasten. Sein Boden ist um zwei Zapfen drehbar und wird durch ein Gewicht geschlossen gehalten, so lange es daran herabhängt;

wenn es aber auf einen festen Gegenstand stösst und demzufolge nicht auf den Kastenboden wirkt, wird dieser durch eine Feder geöffnet. In der aus der Skizze ersichtlichen Stellung füllt sich der Kasten mit Wasser und treibt dann das Rad um. Wenn er das Rad um 60° gedreht hat, stösst das Gewicht auf ein festes Brett, der Kastenboden öffnet sich, und das Wasser aus diesem Kasten fliesst in einen darunter stehenden Trog, woraus es seitlich abgeleitet wird. Indessen ist ein zweiter Kasten in die Stellung gekommen, wo er sich füllt, um dann das Rad wieder um 60° zu drehen u. s. w. Auch in dieser Skizze läuft das Wasser aus dem Steigrohre der Pumpen in die Kasten an dem Rade, und da ein anderer Wasserzufluss nicht angegeben ist, so muss man annehmen, dass auch diese Maschine als Perpetuum mobile gedacht war.

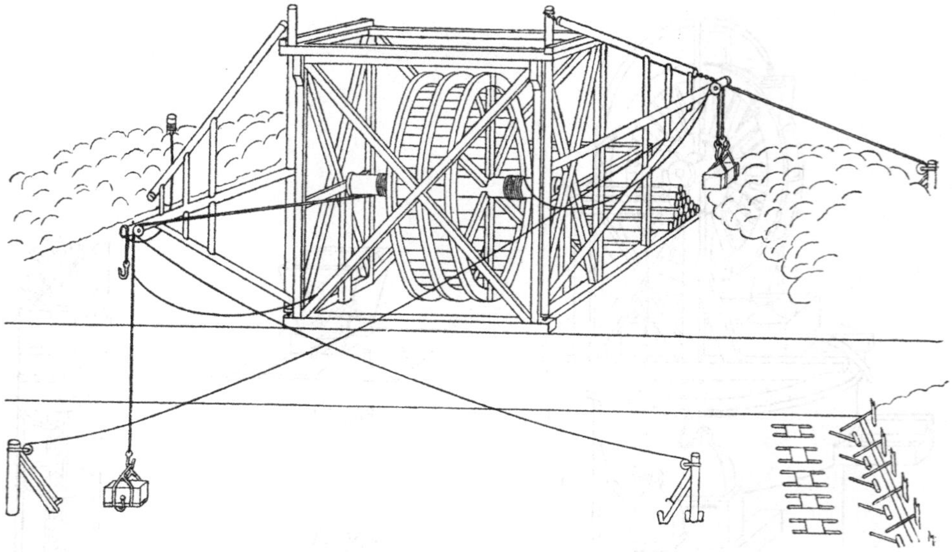

Fig. 757.

Zu den Pumpen. L: Diese Gegengewichte (d. s. die schweren Kolben) müssen je ein Ventil haben, ähnlich dem der Kugeln (simile a quella delle palle), das am Boden von unten angepasst und befestigt sein muss, damit, wenn sie schnell in die Höhe gezogen werden, die Ventile Luft in den leeren Raum einlassen können, der unter dem Gegengewichte bleibt. Denn wenn dies nicht geschähe, würden sie mehr als das Doppelte wiegen (d. h. mehr als doppelt so schwer zu heben sein), denn weil sie genau in die Kästen (die Pumpenstiefel) passen, können sie, wenn sie alles Wasser herausgedrückt haben und sich schnell heben sollen, nicht so schnell Wasser anziehen als Luft, weil es schwerer ist.

Zu den Steigröhren. L: Alles Wasser, was in der Röhre ist, soll 20 Pfund wiegen. — Dieses Wasser wird so hoch steigen, wie Du willst, wenn Du das Gegengewicht, welches das Wasser treibt, sechsmal so schwer machst, als das Wasser, welches steigt.

Zu der Detailzeichnung. Fig. 754 L: Dies ist die Art der Kästchen, die das Wasser aufnehmen. Der Boden von diesem Kästchen muss gut mit Talg bestrichen sein, damit er gut verdichtet ist, wenn er sich schliesst.

Fig. 755, Fol. 7v: Apparat zum Heben von Wasser vermittelst Luftverdünnung durch Feuer. Wir sehen hier in einem Topfe mit geöffnetem

Deckel Feuer und an dem Topfe ein Rohr, das in einen Brunnen (pozzo) hinabgeht. Wird der Deckel des Topfes dicht geschlossen, so erlischt das Feuer, und bei der darauffolgenden Abkühlung des Topfes und der darin enthaltenen Luft wird Wasser aus dem Brunnen angesogen.

Fig. 756, Fol. 5 v, zeigt denselben Apparat in etwas deutlicherer Ausführung.

Heron von Alexandrien beschreibt zwar den ähnlich wirkenden Schröpfkopf, aber ein Apparat zum Ansaugen von Wasser auf diese Art findet sich bei ihm nicht.

### Kanalbau.

Fig. 757, Fol. 1 v, zeigt ein Gerüst mit zwei Drehkrahnen, die auf dem Ufer eines auszugrabenden Kanales aufgestellt sind, durch ein Tretrad be-

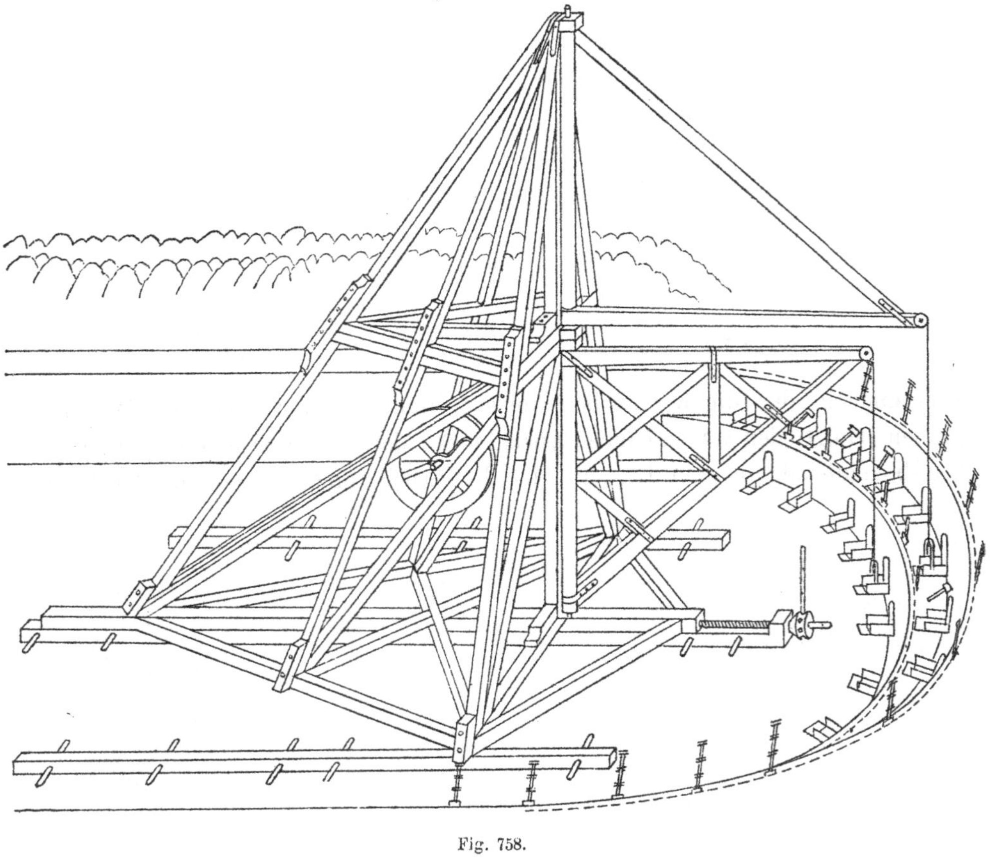

Fig. 758.

trieben werden und dazu dienen, die Erde aus dem Kanalbette auf das Ufergelände zu fördern. In dem Kanal sieht man rechts Reihen von Hacken, Schlägeln und Tragbahren, die andeuten, wie die zu entfernende Erde losgelöst und nach den Erdkasten an den Krahnen verbracht werden sollten.

Fig. 758, Fol. 1 h: eine andere Vorrichtung zu dem gleichen Zwecke. Hier sind die Drehkrahnen mit verschiedenen Ausladungen übereinander an einer hohen Säule befestigt. Das Gerüst, das die Krahnen hält, ist in dem Kanal so aufgestellt, dass der obere mit der grössten Ausladung nach der einen Seite hin bis an das Kanalufer reicht, während nach der anderen Seite hin beide Krahnen über das Kanalufer hinausreichen. Das ganze Gerüst ist auf drei hölzernen Schienen vermittelst einer langen Schraube in der

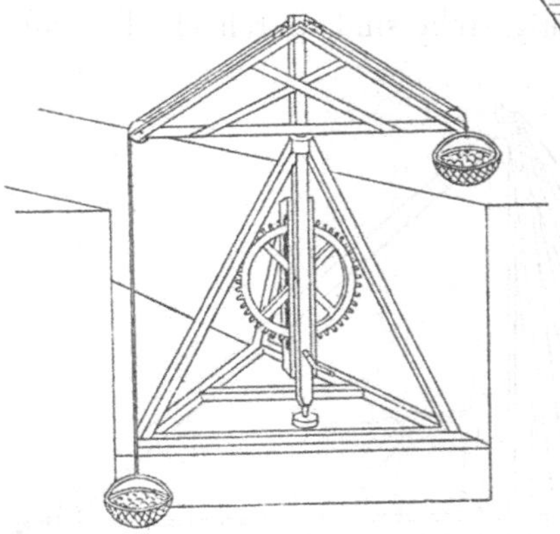

Fig. 759.

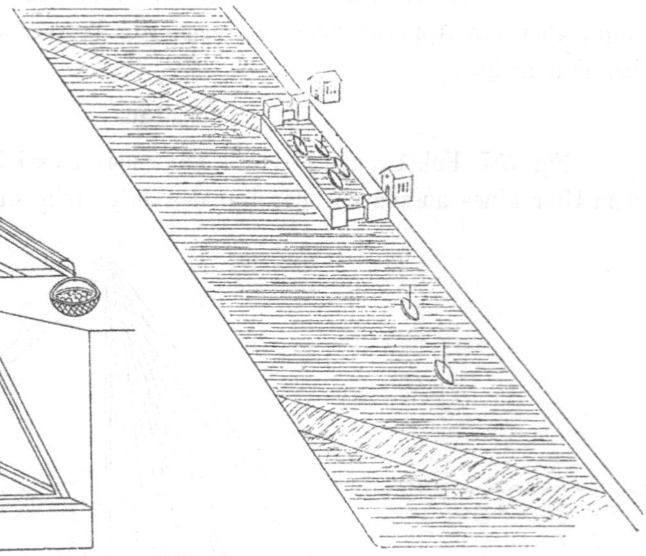

Fig. 760.

Richtung, in der die Kanalarbeit fortschreiten soll, verschiebbar. Das Ausgraben erfolgt, den verschiedenen Ausladungen der beiden Krahne entsprechend, kreisbogenförmig in zwei Etagen. Ist die Arbeit und mit ihr der Krahn so

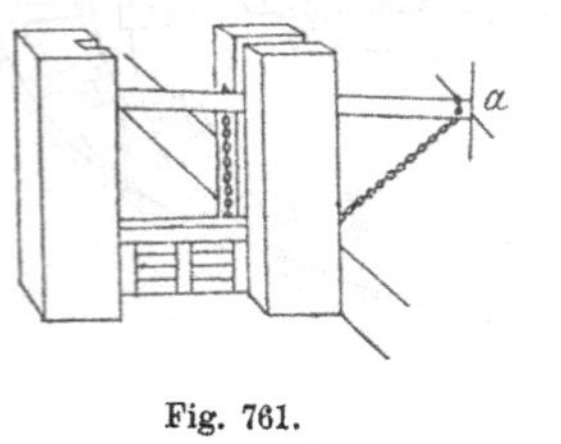


Fig. 761.

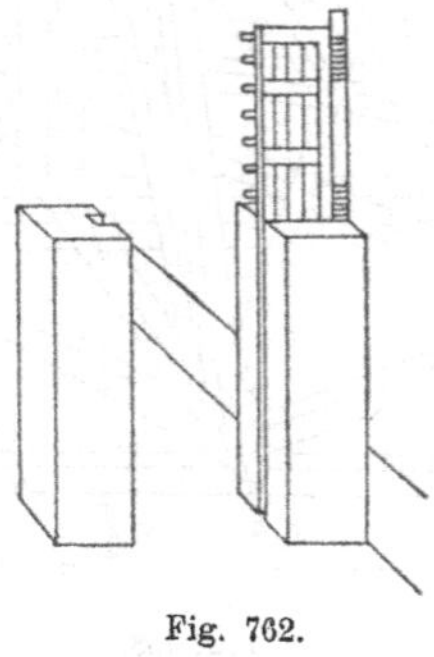

Fig. 762.

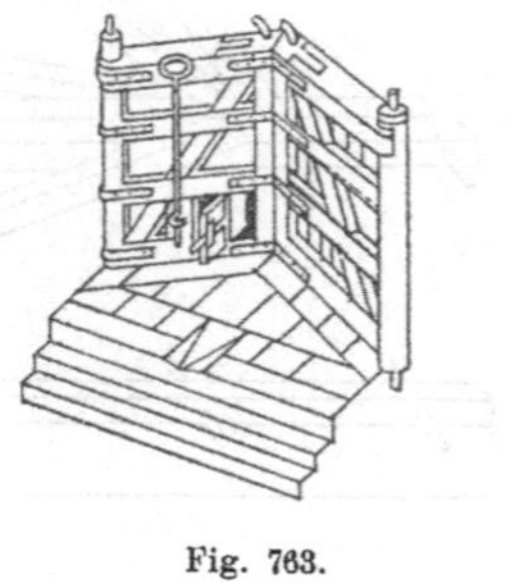

Fig. 763.

weit vorgeschritten, wie es die Schraube erlaubt, so muss das Gerüst durch Winden oder Unterkeilungen ein wenig gehoben und müssen die Schienen um die Schraubenlänge vorgeschoben werden, weshalb sie mit seitlichen Zapfen zum Anfassen versehen sind.

Fig. 759, Fol. 16v, zeigt einen kleineren Krahn für denselben Zweck bei engeren Kanälen.

L: Dieser Maschine bediene sich, wer Kanäle in die Erde graben will. Das Zahnrad erhält seine Bewegung von einem darunter gelagerten Getriebe.

Fig. 760, Fol. 33h, zeigt einen kanalisirten Fluss mit Kammerschleuse.

Auf derselben Seite finden sich Fig. 761 und Fig. 762, eine Schleuse darstellend, die in aufgewundenem Zustande mit der Kettenwalze

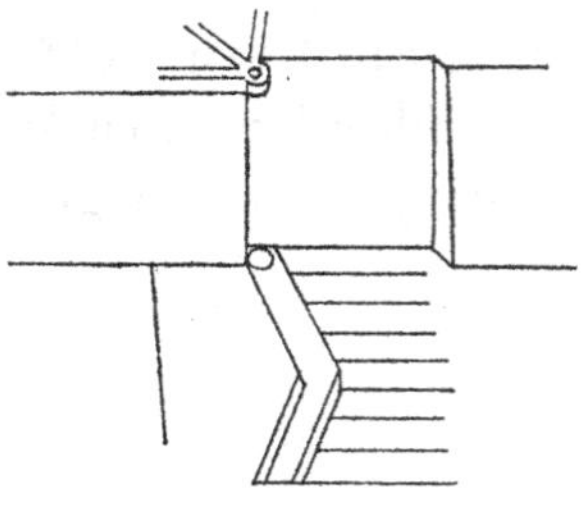

Fig. 764.

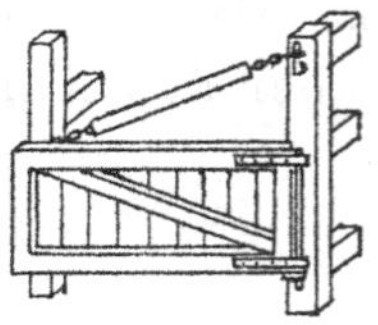

Fig. 765.

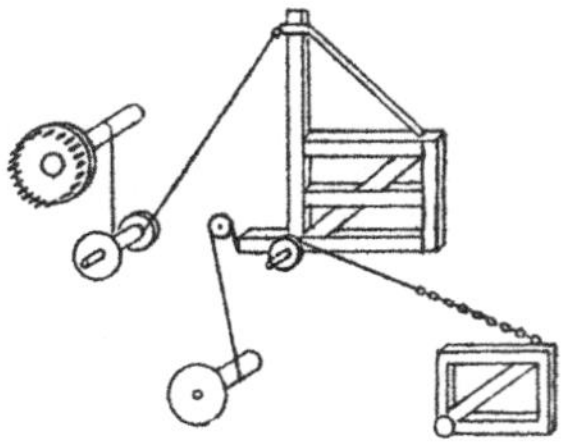

Fig. 766.

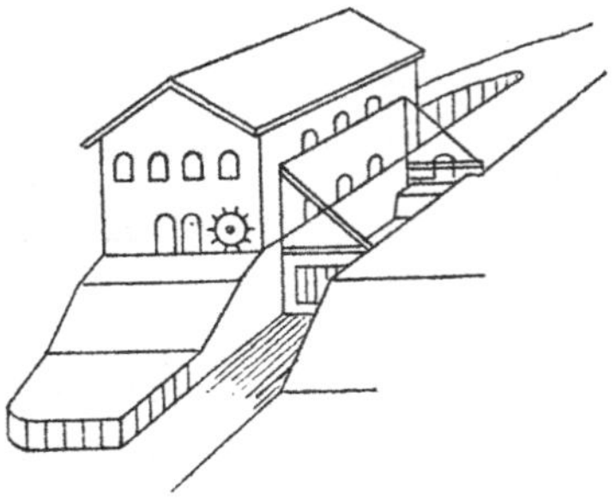

Fig. 767.

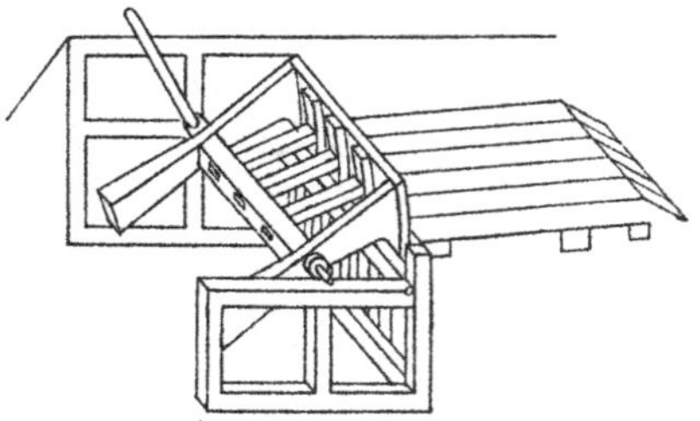

Fig. 768.

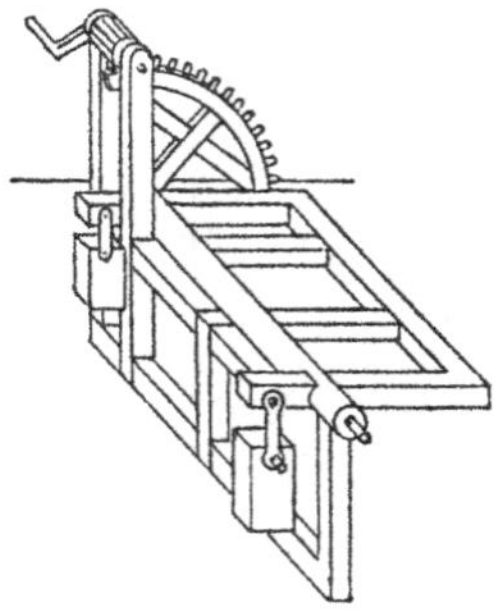

Fig. 769.

so um einen festen Zapfen gedreht werden kann, dass sie die Passage für die Schiffe ganz frei lässt, so dass diese mit Masten die Schleuse passiren können.

L: Der Haspel *a* wird so lange gedreht, bis seine Welle die ganze Kette, woran die Schütze hängt, aufgewickelt hat. Wenn sie aufgewickelt ist und die Schütze die Welle berührt, wird diese als Hebel benutzt.

Fig. 763, Fol. 7h, zeigt ein Schleusenthor mit einem kleinen Thürchen, das sich um eine in seiner Mitte sitzende Axe dreht, wie wir es bei Zonca fanden (vergl. S. 316).

Fig. 764, Fol. 7 h, zeigt das Mauerwerk zu einem solchen Schleusenthore.

Ferner finden sich auf derselben Seite:

Fig. 765, ein ganz einfaches kleines Schleusenthor.

Fig. 766, neben Fig. 767: Schleusen, die um eine ihrer unteren Ecken gedreht werden und sich in einen Einschnitt im Ufer legen sollen, damit der Kanal ganz frei wird.

Fig. 768 zeigt eine drehbare Schleuse, die beim Oeffnen in eine Vertiefung versinkt, so dass die Schiffe darüber hinfahren können.

Fig. 769, eine drehbare Schleuse, die, wenn sie geöffnet ist, einen Steg über den Kanal bildet.

---

# Domenico Fontana (1543—1607) und der Transport des Vaticanischen Obelisken.

Domenico Fontana, geboren 1543 zu Mili nahe dem Comersee, kam in seinem zwanzigsten Jahre nach Rom, wo sich sein um drei Jahre älterer Bruder Giacomo als Architekt und Ingenieur bereits einen Namen erworben hatte, führte mehrere Bauten mit ihm aus und gelangte bald zu gleichem Ansehen. Kardinal Montalto wählte ihn zu seinem Architekten und betraute ihn mit dem Bau der Capella de Presepio in S. Maria Maggiore und dem eines kleinen Palastes in den dazu gehörigen Gärten. Der Kardinal stammte aus keiner reichen Familie. Gregor XIII. hatte ihm besondere Einkünfte zugewiesen, damit er standesgemäss auftreten könne; die Pracht aber, womit er jene Bauten ausführen liess, missbilligte der Papst und entzog ihm die erwähnten Einkünfte, wodurch die Arbeiten Domenico's zum Stillstande gekommen wären, wenn dieser sie nicht auf eigene Kosten weitergeführt hätte. Nach Kurzem gelangte Montalto als Sixtus V. auf den päpstlichen Stuhl, bestätigte D. Fontana als seinen Architekten, liess ihn die genannten Bauten vollenden und übertrug ihm den Bau des Laterans. Auch sollte er mit Giacomo della Porta die Kuppel der Peterskirche vollenden, zuvor aber wünschte der Papst, dass der einzige damals in Rom noch aufrecht stehende, ohne Piedestal 23 m hohe Obelisk, den Caligula aus Heliopolis in den Cirkus des Nero hatte bringen lassen, von seinem verborgenen Standorte bei der alten Sakristei von St. Peter entfernt und vor dem Hauptportal dieser grössten Kirche der Christenheit aufgestellt werde.

Die altägyptischen Denksteine, Obelisken genannt, sind Monolithen von quadratischem Querschnitte aus den Granitbrüchen von Assuan oder Syene, nach oben um ein Drittel der Quadratseite verjüngt und in eine pyramidale Spitze auslaufend, deren Höhe $1^1/_2$ mal so gross ist, als die Breite ihrer Basis, während die Höhe des Schaftes $9^1/_2$ bis 10 mal so gross ist, als seine obere Dicke. Gewöhnlich sind sie auf allen vier Seiten mit Hieroglyphen bedeckt, die den Ruhm ihres Stifters verkünden, der Vaticanische aber trägt keine solche Inschrift.

Die alten Römer entfernten eine grosse Zahl dieser Denksteine aus Aegypten und stellten die meisten davon in Rom auf, wo man gegenwärtig deren 12 zählt, während sich in Aegypten nur noch drei befinden.

Schon mehrere Päpste vor Sixtus V. waren auf den Gedanken gekommen, den Obelisken hinter der alten Sakristei von St. Peter mitten auf den Platz stellen zu lassen, fanden aber niemand, der diese Arbeit auszuführen wagte, denn die Art, wie die alten Römer solche Steinkolosse bewegt und aufgerichtet hatten, war längst in Vergessenheit gerathen. Domenico konnte, indem er diese Arbeit übernahm, nur seinem eigenen Urtheile folgen, und es zeugt von seltenem Scharfblicke und bewundernswerther Umsicht, dass er sie ohne jeglichen Unfall zu Ende führte.

Nachdem er die erste Aufgabe dieser Art so gelöst hatte, erwachte in dem Papste der Wunsch, auch die umgestürzten und verschütteten Obelisken Roms zur Zierde der Stadt und Mehrung seines Ruhmes wieder aufgestellt zu sehen. Von zweien solcher Denksteine, die vor dem Mausoleum des Augustus gestanden hatten und die ohne Piedestal 14,8 und 15 m hoch sind, wurde der eine im folgenden Jahre 1587 durch Fontana vor S. Maria Maggiore aufgestellt, und in demselben Jahre grub er den schönsten und grössten aller noch vorhandenen Obelisken aus und stellte ihn vor den Lateran. Dieser ist ohne Piedestal 32 m hoch aus rothem Granit, stammt von Tutmes III. aus dem 16. Jahrhundert v. Chr. und wurde von Constantius aus Theben nach Rom in den Circus Maximus gebracht. Bei der Ausgrabung fand man ihn in drei Stücke zerbrochen, die Fontana bei der Aufstellung durch schwalbenschwanzförmige, eingebleite Steinstücke kunstreich mit einander verband. Einen vierten Obelisken aus Heliopolis, ohne Postament 24 m hoch, der unter Augustus in den Circus Maximus gebracht worden war, stellte er 1588 auf die Piazza del Popolo.

Ausser den genannten liess Sixtus V. noch mehrere bemerkenswerthe Bauten durch D. Fontana ausführen, darunter die Bibliothek des Vaticans. Als Sixtus 1590 starb, war sie noch im Bau begriffen und wurde erst unter Clemens VIII. vollendet. Dieser liess D. Fontana auch den Bau des Laterans fortsetzen und die beiden berühmten Gruppen der Rossebändiger vor den Thermen des Diokletian auf den Platz davor stellen. Auch leitete Fontana die Quellen Aqua felice von einem 22 km entfernten Berge nach Rom und erbaute eine Fontaine auf der Piazza dei Termini, die nicht wenig zur weiteren Verschönerung der Stadt beitrug.

Trotz alledem siegten hier endlich seine Neider. Während er mit dem Bau einer Brücke in dem Stadtviertel Borghetto beschäftigt war, erhob man plötzlich die Anklage gegen ihn, er habe bei der Ausführung der Bauten, die man ihm anvertraut hatte, bedeutende Summen zu seinem Vortheile verwendet. Der Papst schenkte diesen Anschuldigungen Glauben und entliess ihn seines Dienstes. Der Vizekönig von Neapel dagegen liess es sich angelegen sein, einen so ausgezeichneten Mann für sich zu gewinnen, und als Architekt und erster Ingenieur des Königs beider Sicilien trat dieser 1592 in seine Dienste. Kanal- und Strassenbauten beschäftigten zunächst FONTANA in seiner neuen Stellung, später wurde er mit dem Bau des königlichen Palastes beauftragt, und am Schlusse seines Lebens entwarf er die Pläne zu dem Hafen von Neapel, an deren Ausführung er durch seinen 1607 erfolgten Tod verhindert wurde; doch benutzte sie FRANCESCO PICCHIATI, als er unter PETER VON ARAGONIEN dieses Projekt ausführte.

Als Schriftsteller hat DOMENICO FONTANA ein einziges Werk hinterlassen, betitelt: Della Transportatione dell' Obelisco Vaticano et delle Fabriche di nostro Signore Papa Sixto V. Roma 1590. Es ist in gross Folio gedruckt und mit 19 Kupferstichen gleichen Formats von BONIFACIO DI SEBENICO ausgestattet. Ueber den Transport und die Aufstellung des Vaticanischen Obelisken sagt FONTANA darin:

„Die Heiligkeit unseres Herrn SIXTUS V. verabscheute stets den Kultus der heidnischen Götter und war vom ersten Jahre seines Pontifikats an bestrebt, das Andenken an die Idole zu unterdrücken, die von den Heiden in Form von Pyramiden, Obelisken, Säulen, Tempeln und anderen Gebäuden in grosser Zahl errichtet worden waren. Er suchte die Mysterien und den Gottesdienst der katholischen Religion allerwege zu heben. In diesem frommen Streben wollte er mit dem Vaticanischen Obelisken, jenem bewundernswerthen Steine, der gewöhnlich Julia genannt wurde, weil er dem Julius Cäsar gewidmet war, beginnen, ihn von dem Schimpfe des Idols zu befreien und ihn zu einem Träger des heiligen Kreuzes zu machen, zu dem hervorragendsten und merkwürdigsten, der jemals unter ein Kreuz gestellt worden war. Er wollte dies thun, um dem Zeichen des Heiles, das von den Heiden als Zeichen der Schmach und der schimpflichsten Strafe verabscheut worden war, die höchste Ehre zu erweisen und dadurch zu zeigen, dass es durch den Tod, den der Erlöser daran erlitt, zum Triumph- und Siegeszeichen der Könige und Kaiser geworden ist. Aber nicht nur auf die Julia hat er es erhoben, sondern zum Ruhm und Glanze dieser heiligen Standarte des Christenthums befahl er, dass es auf alle seine grossen Bauwerke und auf die anderen Obelisken bei S. Maria Maggiore, S. Giovanni Laterano und S. Maria del Popolo gesetzt werde.

Da mir von seiner Heiligkeit der Transport dieses Obelisken, der an einem von Menschen wenig besuchten Orte stand, und seine Aufstellung mitten auf dem St. Peters-Platze übertragen wurde, so will ich niederschreiben, wie ich dies vollführte, um denen, welchen die Bewegung so schwerer Steine künftig obliegen wird, wobei die Gefahr des Zerbrechens so gross ist, eine Beschreibung dieser Arbeit zu hinterlassen, die ihnen von Nutzen sein möge. Ich habe mich dazu um so mehr veranlasst gesehen, als meines Wissens bis jetzt niemand gefunden wurde, der hierüber geschrieben oder Aufklärung darüber gegeben hätte, welche Vorrichtungen sich für ein so schwieriges Unternehmen als ausreichend erwiesen haben, das schon seit etwa vierzehnhundert Jahren ausser Gebrauch gekommen ist.

In der genannten Absicht, sowie um den Platz und das neue, prachtvolle Gebäude von St. Peter zu zieren, befahl Se. Heiligkeit der Papst am 24. August 1585 den Zusammentritt einer Versammlung von Prälaten und den intelligentesten Herren, die berathen sollten, welches die geeignetste Stelle für den Obelisken sei und wie man sich zu verhalten habe, um dessen Transport mit der grösstmöglichen Sicherheit zu bewerkstelligen. Auch sollten sie den Künstler nennen, den sie wegen seines Scharfsinnes und seiner Erfahrung für den geeignetsten hielten, das Werk zum gewünschten Ende zu führen. Das Unternehmen wurde allgemein für äusserst schwierig gehalten, sowohl wegen des ungeheueren Gewichtes, als auch wegen der Grösse des Steines und seiner Neigung, bei der Bewegung zu zerbrechen. Viele der früheren Päpste, die denselben Stein zu versetzen wünschten, waren durch die Bedenken, die die ersten Ingenieure ihrer Zeit dagegen erhoben, davon abgeschreckt worden. Man hegte wegen der Schwierigkeiten, die das Unternehmen habe, tausend Zweifel, da kein Schriftsteller beschreibt oder erwähnt, wie die Alten sich dabei verhielten, so dass man davon Regeln hätte abnehmen können, und man übertrieb die Gefahren, die der Zufall bei derartigen Arbeiten unversehens bringen könne. Man kam deshalb in der erster Sitzung der Versammlung trotz langer Berathung zu keinem befriedigenden Resultat und beschloss, zum Zwecke der Klarstellung der Sache und damit eine so hoch geschätzte Reliquie unversehrt transportirt werde, alle Gelehrten, Mathematiker, Architekten und andere tüchtigen Männer, die man herbeibringen könne, zusammenzurufen, damit jeder seine Ansicht über die Ausführung des Unternehmens ausspräche.

Die zweite Sitzung wurde auf einen um 25 Tage späteren Termin gelegt, damit Fremden Zeit gelassen würde, nach Rom zu kommen und Beweise ihres Scharfsinns abzulegen. Durch das Gerücht von einer solchen Arbeit angelockt kamen Viele, zum Theil ohne die Absichten des Papstes genau zu kennen, aus allen Weltgegenden, so dass bei der genannten zweiten Sitzung am 18. September an 500 Personen der genannten Berufsarten aus den verschiedensten Ländern erschienen, aus Mailand, Venedig, Florenz, Lucca, Como, Sicilien, Rhodos und Griechenland. Mehrere waren Geistliche, und ein Jeder trug seine Erfindung bei sich, der Eine in Zeichnungen, der Andere im Modell, Einige erklärten sie auch nur mündlich. Die meisten stimmten darin überein, dass der Obelisk aufrecht stehend zu transportiren sei, da man es für das Allerschwierigste hielt, ihn umzulegen und wieder aufzurichten. Einige wollten nicht nur den Obelisk, sondern ihn sammt seinem Piedestal und Fundament aufrecht transportiren, Andere nicht aufrecht und nicht wagrecht, sondern schräg liegend, im Winkel von $45^{0}$ gegen den Horizont geneigt. Dann zeigten sie die Art, wie er bewegt werden sollte. Der Eine meinte mit einem einzigen Hebel, der Andere mit Schrauben, der Andere mit Zahnrädern.

Ich trug mein Modell von Holz bei mir mit einem Obelisken von Blei darin, im richtigen Verhältniss zu den Seilen, Rollen und kleinen Maschinen des Modells, die ihn heben sollten. In Gegenwart der versammelten Herren und versammelten Meister hob ich den Obelisken auf und legte ihn nieder und erklärte jede einzelne Bewegung so, wie ich sie später ausführte, mit Worten. Nachdem man die Zeichnungen und Pläne eines Jeden von uns gehörig betrachtet und alles erwogen hatte, kam man zu dem Schlusse, dass die von mir gefundene Art, den Obelisken zu heben und zu transportiren, die sicherste sei und besser geeignet, zu dem gewünschten Ziele zu führen, als irgend eine der anderen, die vorgebracht worden waren. Mit Zustimmung der ganzen Versammlung wurde sie ausgewählt und für diejenige erklärt, welche bei dem Transport der Julia anzuwenden sei, während man alle anderen Pläne bei Seite setzte. Wegen des sehnlichen Wunsches jedoch, den die Herren hegten, dass die Sache auch mit gutem Erfolge ausgeführt werden möge, nahmen sie Anstand an meinem Alter, indem sie meinten, ich sei für einen solchen Auftrag zu jung, da ich nicht über 42 Jahre alt war. Man glaubte, es sei ein Mann nöthig, der in der Kunst, schwere Lasten zu bewegen, alt geworden sei, damit er bedächtig und langsam das ausführe, was ich am Modell gezeigt hatte. Deshalb übertrug man die Ausführung dem Bartolomeo Amannati, einem Herrn aus Florenz von 65 Jahren und gab ihm Herrn Giacopo della Porta zur Beihilfe. So schloss die Versammlung zu meiner grossen Befriedigung, wenigstens in sofern, als meine Erfindung unter so vielen Projekten den Vorzug erhielt, und zwei hochgeschätzten Architekten zur Ausführung übertragen wurde, dass ich beauftragt werden könnte, eine so wichtige, schwierige und gefahrvolle Arbeit, die in unserem Zeitalter noch Niemand versucht hatte, auszuführen, kam mir gar nicht in den Sinn.

Nachdem die Versammlung auseinandergegangen war, vergingen sieben Tage, ohne dass es mir einfiel zu unserem Herrn zu gehen, da ich erwartete, dass die genannten Meister sich zur Ausführung der ihnen übertragenen Arbeit anschicken würden. Erst als sie mich ersuchten, wegen einiger Geschäfte mit Sr. Heiligkeit zu verhandeln, ging ich nach Monte Cavallo. Während wir über andere Dinge sprachen, fragte Se. Heiligkeit nach meiner Meinung über die Obelisken-Angelegenheit. Ich sprach mich günstig darüber aus und äusserte den Wunsch, dass sie gelingen möge. Er gab mir zu erwägen, dass, wenn bei der Ausführung meiner Erfindung durch andere sich irgend ein Unfall ereignen sollte, man glauben würde, dass ein Fehler an meinem Modell daran Schuld sei. Dies machte mich stutzig. Es kam mir vor, als ob mir Unrecht geschehen würde, und ich sprach die Ansicht aus, dass ein Anderer allerdings wohl niemals eine Erfindung so gut ausführen könne, wie der Erfinder selbst, weil kein Mensch die Gedanken und Absichten eines anderen vollständig verstehen könne, worauf mein Herr befahl, dass ich allein die Arbeit unternehmen solle.

Mit 50 Mann machte ich mich sofort daran, die Grube für das Fundament auf dem Platze von S. Petro auszuwerfen. Es war dies am 25. September, einem merkwürdigen Glückstage im Leben unseres Herrn, denn an diesem Tage war er Bischof geworden, war er zur Kardinalswürde erhoben und zuletzt zum Papste gekrönt worden. Nachdem die Grube hergestellt war, machte man das Fundament, und zwar quadratisch von 60 palmi Seitenlänge und 33 palmi Tiefe."

Bei einer der Abbildungen in Fontana's Werk ist ein Massstab von 1 palmo = 217 mm Länge aufgezeichnet. Es muss daher wohl angenommen werden, dass dies die damalige Länge des römischen palmo war, und nach diesem Verhältnisse berechnet werden in der Folge alle Maasse, die Fontana in palmi ausdrückt, des leichteren Verständnisses wegen in Metermaass angegeben werden. Das Fundament wäre demnach 13 m im Quadrat und 7,16 m tief gemacht worden. Da der Boden aus Thon mit viel Wasser bestand, wurden jedoch zuvor Pfähle aus Eichen- und Kastanienholz von 5,42 m Länge und 22 cm Dicke eingerammt. Das Mauerwerk des Fundaments wurde aus klein geschlagenen, kieseligen Steinen und Backsteinstückchen mit gutem Mörtel aus Puzzolanerde hergestellt. An vielen Stellen wurden Münzen und Medaillen von Bronce zur Erinnerung an das Ereignis eingelegt. Fontana fährt fort:

„Da es aber, während dies zu Rom geschah, nothwendig wurde, dass zur Errichtung eines Gerüstes zum Heben eines so grossen Gewichtes, wie ich es später beschreiben werde, eine grosse Menge der dicksten und schwersten Hölzer gekauft würden, und auch verschiedenes ausserordentlich starkes Eisenwerk, wie man es in der Stadt nicht haben konnte, so hatte unser Herr, um den Kauf zu erleichtern und die Sache zu beschleunigen, die Gewogenheit, mir umfassende Vollmacht zu geben mit dem Privilegium, im ganzen Kirchenstaate zu kaufen und zu verkaufen und andere Dinge zu thun, die zur Ausführung des Unternehmens vortheilhaft waren. Diese Vollmacht lautete:

„„Wir, Sixtus V., verleihen dem Domenico Fontana, Architekten des heiligen Apostolischen Palastes, damit er den Transport des Vaticanischen Obelisken auf den Platz von S. Peter leichter und schneller bewirken kann, Vollmacht und Autorität, während der Dauer dieses Transportes sich der Dienste jedes beliebigen Handwerkers oder Arbeiters zu bedienen, sowie ihrer Sachen, welcher Art sie auch seien, und sie nöthigenfalls zu zwingen, sie ihm zu leihen oder zu verkaufen, wobei er sie jedoch durch gebührenden Lohn zu befriedigen hat. Dass er sich bedienen könne aller Bretter, Balken und Hölzer, welcher Art sie auch seien, die an den für diesen Zweck geeigneten Orten sich befinden, sie mögen gehören, wem sie wollen, wofür er jedoch den Besitzern angemessene Preise zu zahlen hat, wie sie von zwei Schiedsmännern abgeschätzt werden, die von den Parteien zu wählen sind. Und dass er alle Hölzer fällen und schneiden lassen kann, die in irgend einer Weise der Kirche von S. Peter, ihrem Kapitel oder ihren Kanonikern gehören, namentlich auch solche im Besitze des Campo morto, des Hospitals von San Spirito in Sassia oder der apostolischen Kammer ohne irgend welche Bezahlung. Dass er sie durch irgend welchen beliebigen Ort führen und die Thiere, die ihm zu dieser Arbeit dienen, darauf weiden lassen kann, ohne irgend welche Belästigung deshalb zu erleiden, wofür er jedoch Entschädigung leisten muss, die von Experten abgeschätzt wird, welche für diesen Zweck zu erwählen sind. Dass er die genannten und alle anderen nöthigen Sachen kaufen und wegführen kann von jeder beliebigen Person, ohne Zölle und Abgaben zu bezahlen. Dass er ohne Lizenz oder Schein in Rom oder den anderen Städten und benachbarten Orten alle Arten von Lebensmitteln für seinen Gebrauch und den seiner Diener und Thiere nehmen kann; dass er Winden, Hanfseile und Flaschenzüge nehmen und wegtragen kann, wo sie sich finden, auch wenn sie zerbrochen werden sollten, wobei er jedoch versprechen muss, sie wieder herzustellen und ganz zurückzubringen, und angemessene Pacht zahlen muss. Und dass er sich ebenso aller Instrumente und Sachen der Gebäude von St. Peter bedienen kann und den Dienern und Beamten derselben befehlen kann, dass sie innerhalb eines angemessenen Zeitraumes den Platz um den Obelisken frei machen, um ihn dahin führen zu können und alles vorbereiten, was für diesen Zweck nöthig ist. Dass er nöthigenfalls die dem Obelisken benachbarten Häuser niederlegen lassen kann, wobei jedoch zuvor die Art der Entschädigung festgesetzt werden muss, die zu leisten ist. In Summa geben wir dem genannten DOMENICO FONTANA Vollmacht, zu thun, anzuordnen und zu verlangen alles Andere, was zu genanntem Zwecke erforderlich ist; und ausserdem, dass er und seine Agenten, Diener und Hausburschen allerorts und jederzeit jede Art von Waffen tragen dürfen ausser den verbotenen. Und wir befehlen allen Magistratspersonen und Beamten des ganzen Kirchenstaates, dass sie in allen vorgenannten Dingen Hilfe leisten und den genannten DOMENICO FONTANA unterstützen. Allen anderen aber, die in irgend einer Weise dem Apostolischen Stuhle unterthan sind, wess Ranges und Standes sie auch seien, befehlen wir bei Gefahr unserer Ungnade und 500 Dukaten Strafe oder mehr nach unserer Entscheidung, dass sie nicht wagen, die genannte Arbeit zu hindern, oder jenen DOMENICO und seine Agenten und Arbeiter in irgend welcher Weise zu belästigen, sondern ohne Verzug und irgend welche Entschuldigung ihm zu helfen und zu gehorchen, ihn zu unterstützen und ihm beizustehen. Gegeben zu Rom am 5. Oktober 1585.""

Auf Grund dieser Vollmacht wurden nun Leute nach den verschiedenen umliegenden Orten geschickt, um Materialien einzukaufen und sie nach Rom zu schaffen. In Fulcigno wurde eine grosse Menge Hanf gekauft, um in Rom Seile daraus zu machen, namentlich 44 Seile von 70 mm Dicke und je 200 Ellen Länge. Diese dienten zu den doppelten Flaschenzügen mit 12 Rollen, wovon jeder zwei Göpeln entsprach, worüber wir später noch reden werden. Auch machte man eine grosse Zahl dünner Seile zum Binden und zu anderem Gebrauche. Bei vielen Schmieden wurden eiserne Bügel zum Binden des Gerüstes bestellt und andere, die die Flaschen der Flaschenzüge und die Leitrollen umschliessen sollten; auch lange Bolzen zum Zusammenziehen der Gerüstbalken, sowie kleine Ringe, um die Zapfen der Seilrollen darin zu lagern und grosse, um die Seiltrommeln der Göpel damit zu binden, damit sie sich nicht spalteten. Grössere und kleinere Zapfen für die Rollen der verschiedenen Flaschenzüge wurden aus Bronce gegossen. Auch wurden eine grosse Menge von Nägeln, Bändern, Beilen, Aexten, Hämmern, Schlägeln und Hebeisen verschiedener Art gemacht. Balken von Kastanien-, Eichen- und Ulmenholz, die sich in den Magazinen fanden, wurden angekauft, um daraus die Versteifungen des Gerüstes herzustellen. In Ronciglione wurden die dicksten und längsten Eisenstäbe zur

Armirung des Obelisken und Eisen für die Gehäuse der Flaschenzüge bestellt. Auch in Subiaco Castello, dreissig Meilen von Rom entfernt, oberhalb Tivoli, machte man derartige Eisen für die Gehäuse der Flaschenzüge. Nach Campomorto, einem Walde der Kanoniker von St. Peter, nach Porto die Netunno hin gelegen, 28 Meilen von

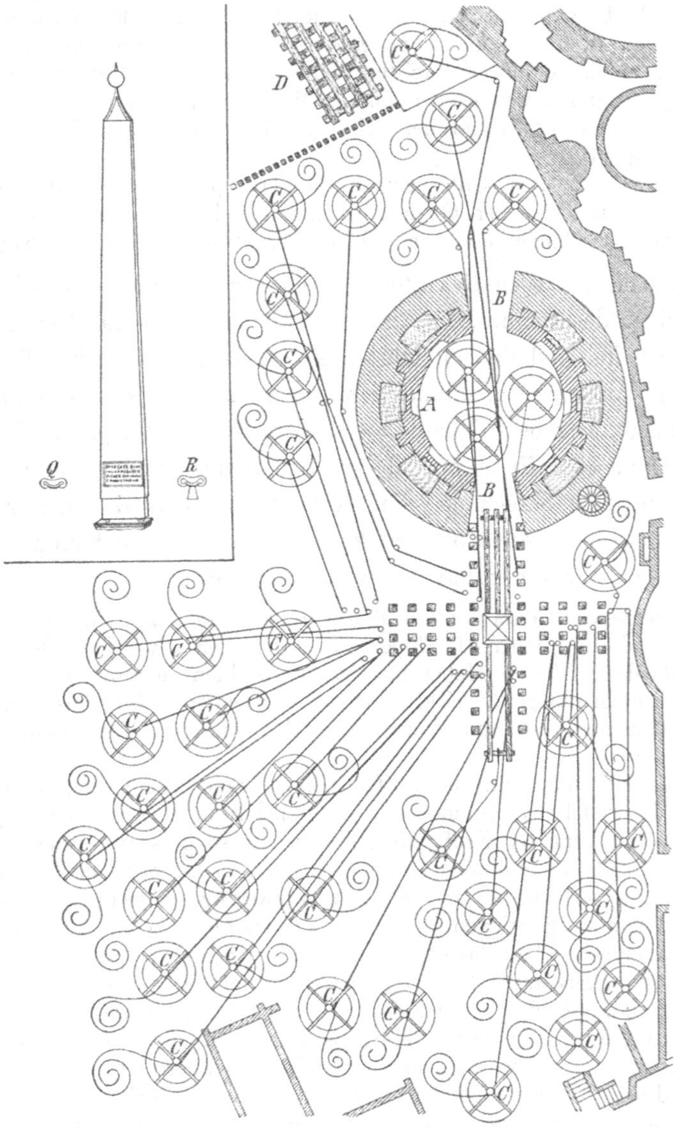


Fig. 770.

Rom entfernt, wurden viele Leute geschickt, um eine grosse Zahl der längsten und stärksten Eichenhölzer zu fällen und herzurichten. Diese wurden auf den stärksten Karren nach Rom geschafft. Jeder Stamm erforderte 7 Paar Ochsen. In Terracina wurde eine grosse Menge von Bohlen aus Ulmenholz gekauft, um den Obelisken zu verkleiden, und das Bett über den Balken herzurichten, über die er hingeschleift werden sollte. In Santa Sivera auf den Grundstücken der verehrlichen Kammer liess man die Wellbäume für die Göpel und die Rollen von Steineichenholz schneiden, sowie Stangen und Bretter aus Ulmenholz. Fast an ein und demselben Tage wurde an allen den genannten Orten mit diesen Vorbereitungs-Arbeiten begonnen.

Ehe wir in der Beschreibung der Arbeiten zum Transport des Obelisken weitergehen, wollen wir jedoch diesen und den Ort, wo er stand, etwas näher betrachten. Dieser Ort hinter der Sakristei von St. Peter war so abgelegen, schmutzig und wenig besucht, dass viele Fremde, die nach Rom kamen, um die Sehenswürdigkeiten der Stadt zu betrachten, wenn sie nicht von einem erfahrenen Führer begleitet wurden, ihn entweder schwer fanden, oder abreisten, ohne dieses seltene Denkmal gesehen zu haben. Ich sage „selten", weil es der einzige Obelisk in Rom war, der damals noch aufrecht stand. Durch die Länge der Zeit war aber sein ganzes Piedestal in die Erde begraben (Fig. 770).

Ehe ich mich zu dem Unternehmen des Transportes anschickte, wollte ich mich vergewissern, wie viel der Obelisk wiegt. Ich liess 1 palmo von derselben Steinart würfelförmig behauen und fand, dass dieser Würfel 86 Pfund wog."

Da nach dem früheren Gesagten 1 palmo = 217 mm anzunehmen und das spec. Gewicht des Granites 2,8 ist, so berechnet sich das Gewicht dieses Würfels auf 28,6 kg, und danach müsste ein damaliges römisches Pfund etwa $^1/_3$ kg oder $^2/_3$ von unserem Pfund gewesen sein. Der Vaticanische Obelisk hat nach Fontana's Angabe 107 palmi = 23,22 m Höhe, $12^1/_2$ p. = 2,71 m Dicke am Fusse, $8^1/_{12}$ p. = 1,75 m am oberen Schaftende, und seine Spitze 6 p. = 1,30 m Höhe. Er berechnet sein Gewicht auf 963537 damalige Pfund, das wären nach Obigem etwa 321180 kg; die genauere Rechnung ergiebt jedoch ein etwas grösseres Resultat. Fontana fährt fort:

„Ich überlegte nun, dass ein Göpel mit guten Seilen, und Flaschenzügen etwa 20000 ℔ hebt, und dass daher 40 Göpel 800000 ℔ heben würden. Für den Rest (von 163537 ℔) dachte ich 5 Hebel aus starken Balken anzuwenden, jeder 13 m lang, so dass ich nicht nur genug Kraft, sondern noch einen Ueberschuss hätte. Auch konnte man bei meiner Anordnung immer leicht Maschinen zufügen, wenn die ersten nicht genügen sollten.

Als meine Erfindung an die Oeffentlichkeit kam, zeigte sich, dass fast alle Sachverständige bezweifelten, dass man so viele Göpel so in Uebereinstimmung bringen könnte, dass sie mit vereinter Kraft wirkten, um ein so grosses Gewicht zu heben. Sie sagten, die Göpel könnten nicht gleichmässig anziehen, der am stärksten angezogene Göpel müsse zerbrechen, und dadurch Verwirrung entstehen, die die ganze Maschinerie in Unordnung bringen würde. Ich aber, obgleich ich noch nie so viele Kräfte hatte zusammenwirken lassen, noch etwas dergleichen gesehen hatte, noch durch irgend eine Vergleichung darüber klar werden konnte, fühlte mich doch sicher, dass ich es thun könnte, weil ich wusste, dass vier Pferde, die an einem jener Seile ziehen, wie ich sie angeordnet hatte, wenn sie sich auch noch so sehr anstrengten, doch niemals im Stande sein würden, es zu zerreissen, sondern wenn irgend ein Göpel zuviel von der Last zu tragen bekommen würde, könnte er sich nicht mehr drehen, aber ebenso wenig, wie gesagt, das Seil zerreissen; die anderen, zurückgebliebenen Göpel würden inzwischen gedreht werden, bis jeder wieder seinen richtigen Theil von der Last auf sich genommen habe. Dann würde jener erste, der zu sehr belastet war, auch wieder anfangen können, sich zu drehen, und alle Kräfte sich vereinigen. Ausserdem hatte ich angeordnet, dass nach je drei oder vier Umdrehungen der Göpel angehalten werden sollte, und dass die Leute, wenn sie die Seile dann berührten und eines zu stark gespannt fänden, es nachliessen." (Die Seile wurden nämlich nicht an den Göpelwellen befestigt, sondern nur mehrmals darum geschlungen, und ihr freies Ende von einem Arbeiter angezogen. Es waren also gewissermassen

Friktionswinden, und eine übermässige Spannung des Seiles konnte der Arbeiter, der das freie Ende desselben anzog, leicht korrigiren.) „Alle diese Anordnungen waren mir nicht neu, und ich vermied mit ihnen alle Gefahren und war sicher, dass kein Seil brechen werde.

Da es nothwendig war, ein hölzernes Gerüste zu bauen und Raum für die Aufstellung der genannten 40 Göpel zu schaffen, erwies es sich, da der betreffende

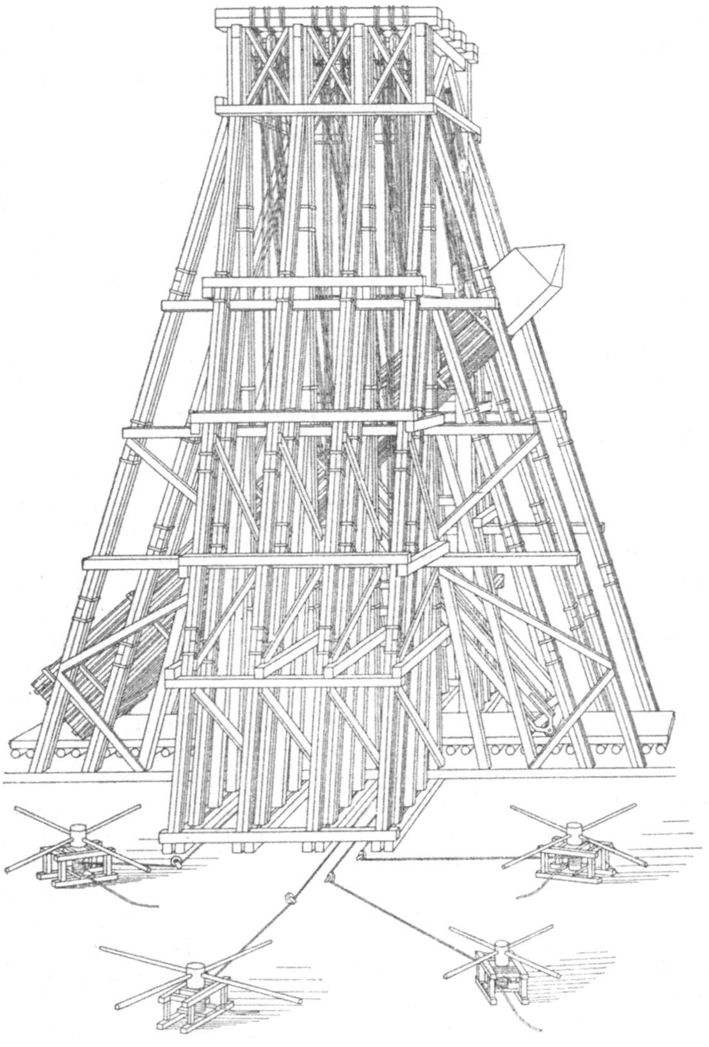

Fig. 771.

Platz etwas zu eng war, als nöthig, einige Häuser niederzulegen und den Platz zu ebnen, wie man aus dem Grundplane (Fig. 770) ersieht, auf dem die Vertheilung der Göpel (*C*) angegeben ist. Und damit das Gewicht des Gerüstes und der daran hängenden Last die Erde nicht eindrücke, machte man um den Fuss des Obelisken ein Bett von doppelten Balken, die einander berührten. Dieses Bett hatte die Form eines Kreuzes, wovon jeder Arm an einer der vier Seiten des Obelisken anfing und sich 10,85 m weit erstreckte und an jedem Ende eine Breite von 6,51 m hatte.

Ueber dieses Kreuz wurde eine andere Lage Balken gelegt, die so weit von einander entfernt waren, dass sie die Fussenden der Säulen und der Streben, die diese zu stützen hatten, zwischen sich fassen konnten. Die Streben wurden von diesen und anderen Balken so zusammengehalten, dass sie nach keiner Seite ausweichen konnten.

Um das Gerüst (Fig. 771) herzustellen, richtete man acht hölzerne Säulen oder Pfosten auf, vier auf der einen und vier auf der gegenüberliegenden Seite des Obelisken, je 1,08 m von einander entfernt. Jede Säule bestand im Querschnitte aus 4 Balken von je 49 cm Dicke, so dass jede Säule nahezu 1 m dick war. Die Balken waren so mit einander verbunden, dass die Stossfugen nicht zusammentrafen. Sie waren an vielen Stellen durch eiserne Bolzen mit Schliessen verbunden, so dass man sie leicht wieder auseinandernehmen konnte. Die Entfernung von einem Bolzen zum anderen betrug 2,60 m. Ausserdem waren, je 2,60 m von einander entfernt, eiserne Bänder um die Säulen gelegt und Keile zwischen sie und die Balken getrieben, um diese fester zusammenzuziehen. Endlich waren, je 2,60 m von einander entfernt, Seile um die Säulen gewickelt und Keile zwischen sie und die Balken getrieben. Die so gebildeten Säulen waren um 2,17 m höher als der Obelisk, d. h. vom Fundament an 26,70 m hoch. Auf diese wurden Träger aus dicksten Balken gelegt und innerhalb des Gerüstes mit den Säulen verstrebt. Sie verbanden die Enden der Säulen so, dass diese sich nicht nach innen neigen oder biegen konnten. Rings um diese acht Säulen waren 48 Streben in folgender Weise gestellt: 1,08 m vom Fusse jeder Säule entfernt standen die Fussenden der kürzesten Streben, welche bis zum dritten Theile der Seitenhöhe hinaufreichten. Sie waren 54 cm dick, aus einem Balken bestehend. Jede Säule hatte eine solche Strebe, die an den vier Ecken aber deren zwei, d. h. diese waren nicht nur nach Norden oder Süden, sondern auch nach Osten oder Westen hin verstrebt. Wieder 1,08 m von dem Fusse dieser ersten stand der der zweiten, die bis zur halben Säulenhöhe reichten, und abermals 1,08 m davon entfernt waren die dritten, die bis zu $^2/_3$ der Säulenhöhe reichten. Und weil sich keine Balken von dieser Länge fanden, wurden sie auf dieselbe Weise zusammengesetzt wie die Säulen. Und wiederum 1,08 m davon entfernt standen die äussersten Streben auf, die bis nahe an das obere Ende der Säulen reichten. Alle diese Streben wurden durch viele Querbalken und gekreuzte Balken versteift und gehalten. In den Höhen, wo die Streben auf die Säulen trafen, wurden im Innern des Gerüstes Querbalken über alle vier Säulen angebracht und durch Nägel und Verschnürung an diesen befestigt, damit die Säulen sich nicht nach den Seiten ausbiegen konnten. Und zwischen den beiden ersten und den beiden letzten Säulen, welche nach aussen standen, wurden zwischen diesen Balken Spreizen angebracht, die ein Ausbiegen der Säulen nach innen verhüteten. Dieses Gerüst war so fest, dass man das grösste Gebäude darauf hätte stellen können. An seinem oberen Ende wurde es aber noch durch vier Spannseile (die schräg nach der Erde herabliefen, wo sie verankert wurden, und die durch Flaschenzüge gespannt wurden) gehalten. Auf die Träger (oben auf den Säulen) wurden 5 starke Balken gelegt, jeder 6,51 m lang und nach jeder Richtung mehr als 65 cm dick, an welchen zwischen den Trägern 40 Flaschenzüge aufgehängt wurden, die man durch die 40 Göpel bewegte. Diese Flaschenzüge wurden nicht in der Mitte der Zwischenräume, sondern, der grösseren Sicherheit wegen, nahe bei den Trägern und Säulen aufgehängt.

Den Obelisken bedeckte man zunächst mit doppelten Binsematten, damit er nicht verletzt würde. Darüber wurden Bohlen von 54 mm Dicke gelegt. Ueber diese legte man auf jeder Seite des Obelisken drei eiserne Längsstäbe von 108 mm Breite und 54 mm Dicke, deren untere umgebogene Enden unter den Obelisken fassten, da er auf broncenen Knäufen stand. Diese Eisenstäbe reichten bis zum oberen Drittel der Höhe an dem Obelisken hinauf, indem sie aus mehreren scharnierartig verbundenen Stücken zusammengesetzt waren. Sie wurden von 9 auf ihre Länge ungefähr gleichmässig vertheilten Bändern aus demselben Eisen umschlossen.“ (Um diese an Verschiebung nach oben zu hindern, da die Flaschenzüge an ihnen angreifen sollten, waren eiserne Stollen über ihnen in die Längsschienen geschraubt oder genietet.) „Das Eisenwerk dieser Verkleidung wog 13333 kg, die Bohlen, Flaschenzüge und Seile etwa ebensoviel, so dass der Obelisk mit dieser Armatur etwa 348000 kg wog. Während man ihn armirte, wurde der Platz geebnet, die Göpel wurden aufgestellt, die Flaschenzüge aufgehangen und mit den Göpeln verbunden. Und damit diejenigen, welche mit der Ueberwachung des Gerüstes beauftragt waren, sofort erkennen könnten, welcher Göpel zurückgeblieben oder vorausgeeilt war, liess ich alle Göpel mit Nummern zeichnen und ebenso die zugehörigen Leitrollen und Flaschenzüge, so dass man jedesmal, wenn es nöthig war, von der Spitze des Gerüstes aus einen Wink geben konnte, welcher Göpel nachgelassen oder mehr angezogen werden müsse, und dass die Aufseher der Göpel ohne die geringste Verwirrung in jedem Moment diesen Befehlen entsprechen konnten. Wegen der Enge des Platzes aber war es nothwendig, drei Göpel in der Sakristei (*A* Fig. 770) aufzustellen, und die Seile an vielen Stellen durch Leitrollen in gebrochenen Linien zu führen, wie man es auf dem Plane (Fig. 770) sieht.

Nachdem alle Göpel gezeichnet waren, liess man einen nach dem anderen von drei bis vier Pferden ziehen, um die Kraftäusserungen der Pferde in Uebereinstimmung zu bringen, indem man nach je drei bis vier Umgängen revidirte, bis sie alle gleichmässig anzogen. Dieses Ziel erreichte man am 28. April 1586.“

„Da unendlich viel Volk zusammenlief, um ein so merkwürdiges Unternehmen anzusehen, wurden, um Unordnung zu vermeiden, die Strassen abgesperrt, die über den Platz führten, und eine Bekanntmachung erlassen, dass an dem zur Hebung des Obelisken bestimmten Tage ausser den Arbeitern Niemand in die Schranken eintreten dürfe. Wer mit Gewalt eindränge, würde mit dem Tode bestraft. Ferner dürfe keiner bei schwerer Strafe die Arbeiter hindern, keiner dürfe sprechen, disputiren, oder irgend einen Lärm machen, bei schwerer Strafe, damit die prompte Ausführung der Befehle der Bediensteten nicht gehindert werde. Zur sofortigen Vollstreckung dieser Verordnung wurde der Hauptmann der Häscher mit seinem Korps innerhalb der Umschliessung aufgestellt, so dass, theils wegen der Neuheit der Arbeit, theils wegen der angedrohten Strafen, in der Volksmenge, welche zusammenlief, die grösste Stille herrschte.

Am 30. April, zwei Stunden vor Tagesanbruch, wurden zwei Messen in der Heiligengeistkirche gelesen, damit Gott, zu dessen und des heiligen Kreuzes Ehre dieses merkwürdige Unternehmen ausgeführt werden sollte, ihm seine Gunst schenken und es gelingen lassen möge. Und damit Er die Bitten Aller erhöre, gingen sämmtliche Arbeiter, Aufseher und Fuhrleute, die bei dem grossen Werke zu thun hatten und nach meiner Anordnung Tags zuvor gebeichtet hatten, zur Kommunion. Auch hatte unser Herr mir den Tag vorher seinen Segen gegeben und mir anempfohlen, was ich zu thun habe. Nachdem alle kommunicirt hatten und angemessene Reden gehalten worden waren, trat er aus der Kirche in die Umzäunung, und alle Arbeiter wurden an ihre Plätze beordert. Jeder Göpel erhielt zwei Aufseher, deren Anweisung besagte, dass jedesmal, wenn das Signal eines Trompeters gehört würde, den ich auf einem erhöhten Platze aufstellte, so dass er allen sichtbar war, die Göpel in Gang zu setzen seien, und er ein scharfes Auge darauf haben müsse, dass richtig gearbeitet werde; wenn aber der Ton einer Glocke erklinge, die oben an dem Gerüst aufgehangen war, müsse er sofort Halt machen lassen. Innerhalb einer Umzäunung am Ende des Platzes stand der Chef der Fuhrleute mit 20 starken Reservepferden und 20 Mann zu ihrer Bedienung. Ausserdem hatte ich noch acht bis zehn tüchtige Männer auf dem Platze vertheilt, die herumgingen und überall nachsahen, dass während der Arbeit keinerlei Unordnung vorkäme. Ferner hatte ich eine Abtheilung von 12 Mann angewiesen, die nöthigen Reserveseile, Flaschenzüge, Rollen u. s. w. nach Bedarf hin und her zu tragen. Diese waren vor dem Vorrathshause auf einem erhöhten Platze aufgestellt, wo sie auf jeden Wink oder Befehl das auszuführen hatten, was ihnen aufgetragen wurde, so dass kein Göpelaufseher seinen Platz zu verlassen brauchte. An jeden Göpel aber hatte ich sowohl Menschen als Pferde gestellt, um ihn zu bewegen, damit erstere ihn mit mehr Vernunft nach den Befehlen der Aufseher regierten, da Pferde allein manchmal stehen bleiben oder sich zu rasch bewegen. Unter dem Gerüste waren 12 Zimmerleute aufgestellt, welche fortwährend hölzerne und eiserne Keile unter den Obelisk zu schlagen hatten, einestheils um damit heben zu helfen, anderentheils um ihn fortwährend zu unterstützen, so dass er niemals frei hing. Diese Zimmerleute trugen eiserne Helme auf dem Kopfe, um sie zu schützen, wenn ein Gegenstand von dem Gerüste herabfiel. Zur Beobachtung des Gerüstes, der Flaschenzüge und Verschnürungen daran bestimmte ich 30 Mann. An die drei Hebel gegen Westen (nach der Sakristei hin) stellte ich 35 Mann zur Bedienung und an die gegenüberliegenden zwei Hebel 18 Mann mit einem kleinen Handgöpel."

„Nachdem von allen ein Paternoster und Ave Maria gesprochen war, gab ich dem Trompeter das Zeichen, und sobald sein Signal ertönte, begannen die 5 Hebel und 40 Göpel mit 907 Menschen und 75 Pferden zu arbeiten. Bei der ersten Bewegung schien es, als ob die Erde zittere, und das Gerüst krachte laut, indem sich alle Hölzer durch das Gewicht zusammendrückten, und der Obelisk, welcher um 44 cm gegen den Chor von St. Peter hin geneigt gewesen war, stellte sich senkrecht. Als man sah, dass das Gerüst, trotz dem Krachen, in keinem Theile nachgab und Niemandem etwas zugestossen war, fasste Jeder Muth, und nachdem die Glocke das Zeichen zum Anhalten gegeben hatte, fand sich, dass die oberste der eisernen Bandagen, die die Längsstäbe am Obelisken zusammenhielten (und an der mehrere Flaschenzüge angriffen) zerbrochen war. Man half dem dadurch ab, dass man 4 Flaschenzüge auf jeder Seite an einer Seilumschlingung befestigte, deren Enden mehrmals unter dem Obelisken durch und auf der anderen Seite wieder zu der Umschlingung hinaufgeführt wurden. Alsdann fuhr man fort und hob den Obelisken in 12 Bewegungen (Hitzen) um 60 cm, was genügte, um die Schleife darunter zu schieben und die metallenen Knäufe, worauf der Obelisk gestanden hatte, wegzunehmen. In dieser Höhe wurde daher angehalten und wurden die vier Ecken des Obelisken mit sehr starken Unterlaghölzern, hölzernen und eisernen Keilen unterschlagen. Und als dies um 22 Uhr*) desselben Tages geschehen war, wurde mit einigen Mörsern auf dem Gerüste das Signal gegeben und die ganze Artillerie gab mit lautem Donner das Zeichen der Freude. Und man brachte dem Befehle gemäss das Mittagessen in Körben zu jedem Göpel, damit Keiner seinen Posten verlasse.

Aus Erfahrung wusste man nun, dass Seile sicherer sind, als eiserne Bänder, und deshalb legte man nun an vielen Stellen starke Taue um den Obelisken, die, wie oben beschrieben, mit unter ihm durchgehenden Seilen gehalten wurden. Der grösste Theil der eisernen Bänder wurde durch das grosse Gewicht zerbrochen oder verbogen. Andere hatten die eisernen Stollen, die in den Längsschienen befestigt waren und gegen die sie sich stützten, abgedrückt. Es schien, als ob sie mit einem Messer abgeschnitten wären, wenn es möglich wäre, Eisen wie andere weiche Dinge zu schneiden. Es ist dies eine erstaunliche Wirkung eines so grossen Gewichtes.

Wie erwähnt, wurde der Obelisk während des Hebens von den Zimmerleuten fortwährend unterkeilt, so dass er wie auf einem Piedestal stand. Als dies vollendet war, machte man sich daran, die Knäufe wegzunehmen, wovon zwei (*Q* Fig. 770) nur auf die Oberfläche des Piedestals gelegt waren. Jeder wog 200 kg. Einer davon wurde sogleich zu Seiner Heiligkeit dem Papste gebracht, welcher grosse Freude darüber an den Tag legte. Die beiden anderen waren 33 cm tief eingezapft und eingebleit (*R* Fig. 770), wie man es aus der Zeichnung ersieht. Jeder wog 266 kg. Diese sassen so fest, dass man sich 4 Tage und 4 Nächte lang abmühen musste, um sie herauszunehmen, denn es war schliesslich nothwendig, den Stein ringsum herauszumeisseln. Daraus lässt sich nach meiner Meinung schliessen, dass die Alten sie so fest machten, um den Fuss der Julia während des Aufrichtens dagegen zu stemmen. Indem sie dann an der Spitze aufzogen, musste sie sich um diese Knäufe

*) Die Uhren in Italien hatten damals Zifferblätter für 24 Stunden.

auf dem Piedestal drehen. Man erkennt dies auch daran, dass diese Knäufe am Rande abgerieben sind. Diese Art des Aufrichtens muss aber mehr Mühe und Kosten verursacht haben, als die Art, in der es jetzt gemacht wurde. Mehr Mühe, weil eine Kraft der anderen entgegenwirkte, da man die Julia gegen die Knäufe hinzog, gegen die ihr Fuss sich stützte, und mehr Kosten, weil man das Gerüst ebenso lang machen musste, wie die auf der Erde liegende Julia. Ich bin auch der Meinung, dass Plinius Recht hat, indem er sagt, die Julia sei beim Aufrichten zerbrochen worden, und zwar aus drei Gründen. Erstens weil die Spitze nicht dieselben Verhältnisse zeigt wie die anderen, welche alle $1^1/_2$ Kopfbreiten hoch sind. Danach müsste die Spitze der Julia 12 palmi hoch sein; sie hat aber nur 6, und ich glaube, dass die Alten, nachdem sie abgebrochen war, sie nicht höher machen wollten, um den Stein nicht zu sehr zu verkleinern. Der zweite Grund ist, dass, wie man sieht, die Spitze von einem anderen Meister bearbeitet ist. Denn sie ist nicht, wie der übrige Stein, polirt, sondern erscheint wie Bauernarbeit dagegen. Der dritte Grund ist, dass die anderen Obelisken eine Höhe von $9^1/_2$ bis 10 Kopfbreiten haben, während diese Höhe bei dem von St. Pietro nur 9 Kopfbreiten beträgt.

Während man die metallenen Knäufe aus dem Piedestal nahm, wurde die Schleife auf die Walzen gelegt. Die Schleife war schmäler als der Fuss des Obelisken, so dass sie zwischen den Unterlaghölzern unter den Ecken desselben hindurchgeschoben werden konnte.

Der Obelisk war nun umzulegen, was wegen der Grösse der Bewegung und der Länge des Steines eine schwierigere Arbeit war als die erste. Zu diesem Zwecke ordnete man die Flaschenzüge und Seile anders an, so dass die Westseite, womit sich der Obelisk auf die Schleife legen sollte, frei blieb. Auch wurden die Göpel anders angeordnet, weil sie nun auf andere Weise wirkten. (Fig. 772). Und weil ich voraussah, dass es manchmal nöthig werden würde, anzuhalten, während der Obelisk schräg stand, um Flaschenzüge, Umschnürungen und andere Dinge nach Bedarf zu ordnen, liess ich, damit der Obelisk niemals an den Seilen hängend ruhe, sondern unterstützt sei, vier Balken von je 13 m Länge herrichten, die an den Enden mit starken Scharnierköpfen versehen waren, welche sich zu beiden Seiten dicht an dem Obelisken um eine 108 mm dicke Eisenstange drehten, welche die untere Seite des Obelisken berührte und durch eine eiserne Umgürtung desselben an ihm befestigt war. Die genannten Balken aber ruhten auf einer Walze (wie aus Fig. 771 ersichtlich ist) und der Winkel, den die Balken mit dem Obelisken bildeten, öffnete sich, indem dieser niedergelassen wurde, wie ein Zirkel. Da sie aber bei zu schräger Stellung nicht mehr als Stütze dienen konnten, hatte ich noch kürzere Balken zu demselben Zwecke herrichten lassen. Wenn die Arbeit unterbrochen werden musste, wurde der Obelisk durch diese Balken unterstützt, indem man sie entweder mit einem Seile festhielt, das an ihre Fussenden gebunden und um eine Säule geschlungen war, oder durch einen Eisenstab, der in Löcher der Walze gesteckt wurde und, indem er sich gegen die Erde stemmte, die Drehung der Walze verhinderte. Nachdem die Göpel anders angeordnet und an die geeigneten Plätze gestellt waren, wurden diejenigen, an deren Flaschenzügen der Obelisk während des Ablassens hängen sollte, von Neuem angezogen und die Seile so stark gespannt, wie sie beim Heben gewesen waren. Dann wurden sie festgestellt, dass sie sich nicht mehr drehen konnten.“ (Das Nachlassen der Flaschenzugseile dieser Göpel sollte also nicht durch Rückwärtsdrehen dieser erfolgen, sondern durch Nachlassen des von einem Arbeiter angezogenen freien Endes des mehrmals um die nun feststehende Göpelwelle geschlungenen Seiles.) „Die Ausführung dieser Vorarbeiten nahm acht Tage in Anspruch, und am Mittwoch, den 7. Mai 1586, am Morgen zu guter Zeit war die ganze Vorrichtung in Ordnung. Am Fusse des Obelisken waren vier Flaschenzüge befestigt und die sie bedienenden Göpel standen hinter der Sakristei nach Westen. Diese fingen an jenem Morgen zu guter Stunde an sich zu drehen und den auf einer Schleife, die auf Walzen lief, ruhenden Fuss des Obelisken zu sich hin zu ziehen, während die anderen festgestellten

Göpel ihre Seile nachliessen. Es war der Befehl ertheilt, dass gerade so wie beim Heben, wenn das Trompetensignal erschallte, die Göpel am Fusse anziehen und gleichzeitig die anderen nachlassen sollten; wenn aber die Glocke ertönte, hatten sie anzuhalten. Die Spitze des Obelisken war nach der Seite hin, nach der der Fuss

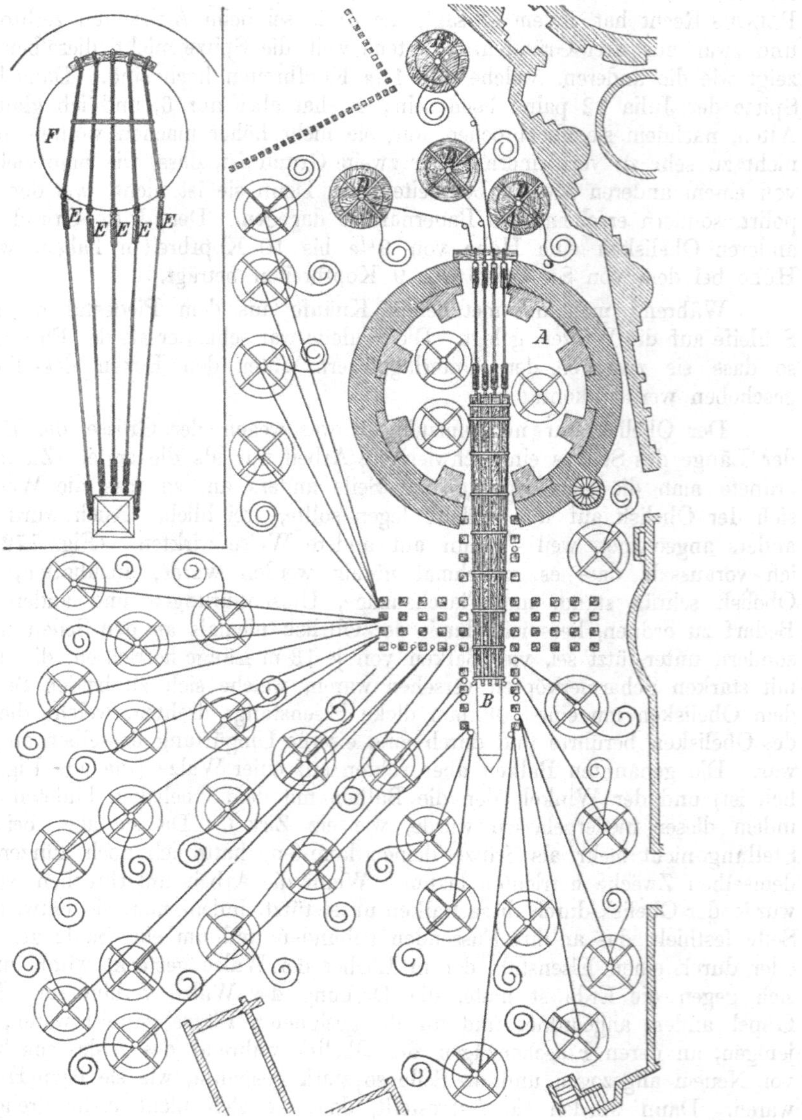


Fig. 772.

gezogen wurde, durch leichte Balken, die an den Säulen befestigt waren, gestützt, und der Obelisk neigte sich deshalb, als sein Fuss nach Westen hin gezogen wurde, ohne jegliche Erschütterung. Fünf Flaschenzüge *E* aber waren einerseits an dem Gewölbe der Sakristei, andererseits an der Spitze des Obelisken befestigt (Fig. 772) und regelten, wie mit einem Zügel, das Niedergehen desselben, das niemals einen Stoss verursachte. Als er in der Hälfte des Niederganges war, fing er an von selbst auf den Walzen nach hinten zu rutschen, und es war daher nicht mehr nöthig, ihn in dieser Richtung zu ziehen, sondern im Gegentheil einen Flaschenzug in entgegengesetzter Richtung am Fusse anzubringen, um ihn nach Gefallen des Aufsehers zu regieren. Um 22 Uhr lag er wohlbehalten und ohne dass irgend Jemand verletzt worden wäre auf der Schleife, welche unter ihn gezogen worden war. Dies erfuhr unser Herr mit grösster Befriedigung und das ganze Volk empfand eine solche Freude darüber, dass der Architekt mit Trommel- und Trompetenschall nach Hause geleitet wurde.

Am folgenden Tage fing man an, alle Flaschenzüge und Göpel wegzunehmen, und diese Arbeit nahm vier Tage in Anspruch. Dann zog man den Obelisken mit vier Göpeln und Flaschenzügen hervor, bis er ganz ausserhalb des Gestelles lag, um es auseinandernehmen zu können ohne Gefahr, dass ein Balken darauf falle. Alsdann machte man sich daran, das Gerüst auseinander zu nehmen, indem man alle Keile, Seile, Bolzen und Bandagen wegnahm und gesondert aufbewahrte, um sich ihrer beim Wiederaufschlagen auf dem Platze sofort bedienen zu können. Sobald das Gerüst auseinandergenommen war, fing man an, die Erde rings um das Piedestal aufzugraben, um es blosszulegen, und in derselben Zeit fuhr man die Hölzer auf den St. Peters-Platz. Als das Piedestal zur Hälfte aufgedeckt war, fand man, dass sein erster Theil, worauf die Knäufe gesessen hatten, 2,50 m hoch war, auf der Ostseite 2,66 m, auf der Westseite 2,82 m, auf der Nord- und Südseite 2,87 m breit. Man zog ihn auf, legte ihn auf Walzen und beförderte ihn nach dem Platze. Unter diesem fand sich eine Gesimsplatte aus einem Stücke, 868 mm hoch, oben 3,25 m, unten 2,82 m breit. Man beförderte sie ebenfalls auf den Platz. Darunter fand sich ein Sockelstein, 2,82 m hoch, nach Osten 2,55 m, nach Westen, Norden und Süden 2,88 m breit. Darunter war eine Grundplatte, 922 mm hoch, oben 2,82, unten 3,36 m breit. Da der erste Theil breiter war als der untere, wenn auch nicht so hoch, nach den Regeln der Architektur aber der breitere Theil unten liegen sollte, veranlasste mich dies zu glauben, dass dieses Piedestal aus Ueberresten alter Bauwerke gebildet worden wäre, und diese Ansicht wurde dadurch bestätigt, dass die Gesimsplatte weniger gut modellirt war, als die Grundplatte, woraus man schliessen konnte, dass sie Werke zweier Architekten seien. Wenn ich beim Aufrichten des Piedestals den breiteren Theil unten hin hätte legen wollen, würde er nicht auf die Grundplatte gepasst haben, die oben schmäler war, und wenn man eine neue Grundplatte hätte machen wollen, hätte man in Rom keinen so grossen Stein gefunden, so dass ich wegen der Kürze der Zeit und um Unannehmlichkeiten zu vermeiden gezwungen war, alle Theile wieder so zu legen, wie sie von den Alten angeordnet worden waren. Unter der genannten Grundplatte war ein Sockel von weissem Marmor, 976 mm hoch, gegen Ost und West 4,88 m lang, gegen Nord und Süd 3,25 m breit. Er bestand aus drei Stücken, die durch eingebleite Eisenklammern verbunden waren, und stand ganz unter Wasser. Darunter fand sich noch eine Doppellage von Kalksteinen und ein Fundament von Kieselsteinen. Die Kalksteine konnten nicht alle herausgebracht werden, weil es die Kosten nicht deckte, da sie 8,68 m tief in der Erde lagen und das Wasser überall herausquoll.

Da man den Obelisken von dieser Stelle bis zu seinem neuen Standorte auf eine Entfernung von 300 Ellen transportiren musste und man durch Nivellement fand, dass der neue Standort um 8,68 m tiefer lag als der Platz, wo er seither gestanden (also in gleicher Höhe mit der Oberfläche des alten Fundaments), machte man einen ebenen Damm (d. h. einen Damm mit horizontaler Krone) von dem alten bis zu dem neuen Standorte, indem man die Erde dazu hinter den Gebäuden von St. Peter aus dem Monte Vaticano entnahm. Unten machte man ihn, bei 10,85 m Kronenbreite und 8,03 m Höhe, 21,7 m breit. Um den Standort des Gerüstes herum, machte man ihn aber oben um 20,61 m und am Fusse um 27,12 m breiter. Man verkleidete ihn mit Balken und stützte diese durch Pfosten und Streben, zog auch an vielen Stellen Balken quer durch, damit er nirgends dem grossem Drucke nachgebe.

Während alles dies ausgeführt wurde, legte man auf das Fundament, das schon auf dem Platze von St. Peter hergestellt worden war und den Obelisken tragen sollte, eine Lage bearbeiteter Kalksteine, 9,11 m breit und nach jeder Seite mit drei Stufen von demselben Steine ringsum, je 54 cm breit. Aber in dieser Lage wurden gegen Nord und Süd acht quadratische Löcher von 1,08 m Seitenlänge ausgespart, in welche die acht Säulen des Gerüstes gestellt werden sollten, das wieder aufgestellt werden musste. In der Mitte wurde dann zunächst der Sockel von verklammerten weissen Marmorsteinen wieder aufgesetzt. Unter ihn legte man Münzen, ähnlich denen, die man in das Fundament gelegt hatte. Ebenso zwischen den Sockel und die Fussplatte, worauf der erste Stein des Piedestals, die Gesimsplatte und der oberste Stein des Piedestals gesetzt wurden, alles wie es zuvor gestanden hatte, nur musste dieser letzte Theil um 54 mm niedriger gemacht werden, um die Löcher für die Zapfen der Knäufe neu einhauen, und diese wieder gut einbleien zu können, denn beim Herausnehmen waren die Löcher zu weit gemacht worden. Während diese Theile versetzt wurden, warf man ringsum Erde auf (bis zur Höhe der Dammkrone, die der des Piedestals gleich war) und begann mit der Aufstellung der acht Säulen, mit denselben Bändern und Bolzen versehen, wie bisher, auf dem Fundamente stehend und in die oben genannten ausgesparten Löcher eingelassen. An demselben Tage, als die Knäufe eingebleit waren, wurde auch die Aufschüttung bis zur Höhe des Piedestals fertig, und man ging sofort daran, die Säulen vollends aufzurichten und auf der Aufschüttung das Gerüst aus Balken und Streben gleich dem ersten herzustellen.

Nachdem das Gerüst vollendet war, zog man den Obelisk so weit vorwärts dass seine Spitze auf der anderen Seite des Gerüstes herauskam, armirte ihn an zwei oder drei Stellen und befestigte die Flaschenzüge an den drei freien Seiten. Dann vertheilte man die Göpel auf dem Platze.

Am 10. September 1586, da alles an seiner Stelle stand, vor Tages Anbruch, wurden in der Kirche im Palaste des Priorates zwei Messen gelesen, und Jeder, der zu arbeiten hatte, ging zur Kommunion, wie bei der Niederlegung geschehen war, und bat Gott um guten Erfolg. Man stellte jeden an seinen Platz. Bei Tagesanbruch war alles in Ordnung, und begann man, mit 40 Göpeln, 140 Pferden und 800 Mann zu arbeiten, mit denselben Trompeten- und Glockensignalen zum Arbeiten und Stillehalten, wie zuvor. Während die Spitze des Obelisken sich hob, wurde sein Fuss durch vier Göpel, die auf der gegenüberliegenden Seite standen, angezogen, so dass die Seile, die die Spitze aufzogen, immer senkrecht blieben. Die zu hebende Last verminderte sich immer mehr, je mehr die Spitze sich hob und der Fuss darunter gezogen wurde. Als der Obelisk halb aufgerichtet war, hielt man inne und unterstützte ihn, um die Arbeiter zu Mittag essen zu lassen. Nach dem Essen begab sich Jeder wieder mit grossem Eifer an die Arbeit. In 52 Bewegungen (Hitzen) wurde der Obelisk aufgerichtet, und es war ein sehr schönes Schauspiel in vielen Beziehungen. Unzählig viel Volk war zusammengelaufen, und Viele blieben, um ihren Platz zum Sehen nicht zu verlieren, ohne Mittagessen bis zum Abend stehen. Andere machten Tribünen für die Leute, die zusammenströmten, und gewannen viel Geld. Bei Sonnenuntergang stand der Obelisk aufrecht, aber die Schleife, welche, während er sich hob, darunter gezogen worden war, war noch darunter. Sofort gab man mit den Böllern auf dem Gerüste das Signal hiervon, was durch viele Geschütze beantwortet wurde, und die ganze Stadt war in grosser Freude. Bei dem Hause des Architekten liefen wieder alle Trommler und Trompeter von Rom zusammen und liessen ihren Applaus erschallen. Als von dem Gerüste die Freude verkündet wurde, befand sich Se. Heiligkeit in einer Sitzung, da er sich von Monte Cavallo nach S. Pietro begeben hatte, um den Gesandten von Frankreich in öffentlichem Konsistorium zu empfangen. Hier wurde Sr. Heiligkeit die Nachricht überbracht, dass die Julia aufgerichtet sei, was ihn mit grosser Freude erfüllte.

Die sieben folgenden Tage gingen darauf, die Göpel umzusetzen und die Flaschenzüge an allen vier Seiten der Julia zu befestigen, um sie adjustiren zu können. Und man fügte vier Hebel aus dicken Balken von 13 m Länge bei. An dem Tage, der zum Wegnehmen der Schleife bestimmt war, fing man damit an, die Göpel anzuziehen und die Hebel niederzuziehen, so dass sich die Julia ein wenig hob, und sofort wurde sie, da ihr Fuss breiter war als die Schleife, von den Zimmerleuten mit Keilen so unterschlagen, dass man die Schleife herausziehen konnte. Dann setzte man die broncenen Knäufe an ihre Stellen und bleite diejenigen, welche Zapfen hatten, ein. Nachdem dies geschehen war, zog man an demselben Tage die Göpel wieder an und die Hebel nieder, schlug einen Keil nach dem andern heraus und liess die Julia allmählich nieder, so dass sie an demselben Abende noch auf die Knäufe zu stehen kam; aber da es spät war, konnte man sie nicht mehr adjustiren. Am folgenden Tage stellte man sie senkrecht, was am leichtesten zu geschehen schien, so lange sie noch mit Bohlen, Eisen und Seilen armirt war. Ich wusste, dass sich die Julia auf jeder Seite um 2 palmi verjüngt, deshalb liess ich eine Latte von 2 palmi Länge auf die Mitte der Seite am Fusse der Spitze setzen und liess den Senkel auf die Mitte der Seite des Fusses herabfallen, und so, dass er diesen eben berührte, adjustirte man sie. Da die Knäufe nicht gleich waren, musste man auf einige derselben Bronceplatten legen. Alsdann machte man sich daran, die Julia zu desarmiren oder abzuräumen. Am 27. September wurde sie frei und unser Herr befahl, dass man eine Procession veranstalte, um die Julia zu segnen und das goldene Kreuz darauf zu weihen."

Es folgt nun eine genaue Beschreibung dieser kirchlichen Feier, womit wir uns hier nicht zu beschäftigen haben.

## Salomon de Caus (etwa 1576–1630).

Um die Mitte unseres Jahrhunderts wurde der Name SALOMON DE CAUS oft genannt, weil der berühmte französische Physiker ARAGO sich bemühte, ihn zum Erfinder der Dampfmaschine zu machen, und die Ansicht vertrat, der MARQUIS OF WORCESTER habe dem SALOMON DE CAUS sein Geheimniss von der Kraft des Dampfes abgelauscht und geraubt. Als Wahnsinniger sollte DE CAUS in Bicètre (Paris) eingesperrt worden sein und ein trauriges Ende gefunden haben. Für letztere Sage fehlt jeder historische Beweis und überhaupt sind die Nachrichten über das Leben unseres Autors so dürftig, dass es den Anschein hat, als habe man sie nur aus den Titeln seiner Werke abgeleitet. Diese sind:

1. La Perspektive avec la raison des ombres et des miroirs. Londres 1612.
2. Les raisons des forces mouvantes avec diverses machines et plusieurs dessins de grottes et fontaines. Francfort 1615.

   Etwa um dieselbe Zeit erschien zu Frankfurt a. M. eine deutsche Uebersetzung dieses Werkes, welche uns vorliegt. Darin wird der Autor auf dem Titelblatte als: „Churfürstlich pfälzischer Ingenieur und Baumeister" bezeichnet.
3. Institution harmoniques, Francfort 1615, dediée à la reine Anne d'Angleterre.

   Auch dieses Werk wurde in's Deutsche übersetzt.
4. Hortus Palatinus, Francfort 1620 mit vielen Kupferstichen von DE BRY. In diesem Werke werden die Verschönerungen beschrieben, welche der Autor in den kurfürstlichen Gärten zu Heidelberg ausführte.
5. Neue Ausgabe von: Les raisons des forces mouvantes Paris 1624.
6. La pratique et la demonstration des horloges solaires, Paris 1624.

Nimmt man an, dass der Autor jeweils in dem Lande lebte, wo seine Werke erschienen, so ergiebt sich daraus, dass er etwa bis 1612 in England, von da bis 1620 in Deutschland und dann bis nach 1624 in Frankreich (Paris) lebte. Der Umstand, dass das unter 3. angeführte Werk der Königin von England gewidmet ist, und dass Kurfürst FRIEDRICH V., der von 1610 an in

Heidelberg regierte und im Jahre 1619 zu seinem Unglücke die böhmische Krone annahm („Winterkönig"), mit ELISABETH, der Tochter JAKOB's I. von England verheirathet war, lässt auf nähere Beziehungen des Autors zum englischen Hofe schliessen. Als kurfürstlicher Ingenieur und Baumeister wird er auch den unter FRIEDRICH V. errichteten „Elisabethenbau" und die zu Ehren der Kurfürstin errichtete „Elisabethenpforte" des Heidelberger Schlosses entworfen und ausgeführt haben.

MICHAUD sagt in seiner „Biographie universelle", dass SALOMON DE CAUS in der Normandie gegen Ende des 16. Jahrhunderts geboren worden sei, während Andere 1576 als sein Geburtsjahr angeben. Als sein Todesjahr giebt MICHAUD 1630, Andere aber geben als solches 1626 oder 1641 an. Fügt man dies den Vermuthungen, welche sich aus den Titeln seiner Werke ergeben, bei, so hat man den ganzen Inhalt der uns bekannt gewordenen Biographien unseres Autors.

Inwieweit SALOMON DE CAUS an der Erfindung der Dampfmaschine Theil hat, wird sich aus nachstehender Betrachtung seines Werkes „Les raisons des forces mouvantes" alsbald ergeben.

Das erste Buch beginnt mit den nach ARISTOTELES gefassten **Definitionen** der vier Elemente, nämlich:

I. „Das Feuer ist ein Element, das leuchtend, heiss, trocken und leicht ist, und welches durch seine Hitze grosse Gewalt ausübt."

Zur Illustration der letzteren Eigenschaft wird auf feuerspeiende Berge, Kanonen und einige später zu beschreibende Apparate hingewiesen, in denen durch das „Elementarfeuer" (d. i. die Sonnenwärme) Wasser gehoben werden soll.

II. „Die Luft ist ein Element, das trocken und leicht ist, das zusammengedrückt werden kann und alsdann grosse Gewalt ausübt."

Als Beweis wird zunächst die Spritzflasche, wie sie DELLA PORTA beschrieben hat, oder der Heronsball besprochen und dann zugefügt:

„Es wird aber solche Gewalt noch grösser, wenn die Luft von Wasser, welches in einem Gefässe erhitzt wird, exhalirt und diese Exhalation in dem Gefässe eingeschlossen bleibt. Nimm z. B. eine kupferne Kugel, welche innen einen Fuss im Durchmesser hat und einen Zoll dick ist (d. h. 1" Wandstärke hat), fülle sie durch ein enges Löchlein in der Wandung mit Wasser, verstopfe dasselbe alsdann gut mit einem Zapfen, so dass kein Wasser (resp. Dampf) herauskommen kann, und lege die Kugel in ein Feuer, so wirst Du finden, dass wenn sie wohl erhitzt ist, sie durch die gewaltige Pressung, welche darin entsteht, mit lautem Knalle, wie eine Petarde zerspringt."

In unserer Abhandlung über DELLA PORTA (S. 256) haben wir auf das von ALBERTUS MAGNUS schon im 13. Jahrhundert beschriebene Experiment mit dem „sufflator" hingewiesen. Von diesem unterscheidet sich das hier beschriebene nur dadurch, dass die Oeffnung so fest verstopft wird, dass nicht der Zapfen herausgetrieben, sondern die Kugel zersprengt wird, die hier ein Zoll Wandstärke hat. Hierdurch wurde ohne Zweifel die grosse Kraft des Dampfes noch drastischer veranschaulicht. Der MARQUIS OF WORCESTER ging darin noch einen Schritt weiter, indem er anstatt der hier beschriebenen Kugel ein Kanonenrohr mit Dampf zersprengte. (Siehe S. 265.)

Nach Aufstellung ähnlicher Definitionen von Wasser und Erde geht Salomon de Caus zur Besprechung von achtzehn sogenannten „Theoremen“ über, nämlich:

I. „Die Elemente lassen sich eine Zeit lang mit einander vermischen, nachher aber begiebt sich jedes wiederum an seinen Ort.“

Zur Erläuterung wird u. A. gesagt:

„Dafür will ich auch folgendes Beispiel anführen: Nimm ein rundes kupfernes Gefäss *A* (Fig. 773), das überall wohl verwahrt und dicht verlöthet ist. Setze eine Röhre *BC* hinein, die so tief herabgeht, dass das Wasser zwischen ihr und dem Boden des Gefässes bei *B* hineinkommen kann. Das obere Ende stehe mit dem Hähnchen *D* aus dem Gefässe vor, so dass man es nach Bedürfniss auf und zu drehen kann. Oben bei *E* hat das Gefäss eine Oeffnung mit einem Zapfen, um durch dieselbe Wasser eingiessen zu können, und zwar giesse man, wenn die Kugel etwa drei Maass hält, nur ein Maass Wasser ein, setze die Kugel drei oder vier

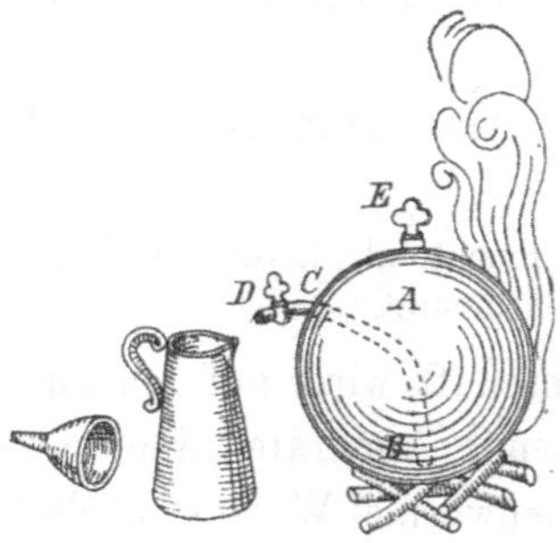


Fig. 773.

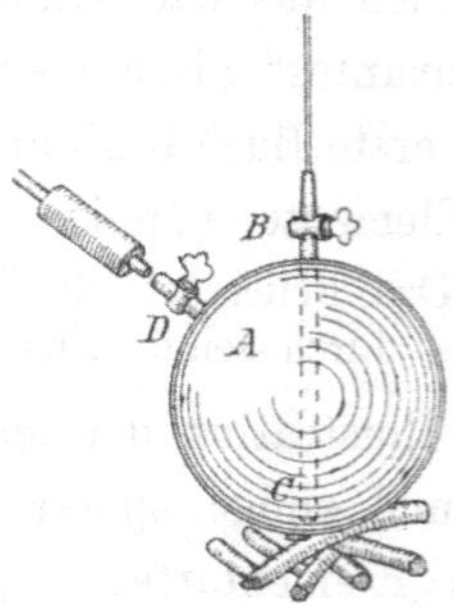


Fig. 774.

Minuten lang auf das Feuer, wobei man den oberen Zapfen offen lässt, und hebe sie danach wieder von dem Feuer. Giessest Du dann über eine kleine Weile das Wasser in ein anderes Gefäss (ein Maass), so wirst Du finden, dass ein Theil des Wassers, welches Du in die Kugel gethan hattest, evaporirt und verflogen ist. — Fülle danach Dein Gefäss wieder wie zuvor, verwahre den Hahn und Zapfen wohl, setze die Kugel wieder so lang auf das Feuer, wie zuvor, thue sie danach wieder davon, lasse sie wohl erkalten und giesse dann das Wasser wieder heraus, so wirst Du dasselbe Maass und Gewicht finden, welches Du hinein gethan hattest. Daraus ist mit Gewissheit zu entnehmen, dass das Wasser, welches in dem letzten Falle bei einander geblieben ist, in dem ersten Falle da der vapor hat herauskommen können, (zum Theile) durch den Trieb des Feuers in die Höhe geflogen ist. — Dies ist noch auf eine andere Weise zu bestätigen, nämlich so: Giesse ein Maass Wasser in die genannte Kugel, mache den oberen Zapfen zu und lasse den Hahn an der Röhre offen, stelle sie auf das Feuer und setze das Gefäss, womit das Wasser gemessen wurde, darunter (d. h. unter die Mündung des Hahns), so wirst Du finden, dass das Wasser in die Höhe und durch den Hahn herausgetrieben wird, bis etwa auf den sechsten oder achten Theil, welcher den Dampf bildet, der das Wasser hebt, und nachher auch mit Gewalt herausdringen wird. Dasselbe nimmt man auch bei Quecksilber wahr, welches durch die Hitze vollständig verflüchtigt und evaporirt wird. Wenn aber solcher vapor wieder erkaltet, so kehrt er wieder zu seiner eigenen Natur zurück und wird wieder zu Quecksilber . . . .“

Es ist beachtenswerth, dass hier Versuche über die Kondensation des Dampfes beschrieben werden, von der DELLA PORTA noch keinen rechten Begriff hatte, wie aus seinem Apparat hervorgeht, der zur Bestimmung des Dampfvolumens dienen sollte, das sich aus einer gegebenen Wassermenge entwickelt. (Vergl. Fig. 303, S. 263.) SALOMON DE CAUS sagt klar, dass der Wasserdampf verflüchtigtes, evaporirtes Wasser ist, das sich bei der Abkühlung wieder in dieselbe Menge flüssigen Wassers verwandelt, woraus es durch Erhitzung (d. i. nach dem Wortlaute des voranstehenden Theorems: Vermischung des Wassers mit Feuer oder Wärme) entstanden ist.

In den drei folgenden „Theoremen" behandelt DE CAUS den hydraulischen Heber, indem er darauf hinweist, dass in dessen kürzerem Schenkel das Wasser nur deshalb in die Höhe steigt, weil es in dem anderen tiefer herabfällt, d. h. zu einem Orte gelangt, der tiefer liegt, als einer der mit dem Ausgangspunkte in der Waage steht. Daran anschliessend folgt als weiteres Theorem:

V. „Das Wasser wird durch Hilfe des Feuers höher getrieben, als es in seiner Waage steht."

Dies ist bei dem zuletzt erwähnten Versuche, da das Wasser dabei „in die Höhe und durch den Hahn heraus getrieben wird", zwar schon der Fall gewesen, aber nur in so geringem Maasse, wie bei dem von DELLA PORTA beschriebenen Apparat, der zum Messen des aus einer gewissen Wassermenge entwickelten Dampfvolumens dienen sollte. (Siehe Fig. 303, S. 263.) Um die Gewalt, womit der Dampf das Wasser in die Höhe treibt, besser zu veranschaulichen, ändert DE CAUS den Versuchsapparat ein wenig und sagt in der Erläuterung vorstehenden Theorems u. a.:

„. . . . Zum dritt .. kann das Wasser auch mit Feuer über sich getrieben werden, wozu man verschiedene Maschinen gebrauchen kann, von denen ich hier nur eine beschreiben will. Nimm eine kupferne Kugel *A* (Fig. 774), welche überall wohl verwahrt und verlöthet ist. Daran sei ein Zapfen *B* seitlich in der Wandung, durch den man das Wasser hinein bringt. Von oben geht eine Röhre *BC* beinahe bis auf den Boden der Kugel herab. Fülle diese Kugel mit Wasser, mache den Zapfen wohl zu und stelle sie auf ein Feuer, so wirst Du sehen, wie die Hitze das Wasser in die Höhe treibt."

Dies ist die einzige „Dampfmaschine", die DE CAUS beschreibt. Sie kann wohl kaum als neue Erfindung gelten, da DELLA PORTA schon 14 Jahre früher in seinem Werke „Pneumaticorum libri III" bei Besprechung der Spritzflasche sagte: „Wenn du aber ohne Heranziehung der Luft das Wasser in die Ferne schleudern willst, erhitze den Boden des Gefässes ein Weilchen". (Vergl. S. 257.) Wenn DE CAUS in der soeben angeführten Stelle sagt, man könne verschiedene Maschinen gebrauchen, um Wasser mit Feuer über sich zu treiben, so dachte er dabei wahrscheinlich an den Apparat HERON's, in dem zunächst Luft durch ein Feuer erwärmt wird, welche bei ihrer Expansion das Wasser in die Höhe treibt (siehe Fig. 15, S. 12) und an die später von ihm beschriebenen Apparate, in denen dies durch das „Elementarfeuer" (die Sonnenwärme) geschehen soll. Die weiter folgenden „Theoreme" sind:

VI. „Wasser kann nur dann mit Beihilfe von Luft gehoben werden, wenn es tiefer fällt, als es in seiner Waage steht.“

Zur Erläuterung dieses Satzes wird der Heronsbrunnen beschrieben und dabei bemerkt, dass diese Maschine, wie sie HERON und CARDANO aufgezeichnet haben, das Wasser nicht in die Höhe heben kann, wenn das obere Gefäss beinahe leer gelaufen ist, weil die beiden Gefässe nahe auf einander stehen und kein Abstand dazwischen ist. Auch darauf hat schon DELLA PORTA aufmerksam gemacht. (Vergl. S. 260.)

VII. „Wasser kann man durch verschiedene Maschinen, die auch durch Wasser, oder auf andere Art getrieben werden, heben.“

Als Beispiel wird eine Wasserschraube angeführt, die aus einer schraubenförmig gebogenen Blei- oder Kupferröhre gebildet ist.

VIII. „Bei den Wassermaschinen wird die Schwere des Wassers (d. h. der Wasserdruck) durch die Höhe desselben (d. h. der „Wassersäule“) ermessen.

IX. „Die Luft durchdringt das Wasser, wenn sie stark gepresst wird.“

In den Theoremen X—XVII werden die fünf „mechanischen Potenzen“ mit Anwendung des Princips der virtuellen Geschwindigkeiten erklärt und in Theorem XVIII mit Anwendung dieses Princips der Druck berechnet, den man vermittelst einer Schraubenpresse ausüben kann.

In unserer Abhandlung über LORINI wiesen wir darauf hin, dass dieser in seinem 1597 zu Venedig erschienenen Werke schon das Princip der virtuellen Geschwindigkeiten auf die Schraube anwandte. Dieses Princip wird so allgemein als von GALILEI ausgegangen betrachtet, dass spätere Mathematiker, z. B. CARNOT, es geradezu „das Princip GALILEI's“ nannten. Dieser erhielt 1589 seine erste Professur in Pisa und 1592 eine solche in Padua. Sein Werk „Della scienza meccanica“, worin die mechanischen Potenzen mit Anwendung des Princips der virtuellen Geschwindigkeiten behandelt sind, erschien erst 1649 nach seinem 1642 erfolgten Tode; MERSENNE aber hat schon 1634 nach Heften, die Studirende in GALILEI's Vorlesungen nachgeschrieben hatten, eine Uebersetzung unter dem Titel: „Les mécaniques de Galileo“ in den Druck gegeben.

Von LORINI ist kaum anzunehmen, dass er die Anwendung des Princips der virtuellen Geschwindigkeiten von GALILEI erlernt habe, da er zu der Zeit als dieser anfing zu dociren, schon ungefähr 44 Jahre alt war. Von SALOMON DE CAUS ist dies wahrscheinlicher; doch müsste man dann auch annehmen, dass er GALILEI's Collegia gehört, oder von solchen, die sie gehört hatten, gelernt habe.

Die weiter folgenden Abschnitte des ersten Buches seines hier in Rede stehenden Werkes nennt SALOMON DE CAUS: „Problema“. Diese sind:

I. „Wie Wasser durch einen Fluss oder fliessendes Wasser zu heben ist, und von der Wirkung der Pumpen.“

Hier ist die in unserer Fig. 775 skizzirte Pumpenanlage abgebildet und beschrieben. Die Welle eines unterschlächtigen Wasserrades von 12 Fuss

Durchmesser und 6 Fuss Breite ist an beiden Enden mit 4 Zoll starken metallenen Kurbeln versehen. Die von diesen Kurbeln vermittelst zweier Balanciers betriebenen, in gleicher Höhe stehenden beiden Saugpumpen haben 10—12 Zoll weite, oben offene Cylinder und sollen 8—9 Fuss hoch sein, damit die Kolben, welche 4 Fuss Hub haben, bei ihrem höchsten Stande noch 4 Fuss Wasser über sich haben (wegen ihrer mangelhaften Dichtung), damit keine Luft in den Cylinder dringe, besonders wenn man das Wasser über 15 bis 20 Fuss hochtreiben (ansaugen) will. Die Weite der Röhre wird bei 12 Zoll Kolbendurchmesser zu 4 Zoll angegeben, dann heisst es weiter:

„Es werden auch andere Pumpen gemacht, welche gestürzte Pumpen genannt werden, bei denen der Stiefel im Wasser steht und der Heber (die Kolbenstange) unten hinein und also auf und nieder geht."

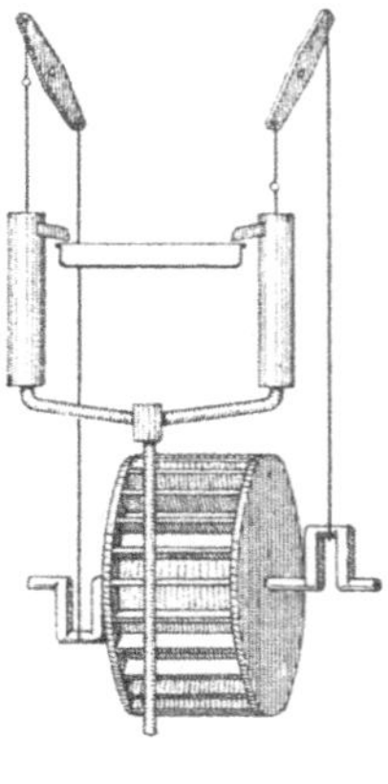

Fig. 775.

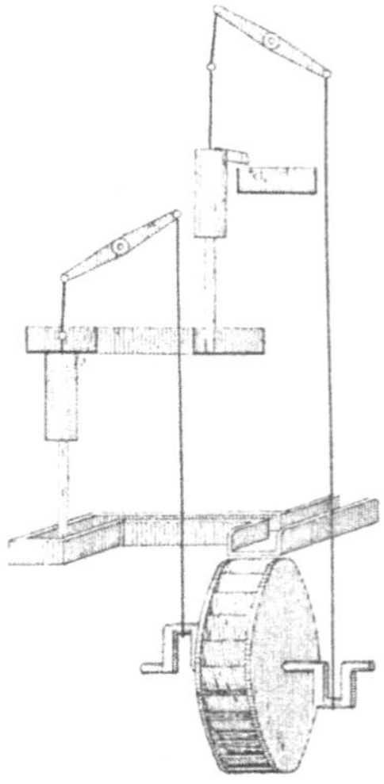

Fig. 776.

Eine solche Pumpe hat schon Lorini abgebildet und beschrieben (siehe Fig. 289, S. 249). Salomon de Caus fährt fort:

„Nach meinem Rathe aber sollte man sich dieser Erfindung nicht bedienen, da sie viele Mängel hat und man allzeit daran flicken muss, denn wenn das Wasser auf solche Weise steigt, setzen sich die Verunreinigungen, die es mit sich führt, zwischen die Ventile, so dass sie nicht richtig schliessen. Dies kann bei unserer Art Pumpen nicht leicht vorkommen, weil das Wasser durch die Saugröhre zu dem Saugventile in die Höhe steigt und erstere nur einen Fuss tief, oder je nach Umständen mehr, unter Wasser steht, und also die Ventile ausser Gefahr sind, durch die im Wasser befindlichen Verunreinigungen beschädigt zu werden."

II. „Eine andere Art, durch ein fliessendes Bächlein Wasser zu heben."

Hier zeigt die Abbildung die in unserer Fig. 776 skizzirte Pumpenanlage. Sie unterscheidet sich von der vorhergehenden dadurch, dass das Wasserrad oberschlächtig ist und dass die Pumpen in verschiedenen Höhen aufgestellt sind und die untere das aus dem Obergraben des Wasserrades angesaugte Wasser in einen Behälter ausgiesst, aus dem es die obere Pumpe ansaugt.

III. und IV. „Wie das Wasser aus einer Quelle oder einem Flusse durch Pferde zu heben ist.“

Die hierbei abgebildete Pumpenanlage (Fig. 777) besteht aus einer zweistiefeligen Saug- und Druckpumpe mit Ventilkolben, welche an Seilen hängen, die sich um zwei parallel gelagerte Trommeln schlingen. Auf den Axen dieser Seiltrommeln ist je ein halbverzahntes Stirnrad und eine Schnurscheibe befestigt. Diese Räder greifen in ein ebenfalls halbverzahntes Zwischenrad, das vermittelst eines Pferdegöpels mit Winkelräderübersetzung stets in ein und derselben Richtung umgedreht wird. Um die Schnurscheiben ist eine über eine Leitrolle gelegte Schnur in der Weise geschlungen, dass das jeweils

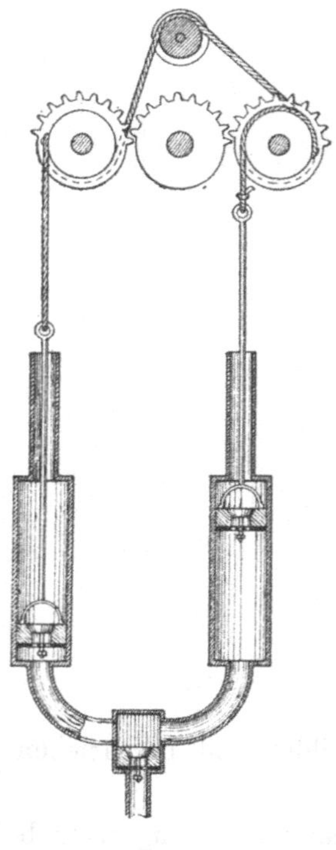

Fig. 777.

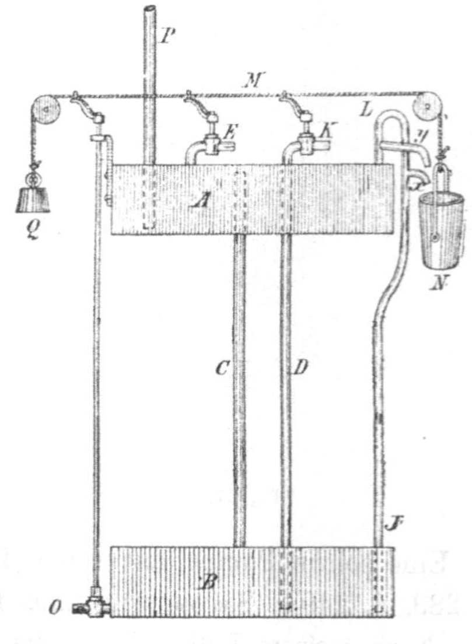


Fig. 778.

getriebene halbverzahnte Rad das leerlaufende vermittelst dieser Schnur rückwärts bewegt, bis ersteres ausser Eingriff und letzteres gleichzeitig in Eingriff mit dem Zwischenrade kommt. Auf diese Weise werden die Pumpenkolben abwechselnd durch die in Eingriff befindlichen Räder aufgezogen; beim Rückgange derselben sinken sie dagegen durch ihre Schwere nieder.

Dieser Mechanismus erinnert an Ramelli (vergl. Fig. 236 und S. 213), ist aber mit keinem seiner Mechanismen identisch.

V. „Wie ein Theil Quellwassers (durch den übrigen Theil) zu heben ist.“

Dies geschieht durch einen Heronsbrunnen mit Hahnensteuerung, ähnlich dem in nachstehendem Problem behandelten, jedoch werden die Hahnen hier mit der Hand bewegt.

VI. „Eine sehr artige und subtile Erfindung, durch welche die Gefässe der vorigen Konstruktion durch das Wasser auf und zu gemacht werden."

Der nach Art eines Heronsbrunnen konstruirte Apparat (Fig. 778) funktionirt wie folgt: Zuerst sind die Hahnen *E* und *O* offen, der Hahn *K* aber geschlossen. Das Wasser fliesst durch *E* in das obere Gefäss *A*, während die Luft aus *A* durch das Rohr *C* und den Hahn *O* entweicht. Wenn *A* voll ist, steigt Wasser in die Röhre *L* und fliesst durch *y* in den an einer Schnur *M* mit Gegengewicht *Q* aufgehangenen Eimer *N*. Ist dieser bis zur Hälfte gefüllt, so sinkt er nieder, schliesst die Hahnen *E* und *O* und öffnet *K*. Durch *K* und das Rohr *D* fliesst alsdann das Wasser direkt in das untere Gefäss *B* und komprimirt die darin befindliche Luft, diese steigt durch das Rohr *C* in den oberen Theil des Gefässes *A*, drückt auf das hierin befindliche Wasser und treibt es durch die Röhre *P* in die Höhe. Gleichzeitig steigt durch den Druck der komprimirten Luft das Wasser im unteren Gefässe *B* in der Röhre *IL* in die Höhe und fliesst, wenn der höchste Grad der Luftkompression erreicht ist, durch das Röhrchen *x* in den Eimer *N*. Die Auslauföffnung *x* muss so regulirt sein, dass der Eimer, wenn das untere Gefäss *B* voll Wasser ist, einen bestimmten Füllungsgrad erreicht, bei dem er umkippt, sich entleert und dann wieder aufrecht stellt. Sobald er entleert ist, zieht ihn das Gegengewicht *O* in die Höhe, schliesst dabei den Hahnen *K* und öffnet die Hahnen *E* und *O*. Durch *O* fliesst das Wasser aus *B*, wobei sich die in den Gefässen eingeschlossene Luft wieder ausdehnt, so dass das Spiel von Neuem beginnen kann.

Das siebente und achte Problem handeln von Wasseruhren, das neunte von dem Windkessel und das zehnte von den pfeifenden Vögeln Herons (Fig. 16 u. 24, S. 13 u. 19). Dann folgt:

XII. „eine Maschine, womit man ein Uhrwerk treiben kann."

Sie besteht aus einem ringsum geschlossenen, zur Hälfte mit Wasser gefüllten Gefässe. Durch eine Stopfbüchse im Deckel geht eine senkrechte Röhre, die von einem Schwimmer getragen wird, bis in das Wasser. Durch die Sonnen- oder Tageswärme soll die Luft in dem Gefässe ausgedehnt werden, so dass sie auf das Wasser drückt, dieses in der Röhre in die Höhe steigt, und der Schwimmer mit der Röhre herabsinkt. An dem Schwimmer ist eine Schnur befestigt, die über eine Leitrolle geht und am anderen Ende ein Gewicht trägt. Mit der Leitrolle ist ein Zeiger verbunden, der sich beim Auf- oder Niedergange des Schwimmers in der einen oder anderen Richtung dreht. Der Apparat ist also mehr ein Luftthermometer, als eine Uhr.

XIII. „Eine sehr künstliche Maschine, mit welcher ein stehendes Wasser zu heben ist."

Dies soll, ähnlich wie bei dem vorhergehenden Apparat, durch Sonnenwärme geschehen. Im vierzehnten und fünfzehnten Problem wird vorgeschlagen, die Kraft dieser Maschine durch Brenngläser zu vermehren. Dann folgt wieder:

XVI. und XVII. „Wie Wasser mit Pumpen und einem Wasserrade zu heben ist.“

Auf der Wasserradwelle sitzt ein Zahnrad, welches in ein auf einer Vorgelegwelle sitzendes Getriebe greift. Auf der Vorgelegwelle sitzt ein zweites Getriebe *a* (Fig. 779), welches in eine innen verzahnte Schleife *b* greift und mit dieser ein sogenanntes Mangelrad bildet. Dicht hinter dem Getriebe *a* sitzt ein ebensolches fest auf der Vorgelegswelle, welches in zwei rechts und links von der Schleife gelagerte Zahnräder *c* und *d* eingreift, deren Durchmesser doppelt so gross ist, als der des Getriebes *a*. Auf den parallelen Axen dieser Zahnräder sitzen ausserdem zwei unrunde Scheiben *e* und *f* von der aus der Zeichnung ersichtlichen Form, welche die Schleife des Mangelrades in ihrer tiefsten Stellung nach der einen und in ihrer höchsten Stellung nach der anderen Seite hin schieben, so dass sie abwechselnd auf der rechten oder linken Seite mit dem Getriebe *a* in Eingriff kommt und so auf und nieder bewegt wird. Durch eine Flügelstange und einen den Cylinder einer sogenannten „gestürzten Pumpe“ umschliessenden Rahmen wird die auf und niedergehende Bewegung der Schleife des Mangelrades auf den Kolben dieser Pumpe übertragen. Einigermassen befremdlich ist es, dass Salomon de Caus hier eine „gestürzte Pumpe“ abbildet und beschreibt, obgleich er in Problem I vor dem Gebrauche solcher Pumpen gewarnt hat.

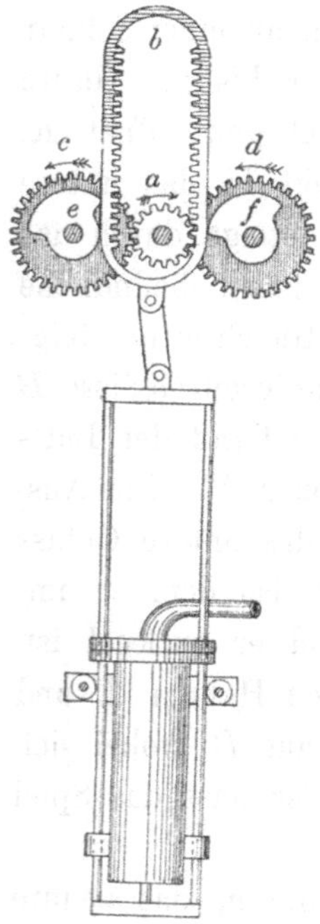

Fig. 779.

XVIII. „Eine Maschine, mit welcher man durch Wasserkraft vermittelst eines Wasserrades gar geschwind Holz schneiden kann.“

Es ist dies ein Sägegatter, dem der Blockwagen durch niedersinkende Gewichte zugeführt wird, die an einem mit dem Wagen verbundenen und über eine Leitrolle geführten Seile hängen. Salomon de Caus bemerkt hierzu:

„Diese Maschinen sind in den schweizer Gebirgen sehr gebräuchlich und sägen Tannenholz und Dielen in grosser Menge. Sie werden auch in grossen Städten gebraucht und in Wäldern, wo man oftmals Dielen und anderes Holz zum Bauen schneiden muss. Diese sind aber dann denen, welche die Schweizer gebrauchen, nicht in Allem gleich, denn sie schieben das Holz vermittelst etlicher Kammräder und einem Schaltrade (roquet) gegen die Sägeblätter. Da aber unaufhörlich daran zu flicken ist, vermeide ich den Gebrauch derselben, wo ich kann, und gebrauche statt dessen die Gewichtsteine, wo jeder zwei oder dreihundert Pfund wiegt . . . Es können zwei, drei oder höchstens vier Blätter mit einander gebraucht werden . . . . wenn das Holz am Ende ist, ziehen es ein oder zwei Männer mit einer Winde und einem starken Seile wieder zurück.“

XIX. „Eine sehr nützliche Maschine, die hölzernen Wasserrohre damit zu bohren.“

Wir geben in Fig. 780 die Abbildung dieser Bohrmaschine in kleinerem Massstabe wieder. In unserer ersten Abhandlung über Leonardo da Vinci haben wir bereits darauf hingewiesen, dass diese Kupfertafel von Böckler in seinem „Theatrum machinarum, Nürnberg 1661“ abgedruckt worden ist.

XX. „Eine sehr nothwendige Maschine, bei Feuersbrünsten zu gebrauchen.“

Es ist eine einfache Feuerspritze ohne Windkessel in einer Butte auf einem Schlitten.

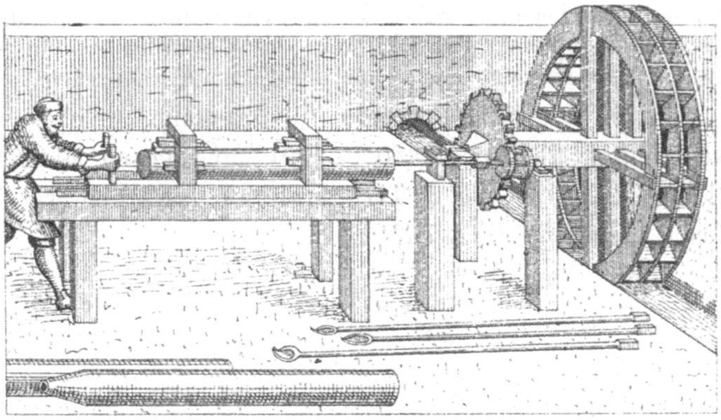

Fig. 780.

XXI. „Eine subtile und artige Maschine, um oval zu drehen.“

Bei dieser Drehbank ist die Spindel in einer Schwinge gelagert, die ihre Drehaxe unterhalb hat. Auf der Spindel sitzt eine ovale Scheibe, die dadurch beständig gegen eine feste Stütze gedrückt wird, dass die Schwinge durch ein Gewicht mit einer Schnur, die über eine Leitrolle gelegt ist, nach der Stütze hingezogen wird.

Fig. 781.

Von Problem XXII bis XXV, dem letzten des ersten Buches, behandelt Salomon de Caus mechanisch-musikalische Spielereien von der Art, wie Heron's pfeifende Vögel; jedoch mit dem Unterschiede, dass er kleine Drehorgeln, die durch kleine Wasserrädchen betrieben werden sollen, anwendet, um den Gesang der Vögel u. dgl. nachzuahmen. Derartige Orgeln durch Wasserrädchen betrieben, fanden wir schon bei della Porta (siehe S. 269).

Das ganze zweite Buch des uns vorliegenden Werkes handelt von Grotten und Springbrunnen zur Zierde fürstlicher Häuser und Gärten.

Das dritte und letzte Buch handelt vom Orgelbau. Daraus hat nur das „zweite Problem“ hier einiges Interesse, welches lautet:

„Ein Instrument, womit das gegossene Blei oder Zinn (für die Orgelpfeifen) gleich und glatt gemacht wird.“

„Wenn das Blei oder Zinn in Tafeln gegossen ist, hat man die untenstehende Plättmühle (Fig. 781) zu gebrauchen, welche also eingerichtet ist: *A* und *B* sind zwei eiserne oder messingene lange Rollen (Walzen), welche sehr glatt und gleich sein müssen. Die Axe der oberen Rolle *A* geht durch den Ständer und ist auswendig vierkantig, so dass ein Kreuz darauf gesteckt und sie damit mit Gewalt herum gedreht werden kann. Zwischen diese zwei Walzen steckt man die Tafel mit einem Ende, dreht mit dem Kreuze die oberste Walze herum und zieht so die Tafel ganz hindurch. Diese kann man auf solche Weise nicht nur glatt, sondern auch so dünn machen, wie man nur will, denn *C* und *D* sind zwei Schrauben, welche man auf ein darunter liegendes Stück Eisen oder Kupfer anzieht, damit die oberste Walze näher an die unterste gedrückt wird, bis die Tafel so dünn wird, wie man sie haben will. Dies ist noch besser aus der Figur *E* zu ersehen."

Wir erinnern an das Walzwerk für Zinnfolie, welches wir in unserer zweiten Abhandlung über Leonardo da Vinci aus dessen Manuskripten reproducirten (Fig. 492 u. 493 und S. 347), sowie an das Walzwerk für Fensterblei, welches Zonca beschreibt (Fig. 369, S. 307).

# Faustus Verantius (um 1617).

Eines der sonderbarsten alten Bücher über Maschinen ist betitelt: Machinae novae FAUSTI VERANTII Siceni cum declaratione latina, italica, hispanica, gallica et germanica. Venetiis cum Privilegiis. Die Jahreszahl des Erscheinens fehlt; doch nimmt man in der Regel 1617 dafür an. In dem Werke: Biographie universelle par MICHAUD, Paris bei DELAGRAVE & Co. wird von einem ANTONIUS VERANTIUS gesagt: „Er war Erzbischof von Gran, Primat und Vicekönig von Ungarn, berühmt durch die diplomatischen Missionen, die er an den ersten Höfen Europas ausführte, stammte aus vornehmer Familie, war geboren am 20. Mai 1504 zu Sebenico in Dalmatien und starb am 15. Juni 1573". Dann wird von FAUSTUS VERANTIUS berichtet: „Er war ein Neffe des vorigen, Bischof in partibus de Canadium (d. i. das ungarische Komitat Csanad), fiel aber bei dem Hofe von Ungarn in Ungnade, weil er diesen bei der Verleihung kirchlicher Pfründen mit dem Hofe von Rom in Streitigkeiten verwickelt hatte, veröffentlichte:

1. Wörterbuch in fünf Sprachen, Venedig 1595; 2. Logica suis instrumentis formata, Venedig 1616; 3. Machinae novae addita declaratione latina, italica, gallica, hispanica et germanica, Venedig in Folio. Die Figurentafeln in letzterem Werke sind zahlreich, man findet darin nicht nur Maschinen, sondern auch Brücken, Kirchen und andere merkwürdige Konstruktionen, die er auf seinen Reisen zu beobachten Gelegenheit hatte."

Der Umstand, dass die Beschreibungen der „Machinae novae" ebenso, wie das unter 1. erwähnte Wörterbuch in fünf Sprachen abgefasst sind, macht es wahrscheinlich, dass beide Werke ein und denselben Verfasser haben. In ZEDLER's Universallexikon, Leipzig und Halle 1746, wird dies bezweifelt, aber ohne Angabe von Gründen. Sollte der geistliche Stand als Grund hierfür betrachtet werden, so ist darauf hinzuweisen, dass sich in früheren Zeiten viele Geistliche mit Physik oder „Natürlicher Magie", wie man es damals nannte, befassten. ALBERTUS MAGNUS war Bischof von Regensburg und später Dominikanermönch in Köln, Abt BALDO VON URBINO liess zuerst HERON's Schriften im Drucke erscheinen, im 17. Jahrhundert sind besonders die Jesuiten ATHANASIUS KIRCHER und CASPAR SCHOTT auf diesem Gebiete berühmt geworden.

Dass Faustus Verantius auf dem Titelblatte seiner „Machinae novae“ mit dem Zusatze „Sicenus“ näher bezeichnet wird, dürfte dadurch zu erklären sein, dass Sige eine der sieben Präfekturen war, in die Dalmatien unter venetianischer Herrschaft getheilt wurde, und dieser Namen wahrscheinlich bei der Latinisirung in Sicae umgewandelt wurde.

Ob die Ansicht Michaud's, dass Verantius nur Dinge beschrieben habe, die er auf Reisen gesehen hatte, richtig ist, mag die Betrachtung des Inhaltes seines Werkes lehren. Der Text desselben ist überschrieben: „Erklärung unserer erfundenen Maschinen“. Die Einleitung beginnt mit den Worten:

„Dass die Kunst, welche von den Maschinen handelt, in der Architektur die vornehmste sei, ist die Meinung vieler Weltweisen, weil sie einen grösseren Verstand erfordert. Wenn aber die Kenntniss derjenigen Maschinen, welche schon vor alten Zeiten gebraucht wurden, solches Lob erntet, um wieviel grösseren Ruhm sollten die erlangen, welche nach so vielen Jahrhunderten neue hervorbringen. . . . .“

Daraus geht hervor, dass Verantius, noch ebenso wie Vitruv, den Maschinenbau als einen Theil der Architektur betrachtet. Er bespricht daher in seinem Werke „Machinae novae“ auch Ingenieur- und Kirchenbauten und fasst den Begriff „Maschine“ noch, wie die Alten, so allgemein auf, dass er sich für berechtigt hält, jedes klug ersonnene Hilfsmittel zu den Maschinen zu zählen.

In den nun folgenden Kapiteln werden besprochen:

1. Ueberschwemmungen in Rom. Verantius ist der Ansicht, dass der Tiber deshalb so oft Ueberschwemmungen in Rom verursache, weil sein Bett zu viele und zu starke Krümmungen habe und durch die alten Brückenbauten zu sehr verengt sei. Er schlägt vor, die Krümmungen durch gerade Durchstiche abzuschneiden und das Flussbett, wo man es überbrücken will, breiter zu machen.

2. Venetianische Brunnen. Es wird darauf hingewiesen, dass Venedig keine Brunnen mit süssem Wasser habe, unser Autor glaubt ein nicht zu kostspieliges Mittel gefunden zu haben, wodurch diesem Uebel abgeholfen werden könnte, sagt aber, da schon manche dieses Projekt vor ihm vergeblich verfolgt und viele ein Vorurtheil dagegen hätten, übergehe er seinen Plan vorläufig mit Stillschweigen. Auch sei er überzeugt, ein Mittel gefunden zu haben, wie man Getreide viele Jahre aufbewahren und sowohl vor Feuer, als auch vor Feuchtigkeit schützen könne; doch eigne sich diese Erfindung nur für Fürsten, die das öffentliche Wohl im Auge haben, und man müsse verhüten, dass sich Privatpersonen zum Nachtheile des Volkes derselben bedienen.

3. Die Brücken zu Wien in Oesterreich. Verantius sagt: ein Freund von ihm wisse zu verhindern, dass Brücken, insbesondere solche von Holz, durch Eisgang zerstört werden. Die zugehörige Abbildung zeigt eine einfache Holzbrücke mit Strebebalken vor jedem Joche, die es vor herantreibenden Eisschollen schützen.

4. Die Kirche in Sebenico. Dieses Kapitel hat nur insofern Interesse für uns, als daraus hervorgeht, dass unser Autor aus Dalmatien gebürtig war und zu Sebenico, dem Geburtsorte des Eingangs erwähnten Antonius Verantius, in näheren Beziehungen stand.

5. Eine schöne Form eines Tempels. Die Abbildung zeigt eine Kirche in Renaissancestyl, vermuthlich nach eigenem Entwurfe des Verfassers.

6. Eine Feueruhr, Wasseruhr und Sonnenuhr. Erstere besteht aus einer Zündschnur, die in einer bestimmten Zeit abbrennt und dann ein Alarmsignal giebt. Die Wasser- und die Sonnenuhr bieten nichts Bemerkenswerthes.

7. Eine eiserne Mühle, welche man hin- und hertragen kann (Fig. 782). Sie hat Aehnlichkeit mit der eisernen Walzenmühle, welche Ramelli beschrieben und abgebildet hat (siehe Fig. 274, S. 231).

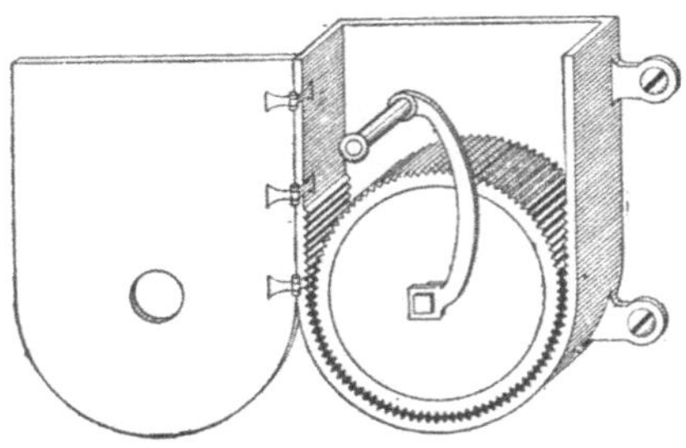

Fig. 782.

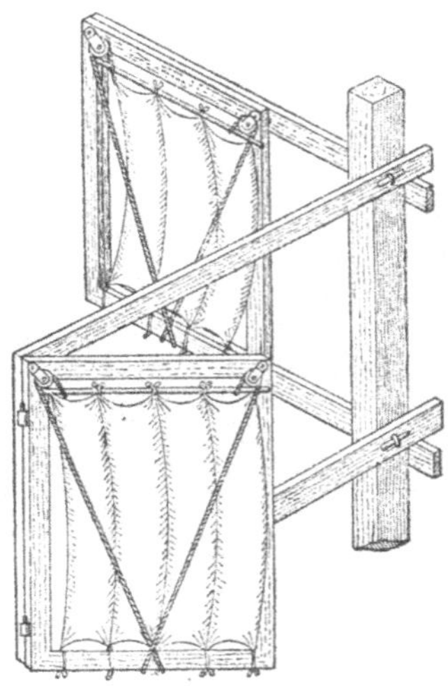

Fig. 783.

Mehr Interesse bieten die nun folgenden sechs Kapitel, aus denen hervorgeht, dass nicht erst zu Ende des siebzehnten Jahrhunderts, wie Rühlmann im ersten Bande seiner Maschinenlehre sagt, sondern schon weit früher die Konstruktion horizontaler Windräder als Gegenstand besonderer Aufmerksamkeit betrachtet wurde. Verantius sagt:

„Die Maschinen, die vom Winde getrieben Mühlen bewegen, haben, wie sie jetzt im Gebrauche sind, alle dieselbe Form, sind aber nicht bequem, weil sie den Wellbaum in der Horizontalebene haben und dieser je nach der Veränderung des Windes oft hin und her gewendet werden muss. Dies erfordert, dass das ganze Mühlwerk beweglich ist und sich dreht, und dass es sich auf eine einzige Spindel stützt, von der es aufrecht erhalten wird. Deshalb setzt man die Mühlsteine in den oberen Theil dieser Mühle, d. h. an einen Ort, welcher der Natur derselben nicht entspricht. Wir aber haben einen Weg gefunden, dass unsere Mühlen fest stehen bleiben und dennoch der Wind, woher er auch komme, sich ihnen günstig erweise, so dass es keiner besonderen Mühe bedarf, ihn aufzufangen. Zu diesem Zwecke haben sie einen senkrechten Wellbaum, die Flügel oder Arme aber sind so eingerichtet, dass sie den Wind auf der einen Seite auffangen, auf der anderen aber leer vorbeigehen lassen."

Dem gegenüber ist zu erinnern an das von GUALTHERIUS H. RIVIUS um 1547 abgebildete horizontale Windrad (siehe Fig. 204 in unserer Abhandlung über CARDANUS), sowie an das von BESSON um 1560 auf seinem Blatte 50 abgebildete (siehe S. 203). VERANTIUS fährt fort:

„Ausserdem haben unsere Mühlen die Eigenthümlichkeit, dass, obwohl das Windrad sich auf der höchsten Spitze des Thurmes umdreht, sie selbst sich doch in dem untersten Theile desselben befinden, und zwar können es ihrer mehr oder weniger sein, je nachdem der Wind stark ist. Von derartigen Maschinen wirst Du hier mehrere verschiedene Arten sehen:

8. Mühlen durch Segel getrieben (Fig. 783). Die Ersten sind solche, welche einen senkrechten Wellbaum haben, woran zwei Segelstangen quer befestigt

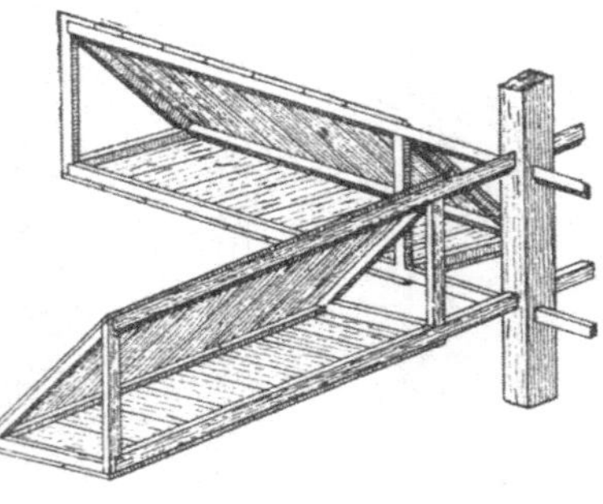

Fig. 784.

Fig. 785.

sind. Diese tragen an ihren äussersten Enden Rahmen, worin Segel ausgespannt sind. Die Rahmen sind so in Angeln aufgehängt, dass sie sich darin drehen und sich auf einer Seite des Wellbaumes dem Winde widersetzen, auf der anderen Seite aber dem Winde ausweichen.

9. Mühlen mit dreikantigen Flügeln (Fig. 784). Diese Mühlen haben ebenfalls einen stehenden Wellbaum, woran vier Arme kreuzweise befestigt sind. Jeder derselben trägt einen Flügel aus Brettern, die in's Dreieck gestellt sind, so dass sie auf der einen Seite dem Winde die Schärfe des Winkels darbieten, damit er ohne zu wirken darüber hinfährt, auf der anderen Seite aber stehen die Bretter offen, um den Wind aufnehmen zu können.

10. Mühlen mit beweglichen Flügeln (Fig. 785 und 786). Dies sind noch zwei andere Arten, den Wind durch bewegliche Klappen aufzufangen und ähnlich diesen könnten wir noch viele angeben.

11. Mühle mit beweglichem Dache (Fig. 787). Diese Mühlen werden in einem Thurme von dessen Dach umgetrieben, das durch mehrere Flügel getheilt ist. Diese sind zwischen zwei Böden eingeschlossen und so gekrümmt, dass deren eine Seite den Wind auffängt, während die andere ihn entweichen lässt."

Der Wind wirkt hier ebenso, wie bei der unter 9. beschriebenen „Mühle mit dreikantigen Flügeln". Man nennt derartige Windräder heutzutage „Panemoren". Aus den Abbildungen und Beschreibungen des VERANTIUS ist zu ersehen, dass der Gedanke, welcher diesen zu Grunde liegt, schon alt ist.

12. Mühlen in viereckigem Thurme (Fig. 788). „Diese Mühlen in quadratischem Thurme drehen sich um eine mitten in dem Thurme aufrecht stehende Welle, welche vier oder mehr aus Brettern hergestellte Flügel hat. Diese werden von dem Winde, der durch die Fenster des Thurmes eintritt, getrieben. Die Fenster

Fig. 786.

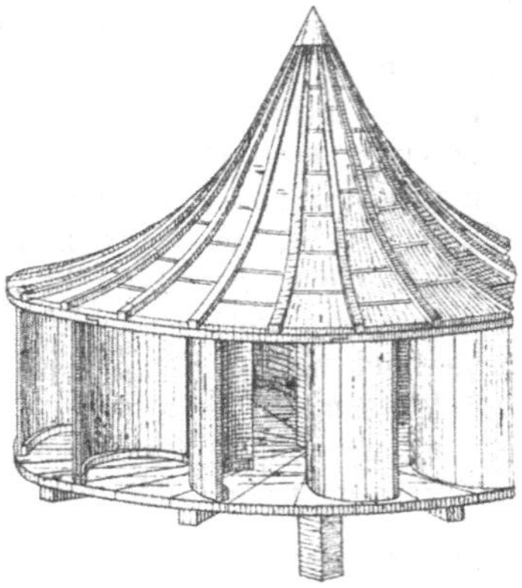

Fig. 787.

stehen paarweise einander gegenüber, so dass der Wind durch das eine ein und durch das andere austritt. Die anderen beiden Fenster werden verschlossen, damit der Wind mit um so grösserer Gewalt durch die geöffneten strömt."

In der Abbildung sind nur zwei Paar Fenster angegeben, durch welche bei zwei aufeinander senkrechten Windrichtungen Linksdrehung des Rades

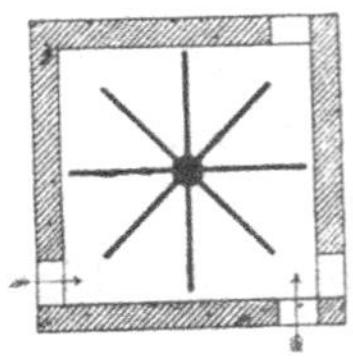

Fig. 788.

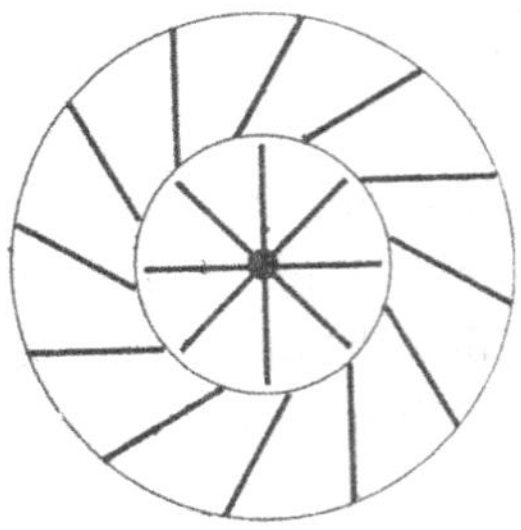

Fig. 789.

bewirkt wird. Soll bei den entgegengesetzten Windrichtungen ebenfalls Linksdrehung des Rades erfolgen können, so müssen noch zwei Paar Fenster angebracht werden, so dass dann an jede Thurmecke deren zwei kommen, wie sie jetzt nur an einer Ecke zu sehen sind.

13. Mühlen in einem runden Thurme (Fig. 789). „Diese Mühlen sind in allen ihren Theilen in derselben Art angeordnet, wie in den vorhergehenden Thürmen, aber dieser Thurm ist rund und sein oberer Theil, wo der Wellbaum seine Flügel hat, nach allen Seiten hin ganz offen, jedoch durch schräge Wände in Fenster getheilt, damit der Wind nicht in senkrechter Richtung, sondern schief in den Thurm

eintritt und so die Flügel bewegt und antreibt. Diese Maschine hat das Eigenthümliche, dass, wenn alle Winde gleichzeitig in sie eintreten könnten, daraus keinerlei Hinderniss, sondern vielmehr ein Vortheil entstehen würde."

Rühlmann sagt in seiner „Allgemeinen Maschinenlehre" Bd. I, S. 466, dass diese Art Windräder schon in „Recueil des Machines" von 1699 als horizontale Windmühlen auf polnische Art" beschrieben sei, die hier vorliegende Beschreibung ist aber um etwa achtzig Jahre älter. Verantius fährt fort:

„Bis hierher sei genug von Windmühlen gesagt, nun wollen wir von denen reden, die durch Wasserkraft umgedreht werden.

14. Mühlen in Bächen. Es sind an vielen Orten so kleine und seichte Bäche, dass sie Mühlen nicht treiben können. Deshalb haben wir erdacht, damit das Wasser einen besseren Fall habe, inmitten des Baches unter dem Rade einen Graben auszuwerfen und das Rad soweit herabzulassen, dass es zum vierten Theile in dem Graben stehe, denn wir haben geglaubt, dass dies kein Hinderniss bieten könne, wenn es nicht etwa darin besteht, dass das Rad sich im Wasser dreht. Doch würde es besser sein, solche Bächlein durch einen höheren aufgeworfenen Damm oder eine Scheidewand aufzuhalten, damit es einen Teich bilde, worin das Wasser sich einige Stunden sammelt und, wenn der Teich geöffnet wird, durch Kanäle läuft und gegen den unteren Theil des Rades stösst, denn so wird es durch einen grösseren Raum geführt werden und mit grösserer Gewalt gegen das Rad stossen."

Hier mag dem Autor vielleicht die Konstruktion eines Kropfrades unklar vorgeschwebt haben. Er fährt fort:

15. Mühlen inmitten eines Flusses. „Man pflegt gemeiniglich die Mühlen an das Ufer der Flüsse zu setzen, denen bisweilen das Wasser mangelt, während es zu anderen Zeiten im Ueberflusse da ist, was Beides den Mühlen hinderlich ist. Dieser Ungelegenheit habe ich dadurch zuvorkommen wollen, dass ich die Mühle mitten in den Fluss, wo er den schnellsten Lauf hat, setze, was füglich neben einer Brücke geschehen könnte. Das Rad aber, das den Mühlstein treibt, müsste ganz in den Fluss gesenkt und so eingerichtet sein, dass es auf der einen Seite das Wasser aufnehme und auf der anderen Seite frei durchlasse. Auf diese Weise würde die Mühle niemals ruhen, sondern allezeit arbeiten, mag das Wasser gross oder klein sein."

Die Abbildung zu dieser Beschreibung zeigt ein ganz unter Wasser gehendes horizontales Rad, das oben und unten mit Klappschaufeln versehen ist, wie sie an den Windrädern Fig. 785 und 786 angebracht sind. Ein ähnliches horizontales Wasserrad findet sich schon bei Besson (vergl. Fig. 222, S. 201). Es folgen:

16. Mühlen an einen Felsen gehängt. Sie sind mit einem horizontalen Wasserrade versehen, das die Form der Panemore Fig. 787 hat.

17. Mühlen, in eine Enge des Meeres gesetzt. Verantius sagt:

„Wer hat seither das Meer so bezwingen können, dass es Mühlen treibe und zu anderen Bewegungen dienlich sei? Wir glauben, dass dies möglich ist, aber nicht allenthalben, sondern nur an engen Stellen des Meeres. Man muss sich jedoch vorsehen, dass der Ort nicht offen und jeglicher Wellengewalt ausgesetzt sei. Es giebt auch eine andere Art, uns das Meer hierin dienstbar zu machen. Man sollte an dem Gestade einen Teich ausgraben, so hoch, wie das Meer zu wachsen pflegt, damit der Teich sich füllt, wenn das Meer steigt, und das Wasser, wenn das Meer wieder fällt, durch Rinnen oder Kanäle abläuft und die Mühlen treibt . . . ."

In der zugehörigen Abbildung ist ein Wasserrad dargestellt, das wie das horizontale Windrad (Fig. 783) konstruirt ist. Die hier erwähnte zweite Art, Ebbe und Fluth des Meeres als Betriebskraft zu benutzen, fanden wir schon in den „Skizzen aus der Zeit der Hussitenkriege“ auf Blatt 105—99 R dargestellt (vergl. S. 292). Es folgen weiter:

18. Mühlen auf Schiffbrücken (Pontons). „Die Mühlen, welche auf Pontons gesetzt werden, pflegen ein kleineres Ponton zu haben, welches das eine Ende des Wasserrad-Wellbaumes unterstützt. Aber warum kann man dieses nicht ebenso gross machen, wie das andere und eine zweite Mühle darauf setzen, die ebensoviel Arbeit verrichtet? . . . .

19. Mühlen auf einem Schiffe. Aber viel bequemer ist diese andere Art von uns, denn eine einzige Barke wird das Mühlwerk sicherer tragen, als die vorigen und selbst noch mehr Mühlen besser unterstützen, wenn noch ein Wellbaum über den Vordertheil des Schiffes gelegt wird und dieses gross genug ist, eine so schwere Last zu tragen . . . .“

Die Abbildung zeigt einen auf einer breiten Barke gelagerten Wellbaum, der an jedem Ende ein Wasserrad trägt. Schräge Abweiserbalken schützen

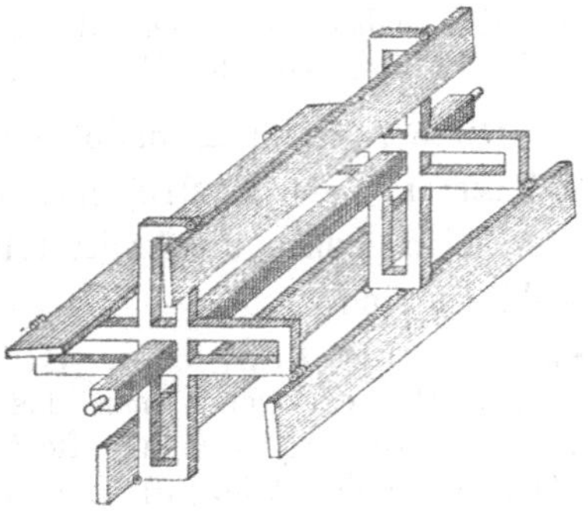

Fig. 790.

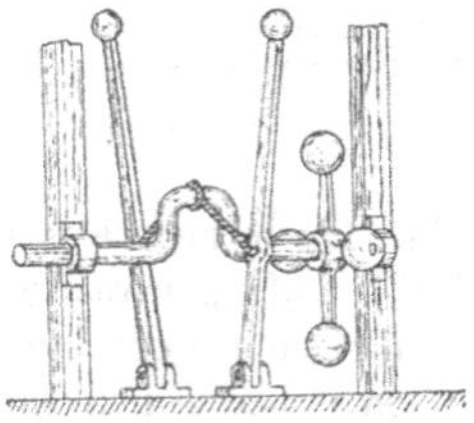

Fig. 791.

die beiden Räder vor etwa heranschwimmenden festen Körpern. Von dem Wellbaume aus werden zwei auf der Barke montirte Mahlgänge betrieben.

20. Ein Wasserrad (Fig. 790). Dieses Wasserrad ist so eingerichtet, dass, wenn es aufrecht oder liegend, nur zum Theil, oder ganz ins Wasser getaucht wird, es immer seinen Dienst richtig verrichtet. Und dieses verursachen die Angeln, in denen die Flügel sich drehen. Wir machen aber doppelte Armkreuze, die das Rad tragen und durch welche, entgegen dem gewöhnlichen Gebrauche, der nicht sehr dicke Wellbaum geht. Denn Andere bohren Löcher durch den Wellbaum, wodurch sie die Arme stecken, die das Rad tragen. Hierzu sind dann gar dicke Wellbäume erforderlich, damit die Löcher nicht ausreissen, oder der Wellbaum gespalten wird.“

Solche doppelte Arme, welche die Wasserradwelle umfassen, findet man schon bei Agricola abgebildet (vergl. Fig. 157 und 171, S. 142 u. 154).

21. Eselsmühlen. „Diese Mühlen werden nach den Eseln benannt, weil sie in Italien und Griechenland durch solche betrieben werden. In anderen Gegenden werden sie von Pferden oder Ochsen betrieben. . . . .“

Die Abbildung zeigt ein ausserordentlich grosses Stirnrad, auf vertikaler Welle, an dessen Armen die Esel innerhalb des Zahnkranzes angespannt sind.

22. Mühlen mit Schwungkugeln. „Diese Mühlen werden von einem oder zwei Männern getrieben, aber die Gewichte, welche an den Enden des Kreuzes befestigt sind, vermehren die Kraft (Fig. 791). Wir hätten an die Stelle des Kreuzes ein Rad setzen und diesem das Gewicht geben können, allein das Kreuz ist leichter zu machen und leistet dasselbe. . . . .“

Solche Kreuze mit Schwunggewichten finden sich ebenfalls schon an den Mühlen, welche in den „Skizzen aus der Zeit der Hussitenkriege“ dargestellt sind (siehe Fig. 315 und 316, S. 275). Im Uebrigen ist der in Fig. 791 dargestellte Mechanismus ähnlich dem, welchen Biringuccio bei seiner Amalgamirmühle (Fig. 140, S. 125), oder welchen Ramelli an seinem Mahlgange für Handbetrieb (Fig. 226, S. 210) anbrachte.

23. Mühlen mit einem Tretrade. „Dieses unser Tretrad (Fig. 792) ist fast in Allem denen gleich, welche man bisher zu gebrauchen pflegte, aber wer Acht darauf hat, wird finden, dass dieses viel leichter zu treiben ist. Dies wird durch die Art des Angriffes erreicht, d. h. durch die Stelle, auf welche die Männer treten, denn bei den anderen Treträdern gehen die Männer im Inneren und im untersten Theile des Rades, in unserem Rade aber stehen sie ausserhalb in der (horizontalen) Mittelebene des Rades . . . .“

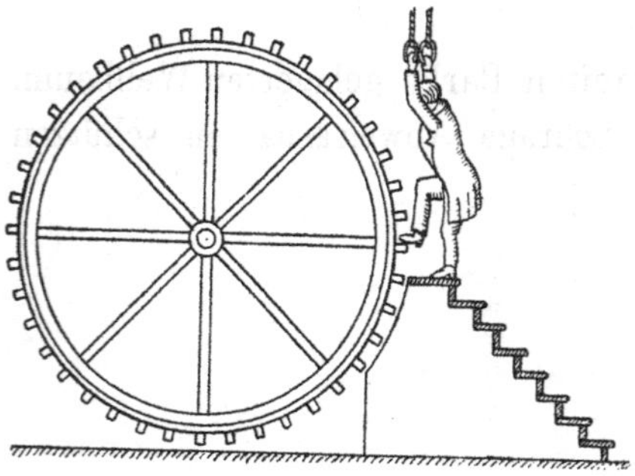

Fig. 792.

Diese Anordnung findet sich schon bei Ramelli (siehe S. 210) nur mit dem Unterschiede, dass die Radtreter sitzend abgebildet sind.

24. Oelpressen (eigentlich Samenquetschen) oder Oeltrotten (Fig. 793). „Gegenwärtiges Rad kann bei den Pressen, womit man das Oel auszudrücken (nach dem italienischen Texte: Oliven zu zerquetschen) pflegt, dienlich sein. Denn was sonst mit gewöhnlichen Oelmühlen (Trottgängen), die einen senkrecht stehenden Wellbaum haben und von Thieren herumgezogen werden, verrichtet werden kann, das kann unser Rad (unsere Walze) von Männern getrieben, viel leichter zu Weg bringen, denn dieses wird gerade umgetrieben, während die anderen schief gezogen werden.“

Der hier angewandten Umwandlung einer drehenden Bewegung in eine fortwälzende durch Seiltransmission sind wir noch bei keinem früheren Schriftsteller begegnet und sie erscheint uns bemerkenswerth.

25. Torkel oder Presse. Man pflegt gemeiniglich die Torkeln (von dem lateinischen torculum) mit grossen Bäumen und Schrauben zu machen . . . . Dieses unser Torkel aber hat einen vielfachen Flaschenzug, wodurch ein einzelner Mann einen grossmächtigen Stein heben und ihn allmählich (auf das Pressgut) wieder niederlassen kann.“

Bezüglich der ersterwähnten Presse vergleiche unsere Abhandlung über Cato. Das Pressen durch einen schweren Stein, den man durch eine Maschine hebt und dann auf das Pressgut niederlässt, bedeutet eine Rückkehr zur allerältesten Methode. Auf einem altgriechischen Basrelief im neapolitanischen Museum ist dargestellt, wie drei Männer mittelst eines langen Hebels einen Felsblock über einen Korb voll Trauben heben, während zwei andere Männer ihn von der Seite halten, ihm gleichsam als Führung dienen. (Vergl. ANTONY RICH, Illustrirtes Wörterbuch der römischen Alterthümer, übersetzt von Dr. CARL MÜLLER, Paris und Leipzig 1862, Artikel: torcular & torculum).

Kapitel 26 handelt vom Abschneiden und Dreschen, Kapitel 27 zunächst vom Waschen des Getreides. Beides hat für uns kein Interesse. Dann fährt VERANTIUS fort:

Art, das Getreide zu reutern (Fig. 794). Es giebt noch eine andere Art, das Getreide zu säubern, welche ich in Deutschland gesehen, und weil sie mir

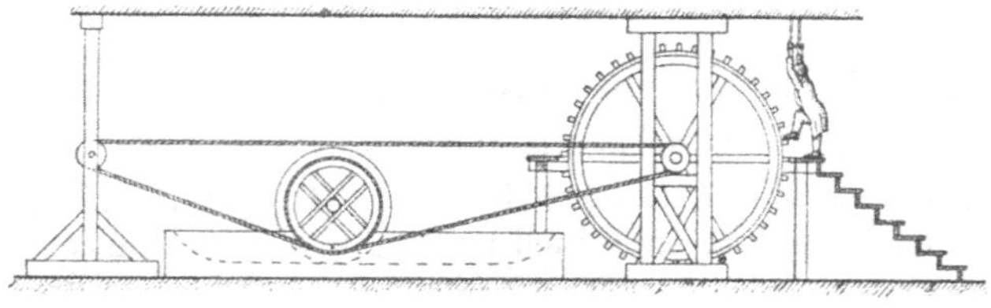

Fig. 793.

sehr bequem scheint, hierher gesetzt habe. Denn das Getreide bewegt und säubert sich selbst in grossen Mengen, namentlich, wo viele derartige Instrumente vorhanden sind, wie ich sie hier aufgerissen vor Augen führe.

28. Art, das Mehl von den Kleien zu scheiden. In Welschland arbeiten die Bäcker den ganzen Tag, um das Mehl von den Kleien zu scheiden; in Deutschland aber fällt das Getreide, sobald es gemahlen ist, von dem Mühlstein in

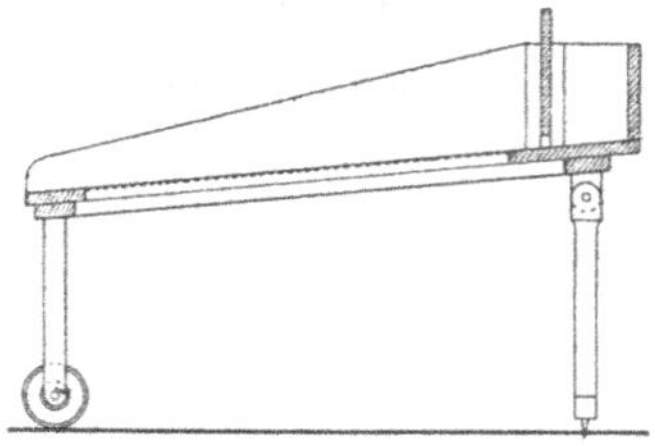

Fig. 794.

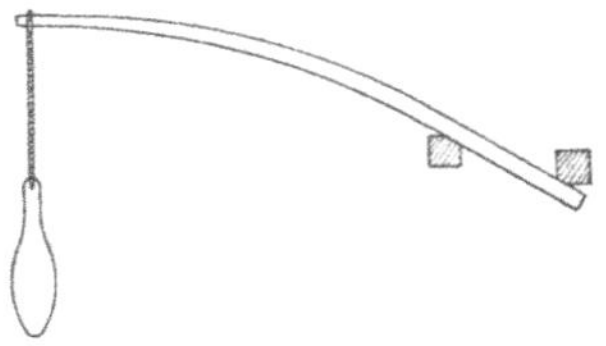

Fig. 795.

einen Beutel, an welchen ein Stöckchen gebunden ist. Dieses Stöckchen wird von zwei oder drei Zapfen, die im Rüttelstocke stecken, geschüttelt, und fällt auf diese Weise das Mehl in den Kasten, die Kleie aber ausserhalb des Kastens heraus.“

Daraus ersieht man, dass der um’s Jahr 1502 in Deutschland erfundene Beutelkasten (vergl. S. 181 unserer Abhandlung über CARDANUS) über 100 Jahre später in Italien noch kaum bekannt war.

29. Art, die Gerste oder Anderes zu stampfen. „In Welschland können sie die Gerste nicht gut von den Hülsen säubern und geschieht solches mit grosser Mühe, denn die Stempel, welche sie gebrauchen, sind gar zu breit und taugen mehr dazu, die Körner zu zerquetschen, als sie zu schälen. Wir machen spitzige Stempel, die auf den Seiten überall mit viereckigen Nägeln beschlagen sind, welche die Körner gar fein von den Häuten befreien. Die Stempel aber werden auf zweierlei Art betrieben: entweder von einem Manne, der einen Wellbaum (mit Hebedaumen) auf der einen Seite umtreibt, während am anderen Ende Schwunggewichte angebracht sind, oder indem man den Stempel an eine Stange hängt (Fig. 795),

welche, von einem Manne angezogen, sich beugt und den Stempel niederlässt, aber wenn sie losgelassen wird, den Stempel von selbst wieder in die Höhe zieht. Es ist dies eine leichte Manier, ein solches Gewicht aufzuheben und nichts Neues; doch wird sie, was mich sehr wundert, gar selten angewendet.

Eine Handmühle. Es giebt auch eine andere Art, die Gerste zu rollen, nämlich mit einer Handmühle (ähnlich der von AGRICOLA zum Mahlen von Golderz angegebenen Fig. 169, S. 152), wobei aber der obere Mühlstein etwas gehoben werden muss, wenn er zu schwer ist, damit die Körner nicht zermahlen werden, und eben dies kann man auch mit grossen Mühlen, die vom Wasser getrieben werden, zu Wege bringen. Man kann auch Nägel an einem Rade oder Brette anbringen, mit welchen die Gerste gerollt und von Hülsen gesäubert wird. Und dies sei von den Mühlen genug."

VERANTIUS geht nun zu Brückenkonstruktionen über und beschreibt zunächst ein einfaches Hängewerk mit folgenden Worten:

30. Eine Brücke mit zwei Balken (Fig. 796). „Jetzt wollen wir von den Brücken handeln, welche ohne Pfeiler oder Stützen von einem Ufer zum anderen über eine ziemliche Breite des Wassers reichen. Diese erste Brücke hat indes nur die Länge von zwei Bäumen, welche nur an den zwei Enden Pfeiler haben; in der Mitte des Flusses aber werden sie mit den anderen beiden Enden aufgehängt, indem sie von zwei anderen oberen Balken getragen werden, die mit ihren Enden ein wenig in die Höhe gerichtet sind und sich gegen einander stemmen, gleichsam wie zwei Widder, die einander stossen.

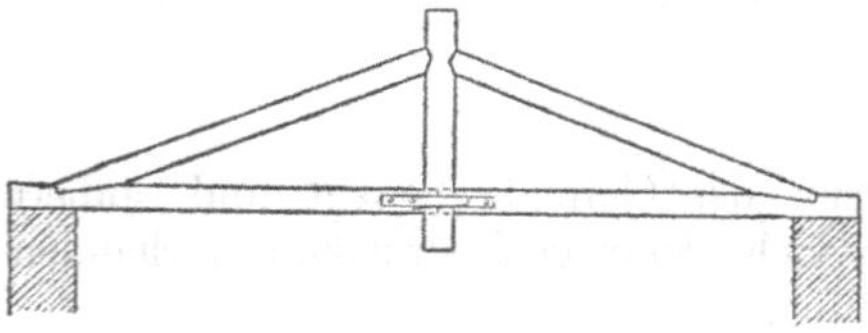

Fig. 796.

31. Eine hölzerne Brücke (Fig. 797). Diese Brücke (d. h. der obere Bogen) wird aus einer doppelten Ordnung von Balken gemacht, welche gebogen und

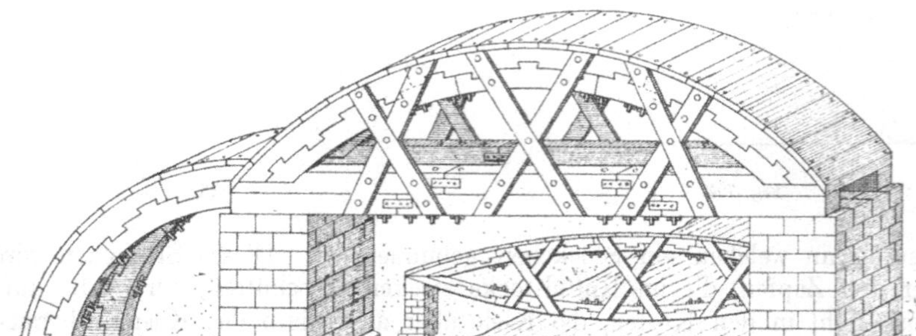

Fig. 797.

mit Schrauben und eisernen Nägeln verstärkt sind (im italienischen Texte heisst es: welche bogenförmig gekrümmt und schwalbenschwanzförmig in einander gefügt sind). In ihrem unteren Theile aber hat diese Brücke zur Vermehrung ihrer Festigkeit andere Balken, welche entweder stracks gelegt (siehe den Träger im Vordergrunde der Abbildung), oder in einem Gegenbogen gekrümmt (siehe den Träger im Hintergrunde der Abbildung) und auch mit Nägeln zusammengeheftet sind. Sie verbinden die beiden Enden der Brücke (d. h. des oberen Bogens) miteinander, damit sie nicht durch ihre Schwere auseinander getrieben werde und einstürze.

32. Eine steinerne Brücke (Fig. 798). Diese Brücke kann aus Ziegeln oder anderen leichten Steinen gebaut werden, denn je leichter sie sind, desto sicherer wird sie sein. Erstlich soll sie am Ufer starke Fundamente (Widerlager) haben, die durch andere Gewölbe unterstützt sind. Dann sollen beide Enden am unteren Theile der Brücke (des Brückenbogens) durch viele und starke eiserne Riegel (Spann-

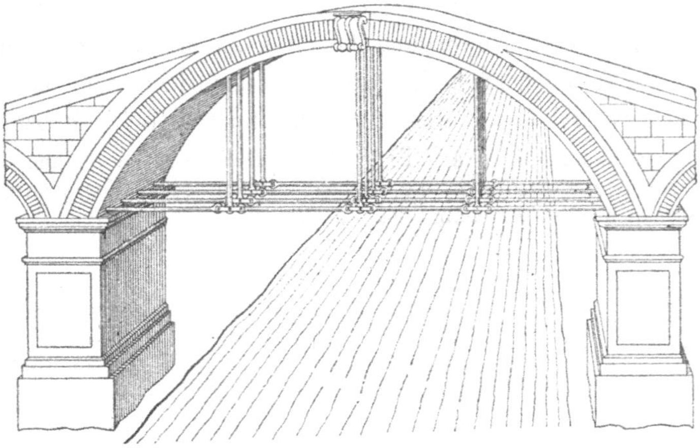

Fig. 798.

stangen) zusammengeschlossen werden. Wenn aber die Brücke gar zu lange sein sollte, so sollen diese Spannstangen durch andere Riegel (Hängestangen), welche in der Brücke befestigt sind, getragen werden.

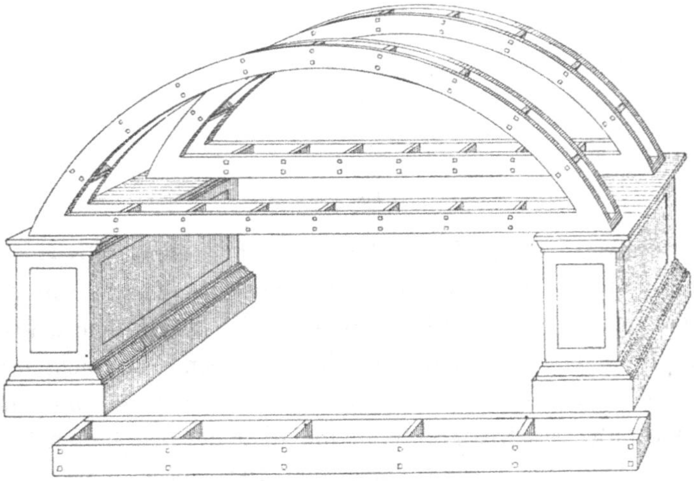

Fig. 799.

33. Eine Brücke von Glockenspeise (Bronce). Fig. 799. Diese Brücke soll aus lauter Glockenspeise gemacht sein, sie sei nun gerade (wie der im Vordergrunde der Figur abgebildete Träger), oder im Bogen gewölbt (wie die auf den Brückenpfeilern abgebildeten Träger. Es möchte aber Einer sagen, man werde viel Glockenspeise dazu haben müssen und deshalb würden zu grosse Unkosten entstehen. Darauf erwidere ich, dass viel weniger Unkosten entstehen werden, als wenn die Brücke aus

Stein gemacht wird .... Auf dieselbe Weise kann man auch mit viel geringeren Kosten die Dächer und Decken der grossen Gebäude und Kirchen machen. (Im italienischen Texte heisst es: Auf dieselbe Weise und mit geringeren Kosten kann man auch Balken von grosser Länge machen, um Dächer und Decken für Kirchen und Säle herzustellen und die Unbequemlichkeit der Pfeiler und Säulen zu vermeiden, welche man da hinein zu stellen pflegt.)"

Wenn auch VERANTIUS die Kosten seiner metallenen Träger unterschätzt, und solche erst Anwendung finden konnten, nachdem man gelernt hatte, sie aus Gusseisen herzustellen, so bleibt ihm doch wohl das Verdienst, zuerst die Aufmerksamkeit auf diesen Gegenstand gelenkt zu haben.

34. Eine eiserne Brücke (Fig. 800). „Diese Brücke nennen wir deshalb „eisern", weil sie in zwei Thürmen, die an beiden Seiten des Wassers aufgebaut sind, mit vielen eisernen Ketten angehängt ist ...."

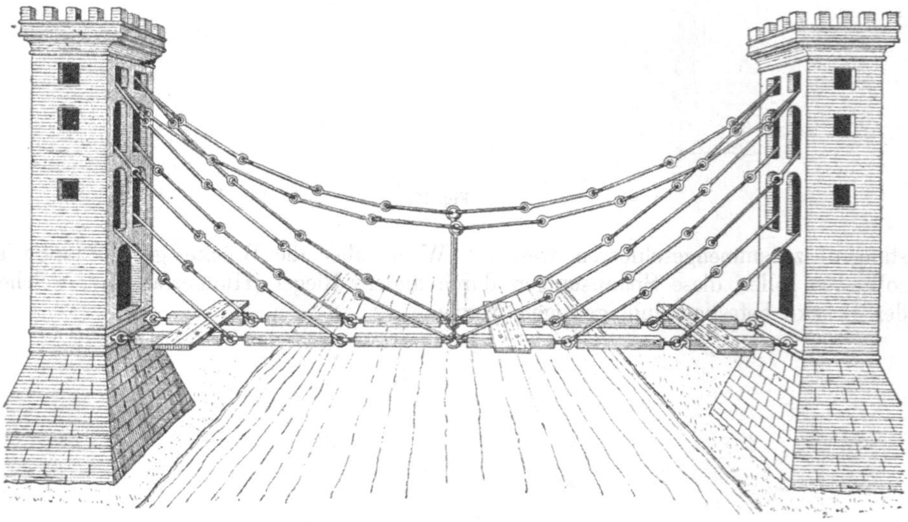

Fig. 800.

Dieser Entwurf einer Kettenbrücke ist unseres Wissens der erste, welcher in Europa gemacht wurde. Ob VERANTIUS Kunde von chinesischen Kettenbrücken hatte, die seit alter Zeit bestanden haben sollen, erscheint uns zweifelhaft. In MARCO POLO's Reisebeschreibung sind sie nicht erwähnt, der Tyroler MARTINI aber, der die Strasse über den Tsin-ling-shan mit einer Kettenbrücke bei Ma-tan-yi beschrieb, lebte um die Mitte des siebzehnten Jahrhunderts, also später als VERANTIUS. Diese chinesische Kettenbrücke besteht aus sechs straff gespannten, 50 Fuss langen, eisernen Ketten, die in geringem Abstande neben einander liegen und zu beiden Seiten in dem Fels befestigt sind. Quer zu den Ketten sind auf denselben Bretter verlegt. Angaben über das Alter dieser Brücke oder dieser Konstruktionsweise liegen nicht vor. (Vergl. CURT MERKEL, Die Ingenieurtechnik im Alterthum, Berlin 1899, S. 212).

35. Eine hänfene Brücke (Fig. 801). „Diese Brücke ist aus zwei oder mehr Schiffstauen, die an zwei Pfählen auf beiden Ufern angehängt sind, gemacht.

Damit sie aber gerade ausgespannt bleibe und von der Schwere der Darübergehenden sich nicht biege, kann man die Stricke, welche an die Schiffstaue geknüpft sind, nach Gefallen anziehen oder nachlassen. Die Brücke kann man zusammenlegen und hin und her tragen, weshalb man sie sehr wohl im Felde gebrauchen kann.

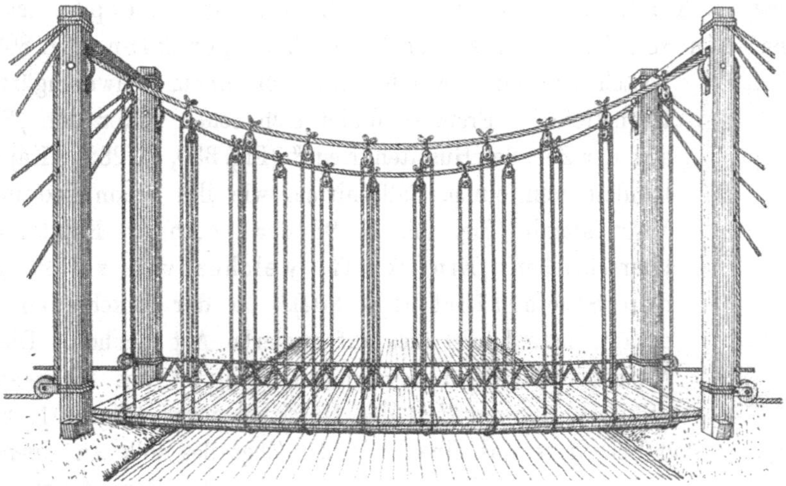

Fig. 801.

Es ist dies die älteste Konstruktion einer Seilbrücke, oder vielmehr eines Seilsteges, wenigstens ist uns eine frühere bis jetzt nicht bekannt geworden.

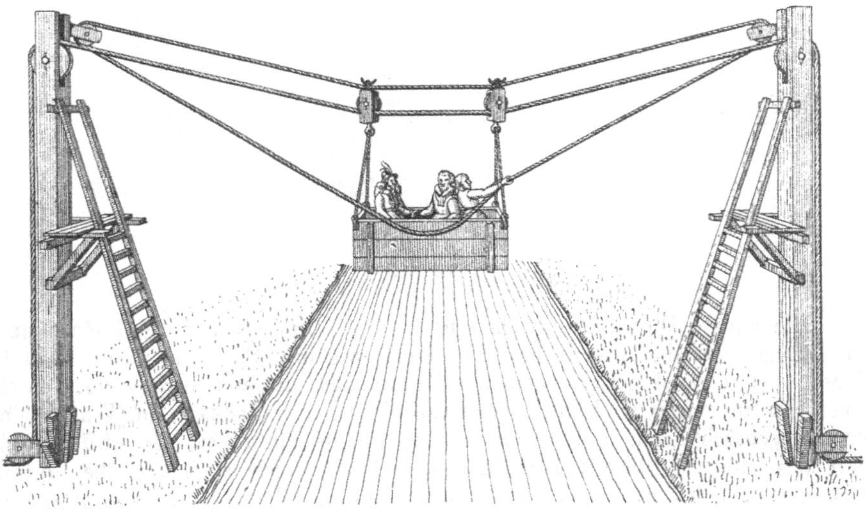

Fig. 802.

36. Eine Brücke mit einem Seil (Fig. 802). „An ein dickes Seil soll ein Trog oder Korb mit umlaufenden Rollen gehängt, und daneben ein dünnes Seil gespannt werden, welches, wenn es angezogen wird, diejenigen, welche sich in dem Korbe befinden, ohne alle Gefahr hinüber bringen wird.“

Unter den „Skizzen aus der Zeit der Hussitenkriege“ befand sich bereits eine von einer sehr einfachen Seilbahn zum Befördern einer Bombarde über einen Fluss oder eine Schlucht (vergl. Fig. 353, S. 291); hier sehen wir die Seilbahn zum Personentransport weiter ausgebildet.

Das 37. Kapitel hat kein Interesse für uns, das 38. Kapitel ist überschrieben: Ein Schiff, welches man bei sich tragen kann (Fig. 803). Es besteht aus einer Kombination von einem Schwimmgürtel mit Bachstiefeln. Ersterer findet sich schon unter den „Skizzen aus der Zeit der Hussitenkriege“ (Fig. 330, S. 282). Kapitel 39 handelt von einem Fallschirme, wie ihn schon LEONARDO DA VINCI angab (Fig. 98, S. 98 der 1. Abh.). Kapitel 40 ist überschrieben: Ein Schiff, welches von selbst gegen den Strom fährt (Fig. 804). In der Beschreibung wird gesagt, man könne dies auf zweierlei Art machen. Die erste Methode, die dann beschrieben wird, ist uns schon aus den „Skizzen aus der Zeit der Hussitenkriege“ (Fig. 351, S. 290) bekannt, nur sagt VERANTIUS, das eine Ende des Zugseiles solle an einen Pfahl gebunden werden, der in dem Flusse eingeschlagen ist. Dann fährt er fort:

Fig. 803.

Fig. 804.

„Die andere Weise ist die, dass man eine Rolle, worin ein Seil läuft, an den Pfahl hängt und das eine Ende des durchgezogenen Seiles an dem Lastschiffe, welches stromaufwärts gezogen werden soll, anbindet, das andere Ende aber an einem kleinen Schiffe, woran zu beiden Seiten zwei Flügel, die stracks in das Wasser hinausstehen, angebracht sind, und die Gewalt des Flusses aufhalten. So wird das kleine Schiff das grosse Lastschiff hinaufziehen. Dieses, sowie auch die oben erwähnte Wasseruhr habe ich von einem kunstreichen Manne (Franzosen), einem Präsidenten von Lyon, zu Rom kennen gelernt.“

In Fig. 804 sind diese beiden Methoden kombinirt dargestellt. Diese Kombination ist zulässig nnd das Lastschiff kann dadurch um so schneller bewegt werden; doch erwähnt VERANTIUS in seinem Texte nichts davon. Das folgende Kapitel lautet:

41. Ein Werk, den Grund des Meeres zu räumen (Fig. 805). „Man hat mancherlei Instrumente, um den Schlamm und Sand von dem Boden des Meeres zu schöpfen, wovon man viele zu Venedig sieht, aber diese Instrumente sind gar langsam und können nicht bei mehr als sechs Fuss Tiefe in den Grund eingreifen.“

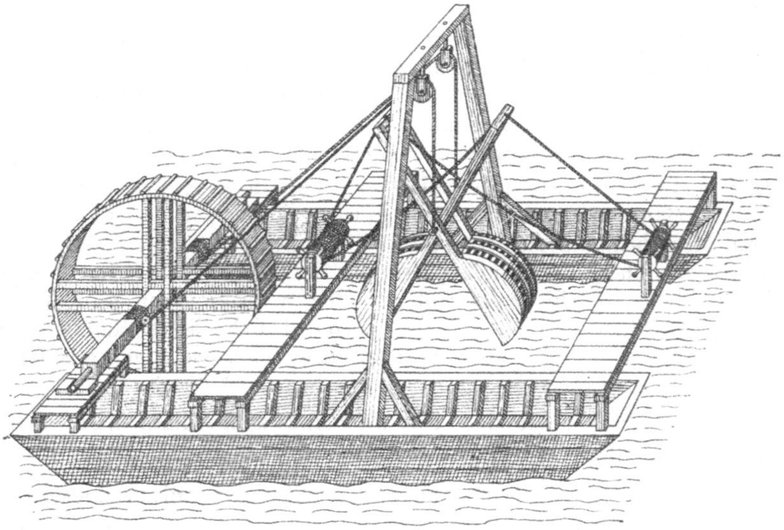

Fig. 805.

Eine solche Maschine beschreibt LORINI (siehe Fig. 291, S. 251). Bei ihm ist die Zange, womit der Schlamm gefasst wird, an das eine Ende eines doppel-

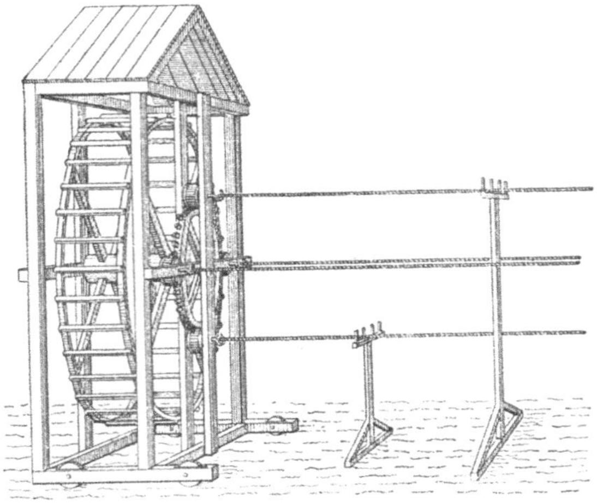

Fig. 806.

armigen Hebels gehängt, dessen anderes Ende auf und nieder geschraubt wird, wodurch langsame Bewegung und geringe Hubhöhe bedingt sind. VERANTIUS fährt fort:

„Das Unserige aber kann füglich bei jeder Tiefe des Meeres oder Flusses gebraucht werden; obwohl man in Flüssen, die nicht sehr tief sind, auch ein anderes

Instrument gebrauchen kann. Dieses besteht aus zwei Wasserrädern, die zu beiden Seiten auf einem Wellbaume sitzen, der Wellbaum aber ist quer über ein Schiff gelegt, wie der oben (Kap. 19) genannte. An diesem Wellbaume muss man einige Schöpfschaufeln anbringen, die den Grund aufrühren und so den Sand und Schlamm in die Höhe bringen, die dann der reissende Fluss, ehe sie an die Oberfläche des Wassers kommen, wegschwemmt und die Schaufeln säubert.

42. Ein Schiff mit offenem Boden. Für das soeben beschriebene Instrument, welches den Koth durch Zangen vom Grunde des Meeres schöpft, haben wir ein Schiff erfunden, welches den herausgezogenen Letten, indem es unter das Instrument hinfährt, in sich aufnimmt, auf das hohe Meer fährt und ohne grosse Mühe durch eine Oeffnung im Boden ausleert ohne unterzugehen.

43. Ein Instrument, um Seile zu drehen (Fig. 806). Bei den Instrumenten, welche man in jetziger Zeit zu gebrauchen pflegt, um die grossen Schiffsseile durch Menschenhand zu drehen, kann dies nicht ohne grosse Mühe geschehen, weil kein (mechanischer) Vortheil, sondern nur die Menschenkraft dabei angewendet wird. Deshalb habe ich ein Instrument erfunden, welches durch mein Tretrad (wie oben in Kapitel 23 beschrieben, bewegt wird. Durch dieses Rad verrichtet ein Mensch mit Leichtigkeit mehr, als ohne ein solches ihrer viele, die alle ihre Kräfte aufwenden."

Unsere Fig. 806 zeigt den Apparat nur zum Theil. Ein ebensolches Seilerrad, wie das hier abgebildete, steht diesem gegenüber, erfasst die anderen Enden der herzustellenden Schiffstaue und dreht sie in entgegengesetzter Richtung um, was die Arbeit beschleunigt. Die noch folgenden sechs Kapiteln sind für uns von wenig Interesse.

## Jacob de Strada (etwa 1523—1588).

Jacob de Strada wird, da die fast allein noch bekannte Ausgabe seiner Maschinenzeichnungen im Jahre 1629 zu Frankfurt a. M. erschienen ist, meist für einen Schriftsteller des siebzehnten Jahrhunderts gehalten. Der vollständige Titel dieses Werkes lautet aber:

„Künstlicher Abriss allerhand Wasser-, Wind-, Ross- und Handmühlen beneben schönen und nützlichen Pompen etc., verfertigt durch den Edlen und Vesten Herrn Jacobum de Strada à Rosberg, Civem Rom. Impp. Ferdinandi, Maximiliani et Rudolphi II Antiquarium, Commissarium Bellicum et Aulicum; nunmehr aber durch den Truck publiciret, an den Tag gegeben und in 112 folio Kupfern fürgebildet durch Octavium de Strada à Rosberg, Civem Rom. etc., Jacobi unicum nipotem."

Daraus geht hervor, dass Jacob de Strada Archäologe, Kriegs- und Hof-Kommissar unter den drei Kaisern Ferdinand I., Maximilian II. und Rudolph II. war, deren Regierungszeiten sich von 1556 bis 1612 erstrecken, und dass seine Maschinenzeichnungen erst durch seinen Enkel (unicum nipotem) Octavius de Strada veröffentlicht wurden.

Georg Andreas Boeckler, in dessen 1661 zuerst erschienenem Theatrum Machinarum fast sämmtliche Kupferplatten von de Strada abgedruckt sind, sagt in seiner Vorrede, Octavius de Strada habe die Mühl- und Wasserkünste anno 1618, wie dann auch anno 1629 zum zweitenmal öffentlich drucken lassen.

In letztgenannter Ausgabe von de Strada's Werk findet sich hinter der fünfzigsten Kupfertafel gleichsam eine Vorrede zu dem nachfolgenden Theile, worin gesagt wird:

„Was nun die Ordnung dieses Werkes betrifft, so ist zwar nicht ohn, dass oftmals das Hinderste zu vorderst und was vorgehen sollte zu hinderst gesetzt ist, wobei man aber aus der Ursachen hat bleiben müssen, weil sie im ersten Exemplar, so ohne Beschreibung ausgegangen, also nach einander gefolgt und also ohne Zweifel vom Autore nach einander aufgezeichnet worden . . . ."

Diese Vorrede ist unterzeichnet: Benjamin Bramerus.

Mit dem hier erwähnten „ersten Exemplar" ist ohne Zweifel die Ausgabe von 1618 gemeint, welche demnach ohne Beschreibung erschien. Die in der Ausgabe von 1629 enthaltenen Beschreibungen dürften von dem hier unterzeichneten BENJAMIN BRAMERUS herrühren.

Ueber JACOB und OCTAVIUS DE STRADA wird in dem 1744 bei Joh. Heinr. Zedler in Halle und Leipzig erschienenen Universal-Lexikon gesagt:

„STRADA (JACOB DE), ein Italiener von Mantua gebürtig, lebte im 16. Jahrhundert und machte überaus nette Abzeichnungen von griechischen und römischen Münzen, davon in der kaiserlichen Bibliothek in Wien noch 10 Bände übrig sind. Man zweifelt nicht, dass die Medaillen, welche OCTAVIUS DE STRADA, sein Sohn, nebst dem Leben der Kaiser 1615 bis 1619 an den Tag gegeben, nach des JACOB's Zeichnungen gestochen worden . . . . . Man hat von diesem Werke auch eine weit ältere Ausgabe, dessen Titel folgender ist: „JACOB DE STRADA: Epitome Thesauri Antiquitatum S. Icones Imperat. Rom. Orient. & Occident ex antiq. Numismatibus delineatae. Tiguri 1557" (d. h. Auszug aus dem Schatze der Alterthümer, oder Porträts der ost- und weströmischen Kaiser nach alten Münzen gezeichnet. Zürich 1557). Ferner hat man ein Traktat von ihm, in welchem blose Maschinen beschrieben werden, welches ebenfalls dessen Sohn 1618 herausgegeben. Ueberdies ist auch noch eine lateinische Uebersetzung von des SEBASTIAN SERLI siebentem Buche, das von den Häusern auf dem Lande handelt, bekannt, 1575 zu Frankfurt im Druck herausgekommen; ingleichen eine Abhandlung von Mühlwerken, die zu Köln 1623 in Folio herausgekommen . . . ."

„STRADA (OCTAVIUS DE) VON ROSBERG und Sohn JACOB DE STRADA's. Er war bei dem Kaiser Rudolph II. überaus wohl angeschrieben und hatte den Titel Antiquarius. Ob er beim Kaiser Ferdinand eben die Stelle behalten hat, lässt sich nicht ausmachen, soviel ist aber gewiss, dass er noch 1629 gelebt hat, denn da hat er eben seine Genealogie vom Hause Oesterreich, welche von Rudolph I. anfängt und mit Kaiser Ferdinand II. endigt, in Druck gegeben."

In MICHAUD's Biographie Universelle wird über JACOB DE STRADA noch berichtet, er sei am 6. September 1588 in Prag gestorben. Von seinem Werke „Epitome Thesauri Antiquitatum" werden drei Ausgaben aufgeführt, erschienen in Lyon 1553, Zürich 1557, Rom 1577, und zu seinem „Künstlichen Abriss allerhand Wasser-, Wind-, Ross- und Handmühlen" wird bemerkt: „TIRABOSCHI und Alle, die von OCTAVIUS (DE STRADA) schrieben, haben fälschlich angenommen, dass er der Sohn des JACOB DE STRADA gewesen sei; er war aber nur der Enkel. Siehe das Titelblatt des obigen Werkes."

Wenn JACOB DE STRADA's Werk: „Epitome Thesauri Antiquitatum", welches ungewöhnlich viel Vorstudium und Arbeit erforderte, 1553 zum erstenmal erschienen ist, so wird man sein Geburtsjahr mindestens 30 Jahre früher, also etwa 1523 annehmen müssen. Auch dürfte er bald nach dem 1556 erfolgten Regierungsantritte Ferdinands I. in dessen Dienste getreten sein, und wenn er 1588 starb, so hat er etwa 30 Jahre in kaiserlichen Diensten gestanden und ein Alter von mindestens 65 Jahren erreicht. Die manchmal ausgesprochene Vermuthung, dass JACOB DE STRADA jung gestorben sei, erscheint daher unbegründet und dürfte nur deshalb aufgetaucht sein, weil BOECKLER in der Vorrede zu seinem Theatrum Machinarum bei Erwähnung der Maschinenzeichnungen des JACOB DE STRADA die nichtssagende Bemerkung einfliessen liess, dass dieser „zweifelsohne, so er länger leben sollen, dieselben auch ausführlich beschrieben hätte.“

Jacob de Strada war demnach ein Zeitgenosse Ramelli's, aber etwa zehn Jahre älter als dieser. Jedenfalls war ihm, als er seine Maschinenzeichnungen entwarf, Ramelli's Werk nicht bekannt, denn dieses erschien in de Strada's Todesjahr 1588.

Einem Octavius de Strada ertheilte Kaiser Ferdinand II. ein Patent, worin es heisst:

„Wir thun zu wissen, dass wir unter dem 18. Juni 1625 an Octavius de Strada, böhmischen Edelmann, das Recht und die Macht übertragen haben, Eisenerze und alle anderen Metalle zu schmelzen, zu reinigen und für den Gebrauch herzurichten mit einem Feuer von Steinkohlen, für den Zeitraum und die Frist von 25 Jahren.“ (Vergl. Dr. Ludw. Beck, Geschichte des Eisens, II. Abth. S. 1213.)

Wenn Jacob de Strada in Prag starb, wie Michaud angiebt, so ist es wahrscheinlich, dass mit dem in diesem Patente genannten böhmischen Edelmanne Octavius de Strada sein Enkel gemeint ist, und daraus wäre ersichtlich, dass dieser sich, wie sein Grossvater, neben seinem Amte als Archäologe angelegentlich mit technischen Dingen beschäftigte. Mag er aber darin auch erfahren gewesen sein, so ist es doch immer für einen Autor misslich, wenn Entwürfe, die er selbst nicht publicirt hat, dreissig Jahre nach seinem Tode von seinem Enkel herausgegeben werden und nach weiteren elf Jahren ein Dritter schlechte Beschreibungen dazu macht. An diesen ist der Zeichner der Entwürfe nicht schuld, und man muss ihm auch zu gut halten, dass er wohl manche seiner Zeichnungen vorher ausgeschieden haben würde, wenn er sie hätte veröffentlichen wollen.

Wenn Jacob de Strada etwa vor 1588 etwas von Ramelli's Kupfertafeln zu Gesicht bekam, so könnte ihn dies veranlasst haben, seine Entwürfe nicht zu veröffentlichen, denn Ramelli war ihm an kinematischem und auch an konstruktivem Talent überlegen.

Unter den geschilderten Umständen ist es selbstverständlich, dass uns, nachdem wir die im sechszehnten Jahrhundert erschienenen Werke über Maschinenbau betrachtet haben, die Kupfertafeln de Strada's wenig Neues bieten können. Wir betrachten zunächst diejenigen seiner Entwürfe, welche sich an Mittheilungen älterer und uns bereits bekannter Autoren anlehnen.

Auf de Strada's Taf. 6 finden wir zwei Mahlgänge abgebildet, wovon der eine durch ein Löffelrad direkt betrieben wird, wie es sich unter Leonardo da Vinci's Skizzen (Fig. 124, S. 109) findet, während der andere durch das ebenfalls von Leonardo skizzirte Löffelrad, Fig. 125, S. 109, betrieben wird. Da die betreffenden Skizzen Leonardo's sehr flüchtig sind, geben wir die deutlichere Abbildung de Strada's in Fig. 807 wieder.

Taf. 33 zeigt ein zweistiefeliges Pumpwerk, ähnlich dem in Fig. 444, S. 335, nach einer Skizze Leonardo's abgebildeten; doch ist das schwere Pendel weggelassen und sind statt dessen zwei Rollen auf die obere Welle gesetzt und ein Riemen mit einem Ende an eine dieser Rollen befestigt und einmal darum geschlungen, während sein anderes Ende vermittelst eines Handhebels herabgezogen und dadurch die obere Welle in einer Richtung gedreht wird. Ein Gegengewicht, das an einem um die andere Rolle geschlungenen Seile hängt, dreht die obere Welle in entgegengesetzter Richtung, wenn der Handhebel lose gelassen wird.

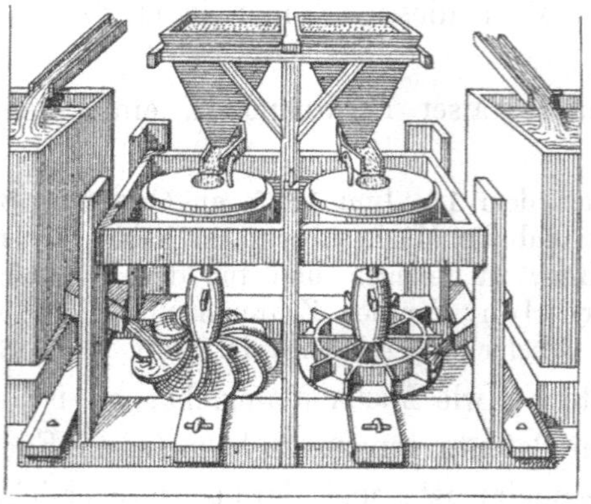

Fig. 807.

Taf. 49 zeigt einen durch den Rauch betriebenen Bratenwender nach LEONARDO's Skizze, Fig. 605, S. 425.

Auf Taf. 13 ist ein Becherwerk und ein Mahlgang dargestellt, welche gleichzeitig durch eine Windmühle mit drehbarem Dache, ähnlich der Skizze LEONARDO's (Fig. 419 u. 420, S. 328) betrieben wird. Eine ebensolche Windmühle ist auf Taf. 55, die wir in Fig. 808 wiedergeben, zum Betriebe eines Paternosterwerkes entworfen.

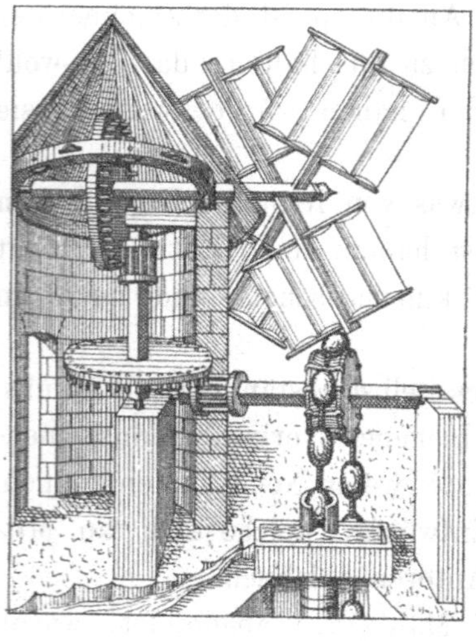

Fig. 808.

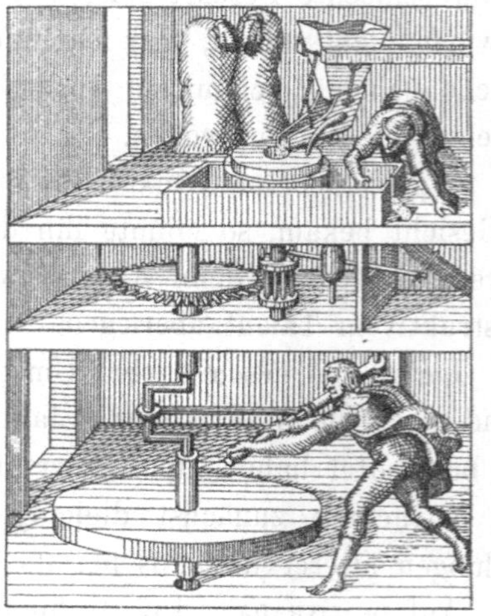

Fig. 809.

Bei RAMELLI findet man solche „holländische Windmühlen" von weit besserer Konstruktion abgebildet. (Siehe S. 211.)

Taf. 4 zeigt eine Hebeltransmission zum gleichzeitigen Betriebe eines Schwanzhammers und zweier Blasbälge in einer Kupferschmiede, ähnlich der von BIRINGUCCIO beschriebenen (Fig. 134, S. 120); doch wird hier von den Hebedaumen an der Wasserradwelle der Schwanzhammer und von der Kurbel an ihrem Ende eine stehende Welle bewegt und durch einen Arm am oberen Ende derselben vermittelst einer Schubstange die über den Blasbälgen liegende, horizontale Hebelwelle hin und her gedreht.

Der vertikale Schwengel mit Flügelstange, wie ihn BIRINGUCCIO zum Betriebe einer Amalgamirmühle angab (Fig. 140, S. 125) und der horizontale Schwengel, wie wir ihn von RAMELLI an einer transportablen Getreidemühle für Handbetrieb angebracht sahen (Fig. 226, S. 210) werden von DE STRADA oft angewendet. So auf Taf. 88, welche wir in Fig. 809 wiedergeben. Hier wird ein Mahlgang durch einen horizontalen Schwengel betrieben und man sieht aus dieser Abbildung besonders deutlich, wie DE STRADA unter dem Einlauftrichter seiner Mahlgänge einen Schuh mit drei Schnüren aufhängt. Die Mühlsteine liegen nicht in einer geschlossenen Zarge, sondern in einem oben offenen Sammelkasten und an dem Schuh ist ein seitlicher Arm angebracht, der wie ein Horn gestaltet ist und die rauhe Oberfläche des Läufersteins berührt. Dadurch wird der Schuh beim Umlaufen des Läufersteins in zitternde Bewegung versetzt. Aus dem Sammelkasten wird das Mahlgut durch einen Arbeiter mit der Hand in eine Gosse geschoben, durch die es in einen Beutelkasten fällt. Dieser kam bekanntlich zu Anfang des sechszehnten Jahrhunderts in Deutschland in Gebrauch (vergl. S. 181); DE STRADA bringt ihn bei den meisten seiner Mühlen an, während wir ihn bei anderen Autoren aus dieser Zeit nicht abgebildet sahen, woraus hervorgeht, dass DE STRADA dem deutschen Mühlenbau mehr Aufmerksamkeit schenkte, als andere italienische und französiche Schriftsteller.

Taf. 86 zeigt dieselbe Mühlenanlage ohne Rädervorgelege.

Die gleiche Art des Antriebes findet sich auch auf der durch unsere Fig. 810 wiedergegebenen Taf. 15; doch ist die hier betriebene Mühle eigenthümlicher Art. Sie steht gleichsam in der Mitte zwischen den heutigen konischen Mühlen (Kaffeemühlen) und den Mörsermühlen. Taf. 14 zeigt die gleiche Mühlenanlage, nur ist ein Zwischenrad zwischen der Kurbelwelle und der Mühlspindel angebracht und diese sind mit gleichen Getrieben versehen, so dass sie sich gleich schnell drehen. Auf Taf. 89 ist eine Mühle dieser Art dargestellt, die durch eine Handkurbel vermittelst Winkelräderübersetzung betrieben wird.

Auf Taf. 29 wird ein Stampfwerk mit horizontalem Schwengel betrieben, während mit vertikalem Schwengel auf Taf. 87 ein Mahlgang und auf Taf. 22 ein Becherwerk betrieben wird.

Taf. 37 zeigt ein Paar Balgpumpen durch Handkurbel vermittelst des von CARDANUS für hin- und hergehende Bewegung beschriebenen Mechanismus (Fig. 182, S. 165). Dieser findet sich auch auf den Tafeln 36, 45, 80 und 81 zum Betriebe mehrstiefeliger Pumpwerke angewendet.

Die sogenannte „Augsburger Maschine“ (Fig. 200, S. 180), welche CARDANUS beschrieb, ist auf Taf. 39 mit der Aenderung abgebildet, dass zwei

Reihen von Wasserschrauben, die das Wasser stufenweise in Behälter heben, gleichzeitig durch einen Ochsengöpel bewegt werden sollen. Auf den Tafeln 24, 65 und 104 sind dagegen die Wasserschrauben durch Becherwerke ersetzt. Auf Taf. 24 soll der Antrieb durch einen Göpel, auf Taf. 65 durch ein unterschlächtiges und auf Taf. 104 durch ein oberschlächtiges Wasserrad bewirkt werden. Da das Betriebswasser für letzteres aus dem obersten Behälter herabgeleitet zu sein scheint, so ist diese Anordnung wohl als perpetuum mobile gedacht, wie viele andere Entwürfe de Strada's (Tafeln 101, 103, 105—110 und 112).

Die Seiltransmission, von der Cardanus nur sagt, dass sie beim Bohren und Schneiden von Gemmen angewendet werde (vergl. S. 166 u. Fig. 184), sehen wir auf de Strada's Taf. 96, die wir in Fig. 811 wiedergeben, zum

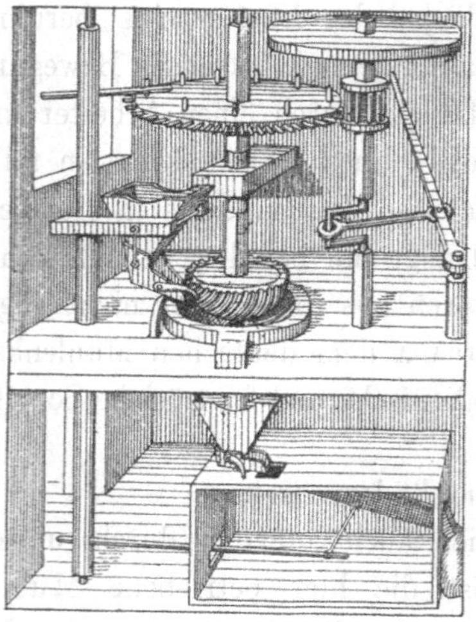
Fig. 810.

Fig. 811.

Antriebe eines grossen Schleifsteines benutzt. Durch einen Pferdegöpel wird hier vermittelst einer horizontalen Transmissionswelle ausser dem Schleifsteine auch ein Mahlgang betrieben.

Nach Agricola's Angaben sind folgende Tafeln entworfen: Taf. 7 zeigt ein horizontales Tretrad, wie unsere Fig. 144, S. 130. Durch dieses wird ein Becherwerk betrieben, welches Wasser in einen hochstehenden Behälter fördert. Von da wird das Wasser auf ein oberschlächtiges Wasserrad geleitet, das einen Mahlgang treibt. Warum dieser Umweg des Einschaltens eines oberschlächtigen Wasserrades, wie er sich auch auf den Tafeln 18 und 32 findet, gewählt wurde, ist schwer zu verstehen; doch dürfte vielleicht zur Erklärung dienen, was Lorini in Kapitel XXI seines Werkes sagt (vergl. S. 253), wo er das Schwungrad als das beste Mittel bezeichnet, um bei Anwendung animalischer Kräfte eine Maschine in eine Bewegung von ähnlicher Gleichmässigkeit zu versetzen, wie sie beim Betriebe mit Wasserrädern erreicht wird. Das Wasserrad mit dem Wasserbehälter dürfte demnach wohl als Regulator und Akkumulator zu betrachten sein.

Taf. 28 zeigt einen Aufzug nach unserer Fig. 145, S. 131, zur Wasserförderung; Taf. 31 ein Pumpwerk nach unserer Fig. 155, S. 138, mit Pferdegöpel; Taf. 68 die Maschine Fig. 146, S. 132, Agricola's mit der Aenderung, dass das Wasser nicht mit Bulgen, sondern durch ein Becherwerk gehoben wird; Taf. 75 das Pumpwerk Fig. 143, S. 130; Taf. 77 zwei Pumpensätze nach Fig. 155, S. 138, gleichzeitig durch ein Tretrad betrieben. Taf. 74 zeigt eine einfache Pumpe, wie Fig. 150, S. 135; doch ist ihre Kolbenstange zur Erleichterung des Aufziehens an eine biegsame Stange gehängt, wie der von

Fig. 812.

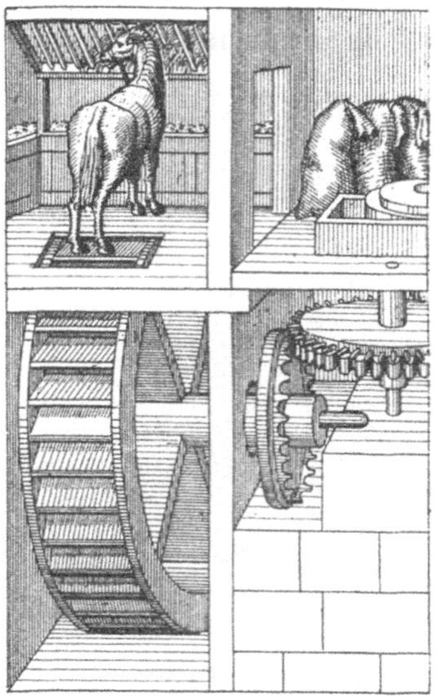

Fig. 813.

Faustus Verantius beschriebene Stempel zum Stampfen von Gerste: (Fig. 795, S. 521).

Taf. 90 wird durch Fig. 812 wiedergegeben. Es ist eine Mühle, wie sie Agricola zum Mahlen von Golderzen angiebt (Fig. 169, S. 152); doch wird sie hier nicht direkt, sondern vermittelst eines Rädervorgeleges betrieben und soll, wie in der Beschreibung gesagt wird, zu verschiedenen Zwecken, namentlich zur Bereitung von Druckerschwärze dienen. An dem Rädervorgelege ist auffallend, dass die Vorgelegswelle zunächst der Mühle nur ein Zwischenrad trägt, durch das weder die Umdrehungszahl noch die Umdrehungsrichtung geändert wird. Es kann also nur den Zweck haben, den Standort des Arbeiters, der die Kurbel dreht, weiter von der Mühle weg zu rücken. Dies kann in allen Fällen den Vortheil bieten, dass das Gefäss zur Aufnahme des Mahlgutes weniger leicht von dem Arbeiter umgestossen wird. Wie wir auf S. 152 bemerkten, werden aber solche Mühlen noch heutigen Tages zum Mahlen von

Tafelsenf benutzt, wobei durch den scharfen Geruch des Senfes die Augen des Arbeiters leiden. Wenn wir daher annehmen, dass auch DE STRADA diese Mühle zum Mahlen von Tafelsenf konstruirte, wird die Einschaltung dieses Zwischenrades doppelt zweckmässig erscheinen.

Taf. 99 zeigt ein Kehrrad nach Fig. 157, S. 142, welches eine schwere Mange treibt. Die Bewegung wird durch Winkelräder auf eine stehende Welle und von dieser durch Schnurgetriebe auf die Mange übertragen, wobei aber die Schnüre mehrfach um die Schnurrollen geschlungen sind, was man auch bei RAMELLI findet (vergl. S. 221).

Wie man theilweise schon aus dem Gesagten ersieht, ist der gleichzeitige Betrieb mehrerer Arbeitsmaschinen durch einen Motor, oder die Transmissionsanlage, welche, wie wir auf S. 153 bemerkten,

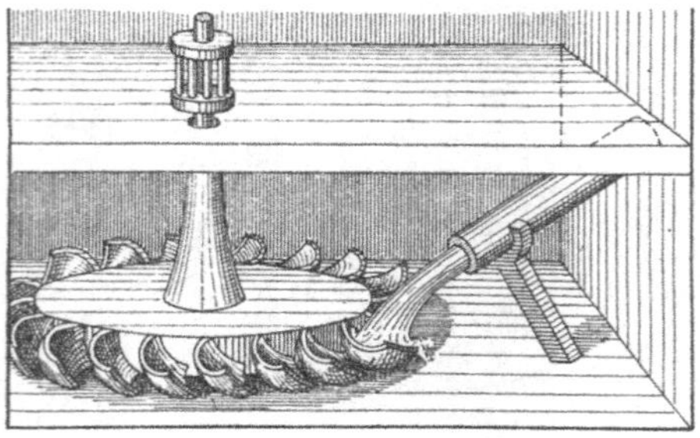

Fig. 814.

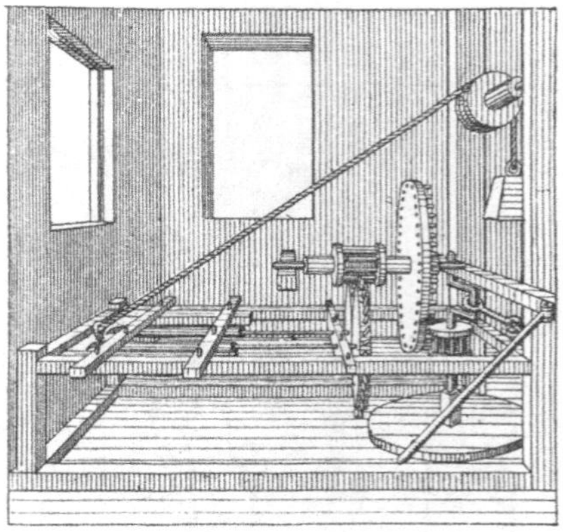

Fig. 815.

zur Zeit AGRICOLA's noch etwas Ungewöhnliches war, von DE STRADA vielfach behandelt worden. So zeigt Fig. 8 ein Stampfwerk, einen Mahlgang und eine zweistiefelige Pumpe durch ein Tretrad betrieben; Taf. 17 einen Mahlgang und einen Schleifstein vermittelst einer stehenden Transmissionswelle durch einen Ochsengöpel betrieben; Taf. 30 zwei Becherwerke, ein Paternosterwerk und eine zweistiefelige Pumpe durch ein unterschlächtiges Wasserrad betrieben; Taf. 70 dasselbe in anderer Anordnung; Taf. 95 vier Mahlgänge durch einen Ochsengöpel betrieben; Taf. 97 einen Mahlgang und ein Sägegatter vermittelst einer stehenden Transmissionswelle durch einen Pferdegöpel betrieben; Taf. 102 zwei Wasserschrauben, ein Mahlgang und eine zweistiefelige Pumpe durch ein oberschlächtiges Wasserrad betrieben.

Gleich seinem Zeitgenossen RAMELLI behandelt auch DE STRADA in einer grossen Zahl von Entwürfen die unfruchtbare Idee, Maschinen durch in die Höhe gewundene Gewichte betreiben zu wollen. Solche Gewichtsmühlen finden sich auf den Tafeln 11, 23, 27, 36, 38, 44, 59, 60, 61, 62, 80, 91,

92, 93. Zur Regulirung des Ganges der Räderwerke wendet er dabei mehrmals die in unserer Fig. 195, S. 175, abgebildete Unruhe an.

Auf Taf. 5 bildet de Strada eine Walkmühle ab, ähnlich unserer Fig. 362, S. 299, nach Zonca und

Taf. 100 zeigt eine Papiermühle ähnlich der von Zonca entnommenen Fig. 376, S. 313.

Ausserdem erscheinen uns einer näheren Betrachtung werth:

Taf. 94, ein Tretrad, von einem Pferde mit den Hinterfüssen getreten, wie in Fig. 813 wiedergegeben, zum Betriebe einer Mühle. Ein solches Tretrad fanden wir vor etwa 30 Jahren in Holland noch im Gebrauche. Die von de Strada hier, sowie auf mehreren anderen Tafeln angegebene Verzahnung der Winkelräder ist ebenfalls eigenthümlich. An einer auf der Welle des Tretrades sitzenden Holzscheibe ist ein metallener Zahnkranz mit halbkreisförmigen Zahnlücken befestigt, und die hineingreifenden Holzzähne sind halbcylindrisch geformt. Taf. 78 zeigt ein ebensolches Tretrad zum Betriebe einer zweistiefeligen Pumpe vermittelst einer Daumenwelle.

Auf Taf. 83 ist das Löffelrad, Fig. 814, abgebildet, welches in seiner Form einigermassen an das heutige Pelton-Rad erinnert. Es soll hier zum Betriebe zweier Kollergänge dienen.

Auf Taf. 47 finden wir die doppelte Bohrmaschine, Fig. 815, abgebildet. In der Beschreibung wird gesagt, sie solle zum Bohren von hölzernen Brunnenröhren (Deichelen) dienen; doch ist es der Zeichnung nach wahrscheinlicher, dass de Strada die Absicht hatte, mit dieser Maschine zwei Büchsenläufe gleichzeitig auszubohren.

Von den noch nicht erwähnten Tafeln de Strada's zeigen Tafeln 1, 2, 51 und 52 vier Brunnen, die vielleicht für Architekten aber nicht für Maschineningenieure Interesse haben. Taf. 111 ist unverständlich und die übrigen siebenunddreissig Tafeln enthalten Entwürfe, die zum Theil gut, aber zu einfach, zum Theil aber auch zu verfehlt sind, um hier betrachtet zu werden.

## Giovanni Branca (um 1629).

Wenn von der Geschichte der Erfindung der Dampfmaschinen die Rede ist, pflegt man Giovanni Branca zu nennen, weil in seinem 1629 bei Jacobo Manuci zu Rom erschienenen Werkchen „Le Machine“ auf Taf. 25 der in unserer Fig. 816 dargestellte Motor zum Betriebe eines kleinen Stampfwerkes abgebildet ist. Er besteht aus einem „sufflator“ (siehe S. 256), der den Dampf, welchen man damals jedoch meist noch für atmosphärische Luft hielt, gegen die Schaufeln eines horizontalen Zellenrädchens bläst und es dadurch umdreht. Man hat bis vor Kurzem bei Erwähnung dieser Idee Branca's stets die Bemerkung beigefügt, dass durch einen Dampfstrahl keine nennenswerthe Kraft erzeugt werden könne, seit Erfindung der „Dampfturbine“ haben sich aber die Ansichten hierüber etwas geändert. Dass ein Rad, welches durch einen Dampfstrahl getrieben, als Motor dienen soll, eine grosse Umdrehungszahl erfordert, scheint Branca geahnt zu haben, da er zwischen seinem Motor und der Daumenwelle des Stampfwerkes drei Rädervorgelege angebracht hat, die zusammen etwa 150fache Uebersetzung ergeben.

Ueber das Leben des Autors ist nichts bekannt. Auf dem Titelblatte seines Werkchens nennt er sich „Cittadino Romano, Ingegniero et Architetto della S$^{ta}$ Casa di Loreto“; doch kann er nicht als Erbauer der berühmten Wallfahrtskirche von Loreto gelten, weil deren Bau schon 1464 vom Papste Paul III. begonnen und 1587 unter Sixtus V. beendigt wurde. Höchstens kann man annehmen, dass er während der letzten Jahre ihrer Vollendung daran thätig gewesen ist.

In Zedler's Universal-Lexikon von 1744 wird gesagt:

„Branca (Giovanni) ein italienischer Architekt, welcher eine besondere Erklärung von den architektonischen Ordnungen gegeben, die Carolus Philipp Dieusart in „Theatro Architecturae Civilis“ anführt und mit anderer Baumeister Erklärungen vergleicht. Sein Werk, welches „Manuale di Architettura“ heisst und zu Ascoli an. 1629 herausgekommen, ist von Salvioni zu Rom an. 1719 in Duodez wieder aufgelegt worden.“

Ob aber dieser Giovanni Branca mit dem Autor des Werkchens „Le Machine“ identisch ist, erscheint zweifelhaft.

Dieses enthält 77 roh in Holzschnitt ausgeführte Figurentafeln in Quart, 232 mm hoch und 165 mm breit, mit sehr dürftigen Beschreibungen in italienischer und lateinischer Sprache. Sie zerfallen in drei Serien, wovon die erste 40 Tafeln enthält. Die folgenden, wieder von 1 bis 14 nummerirten Tafeln zeigen Pumpwerke und andere Wasserhebmaschinen und die dritte Serie pneumatische Apparate auf 23, ebenfalls wieder von eins an nummerirten Tafeln.

Davon erscheinen uns folgende Blätter einer näheren Betrachtung werth:

Serie I, Taf. 1, zeigt die Teigknetmaschine, Fig. 817. Durch einen horizontalen Schwengel mit Schubstange wird eine vertikale Kurbelwelle mit Schwungrad umgedreht. Von derselben Kurbel wird vermittelst einer zweiten Schubstange ein Gleitstück in Gleitlinealen hin- und hergeschoben und von diesem wird ein Winkelhebel um eine auf einem Tische gelagerte, horizontale

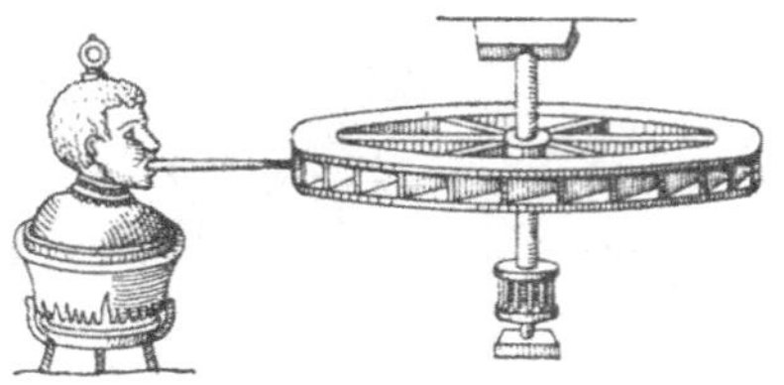

Fig. 816.

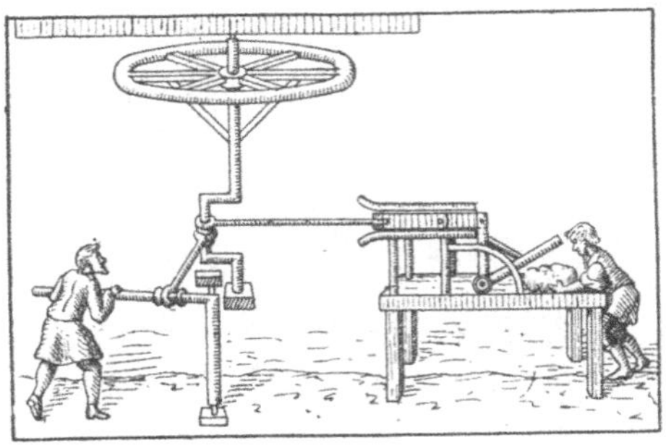

Fig. 817.

Achse gedreht, dessen auf und nieder schwingender Arm den von einem Arbeiter auf dem Tische hin- und hergeschobenen Teig knetet.

An dieser Maschine bietet die Einschaltung eines Gleitstückes zur Uebertragung der Bewegung von der um senkrechte Zapfen schwingenden Schubstange auf den um eine horizontale Achse schwingenden Winkelhebel besonderes Interesse, weil wir einem solchen Gleitstücke hier zum ersten Male begegnen.

Eine andere Maschine zum Teigkneten mit einem auf und niederschwingenden Hebel findet sich dagegen schon in Jo. Baptistae Benedicti (Benedetti) „Speculationum Mathematicum et Phisicarum Liber“, welches 1585 in Turin erschienen ist. Dort ist in Kapitel VI des Abschnittes „De Mechanicis“ eine Teigknetmaschine skizzirt, wie sie unsere Fig. 818 zeigt. Es ist eine Kniehebelpresse, womit der Hebel niedergedrückt wird, der den Teig auf dem Tisch knetet. Benedetti sagt, dass von dieser Maschine an einigen Orten Gebrauch gemacht werde.

Taf. 2 zeigt das Walzwerk, Fig. 819, zum Auswalzen verschiedener Metalle und zum Prägen von Medaillen und Geld. Solche sogenannte „Taschenwerke“, auf welchen gleich das Gepräge der Münze mittels geschnittener Walzen hergestellt wurde, waren zu Branca's Zeit im Gebrauche (Siehe Dr. Ludw. Beck, Geschichte des Eisens Abth. II, S. 529.) In Branca's Abbildung soll das Walzwerk durch die von einem Schmiedefeuer in einem eisernen Kamin aufsteigende warme Luft betrieben werden, und daraus ersieht man am deutlichsten, dass er zu den Mechanikern gehörte, welche, wie Lorini sagt „auf die Leichtigkeit vertrauen, womit kleine Modelle arbeiten“. (Siehe S. 241.)

Fig. 3 zeigt eine Kunstramme, Fig. 820, zum Einschlagen schräger Pfähle. Daran ist die lösbare Klauenkuppelung zum Ein- und Ausrücken der Seiltrommel für uns interessant, da wir einer solchen hier zum ersten Male begegnen. Auf Taf. 35 finden wir eine solche Kunstramme zum Einschlagen senkrechter Pfähle abgebildet.

Taf. 9 zeigt einen Mahlgang durch ein horizontales Wasserrad

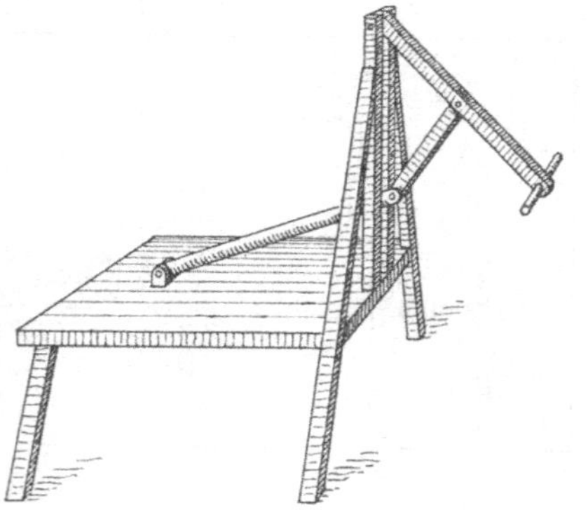

Fig. 818.

Fig. 819.

betrieben, ähnlich dem, welches Besson beschrieb (Fig. 222, S. 201); doch drehen sich die Klappen desselben hier um senkrechte Axen in rahmenförmigen Flügeln.

Taf. 10 zeigt einen selbstfahrenden Wagen, dessen Mechanismus im allgemeinen mit dem von Leonardo skizzirten (Fig. 603, S. 425) übereinstimmt, doch ist die senkrechte Axe hier nach oben verlängert, um ein Windrad zum Betriebe des Wagens aufzunehmen.

Auf Taf. 11 wird von einer stehenden Welle aus ein Mahlgang und die in Fig. 821 dargestellte Vorrichtung zum Einschleifen von Hahnen betrieben. Der Konus des Hahns ist mit seinem Griffe in einen Schraubstock gespannt und der nach Auftrag des Schmirgels darüber gestülpte Hahnenkörper wird durch eine unten an einer senkrechten Welle angebrachte Kurbel an einem seiner Rohrstutzen erfasst und umgedreht.

Auf den Tafeln 14 und 15 ist eine Dreschmaschine dargestellt, bei deren Konstruktion der Verfasser wohl an das altrömische „tribulum“ gedacht haben mag. Dieses bestand nach Varro (Rer. rust. I. 52) aus einer Holzplatte, die unten mit Steinen oder eisernen Zähnen besetzt war („Id fit tabula lapidibus aut ferro asperata") und von einem vorgespannten Thiere über das auf der Tenne ausgebreitete Getreide gezogen wurde. Bei der hier von Branca entworfenen Maschine ist das Tribulum durch sechs geriffelte Walzen ersetzt. An einer stehenden Welle, um welche das Getreide ringförmig ausgebreitet wird, ist ein grosses Rad mit sechs Spillen befestigt, woran die Endzapfen der Walzen mit Zugleinen gehängt sind, sodass sie bei Drehung der Welle auf dem Getreide im Kreise herumgerollt werden.

Auf den Tafeln 16, 19 und 20 ist ein Motor dargestellt, wie er durch Umkehrung aus der Archimedischen Schnecke oder Wasserschraube entsteht, indem man diese senkrecht stellt und Wasser oben hineinleitet und unten aus-

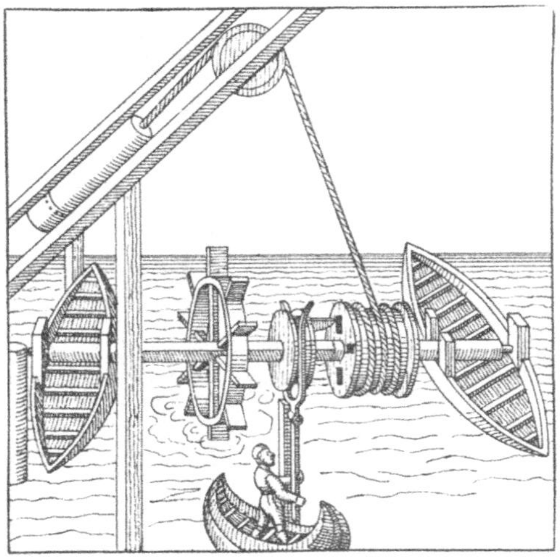

Fig. 820.

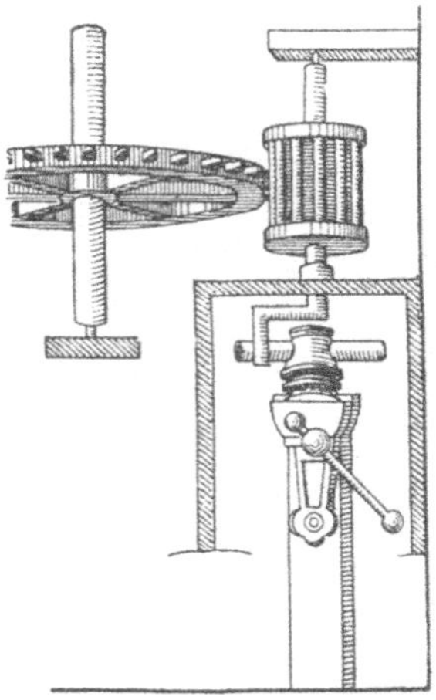

Fig. 821.

fliessen lässt. Dem analog sind auf Taf. 17 ein durch Umkehrung eines Paternosterwerkes und auf Taf. 32 ein durch Umkehrung eines Becherwerkes entstehender Motor abgebildet.

Taf. 21 zeigt den Aufzug Fig. 822 mit Umsteuerungskuppelung, die für uns besonders interessant ist, weil wir einer solchen hier zum ersten Mal begegnen. Auf Taf. 31 ist derselbe Mechanismus zur Wasserförderung aus einem Schachtbrunnen angewendet und hier ist die Kuppelungsmuffe auch im Detail abgebildet, wie sie unsere Fig. 823 wiedergiebt.

Taf. 22 zeigt eine Winde, bei der das Seil nicht an der Trommel befestigt, sondern nur einige Mal darum geschlungen ist, wie wir es bei den Gangspillen sahen, die Fontana benutzte (siehe S. 492 unten). Hier dient die Winde dazu, eine Kanone einen Berg herauf zu ziehen; auf Taf. 24 sehen wir sie dazu benutzt, Boote aus einem Flusse auf das Ufer zu ziehen.

Taf. 23 zeigt einen Reisewagen, bei dem das Lager für den Reisenden, wie das Log Besson's (Fig. 225, S. 204) in zwei Rahmen so aufgehängt ist, dass es sich um zwei in einer Horizontalebene auf einander senkrecht stehende Axen drehen kann, wodurch erreicht werden soll, dass der Reisende den Schwankungen des Wagens nicht ausgesetzt ist.

Taf. 26 zeigt das Wasserschöpfwerk Fig. 824. Während sich das grosse Gefäss *A* durch den Kanal *J* mit Wasser füllt, entleeren sich die Gefässe *B* und *C* in den Kanal *E* und das kleinere Gefäss *D* schöpft Wasser aus dem Brunnen *G*. Ist *A* gefüllt, so sinkt es zu dem Kanal *E* und mit ihm das kleinere Gefäss *B* in den Brunnen *G* herab, während es *D* zum Kanal *E* und *C* zum Kanal *M* emporhebt. Dann entleeren sich die Gefässe *A* und *D* in den Kanal *E*, während *B* Wasser aus dem Brunnen schöpft und *C* durch den

Fig. 822.

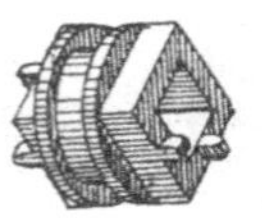

Fig. 823.

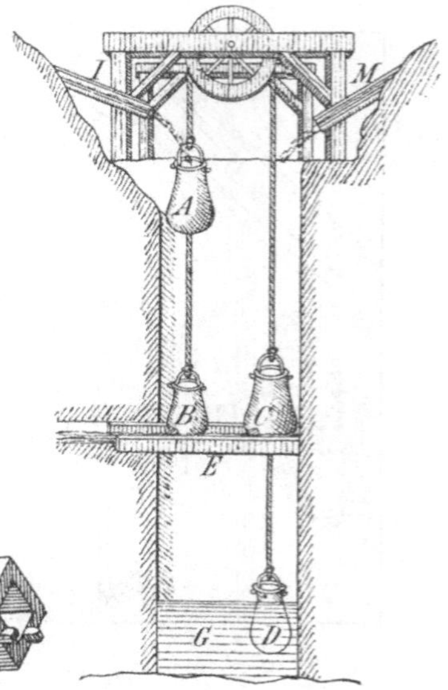


Fig. 824.

Kanal *M* gefüllt wird. Ist es voll, so kehren die Gefässe in die abgebildeten Stellungen zurück und das Spiel beginnt von neuem. In der Beschreibung Branca's ist, wie in seiner Abbildung, nur diese Idee angegeben, während Detailangaben fehlen.

Auf Taf. 39 ist zum Nivelliren eine Röhrenleitung aus ledernen Schläuchen mit metallenen, geraden und knieförmigen Verbindungsstücken abgebildet. Eine ähnliche Wasserleitung zu Bewässerungszwecken findet sich auf Taf. 10 der Serie II. Im übrigen bieten die Tafeln der zweiten Serie kein Interesse.

Die 23 Tafeln der dritten Serie zeigen pneumatische Apparate wie sie Della Porta beschrieb (Fig. 294 bis 302 auf S. 258 bis 263 und Fig. 304, S. 267); jedoch mit dem Unterschiede, dass die Gefässe daran alle ballonförmig angegeben sind. Das Wassertrommelgebläse ist auf Taf. 18 mit der

Aenderung abgebildet, dass sich die Luft nicht in einem ringsum fest verschlossenen Gefässe, sondern wie bei den altgriechischen Wasserorgeln (Fig. 36, S. 25) in einer Glocke sammelt, die bis zum dritten Theile ihrer Höhe in Wasser eingetaucht ist, was zur Regelung des Winddruckes von Vortheil sein mag. Taf. 19 zeigt ein solches Wassertrommelgebläse, das den Wind für eine Kirchenorgel liefert.

Auf Taf. 22 ist ein Apparat abgebildet, der dazu dienen soll, Wein aus einem im Keller lagernden Fasse in das Parterre hinaufzusaugen. In diesem stehen zwei Ballons von verschiedenen Grössen neben einander und sind oben durch ein Rohr verbunden. Neben diesem mündet ein zweites Rohr in den kleineren Ballon und geht bis zum Zapfloche des etwas höher als die Kellersohle liegenden Fasses herab. Unten an dem grösseren Ballon ist ein Rohr mit Hahnenverschluss angelöthet, das bis in eine Gosse in der Kellersohle herabreicht. Oben ist der grössere Ballon mit einem Ventil versehen, durch welches er mit Wasser gefüllt wird. Nachdem dann das Ventil geschlossen ist, wird der Hahn unter dem Ballon geöffnet, das abfliessende Wasser saugt die Luft aus dem kleineren Ballon und Wein in diesen. Wird dann das Ventil wieder geöffnet, so kann dieser Wein durch einen Hahn unten an dem kleinen Ballon abgezapft werden.

Die letzte Tafel des uns vorliegenden Werkchens zeigt eine Oellampe, in deren Fuss das Oel gegossen und durch Wasser, das man in einen weiter oben angebrachten, mit dem geschlossenen Oelgefässe kommunicirenden Trichter giesst, zum Dochte emporgetrieben wird.

---

Ein Jahr vor der Regierung des Kaisers Ferdinand II., während welcher Octavius de Strada die Maschinenentwürfe seines Grossvaters und Branca sein kleines Werkchen veröffentlichte, begann die schreckliche Zeit des dreissigjährigen Krieges in Deutschland und der konfessionellen Verfolgungssucht in ganz Europa, weshalb von da an bis zum Beginne des achtzehnten Jahrhunderts nur wenig für uns Bemerkenswerthes in der Litteratur zu finden ist.

---

## Marinus Mersenne (1588—1648).

Marinus Mersenne oder Mersennus war am 8. September 1588 in dem Flecken Oise des Herzogthums Maine geboren, besuchte das Collège de la Flèche und studirte dann in der Sorbonne in Paris Theologie. 1611 trat er in den Mönchsorden der Minimen ein. Von Johann Bruno erlernte er die hebräische Sprache, welche ihm in der Theologie von Nutzen war, die er später nebst Philosophie in Nevers mit grossem Ruhme lehrte. Auch wurde er hier Superior. Besondere Neigung trieb ihn zur Mathematik und Physik, wovon seine Werke: De Harmoniis, Paris 1636 und Cogitata Physico-mathematica, ebend. 1644, Zeugniss ablegen. Besonders berühmt wurde aber sein Commentar zum ersten Buche Mosis, Paris 1623. Ausserdem veröffentlichte er noch: La verité des sciences, Paris 1625 und Les questions inouïes.

In seinen Cogitata physico-mathematica findet sich in dem Abschnitte über Hydraulik, Pneumatik u. s. w. unter Prop. 49 ein Corollarium II „Ueber Schiffe, die unter Wasser schwimmen", welches in der Uebersetzung lautet:

„Bekannt ist das von Cornelius Drebellius in England konstruirte Schiff, welches unter Wasser getaucht schwamm, was auf verschiedene Art geschehen kann, und zwar erstens, wenn das Schiff mit Allem, was darin ist, von gleichem Gewichte hergestellt wird, wie das Wasser (welches es verdrängt), so dass es an jedem Orte unter Wasser verbleibt, was aber kaum jemals gelingen wird; zweitens, wenn es ein wenig schwerer gemacht wird, als das Wasser, so dass es bis zum Grunde herabsinkt, wenn es nöthig ist, und da bleibt bis mit Hülfe von Rudern und Haken die Dinge gesammelt sind, welche verloren waren, und das ausgeführt worden ist, weswegen das Schiff gebaut wurde. So oft aber der Schiffer zur Oberfläche zurückkehren will, thut er dies mit Hülfe von Rudern oder genügender Entlastung des Schiffes. Selbstverständlich muss das Schiff überall verschlossen sein, so dass kein Tropfen Wasser eindringen kann, und dass die Ruder, deren Handhaben innerhalb sind, nach aussen so mit Leder gedichtet sein müssen, dass sie trotzdem leicht bewegt werden können. Ich will nicht von den Fenstern aus Glas, Horn, Krystall, Marienglas oder anderem durchsichtigem Material reden, welche anzubringen sind, damit man Dinge auf dem Grunde oder inmitten des Meeres deutlich sehen kann, noch von verschiedenen Bohrern, womit feindliche Schiffe angebohrt und zum Sinken gebracht werden, noch von den verschiedenen Arten, wie die Luft erneuert werden kann, damit sie nicht durch Dünste und Ausathmungen im Inneren verdorben wird, was durch lange Schläuche von Leder oder anderem Material, die bis zur Oberfläche des Wassers reichen, zu geschehen pflegt, indem durch solche die Taucher in ähnlicher Weise athmen. Die Erfahrung wird lehren, was der Unerfahrene kaum muthmassen kann.“

Am Schlusse dieses Abschnittes wird dasselbe Thema von MERSENNE noch ausführlicher behandelt.

Ueber den hier genannten DREBELLIUS ist in ZEDLER's Universallexikon von 1744 zu lesen:

„DREBBEL (CORNELIUS) ein berühmter Philosoph und Mathematiker war zu Alkmaar 1572 geboren. Er legte sich frühzeitig auf die Philosophie, in deren Erkenntniss er es in Kurzem so weit brachte, dass der Ruhm von seiner besonderen Geschicklichkeit sogar vor Kaiser FERDINAND II. kam, welcher ihn zum Informator seines Prinzen bestellte und ihn zu seinem Rath ernannte. Er hatte diese Stellung bis in das 48. Jahr seines Alters inne. Als 1620 in den böhmischen Unruhen die pfälzischen Truppen ihn nebst vielen anderen kaiserlichen Dienern gefangen nahmen und aller seiner Güter beraubten, gelang es ihm, dass er auf Fürbitte des Königs von England und der Generalstaaten wieder auf freien Fuss gestellt und nach London geschickt ward. Hier brachte er nun die noch übrige Zeit seines Lebens mit mathemathischen und physikalischen Erfindungen zu, entdeckte zuerst ein Perpetuum mobile, verfertigte ein Schiff, in welchem er unter Wasser auf der Themse 2 Meilen von Westminster bis Greenwich fuhr und stellte zu jedermanns Verwunderung noch viele andere optische und mechanische Versuche an. Er starb zu London 1634.“

Der Vater des berühmten Physikers HUYGENS, welcher Rath des Prinzen von Oranien war, sah DREBBEL's Fahrt unter Wasser mit an und erzählte seinem Sohne eingehend davon, denn dieser schrieb am 2. November 1691 an PAPIN, der sich ebenfalls mit Versuchen über submarine Schiffahrt angelegentlichst beschäftigte und HUYGENS um Begutachtung seines Planes gebeten hatte:

„. . . die Röhre zur Erneuerung der Luft, die von einem Stücke leichten, auf der Oberfläche des Wassers schwimmenden Holzes getragen werden muss, könnte nach meiner Meinung Euer Boot verrathen, wenn es sich feindlichen Schiffen nähert und keine grosse Dunkelheit herrscht. DREBBEL's Boot hatte keine solche Röhre, wie mir mein verstorbener Vater erzählte, der in London zugegen war, als DREBBEL sich, so eingeschlossen, selbst in die Themse hinabliess, ohne dass man etwas auf dem Wasser zurückbleiben sah, aus dem er nach ziemlich langer Zeit und an einem von der Stelle des Niederganges weit entfernten Orte auftauchte. Man sagte, dass er irgend ein Mittel gehabt habe, die Luft in seinem Boote zu erneuern, was eine sehr wichtige Erfindung sein würde . . .“ (Vergl. Dr. E. GERLAND, LEIBNITZ und HUYGENS Briefwechsel mit PAPIN, Berlin 1881.)

In demselben Abschnitte von MERSENNE's Cogitata physico-mathematica wird unter Prop. 53 gesagt:

„Die gewöhnliche Art, Brunnen zu graben, will ich nicht besprechen, sondern nur die Art, wie ein Amsterdamer Brunnen gebohrt wurde, erklären, da hier verschiedenes Bemerkenswerthe vorkam, was mir der sehr edle Ritter des hl. Michael, D. HUYGENS mittheilte, nämlich erstens, dass dieser Brunnen 232 Fuss tief gebohrt wurde; zweitens, dass dies in folgenden Erdarten geschah; Gartenerde 7′, schwarze, zur Unterhaltung des Feuers geeignete Erde, die man Torf nennt, 9′. . . .

Die Form des Bohrers aber war folgende: *AC* (Fig. 825) der Rücken 1 Zoll dick und 3″ breit. *AHI* ein halbkreisförmiges Eisen, dessen Schneide *HI* scharf sein muss, weil sie die Erde durchschneiden soll. Ueber *AHI* hält es ein Netz, der Halbmesser von *HI* ist 11″ oder $^{11}/_{12}$ Fuss. Mit seiner Hülfe zieht der Brunnengräber bei fettem Thon jedesmal eine Erdscholle von 11″ Breite und $2^1/_4$″ Höhe, welche kaum den vierten Theil ausfüllt, empor; von beweglichem Sande aber wird das Netz ausgefüllt. Dieses ist so gewoben, dass es den Sand zurückhält, während es das Wasser durchlässt. An die Maschine pflegt man neun Mann zu stellen, und da den Stangen fortwährend neue angefügt werden müssen, damit der Bohrer, so oft er heraufgezogen wird, immer tiefer bis zum Grunde reicht, wird das Seil $FM$ angebracht, das über einen quer über der Mündung des Bohrloches liegenden, hölzernen Cylinder läuft, während die Männer bei $M$ an dem Seile ziehen, um den Bohrer herauszuheben. Mit dem Querholze $LG$ wird der Bohrer gedreht, dessen Höhe $CA$ $3^1/_4$ Fuss beträgt, und da der Stock $AE$ 6 Fuss Länge hat, so beträgt $CE$ $9^1/_4$ Fuss. Ebenso schätze ich die übrigen Stöcke, die nach den erfolgenden Erdaushebungen angefügt werden müssen. Das Holz $LG$ aber wird durch eines der Löcher $DNO$ gesteckt, so dass der Bohrer bei jeder Höhe gedreht werden kann. Am Ende eines jeden der sechsfüssigen Stöcke wird eine Höhlung $PQR$ angebracht und dieses durch eiserne Ringe verstärkt, damit das Ende des anderen Stockes in diese Höhlung geschoben und ein eiserner Nagel hindurch gesteckt werden kann, so dass alle in einander gefügten Stöcke eine Stange von 232 Fuss Länge bilden, um diesen Brunnen auszubohren. Doch ist es nicht nöthig, dass jeder Stock 6′ lang sei, sie können auch 10, 12 und mehr Fuss haben. Sie sind quadratisch und ihre Breite beträgt $^1/_2$ Fuss. Sobald der Brunnen gebohrt ist, wird eine Cisterne oder Grube hergestellt, aus der du mit einer Ktesibischen Maschine (Pumpe) soviel Wasser zu deinem Gebrauche herauspumpst, wie du nöthig hast, oder die Wasserader liefert.

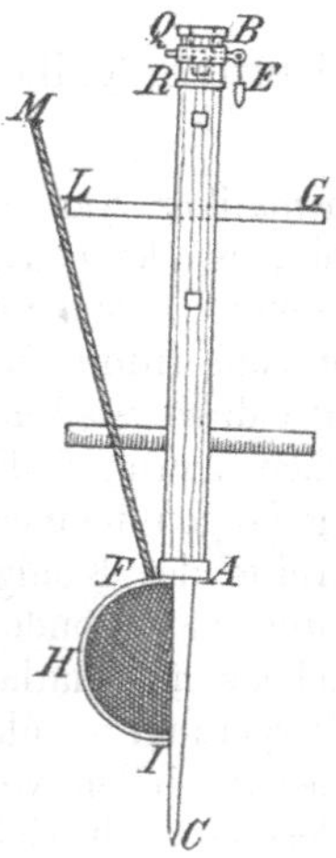

Fig. 825.

Es kann auch geschehen, dass der bewegliche Sand sich zusammenschiebt, dass er den Bohrer in Unordnung bringt und zurückhält, so dass er das Herausziehen verhindert, wie es in Amsterdam vorkam.

Den in Rede stehenden Brunnen haben die Arbeiter in 32 Tagen und 13 Nächten gebohrt, und oft stieg das Wasser während ihrer Mahlzeiten auf 20 bis 30 Fuss. Aber damit die Erdwandung des Brunnens nicht einfällt wird er mit Wasser ausgefüllt, welches die Wandung stützt."

In der „Allgemeinen Vorrede" zu den Cogitata physico-mathematica, welche offenbar nachträglich geschrieben ist, fügt Mersenne diesen Mittheilungen einige Bemerkungen und Korrekturen, namentlich eine solche des letzten der oben citirten Sätze bei, indem er sagt:

„XVIII. Zu Prop. 53 der Hydraulik ist zu bemerken, dass das Graben von Brunnen oftmals sehr gefährlich ist, nicht nur wegen böser Gerüche, die aus gewissen Theilen der Erde ausströmen, sondern auch wegen Luft, die sich, wenn sie auch nicht verpestet ist, doch nicht zum Einathmen eignet, Licht und Feuer auslöscht und die herabsteigenden Menschen tödtet, wenn du diese nicht sofort, nachdem das Zeichen dazu durch Anziehen eines Seiles gegeben ist, herausziehest und den Halbtodten mit dem Gesichte und Kopfe an ein nach Wegnahme des Rasens frisch gemachtes Grübchen bringst, denn auf diese Weise erweckt man sie bei den Engländern aus der Ohnmacht, welche auch einen anderen Schacht auf 20′ Tiefe graben, damit durch einen Kanal in der zwischen den beiden Schächten befindlichen Erde ein Feuer die genannte Luft anziehe und dann jeder ohne Gefahr in dem Schachte zu den zu fördernden Kohlen hinabsteigen kann, aus denen sie grosse Einkünfte ziehen, wie dies zu Leeds und an mehreren anderen Orten der Fall ist. . . .

Wo ferner von dem Amsterdamer Brunnen die Rede ist, füge ich bei, dass die Arbeiter oder Brunnengräber, nachdem das Loch bis zu dem Grunde, in welchem trinkbares Wasser zufliesst, hergestellt ist, hölzerne Kanäle hineindrücken, die so zusammengefügt sind, dass das äussere Meerwasser nicht hineindringen kann. Die so verbundenen Kanäle bilden dann einen Kanal, aus dem du nachher so oft du willst mit Kolben oder Stempeln Wasser herauspumpen kannst.“

Was die Wetterschächte anbelangt, so erwähnt solche zwar schon VITRUV (siehe S. 40), sagt aber nicht, dass man darin Feuer anzünden solle.

Bezüglich des Brunnenbohrers erinnern wir an die Skizzen von Erdbohrern, die wir in Manuskripten LEONARDO DA VINCI's sahen (Fig. 115, S. 103 und Fig. 657 S. 444), hier aber finden wir einen Erdbohrer und seine Handhabung zum ersten Mal genauer beschrieben.

Dass MERSENNE schon im Jahre 1634 nach Heften, welche Studirende in GALILEI's Vorlesungen nachgeschrieben hatten, eine Uebersetzung veröffentlichte, haben wir bereits erwähnt (siehe S. 506). Auch in seinen Cogitata physico-mathematica ist GALILEI's Lehre von der schiefen Ebene, dem Keile und der Schraube, sowie dessen Festigkeitslehre wiedergegeben.

---

## Georg Philipp Harstörffer (1607–1658).

Wenn von CORNELIUS DREBBEL's Schiffahrt unter Wasser die Rede ist, wird nicht selten HARSTÖRFFER als der Autor angegeben, welchem man die Nachricht davon verdankt, obgleich er selbst auf MERSENNE verweist.

GEORG PHILIPP HARSTÖRFFER, ein Patrizier von Nürnberg, war daselbst am 1. November 1607 geboren. Er studirte zu Altdorf und Strassburg, reiste dann in Frankreich, den Niederlanden und England und wurde nach seiner Rückkehr Beisitzer des Stadtgerichtes zu Nürnberg. In der deutschen Redekunst besonders geübt, führte er in der „Fruchtbringenden Gesellschaft" den Namen des „Spielenden". Er veröffentlichte eine grössere Zahl der verschiedenartigsten Schriften, wovon seine „Deliciae mathematicae et physicae oder Mathematische und philosophische Erquickstunden", Nürnberg 1651, einiges Interesse für uns haben. Aufgabe 9 im zehnten Theil dieses Werkes enthält die Mittheilung:

„Es hat allhier ein Zirkelschmied HANS HAUTSCH einen Wagen mit vier Rädern gemacht, der ohne Pferde hinter sich und vor sich gehen honnte. Viele haben es als ein grosses Kunstwerk bewundert, sobald ich aber solchen gesehen, habe ich dem Meister gesagt, wie es mit zwei inwendigen Rädern gemacht sei, in welche die zwei hinteren Räder eingezahnt seien. Wenn nun dieselben von einem darin verborgenen Knaben herumgedreht werden, greift das Getriebe in einander und die hinteren Räder treiben die vorderen."

Aus JOH. GABR. DOPPELMAYR's „Historischen Nachrichten von den Nürnberger Mathematikern und Künstlern" Nürnberg 1730, ist über JOH. HAUTSCH noch beizufügen:

„Er war 1595 geboren, stellte 1640 einen künstlichen Sessel her, auf dem man bei geschwinder Umdrehung zweier Kurbeln, die auf beiden Lehnen angebracht waren, sich in einem Zimmer sitzend fortschieben konnte, wohin man wollte. Solche Sessel kamen Leuten, die das Podagra hatten, bestens zu statten. — Diese Erfindung gab ihm dann zu einer anderen grösseren Ausführung Anlass, indem er einen Wagen mit vier Räder verfertigte, auf dem man ohne Pferd nur mit Hülfe eines in dem Wagen verborgenen Räderwerkes, das durch etliche auch verborgene Menschen angetrieben wurde, auf der Strasse sich fahren lassen konnte, wohin man wollte. Mit diesem Wagen legte er 1649 seine Proben in Nürnberg ab und gelangte in einer Stunde 2000 Schritte weit. Dabei bestand seine eigene Thätigkeit nur darin, dass er den Wagen vermöge eines an der vorderen Axe angebrachten Stangenwerkes lenkte. Dann auch darin, dass er, wenn das Volk bei starkem Zulaufe den Fortgang des Wagens hemmte, einen an dessen Ende befindlichen Drachen durch einen Druck Wasser ausspeien liess und damit die Leute vertrieb, während zu noch grösserer Belustigung des Publikums besagter Drache die Augen verdrehte und ein paar Engel Posaunen aufhoben und darauf bliesen. Dieser Wagen wurde für 500 Thaler an den Prinzen KARL GUSTAV von Schweden verkauft und ein zweiter dieser Art als Triumphwagen dem Könige von Dänemark geliefert."

Wir haben bereits darauf hingewiesen, dass dies nicht der älteste selbstfahrende Wagen ist, von dem wir Kunde haben, wie vielfach angenommen wird. (Siehe S. 424 unten.)

In Aufgabe 31, wo von Wellen und Walzen die Rede ist, wird gesagt:

„. . . . Macht man solche Wellen mit Schlägen, d. h. eingekeilten oder eingeleimten Zähnen, so dienen sie auf mancherlei Weise, und mit ihnen werden die musikalischen Instrumentchen hergestellt, welche eine gewundene Feder, wie sie an Bratenwendern zu sehen sind, treibt, wenn sie aufgezogen ist."

Hier sind ohne Zweifel Spieldosen gemeint. HARSTÖRFFER fährt fort:

„Mit solchen Wellen versieht man auch die Webstühle zu gemustertem und geblümtem Damast oder Bändern und hat der Weber weiter keine Mühe, als dass er den Eintrag durchschiesst, wird auch nicht müde, weil er nur mit den Händen arbeitet. Es muss aber das Triebwerk mit einem Wasserrade oder einem Windrade verbunden werden, wie dies in Holland gebräuchlich ist.

Auf diese Weise hat auch vor Jahren ein berühmter Künstler einen Dreschstadel gemacht, in welchem sich die Dreschtenne hin und her bewegt, die Dreschflegel aber wechselsweise sich selbst so geschwungen und so gedroschen haben, dass man nur unterlegen und aufsammeln durfte."

Eine ähnliche Dreschmaschine findet sich in JOH. MATH. BAYER's Theatrum Machinarum Molarium, Leipzig und Rudolstadt 1735, auf Taf. 42 abgebildet. Sie wird dort „Dreschmühle" genannt.

Aufgabe 35 lautet:

„Berge mit leichter Mühe abzutragen. ADAM WYBE von Harlem, ein sehr kunstreicher Baumeister, hat zu Danzig einen grossen Berg, nächst der Stadt gelegen, in folgender Weise abgetragen und in der Stadt zur Ausfüllung einer Bastei gebraucht. Er machte ein langes Seil mit etlichen hundert kleinen Eimerlein, deren jedes an einem Strange ungefähr einen Schuh lang herab und ebenso weit von dem anderen entfernt hing. Dieses Seil war über mehrere Scheiben (fast wie sich die Spule an einem Spinnrade dreht) gespannt und wurde von einem Pferde auf dem Berge und von einem anderen in der Stadt getrieben. Wie nun drei Männer bestellt waren, welche die Erdschollen auf dem Berge nach und nach in die Eimer füllten, so waren auch etliche andere in der Stadt, die solche im Laufe umstürzten und ausleerten und so wurde der Berg oder dessen Erde ohne Wunderwerk versetzt. Weil hiervon ein Kupferblatt bei allen Kunsthändlern zu finden, beziehen wir uns darauf und häufen nicht die Figuren, deren es bereits viele geworden sind."

Wir müssen sehr bedauern, dass unser Autor auf die Beifügung einer Abbildung dieser Seilbahn zum Erdtransport verzichtete.

Der neunte Theil des in Rede stehenden Werkes handelt von der „Feuerkunst", und darin lautet Aufgabe 20:

„Die Wärme von dem Rauche zu sondern. Dieses untersteht sich FRANZ KÖSSLER in seiner „Holzsparkunst" zu leisten und zwar besteht die Kunst darin, dass der Rauch schlangenweise geführt und die in dem gemeinen Ofen schnell hinweg fliehende Hitze also geleitet und gefangen wird, dass alle subtile Wärme zurückbleibt und nur ein grober feuchter Rauch oben aus dem Loche heraus dämpft . . . . Bei *A* (Fig. 826) ist der Aschenfall, *B* die Oeffnung, durch welche das Feuer unterhalten wird, *C* der Rost, worauf das Holz oder die Kohlen brennen und durch welchen die Asche in den Raum *A* fällt. *D* ist der Feuerraum, *E* der erste Zug, wodurch sich der Rauch schwenken muss und dann wieder bei *F G*, während er bei der Rauchröhre *H* austritt. Die Thürlein *DFG* dienen zum Säubern des Ofens.

Ausführlicheres ist in des besagten Franz Kössler's „Holzsparkunst" zu lesen, welcher diese Erfindung auf vielerlei Weise verändert hat und ist ein solcher Ofen auf dem Rathhause zu Augsburg zu sehen."

Die achte Aufgabe des dreizehnten Theiles enthält die Eingangs erwähnte Mittheilung über Drebbel's Schiffahrt unter Wasser. Da wir aber nichts

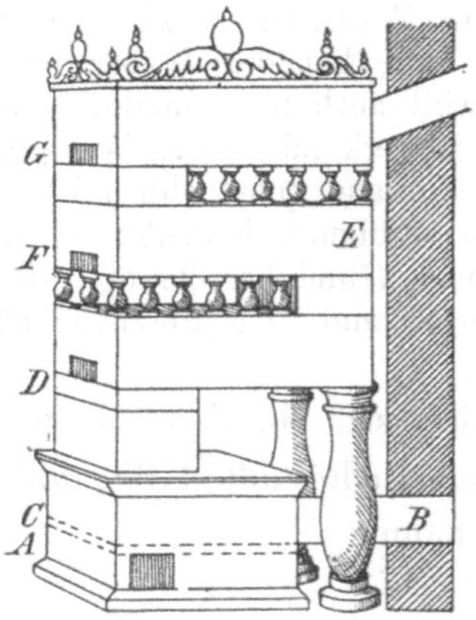

Fig. 826.

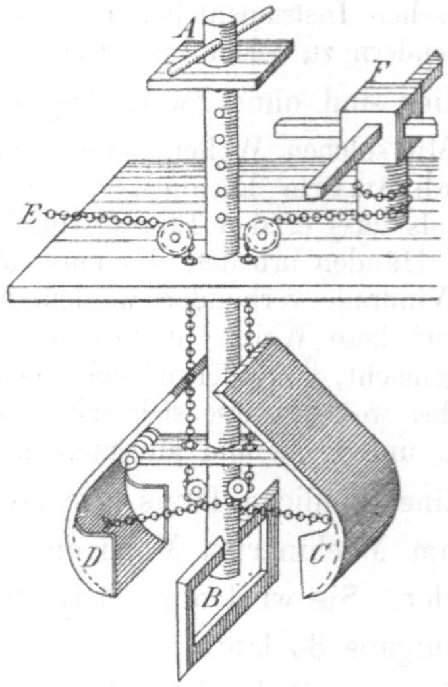

Fig. 827.

Neues daraus erfahren, wollen wir sie nicht hierher setzen. Die neunte Aufgabe lautet:

„Ohne Ruder und Segel zu schiffen. Auf der Insel Malta hat ein Ritter unternommen, ohne Ruder und Segel auf dem Meere zu fahren und hat ein Schiff mit zwei angehängten Wasserrädern, wie solche die Mühlen treiben, bauen lassen; einwärts in den doppelten Rädern sind zwei Männer gegangen, so dass sie solche umgedreht und das Schiff fortbewegt haben. Mit diesem Schiffe kam er glücklich aus dem Hafen, nicht ohne die Bewunderung Vieler. Als ihm aber in der offenen See ein starker Wind entgegenkam, so dass die Wellen sich hoch erhoben und die Räder zurücktrieben, ist er nicht ohne Gefahr wieder zurück in den Hafen geworfen worden und hat es bei dem alten Brauche verbleiben lassen."

Schiffe mit Ruderrädern (die hier durch zwei Treträder im Innern des Schiffes bewegt wurden) waren zu damaliger Zeit nichts Neues. Wir erinnern an die Skizze Fig. 332, S. 282 aus der Zeit der Hussitenkriege, in deren Beschreibung gesagt wird, dass solche Schiffe, durch Menschenkraft betrieben, nur auf stillen Wassern zu gebrauchen seien.

In Aufgabe 12 spricht Harstörffer dann von der Amsterdamer Brunnenbohrung, welche Mersenne beschreibt (siehe S. 545), und die fünfzehnte Aufgabe lautet:

„Den Sand aus einem Schiffshafen zu räumen. Wie hinderlich zu Zeiten der Sand, welcher von den Meereswellen in die Schiffshäfen geführt wird, ist allen Schiffern wohl bewusst. Solchem zu steuern, habe ich in Genua den hier beigesetzten Schlamm- und Sandheber (Fig. 827) gesehen und, so gut ich vermochte, zu Papier gebracht. *AB* ist die Hauptstange mit dem scharfen Grundeisen, *CD* sind die Hebschaufeln, welche durch die Ketten *EJ*, und wenn es von Nöthen ist, mit dem Haspel *F* gegen einander gezogen werden. Dieser Sandheber wird zwischen zwei Schiffen eingesenkt und der emporgezogene Sand in ein drittes Schiff geladen."

Wir erinnern an die Baggermaschinen von Lorini und Verantius (Fig. 291, S. 251 und Fig. 805, S. 527), die mit ähnlichen Zangen arbeiteten.

## James Watt und die Erfindung der Dampfmaschine.

**Vortrag am 9. Februar 1894 gehalten im Ortsgewerbeverein Darmstadt.**

Meine Herren! Wenn ich versuche, Ihnen die Lebensgeschichte eines Mannes wahrheitsgetreu zu erzählen, der berufen war, durch seine Erfindungen, insbesondere durch die wesentlichste Verbesserung der Dampfmaschine, einer der grössten Wohlthäter der Menschheit zu werden, so geschieht dies vornehmlich, weil ich glaube, dass es von Nutzen sein wird, in unserer Zeit, wo so viele Erfinder sein möchten und von so vielen über das Kapital gehässige Reden geführt werden, an einem klassischen Beispiele zu zeigen, was es mit dem Erfinden für eine Bewandtniss hat, welche Rolle das Kapital bei den Fortschritten der Menschheit spielt, und wie sehr der Erfolg einer Erfindung von dem jeweiligen Entwickelungsstadium der Technik im Allgemeinen abhängt.

James Watt wurde am 19. Januar 1736 zu Greenock in Schottland geboren. Sein Grossvater, Sohn eines Landwirthes in der Grafschaft Aberdeen, hatte sich zur Zeit der Revolution unter Karl I. zu Cartsdyke, einem Orte, der damals von Greenock getrennt war, jetzt aber damit vereinigt ist, als Lehrer der Mathematik und Schifffahrtskunde niedergelassen, wurde 1688 zum Amtmanne ernannt und bald danach auch in den Kirchenvorstand gewählt, zog sich im 70. Jahre von diesen Aemtern zurück und starb 1734 im 92. Lebensjahre.

Sein zweiter Sohn, James, der Vater des berühmten Erfinders wurde 1730 Zimmermann und Schiffsbauer in Greenock und kaufte nach seines Vaters Tod ein Haus mit Grundstück an der dortigen Meeresbucht, wo er seine Werkstätte aufschlug.

Der damals noch sehr kleine Ort Greenock konnte jedoch einem thätigen Manne in einem speziellen Fache keine genügende Beschäftigung gewähren. Vielseitigkeit war geboten und deshalb wurden in der Werkstätte die verschiedensten Dinge angefertigt, Möbel und Ausrüstungsgegenstände für Schiffe, Särge und Schiffswinden. Auch hielt James, der Vater, ein Lager von Flaschenzügen, Pumpen, Kanonenlafetten für Schiffe u. s. w., war Bauunternehmer,

Miteigenthümer verschiedener Schiffe und betheiligte sich gelegentlich an kaufmännischen Spekulationen. Auch er wurde zu mehreren Vertrauensämtern und zuletzt an die Spitze der Gemeindeverwaltung berufen.

Von seinen fünf Kindern verlor er drei in frühester Jugend, sein jüngster Sohn kam auf einer Reise nach Amerika um. James, sein viertes Kind, war das einzige, das ihm blieb, und dieses war von so zarter Konstitution, dass es die sorglichste Pflege erheischte. Es konnte an den Spielen kräftiger Knaben nicht theilnehmen und empfing daher seinen ersten Unterricht zu Hause. Die Mutter lehrte ihn lesen und der Vater, um ihn zu unterhalten, eiferte ihn an, mit Bleistift auf Papier oder mit Kreide auf den Fussboden zu zeichnen, lehrte ihn rechnen, schreiben u. dergl. und gab ihm einige Werkzeuge, die er bald mit Geschicklichkeit gebrauchen lernte. Das Kind litt sehr an Kopfschmerzen, die es oft wochenlang an das Zimmer fesselten.

Unter solchen Umständen ist es nicht selten, dass sich bei Kindern Anzeigen von Frühreife bemerkbar machen. Man erzählt, einmal als sich der Knabe mit einem Stück Kreide in der Hand über den Herd beugte, habe ein Freund zum Vater gesagt: „Sie sollten das Kind in die Schule schicken und nicht zugeben, dass es seine Zeit zu Hause vergeudet“. — „Sehen Sie erst zu, womit mein Kind sich beschäftigt, ehe Sie es verurtheilen“, sagte der Vater. Und als man hinzutrat, gewahrte man, dass der sechsjährige James mit Lösung einer geometrischen Aufgabe beschäftigt war.

Ein andermal soll er von einer Tante wegen seiner Faulheit getadelt worden sein. „James“, soll sie gesagt haben, „ich sah noch niemals einen so faulen Jungen, wie Du bist, nimm ein Buch und beschäftige Dich nützlich; seit einer Stunde hast Du kein Wort gesprochen, sondern immer nur den Deckel vom Theekessel genommen und ihn wieder daraufgesetzt, bald eine Tasse und bald einen Löffel über den Dampf gehalten und die Tropfen gezählt, in die er sich verwandelt.“ — In den Augen eines Arago und der meisten späteren Biographen Watts wird hier der kleine James vor dem Theekessel schon zu dem grossen Ingenieur, der sich auf die Entdeckungen vorbereitet, die ihn unsterblich machen sollten. Wahrscheinlich war aber das Urtheil der Tante richtiger. Nichts kommt häufiger vor, als dass Kinder sich mit ähnlichen Erscheinungen beschäftigen, wie die hier erwähnte. Wenn sie z. B. Seifenblasen machen und ihr Aufsteigen in die Luft beobachten, bis sie platzen, ist deshalb noch nicht anzunehmen, dass sie dabei an das Aufsuchen der dieser Erscheinung zu Grunde liegenden physikalischen Gesetze denken.

Als James endlich in die Schule geschickt wurde, verursachte ihm dies viele Leiden. Er fand sich unter den geräuschvollen Kameraden nicht heimisch, besass weder Uebung im Auswendiglernen noch Selbstvertrauen, um sich vor anderen bemerklich zu machen und galt daher für einen vernachlässigten, dummen Jungen. Erst im dreizehnten oder vierzehnten Jahre, als er in die mathematische Klasse gelangte, machte er rasche Fortschritte. Im vierzehnten nahm ihn die Mutter einmal, einer Luftveränderung wegen, mit zu einer Verwandten in dem benachbarten Glasgow, das damals noch ein kleines Universitätsstädchen ohne Fabriken war. Nach kurzer Zeit aber schrieb die Verwandte an den Vater: „Ich kann die Aufregung nicht länger ertragen, in der er mich hält und bin durch Mangel an Schlaf ganz erschöpft. Jeden Abend, ehe wir zur Ruhe gehen, fängt er eine Unterhaltung mit mir an und erzählt irgend eine packende Geschichte. Mag sie nun scherz- oder ernsthaft sein, immer weiss er unser Interesse so zu fesseln, dass die ganze Familie ihm mit angehaltenem Athem zuhört und Stunde auf Stunde unbeachtet verstreichen lässt.“ Diese Gabe, interessant zu erzählen, bewunderte später selbst Walter Scott an ihm.

Zur Schule zurückgekehrt, ward er nun in der Mathematik der erste seiner Klasse. In seinen freien Stunden zu Hause beschäftigte er sich mit den um ihn her liegenden Werkzeugen und wusste so geschickt damit zu hantiren, dass die Arbeiter zu sagen pflegten: „Der kleine James hat ein Vermögen in seinen Fingerspitzen.“ Als alter Mann erinnerte er sich gern an das Vergnügen, das er empfunden hatte, als er in Hemdärmeln arbeitend in der Werkstätte seines Vaters stand. Eine kleine Schmiede und eine eigene Werkbank wurden für ihn hergerichtet und er machte kleine Krahnen, Flaschenzüge, Pumpen u. dergl. Was ihn aber am meisten anzog, war das Repariren mathematischer Instrumente, wie Quadranten, Schiffskompasse u. dergl. Es war eine Eigenthümlichkeit, die ihn durch's ganze Leben begleitete, dass er kein Instrument und keine Maschine ansehen konnte, ohne von dem Verlangen ergriffen zu werden, sie nach jeder Richtung zu verstehen.

Ehe er 15 Jahre alt war, hatte er die „Elemente der Physik“ von s'Gravesande, ein Buch, das sein Vater besass, zweimal durchstudirt, machte kleine chemische Experimente und brachte eine Elektrisirmaschine zu Stande, die seine Umgebung in Staunen versetzte. Doch trieb er auch botanische und geologische Studien. Ueberhaupt war er ein Bücherverschlinger, der alles las, was ihm in den Weg kam. Als ein Freund ihm rieth, er möchte mit mehr Auswahl lesen, antwortete er: „Ich habe noch nie ein Buch gelesen, ohne Belehrung oder Vergnügen daraus zu schöpfen.“

So kam die Zeit, wo James ein Geschäft erlernen musste. Sein Vater hatte ursprünglich die Absicht gehabt, ihm einmal sein eigenes Geschäft zu übergeben, aber da er durch den Untergang eines seiner Schiffe schwere Verluste erlitten hatte und er die ausgesprochene Neigung seines Sohnes für mathematische Instrumente kannte, beschloss er, diesen, als er 18 Jahre alt war, nach Glasgow zu schicken, damit er dort die Verfertigung solcher Instrumente erlerne. Als er dort hinkam, um einen Meister dieser Kunst zu suchen, fand sich aber, dass keiner da war. Es gab nur einen Mann in der Stadt, der sich Optiker nannte. Er war ein Tausendkünstler, machte Zeichenwerkzeuge, Fischangeln, Brillen und Geigen. Auch stimmte er Klaviere. Obgleich er alles geschickt anzugreifen wusste, stellte sich doch bald heraus, dass durch seine Lehre das vorgesteckte Ziel nicht erreicht werden konnte.

Unter den Herren, bei denen der junge Watt in Glasgow eingeführt war, war Dr. Dick, Professor der Universität. Dieser empfahl ihm dringend, sich nach London in die Lehre eines richtigen Meisters zu begeben. Sein Vater war einverstanden und mit einem Empfehlungsbriefe vom Herrn Professor in der Tasche, machte er sich auf den Weg nach der grossen Stadt.

Eine Postkutsche dahin gab es damals noch nicht, und man beschloss, er solle dahin reiten, während sein Koffer per Schiff geschickt wurde. Er reiste in Begleitung eines verwandten Kapitäns, dessen Schiff auf der Themse lag. Sie ritten am 7. Juni 1755 von Glasgow weg und kamen nach 12 Tagen glücklich in London an.

Watt suchte sofort nach einem Meister; allein es war Zunftregel, dass ein Lehrling der Feinmechaniker sieben Jahre lang lernen müsse. Das würde dem jetzt wenig bemittelten Vater zuviel Geld gekostet haben und James jun. hatte auch gar nicht den Ehrgeiz, Geselle zu werden; sein Plan war, das Geschäft in möglichst kurzer Zeit zu erlernen, um es dann in Glasgow selbstständig zu treiben. Er suchte Wochen lang vergebens und bot zuletzt einem Uhrmacher seine Dienste gratis an, der ihn mit Metallgraviren beschäftigte. Auch hierbei muss er Proben besonderer Geschicklichkeit abgelegt haben, denn nach kurzer Zeit gelang es ihm, einen geeigneteren Platz bei einem respektablen Mechaniker Namens Morgan zu finden, der es gegen unentgeltliche Arbeit und Zahlung eines Lehrgeldes von 20 £ = 400 Mark übernahm, ihn ein Jahr lang zu unterrichten. James erwies sich als ein sehr gelehriger Schüler. Nach einem Monate war er schon im Stande, einen Quadranten besser zu machen, als irgend ein anderer Lehrling und nach einem Jahre schrieb er an seinen Vater, er habe einen messingenen Sektor mit französischem Scharnier gemacht, was für eine der schwierigsten Arbeiten seines Faches gehalten werde. Er sprach die Hoffnung aus, bald im Stande zu sein, sein Brot durch eigener Hände Arbeit zu verdienen. Um dem Vater seinen Unterhalt zu erleichtern, lebte er sehr sparsam und verbrauchte nur acht Schillinge die Woche. Auch suchte er durch Privatarbeiten etwas zu verdienen, und wenn er solche fand, benutzte er die Nächte zu deren Ausführung. Es zeigte sich aber bald, dass er seinem von Natur zarten Körper zuviel zumuthete. Wenn er Abends ermüdet nach Hause ging, zitterten seine Hände, wie die eines alten Mannes, und da sein Platz in der Werkstätte nahe bei der Thüre war, die oft geöffnet wurde, stellten sich im Winter rheumatische Schmerzen und ein heftiger Husten ein. Grosse Niedergeschlagenheit befiel ihn, und mit seines Vaters Genehmigung beschloss er, nach Hause zurückzukehren, um in der heimathlichen Luft Genesung zu suchen. Sein Vater sandte ihm noch das Geld, um einige für sein Geschäft nöthige Werkzeuge und Materialien und ein Werk über die Konstruktion mathematischer Instrumente zu kaufen, und nachdem er dies gethan, reiste er nach Schottland und erreichte Greenock im Herbste 1756. Dort befestigte sich seine Gesundheit bald wieder soweit, dass er zur Arbeit zurückkehren konnte und, zwanzig Jahre alt, ging er nach Glasgow, um mit dem Beistande seines Vaters selbständig ein Geschäft zu errichten. Allein hier stellten sich ihm ähnliche Schwierigkeiten entgegen, wie in London. Obgleich es keinen Verfertiger mathematischer Instrumente in der Stadt gab und man froh hätte sein sollen, dass ein so geschickter Mechaniker sich dort niederlassen wollte, erhob die Zunft der Schmiede Einspruch, weil er weder ein Bürgersohn sei, noch eine Lehre in der Stadt bestanden habe. Solcher Art waren die Gepflogenheiten der damaligen Zünfte. Die darin waren, boten Alles auf, um Andere auszuschliessen. Watt war jedoch von Dr. Dick, dem Professor der Physik, bereits beauftragt worden, einige mathematische Instrumente der Universität zu repariren. Und da die Professoren auf dem Areal des Universitätsgebäudes unbedingtes Verfügungsrecht hatten, wurde ihm im Sommer 1757 ein bescheidener Raum im Universitätsgebäude angewiesen, wo er seine Werkstätte einrichten durfte. Auch richtete man ihm einen nach der Strasse hin gelegenen Raum als Verkaufsladen ein.

Obgleich Watt wenig Bedürfnisse hatte und sehr sparsam lebte, konnte er doch seinen Unterhalt hier nicht vollständig erwerben. Sein Vater schickte ihm von Zeit zu Zeit Unterstützungen, aber wegen der Verluste, die er erlitten hatte, fiel es ihm schwer.

Nach einem Jahre schrieb der Sohn an den Vater: „Ausser mit Hadley's Quadranten ist wenig zu verdienen. Da ich bei anderen Arbeiten fast alles selbst machen muss und man nicht in allem erfahren sein kann, kosten sie mich oft zu viel Zeit.“ Für die Welt war das vielleicht gut. Hätte sein Instrumentenmachergeschäft prosperirt, so würde Watt wohl als ein guter Quadrantenmacher bekannt geworden sein, aber nicht als Erfinder der Kondensationsdampfmaschine. Dadurch, dass sein eigentliches Geschäft nicht prosperirte, war er gezwungen, andere Ziele zu verfolgen, was ihn schliesslich zu der Erfindung brachte, die ihm unsterblichen Ruhm verschaffte.

Zunächst verwandte er einen Theil seiner freien Zeit auf physikalische und chemische Experimente, aber da sie ihm nichts eintrugen, war er genöthigt, nach einem Artikel zu suchen, wofür er Abnehmer finden konnte. Obgleich er kein musikalisches Gehör hatte und fast keine Note kannte, folgte er dem Beispiele seines ersten Lehrmeisters und machte Geigen, Flöten und Guitarren. Sein Freund, Professor Dr. Black bestellte, um ihm einen Verdienst zuzuwenden, eine Drehorgel bei ihm. Sofort studirte er die Harmonielehre von Dr. Smith in Cambridge, machte dann ein Modell und baute danach eine Orgel, die sehr gut befunden wurde. Dies ermuthigte ihn, nun auch die Bestellung einer Tastenorgel für die Freimaurerloge zu übernehmen. Watt war, wie er selbst zu sagen pflegte, immer mit den Arbeiten anderer sowohl, wie mit seinen eigenen unzufrieden und sann auf Verbesserungen. So brachte er auch mehrere an dieser Orgel an, und als sie fertig war, erregte sie die Bewunderung der Musiker.

Was ihm bei solchen Arbeiten von freier Zeit übrig blieb, verbrachte er mit Lesen. An Büchern fehlte es ihm nicht, da er die Universitätsbibliothek benutzen durfte und sowohl Professoren als Studirende ihm gern ihre Bücher liehen. Alle wurden durch die geistreichen Instrumente und Modelle in seiner Werkstätte und seinem Laden, sowie durch seine leicht dahinfliessende, bescheidene und originelle Unterhaltung angezogen, und obgleich er noch sehr jung war, baten doch die Professoren bei allen mechanischen Fragen um seinen Rath. Die Schärfe seiner Beobachtung, die Gründlichkeit seiner Kenntnisse und die Bereitwilligkeit, womit er sie anderen mittheilte, erwarben ihm die allgemeine Zuneigung.

Von den Freunden Watt's ist keiner so eng mit seiner Lebensgeschichte verbunden, als John Robison, der damals in Glasgow studirte und nachher Professor der Physik in Edinburg wurde. Er hat seine erste Begegnung mit Watt beschrieben. Nachdem er die schön gearbeiteten Instrumente in dessen Laden mit Vergnügen betrachtet hatte, unterhielt er sich mit ihm. Er hatte geglaubt, zu einem einfachen Handwerker zu sprechen und war erstaunt, in ihm einen Gelehrten zu finden. „Ich war eitel genug“, sagt Robison, „zu glauben, dass ich in dem Studium der Mathematik und Mechanik weit gekommen sei und war schmerzlich berührt, zu sehen, dass Watt viel mehr wusste, als ich. Aber seine Freude an solchen Dingen liess ihn ein Geplauder darüber mit Jedem geniessen und mit angeborener Gefälligkeit ertrug er meine Neugierde und ermuthigte mich, einen intimeren Verkehr mit ihm anzuknüpfen. Ich verbrachte viele müssige Stunden bei ihm und war ihm gewiss oft lästig.“ Ein andermal sagte er von Watt: „Ich habe viel von der Welt gesehen und muss bekennen, dass mir niemals eine zweite Person vorgekommen ist, deren Ueberlegenheit Alle anerkannten und der sie doch so aufrichtig zugethan waren. Denn seine Ueberlegenheit war unter der liebenswürdigsten Aufrichtigkeit und der bereitwilligsten Anerkennung der Verdienste Anderer verborgen. Er war stets bereit, dem Scharfsinne eines Freundes Dinge zuzuschreiben, die nur Ausarbeitungen seiner eigenen Andeutungen waren. Ich bin berechtigt, dies zu sagen, weil ich es oft an mir selbst erfahren habe.“

Es war im Jahre 1759 als Robison zuerst die Aufmerksamkeit des 23jährigen Watt auf die Dampfmaschine lenkte. Robison hatte die Idee, einen Wagen durch eine Dampfmaschine zu bewegen. Watt giebt zu, dass er damals sehr wenig von Dampfmaschinen wusste, doch machte er ein Modell von Weissblech nach Robison's Idee. Da dieses den Erwartungen nicht entsprach und Robison noch in demselben Jahre Glasgow verliess, wurde der Plan nicht weiter verfolgt. Da aber Dr. Black, Professor der Chemie, zu jener Zeit Studien über Wasserverdampfung machte und sich oft mit Watt unterhielt, wurde dessen Aufmerksamkeit immer wieder auf diesen Gegenstand gegelenkt. Auch wurde um jene Zeit auf der Govan-Kohlengrube bei Glasgow eine NEWCOMEN'sche Dampfmaschine, die zweite in Schottland, aufgestellt, was WATT wohl erfahren haben dürfte. Er hatte noch nie eine solche Maschine gesehen; fand jedoch heraus, dass die Universität ein Modell von einer besitze, das zur Reparatur nach London geschickt, aber nicht zurückgekommen war. Er stellte dem Professor der Naturwissenschaften vor, wie wünschenswerth es sei, das Modell zurückzuerhalten und diesem wurde von dem Senate eine Geldsumme bewilligt, um es auszulösen und kommen zu lassen.

Bei der NEWCOMEN-Dampfmaschine, die nur zum Auspumpen des Wassers aus Bergwerken diente und keine drehende Bewegung erzeugte, wurde Dampf ohne Ueberdruck in einem besonderen Kessel erzeugt, gelangte durch ein kurzes Rohr mit Ventil in einen darüberstehenden Cylinder unter den darin beweglichen Kolben. Die Kolbenstange war nach oben durch eine Kette mit einem hölzernen Balancier verbunden, an dessen anderem Ende das Pumpengestänge hing, durch welches das zu fördernde Wasser gehoben wurde. Sobald der Dampf unter den Kolben trat, senkte sich das Pumpengestänge durch sein Uebergewicht und der Kolben gelangte in seine höchste Stellung, dann wurde kaltes Wasser unter dem Kolben in den Cylinder eingespritzt. Der Dampf kondensirte sich und in Folge der dadurch entstehenden Luftleere unter dem Kolben drückte die äussere Luft diesen nieder und verrichtete dabei die gewünschte Arbeit. Der Kolben bestand aus einer runden Scheibe von Eisen. Auf dieser lag ein Lederring, der sich mit seiner äusseren Kante an der Cylinderwandung rieb und durch einen aufgeschraubten Eisenring festgehalten wurde. Wegen der Mangelhaftigkeit dieser Dichtung wurde der Kolben mit einer Wasserschichte bedeckt, und soviel von dem Wasser zwischen dem Kolben und der Cylinderwandung durchdrang, durch neues ersetzt. Auf weitere Details der Maschine brauchen wir uns hier nicht einzulassen.

Bis das Modell von London ankam, suchte WATT kennen zu lernen, was über Dampfmaschinen geschrieben worden war und fuhr mit eigenen Experimenten über diesen Gegenstand fort. Seine ersten Versuchsapparate waren von der allereinfachsten Art. Im Jahre 1761 experimentirte er mit einem kleinen Papinianischen Topfe als Dampfkessel und einer Heberröhre mit Kolben und Hahn, und es gelang ihm, mit diesem rohen Apparat, einige wichtige Thatsachen festzustellen, die zur Konstruktion einer Hochdruckdampfmaschine vielleicht genügend gewesen wären, doch war die Herstellung von Hochdruck-Dampfkesseln bei dem damaligen Stande der Technik zu gefährlich. Aus diesem Grunde und weil der Betrieb mit hochgespanntem Dampf theurer erschien, als mit solchem von geringer Spannung, wurde der Plan einstweilen aufgegeben. Endlich im Jahre 1763 kam das Modell von London an. Sein Kessel war etwas kleiner als ein gewöhnlicher Theekessel, der Kolben hatte 2″ Durchmesser und 6″ Hub. Es genügte jedoch, um WATT auf eine Fährte des Nachdenkens zu bringen, die zu den wichtigsten Resultaten führte. Als er es reparirt und in Gang gesetzt hatte, fand er, dass der Kessel nicht genug Dampf liefern konnte und die Maschine deshalb nach wenigen Kolbenhüben zum Stillstand kam, auch wenn man das Feuer noch so heftig anblies. Gerade dieser Umstand, der einen anderen abgeschreckt haben würde, und der auch wohl dem Londoner Mechaniker zu viel Schwierigkeit gemacht haben mag, regte WATT auf's Stärkste an.

Professor ROBISON sagt: „Jedes Ding war für ihn der Anfang eines ernsten Studiums, und ich wusste, dass er nicht davon ablassen würde, bis er entweder seine Nutzlosigkeit bewiesen, oder etwas daraus gemacht haben würde.“

WATT zog seine Bücher zu Rath, um festzustellen, wie er das Modell verbessern könne, aber sie gaben keine Auskunft. Darauf begann er mit einer Reihe selbständiger Experimente, um die Aufgabe zu lösen. Dabei fand er, dass eine gewisse Gewichts-Menge Dampf von 80⁰ Temperatur eine 6mal so grosse Wassermenge, die zum Zwecke der Kondensation in den Cylinder gespritzt wurde, auf dieselbe Temperatur von 80⁰ erwärmte. WATT sagt: „Ueberrascht durch diese Thatsache, die ich mir nicht erklären konnte, sprach ich mit meinem Freunde Dr. BLACK darüber, der mir darauf seine Lehre von der latenten Wärme auseinandersetzte und behauptete, dass er sie mir früher schon einmal erklärt hätte. Aber ich hatte, da ich zu sehr von meinen Geschäftsangelegenheiten in Anspruch genommen war, wenn ich es überhaupt gehört hatte, nicht darauf geachtet, bis ich nun auf eine Erscheinung stiess, wodurch diese schöne Theorie unterstützt wird.“

Als WATT so gefunden hatte, dass Dampf gleichsam ein Reservoir für Wärme bildet, war er umsomehr bestrebt, sparsam damit umzugehen. An dem Modell vergrösserte er zunächst die Heizfläche des Kessels und umkleidete alles soviel wie möglich mit schlechten Wärmeleitern, aber ohne genügenden Erfolg. Er fand, dass der grösste Wärmeverlust durch die Wiedererwärmung des Cylinders entstand, worin der Dampf durch kaltes Wasser kondensirt wurde und dass $^4/_5$ des einströmenden Dampfes sich hier kondensirte, ehe der Rest auf den Kolben wirkte. Er erkannte es daher als erstes Erforderniss einer vollkommenen Dampfmaschine, dass der Cylinder immer so warm bleiben müsse, wie der eintretende Dampf. Aber ebenso nothwendig war, dass der Dampf, um sich vollständig zu kondensiren, auf weniger als 30⁰ R. abgekühlt würde. Diese Bedingungen gleichzeitig zu erfüllen, erschien anfangs unmöglich.

Wir müssen für einen Augenblick die Weiterentwickelung von WATT's Feinmechanikergeschäft betrachten. Sein Laden in dem Universitätsgebäude erwies sich als zu abgelegen. Einen besser gelegenen Laden zu miethen, überstieg seine Geldmittel. Er associrte sich daher um 1760 mit einem MR. CRAIG, der die Geschäftsbücher führte und Ende 1764 hatte sich das Geschäft so vergrössert, dass es 16 Arbeiter beschäftigte und WATT etwas Geld zurücklegen konnte. In diesem Jahre verheirathete er sich und das heitere Temperament seiner Frau hatte auf ihn, der oft an nervösen Kopfschmerzen litt und zur Melancholie hinneigte, einen wohlthätigen Einfluss.

Er setzte seine Studien über die Dampfmaschine fort, vernachlässigte aber sein eigentliches Geschäft nicht. Er erfand ein Instrument zum perspektivischen Zeichnen, wovon er viele Exemplare absetzte. In Betreff der Dampfmaschine tappte er (um seine eigenen Worte zu gebrauchen) lange Zeit im Dunkeln, von vielen Irrlichtern irre geleitet. Endlich wurde es Licht. In einem Briefe erzählt er:

„An einem schönen Sonntag Nachmittag ging ich spazieren. Ich dachte über meine Maschine nach und mir kam der Gedanke, dass der Dampf als elastischer Körper in einen luftleeren Raum rasch einströmen würde. Wenn daher zwischen dem Dampfcylinder und einem luftleer gemachten Gefäss eine Verbindung hergestellt würde, so würde er rasch hineinströmen und darin kondensirt werden können, ohne dass der Cylinder abgekühlt würde. Ich sah dann ein, dass ich den kondensirten Dampf und das Einspritzwasser, ebenso wie bei der Newcomen-Maschine, wegschaffen müsse, und es kamen mir zwei Wege in den Sinn. Erstlich könne das Wasser durch eine Röhre abfliessen, wenn der Ausfluss in einer Tiefe von 35 bis 36′ erfolgen könne und etwaige Luft könne dann durch eine kleine Pumpe entfernt werden. Der zweite Weg war, eine Pumpe zu machen gross genug, um das Wasser mit der Luft zusammen herauszuschaffen. Ich war noch nicht viel weiter gegangen, als die Sache in meinem Geiste feststand."

Grosse fruchtbringende Gedanken scheinen nachträglich immer so einfach, dass wir geneigt sind, uns darüber zu wundern, dass sie nicht sogleich gefunden wurden. WATT in seiner Bescheidenheit sagte in späteren Jahren selbst, wenn man die Sache näher betrachte, sei seine Erfindung nicht so gross, wie es scheine. Die Nachwelt ist gerechter gegen ihn gewesen. Seine epochemachende Erfindung war keine zufällige Entdeckung, sondern die Frucht eingehender Studien und angestrengtesten Nachdenkens.

Am anderen Morgen begann er, einen Versuchsapparat zu machen und dieser bewies die Richtigkeit seiner neuen Idee, aber viele arbeitsvolle Jahre sollten noch vergehen, bis alle Details seiner Kondensationsdampfmaschine gehörig ausgearbeitet waren.

WATT sah ferner ein, dass bei der NEWCOMEN-Maschine auch die den Kolben niederdrückende Luft dazu beitrug, den Cylinder abzukühlen. Um dies zu vermeiden, versah er den Cylinder mit einem Deckel, um den Kolben anstatt durch atmosphärische Luft, durch Dampf niederdrücken zu lassen. War dies geschehen, so wurde eine Verbindung zwischen den Räumen über und unter dem Kolben hergestellt, so dass der Dampfdruck nun auf beiden

Seiten des Kolbens gleich war, und das Uebergewicht des Pumpengestänges den Kolben hob. Alsdann wurde der nun unter dem Kolben befindliche Dampf in den Kondensator gelassen und neuer Dampf über dem Kolben aufgegeben, der den Kolben wieder niederdrückte. Aus der atmosphärischen Maschine NEWCOMEN's wurde dadurch eine einfach wirkende eigentliche Dampfmaschine, bei der der Dampfdruck jedoch vorerst nicht grösser war, als der der atmosphärischen Luft.

Endlich, um den Cylinder noch besser vor Abkühlung zu schützen, brachte WATT einen Dampfmantel an, d. h. er machte den Cylinder doppelwandig und liess zwischen die beiden Cylinderwände Dampf einströmen. Auch brachte er zum Schmieren und völligen Dichten des Kolbens Oel in den Cylinder, während NEWCOMEN zu diesem Zwecke Wasser angewendet hatte.

Alle diese Verbesserungen resultirten aus dem einen Grundsatze: Die Cylinderwandung muss auf der Temperatur des einströmenden Dampfes erhalten werden. Bekanntlich sind die allerneuesten sogenannten Compound-Dampfmaschinen auch nur durch eine weitere Verfolgung dieses ersten WATT'schen Grundsatzes entstanden.

Zunächst musste nun ein Modell von der neu erdachten Maschine gemacht und diese Arbeit möglichst geheim gehalten werden, um Nachahmungen vorzubeugen. WATT miethete einen Kellerraum, in dem er eifrigst ans Werk ging. Aber wie den meisten erfinderischen Köpfen war ihm, was er gemacht hatte, immer nicht gut genug und das verzögerte die Fertigstellung. Anderentheils konnte er keine geeigneten Arbeiter zur Ausführung seiner Pläne finden. Er selbst war Feinmechaniker und konnte mit mechanischen Arbeiten im Grossen nicht umgehen. Die einzigen Arbeiter, deren Hilfe er in Anspruch nehmen konnte, waren Schmiede, Schlosser und Spengler von geringer Geschicklichkeit. Das erste Modell war deshalb sehr mangelhaft, doch genügte es, die Ueberlegenheit der neuen Konstruktion erkennen zu lassen. WATT musste die Sache weiter verfolgen. Er schrieb um diese Zeit an einen Freund: „Alle meine Gedanken sind nur auf diese Maschine gerichtet, ich kann nichts anderes denken.“

Er miethete nun auf einem abgelegenen Terrain eine verlassene Töpferei und schloss sich dort mit einem Assistenten, JOHN GARDINER, ein, um eine Versuchsmaschine von 5 bis 6″ Cylinderdurchmesser und 2′ Hub zu bauen. Nach zwei Monaten angestrengter Arbeit war sie fertig und wurde in Gang gesetzt, zeigte sich aber überall undicht. Der Cylinder war nicht ausgebohrt, sondern nur aus Blech gehämmert. Die gesammte mechanische Künstlerschaft Glasgow's war damals nicht im Stande, den einfachsten Cylinder auszubohren, NEWCOMEN's Wasserdichtung aber konnte in dem geschlossenen Dampfcylinder nicht angewendet werden, zumal er heiss bleiben sollte. — Während WATT auf neue Mittel sann, um diesen Uebelständen abzuhelfen, starb sein geschicktester Arbeiter, ein alter Spengler. Doch war er entschlossen, weiter zu arbeiten.

Aber wo sollte er Mittel dazu finden? Er selbst war ein verhältnissmässig armer Mann und hatte schon zu viel auf seine Versuche verwendet. Sein Freund Dr. Black interessirte sich zwar lebhaft hierfür und hatte ihm schon öfters mit kleinen Summen ausgeholfen, aber auch seine Mittel waren zu beschränkt, um mehr thun zu können. Black dachte darüber nach, ob er Watt nicht einen geeigneten Associé verschaffen könne und glaubte endlich in Dr. Roebuck, dem Gründer der Carron-Eisenwerke die richtige Person hierfür gefunden zu haben. Dieser betrieb eine Kohlengrube, bei der er bedeutende Schwierigkeiten hatte, das Wasser fern zu halten. Eine Newcomen-Maschine, die er aufgestellt hatte, hatte sich als ziemlich nutzlos erwiesen. Als ihm daher Dr. Black von Watt's verbesserter Dampfmaschine sprach, interessirte er sich sehr dafür und begann mit Watt zu korrespondiren, indem er ihn ermahnte, seine Erfindung so rasch als möglich vorwärts zu bringen. Im November 1766 schickte ihm dieser detaillirte Zeichnungen von einem Dampfcylinder und Kolben, die auf den Carron-Eisenwerken gegossen werden sollten. Sie wurden so gut gemacht, wie es auf dem Eisenwerke nur möglich war, und mussten doch als unbrauchbar beiseite gelegt werden.

Um diese Zeit schrieb Matthew Boulton von Birmingham an Dr. Roebuck und erkundigte sich über Dampfmaschinen.

Birmingham ist ein uralter Sitz der Eisen- und Metallindustrie. Schon 1538 werden seine Messer- und Nagelschmiede rühmend erwähnt. Als die Geschicklichkeit der Arbeiter wuchs, gab man die gewöhnlichen Schmiedearbeiten auf und wandte sich feineren Metallarbeiten zu. In der Zeit, wovon wir reden, war diese Geschicklichkeit seit Jahrhunderten vom Vater auf den Sohn vererbt und ausgebildet worden. An keinem anderen Orte waren Leute zu finden, die so fähig gewesen wären, Neues richtig auszuführen.

Matthew Boulton, geboren 1728, dessen Vater ein Metallwaarengeschäft betrieb, führte schon in seinem 17. Lebensjahre wesentliche Verbesserungen in der Fabrikation von Metallknöpfen, Uhrketten u. dergl. ein, worauf ihn sein Vater als Geschäftstheilhaber annahm. Er war stets bestrebt, nur vorzügliche Fabrikate zu liefern und das damals zweifelhaft gewordene Renommé der Birminghamer Waaren zu heben. 1759 starb sein Vater und hinterliess ihm ein beträchtliches Vermögen, auch heirathete er eine reiche Dame, so dass er nicht mehr nöthig gehabt hätte, ein Geschäft zu treiben. Aber er fand sein Vergnügen in rastloser Thätigkeit und nahm sich vor, sein Geschäft zu dem ersten seiner Zeit zu erheben. Zu diesem Zwecke kaufte er das Landgut Soho, zwei englische Meilen nördlich von Birmingham und errichtete dort seine Fabrik in grossem Massstabe. Er nahm einen Theilhaber, John Fothergill, der nur wenig Vermögen hatte, nur wegen seiner Kenntniss ausländischer Märkte an. Sein Geschäft wurde bald durch solide Arbeit und als Stätte wahrer Kunstindustrie weit berühmt. 1770 beschäftigte er 700 bis

800 Arbeiter und zwei Wassermühlen zum Walzen, Drehen, Poliren und Schleifen. Die vornehmsten und berühmtesten Männer aus allen civilisirten Staaten besuchten das Etablissement und wurden von BOULTON stets glänzend bewirthet. Es scheint jedoch, dass er sein Geschäft zu rasch ausdehnte, denn schon 1772 als ein Herr TONSON in London starb, der ihm 10000 £ (d. s. allerdings 200000 M.) geliehen hatte, fiel es ihm schwer, diese zurückzuzahlen.

Bei dem Anwachsen des Geschäftes erwies sich die vorhandene Wasserkraft als ungenügend. Sechs bis zehn Pferde wurden zur Beihülfe eingestellt, aber man fand ihre Verwendung sehr unbequem. Im Februar und März 1766 korrespondirte deshalb BOULTON mit BENJAMIN FRANKLIN, der acht Jahre zuvor seine Fabrik besucht hatte und sich zu jener Zeit in London befand, über Dampfkraft, fertigte auch ein Modell von einer Dampfmaschine nach seiner eigenen Idee an und sandte es an FRANKLIN zur Prüfung. Unter Anderen schrieb er auch um diese Zeit an Dr. ROEBUCK und richtete die vorhin erwähnte Anfrage an ihn, worauf er Nachricht von WATT's Erfindung erhielt und den Wunsch äusserte, dass dieser ihn besuchen möge.

WATT hatte inzwischen seinen Theilhaber im Feinmechanikergeschäfte verloren. Dieses war zurückgegangen, und um den Unterhalt für seine Familie zu erwerben, entschloss er sich, es ganz aufzugeben, und als Geometer und Civilingenieur sein Brod zu erwerben. Er erhielt als solcher auch Aufträge, sowohl von der Gemeinde, als von Privaten. Unter anderem arbeitete er das Projekt zu einem Kanale zwischen den Flüssen Clyde und Forth aus und reiste in dieser Angelegenheit 1767 nach London. Auf der Rückreise besuchte er Soho.

BOULTON war gerade abwesend, aber Dr. SMALL, der sich als praktischer Arzt in Birmingham niedergelassen und grossen Ruf erlangt hatte, zeigte ihm die Werke. WATT war erstaunt über deren Einrichtungen und erkannte das grosse Organisationstalent ihres Besitzers. Auch überzeugte er sich von der Ueberlegenheit der Arbeiter im Vergleiche zu denen in Glasgow. Eine Unterhaltung über Dampfkraft muss zwischen ihm und Dr. SMALL auch stattgefunden haben, denn dieser schrieb kurze Zeit darauf an ihn und forderte ihn auf, nach Soho zu kommen und sich mit ihm und BOULTON zum Zwecke der Fabrikation von Dampfmaschinen zu associren. Vermuthlich war dies die Veranlassung dazu, dass Dr. ROEBUCK seinem Birminghamer Korrespondenten zuvorkam. Er zahlte die Schulden, die WATT zur Ausarbeitung seines Projekts bis dahin gemacht hatte, im Betrage von 1000 £ und versprach, ihn auch mit den nöthigen Mitteln zur Fortsetzung seiner Versuche und zur Erlangung des Patentes für die Maschine zu versehen, wofür ihm von WATT zwei Drittel des Eigenthumsrechtes daran zugesagt wurden.

Zu Anfang des Jahres 1768 machte dieser Versuche mit einem Modell von 7 bis 8″ Cylinderdurchmesser, aber die Resultate waren zunächst unbefriedigend.

Dr. Roebuck wurde ungeduldig. Nach etwa einem Monate gelang es Watt, das Modell dahin zu bringen, dass es zu seiner Zufriedenheit arbeitete, und er theilte dies seinem Theilhaber mit den Worten brieflich mit: „Ich gratulire Ihnen von Herzen zu diesem guten Erfolge und hoffe, dass er Ihnen Erfüllung der Verbindlichkeiten bringen wird, die ich gegen Sie habe.“ Beide beschlossen nun, sofort ein Patent zu nehmen. Watt reiste nach Berwick, um bei dem zuständigen Beamten die nöthigen Erklärungen zur Erlangung eines vorläufigen Schutzes abzugeben und im August 1768 finden wir ihn in London zur Betreibung seiner Patentangelegenheit. Die vielen Formalitäten, die hier erfüllt und die hohen Spesen, die bezahlt werden mussten, erschöpften seine Geduld und er schrieb in der melancholischsten Stimmung an seine Frau. Diese aber antwortete: „Ich bitte Dich, mache Dir keine Sorgen, wenn auch die Dinge nicht so gehen, wie Du es wünschst. Geht's mit der Maschine nicht, so wird es mit etwas Anderem gehen. Nur verzweifle nicht!“

Er empfing auch einen Brief von Dr. Small, der ihm schrieb: „Nehmen Sie Ihr Patent, kommen Sie nach Birmingham und bleiben Sie da, so lang Sie können.“ Dieser Einladung leistete er Folge und sah zum erstenmal Boulton. Beide fassten sofort eine herzliche Zuneigung zu einander, sie sprachen viel über die Maschine, und es freute Watt, dass ein so scharfsinniger praktischer Fabrikant sich günstig darüber aussprach. Trotz alledem konnte er seine Muthlosigkeit nicht abschütteln und nahm sie mit nach Hause. Als kurz darauf Dr. Robison nach Soho kam, sagte Boulton zu ihm, wenn er auch angefangen habe, eine Pumpmaschine zu konstruiren, so sei er doch entschlossen, damit nicht fortzufahren, bevor der Erfolg oder Misserfolg von Watt und Roebuck's Maschine erwiesen sei. „Wenn ich meine projektirte Maschine weiter ausführen wollte“, sagt er, „müsste ich das benutzen, was ich aus der Unterhaltung mit Herrn Watt gelernt habe, und das würde ohne seine Erlaubniss nicht recht sein.“

Boulton's Verhalten in diesem Falle ist durchaus charakteristisch für ihn und giebt ein Bild von seiner unwandelbaren Ehrenhaftigkeit. Watt unterhielt eine Korrespondenz mit Boulton und Dr. Small über die Fortschritte seiner Erfindung. Letzteren bat er wiederholt, Boulton zu veranlassen, sich mit ihm und Roebuck zu associren, aber Boulton war zur Zeit zu sehr von seinen eigenen Geschäften in Anspruch genommen, um ernstlich auf diesen Plan einzugehen.

Im Gegensatze zu Watt war der sanguinische Dr. Roebuck durch das gute Arbeiten des Modells begeistert und voller Ungeduld, die Erfindung in die Praxis einzuführen. Er schrieb im Oktober an Watt: „Sie lassen jetzt den wichtigsten Theil Ihres Lebens unversehens verstreichen. Kein Tag, kein Augenblick sollte verloren werden! Sie sollten Ihre Gedanken weder durch irgend einen anderen, noch durch weitere Verbesserungen dieses Gegenstandes ablenken lassen, sondern auf schleunigste Ausführung einer Maschine von geeigneter Grösse nach Ihrem jetzigen Plane bedacht sein."

WATT aber hörte nicht auf, zu verbessern. Er machte Versuche mit Röhren- und Plattenkondensatoren, neuen Kolbendichtungen, Luftpumpen, Speisepumpen, Oelpumpen, Ventilen, Schiebern u. s. w. ROEBUCK fing an zu fürchten, dass die Erfindung niemals zum Abschlusse kommen werde. In seinen späteren Jahren sagte WATT einmal zu einem Bewunderer seiner Dampfmaschine: „Das Publikum sieht nur meinen Erfolg, aber nicht die vorhergegangenen Misserfolge und rohen Konstruktionen, die mir als so viele Sprossen dienten, worauf ich zum Gipfel der Leiter gelangte."

Die Abfassung seiner Patentschrift zeugt von seinen umfassenden Studien. Er beleuchtet darin seinen Gegenstand von allen Seiten. Er sah alle Verwendungsarten des Dampfes voraus. Hochdruckdampfmaschinen sah er für den Fall vor, dass es an Wasser zur Kondensation fehlen sollte, Expansion zur Dampfersparniss. Anfangs 1769 wurde die Patentschrift eingereicht.

WATT ging nun daran, zu Kinneil, dem Wohnorte von Dr. ROEBUCK eine Versuchsmaschine nach seiner Patentbeschreibung zu bauen. Aber, um den Unterhalt seiner Famile bestreiten zu können, hatte er bereits früher die Vermessungsarbeiten für einen Kanal von Monkland nach Glasgaw ausgeführt und jetzt auch dessen Ausführung zu leiten. Er sicherte sich dadurch wenigstens für einige Zeit ein Einkommen von 200 £ jährlich. Wegen dieser Beschäftigung konnte er nur mit häufigen Unterbrechungen den Arbeiten in Kinneil beiwohnen. Auch wegen der Ungeschicklichkeit der Arbeiter schritten sie nur langsam vor und verursachten ihm viele Sorgen und schlaflose Nächte. Als die Maschine endlich nach sechsmonatlicher, angestrengter Thätigkeit WATT's fertig wurde, musste er sie als eine tölpelhafte Arbeit bezeichnen, und dementsprechend funktionirte sie schlecht. „Sie können sich nicht denken", schrieb er an Dr. SMALL, „wie peinlich ich durch diese Enttäuschung berührt bin. Es ist ein verdammtes Ding für einen Menschen, wenn sein Alles an einem Faden hängt. Wenn ich die Verluste bezahlen könnte, würde ich einen Misserfolg nicht so sehr fürchten, aber ich kann den Gedanken nicht ertragen, dass Andere durch meine Projekte Verluste erleiden sollen, und ich habe die schöne Gabe, alles schwarz zu sehen." Dr. SMALL schlug vor, WATT möge Zeichnungen von seiner Maschine nach Soho schicken und BOULTON und er wollten ihr Möglichstes thun, um eine fertig zu stellen und ihre Arbeitskraft zu beweisen. WATT willigte ein.

Um diese Zeit kam Dr. ROEBUCK in Geldverlegenheiten. Seine Kohlengruben waren unter Wasser, und Ruin drohte, ehe WATT's Maschine ihm zu Hülfe kommen konnte. Er wurde so sehr um Geld gedrängt, dass er die Kosten von WATT's Patent nicht decken konnte, wie er versprochen hatte. WATT's treuer Freund Dr. BLACK half diesem wieder aus der Verlegenheit.

Watt's Schulden wuchsen aber dadurch noch mehr und er schrieb an Dr. Small: „Es giebt nichts Thörichteres im Leben, als zu erfinden“ und am 31. Januar 1770 schrieb er: „Heute trete ich mein 35. Lebensjahr an, und ich glaube, ich habe der Welt noch nicht für 35 Pfennige genützt, aber ich kann es nicht ändern“. Er konnte seinem inneren Drange nicht widerstehen und war unaufhörlich mit Erfindungen aller Art beschäftigt, die wir nicht aufzählen wollen, weil sie mit der Erfindung der Dampfmaschine in keinem Zusammenhange stehen. Doch dürfte es vielleicht für viele von Interesse sein, zu erfahren, dass Watt um diese Zeit das Kopiren von Briefen mit der Kopirpresse erfand. Die versprochenen Zeichnungen einer Dampfmaschine schickte er Anfangs 1770 nach Soho. Dort ging man sofort an die Ausführung. Modelle wurden gemacht und zum Abgusse nach Coalbrookdale geschickt, aber die Abgüsse fielen so schlecht aus, dass man sie beiseite stellen musste. In einer zweiten Giesserei hatte man keinen besseren Erfolg. Die Theile zu der Maschine kamen zwar endlich zusammen, aber noch ehe sie zusammengestellt werden konnten, brach Roebuck's Konkurs aus.

Dieser schuldete u. a. 1200 £ an Boulton, der sich erbot, an Stelle dieser Summe Roebuck's Antheil an Watt's Dampfmaschinenpatent zu übernehmen. Die übrigen Gläubiger hatten nichts dagegen einzuwenden, weil sie dem Patent keinen Werth zuschrieben, und Watt sagte selbst, es würde nur eine schlechte Forderung durch eine andere schlechte gedeckt werden.

Boulton schrieb an Watt, dass er keine sanguinischen Hoffnungen für den Erfolg der Maschine hege, da er aber in der Probirkunst geübt sei, wolle er sie auf ihren Goldgehalt prüfen. Er fügte hinzu: „Sie ist jetzt ein Schatten, eine blosse Idee, und es wird Zeit und Geld kosten, etwas daraus zu machen. Wir haben noch keinen Versuch damit gemacht, denn die Zeiten sind so schrecklich schlecht, dass ich meine Gedanken nicht frei genug hatte, um an neue Pläne denken zu können. Sobald Boulton und Dr. Roebuck sich darüber verständigt hatten, packte Watt die Maschine in Kinneil zusammen und schickte sie nach Soho. Dr. Small drängte ihn wiederholt, dorthin überzusiedeln, um die Arbeiten an den Dampfmaschinen selbst zu überwachen, aber er musste zuvor die übernommenen Vermessungsarbeiten für den Calledonian-Kanal beendigen. Dies geschah im Herbste 1773 in einer unwegsamen Gegend. „Unaufhörlicher Regen“, sagt Watt, „durchnässte mich drei Tage lang, wie Wasser es nur thun kann. Ich konnte kaum mein Journal retten“. Mitten in dieser trübseligen Arbeit wurde er durch die Trauerbotschaft abgerufen, dass seine Frau gefährlich erkrankt sei. Er eilte nach Hause und fand sie todt. Von allen Schicksalsschlägen, die ihn getroffen hatten, empfand er diesen am schmerzlichsten. Noch geraume Zeit danach, wenn er seine Schwelle betrat, blieb er stehen und konnte den Muth nicht finden, die Räume zu betreten, woraus sein Trost und die Freude seines Lebens gewichen war. „Und doch“, sagte er in einem Briefe an Dr. Small, „hätte dieser Schlag mich zu einer anderen Zeit treffen können, wo ich weniger fähig gewesen wäre, ihn zu ertragen und meine Kinder würden dann der Barmherzigkeit der Welt überlassen gewesen sein.“ Er suchte seine Sorgen in vermehrter Arbeit zu vergessen, aber sein Unglück drohte ihn zu überwältigen. Seine Dampfmaschine, die er als die Ursache seines Unglücks fast verfluchte, machte keine weiteren Fortschritte. Dr. Roebuck wurde als ruinirter Mann seinen Gläubigern überantwortet. „Mein Herz blutet für ihn“, sagte Watt, „aber ich kann nichts für ihn thun. Ich habe so lange bei ihm ausgehalten, dass ich mir selbst schadete.“

Endlich im Frühjahr 1774 hatte Watt seine Vermessungsarbeiten in Schottland vollendet und reiste im Mai nach Birmingham. Die von Kinneil gekommenen Maschinentheile wurden so rasch als möglich von Boulton's geschickten Leuten unter Watt's Anleitung verbessert und wieder zusammengesetzt und die Maschine arbeitete viel besser als zuvor.

Sechs Jahre von den vierzehn, für die das Patent lautete, waren indess schon verflossen und wie viel Zeit war noch erforderlich, bis man Kapitalisten und Industrielle von dem praktischen Nutzen der Erfindung überzeugen konnte? Es war nicht unwahrscheinlich, dass das Patentrecht eher erlöschen würde. Deshalb zögerte Boulton, die nöthigen Summen für die Beschaffung von Gebäuden, Maschinen und Werkzeugen zur Fabrikation von Dampfmaschinen zu bewilligen. Anfangs 1775 schickte er Watt nach London, um sich zu erkundigen, ob es möglich wäre, eine beträchtliche Verlängerung der Patentdauer zu erlangen. Man rieth ihm, eine Petition beim Parlament einzureichen. Nach Watt's Rückkehr erklärten sich Boulton und Small damit einverstanden und er ging ein zweites Mal nach London, um die Eingabe dort ausarbeiten zu lassen. Kaum war er dort angekommen, so erreichte ihn die Trauerbotschaft, dass Dr. Small gestorben sei. Er war lange kränklich gewesen, sein Tod aber war ein harter Schlag für Watt und Boulton. Er war bei allem zu Rathe gezogen worden und hatte sich an dem Dampfmaschinengeschäfte betheiligen wollen, aber es war noch zu keinen festen Abmachungen gekommen, auch nicht zwischen Boulton und Watt. Alles hing von dem Erfolge der Eingabe um Verlängerung des Patentes ab.

Diese wurde am 28. Februar 1775 dem Parlamente vorgelegt und begegnete heftiger Opposition. Die Grubenbesitzer wollten, dass die Erfindung so bald als möglich freigegeben werde und protestirten laut gegen das „Monopol“, wie sie die Verlängerung des Patentes nannten. Watt legte die Schwierigkeiten dar, womit er zu kämpfen gehabt hatte, und dass er für seine vieljährigen, aufreibenden Bemühungen zum Besten der Allgemeinheit keinen Lohn erwarten könne, wenn ihm nicht durch Verlängerung des Patentes die nöthige Zeit vergönnt werde, seine Erfindung zu vollenden und diejenigen, welche ihrer bedürften, von deren Vorzügen zu überzeugen. Seine Darlegungen verfehlten auf billig denkende Männer ihre Wirkung nicht und sein Patentrecht wurde bis zum Jahre 1800 verlängert.

Zuvor war ein definitives Abkommen mit Dr. ROEBUCK noch nicht getroffen worden. Man einigte sich nun dahin, dass BOULTON ihm für seinen Patentantheil von zwei Drittel noch 1000 £ von den ersten Gewinnen ausbezahlen sollte; um die beständig drängenden Gläubiger ROEBUCK's los zu werden, zahlte BOULTON aber in der Folge diese Summe schon, ehe ihm aus der Verbindung mit WATT Gewinn erwachsen war.

Dieser kehrte von London nach Birmingham zurück.

Während seiner Abwesenheit war BOULTON mit Versuchen an der vorhandenen Maschine eifrigst beschäftigt gewesen. Ein neuer 18zölliger Cylinder war von dem berühmten Eisengiesser JOHN WILKINSON in Bersham dafür gegossen worden, und dieser hatte auch eine Maschine konstruirt, um ihn richtig auszubohren. Der Cylinder war an die Stelle des alten von Kinneil gesetzt, und nach mehreren anderen Verbesserungen war die Maschine mit sehr befriedigendem Erfolge in Gang gesetzt worden. WATT fand deshalb und wegen der glücklich erreichten Verlängerung des Patentes bei seiner Rückkehr BOULTON in bester Laune und es wurden sofort die nöthigen Vorkehrungen zur Fabrikation der Dampfmaschine getroffen. Anfragen und Bestellungen aus den Bergwerksdistrikten folgten bald und nach kurzer Zeit war die Dampfmaschinenfabrik von Soho in Thätigkeit.

Die erste Maschine, die gebaut wurde, war für oben genannten JOHN WILKINSON zum Betriebe seiner Blasbälge bestimmt. Anfangs 1776 wurde sie fertig zum Gebrauche. Je näher dieser Zeitpunkt kam, desto ängstlicher wurde WATT, zumal gar viel von deren Leistung abhing. Aber BOULTON schrieb ihm, er möge nichts übereilen, die Maschine nicht eher in Gang setzen, als bis jedes denkbare Hinderniss beseitigt wäre, dann aber in Gottes Namen frisch darauf losgehen. Die ausserordentliche Sorgfalt, die man der Maschine hatte angedeihen lassen, wurde belohnt. Sie erregte die Bewunderung aller, die sie sahen und der Ruhm der Firma BOULTON & WATT wurde gross in Mittel-England.

Nach WATT's Rückkehr ging BOULTON nach London. Dort hatte sich in Ingenieurkreisen das Gerücht verbreitet, die neue Maschine habe sich nicht bewährt. Namentlich die Gesellschaft der Ingenieure in Holborn, wovon der berühmte SMEATON der Führer war, behauptete, dass keine Werkzeuge und keine Arbeiter im Stande seien, eine so komplicirte und difficile Maschine mit genügender Genauigkeit auszuführen. BOULTON drängte daher darauf, dass die in Arbeit befindliche Maschine für eine Branntweinbrennerei nahe bei London rasch fertig gestellt werde.

Im Laufe des Sommers verlobte sich WATT, der nun 40 Jahre alt war, zum zweitenmale, und zwar mit der Tochter eines Färbers, Namens Mc. GREGOR in Glasgow. Der Vater der Braut verlangte den Geschäftsvertrag zwischen

Boulton & Watt zu sehen, ehe er seine Einwilligung gab, und es zeigte sich, dass keiner existirte. Als aber Watt dem mündlichen Uebereinkommen zwischen ihm und Boulton gemäss einen aufsetzte, unterschrieb ihn dieser sofort.

Von Schottland brachte Watt wieder mehrere Bestellungen mit. Wenn es aber dem jungen Etablissement nicht an Aufträgen fehlte, weil der Ruf der neuen Dampfmaschine sich rasch über alle civilisirten Staaten verbreitete, so fehlte es auch nicht an Schwierigkeiten. Watt musste alle Zeichnungen selbst machen, überall nachsehen und selbst Hand anlegen. Die alten Arbeiter von Soho und Birmingham waren zwar verhältnissmässig gut, aber ihre Zahl sehr bald nicht mehr genügend. Ungeschulte Kräfte mussten angenommen und erst herangebildet werden. Dann aber begann die Schwierigkeit, sie zu halten. Zwei Monteure, die man nach London geschickt hatte, wurden von russischen Agenten bearbeitet, nach Russland zu gehen. Französische Agenten suchten mehrere der besten Arbeiter nach Paris zu locken, und auch deutsche Emmissäre drängten sich zu ähnlichen Zwecken in die Fabrik. Dazu kam die Unkenntniss und Unzuverlässigkeit der Leute, welche als Wärter bei den abgelieferten Maschinen funktionirten. Watt lieferte von Anfang an Expansionsdampfmaschinen, aber einige Zeit später sagte er zu Robert Hart: „Wir lieferten früher den Cylinder doppelt so gross, als nöthig und schnitten den Dampf bei halben Hube ab, wodurch viel Dampf gespart wurde, aber wenn unsere Leute fort waren und die Maschine dem Wärter überlassen war, wollte dieser oft ihre Leistung vermehren, indem er mehr Damf aufgab. Die Maschine leistete dann mehr, solang Dampf da war, aber der Kessel konnte ihn auf die Dauer nicht liefern. Dann kamen Klagen, und wir mussten nachsehen lassen. Dies war so kostspielig, dass wir uns entschlossen, die Expansion wegzulassen, bis wir Wärter bekommen würden, die etwas davon verstünden.

Mitte 1777 lieferten Boulton & Watt die erste Dampfmaschine in die an Bergwerken sehr reiche Grafschaft Cornwall. Da von deren guter Leistung die Bestellung vieler anderer Grubenbesitzer abhingen, leitete Watt selbst die Aufstellung. Er begegnete dort vielen üblen Nachreden, als aber die Maschine in Gang gesetzt wurde, arbeitete sie mit solcher Macht, dass sie verstummen mussten. Doch setzte Watt in dem Briefe, worin er dies meldete, zu: „Ich habe die Maschine ein- oder zweimal so regulirt, dass sie ganz geräuschlos arbeitete, aber der Besitzer der Maschine kann nicht schlafen, wenn sie nicht tobt, und deshalb habe ich sie dem Maschinenwärter überlassen. Der Lärm erweckt bei den Unwissenden die Idee von Kraft.“

Nach seiner Rückkehr häufte sich für ihn die Arbeit so, dass er an seinen Partner schrieb: „Ein wenig mehr von dieser Hast und diesen Aergernissen wird mich zu Grunde richten.“ Im Juni 1778 waren sieben von zehn nach Cornwall bestellten Maschinen fertig. Watt reiste dorthin, musste von einer Grube zur anderen reiten und wurde überall mit Klagen und Scheltworten wegen zu langsamer Lieferung und Aufstellung empfangen.

Eine andere Quelle der Angst waren grosse Geldverlegenheiten, in die die Firma gerieth. Boulton hatte zu viel unternommen. Das Dampfmaschinengeschäft hatte bis jetzt nur Kapitalzuschüsse gefordert und es waren im Allgemeinen die denkbar schlechtesten Geschäftszeiten. Boulton schrieb an Watt, er solle sich Wechsel für die nach Cornwall gelieferten Maschinen geben lassen, aber die Besteller wollten nichts davon hören, weil die Maschinen noch nicht fertig aufgestellt waren. Boulton schlug dann vor, Watt solle sich von einem Bankhause in Cornwall einen Vorschuss auf die dort lagernden Maschinentheile geben lassen, aber Watt schrieb zurück: „Das kann ich nicht, weil das Bekanntwerden unserer Lage unseren Kredit erschüttern würde. Auch ist Niemand vorsichtiger, als ein kornischer Bankier. Soweit ich es beurtheilen kann, würde keiner auch nur 500 £ auf einen Pfandschein leihen.“ Nach vieler Mühe gelang es Boulton, 7000 £ gegen Sicherheit von einem Herrn Wiss und einen Kredit von 14000 £ gegen Verpfändung von Einkünften, die aus dem Patentrechte erwuchsen, von einem Londoner Bankhause zu erlangen. Aber wenn auch der Kredit der Firma dadurch gerettet war, so drückten doch die eingegangenen Verbindlichkeiten noch lange schwer auf sie.

Als Boulton & Watt die Fabrikation von Dampfmaschinen anfingen, war ihnen nur darum zu thun gewesen, Bestellungen zu erhalten und sie hatten nicht genügend auf vorherige Festsetzung der Bedingungen geachtet, unter denen die ihnen patentirte Maschine sollte gebraucht werden dürfen. Erst als sie ihre Kraft im Wasserheben bewiesen hatte, um die Bergleute in Cornwall demzufolge 20 Faden tiefer in die Erde eindringen konnten, wurde die Frage wegen der Gebrauchsbedingungen aufgeworfen. Watt schrieb an Boulton, er empfehle, dass in Zukunft keine Bestellung angenommen werde, ohne dass diese Bedingungen zuvor festgesetzt seien und fügte hinzu: „Sie müssen mich entschuldigen, wenn ich Ihnen sage, dass ich keine Feder mehr ansetzen werde, um die nöthigen Zeichnungen für neue Anordnungen zu machen, ohne dass dies geschehen ist. Lassen Sie diese Gebrauchsbedingungen mässig sein, womöglich im Voraus in Geld ausgedrückt, so werden wir wenigstens genug erhalten, um uns vor dem Schuldgefängniss zu bewahren, vor dem ich in beständiger Furcht lebe“.

Es wurde daher ein Vertragsformular entworfen, das in allen Fällen angewendet werden sollte und bestimmte, dass die Patentinhaber als Entgelt für die Benutzung der Erfindung ein Drittel des Werthes des ersparten Brennmaterials im Vergleich mit der Newcomen-Maschine erhalten sollten. Zur Kontrolle brachte Watt einen Hubzähler an den Maschinen an.

Im Oktober 1778 kam Boulton nach Cornwall und fand, dass die neue Dampfmaschine bei dem Publikum sehr in Gunst gekommen war. Es gelang ihm daher, von einem dortigen Bankier 2000 £ auf die in der Gegend errichteten Maschinen geliehen zu bekommen. Auch gelang es ihm, für einige der wichtigsten Maschinen im Betriebe und in Arbeit die Gebrauchsbedingungen zu vereinbaren. Bei der einen Maschine in Chacewater wurde eine Kohlenersparniss im Werthe von 2400 £ = 48000 Mark jährlich anerkannt und eine jährliche Zahlung von 700 £ an BOULTON & WATT zugestanden. Zwei andere Maschinen brachten 400 £ jährlich. Trotz diesen und vielen ähnlichen Erfolgen drückte der Gedanke an die vielen Schulden der Firma schwer auf WATT's Gemüth; BOULTON dagegen verlor den Muth nicht und schickte Cirkulare über seine bewunderungswürdige Maschine in alle Welt. Bald kamen Bestellungen aus Frankreich und Holland, die aber WATT mehr beunruhigten als freuten, weil dort noch keine Patente genommen waren und er Nachahmung befürchtete. Er sah nicht ein, dass sein bester Schutz in der Ueberlegenheit seiner Arbeiter und Arbeitsmaschinen bestand.

WATT's Kräfte waren indess beschränkt. Er litt noch viel an Kopfschmerzen und da er noch immer alle Zeichnungen selbst machen musste, schrieb er im Mai 1779 an seinen Partner: „Ich bitte, dass Sie vor Weihnachten keine neue Arbeit übernehmen. Es ist unmöglich, wenigstens meinerseits; ich bin ganz zerschlagen."

Bis zum Sommer 1780 hatte die Firma 40 Pumpmaschinen verkauft, die Hälfte davon nach Cornwall. Trotzdem war sie noch in ernstlichen Geldverlegenheiten. BOULTON war in der That in misslicherer Lage, als WATT. Er hatte sein ganzes Vermögen bei ihrem Unternehmen riskirt und unterhielt WATT, bis das Maschinengeschäft rentabel wurde. Man ersieht aus den jährlichen Bilanzen, dass WATT bis zum Jahre 1785 jährlich 330 £ = 6600 Mark ausbezahlt bekam, die dem Metallwaarengeschäft BOULTON's zur Last fielen. Bis dahin hatte das Dampfmaschinengeschäft noch immer mehr an Auslagen erfordert als eingebracht. Es wurde berechnet, dass über 40000 £ = 800000 Mark hineingesteckt wurden und diese ganze, für die damalige Zeit enorme Summe war durch BOULTON aufgebracht worden.

Zu der Zeit, als es endlich klar wurde, dass das Geschäft erfolgreich sein würde, erhob sich eine neue Gefahr, die selbst BOULTON beängstigte, nämlich eine in Cornwall auftauchende Bewegung zum Sturze des Patents. Man schrie, die Dampfmaschine sei unentbehrlich für den Bergbau, das allgemeine Wohl erheische die Aufhebung des Patents. Schliesslich wurde eine dahin gehende Petition bei dem Parlament nicht eingereicht, aber es wurden erhöhte Anstrengungen gemacht, das Patent zu umgehen.

Um diese Zeit beschäftigte sich auch BOULTON mit Verbesserung der Dampfkessel. Im Herbst 1780 schrieb er an WATT über eiserne Feuerröhren zur Vermehrung der Heizfläche. Dieser antwortete: „Ich kann Eisen für Kesselröhren nicht empfehlen, aber man kann sie im Auge behalten." Danach schlug BOULTON kupferne Röhren vor, was WATT billigte und BOUL-

TON versah einen Kessel von 26′ Länge mit 4 kupfernen Heizröhren von 26″ Durchmesser.

1781 schrieb BOULTON an WATT und ermahnte ihn, den schon oft besprochenen Plan auszuarbeiten, durch die Dampfmaschine eine rotirende Bewegung zu erzeugen, wodurch sie geeignet würde, Mühlen und andere Maschinerien zu treiben und WATT machte ein Modell, bei dem von Balancier vermittelst einer Pleuelstange eine Kurbel in Umdrehung gesetzt wurde. WATT sagte selbst darüber: „Der wahre Erfinder dieses Mechanismus war der Mann, der zuerst eine Drehbank zum Treten machte; ihn bei der Dampfmaschine anzuwenden, war nicht mehr, als wenn einer ein Brotmesser zum Käseschneiden anwendet“. Er hielt diese Anwendung der Kurbel nicht für patentfähig, aber es erwuchsen ihm grosse Unannehmlichkeiten daraus. Ein Knopfmacher, JAMES PICKARD aus Birmingham, der wahrscheinlich durch Arbeiter von BOULTON & WATT davon gehört hatte, erhielt am 23. August 1780 ein Patent darauf. Anfangs wusste WATT nicht, wie er diese Schwierigkeit überwinden sollte, fand aber bald andere Mittel zur Erreichung des gleichen Zweckes. Im Februar 1782 erhielt er ein Patent auf 5 verschiedene Mechanismen dieser Art, wovon das sogenannte Planetenrad den Vorzug erhielt. Wie es scheint, war dies von WILLIAM MURDOCK, dem besten Monteur von BOULTON & WATT, der später auch die Gasbeleuchtung erfand, zuerst erdacht worden.

Im Juli desselben Jahres erhielt WATT ein Patent auf seine doppeltwirkende Expansionsdampfmaschine. Während er diese bewundernswerthen Arbeiten machte, litt er beständig an Kopfschmerzen und an Sorgen wegen der Geldverlegenheiten der Firma, wegen der wiederholten erfolgreichen Versuche der Grubenbesitzer, die Gebrauchsgebühren für die Dampfmaschinen herabzudrücken und wegen vielfach drohender Patentumgehungen. Besonders schmerzte ihn die der Brüder HORNBLOWER, mit denen er befreundet gewesen war und die er in seinem Geschäfte herangezogen hatte. Zum Ueberfluss brach noch in dem Hause des Londoner Agenten zum Verkaufe der von WATT erfundenen und in Soho fabrizirten Kopierpressen Feuer aus, das der Firma einen Schaden von mehr als 1000 £ verursachte.

Während BOULTON auf Fertigstellung von Dampfmaschinen mit rotirender Bewegung drang, bezweifelte WATT, dass daraus ein Vortheil erwachsen werde. Gegen Ende 1782 wurde die erste Maschine dieser Art für einen Herrn REYNOLDS OF KETLEY zum Betriebe einer Kornmühle in Gang gesetzt. Die erste in London kam in die Brauerei von GOODWYN & Co. und bald waren alle Brauereien Londons damit versehen. Bald folgten Bestellungen solcher für Betriebe der verschiedensten Art, selbst für Sägemühlen in Amerika und Zuckermühlen in Westindien, und es lag so viel Arbeit vor, dass WATT an seinen Partner schrieb: „Ich sehe, dass jede Maschine mit rotirender Bewegung doppelt so viel Arbeit verursacht, als eine Pumpmaschine und im allgemeinen nur halb so viel Geld einbringt. Deshalb bitte ich, nehmen Sie keine Bestellungen auf rotirende mehr an, bis wir schuldenfrei sind.“ Ein anderer Grund, warum WATT damals gegen Ueberhäufung mit Arbeit protestirte, mag der gewesen sein, dass er mit den schönen Erfindungen beschäftigt war, die sein Patent von 1784 umfasst. Dies enthält u. A. die Beschreibung des sogenannten WATT'schen Parallelogramms zur Geradeführung der Kolbenstange bei Balancier-Dampfmaschinen, worüber er selbst sagte: „Obgleich ich nicht sehr auf Ruhm versessen bin, bin ich doch stolzer auf das Parallelogramm als auf irgend eine andere meiner mechanischen Erfindungen“. Auch die Anwendung des Schwungkugelregulators bei der Dampfmaschine ist in diesem Patente enthalten.

BOULTON und WATT blieben allen Rivalen überlegen, keiner davon war noch im Stande gewesen, eine Maschine erfolgreich in Betrieb zu setzen. Die Gebrauchsgebühren, die der Firma zufliessen sollten, schätzte BOULTON um diese Zeit, wenn sie richtig bezahlt würden, auf 12000 £ = 240000 Mark jährlich und es war Aussicht vorhanden, dass ihre finanziellen Schwierigkeiten endlich überwunden werden würden.

1783 entwarf BOULTON den Plan, in London eine grosse Dampfmühle zu errichten. Er wollte zu diesem Zwecke eine Aktiengesellschaft bilden, wegen der Opposition der Wassermüller und Mehlhändler wurde aber die Genehmigung verweigert, und man sah sich genöthigt, die Albion-Mill-Company als ein gewöhnliches Company-Geschäft zu gründen, wozu BOULTON und WATT den grössten Theil des Kapitals beschaffen mussten. Während des ganzen Jahres 1785 wurde an dem Baue der Albion-Mill gearbeitet. Die Gebäude wurden nach Zeichnungen des berühmten Architekten WYATT, die Dampfmaschinen nach solchen von WATT und die verbesserten Müllereimaschinen nach Zeichnungen des genialen jungen Schottländers JOHN RENNIE ausgeführt. Im Frühjahr 1786 konnten die Maschinen zum ersten Male in Betrieb gesetzt werden. BOULTON, der zugegen war, schrieb sehr unbefriedigt an WATT und meinte namentlich, es wäre besser gewesen, die einfach wirkende Maschine beizubehalten. Nachdem WATT, der damals nicht von Soho abkommen konnte, in seinem Antwortschreiben dargelegt hatte, wie die Fehler an den Maschinen aufzusuchen und zu verbessern seien, fuhr er fort: „Vor allem muss man Geduld haben und alles kaltblütig prüfen und richtig stellen. Man sollte stets darauf bedacht sein, unschuldigen Personen keinen Vorwurf zu machen. Ehe man anfängt zu murren, sollte man bedenken, dass bei neuen, komplizirten und schwierigen Dingen menschliche Voraussicht unzulänglich ist. Zeit und Geld müssen aufgewendet werden, um etwas zu vervollkommnen und seine Fehler aufzufinden. Anders können sie nicht verbessert werden.“

Die Kosten der Mühle beliefen sich weit höher als anfangs vorgesehen worden war, und WATT fürchtete bald, dass sie Verlust bringen würde, nicht weil er an der Leistungsfähigkeit der Maschinen, als vielmehr weil er an der Richtigkeit der Geschäftsleitung zweifelte. Namentlich war es ihm zuwider, dass man ein Schaustück aus der Mühle machen wollte, und als er hörte, dass man einen Maskenball darin halten wollte, um sie mit Pomp zu eröffnen, nannte er dies „reinen Humbug“ und sagte: „Was haben maskirte Herzöge, Lords und Ladies in einer Mehlmühle zu thun? Da wir von allen Seiten mit Neid angesehen werden, sollte alles vermieden werden, was Aufsehen erregt, und wir sollten uns darauf beschränken, die Sache zu machen.“ Als die Mühle endlich in Betrieb kam, arbeitete sie zur vollsten Zufriedenheit und ihr Ruhm verbreitete sich weithin. Mit der Zeit würde sie vielleicht auch noch rentabel geworden sein, aber als die Aussichten in dieser Richtung sich zu bessern anfingen, wurde sie am 3. März 1791 von Uebelwollenden in Brand gesteckt. BOULTON verlor dadurch 6000 und WATT 3000 £.

Das Dampfmaschinengeschäft wuchs beständig, aber WATT, für den es immer grössere Arbeitslast brachte, war oft bis zum Tode ermüdet. Gerade um die Zeit, als bereits der Glücksstern über dem Geschäfte leuchtete, schrieb er einmal an einen Freund: „Ich habe ernstlich daran gedacht, die Bürde niederzulegen, die zu tragen ich zu schwach bin, und vielleicht, wenn nicht andere Gefühle stärker gewesen wären, würde ich daran gedacht haben, die sterbliche Hülle abzuwerfen; aber wenn's nicht schlechter wird, kann ich mich vielleicht noch fortschleppen. SALOMO sagt: Vermehrte Kenntnisse bringen vermehrte Sorgen. Hätte er gesagt: vermehrte Geschäfte, anstatt vermehrte Kenntnisse, so würde er vollkommen Recht haben.“

Wie bereits erwähnt, musste bis zum Jahre 1785 alles, was in der Dampfmaschinenfabrikation von BOULTON und WATT verdient wurde, wieder in das Geschäft gesteckt werden, und der Lebensunterhalt WATT's musste aus der Metallwaarenfabrikation BOULTON's bestritten werden. Erst von da ab besserte sich dies, und am 7. Dezember 1787, etwa 6 Wochen vor WATT's 52. Geburtstag, hatte BOULTON die freudige Genugthuung, an ihren Agenten in London schreiben zu können: „Da Mr. WATT bei Mr. MC. GREGOR in Glasgow ist, bitte ich Sie, ihm einige Zeilen zu schreiben und ihm mitzutheilen, dass Sie ihm 4000 £ auf sein Conto gutgeschrieben haben, dass Sie 1000 £ für ihn an die Albion-Mühle bezahlt haben und ihm bis Weihnachten wahrscheinlich noch 2000 £ werden gutschreiben können.“

Während WATT von da ab allmälig in einen sicheren Hafen einlief, trieb BOULTON noch auf hoher See. Er war stets unternehmend und stets bereit, sich an einem Geschäft zu betheiligen, wenn er glaubte, dadurch eine Dampfmaschine anbringen zu können. Auch hatte er von den kornischen Gruben- und Hüttenbesitzern grosse Mengen Kupfer an Zahlungsstatt angenommen, die lange in Birmingham liegen blieben. Als nun 1788 eine Handelskrisis ausbrach, sah er sich in der peinlichsten Verlegenheit. Dazu kam, dass sich Gicht- und Steinleiden bei ihm einstellten. Es war die trübste Zeit in BOULTON's Leben und der Gedanke quälte ihn, dass er seine Familie, trotz aller Arbeit, unversorgt zurücklassen müsse. Aber kurze Zeit darauf sehen wir ihn mit aller Energie in einer ganz neuen Richtung thätig.

Um die Mitte des vorigen Jahrhunderts war das Münzwesen sehr in Verfall gerathen, und es wurde viel Falschmünzerei getrieben, namentlich in Birmingham. BOULTON hatte sich nie daran betheiligt, sondern sann darüber nach, wie die kursirenden schlechten Münzen durch so gute neue ersetzt werden könnten, dass deren Nachahmung schwierig sei. Er hatte mehrmals mit den Staatsministern Unterredungen über diesen Gegenstand. Schon 1774 hatte er mit WATT darüber berathen und 1786 zum erstenmal die Dampfmaschine angewendet, um für die ostindische Kompagnie mehr als 100 Tonnen Kupfermünzen zu prägen. Er verbesserte darauf seine Präganstalt noch wesentlich und viele Jahre später schrieb MURDOCK: „Der unermüdlichen Ausdauer und Energie BOULTON's in der Verfolgung dieses Zieles ist zum grossen Theile die Vervollkommnung zuzuschreiben, die das Münzwesen schliesslich erreichte.“ Ende 1788 waren sechs Prägmaschinen in Soho aufgestellt. Nach vielen Bemühungen BOULTON's wurde er von der englischen Regierung aufgefordert, Modelle zu neuen Kupfermünzen einzureichen. Diese befriedigten auch sehr und wurden zur Ausführung angenommen, aber die königlichen Münzbeamten wussten die Sache noch 10 Jahre lang hinzuhalten. BOULTON musste in der Zwischenzeit wieder im Auslande Beschäftigung für seine Präganstalt suchen und fand sie namentlich bei der revolutionären Regierung in Frankreich. Erst von 1797 an erhielt er von der britischen Regierung Aufträge und lieferte ihr von da bis 1806 etwa 4200 Tonnen Kupfermünzen. Auch lieferte er solche nach Russland, Spanien, Dänemark, Mexiko und Calcutta, so dass WATT mit Recht sagen konnte: „hätte BOULTON nichts in der Welt gethan, als das Münzwesen vervollkommnet, so verdiente sein Namen unsterblich zu sein.“

Etwa im Jahre 1789 waren die Schwierigkeiten, womit BOULTON und WATT zu kämpfen gehabt hatten, endlich überwunden und sie konnten sich nun in ihrem Alter mehr Ruhe gönnen, zumal sie mit Befriedigung und voller Hoffnung auf ihre beiden Söhne sehen und ihnen alles getrost überlassen konnten. Diese traten 1794 als Theilhaber in die Firma und brachten neue Kraft und neues Leben ins Geschäft, erwiesen sich auch in der Vertheidigung der Patentrechte sehr geschickt. Von 1796 bis 1799 wurden mehrere Patentprozesse geführt und endlich zu Gunsten von BOULTON und WATT entschieden. In dem wichtigsten, gegen die HORNBLOWER's, legte Professor ROBISON zu Gunsten WATT's Zeugniss ab und als er bei seiner Heimkehr dem alten Dr. BLACK die Nachricht von dem für WATT günstigen Ausgange des Prozesses erzählte, war dieser zu Thränen gerührt. „Es ist recht albern“, sagte er dabei, „aber ich kann nicht anders, wenn ich von etwas Gutem höre, das unserm lieben James begegnet ist.“

Die Grubenbesitzer in Cornwall hatten seit Jahren die bedungenen Gebühren nicht bezahlt. Nach den genannten Prozessentscheidungen wurden nun.

wenn auch nicht ohne Schwierigkeiten, 30000 £ solcher rückständiger Gebühren eingetrieben. Von dem Theile, der WATT hiervon zukam, kaufte er sich ein Landgut in Wales.

Das Patent erlosch im Jahre 1800, als Vater WATT 64 und Vater BOULTON 72 Jahre alt war, aber das Geschäft dehnte sich trotzdem mehr und mehr aus. Die Firma BOULTON und WATT vermochte ihre Ueberlegenheit über Konkurrenten noch lange Zeit zu behaupten.

Der alte WATT hatte sich 1790 ein Landhaus bei Birmingham gebaut und 1794 einen grösseren Landkomplex dazu gekauft, den er in einen hübschen Park umwandelte. Bei seinem Wohnhause baute er eine Schmiede und in einer Dachstube richtete er sich eine Werkstätte für mechanische Studien her. Während WATT sich hierher zurückzog, war BOULTON, obgleich der ältere, noch immer im Geschäfte, namentlich in seiner Münzstätte thätig, bis er am 17. August 1809 im Alter von 81 Jahren starb.

Der stets schwächliche WATT überlebte ihn. Er war in Schottland, als ihn die Nachricht von BOULTON's Tod erreichte und schrieb an dessen Sohn, nachdem er ihm sein Beileid ausgedrückt: „Wenige Männer haben seine Fähigkeiten besessen und noch weniger haben sie so angewendet, wie er. Und wenn wir dazu seine Leutseligkeit, seine Grossmuth und seine Liebe zu seinen Freunden rechnen, so erhalten wir das Bild eines seltenen Charakters. Einen solchen Freund haben wir verloren, auf dessen Zuneigung wir stolz sein können, während Sie stolz darauf sein können, der Sohn eines solchen Vaters zu sein."

WATT's Gesundheit befestigte sich merkwürdiger Weise in seinem Alter. Sein Wissensdurst war ungeschwächt und er las viel. Sein Eifer zu Untersuchungen und sein Erfindungsgeist waren so rege, wie zuvor. Die letzte Erfindung, die ihn beschäftigte, war eine Maschine zum Kopiren, Vergrössern und Verkleinern von Statuen und Medaillen. Wir finden ihn im Jahre 1810 in seinem 74. Lebensjahre damit beschäftigt und sieben Jahre später scheint sie beinahe vollendet gewesen zu sein. Er machte sich ein Vergnügen daraus, seinen Freunden Produkte seiner neuen Maschine zum Geschenk zu machen, und bezeichnete diese Statuetten und Medaillen in einem Briefe vom Jahre 1818 scherzweise als „Erzeugnisse eines jungen Künstlers, der eben in sein 83. Jahr eintritt."

Im Sommer 1819 wurde er von seiner letzten Krankheit befallen; doch litt er wenig und behielt seine geistigen Fähigkeiten beinahe bis zum letzten Augenblicke. Er war sich seines nahenden Endes bewusst und drückte von Zeit zu Zeit seinen Dank gegen die göttliche Vorsehung aus für den reichen Segen, den sie ihm auf dieser Welt zu geniessen erlaubt hatte und für das hohe Alter, das ihm vergönnt war, ohne dass er die Schwächen des Alters zu empfinden gehabt hätte.

Am 19. August 1819 verschied er.

# Register.

(Die Zahlen geben die Seiten an, worauf sich Nachrichten über den betreffenden Gegenstand finden und sind bei den einzelnen Gegenständen nach dem Alter dieser Nachrichten geordnet).

GPSR Compliance

*The European Union's (EU) General Product Safety Regulation (GPSR) is a set of rules that requires consumer products to be safe and our obligations to ensure this.*

*If you have any concerns about our products, you can contact us on ProductSafety@springernature.com*

In case Publisher is established outside the EU, the EU authorized representative is:

Springer Nature Customer Service Center GmbH
Europaplatz 3
69115 Heidelberg, Germany

**Batch number: 10697759**

Printed by Printforce, the Netherlands